Grundlagen der Technischen Thermodynamik

Martin Dehli · Ernst Doering ·
Herbert Schedwill

Grundlagen der Technischen Thermodynamik

Für eine praxisorientierte Lehre

10. Auflage

 Springer Vieweg

Martin Dehli
Hochschule Esslingen
Esslingen, Deutschland

Ernst Doering
Hochschule Esslingen
Esslingen, Deutschland

Herbert Schedwill
Hochschule Esslingen
Esslingen, Deutschland

ISBN 978-3-658-41250-0   ISBN 978-3-658-41251-7   (eBook)
https://doi.org/10.1007/978-3-658-41251-7

Die Deutsche Nationalbibliothek verzeichnet diese Publikation in der Deutschen Nationalbibliografie; detaillierte bibliografische Daten sind im Internet über http://dnb.d-nb.de abrufbar.

Planung/Lektorat: Eric Blaschke
Springer Vieweg ist ein Imprint der eingetragenen Gesellschaft Springer Fachmedien Wiesbaden GmbH und ist ein Teil von Springer Nature.
Die Anschrift der Gesellschaft ist: Abraham-Lincoln-Str. 46, 65189 Wiesbaden, Germany

Vorwort zur 10. Auflage

Die Technische Thermodynamik zählt zu den grundlegenden Wissensbereichen des Maschinenbaus, der Energietechnik, der Kraftfahrzeugtechnik, der Versorgungstechnik, der Gebäudetechnik, der Umwelttechnik, der chemischen Verfahrenstechnik sowie weiterer Fachgebiete der Ingenieurwissenschaften. Das vorliegende Lehrbuch soll den Studierenden dazu verhelfen, sich die oft als schwierig erlebten Wissensgebiete der Technischen Thermodynamik zugänglich zu machen. Inhaltliche Schwerpunkte sind dabei die thermodynamischen Grundbegriffe, der erste Hauptsatz der Thermodynamik, der zweite Hauptsatz der Thermodynamik, ideale Gase, reale Gase und Dämpfe, thermische Maschinen, Kreisprozesse, Exergie, Wärmeübertragung, feuchte Luft, Verbrennung, chemische Thermodynamik sowie in der jetzigen 10. Auflage auch Beiträge zu strömungstechnischen Grundlagen sowie insbesondere zur Dynamik idealer Gase bei kompressiblen stationären Gasströmungen. Anhand von graphischen Darstellungen - vor allem auch von Zustandsdiagrammen - werden die grundlegenden thermodynamischen Sachverhalte veranschaulicht. Daneben werden den Lesern weitere Wissensgebiete vermittelt: So wird in Abschnitt 7 ein neuer Ansatz zur Verallgemeinerung thermodynamischer Kreisprozesse mit Hilfe von zusätzlichen Bewertungskenngrößen vorgestellt. Auch wird auf die Temperaturänderungswärme als – neben der reversiblen Wärme (Entropieänderungswärme), der Volumenänderungsarbeit und der Druckänderungsarbeit – vierte, in den Ingenieurwissenschaften bisher kaum beachtete Prozessgröße eingegangen.

Der Begründer des Lehrbuchs, der im Jahr 1982 verstorbene Prof. Dipl.-Phys. Ernst Doering, entwickelte Leitlinien für eine praxisnahe Darstellung des Stoffes und verfolgte dabei u. a. das Ziel, Reibungs- und Ausgleichsvorgänge als grundlegende Erscheinungen zu behandeln, die die Beherrschung technischer Vorgänge erschweren. Von Prof. Dr.-Ing. Herbert Schedwill wurde dieser Ansatz beibehalten und vertieft: In Abschnitt 3 wird bei der Behandlung des zweiten Hauptsatzes auf das Gedankenmodell des reversiblen Ersatzprozesses eingegangen. Daneben wirkt sich die Behandlung irreversibler Vorgänge im Vergleich zu reversiblen Zustandsänderungen auf den Abschnitt 6 (Ideale und wirkliche Maschinen), den Abschnitt 7 (Ideale und reale Kreisprozesse) sowie den Abschnitt 8 (Exergie) aus. Auch bei der Erweiterung und inhaltlichen Pflege des Lehrbuchs erwarb sich Herbert Schedwill, der 2015 verstarb, große Verdienste.

Das Buch ist u. a. aus Vorlesungen für Thermodynamik, Wärme- und Stoffübertragung, Gastechnik, Klimatechnik, Kältetechnik, Energietechnik sowie Feuerungstechnik und Wärmewirtschaft an der Hochschule Esslingen (HE) bzw. ihrer Vorgängerin hervorgegangen. Der LATEX-Satz wurde selbst, die Bilder ganz überwiegend selbst erstellt.

Parallel zum vorliegenden Lehrbuch wird die Nutzung der – ebenfalls im Verlag Springer Vieweg erschienenen – „Aufgabensammlung Technische Thermodynamik" (2. Auflage, ISBN 978-3-658-22943-6) empfohlen. Sie enthält auf über 380 Seiten zahlreiche Aufgaben einschließlich ausführlicher Lösungen aus der energie- und wärmetechnischen Praxis sowie aus Prüfungen. Mit der Aufgabensammlung können die Thermodynamik-Kenntnisse und der eigene Lernerfolg selbstständig überprüft werden, da sich deren Gliederung an die des Lehrbuchs „Grundlagen der Technischen Thermodynamik" anlehnt. Die Aufgaben können insbesondere auch Ingenieuren, die sich bei der beruflichen Arbeit mit Fragen der Thermodynamik befassen, geeignete Lösungswege aufzeigen.

Esslingen, im Frühjahr 2023
Martin Dehli

Inhaltsverzeichnis

Wichtige Formelzeichen

A	Auftrieb, Fläche, Querschnitt, 1. Virialkoeffizient, Anergie	$\Delta^R G_m$	molare Reaktions-*Gibbs*-Funktion
a	spezifische Anergie, Temperaturleitfähigkeit, Absorptionsverhältnis, Konstante, Parameter, Massenanteil Asche, Schallgeschwindigkeit	Ga	*Galilei*-Zahl
		Gr	*Grashof*-Zahl
		g	Fallbeschleunigung, spezifische freie Enthalpie
a_{qs}	thermisches Anstrengungsverhältnis	H	Enthalpie, Höhe, einfallende flächenbezogene Strahlung
a_{qT}	thermisches Anstrengungsverhältnis	$\dot{H}$	Enthalpiestrom
a_{wp}	mechanisches Anstrengungsverhältnis	H_{Amax}	maximale Verbrennungsgasenthalpie (maximale Abgasenthalpie)
a_{wv}	mechanisches Anstrengungsverhältnis		
a_g	Gesamtanstrengungsverhältnis	$H^{f\,\square}_{m,0i}$	molare Standard-Bildungsenthalpie
B	2. Virialkoeffizient, abgegebene flächenbezogene Strahlung, Breite	H_i	spezifischer Heizwert
		$H_{i,0}$	normvolumenbezogener Heizwert
b	Wärmeeindringkoeffizient, Konstante, Parameter	$H_{m,0i}$	molare Enthalpie
		H_s	spezifischer Brennwert
C	Wärmekapazität, normvolumenbezogene Wärmekapazität, 3. Virialkoeffizient, Strahlungskoeffizient, *Euler*sche Konstante, Wasserdampfkonzentration	$H_{s,0}$	normvolumenbezogener Brennwert
		H_t	Totalenthalpie
		$\Delta^A H_m$	molare Aktivierungsenthalpie
		$\Delta^R H_m$	molare Reaktionsenthalpie
$\dot{C}$	zeitbezogene Wärmekapazität eines Fluidstroms (Wärmekapazitätsstrom)	ΔH_T	Minderarbeit
		ΔH_V	Mehrarbeit
C_m	molare Wärmekapazität	h	spezifische Enthalpie, Höhe, *Planck*sches Wirkungsquantum, Massenanteil Wasserstoff, normvolumenbezogene Enthalpie
c	Geschwindigkeit, spezifische Wärmekapazität, Strahlungskonstante, Lichtgeschwindigkeit, Massenanteil Kohlenstoff		
D	4. Virialkoeffizient, Diffusionskoeffizient	I	Intensität
d	Differential	i	Stufenzahl, Laufvariable
d	Durchmesser, Durchlassverhältnis	j	Laufvariable
E	Energie, Energieinhalt eines Stoffstroms, Exergie, Emission, Elastizitätsmodul	K	Konstante, Gleichgewichtskonstante, Funktion
$\dot{E}$	Energiestrom	k	Wärmedurchgangskoeffizient, *Boltzmann*sche Konstante, Proportionalitätsfaktor
E_k	kinetische Energie		
$E_{m,0i}$	molare Energie		
E_p	potentielle Energie	L	Luftzustand
ΔE_T	Energierückgewinn	l	Länge, normvolumenbezogener Luftbedarf
ΔE_V	Erhitzungsverlust		
$Ex_{m,0i}$	molare Exergie	l^*	spezifischer Luftbedarf
$Ex^{\square}_{m,0i}$	molare Standard-Exergie	l'	äquivalente Rohrlänge
$Ex_{m,B}$	molare Brennstoff-Exergie	l_a	Luftgehalt
e	spezifische Exergie, Basis der natürlichen Logarithmen, Einheitsmatrix	$\ln$	natürlicher Logarithmus
		$\lg$	Logarithmus zur Basis 10
F	Kraft, Gewichtsüberschuss, freie Energie, Flüssigkeit, Funktion	M	Molmasse, Drehmoment, *Mach*zahl
F_R	Reibungskraft	m	Masse
F_T	Tangentialkraft	$\dot{m}$	Massenstrom
f	spezifische freie Energie, Funktion	N_A	*Avogadro*-Zahl
		Nu	*Nußelt*-Zahl
G	Gewicht, freie Enthalpie	n	Molmenge, Polytropenexponent, Drehzahl, Massenanteil Stickstoff
$G_{m,0i}$	molare freie Enthalpie, molare *Gibbs*-Funktion		
		$\dot{n}$	Molmengenstrom
$G^{\square}_{m,0i}$	molare Standard-*Gibbs*-Funktion	n_S	Isentropenexponent

n_T	Isothermenexponent	V	Volumen
o	normvolumenbezogener Sauerstoffbedarf, Massenanteil Sauerstoff	$\dot{V}$	Volumenstrom
		V_0	Normvolumen
o^*	spezifischer Sauerstoffbedarf	$\Delta^R V_m$	molares Reaktionsvolumen
P	Leistung	v	spezifisches Volumen
Pe	*Peclet*-Zahl	v_0	normvolumenbezogene Verbrennungsgasmenge (normvolumenbezogene Abgasmenge)
Pr	*Prandtl*-Zahl		
p	Druck		
Δp	Druckdifferenz	v_0^*	spezifische Verbrennungsgasmenge (spezifische Abgasmenge)
Q	Wärme		
$\dot{Q}$	Wärmestrom (Wärmeleistung)	W	Arbeit, Verschiebearbeit, zeitbezogene Wärmekapazität eines Fluidstroms, (Wärmekapazitätsstrom, Wasserwert)
Q_{rev}	reversible Wärme (reversible Ersatzwärme)		
q	spezifische Wärme	Wa	*van der Waals*-Zahl
q_{rev}	spezifische reversible Wärme (spezifische reversible Ersatzwärme)	W_e	Kupplungsarbeit (Wellenarbeit, technische Arbeit)
q_s	spezifische Entropieänderungswärme (spezifische reversible Wärme, spezifische reversible Ersatzwärme)	W_i	innere Arbeit (indizierte Arbeit)
		W_{Kreis}	Kreisprozessarbeit
		$(W_m)_{rev}$	reversible molare Reaktionsarbeit
q_T	spezifische Temperaturänderungswärme	W_p	Druckänderungsarbeit
		W_R	Reibungsarbeit
R	spezielle Gaskonstante, Radius	W_{RA}	äußere Reibungsarbeit
R_a	Wärmeübergangswiderstand außen	W_{RI}	innere Reibungsarbeit
R_D	Wärmedurchgangswiderstand	W_t	Totalarbeit
R_i	Wärmeübergangswiderstand innen	W_V	Volumenänderungsarbeit
R_L	Wärmeleitwiderstand	w	spezifische Arbeit, Geschwindigkeit, Massenanteil Wasser
Ra	*Raleigh*-Zahl		
Re	*Reynolds*-Zahl	w_{Kreis}	spezifische Kreisprozessarbeit
R_m	allgemeine Gaskonstante	w_p	spezifische Druckänderungsarbeit
r	Volumenanteil (Raumanteil), spezifische Verdampfungsenthalpie (spezifische Verdampfungswärme), Reflexionsverhältnis, Radius, Matrix	w_R	spezifische Reibungsarbeit
		w_{RA}	spezifische äußere Reibungsarbeit
		w_{RI}	spezifische innere Reibungsarbeit
		w_V	spezifische Volumenänderungsarbeit
S	Entropie, Dampfdurchlasswiderstand	x	Dampfgehalt, Feuchtegrad (Feuchtigkeitsgehalt, Wassergehalt), Koordinate
$\dot{S}$	Entropiestrom		
$S_{m,0i}$	molare Entropie		
$S_{m,0i}^{\square}$	molare Standard-Entropie	y	Koordinate
$\Delta^R S_m$	molare Reaktionsentropie	z	Koordinate, Realgasfaktor, Anteil, Reaktionsumsatz
St	*Stanton*-Zahl		
s	spezifische Entropie, Weg, Länge, Dicke, Massenanteil Schwefel	$\dot{z}$	Umsatzrate
T	absolute Temperatur (thermodynamische Temperatur, Kelvin-Temperatur), Tiefe	α	Wärmeübergangskoeffizient, Winkel
		β	Volumenausdehnungskoeffizient, Winkel
t	Celsiustemperatur	γ	spezifisches Gewicht, Winkel
t_{Amax}	theoretische Verbrennungstemperatur (adiabate Verbrennungstemperatur)	Δ	Differenz
		δ	reduzierte Dichte (normierte Dichte), isenthalper Drosselkoeffizient (Joule-Thomson-Koeffizient), Wanddicke
U	innere Energie, Umfang		
$\dot{U}$	zeitbezogene innere Energie		
u	spezifische innere Energie, dimensionslose Kennzahl	ϵ	Leistungszahl, Verdichtungsverhältnis, Emissionsverhältnis, Umsatzgrad

ζ	exergetischer Wirkungsgrad, Widerstandszahl (Widerstandsbeiwert)
η	Wirkungsgrad, dynamische Viskosität
ϑ	Temperatur, reduzierte Temperatur (normierte Temperatur)
κ	Isentropenexponent, c_p/c_v
λ	Wärmeleitfähigkeit (Wärmeleitkoeffizient), Wellenlänge, Luftverhältnis, Rohrreibungszahl
μ	Massenanteil, Diffusionswiderstandsfaktor
ν	kinematische Viskosität, Stickstoffcharakteristik
Π	Produkt
π	reduzierter Druck (normierter Druck), Kreisumfangszahl
ϱ	Dichte
Σ	Summe
σ	Verdunstungskoeffizient, spezifische Schmelzenthalpie (spezifische Schmelzwärme), Sauerstoffbedarfscharakteristik, Normalspannung
τ	Zeitdauer, Schubspannung
Φ	Betriebscharakteristik, Matrix der Einstrahlzahlen
φ	Einspritzverhältnis, Einstrahlzahl, relative Feuchte, Winkel
ψ	Durchflussfunktion (Ausflussfunktion), Drucksteigerungsverhältnis, Sättigungsgrad
Ψ	Verhältnis
Ω	Raumwinkel
ω	Winkelgeschwindigkeit, azentrischer Faktor, Hilfsgröße

Indizes (tiefgestellt)

A	Abgas
a	außen, Austritt
ab	Abgabe
af	Abgas feucht (Verbrennungsgas feucht)
amb	Umgebung
at	Abgas trocken (Verbrennungsgas trocken)
B	Brennstoff, Brenngas
C	Carnot
D	Drosselung, Dampf, Wasserdampf
E	Energie, Eis, Wassereis
e	effektiv, Welle, Eintritt
el	elektrisch
F	Flüssigkeit
G	gesamt, Grundfläche
g	gesamt
gl	gleichwertig
H	Hub, Heizung
h	isenthalp, hydraulisch
i	innen, Stufenzahl, Komponente, Laufvariable
id	ideal
is	innen isentrop
it	innen isotherm
j	Laufvariable
K	Kolben, Kompression, Kälteanlage, kritischer Punkt, Kontakt
k	kritisch, kritischer Punkt
L	Luft
M	Mischungszustand
m	Mittelwert, molar, mechanisch
max	Höchstwert
min	Mindestwert
$min\,t$	Mindestwert trocken
N	Nassdampf
n	polytrop
p	Druck, isobar, polytrop, Partialdruck
Qu	Quelle
R	Reibung, Rippe
RA	äußere Reibung
RI	innere Reibung
r	reduziert
rev	reversibel
S	Sättigung, Siedezustand, Siedepunkt, schwarzer Körper, Stirnfläche, Schlacke bzw. Asche
Se	Senke
s	isentrop
T	Turbine, Tripelpunkt
Tr	Tripelpunkt
t	isotherm, total
th	thermisch
U	Umgebung
$ü$	über
V	Volumen, Verdichter, Verlust, Verdunstung
v	isochor
W	Wasser, Wärmepumpe, Wärmeübertragung
Wd	Wand
Z	Zwischenzustand
zu	Zufuhr
0	Normzustand, Bezugszustand, Umgebungszustand, Anfangsgröße
1	Anfang, Eintritt
2	Ende, Austritt

Indizes (hochgestellt)

af	Abgas feucht (Verbrennungsgas feucht)
at	Abgas trocken (Verbrennungsgas trocken)

$'$	siedende Flüssigkeit
$''$	Sattdampf
$*$	strömungstechnisch kritischer Zustand

Autorenvita

Prof. Dr.-Ing. Martin Dehli, *1948, Studium des Maschinenbaus und der Energietechnik sowie Promotion über Kanonische Zustandsgleichungen in der Thermodynamik an der Universität Stuttgart. Einer dreijährigen Arbeit in einem planenden Ingenieurunternehmen folgte eine vierzehnjährige Tätigkeit in einem großen Energieversorgungsunternehmen - u. a. als Abteilungsleiter für dezentrale Energietechniken sowie für Grundsatzfragen. Seit 1991 an der Hochschule Esslingen, Hochschule für Technik; Lehrgebiete: Thermodynamik, Energietechnik, Gastechnik u. a. Seit 2003 Mitautor dieses Lehrbuchs.

Prof. Dipl.-Phys. Ernst Doering, *1925, †1982, Studium an der Technischen Hochschule Karlsruhe. Nach sechsjähriger Tätigkeit in der Industrie auf den Gebieten der Strömungs- und Trocknungstechnik ab 1958 an der Staatlichen Ingenieurschule, jetzt Hochschule Esslingen. 1968 Autor der ersten Auflage dieses Lehrbuchs.

Prof. Dr-Ing. Herbert Schedwill *1927, †2015, nach Mechanikerlehre Studium an der Technischen Hochschule Stuttgart. Dann dreijährige Ingenieurtätigkeit in Konstruktion, Entwicklung und Versuch auf dem Gebiet der Wärmeübertragung sowie Dissertation über die Wärmelängsleitung in der ebenen Trennwand von rekuperativen Wärmeübertragern. Von 1970 bis 1989 an der Staatlichen Ingenieurschule, jetzt Hochschule Esslingen. Bis 2015 Mitautor dieses Lehrbuchs, wobei er wesentliche Impulse für dessen Weiterentwicklung gab.

1 Thermodynamische Grundbegriffe

Die Thermodynamik befasst sich mit der Energieumwandlung und -übertragung, soweit jene Energieform beteiligt ist, die gemeinhin mit „Wärme" bezeichnet wird; daneben werden damit zusammenhängende Stoffeigenschaften erfasst. Der Begriff der Wärme hat allerdings in den letzten Jahrzehnten einen Bedeutungswandel erlebt. Was in der geschichtlichen Entwicklung der klassischen Naturwissenschaften als Wärme bezeichnet wurde, wird heute weitgehend durch den Begriff der „inneren Energie" beschrieben. Damit ist die Wärme nicht mehr die zentrale Energieform der Thermodynamik; die Bezeichnung des Fachgebietes ist diesem Bedeutungswandel gefolgt: Aus der „Wärmelehre" wurde die Thermodynamik.

Die Beziehungen der verschiedenen Energieformen zueinander und die bei den Umwandlungen auftretenden Gesetzmäßigkeiten werden durch die drei Hauptsätze beschrieben, die das theoretische Gerüst der Thermodynamik bilden; die Bestätigung ihrer Gültigkeit zählt zu den bedeutenden Erkenntnissen in der Geschichte der Naturerforschung.

Der erste Hauptsatz stellt die Anwendung des Gesetzes von der Erhaltung der Energie, das in der gesamten klassischen Physik uneingeschränkte Gültigkeit besitzt, auf die verschiedenen Probleme der Thermodynamik dar. Der zweite Hauptsatz erlaubt Aussagen über die Richtung der Energieumwandlung, die stets so verläuft, dass sich die hochwertigen Energieformen (z. B. mechanische Energie, elektrische Energie) zugunsten der minderwertigen (z. B. innere Energie der Umgebung) verringern. Man bezeichnet die hochwertige Energie auch als Exergie und kann den zweiten Hauptsatz als Prinzip der Verringerung von Exergie formulieren. Der dritte Hauptsatz beschreibt das Verhalten der Entropie — einer Zustandsgröße, die u. a. als das Ausmaß der Unordnung eines Stoffes bzw. eines Systems aufgefasst werden kann — am Nullpunkt der thermodynamischen Temperatur.

1.1 Anwendungsgebiete der Thermodynamik

Die Aufgabe der technischen Thermodynamik besteht in der Anwendung von naturwissenschaftlichen Erkenntnissen auf Probleme der Technik. Die größte Schwierigkeit besteht dabei im Allgemeinen in der Übertragung der theoretischen Methoden auf die Erfordernisse der Praxis.

In der theoretischen Wissenschaft wird das zu betrachtende Problem idealisiert, Umgebungseinflüsse werden eliminiert, die „Reibung" wird häufig vernachlässigt; man gelangt dann zu überschaubaren Zusammenhängen und Gesetzen. Ein technisches Problem ist dagegen oft kompliziert, mehrere Vorgänge überlagern sich, und einige der zur Lösung erforderlichen Größen sind unbekannt. Eine exakte Lösung ist zwar manchmal möglich, sie würde jedoch einen unvertretbar hohen Zeit- und Kostenaufwand erfordern. In vielen Fällen wird eine Näherungslösung genügen. Dabei muss das technische Problem so vereinfacht werden, dass es eine Lösung erlaubt. Hier ist zu entscheiden, welche Einflüsse wesentlich und welche unwesentlich sind. Diese Entscheidung stellt häufig eine wichtige und schwierige Aufgabe bei der rechnerischen Bewältigung technischer Probleme dar. Inzwischen wurden auch umfassende Werkzeuge entwickelt, mit denen thermodynamische Aufgabenstellungen — etwa in der Anlagen- und Gebäudetechnik — durch Simulationsrechnungen mit Hilfe von Näherungslösungen ohne geschlossene Gleichungen behandelt werden.

© Springer Fachmedien Wiesbaden GmbH, ein Teil von Springer Nature 2023
M. Dehli et al., *Grundlagen der Technischen Thermodynamik*,
https://doi.org/10.1007/978-3-658-41251-7_1

Nicht immer wird eine rechnerisch gewonnene Näherungslösung genügen. Man bedient sich daher auch experimenteller Methoden, um am Modell oder einer Großausführung die gewünschten Erkenntnisse zu erhalten; auch hierbei ist eine genaue Kenntnis der wissenschaftlichen Zusammenhänge erforderlich.

Es gibt nur wenige Gebiete der Technik, die von der Thermodynamik nicht berührt werden. Für einige Bereiche bildet sie das wissenschaftliche Fundament. Ohne Anspruch auf Vollständigkeit zu erheben und durch die Reihenfolge eine Rangordnung auszudrücken, seien genannt:

Energietechnik: Erzeugung elektrischer Energie aus den Energieträgern Kohle, Öl, Gas, Biomasse oder atomaren Brennstoffen (Bilder 1.1 und 1.2)

Heizungs- und Prozesswärmetechnik: Erzeugung von Wärme aus Gas, Öl, Kohle, Biomasse, Strom oder Solarenergie (Bilder 1.3 bis 1.5)

Energieumwandlung in Kraft- und Arbeitsmaschinen: Verbrennung von Kraftstoffen in Kraftmaschinen zum Antrieb von Fahrzeugen oder zur Erzeugung elektrischer Energie; Arbeitsmaschinen z. B. für die Verdichtung von Gasen oder Flüssigkeiten (Bild 1.6)

Kältetechnik: Kühlung von Stoffen oder Räumen unter die Umgebungstemperatur (Bild 1.7)

Wärmetechnik: z. B. Erwärmen oder Abkühlen von Stoffen in Wärmeübertragern (Bild 1.8)

Lüftungs- und Klimatechnik: z. B. Lufttemperierung, -befeuchtung oder -entfeuchtung, Luftzu- und -abfuhr bei Werkhallen und Aufenthaltsräumen (Bild 1.9)

Verbrennungsvorgänge; chemische Verfahrenstechnik: Verbrennung gasförmiger, flüssiger und fester Energieträger, chemische Prozesstechnik unter energetischen und exergetischen Gesichtspunktenb (Bild 1.10)

Bild 1.1 Neues Steinkohlekraftwerk; konventionelle Kraftwerksblöcke; Gas- und Dampfturbinen-Heizkraftwerk; Verbrennungsmotor-Kraftwerk (von links nach rechts)

Bild 1.2 Blockheizkraftwerk; ORC-Anlage; Brennstoffzellen-Kraftwerk (von links nach rechts)

Bild 1.3 Erdgas-Brennwertkessel; Stromerzeugende Heizung mit Brennstoffzelle und Brennwertkessel; Heizungsumwälzpumpen; Vakuum-Solarkollektor (von links nach rechts)

Bild 1.4 Kesselhaus mit verschiedenen Wärmeerzeugern; Dampfkesselanlage; Abhitzekessel mit Zusatzfeuerung; Hochtemperatur-Brennöfen (von links nach rechts)

Bild 1.5 Mehrstufiger Industriebrenner; Brenner für unterschiedliche Erdgasbeschaffenheiten; Herdbrenner; Brenner mit rekuperativer Wärmerückgewinnung (von links nach rechts)

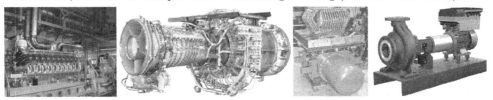

Bild 1.6 Dieselmotor; Gasturbine; Stirlingmotor; Flüssigkeitspumpe (von links nach rechts)

Bild 1.7 Plattenwärmeübertrager; Doppelrohr-Wärmeübertrager; Schichtenspeicher mit Rohrschlangen; Rotationswärmeübertrager; Regenerativer Wärmeübertrager (von links nach rechts)

Bild 1.8 Kaltwassersatz; Flüssigkeitskühler in Außenaufstellung; Absorptionskältemaschine; Industrie-Wärmepumpe (von links nach rechts)

Bild 1.9 Lüftungs- und Klimatechnik: Klima-Dachzentrale; Wärmepumpe zur Heizung und Kühlung von Großgebäuden; Blockheizkraftwerk, Absorptionswärmepumpe und Rückkühlwerk in einem Rechenzentrum (von links nach rechts)

Bild 1.10 Fluidtransport in einem Chemiewerk; Chemische Prozesstechnik; Seegestützte Erdgas-Förderungs- und -aufbereitungsanlage (von links nach rechts)

Eine Erforschung der thermodynamischen Vorgänge, die sich in Maschinen und Apparaten abspielen, erfordert die Einführung von Begriffen wie z. B. System und Umgebung, Zustand und Zustandsänderung, Zustandsgrößen, Prozess und Prozessgrößen.

1.2 System

Jener Bereich einer Maschine oder Anlage, der Gegenstand der thermodynamischen Untersuchung sein soll, wird als System bezeichnet. Er wird durch die Systemgrenze von der Umgebung abgegrenzt, die außerhalb des Systems liegt.

Die zu untersuchenden Systeme können sehr unterschiedliche Größen und Inhalte aufweisen. Ein System kann beispielsweise ein gesamtes Wärmekraftwerk umfassen, wenn sich die Untersuchung auf die Umwandlung der durch die Verbrennung der Brennstoffe frei werdenden Energie über die Energie des strömenden Wasserdampfes in die elektrische Energie, die von den Generatoren abgegeben wird, erstrecken soll (Bild 1.11). Ist dagegen die Energieumformung in der Dampfturbine zu betrachten, ist es sinnvoll, nur die Dampfturbine zum Inhalt des Systems zu machen. Schließlich wird die Energieumwandlung im Schaufelkanal der Dampfturbine deutlich, wenn ein Volumenelement des darin strömenden Wasserdampfes den Systeminhalt bildet.

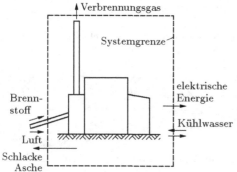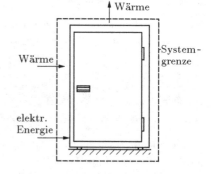

Bild 1.11 Wärmekraftwerk als Beispiel eines offenen Systems

Bild 1.12 Kühlschrank als Beispiel eines geschlossenen Systems

Bleibt in einem System die Stoffmenge konstant, so bezeichnet man es als ein geschlossenes System. Das Volumen der Stoffmenge kann veränderlich sein. Über die Systemgrenze hinweg gibt es keinen Stofftransport. Ein Energietransport über die Systemgrenze ist dagegen möglich. So ist beispielsweise ein Kühlschrank bei geschlossener Tür ein geschlossenes System (Bild 1.12): Hier fließt zwar ständig Wärme durch die Isolierschicht rings um den Kühlraum und damit über die Systemgrenze in das System hinein, und ständig gibt die Rohrschlange des Kondensators Wärme an die umgebende

Luft ab. Zum Antrieb des Kompressors wird dem System elektrische Energie zugeführt, aber es durchfließt kein Stoffstrom die Systemgrenze. Umlaufendes Kältemittel, gekühlte Luft und Speisen verbleiben ständig innerhalb des Systems.

Ein offenes System (Bilder 1.11, 1.14 und 1.15) wird durch einen bestimmten Raum definiert. Über die Systemgrenze können Stoff- und Energieströme fließen. So ist das oben beschriebene Wärmekraftwerk ein offenes System: Hier wird die Systemgrenze nicht nur von Energieströmen (z. B. elektrische Energie), sondern auch von Stoffströmen (z. B. Brennstoff, Wasser, Luft) überschritten. Auch der Kompressor eines Kühlschranks ist zeitweise ein offenes System: Im Betrieb fließt Kältemittel in das System hinein und verlässt es mit erhöhtem Druck. Der antreibende Elektromotor nimmt elektrische Energie auf. Sind jedoch Ein- und Auslassventil des Kompressors beim Verdichtungsvorgang zeitweise geschlossen (Bild 1.13), so liegt ein geschlossenes System vor.

Zwei Sonderfälle sind bemerkenswert: Wird die Systemgrenze weder von Stoff- noch von Energieströmen durchsetzt, so spricht man von einem abgeschlossenen System. Ein gegenüber der Umgebung wärmedichtes System wird als adiabates System bezeichnet.

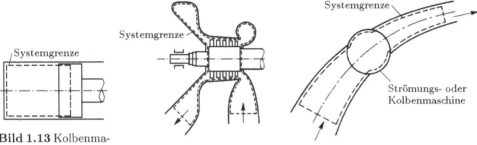

Bild 1.13 Kolbenmaschine (einfaches geschlossenes System)

Bild 1.14 Turbine (einfaches offenes System)

Bild 1.15 Schema eines einfachen offenen Systems

Zur Darstellung der thermodynamischen Gesetzmäßigkeiten bedienen wir uns im Folgenden einfacher Systeme, die besser überschaubar sind. Diese einfachen Systeme enthalten außer festen Maschinenteilen (z. B. Wellen, Laufräder) ein einheitliches homogenes Fluid (Gas oder Flüssigkeit). Das einfache geschlossene System ist etwa der homogene Inhalt eines Behälters mit konstantem Volumen oder eines Zylinders, der durch einen beweglichen Kolben verschlossen wird. Das einfache offene System kann etwa ein strömendes Fluid in einer Rohrleitung, in einer Strömungs- oder Kolbenmaschine oder in einem Wärmeübertrager sein.

Nicht einfache Systeme sind z. B. Wasser und Wasserdampf (zwei Phasen) im Dampfkessel oder die — örtlich unterschiedlich zusammengesetzten — Verbrennungsgase im Brennraum eines Kessels bzw. im Zylinder einer Verbrennungskraftmaschine (Verbrennungsprozesse).

1.3 Zustand, Zustandsgrößen, Zustandsänderungen

Alle messbaren Eigenschaften eines Systems stellen den Zustand eines Systems dar. Die Beschreibung eines Zustands erfolgt durch Zustandsgrößen, die stets wieder denselben Wert annehmen, wenn der Zustand des Systems wieder der gleiche ist.

In der Mechanik untersucht man den äußeren Zustand eines Körpers. Zur Kennzeichnung des äußeren Zustands eines Körpers gehören Angaben über die Ortskoordinaten, die Geschwindigkeit oder die Beschleunigung. In der Thermodynamik interessiert man sich dagegen für den inneren Zustand, der bei einfachen Systemen, wie sie im Folgenden stets vorausgesetzt werden, durch die Masse m, den Druck p, das Volumen V und die Temperatur T beschrieben wird. T ist die absolute oder thermodynamische Temperatur auf der *Kelvin*-Skala [1] (Abschnitt 3.5.3 und 4.1.2). Der Zusammenhang mit der Temperatur t auf der *Celsius*-Skala [2] wird durch die Beziehung

$$T = T_0 + t \tag{1.1}$$

ausgedrückt, wobei

$$T_0 = 273{,}15 \text{ K} \tag{1.2}$$

der Nullpunkt der *Celsius*-Skala auf der *Kelvin*-Skala ist. Der Nullpunkt der *Kelvin*-Skala $T = 0$ K ist der absolute Nullpunkt. Mit $\mathrm{d}T = \mathrm{d}t$ ist die Temperaturänderung

$$T_2 - T_1 = t_2 - t_1 \tag{1.3}$$

auf beiden Skalen gleich (Bild 1.16).

Die Zustandsgrößen Druck p, Volumen V und Temperatur T werden als thermische Zustandsgrößen bezeichnet. Diese sind für den Konstrukteur einer Maschine oder Anlage wichtig: Das Volumen oder der Volumenstrom bestimmt die Größe, der Druck die Wandstärke und die Temperatur die Materialauswahl der zu entwerfenden Konstruktion. In der Thermodynamik kennt man außerdem kalorische Zustandsgrößen, die in den Abschnitten 2.5 und 3.3 besprochen werden.

Die thermischen Zustandsgrößen sind bei konstanter Stoffmenge durch die folgende Beziehung verknüpft, die als thermische Zustandsgleichung bezeichnet wird (Abschnitt 4.1.5, 4.1.6 und 5.3):

$$F(p,V,T) = 0 \tag{1.4}$$

Bleiben alle den Zustand eines geschlossenen Systems beschreibenden thermischen Zustandsgrößen zeitlich konstant, so befindet sich das System im Gleichgewicht. Der Zustand eines geschlossenen Systems kann durch Einwirkung von außen verändert werden, z. B. durch eine Erwärmung oder Abkühlung der Stoffmenge oder eine Veränderung des Systemvolumens. Dabei werden sich in der Regel die Zustandsgrößen verändern. Da Zustandsgrößen nur vom Zustand des Systems abhängen, folgt als wichtige Konsequenz, dass für den erreichten Endwert einer Zustandsgröße der Weg, auf dem dieser Endwert erreicht wird, ohne Bedeutung ist. Zustandsgrößen sind wegunabhängig, d. h. der Endwert einer Zustandsgröße hängt nicht von der Art und Weise ab, wie man zu diesem Endwert gelangt. Ist der erreichte Endzustand des Systems der gleiche wie der Anfangszustand, so haben die Zustandsgrößen wieder den gleichen Wert wie zu Beginn der Zustandsänderung.

Die Eigenschaft, wegunabhängig zu sein, ist nicht für alle Größen selbstverständlich. Erwärmt man beispielsweise eine Gasmenge von einer Temperatur T_1 auf eine Temperatur T_2 bei konstantem Druck, während man eine zweite gleiche Gasmenge vom gleichen Anfangszustand über verschiedene Zwischenzustände mit Druckänderungen schließlich in den gleichen Endzustand mit der Temperatur T_2 und dem Anfangsdruck führt, so sind die zurückgelegten Wege auf alle Zustandsgrößen ohne Einfluss. Fragt man jedoch nach der für diese Zustandsänderungen

---

[1] Sir *William Thomson*, 1824 bis 1907, seit 1892 Lord *Kelvin*, Professor der Physik in Glasgow.
[2] *Anders Celsius*, 1701 bis 1744, schwedischer Astronom, Direktor der Sternwarte in Uppsala.

erforderlichen Wärme oder nach der zu leistenden Arbeit, so zeigen diese beiden Zustandsänderungen deutliche Unterschiede. Wärme und Arbeit sind keine Zustandsgrößen, sondern
Prozessgrößen, da zu ihrer Beschreibung auch die Angabe des zurückgelegten Weges gehört.

Die Stoffmenge des Fluids in einem geschlossenen System kann durch die Masse m oder
die Molmenge n beschrieben werden. Zwischen beiden besteht die Beziehung

$$m = Mn \ , \tag{1.5}$$

wobei M als Molmasse bezeichnet wird. Die Masse m lässt sich als Produkt aus der
Dichte ϱ und dem Volumen V darstellen: $m = \varrho V$

In einem offenen System tritt an die Stelle der Stoffmenge der Stoffstrom; er wird durch
den Massenstrom $\dot{m}$ oder den Molmengenstrom $\dot{n}$ beschrieben:

$$\dot{m} = \frac{m}{\tau} \qquad\qquad \dot{n} = \frac{n}{\tau} \tag{1.6}$$

Darin ist τ die Zeitdauer, in welcher die Masse m bzw. die Molmenge n durch einen Strömungsquerschnitt fließt. Ist der Massen- oder Molmengenstrom in einem betrachteten
Querschnitt zeitlich konstant, so bezeichnet man den Strömungsvorgang als stationär.
Der Massenstrom $\dot{m}$ lässt sich als Produkt aus der Dichte ϱ und dem Volumenstrom
$\dot{V}$ darstellen: $\dot{m} = \varrho \dot{V}$

Beim Dauerlauf von Maschinen stellen sich im Allgemeinen stationäre Vorgänge ein.
In diesem Fall gelten die Gln. (1.6). Beim Anfahren oder Stillsetzen steigt bzw. fällt
der Stoffstrom, der Vorgang ist instationär. Aus den Gln. (1.6) wird

$$\dot{m} = \frac{\mathrm{d}m}{\mathrm{d}\tau} \qquad\qquad \dot{n} = \frac{\mathrm{d}n}{\mathrm{d}\tau} \ . \tag{1.7}$$

In einem offenen System sollen im Folgenden stationäre Vorgänge vorausgesetzt werden.

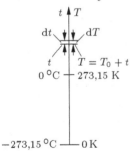
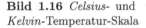
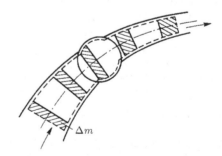

Bild 1.16 *Celsius-* und
Kelvin-Temperatur-Skala

Bild 1.17 Bewegtes geschlossenes System: Gasmenge Δm
bei der Strömung durch ein offenes System

Im geschlossenen System liegt einer Zustandsänderung ein zeitlicher Ablauf zu Grunde.
Die Ziffern an den Zustandsgrößen bezeichnen ein zeitliches Nacheinander. So hat das
System z. B. zunächst die Temperatur T_1 und danach am gleichen Ort die Temperatur
T_2. Im offenen System bezeichnen die Ziffern dagegen die örtliche Reihenfolge der
Zustände des Massenstroms, wobei die Zählweise durch die Strömungsrichtung des
Fluids bestimmt wird. So hat ein Massenstrom am Eintritt in das System z. B. die
Temperatur T_1 und am Austritt aus dem System zur gleichen Zeit die Temperatur T_2.

Beide Betrachtungsweisen lassen sich kombinieren, wenn man eine abgegrenzte Stoff-menge mit der Masse Δm beim Durchgang durch ein offenes System verfolgt. Diese abgegrenzte Stoffmenge kann man als ein bewegtes geschlossenes System auffassen (Bild 1.17). In der betrachteten Stoffmenge Δm ändern sich die Zustandsgrößen im zeitlichen Nacheinander zwischen zwei an verschiedenen Orten gleichzeitig auftretenden Zustän-den.

Zustandsänderungen, bei denen bestimmte Zustandsgrößen konstant gehalten werden, hat man mit besonderen Namen belegt:

$$
\begin{array}{lll}
V = \text{const} & \mathrm{d}V = 0 & \text{Isochore} \\
p = \text{const} & \mathrm{d}p = 0 & \text{Isobare} \\
T = \text{const} & \mathrm{d}T = 0 & \text{Isotherme}
\end{array}
$$

1.4   Prozess, Prozessgrößen

Das Einwirken auf ein System wird als Prozess bezeichnet, wobei im allgemeinen Fall eine Zustandsänderung der Stoffmenge bewirkt wird. Dabei ist es möglich, dass dieselbe Zustandsänderung durch verschiedene Prozesse hervorgerufen wird.

Dies wird an folgendem Beispiel deutlich: Die Aussage, dass eine bestimmte Menge Wasser von $10\,°\mathrm{C}$ auf $20\,°\mathrm{C}$ in einem offenen Behälter (und damit isobar) erwärmt wird, genügt zur Beschreibung der Zustandsänderung. Der Prozess, zu dem diese Zustandsänderung gehört, ist damit noch nicht festgelegt. Er kann so ablaufen, dass die Erwärmung durch eine Wärmezufuhr von außen erfolgt. Zur gleichen Zustandsänderung kann man auch gelangen, wenn im Wasser ein Rührwerk rotiert, wobei die Erwärmung durch Reibungsarbeit erfolgt.

Wenn auch mit dem Ablauf eines Prozesses im Allgemeinen eine Zustandsänderung verbunden ist, so müssen doch beide Begriffe streng unterschieden werden. Die Angabe des Prozesses beschreibt das Geschehen genauer, die Angabe der Zustandsänderung ist nur ein Teil der Prozessbeschreibung. Aus dem oben angeführten Beispiel können wir folgern, dass die Energiegrößen Wärme und Reibungsarbeit durch die Angabe der Zustandsänderung allein nicht beschrieben werden können. Es ist vielmehr die Kennt-nis des Prozessablaufs notwendig, um eine Aussage über die bei der Zustandsänderung benötigte Wärme oder Reibungsarbeit machen zu können. Wärme und Reibungsarbeit werden deshalb als Prozessgrößen bezeichnet und sind keine Zustandsgrößen. Im Ge-gensatz zu den Zustandsgrößen sind die Prozessgrößen wegabhängig. Sie wirken über die Prozessdauer und damit während der Zustandsänderung auf das System ein.

Aufgaben zu Abschnitt 1

1. Beim Gasschweißen werden Ethin (Azetylen) C_2H_2 und Sauerstoff O_2 zur Erzeugung hoher Temperaturen miteinander zur Reaktion gebracht. Diese Gase befinden sich in zwei Druckgas-flaschen und weisen die Massen 3,418 kg sowie 10,500 kg auf. Wie groß sind die Molmengen n beider Gase, wenn deren Molmassen M 26,04 kg/kmol und 32,00 kg/kmol betragen?

2. In einen Behälter strömen gleichmäßig 0,04 kmol/min flüssiges Bioethanol (Ethylalkohol) C_2H_5OH ein; dessen Molmasse M beträgt 46,08 kg/kmol. Wie groß ist der Massenstrom? Wie viele Stunden dauert es, bis der Behälter 221 kg Bioethanol enthält?

3. Für den Transport auf dem Seeweg in Tankschiffen wird Erdgas verflüssigt (Liquefied Natu-ral Gas LNG) und als Flüssigmethan CH_4 bei Umgebungsdruck tiefkalt bei einer Temperatur von $t = -161,5\,°\mathrm{C}$ gespeichert. Wie groß ist die *Kelvin*temperatur des LNG?

2 Der erste Hauptsatz der Thermodynamik

2.1 Das Prinzip von der Erhaltung der Energie

In der Mechanik wird das Prinzip der Erhaltung der Energie auf zwei Energiearten angewandt, die bei der reibungsfreien Bewegung von Körpern im Schwerefeld der Erde auftreten: die potentielle und die kinetische Energie. Es besagt, dass in einem abgeschlossenen mechanischen System die Summe beider Energien konstant bleibt.

In der Thermodynamik wird das Prinzip von der Erhaltung der Energie auf folgende Energiearten angewandt:

> mechanische Energie (potentielle Energie, kinetische Energie)
> Arbeit
> thermische Energie (innere Energie, Wärme, Enthalpie)
> elektrische Energie
> chemische Energie
> Kernenergie

Man bezeichnet dieses umfassende Energieprinzip als ersten Hauptsatz der Thermodynamik. Bei der Formulierung des ersten Hauptsatzes erscheinen nur mechanische und thermische Energie oder die Arbeit. Die anderen Energiearten werden durch die mechanische oder die thermische Energie oder die Arbeit ersetzt.

Will man die historische Entwicklung nachzeichnen, die zur Formulierung dieses Satzes geführt hat, so muss man beachten, dass der Begriff der Wärme in der neueren Thermodynamik eine gegenüber dem üblichen Sprachgebrauch einschränkende Definition erfahren hat. In der folgenden Darstellung wird heute der umfassendere Begriff der thermischen Energie an die Stelle des früher üblichen Begriffs Wärme gesetzt.

Lange herrschte die Auffassung vor, dass die thermische Energie keine Energieform, sondern eine stoffliche Größe sei. Erst am Ende des 18. und im 19. Jahrhundert setzte sich die Auffassung von der energetischen Natur dieser Größe durch. In den Jahren 1842 bis 1850 wies *Joule* [1] experimentell nach, dass die Umwandlung mechanischer Energie in thermische Energie immer dasselbe Werteverhältnis erbrachte. Unabhängig davon hatte *Mayer* [2] 1842 dies durch theoretische Überlegungen berechnet und darauf hingewiesen, dass auch die umgekehrte Energieumwandlung möglich ist.

Helmholtz [3] entwickelte 1847 das erweiterte Prinzip von der Erhaltung der Energie, das seitdem als erster Hauptsatz der Thermodynamik bezeichnet wird:

---

[1] *James Prescott Joule* (gesprochen dschuhl), 1818 bis 1889, Besitzer einer Brauerei, beschäftigte sich mit experimentellen Untersuchungen über elektromagnetische Vorgänge und den Beziehungen zwischen Wärme und Arbeit.

[2] *Robert Mayer*, 1814 bis 1878, seit 1841 Arzt in Heilbronn. Seine Forschungen zur Äquivalenz von Arbeit und Wärme fanden nicht die notwendige Anerkennung der zeitgenössischen Physiker.

[3] *Hermann von Helmholtz*, 1821 bis 1894, studierte Medizin und Physiologie, 1849 Professor der Physiologie in Königsberg, kam über Bonn und Heidelberg 1871 als Professor für Physik nach Berlin, 1888 Präsident der neu gegründeten Physikalisch-Technischen Reichsanstalt in Charlottenburg. In seiner das Energieprinzip formulierenden Abhandlung „Über die Erhaltung der Kraft" werden die Verdienste von *J. R. Mayer* nicht erwähnt. Der Begriff der „Kraft" wurde früher im Sinne von „Energie" verwendet.

© Springer Fachmedien Wiesbaden GmbH, ein Teil von Springer Nature 2023
M. Dehli et al., *Grundlagen der Technischen Thermodynamik*,
https://doi.org/10.1007/978-3-658-41251-7_2

In einem abgeschlossenen System kann der Gesamtbetrag der Energie weder vergrößert noch verkleinert werden. Es können lediglich die verschiedenen Energiearten ineinander umgewandelt werden.

Nach dem ersten Hauptsatz ist auch ein „perpetuum mobile" unmöglich. Man versteht darunter nicht eine Vorrichtung, die ohne äußeren Antrieb in ständiger Bewegung bleibt, wie das der Name eigentlich aussagt, sondern eine Maschine, die ohne Zufuhr von Energie dauernd Arbeit leistet. Eine immerwährende Bewegung ohne Antrieb ist bei fehlender Reibung möglich und steht nicht im Widerspruch zum Energieprinzip. Ein Beispiel ist die Bewegung der Planeten um die Sonne. Da ein „perpetuum mobile" dem ersten Hauptsatz widerspricht, kann man diesen auch wie folgt formulieren:

Ein perpetuum mobile erster Art ist unmöglich.

Der erste Hauptsatz der Thermodynamik stellt ein Prinzip (Axiom) dar und kann nicht bewiesen werden. Seine Gültigkeit ist jedoch durch viele Experimente sichergestellt.

Im Folgenden sollen die verschiedenen in der Thermodynamik auftretenden Energiearten definiert und eine gesetzmäßige Formulierung der Energieumwandlungen für das geschlossene und das offene System gefunden werden. Dabei ist es erforderlich, für die noch genauer zu beschreibenden Größen „Wärme" und „Arbeit" Vorzeichenvereinbarungen festzulegen. Diese Vereinbarung wird vom System aus getroffen und festgelegt (Bild 2.1):

Arbeit und Wärme sind positiv, wenn sie dem System zugeführt und negativ, wenn sie vom System abgegeben werden.

Bild 2.1 Vorzeichenvereinbarung und Darstellung von Wärme und Arbeit

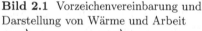 Wärme

 Arbeit

2.2 Potentielle Energie

Die Kräfte im Schwerefeld der Erde sind die Ursache für die potentielle Energie. . Im Schwerefeld der Erde wirken auf jeden Körper zwei Kräfte, das Gewicht G und der Auftrieb A. Der statische oder archimedische Auftrieb A, der dann auftritt, wenn ein Körper in ein gasförmiges oder flüssiges Medium eingetaucht ist, kann kleiner, gleich oder auch größer als das Gewicht G des Körpers sein. Der Auftrieb errechnet sich aus dem Gewicht des durch den Körper verdrängten gasförmigen oder flüssigen Mediums, das den Körper umgibt. Das Gewicht G eines Körpers oder einer Stoffmenge mit der Masse m, dem Volumen V, der Dichte ϱ und dem spezifischen Gewicht γ ist

$$G = m\,g = V\varrho\,g = V\gamma \,.$$
(2.1)

Dabei ist g die Fallbeschleunigung.

$$g = 9{,}80665 \text{ m/s}^2 = 9{,}80665 \text{ N/kg}$$
(2.2)

Bei technischen Berechnungen rechnet man meist mit dem gerundeten Wert 9,81 m/s^2.

Der Auftrieb A eines Körpers oder einer Stoffmenge in einer Umgebung mit der Dichte ϱ_U und dem spezifischen Gewicht γ_U ist

$$A = V \varrho_U \, g = V \gamma_U \; . \tag{2.3}$$

Wenn bei der Überlagerung des Gewichts und des Auftriebs das Gewicht überwiegt, ist der Gewichtsüberschuss oder das resultierende Gewicht positiv, überwiegt der Auftrieb, dann ist der Gewichtsüberschuss negativ:

$$F = G - A = V(\varrho - \varrho_U) \, g = V(\gamma - \gamma_U) \tag{2.4}$$

Bei festen Körpern oder Flüssigkeiten, die sich in einem Gas befinden, kann man im Allgemeinen den Auftrieb A vernachlässigen. Bei Gasen ist diese Vernachlässigung nicht möglich, da Gewicht und Auftrieb von gleicher Größenordnung sind.

Denkt man sich in einem Luftraum eine Teilluftmenge von gleicher Temperatur abgegrenzt (z. B. in einem Heißluftballon vor dem Start), so ist für diese Teilluftmenge $G = A$ und $F = 0$. Eine gegenüber ihrer Umgebung erwärmte Teilluftmenge (z. B. im Heißluftballon nach dem Start) mit dem spezifischen Gewicht γ, die ein bestimmtes Volumen V einnimmt, erfährt nach Gl. (2.4) wegen $\gamma < \gamma_U$ einen negativen Gewichtsüberschuss. In der erwärmten Teilluftmenge und in der Umgebung herrscht derselbe Druck. Vor der Erwärmung nahm die Teilluftmenge, die im erwärmten Zustand das Volumen V ausfüllt, das Volumen V_U ein. Das Gewicht dieser Teilluftmenge hat sich durch die Erwärmung nicht geändert:

$$V\gamma = V_U \, \gamma_U \tag{2.5}$$

Im Luftraum gilt zwischen dem spezifischen Gewicht und der absoluten Temperatur die Beziehung

$$\frac{\gamma}{\gamma_U} = \frac{T_U}{T} \; . \tag{2.6}$$

Mit dem thermischen Ausdehnungskoeffizienten eines idealen Gases (Abschnitt 4.1.2)

$$\beta = \frac{1}{T} \qquad\qquad \beta_U = \frac{1}{T_U} \tag{2.7}$$

folgt aus Gl. (2.6)

$$\frac{\gamma}{\gamma_U} = \frac{\beta}{\beta_U} \; . \tag{2.8}$$

Mit der Übertemperatur der erwärmten Luft gegenüber der Umgebung

$$\Delta t = T - T_U \tag{2.9}$$

erhält man aus den Gln. (2.4) bis (2.9) den Gewichtsüberschuss

$$F = -V \, \gamma_U \, \beta \, \Delta t = -V \, \gamma \, \beta_U \, \Delta t = -V_U \, \gamma_U \, \beta_U \, \Delta t \; . \tag{2.10}$$

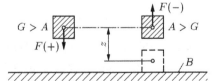

Bild 2.2 Darstellung der potentiellen Energie   B Bezugsebene

Die potentielle Energie eines Körpers oder einer Stoffmenge ist

$$E_p = F \, z = V(\varrho - \varrho_U) \, g \, z \; , \tag{2.11}$$

wobei z die von einer Bezugsebene B gemessene Höhe ist (Bild 2.2). Sie entspricht der Arbeit, die erforderlich ist, um den Körper reibungsfrei von der Bezugsebene B auf die Höhe z zu heben. Für die Thermodynamik ist vor allem die Änderung der potentiellen Energie eines Stoffstroms zwischen Ein- und Austrittsquerschnitt eines offenen Systems wichtig, wenn sich die Höhenlage ändert.

Ist die Veränderlichkeit der Dichten ϱ und ϱ_U abhängig von z vernachlässigbar, so gilt

$$E_{p2} - E_{p1} = V(\varrho - \varrho_U)\, g\, (z_2 - z_1) \,. \tag{2.12}$$

Kann man vom Auftrieb absehen, so wird aus Gl. (2.12)

$$E_{p2} - E_{p1} = V\varrho\, g\, (z_2 - z_1) = m\, g\, (z_2 - z_1) \,. \tag{2.13}$$

Der Weg, auf dem die Höhenänderung erfolgt, ist ohne Einfluss. Die potentielle Energie ist eine Zustandsgröße.

Beispiel 2.1   Der Höhenunterschied zwischen den beiden Becken eines Speicherkraftwerks beträgt 220 m. Welche Leistung lässt sich in einer Turbinenanlage gewinnen, wenn ein Wasserstrom von 20 m^3/s vom oberen in das untere Becken strömt?

$$
\begin{aligned}
\dot{E}_{p2} - \dot{E}_{p1} &= \dot{m}\, g\, (z_2 - z_1) = \dot{V}\varrho\, g\, (z_2 - z_1) \\
&= 20\, \frac{\text{m}^3}{\text{s}} \cdot 10^3\, \frac{\text{kg}}{\text{m}^3} \cdot 9{,}81\, \frac{\text{m}}{\text{s}^2} \cdot (-220\ \text{m})\, \frac{\text{N s}^2}{\text{kg m}}\, \frac{\text{MJ}}{10^6\, \text{N m}}\, \frac{\text{MW s}}{\text{MJ}} = -43{,}2\ \text{MW}
\end{aligned}
$$

Könnte die Differenz der potentiellen Energie voll genutzt werden, so ließe sich eine Leistung von 43,2 MW gewinnen.

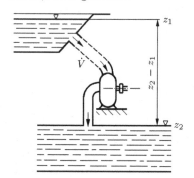

← **Bild 2.3** Zu Beispiel 2.1

↓ **Bild 2.4** Zu Beispiel 2.2

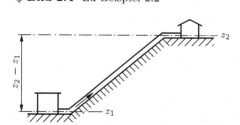

Beispiel 2.2   Ein Gasversorgungsgebiet liegt 80 m über dem Gaswerk, in dem Erdgas mit einer Dichte von $\varrho = 0{,}742$ kg/m^3 in das Leitungsnetz eingespeist wird. Die Umgebungsluft hat eine Dichte von $\varrho_U = 1{,}16$ kg/m^3. Wie groß ist die Differenz der potentiellen Energie zwischen Gaswerk und Versorgungsgebiet für 1 m^3 Erdgas?

$$
\begin{aligned}
E_{p2} - E_{p1} &= m\, g\, (z_2 - z_1) = V\varrho\, g\, (z_2 - z_1) \\
&= 1\ \text{m}^3 \cdot (0{,}742 - 1{,}16)\, \frac{\text{kg}}{\text{m}^3} \cdot 9{,}81\, \frac{\text{m}}{\text{s}^2} \cdot 80\ \text{m}\, \frac{\text{N s}^2}{\text{kg m}}\, \frac{\text{J}}{\text{N m}} = -328\ \text{J}
\end{aligned}
$$

Die Differenz der potentiellen Energie kann zur Überwindung der Rohrreibung genutzt werden.

Tabelle 2.1 Beziehungen zwischen Druckeinheiten

		Pa	bar	Torr*	atm*	at*
1 Pa	=	1	10^{-5}	$7{,}50062 \cdot 10^{-3}$	$9{,}86923 \cdot 10^{-6}$	$1{,}01972 \cdot 10^{-5}$
1 bar	=	10^5	1	750,062	0,986923	1,01972
1 Torr*	=	133,322	$1{,}33322\cdot 10^{-3}$	1	$1{,}31579\cdot 10^{-3}$	$1{,}35951\cdot 10^{-3}$
1 atm*	=	101325	1,01325	760	1	1,03323
1 at*	=	98066,5	0,980665	735,559	0,967841	1

* Einheiten seit 1. 1. 1978 nicht mehr zulässig   1 Pa = 1 N/m^2
1 MPa = 10 bar   1 Torr = 1 mm Hg   1 at = 1 kp/cm^2 1 mm WS = 1 kp/m^2

Tabelle 2.2 Beziehungen zwischen Energieeinheiten

		J	kJ	kW h	kcal*	kp m*
1 J	=	1	10^{-3}	$2{,}7778 \cdot 10^{-7}$	$2{,}3885 \cdot 10^{-4}$	1,10197
1 kJ	=	10^3	1	$2{,}7778 \cdot 10^{-4}$	0,23885	1019,7
1 kW h	=	$3{,}6 \cdot 10^6$	$3{,}6 \cdot 10^3$	1	859,85	367098
1 kcal*	=	4186,8	4,1868	$1{,}1630 \cdot 10^{-3}$	1	426,935
1 kp m*	=	9,80665	$9{,}80665 \cdot 10^{-3}$	$2{,}7241 \cdot 10^{-6}$	$2{,}3423 \cdot 10^{-3}$	1

* Einheiten seit 1. 1. 1978 nicht mehr zulässig
$1\,\mathrm{N} = 1\,\mathrm{kg\,m/s^2}$ $1\,\mathrm{J} = 1\,\mathrm{N\,m} = 1\,\mathrm{kg\,m^2/s^2} = 1\,\mathrm{W\,s}$

Tabelle 2.3 Beziehungen zwischen Leistungseinheiten

		W	kW	kcal/h*	kp m/s*
1 W	=	1	10^{-3}	0,85985	0,10197
1 kW	=	10^3	1	859,85	101,97
1 kcal/h*	=	1,1630	$1{,}1630 \cdot 10^{-3}$	1	0,11859
1 kp m/s*	=	9,80665	$9{,}80665 \cdot 10^{-3}$	8,4322	1

* Einheiten seit 1. 1. 1978 nicht mehr zulässig

2.3 Kinetische Energie

Wenn ein Körper mit der Masse m vom Ruhezustand auf die Geschwindigkeit c beschleunigt werden soll, muss an dem Körper eine bestimmte Arbeit geleistet werden. Diese Arbeit ist in dem sich bewegenden Körper gespeichert und wird als kinetische Energie bezeichnet. Nach den Gesetzen der Mechanik ist die kinetische Energie

$$E_k = m\,\frac{c^2}{2}\ . \tag{2.14}$$

Tritt ein Fluid mit der Geschwindigkeit c_1 in ein offenes System ein und ist die Austrittsgeschwindigkeit c_2, so ist die Änderung der kinetischen Energie des Fluids

$$E_{k2} - E_{k1} = \frac{m}{2}\,(c_2^2 - c_1^2)\ \ . \tag{2.15}$$

Die Geschwindigkeit der Stoffteilchen ist in einer wirklichen Strömung in einem bestimmten Querschnitt örtlich verschieden; man benutzt deshalb zur Berechnung der kinetischen Energie die mittlere Strömungsgeschwindigkeit c. Man erhält sie, wenn man den Volumenstrom $\dot{V}$ durch die Querschnittsfläche A dividiert.

$$c = \frac{\dot{V}}{A} \tag{2.16}$$

Die kinetische Energie ist eine Zustandsgröße.

Beispiel 2.3 Ein mit einer Geschwindigkeit von 1,2 m/s strömendes Gewässer stürzt in einem Wasserfall eine Höhe von 14 m frei herunter. Welchen Zuwachs an kinetischer Energie erfährt 1 m^3 Wasser? Welche Geschwindigkeit erreicht das Wasser?

$$E_{k2} - E_{k1} = \frac{m}{2}\,(c_2^2 - c_1^2) = m\,g\,h = 1000\ \mathrm{kg} \cdot 9{,}81\,\frac{\mathrm{m}}{\mathrm{s^2}} \cdot 14\ \mathrm{m}\,\frac{\mathrm{N\,s^2}}{\mathrm{kg\,m}}\,\frac{\mathrm{kJ}}{10^3\,\mathrm{N\,m}} = 137\ \mathrm{kJ}$$

$$c_2 = \sqrt{2\,g\,h + c_1^2} = \sqrt{2 \cdot 9{,}81\,\frac{\mathrm{m}}{\mathrm{s^2}} \cdot 14\ \mathrm{m} + (1{,}2\,\frac{\mathrm{m}}{\mathrm{s}})^2} = 16{,}6\,\frac{\mathrm{m}}{\mathrm{s}}$$

2.4   Arbeit

Der Begriff der Arbeit ist aus der Mechanik entlehnt. Mechanische Arbeit wird von Kräften geleistet, deren Angriffspunkt sich in Richtung der Kraft verschiebt. Dabei ist Arbeit gleich Kraft mal Weg. Wenn an einem Körper Arbeit geleistet wird, dann erhöht sich seine Energie. Die Energieerhöhung hat ihre Ursache in der geleisteten Arbeit; kann die Reibung vernachlässigt werden, so lässt sich die Energieerhöhung wieder vollständig in Arbeit rückumwandeln. Die vorgenommene Energieerhöhung lässt sich daher auch als Arbeitsfähigkeit erklären.

Energie und Arbeit haben dieselbe Dimension. Das bedeutet, dass sie von derselben Größenart sind und in denselben Einheiten gemessen werden. Energie ist ein Oberbegriff, der auch die Arbeit mit einschließt. Andererseits muss man auch zwischen Energie und Arbeit unterscheiden. Mit der Beschreibung der Energie eines Körpers beschreibt man einen Zustand, während Arbeit ein in einem Zeitraum ablaufender Vorgang ist. Man kann vom Energieinhalt eines Körpers sprechen, einen Arbeitsinhalt gibt es nicht. Arbeit ist eine Form der Energieübertragung.

Die Arbeit tritt in der Thermodynamik in mehreren Erscheinungsformen auf, die man zur besseren Unterscheidung mit verschiedenen Namen bezeichnet.

2.4.1   Volumenänderungsarbeit

Zur Erklärung der Volumenänderungsarbeit betrachten wir ein einfaches geschlossenes System mit veränderlichem Volumen (Bild 2.5). Der durch einen reibungsfrei beweglichen Kolben verschlossene Zylinder enthalte ein Gas, das einen Druck p auf die Berandung des Systems und damit auf den Kolben ausübt. An dem Kolben greift eine Normalkraft F an. Die am Kolben angreifenden Kräfte F und $F_p = p\,A$ befinden sich im Gleichgewicht.

$$\vec{F} + \vec{F_p} = 0 \qquad \vec{F} = -\vec{F_p} \tag{2.17}$$

Da die Wirkungslinien der Kräfte gleich sind, gilt auch

$$F = -p\,A \ . \tag{2.18}$$

Um das Gas reibungsfrei zu komprimieren, verschieben wir den Kolben um das Wegelement $\mathrm{d}s$. Die Kraft F verrichtet die Arbeit

$$\mathrm{d}W_V = F\,\mathrm{d}s \ . \tag{2.19}$$

Diese Arbeit verändert das Gasvolumen, sie wird daher Volumenänderungsarbeit genannt. Das Wegelement $\mathrm{d}s$ lässt sich durch die Kolbenfläche A und die Volumenänderung $\mathrm{d}V$ ausdrücken:

$$\mathrm{d}W_V = -p\,A\,\mathrm{d}s = -p\,A\,\frac{\mathrm{d}V}{A} = -p\,\mathrm{d}V \tag{2.20}$$

Gl. (2.20) erfüllt die in Abschnitt 2.1 aufgestellte Vorzeichenvereinbarung. Bei der Kompression des Gasvolumens wird dem System Arbeit zugeführt, sie muss deshalb positiv werden; bei einer Expansion (dV positiv) wird vom System Arbeit abgegeben, die Volumenänderungsarbeit wird negativ.

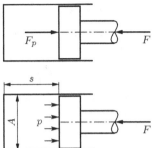

Die Volumenänderungsarbeit, die auf dem Weg vom Anfangszustand 1 zum Endzustand 2 geleistet wird, erhält man durch Integration der Gl. (2.20). Es ist üblich, anstelle der Integrationsgrenzen V_1 und V_2 nur die Ziffern 1 und 2 zu schreiben:

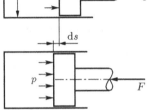

$$W_{V12} = -\int_1^2 p\,dV \qquad (2.21)$$

Das Integral wird durch den Verlauf der Zustandskurve zwischen den Punkten 1 und 2 im p,V-Diagramm bestimmt und ist daher vom Weg abhängig (Bild 2.5 unten). Die Volumenänderungsarbeit ist keine Zustandsgröße, sondern eine Prozessgröße. Das wird auch durch die Schreibweise zum Ausdruck gebracht:

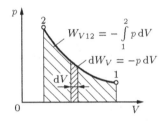

$$\int_1^2 dW_V = W_{V12} \qquad (2.22)$$

Die Schreibweise $W_{V2} - W_{V1}$ wäre falsch.

Bild 2.5 Darstellung der Volumenänderungsarbeit im p,V- Diagramm

Beispiel 2.4 1 kg des Kältemittels R 134 a mit einer Temperatur von 20 °C und einem Volumen $V_1 = 0{,}2344$ m³ soll auf ein Volumen von $V_2 = 0{,}04296$ m³ isotherm verdichtet werden. Der Druck hängt nach Beispiel 5.9 bei der isothermen Zustandsänderung in folgender Weise vom Volumen ab:

$$p = \frac{\varphi_0}{V} + \frac{\varphi_1}{V^2} + \frac{\varphi_2}{V^3}$$

$\varphi_0 = 0{,}23888$ m³ bar $\qquad \varphi_1 = -0{,}0010558$ m⁶ bar $\qquad \varphi_2 = 0{,}00000087285$ m⁹ bar

Welche Volumenänderungsarbeit ist zu verrichten?

$$W_{V12} = -\int_1^2 p\,dV = -\varphi_0 \int_1^2 \frac{dV}{V} - \varphi_1 \int_1^2 \frac{dV}{V^2} - \varphi_2 \int_1^2 \frac{dV}{V^3}$$

$$= -\varphi_0 \ln\frac{V_2}{V_1} + \varphi_1 \left(\frac{1}{V_2} - \frac{1}{V_1}\right) + \frac{\varphi_2}{2}\left(\frac{1}{V_2^2} - \frac{1}{V_1^2}\right)$$

$$= 0{,}38548 \text{ m}^3 \text{ bar} \frac{10^5 \text{ N}}{\text{bar m}^2} \frac{\text{kJ}}{10^3 \text{ N m}} = 0{,}38548 \text{ m}^3 \text{ bar} \frac{100 \text{ kJ}}{\text{m}^3 \text{ bar}} = 38{,}548 \text{ kJ}$$

Das Vorzeichen ist positiv: Die Volumenänderungsarbeit wird dem System zugeführt.

Aus dem Beispiel 2.4 folgt u. a. die vereinfachte Dimensionsumrechnung $\qquad 100 \text{ kJ} = \text{m}^3 \text{ bar}$.

2.4.2   Kupplungsarbeit

Schließt das thermodynamische System eine Maschine ein, die über eine Maschinenwelle mit einer zweiten Maschine außerhalb des Systems in Verbindung steht, so wird
die Maschinenwelle als Bauelement der Energieübertragung von der Systemgrenze geschnitten (Bild 2.6). Über diese Welle kann dem System entweder Arbeit zugeführt (z.
B. beim Verdichter) oder vom System Arbeit an ein zweites System abgegeben werden (z. B. bei der Turbine). Diese Art von Arbeit wird Kupplungsarbeit (oder auch
Wellenarbeit, effektive Energie, technische Arbeit) W_e genannt. Bezeichnet man das
an der Welle auftretende Drehmoment mit M, den Drehwinkel mit φ, die Zeitdauer
der Energieübertragung mit τ und die Winkelgeschwindigkeit mit $\omega = \mathrm{d}\varphi/\mathrm{d}\tau$, so ist

$$\mathrm{d}W_e = M(\tau)\,\mathrm{d}\varphi = M(\tau)\,\omega(\tau)\,\mathrm{d}\tau \ . \tag{2.23}$$

Im stationären Fall ist
$$W_e = M\,\omega\,\tau \quad . \tag{2.24}$$
Die Kupplungsarbeit ist eine Prozessgröße.

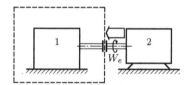

Bild 2.6 Beispiel für das Auftreten von
Kupplungsarbeit: Antrieb einer Maschine 1
durch einen Elektromotor 2

Beispiel 2.5 Ein Kompressor benötigt zum Antrieb eine Kupplungsleistung von 20 kW.
Wie groß ist das an der Welle auftretende Drehmoment bei einer Drehzahl von $n = 1200$
1/min? Welche Kupplungsarbeit tritt bei einer Umdrehung auf?

Die Drehzahl n kann als Kehrwert der Zeit τ aufgefasst werden, wenn man beachtet, dass bei
einer Umdrehung der Winkel $\varphi = 2\,\pi$ durchlaufen wird. Damit gilt:

$$P_e = \dot{W}_e = \frac{W_e}{\tau} = \frac{M\,\varphi}{\tau} = M\,\omega = M\,2\,\pi\,n \qquad M = \frac{P_e}{2\,\pi\,n} = \frac{20\ \mathrm{kW\,s}}{2\,\pi\,20} \frac{1000\,\mathrm{N\,m}}{\mathrm{kW\,s}} = 159\ \mathrm{N\,m}$$

$$W_e = \frac{P_e}{n} = \frac{20\ \mathrm{kW\,s}}{20} \frac{\mathrm{kJ}}{\mathrm{kW\,s}} = 1\ \mathrm{kJ}$$

Das Vorzeichen ist positiv: Die Kupplungsarbeit wird dem System zugeführt.

2.4.3   Verschiebearbeit

Wird eine Stoffmenge über eine Systemgrenze transportiert, so tritt die Verschiebearbeit auf. Wir betrachten ein einfaches offenes System (Bild 2.7). Eine abgegrenzte
Stoffmenge der Masse Δm mit dem Volumen V_1 strömt im Eintrittsquerschnitt A_1 über
die Systemgrenze. Ist der Druck des Fluids an dieser Stelle p_1, so muss beim Eintritt
in das System gegen diesen Druck eine Arbeit W_1 am Fluid geleistet werden.

$$W_1 = F_1\,s_1 = p_1\,A_1\frac{V_1}{A_1} = p_1\,V_1 \tag{2.25}$$

Gleichzeitig verlässt in einem stationären Prozess eine gleich große Stoffmenge der
Masse Δm mit dem Volumen V_2 den Austrittsquerschnitt A_2 und muss gegen den dort
herrschenden Druck p_2 eine Arbeit W_2 leisten, d. h. Arbeit wird vom Fluid abgegeben.

$$W_2 = F_2\,s_2 = p_2\,A_2\frac{V_2}{A_2} = p_2\,V_2 \tag{2.26}$$

In der Regel interessiert nur die Differenz der Verschiebearbeiten.

$$W_2 - W_1 = p_2 V_2 - p_1 V_1 \tag{2.27}$$

Da die Verschiebearbeit nur vom Ein- bzw. Austrittszustand abhängt und nicht von der Zustandsänderung, welche die Masse Δm beim Durchgang durch das offene System erfährt, ist die Verschiebearbeit eine Zustandsgröße.

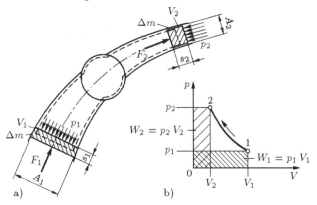

Bild 2.7 Darstellung der Verschiebearbeit
a) bei einem offenen System (Blick von oben)
b) im p, V-Diagramm

Beispiel 2.6 Bei der in Beispiel 2.4 genannten Verdichtung ist der Druck $p_1 = 1$ bar, der Druck $p_2 = 5$ bar. Welche Verschiebearbeiten treten beim Eintritt in das offene System bzw. beim Ausströmen aus dem offenen System auf?

$$W_1 = p_1 V_1 = 1 \text{ bar} \cdot 0{,}2344 \text{ m}^3 \frac{100 \text{ kJ}}{\text{m}^3 \text{ bar}} = 23{,}440 \text{ kJ} \qquad 1 \text{ m}^3 \text{ bar} = 100 \text{ kJ}$$

$$W_2 = p_2 V_2 = 5 \text{ bar} \cdot 0{,}04296 \text{ m}^3 \frac{100 \text{ kJ}}{\text{m}^3 \text{ bar}} = 21{,}480 \text{ kJ}$$

2.4.4 Druckänderungsarbeit

Zum Verständnis dieser bei offenen Systemen auftretenden Arbeit betrachten wir einen Verdichter in Form einer Strömungsmaschine (Bild 2.7). Damit wird ein Gasstrom von einem Niederdruckbehälter mit dem Druck p_1 in einen Hochdruckbehälter mit dem Druck p_2 gefördert. Der Gasstrom wird dabei verdichtet. Der innerhalb des Verdichtergehäuses vom Gas durchströmte Raum bildet ein offenes System. Dem durch das offene System fließenden Gasstrom wird vom Laufrad des Verdichters Arbeit zugeführt. Diese Arbeit wird als Druckänderungsarbeit bezeichnet. Sie ergibt sich aus der bei der Kompression dem Gas zugeführten Volumenänderungsarbeit W_{V12} und den beim Überschreiten der Systemgrenze auftretenden Verschiebearbeiten W_1 und W_2. Das Laufrad des Verdichters muss die Volumenänderungsarbeit W_{V12} und die Verschiebearbeit W_2 beim Austritt aus dem offenen System aufbringen, während die Verschiebearbeit W_1 beim Eintritt in das offene System nicht vom Laufrad, sondern vom Niederdruckbehälter geleistet wird, wobei das Laufrad um W_1 entlastet wird. Damit ist

$$W_{p12} = W_{V12} + W_2 - W_1 \ . \tag{2.28}$$

Mit den Gln. (2.21), (2.25) und (2.26) erhält man

$$W_{p12} = p_2 V_2 - p_1 V_1 - \int_1^2 p \, \mathrm{d}V \ . \tag{2.29}$$

Einem p, V-Diagramm nach Bild 2.8 lässt sich entnehmen, dass die Druckänderungsarbeit auch als Integral darstellbar ist.

$$W_{p12} = \int_1^2 V \, \mathrm{d}p \qquad (2.30)$$

$$\mathrm{d}W_p = V \, \mathrm{d}p = \mathrm{d}(pV) - p \, \mathrm{d}V \, . \qquad (2.31)$$

Da die Integrale in den Gln. (2.29) und (2.30) vom Verlauf der Zustandskurve und damit vom Weg abhängen, ist die Druckänderungsarbeit eine Prozessgröße.

Beispiel 2.7 Wie groß ist in den Beispielen 2.4 und 2.6 bei der Verdichtung die Druckänderungsarbeit?

$$W_{p12} = W_{V12} + W_2 - W_1 = 38{,}548 \text{ kJ} + 21{,}480 \text{ kJ} - 23{,}440 \text{ kJ} = 36{,}588 \text{ kJ} \, .$$

Sie kann auch durch den Ausdruck nach Gl. (2.30) berechnet werden. Für 1 kg des Kältemittels R 134 a mit einer Temperatur von 20 °C gilt

$$V = \frac{\psi_0}{p} + \psi_1 + \psi_2 \, p$$

$$\psi_0 = 0{,}23882 \text{ m}^3 \text{ bar} \qquad \psi_1 = -0{,}0043404 \text{ m}^3 \qquad \psi_2 = -0{,}000093042 \text{ m}^3 / \text{ bar}$$

$$W_{p12} = \psi_0 \ln \frac{p_2}{p_1} + \psi_1 (p_2 - p_1) + \frac{\psi_2}{2}(p_2^2 - p_1^2)$$

Mit $p_1 = 1$ bar und $p_2 = 5$ bar erhält man das obige Ergebnis. Bei einer Verdichtung ist die Druckänderungsarbeit positiv.

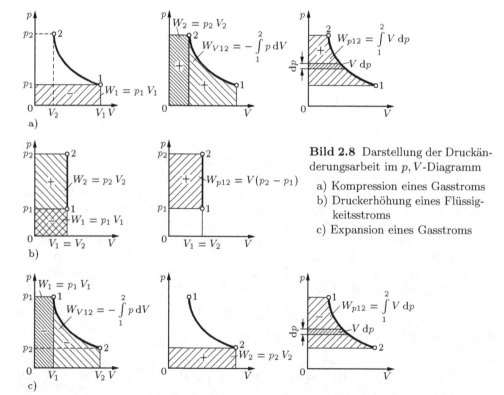

Bild 2.8 Darstellung der Druckänderungsarbeit im p, V-Diagramm

a) Kompression eines Gasstroms
b) Druckerhöhung eines Flüssigkeitsstroms
c) Expansion eines Gasstroms

2.4.5   Reibungsarbeit

Beim Gleiten eines Körpers auf einer festen Unterlage tritt eine Reibungskraft F_R auf, welche die Gleitbewegung zu unterbinden sucht. Die Reibungskraft muss durch eine entgegengesetzt gerichtete, in der gleichen Wirkungslinie angreifende Tangentialkraft F_T überwunden werden, deren Betrag bei einer gleichförmigen Bewegung gleich der Reibungskraft ist (Bild 2.9). Bei sinngemäßer Anwendung der Gln. (2.17) und (2.19) ergibt sich die Reibungsarbeit aus dem Produkt von Reibungskraft mal Weg.

Diese Vorstellung von der Reibungsarbeit stammt aus der Mechanik. Sie ist auch auf ein thermodynamisches System anwendbar, wenn es sich z. B. um die Reibung im Lager einer Welle handelt. Für thermodynamische Systeme ist aber auch die Reibung von Bedeutung, die in fluidischen Stoffströmen auftritt und ihre Ursache in den Viskositäts- oder Zähigkeitskräften hat. Diese Kräfte bewirken z. B., dass sich im Querschnitt eines Stoffstroms, der ein offenes System durchfließt, örtlich unterschiedliche Geschwindigkeiten ausbilden oder, anders ausgedrückt, ein Geschwindigkeitsprofil (Bild 2.10) entsteht. Reibung tritt auch auf, wenn sich durch Querschnittsänderungen oder Umlenkungen in der Strömung Wirbel bilden.

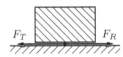

Bild 2.9 Kräfte beim Gleiten eines festen Körpers
F_R Reibungskraft F_T Tangentialkraft

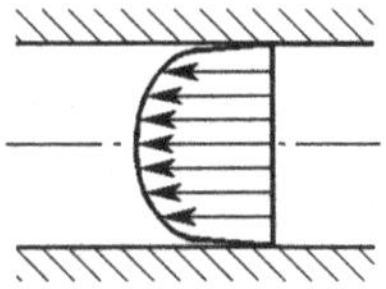

Bild 2.10 Geschwindigkeitsprofil in einem Fluid

Reibungsarbeit überschreitet nie die Systemgrenze. Sie kann innerhalb oder außerhalb eines Systems auftreten. Reibungsarbeit im Innern eines Systems wird innere Reibungsarbeit, in der Umgebung des Systems äußere Reibungsarbeit genannt. Innere Reibungsarbeit entsteht beispielsweise beim Strömen eines Fluids durch ein offenes System oder bei der Rotation des Rührers, der von außen angetrieben eine Flüssigkeit oder ein Gas erwärmt. Wird eine Maschinenwelle außerhalb eines Systems gelagert, so entsteht im Lager äußere Reibungsarbeit.

Die Lage der Systemgrenze entscheidet, ob eine Reibungsarbeit als innere oder als äußere Reibungsarbeit anzusehen ist. In Bild 2.11 a und b wird die innere Reibungsarbeit durch die Reibung beim Durchströmen der Lauf- und Leitschaufeln der Strömungsmaschine hervorgerufen (Strömungsverluste). Die äußere Reibungsarbeit tritt am Lager der Welle auf. Wird die Systemgrenze anders gelegt (Bild 2.11 c) und z. B. eine Zwangskühlung des Lagers verwendet (Bild 2.11 d), so ist die Lagerreibung innere Reibungsarbeit bzw. sie erhöht die innere Energie des Kühlmittelstroms. Bei der Kolbenmaschine tritt die innere Reibungsarbeit auf durch die Verwirbelung des Fluids sowie durch einen Teil der Gleitreibung der Kolbenringe, der an das Fluid übergeht Gemäß der in Bild 2.11 e gewählten Systemgrenze wird der andere Teil der Gleitreibung durch die Zylinderwand an die Umgebung oder durch Öl als äußere Reibungsarbeit abgeführt. Auch bei der Triebwerksschmierung tritt äußere Reibungsarbeit auf.

Reibungsarbeit erhöht zunächst die innere Energie der beteiligten Stoffelemente. Für die innere Reibungsarbeit bedeutet dies, dass sich in einem System Temperaturunterschiede ausbilden und Energieausgleichsströme in Gang gesetzt werden. Überschreiten die Temperaturfelder bei einem nichtadiabaten System die Systemgrenze, so kann ein Teil der inneren Reibungsarbeit dem System als Wärme wieder verloren gehen.

Bezeichnet man die innere Reibungsarbeit mit W_{RI}, die äußere Reibungsarbeit mit W_{RA}, so ist die insgesamt geleistete Reibungsarbeit W_R. Da die Reibungsarbeit die Systemgrenze nicht überschreitet, ist ein Vorzeichen, das eine Zufuhr zum System oder eine Abgabe vom System an die Umgebung ausdrückt, bedeutungslos. Bei der Aufstellung einer Energiebilanz und bei der Formulierung des ersten Hauptsatzes der Thermodynamik verwendet man stets die absoluten Beträge.

$$|W_R| = |W_{RI}| + |W_{RA}| \tag{2.32}$$

Die Reibungsarbeit ist eine Prozessgröße.

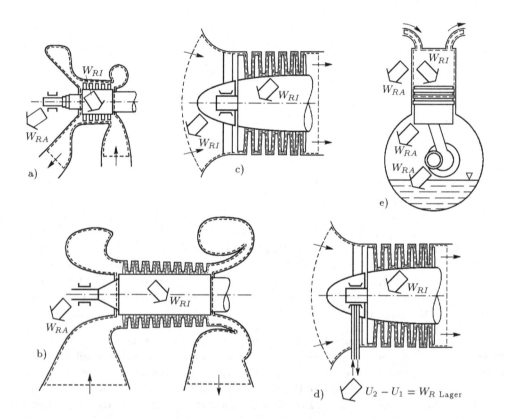

Bild 2.11 Innere und äußere Reibungsarbeit in Maschinen
a), c) und d) Gasturbine   b) Turbokompressor   e) Kolbenmaschine

2.5 Thermische Energie

Zur Beschreibung des Begriffs der thermischen Energie müssen wir die im Rahmen der klassischen Physik entwickelte Vorstellung von der Struktur der Materie heranziehen. Darin bezeichnet man die kleinsten Teilchen, die noch die Eigenschaften der betrachteten Stoffmenge aufweisen, als Moleküle bzw. — z. B. bei Edelgasen — als Atome.

Sowohl im Festkörper als auch in einer Flüssigkeit oder einem Gas befinden sich diese Bausteine der Materie nicht in Ruhe, sondern führen Bewegungen aus. Im kristallinen Festkörper bestehen diese Bewegungen in Schwingungen um eine Ruhelage; im Gas bewegen sich die Moleküle mit großer Geschwindigkeit frei im Raum. Neben Schwingung und Translation können in Molekülen, die aus mehreren Atomen aufgebaut sind, noch Rotationsbewegungen der Atome im Molekül auftreten.

Die Gesamtheit der potentiellen und kinetischen Energien aller Moleküle einer Stoffmenge bezeichnet man als thermische Energie. Kennzeichnend ist, dass sich diese thermische Energie ungeordnet auf die Moleküle der Stoffmenge verteilt. Außerdem wird diese Verteilung durch Austauschvorgänge ständig verändert und ist nur durch statistische Gesetzmäßigkeiten angebbar. Ein Maß für die mittlere thermische Energie einer Stoffmenge in einem einfachen System ist die Temperatur.

2.5.1   Innere Energie

Die in den Stoffmengen eines Systems gespeicherte thermische Energie bezeichnet man als die innere Energie U des Systems. Eine Zunahme der inneren Energie wirkt sich bei einem einfachen System (ohne Phasenübergang) in einer Temperaturerhöhung des Stoffes aus. Die moderne Thermodynamik verzichtet auf die in Abschnitt 2.5 wiedergegebene anschauliche Vorstellung der thermischen Energie, die ein Modell vom Aufbau der Materie voraussetzt (phänomenologische Betrachtungsweise); sie bedient sich einer Definition, die auch außerhalb des Bereichs der klassischen Physik ihre uneingeschränkte Gültigkeit behält.

Ein gegenüber seiner Umgebung wärmedichtes System hatten wir als adiabates System bezeichnet (Abschnitt 1.2). Verrichten wir an einem adiabaten System Arbeit, die wir ganz allgemein mit W_{12ad} bezeichnen wollen, so führen wir dem System Energie zu. Nach dem Energieprinzip muss diese Energie im System gespeichert werden; wir erhöhen die innere Energie des Systems und können definieren

$$W_{12ad} = U_2 - U_1 \, . \tag{2.33}$$

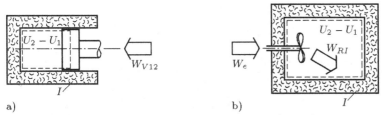

a)   b)

Bild 2.12 Erhöhung der inneren Energie eines adiabaten Systems durch Zufuhr von
a) Volumenänderungsarbeit W_{V12} b) Kupplungsarbeit W_e (I Wärmeisolierung)

Gibt das adiabate System Arbeit ab, so nimmt seine innere Energie ab; zugleich nimmt auch seine Temperatur ab.

Die innere Energie erweist sich als Zustandsgröße, denn man kann den Endzustand U_2 durch verschiedene Prozesse vom Anfangszustand U_1 aus erreichen. In einem geschlossenen System könnte W_{12ad} beispielsweise eine Volumenänderungsarbeit W_{V12} sein, die durch Kompression die innere Energie erhöht (Bild 2.12 links).

$$W_{V12} = U_2 - U_1 \tag{2.34}$$

Ebenso könnte W_{12ad} jedoch eine Kupplungsarbeit W_e sein, die über ein Rührwerk in innere Reibungsarbeit $|W_{RI}|$ umgesetzt wird (Bild 2.12 rechts).

$$W_e = |W_{RI}| = U_2 - U_1 \tag{2.35}$$

Bei technischen Problemen interessiert häufig nicht die absolute Größe der inneren Energie, sondern nur ihre Änderung. Aussagen über die absolute Größe der inneren Energie sind deshalb in den meisten Fällen nicht erforderlich.

2.5.2 Wärme

Der Begriff der Wärme wird in der Thermodynamik in einer ganz speziellen und gegenüber dem allgemeinen Sprachgebrauch eingeschränkten Weise definiert. Zur Erklärung betrachten wir ein einfaches geschlossenes System, das gegenüber seiner Umgebung eine andere Temperatur aufweist. Die Temperatur des Systems sei t_S, die Temperatur der Umgebung sei t_U. Ist das System nichtadiabat, fehlt also jede Wärmeisolierung, so wird sich über die Systemgrenze hinweg ein Temperaturgefälle ausbilden. Dieses Temperaturgefälle bewirkt einen Transport von thermischer Energie über die Systemgrenze hinweg, den man als Wärme Q_{12} bezeichnet (Bild 2.13).

Wärme ist daher die Energie, die unter der Wirkung eines Temperaturgefälles die Systemgrenze überschreitet und somit eine Form der Energieübertragung darstellt. Wärme fließt von selbst immer in Richtung des Temperaturgefälles. Sie ist keine Zustandsgröße, Wärme ist eine Prozessgröße (Abschnitt 3.3.3).

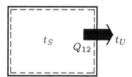

Bild 2.13 Wärme, die von einem System mit der Temperatur t_S an die Umgebung mit der Temperatur t_U übertragen wird. Bei $t_S > t_U$ ist nach der Vorzeichenvereinbarung die Wärme Q_{12} negativ

Die auf die Zeit bezogene Wärme stellt den Wärmestrom $\dot{Q}_{12}$ dar.

$$\dot{Q}_{12} = \frac{Q_{12}}{\tau} \tag{2.36}$$

τ ist die Zeitdauer, in der die Wärme Q_{12} in einem stationären Vorgang die Systemgrenze überschreitet. Bei einem instationären Vorgang ist

$$\dot{Q}_{12} = \frac{dQ}{d\tau} \ . \tag{2.37}$$

Eine Gleichung für den Wärmestrom $\dot{Q}_{12}$ lässt sich aus dem Umstand herleiten, dass Wärme von selbst immer in Richtung eines Temperaturgefälles fließt. Betrachtet man zwei durch eine Wand getrennte Systeme, wobei das System mit der höheren Temperatur t den Wärmestrom $d\dot{Q}$ durch das Wandelement dA hindurch an das mit der niedrigeren Temperatur t' abgibt, dann ist

$$d\dot{Q} = k \, dA \, (t - t') \ . \tag{2.38}$$

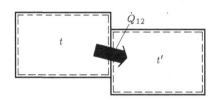

Bild 2.14 Wärmestrom von einem System mit der Temperatur t an ein System mit der Temperatur t'

Der Proportionalitätsfaktor k ist der Wärmedurchgangskoeffizient. Bei der Integration über die gesamte Wärmeübertragungsfläche A ist es wesentlich, ob die Temperaturen t und t' konstant oder veränderlich sind. Kann man bei stationärer Wärmeübertragung von örtlich unveränderten Temperaturen ausgehen, wie das z. B. bei einer Hauswand im Zusammenhang mit der Wärmebedarfsrechnung von Gebäuden der Fall ist, so erhält man gemäß Bild 2.14

$$\dot{Q}_{12} = k\,A\,(t - t') \ . \tag{2.39}$$

Muss man beachten, dass im stationären Fall die Temperaturdifferenz $t - t'$ örtlich verschieden ist, wie z. B. bei Wärmeübertragern ohne Phasenübergang, dann rechnet man mit der mittleren Temperaturdifferenz $(t - t')_m$:

$$\dot{Q}_{12} = k\,A\,(t - t')_m \tag{2.40}$$

Da bei der Wärmeübertragung ein System Wärme abgibt und das andere Wärme aufnimmt, ist eine Unterscheidung zwischen positivem und negativem Wärmestrom nicht sinnvoll. Der Wärmestrom wird in diesem Fall stets positiv gerechnet.

2.5.3 Enthalpie

Als Enthalpie H bezeichnet man die Summe aus innerer Energie U und Verschiebearbeit pV; sie ist wie folgt definiert:

$$H = U + pV \tag{2.41}$$

Da sowohl die innere Energie U als auch die Verschiebearbeit pV Zustandsgrößen sind, ist auch die Enthalpie H eine Zustandsgröße. Sie ist bei isobaren Zustandsänderungen in geschlossenen und offenen Systemen und bei der Behandlung der Arbeit adiabater Maschinen von besonderer Bedeutung. Wie bei der inneren Energie interessiert auch hier meist nur die Differenz der Enthalpie zwischen Anfangs- und Endzustand.

$$H_2 - H_1 = U_2 - U_1 + p_2\,V_2 - p_1\,V_1 \tag{2.42}$$

Das Differential der Enthalpie ist

$$\mathrm{d}H = \mathrm{d}U + \mathrm{d}(pV) \ . \tag{2.43}$$

Da pV eine Funktion von zwei Veränderlichen - nämlich p und V - ist, ist $\mathrm{d}(pV)$ ein totales Differential (Abschnitt 3.3.3):

$$\mathrm{d}(pV) = \left(\frac{\partial(pV)}{\partial p}\right)_V \mathrm{d}p + \left(\frac{\partial(pV)}{\partial V}\right)_p \mathrm{d}V = V\,\mathrm{d}p + p\,\mathrm{d}V \tag{2.44}$$

Gl. (2.44) stimmt mit Gl. (2.31) überein. Aus den Gln. (2.43) und (2.44) folgt

$$dH = dU + V\,dp + p\,dV \;. \tag{2.45}$$

2.6 Energiebilanzen

Die verschiedenen in Maschinen und Apparaten auftretenden Energieumwandlungen und -übertragungen lassen sich anhand der eingeführten Begriffe durch Gleichungen erfassen. Dabei kann stets von der Gültigkeit des Prinzips von der Erhaltung der Energie ausgegangen werden.

2.6.1 Energiebilanz für das geschlossene System

Der erste Hauptsatz der Thermodynamik für ein geschlossenes System lautet:

> **Wärme und Arbeit, die als Formen der Energieübertragung einem ruhenden geschlossenen System zugeführt werden, bewirken eine Erhöhung der inneren Energie des Systems.**

$$Q_{12} + W_{12} = U_2 - U_1 \tag{2.46}$$

Besteht die Arbeit W_{12}, die dem System zugeführt wird, aus Volumenänderungsarbeit W_{V12} und innerer Reibungsarbeit W_{RI} (Bild 2.15), so wird aus Gl. (2.46)

$$Q_{12} + W_{V12} + |W_{RI}| = U_2 - U_1 \tag{2.47}$$

und in differentieller Form

$$dQ + dW_V + |dW_{RI}| = dU \;. \tag{2.48}$$

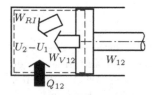

Bild 2.15 Darstellung des ersten Hauptsatzes der Thermodynamik für geschlossene Systeme

Wenn keine Reibung auftritt, wird daraus

$$Q_{12} + W_{V12} = U_2 - U_1 \tag{2.49}$$

oder

$$Q_{12} - \int_1^2 p\,dV = U_2 - U_1 \tag{2.50}$$

und in differentieller Schreibweise

$$dQ - p\,dV = dU \;. \tag{2.51}$$

Bei reibungsfreier isochorer Zustandsänderung ist mit $dV = 0$

$$dQ = dU \;.$$ (2.52)

Bei reibungsfreier adiabater Zustandsänderung ist mit $dQ = 0$

$$-p\,dV = dU \;.$$ (2.53)

Wir wenden die Aussagen der Gl. (2.46) auf die in Abschnitt 1.2 eingeführten einfachen Systeme an.

Dem Gas, das in einem Behälter mit konstantem Volumen eingeschlossen ist, kann Arbeit in Form von Kupplungsarbeit W_e zugeführt werden (Bild 2.16). Tritt z. B. in einem Lager äußere Reibungsarbeit W_{RA} auf, so erreicht nur die Differenz $W_e - |W_{RA}|$ die Systemgrenze. Wird diese über ein Schaufelrad in innere Reibungsarbeit W_{RI} verwandelt, so gilt

$$W_{12} = W_e - |W_{RA}| = |W_{RI}| \;.$$ (2.54)

Gl. (2.46) wird in diesem Fall

$$Q_{12} + W_e - |W_{RA}| = U_2 - U_1$$ (2.55)

oder

$$Q_{12} + |W_{RI}| = U_2 - U_1 \;.$$ (2.56)

Zugeführte Wärme und innere Reibungsarbeit erhöhen die innere Energie.

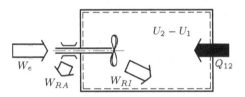

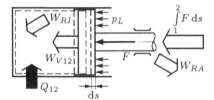

Bild 2.16 Energiebilanz für einen Behälter mit konstantem Volumen

Bild 2.17 Energiebilanz für die Kompression eines Gases

Zur Kompression eines Gases, das sich in einem Zylinder befindet, muss dem Kolben von außen Arbeit zugeführt werden. Am Gestänge des Kolbens greift die Kolbenkraft F an. Die übertragene Arbeit $\int_1^2 F\,ds$ kann wieder um die in einem Lager auftretende äußere Reibungsarbeit vermindert werden. Außerdem verrichtet der Luftdruck p_L die Arbeit $p_L(V_1 - V_2)$ bei der Kolbenbewegung (Bild 2.17). Damit wird die Arbeit, welche die Systemgrenze überschreitet,

$$W_{12} = \int_1^2 F\,ds + p_L(V_1 - V_2) - |W_{RA}| \;.$$ (2.57)

Im System wird diese Arbeit zur Kompression des Gases durch die Volumenänderungsarbeit W_{V12} verwendet, ein Teil kann sich jedoch in innere Reibungsarbeit W_{RI} verwandeln.

$$W_{12} = W_{V12} + |W_{RI}| = -\int_1^2 p\,dV + |W_{RI}|$$ (2.58)

Gl. (2.46) lautet in diesem Fall

$$Q_{12} + \int_1^2 F\,ds + p_L(V_1 - V_2) - |W_{RA}| = U_2 - U_1$$ (2.59)

oder

$$Q_{12} - \int_1^2 p\,dV + |W_{RI}| = U_2 - U_1 \;.$$ (2.60)

Beispiel 2.8 Ein zylindrischer Scheibengasbehälter hat eine kreisförmige Grundfläche von d = 16 m Durchmesser und eine Höhe von h = 20 m. Er wird durch einen verschiebbaren flachen Deckel gasdicht abgeschlossen. Der Deckel hat eine Masse von m = 45 320 kg, der Luftdruck beträgt p_L = 1 bar = 1000 mbar = 100 000 N/m^2 = const. Durch Sonneneinstrahlung vergrößert sich das Gasvolumen bei gleichbleibendem Luft- und Gasdruck, und der Deckel hebt sich reibungsfrei und sehr langsam um $s = \Delta h$ = 0,48 m. Wie groß ist die vom Gas an die Luft abgegebene Arbeit W_{L12} und die Volumenänderungsarbeit W_{V12}? Welche Änderung der inneren Energie $U_2 - U_1$ tritt ein, wenn die Sonneneinstrahlung Q_{12} = 40 690 kJ beträgt?

Die Grundfläche des Behälters beträgt
$$A = \frac{\pi}{4} d^2 = 201{,}06 \,\mathrm{m}^2 \quad .$$

Bei der Volumenvergrößerung des Gases wird Außenluft weggeschoben. Die vom Gas gegen den Luftdruck abgegebene Arbeit ist

$$W_{L12} = - \int_1^2 p_L \, dV = - p_L \int_1^2 dV = - p_L (V_2 - V_1) = - p_L \, s \, A$$

$$= - 1000 \,\mathrm{mbar} \cdot 0{,}48 \,\mathrm{m} \cdot 201{,}06 \,\mathrm{m}^2 \, \frac{1 \,\mathrm{bar}}{1000 \,\mathrm{mbar}} \, \frac{100 \,\mathrm{kJ}}{\mathrm{m}^3 \,\mathrm{bar}} = - 9651 \,\mathrm{kJ}.$$

Die Volumenänderungsarbeit beträgt, da der Gasdruck konstant bleibt,

$$W_{V12} = W_{V12} = - \int_1^2 p \, dV = - p \, (V_2 - V_1) = -(p_L + \frac{G}{A}) s \, A = -(p_L + \frac{m \, g}{A}) s \, A$$

$$= - (100 000 \, \frac{\mathrm{N}}{\mathrm{m}^2} + \frac{45\,320 \,\mathrm{kg} \cdot 9{,}81 \,\mathrm{m}}{201{,}06 \,\mathrm{m}^2 \, \mathrm{s}^2} \cdot \frac{\mathrm{N \, s}^2}{\mathrm{kg \, m}}) \cdot 0{,}48 \,\mathrm{m} \cdot 201{,}06 \,\mathrm{m}^2 \, \frac{\mathrm{kJ}}{1000 \,\mathrm{N \, m}} = - 9864 \,\mathrm{kJ} \quad .$$

Der Unterschied zwischen W_{V12} und W_{L12} ist die Arbeit, die das Gas an den Deckel abgibt, der um die Wegstrecke $s = \Delta h$ angehoben wird.

Die Änderung der inneren Energie ist
$$U_2 - U_1 = Q_{12} + W_{V12} = 40\,690 \,\mathrm{kJ} - 9864 \,\mathrm{kJ} = 30\,826 \,\mathrm{kJ}.$$

Da die innere Energie des Gases anwächst, steigt auch dessen Temperatur.

2.6.2   Energiebilanz für das offene System

Der erste Hauptsatz der Thermodynamik für ein offenes System (Bild 2.18) lautet:

> **Wärme und Arbeit, die als Formen der Energieübertragung einem offenen System zugeführt werden, bewirken eine Erhöhung des Energieinhalts des Stoffstroms.**

$$Q_{12} + W_{12} = E_2 - E_1 \tag{2.61}$$

Für das in Abschnitt 1.2 eingeführte einfache offene System ist der Energieinhalt des Stoffstroms die Summe aus innerer, kinetischer und potentieller Energie. Bei Vernachlässigung des Auftriebs ist

$$E = U + \frac{m}{2} c^2 + m \, g \, z \quad . \tag{2.62}$$

Die Erhöhung des Energieinhalts des Stoffstroms ist somit

$$E_2 - E_1 = U_2 - U_1 + \frac{m}{2} (c_2^2 - c_1^2) + m \, g \, (z_2 - z_1) \quad . \tag{2.63}$$

Die dem System zugeführte Arbeit setzt sich aus der Verschiebearbeit W_1 und der um die äußere Reibungsarbeit W_{RA} verminderten Kupplungsarbeit W_e zusammen. Die Verschiebearbeit W_2 wird vom System abgegeben.

$$W_{12} = W_1 - W_2 + W_e - |W_{RA}| = p_1 V_1 - p_2 V_2 + W_e - |W_{RA}| \qquad (2.64)$$

Gl. (2.61) erhält die Form

$$Q_{12} + W_e - |W_{RA}| + W_1 - W_2 = E_2 - E_1 \qquad (2.65)$$

oder

$$Q_{12} + W_e - |W_{RA}| + p_1 V_1 - p_2 V_2 = U_2 - U_1 + \frac{m}{2}(c_2^2 - c_1^2) + m g (z_2 - z_1) \ . \qquad (2.66)$$

Mit Gl. (2.42) für die Enthalpie ergibt sich

$$Q_{12} + W_e - |W_{RA}| = H_2 - H_1 + \frac{m}{2}(c_2^2 - c_1^2) + m g (z_2 - z_1) \quad . \qquad (2.67)$$

Das offene System kann gemäß Abschnitt 1.3 als bewegtes geschlossenes System aufgefasst werden; hierfür gilt Gl. (2.47): $\quad Q_{12} + W_{V12} + |W_{RI}| = U_2 - U_1$ $\quad$ Wird diese Gleichung in Gl. (2.66) eingesetzt, so erhält man

$$W_e - |W_{RA}| + p_1 V_1 - p_2 V_2 = -\int_1^2 p \, dV + |W_{RI}| + \frac{m}{2}(c_2^2 - c_1^2) + m g (z_2 - z_1) \ . \qquad (2.68)$$

Mit den Gln. (2.29) und (2.32) wird daraus

$$W_e = W_{p12} + \frac{m}{2}(c_2^2 - c_1^2) + m g (z_2 - z_1) + |W_R| \ . \qquad (2.69)$$

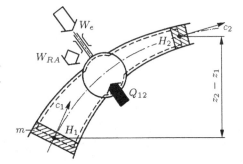

Bild 2.18 Darstellung des ersten Hauptsatzes der Thermodynamik für offene Systeme (Blick von der Seite)

Aus den Gln. (2.67) und (2.69) entsteht schließlich

$$Q_{12} + W_{p12} + |W_{RI}| = H_2 - H_1 \qquad (2.70)$$

oder mit Gl. (2.30)

$$Q_{12} + \int_1^2 V \, dp + |W_{RI}| = H_2 - H_1 \qquad (2.71)$$

und in differentieller Schreibweise

$$dQ + V \, dp + |dW_{RI}| = dH \ . \qquad (2.72)$$

Ist das System reibungsfrei, so gilt

$$Q_{12} + \int_1^2 V \, dp = H_2 - H_1 \qquad (2.73)$$

und in differentieller Schreibweise

$$dQ + V\,dp = dH \ .$$
(2.74)

Bei reibungsfreier isobarer Zustandsänderung ist mit $dp = 0$

$$dQ = dH \ .$$
(2.75)

Bei reibungsfreier adiabater Zustandsänderung ist mit $dQ = 0$

$$V\,dp = dH \ .$$
(2.76)

In vielen Fällen ist es vorteilhaft, wenn man statt einer Energie- und Arbeitsbilanz eine Energiestrom- und Leistungsbilanz aufstellt. Es treten dann folgende Größen auf:

zeitliche Änderung der potentiellen Energie $\quad \dot{E}_{p2} - \dot{E}_{p1} = \dot{m}\,g\,(z_2 - z_1)$

zeitliche Änderung der kinetischen Energie $\quad \dot{E}_{k2} - \dot{E}_{k1} = \dfrac{\dot{m}}{2}(c_2^2 - c_1^2)$

Kupplungsleistung $\quad \dot{W}_e = P_e = M\,\omega$

Reibungsleistung $\quad \dot{W}_R = P_R \qquad \dot{W}_{RI} = P_{RI} \qquad \dot{W}_{RA} = P_{RA}$

Wärmestrom $\quad \dot{Q}_{12}$

Enthalpiestrom $\quad \dot{H}_2 - \dot{H}_1$

Aus der Gl. (2.67) wird

$$\dot{Q}_{12} + P_e - |P_{RA}| = \dot{H}_2 - \dot{H}_1 + \frac{\dot{m}}{2}(c_2^2 - c_1^2) + \dot{m}\,g\,(z_2 - z_1) \ .$$
(2.77)

Die Formulierung des ersten Hauptsatzes für einen adiabaten Strömungsprozess ohne Zufuhr oder Abgabe von Kupplungsleistung ergibt

$$\dot{H}_2 - \dot{H}_1 + \frac{\dot{m}}{2}(c_2^2 - c_1^2) + \dot{m}\,g\,(z_2 - z_1) = 0 \ .$$
(2.78)

Die Strömung durch eine Rohrleitung bildet ein offenes System, in dem Kupplungsarbeit, Wärme und äußere Reibungsarbeit gleich null sind. Nehmen wir an, dass die Unterschiede der kinetischen und potentiellen Energie zwischen zwei betrachteten Querschnitten vernachlässigbar sind, so gilt

$$W_e = 0 \qquad\qquad W_{RA} = 0 \qquad\qquad c_2 = c_1 \qquad\qquad z_2 = z_1 \qquad\qquad Q_{12} = 0 \ .$$

Nach Gl. (2.69) ist dann mit Gl. (2.32)

$$W_{p12} = -|W_{RI}|$$
(2.79)

oder mit Gl. (2.30)

$$|W_{RI}| = -\int\limits_1^2 V\,dp \ .$$
(2.80)

Bei innerer Reibungsarbeit (Abschnitt 2.4.5) in der Rohrleitung muss der Druck in Strömungsrichtung abnehmen, da sonst die rechte Seite der Gl. (2.80) nicht positiv sein kann. Bei der Strömung durch Wärmeübertrager aller Art (z. B. Erhitzer, Kühler, Verdampfer, Kondensator, Kessel) gelten bis auf die Wärmeübertragung im Allgemeinen die gleichen Voraussetzungen wie für Rohrleitungen. Gl. (2.70) liefert mit Gl. (2.79)

$$Q_{12} = H_2 - H_1 = U_2 - U_1 + p_2\,V_2 - p_1\,V_1 \ .$$
(2.81)

Die übertragene Wärme kann aus der Änderung der Enthalpie des Stoffstroms berechnet werden. Da man bestrebt ist, die innere Reibungsarbeit klein zu halten, ist der Druckabfall Δp gemessen am absoluten Druck p im Allgemeinen so klein, dass die Strömung als isobar betrachtet werden kann. Für inkompressible Flüssigkeiten ($V = $ const) folgt daraus

$$Q_{12} = U_2 - U_1 \,. \tag{2.82}$$

Beispiel 2.9 An einer Wasserturbine wird im Eintrittsstutzen mit einem Durchmesser von $d_1 = 400$ mm bei einem Überdruck von $p_e = 23{,}2$ bar eine Geschwindigkeit von $c_1 = 4{,}6$ m/s gemessen. Im 4,2 m tiefer liegenden Abflussrohr strömt das Wasser mit einer Geschwindigkeit von $c_2 = 8{,}3$ m/s ohne Überdruck ins Freie. Der Luftdruck beträgt $p_L = 0{,}98$ bar. Die Temperaturerhöhung des Wassers zwischen Eintrittsstutzen und Abflussrohr wird zu $\Delta t = 0{,}24$ K bestimmt; die spezifische Wärmekapazität des Wassers beträgt $c = 4{,}19$ kJ/(kg K); dessen Dichte ist $\varrho = 1000$ kg/m^3 = const. Die Durchströmung der Turbine erfolgt adiabat. Wie groß ist der Massenstrom $\dot m$? Welche Kupplungsleistung P_e liefert die Turbine, wenn keine äußere Reibungsleistung auftritt? Wie groß ist die innere Reibungsleistung $|P_{RI}|$? Welche Kupplungsleistung $(P_e)_{id}$ würde die Turbine liefern, wenn keine innere Reibung $|P_{RI}|$ vorhanden wäre?

Im vorliegenden Druckbereich kann Wasser als inkompressibel angenommen werden: $\dot V_1 = \dot V_2 = \dot V = \dot m/\varrho$. Der Massenstrom $\dot m$ ergibt sich zu

$$\dot m = \dot V \varrho = A_1 c_1 \varrho = \frac{\pi}{4} d_1^{\,2} c_1 \varrho = \frac{3,14159}{4} \cdot 0,4^2\, \mathrm{m}^2 \cdot 4,6\, \frac{\mathrm{m}}{\mathrm{s}} \cdot 1000 \frac{\mathrm{kg}}{\mathrm{m}^3} = 578\, \frac{\mathrm{kg}}{\mathrm{s}}$$

In Gl. (2.77) können $\dot Q_{12} = 0$ und $P_{RA} = 0$ gesetzt werden:

$$\begin{aligned}
P_e &= \dot H_2 - \dot H_1 + \frac{\dot m}{2}(c_2^2 - c_1^2) + \dot m\, g\,(z_2 - z_1) \\
&= \dot U_2 - \dot U_1 + p_2 \dot V_2 - p_1 \dot V_1 + \frac{\dot m}{2}(c_2^2 - c_1^2) + \dot m\, g\,(z_2 - z_1)
\end{aligned}$$

Mit Gl. (2.84) erhält man:

$$\begin{aligned}
P_e &= \dot m \left[c\,\Delta t + \frac{p_2 - p_1}{\varrho} + \frac{1}{2}(c_2^2 - c_1^2) + g\,(z_2 - z_1) \right] \\
P_e &= 578\, \frac{\mathrm{kg}}{\mathrm{s}} \cdot \left[4,19\, \frac{\mathrm{kJ}}{\mathrm{kg\,K}} \cdot 0,24\, \mathrm{K} + \frac{(0,98 - 24,18) \cdot 10^5\, \mathrm{N}}{1000}\, \frac{\mathrm{m}^3}{\mathrm{m}^2\ \mathrm{kg}} \frac{\mathrm{kJ}}{1000\,\mathrm{N\,m}} + \right. \\
&\quad \left. + \left(\frac{1}{2}(8,3^2 - 4,6^2)\, \frac{\mathrm{m}^2}{\mathrm{s}^2} + 9,81\, \frac{\mathrm{m}}{\mathrm{s}^2} \cdot (-4,2\,\mathrm{m}) \right) \frac{\mathrm{N\,s}^2}{\mathrm{kg\,m}} \frac{\mathrm{kJ}}{1000\,\mathrm{N\,m}} \right] \\
&= 578\, \frac{\mathrm{kg}}{\mathrm{s}} \cdot \left[1,0056 - 2,32 + 0,023865 - 0,041202 \right] \frac{\mathrm{kJ}}{\mathrm{kg}} \frac{\mathrm{kW\,s}}{\mathrm{kJ}} = -770\ \mathrm{kW}.
\end{aligned}$$

Die innere Reibungsleistung ergibt sich, wenn man das offene System als bewegtes geschlossenes System betrachtet. Mit Gl. (2.47) ist, da $\dot Q_{12} = 0$ ist und infolge der Inkompressibilität auch $P_{V12} = 0$ wird,

$$|P_{RI}| = \dot U_2 - \dot U_1 = \dot m\, c\,\Delta t = 581\ \mathrm{kW}\,.$$

Tritt keine Reibungsleistung auf, so bleibt die Wassertemperatur konstant: $\dot U_2 = \dot U_1$. Die Kupplungsleistung im Idealfall ist

$$\begin{aligned}
(P_e)_{id} &= \dot m \left[\frac{p_2 - p_1}{\varrho} + \frac{1}{2}(c_2^2 - c_1^2) + g\,(z_2 - z_1) \right] \\
P_e &= 578\, \frac{\mathrm{kg}}{\mathrm{s}} \cdot \left[\frac{(0,98 - 24,18) \cdot 10^5\, \mathrm{N}}{1000}\, \frac{\mathrm{m}^3}{\mathrm{m}^2\ \mathrm{kg}} + \right. \\
&\quad \left. + \left(\frac{1}{2}(8,3^2 - 4,6^2)\, \frac{\mathrm{m}^2}{\mathrm{s}^2} + 9,81\, \frac{\mathrm{m}}{\mathrm{s}^2} \cdot (-4,2\,\mathrm{m}) \right) \frac{\mathrm{N\,s}^2}{\mathrm{kg\,m}} \frac{\mathrm{kJ}}{1000\,\mathrm{N\,m}} \right] \\
&= 578\, \frac{\mathrm{kg}}{\mathrm{s}} \cdot \left[-2,32 + 0,023865 - 0,041202 \right] \frac{\mathrm{kJ}}{\mathrm{kg}} \frac{\mathrm{kW\,s}}{\mathrm{kJ}} = -1351\ \mathrm{kW}.
\end{aligned}$$

Beispiel 2.10 In einem Wärmeübertrager, der als Kühler eines Lastkraftwagens dient, wird ein Massenstrom von $\dot{m} = 3{,}64$ kg/s eines Wasser/Glykol-Gemischs mit einer Eintrittstemperatur von $t_1 = 75{,}0\,^\circ\text{C}$ auf $t_2 = 32{,}0\,^\circ\text{C}$ gekühlt. Die spezifische Wärmekapazität beträgt $c = 3{,}687$ kJ/(kg K). Vor dem Eintritt in den Wärmeübertrager werden eine Geschwindigkeit von $c_1 = 2{,}1$ m/s und ein Druck von $p_1 = 1{,}23$ bar gemessen. Nach dem Austritt aus dem Wärmeübertrager beträgt die Geschwindigkeit $c_2 = 1{,}8$ m/s, und der Druckabfall im Wärmeübertrager ist $\Delta p = p_2 - p_1 = -5200$ N/m². Die Flüssigkeit hat die Dichte $\varrho = 1000$ kg/m³. Welcher Wärmestrom $\dot{Q}_{12}$ muss vom Kühlmedium aufgenommen werden, wenn die Austrittsmessstelle $\Delta z = z_2 - z_1 = 0{,}6$ m über der Eintrittsmessstelle liegt?

Mit $P_e = 0$ und $P_{RA} = 0$ liefert Gl. (2.77)

$$
\begin{aligned}
\dot{Q}_{12} &= \dot{U}_2 - \dot{U}_1 + p_2\,\dot{V}_2 - p_1\,\dot{V}_1 + \frac{\dot{m}}{2}(c_2^2 - c_1^2) + \dot{m}\,g\,(z_2 - z_1) \\[2mm]
&= \dot{m}\left[c\,\Delta t + \frac{p_2 - p_1}{\varrho} + \frac{1}{2}(c_2^2 - c_1^2) + g\,(z_2 - z_1)\right] \\[2mm]
\dot{Q}_{12} &= 3{,}64\,\frac{\text{kg}}{\text{s}} \cdot \left[3{,}687\,\frac{\text{kJ}}{\text{kg K}} \cdot (-43{,}0)\ \text{K} - \frac{5200\ \text{N}}{1000\ \text{m}^2}\frac{\text{m}^3}{\text{kg}}\right. \\[2mm]
&\quad \left. + \left(\frac{1}{2}(1{,}8^2 - 2{,}1^2)\,\frac{\text{m}^2}{\text{s}^2} + 9{,}81\,\frac{\text{m}}{\text{s}^2} \cdot (+0{,}6\,\text{m})\right)\frac{\text{N s}^2}{\text{kg m}}\frac{\text{kJ}}{1000\ \text{N m}}\right] \\[2mm]
&= 3{,}64\,\frac{\text{kg}}{\text{s}} \cdot \left[-158{,}541 - 0{,}0052 - 0{,}000585 + 0{,}005886\right]\frac{\text{kJ}}{\text{kg}}\frac{\text{kW s}}{\text{kJ}} = -557\ \text{kW}.
\end{aligned}
$$

Bei Vernachlässigung des Druckverlusts, der Änderung der kinetischen Energie und der Änderung der potentiellen Energie erhält man praktisch dasselbe Ergebnis.

2.7   Wärmekapazität

Führt man einem festen Körper Wärme zu, ohne dass Arbeit auftritt und sich sein Aggregatzustand ändert, so erhöht sich seine Temperatur. Die Temperaturerhöhung hängt von der Wärmekapazität des Körpers ab: Bei gleicher Wärmezufuhr ist mit einer großen Wärmekapazität eine kleine Temperaturerhöhung und mit einer kleinen Wärmekapazität eine große Temperaturerhöhung verbunden. Beim isobaren Schmelzen oder Verdampfen eines reinen Stoffes bleibt trotz Wärmezufuhr die Temperatur gleich. Das bedeutet eine unendlich große Wärmekapazität beim Schmelzen oder Verdampfen. Dieselbe Wirkung wie eine Wärmezufuhr hat die innere Reibungsarbeit.

Beim Reiben eines festen Körpers auf einer rauen Unterlage wird Reibungsarbeit geleistet. Betrachtet man den festen Körper als System und die Oberfläche des festen Körpers als Systemgrenze, so ist die zwischen ruhender Unterlage und bewegtem Körper geleistete Reibungsarbeit teils äußere und teils innere Reibungsarbeit. Der Teil der Reibungsarbeit, der eine Temperaturerhöhung der ruhenden Unterlage bewirkt, ist äußere Reibungsarbeit. Innere Reibungsarbeit ist der Anteil, der eine Temperaturerhöhung des bewegten Körpers zur Folge hat. Die innere Reibungsarbeit wirkt sich somit gleichartig wie eine Wärmezufuhr aus. Die Temperaturerhöhung hängt auch hier von der Wärmekapazität des betrachteten Körpers ab.

Zwischen der Summe aus Wärmezufuhr $\mathrm{d}Q$ und innerer Reibungsarbeit $\mathrm{d}W_{RI}$ sowie der Temperaturerhöhung $\mathrm{d}t$ besteht ein linearer Zusammenhang, wobei die Wärmekapazität C der Proportionalitätsfaktor ist.

$$\mathrm{d}Q + |\mathrm{d}W_{RI}| = C\,\mathrm{d}t = m\,c\,\mathrm{d}t \tag{2.83}$$

c ist die spezifische Wärmekapazität (Abschnitt 2.7.1). Bei festen Körpern und Flüssigkeiten kann die mit der Temperaturerhöhung verbundene Volumenänderung praktisch vernachlässigt werden. Damit wird auch die Volumenänderungsarbeit $W_{V12} = 0$, und der erste Hauptsatz für geschlossene Systeme erhält nach Gl. (2.48) die Form

$$dQ + |dW_{RI}| = dU = C\,dt = m\,c\,dt\ . \tag{2.84}$$

Bezieht man bei einem Fluid alle Größen auf die Zeit, so ist

$$d\dot{Q} + |d\dot{W}_{RI}| = \dot{C}\,dt = W\,dt\ . \tag{2.85}$$

Die zeitbezogene Wärmekapazität des Fluidstroms $\dot{C}$ kann als Wärmekapazitätsstrom aufgefasst werden. $\dot{C}$ wird auch Wasserwert genannt und mit dem Buchstaben W bezeichnet. Dies hängt mit der ursprünglichen Definition der Kilokalorie zusammen, wonach die Kilokalorie die Wärme ist, die man benötigt, um ein Kilogramm Wasser um ein Grad zu erwärmen. Der Wasserwert ist dann der Ersatz-Wasserstrom eines Fluidstroms, der bei gleichem Wärmestrom dieselbe Temperaturänderung ergibt.

2.7.1   Spezifische Wärmekapazität

Die auf die Masse m bezogene Wärmekapazität C ist die spezifische Wärmekapazität c

$$c = \frac{C}{m} \tag{2.86}$$

oder mit Gl. (2.84)

$$c = \frac{dQ + |dW_{RI}|}{m\,dt}\ . \tag{2.87}$$

Die spezifische Wärmekapazität ist im Allgemeinen eine Funktion der Temperatur. Sie nimmt mit steigender Temperatur zu. Die spezifische Wärmekapazität nach Gl. (2.87) nennt man wahre spezifische Wärmekapazität.

Die Integration der Gl. (2.83) unter Beachtung der Gl. (2.86) ergibt

$$Q_{12} + |W_{RI}| = m\int_1^2 c\,dt\ . \tag{2.88}$$

Für den praktischen Gebrauch schreibt man Gl. (2.88) vorteilhafter mit der mittleren spezifischen Wärmekapazität c_m.

$$Q_{12} + |W_{RI}| = m\,c_m(t_2 - t_1) \tag{2.89}$$

Dabei ist

$$c_m = \frac{1}{t_2 - t_1}\int_1^2 c\,dt\ . \tag{2.90}$$

Eine Mittelwertbildung nach Gl. (2.90) bei jeder Anwendung der Gl. (2.89) vorzunehmen, ist praktisch nicht durchführbar. Eine Vorwegnahme aller Integrationen und eine Darstellung der Ergebnisse

$$c_m = f\,(t_1, t_2) \tag{2.91}$$

in einer Tabelle wird umfangreich, weil Gl. (2.91) eine Funktion von zwei Veränderlichen – nämlich t_1 und t_2 – ist. Mit einem einfachen Kunstgriff kann man das Problem der Mittelwertbildung leichter lösen. Mit der Beziehung

$$\int\limits_{1}^{2} c\,\mathrm{d}t = \int\limits_{t_1}^{t_2} c\,\mathrm{d}t = \int\limits_{t_1}^{0} c\,\mathrm{d}t + \int\limits_{0}^{t_2} c\,\mathrm{d}t = \int\limits_{0}^{t_2} c\,\mathrm{d}t - \int\limits_{0}^{t_1} c\,\mathrm{d}t \qquad (2.92)$$

lässt sich Gl. (2.90) wie folgt umformen (Bild 2.19):

$$c_m = \frac{1}{t_2 - t_1}\left(\int\limits_{0}^{t_2} c\,\mathrm{d}t - \int\limits_{0}^{t_1} c\,\mathrm{d}t\right) \qquad (2.93)$$

Damit jede Integration als Mittelwertbildung nach Gl. (2.90) erscheint, wird Gl. (2.93) erweitert, wobei die runden Klammern die Mittelwerte deutlich hervorheben sollen:

$$c_m = \frac{1}{t_2 - t_1}\left[\left(\frac{1}{t_2 - 0}\int\limits_{0}^{t_2} c\,\mathrm{d}t\right)t_2 - \left(\frac{1}{t_1 - 0}\int\limits_{0}^{t_1} c\,\mathrm{d}t\right)t_1\right] \qquad (2.94)$$

Die mittlere spezifische Wärmekapazität in einem bestimmten Temperaturbereich erhält man nach Gl. (2.94) durch eine einfache Rechenoperation und mit Hilfe zweier Mittelwerte, bei denen die unteren Grenzen übereinstimmen.
Mit der vereinfachenden Schreibweise für Gl. (2.90)

$$c_m = \frac{1}{t_2 - t_1}\int\limits_{1}^{2} c\,\mathrm{d}t = c_m\big|_{t_1}^{t_2} \qquad (2.95)$$

nimmt Gl. (2.94) folgende Gestalt an:

$$c_m\big|_{t_1}^{t_2} = \frac{1}{t_2 - t_1}\left(c_m\big|_{0\,°\mathrm{C}}^{t_2}\cdot t_2 - c_m\big|_{0\,°\mathrm{C}}^{t_1}\cdot t_1\right) \qquad (2.96)$$

Zur Berechnung der mittleren spezifischen Wärmekapazität mithilfe der wichtigen Gleichung (2.96) benötigt man eine Darstellung

$$c_m\big|_{0\,°\mathrm{C}}^{t} = f(t)\,. \qquad (2.97)$$

Gl. (2.97) ist eine Funktion von nur einer einzigen Veränderlichen, nämlich t. Eine Tabelle nach Gl. (2.97) hat einen viel kleineren Umfang als eine Tabelle nach Gl. (2.91).

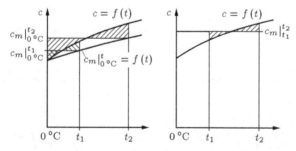

Bild 2.19 Wahre spezifische Wärmekapazitäten $c = f(t)$ bei t_1 und t_2; mittlere spezifische Wärmekapazität $c_m\big|_{t_1}^{t_2}$ (rechts); mittlere spezifische Wärmekapazitäten $c_m\big|_{0\,°\mathrm{C}}^{t_1} < c_m\big|_{0\,°\mathrm{C}}^{t_2} < c_m\big|_{t_1}^{t_2}$ (links)

In vielen Fällen verzichtet man bei der Bezeichnung der mittleren spezifischen Wärmekapazität auf den Index m und auf die Angabe der Temperaturen, zwischen denen die Mittelwertbildung vorgenommen wurde. Es bedeutet dann

$$c = c_m\big|_{t_1}^{t_2}\,. \qquad (2.98)$$

Hat die spezifische Wärmekapazität c die Bedeutung eines Mittelwertes, dann wird aus Gl. (2.88)

$$Q_{12} + |W_{RI}| = m\,c \int_1^2 \mathrm{d}t = m\,c\,(t_2 - t_1) \,. \tag{2.99}$$

Bei der Behandlung der Zustandsänderungen wird die spezifische Wärmekapazität meist in diesem Sinne verwendet.

Tabelle 2.4 Wahre spezifische Wärmekapazität c und mittlere spezifische Wärmekapazität $c_m|_{0\,°C}^t$ in kJ/(kg K) von Eisen nach [98]

t °C	0	20	100	200	300	400	500	600	700	800	1000
c	0,440	0,452	0,486	0,532	0,582	0,628	0,678	0,754			
$c_m|_{0\,°C}^t$	0,440	0,444	0,465	0,486	0,511	0,532	0,557	0,582	0,628	0,670	0,703

Tabelle 2.5 Wahre spezifische Wärmekapazität c in kJ/(kg K) von Wasser nach [128]

↓ p bar	t in °C → 0	10	20	30	40	50	60	70	80
1	4,2194	4,1955	4,1848	4,1800	4,1786	4,1796	4,1828	4,1881	4,1955
50	4,1955	4,1773	4,1698	4,1670	4,1667	4,1684	4,1720	4,1775	4,1849
100	4,1723	4,1595	4,1551	4,1541	4,1549	4,1573	4,1613	4,1670	4,1744
150	4,1501	4,1425	4,1410	4,1417	4,1435	4,1466	4,1509	4,1568	4,1642
200	4,1290	4,1262	4,1274	4,1297	4,1325	4,1361	4,1409	4,1468	4,1542
250	4,1090	4,1107	4,1144	4,1181	4,1218	4,1260	4,1311	4,1372	4,1445
300	4,0899	4,0958	4,1018	4,1069	4,1115	4,1162	4,1215	4,1278	4,1351

Tabelle 2.6 Mittlere spezifische Wärmekapazität $c_m|_{0\,°C}^t$ in kJ/(kg K) von Wasser nach [128]

↓ p bar	t in °C → 0	10	20	30	40	50	60	70	80
1	4,2194	4,2058	4,1976	4,1924	4,1891	4,1870	4,1860	4,1859	4,1866
50	4,1955	4,1850	4,1790	4,1754	4,1732	4,1720	4,1717	4,1721	4,1732
100	4,1723	4,1648	4,1609	4,1587	4,1576	4,1573	4,1576	4,1585	4,1600
150	4,1501	4,1455	4,1435	4,1427	4,1427	4,1431	4,1440	4,1454	4,1473
200	4,1290	4,1270	4,1269	4,1274	4,1283	4,1295	4,1310	4,1328	4,1350
250	4,1090	4,1095	4,1110	4,1127	4,1145	4,1164	4,1184	4,1206	4,1231
300	4,0899	4,0927	4,0958	4,0986	4,1013	4,1038	4,1063	4,1089	4,1117

Beispiel 2.11 Wie groß ist die mittlere spezifische Wärmekapazität von Eisen im Temperaturbereich von 150 °C bis 350 °C ?

Durch lineare Interpolation der mittleren spezifischen Wärmekapazitäten von Tabelle 2.4 erhält man

$$c_m|_{0\,°C}^{150\,°C} = 0{,}4755 \text{ kJ/(kg K)} \qquad c_m|_{0\,°C}^{350\,°C} = 0{,}5215 \text{ kJ/(kg K)}$$

Die gesuchte mittlere spezifische Wärmekapazität ist nach Gl. (2.96)

$$c_m|_{150\,°C}^{350\,°C} = \frac{0{,}5215 \text{ kJ/(kg K)} \cdot 350\,°C - 0{,}4755 \text{ kJ/(kg K)} \cdot 150\,°C}{350\,°C - 150\,°C} = 0{,}556 \text{ kJ/(kg K)} \,.$$

Beispiel 2.12 Ein Härtebad enthält 0,5 m^3 Öl mit der Dichte $\varrho_{Oel} = 900$ kg/m^3 und einer Temperatur von $t_{Oel} = 20\,°$C. In diesem Bad sollen Stahlteile gehärtet werden, die mit einer Temperatur von $t_{St} = 800\,°$C in das Bad eingebracht werden. Welche größte Chargenmasse m_{St} ist zulässig, wenn die Mischungstemperatur t_M 10 K unter der Flammtemperatur des Öls von $t_F = 200\,°$C bleiben soll?

$$c_{m\,Oel}\big|_{20\,°C}^{190\,°C} = 2{,}294 \text{ kJ/(kg K)}$$

Nach Tabelle 2.4 mit Gl. (2.96) erhält man

$$c_{m\,St}\big|_{190\,°C}^{800\,°C} = 0{,}728 \text{ kJ/(kg K)}$$

Beide Stoffmengen zusammen bilden nach dem Einbringen der Stahlteile ein abgeschlossenes System, dessen innere Energie konstant bleibt. Die inneren Energien der Einzelstoffe ändern sich jedoch. Für das Öl erhält man

$$U_{2\,Oel} - U_{1\,Oel} = m_{Oel}\, c_{m\,Oel}\, (t_M - t_{Oel}) = V_{Oel}\, \rho_{Oel}\, c_{m\,Oel}\, (t_M - t_{Oel})$$

und für die Stahlteile

$$U_{2\,St} - U_{1\,St} = m_{St}\, c_{m\,St}\, (t_M - t_{St})\ .$$

Es ist

$$U_{2\,Oel} + U_{2\,St} - U_{1\,Oel} - U_{1\,St} = 0\ .$$

Die Auflösung nach m_{St} ergibt

$$m_{St} = \frac{0{,}5 \text{ m}^3 \cdot 900 \text{ kg/m}^3 \cdot 2{,}294 \text{ kJ/(kg K)} \cdot (190 - 20)\,°C}{0{,}728 \text{ kJ/(kg K)} \cdot (800 - 190)\,°C} = 395 \text{ kg}\ .$$

2.7.2   Die spezifische Wärmekapazität der Gase

Bei Gasen ist die spezifische Wärmekapazität abhängig

1. von der Art des Gases,
2. von der Temperatur,
3. vom Druck,
4. von der Art der Zustandsänderung.

Im Sonderfall der idealen Gase entfällt die Abhängigkeit vom Druck.
Die Abhängigkeit von der Zustandsänderung wird an einem Vergleich von isochorer und isobarer Zustandsänderung deutlich. Bei konstantem Volumen bezeichnet man die spezifische Wärmekapazität mit c_v (spezifische isochore Wärmekapazität). Nach Gl. (2.48) und Gl. (2.87) gilt für eine isochore Zustandsänderung mit $dV = 0$

$$dQ + |dW_{RI}| = dU = m\, du = m\, c_v\, dt \qquad c_v = \left(\frac{\partial u}{\partial t}\right)_v,\ \qquad (2.100)$$

wobei

$$u = \frac{U}{m} \qquad\qquad\qquad (2.101)$$

die spezifische innere Energie bedeutet.

Bei konstantem Druck wird die spezifische Wärmekapazität mit c_p bezeichnet (spezifische isobare Wärmekapazität). Aus Gl. (2.72) und Gl. (2.87) folgt für eine isobare Zustandsänderung mit $dp = 0$

$$dQ + |dW_{RI}| = dH = m\,dh = m\,c_p\,dt \qquad c_p = \left(\frac{\partial h}{\partial t}\right)_p , \qquad (2.102)$$

wobei

$$h = \frac{H}{m} \qquad (2.103)$$

die spezifische Enthalpie ist. Es sind jedoch noch andere Arten von Zustandsänderungen möglich, bei denen die Temperatur des Gases sich ebenfalls verändert. Die spezifische Wärmekapazität kann auch negativ werden, wenn bei Wärmezufuhr die Temperatur sinkt oder bei Wärmeabgabe die Temperatur steigt, was dann der Fall ist, wenn gleichzeitig Arbeit abgeführt bzw. Arbeit zugeführt wird.

2.8 Strömungstechnische Grundlagen

2.8.1 Allgemeines

Um einfache Gesetze für die Strömung von Fluiden (von Flüssigkeiten und Gasen) formulieren zu können, sind zunächst die folgenden Annahmen sinnvoll:

1. Die Fluidströmung ist stationär (unveränderliches Strömungsbild).

2. Das Fluid ist inkompressibel (Beispiele: inkompressible Flüssigkeiten; Gase, deren Dichte sich beim Strömungsvorgang – z. B. in einer Leitung – nicht wesentlich ändert → raumbeständige Fortleitung).

3. Die Strömung verläuft reibungsfrei im Fluid selbst sowie an der Innenwandung der strömungsführenden Struktur (etwa einer Rohrleitung).

4. Die Strömung ist adiabat, d. h. es wird Wärme weder zu- noch abgeführt; die Temperatur ändert sich nicht.

Für die stationäre Strömung gilt die Kontinuitätsgleichung

$$\dot{m} = A\,c\,\varrho = \text{const} . \qquad (2.104)$$

Sie nimmt bei inkompressiblen Fluiden bei konstanter Temperatur gemäß Gl. (2.16) die folgende Form an:

$$\dot{V} = A\,c = \text{const} \qquad (2.105)$$

Mit der Gleichung von *Bernoulli*[4] für eine stationäre und reibungsfreie Strömung inkompressibler Fluide ergibt sich die Gesamtenergie als Summe von Lageenergie, Druckenergie und Bewegungsenergie, wobei die Gesamtenergie konstant bleibt:

$$m\,g\,z + m\,\frac{p}{\varrho} + m\,\frac{c^2}{2} = \text{const} \qquad (2.106)$$

Nach Dividieren durch m und Multiplizieren mit ϱ erhalten die Glieder von Gl. (2.106) die Maßeinheit des Druckes:

$$\varrho\,g\,z + p + \frac{\varrho}{2}\,c^2 = \text{const} \qquad (2.107)$$

---

[4]*Daniel Bernoulli*, 1700 bis 1782, Mathematiker und Naturforscher aus Basel, und *Johann Bernoulli*, 1667 bis 1748, Mathematiker und Arzt, Vater von *Daniel Bernoulli*, untersuchten u. a. Gesetzmäßigkeiten der Strömungsmechanik; sie erbrachten auch bahnbrechende Arbeiten in der Mathematik.

Für die einzelnen Glieder dieser Gleichung sind folgende Bezeichnungen gebräuchlich:

Das erste Glied $\varrho\, g\, z$ stellt den Druck durch die Schwerkraft des Fluids dar; er wird deshalb "Schweredruck" genannt.

Das zweite Glied p ist der innere Druck des Fluids; es wird als "statischer Druck" – in der Literatur oft mit p_{st} – angegeben. Mit Druckmessgeräten wird dieser statische Druck als Überdruck zum Umgebungsdruck erfasst (Ruhedruck bzw. Fließdruck p_e).

Das dritte Glied $(\varrho/2)\, c^2$ gibt den Druck wieder, der durch die Bewegungsenergie erzeugt wird; dieser "kinetische Druck" wird in der Literatur oft mit p_{kin} bezeichnet.

Die Summe aus statischem, kinetischem und gegebenenfalls auch Schweredruck hat die Benennung "Totaldruck".

Wird Gleichung (2.107) durch den Ausdruck $\varrho\, g$ geteilt, ergibt sich die *Bernoulli*-Gleichung in Form einer "Höhengleichung" mit der Höhe z, die z. B. bei der Strömung von Flüssigkeiten — etwa bei der Wasserversorgung — gebräuchlich ist:

$$z + \frac{p}{\varrho\, g} + \frac{c^2}{2\, g} = \text{const} \tag{2.108}$$

2.8.2 Strömungsformen

Als Formen der Strömung werden die laminare und die turbulente Strömung beobachtet. Bei der laminaren Strömung bilden sich Stromfäden aus, die nebeneinander und parallel zur Strömungsrichtung in Erscheinung treten. Voraussetzung für eine laminare Strömung ist eine vergleichsweise geringe Strömungsgeschwindigkeit bzw. eine hohe Zähigkeit (Viskosität) des Fluids. Bei Überschreiten der "kritischen Geschwindigkeit" schlägt die laminare in eine turbulente Strömung um.

Die beiden Strömungsformen lassen sich mithilfe der von *Reynolds*[5] aufgestellten Ähnlichkeitsgesetze gegeneinander abgrenzen. Die nach ihm benannte dimensionslose Kenngröße Re wird aus der Strömungsgeschwindigkeit c, bei Rohren aus dem Rohrinnendurchmesser d und aus der kinematischen Viskosität ν gebildet:

$$Re = \frac{c\, d}{\nu} \tag{2.109}$$

2.8.3 Reibung und Rauigkeit

Die in Abschnitt 2.8.1 formulierte Annahme einer reibungsfreien Strömung trifft in der Praxis nicht zu. Die Zähigkeit des Fluids und die Beschaffenheit der Rohrwandung führen zu Energieumsetzungen durch Reibung und damit zu Druckverlusten.

Aufgrund von Gesetzmäßigkeiten, die von *Hagen* und *Poiseuille*[6] erkannt wurden, gilt für den durch Reibung im geraden Rohr verursachten Druckverlust bei inkompressiblen Fluiden die Gleichung von *Darcy* und *Weisbach*[7] :

$$\Delta p_R = \lambda\, \frac{l}{d}\, \frac{1}{2}\, \varrho\, c^2 \tag{2.110}$$

---

[5] *Osborne Reynolds*, 1842 bis 1912, irisch-englischer Physiker, arbeitete auf den Gebieten der Hydraulik und Bodenmechanik sowie der Wärmeübertragung.

[6] *Gotthilf Heinrich Ludwig Hagen*, 1797 bis 1884, deutscher Wasserbau-Ingenieur
Jean Leonard Marie Poiseuille, 1797 bia 1869, französischer Naturforscher

[7] *Philibert Gaspard Henry Darcy*, 1803 bis 1858, französischer Ingenieur, untersuchte u. a. die Durchströmung poröser Stoffen.
Julius Ludwig Weisbach, 1806 bis 1871, deutscher Mathematiker und Ingenieur

λ wird als Rohrreibungszahl bezeichnet. Bei laminarer Strömung ist λ unabhängig von der Rauigkeit der Rohrwandung k und lediglich eine Funktion der *Reynolds*zahl *Re* (Tabelle 2.7, Gl. (1); vgl. Bild 2.20).

Bei turbulenter Strömung (vgl. Bild 2.20) muss unterschieden werden zwischen

1. hydraulisch glatten Rohren, wobei $k = 0$ vorausgesetzt wird und λ nur von *Re* abhängt (Tabelle 2.7, Gln. (2) bis (4)), und

2. hydraulisch rauen Rohren, wobei λ nur vom Rohrdurchmesser d und der Rohrwandrauigkeit k abhängt (Tabelle 2.7, Gl. (5)), sowie

3. Rohren, die im Übergangsbereich zwischen glatt und rau liegen, wobei λ von *Re*, d und k abhängt (Tabelle 2.7, Gl. (6)).

Tabelle 2.7 Gleichungen zur Bestimmung der Rohrreibungszahl λ (vgl. Bild 2.20)[8]

$\lambda = Re/64$	(1)	*Hagen, Poiseuille*	$Re < 2320$	lam.
$\lambda = 0{,}3164 \cdot Re^{-0,25}$	(2)	*Blasius*	$Re = 2320 \dots 10^5$	turb. g
$\lambda = 0{,}0032 + 0{,}221 \cdot Re^{-0,237}$	(3)	*Nikuradse*	$Re = 10^5 \dots 5 \cdot 10^6$	turb. g
$1/\sqrt{\lambda} = 2\lg(Re\sqrt{\lambda}) - 0{,}8$	(4)	*Prandtl, Karman*	$Re > 10^6$	turb. g
$1/\sqrt{\lambda} = -2\lg\left[\dfrac{k}{3,71\,d}\right] = 2\lg\left(\dfrac{d}{k}\right) + 1{,}14$	(5)	*Nikuradse*	$Re > \dfrac{200\,d}{\sqrt{\lambda}\,k}$	turb. r
$1/\sqrt{\lambda} = -2\lg\left[\dfrac{2,51}{Re\sqrt{\lambda}} + \dfrac{k}{3,71\,d}\right]$	(6)	*Prandtl, Colebrook*	$Re < \dfrac{200\,d}{\sqrt{\lambda}\,k}$	turb. Ü
$\lambda = \left[-2\lg\left[2,7\dfrac{(\lg Re)^{1,2}}{Re} + \dfrac{k}{3,71\,d}\right]\right]^{-2}$	(7)	*Zanke*	$Re > 2320$	turb.

lam. : laminar   turb. : turbulent   g : hydraulisch glatt   r : hydraulisch rau   Ü: Übergangsbereich

Das bei praktischen Berechnungen häufig anzuwendende Übergangsgesetz für Rohre mit technischer Rauigkeit (Gl. 6) verknüpft die von *Prandtl* (Gl. 4) und *Nikuradse* (Gl. 5) für die Grenzfälle hydraulisch glatt und hydraulisch rau gefundenen Gesetzmäßigkeiten aufgrund eines Vorschlages von *Colebrook* und *White* durch Überlagerung beider Einflüsse im Argument des Logarithmus. Die nur iterativ lösbare implizite Gleichung (6) lässt sich gemäß *Zanke* mit sehr guter Genauigkeit durch die explizite Gl. (7) ersetzen, die im gesamten turbulenten Bereich gilt.

Neben der Berechnung der Rohrreibungszahl λ gemäß den Gln. (1) bis (7) in Tabelle 2.7 lässt sich die Rohrreibungszahl λ dem Rohrreibungsdiagramm (*Moody*-Diagramm, λ, *Re*-Diagramm für Rohrleitungen) des Bildes 2.20 entnehmen. Der dabei teilweise erforderliche Parameter d/k wird mit der Rohrrauigkeit k gemäß Tabelle 2.8 gebildet.

---

[8]*Heinrich Blasius*, 1883 bis 1970, deutscher Physiker

Johann Nikuradse, 1894 bis 1979, in Georgien geborener deutscher Ingenieur und Physiker

Ludwig Prandtl, 1875 bis 1953, deutscher Ingenieur, Professor in Hannover und Göttingen, erbrachte bedeutende Beiträge zur Strömungsmechanik, zur Grenzschichttheorie und zu Überschallströmungen.

Theodore von Karman, 1881 bis 1963, ungarisch-nordamerikanischer Physiker und Luftfahrtingenieur, war in der Aerodynamik-, Luftfahrt- und Raketenforschung tätig.

Cyril Frank Colebrook, 1910 bis 1997, britischer Physiker, trat durch wesentliche Beiträge zur Strömungsmechanik hervor.

Cedric Masey White, 1898 bis 1993, britischer Physiker, widmete sich der Strömungsmechanik und dem Wasserbau.

Lewis Ferry Moody, 1880 bis 1953, nordamerikanischer Maschinenbau-Ingenieur, Professor für Hydraulik

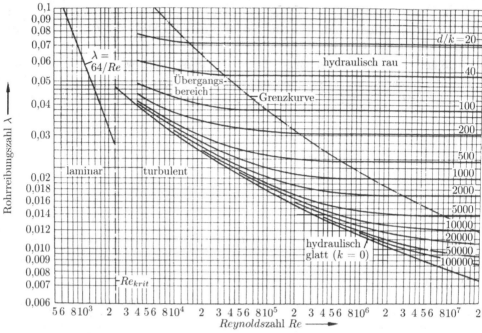

Bild 2.20 Rohrreibungsdiagramm (*Moody*-Diagramm, λ, *Re*-Diagramm für Rohrleitungen)

Tabelle 2.8 Rauigkeitswerte k von Rohrleitungen

Stahl, poliert, verchromt	0,0014 ... 0,0015
nichtrostender Stahl	0,0015
Kupferrohr, neu	0,0015
Kunststoffrohre	0,0015 ... 0,028
PE-Rohre	0,003 ... 0,028
PB-Rohre	0,007
Stahl, kunststoffbeschichtet	0,010 ... 0,032
Stahl, nahtlos, gezogen	0,01 ... 0,06
Stahl, geschweißt	0,02 ... 0,10
Kupfer, gealtert	bis 0,03
handelsübliches Stahlrohr	0,045
Stahlrohr, geschweißt, neu	0,04 ... 0,10
Gasleitung, neu	0,020 ... 0,065
Gasleitung, alt	0,10 ... 0,14
Stahl, verzinkt	0,06 ... 0,30

Tabelle 2.9 Einzelwiderstandsbeiwerte ζ

Reduzierung	0,5
Etagenbogen	0,5
Winkel 90°	1,5
Winkel 45°	0,7
Bogen 90°	0,4
Bogen 45°	0,3
Kreuzstück 90° Abzweig	1,5
Bogen-T Durchgang	0
Bogen-T Abzweig	1,3
Kugel-Absperrhahn	0,2
Absperrschieber	0,5
Absperrklappe	0,2
Sicherheitsarmatur	3,0
Absperreinrichtung (TAE)	2,0
Gasströmungswächter (GS)	5 ... 10

2.8.4 Einzelwiderstände

Rohrleitungen zum Fluidtransport weisen Armaturen sowie Form- und Verbindungsstücke auf, in denen zusätzliche Druckverluste infolge von Stromumlenkungen, -verwirbelungen und -ablösungen auftreten. Diese Verluste werden in der Regel durch Versuche – etwa von Armaturenherstellern – ermittelt und mithilfe von Einzelwiderstandsbeiwerten ζ angegeben, die z. B. zu $\Sigma\,\zeta$ aufsummiert werden können. Damit wird der zusätzliche Druckverlust durch Form- und Verbindungsstücke $\Delta\,p_F$ wie folgt bestimmt:

$$\Delta\,p_F = \Sigma\,\zeta\,\frac{1}{2}\,\varrho\,c^2 \qquad (2.111)$$

In Tabelle 2.9 sind Anhaltswerte für einige Bauteile angegeben.

2.8.5 Äquivalente Rohrlänge

In geraden Rohrleitungen sowie in Rohrleitungseinbauten ist der Druckverlust jeweils proportional $(\varrho/2)\,c^2$. Deshalb lässt sich der Druckverlust in Armaturen sowie in Form- und Verbindungsstücken mit Gl. (2.110) durch den gleich großen Reibungsverlust eines äquivalenten geraden Rohrleitungsstücks l' zu $\Delta p_F = \lambda\,l'\,\varrho\,c^2/(2\,d)$ angeben, wobei gilt:

$$l' = \frac{\zeta}{\lambda}\,d \qquad (2.112)$$

2.8.6 Druckverlust bzw. Druckgewinn infolge des Dichteunterschieds zwischen strömendem Fluid und Umgebungsfluid

In nicht waagerechten Rohrleitungen — etwa in Steigleitungen von Gasinstallationsanlagen — ist infolge des Dichteunterschieds zwischen der Luft und dem fortzuleitenden Gas der Auftrieb zu berücksichtigen (vgl. Beispiel 2.2). Der Druckunterschied hängt von der Differenz der Dichten und der Höhen ab (vgl. Gl. (2.4)):

$$\Delta p_A = (\varrho - \varrho_U)\,(z_2 - z_1)\,g \qquad (2.113)$$

In denjenigen Fällen, in denen das Gas im Vergleich zur Umgebung (meist Luft) die geringere Dichte aufweist, tritt bei steigenden Leitungen ein Druckgewinn (negativer Druckverlust) und bei fallenden Leitungen ein Druckverlust auf. Bei Gasen mit größeren Dichten im Vergleich zum umgebenden Gas (meist Luft) ist der umgekehrte Vorgang zu beobachten. Bei höheren Drücken des Gases in der Leitung ist der Auftrieb vernachlässigbar, solange die Höhenunterschiede unbedeutend sind.

2.8.7 Gesamtdruckdifferenz bei der Fluidfortleitung

Bei der Fortleitung des Fluids verringert sich der Druck durch die Druckverluste infolge Rohrreibung in der geraden Leitung Δp_R sowie in den Armaturen und Formstücken Δp_F; außerdem verändert der Auftrieb (geodätische Höhenunterschiede, Dichtedifferenzen) Δp_A den Druck. Die Gesamtdruckdifferenz ist somit

$$\Delta p_{ges} = \Delta p_R + \Delta p_F + \Delta p_A = \lambda\,\frac{l}{d}\,\frac{1}{2}\,\varrho\,c^2 + \Sigma\,\zeta\,\frac{1}{2}\,\varrho\,c^2 + (\varrho - \varrho_U)\,(z_2 - z_1)\,g\ . \qquad (2.114)$$

Ist statt der Gesamtdruckdifferenz Δp_{ges} die Gesamthöhendifferenz Δz_{ges} anzugeben, nimmt diese Gleichung die Form

$$\Delta z_{ges} = \Delta z_R + \Delta z_F + \Delta z_A = \lambda\,\frac{l}{d}\,\frac{1}{2\,g}\,c^2 + \Sigma\,\zeta\,\frac{1}{2\,g}\,c^2 + \frac{\varrho - \varrho_U}{\varrho}\,(z_2 - z_1) \qquad (2.115)$$

an.

Beispiel 2.13 Erdgas H wird über ein Ortsgasnetz verteilt, das mit Mitteldruck betrieben wird. Im Netz wird ein Leitungsstück von 2,8 km Länge vom Volumenstrom $\dot{V}_B = 1700\ \mathrm{m^3/h}$ durchflossen (Angabe des Volumenstroms bei Betriebszustand); es besteht aus Polyethylen und hat den Innendurchmesser $d_i = 248{,}2$ mm; die Rohrrauigkeit hat den Wert $k = 0{,}007$ mm. Der Fließdruck beträgt $p_e = 0{,}80$ bar (Überdruck); der Umgebungsdruck ist $p_{amb} = p_L = 1{,}0$ bar; das trockene Erdgas H besitzt die Temperatur $t = 12\ ^\circ$C; die kinematische Viskosität beträgt $\nu = 7{,}835 \cdot 10^{-6}\ \mathrm{m^2/s}$. Das Erdgas kann als ideales Gas mit der praktisch unveränderlichen Dichte während der Durchströmung der Leitung $\varrho_B = 1{,}33243\ \mathrm{kg/m^3}$ aufgefasst werden.

a) Es sind die Querschnittsfläche A der Leitung und die Strömungsgeschwindigkeit c zu bestimmen.

b) Wie groß ist die *Reynoldszahl Re*? Welchen Wert hat der Quotient d_i/k? Ist die Strömung laminar oder turbulent? Es soll mit dem λ, Re-Diagramm die Rohrreibungszahl λ bestimmt und mit einer geeigneten Gleichung überprüft werden. Wie hoch ist der Druckverlust Δp_R infolge Rohrreibung unter der vereinfachten Voraussetzung raumbeständiger Fortleitung ?

c) In der Leitung sind vier 90-Grad-Bögen mit jeweils dem Einzelwiderstandsbeiwert $\zeta = 0,4$, fünf 45-Grad-Bögen mit jeweils $\zeta = 0,3$ und sechs Absperrschieber mit jeweils $\zeta = 0,5$ eingebaut. Wie groß ist die Summe der Einzelwiderstandsbeiwerte $\Sigma\zeta$ und der dadurch verursachte zusätzliche Druckverlust Δp_F?

d) Die Leitung ist in Fließrichtung als steigende Leitung mit einer Höhenzunahme auf der gesamten Länge von $z_2 - z_1 = 30$ m verlegt. Der zusätzliche Druckverlust Δp_A ist zu berechnen. (Anmerkung: Für Luft kann die Dichte $\varrho_L = 1{,}239$ kg/m^3 bei etwa 12 °C angenommen werden.)

e) Es ist der gesamte Druckverlust $p_1 - p_2 = \Delta p_{ges}$ anzugeben.

a) $A = \dfrac{\pi}{4}d_i{}^2 = \dfrac{3{,}14159}{4}\, 0{,}2482^2\ \text{m}^2 = 0{,}04838\ \text{m}^2$

$c = \dfrac{\dot{V}_B}{A} = \dfrac{1700\ \text{m}^3}{\text{h}\,0{,}04838\ \text{m}^2}\dfrac{1\ \text{h}}{3600\ \text{s}} = 9{,}760\ \dfrac{\text{m}}{\text{s}}$

b) $Re = \dfrac{c\,d}{\nu} = \dfrac{9{,}760\ \text{m}\cdot 0{,}2482\ \text{m}\,\text{s}}{\text{s}\ 7{,}8353\cdot 10^{-6}\ \text{m}^2} = 3{,}092\cdot 10^5 = 309200\ \to\ \text{turbulente Strömung}$

$\dfrac{d}{k} = \dfrac{248{,}2\ \text{mm}}{0{,}007\ \text{mm}} = 35457\ \to\ \lambda = 0{,}015$

$\to$ Überprüfung mit der Gleichung von *Zanke* für den turbulenten Bereich $Re > 2320$:

$$\lambda = \left[-2\lg\left[2{,}7\dfrac{(\lg Re)^{1{,}2}}{Re} + \dfrac{k}{3{,}71d}\right]\right]^{-2} = \left[-2\lg\left[2{,}7\dfrac{(\lg 309200)^{1{,}2}}{309200} + \dfrac{0{,}007}{3{,}71\cdot 248{,}2}\right]\right]^{-2} = 0{,}0147$$

$$\Delta p_R = \lambda\dfrac{l}{d}\dfrac{1}{2}\varrho c^2 = 0{,}0147\dfrac{2800\ \text{m}}{0{,}2482\ \text{m}}\cdot\dfrac{1}{2}\cdot 1{,}33243\dfrac{\text{kg}}{\text{m}^3}9{,}760^2\,\dfrac{\text{m}^2}{\text{s}^2}\dfrac{\text{N}\,\text{s}^2}{\text{kg}\,\text{m}}\dfrac{\text{mbar}\,\text{m}^2}{100\ \text{N}} = 105{,}24\ \text{mbar}$$

c) $\Sigma\zeta = 4\cdot 0{,}4 + 5\cdot 0{,}3 + 6\cdot 0{,}5 = 6{,}1$

$$\Delta p_F = \Sigma\zeta\dfrac{1}{2}\varrho c^2 = 6{,}1\cdot\dfrac{1}{2}\cdot 1{,}33243\dfrac{\text{kg}}{\text{m}^3}\cdot 9{,}760^2\,\dfrac{\text{m}^2}{\text{s}^2}\dfrac{\text{N}\,\text{s}^2}{\text{kg}\,\text{m}}\dfrac{\text{mbar}\,\text{m}^2}{100\ \text{N}} = 3{,}871\ \text{mbar}$$

d) $\Delta p_A = (\varrho - \varrho_U)(z_2 - z_1)g =$

$$= (1{,}33243 - 1{,}239)\dfrac{\text{kg}}{\text{m}^3}(30\ \text{m})\cdot 9{,}81\dfrac{\text{m}}{\text{s}^2}\dfrac{\text{N}\,\text{s}^2}{\text{kg}\,\text{m}}\dfrac{\text{mbar}\,\text{m}^2}{100\ \text{N}} = 0{,}275\ \text{mbar}$$

e) $\Delta p_{ges} = \Delta p_R + \Delta p_F + \Delta p_A = (105{,}24 + 3{,}871 + 0{,}275)\ \text{mbar} = 109{,}388\ \text{mbar} \approx 110\ \text{mbar}$

Das Berechnungsergebnis zeigt, dass der Druckverlust Δp_{ges}, bezogen auf den Anfangsdruck $p_1 = p_{amb} + p_e = 1{,}80$ bar, etwa 6 % beträgt und deshalb die Voraussetzung einer nahezu inkompressiblen Strömung nur grob zutrifft, sodass Gl. (2.110) nur näherungsweise gilt. Die genaue Berechnung des Druckverlusts idealer Gase bei Berücksichtigung ihrer Kompressibilität wird in Abschnitt 4.6 behandelt, wobei sich Gl. (4.282) ergibt.

Beispiel 2.14 Bei der Stromversorgung einer Insel wird $\dot{V}_B = 17$ m^3/h Treibstoff der Qualität Heizöl M mit der Dichte $\varrho = 920$ kg/m^3 bei der Temperatur $t_B = 10$ °C und der Luftdichte $\varrho_L = \varrho_0 = 1{,}247$ kg/m^3 vom Speichertank im Hafen zu einem Kraftwerk gefördert; dort werden mehrere große *Diesel*-Stromerzeugungsanlagen mit Heizöl M betrieben. Die Leitung von $d =$

125 mm Innendurchmesser hat eine Länge von $l = 1600$ m und überwindet eine Höhendifferenz von $z_2 - z_1 = z_{stat} = 25{,}0$ m; die Rauigkeit der Leitung ist $k = 0{,}1$ mm. An Einbauten sind der abgerundete Einlauf aus dem Öltank, 18 45°-Krümmer sowie 8 offene Schieber in der Rohrleitung zu berücksichtigen; die Summe der damit verbundenen Verlusthöhen ist $\Sigma \Delta z_F = 0{,}027$ m. Die kinematische Zähigkeit des Heizöls M ist $\nu = 68 \cdot 10^{-6}$ m^2/s.

a) Es ist die mittlere Strömungsgeschwindigkeit c zu bestimmen, die sich einstellt.

b) Wie groß ist die *Reynolds*zahl Re? Ist die Strömung laminar oder turbulent? Die Rohrreibungszahl λ und damit die Verlusthöhe in der Rohrleitung Δz_R sind zu ermitteln.

c) Die gesamte Verlusthöhe Δz_{ges} einschließlich der statischen Druckhöhe z_{stat} ist anzugeben.

a) $c = \dfrac{\dot{V}_B}{A} = \dot{V}_B \, \dfrac{4}{\pi \, d^2} = \dfrac{17 \, \text{m}^3 \cdot 4}{\text{h} \; 3{,}14159 \cdot 0{,}125^2 \, \text{m}^2} \; \dfrac{1 \, \text{h}}{3600 \, \text{s}} = 0{,}3848 \; \dfrac{\text{m}}{\text{s}}$

b) $Re = \dfrac{c \, d}{\nu} = \dfrac{0{,}3848 \, \text{m} \cdot 0{,}125 \, \text{m s}}{\text{s} \; 68 \cdot 10^{-6} \, \text{m}^2} = 7{,}07 \cdot 10^2 \; \rightarrow$ laminare Strömung $\rightarrow \; \lambda = 0{,}09$

Überprüfung mit der Gleichung von *Hagen-Poiseuille* im Bereich $Re < 2320$:

$\lambda = 64/Re = 64/707 = 0{,}0905$

$\Delta z_R = \lambda \, \dfrac{l}{d} \, \dfrac{1}{2 \, g} \, c^2 = 0{,}0905 \; \dfrac{1600 \, \text{m}}{0{,}125 \, \text{m}} \; \dfrac{1}{2 \cdot 9{,}81} \; \dfrac{\text{s}^2}{\text{m}} \; 0{,}3848^2 \, \dfrac{\text{m}^2}{\text{s}^2} = 8{,}7424 \, \text{m}$

c) Da $\varrho = 920$ kg/m^3 und $\varrho_L = \varrho_U = 1{,}247$ kg/m^3 betragen und damit $\varrho \gg \varrho_U$ ist, gilt in guter Näherung

$z_{stat} = \Delta z_A = \dfrac{\varrho - \varrho_U}{\varrho} \, (z_2 - z_1) \approx (z_2 - z_1) = 25{,}0 \, \text{m}$

$\Delta z_{ges} = \Delta z_R + \Sigma \Delta z_F + \Delta z_A = (8{,}7424 + 0{,}027 + 25{,}0) \, \text{m} = 33{,}7694 \, \text{m} \approx 33{,}8 \, \text{m}$

Aufgaben zu Abschnitt 2

1. Mit einer Wasserbremse soll die Kupplungsleistung eines Motors gemessen werden. In der Wasserbremse wird die Kupplungsleistung durch Reibung einem Kühlwasserstrom von 6,59 kg/s zugeführt, dessen Temperatur sich von 10 °C auf 50 °C erhöht. Welche Kupplungsleistung hat der Motor?

2. In einem Trinkwassererwärmer mit der Anschlussleistung von 3 kW sollen 80 Liter Wasser von 12 °C auf 57 °C erwärmt werden (Dichte beim Überdruck 5 bar: 994 kg/m^3). In welcher Zeit ist das Wasser aufgewärmt?

3. Bei einem Wasserfall stürzt Wasser mit einer Temperatur von $t_1 = 10$ °C 200 Meter in die Tiefe. Dabei führt dessen gesamte Differenz der potentiellen Energie zur Erhöhung der inneren Energie; der Vorgang ist gegenüber der Umgebung adiabat. Welche Temperaturerhöhung erfährt das Wasser hierbei? Welche Temperaturerhöhung würde sich einstellen, wenn stattdessen Quecksilber herabstürzen würde? (Die spezifische Wärmekapazität des Wassers beträgt $c = 4{,}1955$ kJ/(kg K) = const, die des Quecksilbers $c = 0{,}1393$ kJ/(kg K) = const.)

4. Für die Wasserversorgung einer Berggemeinde wird eine Hochdruck-Pumpe im Tal eingesetzt. Der kreisförmige Eintrittsstutzen besitzt einen Durchmesser $D_1 = 0{,}1$ m; das durchströmende Wasser hat einen Absolutdruck $p_1 = 1{,}0$ bar, wobei die Strömungsgeschwindigkeit $c_1 = 2{,}0$ m/s beträgt. Im 1,2 m höher gelegenen Austrittsstutzen strömt das Wasser mit der Geschwindigkeit $c_2 = 4{,}0$ m/s mit dem Absolutdruck $p_2 = 19{,}0$ bar in die Druckrohrleitung. Beim Durchfluss durch die adiabat arbeitende Pumpe erhöht sich die Wassertemperatur infolge innerer Reibungsleistung $|P_{RI}|$ von $t_1 = 10{,}00$ °C auf $t_2 = 10{,}08$ °C. Die äußere Reibungsleistung

$|P_{RA}|$ kann vernachlässigt werden. Die Dichte des Wassers ist mit $\varrho = 1000$ kg/m^3 = const anzusetzen; die spezifische Wärmekapazität des Wassers beträgt $c = 4{,}19$ kJ/(kg K)= const. Es ist der Volumenstrom $\dot{V}_1 = \dot{V}$ = const und der Massenstrom $\dot{m}_1 = \dot{m}$ = const des Wassers am Eintrittsquerschnitt zu bestimmen. Welche Kupplungsleistung P_e ist zum Antrieb erforderlich? Welche Kupplungsleistung $(P_e)_{id}$ wäre zum Antrieb notwendig, wenn keine innere Reibungsleistung $|P_{RI}|$ auftreten würde?

5. In einer Anlage der chemischen Industrie wird Sauerstoff O_2 mit dem Massenstrom 10 kg/s beim Umgebungsdruck 1 bar von 50 °C auf 600 °C isobar und reibungsfrei erwärmt, bevor er als Oxidationsmittel in eine Brennkammer eintritt. Es ist die mittlere spezifische isobare Wärmekapazität $c_m|_{t_1}^{t_2}$ des Sauerstoffs im betrachteten Temperaturintervall anhand der $c_m|_{0\,°C}^{t}$-Werte der entsprechenden Tabelle im Anhang zu bestimmen. Wie groß ist der Wärmestrom, der auf den Sauerstoffstrom übertragen wird? Welcher Wärmestrom muss zugeführt werden, wenn der Sauerstoffstrom nicht von 50 °C auf 600 °C, sondern noch weiter auf 700 °C isobar und reibungsfrei erhitzt wird?

6. Durch einen Wärmeübertrager, der zur Aufnahme von Erdwärme mit einer Wärmepumpe dient, strömt ein konstanter Massenstrom von 1,1 kg/s eines flüssigen Wasser-Glykol-Gemischs; die Dichte ist 1102 kg/m^3 = const; die mittlere spezifische Wärmekapazität beträgt 3,85 kJ/(kg K). Am Eintritt in den Wärmeübertrager werden die Temperatur $t_1 = -3$ °C, die Geschwindigkeit $c_1 = 2{,}0$ m/s und der Druck $p_1 = 4{,}5$ bar gemessen; am Austritt betragen die Temperatur $t_2 = 1$ °C, die Geschwindigkeit $c_2 = 2{,}0$ m/s und der Druck $p_2 = 1{,}2$ bar; die Eintrittsmessstelle liegt 1,2 m über der Austrittsmessstelle.

a) Welcher Wärmestrom wird vom Wasser-Glykol-Gemisch aufgenommen? (Es ist zur Berechnung die allgemeine Formulierung des 1. Hauptsatzes für offene Systeme mit Einbeziehung der kinetischen und der potentiellen Energien zu verwenden.)

b) Wie viele Wärmeübertrager gleicher Bauart sind notwendig, um dem Erdreich einen Wärmestrom von 32 kW entnehmen zu können?

3 Der zweite Hauptsatz der Thermodynamik

Nach dem ersten Hauptsatz der Thermodynamik ist jede beliebige Energieumwandlung denkbar. Beispielsweise könnte jede Energieform in jede andere umgewandelt werden. Untersuchen wir aber die in Natur und Technik ablaufenden Prozesse genauer, so ergibt sich, dass bei vielen Prozessen eine vollständige Umwandlung in die gewünschte Energie niemals erreicht werden kann. So arbeitet beispielsweise eine Wasserturbine oder ein Elektromotor mit einem bestimmten Wirkungsgrad, der angibt, welcher Anteil der zugeführten Energie in die gewünschte Energieform umgewandelt wird.

Eine Turbine hat die Aufgabe, die potentielle und die kinetische Energie einer Wassermenge in Kupplungsarbeit, die an der Welle der Turbine abgenommen werden kann, umzuformen. Ein Teil der aufgenommenen mechanischen Energie dient jedoch zur Deckung der Reibungs-„Verluste", die an den Lagern, aber auch in der Flüssigkeit selbst beim Durchströmen der Maschine auftreten.

Der Elektromotor soll elektrische Energie in Kupplungsarbeit umwandeln. Ein Teil der zugeführten elektrischen Energie wird aber durch die verschiedenen mechanischen und elektrischen „Verluste" in Wärme verwandelt und durch die Kühlluft (oder ein anderes Kühlmittel) an die Umgebung abgegeben.

In beiden Fällen bezeichnet man die nicht in die gewünschte Nutzenergie umgewandelte Energie als „Verlust". Welche Berechtigung haben wir, diese Energie als „Verlust" zu bezeichnen? Nach dem ersten Hauptsatz wissen wir, dass Energie niemals verschwinden kann. Der Ingenieur versteht jedoch unter „Verlust" nicht ein Verschwinden von Energie, sondern die Umwandlung in eine nicht erwünschte Energieform. Eine derartige Umwandlung liegt bei den beschriebenen Prozessen vor.

Die Rückumwandlung dieser Verlustenergie in die Ausgangsenergie stößt auf besondere Schwierigkeiten. Sowohl durch die Reibungsverluste in der Turbine als auch durch die elektrischen und mechanischen Verluste des Elektromotors wird letztlich die innere Energie der Umgebung (Luft, Kühlwasser) erhöht. Es gibt keinen Prozess, mit dem man durch Entnahme der inneren Energie der Umgebung die ursprünglich vorhandene Menge mechanischer bzw. elektrischer Energie wiedergewinnen kann, sofern man die zusätzliche Bedingung stellt, dass keine bleibenden Veränderungen am System oder in der Umgebung gegenüber dem ursprünglichen Zustand auftreten dürfen.

Durch die Erzeugung der Verlustenergie sind die betrachteten Prozesse der Energieumwandlung in Turbine und Elektromotor irreversibel oder nicht umkehrbar geworden. Die Umkehrung der beschriebenen Prozesse scheitert daran, dass es nicht möglich ist, allein aus dem Entzug von innerer Energie der Umgebung mechanische oder elektrische Energie zu gewinnen. Zusätzliche Einrichtungen wären dazu erforderlich, in denen gegenüber dem ursprünglichen Zustand bleibende Veränderungen auftreten.

3.1 Die Aussage des zweiten Hauptsatzes

Die Untersuchung weiterer Prozesse führt zu dem Ergebnis, dass alle realen Umwandlungen oder Übertragungen von Energie in Maschinen und Apparaten, genauso aber auch in der Natur der gleichen Einschränkung unterliegen und damit nicht umkehrbar oder irreversibel sind. Man fasst diese Erkenntnis in dem Erfahrungssatz zusammen, der als zweiter Hauptsatz der Thermodynamik bezeichnet wird:

© Springer Fachmedien Wiesbaden GmbH, ein Teil von Springer Nature 2023
M. Dehli et al., *Grundlagen der Technischen Thermodynamik*,
https://doi.org/10.1007/978-3-658-41251-7_3

> **Alle natürlichen und technischen Prozesse sind irreversibel.**

3.1.1   Reversible und irreversible Prozesse

Wir können nun gedanklich formulieren, was wir unter einem reversiblen oder umkehrbaren Prozess verstehen wollen: Hat ein System einen Prozess durchlaufen und
einen Endzustand erreicht, der vom Anfangszustand verschieden ist, und können wir
den Anfangszustand wiederherstellen, ohne dass Änderungen am System oder in der
Umgebung zurückbleiben, wird also der ursprüngliche Zustand vollständig wiederher-
gestellt, so ist der Prozess reversibel oder umkehrbar.

Da nach dem zweiten Hauptsatz alle natürlichen und technischen Prozesse irreversibel
sind, gibt es in Wirklichkeit keine reversiblen oder umkehrbaren Prozesse. Trotzdem
ist der reversible Prozess nicht nur physikalisch interessant, sondern als Grenzfall der
technischen Verwirklichung auch technisch von Bedeutung.

Beispiel 3.1   Einer Wasserturbine 1 nach Bild 3.1 wird aus einem oberen Stausee Wasser
zugeführt. Nach dem Durchströmen der Turbine fließt das Wasser in einen unteren Stausee
oder Flusslauf. In den Verbindungsleitungen 2, in der Turbine und in den Lagern tritt Reibungsarbeit auf. Nach Gl. (2.69) ist damit die gewonnene Kupplungsarbeit kleiner als sie
ohne Reibungsarbeit bei sonst gleichen Verhältnissen sein würde. Die Reibungsarbeit erhöht
die innere Energie des Wassers und zum kleineren Teil die der Umgebungsluft.

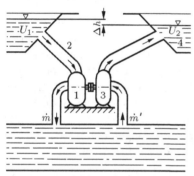

Bild 3.1   Irreversible Durchströmung einer Wasserturbine, $\dot{m}$ Massenstrom des Wassers in Turbine
und Pumpe, $U_2 - U_1$ Erhöhung der inneren Energie
des Wassers und der Umgebungsluft

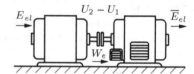

Bild 3.2 Irreversibler Betrieb eines Elektromotors

Eine Kreiselpumpe 3, die mit der erzeugten Kupplungsarbeit angetrieben wird, vermag in
dem von ihr zu füllenden Becken 4, das gleich groß und gleich hoch gelegen wie der Stausee
ist, selbst dann den ursprünglichen Pegel des Stausees nicht zu erreichen, wenn sie selbst ohne
Verluste arbeiten würde und die zum Becken 4 führenden Leitungen reibungsfrei wären. Eine
zusätzliche Maschine, die ohne bleibende Veränderungen am System oder in der Umgebung
durch Entnahme der inneren Energie des Wassers und der Umgebungsluft die Pegeldifferenz
ausfüllt, gibt es nicht. Damit ist der in der Wasserturbine ablaufende Prozess als irreversibel
erkannt. Je kleiner die Reibungsverluste gemacht werden können, desto mehr nähert man sich
einer reversiblen Prozessführung.

Beispiel 3.2   Einem Elektromotor nach Bild 3.2 wird die elektrische Energie E_{el} zugeführt;
die Maschine verwandelt einen Teil in Kupplungsarbeit W_e. Die restliche Energie erhöht auf
dem Umweg über die Wicklungserwärmung die innere Energie der Umgebungsluft ($U_2 - U_1$).
Der über eine Kupplung mit dem Motor verbundene Generator vermag die Ausgangsenergie
nicht mehr wiederherzustellen, die erzeugte elektrische Energie $\overline{E}_{el}$ ist kleiner als die Ausgangsenergie. Da sich ohne bleibende Veränderungen die innere Energie der Umgebung nicht
in elektrische Energie zurückverwandeln lässt, ist auch dieser Prozess irreversibel.

3.1.2   Quasistatische Zustandsänderungen

Als Ausgangspunkt einer Zustandsänderung betrachtet man einen Gleichgewichtszustand (Bild 3.3 a) Damit eine Zustandsänderung eingeleitet wird, muss eine Störung des
Gleichgewichts erfolgen. Eine Zustandsänderung führt also über Nichtgleichgewichts-
zustände. Alle thermischen Zustandsgleichungen und Zustandsdiagramme gelten nur
für Gleichgewichtszustände, also zunächst nur für den Anfangs- und den Endzustand.
Nimmt man jedoch an, dass die Gleichgewichtsstörungen klein sind und die Zustandsänderung näherungsweise aus einer Folge von Gleichgewichtszuständen besteht, dann
kann man auch die Zwischenzustände rechnerisch erfassen. Man nennt eine solche Zustandsänderung quasistatisch. Reversible Prozesse sind nur vorstellbar, wenn die mit
dem Prozess verbundenen Zustandsänderungen quasistatisch verlaufen.

Bild 3.3 Kompressi-
on und Expansion ei-
ner Gasmenge
a) Quasistatische
Zustandsänderung
b) Wirkliche Zustands-
änderung
Druckverlauf im Zylin-
der bei der gezeichne-
ten Kolbenstellung

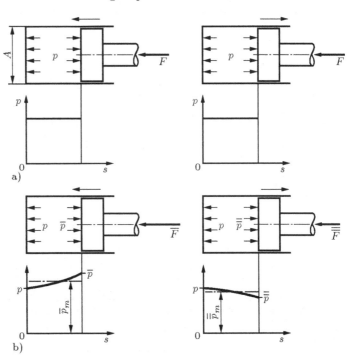

Beispiel 3.3 Wenn ein Gas in einem Zylinder reibungsfrei und unendlich langsam expandiert
oder komprimiert wird, stehen in jeder Kolbenstellung die am Kolben angreifenden Kräfte im
Gleichgewicht. Die Zustandsänderung ist quasistatisch.

$$F = p\,A$$

Beim wirklichen Kompressionsvorgang ergibt sich am Kolbenboden ein Gasdruck $\bar{p}$, der größer
als der Druck p am Zylinderboden und größer als der mittlere Druck $\bar{p}_m$ im Gasraum ist (Bild
3.3 b):

$$\bar{p} > \bar{p}_m > p$$

Die schnelle Bewegung des Kolbens wirkt zunächst auf die am Kolbenboden anliegenden Gasmoleküle. Infolge ihrer Trägheit wird diese Gasmenge verdichtet und erhält so einen erhöhten
Gasdruck $\bar{p}$.

Expandiert das Gas, so wird umgekehrt der Gasdruck $\bar{\bar{p}}$ am Kolbenboden kleiner als der Druck
p am Zylinderboden und kleiner als der mittlere Druck $\bar{\bar{p}}_m$ im Gasraum sein (Bild 3.3 b):

$$\overline{\overline{p}} < \overline{\overline{p}}_m < p$$

Die wirklichen Zustandsänderungen verlaufen nicht mehr quasistatisch, der Prozess der Verdichtung und Entspannung wird irreversibel.

3.2   Irreversible Vorgänge

Die Irreversibilität thermodynamischer Prozesse ist in Vorgängen begründet, die stets nur in einer Richtung ablaufen und deren Umkehr unmöglich ist. Sie lassen sich in zwei Gruppen unterteilen: Reibungsvorgänge und Ausgleichsvorgänge. Um sie näher zu beschreiben, benutzen wir einfache adiabate Systeme. Die Beschränkung auf adiabate Systeme bedeutet keine Einschränkung. Es ist stets möglich, die Systemgrenze so groß zu wählen, dass keine Wärmeübertragung mit der Umgebung auftritt.

3.2.1   Reibung

Wir benutzen das in Abschnitt 2.6.1 beschriebene Beispiel. Einem Gas, das in einem Behälter mit konstantem Volumen eingeschlossen ist, wird Kupplungsarbeit zugeführt.

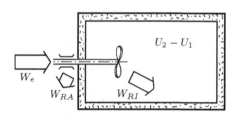

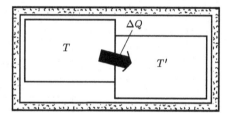

Bild 3.4 Zufuhr von innerer Reibungsarbeit; geschlossenes adiabates System

Bild 3.5 Temperaturausgleich zwischen Teilsystemen unterschiedlicher Temperatur; geschlossenes adiabates Gesamtsystem

Im Innern des Systems befindet sich auf der Welle ein Schaufelrad, das an dem Gas im System innere Reibungsarbeit leistet (Bild 3.4). Die innere Reibungsarbeit bewirkt eine Erhöhung der inneren Energie. Gilt für die Wärme $Q_{12} = 0$, so folgt aus den Gln. (2.54) bis (2.56)

$$W_e - |W_{RA}| = |W_{RI}| = U_2 - U_1 \ . \tag{3.1}$$

Die Schreibweise der Gl. (3.1) deutet den Energiefluss von links nach rechts an. Eine Umkehrung dieser Folge von Energieumwandlungen ist nach der Erfahrung nicht möglich. *M. Planck*[1] hat diese Erfahrung zur Formulierung des zweiten Hauptsatzes der Thermodynamik benutzt:

> **Es ist unmöglich, eine periodisch arbeitende Maschine zu konstruieren, die nichts weiter bewirkt, als eine Last zu heben und einem Wärmebehälter dauernd Wärme zu entziehen.**

---

[1] *Max Planck*, 1858 bis 1947, Professor der Physik 1885 in Kiel, 1889 in Berlin. Er begründete 1900 die Quantentheorie und erhielt dafür 1918 den Nobelpreis für Physik. Nach heutigem Sprachgebrauch würde man in dieser Formulierung des zweiten Hauptsatzes den Begriff „Wärme" durch „innere Energie" ersetzen.

3.2.2   Temperaturausgleich

Besteht zwischen zwei Körpern unterschiedlicher Temperatur eine wärmeleitende Verbindung, so strömt Wärme vom Körper höherer Temperatur zum Körper niederer Temperatur. Diese alltägliche Erfahrung können wir allgemeingültig wie folgt formulieren. Zwei benachbarte Systeme besitzen eine gemeinsame wärmedurchlässige Grenze. Beide Systeme sind Inhalt eines adiabaten Gesamtsystems. Die Systeme haben unterschiedliche Temperaturen. Unter der Wirkung des Temperaturgefälles fließt die Wärme ΔQ vom System höherer Temperatur T über die Systemgrenze in das System niederer Temperatur T' (Bild 3.5).

Der Vorgang läuft von selbst ab und ist erst beendet, wenn ein Temperaturausgleich zwischen beiden Systemen erfolgt ist. Der umgekehrte Vorgang, bei dem sich von selbst bei zunächst gleichem Temperaturniveau ein Temperaturunterschied einstellen würde, ist nach der Erfahrung unmöglich. *Rudolf Clausius*[2] hat diese Beobachtung zur erstmaligen Formulierung des zweiten Hauptsatzes benutzt:

> **Wärme kann nie von selbst von einem Körper niederer Temperatur auf einen Körper höherer Temperatur übergehen.**

3.2.3   Druckausgleich

Ein adiabates System, das aus zwei gleich großen Behältern 1 und 2 mit einer absperrbaren Verbindungsleitung 3 besteht, enthält in einem Behälter ein Gas unter hohem Druck, während im anderen Behälter bei gleicher Temperatur sich nur eine ganz geringe Menge desselben Gases befindet. Im zweiten Behälter ist daher der Druck sehr viel kleiner als im ersten Behälter. Öffnet man die Verbindungsleitung, dann strömt das Gas aus dem Behälter mit hohem Druck in den Behälter mit niederem Druck, bis ein Druckausgleich erreicht ist (Bild 3.6).

Misst man nach dem Ausgleichsvorgang die Temperatur, dann stellt man bei idealen Gasen dieselbe Temperatur fest, die vor dem Druckausgleich in beiden Gefäßen vorhanden war. Gelten für ein Gas nicht mehr die Gesetze der idealen Gase, dann stimmt die Temperatur nach dem Druckausgleich nicht mit der Temperatur vor dem Öffnen der Verbindungsleitung überein. Man nennt ein solches Gas ein reales Gas.

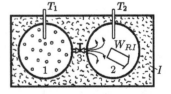

Bild 3.6 Druckausgleich eines Gases zwischen zwei Behältern; geschlossenes adiabates System I Wärmeisolierung (Überströmversuch von *Joule*)

Das betrachtete System ist ein abgeschlossenes System, da weder Stoffströme noch Energien die Systemgrenze überschreiten. Mit

$$Q_{12} = W_{12} = 0 \tag{3.2}$$

folgt aus dem ersten Hauptsatz nach Gl. (2.46) $U_2 - U_1 = 0$ oder

$$U_2 = U_1 \, . \tag{3.3}$$

---

[2] *Rudolf Clausius*, 1822 bis 1888, 1855 Professor der Physik in Zürich, 1869 in Bonn. Seine grundlegenden „Abhandlungen über die mechanische Wärmetheorie", in denen die Entropie als Zustandsgröße eingeführt und herausgearbeitet wurde, erschienen in den Jahren 1864 bis 1867.

Die innere Energie ist als thermische Energie eine Funktion der Temperatur. Es erhebt sich die Frage, ob die innere Energie nur eine Funktion der Temperatur ist, oder ob eine Abhängigkeit von einer weiteren Zustandsgröße vorliegt. Für das nach der Zustands-änderung in beiden Behältern befindliche Gas ist der Vorgang des Druckausgleichs mit einer Volumenvergrößerung verbunden. Wenn bei einem Gas in einem geschlossenen adiabaten System bei gleichbleibender innerer Energie bei einer Volumenzunahme kei-ne Temperaturänderung festgestellt wird, dann liegt ein ideales Gas vor, und die innere Energie ist nur eine Funktion der Temperatur und unabhängig vom Volumen:

$$T_2 = T_1 \qquad U = f(T) \qquad U \neq f(T, V) \tag{3.4}$$

Wenn bei einem Gas in einem geschlossenen adiabaten System bei gleichbleibender innerer Energie bei einer Volumenzunahme eine Temperaturänderung gemessen wird, dann liegt ein reales Gas vor, und die innere Energie ist nicht nur eine Funktion der Temperatur, sondern auch vom Volumen abhängig:

$$T_2 \neq T_1 \qquad U = f(T, V) \tag{3.5}$$

Da keine Arbeit die Systemgrenze überschreitet, folgt aus Gl. (2.58)

$$W_{12} = W_{V12} + |W_{RI}| = 0$$

oder

$$-W_{V12} = |W_{RI}| \ . \tag{3.6}$$

Nach der Vorzeichenvereinbarung ist die Volumenänderungsarbeit bei einer Expansion negativ. Die beim Druckausgleich geleistete Volumenänderungsarbeit wird in innere Reibungsarbeit umgewandelt. Mit Gl. (2.21) folgt aus Gl. (3.6)

$$\frac{|\mathrm{d}W_{RI}|}{\mathrm{d}V} = p \ . \tag{3.7}$$

In Gl. (3.7) kann der Druck p nur positiv sein. Damit muss auch die linke Seite der Gl. (3.7) positiv sein. Dies ist aber nur der Fall, wenn die Volumenänderung $\mathrm{d}V$ ebenfalls positiv ist. Bei einer Umkehrung des Vorgangs wäre $\mathrm{d}V$ negativ, dies ist demnach unmöglich. Die Gl. (3.7) ist die mathematische Formulierung der Aussage, dass der Druckausgleich irreversibel ist.

3.2.4 Drosselung

Die Drosselung ist ein adiabater Strömungsprozess, verbunden mit einer Druckabsen-kung durch eine Verengung in einer Rohrleitung (Bild 3.7). In der Energiebilanz für das offene System nach Gl. (2.67) sind die Größen der linken Seite null. Vernachlässigt man die Änderung der potentiellen Energie, so ist

$$H_2 - H_1 + \frac{m}{2}(c_2^2 - c_1^2) = 0 \ . \tag{3.8}$$

In vielen Fällen kann man auch die Änderung der kinetischen Energie vernachlässigen. Dann wird aus Gl. (3.8) $H_2 - H_1 = 0$ oder

$$H_2 = H_1 \quad . \tag{3.9}$$

Mit Gl. (3.9) folgt aus dem ersten Hauptsatz nach Gl. (2.70)

$$W_{12} = W_{p12} + |W_{RI}| = 0 \quad \text{oder} \quad -W_{p12} = |W_{RI}| \ . \tag{3.10}$$

Die Druckänderungsarbeit W_{p12} lässt sich nach Gl. (2.30) als Integral darstellen. Gl. (3.10) kann man somit auch wie folgt schreiben:

$$-\int_1^2 V\,\mathrm{d}p = |W_{RI}| \tag{3.11}$$

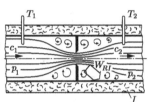

Bild 3.7 Drosselung eines Fluids; offenes adiabates System I Wärmeisolierung (Versuch von *Joule und Thomson*)

Nach Abschnitt 2.4.4 ist die Druckänderungsarbeit bei einer Expansion negativ. Da eine Drosselung eine Druckabnahme des Fluids bedeutet, ist $\mathrm{d}p$ negativ. Das wird auch durch die Gln. (3.10) und (3.11) ausgedrückt. Die bei der Drosselung vom Fluid geleistete Druckänderungsarbeit wird in innere Reibungsarbeit umgewandelt. Aus Gl. (3.11) erhält man

$$\frac{|\mathrm{d}W_{RI}|}{\mathrm{d}p} = -V \ . \tag{3.12}$$

In Gl. (3.12) kann $\mathrm{d}p$ nur negativ sein. Bei einer Umkehrung der Drosselung wäre $\mathrm{d}p$ positiv. Gl. (3.12) sagt aus, dass der Drosselvorgang irreversibel ist.

Die Enthalpie ist nach Gl. (2.41) die Summe aus innerer Energie und Verschiebearbeit und damit nach den Gln. (3.4) und (3.5) eine Funktion der Temperatur. Ob eine Abhängigkeit von einer weiteren Zustandsgröße vorhanden ist, lässt sich durch Temperaturmessungen bei der Drosselung klären. Man stellt fest, dass die Temperaturen in größerem Abstand vor und nach der Drosselstelle bei idealen Gasen gleich, bei realen Gasen verschieden sind. Wenn bei einem Gas bei gleichbleibender Enthalpie eine Verminderung des Drucks keine Temperaturänderung bewirkt, dann liegt ein ideales Gas vor, und die Enthalpie ist nur eine Funktion der Temperatur und unabhängig vom Druck.

$$T_2 = T_1 \qquad H = f(T) \qquad H \neq f(T, p) \tag{3.13}$$

Wenn bei einem Gas bei gleichbleibender Enthalpie eine Verminderung des Drucks eine Temperaturänderung bewirkt, dann liegt ein reales Gas vor, und die Enthalpie ist nicht nur eine Funktion der Temperatur, sondern auch vom Druck abhängig.

$$T_2 \neq T_1 \qquad H = f(T, p) \tag{3.14}$$

Diese Erscheinung bei realen Gasen nennt man den *Joule-Thomson*-Effekt (vgl. auch Abschnitt 5.4.6).

3.3   Entropie

Alle in Natur und Technik ablaufenden Prozesse der Energieumwandlung oder Energieübertragung enthalten einen oder mehrere der in Abschnitt 3.2 angeführten Reibungs- oder Ausgleichsvorgänge. Diese bewirken, dass man bei jeder Energieumwandlung oder

Energieübertragung mit einer Entwertung von Energie rechnen muss, die sich dadurch äußert, dass die am Ende vorhandenen Energien nicht vollständig in die ursprünglich vorhandenen Energiearten zurückverwandelt werden können.

Um die Irreversibilität der verschiedenen Prozesse vergleichen zu können, benötigt man ein Maß für die Entwertung der Energie durch die Irreversibilität. Es muss gestatten, so völlig verschiedene Vorgänge wie die Wärmeübertragung und die Drosselung miteinander zu vergleichen. Steht es aber zur Verfügung, so kann man auch kompliziertere Prozesse auf ihre Irreversibilität hin untersuchen und die größten Verluststellen aufzeigen. Dort wird man dann versuchen, den Prozess energetisch zu verbessern, indem man z. B. Reibungs- oder Ausgleichsvorgänge zu vermindern sucht.

Bevor wir die Frage nach der Größe, welche die Irreversibilität eines Prozesses zu berechnen gestattet, weiter verfolgen können, muss der Begriff des reversiblen Ersatzprozesses eingeführt werden. Wir wollen die Betrachtung zunächst auf adiabate Systeme beschränken und die in adiabaten Systemen ablaufenden Prozesse als adiabate Prozesse bezeichnen. Im Abschnitt 3.5 wird die Betrachtung auf die in nichtadiabaten Systemen ablaufenden nichtadiabaten Prozesse ausgedehnt.

3.3.1 Reversible Ersatzprozesse adiabater Prozesse

Alle wirklichen Prozesse sind irreversibel, weil sie mit Reibung behaftet sind. Für ein geschlossenes adiabates System gilt nach dem ersten Hauptsatz

$$-\int_1^2 p\,dV + |W_{RI}| = U_2 - U_1 \ . \tag{3.15}$$

Der erste Hauptsatz für ein offenes adiabates System ergibt

$$\int_1^2 V\,dp + |W_{RI}| = H_2 - H_1 \ . \tag{3.16}$$

An die Stelle der irreversiblen wirklichen Prozesse sollen reversible Ersatzprozesse treten, deren Anfangs- und Endzustand gleich ist wie bei den wirklichen Prozessen. Für den zu bildenden reversiblen Ersatzvorgang können wir ein beliebiges Gedankenmodell benutzen, das keinen Anspruch auf technische Verwirklichung zu haben braucht. Es ist lediglich notwendig, dass der oder die beteiligten Stoffe - vom gleichen Anfangszustand ausgehend - reversibel in den gleichen Endzustand gelangen, den sie auch beim irreversiblen Prozess erreichen.

Ein reversibler Prozess muss reibungsfrei sein. Wenn man in der Energiebilanz eines wirklichen Prozesses die Reibungsarbeit einfach wegfallen lässt, verändert man den Prozess, und der Endzustand dieses veränderten Prozesses wird nicht mit dem Endzustand des wirklichen Prozesses übereinstimmen. Streicht man die innere Reibungsarbeit, so muss als Ersatz etwas eingeführt werden, was wie die innere Reibungsarbeit wirkt, selbst aber keine Reibungsarbeit ist. Dieser Ersatz ist eine reversibel zugeführte Wärme $(Q_{12})_{rev}$, die dem Betrag der inneren Reibungsarbeit in den Gln. (3.15) und (3.16) entspricht. Bei einer reversibel zugeführten Wärme ist das dafür benötigte Temperaturgefälle null; d. h. die Wärme kann auch in umgekehrter Richtung fließen (vgl. die Abschnitte 3.2.2 und 3.4.2). An die Stelle der Gln. (3.15) und (3.16) für die wirklichen adiabaten Prozesse treten die folgenden Gleichungen für die reversiblen Ersatzprozesse.

$$(Q_{12})_{rev} - \int_1^2 p\,dV = U_2 - U_1 \qquad (3.17)$$

$$(Q_{12})_{rev} + \int_1^2 V\,dp = H_2 - H_1 \;. \qquad (3.18)$$

Die reversiblen Ersatzprozesse für die wirklichen adiabaten Prozesse sind nicht mehr adiabat. Da $(Q_{12})_{rev}$ die Ersatzwärme für $|W_{RI}|$ ist, muss es sich um eine Wärmezufuhr handeln. In differentieller Schreibweise wird aus den Gln. (3.17) und (3.18)

$$dQ_{rev} - p\,dV = dU \qquad (3.19)$$

$$dQ_{rev} + V\,dp = dH \;. \qquad (3.20)$$

Wenn $(Q_{12})_{rev}$ eine zugeführte Wärme ist, hat das Differential dQ_{rev} ein positives Vorzeichen.

Eine Unterscheidung zwischen adiabaten Prozessen mit Reibung, adiabaten Prozessen ohne Reibung und unmöglichen adiabaten Prozessen kann man mit Hilfe der Ersatzwärme $(Q_{12})_{rev}$ der zugehörigen reversiblen Ersatzprozesse vornehmen. Die differentielle Schreibweise nach den Gln. (3.19) und (3.20) ist dazu besonders geeignet.

Beim Ersatzprozess eines irreversiblen adiabaten Prozesses ist

$$dQ_{rev} > 0 \;. \qquad (3.21)$$

Beim Ersatzprozess eines reversiblen adiabaten Prozesses ist

$$dQ_{rev} = 0 \;. \qquad (3.22)$$

Beim Ersatzprozess eines unmöglichen adiabaten Prozesses ist

$$dQ_{rev} < 0 \;. \qquad (3.23)$$

Die Wärme $(Q_{12})_{rev}$ hat den Nachteil, dass sie keine Zustandsgröße ist. Zu ihrer Berechnung genügt nicht die Kenntnis des Anfangspunktes und des Endpunktes der Zustandsänderung, man benötigt auch den Weg. Man erhält jedoch eine Zustandsgröße, wenn dQ_{rev} durch die absolute Temperatur T geteilt wird (Beweis: Abschnitt 3.3.3). Diese Größe bezeichnet man entsprechend dem Vorschlag von *Rudolf Clausius* als Entropie S. Ihr Differential ist

$$dS = \frac{dQ_{rev}}{T} \;. \qquad (3.24)$$

Da die absolute Temperatur immer positiv ist, stimmen die Vorzeichen der Differentiale dS und dQ_{rev} überein. Es lassen sich deshalb für dS dieselben Regeln wie für dQ_{rev} formulieren.

Beim Ersatzprozess eines irreversiblen adiabaten Prozesses ist

$$dS > 0 \;. \qquad (3.25)$$

Beim Ersatzprozess eines reversiblen adiabaten Prozesses ist

$$dS = 0 \;. \qquad (3.26)$$

Beim Ersatzprozess eines unmöglichen adiabaten Prozesses ist

$$dS < 0 \;. \qquad (3.27)$$

3.3.2 Die Berechnung der Entropieänderung

Die Integration der Gl. (3.24) ergibt

$$S_2 - S_1 = \int\limits_1^2 \frac{\mathrm{d}Q_{rev}}{T} \, . \tag{3.28}$$

Sind an einem adiabaten Prozess mehrere Stoffe oder Körper beteiligt, so ist zwischen der Entropieänderung eines einzelnen an dem Prozess beteiligten Stoffes und der Gesamtentropieänderung aller an dem Prozess beteiligten Stoffe zu unterscheiden. Die Entropieänderung eines einzelnen Stoffes kann positiv oder negativ sein, je nachdem ob beim reversiblen Ersatzprozess Wärme zu- oder abgeführt werden muss (vergl. Abschnitt 3.5). Die Gesamtentropieänderung aller beteiligten Stoffe liefert eine Aussage über die Umkehrbarkeit des adiabaten Prozesses. Die Gesamtentropieänderung kann positiv sein, dann ist der Prozess irreversibel, oder null, dann ist er reversibel.

3.3.3 Die Entropie als Zustandsgröße, totales Differential

Eine Zustandsgröße ist bei einfachen Systemen eine Zustandsfunktion zweier Veränderlicher:

$$z = z(x, y) \tag{3.29}$$

Das Differential einer Funktion von zwei Veränderlichen ist ein totales Differential:

$$\mathrm{d}z = \left(\frac{\partial z}{\partial x}\right)_y \mathrm{d}x + \left(\frac{\partial z}{\partial y}\right)_x \mathrm{d}y \tag{3.30}$$

Die gemischten zweiten Ableitungen der Funktion nach Gl. (3.29) sind gleich; dies folgt aus der mathematischen Eigenschaft einer Zustandsfunktion:

$$\frac{\partial^2 z}{\partial x \, \partial y} = \frac{\partial^2 z}{\partial y \, \partial x} \tag{3.31}$$

Es ist also unerheblich, ob eine Zustandsfunktion $z(x, y)$ zuerst nach x bei konstantem y und dann nach y bei konstantem x abgeleitet wird, oder ob eine Zustandsfunktion $z(x, y)$ zuerst nach y bei konstantem x und dann nach x bei konstantem y abgeleitet wird.

Die einzelnen Ausdrücke der Gl. (3.30) lassen sich geometrisch deuten, wie Bild 3.8 verdeutlicht:

Die Funktion $z = z(x, y)$ stellt eine Fläche im Raum dar. In einem Punkt $P_1(x_1|y_1)$ wird an die Fläche eine Tangentialebene gelegt. Auf der Tangentialebene in der Nachbarschaft des Punktes P_1 liegt der Punkt $P_2(x_2|y_2)$. Zwischen den Koordinaten der Punkte P_1 und P_2 besteht die Beziehung

$$
\begin{aligned}
x_2 &= x_1 + \mathrm{d}x & \text{(3.32)}\\
y_2 &= y_1 + \mathrm{d}y & \text{(3.33)}\\
z_2 &= z_1 + \mathrm{d}z. & \text{(3.34)}
\end{aligned}
$$

In Bild 3.8 ist die Fläche $P_1CP_2DP_1$ ein Teil der Tangentialebene. Mit den Strecken

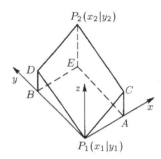

$$\overline{P_1A} = \mathrm{d}x \qquad (3.35)$$
$$\overline{P_1B} = \mathrm{d}y \qquad (3.36)$$

und den Winkeln

$$\sphericalangle\, AP_1C = \arctan\left(\frac{\partial z}{\partial x}\right)_y \qquad (3.37)$$

$$\sphericalangle\, BP_1D = \arctan\left(\frac{\partial z}{\partial y}\right)_x \qquad (3.38)$$

Bild 3.8 Zur Erläuterung des totalen Differentials

erhält man die Strecken

$$\overline{AC} = \left(\frac{\partial z}{\partial x}\right)_y \mathrm{d}x \qquad (3.39)$$

$$\overline{BD} = \left(\frac{\partial z}{\partial y}\right)_x \mathrm{d}y \ . \qquad (3.40)$$

Die Addition dieser Strecken ergibt

$$\overline{AC} + \overline{BD} = \overline{EP_2} = \mathrm{d}z \ . \qquad (3.41)$$

Aus den Gln. (3.39) bis (3.41) folgt Gl. (3.30). Hat man einen Ausdruck

$$\mathrm{d}z = P(x,y)\,\mathrm{d}x + Q(x,y)\,\mathrm{d}y \qquad (3.42)$$

dann stellt dieser Ausdruck ein totales Differential mit der Bedeutung

$$P(x,y) = \left(\frac{\partial z}{\partial x}\right)_y \qquad\qquad Q(x,y) = \left(\frac{\partial z}{\partial y}\right)_x \qquad (3.43)$$

dar, wenn nach Gl. (3.31) die Beziehung

$$\frac{\partial^2 z}{\partial x\,\partial y} = \frac{\partial^2 z}{\partial y\,\partial x} = \left(\frac{\partial P(x,y)}{\partial y}\right)_x = \left(\frac{\partial Q(x,y)}{\partial x}\right)_y \qquad (3.44)$$

gilt. Wenn Gl. (3.44) nicht gilt, stimmen auch nicht die Gln. (3.43), und Gl. (3.42) ist dann kein totales Differential.

Beispiel 3.4 Es ist zu prüfen, ob die beiden Ausdrücke

$$\mathrm{d}z = 2\,x\,y^3\,\mathrm{d}x + 3\,x^2\,y^2\,\mathrm{d}y \qquad\text{und}\qquad \mathrm{d}z = 2\,x^3\,y\,\mathrm{d}x + 3\,x\,y\,\mathrm{d}y$$

totale Differentiale darstellen.

Nimmt man an, dass der erste Ausdruck ein totales Differential ist, dann gilt

$$P(x,y) = \left(\frac{\partial z}{\partial x}\right)_y = 2\,x\,y^3 \qquad\qquad \left(\frac{\partial}{\partial y}\,2\,x\,y^3\right)_x = 6\,x\,y^2$$

$$Q(x,y) = \left(\frac{\partial z}{\partial y}\right)_x = 3\,x^2\,y^2 \qquad\qquad \left(\frac{\partial}{\partial x}\,3\,x^2\,y^2\right)_y = 6\,x\,y^2\;.$$

Die Gl. (3.31) ist erfüllt, da beide gemischte zweite Ableitungen gleich groß sind. Der erste Ausdruck ist tatsächlich ein totales Differential. Wäre auch der zweite Ausdruck ein totales Differential, so müsste gelten

$$P(x,y) = \left(\frac{\partial z}{\partial x}\right)_y = 2\,x^3\,y \qquad\qquad \left(\frac{\partial}{\partial y}\,2\,x^3\,y\right)_x = 2\,x^3$$

$$Q(x,y) = \left(\frac{\partial z}{\partial y}\right)_x = 3\,x\,y \qquad\qquad \left(\frac{\partial}{\partial x}\,3\,x\,y\right)_y = 3\,y\;.$$

Da hier die beiden gemischten zweiten Ableitungen nicht gleich groß sind, ist die Gl. (3.31) nicht erfüllt. Der zweite Ausdruck ist somit kein totales Differential.

Der Beweis, dass die Wärme $(Q_{12})_{rev}$ eine Prozessgröße, die Entropie S dagegen eine Zustandsgröße ist, muss noch geführt werden. Der Einfachheit halber werden dabei Beziehungen verwendet, die nur für ideale Gase Gültigkeit haben.

Einen Ausdruck nach Gl. (3.42) liefert der erste Hauptsatz nach Gl. (3.19):

$$\mathrm{d}Q_{rev} = \mathrm{d}U + p\,\mathrm{d}V \tag{3.45}$$

Ein Vergleich mit den Gln. (3.42) bis (3.44) ergibt

$$
\begin{aligned}
P(x,y) &\to\; 1 \\[4pt]
\mathrm{d}x &\to\; \mathrm{d}U \\[4pt]
Q(x,y) &\to_{.}\; p \\[4pt]
\mathrm{d}y &\to\; \mathrm{d}V
\end{aligned}
$$

$$\left(\frac{\partial P(x,y)}{\partial y}\right)_x \;\to\; \left(\frac{\partial 1}{\partial V}\right)_U = 0 \tag{3.46}$$

$$\left(\frac{\partial Q(x,y)}{\partial x}\right)_y \;\to\; \left(\frac{\partial p}{\partial U}\right)_V \neq 0\;. \tag{3.47}$$

Zum Verständnis des Ausdrucks (3.47) bei konstantem Volumen beachte man, dass die innere Energie eine Funktion der Temperatur ist. Man kann also fragen, was $\partial p/\partial T$ bei konstantem Volumen ergibt. Da bei veränderlicher Temperatur und konstantem Volumen der Druck nicht konstant ist, gilt $(\partial p/\partial T) \neq 0$. Man erkennt, dass die Gl. (3.44) nicht erfüllt ist und dass die Gln. (3.43) nicht gelten. $\mathrm{d}Q_{rev}$ nach Gl. (3.45) ist kein totales Differential, und $(Q_{12})_{rev}$ ist keine Zustandsgröße. $(Q_{12})_{rev}$ ist eine Prozessgröße.

Nach den Gln. (3.24) und (3.45) ist das Differential der Entropie

$$\mathrm{d}S = \frac{\mathrm{d}Q_{rev}}{T} = \frac{\mathrm{d}U + p\,\mathrm{d}V}{T}\;. \tag{3.48}$$

Es soll gezeigt werden, dass $\mathrm{d}S$ ein totales Differential ist. Dazu werden im Vorgriff auf die Behandlung der idealen Gase (Abschnitte 4.2 und 4.1) folgende Gleichungen verwendet:

$$\mathrm{d}U = m\,c_v\,\mathrm{d}T \tag{3.49}$$

$$p\,V = m\,R\,T \tag{3.50}$$

c_v ist nach Gl. (2.100) die spezifische Wärmekapazität bei konstantem Volumen. Sie ist bei idealen Gasen nur eine Funktion der Temperatur. R ist die Gaskonstante. Die Gln. (3.49) und (3.50) werden in Gl. (3.48) eingesetzt:

$$dS = \frac{m\,c_v}{T}\,dT + \frac{m\,R}{V}\,dV \qquad (3.51)$$

Ein Vergleich mit den Gln. (3.42) bis (3.44) ergibt

$$
\begin{aligned}
P(x,y) \quad &\rightarrow \quad \frac{m\,c_v}{T} \\[2mm]
dx \quad &\rightarrow \quad dT \\[2mm]
Q(x,y) \quad &\rightarrow \quad \frac{m\,R}{V} \\[2mm]
dy \quad &\rightarrow \quad dV \\[2mm]
\left(\frac{\partial P(x,y)}{\partial y}\right)_x \quad &\rightarrow \quad \left(\frac{\partial}{\partial V}\frac{m\,c_v}{T}\right)_T = 0 \qquad (3.52) \\[2mm]
\left(\frac{\partial Q(x,y)}{\partial x}\right)_y \quad &\rightarrow \quad \left(\frac{\partial}{\partial T}\frac{m\,R}{V}\right)_V = 0\;. \qquad (3.53)
\end{aligned}
$$

Man beachte, dass die partielle Ableitung nach Gl. (3.52) bei konstanter Temperatur und die partielle Ableitung nach Gl. (3.53) bei konstantem Volumen gebildet wird. Aus den Gln. (3.52) und (3.53) folgt, dass Gl. (3.44) erfüllt ist. Damit gelten die Gln. (3.43), dS ist ein totales Differential, und die Entropie S ist eine Zustandsgröße.

3.4   Die Entropieänderung der irreversiblen Vorgänge

Alle Berechnungen, die man im Zusammenhang mit einem technischen Prozess ausführt, beziehen sich auf den Ersatzprozess. Der technische Prozess ist irreversibel, der Ersatzprozess ist reversibel. Vielfach müssen einige Bestandteile der Anlage, in welcher der wirkliche Prozess abläuft, für den Ersatzprozess geändert werden. In der Umgebung des Ersatzsystems muss man Wärmequellen und zusätzliche Einrichtungen annehmen.

Der Ersatzprozess ist im Allgemeinen nicht mehr adiabat, die Wärmeübertragung von den Wärmequellen der Umgebung an den Ersatzprozess muss reversibel erfolgen. Die Bildung der Ersatzprozesse und die Berechnung der Entropieänderung wird anhand der in Abschnitt 3.2 behandelten irreversiblen Vorgänge erläutert. Der reversible Ersatzprozess dient nicht nur zur Berechnung des irreversiblen wirklichen Prozesses, sondern kann auch aufzeigen, in welche Richtung hin sich der wirkliche Prozess verbessern lässt.

3.4.1   Reibung

Für die in Abschnitt 3.2.1 beschriebenen Vorgänge gilt nach Gl. (3.1)

$$|W_{RI}| = U_2 - U_1\;. \qquad (3.54)$$

Im reversiblen Ersatzprozess wird die innere Reibungsarbeit $|W_{RI}|$ durch die reversibel zugeführte Wärme $(Q_{12})_{rev}$ ersetzt (Bild 3.9). Der erste Hauptsatz für das Ersatzsystem lautet

$$(Q_{12})_{rev} = U_2 - U_1\;. \qquad (3.55)$$

Die Ersatzwärme $(Q_{12})_{rev}$ stammt aus einer Wärmequelle in der Umgebung des Ersatzsystems. Wärmequelle und Ersatzsystem müssen dieselbe Temperatur T haben, damit die Wärmeübertragung reversibel erfolgt. Als Entropieänderung erhält man

$$S_2 - S_1 = \int\limits_1^2 \frac{\mathrm{d}Q_{rev}}{T} \ . \tag{3.56}$$

Da $\mathrm{d}Q_{rev}$ positiv ist, wird auch $S_2 - S_1$ positiv.

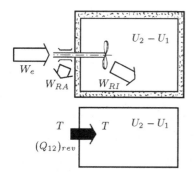

Bild 3.9 Zufuhr von Reibungsarbeit und reversibler Ersatzprozess

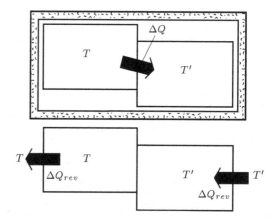

Bild 3.10 Temperaturausgleich und reversibler Ersatzprozess

Beispiel 3.5 Welche sekundliche Entropieänderung $\dot{S}_2 - \dot{S}_1$ tritt beim Durchströmen der Wasserturbine nach Beispiel 2.9 auf, wenn die Wassertemperatur beim Eintritt in die Turbine $t = 12\,°\mathrm{C}$ beträgt?

Der Wärmestrom $(\dot{Q}_{12})_{rev}$ ist gleich der inneren Reibungsleistung $|P_{RI}|$.

$$(\dot{Q}_{12})_{rev} = |P_{RI}| = \dot{U}_2 - \dot{U}_1 = \dot{m}\,c\,\Delta t = 581 \text{ kW}$$

Dieser Wärmestrom muss der Turbine im Ersatzprozess bei praktisch konstant bleibender Temperatur von $t = 12\,°\mathrm{C}$ zugeführt werden. Die zeitliche Änderung der Entropie ist demnach

$$\dot{S}_2 - \dot{S}_1 = \frac{(\dot{Q}_{12})_{rev}}{T} = \frac{581 \text{ kW}}{285 \text{ K}} = 2{,}04 \text{ kW/K} \ .$$

3.4.2   Temperaturausgleich

Eine kleine Wärmemenge ΔQ geht von einem System mit höherer Temperatur auf ein System mit niedrigerer Temperatur über. Dieser Vorgang des Temperaturausgleichs kann dann als adiabater Prozess beschrieben werden, wenn beide Systeme zusammengenommen als ein adiabates Gesamtsystem betrachtet werden (Bild 3.10). Der Vorgang des Temperaturausgleichs wird in zwei Ersatzprozesse unterteilt. Beim ersten Ersatzprozess wird Wärme vom System mit der höheren Temperatur reversibel abgegeben. Der zweite Ersatzprozess umfasst die reversible Aufnahme von Wärme durch das System mit der tieferen Temperatur. Betrachtet man eine kleine Wärmemenge ΔQ_{rev}, so kann man annehmen, dass sich die jeweiligen Temperaturen T bzw. T' beider Systeme nicht ändern. Die Entropieänderung beim ersten Ersatzprozess ist

$$\Delta S_T = \frac{\Delta Q_{rev}}{T} \ . \tag{3.57}$$

Dieser Ausdruck ist negativ, weil ΔQ_{rev} negativ ist. Der Deutlichkeit halber schreibt man

$$\Delta S_T = -\frac{|\Delta Q_{rev}|}{T} \ . \tag{3.58}$$

Die Entropieänderung des zweiten Ersatzprozesses ist

$$\Delta S_{T'} = \frac{\Delta Q_{rev}}{T'} \ . \tag{3.59}$$

Dieser Ausdruck ist positiv, weil ΔQ_{rev} positiv ist. Um das Vorzeichen sofort erkennbar zu machen, schreibt man

$$\Delta S_{T'} = \frac{|\Delta Q_{rev}|}{T'} \ . \tag{3.60}$$

Die Gesamtentropieänderung ist

$$\Delta S = \Delta S_T + \Delta S_{T'} = |\Delta Q_{rev}| \left(\frac{1}{T'} - \frac{1}{T} \right) = |\Delta Q_{rev}| \frac{T - T'}{T\,T'} \ . \tag{3.61}$$

Da $T > T'$ ist, erhält man $\Delta S > 0$. Bei $T = T'$ wird $\Delta S = 0$.

Die Bildung des Ersatzprozesses kann man sich in verschiedener Weise vorstellen. Eine Möglichkeit ist, dass vom System mit der höheren Temperatur Wärme reversibel an eine Wärmesenke außerhalb des Ersatzsystems abgegeben wird, während das System mit der tieferen Temperatur dieselbe Wärme reversibel aus einer Wärmequelle außerhalb des Ersatzsystems erhält. Eine andere Möglichkeit ergibt sich, wenn man statt einer Wärmesenke und einer Wärmequelle als zusätzliche Einrichtung eine reibungsfrei arbeitende Kolbenmaschine als Hilfsaggregat annimmt. Während des ersten Teils einer Expansion des Arbeitsgases im Zylinder nimmt dieses reversibel Wärme vom System mit der höheren Temperatur auf. Während des zweiten Teils der Expansion ist der Zylinder adiabat, wobei die Temperatur des Arbeitsgases im Zylinder von der Temperatur T auf die Temperatur T' absinkt. Bei der anschließenden Kompression gibt das Arbeitsgas die vorher aufgenommene Wärme reversibel an das System mit der tieferen Temperatur ab. Die bei der Expansion gewonnene Arbeit wird gespeichert und steht für die Kompression zur Verfügung. Die reibungsfrei arbeitende Maschine befindet sich als zusätzliche Einrichtung außerhalb des Ersatzsystems. Die Entropieänderung in dieser Maschine wird bei der Berechnung der Gesamtentropieänderung des Temperaturausgleichs nicht berücksichtigt.

Beispiel 3.6 Im Feuerraum eines Dampfkessels entsteht durch Verbrennung eine Wärmeleistung von $\Delta \dot{Q}_{rev} = 300$ kW bei $t = 1400\,°$C. Von dem erzeugten Dampf wird sie bei einer Temperatur von $t' = 200\,°$C aufgenommen. Welche zeitliche Zunahme der Entropie $\dot{S}_2 - \dot{S}_1$ tritt durch diesen Vorgang auf?

$$\dot{S}_2 - \dot{S}_1 = |\Delta \dot{Q}_{rev}| \frac{T - T'}{T\,T'} = 300 \text{ kW} \frac{1673 \text{ K} - 473 \text{ K}}{1673 \text{ K} \cdot 473 \text{ K}} = 0{,}455 \text{ kW/K}$$

3.4.3   Druckausgleich

Für den Druckausgleich zwischen zwei Gasbehältern in einem geschlossenen adiabaten Gesamtsystem (Bild 3.11) gilt Gl. (3.6)

$$-W_{V12} = |W_{RI}| \; . \tag{3.62}$$

Beim reversiblen Ersatzprozess wird die innere Reibungsarbeit $|W_{RI}|$ durch die reversibel zugeführte Wärme $(Q_{12})_{rev}$ ersetzt. Mit Gl. (2.21) erhält man

$$(Q_{12})_{rev} = \int_1^2 p \, \mathrm{d}V \tag{3.63}$$

oder in differentieller Schreibweise

$$\mathrm{d}Q_{rev} = p \, \mathrm{d}V \; . \tag{3.64}$$

In der Umgebung des Ersatzsystems muss eine Wärmequelle als zusätzliche Einrichtung angenommen werden. Die Wärme $\mathrm{d}Q_{rev}$, welche die Systemgrenze des Ersatzsystems überschreitet, verursacht die Entropieänderung

$$\mathrm{d}S = \frac{\mathrm{d}Q_{rev}}{T} = \frac{p}{T} \, \mathrm{d}V \; . \tag{3.65}$$

Die Integration ergibt

$$S_2 - S_1 = \int_1^2 \frac{p}{T} \, \mathrm{d}V \; . \tag{3.66}$$

Auf das Gas wirkt sich der Druckausgleich als Volumenzunahme aus. Beim Ersatzprozess tritt an die Stelle der beiden Gasbehälter ein Zylinder, in dem am Anfang ein Kolben das Gas unter hohem Druck einschließt. Bewegt sich der Kolben nach außen, wird Volumenänderungsarbeit W_{V12} geleistet und an die Umgebung abgegeben. Sie ist gleich der von außen zugeführten Wärme $(Q_{12})_{rev}$. Bei positivem $\mathrm{d}V$ wird die Entropieänderung nach Gl. (3.66) positiv.

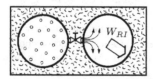

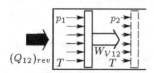

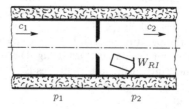

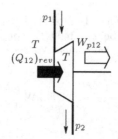

Bild 3.11 Druckausgleich und reversibler Ersatzprozess (bei einem idealen Gas: isotherme Expansion)

Bild 3.12 Drosselung und reversibler Ersatzprozess (bei einem idealen Gas: isotherme Expansion)

3.4.4   Drosselung

Nach Gl. (3.10) gilt für den Vorgang der Drosselung, der die adiabate Expansion eines Gases in einem offenen adiabaten System darstellt (Bild 3.12):

$$-W_{p12} = |W_{RI}| \qquad (3.67)$$

Beim reversiblen Ersatzprozess wird die innere Reibungsarbeit $|W_{RI}|$ durch die reversibel zugeführte Wärme $(Q_{12})_{rev}$ ersetzt. Verwendet man die Integraldarstellung der Druckänderungsarbeit nach Gl. (2.30), so ergibt der erste Hauptsatz für den Ersatzprozess

$$(Q_{12})_{rev} = - \int\limits_1^2 V\,\mathrm{d}p \qquad (3.68)$$

oder in differentieller Schreibweise

$$\mathrm{d}Q_{rev} = -V\,\mathrm{d}p\ . \qquad (3.69)$$

Beim Ersatzprozess wird die Funktion der Drosselstelle von einer reibungsfrei arbeitenden Turbine übernommen. Als zusätzliche Einrichtung des Ersatzsystems benötigt man eine Wärmequelle, von der Wärme reversibel über die Systemgrenze der Turbine zugeführt wird. Die Turbine darf also nicht adiabat sein. Die in der Turbine geleistete Druckänderungsarbeit W_{p12}, die nach außen abgegeben wird, ist gleich der von der Wärmequelle gelieferten Wärme $(Q_{12})_{rev}$. Die differentielle Entropieänderung ist nach den Gln. (3.24) und (3.69)

$$\mathrm{d}S = \frac{\mathrm{d}Q_{rev}}{T} = -\frac{V}{T}\,\mathrm{d}p\ . \qquad (3.70)$$

Die Integration ergibt

$$S_2 - S_1 = - \int\limits_1^2 \frac{V}{T}\,\mathrm{d}p\ . \qquad (3.71)$$

Da bei der Drosselung $\mathrm{d}p$ negativ ist, wird die Entropieänderung nach Gl. (3.71) positiv.

3.5   Nichtadiabater Prozess und reversibler Ersatzprozess

Ersatzprozesse wurden bisher nur für adiabate Prozesse gebildet (Abschnitt 3.3.1). Auch für nichtadiabate Prozesse lassen sich die reversiblen Ersatzprozesse bilden. Nach Gl. (2.47) gilt für einen technischen Prozess in einem geschlossenen System

$$Q_{12} + W_{V12} + |W_{RI}| = U_2 - U_1\ . \qquad (3.72)$$

Für den reversiblen Ersatzprozess in einem geschlossenen System erhält man

$$(Q_{12})_{rev} + W_{V12} = U_2 - U_1\ . \qquad (3.73)$$

Nach Gl. (2.70) gilt für einen technischen Prozess in einem offenen System

$$Q_{12} + W_{p12} + |W_{RI}| = H_2 - H_1\ . \qquad (3.74)$$

Für den reversiblen Ersatzprozess in einem offenen System erhält man

$$(Q_{12})_{rev} + W_{p12} = H_2 - H_1 \ . \tag{3.75}$$

Die differentiellen Formen der Gln. (3.73) und (3.75) für die reversiblen Ersatzprozesse sind

$$dQ_{rev} - p\,dV = dU \qquad\qquad dQ_{rev} + V\,dp = dH \ . \tag{3.76}$$

Mit Gl. (3.24) für die Entropie lassen sich die Gln. (3.76) wie folgt schreiben:

$$T\,dS - p\,dV = dU \qquad\qquad T\,dS + V\,dp = dH \ . \tag{3.77}$$

Die grundlegenden Gleichungen (3.77) stellen eine Kombination des ersten und zweiten Hauptsatzes dar. Sie fassen wesentliche Aussagen dieser beiden Hauptsätze für einfache Systeme in gedrängter Form zusammen.

In Abschnitt 1.3 wurden die thermischen Zustandsgrößen p, V und T eingeführt. Die Zustandsgrößen Entropie S, innere Energie U und Enthalpie H nennt man kalorische Zustandsgrößen.

Aus den Gln. (3.72) und (3.73) sowie aus den Gln. (3.74) und (3.75) folgt

$$Q_{12} + |W_{RI}| = (Q_{12})_{rev} \quad . \tag{3.78}$$

Mit Gl. (3.78) lässt sich Gl. (3.24) umformen:

$$dS = \frac{dQ_{rev}}{T} = \frac{dQ}{T} + \frac{|dW_{RI}|}{T} \tag{3.79}$$

Diese Gleichung veranschaulicht die zwei möglichen Ursachen einer Entropieänderung: eine Wärmezufuhr oder Wärmeabgabe und die Reibung. Während bei adiabaten Prozessen

$$dS \geq 0 \tag{3.80}$$

ist, kann bei nichtadiabaten Prozessen bei Wärmeabgabe die Entropieänderung auch negativ sein.

Die linken Seiten der Gln. (3.78) und (2.88) bzw. (2.89) stimmen überein. Die rechten Seiten der genannten Gleichungen ergeben mit Gl. (1.3)

$$(Q_{12})_{rev} = m \int_1^2 c\,dt = m \int_1^2 c\,dT \tag{3.81}$$

$$(Q_{12})_{rev} = m\,c_m(t_2 - t_1) = m\,c_m(T_2 - T_1) \quad . \tag{3.82}$$

Nach Abschnitt 2.7.1 ist c die wahre spezifische Wärmekapazität. Sie ist eine Funktion der Temperatur. c_m ist die mittlere spezifische Wärmekapazität. Vielfach schreibt man nach Gl. (2.98) für die mittlere spezifische Wärmekapazität c_m nur c und lässt den Index m weg. Aus Gl. (3.82) wird dann

$$(Q_{12})_{rev} = m\,c\,(t_2 - t_1) = m\,c\,(T_2 - T_1) \quad . \tag{3.83}$$

Die beim reversiblen Ersatzprozess auftretende Wärme $(Q_{12})_{rev}$ umfasst nach Gl. (3.78) die beim ursprünglichen Prozess übertragene Wärme Q_{12} und die innere Reibungsarbeit $|W_{RI}|$. Es ergeben sich folgende Sonderfälle:

a) adiabate Zustandsänderung mit

$$Q_{12} = 0 \qquad\qquad (Q_{12})_{rev} = |W_{RI}| \; . \qquad\qquad (3.84)$$

b) reibungsfreie Zustandsänderung mit

$$|W_{RI}| = 0 \qquad\qquad (Q_{12})_{rev} = Q_{12} \; . \qquad\qquad (3.85)$$

c) isentrope Zustandsänderung mit

$$(Q_{12})_{rev} = 0 \; . \qquad\qquad (3.86)$$

3.5.1 Isentrope; Deutungen des Entropiebegriffs

Die an einem Prozess beteiligten Stoffmengen führen Zustandsänderungen aus, die im reversiblen Ersatzprozess reversibel verlaufen müssen. Ihr Ablauf muss nach Abschnitt 3.1.2 quasistatisch erfolgen.

Bleibt während der Zustandsänderung die Entropie konstant, so bezeichnet man die Zustandsänderung als Isentrope. Nach Gl. (3.24) ist

$$\mathrm{d}S = \frac{\mathrm{d}Q_{rev}}{T} = 0 \qquad\qquad (3.87)$$

gleichbedeutend mit

$$\mathrm{d}Q_{rev} = 0 \; . \qquad\qquad (3.88)$$

Bei einer Zustandsgröße X bedeutet $\mathrm{d}X = 0$, dass $X = $ const ist. Bei einer Prozessgröße X bedeutet $\mathrm{d}X = 0$, dass $X = 0$ ist. Da die Wärme eine Prozessgröße ist, stimmen die Aussagen der Gln. (3.86) und (3.88) überein.

Nach Gl. (3.78) ist eine Zustandsänderung isentrop, wenn sie adiabat und reibungsfrei ist:

$$Q_{12} = 0 \qquad |W_{RI}| = 0 \qquad (Q_{12})_{rev} = 0 \qquad\qquad (3.89)$$

Eine isentrope Zustandsänderung liegt aber auch bei $Q_{12} \neq 0$ und $|W_{RI}| \neq 0$ vor, wenn

$$Q_{12} = -|W_{RI}| \qquad\qquad (Q_{12})_{rev} = 0 \qquad\qquad (3.90)$$

ist. Man kann daher nach den Gln. (3.89) eine reversible Adiabate als Isentrope bezeichnen. Die Umkehrung dieser Aussage ist nicht allgemeingültig. Im Fall der Gln. (3.90) trifft sie nicht zu.

Deutungen des Entropiebegriffs haben zu unterschiedlichen Formulierungen geführt, die verschiedene Teilaspekte der Entropie beschreiben. *Rudolf Plank*[3] stellte 1926 fest: „Dem Entropiebegriff gebührt eine weit über den Rahmen des technischen Spezialstudiums reichende Bedeutung, und der zweite Hauptsatz gehört zu den wichtigsten Grundlagen des Naturerkennens." Von *Rudolf Clausius* wurde die Entropie zunächst „Äquivalenzwert einer Verwandlung" genannt, bevor er im Jahr 1865 den Begriff „Entropie" prägte. Die Entropie wurde von *Ludwig Boltzmann*[4] als Maß für die Unordnung verstanden und von ihm als Maß für die Wahrscheinlichkeit bezeichnet. *Claude Shannon*[5] fasste 1948 die Entropie als Maß für die Unkenntnis des Beobachters auf.

---

[3] *Rudolf Plank*, 1886 bis 1973, deutscher Ingenieur und Professor an der Technischen Hochschule Karlsruhe, gilt als der Begründer der wissenschaftlichen Kältetechnik.

[4] *Ludwig Boltzmann*, 1844 bis 1906, österreichischer Physiker und Philosoph, Professor an den Universitäten Graz, Wien, München und Leipzig, leistete grundlegende Beiträge zur Thermodynamik, zur statistischen Mechanik und zur Atomtheorie.

[5] *Claude Elwood Shannon*, 1916 bis 2001, nordamerikanischer Mathematiker und Elektroingenieur, Begründer der Informationstheorie

In den vorangegangenen Abschnitten wurde gezeigt, dass die Entropie eine Zustandsgröße ist und dass diese bei einem irreversiblen adiabaten Prozess zunimmt sowie bei einem reversiblen adiabaten Prozess gleich bleibt; eine Verringerung der Entropie bei einem adiabaten Prozess ist unmöglich.

Adiabate Prozesse mit Reibung, Temperaturausgleich, Druckausgleich oder Drosselung sind irreversibel. Bei einem adiabaten Prozess mit Reibung entsteht Unordnung. Bei den adiabaten Prozessen des Druckausgleichs und der Drosselung wächst die Unordnung im Zusammenhang mit der Ausdehnung des Gases und der zugleich auftretenden Reibung. Auch beim adiabaten Prozess des Temperaturausgleichs nimmt die Unordnung zu; dies zeigt sich in einer verringerten Fähigkeit der dabei auftretenden Wärme, mit ihr im Rahmen eines Kreisprozesses wertvolle Arbeit gewinnen zu können.

Wird ein Stoff, der als Feststoff in einem wohlgeordneten Zustand vorliegt, erwärmt und darauf verflüssigt, nimmt seine Entropie - d. h. seine Unordnung - zu. Bei weiterer Erwärmung geht die Flüssigkeit endlich in den gasförmigen Zustand über und gerät dabei in noch größere Unordnung. Bei einer zusätzlichen Erhitzung des Gases erhöht sich seine Unordnung weiter. Die Bezeichnung 'Gas' weist auf seinen Zustand als 'Chaos' infolge der sehr schnellen, ungeordneten Bewegung seiner Teilchen hin.

3.5.2 Entropiediagramme

Zur Darstellung quasistatischer Zustandsänderungen eignet sich insbesondere das T, S-Diagramm mit der Temperatur T als Ordinate und der Entropie S als Abszisse. In diesem Diagramm wird die Wärme $(Q_{12})_{rev}$ als Fläche zwischen der Zustandskurve und der Abszisse abgebildet. Dies wird aus der umgeformten Gleichung (3.24) erkennbar:

$$dQ_{rev} = T\, dS \tag{3.91}$$

Die Integration ergibt
$$(Q_{12})_{rev} = \int_{1}^{2} T\, dS \ . \tag{3.92}$$

Das Vorzeichen der Entropieänderung entscheidet, ob Wärme zuzuführen ($dS > 0$) oder abzugeben ($dS < 0$) ist. Weil eine Fläche im T, S-Diagramm die Bedeutung einer reversiblen Ersatzwärme hat, ist das T, S-Diagramm ein Wärmeschaubild, in dem auch die innere Reibungsarbeit darstellbar ist (Bild 3.13).

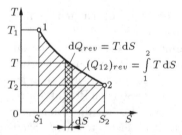

Bild 3.13 T, S-Diagramm und Darstellung der Ersatzwärme $(Q_{12})_{rev}$

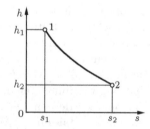

Bild 3.14 h, s-Diagramm

Das H, S-Diagramm – mit spezifischen Werten

$$h = \frac{H}{m} \tag{3.93}$$

$$s = \frac{S}{m} \qquad (3.94)$$

als h, s-Diagramm von *Mollier*[6] (Bild 3.14) – dient in erster Linie zur Darstellung von Zustandsänderungen bei stationären Strömungsprozessen. Es hat besondere Bedeutung für die Berechnung von Dampfkraftanlagen erlangt. Da wir bei technischen Berechnungen häufig nur die Änderung der Entropie zu berechnen haben, ist es im Allgemeinen gleichgültig, welcher Nullpunkt für die Entropieskala auf der Abszisse gewählt wird. Die Änderung der Entropie ist von der Wahl des Nullpunktes unabhängig.

In einem T, S-Diagramm oder einem H, S-Diagramm wird eine isentrope Zustandsänderung durch eine senkrechte Linie dargestellt. Die Beschreibung einer Zustandsänderung als adiabat oder reibungsfrei liefert noch keinen eindeutigen Kurvenverlauf in einem der genannten Diagramme. Bei einer reibungsfreien Zustandsänderung ist jeder Kurvenverlauf möglich. Ist eine Zustandsänderung adiabat und tritt innere Reibungsarbeit auf, so kann die Zustandsänderung nur in Richtung wachsender Entropie ($dS > 0$) verlaufen. Da der Begriff „adiabat" eine Zustandsänderung nicht eindeutig kennzeichnet, vermeidet man ihn vielfach im Zusammenhang mit einer Zustandsänderung und benützt ihn nur zur Systembeschreibung. Auf keinen Fall dürfen die Bezeichnungen adiabat und isentrop verwechselt werden.

Beispiel 3.7 Die Zustandsänderung des Wassers bei der Durchströmung der Turbine nach Beispiel 2.9 bzw. Beispiel 3.5 ist in einem T, s-Diagramm darzustellen.

Wir berechnen die Änderung der spezifischen Entropie.

$$s_2 - s_1 = \frac{\dot{S}_2 - \dot{S}_1}{\dot{m}} = \frac{2{,}04 \text{ kW s}}{\text{K}} \frac{1000 \text{ W}}{578 \text{ kg}} \frac{\text{J}}{\text{kW}} \frac{\text{J}}{\text{W s}} = 3{,}53 \frac{\text{J}}{\text{kg K}}$$

Willkürlich setzen wir $s_1 = 0$ und erhalten die Darstellung nach Bild 3.15. Als Rechteckfläche erscheint die der spezifischen Reibungsarbeit entsprechende spezifische Ersatzwärme

$$(q_{12})_{rev} = |w_{RI}| = u_2 - u_1 = \frac{\dot{U}_2 - \dot{U}_1}{\dot{m}} = \frac{581 \text{ kW s}}{578 \text{ kg}} \frac{1000 \text{ W}}{\text{kW}} \frac{\text{J}}{\text{W s}} = 1005 \frac{\text{J}}{\text{kg}}$$

$$\approx T (s_2 - s_1) = 285 \text{ K} \cdot 3{,}53 \frac{\text{J}}{\text{kg K}} .$$

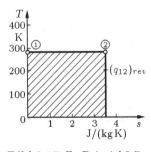
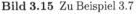

Bild 3.15 Zu Beispiel 3.7

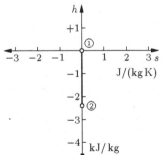

Bild 3.16 Zu Beispiel 3.8

Beispiel 3.8 Die Zustandsänderung des Wassers bei der Durchströmung der Turbine in Beispiel 2.9 ist für den Fall, dass keine Reibungsarbeit auftritt, im h, s-Diagramm darzustellen.

---

[6] *Richard Mollier*, 1863 bis 1935, Professor an der TH Dresden, entwarf 1904 das h, s-Diagramm und später das h, x-Diagramm für feuchte Luft.

Bei Reibungsfreiheit ist die Kupplungsleistung $P_e = (P_e)_{id}$. Aus den in Beispiel 2.9 genannten Gleichungen

$$(P_e)_{id} = \dot{H}_2 - \dot{H}_1 + \frac{\dot{m}}{2}(c_2^2 - c_1^2) + \dot{m}\,g\,(z_2 - z_1)$$

und

$$(P_e)_{id} = \dot{m}[\frac{p_2 - p_1}{\varrho} + \frac{1}{2}(c_2^2 - c_1^2) + g\,(z_2 - z_1)]$$

folgt

$$\dot{H}_2 - \dot{H}_1 = \dot{m}\,\frac{p_2 - p_1}{\varrho}$$

und nach Division durch den Massenstrom

$$h_2 - h_1 = \frac{p_2 - p_1}{\varrho} = \frac{(0{,}98 - 24{,}18) \cdot 10^5 \text{ N/m}^2}{1000 \text{ kg/m}^3} = -2{,}32 \text{ kJ/kg} \ .$$

Da keine Reibung auftritt, ist $s_2 = s_1$. Die Zustandsänderung bildet sich als senkrechte Strecke ab. Wir setzen willkürlich $s_1 = 0$ und $h_1 = 0$ und erhalten die Darstellung in Bild 3.16.

3.5.3   Kreisintegral, thermodynamische Temperatur

Für die Prozessgröße Wärme in einem reversiblen Ersatzprozess gilt

$$\int_1^2 dQ_{rev} = (Q_{12})_{rev} \ . \tag{3.95}$$

Für die Zustandsgröße Entropie gilt

$$\int_1^2 dS = S_2 - S_1 \ . \tag{3.96}$$

Die Integrale in den Gln. (3.95) und (3.96) können als Linienintegrale gedeutet werden, was besonders dann sinnvoll ist, wenn eine Folge verschiedener Zustandsänderungen zu betrachten ist.

Ein Linienintegral hat die allgemeine Form

$$\int_1^2 (P\,dx + Q\,dy) \ . \tag{3.97}$$

Es ist ein bestimmtes Integral, das längs einer Kurve oder eines Kurvenstückes vom Anfangspunkt 1 bis zum Endpunkt 2 zu berechnen ist. Dabei sind P und Q Funktionen von x und y:

$$P = P(x, y) \qquad\qquad Q = Q(x, y) \tag{3.98}$$

Es soll die Frage geklärt werden, unter welcher Bedingung das Integral (3.97) nur vom Anfangspunkt 1 und vom Endpunkt 2 abhängt und vom Weg, auf dem man von 1 nach 2 gelangt, unabhängig ist. Diese Frage lässt sich so beantworten, dass das Integral (3.97) dann vom Weg unabhängig ist, wenn für die Lösung die Gleichung

$$\int_1^2 (P\,dx + Q\,dy) = z(x_2, y_2) - z(x_1, y_1) \tag{3.99}$$

gilt. Die rechte Seite der Gleichung (3.99) kann man sich wie folgt entstanden denken:

$$\int_1^2 dz = [z(x, y)]_1^2 = z(x_2, y_2) - z(x_1, y_1) \tag{3.100}$$

dz ist der Ausdruck nach Gl. (3.42) und das totale Differential nach Gl. (3.30). Das Linien-integral nach Gl. (3.97) ist vom Weg unabhängig, wenn die Gl. (3.44) bzw. Gl. (3.31) gilt.

Erfolgt die Integration über einen geschlossenen Weg, also einen Weg, der zum Anfangspunkt zurückführt, dann wird aus dem Linienintegral (3.97) das Kreisintegral $\oint (P\,\mathrm{d}x + Q\,\mathrm{d}y)$. Ist das Integral vom Weg unabhängig, dann wird das Kreisintegral

$$\oint \mathrm{d}z = \oint (P\,\mathrm{d}x + Q\,\mathrm{d}y) = 0 \; . \tag{3.101}$$

Das ersieht man aus Gl. (3.100), wenn die obere und die untere Grenze gleich sind. Bildet man mit Gl. (3.95) ein Kreisintegral, so ist mit Gl. (3.92)

$$\oint \mathrm{d}Q_{rev} = \oint T\,\mathrm{d}S = (Q_{zu})_{rev} - |(Q_{ab})_{rev}| \; . \tag{3.102}$$

Bei der Integration über einen geschlossenen Weg gibt es Bereiche mit d$S > 0$ und d$S < 0$. Alle positiven und negativen Teilergebnisse werden zu $(Q_{zu})_{rev}$ und zu $|(Q_{ab})_{rev}|$ zusammengefasst, wobei das Gesamtergebnis als Differenz beider Ausdrücke $(Q_{zu})_{rev} - |(Q_{ab})_{rev}|$ erscheint.

Ein Kreisintegral mit Gl. (3.96) ergibt nach Gl. (3.101)

$$\oint \mathrm{d}S = 0 \; . \tag{3.103}$$

Entsprechend erhält man mit Gl. (2.44) d$(pV) = V\,\mathrm{d}p + p\,\mathrm{d}V$ sowie d$(TS) = T\,\mathrm{d}S + S\,\mathrm{d}T$:

$$\oint \mathrm{d}(pV) = \oint V\,\mathrm{d}p + \oint p\,\mathrm{d}V = 0 \qquad\qquad \oint V\,\mathrm{d}p = -\oint p\,\mathrm{d}V \tag{3.104}$$

$$\oint \mathrm{d}(TS) = \oint T\,\mathrm{d}S + \oint S\,\mathrm{d}T = 0 \qquad\qquad -\oint T\,\mathrm{d}S = \oint S\,\mathrm{d}T \tag{3.105}$$

Für die Ausdrücke nach Gln. (3.104) und (3.105) wird später die Bezeichnung Kreisprozess-arbeit W_{Kreis} eingeführt. Gl. (3.105) kann man als Flächenberechnung der umfahrenen Flä-che im T,S-Diagramm und Gl. (3.104) als Flächenberechnung der umfahrenen Fläche im p,V-Diagramm deuten. Die Gln. (3.102) und (3.103) sollen auf einen speziellen Weg im T,S-Diagramm nach Bild 3.17 angewandt werden (*Carnot*-Prozess, vergl. Abschnitt 7.3.3). Wärme wird auf dem Weg von 1 nach 2 und von 3 nach 4 übertragen. Dies sind isotherme Zustands-änderungen mit den Temperaturen T_1 und T_3.

$$(Q_{zu})_{rev} = (Q_{12})_{rev} = \int_1^2 T\,\mathrm{d}S = T_1(S_2 - S_1) \tag{3.106}$$

$$|(Q_{ab})_{rev}| = -(Q_{34})_{rev} = -\int_3^4 T\,\mathrm{d}S = -T_3(S_4 - S_3) = T_3(S_2 - S_1) \tag{3.107}$$

Die insgesamt übertragene Wärme ist

$$(Q_{zu})_{rev} - |(Q_{ab})_{rev}| = (T_1 - T_3)(S_2 - S_1) \; . \tag{3.108}$$

Auf den gleichen Wegstrecken, auf denen Wärme übertragen wird, ändert sich auch die Entro-pie.

$$S_2 - S_1 = \frac{(Q_{12})_{rev}}{T_1} = \frac{(Q_{zu})_{rev}}{T_1} \tag{3.109}$$

$$S_4 - S_3 = \frac{(Q_{34})_{rev}}{T_3} = -\frac{|(Q_{ab})_{rev}|}{T_3} \tag{3.110}$$

Nach Gl. (3.103) ist die Entropieänderung auf dem Gesamtweg

$$\oint \mathrm{d}S = S_2 - S_1 + S_4 - S_3 = \frac{(Q_{zu})_{rev}}{T_1} - \frac{|(Q_{ab})_{rev}|}{T_3} = 0 \; . \tag{3.111}$$

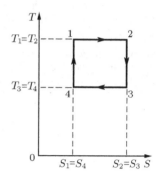

Bild 3.17 Darstellung des Weges für die Berechnung des Kreisintegrals nach Gl. (3.111)

Mit Gl. (3.111) kann man eine Temperaturskala definieren, die als absolute Temperatur, thermodynamische Temperatur oder universelle Temperatur bezeichnet wird.

Nimmt man an, dass die *Kelvin*skala für die absolute Temperatur noch unbekannt ist und nur die *Celsius*skala zur Verfügung steht, dann kann man für T folgenden Ansatz machen:

$$T = t + T_0 \qquad (3.112)$$

t ist die Temperatur auf der bekannten *Celsius*skala, T_0 ist noch unbekannt. Die Werte für $(Q_{zu})_{rev}$ und $|(Q_{ab})_{rev}|$ können für ein ideales Gas bei den Temperaturen t_1 und t_3 mit Hilfe von Beziehungen für die isotherme Zustandsänderung idealer Gase (Abschnitt 4.3.3, Gln. (4.80) und (4.86)) ermittelt werden:

$$(Q_{zu})_{rev} = (Q_{12})_{rev} = \int\limits_1^2 T\,\mathrm{d}S = \int\limits_1^2 p\,\mathrm{d}V = \int\limits_1^2 \frac{m\,R\,T_1}{V}\,\mathrm{d}V = p_1\,V_1 \ln\frac{V_2}{V_1} = p_1\,V_1 \ln\frac{p_1}{p_2} \quad (3.113)$$

$$|(Q_{ab})_{rev}| = -(Q_{34})_{rev} = -\int\limits_3^4 T\,\mathrm{d}S = -\int\limits_3^4 p\,\mathrm{d}V = -\int\limits_3^4 \frac{m\,R\,T_3}{V}\,\mathrm{d}V = -p_3\,V_3 \ln\frac{V_4}{V_3} = -p_3\,V_3 \ln\frac{p_3}{p_4}$$
$$(3.114)$$

Mit dem Ansatz nach Gl. (3.112) wird aus Gl. (3.111)

$$\frac{(Q_{zu})_{rev}}{t_1 + T_0} - \frac{|(Q_{ab})_{rev}|}{t_3 + T_0} = 0 \;. \qquad (3.115)$$

Die Auflösung der Gl. (3.115) nach der Unbekannten T_0 ergibt

$$T_0 = \frac{|(Q_{ab})_{rev}|\,t_1 - (Q_{zu})_{rev}\,t_3}{(Q_{zu})_{rev} - |(Q_{ab})_{rev}|} \;. \qquad (3.116)$$

In Gl. (3.116) sind keine Stoffwerte enthalten; sie ist also unabhängig von der Wahl eines Stoffes. Da deshalb T_0 aus Messungen von thermischen Zustands- und Prozessgrößen ohne Benutzung von Stoffwerten berechnet werden kann, wird die nach Gl. (3.112) mit Hilfe von

$$T_0 = 273{,}15 \text{ K} \qquad (3.117)$$

definierte Temperatur T auch absolute Temperatur, thermodynamische Temperatur oder universelle Temperatur genannt. Sie stimmt mit der Temperatur des idealen Gasthermometers überein [54], die auch nur als Temperatur des Gasthermometers bezeichnet wird (vgl. Abschnitt 4.1.4).

3.5.4 Dissipative Energie

Wirkt auf einen Körper, dessen Lage in einem Koordinatensystem durch seine Orts-koordinaten beschrieben wird, eine Kraft, die seine Ortskoordinaten verändert, dann wird an dem Körper eine Arbeit geleistet. Ist F die Kraft und $\mathrm{d}x$ eine differentielle Veränderung der Ortskoordinate in Richtung der Kraftwirkung, dann ist die mechanische Arbeit W_m auf dem Weg vom Anfangspunkt 1 zum Endpunkt 2

$$W_m = \int_1^2 F\,\mathrm{d}x \ . \tag{3.118}$$

Weil die mechanische Arbeit mit einer Veränderung der Ortskoordinate x verbunden ist, kann man die Ortskoordinate auch als Arbeitskoordinate der mechanischen Arbeit bezeichnen. Betrachtet man die Volumenänderungsarbeit

$$W_{V12} = -\int_1^2 p\,\mathrm{d}V \ , \tag{3.119}$$

so ist das Volumen V als Arbeitskoordinate der Volumenänderungsarbeit anzusehen. Bei der Druckänderungsarbeit

$$W_{p12} = \int_1^2 V\,\mathrm{d}p \tag{3.120}$$

lässt sich der Druck p als Arbeitskoordinate der Druckänderungsarbeit deuten.

Zwischen Arbeit und Wärme als Formen der Energieübertragung besteht eine gewisse Verwandtschaft, so dass analog zum Begriff Arbeitskoordinate der Begriff Wärmeko-ordinate naheliegend ist. Aus der Gleichung

$$(Q_{12})_{rev} = \int_1^2 T\,\mathrm{d}S \tag{3.121}$$

ersieht man, dass die Entropie S als Wärmekoordinate verstanden werden kann. Nach Gl. (3.78)

$$Q_{12} + |W_{RI}| = (Q_{12})_{rev} \tag{3.122}$$

wird nicht nur die Wärme Q_{12} über die Wärmekoordinate übertragen. Auch die innere Reibungsarbeit $|W_{RI}|$ benützt statt einer Arbeitskoordinate die Wärmekoordinate. In-nere Reibungsarbeit $|W_{RI}| = |W_{diss}|$ ist daher eine Energie, die sich „verirrt" hat, die auf einen „falschen Weg" geraten ist. Es handelt sich um eine zerstreute Energie, die nicht mehr in nutzbare Arbeit rückumwandelbar ist. Dies kommt in der Bezeichnung dissipative Energie zum Ausdruck. Wenn man sagt, Energie dissipiert, meint man da-mit, dass Energie eine Umwandlung erfährt, die nicht erwünscht ist. Verloren geht die Energie nicht, sie kann nur nicht so genutzt werden, wie man es eigentlich wollte. Wenn auch weiterhin die Bezeichnung innere Reibungsarbeit verwendet wird, so geschieht das in dem Sinne, der die Bedeutung der Benennung dissipative Energie mit einschließt.

Aufgaben zu Abschnitt 3

1. Zur Bestimmung des mechanischen Wärmeäquivalents diente *Joule* die in Bild 3.18 schematisch dargestellte Anordnung. Durch das Absinken der Masse m wird ein Rührwerk betätigt. Die eingefüllte Flüssigkeit erwärmt sich durch die geleistete innere Reibungsarbeit. Das Gefäß ist nach außen wärmeisoliert. Welcher Temperaturanstieg wird gemessen, wenn 0,5 kg Quecksilber von 14 °C mit der spezifischen Wärmekapazität $c = 0{,}1393$ kJ/(kg K) durch eine um 1,5 m absinkende Masse von 5 kg verlustlos erwärmt werden? Welche Entropieänderung tritt während dieses Vorgangs ein?

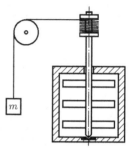

Bild 3.18 Anordnung von *Joule* zur Bestimmung des mechanischen Wärmeäquivalents

2. Welche Gesamtentropieänderung tritt ein, wenn in Aufgabe 2, Abschnitt 2, zur Erwärmung des Wassers infolge der Wärmeabgabe an die Umgebung 1,8 Stunden benötigt werden und die Umgebungstemperatur mit 18 ° C als konstant angenommen werden kann? Für die Wärmequelle nehme man eine konstante Temperatur von 200 ° C an.

3. In einem Druckminderventil wird ein Wasserstrom von 60 ℓ/min und 12 ° C von 6 bar Überdruck auf 2,5 bar Überdruck gedrosselt. Welche Entropieänderung tritt bei diesem Vorgang stündlich ein?

4. Es ist zu prüfen, ob die beiden Ausdrücke

$$\mathrm{d}z = 6\,x\,y^5\,\mathrm{d}x + 15\,x^2\,y^4\,\mathrm{d}y \qquad \text{und} \qquad \mathrm{d}z = 4\,x^3\,y^6\,\mathrm{d}x + 6\,x^4\,y^5\,\mathrm{d}y$$

totale Differentiale darstellen.

5. Mit einer Wärmepumpe wird eine Wärmeleistung von 8 kW aus dem Erdreich aufgenommen, das eine mittlere Temperatur von 10 °C aufweist. Diese Wärmeleistung wird auf ein in einer Erdsonde flieáendes Wasser/Glykol-Gemisch bei der mittleren Temperatur von −1 °C übertragen. Welche zeitliche Zunahme der Entropie ist mit diesem Vorgang verbunden?

4 Ideale Gase

In einem Gas bewegen sich die Moleküle auf Grund der thermischen Energie der Stoffmenge ungeordnet und mit großer Geschwindigkeit im gesamten zur Verfügung stehenden Raum. Vergleicht man den mittleren Molekülabstand mit dem "Durchmesser" der Moleküle (es sei der Einfachheit halber erlaubt, diesen Begriff einzuführen), so zeigt sich, dass unter normalen Bedingungen das Verhältnis aus dem Eigenvolumen der Moleküle und dem Gesamtvolumen des Gases sehr klein ist.

Vernachlässigt man das Eigenvolumen der Moleküle und stellt sich damit die Moleküle als Massenpunkte vor und verzichtet auf die Berücksichtigung der Wechselwirkungskräfte – nicht der Stoßkräfte – zwischen den Molekülen, so kann man wichtige Aussagen über die Eigenschaften des Gases herleiten. Ein derartig idealisiertes Gas bezeichnet man als ein ideales oder vollkommenes Gas. Sind diese Vereinfachungen nicht möglich, so spricht man von einem realen Gas.

4.1 Thermische Zustandsgleichung

Nach Gl. (1.4) besteht zwischen den thermischen Zustandsgrößen Druck p, Volumen V und Temperatur T die thermische Zustandsgleichung

$$F(p, V, T) = 0 \ . \tag{4.1}$$

Diese Gleichung lässt sich experimentell ermitteln; sie ist für ideale Gase besonders einfach darstellbar.

4.1.1 Gesetz von *Boyle* und *Mariotte*

Nach Messungen von *Boyle*[1] und *Mariotte*[2] ist bei idealen Gasen das Produkt aus Druck und Volumen bei unveränderter Temperatur konstant:

$$p_1 \, V_1 = p_2 \, V_2 \qquad p \, V = \text{const} \tag{4.2}$$

Der Zahlenwert der Konstanten auf der rechten Seite der Gl. (4.2) hängt von der Temperatur, der Masse und der Art des Gases ab. Bei einer bestimmten Masse eines bestimmten Gases ist die Konstante um so größer, je höher die Temperatur ist. Die Gl. (4.2) stellt in einem p, V-Diagramm eine Hyperbel dar.

4.1.2 Gesetz von *Gay-Lussac*

Gemäß Untersuchungen von *Gay-Lussac*[3] ändert sich das Volumen eines idealen Gases bei konstantem Druck linear mit der Temperatur. Nach Bild 4.1 ist

$$\frac{V}{T_0 + t} = \frac{\overline{V}_0}{T_0} \qquad V = \overline{V}_0 \left(1 + \frac{t}{T_0}\right) \ . \tag{4.3}$$

---

[1] *Robert Boyle*, 1627 bis 1691, irischer Naturwissenschaftler
[2] *Edme Mariotte*, 1620 bis 1684, französischer Naturwissenschaftler
[3] *Joseph Louis Gay-Lussac*, 1778 bis 1850. Die Messung des Ausdehnungskoeffizienten der Gase wurde erstmals nicht von *Gay-Lussac*, sondern von *Guillaume Amontons* (1663 bis 1705) durchgeführt.

© Springer Fachmedien Wiesbaden GmbH, ein Teil von Springer Nature 2023
M. Dehli et al., *Grundlagen der Technischen Thermodynamik*,
https://doi.org/10.1007/978-3-658-41251-7_4

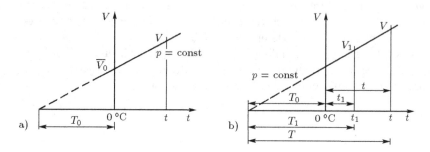

Bild 4.1 a) Änderung des Volumens eines idealen Gases mit der Temperatur bei konstantem Druck   b) Zur Herleitung des Volumenausdehnungskoeffizienten

Mit dem Volumenausdehnungskoeffizienten β (beim physikalischen Normzustand β_0, vgl. Gl. (4.12))

$$\beta = \frac{1}{V}\left(\frac{dV}{dT}\right)_p \qquad \beta_0 = \frac{1}{V_0}\left(\frac{dV_0}{dT_0}\right)_{p_0} \qquad \beta_0 = \frac{1}{T_0} \qquad (4.4)$$

erhält man

$$V = \overline{V}_0\,(1 + \beta_0\,t)\ . \qquad (4.5)$$

$\overline{V}_0$ ist das Volumen bei $0\,°\mathrm{C}$ und dem Druck p. Die Volumenzunahme ΔV bei der isobaren Erwärmung von $0\,°\mathrm{C}$ auf die Temperatur t ist $\Delta V = \overline{V}_0\,\beta_0\,t$. Der Volumenausdehnungskoeffizient β_0 hat den für alle idealen Gase gültigen Wert

$$\beta_0 = \frac{1}{273{,}15\ \mathrm{K}}\ . \qquad (4.6)$$

Man beachte, dass sich $\overline{V}_0$ und β_0 auf eine Temperatur von $0\,°\mathrm{C}$ beziehen.

Ist beim Druck p und der Temperatur t_1 das Anfangsvolumen V_1, so gilt für das Endvolumen V bei einer isobaren Erwärmung auf die Temperatur t nach Bild 4.1 b

$$\frac{V}{T_0 + t} = \frac{V_1}{T_0 + t_1}$$

$$V = V_1\!\left(1 + \frac{t - t_1}{T_0 + t_1}\right)\ . \qquad (4.7)$$

Mit dem Volumenausdehnungskoeffizienten

$$\beta_1 = \frac{1}{T_0 + t_1} = \frac{1}{T_1} \qquad (4.8)$$

wird Gl. (4.7) zu
$$V = V_1[1 + \beta_1(t - t_1)]\ . \qquad (4.9)$$

Die Volumenzunahme ist $\Delta V = V_1\,\beta_1(t - t_1)$.

Mit Bild 4.1 kann aus Messergebnissen, die sich im V, t-Diagramm als gerade Strecke darstellen lassen, durch Extrapolation - d. h. durch Verlängerung der Strecke bis auf die t-Achse - auf die Konstante T_0 geschlossen werden (gestrichelte Linie). Dies bestätigt die Existenz der absoluten oder thermodynamischen Temperatur T: Bei $T = 0$ K ruht die Bewegung der Moleküle; bei diesem energielosen Zustand können diese kein Volumen mehr einnehmen (vgl. die Abschnitte 1.3 und 3.5.3).

4.1.3 Physikalischer Normzustand

Gl. (4.5) wird mit dem bei der Temperaturänderung konstanten Druck p multipliziert:

$$p V = p \overline{V}_0 \left(1 + \beta_0 \, t\right) \qquad (4.10)$$

Nach dem *Boyle-Mariotte*schen Gesetz Gl. (4.2) ist bei $0\,°\mathrm{C}$

$$p \overline{V}_0 = \overline{p}_0 \, V = p_0 \, V_0 \; . \qquad (4.11)$$

$\overline{p}_0$ ist der Druck, der sich beim Volumen V bei $0\,°\mathrm{C}$ einstellt. p_0 ist ein vereinbarter Normdruck. Entsprechend nennt man die Temperatur T_0, die nach Gl. (1.2) den Nullpunkt der *Celsius*skala bezeichnet, Normtemperatur.

$$\boxed{\begin{aligned} p_0 &= 1 \text{ atm} = 1{,}01325 \text{ bar} = 760 \text{ Torr} = 10\,332 \text{ kp/m}^2 \\ T_0 &= 273{,}15 \text{ K} \quad \text{bzw.} \quad t_0 = 0\,°\mathrm{C} \end{aligned}} \qquad (4.12)$$

V_0 ist das Volumen, das bei $0\,°\mathrm{C}$ zum Normdruck p_0 gehört. Es wird Normvolumen genannt.

Das Normvolumen ist zwar eine Volumengröße, durch die Festlegung des Zustands (p_0, T_0) ist durch sie gleichzeitig aber auch die Gasmenge bestimmbar. Das Normvolumen gibt somit das Volumen der Gasmenge im Normzustand an und ist zugleich ein Maß für die Gasmenge selbst.

Beispiel 4.1 Welchem Massenstrom entspricht ein Normvolumenstrom von 3000 m^3/h Erdgas, dessen Dichte im Normzustand $\varrho_0 = 0{,}716$ kg/m^3 beträgt?

$$\dot{m} = \dot{V}_0 \, \varrho_0 = 3000 \text{ m}^3/\text{h} \cdot 0{,}716 \text{ kg/m}^3 = 2148 \text{ kg/h}$$

4.1.4 Gasthermometer

Aus den Gln. (4.10) und (4.11) folgt

$$p = \overline{p}_0(1 + \beta_0 \, t) \; . \qquad (4.13)$$

Mit den Gln. (1.1) und (4.4) wird aus Gl. (4.13)

$$p = \overline{p}_0 \frac{T}{T_0} \; . \qquad (4.14)$$

Die Gln. (4.13) und (4.14) gelten für konstantes Volumen. Sie weisen aus, dass man über Druckmessungen bei konstantem Volumen mit Hilfe eines Gasthermometers (Bild 4.2) Temperaturen bestimmen kann. Es lässt sich zeigen, dass die mit dem Gasthermometer gewonnenen Messergebnisse unabhängig von der Art des idealen Gases sind (vergl. Abschnitte 4.1.5 und 4.1.6). Die Temperaturskala eines mit idealem Gas arbeitenden Gasthermometers stimmt mit der thermodynamischen Temperaturskala (Abschnitt 3.5.3) überein [54].

Mit Bild 4.2 kann – ähnlich wie mit Bild 4.1 – aus Messergebnissen, die sich im p, t-Diagramm als gerade Strecke darstellen lassen, durch Extrapolation - d. h. durch Verlängerung der Strecke bis auf die t-Achse - auf die Konstante T_0 geschlossen werden (gestrichelte Linie). Damit wird die Existenz der absoluten oder thermodynamischen Temperatur T bestätigt.

Als Fixpunkt der *Kelvin*skala für die absolute Temperatur geht nach Gl. (4.14) mit den Zahlenwerten für $\overline{p}_0$ und T_0 der Nullpunkt der *Celsius*skala ein. Seit 1954 wird statt des Nullpunkts der *Celsius*skala der Tripelpunkt des Wassers als Fixpunkt verwendet. Bei einer Temperatur von 0,01 °C = 273,16 K und einem Druck von 6,112 mbar = 62,33 kp/m² = 4,58 Torr bestehen Eis, Wasser und Wasserdampf im Gleichgewichtszustand nebeneinander, wodurch die Bezeichnung Tripelpunkt angedeutet ist. Mit T_{Tr} = 273,16 K als der Temperatur des Tripelpunkts auf der *Kelvin*skala wird aus Gl. (4.14)

$$p = p^* \frac{T}{T_{Tr}} \,. \tag{4.15}$$

p^* ist der Druck, wenn das Gas bei der Temperatur t_{Tr} = 0,01 °C das Volumen V einnimmt. Das Volumen V ist bei den Gln. (4.14) und (4.15) dasselbe. Aus Gl. (4.14) folgt:

$$p^* = \overline{p}_0 \frac{T_{Tr}}{T_0} \tag{4.16}$$

Gl. (4.15) in der Form

$$T = \frac{p}{p^*} T_{Tr} \tag{4.17}$$

führt die Temperaturmessung auf eine Druckmessung zurück.

Für technische Temperaturmessungen ist das Gasthermometer ungeeignet. Damit ist auch die unmittelbare Verwirklichung der thermodynamischen Temperaturskala schwierig. Man ersetzt sie daher durch eine praktische Temperaturskala mit einer Reihe von gut reproduzierbaren Fixpunkten. Mit Hilfe dieser Fixpunkte werden festgelegte Normalthermometer geeicht. Die "Internationale Praktische Temperaturskala von 1968" (IPTS-68) und die "Internationale Praktische Temperaturskala von 1990" (ITS-90) [60], [64] wurden so gewählt, dass ein in diesen Skalen bestimmter Temperaturwert die ihm entsprechende thermodynamische Temperatur sehr genau annähert. Die Genauigkeit der Annäherung hängt vom Stand der Messtechnik ab. Die internationale Temperaturskala beruht auf der Dampfdruckgleichung von Helium und auf einigen Gleichgewichtstemperaturen (Tripelpunkte, Schmelz- und Siedepunkte).

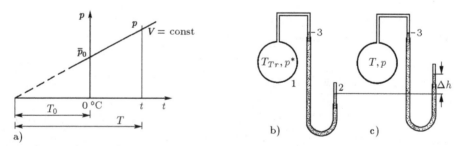

Bild 4.2 a) Änderung des Drucks eines idealen Gases mit der Temperatur bei konstantem Volumen
Gasthermometer   b) am Tripelpunkt von Wasser   c) bei höherer Temperatur
1 kugelförmiges Gefäß, 2 Gummischlauch mit Glasrohr, 3 Markierung der Obergrenze der Flüssigkeitssäule im linken Schenkel des U-förmigen Rohres. In Bild c) ist der rechte Schenkel des U-förmigen Rohres so verändert, dass die Markierung 3 wieder erreicht ist, Δh entspricht gemäß Gl. (4.17) sowie $p - p^* = \varrho\, g\, \Delta h$ einer gemessenen Temperaturdifferenz.

4.1.5 Spezielle Gaskonstante

Nach den Gln. (4.10) und (4.11) ist

$$p V = p_0 V_0 (1 + \beta_0 t) \,. \tag{4.18}$$

Mit den Gln. (4.4) und (1.1) erhält man

$$p V = \frac{p_0 V_0}{T_0} T \,. \tag{4.19}$$

In den Abschnitten 1.3 und 2.2 wurde bereits auf die Dichte ϱ hingewiesen:

$$\varrho = \frac{m}{V} \tag{4.20}$$

Der Kehrwert der Dichte ϱ ist das spezifische Volumen v:

$$v = \frac{1}{\varrho} = \frac{V}{m} \tag{4.21}$$

Aus den Gln. (4.20) und (4.21) folgt:

$$\varrho_0 = \frac{m}{V_0} \qquad\qquad v_0 = \frac{V_0}{m} \tag{4.22}$$

ϱ_0 und v_0 sind Dichte und spezifisches Volumen bei $0\,°C$ und dem Normdruck 1013,25 mbar. Gl. (4.19) ergibt mit Gl. (4.22)

$$pV = m\,\frac{p_0\,v_0}{T_0}\,T\ . \tag{4.23}$$

Der Ausdruck $p_0\,v_0/T_0$ ist eine für ein bestimmtes Gas charakteristische Größe. Man nennt den Ausdruck

$$R = \frac{p_0\,v_0}{T_0} \tag{4.24}$$

die spezielle Gaskonstante oder spezifische Gaskonstante eines idealen Gases. Gl. (4.24) wird in Gl. (4.23) eingesetzt:

$$\boxed{pV = m\,R\,T} \tag{4.25}$$

Gl. (4.25) ist die Gasgleichung oder thermische Zustandsgleichung der idealen Gase. Die Division durch die Masse ergibt mit Gl. (4.21)

$$p\,v = R\,T\ . \tag{4.26}$$

Durch Umformung entsteht

$$\varrho = \frac{p}{R\,T}\ . \tag{4.27}$$

Gl. (4.27) benutzt man zur Berechnung der Dichte eines idealen Gases.

Haben zwei verschiedene ideale Gase dieselbe Temperatur T und denselben Druck p, so liefert Gl. (4.27) die Beziehung

$$\varrho_1 : \varrho_2 = R_2 : R_1\ . \tag{4.28}$$

Die Dichten verhalten sich umgekehrt wie die speziellen Gaskonstanten.

Bei konstanter Masse folgt aus Gl. (4.25)

$$\mathrm{d}(p\,V) = m\,R\,\mathrm{d}T = p\,V\,\frac{\mathrm{d}T}{T} \tag{4.29}$$

oder

$$\frac{\mathrm{d}(p\,V)}{p\,V} = \frac{\mathrm{d}T}{T}\ . \tag{4.30}$$

Mit Gl. (2.44) wird daraus

$$\frac{\mathrm{d}p}{p} + \frac{\mathrm{d}V}{V} = \frac{\mathrm{d}T}{T}\ . \tag{4.31}$$

An die Stelle von $\dfrac{\mathrm{d}V}{V}$ in Gl. (4.31) kann auch $\dfrac{\mathrm{d}v}{v}$ oder $-\dfrac{\mathrm{d}\varrho}{\varrho}$ treten, da gilt:

$$\frac{\mathrm{d}(V/m)}{V/m} = \frac{\mathrm{d}v}{v} = \frac{\mathrm{d}(1/\varrho)}{1/\varrho} = \frac{\varrho}{1}\cdot\frac{0\cdot\varrho - \mathrm{d}\varrho\cdot 1}{\varrho^2}$$

4.1.6   Allgemeine Gaskonstante

Ein Mol ist eine Stoffmenge, die aus einer bestimmten Zahl von Molekülen bzw. Atomen besteht. Die Zahl der Moleküle bzw. Atome ist so gewählt, dass 1 mol des Kohlenstoffisotops $_6^{12}C$ die Masse von genau 12 g hat. Man sagt, das Kohlenstoffisotop $_6^{12}C$ hat die Molmasse $M = m/n = 12$ g/mol $= 12$ kg/kmol.   Nach dem Gesetz von *Avogadro*[4] nimmt die Stoffmenge (Molmenge) n eines jeden idealen Gases bei gleicher Temperatur und gleichem Druck dasselbe Volumen ein. Man nennt das Volumen je Molmenge n das Molvolumen V_m. Analog zu Gl. (4.21) gilt

$$V_m = \frac{V}{n}. \quad \text{Es folgt} \quad v = \frac{V}{m} = \frac{V}{n\,M} = \frac{V_m}{M}. \quad (4.32)$$

Bei $0\,°C$ und 1013,25 mbar ist das Molvolumen für alle idealen Gase

$$(V_m)_0 = 22{,}41410 \text{ m}^3/\text{kmol [25]}. \quad (4.33)$$

Die Zahl der Moleküle bzw. Atome in einem Kilomol wird durch die *Avogadro*-Zahl N_A angegeben.

$$N_A = 6{,}0221367 \cdot 10^{26} \text{ Moleküle/kmol bzw. Atome/kmol [20]} \quad (4.34)$$

Zur Herleitung einer allgemeinen Gasgleichung wird Gl. (4.26) mit der Molmasse M multipliziert:

$$p\,v\,M = M\,R\,T \quad (4.35)$$

Bei gleichem Druck und gleicher Temperatur ist das Molvolumen $V_m = v\,M$ für alle idealen Gase gleich. Da in diesem Fall die linke Seite der Gl. (4.35) für alle idealen Gase gleich ist, muss auch die rechte Seite für alle idealen Gase gleich sein. Es muss also auch $M\,R$ einen für alle idealen Gase gleichen Wert ergeben:

$$R_m = M\,R = 8{,}314510 \text{ kJ}/(\text{kmol K}) \text{ [20]} \quad (4.36)$$

R_m ist die molare oder allgemeine Gaskonstante. Mit den Gln. (4.32) und (4.36) werden aus Gl. (4.35)

$$p\,V_m = R_m\,T \quad \text{und} \quad p\,V = n\,R_m\,T. \quad (4.37)$$

Gl. (4.37) ist die thermische Zustandsgleichung, die für alle idealen Gase gilt.

4.2   Kalorische Zustandsgrößen der idealen Gase

Innere Energie U, Enthalpie H und Entropie S fasst man nach Abschnitt 3.5 unter dem Begriff der kalorischen Zustandsgrößen zusammen.

---

[4]Graf *Amedeo Avogadro di Quaregna e di Cerreto*, 1776 bis 1856, zunächst Jurist, widmete sich den Naturwissenschaften und erhielt 1820 den Lehrstuhl für Physik in seiner Vaterstadt Turin.

4.2.1   Innere Energie

In Abschnitt 3.2.3 haben wir festgestellt, dass die innere Energie der idealen Gase nur eine Funktion der Temperatur ist (Bild 4.3):

$$U = f(T) \qquad (4.38)$$

Die Funktion ergibt sich aus Gl. (2.100):

$$dU = m\,c_v\,dT \qquad (4.39)$$

Mit c_v als Mittelwert ist nach Gl. (2.98)

$$U_2 - U_1 = m\,c_v(T_2 - T_1)\,. \qquad (4.40)$$

Dies gilt für alle Zustandsänderungen idealer Gase.

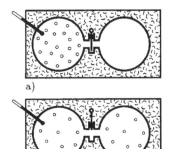

Bild 4.3 Druckausgleich eines idealen Gases zwischen zwei Behältern nach Bild 3.6
a) vor dem Druckausgleich
b) nach dem Druckausgleich

4.2.2   Enthalpie

Aus Abschnitt 3.2.4 geht hervor, dass die Enthalpie der idealen Gase nur von der Temperatur abhängt (Bild 4.4):

$$H = f(T) \qquad (4.41)$$

Die Gln. (4.38) und (4.41) bezeichnet man als kalorische Zustandsgleichungen der idealen Gase. Die Funktion nach Gl. (4.41) ergibt sich aus Gl. (2.102).

$$dH = m\,c_p\,dT \qquad (4.42)$$

Mit c_p als Mittelwert nach Gl. (2.98) ist

$$H_2 - H_1 = m\,c_p(T_2 - T_1). \qquad (4.43)$$

Auch Gl. (4.43) gilt für alle Zustandsänderungen idealer Gase. Mit der Abkürzung κ, die als Isentropenexponent bezeichnet wird (vgl. Abschnitt 4.3.4)

$$\kappa = \frac{c_p}{c_v} \quad, \qquad (4.44)$$

folgt aus den Gln. (4.39) und (4.42) bzw. (4.40) und (4.43) eine Beziehung zwischen Enthalpie und innerer Energie:

$$dH = \kappa\,dU \qquad H_2 - H_1 = \kappa\,(U_2 - U_1) \qquad (4.45)$$

Führen wir Gl. (4.42) in Gl. (2.43) ein, so erhalten wir

$$m\,c_p\,dT = dU + d(p\,V)\,. \qquad (4.46)$$

Mit den Gln. (4.39) und (4.29) entsteht

$$m\,c_p\,dT = m\,c_v\,dT + m\,R\,dT\,. \qquad (4.47)$$

Dies ergibt eine Beziehung zwischen den spezifischen Wärmekapazitäten und der speziellen Gaskonstante:

$$c_p - c_v = R \tag{4.48}$$

Hieraus folgt mit Gl. (4.44)

$$c_p = \frac{\kappa}{\kappa - 1} R \tag{4.49}$$

$$c_v = \frac{1}{\kappa - 1} R \ . \tag{4.50}$$

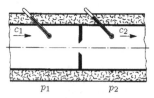

Bild 4.4 Drosselung eines idealen Gases nach Bild 3.7

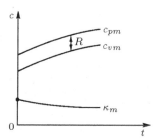

Bild 4.5 Temperaturabhängigkeit der spezifischen Wärmekapazitäten idealer Gase $c_{pm}|_{0\,°C}^{t}$ und $c_{vm}|_{0\,°C}^{t}$ sowie von κ_m

Bei gleicher Temperaturerhöhung erfordert die isobare Erwärmung eine größere Wärmezufuhr als die isochore Erwärmung. Dies liegt daran, dass bei der isobaren Zustandsänderung eine Volumenänderungsarbeit zu leisten ist, die bei der isochoren Zustandsänderung entfällt. Somit ist stets $c_p > c_v$, κ ist stets größer als 1 (Bild 4.5).

Die kalorischen Zustandsgleichungen der idealen Gase Gln. (4.38) und (4.41) zeigen nur eine Abhängigkeit von der Temperatur. Deshalb sind auch die spezifischen Wärmekapazitäten der idealen Gase und κ nach Gl. (4.44) nur Funktionen der Temperatur und unabhängig vom Druck. Die Differenz der spezifischen Wärmekapazitäten c_p und c_v nach Gl. (4.48) ist dagegen temperaturunabhängig (Bild 4.5).

4.2.3 Entropie

Für die Entropieänderung der idealen Gase nach Gl. (3.24) bzw. (3.28) lassen sich geschlossene Gleichungen entwickeln. Nach den Gln. (3.76) und (3.79) ist

$$dS = \frac{dU + p\,dV}{T} \qquad\qquad dS = \frac{dH - V\,dp}{T} \ . \tag{4.51}$$

Für die innere Energie und die Enthalpie gelten die Gln. (4.39) und (4.42). Mit

$$\frac{p}{T} = \frac{m\,R}{V} \tag{4.52}$$

und

$$\frac{V}{T} = \frac{m\,R}{p} \tag{4.53}$$

nach Gl. (4.25) erhalten wir

$$dS = m\, c_v \frac{dT}{T} + m\, R\, \frac{dV}{V} \tag{4.54}$$

und

$$dS = m\, c_p \frac{dT}{T} - m\, R\, \frac{dp}{p}. \tag{4.55}$$

Gl. (4.54) ergibt mit den Gln. (4.31) und (4.48)

$$dS = m\, c_p \frac{dV}{V} + m\, c_v \frac{dp}{p}\ . \tag{4.56}$$

Die Integration liefert, wenn wir die spezifischen Wärmekapazitäten vereinfachend als temperaturunabhängig oder als mittlere spezifische Wärmekapazitäten deuten,

$$S_2 - S_1 = m\, c_v \ln \frac{T_2}{T_1} + m\, R \ln \frac{V_2}{V_1} \tag{4.57}$$

$$S_2 - S_1 = m\, c_p \ln \frac{T_2}{T_1} - m\, R \ln \frac{p_2}{p_1} \tag{4.58}$$

$$S_2 - S_1 = m\, c_p \ln \frac{V_2}{V_1} + m\, c_v \ln \frac{p_2}{p_1}\ . \tag{4.59}$$

Die Gln. (4.57) bis (4.59) sind auf alle Zustandsänderungen idealer Gase anwendbar.

4.3 Zustandsänderungen

Im folgenden sollen die Gesetzmäßigkeiten der speziellen Zustandsänderungen idealer Gase näher untersucht werden:

Isochore	$dV = 0$	$V = \text{const}$	(4.60)
Isobare	$dp = 0$	$p = \text{const}$	(4.61)
Isotherme	$dT = 0$	$T = \text{const}$	(4.62)
Isentrope	$dS = 0$	$S = \text{const}$	(4.63)
	$dQ_{rev} = 0$	$(Q_{12})_{rev} = 0$	(4.64)

Bei der Behandlung der Zustandsänderungen wird die spezifische Wärmekapazität als Mittelwert nach Gl. (2.98) verstanden.

4.3.1 Isochore

Wenn man bei einer Zustandsänderung bei unverändertem Gasvolumen (Bild 4.6) die thermische Zustandsgleichung (4.25) für den Anfangs- und Endzustand ansetzt, ist

$$p_1 V = m\, R\, T_1 \qquad\qquad p_2 V = m\, R\, T_2\ . \tag{4.65}$$

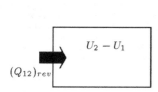

Bild 4.6 Isochore Erwärmung einer Gasmenge

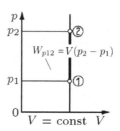

Bild 4.7 Isochore Erwärmung im p, V-Diagramm

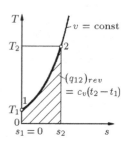

Bild 4.8 Isochore Erwärmung im T, s-Diagramm. Erklärung des Kurvenverlaufs in Beispiel 4.5

Aus den Gln. (4.65) folgt

$$\frac{p_1}{T_1} = \frac{p_2}{T_2} \qquad\qquad \frac{p}{T} = \text{const} . \tag{4.66}$$

Im p, V-Diagramm (Bild 4.7) bilden sich die Isochoren als senkrechte Geraden ab. Die Volumenänderungsarbeit nach Gl. (2.21) und die Druckänderungsarbeit nach Gl. (2.30) sind

$$W_{V12} = -\int_1^2 p \, \mathrm{d}V = 0 . \tag{4.67}$$

$$W_{p12} = \int_1^2 V \, \mathrm{d}p = V \, (p_2 - p_1) . \tag{4.68}$$

Die bei einem reversiblen Ersatzprozess mit isochorer Zustandsänderung übertragene reversible Wärme ist nach den Gln. (2.88) und (3.80) mit c_v als der spezifischen Wärmekapazität bei konstantem Volumen

$$\mathrm{d}Q_{rev} = m \, c_v \, \mathrm{d}T \qquad\qquad (Q_{12})_{rev} = m \, c_v (T_2 - T_1) . \tag{4.69}$$

Der erste Hauptsatz für ein geschlossenes System nach Gl. (3.76) ergibt mit Gl. (4.60)

$$\mathrm{d}Q_{rev} = \mathrm{d}U \qquad\qquad (Q_{12})_{rev} = U_2 - U_1 . \tag{4.70}$$

Die Entropieänderung ist nach den Gln. (4.57) und (4.59) mit Gl. (4.60)

$$S_2 - S_1 = m \, c_v \ln \frac{T_2}{T_1} = m \, c_v \ln \frac{p_2}{p_1} . \tag{4.71}$$

Im T, s-Diagramm lässt sich die spezifische reversible Wärme $(q_{12})_{rev}$ als Fläche darstellen (Bild 4.8).

Beispiel 4.2 In einer Flasche von 80 dm^3 Inhalt befindet sich CO_2 unter einem Druck von 4,6 bar bei einer Temperatur von 18 °C.

a) Welcher Überdruck ist in der Flasche vorhanden, wenn der Luftdruck 990 mbar beträgt?

b) Welcher Überdruck entsteht, wenn die Temperatur des Gases infolge eines Brandes in dem Gebäude auf 212 °C ansteigt, wobei die Umgebung eine Temperatur von 850 °C annimmt?

c) Welche Gesamtentropieänderung entsteht auf Grund der Temperaturerhöhung des Gases?

d) Nach Löschen des Brandes und Abkühlung der Umgebungstemperatur auf 18 °C kühlt sich auch das Gas in der Flasche unter Wärmeabgabe an die Umgebung wieder auf 18 °C ab. Welche Gesamtentropieänderung ist mit diesem Vorgang verbunden?

a) $p_{1\ddot{U}} = p_1 - p_L = 4{,}6$ bar $- 0{,}99$ bar $= 3{,}61$ bar

b) $p_2 = \dfrac{T_2}{T_1} p_1 = \dfrac{485 \text{ K}}{291 \text{ K}} \cdot 4{,}6$ bar $= 7{,}67$ bar $p_{2\ddot{U}} = p_2 - p_L = (7{,}67 - 0{,}99)$ bar $= 6{,}68$ bar

c) $m = \dfrac{pV}{RT} = \dfrac{4{,}6 \text{ bar} \cdot 0{,}08 \text{ m}^3}{0{,}18892 \text{ kJ/(kg K)} \cdot 291 \text{ K}} \cdot \dfrac{100 \text{ kJ}}{\text{m}^3 \text{ bar}} = 0{,}669$ kg

Nach Gl. (2.96) wird die mittlere spezifische Wärmekapazität c_{pm} und nach Gl. (4.48) c_{vm} berechnet:

$c_{pm}|_{0\,°C}^{18\,°C} = 0{,}8262$ kJ/(kg K) $c_{pm}|_{0\,°C}^{212\,°C} = 0{,}9171$ kJ/(kg K)

$c_{pm}|_{18\,°C}^{212\,°C} = 0{,}9255$ kJ/(kg K) $c_{vm}|_{18\,°C}^{212\,°C} = 0{,}7366$ kJ/(kg K)

$S_{G2} - S_{G1} = m\, c_{vm} \ln \dfrac{T_2}{T_1} = 0{,}669 \text{ kg} \cdot 0{,}7366 \text{ kJ/(kg K)} \cdot \ln \dfrac{485 \text{ K}}{291 \text{ K}} = 0{,}252$ kJ/K

$(Q_{12})_{rev} = m\, c_{vm}(t_2 - t_1) = 0{,}669 \text{ kg} \cdot 0{,}7366 \text{ kJ/(kg K)} \cdot 194 \text{ K} = 95{,}60$ kJ

$S_{U2} - S_{U1} = -\dfrac{(Q_{12})_{rev}}{T_U} = -\dfrac{95{,}60 \text{ kJ}}{1123 \text{ K}} = -0{,}085$ kJ/K

Die Gesamtentropieänderung beträgt $(S_{G2} - S_{G1}) + (S_{U2} - S_{U1}) = 0{,}167$ kJ/K

d) $S_{G2} - S_{G1} = -0{,}252$ kJ/K $S_{U2} - S_{U1} = \dfrac{95{,}60 \text{ kJ}}{291 \text{ K}} = 0{,}329$ kJ/K

$(S_{G2} - S_{G1}) + (S_{U2} - S_{U1}) = 0{,}077$ kJ/K

4.3.2 Isobare

Für den Anfangs- und den Endzustand einer isobaren Zustandsänderung (Bild 4.9) lässt sich schreiben:

$$p V_1 = m R T_1 \qquad\qquad p V_2 = m R T_2 \qquad\qquad (4.72)$$

Damit wird

$$\frac{V_1}{T_1} = \frac{V_2}{T_2} \qquad\qquad \frac{V}{T} = \text{const .} \qquad\qquad (4.73)$$

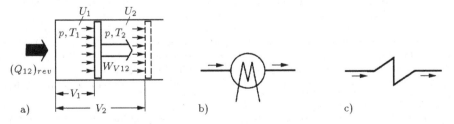

Bild 4.9 Beispiele für isobare Zustandsänderungen
a) isobare Erwärmung einer Gasmenge
b) isobare Abkühlung eines Gasstroms im Kühler
c) isobare Erwärmung eines Gasstroms im Erhitzer

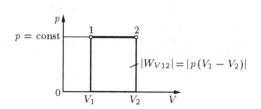

Bild 4.10 Isobare Erwärmung
im p, V-Diagramm

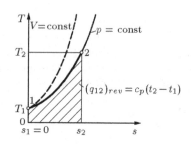

Bild 4.11 Isobare Erwärmung
im T, s-Diagramm

Im p, V-Diagramm (Bild 4.10) bilden sich die Isobaren als waagrechte Geraden ab. Die Volumenänderungsarbeit beträgt

$$W_{V12} = - \int_{1}^{2} p\, dV = -p\,(V_2 - V_1) = p\,(V_1 - V_2)\,. \tag{4.74}$$

Sie ist gleich der Differenz zweier Verschiebearbeiten. Da der Druck konstant ist, wird die Druckänderungsarbeit nach Gl. (2.30)

$$W_{p12} = \int_{1}^{2} V\, dp = 0\,. \tag{4.75}$$

Die Wärme, die bei einem reversiblen Ersatzprozess mit isobarer Zustandsänderung übertragen wird, ist nach den Gln. (2.88) und (3.80), wenn c_p die spezifische Wärmekapazität bei konstantem Druck ist,

$$dQ_{rev} = m\,c_p\, dT \tag{4.76}$$

$$(Q_{12})_{rev} = m\,c_p(T_2 - T_1)\,. \tag{4.77}$$

Die Anwendung des ersten Hauptsatzes für ein offenes System nach Gl. (3.76) auf eine isobare Zustandsänderung ergibt mit Gl. (4.61)

$$dQ_{rev} = dH \qquad\qquad (Q_{12})_{rev} = H_2 - H_1\,. \tag{4.78}$$

Die Entropieänderung ist nach den Gln. (4.58) und (4.59) mit Gl. (4.61)

$$S_2 - S_1 = m\,c_p \ln \frac{T_2}{T_1} = m\,c_p \ln \frac{V_2}{V_1}\,. \tag{4.79}$$

Im T, s-Diagramm lässt sich die spezifische reversible Wärme $(q_{12})_{rev}$ als Fläche darstellen (Bild 4.11).

Die Zustandsänderungen in Wärmeübertragern werden in der Thermodynamik als isobar behandelt. Ein Fluid, das in einem Wärmeübertrager abgekühlt oder erwärmt wird, strömt nur dann, wenn ein Druckgefälle vorliegt. Dieses ist jedoch im Vergleich zum absoluten Druck des Fluids im Allgemeinen so gering, dass man näherungsweise eine isobare Zustandsänderung annehmen kann.

Beispiel 4.3 Auf dem Typenschild eines Heizlüfters ist die elektrische Leistung mit 1,5 kW angegeben. Davon entfallen 0,05 kW auf die Anschlussleistung des Motors für den Ventilator; mit 1,45 kW wird der größte Teil in der Heizwendel in Wärmeleistung umgesetzt. Auch die dem Motor zugeführte elektrische Leistung wirkt als Reibungsleistung wie eine zugeführte Wärmeleistung.

a) Welche Luftmenge wird stündlich erwärmt, wenn die Luft mit $16\,°C$ in den Heizlüfter eintritt und ihn mit $31\,°C$ verlässt?

b) Welche Vergrößerung des Luftvolumens tritt bei der Erwärmung ein?

c) Wie groß ist die sekundliche Entropieänderung der erwärmten Luft?

a) $(\dot{Q}_{12})_{rev} = \dot{Q}_{12} + |P_{RI}| = \dot{H}_2 - \dot{H}_1 = \dot{m}\,c_{pm}(t_2 - t_1)$ $c_{pm}|_{16\,°C}^{31\,°C} = 1,0042\ \mathrm{kJ/(kg\ K)}$

$$\dot{m} = \frac{(\dot{Q}_{12})_{rev}}{c_{pm}(t_2 - t_1)} = \frac{1,5\ \mathrm{kW}}{1,0042\ \mathrm{kJ/(kg\,K)}\cdot 15\ \mathrm{K}}\cdot\frac{\mathrm{kJ}}{\mathrm{kW\,s}} = 0,0996\,\frac{\mathrm{kg}}{\mathrm{s}} = 358,5\,\frac{\mathrm{kg}}{\mathrm{h}}$$

b) $\dfrac{V_2}{V_1} = \dfrac{T_2}{T_1} = \dfrac{304\ \mathrm{K}}{289\ \mathrm{K}} = 1,052$

c) $\dot{S}_2 - \dot{S}_1 = \dot{m}\,c_{pm}\ln\dfrac{T_2}{T_1} = 0,00506\ \mathrm{kW/K}$

Beispiel 4.4 Es soll gezeigt werden, dass die Zustandsänderung in Beispiel 2.8 mit Beziehungen für ideale Gase behandelt werden kann.

Die Zustandsänderung ist eine Isobare. Nach Gl. (4.45) und (4.78) muss gelten:

$$(Q_{12})_{rev} = H_2 - H_1 = 40\,690\ \mathrm{kJ} \qquad U_2 - U_1 = 30\,826\ \mathrm{kJ} \qquad \kappa = \frac{H_2 - H_1}{U_2 - U_1} = \frac{40\,690\ \mathrm{kJ}}{30\,826\ \mathrm{kJ}} = 1,32$$

Für die Temperaturänderung während der Expansion gilt: $T_2 = \dfrac{V_2}{V_1}\,T_1 = 1,024\,T_1$

Daraus folgt $T_2 - T_1 = 0,024\,T_1$.   Die Gasmenge ergibt sich aus $m = \dfrac{p_1\,V_1}{R\,T_1}$.

Damit ist die Wärmezufuhr nach Gl. (4.77) $(Q_{12})_{rev} = m\,c_p(T_2 - T_1) = \dfrac{c_p}{R}\,0,024\,p_1\,V_1$.

Mit Gl. (4.49) ist

$$(Q_{12})_{rev} = \frac{\kappa}{\kappa - 1}\,0,024\,p_1\,V_1 = \frac{1,32}{0,32}\,0,024\cdot 1,02211\ \mathrm{bar}\cdot 4021,2\ \mathrm{m}^3 = 40\,690\ \mathrm{kJ} .$$

Beispiel 4.5 Konstruktion der Isobaren und der Isochoren im T, s-Diagramm.

Führt man anstelle des Wertepaares T_2, s_2 den variablen Zustandspunkt T, s in die Gln. (4.71) und (4.79) ein und setzt $s_1 = 0$, so entstehen die Funktionen

Isobare : $T = T_1\,\mathrm{e}^{\frac{s}{c_p}}$ Isochore : $T = T_1\,\mathrm{e}^{\frac{s}{c_v}}$

In der Funktion der Isobaren ist die Größe des auf der Isobaren konstanten Druckes p nicht enthalten. Daraus folgt, dass die Funktionswerte im T, s-Diagramm für alle Isobaren kongruent sind. Die Schar der Funktionskurven entsteht durch Verschiebung parallel zur Abszissenachse. Den Verschiebungsbetrag erhält man, wenn man in Gl. (4.58) $T = $ const setzt:

$$s_2 - s_1 = -R\ln\frac{p_2}{p_1}$$

Da bei $p_2 > p_1$ die Differenz $s_2 - s_1$ negativ ist, liegen die Isobaren höheren Druckes links von den Isobaren niedrigeren Druckes. Der Verschiebungsbetrag ist von der gewählten Temperatur unabhängig und deshalb an allen Stellen der Isobaren gleich groß (Bedingung für die Kongruenz der Funktionskurven).

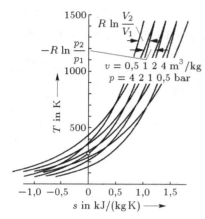

Für die Isochoren ergibt sich das gleiche Konstruktionsverfahren. Der Verschiebungsbetrag ist hier nach Gl.(4.57)

$$s_2 - s_1 = R \ln \frac{V_2}{V_1} = R \ln \frac{v_2}{v_1} \ .$$

Die Isochoren größeren Volumens liegen rechts von den Isochoren kleineren Volumens. Bild 4.12 zeigt das T, s-Diagramm für Luft mit eingezeichneten Isobaren und Isochoren. Vereinfachend sind die spezifischen Wärmekapazitäten als konstant angenommen.

Bild 4.12   Konstruktion der Isobaren und Isochoren im T, s-Diagramm für Luft

4.3.3   Isotherme

Für die Volumenänderungsarbeit folgt aus den Gln. (2.21) und (4.25) mit $T = \text{const}$

$$W_{V12} = -\int_1^2 p \, \mathrm{d}V = -m R T \int_1^2 \frac{\mathrm{d}V}{V} = m R T \ln \frac{V_1}{V_2} \ . \tag{4.80}$$

Mit Gl. (4.2)

$$p V = \text{const} \tag{4.81}$$

erhält man

$$W_{V12} = m R T \ln \frac{p_2}{p_1} \ . \tag{4.82}$$

Die Gln. (4.80) und (4.82) ergeben mit Gl. (4.25)

$$W_{V12} = p_1 V_1 \ln \frac{V_1}{V_2} = p_1 V_1 \ln \frac{p_2}{p_1} \ . \tag{4.83}$$

Den Gln. (4.39), (4.42) und (4.62) entnimmt man

$$\mathrm{d}U = \mathrm{d}H = 0 \tag{4.84}$$

und der Gl. (3.76)

$$\mathrm{d}Q_{rev} = p \, \mathrm{d}V = -V \, \mathrm{d}p \ . \tag{4.85}$$

Dies bedeutet nach den Gln. (2.21) und (2.30)

$$(Q_{12})_{rev} = -W_{V12} = -W_{p12} \ . \tag{4.86}$$

Alle Gleichungen für die Volumenänderungsarbeit W_{V12} gelten also auch für die Druckänderungsarbeit W_{p12}; ändert man in diesen Gleichungen das Vorzeichen, so gelten diese auch für die reversible Wärme $(Q_{12})_{rev}$.

Mit den Gln. (4.80) und (4.82) wird

$$(Q_{12})_{rev} = m R T \ln \frac{V_2}{V_1} = m R T \ln \frac{p_1}{p_2} \tag{4.87}$$

und mit Gl. (4.25) bzw. (4.87)

$$(Q_{12})_{rev} = p_1 V_1 \ln \frac{V_2}{V_1} = p_1 V_1 \ln \frac{p_1}{p_2} \ . \tag{4.88}$$

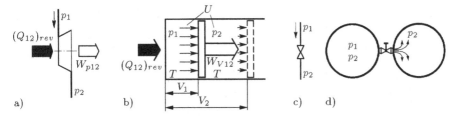

Bild 4.13 Beispiele für isotherme Zustandsänderungen idealer Gase
a) isotherme Entspannung eines Gasstroms in einer Turbine
b) isotherme Expansion einer Gasmenge in einem Kolbenmotor
c) Drosselung in einem adiabaten System
d) Druckausgleich in einem adiabaten System

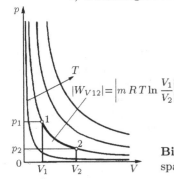

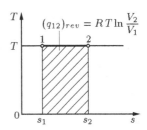

Bild 4.14 Isotherme Entspannung im p, V-Diagramm

Bild 4.15 Isotherme Entspannung im T, s-Diagramm

Daraus folgt für die Entropieänderung

$$S_2 - S_1 = \frac{(Q_{12})_{rev}}{T} = m R \ln \frac{V_2}{V_1} = m R \ln \frac{p_1}{p_2} \tag{4.89}$$

und mit der thermischen Zustandsgleichung (4.25)

$$S_2 - S_1 = \frac{p_1 V_1}{T} \ln \frac{V_2}{V_1} = \frac{p_1 V_1}{T} \ln \frac{p_1}{p_2} . \tag{4.90}$$

An die Stelle von $p_1 V_1$ kann nach Gl. (4.81) auch $p_2 V_2$ treten.

Bild 4.13 zeigt Beispiele für isotherme Zustandsänderungen. In Bild 4.14 ist die isotherme Entspannung eines idealen Gases im p, V-Diagramm wiedergegeben. In Bild 4.15 ist die spezifische reversible Wärme $(q_{12})_{rev}$ als Fläche im T, s-Diagramm dargestellt.

Beispiel 4.6 Der Reibungswiderstand, den ein Absperrhahn in einer adiabaten Erdgasleitung erzeugt, wird durch den dimensionslosen Faktor ζ beschrieben. Sind p_1, ϱ_1 und c_1 Druck, Dichte und Geschwindigkeit vor dem Absperrhahn, so gilt gemäß Gl. (2.111)

$$p_1 - p_2 = \zeta \frac{1}{2} \varrho_1 c_1^2 .$$

Bei einem Leitungsdurchmesser $d = 25{,}4$ mm, einer Temperatur $t = 12\,°C$ und einem Druck $p_1 = 1{,}032$ bar hat der Gasstrom eine Geschwindigkeit $c_1 = 10$ m/s. Im Normzustand hat das Gas die Dichte $\varrho_0 = 0{,}717$ kg/m^3. Für den vollständig geöffneten Absperrhahn einer bestimmten Ausführung wird $\zeta = 4{,}2$ angegeben. Welche Reibungsleistung $|P_{RI}|$ wird im Gasstrom wirksam? Welche sekundliche Entropieänderung tritt durch diesen Vorgang ein? Die Zustandsänderung kann als isotherm angenommen werden, das Gas sei ein ideales Gas.

Nach den Gln. (3.78) und (4.88) ist, da kein Wärmestrom $\dot{Q}_{12}$ zu- oder abgeführt wird,

$$|P_{RI}| = (\dot{Q}_{12})_{rev} = p_1 \dot{V}_1 \ln \frac{p_1}{p_2} \qquad\qquad \dot{V}_1 = \frac{\pi d^2}{4} c_1 = 5{,}067 \cdot 10^{-3} \text{ m}^3/\text{s}$$

$$\varrho_1 = \varrho_0 \frac{p_1}{p_0} \frac{T_0}{T_1} = 0{,}717 \text{ kg/m}^3 \cdot \frac{1{,}032 \text{ bar}}{1{,}01325 \text{ bar}} \cdot \frac{273{,}15 \text{ K}}{285{,}15 \text{ K}} = 0{,}6995 \text{ kg/m}^3$$

$$p_1 - p_2 = 4{,}2 \cdot \frac{1}{2} \cdot 0{,}6995 \frac{\text{kg}}{\text{m}^3} \cdot 10^2 \frac{\text{m}^2}{\text{s}^2} \cdot \frac{1 \text{ N s}^2}{\text{kg m}} \frac{1 \text{ bar m}^2}{10^5 \text{ N}} = 0{,}00147 \text{ bar} = 147 \text{ Pa}$$

$$p_2 = 1{,}03200 \text{ bar} - 0{,}00147 \text{ bar} = 1{,}03053 \text{ bar}$$

$$|P_{RI}| = 1{,}032 \text{ bar} \cdot 5{,}067 \cdot 10^{-3} \frac{\text{m}^3}{\text{s}} \cdot \frac{10^5 \text{ J}}{\text{m}^3 \text{ bar}} \cdot \frac{1 \text{ W s}}{\text{J}} \cdot \ln \frac{1{,}03200 \text{ bar}}{1{,}03053 \text{ bar}} = 0{,}7454 \text{ W}$$

Nach Gl. (4.90) ist

$$\dot{S}_2 - \dot{S}_1 = \frac{p_1 \dot{V}_1}{T} \ln \frac{p_1}{p_2} = \frac{|P_{RI}|}{T} = \frac{0{,}7454 \text{ W}}{285{,}15 \text{ K}} = 2{,}614 \cdot 10^{-3} \text{ W/K}$$

Beispiel 4.7   Ein Höhenballon zur Wetterbeobachtung wird am Boden mit Wasserstoff gefüllt, aber nur zum Teil aufgeblasen. Während des Aufstiegs kann er sich reibungsfrei bis auf ein kugelförmiges Volumen von 6,8 m³ ausdehnen; dabei sind Druck und Temperatur des Gases ständig gleich dem Luftdruck und der Lufttemperatur. Der Luftdruck sinkt während des Aufstiegs von 1 bar auf 0,3 bar, die Lufttemperatur 8 °C bleibt während des Aufstiegs konstant. Wie groß ist die Volumenänderungsarbeit, welche Wärme wird übertragen? Welche Gesamtentropieänderung erfolgt?

$$W_{V12} = m R T \ln \frac{p_2}{p_1} = p_2 V_2 \ln \frac{p_2}{p_1} = 0{,}3 \text{ bar} \cdot 6{,}8 \text{ m}^3 \cdot \frac{100 \text{ kJ}}{\text{m}^3 \text{ bar}} \cdot \ln \frac{0{,}3 \text{ bar}}{1 \text{ bar}} = -246 \text{ kJ}$$

$$(Q_{12})_{rev} = -W_{V12} = 246 \text{ kJ}$$

Die Entropieänderung des Gases beträgt

$$(S_2 - S_1)_G = \frac{(Q_{12})_{rev}}{T} = \frac{246 \text{ kJ}}{281 \text{ K}} = 0{,}875 \text{ kJ/K}.$$

Die Wärme $(Q_{12})_{rev}$ gibt die Umgebung bei der gleichen Temperatur ab. Deshalb ist

$$(S_2 - S_1)_U = -\frac{(Q_{12})_{rev}}{T} = -0{,}875 \text{ kJ/K}.$$

Die Gesamtentropieänderung ist damit

$$S_2 - S_1 = (S_G + S_U)_2 - (S_G + S_U)_1 = 0.$$

Der Vorgang ist reversibel.

4.3.4   Isentrope

Bei einer isentropen Zustandsänderung ist nach den Gln. (4.63) und (4.64)

$$dS = 0 \quad \text{bzw.} \quad S_2 - S_1 = 0 \quad \text{sowie}$$

$$dQ_{rev} = 0 \quad \text{bzw.} \quad (Q_{12})_{rev} = 0.$$

Damit folgt aus den Gln. (3.76) für reversible Ersatzprozesse sowie aus den Gln. (4.39) und (4.42) für die innere Energie und die Enthalpie

$$dU = -p\,dV = m\,c_v\,dT \tag{4.91}$$

$$dH = V\,dp = m\,c_p\,dT . \tag{4.92}$$

Die Auflösung der Gln. (4.91) und (4.92) nach $m\,dT$ und deren Gleichsetzung ergibt

$$\frac{c_p}{c_v}\frac{\mathrm{d}V}{V} = -\frac{\mathrm{d}p}{p}\,. \tag{4.93}$$

Gl. (4.93) wird integriert. Mit der Abkürzung κ nach Gl. (4.44) und $\kappa = \text{const}$ ist

$$\kappa \ln\frac{V_2}{V_1} = \ln\left(\frac{V_2}{V_1}\right)^\kappa = -\ln\frac{p_2}{p_1} = \ln\frac{p_1}{p_2}$$

Durch Entlogarithmieren wird $\left(\dfrac{V_2}{V_1}\right)^\kappa = \dfrac{p_1}{p_2}$ und $p_1\,V_1^\kappa = p_2\,V_2^\kappa$ (4.94)

$$p\,V^\kappa = \text{const}\,. \tag{4.95}$$

κ wird gemäß Gl. (4.95) als Isentropenexponent bezeichnet.
Die thermische Zustandsgleichung für das ideale Gas (4.25) wird auf den Anfangszustand 1 und den Endzustand 2 angewendet. Durch Elimination von $m\,R$ erhält man

$$\frac{p_1\,V_1}{T_1} = \frac{p_2\,V_2}{T_2} \tag{4.96}$$

$$\frac{p_1}{p_2} = \frac{V_2}{V_1}\frac{T_1}{T_2} \qquad\qquad \frac{V_2}{V_1} = \frac{p_1}{p_2}\frac{T_2}{T_1}\,. \tag{4.97}$$

Die Gln. (4.96) und (4.97) gelten allgemein, also nicht nur für eine spezielle Zustandsänderung. Aus den Gln. (4.94) und (4.97) folgt

$$\left(\frac{V_2}{V_1}\right)^{\kappa-1} = \frac{T_1}{T_2} \qquad\qquad T_1\,V_1^{\kappa-1} = T_2\,V_2^{\kappa-1} \tag{4.98}$$

$$T\,V^{\kappa-1} = \text{const} \tag{4.99}$$

$$\left(\frac{p_1}{p_2}\right)^{\kappa-1} = \left(\frac{T_1}{T_2}\right)^\kappa \qquad\qquad . \qquad\qquad \frac{T_2}{T_1} = \left(\frac{p_2}{p_1}\right)^{\frac{\kappa-1}{\kappa}} \tag{4.100}$$

$$\frac{T^\kappa}{p^{\kappa-1}} = \text{const}\,. \tag{4.101}$$

Wenn man Gl. (2.21) für die Volumenänderungsarbeit integrieren will, benötigt man eine Beziehung zwischen Druck und Volumen. Man erhält sie aus Gl. (4.94), indem man den Endpunkt mit dem Index 2 durch einen beliebigen Punkt ohne Index, der zwischen dem Anfangspunkt 1 und dem Endpunkt 2 liegt, ersetzt:

$$p = p_1\,V_1^\kappa\,\frac{1}{V^\kappa} = p_1\,V_1^\kappa\,V^{-\kappa} \tag{4.102}$$

Gl. (2.21) ergibt mit Gl. (4.102):

$$W_{V12} = -\int_1^2 p\,\mathrm{d}V = -p_1\,V_1^\kappa\int_1^2 V^{-\kappa}\mathrm{d}V = -\frac{p_1 V_1 V_1^{\kappa-1}}{1-\kappa}\left[V_2^{1-\kappa} - V_1^{1-\kappa}\right] = \frac{p_1 V_1}{\kappa-1}\left[\left(\frac{V_1}{V_2}\right)^{\kappa-1} - 1\right]$$

$$\tag{4.103}$$

Nach der Gleichung für das ideale Gas (4.25) kann man $p_1\,V_1$ durch $m\,R\,T_1$ ersetzen:

$$W_{V12} = \frac{m\,R\,T_1}{\kappa-1}\left[\left(\frac{V_1}{V_2}\right)^{\kappa-1} - 1\right] \tag{4.104}$$

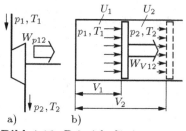

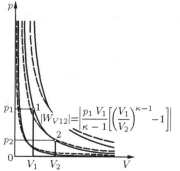

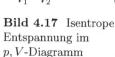

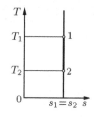

Bild 4.16 Beispiele für isentrope
Zustandsänderungen

a) isentrope Entspannung eines
   Gasstroms in einer Turbine

b) isentrope Entspannung einer
   Gasmenge in einem Kolbenmotor

Bild 4.17 Isentrope
Entspannung im
p, V-Diagramm

Bild 4.18 Isentro-
pe Entspannung
im T, s-Diagramm

Mit Gl. (4.94) läßt sich das Volumenverhältnis durch das Druckverhältnis ausdrücken.
Aus den Gln. (4.103) und (4.104) wird

$$W_{V12} = \frac{p_1 V_1}{\kappa - 1}\left[\left(\frac{p_2}{p_1}\right)^{\frac{\kappa-1}{\kappa}} - 1\right] = \frac{m R T_1}{\kappa - 1}\left[\left(\frac{p_2}{p_1}\right)^{\frac{\kappa-1}{\kappa}} - 1\right]. \tag{4.105}$$

Aus Gl. (4.94) folgt auch

$$\left(\frac{V_1}{V_2}\right)^{\kappa-1} = \frac{p_2 V_2}{p_1 V_1}.$$

Diese Gleichung wird in Gl. (4.103) eingesetzt:

$$W_{V12} = \frac{1}{\kappa - 1}(p_2 V_2 - p_1 V_1) \tag{4.106}$$

Weitere Gleichungen für die Volumenänderungsarbeit erhält man durch Einsetzen der
Gl. (4.98) in die Gln. (4.103) und (4.104):

$$W_{V12} = \frac{p_1 V_1}{\kappa - 1}\left(\frac{T_2}{T_1} - 1\right) = \frac{m R}{\kappa - 1}(T_2 - T_1) = m c_v (T_2 - T_1) \tag{4.107}$$

Aus den Gln. (4.91) und (2.20) sowie (4.92) und (2.31) folgt:

$$dU = dW_V \qquad\qquad U_2 - U_1 = W_{V12} \tag{4.108}$$

$$dH = dW_p \qquad\qquad H_2 - H_1 = W_{p12} \tag{4.109}$$

Außerdem erhält man mit Gl. (4.45)

$$dW_p = \kappa\, dW_V \qquad\qquad W_{p12} = \kappa\, W_{V12}. \tag{4.110}$$

Daraus folgen u. a. mit den Gln. (4.104), (4.105), (4.106) und (4.107):

$$W_{p12} = \frac{\kappa}{\kappa - 1}p_1 V_1\left[\left(\frac{V_1}{V_2}\right)^{\kappa-1} - 1\right] = \frac{\kappa}{\kappa - 1}p_1 V_1\left[\left(\frac{p_2}{p_1}\right)^{\frac{\kappa-1}{\kappa}} - 1\right] =$$

$$= \frac{\kappa}{\kappa - 1}(p_2 V_2 - p_1 V_1) = \frac{\kappa}{\kappa - 1}m R (T_2 - T_1) = m c_p (T_2 - T_1) \tag{4.111}$$

Bild 4.16 zeigt Beispiele für isentrope Zustandsänderungen. In den Bildern 4.17 und
4.18 ist die isentrope Entspannung eines idealen Gasses im p, V-Diagramm bzw. im
T, s-Diagramm dargestellt.

Wie schon in Abschnitt 3.5.1 gezeigt wurde, ist eine adiabate und reibungsfreie Zustandsänderung auch eine isentrope Zustandsänderung. Die Abkürzung κ nach Gl. (4.44), die bei der Formulierung des Zusammenhangs zwischen den thermischen Zustandsgrößen Druck, Volumen und Temperatur bei einer isentropen Zustandsänderung in den Gln. (4.94), (4.95), (4.98) bis (4.108) und (4.111) vorkommt, wird Isentropenexponent genannt. Der Isentropenexponent κ ist eine Funktion der Temperatur.

Beispiel 4.8 Ein waagerecht angeordneter Stoßdämpfer besteht aus einem Zylinder von $d = 80$ mm Durchmesser und einem Kolben, der ein Luftvolumen von $s = 200$ mm Länge abschließt. Die Luft im Zylinder befindet sich im Umgebungszustand $t_1 = 18\,°C$ und $p_1 = 949,3$ mbar. Welche Stoßarbeit kann der Stoßdämpfer aufnehmen, wenn der Kolben $\Delta s = 150$ mm tief eindringt, und welchen Druck, welchen Überdruck und welche Temperatur erreicht dann die Luft im Zylinder? Die Zustandsänderung kann als adiabat und reibungsfrei angenommen werden (Bild 4.19).

Wir setzen für κ vorerst den Wert für $0\,°C$ ein: $\kappa = 1,40$

$$V_1 = \frac{\pi}{4}d^2\, s = 1,0053 \cdot 10^{-3}\ \mathrm{m}^3 \qquad V_2 = \frac{\pi}{4}d^2\,(s - \Delta s) = 0,2513 \cdot 10^{-3}\ \mathrm{m}^3 \qquad \frac{V_1}{V_2} = 4$$

$$T_2 = T_1\Big(\frac{V_1}{V_2}\Big)^{\kappa-1} = 291,15\ \mathrm{K}\cdot 4^{0,40} = 506,92\ \mathrm{K}$$

Mit der errechneten Temperatur $t_2 = 233,77\,°C \approx 234\,°C$ wird κ korrigiert:

$$\kappa_m = \frac{c_{pm}}{c_{pm} - R}$$

$$c_{pm}\big|_{18\,°C}^{234\,°C} = 1,0141\ \mathrm{kJ/(kg\,K)}$$

$$\kappa_m = \frac{1,0141\ \mathrm{kJ/(kg\,K)}}{1,0141\ \mathrm{kJ/(kg\,K)} - 0,28706\ \mathrm{kJ/(kg\,K)}} = 1,3948$$

$$T_2 = 291,15\ \mathrm{K}\cdot 4^{0,3948} = 503,28\ \mathrm{K} \qquad t_2 = 230,13\,°C$$

$$p_2 = p_1\Big(\frac{V_1}{V_2}\Big)^{\kappa_m} = 0,9493\ \mathrm{bar}\cdot 4^{1,3948} = 6,564\ \mathrm{bar}$$

$$p_{2\ddot{u}} = p_2 - p_L = 6,564\ \mathrm{bar} - 0,949\ \mathrm{bar} = 5,615\ \mathrm{bar}$$

Die Kompression des Gases wird durch die Stoßarbeit $\int_1^2 F\,\mathrm{d}s$ und die Luftdruckarbeit $p_L(V_1 - V_2)$ bewirkt:

$$\int_1^2 F\,\mathrm{d}s + p_L(V_1 - V_2) = W_{V12}$$

Nach Gl. (4.103) ist

$$W_{V12} = \frac{p_1 V_1}{\kappa - 1}\left[\Big(\frac{V_1}{V_2}\Big)^{\kappa-1} - 1\right] = \frac{0,9493\ \mathrm{bar}\cdot 1,0053 \cdot 10^{-3}\ \mathrm{m}^3}{1,3948 - 1}\cdot \frac{10^5\ \mathrm{J}}{\mathrm{m}^3\,\mathrm{bar}}\cdot (4^{0,3948} - 1) = 176,12\ \mathrm{J}$$

$$p_L(V_1 - V_2) = 0,9493\ \mathrm{bar}\cdot(1,0053 - 0,2513)\cdot 10^{-3}\ \mathrm{m}^3\cdot \frac{10^5\ \mathrm{J}}{\mathrm{m}^3\,\mathrm{bar}} = 71,58\ \mathrm{J}$$

$$\int_1^2 F\,\mathrm{d}s = 176,12\ \mathrm{J} - 71,58\ \mathrm{J} = 104,54\ \mathrm{J}\ .$$

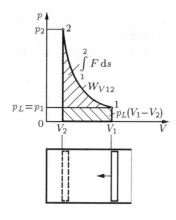

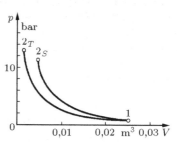

Bild 4.19 Zu Beispiel 4.8

Bild 4.20   Zu Beispiel 4.9

Beispiel 4.9 Ein Fahrzeug mit einer Masse von $m = 32\,000$ kg fährt mit einer Geschwindigkeit von $c = 0,5$ m/s auf eine Luftbremse auf und kommt zum Stillstand. Der Bremszylinder hat den Durchmesser $d = 250$ mm und die Länge $s = 500$ mm. Die Luftfüllung befindet sich vor dem Auffahren im Umgebungszustand und weist die Lufttemperatur $t_1 = 20\,°$C, den Luftdruck $p_1 = 1$ bar sowie den Isentropenexponenten $\kappa = 1,4 = $ const. auf. Wie groß sind Bremsweg und größter Zylinderdruck bei isothermer sowie bei isentroper Kompression (Bild 4.20)?

Bei Vernachlässigung der Reibungsarbeit ist nach den Gln. (2.57) und (2.58)

$$\int\limits_1^2 F\,\mathrm{d}s + p_L(V_1 - V_2) = W_{V12}$$

$$p_L(V_1 - V_2) = p_L\,V_1\left(1 - \frac{V_2}{V_1}\right) = p_L\,V_1(1 - \varepsilon)\quad.$$

$\varepsilon = \dfrac{V_2}{V_1}$ ist das Verdichtungsverhältnis. $V_1 = \dfrac{\pi}{4}\,d^2\,s = 0,02454\,\mathrm{m}^3$

Isotherme Kompression: $W_{V12} = p_1\,V_1 \ln \dfrac{V_1}{V_2} = p_L\,V_1 \ln \dfrac{1}{\varepsilon_T}$

Isentrope Kompression: $W_{V12} = \dfrac{p_1\,V_1}{\kappa - 1}\left[\left(\dfrac{V_1}{V_2}\right)^{\kappa-1} - 1\right] = \dfrac{p_L\,V_1}{\kappa - 1}\left[\left(\dfrac{1}{\varepsilon_S}\right)^{\kappa-1} - 1\right]$

Die Stoßarbeit ist gleich der kinetischen Energie:

$$\int\limits_1^2 F\,\mathrm{d}s = \frac{1}{2}\,m\,c^2 = \frac{1}{2}\cdot 32\,000\;\mathrm{kg}\cdot 0,5^2\,\frac{\mathrm{m}^2}{\mathrm{s}^2}\cdot\frac{\mathrm{N\,s}^2}{\mathrm{kg\,m}}\cdot\frac{1\,\mathrm{kJ}}{1000\,\mathrm{N\,m}} = 4,0\;\mathrm{kJ}$$

Mit $p_L\,V_1 = 1$ bar $\cdot\, 0,02454\;\mathrm{m}^3\cdot\dfrac{100\,\mathrm{kJ}}{\mathrm{m}^3\,\mathrm{bar}} = 2,454$ kJ   und $\dfrac{1}{p_L\,V_1}\int\limits_1^2 F\,\mathrm{d}s = 1,6300$

erhält man folgende Bestimmungsgleichungen für das Verdichtungsverhältnis

- bei isothermer Kompression: $1,63 = \ln \dfrac{1}{\varepsilon_T} + \varepsilon_T - 1$ $\ln \dfrac{1}{\varepsilon_T} + \varepsilon_T - 2,63 = 0$

$\varepsilon_T = 0,0779$ $V_2 = V_1\,\varepsilon_T = 0,001913\;\mathrm{m}^3$ $p_2 = p_1\,\dfrac{V_1}{V_2} = \dfrac{p_1}{\varepsilon_T} = 12,83$ bar

Bremsweg: $(1 - \varepsilon_T)\cdot 500\;\mathrm{mm} = 461\;\mathrm{mm}$

- bei isentroper Kompression: $1,63 = \dfrac{1}{0,4}\left[\left(\dfrac{1}{\varepsilon_S}\right)^{0,4} - 1\right] + \varepsilon_S - 1$ $2,5\left(\dfrac{1}{\varepsilon_S}\right)^{0,4} + \varepsilon_S - 5,13 = 0$

$\varepsilon_S = 0,1814$ $V_2 = V_1\,\varepsilon_S = 0,00445\;\mathrm{m}^3$ $p_2 = p_1\left(\dfrac{V_1}{V_2}\right)^{\kappa} = \dfrac{p_1}{\varepsilon_S^{\kappa}} = 10,91$ bar

Bremsweg: $(1 - \varepsilon_S)\cdot 500\;\mathrm{mm} = 409\;\mathrm{mm}$

4.3.5   Polytrope

Die bisher behandelten speziellen Zustandsänderungen kann man wie folgt kennzeichnen:

Isochore	$V_1 = V_2$	(4.112)
Isobare	$p_1 = p_2$	(4.113)
Isotherme	$p_1 V_1 = p_2 V_2$	(4.114)
Isentrope	$p_1 V_1^\kappa = p_2 V_2^\kappa$	(4.115)

Gesucht ist eine Gleichung, welche die Gln. (4.112) bis (4.115) als Spezialfälle enthält, und mit der man auch alle zwischen den Spezialfällen liegenden Zustandsänderungen erfassen kann. Die folgende Gleichung erfüllt die genannten Forderungen:

$$p_1 V_1^n = p_2 V_2^n \qquad\qquad p V^n = \text{const} \qquad (4.116)$$

Die durch Gl. (4.116) definierte allgemeine Zustandsänderung ist die polytrope Zustandsänderung. Der Exponent n wird Polytropenexponent genannt. Er nimmt bei den speziellen Zustandsänderungen folgende Zahlenwerte an:

Isentrope	$n_S = \kappa$	(4.117)
Isotherme	$n_T = 1$	(4.118)
Isobare	$n_p = 0$	(4.119)
Isochore	$n_V = \infty$	(4.120)

Zum Verständnis der Gl. (4.120) kann man Gl. (4.116) auch wie folgt schreiben:

$$\frac{V_1}{V_2} = \sqrt[n]{\frac{p_2}{p_1}} \qquad (4.121)$$

Gl. (4.121) geht in Gl. (4.112) über, wenn

$$\sqrt[n]{\frac{p_2}{p_1}} = 1 \qquad (4.122)$$

wird. Bei $p_2/p_1 \neq 1$ ist das bei $n \to \infty$ der Fall:

$$\lim_{n \to \infty} \sqrt[n]{\frac{p_2}{p_1}} = 1 \qquad (4.123)$$

In Bild 4.21 sind polytrope Zustandsänderungen im p, V-Diagramm und im T, s-Diagramm dargestellt, wobei die dickeren Linien für allgemeine Zustandsänderungen und die dünneren Linien für spezielle Zustandsänderungen gelten.

Wie aus den Gln. (4.115) bis (4.117) ersichtlich ist, braucht man in einer ganzen Reihe von Gleichungen des Abschnitts 4.3.4 über die isentrope Zustandsänderung nur den konstanten Isentropenexponenten κ durch den - bei der jeweiligen Zustandsänderung jeweils konstanten - Polytropenexponenten n zu ersetzen, und man erhält die entsprechenden Gleichungen für die polytrope Zustandsänderung. Das ist bei den Gleichungen, die den Zusammenhang zwischen den thermischen Zustandsgrößen beschreiben, sowie bei den Gleichungen für die Volumenänderungsarbeit und die Druckänderungsarbeit möglich.

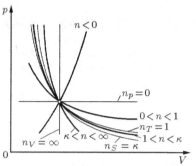 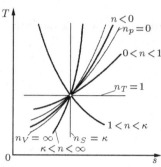

Bild 4.21
Polytropen im
p, V-Diagramm
und im
T, s-Diagramm.
Dünnere Linien
für spezielle
Zustands-
änderungen

Die Gleichungen für die Volumenänderungsarbeit erhält man aus den Gln. (4.103) bis
(4.105), (4.107) und (4.108). Sie sind in Tabelle 4.1 zusammengestellt.

Tabelle 4.1 Gleichungen für die Volumenänderungsarbeit bei polytroper Zustandsänderung

$$W_{V12} = \frac{p_1 V_1}{n-1}\left[\left(\frac{V_1}{V_2}\right)^{n-1} - 1\right] = \frac{m R T_1}{n-1}\left[\left(\frac{V_1}{V_2}\right)^{n-1} - 1\right] \qquad (1)$$

$$W_{V12} = \frac{p_1 V_1}{n-1}\left[\left(\frac{p_2}{p_1}\right)^{\frac{n-1}{n}} - 1\right] = \frac{m R T_1}{n-1}\left[\left(\frac{p_2}{p_1}\right)^{\frac{n-1}{n}} - 1\right] \qquad (2)$$

$$W_{V12} = \frac{1}{n-1}(p_2 V_2 - p_1 V_1) \qquad (3)$$

$$W_{V12} = \frac{p_1 V_1}{n-1}\left(\frac{T_2}{T_1} - 1\right) = \frac{m R}{n-1}(T_2 - T_1) \qquad (4)$$

Aus den Gleichungen für die Volumenänderungsarbeit nach Tabelle 4.1 und Gl. (4.128)
ergeben sich die Gleichungen für die Druckänderungsarbeit nach Tabelle 4.2.

Tabelle 4.2 Gleichungen für die Druckänderungsarbeit bei polytroper Zustandsänderung

$$W_{p12} = \frac{n}{n-1}p_1 V_1\left[\left(\frac{V_1}{V_2}\right)^{n-1} - 1\right] = \frac{n}{n-1}m R T_1\left[\left(\frac{V_1}{V_2}\right)^{n-1} - 1\right] \qquad (1)$$

$$W_{p12} = \frac{n}{n-1}p_1 V_1\left[\left(\frac{p_2}{p_1}\right)^{\frac{n-1}{n}} - 1\right] = \frac{n}{n-1}m R T_1\left[\left(\frac{p_2}{p_1}\right)^{\frac{n-1}{n}} - 1\right] \qquad (2)$$

$$W_{p12} = \frac{n}{n-1}(p_2 V_2 - p_1 V_1) \qquad (3)$$

$$W_{p12} = \frac{n}{n-1}p_1 V_1\left(\frac{T_2}{T_1} - 1\right) = \frac{n}{n-1}m R (T_2 - T_1) \qquad (4)$$

Aus den Gln. (4.98) bis (4.101) folgt unmittelbar

$$\left(\frac{V_2}{V_1}\right)^{n-1} = \frac{T_1}{T_2} \qquad\qquad T_1 V_1^{n-1} = T_2 V_2^{n-1} \qquad (4.124)$$

$$T\,V^{n-1} = \text{const} \tag{4.125}$$

$$\left(\frac{p_1}{p_2}\right)^{n-1} = \left(\frac{T_1}{T_2}\right)^n \qquad \frac{T_2}{T_1} = \left(\frac{p_2}{p_1}\right)^{\frac{n-1}{n}} \tag{4.126}$$

$$\frac{T^n}{p^{n-1}} = \text{const} . \tag{4.127}$$

Die Gl. (4.111) lässt sich auf die gleiche einfache Weise verallgemeinern:

$$dW_p = n\,dW_V \qquad W_{p12} = n\,W_{V12} \tag{4.128}$$

In Abschnitt 2.7.2 wurde auf die Abhängigkeit der spezifischen Wärmekapazität der Gase von der Art der Zustandsänderung hingewiesen. Die Art der Zustandsänderung wird bei den idealen Gasen durch den Polytropenexponenten n beschrieben. c_n ist eine verallgemeinerte spezifische Wärmekapazität, die auch als spezifische polytrope Wärmekapazität bezeichnet wird. In c_n ist der Index n ein Hinweis auf den Polytropenexponenten, von dem die spezifische Wärmekapazität eines idealen Gases abhängt. Nach Gl. (3.81) gilt für die Wärme bei einem reversiblen Ersatzprozess mit polytroper Zustandsänderung

$$dQ_{rev} = m\,c_n\,dT \tag{4.129}$$

$$(Q_{12})_{rev} = m\,c_n\,(T_2 - T_1) . \tag{4.130}$$

In die Gl. (3.73) für den reversiblen Ersatzprozess eines geschlossenen Systems

$$(Q_{12})_{rev} + W_{V12} = U_2 - U_1$$

wird Gl. (4.130) für die reversible Wärme, Gl. (4.40) für die Differenz der inneren Energie und Gl. (4) der Tabelle 4.1 für die Volumenänderungsarbeit eingesetzt:

$$mc_n(T_2 - T_1) + \frac{m\,R}{n-1}\,(T_2 - T_1) = mc_v(T_2 - T_1)$$

Durch Division mit $m\,(T_2 - T_1)$ wird (Bild 4.22)

$$c_n = c_v - \frac{R}{n-1} . \tag{4.131}$$

In die Gl. (3.75) für den reversiblen Ersatzprozess eines offenen Systems

$$(Q_{12})_{rev} + W_{p12} = H_2 - H_1$$

wird Gl. (4.130) für die reversible Wärme, Gl. (4.43) für die Differenz der Enthalpie und Gl. (4) der Tabelle 4.2 für die Druckänderungsarbeit eingesetzt:

$$m\,c_n\,(T_2 - T_1) + \frac{n\,m\,R}{n-1}\,(T_2 - T_1) = m\,c_p\,(T_2 - T_1)$$

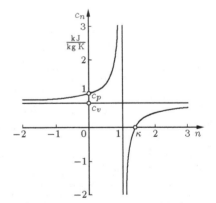

Bild 4.22 Abhängigkeit der spezifischen polytropen Wärmekapazität c_n vom Polytropenexponenten n für Luft

Durch Division mit $m\,(T_2 - T_1)$ ergibt sich:

$$c_n = c_p - \frac{n}{n-1}\,R . \tag{4.132}$$

Die Gln. (4.131) und (4.132) ergeben mit den Gln. (4.49) und (4.50)

$$\frac{c_n}{R} = \frac{1}{\kappa - 1} - \frac{1}{n - 1} \tag{4.133}$$

$$\frac{c_n}{R} = \frac{\kappa}{\kappa - 1} - \frac{n}{n - 1} \qquad (4.134)$$

$$\frac{c_n}{R} = \frac{n - \kappa}{(\kappa - 1)(n - 1)} \qquad (4.135)$$

$$c_n = c_v \frac{n - \kappa}{n - 1} \qquad (4.136)$$

$$c_n = \frac{c_p}{\kappa} \frac{n - \kappa}{n - 1} \; . \qquad (4.137)$$

Im Bereich $1 < n < \kappa$ ist c_n negativ. In diesem Bereich ist eine Wärmezufuhr mit einer Temperaturerniedrigung und eine Wärmeabgabe mit einer Temperaturerhöhung verbunden, weil bei diesen Zustandsänderungen zugleich auch eine Arbeitsabgabe bzw. eine Arbeitszufuhr auftritt (vgl. die Bilder 4.23 c und 4.23 d).

Eine Beziehung zwischen der Wärme und der Volumenänderungsarbeit liefern die Gln. (4) nach Tabelle 4.1, (4.130) und (4.135).

$$\frac{(Q_{12})_{rev}}{W_{V12}} = \frac{c_n}{R}(n - 1) = \frac{n - \kappa}{\kappa - 1} \qquad (4.138)$$

Aus den Gln. (1) bis (4) der Tabelle 4.1 und (4.138) folgen die Gln. der Tabelle 4.3.

Tabelle 4.3 Gleichungen für die Wärme $(Q_{12})_{rev}$ bei polytroper Zustandsänderung

$$(Q_{12})_{rev} = \frac{n - \kappa}{(\kappa - 1)(n - 1)} p_1 V_1 \left[\left(\frac{V_1}{V_2} \right)^{n-1} - 1 \right] = \frac{n - \kappa}{(\kappa - 1)(n - 1)} m R T_1 \left[\left(\frac{V_1}{V_2} \right)^{n-1} - 1 \right] \quad (1)$$

$$(Q_{12})_{rev} = \frac{n - \kappa}{(\kappa - 1)(n - 1)} p_1 V_1 \left[\left(\frac{p_2}{p_1} \right)^{\frac{n-1}{n}} - 1 \right] = \frac{n - \kappa}{(\kappa - 1)(n - 1)} m R T_1 \left[\left(\frac{p_2}{p_1} \right)^{\frac{n-1}{n}} - 1 \right] \quad (2)$$

$$(Q_{12})_{rev} = \frac{n - \kappa}{(\kappa - 1)(n - 1)} (p_2 V_2 - p_1 V_1) \qquad (3)$$

$$(Q_{12})_{rev} = \frac{n - \kappa}{(\kappa - 1)(n - 1)} p_1 V_1 \left(\frac{T_2}{T_1} - 1 \right) = \frac{n - \kappa}{(\kappa - 1)(n - 1)} m R (T_2 - T_1) \qquad (4)$$

Eine Beziehung zwischen der inneren Energie und der Volumenänderungsarbeit gewinnt man aus den Gln. (4) der Tabelle 4.1, (4.40) und (4.50).

$$\frac{U_2 - U_1}{W_{V12}} = \frac{c_v}{R}(n - 1) = \frac{n - 1}{\kappa - 1} \qquad (4.139)$$

Aus den Gln. (1) bis (4) der Tabelle 4.1 und (4.139) ergeben sich die Gleichungen der Tabelle 4.4.

Die allgemein gültige Gl. (4.45)

$$H_2 - H_1 = \kappa (U_2 - U_1)$$

liefert mit den Gln. (1) bis (4) der Tabelle 4.4 die Gleichungen der Tabelle 4.5.

Tabelle 4.4 Gleichungen für die Änderung der inneren Energie bei polytroper Zustandsänderung

$$U_2 - U_1 = \frac{p_1 V_1}{\kappa - 1}\left[\left(\frac{V_1}{V_2}\right)^{n-1} - 1\right] = \frac{m R T_1}{\kappa - 1}\left[\left(\frac{V_1}{V_2}\right)^{n-1} - 1\right] \qquad (1)$$

$$U_2 - U_1 = \frac{p_1 V_1}{\kappa - 1}\left[\left(\frac{p_2}{p_1}\right)^{\frac{n-1}{n}} - 1\right] = \frac{m R T_1}{\kappa - 1}\left[\left(\frac{p_2}{p_1}\right)^{\frac{n-1}{n}} - 1\right] \qquad (2)$$

$$U_2 - U_1 = \frac{1}{\kappa - 1}(p_2 V_2 - p_1 V_1) \qquad (3)$$

$$U_2 - U_1 = \frac{p_1 V_1}{\kappa - 1}\left(\frac{T_2}{T_1} - 1\right) = \frac{m R}{\kappa - 1}(T_2 - T_1) \qquad (4)$$

Tabelle 4.5 Gleichungen für die Änderung der Enthalpie bei polytroper Zustandsänderung

$$H_2 - H_1 = \frac{\kappa}{\kappa - 1}p_1 V_1\left[\left(\frac{V_1}{V_2}\right)^{n-1} - 1\right] = \frac{\kappa}{\kappa - 1}m R T_1\left[\left(\frac{V_1}{V_2}\right)^{n-1} - 1\right] \qquad (1)$$

$$H_2 - H_1 = \frac{\kappa}{\kappa - 1}p_1 V_1\left[\left(\frac{p_2}{p_1}\right)^{\frac{n-1}{n}} - 1\right] = \frac{\kappa}{\kappa - 1}m R T_1\left[\left(\frac{p_2}{p_1}\right)^{\frac{n-1}{n}} - 1\right] \qquad (2)$$

$$H_2 - H_1 = \frac{\kappa}{\kappa - 1}(p_2 V_2 - p_1 V_1) \qquad (3)$$

$$H_2 - H_1 = \frac{\kappa}{\kappa - 1}p_1 V_1\left(\frac{T_2}{T_1} - 1\right) = \frac{\kappa}{\kappa - 1}m R (T_2 - T_1) \qquad (4)$$

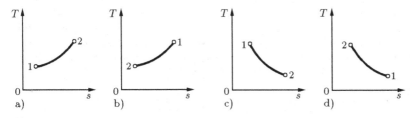

Bild 4.23 Deutung von Polytropen im T, s-Diagramm

a) c_n positiv, ds positiv, Wärmezufuhr, Temperatur steigt
b) c_n positiv, ds negativ, Wärmeabgabe, Temperatur sinkt
c) c_n negativ, ds positiv, Wärmezufuhr, Temperatur sinkt (zugleich größere Arbeitsabgabe)
d) c_n negativ, ds negativ, Wärmeabgabe, Temperatur steigt (zugleich größere Arbeitszufuhr)

In die Gl. (3.24) für das Differential der Entropie wird Gl. (4.129) eingesetzt:

$$\mathrm{d}S = \frac{dQ_{rev}}{T} = m\, c_n\, \frac{\mathrm{d}T}{T} \qquad (4.140)$$

Mit $c_n = \text{const}$ wird

$$S_2 - S_1 = m\, c_n \ln\frac{T_2}{T_1} . \qquad (4.141)$$

Neben der Gl. (4.141) können auch die Gln. (4.57) bis (4.59) zur Berechnung der Entropieänderung benutzt werden.

Wenn zwei der thermischen Zustandsgrößen Druck, Volumen und Temperatur für den Anfangspunkt und für den Endpunkt einer polytropen Zustandsänderung bekannt sind, lässt sich der Polytropenexponent berechnen. Aus den Gln. (4.116), (4.124) und (4.126) erhält man

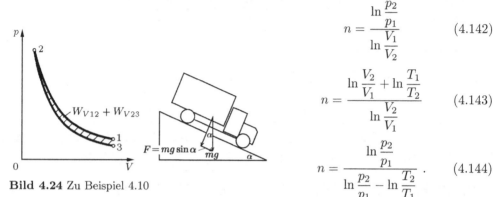

$$n = \frac{\ln \dfrac{p_2}{p_1}}{\ln \dfrac{V_1}{V_2}} \qquad (4.142)$$

$$n = \frac{\ln \dfrac{V_2}{V_1} + \ln \dfrac{T_1}{T_2}}{\ln \dfrac{V_2}{V_1}} \qquad (4.143)$$

$$n = \frac{\ln \dfrac{p_2}{p_1}}{\ln \dfrac{p_2}{p_1} - \ln \dfrac{T_2}{T_1}} . \qquad (4.144)$$

Bild 4.24 Zu Beispiel 4.10

An die Stelle des natürlichen Logarithmus kann in den Gln. (4.142) bis (4.144) auch ein anderer Logarithmus treten.

Beispiel 4.10 Ein Kraftfahrzeug mit Dieselmotor fährt bei abgestellter Kraftstoffzufuhr, aber eingelegtem Gang aus dem Ruhezustand einen Berg hinunter. Der Kolben des Dieselmotors wird dabei von den Rädern angetrieben und komprimiert das unter dem Druck $p_1 = 0{,}95$ bar und bei der Temperatur $t_1 = 20\,°C$ eingeschlossene Luftvolumen $V_1 = 2{,}817\,\ell$ auf $V_2 = 0{,}217$ ℓ mit dem Polytropenexponenten $n_K = 1{,}35$. Anschließend expandiert die Luft wieder auf das Ausgangsvolumen mit dem Exponenten $n_E = 1{,}45$. Die Vorgänge beim Luftwechsel können vernachlässigt werden. Welche Drücke und Temperaturen werden nach der Kompression, welche nach der Expansion erreicht? Welche Bremsleistung erzielt der Motor, wenn jeweils 3000 Verdichtungs- und Entspannungsvorgänge pro Minute stattfinden? Welche Geschwindigkeit erreicht das Fahrzeug, wenn Radreibung und Luftwiderstand vernachlässigt werden können, die Masse des Fahrzeugs 3 t und das Gefälle 10 % beträgt (Bild 4.24)?

$$p_2 = p_1 \left(\frac{V_1}{V_2}\right)^{n_K} = 30{,}25 \text{ bar} \qquad p_3 = p_2 \left(\frac{V_2}{V_1}\right)^{n_E} = 0{,}74 \text{ bar}$$

$$T_2 = T_1 \left(\frac{V_1}{V_2}\right)^{n_K - 1} = 719 \text{ K} \qquad T_3 = T_2 \left(\frac{V_2}{V_1}\right)^{n_E - 1} = 227 \text{ K}$$

$$W_{V12} = \frac{p_1 V_1}{n_K - 1} \left[\left(\frac{V_1}{V_2}\right)^{n_K - 1} - 1\right] = 1111 \text{ J}$$

$$W_{V23} = \frac{p_2 V_2}{n_E - 1} \left[\left(\frac{V_2}{V_1}\right)^{n_E - 1} - 1\right] = -998 \text{ J}$$

Differenzarbeit: $\Delta W = W_{V12} + W_{V23} = 113$ J

Bremsleistung bei gleichförmiger Geschwindigkeit: $\Delta W / \tau = \Delta W n = 113 \text{ J} \cdot 50 \text{ s}^{-1} = 5{,}65$ kW
Bremsleistung und Bremsgeschwindigkeit: $\Delta W / \tau = F s / \tau = F c = m g \sin \alpha \, c$
$c = (\Delta W / \tau) / (m g \sin \alpha)$ $\sin \alpha = 0{,}10$ $c = 1{,}92$ m/s $= 6{,}91$ km/h

Beispiel 4.11 Die Abnahme des Luftdruckes und der Lufttemperatur in der Atmosphäre mit der Höhe über dem Boden ist in der Norm DIN 5450 festgelegt. Für die Abnahme des Druckes p mit der Höhe h gilt dabei der Ansatz (vgl. Bild 4.25)

$$(p + \mathrm{d}p)\mathrm{d}A - p\,\mathrm{d}A + \mathrm{d}G = 0$$

$$\mathrm{d}G = \varrho\,g\,\mathrm{d}A\,\mathrm{d}h$$

$$-\mathrm{d}p = \varrho\,g\,\mathrm{d}h \; .$$

Temperatur und Druck ändern sich dabei nach einer polytropen Zustandsänderung:

$$\frac{T}{T_0} = \left(\frac{p}{p_0}\right)^{\frac{n-1}{n}}$$

T_0 und p_0 sind Temperatur und Druck am Boden. Welcher Polytropenexponent n ist anzusetzen, wenn der vertikale Temperaturgradient γ im Bereich von -5000 m bis $11\,000$ m

$$\gamma = \frac{\mathrm{d}T}{\mathrm{d}h} = -6{,}5 \cdot 10^{-3} \text{ K/m beträgt?}$$

Welche Funktionen beschreiben die Abhängigkeit von Druck, Temperatur und Dichte von der Höhe?

Mit Gl. (4.27) ist

$$\varrho = \frac{p}{RT} = \frac{p}{RT_0}\left(\frac{p_0}{p}\right)^{\frac{n-1}{n}} \qquad\qquad \mathrm{d}p = -\frac{g}{RT_0}\,p_0^{\frac{n-1}{n}}\,p^{\frac{1}{n}}\,\mathrm{d}h$$

$$p^{-\frac{1}{n}}\,\mathrm{d}p = -\frac{g}{RT_0}\,p_0^{\frac{n-1}{n}}\,\mathrm{d}h \qquad\qquad \int_{p_0}^{p} p^{-\frac{1}{n}}\,\mathrm{d}p = -\frac{g}{RT_0}\,p_0^{\frac{n-1}{n}}\int_0^h \mathrm{d}h$$

$$p = p_0\left(1 - \frac{n-1}{n}\frac{g\,h}{RT_0}\right)^{\frac{n}{n-1}} \qquad T = T_0\left(1 - \frac{n-1}{n}\frac{g\,h}{RT_0}\right) \qquad \varrho = \varrho_0\left(1 - \frac{n-1}{n}\frac{g\,h}{RT_0}\right)^{\frac{1}{n-1}} .$$

Mit

$$\varrho_0 = \frac{p_0}{RT_0} \qquad T = T_0 + \gamma\,h \qquad \gamma = -\frac{n-1}{n}\frac{g}{R} \qquad \text{ergibt sich} \qquad n = \frac{1}{1 + \dfrac{R\gamma}{g}} = 1{,}235 \; .$$

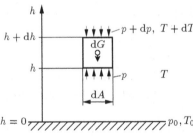
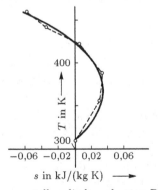

Bild 4.25 Zu Beispiel 4.11

Bild 4.26 Zu Beispiel 4.12. Die gestrichelten Kurven stellen die berechneten Polytropen dar.

Beispiel 4.12 Das Indikatordiagramm eines einstufigen, luftgekühlten Kolbenverdichters [71] ergibt die folgenden Zustandsänderungen für die Verdichtung der angesaugten Luftmenge:

p_i in bar	1,01	1,5	2	3	4	5
V_i in ℓ	6,12	4,75	3,88	2,82	2,21	1,84

Wie groß ist die Masse m der Luft, und welche Temperaturen T_i werden erreicht, wenn die Anfangstemperatur $t_1 = 36\,°C$ beträgt? Welche Werte ergeben sich für die mittleren spezifischen isobaren Wärmekapazitäten $c_{pm}|_{t_i}^{t_{i+1}}$, die mittleren Isentropenexponenten κ_m, die Polytropenexponenten n und die spezifischen polytropen Wärmekapazitäten c_n zwischen zwei Zustandspunkten? Welche reversiblen Wärmen $Q_{rev} = (Q_{i,i+1})_{rev}$ werden übertragen? Die Zustandsänderungen sind in ein T,s-Diagramm einzutragen.

Die Masse der Luft m und die Temperaturen T_i erhält man aus Gl. (4.25), die temperaturabhängigen spezifischen Wärmekapazitäten $c_{pm}|$ aus Gl. (2.96) und die mittleren Isentropenexponenten κ_m aus Gl. (4.44). Die Polytropenexponenten n ergibt die Gl. (4.142), die spezifischen Wärmekapazitäten c_n die Gl. (4.132). Die reversiblen Wärmen $Q_{rev} = (Q_{i,i+1})_{rev}$ und die Änderungen der spezifischen Entropie Δs werden mit den Gln. (4.130) und (4.141) berechnet.

$$ m = \frac{p_1 V_1}{R T_1} = 6{,}9651 \cdot 10^{-3}\ \mathrm{kg} \qquad T_i = \frac{p_i V_i}{m R} \qquad c_{pm}\Big|_{t_i}^{t_{i+1}} = \frac{1}{t_{i+1} - t_i}\left(c_{pm}\big|_{0\,°C}^{t_{i+1}}\, t_{i+1} - c_{pm}\big|_{0\,°C}^{t_i}\, t_i \right) $$

$$ \kappa_m = \frac{c_{pm}}{c_{vm}} = \frac{c_{pm}}{c_{pm} - R} \qquad n = \frac{\ln \dfrac{p_{i+1}}{p_i}}{\ln \dfrac{V_i}{V_{i+1}}} \qquad c_n = c_{pm} - \frac{n}{n-1} R $$

$$ (Q_{i,i+1})_{rev} = Q_{i,i+1} + |W_{RI}| = m\, c_n\, (T_{i+1} - T_i) \qquad \Delta s = s_{i+1} - s_i = c_n \ln \frac{T_{i+1}}{T_i} $$

p_i	V_i	T_i	c_{pm}	κ_m	n	c_n	Q_{rev}	Δs
bar	ℓ	K	kJ/(kg K)			kJ/(kg K)	J	kJ/(kg K)
1,01	6,12	309,15						
			1,0063	1,3991	1,5607	0,2073	68,159	0,0295
1,5	4,75	356,35						
			1,0097	1,3973	1,4220	0,0423	9,366	0,0036
2	3,88	388,11						
			1,0135	1,3952	1,2707	−0,3342	−81,490	−0,0289
3	2,82	423,12						
			1,0172	1,3932	1,1803	−0,8624	−114,155	−0,0379
4	2,21	442,13						
			1,0200	1,3916	1,2179	−0,5847	−73,327	−0,0233
5	1,84	460,13						

Aus der Tabelle und aus Bild 4.26 ist erkennbar, dass bei der reversiblen Wärme $Q_{rev} = (Q_{i,i+1})_{rev} = Q_{i,i+1} + |W_{RI}|$ die innere Reibungsarbeit $|W_{RI}|$ zunächst die abgegebene Wärme $Q_{i,i+1}$ überwiegt. Erst ab der Zustandsänderung von 2 nach 3 ist der Absolutbetrag der abgegebenen Wärme größer als die innere Reibungsarbeit, und die reversible Wärme wird negativ.

4.3.6   Zustandsänderungen mit veränderlicher Masse

Wird der Zustand eines Gases, das sich in einem Raum mit konstantem Volumen befindet, so verändert, dass ein Teil des Gases aus diesem Raum entweichen kann, so liegt eine Zustandsänderung mit veränderlicher Masse vor.

Beispiel 4.13 Ein Raum mit dem Volumen von 100 m^3 wird von der Anfangstemperatur $3\,°C$ auf die Endtemperatur $23\,°C$ erwärmt. Der Luftdruck ist 1 bar. Welche Wärme wird der Raumluft zugeführt?

Da die Luft bei Erwärmung durch vorhandene Undichtigkeiten entweichen kann, ändert sich während der Erwärmung die Masse der zu erwärmenden Luft. Die Erwärmung erfolgt isobar.

Der Ausdruck $m = \dfrac{pV}{RT}$ wird in Gl. (4.76) eingesetzt. $\qquad dQ_{rev} = m\, c_p\, dT = \dfrac{pV}{R}\, c_p\, \dfrac{dT}{T}$

Die temperaturabhängige spezifische Wärmekapazität c_p wird durch die mittlere spezifische Wärmekapazität c_{pm} ersetzt. Danach folgt die Integration.

$$ dQ_{rev} = \frac{pV}{R}\, c_{pm}\, \frac{dT}{T} \qquad\qquad c_{pm}\big|_{3\,°C}^{23\,°C} = 1{,}0036\ \mathrm{kJ/(kg\,K)} $$

$$(Q_{12})_{rev} = \frac{pV}{R}\, c_{pm} \ln \frac{T_2}{T_1} = \frac{1\,\text{bar} \cdot 100\,\text{m}^3\,\text{kg K}}{0,28706\,\text{kJ}} \cdot \frac{100\,\text{kJ}}{\text{m}^3\,\text{bar}} \cdot 1,0036\,\frac{\text{kJ}}{\text{kg K}} \cdot \ln \frac{296\,\text{K}}{276\,\text{K}} = 2446\,\text{kJ}$$

Beispiel 4.14 Die Hülle eines Ballons hat an der Unterseite eine Öffnung, durch die das während des Aufstiegs expandierende Füllgas in die freie Atmosphäre entweichen kann. Der Ballon wird am Startplatz voll aufgeblasen, sein Volumen bleibt also während des Aufstiegs konstant. Druck und Temperatur des Gases sind ständig gleich dem Luftdruck und der Lufttemperatur. Für die Änderung der Luftdichte mit der Höhe H gilt nach Beispiel 4.11 die Zahlenwertgleichung

$$\varrho_L = 1,225 \Big(\frac{288,15 - 6,5\,H}{288,15} \Big)^{4,255} \text{ in kg/m}^3 \text{ mit } H \text{ in km}$$

Wie ändert sich die Beschleunigungskraft des Ballons mit der Höhe, wenn der Ballon einen Radius von 10 m hat, als Füllgas Wasserstoff verwendet wird und das Gewicht von Hülle und Gondel vernachlässigbar ist?
Die Beschleunigungskraft ist nach Gl. (2.4) gleich dem negativen Gewichtsüberschuss.

$$F = G - A = V\,g\,(\varrho_G - \varrho_L) = V\,g\,\varrho_L \Big(\frac{\varrho_G}{\varrho_L} - 1 \Big)$$

Nach Gl. (4.28) ist $\varrho_G = \dfrac{p}{R_G\,T}$ und $\varrho_L = \dfrac{p}{R_L\,T}$.   Damit wird

$$F = V\,g\,\varrho_L \Big(\frac{R_L}{R_G} - 1 \Big) = 4188,8\,\text{m}^3 \cdot 9,81\,\text{m/s}^2 \Big(\frac{287,06\,\text{J/(kg K)}}{4124,5\,\text{J/(kg K)}} - 1 \Big) \varrho_L = -38\,232\,\text{m}^4/\text{s}^2 \cdot \varrho_L$$

H in km	0	0,2	0,4	0,6	0,8	1,0
F in N	$-46\,834$	$-45\,942$	$-45\,062$	$-44\,196$	$-43\,342$	$-42\,501$

4.4 Thermische Energie und Arbeit im T,s-Diagramm

Für reibungsfreie Zustandsänderungen idealer Gase lassen sich die spezifischen Größen

$$(q_{12})_{rev}, \quad h_2 - h_1, \quad u_2 - u_1, \quad w_{V12} \text{ und } w_{p12}$$

im T,s-Diagramm als Flächen darstellen. Nach den Gln. (3.73) und (3.75) ist

$$(q_{12})_{rev} + w_{V12} = u_2 - u_1 \tag{4.145}$$

$$(q_{12})_{rev} + w_{p12} = h_2 - h_1 . \tag{4.146}$$

Bei idealen Gasen sind innere Energie und Enthalpie nur von der Temperatur abhängig und deren Änderungen somit für jede beliebige Zustandsänderung zwischen denselben Temperaturgrenzen gleich groß. Nach den Gln. (4.69) und (4.70) folgt für isochore Zustandsänderungen

$$u_2 - u_1 = c_v(T_2 - T_1) = (q_{12})_{rev} = \int_1^2 T\,\mathrm{d}s . \tag{4.147}$$

Nach den Gln. (4.77) und (4.78) ist bei isobaren Zustandsänderungen

$$h_2 - h_1 = c_p(T_2 - T_1) = (q_{12})_{rev} = \int_1^2 T\,\mathrm{d}s . \tag{4.148}$$

Der Änderung der inneren Energie entspricht demnach im T, s-Diagramm die Fläche unter der Kurve für eine isochore Zustandsänderung, der Änderung der Enthalpie die Fläche unter der Kurve für eine isobare Zustandsänderung. Da alle Isochoren bzw. Isobaren durch Verschiebung in Richtung der s-Achse erhalten werden können, kann jede Isochore bzw. Isobare zwischen den gleichen Temperaturgrenzen T_2 und T_1 zur Darstellung benutzt werden. In den Bildern 4.27 und 4.28 sind meist die durch den Zustandspunkt 2 verlaufenden Isochoren bzw. Isobaren gewählt.

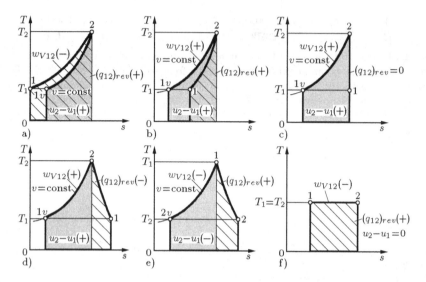

Bild 4.27   Spezifische Größen im T,s-Diagramm (Zustandsänderungen zwischen den Zustandspunkten 1 und 2)
a) isobare Expansion   b) polytrope Kompression $\kappa < n < \infty$ c) isentrope Kompression
d) polytrope Kompression $1 < n < \kappa$ e) polytrope Expansion $1 < n < \kappa$ f) isotherme
Expansion

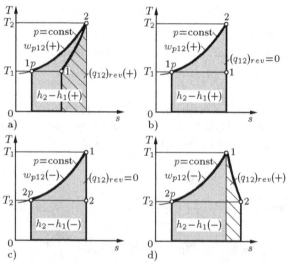

Bild 4.28   Spezifische Größen im T,s-Diagramm (Zustandsänderungen zwischen den Zustandspunkten 1 und 2)
a) polytrope Kompression $\kappa < n < \infty$ b) isentrope Kompression   c) isentrope Expansion
d) polytrope Expansion $1 < n < \kappa$

4.5 Mischungen idealer Gase

In technischen Prozessen mit Gasen verwendet man oft nicht reine Gase, sondern Gasmischungen, z. B. Luft, Erdgas H, Erdgas L, Kokereigas, Wassergas, Leuchtgas, Stadtgas, Hochofengas, Deponiegas, Klärgas, Biogas oder Abgas (Verbrennungsgas).

Das Verhalten mehrerer idealer Gase im gleichen Raum, die nicht miteinander chemisch reagieren (Bild 4.29), beschreibt das Gesetz von *Dalton*: [5]

> **Besteht ein Gas aus einer Mischung mehrerer idealer Gase, so breitet sich jedes Einzelgas im ganzen Raum gleichmäßig aus und übt einen Druck aus, der so groß ist, als wenn die anderen Gase der Mischung nicht vorhanden wären.**

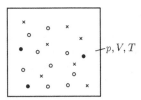

Bild 4.29 Schematische Darstellung einer Gasmischung

Der Druck eines einzelnen Gases in einer vorgegebenen Mischung wird als Partialdruck p_{pi} dieses Gases bezeichnet. Die Summe der Partialdrücke aller n Einzelgase ist gleich dem Gesamtdruck p der Mischung:

$$p = \sum_{i=1}^{n} p_{pi} \tag{4.149}$$

Aus Gl. (4.149) folgt

$$\sum_{i=1}^{n} \frac{p_{pi}}{p} = 1 \,. \tag{4.150}$$

Beispielsweise ergibt sich der Gesamtdruck p der Luft in der freien Atmosphäre – der barometrische Druck – aus der Summe der Partialdrücke p_{pi} der gasförmigen Einzelkomponenten, wobei sich die Partialdruckanteile der einzelnen Gase p_{pi}/p wie folgt darstellen: Stickstoff 0,78097, Sauerstoff 0,20944, Argon 0,00916, Kohlendioxid 0,00040 sowie weitere Gase 0,00003. Wie in Abschnitt 4.5.3 gezeigt wird, sind bei der Luft diese Partialdruckanteile auch gleich den Volumenanteilen (Raumanteilen) r_i.

Auf jedes Einzelgas der Gasmischung lässt sich die Gasgleichung (4.25) anwenden, wobei die Temperaturen aller Einzelgase und der Gasmischung gleich sind:

$$p_{pi} V = m_i \, R_i \, T \tag{4.151}$$

Durch Addition über alle Gase der Mischung entsteht mit Gl. (4.149)

$$\sum_{i=1}^{n} p_{pi} V = \sum_{i=1}^{n} m_i \, R_i \, T \,. \tag{4.152}$$

Die rechte Seite von Gl. (4.152) wird mit m multipliziert und der Summenausdruck zugleich durch m dividiert:

$$pV = m \sum_{i=1}^{n} \frac{m_i}{m} R_i \, T \tag{4.153}$$

[5] *John Dalton*, 1766 bis 1844, englischer Physiker und Chemiker.

Man bezeichnet als spezielle Gaskonstante der idealen Gasmischung R die Summe auf der rechten Seite der Gl. (4.153)

$$R = \sum_{i=1}^{n} \frac{m_i}{m} R_i \tag{4.154}$$

und erhält damit die thermische Zustandsgleichung für die ideale Gasmischung

$$p V = m R T \ . \tag{4.155}$$

Sie hat die gleiche Form wie die Gasgleichung der idealen Einzelgase (4.25). Ebenso gilt für die Dichte der idealen Gasmischung

$$\varrho = \frac{m}{V} = \frac{p}{R T} \ . \tag{4.156}$$

Der Quotient

$$\mu_i = \frac{m_i}{m} \tag{4.157}$$

wird als Massenanteil des Einzelgases i in der idealen Gasmischung bezeichnet. Für die Masse m als Erhaltungsgröße gilt:

$$m = \sum_{i=1}^{n} m_i \tag{4.158}$$

Wird die linke und die rechte Seite von Gl. (4.158) durch m geteilt, wird

$$\sum_{i=1}^{n} \mu_i = 1 \ . \tag{4.159}$$

Damit ist

$$R = \sum_{i=1}^{n} \mu_i R_i \ . \tag{4.160}$$

Mit $R = R_m/M$ und $R_i = R_m/M_i$ (Gl. (4.36)) folgt daraus für die Molmasse der Mischung idealer Gase

$$\frac{1}{M} = \sum_{i=1}^{n} \frac{\mu_i}{M_i} \ . \tag{4.161}$$

Aus $p_{pi} V = m_i R_i T$ (Gl. (4.151)) und $V = m R T/p$ (Gl. (4.155)) ergibt sich $p_{pi} m R T/p = m_i R_i T$ und damit für die Partialdrücke p_{pi} sowie für die Partialdruckanteile p_{pi}/p der Einzelgase

$$p_{pi} = \mu_i \frac{R_i}{R} p = \mu_i \frac{M}{M_i} p \qquad\qquad \frac{p_{pi}}{p} = \mu_i \frac{R_i}{R} = \mu_i \frac{M}{M_i} \qquad . \tag{4.162}$$

Bei der Zustandsänderung einer Gasmischung zwischen dem Anfangspunkt 1 und dem Endpunkt 2 gelten nach dem Gesetz von der Erhaltung der Energie die folgenden Beziehungen für die innere Energie, Enthalpie, Entropie und die reversible Wärme:

$$U_2 - U_1 = \sum_{i=1}^{n} (U_2 - U_1)_i \tag{4.163}$$

$$H_2 - H_1 = \sum_{i=1}^{n} (H_2 - H_1)_i \tag{4.164}$$

$$S_2 - S_1 = \sum_{i=1}^{n} (S_2 - S_1)_i \tag{4.165}$$

$$(Q_{12})_{rev} = \sum_{i=1}^{n} (Q_{12i})_{rev} \tag{4.166}$$

Für die spezifischen kalorischen Größen

$$u = \frac{U}{m}, \ h = \frac{H}{m}, \ s = \frac{S}{m}, \ q = \frac{Q}{m}$$

gilt ebenfalls

$$u_2 - u_1 = \sum_{i=1}^{n} \mu_i (u_2 - u_1)_i = c_v \, (T_2 - T_1) = \sum_{i=1}^{n} \mu_i \, c_{vi} \, (T_2 - T_1) \tag{4.167}$$

$$h_2 - h_1 = \sum_{i=1}^{n} \mu_i (h_2 - h_1)_i = c_p \, (T_2 - T_1) = \sum_{i=1}^{n} \mu_i \, c_{pi} \, (T_2 - T_1) \tag{4.168}$$

$$s_2 - s_1 = \sum_{i=1}^{n} \mu_i (s_2 - s_1)_i = c_n \ln \frac{T_2}{T_1} = \sum_{i=1}^{n} \mu_i \, c_{ni} \ln \frac{T_2}{T_1} \tag{4.169}$$

$$(q_{12})_{rev} = \sum_{i=1}^{n} \mu_i (q_{12i})_{rev} = c_n \, (T_2 - T_1) = \sum_{i=1}^{n} \mu_i \, c_{ni} \, (T_2 - T_1) \, . \tag{4.170}$$

Aus den Gln. (4.167) bis (4.170) ergibt sich für die spezifische Wärmekapazität einer Mischung idealer Gase

$$c = \sum_{i=1}^{n} \mu_i \, c_i \, , \quad c_v = \sum_{i=1}^{n} \mu_i \, c_{vi} \, , \quad c_p = \sum_{i=1}^{n} \mu_i \, c_{pi} \quad \text{und} \quad c_n = \sum_{i=1}^{n} \mu_i \, c_{ni} \, . \tag{4.171}$$

Die spezifischen Wärmekapazitäten c bzw. c_i können je nach Zustandsgröße bzw. Zustandsänderung c_v, c_p oder c_n bzw. c_{vi}, c_{pi} oder c_{ni} sein.

Setzt man in eine Gleichung für c_v die Gl. (4.50) ein, so erhält man eine Gleichung für die Berechnung des Isentropenexponenten einer Mischung idealer Gase:

$$\frac{1}{\kappa - 1} = \sum_{i=1}^{n} \mu_i \frac{R_i}{R} \frac{1}{\kappa_i - 1} \tag{4.172}$$

Beispiel 4.15 Ein Koksofengeneratorgas hat die Zusammensetzung in Massenanteilen

$$0{,}9 \ \% \ H_2 \quad 30{,}6 \ \% \ CO \quad 0{,}3 \ \% \ CH_4 \quad 8{,}6 \ \% \ CO_2 \quad 59{,}6 \ \% \ N_2$$

Wie groß sind die Gaskonstante, die Molmasse und die Teildrücke der Gasmischung im Normzustand?

Im Normzustand ist $p = 1013$ mbar.

Gas	μ_i	R_i	M_i	$\mu_i R_i$	μ_i / M_i	$p_{pi} = \mu_i \dfrac{R_i}{R} p$
		J/kg K	kg/kmol	J/(kg K)	kmol/kg	mbar
H_2	0,009	4124,4	2,02	37,12	0,00446	117
CO	0,306	296,8	28,01	90,82	0,01092	285
CH_4	0,003	518,3	16,04	1,55	0,00019	5
CO_2	0,086	188,9	44,01	16,25	0,00195	51
N_2	0,596	296,8	28,01	176,89	0,02128	555
				322,63	0,03880	1013

$R = 322,63 \text{ J/(kg K)}$ $\qquad$ $M = 1/(0,03880 \text{ kmol/kg}) = 25,77 \text{ kg/kmol}$

Zur Kontrolle berechnen wir: $\quad M = \dfrac{R_m}{R} = \dfrac{8314,51 \text{ J/(kmol K)}}{322,63 \text{ J/(kg K)}} = 25,77 \text{ kg/kmol}$

4.5.1   Der Mischungsvorgang im abgeschlossenen System

Eine Gasmischung können wir uns stets durch einen adiabaten Mischungsvorgang entstanden denken. Der Mischungsvorgang (Bild 4.30) ist irreversibel, für jedes Einzelgas erfolgt ein Ausgleichsvorgang (Abschnitt 3.2).

Die Summe der inneren Energien idealer Einzelgase vor der Mischung ist bei den jeweiligen Temperaturen der Einzelgase T_i

$$\sum_{i=1}^{n} U_i = \sum_{i=1}^{n} (m_i\, u_i)_{T_i} = \sum_{i=1}^{n} m_i\, c_{vi}\, T_i \ . \tag{4.173}$$

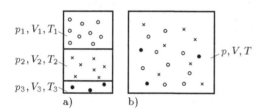

Bild 4.30 Mischung dreier Gase im abgeschlossenen System ($\Sigma V_i \neq V$)
a) vor der Mischung
b) nach der Mischung

Nach der Mischung ist mit Gl. (4.167) und der Temperatur der Mischung T

$$U = \sum_{i=1}^{n} (m_i\, u_i)_T = \sum_{i=1}^{n} m_i\, c_{vi}\, T \ . \tag{4.174}$$

Wenn die Menge der Einzelgase während des Mischungsvorgangs ein abgeschlossenes System bildet, wird weder Wärme noch Arbeit mit der Umgebung ausgetauscht. Die innere Energie dieses Systems bleibt dann konstant: Die Summe der inneren Energien der Einzelgase vor der Mischung ist gleich der inneren Energie des Gemischs nach der Mischung: $\quad \sum_{i=1}^{n} U_i = U \quad$ Durch Gleichsetzen der rechten Seiten der Gln. (4.173) und (4.174) folgt für die Mischungstemperatur T

$$T = \dfrac{\displaystyle\sum_{i=1}^{n} m_i\, c_{vi}\, T_i}{\displaystyle\sum_{i=1}^{n} m_i\, c_{vi}} \ . \tag{4.175}$$

Sind p_i, V_i und T_i Druck, Volumen und Temperatur des Einzelgases vor der Mischung, so gilt die thermische Zustandsgleichung idealer Gase für das Produkt $p_i\, V_i$ und die Dichte ϱ_i des Einzelgases i im Zustand vor der Mischung

$$p_i\, V_i = m_i\, R_i\, T_i \tag{4.176}$$

$$\varrho_i = \dfrac{m_i}{V_i} = \dfrac{p_i}{R_i\, T_i} \ . \tag{4.177}$$

Nach den Gln. (4.154) und (4.176) ist vor der Mischung

$$m\,R = \sum_{i=1}^{n} m_i\,R_i = \sum_{i=1}^{n} \frac{p_i\,V_i}{T_i} \; . \tag{4.178}$$

Mit Gl. (4.155) ist der sich einstellende Druck p nach der Mischung

$$p = \frac{T}{V} \sum_{i=1}^{n} \frac{p_i\,V_i}{T_i} \; . \tag{4.179}$$

Beispiel 4.16 Zwei Behälter, von denen der erste Abgas von $p_A = 0{,}93$ bar und $t_A = 378\,^\circ\mathrm{C}$ in einem Volumen von $V_A = 0{,}03\,\mathrm{m}^3$, der zweite Luft von $p_L = 0{,}21$ bar und $t_L = 20\,^\circ\mathrm{C}$ in einem Volumen von $V_L = 0{,}056\,\mathrm{m}^3$ enthalten, werden mit einem dritten, vollständig leeren Behälter von $V_{leer} = 0{,}046\,\mathrm{m}^3$ verbunden. Welche Mischungstemperatur T und welcher Mischungsdruck p entstehen, wenn kein Wärmeaustausch mit der Umgebung erfolgt, das Abgas eine Dichte im Normzustand von $\varrho_{0A} = 1{,}203\,\mathrm{kg/m}^3$ und im fraglichen Temperaturbereich eine spezifische Wärmekapazität $c_{vA} = 0{,}634\,\mathrm{kJ/(kg\,K)}$ aufweist?

Mit $\quad R_A = \dfrac{p_{0A}}{\varrho_{0A}\,T_{0A}} \quad$ wird $\quad m_A = \dfrac{p_A\,V_A}{R_A\,T_A} = \dfrac{p_A}{p_{0A}}\,\dfrac{T_{0A}}{T_A}\,V_A\,\varrho_{0A} = 0{,}01389\,\mathrm{kg}$

$m_L = \dfrac{p_L\,V_L}{R_L\,T_L} = 0{,}01398\,\mathrm{kg}$

Mit $c_{vL} = 0{,}724\,\mathrm{kJ/(kg\,K)}$ für die Luft im Temperaturbereich T_L bis T
und $\quad V = V_A + V_L + V_{leer} = 0{,}132\,\mathrm{m}^3 \quad$ sind

$T = \dfrac{m_A\,c_{vA}\,T_A + m_L\,c_{vL}\,T_L}{m_A\,c_{vA} + m_L\,c_{vL}} = 459\,\mathrm{K} \qquad$ und $\qquad p = \dfrac{T}{V}\left(\dfrac{p_A\,V_A}{T_A} + \dfrac{p_L\,V_L}{T_L}\right) = 0{,}289\,\mathrm{bar}$.

Um weitere Gleichungen für die Dichte, das spezifische Volumen, die Gaskonstante und die Molmasse einer Gasmischung zu erhalten, wird der Volumenanteil (Raumanteil) r_i als kennzeichnende Größe eingeführt:

$$r_i = \frac{V_i}{V} \tag{4.180}$$

Mit der Beziehung für die Masse als Produkt aus Volumen und Dichte

$$m = V\,\varrho \qquad\qquad m_i = V_i\,\varrho_i \tag{4.181}$$

erhalten wir mit $\quad m = \sum_{i=1}^{n} m_i \quad$ (Gl. (4.158))

$$\varrho = \sum_{i=1}^{n} r_i\,\varrho_i \; . \tag{4.182}$$

Mit der Masse als Quotient aus Volumen und spezifischem Volumen

$$m = \frac{V}{v} \qquad\qquad m_i = \frac{V_i}{v_i} \tag{4.183}$$

erhält man

$$\frac{1}{v} = \sum_{i=1}^{n} \frac{r_i}{v_i} \; . \tag{4.184}$$

Setzt man $\quad m_i = \dfrac{p_{pi}\,V}{R_i\,T} \quad$ und $\quad m = \dfrac{p\,V}{R\,T} \quad$ (umgeformte Gln. (4.151) und (4.155))

in $\quad m = \sum_{i=1}^{n} m_i \quad$ (Gl. (4.158)) $\quad$ ein, so entsteht

$$\frac{1}{R} = \sum_{i=1}^{n} \frac{p_{pi}}{p}\,\frac{1}{R_i} \tag{4.185}$$

und mit Gl. (4.36)

$$M = \sum_{i=1}^{n} \frac{p_{pi}}{p} M_i .$$
(4.186)

Die Darstellung der Masse als Produkt aus Molmasse und Molmenge nach Gl. (1.5) liefert

$$m = M n \qquad\qquad m_i = M_i n_i .$$
(4.187)

Daraus folgt mit Gl. (4.158) und dem jeweiligen Molmengenanteil n_i/n

$$M = \sum_{i=1}^{n} \frac{n_i}{n} M_i$$
(4.188)

$$\frac{1}{R} = \sum_{i=1}^{n} \frac{n_i}{n} \frac{1}{R_i} .$$
(4.189)

Ein Vergleich der Gln. (4.186) und (4.188) bzw. (4.185) und (4.189) zeigt, dass

$$\frac{n_i}{n} = \frac{p_{pi}}{p}$$
(4.190)

ist. Das Verhältnis der Molmengen der Einzelgase in einer Gasmischung ist gleich dem Verhältnis der Partialdrücke. Besteht die ideale Gasmischung z. B. aus drei Einzelgasen, so gilt

$$n_1 : n_2 : n_3 = p_{p1} : p_{p2} : p_{p3} .$$
(4.191)

Nach Abschnitt 4.1.6 ist das Verhältnis der Molmengen der Einzelgase in einer Gasmischung auch gleich dem Verhältnis der Molekülzahlen der Einzelgase.

Die Entropieänderung des Mischungsvorgangs ΔS setzt sich nach Gl. (4.165) aus den Entropieänderungen der Einzelgase ΔS_i zusammen. Mit der Gl. (4.57) erhält man

$$\Delta S = \sum_{i=1}^{n} \Delta S_i = \sum_{i=1}^{n} (m_i c_{vi} \ln \frac{T}{T_i} + m_i R_i \ln \frac{V}{V_i}) .$$
(4.192 a)

Wird durch die Masse m geteilt und Gl. (4.180) verwendet, wird

$$\Delta s = \sum_{i=1}^{n} \mu_i (c_{vi} \ln \frac{T}{T_i} - R_i \ln r_i) .$$
(4.192 b)

Da der Mischungsvorgang adiabat ist, hat Δs die Bedeutung einer Gesamt-Änderung der spezifischen Entropie. Nach Abschnitt 3.3.2 ist immer $\Delta s > 0$.

Durch Division der Gln. (4.181) lässt sich eine Beziehung herleiten, mit deren Hilfe Volumen- in Massenanteile umgerechnet werden können und umgekehrt:

$$\mu_i = r_i \frac{\varrho_i}{\varrho} = r_i \frac{v}{v_i}$$
(4.193)

Die Gln. (4.156) und (4.177) liefern schließlich

$$\mu_i = r_i \frac{p_i}{p} \frac{T}{T_i} \frac{R}{R_i} = r_i \frac{p_i}{p} \frac{T}{T_i} \frac{M_i}{M}$$
(4.194)

$$\mu_i = \frac{p_{pi}}{p} \frac{R}{R_i} = \frac{p_{pi}}{p} \frac{M_i}{M}$$
(4.195)

Gl. (4.195) ist die umgeformte Gl. (4.162). Mit Gl. (4.190) wird:

$$\mu_i = \frac{n_i}{n} \frac{M_i}{M} = \frac{n_i}{n} \frac{R}{R_i} .$$
(4.196)

In die Beziehung nach Gl. (4.190) läßt sich ein weiterer Ausdruck aufnehmen:

$$\frac{n_i}{n} = \frac{p_{pi}}{p} = r_i \frac{p_i}{p} \frac{T}{T_i} \tag{4.197}$$

Analog zu den Gln. (4.150) und (4.159) gilt

$$\sum_{i=1}^{n} \frac{n_i}{n} = 1 \tag{4.198}$$

$$\sum_{i=1}^{n} r_i \frac{p_i}{p} \frac{T}{T_i} = 1 . \tag{4.199}$$

Beispiel 4.17 Wie groß sind in Beispiel 4.16 die Volumenanteile der Einzelgase in der Mischung, die Molmengen und die Teildrücke der Einzelgase in der Mischung, und welche Entropieänderung tritt beim Mischungsvorgang ein?

$$r_L = \frac{V_L}{V} = 0{,}42 \qquad\qquad r_A = \frac{V_A}{V} = 0{,}23$$

Mit $M_L = 28{,}96$ kg/kmol und $M_A = \dfrac{R_m}{R_A} = \dfrac{8314{,}51 \text{ J/(kmol K)}}{308{,}35 \text{ J/(kg K)}} = 26{,}96$ kg/kmol ist

$$n_L = \frac{m_L}{M_L} = 0{,}483 \text{ mol} \qquad \text{und} \qquad n_A = \frac{m_A}{M_A} = 0{,}515 \text{ mol}.$$

Die Teildrücke sind nach Gl. (4.190) $p_{pL} = 0{,}140$ bar und $p_{pA} = 0{,}149$ bar. Die Entropieänderung beträgt

$$
\begin{aligned}
m \, \Delta s = \Delta S \;=\;& m_A \left(c_{vA} \ln \frac{T}{T_A} - R_A \ln r_A \right) + m_L \left(c_{vL} \ln \frac{T}{T_L} - R_L \ln r_L \right) \\[2mm]
=\;& 0{,}01389 \text{ kg} \cdot (0{,}634 \text{ kJ/(kg K)}) \cdot \ln \frac{459 \text{ K}}{651 \text{ K}} - 308{,}35 \text{ J/(kg K)} \cdot \ln 0{,}23) \\[2mm]
& + 0{,}01398 \text{ kg} \cdot (0{,}724 \text{ kJ/(kg K)}) \cdot \ln \frac{459 \text{ K}}{293 \text{ K}} - 287{,}06 \text{ J/(kg K)} \cdot \ln 0{,}42) \\[2mm]
=\;& 3{,}2172 \text{ J/K} + 8{,}0247 \text{ J/K} = 11{,}2419 \text{ J/K} .
\end{aligned}
$$

4.5.2 Mischung bei unverändertem Gesamtvolumen

Für die Mischung bei unverändertem Gesamtvolumen (Bild 4.31) gilt

$$V = \sum_{i=1}^{n} V_i . \tag{4.200}$$

Mit $r_i = V_i/V$ (Gl. (4.180)) erhält man

$$\sum_{i=1}^{n} r_i = 1 . \tag{4.201}$$

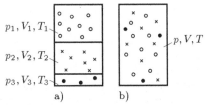

p_1, V_1, T_1
p_2, V_2, T_2
p_3, V_3, T_3

p, V, T

a)   b)

Bild 4.31 Mischung dreier Gase bei unverändertem Gesamtvolumen ($\Sigma V_i = V$)
a) vor der Mischung
b) nach der Mischung

Man beachte, dass Gl. (4.201) erst in diesem Abschnitt gilt und im Beispiel 4.17 noch nicht gegolten hat.

Beispiel 4.18 Die zwei Behälter in Beispiel 4.16, die Abgas und Luft enthalten, werden nur miteinander (ohne Beteiligung eines dritten Behälters) verbunden. Welche Mischungstemperatur und welcher Mischungsdruck ergeben sich? Wie groß sind die Volumenanteile der Einzelgase in der Mischung?

Die Mischungstemperatur ist die gleiche wie in Beispiel 4.16, der Mischungsdruck ist $p = 0,443$ bar, die Volumenanteile sind $r_L = 0,65$ und $r_A = 0,35$; es gilt $\Sigma r_i = 1$.

4.5.3   Mischung ohne Temperatur- und Druckänderung bei unverändertem Gesamtvolumen

Haben die Einzelgase vor der Mischung alle die gleiche Temperatur $T_i = T$, so interessiert besonders der Sonderfall, dass auch alle Drücke $p_i = p$ gleich sind (Bild 4.32). Mit der Gleichung (Gl.4.176) für den Zustand vor der Mischung

$$p_i V_i = m_i R_i T$$

und der Gleichung (Gl.4.151) für den Zustand nach der Mischung

$$p_{pi} V = m_i R_i T$$

wird

$$p_i V_i = p V_i = p_{pi} V \ . \tag{4.202}$$

Mit den Gln. (4.180) und (4.190) wird Gl. (4.202) zu

$$\frac{p_{pi}}{p} = \frac{n_i}{n} = r_i \ . \tag{4.203}$$

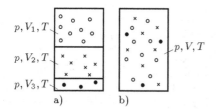

p, V_1, T
p, V_2, T
p, V_3, T
p, V, T

a)   b)

Bild 4.32 Mischung dreier Gase ohne Temperatur- und Druckänderung ($\Sigma V_i = V$)
a) vor der Mischung
b) nach der Mischung

Für die Gln. (4.188), (4.189) und (4.194) folgt daraus

$$M = \sum_{i=1}^{n} r_i M_i \tag{4.204}$$

$$\frac{1}{R} = \sum_{i=1}^{n} \frac{r_i}{R_i} \tag{4.205}$$

$$\mu_i = r_i \frac{R}{R_i} = r_i \frac{M_i}{M} \ . \tag{4.206}$$

Die Analyse einer Gasmischung wird unter den Voraussetzungen $T_i = T$, $\Sigma V_i = V$ (Gl. (4.200)) und $p_i = p$ durchgeführt, da man sich die Gasmischung ohne Temperaturänderung, bei unverändertem Gesamtvolumen und bei jeweils gleichen Drücken der Einzelkomponenten vor der Mischung und gleichem Druck der Gasmischung nach dem Mischungsvorgang entstanden denken kann. Damit ist auch $\Sigma r_i = 1$ (Gl. (4.201)) erfüllt.

Beispiel 4.19 Durch eine bei konstanter Temperatur durchgeführte Analyse wird die Zusammensetzung von Wassergas in Volumenanteilen zu

49 % H_2 42 % CO   0,5 % CH_4 5 % CO_2 3,5 % N_2

festgestellt. Wie groß sind die Molmasse, die Zusammensetzung in Massenanteilen und die Gaskonstante des Wassergases? Welche Dichte hat das Wassergas bei einer Temperatur von 12 °C und einem Druck von 0,963 bar? Welche Dichte hat das Wassergas im Normzustand? In welchem Molverhältnis stehen die Einzelgase zueinander? Wie groß sind die Partialdrücke?

Gas	r_i	M_i	$r_i M_i$	$\mu_i = r_i M_i/M$
		kg/kmol	kg/kmol	
H_2	0,49	2,02	0,99	0,062
CO	0,42	28,01	11,76	0,735
CH_4	0,005	16,04	0,08	0,005
CO_2	0,05	44,01	2,20	0,137
N_2	0,035	28,01	0,98	0,061

$$M = \overline{16,01} \text{ kg/kmol}$$

Die spezielle Gaskonstante ist
$$R = \frac{R_m}{M} = \frac{8{,}31451 \text{ kJ/(kmol K)}}{16{,}01 \text{ kg/kmol}} = 519 \text{ J/(kg K)}$$

Die Dichte im angegebenen Zustand ist
$$\varrho = \frac{p}{R\,T} = \frac{0{,}963 \text{ bar}}{519 \text{ J/(kg K)} \cdot 285 \text{ K}} = 0{,}651 \text{ kg/m}^3 .$$

Die Dichte im Normzustand ist
$$\varrho_0 = \frac{p_0}{R\,T_0} = 0{,}715 \text{ kg/m}^3 .$$

Das Molmengenverhältnis ist mit Gl. (4.203)   ($CH_4 \cong 1$)
$$n_{H_2} : n_{CO} : n_{CH_4} : n_{CO_2} : n_{N_2} = 98 : 84 : 1 : 10 : 7 .$$

Die Partialdrücke sind mit $p_{pi} = r_i\,p$:

$p_{pH_2} = 0{,}472$ bar $p_{pCO} = 0{,}404$ bar $p_{pCH_4} = 0{,}005$ bar
$p_{pCO_2} = 0{,}048$ bar $p_{pN_2} = 0{,}034$ bar.

Beispiel 4.20 Welche Gesamtentropieänderung tritt ein, wenn die Einzelgase von Beispiel 4.19 ohne Temperaturänderung gemischt werden und 1 kg Wassergas entsteht?

Für jedes Einzelgas gilt Gl. (4.192): $S_{2i} - S_{1i} = -m_i\,R_i \ln r_i = -m_i\,R_i \ln \dfrac{V_i}{V} = m_i\,R_i \ln \dfrac{p}{p_{pi}}$

Gas	m_i	R_i	$\ln \dfrac{p}{p_{pi}}$	$S_{2i} - S_{1i}$
	kg	J/(kg K)		J/K
H_2	0,062	4124,5	0,7131	182,3
CO	0,735	296,8	0,8686	189,5
CH_4	0,005	518,3	5,2606	13,6
CO_2	0,137	188,9	2,9989	77,6
N_2	0,061	296,8	3,3437	60,5

$$\overline{523,5}$$

Die Gesamtentropieänderung beträgt $S_2 - S_1 = 523{,}5$ J/K.

Die Analyse kann sich auch auf den Normzustand beziehen. Hierfür wird aus Gl. (4.180)

$$r_i = \frac{V_i}{V} = \frac{V_{0i}}{V_0} , \tag{4.207}$$

wobei V_{0i} das Normvolumen des Einzelgases i vor der Mischung und V_0 das Normvolumen der Mischung ist. So wird aus Gl. (4.193)

$$\mu_i = r_i \frac{\varrho_{0i}}{\varrho_0} = r_i \frac{v_0}{v_{0i}} . \tag{4.208}$$

ϱ_{0i} und v_{0i} sind Dichte und spezifisches Volumen des Einzelgases i im Normzustand vor der Mischung, ϱ_0 und v_0 sind Dichte und spezifisches Volumen der Mischung im Normzustand. Besonders interessant ist die Anwendung der Gl. (4.208) auf die Gl. (4.171).

$$c = \sum_{i=1}^{n} \mu_i c_i = \sum_{i=1}^{n} r_i \frac{\varrho_{0i}}{\varrho_0} c_i \qquad (4.209)$$

$$C = \frac{c}{v_0} = c \varrho_0 = \sum_{i=1}^{n} r_i \varrho_{0i} c_i \ . \qquad (4.210)$$

C ist die normvolumenbezogene Wärmekapazität. Mit dieser Größe lässt sich die Wärme $(Q_{12})_{rev}$, die bei einem reversiblen Ersatzprozess mit z. B. isobarer Zustandsänderung auftritt, wie folgt berechnen:

$$H_2 - H_1 = m c_p (t_2 - t_1) = (Q_{12})_{rev} = V_0 C_p (t_2 - t_1) \ . \qquad (4.211)$$

Beispiel 4.21 Ein Normvolumenstrom von $\dot{V}_0 = 1300 \ \text{m}^3/\text{h}$ Abgas mit der Zusammensetzung in Raumanteilen r_i

6,6 % H_2O 11,3 % CO_2 2,4 % O_2 5,9 % CO   73,8 % N_2

wird in einem Wärmeübertrager von 430 °C auf 220 °C abgekühlt. Welchen Wärmestrom gibt das Abgas ab, wenn die innere Reibungsleistung vernachlässigt werden kann?

Mit den Gln. (4.211) und (2.96) erhält man

$$(\dot{Q}_{12})_{rev} = \dot{m} c_p (t_2 - t_1) = \dot{V}_0 C_p (t_2 - t_1)$$

$$= \dot{V}_0 \sum_{i=1}^{n} r_i \varrho_{0i} (c_{pi}|_{0\,°C}^{t_2} \cdot t_2 - c_{pi}|_{0\,°C}^{t_1} \cdot t_1)(t_2 - t_1) = \dot{V}_0 \sum_{i=1}^{n} X_i$$

Gas	r_i	ϱ_{0i}	$c_{pi}\|_{0\,°C}^{220\,°C}$	$c_{pi}\|_{0\,°C}^{430\,°C}$	X_i
		kg/m³	kJ/(kg K)	kJ/(kg K)	kJ/m³
H_2O	0,066	0,804	1,897	1,955	$-22,463$
CO_2	0,113	1,965	0,920	0,994	$-49,964$
O_2	0,024	1,428	0,938	0,969	$-7,208$
CO	0,059	1,250	1,048	1,067	$-16,833$
N_2	0,738	1,251	1,044	1,058	$-207,969$
					$\overline{-304,437}$

$$(\dot{Q}_{12})_{rev} = \dot{V}_0 \sum_{i=1}^{n} X_i = 1300 \ \frac{\text{m}^3}{\text{h}} \cdot \frac{1\,\text{h}}{3600\,\text{s}} \cdot (-304,437) \ \frac{\text{kJ}}{\text{m}^3} \cdot \frac{\text{kW s}}{\text{kJ}} = -109,936 \ \text{kW}$$

4.5.4 Der Mischungsvorgang im offenen System

Gasströme, die miteinander gemischt werden, bilden ein offenes System. Die Volumenströme der Einzelgase $\dot{V}_i$ sollen die Temperaturen T_i und die Drücke p_i haben (Bild 4.33). Dann gilt im stationären Betriebszustand für die Enthalpieströme der Einzelgase vor der Mischung

$$\sum_{i=1}^{n} \dot{H}_i = \sum_{i=1}^{n} (\dot{m}_i h_i)_{T_i} = \sum_{i=1}^{n} \dot{m}_i c_{pi} T_i \ . \qquad (4.212)$$

Nach der Mischung ist mit Gl. (4.164)

$$\dot{H} = \sum_{i=1}^{n} (\dot{m}_i h_i)_T = \sum_{i=1}^{n} \dot{m}_i c_{pi} T \ , \qquad (4.213)$$

wobei T die Temperatur der Mischung ist. Wenn bei der Mischung weder Wärme noch Arbeit die Systemgrenze überschreiten ($\dot{Q}_{12} = 0$, $P_e = 0$, $P_{RA} = 0$) und die Änderungen der kinetischen und potentiellen Energie vernachlässigbar sind, gilt nach Gl. (2.77) $\sum\limits_{i=1}^{n} \dot{H}_i = \dot{H}$. Dann wird mit den Gln. (4.212) und (4.213)

$$\sum_{i=1}^{n} \dot{m}_i\, c_{pi}\, T_i = \sum_{i=1}^{n} \dot{m}_i\, c_{pi}\, T \;. \qquad (4.214)$$

Für die Mischungstemperatur folgt aus Gl. (4.214) die Beziehung

$$T = \frac{\displaystyle\sum_{i=1}^{n} \dot{m}_i\, c_{pi}\, T_i}{\displaystyle\sum_{i=1}^{n} \dot{m}_i\, c_{pi}} \;. \qquad (4.215)$$

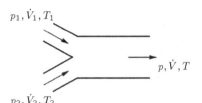

Bild 4.33 Mischung von zwei Gasströmen im offenen System

Für jedes Einzelgas gilt vor der Mischung die thermische Zustandsgleichung

$$p_i\, \dot{V}_i = \dot{m}_i\, R_i\, T_i \;. \qquad (4.216)$$

Nach dem Mischungsvorgang gilt analog zu Gl. (4.155)

$$p\, \dot{V} = \dot{m}\, R\, T \;. \qquad (4.217)$$

Für die Massenströme gilt mit Gl. (4.154)

$$\dot{m}\, R = \sum_{i=1}^{n} \dot{m}_i\, R_i \;. \qquad (4.218)$$

Unter Verwendung der Gln. (4.216) und (4.217) ist der Volumenstrom der Mischung

$$\dot{V} = \frac{T}{p}\, \dot{m}\, R = \frac{T}{p} \sum_{i=1}^{n} \dot{m}_i\, R_i = \frac{T}{p} \sum_{i=1}^{n} \frac{p_i\, \dot{V}_i}{T_i} \;. \qquad (4.219)$$

In den Leitungen der Einzelgase findet nach den Gesetzen der Strömungslehre ein Druckabfall statt, der sich aus den Reibungswiderständen der Rohrleitungen ergibt. Der Druck p an der Vereinigungsstelle ist immer kleiner als die Drücke p_i.

Beispiel 4.22 In einer Rohrleitung mit Kreisquerschnitt mit 450 mm Durchmesser wird bei einer Temperatur von 180 °C die Geschwindigkeit eines Abgasstromes ($R_A = 293{,}88$ J/(kg K)) zu 2,573 m/s bei einem Überdruck von 6300 Pa gemessen. Der Luftdruck beträgt 1 bar. Der Abgasstrom wird mit einem Luftstrom ($R_L = 287{,}06$ J/(kg K)) gemischt, für den in einer Leitung mit 300 mm Durchmesser bei einer Temperatur von 20 °C und einem Überdruck von 460 Pa eine Geschwindigkeit von 5,287 m/s gemessen wurde. An der Vereinigungsstelle ist der Druck gleich dem Luftdruck von 1 bar. Welche Mischungstemperatur und welcher Volumenstrom der Mischung entsteht?

Zuerst werden die Massenströme berechnet:

Für den Abgasstrom ergibt sich

$$\dot{m}_A = \frac{p_A \dot{V}_A}{R_A T_A} = \frac{p_A \pi D_A^2 c_A}{4 R_A T_A} = \frac{106\,300 \text{ N kg K} \cdot \pi \cdot 0{,}450^2 \text{ m}^2 \cdot 2{,}573 \text{ m}}{\text{m}^2 \, 4 \cdot 293{,}88 \text{ J} \cdot 453{,}15 \text{ K s}} \cdot \frac{1 \text{ J}}{\text{N m}} = 0{,}327 \text{ kg/s} \, .$$

Für den Luftstrom ist

$$\dot{m}_L = \frac{p_L \dot{V}_L}{R_L T_L} = \frac{p_L \pi D_L^2 c_L}{4 R_L T_L} = \frac{100\,460 \text{ N kg K} \cdot \pi \cdot 0{,}300^2 \text{ m}^2 \cdot 5{,}287 \text{ m}}{\text{m}^2 \, 4 \cdot 287{,}06 \text{ J} \cdot 293{,}15 \text{ K s}} \cdot \frac{1 \text{ J}}{\text{N m}} = 0{,}446 \text{ kg/s} \, .$$

Zur Bestimmung der spezifischen Wärmekapazitäten wird die Mischungstemperatur zunächst auf 90 °C geschätzt. Hieraus folgt mit Gl. (2.96) für die mittleren spezifischen isobaren Wärmekapazitäten:

$$c_{pA}\big|_{90\,°\text{C}}^{180\,°\text{C}} = 0{,}976 \text{ kJ/(kg K)} \qquad\qquad c_{pL}\big|_{20\,°\text{C}}^{90\,°\text{C}} = 1{,}004 \text{ kJ/(kg K)}$$

$$T = \frac{\sum\limits_{n=1}^{n} \dot{m}_i \, c_{pi} \, T_i}{\sum\limits_{n=1}^{n} \dot{m}_i \, c_{pi}}$$

$$= \frac{0{,}327 \text{ kg/s} \cdot 0{,}976 \text{ kJ/(kg K)} \cdot 453 \text{ K} + 0{,}446 \text{ kg/s} \cdot 1{,}004 \text{ kJ/(kg K)} \cdot 293 \text{ K}}{0{,}327 \text{ kg/s} \cdot 0{,}976 \text{ kJ/(kg K)} + 0{,}446 \text{ kg/s} \cdot 1{,}004 \text{ kJ/(kg K)}}$$

$$= 360 \text{ K}$$

$$\dot{V} = \frac{T}{p} \sum\limits_{i=1}^{n} \dot{m}_i \, R_i$$

$$= \frac{360 \text{ K}}{1{,}0 \text{ bar}} \cdot \frac{\text{bar m}^3}{10^5 \text{ J}} \cdot \left(0{,}327 \, \frac{\text{kg}}{\text{s}} \cdot 293{,}88 \, \frac{\text{J}}{\text{kg K}} + 0{,}446 \, \frac{\text{kg}}{\text{s}} \cdot 287{,}06 \, \frac{\text{J}}{\text{kg K}}\right) = 0{,}807 \, \frac{\text{m}^3}{\text{s}}$$

Man beachte, dass sich $\dot{V}$ nicht aus der Addition von $\dot{V}_A$ und $\dot{V}_L$ ergibt, da $\dot{V}_A + \dot{V}_L = 0{,}409 \text{ m}^3/\text{s} + 0{,}374 \text{ m}^3/\text{s} = 0{,}783 \text{ m}^3/\text{s}$.

4.6 Dynamik idealer Gase: Kompressible stationäre Gasströmung

4.6.1 Einführung

Im Folgenden wird die stationäre Strömung eines idealen Gases in eine einzige Richtung x mit der variablen Geschwindigkeit c betrachtet (eindimensionale Gasströmung), wobei dessen Kompressibilität berücksichtigt wird. Dabei ist die Dichte ϱ entlang der Länge x veränderlich, und die Geschwindigkeit ist nicht nur eine Funktion der Länge, sondern auch der Dichte: $c = c(x, \varrho)$. Die Dichte ϱ hängt in einem Gas als Kontinuum vom Druck p, von der Geschwindigkeit c und von der Temperatur T ab.

Die Gesetzmäßigkeiten der Gasdynamik ermöglichen die Berechnung von Unterschall- und Überschallströmungen in den Schaufelgittern von Gas- und Dampfturbinen sowie von Axial- und Radialkompressoren, in Ventilatoren, in speziellen Überschalldüsen sowie in Gasleitungen und Gasbrennern. Weiter lassen sich Ausströmvorgänge bei Druckbehältern – z. B. auch bei Leckagen – darstellen. Daneben können Strömungsvorgänge an Flugzeugtragflächen und -triebwerken, an Raketen und ballistischen Geschossen sowie an Bodenfahrzeugen behandelt werden. Bei sehr niedrigen Drücken von $p \leq 0{,}1$ Pa (annähernd Vakuum) ist das Gas kein Kontinuum mehr, sondern ist als freie Molekularströmung entsprechend den Gesetzen der Gaskinetik aufzufassen [47].

Da in der Kontinuitätsgleichung gemäß Gl. (2.104) $\dot{m}_1 = \dot{m}_2 = \varrho_1 A_1 c_1 = \varrho_2 A_2 c_2$ die Dichte ϱ mit der Geschwindigkeit c und mit dem Strömungsquerschnitt A verknüpft ist, hat die Änderung einer Zustandsgröße oder die Änderung des Strömungsquerschnitts auch die Änderung der jeweiligen Zustandsgröße $\varrho(c, A)$, $c(\varrho, A)$, $A(\varrho, c)$ zur Folge:

$$\mathrm{d}\dot{m} = \mathrm{d}(\varrho \dot{V}) = \mathrm{d}(\varrho A c) \tag{4.220}$$

Die dabei auftretende Zustandsänderung des idealen Gases kann mit den Gleichungen der Thermodynamik erfasst werden, um auf diese Weise die Erhaltungssätze der kompressiblen Gasströmung aufzustellen. Mit Gl. (4.21) $v = 1/\varrho$ und Gl. (3.77) lassen sich die spezifische innere Energie $\mathrm{d}u = T\,\mathrm{d}s - p\,\mathrm{d}v = T\,\mathrm{d}s - p\,\mathrm{d}(1/\varrho)$ und die spezifische Enthalpie $\mathrm{d}h = T\,\mathrm{d}s + v\,\mathrm{d}p = T\,\mathrm{d}s + (1/\varrho)\,\mathrm{d}p$ wiedergeben. Weiter ist die thermische Zustandsgleichung des idealen Gases $\varrho = p/(R\,T)$ (Gl. (4.27)) von Belang.

Die *Bernoulli*-Gleichung (2.106) gilt für inkompressible Strömungen; diese wird in Abschnit 4.6.3 auf adiabate Strömungen kompressibler Gase erweitert. Dabei ist zu beachten, dass die reversible adiabate Strömung zwar eine isentrope Strömung ist, jedoch eine isentrope Strömung sowohl reversibel als auch irreversibel sein kann, also die zu unterscheidenden Fälle einer reibungsfreien adiabaten Strömung als auch einer reibungsbehafteten Strömung mit der Eigenschaft $(q_{12})_{rev} = -|w_{RI}|$ auftreten können; hier sind die in Abschnitt 3.5.1 erläuterten Zusammenhänge zu beachten.

Bei den folgenden Betrachtungen wird der Ruhezustand 0 bei $c = c_0 = 0$ durch p_0, T_0 und ϱ_0 wiedergegeben. Außerdem wird ein strömungstechnisch "kritischer" Zustand eingeführt, der mit dem kritischen Zustand – dem kritischen Punkt – gemäß Abschnitt 5 als Stoffeigenschaft nicht zu verwechseln ist. Der strömungstechnisch "kritische" Zustand wird durch p^*, T^*, ϱ^*, M^* bei $c^* = a^*$ charakterisiert, wobei a die Schallgeschwindigkeit gemäß Abschnitt 4.6.2 ist. Weiter werden die Zustandsgrößen nach einem Verdichtungsstoß durch $\hat{p}$, $\hat{T}$, $\hat{\varrho}$, $\hat{M}$ bezeichnet, wobei M die *Mach*[6]zahl gemäß Abschnitt 4.6.2 ist.

---

[6]*Ernst Mach*, 1838 bis 1916, österreichischer Physiker und Philosoph

4.6.2   Schallgeschwindigkeit und Schallausbreitung

Schallgeschwindigkeit

Schall ist durch geringe Druckschwankungen im Bereich von mPa gekennzeichnet (Bild 4.34). Er breitet sich in einem elastischen Kontinuum in Form von Longitudinalwellen mit der Schallgeschwindigkeit a kugelförmig aus.

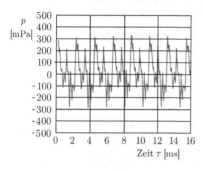

Bild 4.34 Schalldruckschwingung eines Geigentons

Wegen der Verknüpfung des Druckes p mit der Dichte ϱ und der Geschwindigkeit c führen die Druckschwankungen zu Schwankungen der Dichte und der Geschwindigkeit. Wird die Dämpfung der kleinen Druckschwankungen durch Reibung vernachlässigt und beachtet, dass bezüglich der Umgebung keine Wärmeabgabe oder -zufuhr stattfindet, lässt sich der Vorgang als reibungsfrei und adiabat – also isentrop – behandeln.

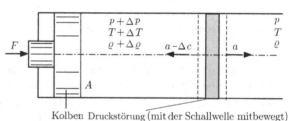

Bild 4.35 Ausbreitung einer Druckstörung im Fluid eines Zylinders

Die Gasströmung im mitbewegten Kontrollraum gemäß Bild 4.35 lässt sich unter Berücksichtigung der Kontinuitätsgleichung längs einer Stromlinie bei konstantem Strömungsquerschnitt A = const wie folgt darstellen:

$$\dot{m} = \varrho\, \dot{V} = \varrho\, c\, A = \text{const} \qquad (4.221)$$

Die Stromdichte $\varrho\, c$ ist für A = const

$$\frac{\dot{m}}{A} = \varrho\, c = \text{const} . \qquad (4.222)$$

Gl. (4.221) kann auch in logarithmierter Form formuliert werden:

$$\ln \dot{m} = \ln(\varrho\, c\, A) = \ln \text{const} = \ln \varrho + \ln c + \ln A \qquad (4.223)$$

Mit den Ableitungen $\mathrm{d}(\ln \varrho)/\mathrm{d}\varrho = 1/\varrho$, $\mathrm{d}(\ln c)/\mathrm{d}c = 1/c$ und $\mathrm{d}(\ln A)/\mathrm{d}A = 1/A$ wird die differentielle Form von Gl. (4.223)

$$\mathrm{d}(\ln \varrho + \ln c + \ln A) = \mathrm{d}(\ln \varrho) + \mathrm{d}(\ln c) + \mathrm{d}(\ln A) = 0$$

zur Kontinuitätsgleichung in ihrer differentiellen Form:

$$\frac{\mathrm{d}\varrho}{\varrho} + \frac{\mathrm{d}c}{c} + \frac{\mathrm{d}A}{A} = 0 \qquad (4.224)$$

Nach Differentiation von Gl. (4.222) ergibt sich:

$$\varrho\,dc + c\,d\varrho = 0 \qquad \text{bzw.} \qquad c\,d\varrho = -\varrho\,dc \qquad (4.225)$$

Der Impulssatz längs der Stromlinie in Bild 4.35 lautet mit F als Kraft und b als Beschleunigung:

$$F + p\,A = \text{const} = m\,b + p\,A = \text{const} = \dot{m}\,c + p\,A = \text{const} \qquad (4.226)$$

Nach Division durch A entsprechend $A = \dot{m}/\varrho\,c$ ergibt sich Gl. (4.227):

$$\varrho\,c^2 + p = \text{const} \qquad (4.227)$$

Durch Differentiation dieser Gleichung folgt:

$$d(\varrho\,c^2) + dp = 2\,\varrho\,c\,dc + c^2\,d\varrho + dp = 2\,\varrho\,c\,dc + c\,c\,d\varrho + dp = 0 \qquad (4.228)$$

Durch Einsetzen von Gl. (4.225) $c\,d\varrho = -\varrho\,dc$ erhält man die Gleichungen

$$\varrho\,c\,dc + dp = 0 \qquad (\textit{Euler'\text{sche Bewegungsgleichung}})^7 \qquad (4.229)$$

und

$$-c^2\,d\varrho + dp = 0 \qquad \text{bzw. nach Division durch } d\varrho \qquad c^2 = a^2 = \frac{dp}{d\varrho}\,. \qquad (4.230)$$

Für die vorausgesetzte isentrope Zustandsänderung lässt sich Gl. (4.230) für die Fortpflanzungsgeschwindigkeit c der Druckstörung, als Schallgeschwindigkeit a bezeichnet, auch wie folgt formulieren:

$$a^2 = \left(\frac{\partial p}{\partial \varrho}\right)_s \qquad (4.231)$$

Bei der Isentropengleichung gemäß Gl. (4.95) $p\,v^\kappa = \text{const} = p/\varrho^\kappa = \text{const}$ ist $\kappa = \text{const}$ vorausgesetzt. Sie kann nach einer Logarithmierung auf beiden Seiten

$$\ln(p/\varrho^\kappa) = \ln p - \ln \varrho^\kappa = \ln p - \kappa\,\ln \varrho = \ln \text{const}$$

und mit ihrer differentiellen Form $d\,(\ln p) - d\,(\kappa\,\ln \varrho) = d\,(\ln p) - \kappa\,d\,(\ln \varrho)$ mit $d(\ln p) = dp/p$ sowie $d(\ln \varrho) = d\varrho/\varrho$ in die folgenden Gleichungen überführt werden:

$$\frac{dp}{p} - \kappa\,\frac{d\varrho}{\varrho} = 0 \qquad \text{bzw.} \qquad \frac{dp}{d\varrho} = \left(\frac{\partial p}{\partial \varrho}\right)_s = \kappa\,\frac{p}{\varrho} \qquad (4.232)$$

Mit der thermischen Zustandsgleichung der idealen Gase $p/\varrho = R\,T$ ergibt sich bei konstantem Isentropenexponenten κ bzw. konstanten spezifischen Wärmekapazitäten c_p und c_v aus den Gln. (4.231) und (4.232) eine Gleichung zur Berechnung der Schallgeschwindigkeit a für ideale Gase bei isentroper Ausbreitung [47]:

$$a = \sqrt{\left(\frac{\partial p}{\partial \varrho}\right)_s} = \sqrt{\kappa\,\frac{p}{\varrho}} = \sqrt{\kappa\,R\,T} \qquad (4.233)$$

Die Schallgeschwindigkeit a kann auch für – sich reversibel und elastisch verhaltende – feste Stoffe angegeben werden, für die das Gesetz von $Hooke^8$ $d\sigma_d = dp = E\,d\varrho/\varrho$ gilt und der Wert des Elastizitätsmoduls E bekannt ist [47]:

$$a = \sqrt{\left(\frac{\partial p}{\partial \varrho}\right)_s} = \sqrt{\frac{E}{\varrho}}\,. \qquad (4.234)$$

Schallausbreitung

Von Schallquellen geht im Allgemeinen eine periodische Folge von Druckschwankungen aus, die sich in Form von Schallwellen im Raum ausbreiten.

---

[7]*Leonhard Euler*, 1707 bis 1783, war ein Schweizer Mathematiker, Physiker, Astronom, Logiker und Ingenieur, dessen Arbeiten zu herausragenden wissenschaftlichen Erkenntnissen führten.

[8]*Robert Hooke*, 1635 bis 1703, englischer Naturforscher

Die von einer Schallwelle angeregten Teilchen schwingen um ihren unveränderlichen Ort (Bild 4.36). Die Schallquelle (Störquelle) kann ortsfest sein oder sich bewegen — etwa wenn sie sich in einem fahrenden Kraftfahrzeug befindet. Folglich breiten sich Schallwellen unterschiedlich aus, wobei die Höhe der Bewegungsgeschwindigkeit c der Störquelle entscheidend ist.

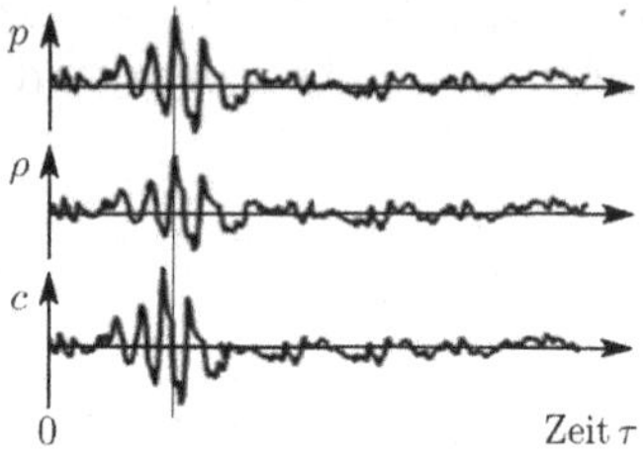

Bild 4.36 Druck-, Dichte- und Geschwindigkeitsstörung in einer Rohrströmung

In Bild 4.37 sind die Fälle $c = 0$, $c < a$, $c = a$ und $c > a$ dargestellt. Der Quotient von Geschwindigkeit c und Schallausbreitungsgeschwindigkeit a heißt $Machzahl$

$$M = c/a \,. \tag{4.235}$$

Je nach der Geschwindigkeit der Druckstörung c bzw. der Anströmgeschwindigkeit der Druckstörung weist die $Mach$zahl Werte von $M = 0$ (ruhendes Fluid) bis $M = \infty$ auf (bei $c = c_{max}$). Es ergeben sich Gebiete von

$M = 0$: ruhendes Fluid: Aerostatik und Thermodynamik

$M < 1$: Unterschallströmung, subsonische Strömung

$M = 1$: Schallströmung, transonische Strömung

$M > 1$: Überschallströmung, supersonische Strömung

$M > 5$: Hyperschallströmung, hypersonische Strömung

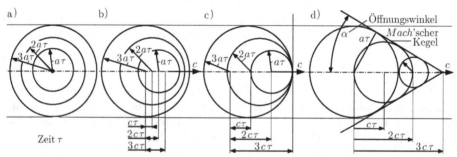

Ruhezustand   Unterschallgeschwindigkeit   Schallgeschwindigkeit   Überschallgeschwindigkeit
    $c = 0$ $c < a$ $c = a$ $c > a$

Bild 4.37 Ausbreitung von Druckstörungen bei verschiedenen Geschwindigkeiten der Störquelle. Die Störquelle legt in der Zeit τ den Weg $s = c\tau$ und die Schallwelle den Weg $s = a\tau$ zurück [47].
a) Ausbreitung im ruhenden Gas: Ruhezustand, der mit 0 bezeichnet wird
b) Die Störquelle bewegt sich mit Unterschallgeschwindigkeit $c < a$.
c) Die Störquelle bewegt sich mit Schallgeschwindigkeit $c = a$.
d) Die Störquelle bewegt sich mit Überschallgeschwindigkeit $c > a$.

Die Schallausbreitungslinien in Bild 4.37 sind Kugelflächen, die bei einer Überschallströmung mit $M > 1{,}0$ in Bild 4.37 d) vom $Mach$'schen Kegel umgeben sind. Dieser Kegel ist umso gestreckter, je höher die Geschwindigkeit der Störquelle c, d. h. je größer die $Mach$zahl ist. Der halbe Öffnungswinkel α des $Mach$'schen Kegels beträgt

$$\sin \alpha = \frac{a\tau}{c\tau} = \frac{a}{c} = \frac{1}{M} \,, \quad \text{bzw. es ist} \quad M = \frac{c}{a} = \frac{1}{\sin \alpha} \,. \tag{4.236}$$

Beispiel 4.23 Ein Militärflugzeug fliegt in $z = 11$ km Höhe bei einer Lufttemperatur von -56 °C mit der *Mach*zahl $M = 1,5$ waagerecht über einen Beobachter bzw. Hörer hinweg. Man berechne die Geschwindigkeit des Flugzeugs und den *Mach*'schen Öffnungswinkel. Welche Zeit ist vergangen, bis der Beobachter den Überschallknall wahrnimmt, und wie groß ist dabei die Entfernung des Flugzeugs, gemessen horizontal vom Beobachter? Die spezifische Gaskonstante von Luft ist $R = 0,2872$ kJ/(kg K) und $\kappa = 1,4$.

Schallgeschwindigkeit nach Gl. (4.233):

$$a = \sqrt{\kappa\,R\,T} = \sqrt{1,4 \cdot 0,2872 \cdot 217,15 \, \frac{\text{kJ K}}{\text{kg K}} \frac{1000\,\text{N m}}{\text{kJ}} \frac{\text{kg m}}{\text{N s}^2}} = 295,49 \, \frac{\text{m}}{\text{s}}$$

Mach'scher Öffnungswinkel nach Gl. (4.236):

$$\sin \alpha = \frac{1}{M} = 1/1,5 = 0,66667 \qquad \text{bzw.} \qquad \alpha = 41,81°$$

Geschwindigkeit des Flugzeugs nach Gl. (4.235):

$$c = M\,a = 1,5 \cdot 295,49 \, \frac{\text{m}}{\text{s}} = 443,23 \, \frac{\text{m}}{\text{s}} = 1595,63 \, \frac{\text{km}}{\text{h}}$$

Horizontale Entfernung des Flugzeugs vom Hörer:

$$s = \frac{z}{\tan \alpha} = \frac{11\,\text{km}}{0,8944} = 12,299\,\text{km}$$

Zeit:

$$\tau = \frac{s}{c} = \frac{12299\,\text{m s}}{443,23\,\text{m}} = 27,75\,\text{s}$$

4.6.3 Energiegleichung und *Bernoulli*-Gleichung der kompressiblen eindimensionalen Strömung idealer Gase

Die *Euler*'sche Bewegungsgleichung (4.229) wurde in Abschnitt 4.6.2 für die waagerechte stationäre Strömung abgeleitet. Weil keine einschränkenden Aussagen über die Dichte ϱ gemacht wurden, gilt sie auch für die kompressible eindimensionale Gasströmung. Wird zusätzlich auch die Abhängigkeit von der Höhe z berücksichtigt, nimmt sie die folgende Form an:

$$c\,dc + \frac{dp}{\varrho} + g\,dz = 0 \qquad (4.237\,\text{a})$$

Für die weiteren Betrachtungen ist eine sinnvolle Annahme über die Art der Zustandsänderung des idealen Gases zu treffen. Hier wird als Spezialfall der allgemeinen polytropen Zustandsänderung die reversibel-adiabate – also isentrope – Zustandsänderung gewählt, bei der Wärme dem idealen Gas weder zugeführt noch entnommen wird.

Weil die Höhenkoordinate z bei gasdynamischen Betrachtungen wegen der meist geringen Gasdichte nur einen sehr geringen Einfluss hat, wenn von meteorologischen Vorgängen mit großen Höhendifferenzen abgesehen wird, vereinfacht sich Gl. (4.237 a) zu

$$c\,dc + \frac{dp}{\varrho} = 0 \quad . \qquad (4.237\,\text{b})$$

Wird Gl. (4.237 b) integriert, ergibt sich die *Bernoulli*-Gleichung der Gasdynamik. Diese hat – von einem Anfangspunkt 0 ausgehend und zu einem veränderlichen Zustand führend – die folgende Form:

$$\int_{c_0}^{c} c\,dc + \int_{p_0}^{p} \frac{dp}{\varrho} = \text{const} \qquad (4.238)$$

Geht man bei einer isentropen Zustandsänderung vom Ruhezustand 0 aus, lässt sich das Druckverhältnis zu

$$\frac{p}{p_0} = \left(\frac{\varrho}{\varrho_0}\right)^\kappa \qquad \text{bzw.} \qquad \frac{1}{\varrho} = \frac{1}{\varrho_0}\left(\frac{p_0}{p}\right)^{\frac{1}{\kappa}} \tag{4.239}$$

darstellen. Diese Beziehung wird in Gl. (4.238) eingesetzt und hierauf die Integration vorgenommen:

$$\int_{c_0}^{c} c\,\mathrm{d}c + \frac{1}{\varrho_0}\int_{p_0}^{p}\left(\frac{p}{p_0}\right)^{-\frac{1}{\kappa}}\mathrm{d}p = \frac{c^2}{2} - \frac{c_0{}^2}{2} + \frac{\kappa}{\kappa-1}\frac{p_0}{\varrho_0}\left(\frac{p}{p_0}\right)^{\frac{\kappa-1}{\kappa}} - \frac{\kappa}{\kappa-1}\frac{p_0}{\varrho_0} = 0 \tag{4.240}$$

Diese Gleichung wird auf die Ausströmung eines idealen Gases aus einem Behälter angewandt, wobei im Behälter der Ruhezustand des Gases mit p_0, ϱ_0, T_0 bezeichnet ist (vgl. Bild 4.39 im folgenden Beispiel 4.24). Dort ist die Geschwindigkeit $c_0 = 0$; der Zustand an der Ausströmöffnung wird mit p_2, ϱ_2, T_2 benannt. Damit folgt Gl. (4.241):

$$\frac{c_2{}^2}{2} = -\frac{\kappa}{\kappa-1}\frac{p_0}{\varrho_0}\left(\frac{p_2}{p_0}\right)^{\frac{\kappa-1}{\kappa}} + \frac{\kappa}{\kappa-1}\frac{p_0}{\varrho_0} = \frac{\kappa}{\kappa-1}\frac{p_0}{\varrho_0}\left[1 - \left(\frac{p_2}{p_0}\right)^{\frac{\kappa-1}{\kappa}}\right]. \tag{4.241}$$

Die Ausströmgeschwindigkeit aus dem Behälter wird damit zu

$$c_2 = \left[\frac{2\,\kappa}{\kappa-1}\frac{p_0}{\varrho_0}\left[1 - \left(\frac{p_2}{p_0}\right)^{\frac{\kappa-1}{\kappa}}\right]\right]^{\frac{1}{2}}. \tag{4.242}$$

Gl. (4.242) verdeutlicht, dass die höchste Ausströmgeschwindigkeit bei $p_2 = 0$ erreicht wird, also beim Ausströmen des idealen Gases aus dem Druckbehälter in ein vollständiges Vakuum. Hierbei stellt sich die Maximalgeschwindigkeit

$$c_{max} = \left[\frac{2\,\kappa}{\kappa-1}\frac{p_0}{\varrho_0}\right]^{\frac{1}{2}} = \left[\frac{2\,\kappa}{\kappa-1}R\,T_0\right]^{\frac{1}{2}} \qquad c_{max} = \left[\frac{2}{\kappa-1}a_0{}^2\right]^{\frac{1}{2}} = \left[2\,c_p\,T_0\right]^{\frac{1}{2}} \tag{4.243}$$

ein, wobei bei der Umformung von der thermischen Zustandsgleichung (4.27) $p_0/\varrho_0 = R\,T_0$ und der Gleichung (4.49) $c_p = \kappa R/(\kappa-1)$ Gebrauch gemacht wurde [47]. Gl. (4.243) drückt aus, dass die gesamte im Behälter enthaltene spezifische Energie $c_p T_0 = (\kappa p_0/[(\kappa-1)\varrho_0])$ gegenüber dem vollständigen Vakuum in die spezifische kinetische Energie $c_{max}^2/2$ der Geschwindigkeit c_{max} überführt wird. Die spezifische Energie im Behälter wird durch die spezifische Ruheenthalpie $h_0 = c_p T_0$ des Gases im Behälter wiedergegeben. Hieraus folgt, dass sich die spezifische Energiegleichung für kompressible Gasströmungen gemäß Gl. (4.241) mit der spezifischen Enthalpie $\mathrm{d}h = T\,\mathrm{d}s + \mathrm{d}p/\varrho = \mathrm{d}u + \mathrm{d}(p/\varrho)$ auch in der folgenden Form wiedergeben lässt:

$$u_1 + \frac{p_1}{\varrho_1} + \frac{c_1{}^2}{2} = u_2 + \frac{p_2}{\varrho_2} + \frac{c_2{}^2}{2} \tag{4.244}$$

Mit der spezifischen Enthalpie $h = u + pv = u + p/\varrho$ wird daraus

$$h_1 + \frac{c_1{}^2}{2} = h_2 + \frac{c_2{}^2}{2}, \tag{4.245}$$

wobei h die spezifische Enthalpie des Stromfadens darstellt, für die gilt: $h = c_p T = (c_p\,/\,R)\,(p\,/\,\varrho) = (\kappa/(\kappa-1))\,(p\,/\,\varrho)$.

Die Summe aus der spezifischen Enthalpie h und der spezifischen kinetischen Energie $c^2/2$ wird auch spezifische Totalenthalpie $h_t = h + c^2/2$ genannt (vgl. Gl. (6.46)), die während eines Strömungsvorgangs auf der Stromlinie konstant bleibt. Gl. (4.245) verdeutlicht auch, dass die spezifische Energiegleichung der Gasströmung sowohl für reversibel-adiabate als auch für reibungsbehaftete Strömungen gilt.

Der Ausdruck $\kappa\, p\, /\, \varrho$ stellt gemäß Gl. (4.233) das Quadrat der Schallgeschwindigkeit a^2 dar. Damit ergibt sich für h die Beziehung $h = (\kappa/(\kappa-1))\,(p\,/\,\varrho) = a^2/(\kappa-1)$, die in Gl. (4.245) eingesetzt wird:

$$\frac{a_1{}^2}{\kappa-1} + \frac{c_1{}^2}{2} = \frac{a_2{}^2}{\kappa-1} + \frac{c_2{}^2}{2} \qquad (4.246)$$

Gl. (4.246) stellt die spezifische Energiegleichung für eine Düsenströmung dar (vgl. Bild 4.38). Wird die *Mach*zahl $M = c/a$ herangezogen, wird diese spezifische Energiegleichung zu

$$\frac{a_1{}^2}{\kappa-1}\left[1 + \frac{\kappa-1}{2}\,M_1{}^2\right] = \frac{a_2{}^2}{\kappa-1}\left[1 + \frac{\kappa-1}{2}\,M_2{}^2\right]. \qquad (4.247)$$

Werden damit Ausströmvorgänge aus Behältern berechnet, wird $c_0 = 0$ gesetzt. Weiter werden die Ruheschallgeschwindigkeit $a_0 = \sqrt{\kappa R T_0}$ und das Quadrat der Ruhemachzahl $M_0{}^2 = c_0{}^2\,/\,a_0{}^2 = 0$ in Gl. (4.247) eingesetzt. Daraus wird

$$\frac{a_0{}^2}{\kappa-1} = \frac{\kappa}{\kappa-1}\,\frac{p_0}{\varrho_0} = c_p\,T_0 = \frac{a_2{}^2}{\kappa-1}\left[1 + \frac{\kappa-1}{2}\,M_2{}^2\right]. \qquad (4.248)$$

Damit lassen sich die Austrittsschallgeschwindigkeit a_2 und die Austritts*mach*zahl M_2 an der Austrittsöffnung eines Behälters angeben.

Um die Wirkung einer Gasströmung auf die Temperatur von gasumströmten Körpern zu bestimmen, wird in Gl. (4.245) die spezifische Enthalpie $h = c_p\,T$ eingesetzt, woraus nach einer Umformung folgt:

$$T_1 + \frac{c_1{}^2}{2\,c_p} = T_2 + \frac{c_2{}^2}{2\,c_p} \qquad (4.249)$$

Gl. (4.249) zeigt auf, dass sich eine Gasströmung abkühlt, wenn sie beschleunigt wird; bei einem wasserdampfhaltigen Gas kann sich z. B. eine unerwünschte Vereisung einstellen. Umgekehrt steigt die Temperatur bei der Verzögerung einer Gasströmung. Wird diese z. B. im Staupunkt eines Körpers isentrop auf $c_2 = 0$ abgebremst, gibt der Ausdruck $c_1^2/(2c_p)$ den dort auftretenden Temperaturanstieg wieder [47].

Die Gln. (4.244) bis (4.248) sind einander gleichwertige spezifische Energiegleichungen der Gasdynamik. Die *Bernoulli*-Gleichung lässt sich auch in der folgenden allgemeinen Form darstellen (vgl. Gl. (4.246)):

$$\frac{a^2}{\kappa-1} + \frac{c^2}{2} = \text{const} \qquad (4.250)$$

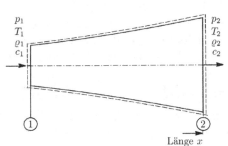

Bild 4.38 Systemgrenzen einer Düsenströmung

Länge x

Erreicht die Geschwindigkeit c die örtliche Schallgeschwindigkeit a, so wird sie als kritische Geschwindigkeit bezeichnet; damit ist auch die kritische $Machzahl$ $M^* = 1,0$ definiert. Diese ergibt sich bei der kritischen Geschwindigkeit von $c^* = a^*$, die gleich groß wie die kritische Schallgeschwindigkeit a^* ist.

Wird die allgemeine Darstellung von Gl. (4.246)

$$\frac{a^2}{\kappa - 1} + \frac{c^2}{2} = \text{const}$$

auf den Ruhezustand – etwa in einem Behälter mit $c_0 = 0$ – sowie auf den Strömungszustand in einer Austrittsöffnung mit der Geschwindigkeit c angewandt, ergibt sich

$$\frac{a_0{}^2}{\kappa - 1} = \frac{a^2}{\kappa - 1} + \frac{c^2}{2} \ . \tag{4.251}$$

Strömt das ideale Gas in einen Behälter mit dem absoluten Vakuum von $p = 0$ und der absoluten Temperatur $T = 0$, so ist dabei die Ausström-Schallgeschwindigkeit $a = \sqrt{\kappa R T} = 0$. Deshalb wird gemäß Gl. (4.251) $a_0{}^2 / (\kappa - 1) = c^2 / 2$, und die Geschwindigkeit erreicht ihren Maximalwert $c = c_{max}$. Damit wird Gl. (4.243)) bestätigt: $c_{max} = \sqrt{2\,a_0{}^2 / (\kappa - 1)}$.

Weist Luft die Zustandsgrößen $t = 20\ °C$ sowie $\kappa = 1,40$ und damit $a_0 = 343,32$ m/s auf und strömt in ein absolutes Vakuum, so ergibt sich die theoretisch erreichbare maximale Ausströmgeschwindigkeit zu $c_{max} = 767,69$ m/s $= 2763,69$ km/h. Da ein absolutes Vakuum mit $p = 0$ und $T = 0$ nicht verwirklicht werden kann, ist diese Geschwindigkeit praktisch nicht erreichbar. In Hyperschallwindkanälen wurde bisher eine Maximalgeschwindigkeit von $c_{max} = 670$ m/s $= 2412$ km/h erzielt [47].

Für den kritischen Zustand $c^* = a^*$ und $a = a^*$ lautet mit Gl. (4.251) die spezifische Energiegleichung:

$$\frac{a_0{}^2}{\kappa - 1} = \frac{a^{*2}}{(\kappa - 1)} + \frac{a^{*2}}{2} = \frac{2\,a^{*2}}{2\,(\kappa - 1)} + \frac{(\kappa - 1)\,a^{*2}}{2\,(\kappa - 1)} = \frac{2\,a^{*2} - a^{*2} + \kappa\,a^{*2}}{2\,(\kappa - 1)} = \frac{1}{2}\frac{(\kappa + 1)}{(\kappa - 1)}\,a^{*2}$$
$$\tag{4.252}$$

Es folgt:

$$a^{*2} = 2\,a_0{}^2 / (\kappa + 1) \tag{4.253 a}$$

Bildet man den Quotienten aus einer Zustandsgröße der Gasströmung in einem beliebigen Punkt auf der Stromlinie (z. B. a, p, ϱ, T) zu der entsprechenden Ruhegröße der Stromlinie (z. B. a_0, p_0, ϱ_0, T_0), so ist dieser Quotient nur vom Stoff – wiedergegeben durch κ – und von der $Machzahl$ im betrachteten Punkt abhängig. Dies wird im Folgenden gezeigt:

4.6.4 Ruhegrößen und kritischer Zustand

Bei der Betrachtung der Ausströmung aus einem Behälter (vgl. Bild 4.39) wird mit Gl. (4.248) bei Berücksichtigung des Ruhezustands 0 und des allgemeinen Ausströmungszustands

$$\frac{a_0{}^2}{\kappa - 1} = \frac{a^2}{\kappa - 1}\left[1 + \frac{\kappa - 1}{2}\left(\frac{c}{a}\right)^2\right] \ . \tag{4.254}$$

Entsprechend Gl. (4.233) wird mit $a^2 = \kappa R T$ und $a_0{}^2 / a^2 = T_0 / T$ für den Quotienten der Schallgeschwindigkeiten aus Gl. (4.254)

$$\left(\frac{a_0}{a}\right)^2 = \frac{T_0}{T} = 1 + \frac{\kappa - 1}{2}\,M^2 \ . \tag{4.255}$$

Mit den Isentropengleichungen $p_0 / p = (T_0 / T)^{\frac{\kappa}{\kappa-1}}$ und $\varrho_0 / \varrho = (T_0 / T)^{\frac{1}{\kappa-1}}$ können die Verhältniswerte der Ruhegrößen für den Druck p_0 und die Dichte ϱ_0 bezogen auf die örtlichen Größen p und ϱ ermittelt werden:

$$\frac{p_0}{p} = \left(\frac{T_0}{T}\right)^{\frac{\kappa}{\kappa-1}} = \left[1 + \frac{\kappa-1}{2} M^2\right]^{\frac{\kappa}{\kappa-1}} \tag{4.256}$$

$$\frac{\varrho_0}{\varrho} = \left(\frac{T_0}{T}\right)^{\frac{1}{\kappa-1}} = \left[1 + \frac{\kappa-1}{2} M^2\right]^{\frac{1}{\kappa-1}} \tag{4.257}$$

Aus Gl. (4.257) ist erkennbar, dass die Dichteverringerung $\Delta \varrho = \varrho_0 - \varrho$ eines strömenden idealen Gases sich umso stärker einstellt, je größer die Geschwindigkeit c bzw. die Machzahl der Strömung ist.

Für die Praxis ist von Interesse, welcher Fehler sich ergibt, wenn bei Gasströmungsgeschwindigkeiten von etwa $c = 10$ m/s bis 70 m/s die Dichteänderung nicht berücksichtigt wird. In Tabelle 4.6 sind die Fehler der bezogenen Dichte- und Druckänderungen bei Luft abhängig von der Machzahl im Bereich von $M = 0,1$ bis 1,0 bzw. abhängig von der Geschwindigkeit c im Bereich von 34,32 m/s bis 343,26 m/s aufgeführt [47].

Tabelle 4.6 Fehler von Dichte und Druck bei Rechnungen für Luft ohne Berücksichtigung der Kompressibilität ($p = 1,0$ bar, $T = 293,16$ K, $R = 0,2876$ kJ/(kg K)) [47]

Machzahl M	0,1	0,2	0,4	0,5	0,8	1,0
Geschwindigkeit c m/s	34,32	68,64	137,42	205,92	274,56	343,26
Dichteänderung $\Delta \varrho / \varrho_0$	0,005	0,020	0,076	0,160	0,260	0,366
Druckänderung $\Delta p / p_0$	0,007	0,028	0,104	0,216	0,344	0,472

Aus Tabelle 4.6 kann geschlossen werden, dass z. B. Ventilatoren mit geringen Totaldruckverhältnissen bis zu $p_{tD}/p_{tS} = 1,18$ und geringen Geschwindigkeiten bis zu $c = 40$ m/s ohne Berücksichtigung der Dichteveränderungen – also bei Vernachlässigung der Kompressibilität – ausgelegt werden können. Andererseits muss die Kompressibilität bei der Auslegung von Hochdruckventilatoren mit Totaldruckverhältnissen von $p_{tD}/p_{tS} > 1,20$ Berücksichtigung finden [47].

Die Ruhegrößen eines Fluids sind wie die strömungstechnisch kritischen Größen (vgl. z. B. Gl. (4.253 a)) kennzeichnend für den Wert der Konstante auf einer Stromlinie. Deshalb ergibt sich auch für das Verhältnis dieser beiden Konstanten wiederum eine konstante Größe. Diese hat für alle Stromlinien den gleichen Wert, d. h. sie ist von der Strömung unabhängig und hängt allein von der Stoffgröße κ des Fluids ab. Die folgenden Gln. (4.258) bis (4.260)), die mithilfe von Gl. (4.253 b) → Gl. (4.258) für den Ruhezustand und für den kritischen Zustand hergeleitet sind, geben die Verhältniswerte im strömungstechnisch kritischen Zustand und im Ruhezustand wieder:

Schallgeschwindigkeitsverhältnis: $\qquad \left(\frac{a^*}{a_0}\right)^2 = \frac{2}{\kappa+1} \tag{4.253 b}$

Temperaturverhältnis $\qquad \left(\frac{T^*}{T_0}\right) = \left(\frac{a^*}{a_0}\right)^2 = \frac{2}{\kappa+1} \tag{4.258}$

Druckverhältnis $\qquad \left(\frac{p^*}{p_0}\right) = \left(\frac{2}{\kappa+1}\right)^{\frac{\kappa}{\kappa-1}} \tag{4.259}$

Dichteverhältnis $\qquad \left(\frac{\varrho^*}{\varrho_0}\right) = \left(\frac{2}{\kappa+1}\right)^{\frac{1}{\kappa-1}} \tag{4.260}$

Tabelle 4.7 Strömungstechnisch kritische Zustandsgrößen einiger Gase und Dämpfe [47]

Gasart	κ	$\kappa/(\kappa-1)$	p^*/p_0	ϱ^*/ϱ_0	T^*/T_0
Helium	1,66	2,515	0,488	0,649	0,752
N_2; O_2	1,40	3,50	0,528	0,634	0,833
Luft	1,40	3,50	0,528	0,634	0,833
Heißdampf	1,33	4,030	0,540	0,629	0,858
Sattdampf	1,135	8,407	0,577	0,616	0,937

Tabelle 4.7 enthält strömungstechnisch kritische Verhältniswerte für wichtige ideale Gase und Dämpfe [47]. So ergeben sich z. B. für Luft und andere zweiatomige ideale Gase mit $\kappa = 1,4$ die folgenden Werte: $p^*/p_0 = 0,528$; $\varrho^*/\varrho_0 = 0,634$ und $T^*/T_0 = 0,833$.

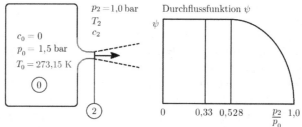

Bild 4.39 Ausströmen aus einem Druckbehälter

Beispiel 4.24 Aus dem Druckbehälter für Luft mit $p_0 = 1,5$ bar, $R = 0,2872$ kJ/(kg K), $T_0 = 273,15$ K, $c_p = 1,004$ kJ/(kg K) und $\kappa = 1,40$ entsprechend Bild 4.39 ist die Ausströmgeschwindigkeit c der Luft in die freie Atmosphäre mit $p_{amb} = p_2 = 1,0$ bar zu berechnen.

Luftdichte im Behälter:

$$\varrho_0 = \frac{p_0}{R\,T_0} = \frac{1,5\,\text{bar kg K}}{0,2872\,\text{kJ} \cdot 273,15\,\text{K}} \frac{10^5\,\text{N}}{\text{bar m}^2} \frac{\text{kJ}}{10^3\,\text{N m}} = 1,9121\,\frac{\text{kg}}{\text{m}^3}$$

Druckverhältnis aus Tabelle 4.7:

$$\frac{p}{p_0} = \frac{1,0\,\text{bar}}{1,5\,\text{bar}} = 0,6667 > \frac{p^*}{p_0} = 0,528 \qquad \rightarrow \qquad \text{Unterkritische Ausströmung}$$

Ausströmgeschwindigkeit (Gl. (4.242)):

$$c_2 = \left[\frac{2\,\kappa}{\kappa - 1}\frac{p_0}{\varrho_0}\left[1 - \left(\frac{p_2}{p_0}\right)^{\frac{\kappa-1}{\kappa}}\right]\right]^{\frac{1}{2}} = \left[\frac{2,8}{0,4}\frac{1,5\,\text{bar m}^3}{1,9121\,\text{kg}}\frac{10^5\,\text{N}}{\text{bar m}^2}\frac{\text{kg m}}{\text{N s}^2}\left[1 - \left(\frac{1,0}{1,5}\right)^{\frac{0,4}{1,4}}\right]\right]^{\frac{1}{2}} = 245,089\,\frac{\text{m}}{\text{s}}$$

Austrittstemperatur (Gl. (4.249)):

$$T_2 = T_0 - \frac{c_2{}^2}{2\,c_p} = 273,15\,\text{K} - \frac{245,089^2}{2 \cdot 1,004}\frac{\text{m}^2}{\text{s}^2}\frac{\text{kg K}}{\text{kJ}}\frac{\text{kJ}}{1000\,\text{N m}}\frac{\text{N s}^2}{\text{kg m}}$$

$$= 273,15\,\text{K} - 29,91\,\text{K} = 243,24\,\text{K}$$

Austritts*mach*zahl, Gl. (4.235):

$$M_2 = \frac{c_2}{a_2} = \frac{c_2}{\sqrt{\kappa\,R\,T_2}} = \frac{245,089\,\frac{\text{m}}{\text{s}}}{\sqrt{1,4 \cdot 0,2872\,\frac{\text{kJ}}{\text{kg K}}\frac{10^3\,\text{N m}}{\text{kJ}}\frac{\text{kg m}}{\text{N s}^2} \cdot 243,24\,\text{K}}} = 0,7837$$

Der Isentropenexponent κ realer Gase kann z. B. als Funktion von Druck und Temperatur dargestellt werden. Bild 4.40 zeigt den Verlauf von κ für Luft; dabei wird deutlich, dass bei Temperaturen oberhalb von etwa 273,15 K und Drücken von bis zu rund 5 bar $\kappa \approx 1{,}4$ ist und deshalb in guter Näherung mit idealem Gasverhalten und $\kappa = 1{,}4$ gerechnet werden kann [2].

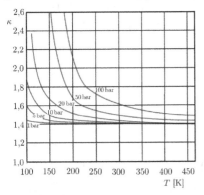

Bild 4.40 Isentropenexponent κ von Luft abhängig von der Temperatur und dem Druck [2]

4.6.5 Das Geschwindigkeitsdiagramm der spezifischen Energiegleichung

Die spezifische Energiegleichung gemäß (Gl. (4.251)) gilt für den Ruhezustand und für einen beliebigen Strömungszustand. Wird sie umgeformt und auf die Schallgeschwindigkeit a_0 sowie auf die Maximalgeschwindigkeit c_{max} bezogen, ergibt sich eine Ellipsengleichung mit den Koordinatenabschnitten $a_0 = \sqrt{\kappa R T_0} = \sqrt{\kappa p_0 / \varrho_0}$ und $a_0 \sqrt{2/(\kappa - 1)}$ entsprechend (Gl. (4.261 a):

$$\left(\frac{a}{a_0}\right)^2 + \left[\frac{c}{a_0 \sqrt{\dfrac{2}{\kappa - 1}}}\right]^2 = 1 \qquad (4.261\,\text{a})$$

Der Ausdruck $a_0 \sqrt{2/(\kappa - 1)}$ ist gemäß Gl. (4.243) die maximale Ausströmgeschwindigkeit c_{max} aus einem Druckbehälter in das absolute Vakuum. Damit lässt sich die Ellipsengleichung als spezifische Energiegleichung in der folgenden Weise formulieren:

$$\left(\frac{a}{a_0}\right)^2 + \left(\frac{c}{c_{max}}\right)^2 = 1 \qquad (4.261\,\text{b})$$

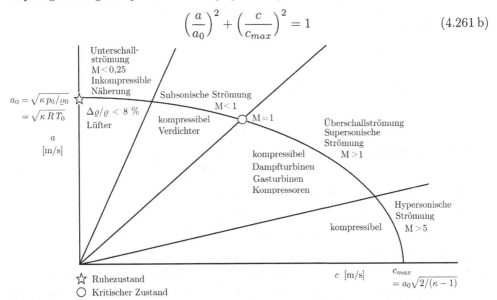

Bild 4.41 Geschwindigkeitsellipse mit allen Bereichen der kompressiblen Strömung

Der Verlauf dieser Ellipse im ersten mathematischen Quadranten ist in Bild 4.41 wiedergegeben, wobei alle Bereiche der kompressiblen Gasströmung dargestellt sind. Dabei werden sowohl der Unterschallbereich als auch der Überschallbereich mit folgenden Strömungsbereichen erfasst:

Unterschallströmung:
- inkompressible Näherung mit $M < 0{,}25$
- subsonische Strömung mit $M < 1$
- kritische Strömung mit $M = M^* = 1$
Überschallströmung:
- supersonische Strömung mit $M > 1$
- hypersonische Strömung mit $M > 5$

Beispiel 4.25 Luft mit der spezifischen isobaren Wärmekapazität $c_p = 1{,}004$ kJ/(kg K) und der Temperatur $T = 283{,}15$ K umströmt einen Körper mit der Geschwindigkeit $c_1 = 125$ m/s. Am Staupunkt des umströmten Körpers, bei dem $c_2 = 0$ m/s gilt, soll die Temperaturerhöhung $\Delta T = T_2 - T_1$ und die Temperatur T_2 bestimmt werden.

Die Umformung der *Bernoulli*-Gleichung (Gl. (4.249)) ergibt:

$$\Delta T = T_2 - T_1 = \frac{c_2{}^2}{2\,c_p} = \frac{125^2\,\dfrac{\text{m}^2}{\text{s}^2}}{2 \cdot 1{,}004\,\dfrac{\text{kJ}}{\text{kg K}}\,\dfrac{10^3\,\text{N m}}{\text{kJ}}\,\dfrac{\text{kg m}}{\text{N s}^2}} = 7{,}78\,\text{K}$$

$T_2 = 283{,}15\,\text{K} + 7{,}78\,\text{K} = 290{,}93\,\text{K}$ (17,78 °C)

4.6.6   Die Durchflussfunktion

Der theoretische Massenstrom $\dot{m}$, der aus einem Druckbehälter ausströmt, kann mithilfe der Kontinuitätsgleichung $\dot{m} = \varrho\,c\,A$ bestimmt werden, indem die Ausströmgeschwindigkeit c_2 gemäß Gl. (4.242) sowie die Dichte ϱ_2 entsprechend der umgeformten Isentropengleichung (Gl. (4.239)) für den Zustand 2 $\varrho_2 = \varrho_0\,(p_2/p_0)^{1/\kappa}$ hierein eingesetzt werden:

$$\dot{m} = \varrho_2\,c_2\,A_2 = \left[\varrho_0{}^2\left(\frac{p_2}{p_0}\right)^{\frac{2}{\kappa}}\right]^{\frac{1}{2}} c_2\,A_2 = \left[\varrho_0{}^2\left(\frac{p_2}{p_0}\right)^{\frac{2}{\kappa}}\right]^{\frac{1}{2}}\left[\frac{2\,\kappa}{\kappa-1}\frac{p_0}{\varrho_0}\left[1-\left(\frac{p_2}{p_0}\right)^{\frac{\kappa-1}{\kappa}}\right]\right]^{\frac{1}{2}} A_2$$
(4.262)

Damit wird mit dem verallgemeinerten Druck $p = p_2$:

$$\dot{m} = A_2\left[\frac{2\,\kappa}{\kappa-1}\,p_0\,\varrho_0\left[\left(\frac{p}{p_0}\right)^{\frac{2}{\kappa}}-\left(\frac{p}{p_0}\right)^{\frac{\kappa+1}{\kappa}}\right]\right]^{\frac{1}{2}}$$
(4.263)

Wird diese Gleichung in die Form

$$\dot{m} = \psi\,A_2\sqrt{2\,p_0\,\varrho_0}$$
(4.264)

überführt, so gilt für die neu eingeführte Größe ψ:

$$\psi = \left[\frac{\kappa}{\kappa-1}\left[\left(\frac{p}{p_0}\right)^{\frac{2}{\kappa}}-\left(\frac{p}{p_0}\right)^{\frac{\kappa+1}{\kappa}}\right]\right]^{\frac{1}{2}}$$
(4.265)

ψ wird als Durchflussfunktion oder Ausflussfunktion bezeichnet. Ist diese bekannt, kann mit Gl. (4.264) der ausfließende theoretische Massenstrom $\dot{m}$ bestimmt werden.

Im Hinblick auf die Berücksichtigung von Irreversibilitäten beim Ausströmvorgang kann noch die Strahlkontraktion (vgl. Bild (4.46)) mit $\alpha = f\,(Re, (d_2/d_1)) = 0{,}60$ bis $1{,}20$

oder der Druckverlustbeiwert ζ berücksichtigt werden. Dann ergibt sich der ausfließende Massenstrom zu

$$\dot{m} = \alpha\,\psi\,A_2\sqrt{2\,p_0\,\varrho_0}\ .\tag{4.266}$$

Wie Gl. (4.265) zeigt, hängt die Durchflussfunktion ψ nur vom Isentropenexponent κ (d. h. von der Gasart) und vom Druckverhältnis p/p_0 ab: $\psi = f\,(\kappa,\,p/p_0)$.

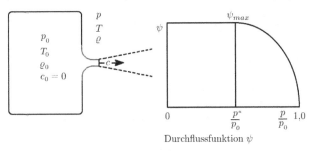

Bild 4.42 Behälter mit Strahlexpansion (links); Ausflussfunktion für überkritisches Ausströmen ohne Überschalldüse (rechts)

Nimmt das Druckverhältnis p/p_0 ab, so wächst die Durchflussfunktion und erreicht beim strömungstechnisch kritischen Druckverhältnis p^*/p_0 ihren Maximalwert. Danach sinkt sie wieder ab, weil in ihr keine Abhängigkeit von der Querschnittsfläche A der Gasströmung enthalten ist, sondern A erst bei der Bestimmung des Massenstroms $\dot{m}$ gemäß Gl. (4.264) in die Berechnung einfließt. In Wirklichkeit bleibt jedoch der erreichte Maximalwert der Durchflussfunktion ψ und auch der erreichte maximale ausströmende Massenstrom $\dot{m}$ im gesamten Druckbereich p/p_0 unterhalb der kritischen Druckverhältnisse $(p/p_0) < (p^*/p_0)$ unverändert, weil sich der Querschnitt A des aus der Behälteröffnung ausgetretenen Gasstroms erweitert, wie Bild 4.42 zeigt.

In Bild 4.43 ist für zwei ideale Gase und für zwei Dämpfe die unterhalb des kritischen Druckverhältnisses p^*/p_0 konstant bleibende Durchflussfunktion ψ durch eine durchgezogene waagerechte Linie ausgewiesen, während der rein rechnerische Verlauf von ψ gestrichelt wiedergegeben ist.

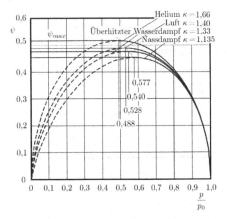

Bild 4.43 Durchflussfunktion ψ für Gase und Dämpfe

Wie in einem der folgenden Abschnitte gezeigt wird, lassen sich die Durchflussgeschwindigkeit c, die Durchflussfunktion ψ und der durchfließende Massenstrom $\dot{m}$ unterhalb des kritischen Druckverhältnisses $(p/p_0) < (p^*/p_0)$ weiter erhöhen, wenn eine spezielle Düse – die Überschalldüse ($Laval$[9]-Düse) – für die Ausströmung genutzt wird.

---

[9] *Carl Gustaf de Laval*, 1845 bis 1913, schwedischer Ingenieur, einer der Erfinder der Dampfturbine

Der Maximalwert der Durchflussfunktion ψ hängt vom strömungstechnisch kritischen Druckverhältnis $p^*/p_0 = [(2/(\kappa+1)]^{\frac{\kappa}{\kappa-1}}$ gemäß Gl. (4.259) ab. Hiermit lässt sich der Maximalwert von ψ zu

$$\psi_{max} = \left(\frac{2}{\kappa+1}\right)^{\frac{1}{\kappa-1}} \sqrt{\frac{\kappa}{\kappa+1}} \tag{4.267}$$

bestimmen. Der maximale theoretische Massenstrom $\dot{m}_{max}$ wird damit zu

$$\dot{m}_{max} = \alpha\, A_2 \sqrt{2\, p_0\, \varrho_0}\, \left[\left(\frac{2}{\kappa+1}\right)^{\frac{1}{\kappa-1}} \sqrt{\frac{\kappa}{\kappa+1}}\,\right]. \tag{4.268}$$

Ist das Druckverhältnis kleiner als das kritische Druckverhältnis $(p/p_0 < p^*/p_0)$, dann expandiert der Strahl nach dem Austritt aus der Öffnung und erweitert sich (Bild 4.42).

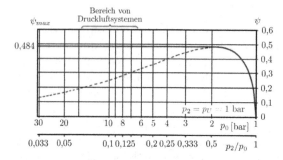

Bild 4.44 Ausflussfunktion ψ für Luft aus einem Behälter in logarithmischer Darstellung bei konstantem Außendruck $p_2 = p_U = 1{,}0$ bar

In Bild 4.44 ist die Ausflussfunktion ψ für Luft aus einem Druckbehälter in logarithmischer Darstellungsform u. a. für den üblichen Betriebsbereich von Druckluftanlagen mit $p_0 \approx 6 \ldots 16$ bar angegeben; der Außendruck ist gemäß dem Umgebungsdruck der Luft $p_2 = p_U = 1$ bar.

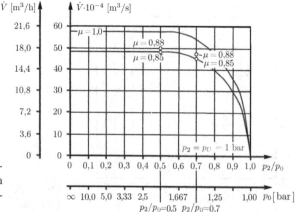

Bild 4.45 Theoretischer und realer Ausflussvolumenstrom aus einem Behälter in Abhängigkeit des Druckverhältnisses p_2/p_0

Bild 4.45 zeigt den theoretischen und den realen Austrittsvolumenstrom von Luft $\dot{V}$ aus einem Druckbehälter für Verhältniswerte des realen zum theoretischen Massenstrom von $\mu = 1$, von $\mu = 0{,}88$ sowie von $\mu = 0{,}85$ in Abhängigkeit des Druckverhältnisses p_2/p_0; der Außendruck ist gleich dem Umgebungsdruck der Luft $p_2 = p_U = 1$ bar angenommen.

4.6.7 Isentrope Gasströmung in Düsen und Blenden

Die Ausfluss- bzw. Durchflussfunktion ψ dient auch dazu, um den Durchfluss durch Blenden und Düsen (Bild 4.46) behandeln zu können. Mit ihrer Hilfe lassen sich u. a. Volumen- und Massenströme in Düsen und Blenden messen, die für diesen Zweck genormt werden können. Soll der Massenstrom präzise bestimmt werden, sind auch der Düsenbeiwert α bzw. die Strahlkontraktion zu berücksichtigen. Bild 4.46 gibt die Strahlkontraktion für einige Aus- und Durchflussöffnungen wieder.

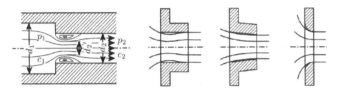

Bild 4.46 Strahlkontraktion in verschiedenen Aus- und Durchflussöffnungen

Die Massenstromgleichung lautet:

$$\dot{m} = \alpha \, \psi \, A_2 \sqrt{2 \, p_0 \, \varrho_0} \qquad (4.269)$$

Beispiel 4.26 Überhitzter Wasserdampf, der als ideales Gas mit $R = 0{,}46152\,\text{kJ}/(\text{kg K})$ und $\kappa = 1{,}33 = \text{const}$ aufgefasst werden soll, befindet sich in einem Behälter mit dem konstanten absoluten Druck $p_0 = 9{,}0$ bar und der Temperatur $t_0 = 450\,°\text{C}$. Er strömt durch eine Öffnung mit dem Durchmesser d = 50 mm isentrop in eine technische Anlage mit dem Absolutdruck p_2 = 5,5 bar, wobei der Düsenbeiwert mit $\alpha = 0{,}8$ anzusetzen ist. Es sind der Massenstrom und der Maximalwert der Durchflussfunktion zu bestimmen. Weiter sind die Dampftemperatur, die Dichte und die Geschwindigkeit der Austrittsströmung, die örtliche und die kritische *Mach*zahl sowie die Abkühlung des Dampfes bei der Ausströmexpansion zu berechnen.

Für eine unterkritische Strömung gilt gemäß Tabelle 4.7:

$$\frac{p_2}{p_0} > \frac{p^*}{p_0} \qquad \frac{p_2}{p_0} = 0{,}61111 > 0{,}540 \qquad \rightarrow \qquad \text{unterkritische Strömung}$$

Durchflussfunktion, theoretischer Massenstrom, wirklicher Massenstrom und Maximalwert der Durchflussfunktion:

Zunächst ist die Dichte ϱ_0 zu bestimmen:

$$\varrho_0 = \frac{p_0}{R\,T_0} = \frac{9{,}0\,\text{bar kg K}}{0{,}46152\,\text{kJ} \cdot 723{,}15\,\text{K}} \cdot \frac{\text{kJ}}{10^3\,\text{N m}} \cdot \frac{10^5\,\text{N}}{\text{bar m}^2} = 2{,}69664 \, \frac{\text{kg}}{\text{m}^3}$$

$$\psi = \left[\frac{\kappa}{\kappa - 1} \left[\left(\frac{p_2}{p_0} \right)^{\frac{2}{\kappa}} - \left(\frac{p_2}{p_0} \right)^{\frac{\kappa+1}{\kappa}} \right] \right]^{\frac{1}{2}} = \left[\frac{1{,}33}{0{,}33} \left[\left(\frac{5{,}5}{9{,}0} \right)^{\frac{2}{1{,}33}} - \left(\frac{5{,}5}{9{,}0} \right)^{\frac{2{,}33}{1{,}33}} \right] \right]^{\frac{1}{2}} = 0{,}47011$$

$$\dot{m} = \psi \, A_2 \sqrt{2 \, \varrho_0 \, p_0}$$

$$= 0{,}47011 \cdot \frac{3{,}14159}{4} \cdot 0{,}050^2 \, \text{m}^2 \sqrt{2 \cdot 2{,}69664 \, \frac{\text{kg}}{\text{m}^3} \cdot \frac{10^5\,\text{N}}{\text{bar m}^2} \cdot \frac{\text{kg m}}{\text{N s}^2} \cdot 9{,}0\,\text{bar}} = 2{,}0336 \, \frac{\text{kg}}{\text{s}}$$

$$\dot{m}_{re} = \alpha \, \psi \, A_2 \sqrt{2 \, \varrho_0 \, p_0} = \alpha \, \dot{m} = 0{,}8 \cdot 2{,}0336 \, \frac{\text{kg}}{\text{s}} = 1{,}6269 \, \frac{\text{kg}}{\text{s}}$$

$$\psi_{max} = \left(\frac{2}{\kappa + 1} \right)^{\frac{1}{\kappa - 1}} \sqrt{\frac{\kappa}{\kappa + 1}} = \left(\frac{2}{2{,}33} \right)^{\frac{1}{0{,}33}} \cdot \sqrt{\frac{1{,}33}{2{,}33}} = 0{,}47561$$

Austrittstemperatur gemäß der Isentropengleichung (Gl. (4.256)):

$$T_2 = T_0 \left(\frac{p_2}{p_0} \right)^{\frac{\kappa - 1}{\kappa}} = 723{,}15\,\text{K} \cdot 0{,}61111^{0{,}2481} = 639{,}97\,\text{K}$$

Dampfdichte am Austritt:

$$\varrho_2 = \frac{p_2}{R\,T_2} = \frac{5{,}5\,\text{bar}\,\text{kg}\,\text{K}}{0{,}46152\,\text{kJ}\cdot 639{,}97\,\text{K}}\,\frac{\text{kJ}}{10^3\,\text{N}\,\text{m}}\,\frac{10^5\,\text{N}}{\text{bar}\,\text{m}^2} = 1{,}862\,\frac{\text{kg}}{\text{m}^3}$$

Austrittsgeschwindigkeit des Dampfes aus der Öffnung, Gl. (4.249):

$$c_2 = \left[2\,c_p\,(T_0 - T_2)\right]^{\frac{1}{2}} = \left[\frac{2\,\kappa}{\kappa - 1}\,R\,(T_0 - T_2)\right]^{\frac{1}{2}}$$

$$c_2 = \left[\frac{2\cdot 1{,}33}{0{,}33}\,0{,}46152\,\frac{\text{kJ}}{\text{kg}\,\text{K}}\,\frac{10^3\,\text{N}\,\text{m}}{\text{kJ}}\,\frac{\text{kg}\,\text{m}}{\text{N}\,\text{s}^2}\,(723{,}15\,\text{K} - 639{,}97\,\text{K})\right]^{\frac{1}{2}} = 556{,}27\,\frac{\text{m}}{\text{s}}$$

Örtliche Machzahl nach Gl. (4.235):

$$M_2 = \frac{c_2}{a_2} = \frac{c_2}{\sqrt{\kappa\,R\,T_2}} = \frac{556{,}27\,\frac{\text{m}}{\text{s}}}{\sqrt{1{,}33\cdot 0{,}46152\,\frac{\text{kJ}}{\text{kg}\,\text{K}}\,\frac{10^3\,\text{N}\,\text{m}}{\text{kJ}}\,\frac{\text{kg}\,\text{m}}{\text{N}\,\text{s}^2}\cdot 639{,}97\,\text{K}}} = 0{,}8875$$

Kritische Schallgeschwindigkeit, Gl. (4.257):

$$a^* = \sqrt{\frac{2}{\kappa + 1}\,a_0{}^2} = \sqrt{\frac{2\,\kappa}{\kappa + 1}\,R\,T_0}$$

$$a^* = \sqrt{\frac{2\cdot 1{,}33}{1{,}33 + 1}\cdot 0{,}46152\,\frac{\text{kJ}}{\text{kg}\,\text{K}}\,\frac{10^3\,\text{N}\,\text{m}}{\text{kJ}}\,\frac{\text{kg}\,\text{m}}{\text{N}\,\text{s}^2}\cdot 639{,}97\,\text{K}} = 580{,}68\,\frac{\text{m}}{\text{s}}$$

Vergleich mit der strömungstechnisch kritischen *Mach*zahl $M^* = 1$ (vgl. Gl. (4.235)):

$$M = \frac{c_2}{a^*} = \frac{556{,}27\,\text{m/s}}{580{,}68\,\text{m/s}} = 0{,}958$$

Temperaturrückgang des Wasserdampfs bei der isentropen Expansionsströmung:

$$\Delta T = T_0 - T_2 = 723{,}15\,\text{K} - 639{,}97\,\text{K} = 83{,}18\,\text{K}$$

4.6.8 Beschleunigte kompressible Strömung

Reibungsbehaftete kompressible Rohrströmung

In einer reibungsbehafteten stationären Rohrströmung wird die auftretende Reibungsarbeit dem Gas als Dissipationsenergie zugeführt. Diese Energiezufuhr ist mit einer Abnahme der Druckenergie und damit des Drucks verbunden, wobei sich die Dichte verringert. Da der Massenstrom gleich bleibt, steigt bei konstantem Rohrquerschnitt der Volumenstrom; dies führt zu einer Beschleunigung der Strömung.

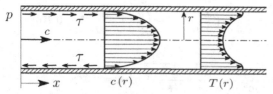

Bild 4.47 Geschwindigkeits- und Temperaturverlauf bei reibungsbehafteter Rohrströmung

Die *Euler*'sche Bewegungsgleichung für die reibungsbehaftete Strömung eines so genannten *Newton*[10]'schen Fluids wird bei Vernachlässigung des Gravitationsanteils und bei Berücksichtigung des Reibungsanteils in Anlehnung an Gl. (4.229) gemäß Bild 4.47:

$$c\,\text{d}c + \frac{\text{d}p}{\varrho} + \frac{\text{d}\tau}{\varrho} = 0 \tag{4.270}$$

---

[10]*Isaac Newton*, 1643 bis 1727, englischer Wissenschaftler, leistete wichtige Beiträge zur Physik, Astronomie und Mathematik.

Dabei ist hier $d\tau$ das Differential der Schubspannung (also nicht das Differential der Zeit). Die thermische Zustandsgleichung idealer Gase $p/\varrho = RT$ kann in der differentiellen Schreibweise als $d(p/\varrho) = R\,dT = (p\,dT)/(\varrho T) = (dp\,\varrho - d\varrho\,p)/\varrho^2 = dp/\varrho - (d\varrho\,p)/\varrho^2$ dargestellt werden. Wird diese Gleichung auf beiden Seiten mit ϱ/p multipliziert, folgt

$$\frac{dp}{p} - \frac{d\varrho}{\varrho} = \frac{dT}{T} \tag{4.271}$$

(vgl. hierzu Gl. (4.31)). Weiter führt die Kontinuitätsgleichung $\dot{m} = \varrho c A$ in ihrer differentiellen Form $d\varrho/\varrho + dc/c + dA/A = 0$ (Gl. (4.224)) für die Rohrleitung bei konstantem Rohrquerschnitt (A = const, $dA = 0$) zu

$$\frac{d\varrho}{\varrho} + \frac{dc}{c} = 0 \;. \tag{4.272}$$

Wird diese Gleichung in Gl. (4.271) eingefügt und dort der Druck p mithilfe der thermischen Zustandsgleichung des idealen Gases $p = \varrho RT$ ersetzt, dann erhält man

$$\frac{dp}{\varrho RT} + \frac{dc}{c} = \frac{dT}{T} \qquad \text{sowie} \qquad \frac{dp}{\varrho} = RT\left(\frac{dT}{T} - \frac{dc}{c}\right) \;. \tag{4.273}$$

Somit ergibt sich mit Gl. (4.273) eine Beziehung für die Druckänderung dp infolge einer Temperaturänderung dT und einer Geschwindigkeitsänderung dc. Wird diese in Gl. (4.270) eingesetzt, gelangt man mit der spezifischen Reibungsarbeit $\tau/\varrho = \lambda\,(c^2/2)\,(x/d_h)$ zur Gleichung für die kompressible reibungsbehaftete Rohrströmung eines idealen Gases (vgl. [47])

$$c\,dc + R\,dT - RT\,\frac{dc}{c} + \lambda\,\frac{c^2}{2}\,\frac{dx}{d_h} = 0 \;. \tag{4.274}$$

Hierin ist $d = d_h$ der Innendurchmesser der Rohrleitung. Kennt man den Temperaturverlauf $T(x)$ entlang der Rohrlängsachse x, lässt sich mit dieser Gleichung der Geschwindigkeitsverlauf entlang der Rohrlängsachse $c(x)$ bestimmen. Wird zunächst eine isotherme Rohrströmung (T = const) angenommen, so kann Gl. (4.274) auf einfachem Wege berechnet werden.

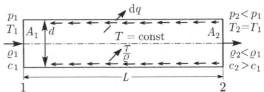

Bild 4.48 Reibungsbehaftete isotherme Rohrströmung

Reibungsbehaftete kompressible isotherme Rohrströmung

In langen erdverlegten Gasrohrleitungen wie z. B. in Gasferntransportleitungen (Pipelines) und örtlichen Gasleitungen weisen die Rohrleitungen und das Gas praktisch die konstante Temperatur des Erdreichs auf, und es stellt sich eine spezifische Wärmeabgabe dq ein (Bild 4.48). Mit T = const wird die *Euler*'sche Bewegungsgleichung für die kompressible reibungsbehaftete Rohrströmung eines idealen Gases (Gl. (4.274)) zu

$$\left(1 - \frac{RT}{c^2}\right) c\,dc + \lambda\,\frac{c^2}{2}\,\frac{dx}{d_h} = 0 \;. \tag{4.275}$$

Der Rohrreibungsbeiwert λ (vgl. Abschnitt 2.8) hängt sowohl bei einer inkompressiblen Strömung als auch bei einer kompressiblen Unterschallströmung ($M < 1,0$) nicht von der *Mach*zahl ab, sondern nur von der *Reynolds*zahl Re sowie vom Verhältniswert des Rohrinnendurchmessers zur Rohrrauigkeit d/k (vgl. Abschnitt 2.8): $\lambda = f(Re, d/k)$. λ lässt sich z. B. aus dem λ, Re-Diagramm des Bildes 2.20 ermitteln und hängt nicht vom Strömungsweg x ab. Damit lässt sich Gl. (4.275) – nach Division durch $c^2/2$ – in den Grenzen 1 und 2 gemäß Bild 4.48 berechnen:

$$\frac{2}{c}\,\mathrm{d}c - \frac{2\,RT}{c^3}\,\mathrm{d}c + \lambda\,\frac{1}{d_h}\,\mathrm{d}x = 0 \qquad (4.276)$$

Durch Integration ergibt sich:

$$2\int_1^2 c^{-1}\,\mathrm{d}c - 2\,RT\int_1^2 c^{-3}\,\mathrm{d}c + \lambda\,\frac{1}{d_h}\int_1^2 \mathrm{d}x = 2\ln\frac{c_2}{c_1} + RT\left[\frac{1}{c_2{}^2} - \frac{1}{c_1{}^2}\right] + \lambda\,\frac{L}{d_h} \quad (4.277)$$

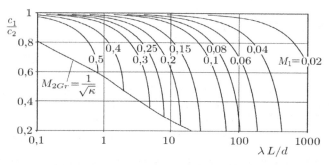

Bild 4.49 Geschwindigkeitsverlauf bei kompressibler isothermer Rohrströmung für Luft und weitere zweiatomige Gase mit $\kappa = 1{,}4$ [47]

Werden das – durch κ geteilte – Quadrat der Schallgeschwindigkeit $a^2/\kappa = RT = RT_1$ und die *Mach*zahl am Rohranfang $M_1^2 = c_1{}^2/a_1{}^2$ herangezogen, lässt sich aus Gl. (4.277) die folgende Gleichung mit der *Mach*zahl M_1 herleiten:

$$2\ln\frac{c_1}{c_2} + \frac{1}{\kappa\,M_1{}^2}\left[1 - \frac{c_1{}^2}{c_2{}^2}\right] = \lambda\,\frac{L}{d_h} \qquad (4.278)$$

Mit dem ersten Ausdruck von Gl. (4.278) $2\ln(c_1/c_2)$ wird die Beschleunigung des Gases als Folge von dessen kompressiblem Einfluss erfasst. Bei der iterativen Lösung der Gleichung kann er zunächst näherungsweise zu null angenommen werden. Mit Hilfe der Kontinuitätsgleichung $\dot m = \varrho_1 c_1 A_1 = \varrho_2 c_2 A_2$ für $A = $ const sowie mit der thermischen Zustandsgleichung des idealen Gases $p_1 = \varrho_1 RT_1$ und $p_2 = \varrho_2 RT_2$ für $T_1 = T_2$ lassen sich die Verhältniswerte ϱ_2/ϱ_1 und p_2/p_1 sowie die Zustandsgrößen am Ende der Rohrleitung berechnen. Es werden bei gleichbleibendem Rohrquerschnitt $A = $ const sowie bei $T = $ const

$$\frac{\varrho_2}{\varrho_1} = \frac{c_1}{c_2} \qquad\qquad \text{und} \qquad\qquad \frac{p_2}{p_1} = \frac{\varrho_2}{\varrho_1} = \frac{c_1}{c_2}\ . \qquad (4.279)$$

Eine iterative Lösung der vollständigen Gl. (4.278) führt zu Ergebnissen, die sich abhängig von der Rohrgeometrie $\lambda\,L/d_h = \lambda\,L/d$ und der *Mach*zahl M übersichtlich in einem Diagramm darstellen lassen. Bild 4.49 weist das Geschwindigkeitsverhältnis c_1/c_2 für die kompressible isotherme Rohrströmung von Luft und weiteren zweiatomigen Gasen mit $\kappa = 1{,}4$ aus.

Für unterschiedliche *Mach*zahlen von M_1 zwischen 0,02 und 0,50 ist das Verhältnis der Geschwindigkeit am Anfang und am Ende der Rohrleitung c_1/c_2 im Bereich von 0,2 bis 1, über $\lambda\,L/d$ mit Werten von 0,1 bis 1000 wiedergegeben. Weiter enthält Bild 4.49

den Verlauf der jeweiligen Grenz-$Machzahl$. Diese leitet sich mithilfe einer Grenzwert-betrachtung von Gl. (4.278) für

$$\left(\frac{c_1}{c_2}\right)_{Gr} = \left(\frac{M_1}{M_2}\right)_{Gr} = \sqrt{\kappa}\, M_1 \tag{4.280}$$

her, wobei dies zu

$$M_{2Gr} = \frac{1}{\sqrt{\kappa}} \tag{4.281}$$

führt [47]. Bild 4.49 verdeutlicht die Beschleunigung der Gasströmung infolge der gleichzeitigen Druck- und Dichteabnahme durch Reibung. Sind sehr lange Rohrleitungen bzw. sehr große Werte von $\lambda L/d > 10$ bis 10^3 zu betrachten, kann eine solche Gasströmung zu einem Verdichtungsstoß mit einem entsprechenden Druckanstieg und einer entsprechenden Geschwindigkeitsabsenkung führen. Hiernach kann der isotherme reibungsbehaftete Strömungsvorgang einen erneuten Anfang finden.

Um Gl. (4.278) lösen zu können, bietet es sich an, hierin das Beschleunigungsglied $2\ln c_1/c_2$ zu null anzunehmen. Damit ermöglicht die Lösung der vereinfachten Gl. (4.278), den Druckverlust Δp für die reibungsbehaftete kompressible Strömung eines idealen Gases angeben zu können:

$$\Delta p = p_1 - p_2 = p_1\left(1 - \sqrt{1 - \lambda\,\frac{L}{d}\,\frac{\varrho_1}{p_1}\,c_1{}^2}\right) \tag{4.282}$$

Gl. (4.282) weist aus, dass der Druckverlust Δp bei Rohrströmungen mit veränderlicher Dichte immer höher ist als der Druckverlust bei inkompressibler reibungsbehafteter Strömung bei gleichen Rohrparametern und Anfangsbedingungen gemäß Gl. (4.283) bzw. Gl. (2.110). Bei kompressiblen Gasströmungen mit $Machzahlen$ von $M_1 > 0{,}2$ ist der Druckverlust immer unter Berücksichtigung der Gaskompressibilität mithilfe von Gl. (4.282) oder Gl. (4.278) zu ermitteln. Hierbei gilt, dass für das Geschwindigkeitsverhältnis c_1/c_2 und für die Rohrlänge L Grenzwerte auftreten können, die beachtet werden müssen, sollen unerwünschte Verdichtungsstöße vermieden werden.

Ein weiterer Grenzwert für die Berechnung von Druckverlusten kompressibler Gase in Rohrleitungen ist das Verhältnis des Druckverlustes Δp zum absoluten Eintrittsdruck p_1, der sich zu $\Delta p/p_1 \geq 0{,}08$ ergibt.

Eine Reihenentwicklung von Gl. (4.282) führt zum Druckverlust für die inkompressible Rohrströmung (vgl. Abschnitt 2.8):

$$\Delta p = \lambda\,\frac{L}{d}\,\frac{1}{2}\,\varrho\, c_1{}^2 \tag{4.283}$$

Beispiel 4.27 Für die Wärmeversorgung eines Zellstoffwerks ist eine Wasserstoff-Hochdruckleitung geplant. In einem Leitungsstück von $l = 12{,}0$ km Länge mit einem Innendurchmesser $d_i = 327{,}2$ mm soll ein Normvolumenstrom von $\dot{V}_0 = 15.000$ m^3/h transportiert werden (kompressibles Gas, raumveränderliche Fortleitung). Die Leitung besteht aus Polyethylen-Kunststoffrohren mit einer Rohrrauigkeit von $k = 0{,}007$ mm. Der Absolutdruck am Anfang der Leitung beträgt $p_1 = 3{,}50$ bar; der Wasserstoff H$_2$ besitzt die Temperatur $t_1 = 12\ ^\circ$C und weist die dynamische Viskosität $\eta = 8{,}8 \cdot 10^{-6}$ kg/(m s) auf. Die Normdichte des Wasserstoffs ist $\varrho_0 = 0{,}08989$ kg/m^3. Im zu betrachtenden Druckbereich kann Wasserstoff als ideales Gas aufgefasst werden.

a) Wie groß ist der Volumenstrom $\dot{V}_1$ bei Betriebszustand am Anfang der Leitung? Welche Geschwindigkeit c_1 weist der Wasserstoff dabei auf? Welchen Wert hat dabei die Dichte des Wasserstoffs ϱ_1?

b) Die kinematische Zähigkeit ν, die Kenngröße d/k sowie die *Reynolds*zahl Re sind zu berechnen. Hiermit ist mit Hilfe des λ,Re-Diagramms die Rohrreibungszahl λ zu bestimmen und mit einer geeigneten Gleichung zu überprüfen. Mit den genannten Werten ist der Druckverlust Δp und der Druck p_2 am Ende der Leitung zu berechnen.

c) Welcher Enddruck p_2 würde sich ergeben, wenn dieser gemäß Abschnitt 2.8 ohne Berücksichtigung der Kompressibilität des Gases berechnet werden würde?

d) Für einen Vergleich soll die Versorgung des Zellstoffwerks durch dieselbe Leitung mit Erdgas H angenommen werden, wobei dieselbe – auf den Heizwert bezogene – Wärmeleistung bereitzustellen ist. Dafür reicht ein Normvolumenstrom des Erdgases H von $\dot{V}_0 = 4350$ m^3/h aus. Erdgas H mit dem Eingangsdruck $p_1 = 3,50$ bar kann als ideales Gas behandelt werden; es weist die dynamische Viskosität $\eta = 10,8 \cdot 10^{-6}$ kg/(m s) und die Normdichte $\varrho_0 = 0,7885$ kg/m^3 auf. Es ist der Druckverlust Δp und der Druck p_2 am Ende der Leitung zu ermitteln.

a) $\dot{V}_1 = \dot{V}_0 \dfrac{p_0}{p_1} \dfrac{T_1}{T_0} = 15000 \dfrac{\text{Nm}^3}{\text{h}} \dfrac{1,01325\,\text{bar}}{3,50\,\text{bar}} \dfrac{285,15\,\text{K}}{273,15\,\text{K}} = 4533,274 \dfrac{\text{m}^3}{\text{h}}$

$c_1 = \dfrac{\dot{V}_1}{A} = \dot{V}_1 \dfrac{4}{\pi\,d^2} = \dfrac{4533,274\,\text{m}^3 \cdot 4}{\text{h}\,3,14159 \cdot 0,3272^2\,\text{m}^2} \dfrac{1\,\text{h}}{3600\,\text{s}} = 14,976 \dfrac{\text{m}}{\text{s}}$

$\varrho_1 = \varrho_0 \dfrac{p_1}{p_0} \dfrac{T_0}{T_1} = 0,08989 \dfrac{\text{kg}}{\text{Nm}^3} \dfrac{3,50\,\text{bar}}{1,01325\,\text{bar}} \dfrac{273,15\,\text{K}}{285,15\,\text{K}} = 0,2974 \dfrac{\text{kg}}{\text{m}^3}$

b) $\nu = \dfrac{\eta}{\varrho_1} = \dfrac{8,8 \cdot 10^{-6}\,\text{kg m}^3}{0,2974\,\text{m s kg}} = 2,9586 \cdot 10^{-5} \dfrac{\text{m}^2}{\text{s}}$ $\dfrac{d}{k} = \dfrac{327,2\,\text{mm}}{0,007\,\text{mm}} = 46743$

$Re = \dfrac{c\,d}{\nu} = \dfrac{14,976\,\text{m} \cdot 0,3272\,\text{m s}}{\text{s}\,2,9586 \cdot 10^{-5}\,\text{m}^2} = 1,6562 \cdot 10^5 \rightarrow$ turbulente Strömung

$\lambda = 0,0163 \rightarrow$ nahezu hydraulisch glatte Strömungsbedingung

Überprüfung mit der Gleichung von *Nikuradse* im Bereich $Re = 10^5 \dots 5 \cdot 10^6$:

$\lambda = 0,0032 + 0,221 \cdot Re^{-0,237} = 0,0032 + 0,221 \cdot (1,6562 \cdot 10^5)^{-0,237} = 0,0160$

$\Delta p_R = p_1 - p_2 = p_1 \left(1 - \sqrt{1 - \lambda \dfrac{l}{d} \dfrac{\varrho_1}{p_1} {c_1}^2}\right)$

$= 3,50\,\text{bar} \left(1 - \sqrt{1 - 0,0163 \dfrac{12000\,\text{m}}{0,3272\,\text{m}} \dfrac{0,2974\,\text{kg}}{\text{m}^3\,3,50\,\text{bar}} 14,976^2 \dfrac{\text{m}^2}{\text{s}^2} \dfrac{\text{bar m}^2}{10^5\,\text{N}} \dfrac{\text{N s}^2}{\text{kg m}}}\right)$

$= 3,50\,\text{bar} \left(1 - \sqrt{1 - 0,11393}\right) = 0,2054\,\text{bar} \approx 0,205\,\text{bar}$

$p_2 \approx 3,295\,\text{bar}$

c) Die Rechnung als inkompressible Gasströmung nach Abschnitt 2.8 führt zum Druckverlust

$\Delta p = \lambda \dfrac{l}{d} \dfrac{1}{2} \varrho\,{c_1}^2 = 0,0163 \dfrac{12000\,\text{m}}{0,3272\,\text{m}} \dfrac{1}{2} 0,2974 \dfrac{\text{kg}}{\text{m}^3} 14,976^2 \dfrac{\text{m}^2}{\text{s}^2} \dfrac{\text{bar m}^2}{10^5\,\text{N}} \dfrac{\text{N s}^2}{\text{kg m}} = 0,1994\,\text{bar}$

$\approx 0,199\,\text{bar}$

$p_2 \approx 3,301\,\text{bar}$

Diese Berechnung ergibt einen etwas geringeren Druckverlust. Bei wesentlich höheren Eingangsdrücken p_1 wären bei der Annahme einer inkompressiblen Gasströmung die Abweichungen allerdings wesentlich größer, so dass dann mit den genaueren Ansätzen für die kompressible Gasströmung gerechnet werden muss.

d) $\dot V_1 = \dot V_0 \dfrac{p_0}{p_1}\dfrac{T_1}{T_0} = 4350\,\dfrac{\mathrm{Nm^3}}{\mathrm h}\,\dfrac{1{,}01325\,\mathrm{bar}}{3{,}50\,\mathrm{bar}}\,\dfrac{285{,}15\,\mathrm K}{273{,}15\,\mathrm K} = 1314{,}650\,\dfrac{\mathrm m^3}{\mathrm h}$

$c_1 = \dfrac{\dot V_1}{A} = \dot V_1\,\dfrac{4}{\pi\,d^2} = \dfrac{1314{,}650\,\mathrm m^3 \cdot 4}{\mathrm h\,3{,}14159\cdot 0{,}3272^2\,\mathrm m^2}\,\dfrac{1\,\mathrm h}{3600\,\mathrm s} = 4{,}343\,\dfrac{\mathrm m}{\mathrm s}$

$\varrho_1 = \varrho_0\,\dfrac{p_1}{p_0}\dfrac{T_0}{T_1} = 0{,}7885\,\dfrac{\mathrm{kg}}{\mathrm{Nm^3}}\,\dfrac{3{,}50\,\mathrm{bar}}{1{,}01325\,\mathrm{bar}}\,\dfrac{273{,}15\,\mathrm K}{285{,}15\,\mathrm K} = 2{,}609\,\dfrac{\mathrm{kg}}{\mathrm m^3}$

$\nu = \dfrac{\eta}{\varrho_1} = \dfrac{10{,}8\cdot 10^{-6}\,\mathrm{kg\,m^3}}{2{,}609\,\mathrm{m\,s\,kg}} = 4{,}1395\cdot 10^{-6}\,\dfrac{\mathrm m^2}{\mathrm s} \qquad \dfrac{d}{k} = \dfrac{327{,}2\,\mathrm{mm}}{0{,}007\,\mathrm{mm}} = 46743$

$Re = \dfrac{c\,d}{\nu} = \dfrac{4{,}343\,\mathrm m \cdot 0{,}3272\,\mathrm{m\,s}}{\mathrm s\,4{,}1395\cdot 10^{-6}\,\mathrm m^2} = 3{,}433\cdot 10^5 \qquad\rightarrow\qquad$ turbulente Strömung

$\lambda = 0{,}0140 \rightarrow$ nahezu hydraulisch glatte Strömungsbedingung

Überprüfung mit der Gleichung von *Nikuradse* im Bereich $Re = 10^5\ldots 5\cdot 10^6$:

$\lambda = 0{,}0032 + 0{,}221\cdot Re^{-0{,}237} = 0{,}0032 + 0{,}221\cdot (3{,}433\cdot 10^5)^{-0{,}237} = 0{,}0140$

$\Delta p_R = p_1 - p_2 = p_1\left(1 - \sqrt{1 - \lambda\,\dfrac{l}{d}\,\dfrac{\varrho_1}{p_1}\,c_1{}^2}\right)$

$= 3{,}50\,\mathrm{bar}\left(1 - \sqrt{1 - 0{,}014\,\dfrac{12000\,\mathrm m}{0{,}3272\,\mathrm m}\,\dfrac{2{,}609\,\mathrm{kg}}{\mathrm m^3\,3{,}50\,\mathrm{bar}}\,4{,}343^2\,\dfrac{\mathrm m^2}{\mathrm s^2}\,\dfrac{\mathrm{bar\,m^2}}{10^5\,\mathrm N}\,\dfrac{\mathrm{N\,s^2}}{\mathrm{kg\,m}}}\right)$

$= 3{,}50\,\mathrm{bar}\left(1 - \sqrt{1 - 0{,}07219}\right) = 0{,}12870\,\mathrm{bar} \approx 0{,}129\,\mathrm{bar}$

$p_2 \approx 3{,}371\,\mathrm{bar}$

Die Rechnung als inkompressible Strömung nach Abschnitt 2.8 ergibt den Druckverlust

$\Delta p = \lambda\,\dfrac{l}{d}\,\dfrac{1}{2}\,\varrho\,c_1{}^2 = 0{,}014\,\dfrac{12000\,\mathrm m}{0{,}3272\,\mathrm m}\,\dfrac{1}{2}\,2{,}609\,\dfrac{\mathrm{kg}}{\mathrm m^3}\,4{,}343^2\,\dfrac{\mathrm m^2}{\mathrm s^2}\,\dfrac{\mathrm{bar\,m^2}}{10^5\,\mathrm N}\,\dfrac{\mathrm{N\,s^2}}{\mathrm{kg\,m}} = 0{,}12633\,\mathrm{bar}$

$\approx 0{,}126\,\mathrm{bar} \qquad\rightarrow\qquad p_2 \approx 3{,}374\,\mathrm{bar}$

Reibungsbehaftete kompressible adiabate Rohrströmung

Bei der Fortleitung von Gasen in wärmegedämmten Rohrleitungen sowie in kurzen, nicht wärmegedämmten Versorgungsleitungen kann die Wärmeübertragung durch die Rohrwand zu null angesetzt bzw. näherungsweise vernachlässigt werden (Bild 4.50).

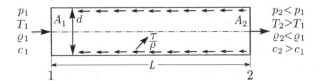

Bild 4.50 Reibungsbehaftete adiabate Rohrströmung

Mit dem Ansatz für die Totaltemperatur einer Strömung in Anlehnung an Gl. (4.249) $T_t = T + c^2/(2\,c_p)$ und der spezifischen isobaren Wärmekapazität $c_p = \kappa\,R/(\kappa - 1)$ lässt sich die Gastemperatur wie folgt angeben:

$$T = T_t - \frac{c^2}{2\,c_p} = T_t - \frac{\kappa - 1}{2\,\kappa}\,\frac{c^2}{R} \qquad\qquad (4.284)$$

Aus Gl. (4.284) folgt nach einer Ableitung gemäß $\mathrm{d}T/\mathrm{d}c$

$$\mathrm{d}T = -\frac{\kappa-1}{\kappa R}\, c\, \mathrm{d}c\ . \tag{4.285}$$

Werden diese Temperaturänderung $\mathrm{d}T$ sowie T gemäß Gl. (4.284) in die Gleichung der kompressiblen reibungsbehafteten Rohrströmung Gl. (4.274) eingesetzt und darauf durch $c^2/2$ geteilt, wird daraus

$$c\, \mathrm{d}c - \frac{\kappa-1}{\kappa}\, c\, \mathrm{d}c - R\left[T_t - \frac{\kappa-1}{2\,\kappa}\frac{c^2}{R}\right]\frac{\mathrm{d}c}{c} + \lambda\frac{c^2}{2}\frac{\mathrm{d}x}{d_h} = 0\ ,$$

$$(1-\frac{\kappa-1}{\kappa}+\frac{\kappa-1}{2\,\kappa})\,c\,\mathrm{d}c - \frac{R\,T_t}{c}\,\mathrm{d}c + \lambda\frac{c^2}{2}\frac{\mathrm{d}x}{d_h} = 0 \quad \text{und} \quad \frac{\kappa+1}{\kappa}\frac{\mathrm{d}c}{c} - 2\,R\,T_{t1}\frac{\mathrm{d}c}{c^3} + \lambda\frac{\mathrm{d}x}{d_h} = 0\ .$$

$$\tag{4.286}$$

Die Rohrreibungszahl λ ist nicht nur bei der isothermen, sondern auch bei der adiabaten Rohrströmung unabhängig von der Lauflänge und hängt nur von der *Reynolds*zahl Re und dem Quotienten d/k ab: $\lambda = f\,(Re,\,d/k)$. Die Integration von Gl. (4.286) zwischen den Stellen 1 und 2 gemäß Bild 4.50 führt zu Gl. (4.287):

$$\frac{\kappa+1}{\kappa}\int_1^2\frac{\mathrm{d}c}{c} - 2\,R\,T_{t1}\int_1^2\frac{\mathrm{d}c}{c^3} + \frac{\lambda}{d_h}\int_1^2\mathrm{d}x = \frac{\kappa+1}{\kappa}\ln\!\left(\frac{c_2}{c_1}\right) + R\,T_{t1}\left[\frac{1}{c_2^{\,2}}-\frac{1}{c_1^{\,2}}\right]+\lambda\frac{L}{d_h}=0$$

$$\frac{\kappa+1}{\kappa}\ln\!\left(\frac{c_2}{c_1}\right) - \frac{R\,T_{t1}}{c_1^{\,2}}\left[1-\left(\frac{c_1}{c_2}\right)^2\right]+\lambda\frac{L}{d_h}=0 \tag{4.287}$$

Eine Umformung von Gl. (4.284) führt zu

$$\frac{T_t}{T}-1 = \frac{\kappa-1}{2}\frac{c^2}{\kappa R T} \quad \text{und} \quad \left(\frac{T_t}{T}-1\right)\frac{\kappa R T}{c^2} = \frac{\kappa R T_t}{c^2}-\frac{\kappa R T}{c^2}=\frac{\kappa-1}{2}\ . \tag{4.288}$$

Damit lässt sich der Ausdruck $R\,T_{t1}/c_1^{\,2}$ in Gl. (4.287) mit $\kappa R T_1 = a_1^{\,2}$ wie folgt darstellen:

$$\frac{R\,T_{t1}}{c_1^{\,2}} = \frac{\kappa-1}{2\,\kappa}+\frac{a_1^{\,2}}{\kappa\,c_1^{\,2}} \quad \text{und} \quad \frac{R\,T_{t1}}{c_1^{\,2}} = \frac{1}{\kappa\,M_1^{\,2}}+\frac{\kappa-1}{2\,\kappa} \tag{4.289}$$

Wird Gl. (4.289) in Gl. (4.287) eingefügt, ergibt sich eine Gleichung für das Geschwindigkeitsverhältnis c_1/c_2 in Abhängigkeit der durch κ ausgedrückten Gasart, der *Mach*zahl M_1, der Rohrreibungszahl λ, der Rohrlänge L und des hydraulischen Rohrdurchmessers d_h:

$$\left[\frac{1}{\kappa\,M_1^{\,2}}+\frac{\kappa-1}{2\,\kappa}\right]\left[1-\left(\frac{c_1}{c_2}\right)^2\right]+\frac{\kappa+1}{\kappa}\ln\!\left(\frac{c_1}{c_2}\right)-\lambda\frac{L}{d_h}=0 \tag{4.290}$$

Diese transzendente Gleichung lässt sich bei vorgegebener Rohrgeometrie $d_h = d$ und L, bei bekanntem λ, bei bekannten Anfangsbedingungen p_1, T_1 und c_1 sowie bei Kenntnis des Isentropenexponenten κ iterativ lösen [47].

Die mit Gl. (4.290) gewonnenen Ergebnisse für die adiabate Rohrströmung eines idealen Gases lassen sich abhängig von den beiden Größen λ und L/d der Rohrgeometrie sowie von der Eintritts*mach*zahl M_1 wiedergeben. Bild 4.51 zeigt in Anlehnung an den Aufbau des Bildes 4.49 die Geschwindigkeitsverhältnisse für die kompressible adiabate Rohrströmung. Das Verhältnis der Geschwindigkeiten c_1/c_2 ist für Zahlenwerte von $c_1/c_2 = 0{,}2$ bis 1 über $\lambda L/d$ dargestellt, wobei $\lambda L/d$ sich über Zahlenwerte von 0,1 bis 1000 erstreckt. Für *Mach*zahlen von $M_1 = 0{,}02$ bis 0,5 ergeben sich gemäß Bild 4.51

mit abnehmenden Zahlenwerten von c_1/c_2 ansteigende Werte von $\lambda L/d$. Zusätzlich ist der Verlauf der Grenzmachzahl mit $M_{2Gr} = 1$ im Schaubild erfasst.

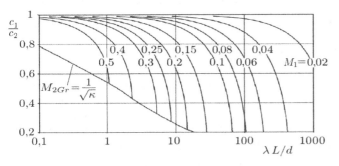

Bild 4.51 Geschwindigkeitsverlauf bei kompressibler adiabater Rohrströmung für Luft und weitere zweiatomige Gase mit $\kappa = 1,4$

Für begrenzte Geschwindigkeiten kann das Beschleunigungsglied $((\kappa+1)/\kappa)\ln(c_1/c_2)$ in Gl. (4.290) in Annäherung zu null gesetzt werden. Damit wird aus Gl. (4.290) nach einer Umformung zum Geschwindigkeitsverhältnis c_1/c_2

$$\frac{c_1}{c_2} = \left[1 - \frac{2\lambda \dfrac{L}{d_h}\kappa {M_1}^2}{2 + (\kappa - 1)(M_1)^2}\right]^{\frac{1}{2}} . \tag{4.291}$$

Für die Rohrströmung ergibt sich das Temperaturverhältnis T_2/T_1 über Verknüpfungen der Gln. (4.284) und (4.288) zu

$$\frac{T_2}{T_1} = 1 + \frac{\kappa - 1}{2}\frac{{c_1}^2}{\kappa R T_1}\left[1 - \left(\frac{c_2}{c_1}\right)^2\right] = 1 + \frac{\kappa - 1}{2}{M_1}^2\left[1 - \left(\frac{c_2}{c_1}\right)^2\right] . \tag{4.292}$$

Das Dichteverhältnis wird durch Integration von Gl. (4.272) $(d\varrho/\varrho) + (dc/c) = 0$ zu $\ln(\varrho_2/\varrho_1) = -\ln(c_2/c_1) = \ln(c_1/c_2)$ bzw.

$$\frac{\varrho_2}{\varrho_1} = \frac{c_1}{c_2} . \tag{4.293 a}$$

Das Druckverhältnis ergibt sich aus der Division $p_2 = \varrho_2 R T_2$ durch $p_1 = \varrho_1 R T_1$ zu

$$\frac{p_2}{p_1} = \frac{\varrho_2}{\varrho_1}\frac{T_2}{T_1} = \frac{c_1}{c_2}\frac{T_2}{T_1} . \tag{4.293 b}$$

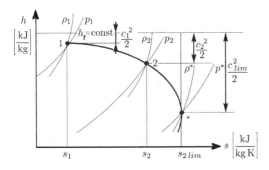

Bild 4.52 Zustandsänderung der adiabaten Rohrströmung im h, s-Diagramm (*Fanno*-Kurve) für Gase mit $\kappa = 1,4$

Der Verlauf der Zustände der reibungsbehafteten adiabaten Gasströmung in der Rohrleitung lässt sich übersichtlich im h, s-Diagramm aufzeigen. Dabei ergibt sich die so genannte *Fanno*-Kurve in Bild 4.52. Beim kritischen Druck p^* erreicht die Geschwindigkeit c den möglichen Grenzwert c_{Grenz}.

In diesem Grenzpunkt von Bild 4.52 wird das Geschwindigkeitsverhältnis (vgl. Gl. (4.291))

$$\left(\frac{c_1}{c_2}\right)_{Grenz} = \left[\frac{(\kappa+1)\,M_1{}^2}{2+(\kappa-1)\,(M_1)^2}\right]^{\frac{1}{2}}.$$
(4.294)

Beispiel 4.28 Eine wärmegedämmte Rohrleitung mit überhitztem Wasserdampf weist den Innendurchmesser $d = 107,1$ mm und die Länge $L = 1250$ m auf. Am Eintrittsquerschnitt 1 betragen die Geschwindigkeit des Dampfes $c_1 = 23$ m/s, die Temperatur $t_1 = 275\,°$C und der Druck $p_1 = 10,0$ bar. Die Stahlrohrleitung weist die Oberflächenrauigkeit $k = 0,1$ mm auf. Für $q = 0$ sind, bezogen auf den Zustand 2 am Ende der Leitung, das Geschwindigkeitsverhältnis c_1/c_2, das Temperaturverhältnis T_2/T_1, das Dichteverhältnis ϱ_2/ϱ_1, die Dichte ϱ_2, das Druckverhältnis p_2/p_1 sowie der Druckverlust $\Delta p = p_1 - p_2$ zu berechnen.

Der überhitzte Dampf, der als ideales Gas zu behandeln ist, weist die kinematische Viskosität $\nu = 4,6 \cdot 10^{-6}$ m^2/s, den Isentropenexponent $\kappa = 1,33$ und die spezifische Gaskonstante $R = 0,46152$ kJ/(kg K) auf.

*Reynolds*zahl der Dampfströmung:

$$Re = \frac{c\,d}{\nu} = \frac{23\,\mathrm{m}\cdot 0,1071\,\mathrm{m\,s}}{\mathrm{s}\;4,6\cdot 10^{-6}\,\mathrm{m}^2} = 535500$$

Relative Oberflächenrauigkeit:

$$\frac{d}{k} = \frac{107,1\,\mathrm{mm}}{0,1\,\mathrm{mm}} = 1071$$

Rohrreibungsbeiwert λ aus dem λ, *Re*-Diagramm:

$$\lambda = f(Re,\,d/k) = 0,020$$

Schallgeschwindigkeit des Heißdampfes, Gl. (4.233):

$$a_1 = \sqrt{\kappa\,R\,T_1} = \sqrt{1,33\cdot 0,46152\,\frac{\mathrm{kJ}}{\mathrm{kg\,K}}\,\frac{1000\,\mathrm{N\,m}}{\mathrm{kJ}}\,\frac{\mathrm{kg\,m}}{\mathrm{N\,s}^2}\,548,15\,\mathrm{K}} = 580,06\,\frac{\mathrm{m}}{\mathrm{s}}$$

*Mach*zahl, Gl. (4.235):

$$M_1 = \frac{c_1}{a_1} = \frac{23\,\mathrm{m\,s}}{\mathrm{s}\;580,06\,\mathrm{m}} = 0,03965$$

Geschwindigkeitsverhältnis mit Gl. (4.291) und Endgeschwindigkeit c_2 bei Vernachlässigung des Beschleunigungsanteils:

$$\frac{c_1}{c_2} = \left[1 - \frac{2\,\lambda\,\dfrac{L}{d_h}\,\kappa\,M_1{}^2}{2+(\kappa-1)\,(M_1)^2}\right]^{\frac{1}{2}} = \left[1 - \frac{2\cdot 0,020\,\dfrac{1250\,\mathrm{m}}{0,1071\,\mathrm{m}}\,1,33\cdot 0,03965^2}{2+(1,33-1)\,0,03965^2}\right]^{\frac{1}{2}} = 0,71558$$

$$c_2 = \frac{c_2}{c_1}\,c_1 = \frac{1}{0,71558}\cdot 23\,\frac{\mathrm{m}}{\mathrm{s}} = 32,142\,\frac{\mathrm{m}}{\mathrm{s}}$$

Temperaturverhältnis und Endtemperatur T_2, Gl. (4.292):

$$\frac{T_2}{T_1} = 1 + \frac{\kappa-1}{2}\,M_1{}^2\left[1-\left(\frac{c_2}{c_1}\right)^2\right] = 1 + \frac{1,33-1}{2}\,0,03965^2\left[1-\left(\frac{1}{0,71558}\right)^2\right] = 0,99975$$

$$T_2 = \frac{T_2}{T_1}\,T_1 = 0,99975\cdot 548,15\,\mathrm{K} = 548,015\,\mathrm{K}$$

Dichteverhältnis und Dichte ϱ_2, Gl. (4.293):

$$\frac{\varrho_2}{\varrho_1} = \frac{c_1}{c_2} = 0,71558$$

$$\varrho_2 = \frac{\varrho_2}{\varrho_1}\,\varrho_1 = \frac{\varrho_2}{\varrho_1}\,\frac{p_1}{R\,T_1} = 0{,}71558 \cdot \frac{10{,}0\,\text{bar\,kg\,K}}{0{,}46152\,\text{kJ} \cdot 548{,}15\,\text{K}}\,\frac{\text{kJ}}{1000\,\text{N\,m}}\,\frac{10^5\,\text{N}}{\text{bar\,m}^2} = 2{,}829\,\frac{\text{kg}}{\text{m}^3}$$

Druckverhältnis, Enddruck p_2 und Druckverlust, Gl. (4.293 b):

$$\frac{p_2}{p_1} = \frac{\varrho_2}{\varrho_1}\,\frac{T_2}{T_1} = 0{,}71558 \cdot 0{,}99975 = 0{,}71540$$

$$p_2 = \frac{p_2}{p_1}\,p_1 = 0{,}71540 \cdot 10{,}0\,\text{bar} = 7{,}1540\,\text{bar}$$

$$\Delta p = p_1 - p_2 = 10{,}0\,\text{bar} - 7{,}1540\,\text{bar} = 2{,}8460\,\text{bar} \approx 2{,}85\,\text{bar}$$

Flächen-Geschwindigkeits-Beziehung

Bei der kompressiblen, reibungsfreien, beschleunigten Gasströmung in Düsen ändern sich die Zustandsgrößen p, T, ϱ, c sowie der Strömungsquerschnitt A abhängig von der Geschwindigkeit c bzw. der *Mach*zahl entlang des Weges x.

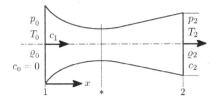

Bild 4.53 Eindimensionale Düsenströmung in einer *Laval*-Düse

Gasströmungen dieser Art bilden sich in Überschalldüsen nach *de Laval* aus (Bilder 4.53 und 4.54); sie treten auch in Schaufelgittern von Gas- und Dampfturbinen auf, die u. a. dazu dienen, mit großen spezifischen Energieströmen hohe Geschwindigkeiten zu erzeugen. Für die Erfassung dieser Vorgänge wird im Folgenden entsprechend Bild 4.53 eine eindimensionale isentrope Strömung entlang eines Stromfadens untersucht.

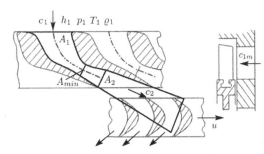

Bild 4.54 Leitapparat mit *Laval*-Düsen einer Dampfturbine [47]

Die Kontinuitätsgleichung für die kompressible Gasströmung $\dot{m} = \varrho c A$ lautet in ihrer differentiellen Form gemäß Gl. (4.224): $d\varrho/\varrho + dc/c + dA/A = 0$. Gl. (4.224) zeigt, dass eine angestrebte Geschwindigkeitsänderung auch die Dichteänderung der Strömung und die Änderung des Strömungsquerschnitts erforderlich macht.

Die Dichteänderung führt ihrerseits zu einer Druck- und Temperaturänderung, wie die thermische Zustandsgleichung des idealen Gases in ihrer differentiellen Form entsprechend Gl. (4.271) verdeutlicht:

$$\frac{dp}{p} - \frac{d\varrho}{\varrho} - \frac{dT}{T} = 0 \qquad (4.271)$$

Weiter wird die vereinfachte Bewegungsgleichung (4.237) in der Form $(p/\varrho)\,(dp/p) + c\,dc = 0$ benötigt. Dazuhin wird die Isentropenbeziehung gemäß Gl. (4.100) in der Form $p/p_0 = (T/T_0)^{(\kappa/(\kappa-1))}$ genutzt, woraus mit einer Logarithmierung beider Seiten

$\ln{(p/p_0)} = \kappa/(\kappa - 1)\ln{(T/T_0)}$ resultiert und die differentielle Schreibweise $\mathrm{d}p/p = \kappa/(\kappa - 1)\,\mathrm{d}T/T$ folgt, woraus sich mit der umgeformten Gl. (4.271) $\mathrm{d}p/p = \kappa/(\kappa - 1)(\mathrm{d}p/p - \mathrm{d}\varrho/\varrho)$ ergibt.

Diese Beziehung wird in die oben genannte Form der Bewegungsgleichung eingesetzt, wobei sich die differentielle Form der Energiegleichung der Gasdynamik

$$\frac{\kappa}{\kappa - 1}\frac{p}{\varrho}\left(\frac{\mathrm{d}p}{p} - \frac{\mathrm{d}\varrho}{\varrho}\right) + c\,\mathrm{d}c = 0 \qquad (4.295)$$

ergibt. Wird diese nach der Druckänderung $\mathrm{d}p/p$ und die Isentropengleichung ebenfalls nach $\mathrm{d}p/p = \kappa\,\mathrm{d}\varrho/\varrho$ aufgelöst, gelangt man zu Gleichungen für die Dichte-Geschwindigkeits-Beziehung und die Flächen-Geschwindigkeits-Beziehung. Aus Gl. (4.295), mit dem Quadrat der Schallgeschwindigkeit $a^2 = \kappa\,p/\varrho$ und der *Mach*zahl $M = c/a$ folgt

$$\frac{\mathrm{d}p}{p} = -\frac{\kappa - 1}{\kappa}\frac{\varrho}{p}\,c\,\mathrm{d}c + \frac{\mathrm{d}\varrho}{\varrho} = \kappa\,\frac{\mathrm{d}\varrho}{\varrho} \quad \text{sowie} \quad -\frac{\kappa - 1}{a^2}\,c\,\mathrm{d}c = (\kappa - 1)\frac{\mathrm{d}\varrho}{\varrho} \qquad (4.296)$$

und daraus die Dichte-Geschwindigkeits-Beziehung:

$$\frac{\mathrm{d}\varrho}{\varrho} = -\frac{c^2}{a^2}\frac{\mathrm{d}c}{c} = -M^2\frac{\mathrm{d}c}{c} \ . \qquad (4.297)$$

Wird Gl. (4.297) in die Kontinuitätsgleichung $\mathrm{d}\varrho/\varrho + \mathrm{d}c/c + \mathrm{d}A/A = 0$ (Gl. (4.224)) eingesetzt, führt dies zur Flächen-Geschwindigkeits-Beziehung [47]

$$\frac{\mathrm{d}A}{A} = (M^2 - 1)\frac{\mathrm{d}c}{c} \ . \qquad (4.298)$$

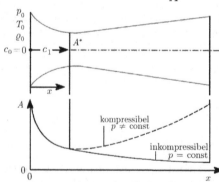

Bild 4.55 Querschnittsverlauf in einer Düse bei kompressibler und inkompressibler Strömung

Der Zahlenwert der *Mach*zahl wirkt sich auf die Dichteänderung $\mathrm{d}\varrho/\varrho$ und die Querschnittsänderung $\mathrm{d}A/A$ der Düse aus, wie aus den Gln. (4.297) und (4.298) sowie aus Tabelle 4.8 deutlich wird. Bild 4.55 zeigt den Querschnittsverlauf einer Düse als Funktion der Düsenlänge x für die kompressible und für die inkompressible Strömung.

Tabelle 4.8 Wirkung der Größe der *Mach*zahl auf die Dichte- und Querschnittsänderung von Strömungen

Ruhezustand	$M = 0$	$|\mathrm{d}\varrho/\varrho| = 0$	$\mathrm{d}A/A = -\,\mathrm{d}c/c = 0$
Unterschallgeschwindigkeit	$M < 1$	$|\mathrm{d}\varrho/\varrho| < |\mathrm{d}c/c|$	$\mathrm{d}A/A < \mathrm{d}c/c$
Kritischer Zustand	$M = M^* = 1$	$|\mathrm{d}\varrho/\varrho| = |\mathrm{d}c/c|$	$\mathrm{d}A/A = 0$
Überschallgeschwindigkeit	$M > 1$	$|\mathrm{d}\varrho/\varrho| > |\mathrm{d}c/c|$	$\mathrm{d}A/A > \mathrm{d}c/c$

Für eine konstante *Mach*zahl M lässt sich die Flächen-Geschwindigkeits-Beziehung gemäß Gl. (4.298)) einfach integrieren; das Querschnittsverhältnis A_2/A_1 einer Überschalldüse ergibt sich hieraus zu

$$\ln \frac{A_2}{A_1} = (M^2 - 1)\ln \frac{c_2}{c_1} = \ln \left[\left(\frac{c_2}{c_1}\right)\right]^{(M^2-1)} \tag{4.299}$$

und weiter

$$\frac{A_2}{A_1} = \left(\frac{c_2}{c_1}\right)^{(M^2-1)} \tag{4.300}$$

sowie

$$\frac{A}{c^{(M^2-1)}} = \text{const}. \tag{4.301}$$

Gl. (4.300) kann für den Unterschallbereich ($M < 1{,}0$) auch in der Form

$$\frac{A_2}{A_1} = \frac{c_1^{(1-M_1{}^2)}}{c_2^{(1-M_2{}^2)}} \tag{4.302}$$

angegeben werden. Wie die Bilder 4.53 bis 4.56 zeigen, bewirkt im Unterschallbereich die Querschnittsverengung und im Überschallbereich die Querschnittserweiterung der Düse die Beschleunigung der Gasströmung.

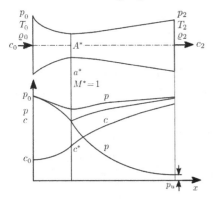

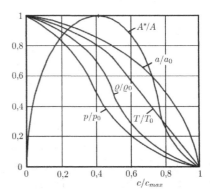

Bild 4.56 Druck- und Geschwindigkeitsverlauf in einer *Laval*-Düse bei unterkritischer, kritischer und überkritischer Expansion

Bild 4.57 Bezogene Zustandsgrößen in Abhängigkeit des Geschwindigkeitsverhältnisses c/c_{max} bei isentroper Strömung von Luft mit $\kappa = 1{,}4$ aus einem Behälter durch eine *Laval*-Düse ins absolute Vakuum

Werden die Gln. (4.297) und (4.298) nach dc/c aufgelöst und darauf gleichgesetzt, führt dies zu

$$\frac{d\varrho}{\varrho} = -\frac{M^2}{M^2-1}\frac{dA}{A}. \tag{4.303}$$

Wird Gl. (4.303) in die Isentropenbeziehung eingesetzt, folgt

$$\frac{dp}{p} = \kappa \frac{d\varrho}{\varrho} = -\frac{\kappa M^2}{M^2-1}\frac{dA}{A}. \tag{4.304}$$

Daraus ergibt sich nach Integration und einer nachfolgenden Entlogarithmierung das Druckverhältnis der *Laval*-Düse

$$\frac{p_2}{p_1} = \left(\frac{A_1}{A_2}\right)^{\frac{\kappa M^2}{M^2-1}}, \tag{4.305 a}$$

das im Falle eines kreisförmigen Querschnitts $A = \pi\, d^2/4$ zu

$$\frac{p_2}{p_1} = \left(\frac{d_1}{d_2}\right)^{\frac{2\,\kappa\, M^2}{M^2-1}} \qquad (4.305\,\mathrm{b})$$

wird.

Bild 4.56 zeigt, dass im linken, sich verengenden Bereich der *Laval*-Düse der Druck der Gasströmung sinkt und die Geschwindigkeit zunimmt, wobei sich dies über die kritische Geschwindigkeit c^* im engsten Querschnitt A^* hinaus weiter fortsetzt. Wird allerdings die kritische Geschwindigkeit c^* im engsten Querschnitt A^* nicht erreicht, wirkt der rechte, sich erweiternde Teil der Düse als Diffusor. Dabei erhöht sich der Druck p im Falle einer reibungsfreien Strömung wieder auf den Anfangswert p_0 (Bild 4.56).

In Gl. (4.243) ist die erreichbare Maximalgeschwindigkeit beim Ausströmen in das vollständige Vakuum wiedergegeben. Mithilfe der Ellipsengleichung (4.261 b) $(a/a_0)^2 + (c/c_{max})^2 = 1$, der Gleichungen für die Schallgeschwindigkeiten $a^2 = \kappa\, R\, T$ und $a_0{}^2 = \kappa\, R\, T_0$, den Isentropenbeziehungen zwischen T/T_0 und ϱ/ϱ_0 bzw. zwischen T/T_0 und p/p_0 sowie der Beziehungen für die Verhältniswerte im Ruhezustand (Gln. (4.253 b) bis (4.260)) lassen sich die Änderungen der Verhältniswerte der Zustandsgrößen a/a_0, T/T_0, ϱ/ϱ_0 und p/p_0 abhängig vom Geschwindigkeitsverhältnis c/c_{max} in Gleichungsform darstellen:

$$\left(\frac{c}{c_{max}}\right)^2 = 1 - \left(\frac{a^2}{a_0{}^2}\right) = 1 - \frac{\kappa\, R\, T}{\kappa\, R\, T_0} = 1 - \frac{T}{T_0} = 1 - \left(\frac{\varrho}{\varrho_0}\right)^{\kappa-1} = 1 - \left(\frac{p}{p_0}\right)^{\frac{\kappa-1}{\kappa}} \quad (4.306)$$

Die entsprechenden Kurvenverläufe sind in Bild 4.57 wiedergegeben. So wird dort z. B. sichtbar, dass die örtliche Schallgeschwindigkeit a bzw. das Verhältnis a/a_0 mit wachsender Geschwindigkeit c vom Wert $a/a_0 = 1{,}0$ im Ruhezustand abnimmt und bei der Maximalgeschwindigkeit $c = c_{max}$, die im absoluten Vakuum bei $p = 0$, $\varrho = 0$ und $T = 0$ erreicht wird, auf den Wert $a = \sqrt{\kappa\, R\, T} = 0$ mit $a/a_0 = 0$ zurückgeht.

Dieser Verlauf von a/a_0 verdeutlicht, dass sich unterschiedliche Schallgeschwindigkeiten in Strömungen ausbilden, die deshalb voneinander zu unterscheiden sind:

So ist die Ruheschallgeschwindigkeit

$$a_0 = \sqrt{\kappa\, \frac{p_0}{\varrho_0}}\; . \qquad (4.307)$$

Die örtliche Schallgeschwindigkeit in einem Punkt der Stromlinie ist mit $R\, T_0 = p_0/\varrho_0$ und $T/T_0 = (p/p_0)^{(\kappa-1)/\kappa}$

$$a = \sqrt{\kappa\, \frac{p}{\varrho}} = \sqrt{\kappa\, R\, T} = \sqrt{\kappa\, \frac{p_0}{\varrho_0}\left(\frac{p}{p_0}\right)^{\frac{\kappa-1}{\kappa}}}\;, \qquad (4.308)$$

und die kritische Schallgeschwindigkeit a^* ergibt sich entsprechend den Gleichungen (4.253 b) für a^* und (4.243) sowie (4.233) für a_0 zu

$$a^* = \sqrt{\frac{2}{\kappa+1}}\, a_0 = \sqrt{\frac{\kappa-1}{\kappa+1}}\, c_{max} = \sqrt{\frac{2\,\kappa}{\kappa+1}\, \frac{p_0}{\varrho_0}}\; . \qquad (4.309)$$

Die Ruhemachzahl bei $c = 0$ ist stets $M_0 = 0$. Mit den unterschiedlichen Schallgeschwindigkeiten gemäß den Gln. (4.308) und (4.309) können zwei unterschiedliche Machzahlen eingeführt werden. Die örtliche Machzahl beträgt

$$M = c/a = \frac{c}{\sqrt{\kappa\, R\, T}}\;,$$

und die kritische *Mach*zahl beträgt gemäß Gl. (4.309) für a^* und Gl. (4.306) für
$c/c_{max} = c^*/c_{max}$

$$M^* = \frac{c^*}{a^*} = \left[\frac{\kappa + 1}{\kappa - 1}\left[1 - \left(\frac{p}{p_0}\right)^{\frac{\kappa-1}{\kappa}}\right]\right]^{\frac{1}{2}} . \tag{4.310}$$

Mit dieser Gleichung gelangt man — bei Verwendung der Isentropengleichungen $p/p_0 = (\varrho/\varrho_0)^\kappa = (T/T_0)^{(\kappa/(\kappa-1))}$ und mit Gl. (4.256) — zur Darstellung des mit dem Exponent $(\kappa - 1)/\kappa$ versehenen Druckverhältnisses p/p_0:

$$\left(\frac{p}{p_0}\right)^{\frac{\kappa-1}{\kappa}} = \left(\frac{\varrho}{\varrho_0}\right)^{\kappa-1} = \frac{1}{1 + \frac{\kappa - 1}{2}M^2} . \tag{4.311}$$

Wird diese Gleichung in Gl. (4.242) eingesetzt und die Kontinuitätsgleichung (Gl. (4.221)) für einen beliebigen Punkt auf der Stromlinie und für den kritischen Zustand $\dot{m} = \varrho c A = \varrho^* c^* A^*$ betrachtet, lassen sich das Flächenverhältnis im kritischen Querschnitt $A^*/A = (\varrho/\varrho^*)(c/c^*) = (\varrho/\varrho_0)(\varrho_0/\varrho^*)(c/c^*)$ sowie das Dichteverhältnis ϱ^*/ϱ im kritischen Querschnitt einer Überschalldüse rechnerisch wiedergeben.

Das Querschnittsverhältnis A^*/A wird damit zu

$$\frac{A^*}{A} = \frac{\varrho}{\varrho^*}M^* = M^*\left[\frac{1 + \frac{\kappa - 1}{\kappa + 1}M^{*2}}{1 + \frac{\kappa - 1}{\kappa + 1}}\right]^{\frac{1}{\kappa-1}} \tag{4.312}$$

und das Dichteverhältnis ϱ/ϱ^* hieraus zu

$$\frac{\varrho}{\varrho^*} = \frac{1}{M^*}\frac{A^*}{A} = \left[\frac{1 + \frac{\kappa - 1}{\kappa + 1}M^{*2}}{1 + \frac{\kappa - 1}{\kappa + 1}}\right]^{\frac{1}{\kappa-1}} . \tag{4.313}$$

Für die kritische *Mach*zahl $M^* = 1$ erhält man mit Gl. (4.312) das Querschnittsverhältnis $A^*/A = 1{,}0$. Dies sagt aus, dass im strömungstechnisch kritischen Punkt die Funktion A^*/A für den Querschnitt einer Überschalldüse – rechnerisch ausgedrückt – abhängig von der Ortskoordinate x einen Wendepunkt zwischen dem konvergierenden und dem danach folgenden divergierenden Teil der Überschalldüse durchläuft (Hochpunkt bei $M^* = 1$ in Bild 4.58). Im Überschallbereich der *Laval*-Düse mit $M > 1{,}0$ ergibt sich $A^*/A < 1$, womit eine Erweiterung des Querschnitts ausgedrückt wird.

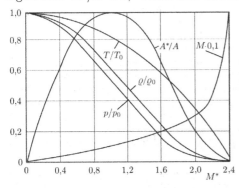

Bild 4.58 Bezogene Zustandsgrößen in Abhängigkeit der kritischen *Mach*zahl M^* bei isentroper Strömung von Luft mit $\kappa = 1{,}4$ aus einem Behälter durch eine *Laval*-Düse ins absolute Vakuum

Der Zusammenhang zwischen der kritischen *Mach*zahl M^* und der örtlichen *Mach*zahl M besteht über die Schallgeschwindigkeiten a_0 und a^* der Gl. (4.253 b) und der Definition der *Mach*zahlen $M^* = c^*/a^*$ und $M = c/a$ (Gl. (4.235))) zu

$$M^* = \frac{c}{a^*} = \frac{c}{\left[\dfrac{2}{\kappa+1}\right]^{\frac{1}{2}} a_0} = \left[\frac{(\kappa+1)\,M^2}{2+(\kappa-1)\,M^2}\right]^{\frac{1}{2}} . \qquad (4.314)$$

Die Verhältniswerte der Zustandsgrößen p/p_0, T/T_0 und ϱ/ϱ_0 lassen sich nicht nur in Abhängigkeit von c/c_{max} gemäß Bild 4.57 darstellen, sondern können auch gemäß Bild 4.58 abhängig von der kritischen $Mach$zahl M^* wiedergegeben werden, deren Maximalwert sich zu $M^* = 2{,}45$ ergibt.

In [93] finden sich u. a. für die isentrope Strömung idealer Gase mit konstanter spezifischer isobarer Wärmekapazität $c_p = \mathrm{const}$ die Gleichungen für die örtlichen $Mach$zahlen M, für die kritischen $Mach$zahlen M^* sowie für die gasdynamischen Verhältniswerte a/a_0, T/T_0, p/p_0 und ϱ/ϱ_0.

Beispiel 4.29 In der Dampfturbine eines Industrie-Heizkraftwerks wird überhitzter Dampf in einer $Laval$-Düse beschleunigt. Der Dampfzustand am Eintrittsquerschnitt beträgt $p_1 = 15{,}0$ bar, $T_1 = 773{,}15$ K und $\varrho_1 = 4{,}2038$ kg/m^3. Der Wasserdampf soll in erster Näherung als ideales Gas mit $R = 0{,}46152$ kJ/(kg K) und $\kappa = 1{,}33$ behandelt werden können. Der überhitzte Wasserdampf soll in der $Laval$-Düse auf $p_2 = 2{,}0$ bar und $T_2 = 511{,}00$ K entspannt werden, wobei die Dampfdichte den Wert $\varrho_2 = 0{,}8480$ kg/m^3 erreichen soll. Die Düse weist als engsten Querschnitt den Wert $A^* = 0{,}0026$ m^2 und ein Querschnittsverhältnis von $A_2/A^* = 25$ auf.

a) Wird die $Laval$-Düse im überkritischen Bereich betrieben?
b) Welche Werte haben die Zustandsgrößen am Düsenaustritt c_2, a_2 und M_2 bei isentroper Expansion?
c) Es sind der Volumenstrom $\dot V_2$ am Düsenaustritt, der Massenstrom $\dot m$ und der Austrittsquerschnitt A_2 zu bestimmen.
d) Wie ändern sich das erforderliche Querschnittsverhältnis $A_1/A_2{}'$ der $Laval$-Düse und der Austrittsquerschnitt $A_2{}'$, wenn der Druck am Austritt auf $p_2' = 1{,}3$ bar bei sonst gleichen Parametern abgesenkt wird?

a) Expansionsdruckverhältnis:

$p_2/p_1 = (2{,}0\ \text{bar})/(15{,}0\ \text{bar}) = 0{,}13333 < 0{,}577 \qquad \rightarrow \qquad$ überkritischer Bereich

b) Düsenaustrittsgeschwindigkeit, Gl. (4.242):
$$c_2 = \left[\frac{2\kappa}{\kappa-1}\frac{p_1}{\varrho_1}\left[1-\left(\frac{p_2}{p_1}\right)^{\frac{\kappa-1}{\kappa}}\right]\right]^{\frac{1}{2}}$$

$$c_2 = \left[\frac{2\cdot 1{,}33}{1{,}33-1}\frac{15{,}0\,\text{bar m}^3}{4{,}2038\,\text{kg}}\frac{10^5\,\text{N}}{\text{bar m}^2}\frac{\text{kg m}}{\text{N s}^2}\left[1-\left(\frac{2{,}0}{15{,}0}\right)^{\frac{1{,}33-1}{1{,}33}}\right]\right]^{\frac{1}{2}} = 1063{,}76\ \frac{\text{m}}{\text{s}}$$

Schallgeschwindigkeit am Austritt der Düse, Gl. (4.233):

$$a_2 = \sqrt{\kappa\,R\,T_2} = \sqrt{1{,}33\cdot 0{,}46152\ \frac{\text{kJ}}{\text{kg K}}\frac{10^3\,\text{N m}}{\text{kJ}}\frac{\text{kg m}}{\text{N s}^2}\cdot 511{,}00\,\text{K}} = 560{,}06\ \frac{\text{m}}{\text{s}}$$

$Mach$zahl am Düsenaustritt, Gl. (4.235): $M = \dfrac{c_2}{a_2} = \dfrac{1063{,}76\ \text{m/s}}{560{,}06\ \text{m/s}} = 1{,}899$

c) Volumenstrom am Düsenaustritt (vgl. Gl. (4.222)):

$$\dot V_2 = A_2\,c_2 = \frac{A_2}{A^*}\,A^*\,c_2 = 25\cdot 0{,}0026\ \text{m}^2 \cdot 1063{,}76\ \frac{\text{m}}{\text{s}} = 69{,}1444\ \frac{\text{m}^3}{\text{s}}$$

Massenstrom, Gl. (4.221):

$$\dot{m} = \varrho_2 \, \dot{V}_2 = \varrho_2 \frac{A_2}{A^*} A^* c_2 = 0{,}8480 \frac{\text{kg}}{\text{m}^3} \cdot 25 \cdot 0{,}0026 \,\text{m}^2 \cdot 1063{,}76 \,\frac{\text{m}}{\text{s}} = 58{,}634 \,\frac{\text{kg}}{\text{s}}$$

$$A_2 = \frac{A_2}{A^*} A^* = 25 \cdot 0{,}0026 \,\text{m}^2 = 0{,}065 \,\text{m}^2$$

d)

$$c_2' = \left[\frac{2\,\kappa}{\kappa - 1} \frac{p_1}{\varrho_1} \left[1 - \left(\frac{p_2}{p_1} \right)^{\frac{\kappa - 1}{\kappa}} \right] \right]^{\frac{1}{2}}$$

$$c_2' = \left[\frac{2 \cdot 1{,}33}{1{,}33 - 1} \cdot \frac{15{,}0 \,\text{bar}\,\text{m}^3}{4{,}2038 \,\text{kg}} \frac{10^5 \,\text{N}}{\text{bar}\,\text{m}^2} \frac{\text{kg}\,\text{m}}{\text{N}\,\text{s}^2} \left[1 - \left(\frac{1{,}3}{15{,}0} \right)^{\frac{1{,}33 - 1}{1{,}33}} \right] \right]^{\frac{1}{2}} = 1143{,}87 \,\frac{\text{m}}{\text{s}}$$

Schallgeschwindigkeit $a_2' = a_2$ für $T_2' = T_2$:

*Mach*zahl am Düsenaustritt: $M_2' = \dfrac{c_2'}{a_2} = \dfrac{1143{,}87 \,\text{m/s}}{560{,}06 \,\text{m/s}} = 2{,}0424$

Querschnittsverhältnis: $\dfrac{A_1}{A_2} = \left(\dfrac{p_2}{p_1} \right)^{\frac{{M_2'}^2 - 1}{\kappa\,{M_2'}^2}} = \left(\dfrac{1{,}3 \,\text{bar}}{15{,}0 \,\text{bar}} \right)^{\frac{2{,}0424^2 - 1}{1{,}33 \cdot \,2{,}0424^2}} = 0{,}2471$

Dampfdichte: $\varrho_2' = \dfrac{p_2'}{R\,T_2} = \dfrac{1{,}3 \,\text{bar}\,\text{kg}\,\text{K}}{0{,}46152 \,\text{kJ} \cdot 511{,}00 \,\text{K}} \dfrac{100 \,\text{kJ}}{\text{bar}\,\text{m}^3} = 0{,}55123 \,\dfrac{\text{kg}}{\text{m}^3}$

Neuer Austrittsquerschnitt A_2', Gl. (4.222):

$$A_2' = \frac{\dot{m}}{\varrho_2' c_2'} = \frac{58{,}634 \,\text{kg}\,\text{m}^3\,\text{s}}{\text{s} \; 0{,}55123 \,\text{kg} \cdot 1143{,}87 \,\text{m}} = 0{,}0930 \,\text{m}^2$$

Betriebsverhalten von Überschall-Düsen

Laval-Düsen müssen im Auslegungspunkt, also beim vorgegebenen Druckverhältnis p_1/p_2 betrieben werden. Ist dies nicht gewährleistet, bildet sich im Falle eines zu großen Gegendrucks p_2' ein Verdichtungsstoß mit einer Strahlablösung in der Düse aus; dabei wird die vorgesehene Endgeschwindigkeit nicht erreicht. Im Falle eines zu geringen Gegendrucks p_2' stellt sich am Austritt eine Strahlexpansion ein, wobei der Druck sprungartig auf den Austrittsdruck p_2' sinkt (Bild 4.59).

Bildet sich der Druck in einer *Laval*-Düse im überkritischen Bereich nicht in der Weise aus, dass der Druckverlauf $p(x)$ gemäß Gl. (4.305 a) erreicht wird, vermag sich die Gasströmung in der Düse nicht isentrop an den Austrittszustand p_2 anzunähern. Stattdessen verändert sie sich sprunghaft auf den Druck p_2', die Dichte ϱ_2' und die Temperatur T_2'. Fällt der Druck p_2' am Düsenaustritt unter den Auslegungsdruck p_2, gilt also $p_2' < p_2$, so expandiert die Strömung am Düsenaustritt. Ist dagegen der Druck am Düsenaustritt höher als der Auslegungsdruck $p_2' > p_2$, bildet sich ein Verdichtungsstoß aus, und die Strömung löst sich von der Düsenwand ab (Bild 4.59). Ein solcher Stoßvorgang bewirkt irreversible Strömungsvorgänge, die mit einer Zunahme der spezifischen Entropie gemäß Gl. (4.315) verbunden sind:

$$s_2 - s_1 = c_p \ln \frac{T_2'}{T_1} - R \ln \frac{p_2'}{p_1} \tag{4.315}$$

Der dimensionslose Druckverlauf p/p_0, der Verlauf der *Mach*zahl M und der Verlauf der Zunahme der spezifischen Entropie $s_2 - s_1$ in einer Überschalldüse bei erhöhtem Druck hinter der Düse $p_2' > p_2$ sind in Bild 4.60 dargestellt.

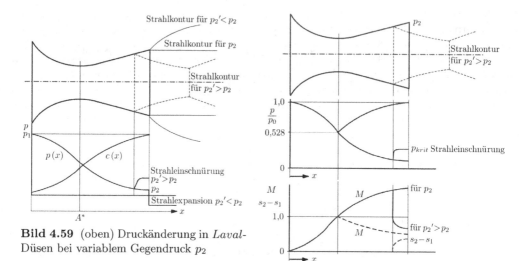

Bild 4.59 (oben) Druckänderung in *Laval*-Düsen bei variablem Gegendruck p_2

Bild 4.60 (rechts) Verlauf der *Mach*zahl und der spezifischen Entropie in *Laval*-Düsen bei zu hohem Gegendruck mit Ablösung und Verdichtungsstoß

Mit Überschalldüsen kann der Druck der Gasströmung stark vermindert werden. Wird dabei bei einem solchen stark verdünnten Gas nahezu Vakuum erreicht, so bildet sich bei absoluten Drücken von $p \leq 10^{-6}$ bar (0,1 Pa) eine Molekularströmung bei Gasdichten von $\varrho \leq 1,21 \cdot 10^{-6}$ kg/m^3 aus. Diese folgt den Gesetzmäßigkeiten der kinetischen Gastheorie, wobei die freie Weglänge l der Gasmoleküle in Bereichen von $l/d > 0,5$ liegt, d. h. größer als der Radius der Rohrleitung ist. Im Übergangsgebiet der viskosen Strömung zur Molekularströmung beträgt die *Reynolds*zahl lediglich $Re = 0,12$ [47].

4.6.9   Verdichtungsstoß

Rechtwinkliger Verdichtungsstoß

In Überschallströmungen ist der Verdichtungsstoß ein kennzeichnender Vorgang. Für seine thermodynamische Beschreibung wird eine eindimensionale, kompressible und isentrope Gasströmung in einem Rohr mit gleichbleibendem Querschnitt A im Kontrollraum zwischen 1 und 2 gemäß Bild 4.61 betrachtet.

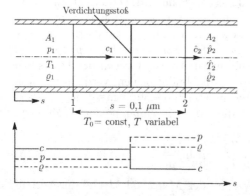

Bild 4.61 Zustandsänderung einer Überschallströmung bei rechtwinkligem Verdichtungsstoß [47]

Es wird vorausgesetzt, dass der Abstand der Ein- und Austrittsflächen des Kontrollraumes sehr gering ist und lediglich die freie Weglänge l einiger Moleküle aufweist. Die freie Weglänge der Moleküle weist z. B. bei Luft von $p_0 = 1$ bar und $t_0 = 20\,^\circ$C den Wert von etwa $l = 0{,}1\ \mu$m auf.

Die Ausdehnung der Stoßfront, in der die Temperatur sprunghaft von T_1 auf $\hat{T}_2$ ansteigt, hängt vom Druckverhältnis beim Verdichtungsstoß ab; sie nimmt Werte von etwa $s = 0{,}07$ bis $0{,}50\ \mu$m an.

Ist die Strömung reibungsfrei und inkompressibel, so kann die Lösung aus der Kontinuitätsgleichung für $A = $ const, $c_2 = c_1$ und $\varrho_2 = \varrho_1$ ermittelt werden, die sich bei geringer Geschwindigkeit auch für kompressible Strömungen anwenden lässt. Im Falle kompressibler Fluide erhält man eine weitere Lösung mit $c_2 \neq c_1$ und $p_2 \neq p_1$ [47].

Die Zustandsgrößen nach dem Verdichtungsstoß werden im Folgenden mit $\hat{c}_2$, $\hat{p}_2$, $\hat{\varrho}_2$, $\hat{T}_2$, $\hat{a}_2$, $\hat{M}_2$ usw. bezeichnet.

Zur Erfassung des rechtwinkligen Verdichtungsstoßes werden dabei die folgenden drei Bilanzgleichungen herangezogen:

Kontinuitätsgleichung (Gl. (4.222)) für konstanten Strömungsquerschnitt $A = A_1 = A_2$

$$\varrho_1\, c_1 = \hat{\varrho}_2\, \hat{c}_2 = \frac{\dot{m}}{A} \qquad (4.316)$$

Impulsgleichung gemäß Gl. (4.227)

$$\varrho_1\, {c_1}^2 + p_1 = \hat{\varrho}_2\, {\hat{c}_2}^2 + \hat{p}_2 \qquad (4.317)$$

Spezifische Energiegleichung (*Bernoulli*-Gleichung)

$$\frac{\kappa}{\kappa - 1}\frac{p_1}{\varrho_1} + \frac{{c_1}^2}{2} = \frac{\kappa}{\kappa - 1}\frac{\hat{p}_2}{\hat{\varrho}_2} + \frac{{\hat{c}_2}^2}{2} \qquad (4.318)$$

Diese Form der *Bernoulli*-Gleichung geht aus Gl. (4.245) $h_1 + {c_1}^2/2 = \hat{h}_2 + {\hat{c}_2}^2/2 = c_p T_1 + {c_1}^2/2 = c_p \hat{T}_2 + {\hat{c}_2}^2/2$ hervor, wenn die thermische Zustandsgleichung des idealen Gases Gl. (4.26) $T = p/(R\,\varrho)$ sowie Gl. (4.49) $c_p = \kappa R/(\kappa - 1)$ berücksichtigt werden und zu $h = c_p T = c_p\, p/(R\,\varrho) = (\kappa/(\kappa - 1)) \cdot (p/\varrho)$ zusammengeführt werden.

Wenn der Strömungszustand vor dem Stoß mit p_1, c_1, T_1 und ϱ_1 bekannt ist, lassen sich mithilfe der drei Bilanzgleichungen die Stoßbeziehungen für $\hat{p}_2/p_1$, $\hat{c}_2/c_1$ und $\hat{\varrho}_2/\varrho_1$ als Lösungen herleiten.

Aus der Kontinuitätsgleichung (Gl. (4.316)), der Impulsgleichung (Gl. (4.317)) und der spezifischen Energiegleichung (Gl. (4.318)) ergibt sich mit der thermischen Zustandsgleichung des idealen Gases $p/\varrho = RT$ sowie mit der *Mach*zahl $M = c/a = c/\sqrt{\kappa R T}$ das Druckverhältnis für den Stoßvorgang

$$\frac{\hat{p}_2}{p_1} = 1 + \frac{2\,\kappa}{\kappa + 1}\left({M_1}^2 - 1\right). \qquad (4.319)$$

Ist $M_1 > 1{,}0$, dann ist auch $\hat{p}_2/p_1 > 1{,}0$; der Druck steigt also an (Verdichtungsstoß). Die Kontinuitätsgleichung (Gl. (4.316)) und die spezifische Energiegleichung (Gl. 4.318)) führen zur zweiten und zur dritten Stoßbeziehung:

$$\frac{\hat{c}_2}{c_1} = \frac{\varrho_1}{\hat{\varrho}_2} = 1 - \frac{2}{\kappa + 1}\frac{{M_1}^2 - 1}{{M_1}^2} \qquad (4.320)$$

Als Folge des Verdichtungsstoßes mit $M_1 > 1{,}0$ verringert sich die Geschwindigkeit: $\hat{c}_2 < c_1$ bzw. $\hat{M}_2 < 1$. Beispielsweise nimmt bei einer Luftströmung von t $= 20\,^\circ$C, $\kappa = 1{,}4$ und $M_1 = 1{,}6$ das Geschwindigkeitsverhältnis auf $\hat{c}_2/c_1 = 0{,}492$ ab, also auf etwa den halben Wert; damit steigt die Dichte auf das rund Zweifache an.

Mit $a^2 = \kappa R T$, der thermischen Zustandsgleichung für ideale Gase $p/\varrho = R T$ und den Stoßbeziehungen gemäß den Gln. (4.319) und (4.320) ergibt sich das Temperaturverhältnis beim rechtwinkligen Verdichtungsstoß:

$$\frac{\hat{T}_2}{T_1} = \frac{\hat{a}_2^{\,2}}{a_1^{\,2}} = \frac{\hat{p}_2}{p_1} \frac{\varrho_1}{\hat{\varrho}_2} = \left[1 + \frac{2\,\kappa}{\kappa+1}\,(M_1^{\,2} - 1) \right] \cdot \left[1 - \frac{2}{\kappa+1}\,\frac{M_1^{\,2} - 1}{M_1^{\,2}} \right] \qquad (4.321)$$

Diese vierte Stoßbeziehung drückt aus, dass beim Verdichtungsstoß die Temperatur $\hat{T}_2$ im Verhältnis der Drücke $\hat{p}_2/p_1$ bzw. mit dem zurückgegangenen Geschwindigkeitsverhältnis $\hat{c}_2/c_1$ zunimmt. Das Temperaturverhältnis $\hat{T}_2/T_1 > 1$ für $M_1 > 1$ und das Verhältnis der Schallgeschwindigkeiten $\hat{a}_2/a_1 > 1$ nehmen ebenfalls zu. Das Verhältnis der $Mach$zahlen nach und vor dem Verdichtungsstoß lässt sich wie folgt angeben

$$\frac{\hat{M}_2}{M_1} = \frac{\hat{c}_2}{c_1^{\,2}}\,\frac{a_1}{\hat{a}_2} < 1 \, , \qquad (4.322)$$

weil $\hat{c}_2/c_1 < 1$ und $a_1/\hat{a}_2 < 1$ sind.

Somit geht beim rechtwinkligen Verdichtungsstoß die Überschall$mach$zahl M_1 vor dem Stoß in den Unterschallbereich über. Mit den Gln. (4.320) und 4.321) ergibt sich die Gleichung für die $Mach$zahl $\hat{M}_2$, die im Unterschallbereich $\hat{M}_2 < 1$ liegt, zu

$$\frac{\hat{M}_2}{M_1} = \left[\frac{\dfrac{2}{M_1^{\,2}} + (\kappa - 1)}{2\,\kappa\,M_1^{\,2} - (\kappa - 1)} \right]^{\frac{1}{2}} . \qquad (4.323)$$

Das Verhältnis des Totaldrucks (vgl. Abschnitt 2.8.1) nach dem Stoß $\hat{p}_{t2}$ zum Druck $\hat{p}_2$ ergibt sich zu

$$\frac{\hat{p}_{t2}}{\hat{p}_2} = \left[1 + \frac{\kappa - 1}{2}\,\hat{M}_2^{\,2} \right]^{\frac{\kappa}{\kappa-1}} . \qquad (4.324)$$

Die spezifische Entropiezunahme beim rechtwinkligen Verdichtungsstoß ist gemäß den Gln. (4.58) und (4.49)

$$\hat{s}_2 - s_1 = R \left[\frac{\kappa}{\kappa - 1}\,\ln \frac{\hat{T}_2}{T_1} - \ln \frac{\hat{p}_2}{p_1} \right] \geq 0 \, . \qquad (4.325)$$

Wird in Gl. (4.325) das Temperaturverhältnis $\hat{T}_2/T_1$ und das Druckverhältnis $\hat{p}_2/p_1$ gemäß den Gln. (4.321) und (4.319) durch die $Mach$zahl M_1 wiedergegeben, lässt sich die spezifische Entropieänderung auch in der folgenden Weise wiedergeben:

$$\hat{s}_2 - s_1 = R \ln \left[\frac{\left[1 + \dfrac{2\,\kappa}{\kappa + 1}\,(M_1^{\,2} - 1) \right]^{\frac{1}{\kappa-1}}}{\left[\dfrac{(\kappa + 1)\,M_1^{\,2}}{2 + (\kappa - 1)\,M_1^{\,2}} \right]^{\frac{\kappa}{\kappa-1}}} \right] . \qquad (4.326)$$

Da nach dem zweiten Hauptsatz der Thermodynamik die spezifische Entropieänderung $\hat{s}_2 - s_1$ für adiabate reale – also irreversible – Strömungsvorgänge nur ansteigen kann, und weil beim rechtwinkligen Verdichtungsstoß das Temperaturverhältnis $\hat{T}_2/T_1 > 1$ ist und das Druckverhältnis ebenfalls $\hat{p}_2/p_1 > 1$ ist, folgt aus Gl. (4.325):

$$\frac{\kappa}{\kappa - 1}\,\ln \frac{\hat{T}_2}{T_1} > \ln \frac{\hat{p}_2}{p_1} \qquad (4.327)$$

Tabelle 4.9 enthält die Verhältniswerte der relevanten Zustandsgrößen beim rechtwinkligen Verdichtungsstoß. Dabei nehmen der Druck $\hat{p}_2$ und die Dichte $\hat{\varrho}_2$ sprunghaft zu, und die Geschwindigkeit $\hat{c}_2$ des Gases vermindert sich; daneben steigen die Temperatur $\hat{T}_2$ und damit auch die Schallgeschwindigkeit $\hat{a}_2 = \sqrt{\kappa\,R\,\hat{T}_2}$ an. Von Belang ist auch, dass der Ruhedruck (auch als statischer Druck bezeichnet) $\hat{p}_{02}$ nach dem Verdichtungsstoß niedriger ist, während sich die Ruhetemperatur nicht verändert hat: $\hat{T}_{02} = T_{01}$.

Tabelle 4.9 Zustandsgrößen nach einem rechtwinkligen Verdichtungsstoß [47]

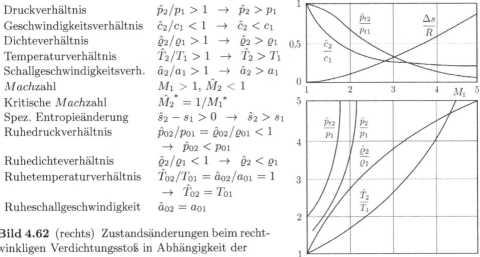

Druckverhältnis	$\hat{p}_2/p_1 > 1$	$\rightarrow$	$\hat{p}_2 > p_1$
Geschwindigkeitsverhältnis	$\hat{c}_2/c_1 < 1$	$\rightarrow$	$\hat{c}_2 < c_1$
Dichteverhältnis	$\hat{\varrho}_2/\varrho_1 > 1$	$\rightarrow$	$\hat{\varrho}_2 > \varrho_1$
Temperaturverhältnis	$\hat{T}_2/T_1 > 1$	$\rightarrow$	$\hat{T}_2 > T_1$
Schallgeschwindigkeitsverh.	$\hat{a}_2/a_1 > 1$	$\rightarrow$	$\hat{a}_2 > a_1$
*Mach*zahl	$M_1 > 1,\ \hat{M}_2 < 1$		
Kritische *Mach*zahl	$\hat{M}_2^{\,*} = 1/M_1^{\,*}$		
Spez. Entropieänderung	$\hat{s}_2 - s_1 > 0$	$\rightarrow$	$\hat{s}_2 > s_1$
Ruhedruckverhältnis	$\hat{p}_{02}/p_{01} = \hat{\varrho}_{02}/\varrho_{01} < 1$		
	$\rightarrow$	$\hat{p}_{02} < p_{01}$	
Ruhedichteverhältnis	$\hat{\varrho}_2/\varrho_1 < 1$	$\rightarrow$	$\hat{\varrho}_2 < \varrho_1$
Ruhetemperaturverhältnis	$\hat{T}_{02}/T_{01} = \hat{a}_{02}/a_{01} = 1$		
	$\rightarrow$	$\hat{T}_{02} = T_{01}$	
Ruheschallgeschwindigkeit	$\hat{a}_{02} = a_{01}$		

Bild 4.62 (rechts) Zustandsänderungen beim rechtwinkligen Verdichtungsstoß in Abhängigkeit der Anströmmachzahl M_1

Bild 4.62 gibt die Verhältniswerte der Stoßbeziehungen als Funktionen der Anströmmachzahl vor dem Stoß im Bereich von M_1 zwischen 1 und 5 wieder.

Das Druckverhältnis $\hat{p}_2/p_1$, das Druckverhältnis $\hat{p}_{t2}/p_1$, das Temperaturverhältnis $\hat{T}_2/T_1$ und das Dichteverhältnis $\hat{\varrho}_2/\varrho_1$ nehmen beim rechtwinkligen Verdichtungsstoß mit wachsender Anströmmachzahl M_1 zu (unterer Teil des Bildes 4.62), während das Geschwindigkeitsverhältnis $\hat{c}_2/c_1$ und das Totaldruckverhältnis $\hat{p}_{t2}/p_{t1}$ abnehmen (oberer Teil des Bildes 4.62).

Die spezifische Energiegleichung (Gl. (4.318)) und ihr – durch die linke und rechte Gleichungsseite ausgedrückter – konstanter Summenwert gelten über den Verdichtungsstoß hinweg. Aus dieser Bedingung lassen sich auch die Ruhegrößen $\hat{p}_0$, $\hat{\varrho}_0$, $\hat{T}_0$ und $\hat{a}_0$ nach dem Verdichtungsstoß herleiten. Bei Beachtung dieser Konstanz bleiben die folgenden Größen unverändert: Ruheenthalpie $h_0 = c_p\,T_0$, Ruhetemperatur T_0 und Ruheschallgeschwindigkeit $a_0 = \sqrt{\kappa\,R\,T_0}$.

Das Verhältnis der Ruhedrücke ist gleich dem Verhältnis der Ruhedichten: $\hat{p}_{02}/p_{01} = \hat{\varrho}_{02}/\varrho_{01} < 1$. Das Ruhedruckverhältnis beim rechtwinkligen Verdichtungsstoß ist somit

$$\frac{p_{01}}{\hat{p}_{02}} = \frac{\varrho_{01}}{\hat{\varrho}_{02}} = \left[1 + \frac{2\,\kappa}{\kappa+1}\,(M_1^{\,2}-1)\right]^{\frac{1}{\kappa-1}} \cdot \left[1 - \frac{2}{\kappa+1}\,\frac{(M_1^{\,2}-1)}{M_1^{\,2}}\right]^{\frac{\kappa}{\kappa-1}}. \qquad (4.328)$$

Wie erwähnt, ist die Zustandsänderung der Gasströmung durch einen Verdichtungsstoß ein nicht umkehrbarer Vorgang. Die Zunahme der spezifischen Entropie ist bei niedriger

Anström*mach*zahl gering, jedoch stets größer als beim schiefen Verdichtungsstoß. Der schiefe Verdichtungsstoß wird z. B. in [47] näher beschrieben.

Beispiel 4.30 In einer Überschallströmung von Luft mit $M_1 = 1,5$, $T_1 = 293,15$ K, $p_1 = 1,90$ bar, $\kappa = 1,4$ und $R = 0,2872$ kJ/(kg K) stellt sich ein rechtwinkliger Verdichtungsstoß ein. Wie groß sind dabei das Druckverhältnis $\hat{p}_2/p_1$ und das Geschwindigkeitsverhältnis $\hat{c}_2/c_1$ sowie der Druck $\hat{p}_2$ und die Geschwindigkeit $\hat{c}_2$ nach dem Verdichtungsstoß?

Das Druckverhältnis beträgt gemäß Gl. (4.319)

$$\frac{\hat{p}_2}{p_1} = 1 + \frac{2\kappa}{\kappa+1}\,(M_1{}^2 - 1) = 1 + \frac{2 \cdot 1,4}{2,4}\,(1,5^2 - 1) = 2,458 \ .$$

$\hat{p}_2 = 2,458 \cdot 1,90$ bar $= 4,671$ bar

Das Geschwindigkeitsverhältnis ist entsprechend Gl. (4.320)

$$\frac{\hat{c}_2}{c_1} = \frac{\varrho_1}{\hat{\varrho}_2} = 1 - \frac{2}{\kappa+1}\,\frac{(M_1{}^2 - 1)}{M_1{}^2} = 1 - \frac{2}{1,4+1}\,\frac{(1,5^2 - 1)}{1,5^2} = 0,537 \ .$$

$$\hat{c}_2 = \frac{\hat{c}_2}{c_1}\,c_1 = \frac{\hat{c}_2}{c_1}\,M_1\,a_1 = \frac{\hat{c}_2}{c_1}\,M_1\sqrt{\kappa\,R\,T_1}$$

$$\hat{c}_2 = 0,537 \cdot 1,5 \cdot \sqrt{1,4 \cdot 0,2872\frac{\text{kJ}}{\text{kg K}}\,\frac{1000\,\text{Nm}}{\text{kJ}}\,\frac{\text{kg m}}{\text{N s}^2} \cdot 293,15\,\text{K}} = 276,546\,\frac{\text{m}}{\text{s}}$$

Beispiel 4.31 Ein Überschallwindkanal weist in der Messstrecke eine *Mach*zahl $M_1 = 1,7$ auf. Der statische Druck im Luftstrahl hat den Wert $p_1 = 1,04$ bar und die Temperatur $t_1 = 25$ °C ($T_1 = 298,15$ K). Der Isentropenexponent ist $\kappa = 1,4$. In der Versuchsstrecke bildet sich ein rechtwinkliger Verdichtungsstoß aus. Es sind der statische Druck hinter dem Verdichtungsstoß $\hat{p}_2$, die *Mach*zahl $\hat{M}_2$, das Totaldruckverhältnis $\hat{p}_{t2}/\hat{p}_2$, der Totaldruck $\hat{p}_{t2}$ und die Totaltemperatur $\hat{T}_{t2}$ zu berechnen.

Das Druckverhältnis ist gemäß Gl. (4.319)

$$\frac{\hat{p}_2}{p_1} = 1 + \frac{2\kappa}{\kappa+1}\,(M_1{}^2 - 1) = 1 + \frac{2 \cdot 1,4}{2,4}\,(1,7^2 - 1) = 3,205 \ .$$

$\hat{p}_2 = 3,205 \cdot 1,04$ bar $= 3,333$ bar

Machzahl $\hat{M}_2$ hinter dem Verdichtungsstoß, Gl. (4.323):

$$\frac{\hat{M}_2}{M_1} = \left[\frac{\frac{2}{M_1{}^2}+(\kappa-1)}{2\kappa\,M_1{}^2-(\kappa-1)}\right]^{\frac{1}{2}} \rightarrow \hat{M}_2 = \left[\frac{2+(\kappa-1)\,M_1{}^2}{2\kappa\,M_1{}^2-(\kappa-1)}\right]^{\frac{1}{2}} = \left[\frac{2+(1,4-1)\,1,7^2}{2 \cdot 1,4 \cdot 1,7^2-(1,4-1)}\right]^{\frac{1}{2}} = 0,6405$$

Totaldruckverhältnis bei isentroper Strömung hinter dem Stoß, Gl. (4.324):

$$\frac{\hat{p}_{t2}}{\hat{p}_2} = \left[1 + \frac{\kappa-1}{2}\,\hat{M}_2{}^2\right]^{\frac{\kappa}{\kappa-1}} = \left[1 + \frac{1,4-1}{2}\,0,6405^2\right]^{\frac{1,4}{1,4-1}} = 1,318$$

$\hat{p}_{t2} = \hat{p}_2\,\dfrac{\hat{p}_{t2}}{\hat{p}_2} = 3,3333$ bar $\cdot 1,318 = 4,393$ bar

Temperaturverhältnis, Gl. (4.255):

$$\frac{\hat{T}_{t2}}{T_1} = 1 + \frac{\kappa-1}{2}\,M_1{}^2 = 1 + \frac{1,4-1}{2}\,1,7^2 = 1,578$$

$\hat{T}_{t2} = T_1\,\dfrac{\hat{T}_{t2}}{T_1} = 298,15$ K $\cdot 1,578 = 470,48$ K   (197,33 °C)

Aufgaben zu Abschnitt 4

1. Auf einer Sauerstoffflasche sind das Leergewicht 70 kg [11] und das Volumen 40 ℓ angegeben. Eine Gewichtskontrolle der vom Schweißer als leer bezeichneten Flasche ergibt das Gewicht 72,5 kg bei der Temperatur 20 °C. Unter welchem Druck steht der Sauerstoff in der Flasche?

2. An einem Gaszähler ist ein Erdgasverbrauch von 47,6 m^3 abgelesen worden. Das Erdgas (Molmasse 16,03 kg/kmol) stand während des Verbrauchs durchschnittlich unter einem Überdruck von 20 mbar bei einem Barometerstand von 961 mbar und einer Temperatur von 9 °C. Der Verbraucher zahlt für 1 m^3 Gas 0,30 Euro.

a) Wie teuer ist 1 kg Erdgas?

b) Um wieviel Euro erhöht sich der Preis für 1 kg Erdgas, wenn das angegebene Volumen unter einem Überdruck von 16 mbar bei gleichem Barometerstand und einer Temperatur von 34 °C geliefert wird?

3. Ein mit Helium gefüllter Ballon soll eine Gipfelhöhe von 6000 m erreichen, in der der Luftdruck 500 mbar und die Temperatur 0 °C herrschen. Der Ballon wird am Startplatz nicht voll aufgeblasen und erreicht in 6000 m Höhe gerade Kugelgestalt. Während des Aufstiegs sind ständig Druck und Temperatur im Ballon gleich Luftdruck und Lufttemperatur. Ballonhülle und Nutzlast wiegen 1350 kg.

a) Welchen Durchmesser erreicht der Ballon in 6000 m Höhe?

b) Welche Gasmasse ist zur Füllung erforderlich?

c) Welches Volumen nimmt der Ballon am Startplatz bei 1013 mbar und 30 °C ein?

d) Wie groß ist der Auftrieb im Schwebezustand am Boden und in 6000 m Höhe?

4. In einem elektrischen Heizregister wird ein Gasstrom von 3000 m^3/h aus Kohlendioxid für einen chemischen Prozess von 20 °C und 933 mbar auf 150 °C aufgewärmt.

a) Welche Anschlussleistung ist erforderlich, wenn 8 % der elektrischen Leistung als Verlustwärmeleistung an die Umgebung (Temperatur 20 °C) abgegeben werden?

b) Wie groß wäre die Gasaustrittstemperatur, wenn keine Verlustwärmeleistung auftreten würde?

5. Der Höhenkorrektor eines Vergasers dient zur Anpassung der Gemischbildung an die atmosphärischen Bedingungen. Er besteht aus 14 Barodosen (1 bis 14), die starr miteinander verbunden sind (Bild 4.63). Die zylindrischen Dosen mit $D = 20$ mm Durchmesser und $s_1 = 5$ mm Höhe sind mit einem abgeschlossenen Luftvolumen gefüllt und können ihre Höhe reibungslos verändern. Der Verstellweg der Dosen wird von einem Stempel 15 abgenommen, dessen Durchmesser $d = 2$ mm beträgt. Dieser Stempel verstellt die Kraftstoffzufuhr zum Vergaser mit zunehmender Ortshöhe. Die Luftfüllung der Dosen befinde sich in einem Zustand von 15 °C und 1013 mbar. Bei einer Höhenänderung auf 3000 m sinken der Luftdruck auf 701 mbar und die Lufttemperatur auf −4,5 °C.

a) Durch welche Polytrope sind Temperatur- und Druckabnahme darstellbar?

b) Welcher Verstellweg kann am Stempel abgenommen und zur Kraftstoffregelung verwendet werden, wenn sich der Luftzustand in den Dosen ebenso wie Umgebungsdruck und Umgebungstemperatur verändern?

c) Welche Wärmeübertragung zwischen der umgebenden Luft und der Luftfüllung muss erfolgen?

---

[11] Nach der Ausführungsverordnung zum Gesetz über Einheiten im Messwesen vom 26. Juni 1970 § 7 (4) sind Einheiten des Gewichts als einer im geschäftlichen Verkehr bei der Angabe von Warenmengen benutzten Bezeichnung für die Masse die Masseneinheiten.

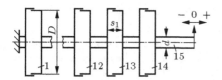

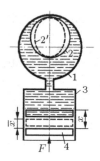

Bild 4.63 Zu Aufgabe 5   **Bild 4.64** Zu Aufgabe 6

Bild 4.65 Zu Aufgabe 7

6. In einem mit einem Sicherheitsventil versehenen Kessel (Bild 4.64) von 600 ℓ Inhalt befindet sich Kohlendioxid von 4 bar Überdruck und 20 °C. Das Ventil ist auf 12 bar Überdruck eingestellt. Der Barometerstand beträgt 1027 mbar. Es wird so lange Wärme zugeführt, bis das Sicherheitsventil anspricht.

a) Wie groß sind die erreichte Temperatur und die zugeführte Wärme?

b) Bei abblasendem Ventil wird weiter erwärmt, bis der Kesselinhalt die Temperatur 600 °C erreicht. Wieviel Gas ist entwichen?

c) Welche Wärme wurde bei abblasendem Ventil zugeführt?

d) Nach Erreichen von 600 °C hört die Wärmezufuhr auf, das Ventil schließt den Kessel. Langsam kühlt sich der Kesselinhalt auf die Umgebungstemperatur ab. Welcher Überdruck herrscht jetzt im Kessel?

e) Welche Wärme wird an die Umgebung abgegeben?

7. Ein Hydrospeicher besteht aus einem kugelförmigen Behälter 1, der in einer Kunststoffblase 2 Stickstoff enthält. Der übrige Raum ist mit Hydrauliköl gefüllt (Bild 4.65). Im Gegensatz zum Hydrauliköl ist die Stickstofffüllung stark kompressibel (Blase 2') und kann als Energiespeicher verwendet werden. Hydrospeicher werden beispielsweise als hydropneumatische Federn eingesetzt. Ein Hydrospeicher von 4 ℓ Inhalt ist an einen Hydraulikzylinder 3 von 106 mm Durchmesser angeschlossen. Die Kunststoffblase des Behälters enthält 2,2 ℓ Stickstoff unter 5,5 bar Überdruck bei einem Luftdruck von 0,95 bar. Auf den Kolben 4 wirkt plötzlich die Kraft $F = 13\,500$ N, die eine Druckerhöhung des Öls bewirkt und die Blase komprimiert.

a) Welche Zustandsänderung beschreibt den Vorgang?

b) Wie hoch steigt der Druck?

c) Welchen Hub x führt der Kolben des Zylinders aus?

d) Welche Temperatur nimmt der Stickstoff an, wenn die ursprüngliche Temperatur 20 °C betrug?

e) Nach Aufnahme der – durch den Stoß verursachten – Arbeit expandiert das Stickstoffvolumen, bis ein Gleichgewichtszustand erreicht ist. Welchen Hub $\bar{x}$ zum Gleichgewichtszustand führt der Kolben aus?

8. Die Analyse trockener atmosphärischer Luft ergibt 78,04 % N_2, 20,99 % O_2, 0,93 % Ar, 0,03 % CO_2 und 0,01 % H_2. [12]

a) Wie groß sind die Dichte im Normzustand und die Gaskonstante?

b) Häufig werden zur Vereinfachung alle Gase außer Sauerstoff dem Stickstoff zugeschlagen und die Zusammensetzung mit 21 % O_2 und 79 % N_2 angegeben. Welche Dichte im Normzustand muss in diesem Fall für den Stickstoff eingesetzt werden, wenn die Dichte der Luft den oben errechneten Wert erreichen soll?

[12]Ohne besonderen Hinweis wird die Zusammensetzung einer Gasmischung in Volumenanteilen (Raumanteilen) r_i angegeben. Der Raumanteil für CO_2 in Aufgabe 8 entspricht dem Wert des Jahres 1925; der Wert im Jahr 2016 beträgt demgegenüber 0,04 %.

9. Das Abgas eines älteren stationären *Otto*-Motors beim Leerlauf enthält 74 % N_2, 9 % H_2O, 7 % CO_2, 5 % CO, 4 % H_2 und 1 % O_2. Es wird zur Schadstoffminderung durch einen Absorber geführt, der den CO-Gehalt auf 1,5 % senkt.

a) Welche CO-Menge wird stündlich absorbiert, wenn 7 kg/h Abgas durch den Absorber geführt werden?

b) Welche Zusammensetzung hat das schadstoffarme Abgas?

10. Im Abgasrohr eines Dampfkessels, dessen lichter Durchmesser 350 mm beträgt, wird die Strömungsgeschwindigkeit 3,5 m/s gemessen. An der Messstelle beträgt die Temperatur des Abgases 220 °C und der Druck 960 mbar. Die Analyse liefert folgende Zusammensetzung des wasserfreien Abgases: 12,1 % CO_2, 2,6 % O_2, 6,3 % CO, 79,0 % N_2. Eine getrennt durchgeführte Bestimmung des Wassergehaltes ergibt einen Wasserdampfgehalt von 53 g H_2O pro m^3 feuchten Abgases im Normzustand. Welche Abgasmenge strömt durch das Rohr?

11. Als Schutzgas zum Kohlungsglühen von Stahl kann Endogas benutzt werden. Es entsteht z. B. aus Kokereigas durch vollständige katalytische Zerlegung von CO_2 und CH_4 bei Temperaturen zwischen 750 und 950 °C. In einer Anlage werden 750 m^3/h Kokereigas im Normzustand mit der Zusammensetzung 5,1 % CO_2, 17,4 % CO, 50,8 % H_2, 17,2 % CH_4, 9,5 % N_2 mit Luft verarbeitet. Dabei laufen folgende Reaktionen vollständig ab:

$$CO_2 + CH_4 = 2\,CO + 2\,H_2 \qquad\qquad 2\,CH_4 + O_2 = 2\,CO + 4\,H_2$$

a) Welche Luftmenge (21 % O_2, 79 % N_2) muss zugeführt werden, um den Sauerstoffbedarf zu decken?

b) Welche Endogasmenge entsteht?

c) Welche Zusammensetzung hat das entstehende Endogas?

12. Ein mit Luft gefüllter Behälter von 1 m^3 Inhalt wird auf einen Unterdruck von 0,8 bar evakuiert. Der Barometerstand beträgt 1070 mbar, die Temperatur 20 °C. Anschließend wird der Behälter mit Wassergas gefüllt (Zusammensetzung 49 % H_2, 43 % CO, 5 % CO_2, 3 % N_2), bis der Druck von 1070 mbar wieder erreicht ist.

a) Welche Gasmasse befindet sich dann im Behälter?

b) Welche Zusammensetzung hat das Gas?

13. In einem Schmiedeofen fallen 13 m^3/h Abgas im Normzustand mit der Temperatur 650 °C an. Die Abgase geben in einem Luftvorwärmer einen Teil ihrer Energie ab und kühlen sich dabei bis auf 430 °C ab (Bild 4.66). Durch Undichtigkeiten erhöht sich ihre Menge auf 15,5 m^3/h im Normzustand, weil Luft aus der Umgebung mit 20 °C angesaugt wird. Das Abgas besteht aus 8 % H_2O, 14 % CO_2, 8 % CO und 70 % N_2. Im Luftvorwärmer werden 9,5 m^3/h Verbrennungsluft im Normzustand mit einer Eintrittstemperatur von 20 °C für den Schmiedeofen vorgewärmt. Auf welche Temperatur kann die Luft erwärmt werden? Die innere Reibungsleistung ist vernachlässigbar.

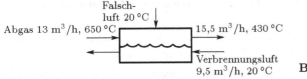

Falsch-
luft 20 °C
Abgas 13 m^3/h, 650 °C   15,5 m^3/h, 430 °C

Verbrennungsluft
9,5 m^3/h, 20 °C   **Bild 4.66** Zu Aufgabe 13

14. Ein Autoreifen mit dem Volumen 20 Liter ist mit Luft gefüllt, wobei deren Temperatur 18 °C und deren Druck 2,9 bar betragen. Während der Fahrt erhöht sich die Temperatur auf 30 °C, und das Volumen vergrößert sich auf das 1,03fache. Wie groß sind die Masse und die Molmenge der Luft im Reifen? Auf welchen Wert erhöht sich der Druck?

15. Ein mit Luft gefüllter, 250 mm hoher Glaszylinder mit einem Innendurchmesser von 100 mm wird oben mit einem gewichtslosen und reibungfrei beweglichen Kolben verschlossen. Die Luft hat eine Temperatur von 20 °C und einen Druck von 0,95 bar (Zustand 1). Am Kolben wird hierauf eine Masse mit einer Gewichtskraft G befestigt. Der Kolben wird dadurch nach unten bewegt und kommt nach einiger Zeit in einer Höhe von 150 mm zum Stillstand, wobei von einer isothermen Zustandsänderung der Luft auf den Zustand 2 auszugehen ist. Welcher Druck ergibt sich dabei? Wie groß ist die Gewichtskraft G? Nun wird der Glaszylinder verlängert und umgedreht, wobei die Luft infolge einer erneuten isothermen Zustandsänderung in den Zustand 3 kommt. Welcher Druck stellt sich ein, und welche Länge muss der Zylinder mindestens besitzen, damit der Kolben nicht herausfällt? Wie groß ist die Masse der eingeschlossenen Luft, und wieviele Moleküle enthält diese?

16. Ein *Zeppelin*-Luftschiff weist ein Volumen von 250000 m^3 auf, das mit dem Edelgas Helium gefüllt ist. In etwa 500 m Höhe gerät es bei einem Luftdruck von 0,95 bar von einem Gebiet niedriger Lufttemperatur mit 7 °C plötzlich in ein Warmluftgebiet von gleichem Druck mit einer Lufttemperatur von 20 °C. Wie ändert sich dabei der Auftrieb — und damit die Tragfähigkeit — des Luftschiffs, wenn sich dabei die Temperatur des Heliums im Luftschiff nicht sofort an diejenige der Umgebungsluft angleichen kann?

17. In einem zylindrischen Scheibengasbehälter ist Erdgas (d. h. ganz überwiegend Methan CH$_4$) gespeichert (Stoffwerte: $c_p = 2{,}156$ kJ/(kg K) = const; $c_v = 1{,}638$ kJ/(kg K) = const; $M = 16{,}043$ kg/kmol). Der Behälter hat eine Grundfläche von 25 m Durchmesser und einen verschiebbaren Betondeckel mit der Masse $m_D = 80\,000$ kg. Tagsüber beim Zustand 1 weist das Gasvolumen bei der Temperatur 15 °C die Höhe 70 m auf; nachts verringert sich diese infolge einer isobaren Abkühlung des Erdgases auf 69,0 m (Zustand 2), wobei sich der Deckel sehr langsam und reibungsfrei absenkt. Der Luftdruck der Umgebung beträgt dabei unverändert $p_{1L} = p_{2L} = 1{,}0$ bar = const.

a) Wie groß ist V_2 - V_1? Man berechne die Verschiebearbeit, die die Umgebungsluft dem Gas zuführt.

b) Wie groß ist die Gewichtskraft G_D des Deckels sowie der Druck p_D, den der Deckel auf das Gas ausübt? Welcher Gesamtdruck p_{ges} lastet auf dem Gas? Wie groß ist die Volumenänderungsarbeit, die am Gas verrichtet wird?

c) Es ist die spezielle Gaskonstante R sowie der Isentropenexponent κ zu berechnen.

d) Welche Masse $m_1 = m_2$ hat das Gas? Wie groß ist t_2?

e) Es sind die Differenzen der inneren Energie $U_2 - U_1$, der Enthalpie $H_2 - H_1$ und der Entropie $S_2 - S_1$ zu berechnen. Wie groß ist die vom Gas an die Umgebung abgegebene Wärme $Q_{12} = (Q_{12})_{rev}$?

18. Am *Otto*-Motor eines Blockheizkraftwerks werden Versuche zur CO$_2$-Abtrennung aus dem Abgas mit Hilfe einer Kühlung, Verdichtung und anschließenden Druckwasserwäsche durchgeführt. Das heiße Abgas enthält die folgenden gasförmigen Komponenten in Raumanteilen r_i: 72 % N$_2$, 14 % H$_2$O, 10 % CO$_2$, 1 % CO, 3 % O$_2$. Das Abgas kann als ideales Gas aufgefasst werden.

a) Man bestimme die spezielle Gaskonstante R sowie die Dichte ϱ_0 des Abgases im Normzustand. Wie groß sind die Massenanteile μ_i aller Komponenten im Abgas?

b) Bei der Kühlung, Verdichtung und Druckwasserwäsche wird nicht nur das CO$_2$, sondern auch der Wasserdampf H$_2$O aus dem Abgas ausgeschieden. Welche CO$_2$-Menge und welche H$_2$O-Menge werden stündlich abgetrennt, wenn aus dem Motor 8 kg/h Abgas ausströmen? Welche Zusammensetzung in Raumanteilen weist das CO$_2$- und H$_2$O-freie Abgas auf?

5 Reale Gase und Dämpfe

Jeder reine Stoff kann in drei verschiedenen Phasen auftreten: fest, flüssig und gasförmig. Die Phasen unterscheiden sich durch ihre physikalischen Eigenschaften wie z. B. Dichte, spezifische Wärmekapazität, Brechungsindex. In der gasförmigen Phase bezeichnet man den Stoff als reales Gas oder als Dampf. Es besteht kein Unterschied zwischen einem realen Gas und einem Dampf. Es hat sich jedoch der Sprachgebrauch eingebürgert, reale Gase in der Nähe ihrer Verflüssigung als Dämpfe zu bezeichnen.

Mit abnehmendem Druck p und wachsendem spezifischem Volumen v nähert sich das reale Gas dem Grenzzustand des idealen Gases.

5.1 Eigenschaften der Dämpfe

Ein Dampf kann vollkommen isoliert auftreten und einen Raum allein ausfüllen, kann aber auch zusammen mit der zugehörigen Flüssigkeit oder dem zugehörigen Festkörper vorkommen. Ein Dampf kann ferner ein Bestandteil einer Gasmischung sein. So ist der Wasserdampf in der Atmosphäre ein Bestandteil der Gasmischung feuchte Luft.

Um die Eigenschaften eines Dampfes zu beschreiben, sollen auch die Flüssigkeit und der Festkörper in die Betrachtung einbezogen werden.

5.1.1 Phasenübergänge

In einem Zustandsdiagramm sind den verschiedenen Phasen bestimmte Bereiche zugeordnet, wie das in Bild 5.1 schematisch angedeutet ist. Die einzelnen Bereiche sind durch Grenzkurven voneinander getrennt. Zwischen den Bereichen der Flüssigkeit und

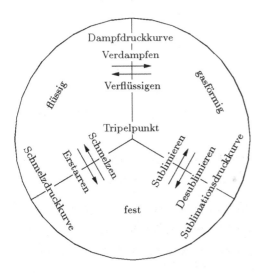

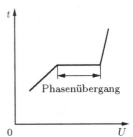

Bild 5.2 Phasenübergang eines reinen Stoffes bei isobarer Zustandsänderung

Bild 5.1 Schematische Darstellung der Phasenbereiche

der Gasphase liegt die Dampfdruckkurve. Den Übergang von der flüssigen zur gasförmigen Phase eines Stoffes nennt man Verdampfung. Der umgekehrte Vorgang wird als

© Springer Fachmedien Wiesbaden GmbH, ein Teil von Springer Nature 2023
M. Dehli et al., *Grundlagen der Technischen Thermodynamik*,
https://doi.org/10.1007/978-3-658-41251-7_5

Verflüssigung bezeichnet. Zwischen den Bereichen des Festkörpers und des Gases liegt als Grenze die Sublimationsdruckkurve. Der Übergang vom Festkörper zur Gasphase heißt Sublimieren, der Übergang in umgekehrter Richtung Desublimieren. Die Bereiche des Festkörpers und der Flüssigkeit werden durch die Schmelzdruckkurve getrennt. Schmelzen und Erstarren bezeichnen die Übergänge vom Festkörper zur Flüssigkeit und umgekehrt.

Die drei Grenzkurven treffen sich im Tripelpunkt. Er bezeichnet den Zustand, bei dem alle drei Phasen gleichzeitig vorhanden sein können.

Mit den einzelnen Phasen eines reinen Stoffes sind unterschiedliche innere Energien verbunden. Der Festkörper hat die kleinste innere Energie U. Bei den Übergängen zur Flüssigkeit und schließlich zur Gasphase nimmt sie immer mehr zu. Zunächst lässt sich bei isobarer Wärmezufuhr die innere Energie einer Phase durch Temperaturerhöhung steigern (Bild 5.2). Dies ist nur bis zu einer bestimmten Grenze möglich. Danach setzt bei einem reinen Stoff bei gleichbleibender Temperatur der Phasenübergang ein. Erst nach dessen Abschluss kann die Temperatur weiter ansteigen. Während des Phasenübergangs ist die Zustandsänderung sowohl isobar als auch isotherm.

5.1.2 Zweiphasengebiete

Ein Phasenübergang vollzieht sich nicht gleichzeitig an allen Teilen eines Stoffes. So befinden sich zwischen Anfang und Ende des Phasenübergangs alte und neue Phase mit veränderlichen Anteilen nebeneinander in einem Zweiphasengebiet. Man kann daher neben eine Betrachtungsweise nach Bild 5.1 eine solche nach Bild 5.3 stellen, wonach die Bereiche der reinen Phasen jeweils durch Zweiphasengebiete voneinander getrennt sind. Die Zweiphasengebiete stellen Übergangsbereiche dar, und die Trennungslinien zwischen reinen Phasen und Zweiphasengebieten markieren Anfang bzw. Ende des Phasenübergangs.

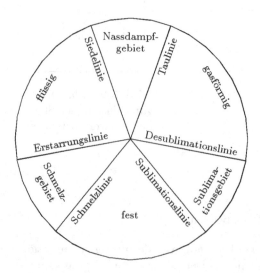

Bild 5.3 Schematische Darstellung der Zweiphasengebiete und Trennungslinien:

Schmelzgebiet mit
   Schmelzlinie und
   Erstarrungslinie,

Nassdampfgebiet mit
   Siedelinie und
   Taulinie,

Sublimationsgebiet mit
   Sublimationslinie und
   Desublimationslinie

Bei reinen Stoffen liegt zwischen der Flüssigkeit und der Gasphase das Nassdampfgebiet. Die Grenze gegenüber dem Bereich der Flüssigkeit bildet die Siedelinie, die

Grenze zur Gasphase ist die Taulinie. Die Bereiche der Flüssigkeit und des Festkörpers trennt das Schmelzgebiet mit Erstarrungslinie und Schmelzlinie als Grenzen. Bei sehr niederen Drücken gibt es auch einen unmittelbaren Übergang vom Festkörper zur Gasphase; dabei gelangt man durch das Sublimationsgebiet, indem man zuerst die Sublimationslinie und dann die Desublimationslinie überschreitet.

Ein Vergleich der Namen für die Grenzlinien der Zweiphasengebiete mit den Namen der Phasenübergänge zeigt, dass die Namen der Grenzlinien nach Bild 5.3 von den Phasenübergängen stammen, die aus den Bereichen der reinen Phasen in die Zweiphasengebiete hineinführen. Eine Ausnahme bilden Siedelinie und Taulinie. Sie müssten eigentlich Verdampfungslinie und Verflüssigungslinie heißen.

5.1.3 Sieden und Kondensieren

Von den genannten Zweiphasengebieten reiner Stoffe kommt dem Nassdampfgebiet in technischen Maschinen und Apparaten die größte Bedeutung zu. Die höchste Temperatur, die eine Flüssigkeit bei isobarer Erwärmung erreichen kann, ist die Siedetemperatur. Sie ist eine Funktion des Druckes: Mit steigendem Druck erhöht sich die Siedetemperatur. Die siedende Flüssigkeit hat die maximale innere Energie, die eine Flüssigkeit im stabilen Gleichgewicht bei einem bestimmten Druck haben kann. Sieden ist ein heftiger Verdampfungsvorgang. Bei einer Wärmezufuhr an die Flüssigkeit von unten reicht die Flüssigkeitsoberfläche für den Phasenübergang nicht aus. Die Flüssigkeit schafft sich weitere Phasengrenzflächen im Innern in Form von Dampfblasen. Diese steigen zur Flüssigkeitsoberfläche auf und durchwirbeln die Flüssigkeit.

Der Dampf, der beim Phasenübergang entsteht, wird gesättigter Dampf oder Sattdampf genannt. Er hat die minimale innere Energie, die ein Dampf im stabilen Gleichgewicht bei einem bestimmten Druck haben kann. Siedende Flüssigkeit und Sattdampf haben dieselbe Temperatur und stehen unter gleichem Druck. Das bedeutet, dass siedende Flüssigkeit und Sattdampf sich im thermodynamischen Gleichgewicht befinden. Der Druck des Sattdampfes ist der Sättigungsdruck. Er ist eine Funktion der Temperatur. Der Sättigungsdruck als Funktion der Temperatur und die Siedetemperatur als Funktion des Druckes stellen die Umkehrungen derselben Funktion dar: Es ist die in Abschnitt 5.1.1 genannte Dampfdruckkurve, die man auch Sättigungslinie nennt. Statt Sättigungsdruck kann man auch Siededruck und statt Siedetemperatur kann man auch Sättigungstemperatur sagen. In Analogie zum gesättigten Dampf spricht man daher statt von der siedenden auch von der gesättigten Flüssigkeit.

Damit eine Flüssigkeit in Dampf übergeht, muss man ihr eine Verdampfungswärme zuführen. Die Verdampfungswärme ist größer als die Differenz der inneren Energien von Sattdampf und siedender Flüssigkeit, weil mit der Verdampfung auch eine erhebliche Volumenzunahme verbunden ist. Betrachtet man eine isobare Verdampfung, so ist die Verdampfungswärme eigentlich eine Verdampfungsenthalpie.

Die Bezeichnung Sattdampf kann man sich wie folgt erklären. Wenn eine Flüssigkeit in einen vollkommen evakuierten Raum gebracht wird, siedet die Flüssigkeit sofort. Der Siedevorgang hört erst auf, wenn der Dampfdruck im Raum über der Flüssigkeitsoberfläche den Sättigungsdruck erreicht hat. Dann ist der Raum „satt", er kann nicht mehr Dampf aufnehmen. Der Raum ist erfüllt mit Sattdampf.

Flüssigkeit und Dampf im Sättigungszustand bezeichnet man zusammenfassend als Nassdampf. Siedende Flüssigkeit und Sattdampf befinden sich im gleichen Raum in einem Gleichgewichtszustand. Dabei ist es für die thermodynamische Betrachtung gleichgültig, in welcher Form die Flüssigkeit im gemeinsamen Raum vorhanden ist, ob gleichmäßig verteilt und mit dem Sattdampf vermischt (Kondenströpfchen) oder als zusammenhängende Flüssigkeit (Bodenkörper).

Durch isobare Wärmezufuhr lässt sich die Temperatur des Nassdampfes nicht erhöhen. Diese bewirkt eine Vergrößerung des Sattdampfanteils und eine Verminderung des Flüssigkeitsanteils.

Hat sich der Nassdampf restlos in Sattdampf verwandelt, so tritt bei weiterer isobarer Wärmezufuhr eine Temperaturerhöhung ein. Man erhält überhitzten Dampf oder Heißdampf. Kühlt man Heißdampf isobar ab, so erreicht man bei der Sättigungstemperatur den Sattdampfzustand. Die Taulinie wird überschritten, die Kondensation des Sattdampfes beginnt. Bei gleichbleibender Temperatur nimmt der Flüssigkeitsanteil zu, bis beim Erreichen der Siedelinie die Kondensation beendet ist. Weiterer Wärmeentzug führt zur Abkühlung der Flüssigkeit.

Schließt man nach Bild 5.4 einen Flüssigkeitsraum durch einen Kolben ab, der auf die Flüssigkeit einen konstanten Druck ausübt, so kann die Verdampfung erst bei der Temperatur erfolgen, bei welcher der Dampfdruck gleich dem von außen aufgeprägten Druck ist. Dies ist die Siedetemperatur t_S. Solange die Temperatur kleiner als t_S ist, befindet sich nur Flüssigkeit im Zylinder. Deren spezifisches Volumen, spezifische Enthalpie und spezifische Entropie sollen mit v_F, h_F, s_F bezeichnet werden.

Erwärmt man die Flüssigkeit auf die Siedetemperatur t_S, so beginnt die Verdampfung an allen Stellen der Flüssigkeit, die Flüssigkeit siedet. Die spezifischen Zustandsgrößen der siedenden Flüssigkeit werden mit v', h', s' bezeichnet.

Führt man weiter Wärme zu, so bildet sich ein Dampfraum. Flüssigkeit und Dampf befinden sich weiter auf Siedetemperatur, das Volumen steigt stark an. So beträgt z. B. die Volumenzunahme bei der Verdampfung von Wasser bei einem Druck von 1 bar mehr als das 1600fache. Die Summe von Flüssigkeit und Dampf bezeichnet man als Nassdampf und seine spezifischen Zustandsgrößen mit v_N, h_N, s_N.

Ist der letzte Flüssigkeitstropfen verdampft, so ist der gesamte Raum mit Sattdampf gefüllt. Seine spezifischen Zustandsgrößen sind v'', h'', s''. Bei dem geringsten Wärmeentzug beginnt der Sattdampf zu kondensieren. Dabei kann sich die Flüssigkeit in Form feinster Tröpfchen im Dampfraum selbst oder aber an kalten Begrenzungswänden abscheiden.

Wird der Sattdampf weiter erwärmt, so entsteht der überhitzte Dampf, ungesättigte Dampf oder Heißdampf. Seine Temperatur ist stets höher als die Siedetemperatur t_S. Die spezifischen Zustandsgrößen sind $v_{\ddot{u}}$, $h_{\ddot{u}}$, $s_{\ddot{u}}$. Der überhitzte Dampf ist gleichzeitig ein reales Gas.

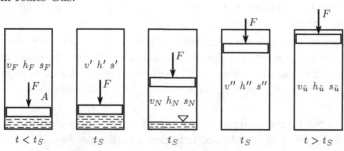

Bild 5.4 Sieden der Flüssigkeit unter konstantem Druck $p = F/A$

Beispiel 5.1   Im Jahre 1997 wurde die bisherige Wasserdampftafel [113] durch die neue Wasserdampftafel [128] ersetzt. Es wird die Dampfdruckkurve des Wassers (vgl. Bild 5.5) mit den Variablen p_S/p^* und T_S/T^* nach [128] angegeben:

$$\frac{p_S}{p^*} = \left[\frac{2\,C}{-B + (B^2 - 4\,A\,C)^{0,5}}\right]^4 \qquad \frac{T_S}{T^*} = \frac{n_{10} + D - \left[(n_{10} + D)^2 - 4\,(n_9 + n_{10}\,D)\right]^{0,5}}{2}$$

$$p^* = 1\,\text{MPa} \qquad 1\,\text{MPa} = 10\,\text{bar} \qquad T^* = 1\,\text{K} \qquad \vartheta = \frac{T_S}{T^*} + \frac{n_9}{(T_S/T^*) - n_{10}} \qquad \beta = (p_S/p^*)^{0,25}$$

$$A = \vartheta^2 + n_1\,\vartheta + n_2 \qquad B = n_3\,\vartheta^2 + n_4\,\vartheta + n_5 \qquad C = n_6\,\vartheta^2 + n_7\,\vartheta + n_8$$

$$D = \frac{2\,G}{-F - (F^2 - 4\,E\,G)^{0,5}} \qquad E = \beta^2 + n_3\,\beta + n_6 \qquad F = n_1\,\beta^2 + n_4\,\beta + n_7 \qquad G = n_2\,\beta^2 + n_5\,\beta + n_8$$

Die Konstanten n_1 bis n_{10} haben folgende Werte:

$$n_1 = 0{,}11670521452767 \cdot 10^4$$
$$n_2 = -0{,}72421316703206 \cdot 10^6$$
$$n_3 = -0{,}17073846940092 \cdot 10^2$$
$$n_4 = 0{,}12020824702470 \cdot 10^5$$
$$n_5 = -0{,}32325550322333 \cdot 10^7$$
$$n_6 = 0{,}14915108613530 \cdot 10^2$$
$$n_7 = -0{,}48232657361591 \cdot 10^4$$
$$n_8 = 0{,}40511340542057 \cdot 10^6$$
$$n_9 = -0{,}23855557567849$$
$$n_{10} = 0{,}65017534844798 \cdot 10^3$$

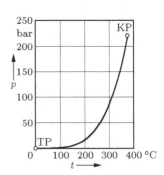

Bild 5.5 Dampfdruck-
kurve des Wassers
TP Tripelpunkt
$T_{TP} = 273{,}16$ K
$p_{TP} = 611{,}657$ Pa
KP kritischer Punkt
$T_{KP} = 647{,}096$ K
$p_{KP} = 220{,}64$ bar

5.1.4   Verdunsten und Tauen

Die bisherigen Betrachtungen bezogen sich auf ein Einstoffsystem eines reinen Stoffes. Bringt man in einen Gasraum eine Flüssigkeit aus einem Stoff, der in der Gasphase nicht vertreten ist, so ist die Flüssigkeit bestrebt, den über ihrer Oberfläche befindlichen Gasraum mit ihrem Dampf zu sättigen. Es setzt eine Verdampfung ein, die man als Verdunsten bezeichnet, wodurch im Gasraum eine Gasmischung aus dem ursprünglich vorhandenen Gas und dem Dampf der verdunstenden Flüssigkeit entsteht. Ein solches System ist ein Mehrstoffsystem. Von den möglichen Mehrstoffsystemen wird hier nur der Fall betrachtet, dass die Flüssigkeit als einheitlicher Stoff angesehen werden kann, während die Gasphase aus einer Mischung mehrerer Stoffe besteht und auch die Gasphase der verdunsteten Flüssigkeit enthält. So ist z. B. Wasserdampf ein Bestandteil der feuchten Luft, die sich über einer Wasseroberfläche befindet.

Der Verdampfungsvorgang des Mehrstoffsystems unterscheidet sich von dem des Einstoffsystems. Das soll durch folgende Punkte verdeutlicht werden:

1) Während ein Phasenübergang von der Flüssigkeit zur Gasphase beim Einstoffsystem nur bei der Siedetemperatur möglich ist, kann eine Verdunstung bei allen Temperaturen der Flüssigkeitsphase stattfinden. So siedet Wasser bei normalem Luftdruck bei 100 °C. Verdunstungstemperatur des Wassers in Luft kann jede Temperatur zwischen Eispunkt und Siedepunkt sein.

2) In einem offenen System, in dem eine isobare Zustandsänderung abläuft (Abschnitt 2.6.2), lässt sich die Temperatur einer siedenden Flüssigkeit nicht ändern. Eine

verdunstende Flüssigkeit kann man sowohl erwärmen als auch abkühlen. Eine Temperaturerhöhung der Flüssigkeit intensiviert die Verdunstung, eine Temperaturerniedrigung verringert sie.

3) Sieden ist eine heftige Verdampfung, die bei Wärmezufuhr von unten nicht nur an der Oberfläche, sondern auch im Innern der Flüssigkeit stattfindet. Dies kommt in den Begriffen Blasenverdampfung und Filmverdampfung bei der Beschreibung des Vorgangs aus Sicht der Wärmeübertragung zum Ausdruck. Dagegen ist Verdunsten eine langsame Verdampfung, die nur an der Flüssigkeitsoberfläche auftritt.

4) Der Druck des Sattdampfes ist beim Sieden gleich dem Gesamtdruck. Beim Verdunsten ist der Dampfdruck kleiner als der Gesamtdruck.

5) Zwischen Flüssigkeit und Sattdampf herrscht beim Sieden thermodynamisches Gleichgewicht, beim Verdunsten nur thermisches Gleichgewicht. Betrachtet man statt des Sattdampfes die gesamte Gasphase in der Nähe der Flüssigkeitsoberfläche, so liegt auch beim Verdunsten thermodynamisches Gleichgewicht vor. Beim thermodynamischen Gleichgewicht stimmen Temperatur und Druck überein. Beim thermischen Gleichgewicht sind nur die Temperaturen gleich.

6) Sieden ist ein Übergangsvorgang, bedingt durch die Erhöhung der spezifischen inneren Energie über das Maß der maximalen spezifischen inneren Energie der Flüssigkeit hinaus. Verdunsten ist ein Ausgleichsvorgang, in dem die Flüssigkeit ein Partialdruckgefälle der verdampften Flüssigkeit zwischen der Flüssigkeitsoberfläche und dem Gasraum ausgleicht, um dadurch überall im Gasraum den Sättigungszustand herzustellen. Dieser Sättigungszustand kann aber nur erreicht werden, wenn die verdunstende Flüssigkeitsmenge gegenüber dem Gasraum genügend groß ist.

Verdampfen ist ein Oberbegriff, der ganz allgemein den Phasenübergang von der Flüssigkeit zur Gasphase beschreibt. Sieden ist dieser Phasenübergang im Einstoffsystem, Verdunsten ist der entsprechende Phasenübergang im Mehrstoffsystem. Verflüssigen als Umkehrung des Verdampfens ist wiederum ein Oberbegriff. Kondensieren ist die Umkehrung des Siedens im Einstoffsystem. Tauen bezieht sich auf das Mehrstoffsystem und gilt für den Vorgang des Überschreitens der Taulinie bei der Abkühlung einer mit Dampf gesättigten Gasmischung.

Tabelle 5.1 Phasenübergänge zwischen Flüssigkeit und Gas

	Verdampfen	Verflüssigen
Einstoffsystem	Sieden	Kondensieren
Mehrstoffsystem	Verdunsten	Tauen

Die Unterteilung der Grenzkurve des Nassdampfgebietes in die Siedelinie und die Taulinie ist nicht ganz konsequent, da der Begriff Sieden zum Einstoffsystem und der Begriff Tauen zum Mehrstoffsystem gehört. Besser wäre es, wenn man die Grenze zwischen den Gebieten der Gasphase und des Nassdampfes Kondensationslinie nennen würde. Da die Bezeichnung Taulinie weit verbreitet ist, soll sie auch hier beibehalten werden.

Stellt man ein offenes Gefäß, das teilweise mit Wasser gefüllt ist, auf eine Gasflamme, so beginnt an der Wasseroberfläche ein Verdunstungsvorgang, der sich mit steigender Temperatur verstärkt. Man kann ihn mit bloßem Auge nicht wahrnehmen, weil Wasserdampf unsichtbar ist. In einer Grenzschicht unmittelbar an der Flüssigkeitsoberfläche stellt sich zuerst der Sättigungszustand ein. Er ist jedoch nicht stabil, weil Konvektions- und Diffusionsvorgänge ständig Dampf von der Flüssigkeitsoberfläche weg in Bereiche geringerer Wasserdampfkonzentration in der Luft fördern. Andererseits gelangen Luftmassen mit niederem Feuchtegehalt in den Grenzschichtbereich (Abschnitt 10.5). Bei Annäherung an die Siedetemperatur steigt der Dampfdruck immer mehr an, der Wasserdampf verdrängt zunehmend die Luft aus der unmittelbaren Umgebung der Wasseroberfläche. Das ursprünglich vorhandene Mehrstoffsystem verändert sich an der Wasseroberfläche in Richtung auf das Einstoffsystem. Den Beginn des Siedens erkennt man an der unruhigen Wasseroberfläche und an der Blasenbildung. Die nun sichtbaren Dampfschwaden entstehen dadurch, dass Sattdampf in eine kältere Umgebung gelangt, durch Kondensation sich winzige Flüssigkeitströpfchen bilden und vom Beobachter als Nebel wahrgenommen werden. Wird die Gasflamme gelöscht und damit die Wärmezufuhr an das Wasser eingestellt, so geht der Siedevorgang zu Ende. Die Verdampfung nimmt wieder die Form der Verdunstung an.

Ein locker aufgesetzter Deckel auf dem mit Wasser teilweise gefüllten Gefäß unterstützt die Ausbildung einer gesättigten Grenzschicht an der Wasseroberfläche. Die Luft wird aus der Umgebung der Wasseroberfläche schneller verdrängt, das Erreichen des Sättigungszustandes und der Übergang vom Mehrstoffsystem zum Einstoffsystem wird beschleunigt. Löscht man die Gasflamme, so bleibt der Sättigungszustand in dem durch den Deckel abgeschlossenen Gasraum erhalten. Die Verdampfung hört auf. Bei der Abkühlung des Gefäßes sinken Sättigungstemperatur und Sättigungsdruck, so dass immer mehr Feuchtigkeit ausfällt und Luft von außen in das Gefäß eindringt. Die Sättigungstemperatur ist bei der Abkühlung feuchter Luft gleich der Taupunkttemperatur.

5.1.5 Flüssigkeit

Da technische Prozesse häufig in das Flüssigkeitsgebiet führen, ist es notwendig, Aussagen über die Zustandsgrößen im Flüssigkeitsgebiet zu machen. Die spezifische Wärmekapazität einer Flüssigkeit c_F stellt in der Regel die spezifische Wärmekapazität bei konstantem Druck c_p dar. Die spezifische Wärmekapazität bei konstantem Volumen c_v ist bei Flüssigkeiten meist unbekannt. Aus der folgenden Gegenüberstellung der Werte für Wasser beim Druck 1 bar ersieht man die Unterschiede [128].

Tabelle 5.2 Spezifische Wärmekapazitäten c_p und c_v von Wasser

	0 °C	20 °C	40 °C	60 °C	80 °C	
c_p	4,2194	4,1848	4,1786	4,1828	4,1955	kJ/(kg K)
c_v	4,2170	4,1574	4,0725	3,9736	3,8703	kJ/(kg K)
c_p/c_v	1,0006	1,0066	1,0260	1,0526	1,0840	

Für die übertragene Wärme sowie die Änderungen von Enthalpie und Entropie pro Masseneinheit bei isobarer Zustandsänderung gilt

$$\mathrm{d}q = \mathrm{d}h = c_F\,\mathrm{d}T = c_F\,\mathrm{d}t \tag{5.1}$$

$$\mathrm{d}s = c_F\frac{\mathrm{d}T}{T}\,. \tag{5.2}$$

Mit c_F als einem konstanten Mittelwert ergibt die Integration

$$h_F - h_0 = c_F(t - t_0) \tag{5.3}$$

$$s_F - s_0 = c_F \ln \frac{T}{T_0} . \tag{5.4}$$

An dieser Stelle erhebt sich die Frage nach dem Nullpunkt der Skalen für die Enthalpie und die Entropie. Für die kalorischen Zustandsgrößen legt man im gesamten Zustandsgebiet Festkörper, Flüssigkeit, Gas einen gemeinsamen Nullpunkt fest. Nach dem Gleichungssystem von *Wagner* und *Kruse* [128], das inzwischen den internationalen industriellen Standard für die thermodynamischen Eigenschaften von Wasser und Wasserdampf darstellt (IAPWS-IF97), ist für flüssiges Wasser im Tripelpunkt bei 0,01 °C und 0,00611657 bar die spezifische innere Energie und die spezifische Entropie gleich null:

$$u'_{TP} = 0 \qquad\qquad s'_{TP} = 0 \tag{5.5}$$

Der Index TP bedeutet Tripelpunkt, der Strich bezieht sich auf den Sättigungszustand der Flüssigkeit. Die spezifische Enthalpie der siedenden Flüssigkeit im Tripelpunkt ist

$$h'_{TP} = 0{,}000611783 \ \frac{\text{kJ}}{\text{kg}} . \tag{5.6}$$

Nach Gl. (2.41) ist das spezifische Volumen der siedenden Flüssigkeit im Tripelpunkt

$$v'_{TP} = \frac{h_{TP} - u_{TP}}{p_{TP}} = \frac{0{,}000611783 \ \text{kJ/kg}}{0{,}00611657 \ \text{bar}} = 0{,}1000206 \ \frac{\text{kJ}}{\text{kg bar}}. \tag{5.7}$$

Mit der Beziehung

$$1 \ \text{bar} \ \text{m}^3 = 100 \ \text{kJ} \tag{5.8}$$

ergibt sich für das spezifische Volumen der siedenden Flüssigkeit im Tripelpunkt

$$v'_{TP} = 0{,}001000206 \ \frac{\text{m}^3}{\text{kg}} . \tag{5.9}$$

Bei technischen Berechnungen spielt die Unterscheidung zwischen dem Eispunkt bei 0 °C und dem Tripelpunkt bei 0,01 °C vielfach keine Rolle, so dass man den Nullpunkt der Enthalpie- und Entropieskalen näherungsweise bei 0 °C annimmt.

Die spezifische Wärmekapazität c_F ist eine Funktion der Temperatur und des Druckes:

$$c_F = c_F(t, p) \tag{5.10}$$

Die Zustandsgrößen der Flüssigkeit

$$v_F = v_F(t, p) \tag{5.11}$$

$$h_F = h_F(t, p) \tag{5.12}$$

$$s_F = s_F(t, p) \tag{5.13}$$

entnimmt man als Funktionen der Temperatur und des Druckes den Zustandstabellen des Stoffes. Für Wasser kann man diese Werte der Wasserdampftafel [128] entnehmen. Vielfach existieren solche Tafeln nur für den Zustand der siedenden Flüssigkeit:

$$v' = v'(t) \qquad \text{oder} \qquad v' = v'(p) \qquad (5.14)$$

$$h' = h'(t) \qquad \text{oder} \qquad h' = h'(p) \qquad (5.15)$$

$$s' = s'(t) \qquad \text{oder} \qquad s' = s'(p) \qquad (5.16)$$

Eine Flüssigkeit kann man im Falle einer Druckerhöhung näherungsweise als inkompressibel ansehen. Unter dieser Voraussetzung ist

$$v_F = v'(t) \ . \qquad (5.17)$$

Betrachtet man die spezifische Wärmekapazität c_F nur als Funktion der Temperatur

$$c_F = c_F(t) \ , \qquad (5.18)$$

so sind auch Enthalpie und Entropie nur temperaturabhängig. Man kann im ganzen Flüssigkeitsgebiet unmittelbar die Werte für die siedende Flüssigkeit verwenden:

$$h_F = h'(t) \qquad (5.19)$$

$$s_F = s'(t) \qquad (5.20)$$

Wenn man die Gln. (5.3) und (5.4) anwendet, muss man beachten, dass die Mittelwerte von c_F in beiden Gleichungen auf verschiedene Weise zu bilden sind. Bei der Berechnung der Enthalpieänderung ist

$$c_{Fm} = \frac{1}{t_2 - t_1} \int_{t_1}^{t_2} c_F \, \mathrm{d}t \ . \qquad (5.21)$$

Bei der Berechnung der Entropieänderung ist

$$\bar{c}_{Fm} = \frac{1}{\ln \dfrac{T_2}{T_1}} \int_{T_1}^{T_2} c_F \, \frac{\mathrm{d}T}{T} \ . \qquad (5.22)$$

Beispiel 5.2 Wasser wird beim konstanten Druck 120 bar von 0 °C auf 300 °C erwärmt. Wie groß sind c_{Fm} und $\bar{c}_{Fm}$?
Nach der Wasserdampftafel [128] sind spezifische Enthalpie und spezifische Entropie im Anfangszustand

$$h_1 = 12{,}074 \ \mathrm{kJ/kg} \qquad\qquad s_1 = 0{,}00039314 \ \mathrm{kJ/(kg\,K)}$$

und im Endzustand

$$h_2 = 1340{,}9 \ \mathrm{kJ/kg} \qquad\qquad s_2 = 3{,}2397 \ \mathrm{kJ/(kg\,K)} \ .$$

Daraus lassen sich die mittleren spezifischen Wärmekapazitäten ermitteln.

$$c_{Fm} = \frac{h_2 - h_1}{300 \ \mathrm{K}} = 4{,}4295 \ \mathrm{kJ/(kg\,K)}$$

$$\overline{c}_{Fm} = \frac{s_2 - s_1}{\ln \dfrac{573{,}15}{273{,}15}} = 4{,}3708 \text{ kJ/(kg K)}$$

Die folgende Tabelle enthält die wahren spezifischen Wärmekapazitäten des Wassers bei 120 bar und den angegebenen Temperaturen [128].

t	$c_F = c_p$	t	$c_F = c_p$	t	$c_F = c_p$	t	$c_F = c_p$
°C	kJ/(kg K)	°C	kJ/(kg K)	°C	kJ/(kg K)	°C	kJ/(kg K)
0	4,1633	80	4,1703	160	4,2992	240	4,6779
10	4,1526	90	4,1793	170	4,3271	250	4,7652
20	4,1494	100	4,1902	180	4,3590	260	4,8688
30	4,1491	110	4,2028	190	4,3953	270	4,9936
40	4,1503	120	4,2174	200	4,4369	280	5,1467
50	4,1530	130	4,2340	210	4,4847	290	5,3398
60	4,1571	140	4,2530	220	4,5397	300	5,5924
70	4,1629	150	4,2746	230	4,6035		

Die bei der Mittelwertbildung nach den Gln. (5.21) und (5.22) erforderlichen Integrationen kann man näherungsweise mit Hilfe der *Simpson*schen Formel

$$\int_a^b y \, \mathrm{d}x = \frac{b-a}{3\,n}\left(y_0 + 4\,y_1 + 2\,y_2 + 4\,y_3 + 2\,y_4 + \cdots + 2\,y_{n-2} + 4\,y_{n-1} + y_n\right)$$

vornehmen, wobei n die geradzahlige Anzahl der Unterteilungen ist (Bild 5.6). Mit $n = 30$ und den angegebenen c_F-Werten erhält man

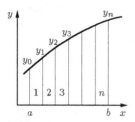

$$c_{Fm} = \frac{1}{300\,\text{K}} \int_{0\,°\text{C}}^{300\,°\text{C}} c_F \, \mathrm{d}t = 4{,}4294 \text{ kJ/(kg K)}$$

$$\overline{c}_{Fm} = \frac{1}{\ln \dfrac{573{,}15}{273{,}15}} \int_{273{,}15\,\text{K}}^{573{,}15\,\text{K}} c_F \, \frac{\mathrm{d}T}{T} = 4{,}3708 \text{ kJ/(kg K)}$$

Bild 5.6 Unterteilung eines Integrationsbereiches zwischen den Grenzen a und b in n Abschnitte

Die Übereinstimmung mit den aus der Wasserdampftafel bestimmten Werten ist sehr gut. Das Beispiel zeigt die Notwendigkeit der unterschiedlichen Mittelwertbildungen bei der Anwendung der Gln. (5.3) und (5.4).

5.1.6 Nassdampf

Der Nassdampfzustand ist ein Gleichgewichtszustand, der vom Beginn des Siedens bis zum Verdampfen des letzten Flüssigkeitstropfens reicht. Im Zustandsbereich des Nassdampfes, in dem der Nassdampf sehr verschieden zusammengesetzt sein kann, bleiben in einem offenen System Druck und Temperatur unverändert. Es genügt die Angabe des Druckes oder der Temperatur, weil beide Größen über die Dampfdruckkurve voneinander abhängig sind.

Druck und Temperatur beschreiben aber nicht eindeutig den Nassdampfzustand, weil die Anteile von Sattdampf und Flüssigkeit noch beliebig sein können. Deshalb benötigt man zur eindeutigen Beschreibung des Nassdampfzustandes noch eine weitere Größe, den Dampfgehalt x. Ist m_N die Masse des Nassdampfes, m_F die Masse der siedenden

Flüssigkeit und m_D die Masse des Sattdampfes, so ist

$$x = \frac{m_D}{m_N} = \frac{m_D}{m_F + m_D} \; . \tag{5.23}$$

Für das spezifische Volumen des Nassdampfes erhält man

$$v_N = \frac{V_N}{m_N} = \frac{V_F + V_D}{m_F + m_D} \; . \tag{5.24}$$

Dabei ist V_N das Volumen des Nassdampfes, V_F das Volumen der siedenden Flüssigkeit und V_D das Volumen des Sattdampfes. Mit dem spezifischen Volumen der siedenden Flüssigkeit v' und dem spezifischen Volumen des Sattdampfes v''

$$v' = \frac{V_F}{m_F} \qquad\qquad v'' = \frac{V_D}{m_D} \tag{5.25}$$

erhält man das spezifische Volumen des Nassdampfes

$$v_N = (1 - x)v' + x\,v'' = v' + x(v'' - v') \; . \tag{5.26}$$

Aus Gl. (5.26) folgt

$$x = \frac{v_N - v'}{v'' - v'} \; . \tag{5.27}$$

Für die spezifische innere Energie u_N, die spezifische Enthalpie h_N und die spezifische Entropie s_N des Nassdampfes lassen sich entsprechende Beziehungen herleiten:

$$u_N = (1 - x)u' + x\,u'' = u' + x(u'' - u') \tag{5.28}$$

$$h_N = (1 - x)h' + x\,h'' = h' + x(h'' - h') \tag{5.29}$$

$$s_N = (1 - x)s' + x\,s'' = s' + x(s'' - s') \tag{5.30}$$

$$x = \frac{u_N - u'}{u'' - u'} \tag{5.31}$$

$$x = \frac{h_N - h'}{h'' - h'} \tag{5.32}$$

$$x = \frac{s_N - s'}{s'' - s'} \tag{5.33}$$

Die Differenz zwischen der spezifischen Enthalpie des Sattdampfes h'' und der spezifischen Enthalpie der siedenden Flüssigkeit h' ist die spezifische Verdampfungsenthalpie r (spezifische Verdampfungswärme bei konstantem Druck):

$$r = h'' - h' \tag{5.34}$$

Gl. (5.29) ergibt mit Gl. (5.34)

$$h_N = h' + x\,r \; . \tag{5.35}$$

Nach Gl. (5.8) ist die Enthalpie der siedenden Flüssigkeit h' und die Enthalpie des Sattdampfes h''

$$h' = u' + p\,v' \qquad\qquad h'' = u'' + p\,v'' \; . \tag{5.36}$$

Für die spezifische Verdampfungswärme nach Gl. (5.34) folgt daraus

$$r = u'' - u' + p\,(v'' - v') \ . \tag{5.37}$$

$u'' - u'$ ist die spezifische innere Verdampfungswärme.
Sie dient zur Erhöhung der thermischen Energie der Moleküle. $p\,(v'' - v')$ ist die spezifische äußere Verdampfungswärme. Sie dient zur Leistung der spezifischen Volumenänderungsarbeit, die bei konstantem Druck gleich der Differenz der spezifischen Verschiebearbeiten ist.

Die Differenz der spezifischen Entropien des Sattdampfes s'' und der siedenden Flüssigkeit s' lässt sich gemäß Gl. (3.56) durch die reversibel zugeführte spezifische Wärme

$$q_{rev} = \frac{Q_{rev}}{m} \ , \tag{5.38}$$

die man zur Verdampfung von einer Masseneinheit Flüssigkeit benötigt, und die Siedetemperatur T_S beschreiben, weil die isobare Verdampfung zugleich isotherm ist:

$$s'' - s' = \frac{q_{rev}}{T_S} \tag{5.39}$$

Da bei der isobaren Verdampfung $q_{rev} = h'' - h' = r$ ist, erhält man

$$s'' - s' = \frac{r}{T_S} \ . \tag{5.40}$$

Gl. (5.30) ergibt mit Gl. (5.40)

$$s_N = s' + x\,\frac{r}{T_S} \ . \tag{5.41}$$

Für Wasser können die Werte für die spezifischen Größen der siedenden Flüssigkeit v', h', s' und des Sattdampfes v'', h'', s'' der Wasserdampftafel [128] entnommen werden.

Beispiel 5.3 Wie groß sind die spezifische innere und die spezifische äußere Verdampfungswärme von Wasser bei einem Druck von 1,2 bar?

Der IAWPS-Wasserdampftafel für den Sättigungszustand entnimmt man bei 1,2 bar: $t = 104,78\,°C$

$$v' = 0{,}0010473 \ \mathrm{m^3/kg} \qquad v'' = 1{,}428445 \ \mathrm{m^3/kg} \qquad r = 2243{,}8 \ \frac{\mathrm{kJ}}{\mathrm{kg}}$$

Die spezifische äußere Verdampfungswärme ist mit $1 \ \mathrm{bar \ m^3} = 100 \ \mathrm{kJ}$

$$p\,(v'' - v') = 1{,}2 \, \mathrm{bar}\,(1{,}428445 - 0{,}0010473)\,\frac{\mathrm{m^3}}{\mathrm{kg}}\,\frac{100\,\mathrm{kJ}}{\mathrm{m^3\,kg}} = 171{,}3 \ \frac{\mathrm{kJ}}{\mathrm{kg}} \ .$$

Die spezifische innere Verdampfungswärme ist

$$u'' - u' = r - p\,(v'' - v') = 2243{,}8 \ \frac{\mathrm{kJ}}{\mathrm{kg}} - 171{,}3 \ \frac{\mathrm{kJ}}{\mathrm{kg}} = 2072{,}5 \ \frac{\mathrm{kJ}}{\mathrm{kg}} \ .$$

5.1.7 Überhitzter Dampf

Dampf mit einer höheren Temperatur als der Sättigungstemperatur is t überhitzter Dampf. So ist auch der Wasserdampf in der ungesättigten feuchten Luft überhitzter Dampf. Der durch die thermische Zustandsgleichung

$$F(p, v, T) = 0 \qquad (5.42)$$

ausgedrückte Zusammenhang der thermischen Zustandsgrößen muss experimentell ermittelt werden. Die einfache Gl. (4.26) idealer Gase

$$p\,v = R\,T \qquad (5.43)$$

genügt nicht mehr. Mit Hilfe eines Korrekturfaktors z lässt sich Gl. (5.43) an die hier geltenden Gesetzmäßigkeiten angleichen. Man nennt z den Realgasfaktor und stellt ihn als Funktion zweier thermischer Zustandsgrößen dar.

$$\frac{p\,v}{R\,T} = z(p, T) = z(v, T) \qquad (5.44)$$

Die Beziehung zwischen den spezifischen Wärmekapazitäten c_p und c_v und der speziellen Gaskonstanten R nach Gl. (4.48) gilt nicht mehr, c_p und c_v lassen sich nicht mehr durch die einfachen Gln. (4.49) und (4.50) berechnen. Das Differential der spezifischen inneren Energie

$$\mathrm{d}u = c_v\,\mathrm{d}T \qquad (5.45)$$

ist nicht mehr unabhängig von der Art der Zustandsänderung und gemäß $c_v = \left(\dfrac{\partial u}{\partial T}\right)_v$ nur noch auf eine isochore Zustandsänderung anwendbar. Auch das Differential der spezifischen Enthalpie

$$\mathrm{d}h = c_p\,\mathrm{d}T \qquad (5.46)$$

ist nicht mehr allgemein gültig, sondern bezieht sich gemäß $c_p = \left(\dfrac{\partial h}{\partial T}\right)_p$ nur auf eine isobare Zustandsänderung. Benützt man auch weiterhin die Abkürzung

$$\kappa = \frac{c_p}{c_v} \qquad (5.47)$$

nach Gl. (4.44), so ist dies jedoch nicht mehr der Isentropenexponent n_S. Für ihn gilt jetzt die Beziehung

$$n_S = n_T\,\kappa\;, \qquad (5.48)$$

deren Definition sich gemäß Gln. (5.187) und (5.190) ergibt. n_T ist der Isothermenexponent, wobei im Allgemeinen $n_T \neq 1$ ist (Abschnitt 5.4.3).

Das Arbeiten mit realen Gasen und Dämpfen erfordert die Kenntnis komplizierter thermodynamischer Zusammenhänge. Für den Ingenieur wichtige Hilfsmittel sind dabei Dampftafeln und Zustandsdiagramme.

Beispiel 5.4 Für den Realgasfaktor von Luft zwischen $0\,°C$ und $200\,°C$ gelten im Druckbereich von 0 bar bis 100 bar nach *Holborn* und *Otto* [58] die Werte der Tabelle 5.3:

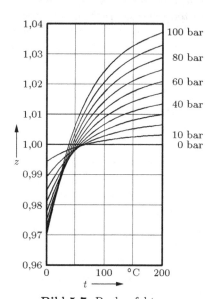

Bild 5.7 Realgasfaktor
$$z\,(T,p) = \frac{p\,v}{R\,T} \text{ für Luft}$$

Tabelle 5.3 Werte des Realgasfaktors $z\,(T,p)$ für Luft

	$t = 0\,°C$	$50\,°C$	$100\,°C$	$150\,°C$	$200\,°C$
$p = 0$	1,0000	1,0000	1,0000	1,0000	1,0000
10	0,9943	0,9990	1,0013	1,0025	1,0032
20	0,9893	0,9984	1,0028	1,0052	1,0065
30	0,9848	0,9981	1,0046	1,0080	1,0099
40	0,9809	0,9982	1,0066	1,0110	1,0135
50	0,9776	0,9986	1,0089	1,0142	1,0171
60	0,9749	0,9994	1,0115	1,0176	1,0209
70	0,9728	1,0005	1,0143	1,0211	1,0248
80	0,9712	1,0021	1,0174	1,0248	1,0288
90	0,9703	1,0039	1,0207	1,0286	1,0329
100 bar	0,9699	1,0061	1,0242	1,0327	1,0372

Der Realgasfaktor lässt sich durch die Gleichung

$$z\,(T,p) = \sum_{i=0}^{4} \sum_{j=0}^{2} a_{ij} T^{-i} p^{j}$$

ausdrücken. Setzt man den Druck p in bar ein und verwendet man die absolute Temperatur T, so haben die Faktoren a_{ij} die folgenden Zahlenwerte:

$a_{00} = 1 \quad a_{01} = -1{,}141097858 \cdot 10^{-3} \quad a_{02} = 5{,}167838557 \cdot 10^{-5}$

$a_{10} = 0 \quad a_{11} = 2{,}319871842 \quad a_{12} = -7{,}853777953 \cdot 10^{-2}$

$a_{20} = 0 \quad a_{21} = -1{,}236139494 \cdot 10^{3} \quad a_{22} = 4{,}404939194 \cdot 10^{1}$

$a_{30} = 0 \quad a_{31} = 2{,}794319527 \cdot 10^{5} \quad a_{32} = -1{,}072732180 \cdot 10^{4}$

$a_{40} = 0 \quad a_{41} = -2{,}833385469 \cdot 10^{7} \quad a_{42} = 9{,}728593264 \cdot 10^{5}$

Die graphische Darstellung des Realgasfaktors zeigt Bild 5.7.

5.2   Zustandsdiagramme

Die Veränderung thermodynamischer Größen bei der Änderung der Ausgangswerte lässt sich besonders einfach in Zustandsdiagrammen verfolgen. Wenn sie als Arbeitsdiagramme eine ausreichende Ablesegenauigkeit gestatten, kann man technische Probleme graphisch lösen und die gesuchten Zahlenwerte direkt entnehmen.

5.2.1   Die p, v, T-Fläche

Die thermische Zustandsgleichung (5.42) stellt für reine Stoffe im gesamten Zustandsgebiet aller drei Phasen und der Zweiphasengebiete bei dreidimensionaler Auftragung in einem rechtwinkligen p, v, T-Koordinatensystem eine Fläche nach Bild 5.8 dar. In den Zweiphasengebieten fallen die Isobaren und die Isothermen zusammen. Deshalb sind die Zweiphasengebiete Zylinderflächen, die in einer Ebene abwickelbar sind. Die Grenzkurven zwischen den Zweiphasengebieten und den Zustandsgebieten der reinen Phasen markieren jeweils einen Knick in der p, v, T-Fläche. Nur im kritischen Punkt liegt kein Knick vor.

Durch Projektion der dreidimensionalen p, v, T-Fläche in p-Richtung, v-Richtung oder T-Richtung erhält man ein zweidimensionales T, v-Diagramm, p, T-Diagramm oder p, v-Diagramm. Das p, v-Diagramm Bild 5.9 und das T, v-Diagramm Bild 5.10 entsprechen einer Darstellung nach Bild 5.3. Die Gebiete der reinen Phasen werden durch Zweiphasengebiete getrennt. Das Nassdampfgebiet als Übergangsgebiet zwischen Flüssigkeit und Gasphase trennt diese beiden Bereiche jedoch nicht vollständig. Im kritischen Punkt als dem Schnittpunkt der kritischen Isobare, der kritischen Isochore und der kritischen Isotherme gehen die Siedelinie und die Taulinie stetig ineinander über. Oberhalb des kritischen Punktes ist eine Veränderung beim Übergang von der Flüssigkeit zur Gasphase nicht zu beobachten. Das bedeutet, dass in diesem Bereich beide Phasen nicht unterschieden werden können. Unterhalb des kritischen Punktes wird beim Übergang von der Flüssigkeit zum überhitzten Dampf das Nassdampfgebiet durchschritten. Dabei bildet sich eine sichtbare Grenzfläche — die Flüssigkeitsoberfläche — zwischen Flüssigkeit und Dampf aus.

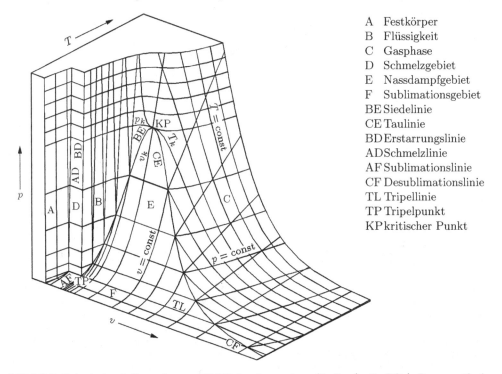

A Festkörper
B Flüssigkeit
C Gasphase
D Schmelzgebiet
E Nassdampfgebiet
F Sublimationsgebiet
BE Siedelinie
CE Taulinie
BD Erstarrungslinie
AD Schmelzlinie
AF Sublimationslinie
CF Desublimationslinie
TL Tripellinie
TP Tripelpunkt
KP kritischer Punkt

Bild 5.8 Prinzipdarstellung der p, v, T-Fläche eines reinen Stoffes (z. B. CO_2). Das spezifische Volumen v ist logarithmisch aufgetragen

Das p, T-Diagramm Bild 5.11 entspricht einer Darstellung nach Bild 5.1. Die Gebiete der reinen Phasen werden durch die Grenzkurven getrennt. Siedelinie und Taulinie überlagern sich und erscheinen als Dampfdruckkurve. Erstarrungslinie und Schmelzlinie ergeben die Schmelzdruckkurve. Sublimationslinie und Desublimationslinie bilden die Sublimationsdruckkurve. Da die Zweiphasengebiete in der p, v, T-Darstellung Zylinderflächen mit der Achse in v-Richtung sind, fallen sie im p, T-Diagramm mit der jeweiligen Grenzkurve zusammen. Die Dampfdruckkurve als Grenzkurve zwischen Flüssigkeit und Gasphase trennt diese beiden Bereiche nur teilweise. Sie beginnt im

Tripelpunkt und endet im kritischen Punkt. Bild 5.5 stellt einen Teil des Bildes 5.11 dar. Oberhalb des kritischen Punktes gehen beide Phasenbereiche ohne Grenze direkt ineinander über.

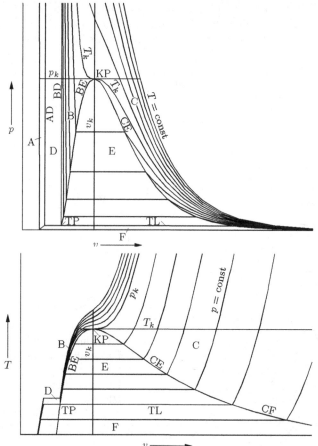

Bild 5.9 p, v-Diagramm mit logarithmischer Auftragung des spezifischen Volumens. Die kritische Isotherme hat im kritischen Punkt einen Terrassenpunkt. Bezeichnungen wie in Bild 5.8

Bild 5.10 T, v-Diagramm mit logarithmischer Auftragung des spezifischen Volumens. Die kritische Isobare hat im kritischen Punkt einen Terrassenpunkt. Bezeichnungen wie in Bild 5.8

Bild 5.11 p, T-Diagramm mit den drei Grenzkurven zwischen den drei Phasen:
AB Schmelzdruckkurve, BC Dampfdruckkurve,
AC Sublimationsdruckkurve
Weitere Bezeichnungen wie in Bild 5.8

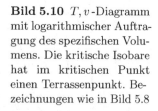

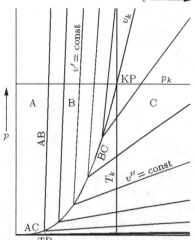

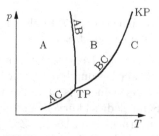

Bild 5.12 p, T-Diagramm für Wasser.
Bezeichnungen wie in den Bildern 5.8 und 5.11

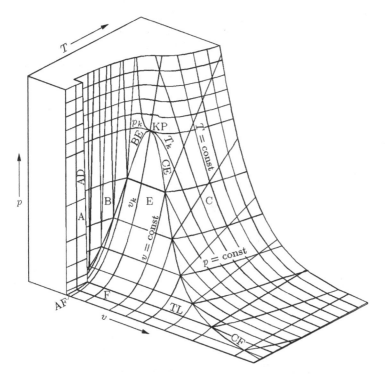

Bild 5.13 Prinzipdarstellung der p, v, T-Fläche des Wassers. Das spezifische Volumen v ist logarithmisch aufgetragen. Bezeichnungen wie in Bild 5.8

Im Tripelpunkt, in dem Schmelzdruckkurve, Dampfdruckkurve und Sublimationsdruckkurve zusammentreffen, ist der Übergang von der Dampfdruckkurve zur Sublimationsdruckkurve mit einem leichten Knick verbunden. Das ist in Bild 5.11 nicht erkennbar. Man sieht dies in Bild 5.12, einer Prinzipskizze für Wasser, aus der außerdem hervorgeht, dass die Schmelzdruckkurve eine negative Steigung hat. Im Normalfall (z. B. CO_2) ist die Steigung der Schmelzdruckkurve positiv, wie man das dem Bild 5.11 entnimmt. Wasser stellt eine Ausnahme dar, die sich z. B. darin zeigt, dass das spezifische Volumen des Eises größer ist als das spezifische Volumen der Flüssigkeit. Solche Anomalien findet man auch bei Antimon, Gallium und Wismut. Weil Eisschollen auf dem Wasser schwimmen, trifft das Bild 5.8 für Wasser nicht zu. Als Prinzipdarstellung der p, v, T-Fläche für Wasser gilt das Bild 5.13. Die verschiedenen Modifikationen [101], in denen Eis auftritt, sind dabei nicht berücksichtigt.

5.2.2   Das T,s-Diagramm

In einem T, s-Diagramm nach Bild 5.14 ergeben Siedelinie und Taulinie miteinander eine glockenförmige Grenzkurve, die das Nassdampfgebiet von den Gebieten der Flüssigkeit und des überhitzten Dampfes trennt. Der kritische Punkt ist der Hochpunkt der Grenzkurve und ein Terrassenpunkt der kritischen Isobare. Für einen Druck unterhalb des kritischen Druckes erstreckt sich die Isobare durch das Flüssigkeitsgebiet, das Nassdampfgebiet und das Gebiet des überhitzten Dampfes. Der Verlauf der Isobaren im Flüssigkeitsgebiet ist vom Verlauf der Siedelinie im unteren Teil fast nicht zu unterscheiden. Im Nassdampfgebiet fallen die Isothermen und die Isobaren zusammen. Im Gebiet des überhitzten Dampfes sind die Isobaren steil ansteigende Linkskurven.

Die Isochoren sind im unteren Teil des Flüssigkeitsgebietes ebenfalls von der Siedelinie kaum zu unterscheiden. Im Nassdampfgebiet sind die Isochoren leicht nach rechts gekrümmte Kurven, die vom unteren Teil der Siedelinie fächerförmig auseinanderlaufen. Sie durchsetzen die Grenzkurve mit einem Knick und sind im Gebiet des überhitzten Dampfes Linkskurven mit größerer Steigung als die Isobaren.

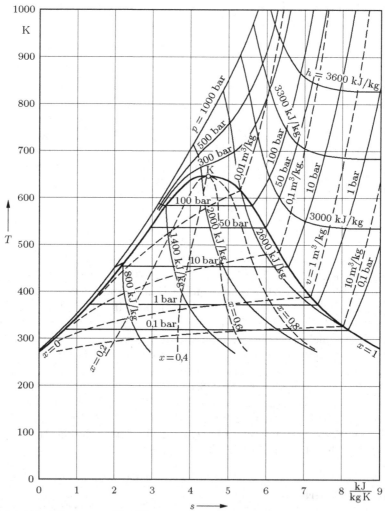

Bild 5.14 T, s-Diagramm für Wasser

Im Nassdampfgebiet findet man die Kurven gleichen Dampfgehaltes x. Auf der Siedelinie ist der Dampfgehalt $x = 0$, auf der Taulinie $x = 1$. Dazwischen erhält man die Kurven $x = $ const durch lineare Interpolation nach Gl. (5.33). Die Kurven konstanter Enthalpie — die Isenthalpen — zeigen einen hyperbelähnlichen Verlauf. Im Gebiet des überhitzten Dampfes nähern sie sich mit zunehmender Entropie immer mehr den Isothermen. Dies ist ein Hinweis auf die Annäherung der Gesetzmäßigkeiten des überhitzten Dampfes an die Gesetze der idealen Gase.

Da nach der Gl. (3.92) eine Fläche im T,s-Diagramm eine spezifische reversible Ersatzwärme $(q_{12})_{rev}$ darstellt und bei einer isobaren Zustandsänderung beim Druck p die spezifische reversible Ersatzwärme $(q_{12})_{rev}$ nach Gl. (4.148) gleich der spezifischen Enthalpiedifferenz $h_2 - h_1$ ist, erscheint die spezifische Enthalpie im T,s-Diagramm als Fläche unter einer Isobare. Die spezifische Enthalpie des überhitzten Dampfes $h_{\ddot{u}}$ kann man unter Verwendung der Gl. (5.34) in drei Anteile aufspalten (Bild 5.15):

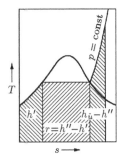 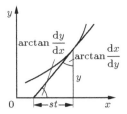

Bild 5.16 Zur Erklärung der Subtangente st

Bild 5.15 Darstellung der spezifischen Enthalpie im T,s-Diagramm

$$h_{\ddot{u}} = h' + r + (h_{\ddot{u}} - h'') \qquad (5.49)$$

Die spezifische Enthalpie der siedenden Flüssigkeit h' bildet sich als Fläche zwischen der Isobare p (die praktisch mit der Siedelinie zusammenfällt) und der Abszisse ab. Die spezifische Verdampfungswärme r findet man als Rechteck zwischen Siedelinie und Taulinie. Anschließend folgt die spezifische Überhitzungswärme $h_{\ddot{u}} - h''$ unter der steil ansteigenden Isobare des Überhitzungsgebiets.

Die Subtangenten der Isobaren und Isochoren im T,s-Diagramm (Bild 5.16) stellen die spezifischen Wärmekapazitäten c_p und c_v dar. Dies erkennt man an den beiden folgenden Gleichungen, auf die in Abschnitt 5.4.1 näher eingegangen wird:

$$c_p = T \left(\frac{\partial s}{\partial T} \right)_p \qquad (5.50)$$

$$c_v = T \left(\frac{\partial s}{\partial T} \right)_v \qquad (5.51)$$

Man sieht, dass im Nassdampfgebiet und im kritischen Punkt $c_p \to \infty$ wird. Die Gln. (5.50) und (5.51) kann man benutzen, um mit Hilfe von spezifischen Entropiewerten und Temperaturen, die man einem T,s-Diagramm oder einer Dampftafel entnimmt, die jeweilige wahre spezifische Wärmekapazität näherungsweise zu berechnen:

Ist y eine Funktion von x mit der Ableitung

$$\frac{dy}{dx} = y' , \qquad (5.52)$$

so ist die Länge der Subtangente st nach Bild 5.16

$$st = y \frac{dx}{dy} = \frac{y}{y'} . \qquad (5.53)$$

Ersetzt man x und y durch die spezifische Entropie s und die thermodynamische Temperatur T und die Ableitung y' durch die partielle Ableitung der Temperatur T nach der Entropie

s, so ergeben sich aus Gl. (5.53) die Gln. (5.50) und (5.51). Diese Überlegung gilt nicht nur für isobare und isochore Zustandsänderungen, sondern allgemein für alle Zustandsänderungen. Liegt die Subtangente im T, s-Diagramm rechts vom Lot auf die Abszisse, so ist die spezifische Wärmekapazität c_n negativ.

Beispiel 5.5   Die wahre spezifische isobare Wärmekapazität des Wassers bei 120 bar und 300 °C soll näherungsweise ermittelt werden.

Die Steigung der Isobare $p = 120$ bar bei $t = 300\,°\mathrm{C}$ wird ersetzt durch die Steigung der Verbindungsgeraden zwischen den Punkten bei $t_1 = 299\,°\mathrm{C}$ und $t_2 = 301\,°\mathrm{C}$ auf der Isobare $p = 120$ bar im T, s-Diagramm:

$$c_p = (t + T_0) \frac{s_2 - s_1}{t_2 - t_1}$$

Mit den in der IAPWS-Wasserdampftafel [128] genannten Gleichungen erhält man bei $t_1 = 299\,°\mathrm{C}$ die spezifische Entropie $s_1 = 3{,}229978$ kJ/(kg K) und bei $t_2 = 301\,°\mathrm{C}$ die spezifische Entropie $s_2 = 3{,}249493$ kJ/(kg K). Die Auswertung ergibt $c_p = 5{,}5924$ kJ/(kg K). Dieser Wert stimmt mit dem in Beispiel 5.2 genannten Wert überein.

5.2.3   Das h,s-Diagramm

Bei technischen Berechnungen kommt der Enthalpie eine besondere Bedeutung zu. Die spezifische Enthalpie erscheint im T, s-Diagramm als Fläche unter einer Isobare. Man kann sie durch Planimetrieren ermitteln, was jedoch ein umständliches Verfahren ist. Einfacher als das Planimetrieren ist das Abgreifen einer Strecke. Diese Möglichkeit bietet das h, s-Diagramm, bei dem die spezifische Enthalpie als Ordinate auftritt.

Im h, s-Diagramm für Wasser (Bild 5.17) kann — nach der Vereinbarung über den Skalennullpunkt (Abschnitt 5.1.5) — der Beginn der Siedelinie in den Koordinatenursprung gelegt werden. Diese verläuft stetig ansteigend als Linkskurve und geht im kritischen Punkt ohne Knick in die Taulinie über. Der kritische Punkt ist ein Wendepunkt der aus Siedelinie und Taulinie bestehenden Grenzkurve. Da die größte spezifische Enthalpie des Sattdampfes bei etwa 236 °C auftritt, hat die Taulinie hier einen Hochpunkt.

Die Isothermen und Isobaren im Nassdampfgebiet fallen zusammen und sind gerade Linien. Nach den Gln. (2.75), (3.91) und (4.78) ist bei einer isobaren Zustandsänderung

$$\mathrm{d}H = T\,\mathrm{d}S \qquad\qquad \mathrm{d}h = T\,\mathrm{d}s\;. \tag{5.54}$$

Wendet man Gl. (5.54) auf das Nassdampfgebiet an, so ist die Temperatur T gleich der Siedetemperatur T_S:

$$\left(\frac{\partial h}{\partial s}\right)_p = T_S \tag{5.55}$$

Da bei isobarer Zustandsänderung im Nassdampfgebiet die Siedetemperatur T_S konstant bleibt, ist Gl. (5.55) die mathematische Formulierung der Aussage, dass die Isobaren und Isothermen im Nassdampfgebiet gerade Linien sind.

Die Isobaren und Isothermen nähern sich im Nassdampfgebiet in ihrem unteren Teil fast tangential der Siedelinie. Sie sind aber keine Tangenten.

Beim Übergang vom Nassdampfgebiet in das Gebiet des überhitzten Dampfes trennen sich die Isobaren und Isothermen. Die Isobaren durchsetzen die Taulinie ohne Knick und verlaufen im überhitzten Gebiet als Linkskurven. Die Isothermen knicken an der

Taulinie nach rechts ab und fallen in einiger Entfernung von der Taulinie mit den Isenthalpen nahezu zusammen. Dies entspricht der Annäherung des Verhaltens der realen Gase an die Gesetze der idealen Gase.

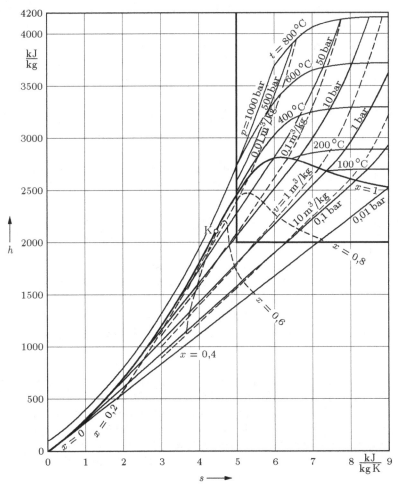

Bild 5.17 h, s-Diagramm für Wasser. Der praktisch wichtige Teil rechts oben ist durch ein Rechteck hervorgehoben.

Die Isochoren verlaufen im Nassdampfgebiet und im Gebiet des überhitzten Dampfes steiler als die Isobaren. An der Taulinie haben sie einen Knick. Die Punkte gleichen Dampfgehaltes x im Nassdampfgebiet sind durch Kurven verbunden.

Damit das h, s-Diagramm für Wasser für den praktischen Gebrauch nicht unhandlich groß wird, kann man sich auf einen Ausschnitt — des überhitzten Gebietes und eines Teils des Nassdampfgebietes — beschränken. Die Siedelinie, der kritische Punkt und das Gebiet der Flüssigkeit fehlen. In diesen Bereichen arbeitet man sehr leicht mit einer Dampftafel.

5.3   Thermische Zustandsgleichungen

Die p, v, T-Fläche ist eine Veranschaulichung der thermischen Zustandsgleichung. Die Gestalt der p, v, T-Fläche macht deutlich, dass es sich nicht um eine einfache Gleichung handeln kann, wenn neben den Gebieten des idealen Gasses und des realen Gases auch das Flüssigkeitsgebiet und das Zweiphasengebiet des Nassdampfes erfasst werden sollen.

Die Lösungsversuche dieses Problems gehen teils von physikalisch begründeten und teils von empirischen Ansätzen aus. Manche Gleichungen sind nicht allgemein anwendbar, sondern beziehen sich nur auf Teilbereiche.

5.3.1   Die *van der Waals*sche Gleichung

Eine Zustandsgleichung realer Gase, die in einer erster Näherung jene Einflussgrößen berücksichtigt, durch die sich reale Gase und ideale Gase unterscheiden, hat *van der Waals* [1] angegeben. Durch Einführung von zwei Korrekturgliedern wird die Zustandsgleichung der idealen Gase umgestaltet. *J. D. van der Waals* ging von folgenden Überlegungen aus:

Eine Gasmenge wird durch Druck komprimiert. Je größer der Druck gewählt wird, desto kleiner wird das Volumen des Gases. Schließlich gelangt man an eine Grenze, die durch das Eigenvolumen der Moleküle bestimmt ist. Eine weitere Druckerhöhung kann das Volumen nicht mehr verringern, da sich sonst die Moleküle durchdringen müssten. Dieses Grenzvolumen bezogen auf die Gasmenge wird mit b bezeichnet. Der für die Einheit der Gasmenge zur Verfügung stehende Raum ist um dieses Grenzvolumen kleiner als das gemessene spezifische Gasvolumen v, er ist gleich $(v - b)$.

Die zweite Korrektur berücksichtigt die zwischen den Molekülen wirkenden Anziehungskräfte. Moleküle, die sich in der Außenfläche des Gases befinden, werden durch die Anziehungskräfte der weiter innen befindlichen Moleküle nach innen gezogen, während sich diese Kräfte an einem im Innern des Gases befindlichen Molekül im Mittel aufheben. Die Druckkraft des Gases auf seine Begrenzungsflächen entsteht durch die Stöße der äußeren Moleküle auf diese Fläche. Durch die Wirkung der Anziehungskräfte wird die Stoßkraft der äußeren Moleküle auf die Begrenzungsfläche verringert. Die Minderung der Stoßkraft eines Moleküls wird der Zahl der Nachbarmoleküle und damit der Gasdichte ϱ proportional gesetzt werden können. Die Wirkung aller auf die Begrenzungsfläche prallenden Moleküle wird aber ebenfalls der Molekülzahl und damit der Dichte des Gases proportional sein.

Man wird also am gemessenen Gasdruck p ein Korrekturglied $a \varrho^2 = a/v^2$ anzubringen haben. Da für die Zustandsgleichung der im Innern des Gases herrschende Gasdruck maßgeblich ist, wird der gemessene Gasdruck p um dieses Korrekturglied zu niedrig ausfallen.

Nach diesen Überlegungen ergibt sich als Zustandsgleichung eines realen Gases

$$(p + \frac{a}{v^2})(v - b) = R\,T \tag{5.56}$$

mit a und b als Konstanten.

Für die Bestimmung der Konstanten a, b und R gibt es mehrere Möglichkeiten. Die erste besteht darin, dass man die drei Konstanten aus den kritischen Daten berechnet.

---

[1] *J. D. van der Waals*, 1837 bis 1923, holländischer Physiker.

Die kritischen Daten sind der Druck p_k, das spezifische Volumen v_k und die Temperatur T_k im kritischen Punkt. Der kritische Punkt ist im p, v-Diagramm nach Bild 5.9 ein Terrassenpunkt (Wendepunkt mit waagrechter Tangente) der kritischen Isotherme. Entwickelt man Gl. (5.56) nach p

$$p = \frac{RT}{v-b} - \frac{a}{v^2} \, , \tag{5.57}$$

so sind die Bedingungen für den genannten Terrassenpunkt

$$\left(\frac{\partial p}{\partial v}\right)_T = -\frac{RT_k}{(v_k - b)^2} + \frac{2a}{v_k^3} = 0 \tag{5.58}$$

$$\left(\frac{\partial^2 p}{\partial v^2}\right)_T = \frac{2RT_k}{(v_k - b)^3} - \frac{6a}{v_k^4} = 0 \, . \tag{5.59}$$

Aus den Gln. (5.58) und (5.59) folgt

$$\frac{2a}{v_k^3} = \frac{RT_k}{(v_k - b)^2} \tag{5.60}$$

$$\frac{6a}{v_k^4} = \frac{2RT_k}{(v_k - b)^3} \, . \tag{5.61}$$

Gl. (5.60) wird durch Gl. (5.61) dividiert:

$$v_k = 3b \tag{5.62}$$

Gl. (5.62) wird in Gl. (5.60) eingesetzt:

$$T_k = \frac{8a}{27bR} \tag{5.63}$$

Wendet man Gl. (5.57) auf den kritischen Punkt an, so erhält man mit den Gln. (5.62) und (5.63)

$$p_k = \frac{a}{27b^2} \, . \tag{5.64}$$

Aus den Gln. (5.62) bis (5.64) folgt

$$b = \frac{v_k}{3} \tag{5.65}$$

$$a = 3v_k^2 p_k \tag{5.66}$$

$$R = \frac{8}{3} \frac{p_k v_k}{T_k} \, . \tag{5.67}$$

(Zum Vergleich: Für ideale Gase würde gelten: $R = p_k v_k / T_k$).

Bei der zweiten Möglichkeit setzt man für R die spezielle Gaskonstante des idealen Gases ein und bestimmt v_k, a sowie b aus R, p_k sowie T_k: Entwickelt man Gl. (5.67) nach dem kritischen spezifischen Volumen

$$v_k = \frac{3}{8} \frac{RT_k}{p_k} \tag{5.68}$$

und setzt diesen Ausdruck in die Gln. (5.65) und (5.66) ein, so erhält man

$$b = \frac{1}{8}\frac{R\,T_k}{p_k}$$
(5.69)

$$a = \frac{27}{64}\frac{R^2\,T_k^2}{p_k}\;.$$
(5.70)

Beispiel 5.6 Die Konstanten a und b der *van der Waals*schen Gleichung sind für Wasser aus dem kritischen Druck, der kritischen Temperatur und der Gaskonstante des idealen Gases zu berechnen.

Die Gaskonstante, der kritische Druck und die kritische Temperatur sind nach der IAPWS-Wasserdampftafel [128]

$R = 461{,}526\,\mathrm{J/(kg\,K)} = 0{,}00461526\,\mathrm{bar\,m^3/(kg\,K)}$ $p_k = 220{,}64\,\mathrm{bar}$ $T_k = 647{,}096\,\mathrm{K}$.

Das veränderte kritische Volumen ist nach Gl. (5.68) $v_k = 0{,}0050647\,\mathrm{m^3/kg}$.

$a = 0{,}017022\,\mathrm{bar\,m^6/kg^2}$ $b = 0{,}0016882\,\mathrm{m^3/kg}$.

5.3.2 Die Grenzkurve und die *Maxwell*-Beziehung

Die *van der Waals*sche Gleichung ist nicht anwendbar auf das Festkörpergebiet, das Schmelzgebiet und das Sublimationsgebiet.

Da sie aber für das Gebiet der Flüssigkeit und das Gebiet des überhitzten Dampfes gilt, erscheint eine Aussage über das Nassdampfgebiet und damit über die Grenzkurve besonders interessant.

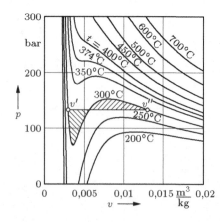

Bild 5.18 p, v-Diagramm mit Isothermen nach der *van der Waals*schen Gleichung. Zahlenwerte nach den Beispielen 5.6 und 5.7

Im Nassdampfgebiet verläuft eine Isotherme nach der *van der Waals*schen Gleichung wellenförmig mit einem Tiefpunkt und einem Hochpunkt, eine wirkliche Isotherme fällt jedoch mit einer Isobare zusammen.

Nach einer Überlegung von *Maxwell*[2] muss die wirkliche Isotherme so liegen, dass die beiden Flächenstücke, die in einem p, v-Diagramm von der theoretischen Isotherme und

[2] *James Clerk Maxwell*, 1831 bis 1879, englischer Physiker, der sich intensiv mit elektromagnetischen Feldern sowie mit thermodynamischen Fragen befasste.

von der wirklichen Isotherme begrenzt werden, gleich groß sind [82] (Bild 5.18). Sonst
ließe sich aus einem reversiblen Kreisprozess mit Wärmezufuhr bei der Verdampfung
und Abgabe derselben Wärme bei der anschließenden Verflüssigung bei derselben Temperatur Arbeit gewinnen. Die *Maxwell*-Beziehung lässt sich durch folgende Gleichung
ausdrücken:

$$\int\limits_{v'}^{v''} p \, \mathrm{d}v - p\,(v'' - v') = 0 \tag{5.71}$$

Mit Gl. (5.57) erhält man

$$R\,T \ln \frac{v'' - b}{v' - b} + a \left(\frac{1}{v''} - \frac{1}{v'} \right) - p\,(v'' - v') = 0 \ . \tag{5.72}$$

Das spezifische Volumen der siedenden Flüssigkeit v' und das spezifische Volumen des
Sattdampfes v'' sind Lösungen der umgeformten Gl. (5.56):

$$v^3 - \left(b + \frac{R\,T}{p} \right) v^2 + \frac{a}{p} v - \frac{a\,b}{p} = 0 \tag{5.73}$$

Gl. (5.73) ist eine Gleichung dritten Grades mit drei reellen Lösungen für v im Nassdampfgebiet. v' ist der kleinste und v'' der größte der drei v-Werte. In den Gln. (5.72)
und (5.73) muss der Druck p so gewählt werden, dass für gegebene Werte von R, T, a
und b Gl. (5.72) erfüllt ist. Die Folge der Wertepaare aus Temperatur und Druck, die
man aus den Gln. (5.72) und (5.73) iterativ gewinnt, stellt die Dampfdruckkurve dar.

Will man die Konstanten a, b und R der *van der Waals*schen Gleichung an gegebene
Werte einer Grenzkurve anpassen, so geht man von den Gln. (5.72) und (5.73) aus. Gl.
(5.73) gilt sowohl für v' als auch für v''. Zunächst berechnet man mit einem geschätzten
b die spezielle Gaskonstante R:

$$R = \frac{p[v''^2 + v'^2 - b\,(v'' + v')]}{T \left(v'' + v' - \dfrac{v''\,v'}{v'' - v'} \ln \dfrac{v'' - b}{v' - b} \right)} \tag{5.74}$$

Danach erhält man die Konstante a aus

$$a = \left(\frac{R\,T}{v'' - b} - p \right) v''^2 \tag{5.75}$$

und einen verbesserten Wert der Konstante b:

$$b = v' - \frac{R\,T}{p + \dfrac{a}{v'^2}} \tag{5.76}$$

Die Rechnung wird bis zur Übereinstimmung der alten und neuen b-Werte wiederholt.

Der Verlauf der theoretischen Isotherme im Nassdampfgebiet zwischen der Siedelinie und dem
Minimum sowie der Taulinie und dem Maximum lässt sich physikalisch deuten. Im Bereich
zwischen der Siedelinie und dem Minimum ist die Flüssigkeit überhitzt. Sie hat eine höhere

Temperatur als die Siedetemperatur, die zu ihrem Druck gehört. Im Bereich zwischen der Taulinie und dem Maximum ist der Dampf unterkühlt. Er hat eine niedrigere Temperatur als die Sättigungstemperatur, die zu seinem Druck gehört. Die tatsächlichen Temperaturen entnimmt man in beiden Fällen den Isothermen. Die Temperatur, die eigentlich zum Druck des Fluids gehört, ergibt sich im p, v-Diagramm aus dem Schnitt der Waagrechten durch den Zustandspunkt mit der Grenzkurve. Der Bereich zwischen dem Minimum und dem Maximum ist instabil.

Beispiel 5.7 Für Wasser von 300 °C im Sättigungszustand sollen der Druck, das spezifische Volumen der siedenden Flüssigkeit und das spezifische Volumen des Sattdampfes mit Hilfe der *van der Waals*schen Gleichung und der Konstanten nach Beispiel 5.6 berechnet werden.

Die mathematische Formulierung der Aufgabe führt auf ein Nullstellenproblem nach Gl. (5.72) mit der Nebenbedingung nach Gl. (5.73). Das Ergebnis ist

$$p = 133{,}44 \text{ bar} \qquad v' = 0{,}0029719 \text{ m}^3/\text{kg} \qquad v'' = 0{,}012940 \text{ m}^3/\text{kg} \,.$$

Beispiel 5.8 Für Wasser von 300 °C im Sättigungszustand sind nach der Wasserdampftafel [128]

$$p = 85{,}877 \text{ bar} \qquad v' = 0{,}001404 \text{ m}^3/\text{kg} \qquad v'' = 0{,}02166 \text{ m}^3/\text{kg} \,.$$

Die Konstanten a, b und R der *van der Waals*schen Gleichung sind an diese Werte anzupassen.

Die Gln. (5.74) bis (5.76) ergeben

$$a = 0{,}010559 \text{ bar m}^6/\text{kg}^2 \qquad b = 0{,}00099241 \text{ m}^3/\text{kg} \qquad R = 0{,}39088 \text{ kJ}/(\text{kg K}) \,.$$

Die veränderten kritischen Daten sind

$$p_k = 397{,}09 \text{ bar} \qquad v_k = 0{,}0029772 \text{ m}^3/\text{kg} \qquad T_k = 806{,}53 \text{ K} \,.$$

5.3.3   Die reduzierte *van der Waals*sche Gleichung

Setzt man die Gln. (5.65) bis (5.67) in die Gl. (5.56) ein, so erhält man

$$\left[\frac{p}{p_k} + 3 \left(\frac{v_k}{v} \right)^2 \right] \left(3 \frac{v}{v_k} - 1 \right) = 8 \frac{T}{T_k} \,. \tag{5.77}$$

Mit den reduzierten Größen

$$\frac{p}{p_k} = p_r \qquad \frac{v}{v_k} = v_r \qquad \frac{T}{T_k} = T_r \tag{5.78}$$

wird aus Gl. (5.77)

$$\left(p_r + \frac{3}{v_r^2} \right) (3 \, v_r - 1) = 8 \, T_r \,. \tag{5.79}$$

Gl. (5.79) ist die reduzierte oder normierte *van der Waals*sche Gleichung. Sie enthält keine Stoffwerte und gilt daher allgemein für alle Stoffe. In einem p_r, v_r-Diagramm ergibt sich die Grenzkurve nach denselben Überlegungen wie im vorherigen Abschnitt. Die den Gln. (5.72) und (5.73) entsprechenden Gleichungen sind

$$\frac{8}{3} T_r \ln \frac{v_r'' - \dfrac{1}{3}}{v_r' - \dfrac{1}{3}} + 3 \left(\frac{1}{v_r''} - \frac{1}{v_r'} \right) - p_r (v_r'' - v_r') = 0 \tag{5.80}$$

$$v_r^3 - \frac{1}{3}\left(1 + 8\frac{T_r}{p_r}\right)v_r^2 + \frac{3}{p_r}v_r - \frac{1}{p_r} = 0 \ . \tag{5.81}$$

Für einen festen Wert der reduzierten Temperatur T_r wird der reduzierte Druck p_r variiert, bis mit den aus Gl. (5.81) errechneten Werten v_r' und v_r'' die Gl. (5.80) erfüllt ist. Auch die Dampfdruckkurve als Zuordnung des reduzierten Sättigungsdruckes und der reduzierten Sättigungstemperatur gilt für alle Stoffe.

Die Gl. (5.79), die nur dimensionslose Größen und keine individuellen Stoffkonstanten enthält, ist Ausdruck des Gesetzes der übereinstimmenden Zustände. In diesem Zusammenhang werden Zustände als übereinstimmend bezeichnet, wenn sie gleiche Werte p_r, v_r und T_r haben. Für Zustände solcher Art gibt es nur eine Gleichung. Die Übereinstimmung gemessener Werte mit der Gl. (5.79) ist nicht befriedigend. Dies liegt daran, dass die *van der Waals*sche Gleichung zu einfach ist und die Definition übereinstimmender Zustände durch gleiche Werte von p_r, v_r und T_r nicht ausreicht. Deshalb hat man weitere Kenngrößen eingeführt und kompliziertere Gleichungen aufgestellt, die aber das Gesetz der übereinstimmenden Zustände bis heute noch nicht für alle Stoffe gültig und ausreichend genau erfassen können.

Die Bemühungen um ein erweitertes Korrespondenzprinzip haben schon zu Teilerfolgen geführt [102]. So hat z. B. *Rombusch* [103] eine in gewissen Bereichen gültige Zustandsgleichung formuliert, die sich besonders dann bewährt, wenn für einen Stoff nur wenig Messdaten zur Verfügung stehen. Mit ihrer Hilfe wurden z. B. Dampftafeln und Zustandsdiagramme für eine Reihe von Kältemitteln berechnet [105], [106], [117], [37].

Der von *Pitzer* [97] eingeführte „azentrische Faktor" dient zur Verallgemeinerung thermischer Zustandsgleichungen, die man generalisierte Zustandsgleichungen nennt [8]. Dazu gehören z. B. die Gleichungen von *Redlich-Kwong-Soave* und von *Peng-Robinson*. Die Gleichung von *Redlich-Kwong-Soave* wird im nächsten Abschnitt vorgestellt.

Die Bilder 5.8 bis 5.11 und 5.13 sind in den Gebieten der Flüssigkeit und des überhitzten Dampfes mit Werten der reduzierten *van der Waals*schen Gleichung gezeichnet.

5.3.4 Verschiedene Ansätze

Die *van der Waals*sche Gleichung ist qualitativ richtig, aber quantitativ unbefriedigend. Sie beschreibt das Flüssigkeitsgebiet und das Gebiet des überhitzten Dampfes im Prinzip richtig. Im Nassdampfgebiet berücksichtigt sie zwar nicht, dass Isobare und Isotherme zusammenfallen, aber die Isothermen, die sie im Nassdampfgebiet in der Nähe der Grenzkurve liefert, sind physikalisch sinnvoll. Sie erfassen die Sonderfälle der Überhitzung der Flüssigkeit und der Unterkühlung des Sattdampfes. Die Siedelinie und die Taulinie lassen sich aus der *van der Waals*schen Gleichung ermitteln. Sie ermöglicht die Umwandlung in eine reduzierte bzw. normierte Form, was einer Verallgemeinerung entspricht, und die Herleitung des Prinzips der übereinstimmenden Zustände.

Auch wenn sie eine Gleichung dritten Grades in v ist, handelt es sich um eine einfache Gleichung, die außer der Gaskonstante nur zwei weitere Konstanten enthält. Diese Konstanten sind physikalisch deutbar, und ihr Verschwinden bewirkt den Übergang in die thermische Zustandsgleichung der idealen Gase.

Die Ungenauigkeiten bei der Anwendung in einem größeren Bereich und die Notwendigkeit der dauernden Anpassung der Konstanten weist darauf hin, dass die Zahl der Konstanten zu gering ist. Deshalb hat man mit komplizierteren Ansätzen versucht, den Erfordernissen der Praxis Rechnung zu tragen. Es folgen einige Beispiele für solche Gleichungen. Zunächst soll auf einige sehr einfache Gleichungen hingewiesen werden, die wie die *van der Waals*sche Gleichung außer der speziellen Gaskonstante nur zwei weitere Konstanten enthalten. Eine solche Gleichung wurde von *Redlich* und *Kwong* [99] vorgeschlagen:

$$p = \frac{RT}{v-b} - \frac{a}{T^{0,5} v \, (v+b)}$$ (5.82)

Nach amerikanischen Untersuchungen ist sie der *van der Waals*schen Gleichung überlegen [125]. Anwendungen der *Redlich-Kwong*-Gleichung bei der Auswertung thermodynamischer Messungen und der zeichnerischen Darstellung einer p, v, T-Fläche findet man in [63], [126].

Eine Weiterentwicklung dieser Gleichung stammt von *Soave* [121]. Er führte eine Temperaturfunktion und den azentrischen Faktor nach *Pitzer* [97] in die *Redlich-Kwong*-Gleichung ein. Die *Redlich-Kwong-Soave*-Gleichung hat die Form

$$p = \frac{RT}{v-b} - \frac{a\,\alpha(T)}{v(v+b)} \ .$$ (5.83)

Dabei ist

$$\alpha(T) = [1 + (0,480 + 1,574\,\omega - 0,176\,\omega^2)(1 - \sqrt{T_r})]^2 = [1 + \beta(1 - \sqrt{T_r})]^2$$ (5.84)

T_r ist die reduzierte Temperatur nach Gl. (5.78). ω ist der azentrische Faktor:

$$\omega = -\lg\left(\frac{p_s}{p_k}\right)_{T_r=0,7} - 1$$ (5.85)

lg ist der Zehnerlogarithmus und p_s/p_k ist der reduzierte Sättigungsdruck bei der reduzierten Temperatur $T_r = 0,7$. Die Konstanten a und b werden wie bei der *van der Waals*schen Gleichung aus den kritischen Daten berechnet:

$$a = \frac{1}{9(2^{1/3}-1)} \frac{R^2\,T_k^2}{p_k}$$ (5.86)

$$b = \frac{1}{3}(2^{1/3}-1)\frac{R\,T_k}{p_k}$$ (5.87)

R ist die Gaskonstante des idealen Gases. Im kritischen Punkt ist

$$z_k = \frac{p_k\,v_k}{R\,T_k} = \frac{1}{3} \ .$$ (5.88)

Als Vorläufer der modernen Entwicklung kann man die Gleichung von *Beattie* und *Bridgman* [12] ansehen:

$$p = \frac{RT(1-\varepsilon)}{v^2}(v+B) - \frac{A}{v^2}$$ (5.89)

$$A = A_0(1 - \frac{a}{v}) \qquad B = B_0(1 - \frac{b}{v}) \qquad \varepsilon = \frac{c}{v\,T^3}$$ (5.90)

Zahlenwerte für die Konstanten findet man in [73].

Eine Verbesserung der Gleichung von *Beattie* und *Bridgman* wurde von *Benedict, Webb* und *Rubin* [15], [16] vorgeschlagen:

$$p = \frac{RT}{v} + \frac{B_0\,RT - A_0 - \dfrac{C_0}{T^2}}{v^2} + \frac{b\,RT - a}{v^3} + \frac{a\,\alpha}{v^6} + \frac{c\left(1 + \dfrac{\gamma}{v^2}\right)}{v^3\,T^2}\,\mathrm{e}^{-\dfrac{\gamma}{v^2}} \qquad (5.91)$$

Für einige Stoffe sind Zahlenwerte der Konstanten in [73] angegeben. In den Arbeiten [35], [76] sind die Konstanten für die Kältemittel R 12, R 22, R 23 und R 115, in [1] die Werte für Argon, Stickstoff und Sauerstoff bestimmt worden.

Einige weitere Konstanten wurden hinzugefügt und die thermischen Zustandsgrößen normiert (reduziert). So entstand die erweiterte *Benedict-Webb-Rubin*-Gleichung:

$$\pi = Wa\,\vartheta\,\delta + \left(A_2 + B_2\,\vartheta + \frac{C_2}{\vartheta^2} + \frac{D_2}{\vartheta^4}\right)\delta^2 + \left(A_3 + B_3\,\vartheta + \frac{C_3}{\vartheta^2}\right)\delta^3 +$$

$$+ \left(\frac{A_4}{\vartheta^2} + \frac{A_5}{\vartheta^4}\right)\delta^3\,(1 + \beta\,\delta^2)\,\mathrm{e}^{-\beta\,\delta^2} + A_6\,\delta^6 \qquad (5.92)$$

π, ϑ und δ sind der normierte Druck, die normierte Temperatur und die normierte Dichte:

$$\pi = \frac{p}{p_k} \qquad\qquad \vartheta = \frac{T}{T_k} \qquad\qquad \delta = \frac{\varrho}{\varrho_k} = \frac{v_k}{v} \qquad (5.93)$$

Wa ist die *van der Waals*-Zahl:

$$Wa = \frac{R\,T_k\,\varrho_k}{p_k} = \frac{R\,T_k}{p_k\,v_k} \qquad (5.94)$$

Die Arbeiten [35], [36], [70], [86], [87], [88] geben die Zahlenwerte der Konstanten für die Kältemittel R 22, R 23 und R 717 an.

Mit den Gln. (5.89), (5.91) und (5.92) ist der Sättigungszustand nicht erfasst worden. Er wird durch besondere Gleichungen für die Dampfdruckkurve und die Dichte der siedenden Flüssigkeit beschrieben. Soll die *Benedict-Webb-Rubin*-Gleichung auch Aussagen über den Sättigungszustand mit Hilfe der *Maxwell*-Beziehung (Abschnitt 5.3.2) ermöglichen, muss die Zahl der Konstanten nochmals erhöht werden. Man nennt diese Gleichung *Bender*-Gleichung:

$$p = \varrho\,T\,[R + B\,\varrho + C\,\varrho^2 + D\,\varrho^3 + E\,\varrho^4 + F\,\varrho^5 + (G + H\,\varrho^2)\,\varrho^2\,\mathrm{e}^{-a_{20}\,\varrho^2}] \qquad (5.95)$$

Es bedeuten

$$B = a_1 - \frac{a_2}{T} - \frac{a_3}{T^2} - \frac{a_4}{T^3} - \frac{a_5}{T^4} \qquad (5.96)$$

$$C = a_6 + \frac{a_7}{T} + \frac{a_8}{T^2} \qquad (5.97)$$

$$D = a_9 + \frac{a_{10}}{T} \qquad (5.98)$$

$$E = a_{11} + \frac{a_{12}}{T} \qquad (5.99)$$

$$F = \frac{a_{13}}{T} \qquad (5.100)$$

$$G = \frac{a_{14}}{T^3} + \frac{a_{15}}{T^4} + \frac{a_{16}}{T^5} \qquad (5.101)$$

$$H = \frac{a_{17}}{T^3} + \frac{a_{18}}{T^4} + \frac{a_{19}}{T^5} \; . \qquad (5.102)$$

Werte der Konstanten für Methan, Ethylen, Propylen, Ethan, Propan, n-Butan, n-Pentan und Kohlendioxid werden in den Arbeiten [13], [14], [118] und [124] genannt. Eine *Benedict-Webb-Rubin*-Gleichung, die außer der Gaskonstante noch 33 Konstanten enthält, wird in [83] zur Formulierung einer thermischen Zustandsgleichung für Methan benutzt.

Eine andere thermische Zustandsgleichung die sich an einen Vorschlag von *R. Plank* anlehnt, stammt von *Martin* und *Hou* [79], [80]:

$$p = \frac{RT}{v-b} + \frac{A_2 + B_2\,T + C_2\,e^{-\frac{KT}{T_k}}}{(v-b)^2} + \frac{A_3 + B_3\,T + C_3\,e^{-\frac{KT}{T_k}}}{(v-b)^3} +$$

$$+ \frac{A_4}{(v-b)^4} + \frac{A_5 + B_5\,T + C_5\,e^{-\frac{KT}{T_k}}}{(v-b)^5} \qquad (5.103)$$

Die Konstanten für die Kältemittel R 14, R 23, R 114, R 500, R 503, R 504 und für eine Mischung der Kältemittel R 31 und R 114 können [59], [84], [85], [89], [90], [119], [120] entnommen werden. Eine erweiterte *Martin-Hou*-Gleichung ist in [81] zur Beschreibung der thermodynamischen Eigenschaften des Kältemittels R 502 verwendet worden.

Beispiel 5.9 Das Kältemittel R 134 a (Tetrafluorethan $FH_2\,C{-}C\,F_3$) hat nach *Baehr* und *Kabelac* [10] die Gaskonstante $R = 0{,}081489$ kJ/(kg K) und die kritischen Daten $p_k = 40{,}58$ bar, $T_k = 374{,}25$ K. Nach *Heckenberger* [55] ist der azentrische Faktor 0,326. Mit der *Redlich-Kwong-Soave*-Gleichung (5.83) sollen die Funktionen

$$p = \frac{\varphi_0}{v} + \frac{\varphi_1}{v^2} + \frac{\varphi_2}{v^3} \qquad\qquad v = \frac{\psi_0}{p} + \psi_1 + \psi_2\,p$$

für eine Temperatur von 20 °C zwischen den Drücken 1 bar und 5 bar im Gebiet des überhitzten Dampfes ermittelt werden.

Die beiden Gleichungen kann man wie folgt schreiben

$$p\,v = \varphi_0 + \frac{\varphi_1}{v} + \frac{\varphi_2}{v^2} \qquad\qquad p\,v = \psi_0 + \psi_1\,p + \psi_2\,p^2$$

oder allgemein

$$y = a_0 + a_1\,x + a_2\,x^2 \; .$$

Die Koeffizienten a_0, a_1 und a_2 kann man über ein Ausgleichspolynom nach der Methode der kleinsten Fehlerquadratsumme aus den Stützwerten der folgenden Tabelle bestimmen:

p bar	v m³/kg	p bar	v m³/kg	p bar	v m³/kg	p bar	v m³/kg
1,0	0,234396	2,1	0,109184	3,2	0,0699931	4,3	0,0507997
1,1	0,212672	2,2	0,104006	3,3	0,0677225	4,4	0,0495278
1,2	0,194567	2,3	0,0992773	3,4	0,0655849	4,5	0,0483120
1,3	0,179247	2,4	0,0949418	3,5	0,0635689	4,6	0,0471486
1,4	0,166114	2,5	0,0909525	3,6	0,0616644	4,7	0,0460342
1,5	0,154731	2,6	0,0872694	3,7	0,0598623	4,8	0,0449657
1,6	0,144771	2,7	0,0838585	3,8	0,0581545	4,9	0,0439404
1,7	0,135981	2,8	0,0806906	3,9	0,0565337	5,0	0,0429556
1,8	0,128166	2,9	0,0777405	4,0	0,0549935		
1,9	0,121174	3,0	0,0749865	4,1	0,0535279		
2,0	0,114880	3,1	0,0724095	4,2	0,0521316		

Man erhält folgende Werte:

$$\varphi_0 = 0{,}23888 \; \frac{\mathrm{m}^3\,\mathrm{bar}}{\mathrm{kg}} \qquad \varphi_1 = -0{,}0010558 \; \frac{\mathrm{m}^6\,\mathrm{bar}}{\mathrm{kg}^2} \qquad \varphi_2 = 0{,}00000087285 \; \frac{\mathrm{m}^9\,\mathrm{bar}}{\mathrm{kg}^3}$$

$$\psi_0 = 0{,}23882 \; \frac{\mathrm{m}^3\,\mathrm{bar}}{\mathrm{kg}} \qquad \psi_1 = -0{,}0043404 \; \frac{\mathrm{m}^3}{\mathrm{kg}} \qquad \psi_2 = -0{,}000093042 \; \frac{\mathrm{m}^3}{\mathrm{kg}\,\mathrm{bar}}$$

Diese Gleichungen werden in den Beispielen 2.4 und 2.7 verwendet.

5.3.5   Virialkoeffizienten

Den Realgasfaktor z nach Gl. (5.44) kann man durch folgende Reihe darstellen:

$$z = z(v, T) = A + \frac{B}{v} + \frac{C}{v^2} + \frac{D}{v^3} + \dots \tag{5.104}$$

Die Koeffizienten A, B, C, D, ... — die sogenannten Virialkoeffizienten — sind Funktionen der Temperatur T. Den ersten Virialkoeffizienten setzt man

$$A = 1 \,. \tag{5.105}$$

Für den zweiten Virialkoeffizienten macht man den Ansatz

$$B = b_0 + \frac{b_1}{T} + \frac{b_2}{T^2} + \frac{b_3}{T^3} + \dots \,. \tag{5.106}$$

Entsprechende Gleichungen gelten für die weiteren Virialkoeffizienten. Vielfach kann man sich auf die drei ersten Virialkoeffizienten beschränken und erhält dann nach Gl. (5.44) die thermische Zustandsgleichung in der Form

$$p = \frac{RT}{v}\left(1 + \frac{B}{v} + \frac{C}{v^2}\right) \,. \tag{5.107}$$

Für $B = C = 0$ geht Gl. (5.107) in die Zustandsgleichung der idealen Gase über. Nachdem der erste Virialkoeffizient durch Gl. (5.105) festgelegt ist, lassen sich die weiteren Virialkoeffizienten aus p, v, T-Messwerten ermitteln. Aus den Gln. (5.104) und (5.105) folgt:

$$(z - 1)v = y = B + \frac{C}{v} + \frac{D}{v^2} + \dots \qquad (5.108)$$

y ist durch die Messwerte und die spezielle Gaskonstante eindeutig bestimmt. Die rechte Seite der Gl. (5.108) ist ein Interpolations- oder Ausgleichspolynom für die y-Werte bei gleicher Temperatur. Hat man die Virialkoeffizienten für verschiedene Temperaturen ermittelt, so berechnet man die Konstanten der Gl. (5.106) für den zweiten sowie die folgenden Virialkoeffizienten.

Die Bezeichnung Virialkoeffizient ist durch die statistische Thermodynamik begründet. Danach werden die Eigenschaften eines Gases durch die Wechselwirkungskräfte zwischen den Molekülen bestimmt [vires (lat.) – Kräfte]. Der zweite Virialkoeffizient beschreibt die gegenseitige Beeinflussung zweier Moleküle. Der dritte Virialkoeffizient drückt die Wechselwirkung zwischen drei Molekülen aus. Tritt ein weiteres Molekül in die Einflusssphäre ein, setzt sich die Reihe der Virialkoeffizienten entsprechend fort. Entfallen alle Wechselwirkungskräfte zwischen den Molekülen, so werden der zweite und alle weiteren Virialkoeffizienten null. Es gilt die Zustandsgleichung der idealen Gase.

Auch die *van der Waals*sche Gleichung (5.57) lässt sich in die Virialform umwandeln. Zunächst ist

$$\frac{p\,v}{R\,T} = \frac{v}{v - b} - \frac{1}{R\,T}\frac{a}{v} \,. \qquad (5.109)$$

Mit der Reihenentwicklung

$$\frac{v}{v - b} = \frac{1}{1 - \dfrac{b}{v}} = 1 + \frac{b}{v} + \frac{b^2}{v^2} + \frac{b^3}{v^3} + \dots \qquad (5.110)$$

erhält man

$$\frac{p\,v}{R\,T} = 1 + \left(b - \frac{a}{R\,T}\right)\frac{1}{v} + \frac{b^2}{v^2} + \frac{b^3}{v^3} + \dots \qquad (5.111)$$

Für den zweiten, dritten und vierten Virialkoeffizienten gilt

$$B = b - \frac{a}{R\,T} \qquad\qquad C = b^2 \qquad\qquad D = b^3 \,. \qquad (5.112)$$

Der zweite Virialkoeffizient nimmt mit steigender Temperatur zu. Zwischen den Molekülen wirken anziehende und abstoßende Kräfte. Die Anziehungskräfte überwiegen bei niederen Temperaturen und bewirken eine Abnahme des Druckes gegenüber dem idealen Gas; der zweite Virialkoeffizient ist negativ. Bei hohen Temperaturen überwiegen die Abstoßungskräfte, der Druck des Gases auf die Umgebung ist größer als im Falle des idealen Gases; der zweite Virialkoeffizient wird positiv. Virialkoeffizienten für Sauerstoff findet man in [127].

In vielen Fällen ist eine andere Reihenentwicklung des Realgasfaktors z günstiger:

$$z = z(p, T) = A' + B'\,p + C'\,p^2 + D'\,p^3 + \dots \qquad (5.113)$$

Auch in diesem Falle spricht man von Virialkoeffizienten, obwohl die vorher angegebene physikalische Deutung im Zusammenhang mit dem Zwei- oder Mehrkörperproblem jetzt nicht mehr möglich ist. Analog ist auch hier

$$A' = 1 \qquad (5.114)$$

$$B' = b_0' + \frac{b_1'}{T} + \frac{b_2'}{T^2} + \frac{b_3'}{T^3} + \dots \qquad (5.115)$$

Wenn man sich auf die drei ersten Virialkoeffizienten beschränkt, erhält man die thermische Zustandsgleichung

$$v = \frac{RT}{p}(1 + B'p + C'p^2) \, . \tag{5.116}$$

Mit Hilfe der Gleichung

$$(z-1)\frac{1}{p} = y' = B' + C'p + D'p^2 + \ldots \tag{5.117}$$

kann man aus p, v, T-Messwerten den zweiten und die folgenden Virialkoeffizienten bestimmen.

In Form der Gl. (5.116) werden von *Wukalowitsch* und Mitarbeitern [134], [135] für Wasserdampf bei 800 °C bis 1500 °C und Drücken bis 1000 bar zwei Gleichungen mitgeteilt.

Beispiel 5.10 Die Gleichung für den Realgasfaktor von Luft nach Beispiel 5.4 liefert eine thermische Zustandsgleichung nach Gl. (5.116). Mit den in Beispiel 5.4 angegebenen Faktoren a_{ij} gilt für den zweiten und dritten Virialkoeffizienten

$$B' = a_{01} + \frac{a_{11}}{T} + \frac{a_{21}}{T^2} + \frac{a_{31}}{T^3} + \frac{a_{41}}{T^4}$$

$$C' = a_{02} + \frac{a_{12}}{T} + \frac{a_{22}}{T^2} + \frac{a_{32}}{T^3} + \frac{a_{42}}{T^4} \, .$$

Ein Vergleich mit den von *Baehr* und *Schwier* [2] angegebenen Werten über die thermodynamischen Eigenschaften der Luft zeigt eine gute Übereinstimmung.

5.4   Berechnung von Zustandsgrößen; Dampftafeln

Eine Dampftafel enthält im allgemeinen die thermischen Zustandsgrößen

       Druck p
       Temperatur T
       spezifisches Volumen v,
eventuell auch die
       Dichte ϱ
und die kalorischen Zustandsgrößen
       spezifische Enthalpie h
       spezifische Entropie s,
eventuell auch die
       spezifische Verdampfungswärme r
       spezifische innere Energie u.

Sie enthält diese Größen für den Sättigungszustand, d. h. für die Siedelinie und die Taulinie, für die Flüssigkeit und den überhitzten Dampf. Betrachtet man die thermischen Zustandsgrößen als Messwerte und damit als gegeben, so kann man die kalorischen Zustandsgrößen berechnen. Der Zusammenhang zwischen den thermischen und den kalorischen Zustandsgrößen wird in den folgenden Abschnitten beschrieben.

5.4.1 Die kalorischen Zustandsgrößen

Die kalorischen Zustandsgrößen innere Energie U, Enthalpie H und Entropie S sind als Funktionen von zwei Veränderlichen darstellbar. Die unabhängigen Veränderlichen sind die thermischen Zustandsgrößen Druck p, Volumen V und Temperatur T. Nimmt man jeweils die spezifischen, d. h. die auf die Masse bezogenen Werte, so geht es um die folgenden Funktionen:

$$u = u\,(T, v) \tag{5.118}$$

$$h = h\,(T, p) \tag{5.119}$$

$$s = s\,(T, v) \tag{5.120}$$

$$s = s\,(T, p) \tag{5.121}$$

Für die spezifische Entropie werden zwei Darstellungsarten besprochen, weil beide von praktischer Bedeutung sind. Da in den Gln. (5.118) bis (5.121) spezifische Zustandsgrößen vorkommen, gelten nach den Gln. (3.29) und (3.30) die totalen Differentiale

$$\mathrm{d}u = \left(\frac{\partial u}{\partial T}\right)_v \mathrm{d}T + \left(\frac{\partial u}{\partial v}\right)_T \mathrm{d}v \tag{5.122}$$

$$\mathrm{d}h = \left(\frac{\partial h}{\partial T}\right)_p \mathrm{d}T + \left(\frac{\partial h}{\partial p}\right)_T \mathrm{d}p \tag{5.123}$$

$$\mathrm{d}s = \left(\frac{\partial s}{\partial T}\right)_v \mathrm{d}T + \left(\frac{\partial s}{\partial v}\right)_T \mathrm{d}v \tag{5.124}$$

$$\mathrm{d}s = \left(\frac{\partial s}{\partial T}\right)_p \mathrm{d}T + \left(\frac{\partial s}{\partial p}\right)_T \mathrm{d}p \;. \tag{5.125}$$

Die partiellen Ableitungen in den Gln. (5.122) bis (5.125) lassen sich mit Hilfe der Formulierungen des ersten und zweiten Hauptsatzes berechnen. Nach den Gln. (3.77) ist

$$T\,\mathrm{d}s - p\,\mathrm{d}v = \mathrm{d}u \tag{5.126}$$

$$T\,\mathrm{d}s + v\,\mathrm{d}p = \mathrm{d}h \;. \tag{5.127}$$

Bei einer isochoren Zustandsänderung $(\mathrm{d}v = 0)$ wird aus den Gln. (5.122), (5.124) und (5.126)

$$\mathrm{d}u = \left(\frac{\partial u}{\partial T}\right)_v \mathrm{d}T \tag{5.128}$$

$$\mathrm{d}s = \left(\frac{\partial s}{\partial T}\right)_v \mathrm{d}T \tag{5.129}$$

$$T\,\mathrm{d}s = \mathrm{d}u \;. \tag{5.130}$$

Nach Gl. (4.69) ist bei einer isochoren Zustandsänderung die Änderung der spezifischen inneren Energie gleich der differentiellen spezifischen reversiblen Ersatzwärme:

$$\mathrm{d}u = \mathrm{d}q_{rev} = c_v\,\mathrm{d}T \tag{5.131}$$

Aus den Gln. (5.128) bis (5.131) folgt

$$c_v = \left(\frac{\partial u}{\partial T}\right)_v \qquad (5.132)$$

$$c_v = T\left(\frac{\partial s}{\partial T}\right)_v . \qquad (5.133)$$

Die Gln. (5.123), (5.125) und (5.127) nehmen bei einer isobaren Zustandsänderung ($\mathrm{d}p = 0$) folgende Gestalt an:

$$\mathrm{d}h = \left(\frac{\partial h}{\partial T}\right)_p \mathrm{d}T \qquad (5.134)$$

$$\mathrm{d}s = \left(\frac{\partial s}{\partial T}\right)_p \mathrm{d}T \qquad (5.135)$$

$$T\,\mathrm{d}s = \mathrm{d}h . \qquad (5.136)$$

Nach Gl. (4.78) ist die Änderung der spezifischen Enthalpie bei einer isobaren Zustandsänderung gleich der differentiellen spezifischen reversiblen Ersatzwärme:

$$\mathrm{d}h = \mathrm{d}q_{rev} = c_p\,\mathrm{d}T \qquad (5.137)$$

Die Gln. (5.134) bis (5.137) ergeben

$$c_p = \left(\frac{\partial h}{\partial T}\right)_p \qquad (5.138)$$

$$c_p = T\left(\frac{\partial s}{\partial T}\right)_p . \qquad (5.139)$$

In die nach $\mathrm{d}s$ aufgelösten Gln. (5.126) und (5.127) werden die Gln. (5.122) und (5.123) eingesetzt:

$$\mathrm{d}s = \frac{1}{T}\left(\frac{\partial u}{\partial T}\right)_v \mathrm{d}T + \frac{1}{T}\left[\left(\frac{\partial u}{\partial v}\right)_T + p\right]\mathrm{d}v \qquad (5.140)$$

$$\mathrm{d}s = \frac{1}{T}\left(\frac{\partial h}{\partial T}\right)_p \mathrm{d}T + \frac{1}{T}\left[\left(\frac{\partial h}{\partial p}\right)_T - v\right]\mathrm{d}p \qquad (5.141)$$

Vergleicht man die Gln. (5.124) und (5.140) sowie (5.125) und (5.141), so erhält man die Beziehungen

$$\left(\frac{\partial s}{\partial v}\right)_T = \frac{1}{T}\left[\left(\frac{\partial u}{\partial v}\right)_T + p\right] \qquad (5.142)$$

$$\left(\frac{\partial s}{\partial p}\right)_T = \frac{1}{T}\left[\left(\frac{\partial h}{\partial p}\right)_T - v\right] . \qquad (5.143)$$

Mit Hilfe der partiellen Differentiation von c_v nach v bei konstanter Temperatur folgt aus den Gln. (5.132) und (5.133)

$$\frac{\partial^2 s}{\partial T\,\partial v} = \frac{1}{T}\frac{\partial^2 u}{\partial T\,\partial v} . \qquad (5.144)$$

Wird Gl. (5.142) nach T bei konstantem v differenziert, folgt

$$\frac{\partial^2 s}{\partial v\, \partial T} = -\frac{1}{T^2}\left[\left(\frac{\partial u}{\partial v}\right)_T + p\right] + \frac{1}{T}\left[\frac{\partial^2 u}{\partial v\, \partial T} + \left(\frac{\partial p}{\partial T}\right)_v\right] . \tag{5.145}$$

Aus der Gleichheit der partiellen Ableitungen

$$\frac{\partial^2 s}{\partial T\, \partial v} = \frac{\partial^2 s}{\partial v\, \partial T} \tag{5.146}$$

folgt

$$\left(\frac{\partial u}{\partial v}\right)_T = T\left(\frac{\partial p}{\partial T}\right)_v - p . \tag{5.147}$$

Entsprechend erhält man aus den Gln. (5.138), (5.139) und (5.143)

$$\left(\frac{\partial h}{\partial p}\right)_T = v - T\left(\frac{\partial v}{\partial T}\right)_p . \tag{5.148}$$

Die Gln. (5.147) und (5.148) werden in die Gln. (5.142) und (5.143) eingesetzt:

$$\left(\frac{\partial s}{\partial v}\right)_T = \left(\frac{\partial p}{\partial T}\right)_v \tag{5.149}$$

$$\left(\frac{\partial s}{\partial p}\right)_T = -\left(\frac{\partial v}{\partial T}\right)_p \tag{5.150}$$

Die Gln. (5.122) bis (5.125) ergeben mit den Gln. (5.132), (5.133), (5.138), (5.139) und (5.147) bis (5.150)

$$\mathrm{d}u = c_v\, \mathrm{d}T + \left[T\left(\frac{\partial p}{\partial T}\right)_v - p\right]\mathrm{d}v \tag{5.151}$$

$$\mathrm{d}h = c_p\, \mathrm{d}T + \left[v - T\left(\frac{\partial v}{\partial T}\right)_p\right]\mathrm{d}p \tag{5.152}$$

$$\mathrm{d}s = c_v\frac{\mathrm{d}T}{T} + \left(\frac{\partial p}{\partial T}\right)_v \mathrm{d}v \tag{5.153}$$

$$\mathrm{d}s = c_p\frac{\mathrm{d}T}{T} - \left(\frac{\partial v}{\partial T}\right)_p \mathrm{d}p . \tag{5.154}$$

Die Gln. (5.151) bis (5.154) werden in zwei Schritten integriert. Die Integration beginnt bei einem Zustand, der durch die thermischen Zustandsgrößen p_1, v_1 und T_1 gekennzeichnet ist. In diesem Punkt und während des ersten Integrationsschrittes, bei dem nur die Temperatur veränderlich ist ($\mathrm{d}v = 0$ oder $\mathrm{d}p = 0$), soll die Gasphase im Zustand des idealen Gases sein. Der Anfangswert p_1 soll sehr klein und der Anfangswert v_1 soll sehr groß sein. Damit gilt die thermische Zustandsgleichung der idealen Gase (4.26)

$$p_1\, v_1 = R\, T_1 . \tag{5.155}$$

Die spezifischen Wärmekapazitäten $c_p(T,p)$ und $c_v(T,v)$ sind im Zustand des idealen Gases nur von der Temperatur abhängig (Abschnitt 2.7.2). Das soll in der Schreibweise

$$c_p^0 = c_p(T) \tag{5.156}$$

$$c_v^0 = c_v(T) \tag{5.157}$$

zum Ausdruck kommen. Im Zustand des idealen Gases gilt Gl. (4.48)

$$c_p^0 - c_v^0 = R \; . \tag{5.158}$$

Während des zweiten Integrationsschrittes (v bzw. p veränderlich) bleibt T konstant ($\mathrm{d}T = 0$). Für $u(T,v)$ und $u_1(T_1,v_1)$ wird vereinfachend nur u und u_1 geschrieben. Entsprechend wird bei der spezifischen Enthalpie h und der spezifischen Entropie s verfahren. Die Integration der Gln. (5.151) bis (5.154) ergibt die folgenden Gleichungen:

$$u = u_1 + \int\limits_{T_1}^{T} c_v^0 \, \mathrm{d}T + \int\limits_{v_1}^{v} \left[T \left(\frac{\partial p}{\partial T} \right)_v - p \right] \mathrm{d}v \tag{5.159}$$

$$h = h_1 + \int\limits_{T_1}^{T} c_p^0 \, \mathrm{d}T + \int\limits_{p_1}^{p} \left[v - T \left(\frac{\partial v}{\partial T} \right)_p \right] \mathrm{d}p \tag{5.160}$$

$$s = s_1 + \int\limits_{T_1}^{T} c_v^0 \frac{\mathrm{d}T}{T} + \int\limits_{v_1}^{v} \left(\frac{\partial p}{\partial T} \right)_v \mathrm{d}v \tag{5.161}$$

$$s = s_1 + \int\limits_{T_1}^{T} c_p^0 \frac{\mathrm{d}T}{T} - \int\limits_{p_1}^{p} \left(\frac{\partial v}{\partial T} \right)_p \mathrm{d}p \tag{5.162}$$

Beispiel 5.11 Für das Kältemittel R 134 a gilt nach [10] für den Zustand des idealen Gases

$$c_p^0 = c_v^0 + R = c_0 \frac{T_k}{T} + c_1 + c_2 \frac{T}{T_k} + c_3 \left(\frac{T}{T_k} \right)^2$$

$$c_0 = 0{,}042276 \; \mathrm{kJ/(kg\,K)} \qquad c_1 = -0{,}00526 \; \mathrm{kJ/(kg\,K)}$$

$$c_2 = 1{,}23374 \; \mathrm{kJ/(kg\,K)} \qquad c_3 = -0{,}282552 \; \mathrm{kJ/(kg\,K)} \; .$$

Mit der *Redlich-Kwong-Soave*-Gleichung (5.83) und den Daten nach Beispiel 5.9 sollen die Gleichungen für die spezifische Enthalpie und die spezifische Entropie ermittelt werden.

Die Anwendung der Gl. (5.160) ist in diesem Fall schwierig, weil die thermische Zustandsgleichung in der Form $p = p(T,v)$ vorliegt. Es empfiehlt sich, zunächst mit Gl. (5.159) die Änderung der spezifischen inneren Energie auszurechnen. Mit Gl. (2.41) ist dann

$$h = u + p\,v \; .$$

Für die Berechnung des ersten Integrals in Gl. (5.159) setzt man

$$T = T_k \frac{T}{T_k} \qquad\qquad\qquad \mathrm{d}T = T_k \, \mathrm{d} \left(\frac{T}{T_k} \right)$$

und erhält mit der Gleichung für die spezifische Wärmekapazität c_v^0

$$\int\limits_{T_1}^{T} c_v^0\, dT = T_k \left[c_0 \ln \frac{T}{T_k} + (c_1 - R)\frac{T}{T_k} + \frac{c_2}{2}\left(\frac{T}{T_k}\right)^2 + \frac{c_3}{3}\left(\frac{T}{T_k}\right)^3 \right] - u_1^* \ .$$

Aus Gl. (5.83) folgt für das zweite Integral

$$\left(\frac{\partial p}{\partial T}\right)_v = \frac{R}{v-b} + \frac{a}{v\,(v+b)}\beta\sqrt{\frac{\alpha(T)}{T_k\,T}}$$

$$T\left(\frac{\partial p}{\partial T}\right)_v - p = \frac{a}{v\,(v+b)}(1+\beta)\sqrt{\alpha(T)}$$

$$\int\limits_{v_1}^{v}\left[T\left(\frac{\partial p}{\partial T}\right)_v - p\right] dv = -\frac{a}{b}(1+\beta)\sqrt{\alpha(T)}\ln\left(1+\frac{b}{v}\right) - u_2^* \ .$$

Die Konstanten u_1^* und u_2^* ergeben sich mit den unteren Grenzen der Integrale. Für die Änderung der spezifischen inneren Energie nach Gl. (5.159) erhält man

$$u = T_k\left[c_0 \ln \frac{T}{T_k} + (c_1 - R)\frac{T}{T_k} + \frac{c_2}{2}\left(\frac{T}{T_k}\right)^2 + \frac{c_3}{3}\left(\frac{T}{T_k}\right)^3\right] - \frac{a}{b}(1+\beta)\sqrt{\alpha(T)}\ln\left(1+\frac{b}{v}\right) + u^*$$

u^* ist eine Konstante, die durch die Zusammenfassung der Konstanten u_1, u_1^* und u_2^* entsteht. Die Endformel für die spezifische Enthalpie lautet

$$h = T_k\left[c_0 \ln \frac{T}{T_k} + (c_1 - R)\frac{T}{T_k} + \frac{c_2}{2}\left(\frac{T}{T_k}\right)^2 + \frac{c_3}{3}\left(\frac{T}{T_k}\right)^3\right] - \frac{a}{b}(1+\beta)\sqrt{\alpha(T)}\ln\left(1+\frac{b}{v}\right)$$

$$+ \frac{RTv}{v-b} - \frac{a\,\alpha(T)}{v+b} + h^* \ .$$

Die Gleichung für die spezifische Entropie gewinnt man aus Gl. (5.161). Das erste Integral ergibt

$$\int\limits_{T_1}^{T} c_v^0\frac{dT}{T} = -c_0\frac{T_k}{T} + (c_1 - R)\ln\frac{T}{T_k} + c_2\frac{T}{T_k} + \frac{c_3}{2}\left(\frac{T}{T_k}\right)^2 - s_1^* \ .$$

Das zweite Integral ergibt

$$\int\limits_{v_1}^{v}\left(\frac{\partial p}{\partial T}\right)_v dv = R \ln\frac{v-b}{v_1-b} - \frac{a}{b}\beta\sqrt{\frac{\alpha(T)}{T_k\,T}}\ln\left(1+\frac{b}{v}\right) - s_2^* \ .$$

Der erste Ausdruck auf der rechten Seite lässt sich wie folgt umformen:

$$R \ln\frac{v-b}{v_1-b} = R\ln(v-b) - R\ln(v_1-b) + R\ln(1-b) - R\ln(1-b) = R\ln\frac{v-b}{1-b} + R\ln\frac{1-b}{v_1-b}$$

Der Ausdruck $R \ln[(1-b)/(v_1-b)]$ wird in die Integrationskonstante einbezogen. Als Endformel für die spezifische Entropie erhält man

$$s = -c_0\frac{T_k}{T} + (c_1 - R)\ln\frac{T}{T_k} + c_2\frac{T}{T_k} + \frac{c_3}{2}\left(\frac{T}{T_k}\right)^2 + R\ln\frac{v-b}{1-b} - \frac{a}{b}\beta\sqrt{\frac{\alpha(T)}{T_k\,T}}\ln\left(1+\frac{b}{v}\right) + s^*$$

Die Werte für h^* und s^* ergeben sich aus der Wahl der Nullpunkte oder Bezugspunkte für die Skalen der spezifischen Enthalpie und der spezifischen Entropie. Da in der Regel ein Punkt auf der Siedelinie als Bezugspunkt gewählt wird und Aussagen über die Grenzkurve und das Sattdampfgebiet noch nicht vorliegen, erfolgt die Berechnung der Konstanten h^* und s^* in Beispiel 5.14. Mit den Angaben in Beispiel 5.9 für R, p_k, v_k, T_k und ω ergeben sich gemäß den Gleichungen (5.86), (5.87) und (5.84) die Zahlenwerte für a, b, α und ω.

5.4.2   Die spezifischen Wärmekapazitäten c_p und c_v

Auch die spezifischen Wärmekapazitäten bei konstantem Druck und bei konstantem Volumen c_p und c_v lassen sich durch die thermischen Zustandsgrößen ausdrücken. Den Ansatzpunkt für die Berechnung von c_p bietet die Gl. (5.139). Die partielle Ableitung nach dem Druck bei konstanter Temperatur liefert

$$\left(\frac{\partial c_p}{\partial p}\right)_T = T\frac{\partial^2 s}{\partial T\, \partial p}\ . \tag{5.163}$$

Die partielle Ableitung der Gl. (5.150) nach der Temperatur bei konstantem Druck

$$\frac{\partial^2 s}{\partial p\, \partial T} = -\left(\frac{\partial^2 v}{\partial T^2}\right)_p \tag{5.164}$$

ergibt wegen

$$\frac{\partial^2 s}{\partial T\, \partial p} = \frac{\partial^2 s}{\partial p\, \partial T} \tag{5.165}$$

mit Gl. (5.163)

$$\left(\frac{\partial c_p}{\partial p}\right)_T = -T\left(\frac{\partial^2 v}{\partial T^2}\right)_p\ . \tag{5.166}$$

Die Gl. (5.166) wird zwischen dem Druck p_1, bei dem sich das Gas im Zustand des idealen Gases befindet, und dem Druck p integriert:

$$c_p = c_p^0 - T\int_{p_1}^{p}\left(\frac{\partial^2 v}{\partial T^2}\right)_p \mathrm{d}p \tag{5.167}$$

Ausgehend von Gl. (5.133) erhält man bei Verwendung der Gln. (5.146) und (5.149)

$$\left(\frac{\partial c_v}{\partial v}\right)_T = T\left(\frac{\partial^2 p}{\partial T^2}\right)_v \tag{5.168}$$

$$c_v = c_v^0 + T\int_{v_1}^{v}\left(\frac{\partial^2 p}{\partial T^2}\right)_v \mathrm{d}v\ . \tag{5.169}$$

Interessant ist noch eine Beziehung für die Differenz $c_p - c_v$. Aus der Gleichung $h = u + p\,v$ folgt mit Gl. (2.44)

$$\mathrm{d}h - \mathrm{d}u = \mathrm{d}(p\,v) = v\,\mathrm{d}p + p\,\mathrm{d}v\ . \tag{5.170}$$

Diese Gleichung ergibt mit der Differenz aus den Gln. (5.151) und (5.152)

$$\mathrm{d}h - \mathrm{d}u = (c_p - c_v)\,\mathrm{d}T + \mathrm{d}(p\,v) - T\left(\frac{\partial v}{\partial T}\right)_p\mathrm{d}p - T\left(\frac{\partial p}{\partial T}\right)_v\mathrm{d}v$$

$$c_p - c_v = T\left(\frac{\partial v}{\partial T}\right)_p\frac{\mathrm{d}p}{\mathrm{d}T} + T\left(\frac{\partial p}{\partial T}\right)_v\frac{\mathrm{d}v}{\mathrm{d}T}\ . \tag{5.171}$$

Das totale Differential des Druckes $\mathrm{d}p = (\partial p/\partial T)_v\,\mathrm{d}T + (\partial p/\partial v)_T\,\mathrm{d}v$ wird durch das Differential $\mathrm{d}T$ dividiert

$$\frac{\mathrm{d}p}{\mathrm{d}T} = \left(\frac{\partial p}{\partial T}\right)_v + \left(\frac{\partial p}{\partial v}\right)_T \frac{\mathrm{d}v}{\mathrm{d}T} \tag{5.172}$$

und in Gl. (5.171) eingesetzt:

$$c_p - c_v = T\left(\frac{\partial v}{\partial T}\right)_p \left(\frac{\partial p}{\partial T}\right)_v + T\left[\left(\frac{\partial v}{\partial T}\right)_p \left(\frac{\partial p}{\partial v}\right)_T + \left(\frac{\partial p}{\partial T}\right)_v\right]\frac{\mathrm{d}v}{\mathrm{d}T} \tag{5.173}$$

Die zu Gl. (5.172) analoge Gleichung

$$\frac{\mathrm{d}v}{\mathrm{d}T} = \left(\frac{\partial v}{\partial T}\right)_p + \left(\frac{\partial v}{\partial p}\right)_T \frac{\mathrm{d}p}{\mathrm{d}T} \tag{5.174}$$

wird auf der rechten Seite der Gl. (5.172) eingesetzt:

$$\frac{\mathrm{d}p}{\mathrm{d}T} = \left(\frac{\partial p}{\partial T}\right)_v + \left(\frac{\partial p}{\partial v}\right)_T \left[\left(\frac{\partial v}{\partial T}\right)_p + \left(\frac{\partial v}{\partial p}\right)_T \frac{\mathrm{d}p}{\mathrm{d}T}\right]$$

$$\left[1 - \left(\frac{\partial p}{\partial v}\right)_T \left(\frac{\partial v}{\partial p}\right)_T\right]\frac{\mathrm{d}p}{\mathrm{d}T} = \left(\frac{\partial p}{\partial T}\right)_v + \left(\frac{\partial v}{\partial T}\right)_p \left(\frac{\partial p}{\partial v}\right)_T \tag{5.175}$$

Mit der Beziehung

$$\left(\frac{\partial p}{\partial v}\right)_T \left(\frac{\partial v}{\partial p}\right)_T = 1 \tag{5.176}$$

folgt aus Gl. (5.175)

$$\left(\frac{\partial v}{\partial T}\right)_p \left(\frac{\partial p}{\partial v}\right)_T + \left(\frac{\partial p}{\partial T}\right)_v = 0 \tag{5.177}$$

und damit aus Gl. (5.173)

$$c_p - c_v = T\left(\frac{\partial v}{\partial T}\right)_p \left(\frac{\partial p}{\partial T}\right)_v . \tag{5.178}$$

Gl. (5.178) lässt sich mit Gl. (5.177) auch wie folgt schreiben:

$$c_p - c_v = -T\left(\frac{\partial v}{\partial T}\right)_p^2 \left(\frac{\partial p}{\partial v}\right)_T = -T\frac{\left(\dfrac{\partial v}{\partial T}\right)_p^2}{\left(\dfrac{\partial v}{\partial p}\right)_T} \tag{5.179}$$

$$c_p - c_v = -T\left(\frac{\partial p}{\partial T}\right)_v^2 \left(\frac{\partial v}{\partial p}\right)_T = -T\frac{\left(\dfrac{\partial p}{\partial T}\right)_v^2}{\left(\dfrac{\partial p}{\partial v}\right)_T} \tag{5.180}$$

Beispiel 5.12 Für das Kältemittel R 134 a mit der thermischen Zustandsgleichung (5.83) und den Konstanten nach Beispiel 5.11 sind die Gleichungen für die spezifischen Wärmekapazitäten bei konstantem Druck und bei konstantem Volumen gesucht.

Man benötigt folgende Ableitungen

$$\left(\frac{\partial p}{\partial T}\right)_v = \frac{R}{v-b} + \frac{a}{v(v+b)}\beta\sqrt{\frac{\alpha(T)}{T_k\,T}}$$

$$\left(\frac{\partial^2 p}{\partial T^2}\right)_v = \frac{a}{v(v+b)}\frac{\beta}{2\,T}\left(\frac{\beta}{T_k} + \sqrt{\frac{\alpha(T)}{T_k\,T}}\right)$$

$$\left(\frac{\partial p}{\partial v}\right)_T = -\frac{R\,T}{(v-b)^2} + \frac{a\,\alpha(T)(2\,v+b)}{v^2(v+b)^2}$$

und das Integral

$$T\int\limits_{v_1}^{v}\left(\frac{\partial^2 p}{\partial T^2}\right)_v \mathrm{d}v = \frac{a}{b}\frac{\beta}{2}\left(\frac{\beta}{T_k} + \sqrt{\frac{\alpha(T)}{T_k\,T}}\right)\ln\left(1+\frac{b}{v}\right)\;.$$

Da beim Druck $p_1 \to 0$ (ideales Gas) das spezifische Volumen $v_1 \to \infty$ geht und $\ln 1 = 0$ ist, verschwindet der Ausdruck für die untere Grenze. Mit c_v^0 nach Beispiel 5.11 ergibt Gl. (5.169):

$$c_v = c_0\frac{T_k}{T} + c_1 - R + c_2\frac{T}{T_k} + c_3\left(\frac{T}{T_k}\right)^2 + \frac{a}{b}\frac{\beta}{2}\left(\frac{\beta}{T_k} + \sqrt{\frac{\alpha(T)}{T_k\,T}}\right)\ln\left(1+\frac{b}{v}\right)$$

Diese Gleichung lässt sich mit Hilfe der Gln. (5.132) und (5.133) kontrollieren.

Aus Gl. (5.180) folgt mit der Gleichung für c_v

$$c_p = c_v + T\frac{\left[\dfrac{R}{v-b} + \dfrac{a}{v(v+b)}\beta\sqrt{\dfrac{\alpha(T)}{T_k\,T}}\right]^2}{\dfrac{R\,T}{(v-b)^2} - \dfrac{a\,\alpha(T)(2\,v+b)}{v^2(v+b)^2}}\;.$$

Die Gln. (5.138) und (5.139) bieten Kontrollmöglichkeiten an.

5.4.3   Der Isentropenexponent und der Isothermenexponent

Mit Gl. (4.44) wurde die Abkürzung

$$\kappa = \frac{c_p}{c_v} \tag{5.181}$$

eingeführt, die in Abschnitt 4.3.4 bei der Behandlung der idealen Gase die Bezeichnung Isentropenexponent erhielt. Bei den realen Gasen ist κ nach Gl. (5.181) nicht gleich dem Isentropenexponenten. Bezeichnet man jetzt den Isentropenexponenten mit n_S, so ist $n_S \neq \kappa$. Gl. (4.117) gilt bei den realen Gasen nicht mehr.

Aus der Gleichung

$$p\,v^n = \text{const} \tag{5.182}$$

für eine polytrope Zustandsänderung folgt mit konstantem n

$$\mathrm{d}(p\,v^n) = v^n\,\mathrm{d}p + p\,n\,v^{n-1}\mathrm{d}v = 0 \qquad\qquad \frac{\mathrm{d}p}{p} + n\frac{\mathrm{d}v}{v} = 0$$

$$n = -\frac{v}{p}\frac{\mathrm{d}p}{\mathrm{d}v} = -\frac{v}{p\dfrac{\mathrm{d}v}{\mathrm{d}p}}\,. \tag{5.183}$$

Das totale Differential des spezifischen Volumens $\mathrm{d}v = (\partial v/\partial T)_p\,\mathrm{d}T + (\partial v/\partial p)_T\,\mathrm{d}p$ ergibt nach Division durch das Diffenrential des Druckes

$$\frac{\mathrm{d}v}{\mathrm{d}p} = \left(\frac{\partial v}{\partial T}\right)_p \frac{\mathrm{d}T}{\mathrm{d}p} + \left(\frac{\partial v}{\partial p}\right)_T\,. \tag{5.184}$$

Bei einer isentropen Zustandsänderung ($\mathrm{d}s = 0$) wird aus Gl. (5.154)

$$\frac{\mathrm{d}T}{\mathrm{d}p} = \frac{T}{c_p}\left(\frac{\partial v}{\partial T}\right)_p\,. \tag{5.185}$$

Diese Gleichung wird in Gl. (5.184) eingesetzt:

$$\frac{\mathrm{d}v}{\mathrm{d}p} = \frac{T}{c_p}\left(\frac{\partial v}{\partial T}\right)_p^2 + \left(\frac{\partial v}{\partial p}\right)_T \tag{5.186}$$

Die Anwendung der Gl. (5.183) auf eine Isentrope ergibt mit Gl. (5.186)

$$n_S = -\frac{v}{p\left[\dfrac{T}{c_p}\left(\dfrac{\partial v}{\partial T}\right)_p^2 + \left(\dfrac{\partial v}{\partial p}\right)_T\right]}\,. \tag{5.187}$$

Mit Gl. (5.187) lässt sich der Isentropenexponent eines realen Gases berechnen.

Es folgt die Herleitung einer Formel für den Isothermenexponenten. Für die Gl. (5.182), die im Falle einer Isotherme bei idealen Gasen die Form $p\,v = \text{const}$ annimmt, muss man bei den realen Gasen

$$p\,v^{n_T} = \text{const} \tag{5.188}$$

schreiben, wobei n_T der Isothermenexponent ist. Bei einer isothermen Zustandsänderung ($\mathrm{d}T = 0$) wird aus Gl. (5.184)

$$\frac{\mathrm{d}v}{\mathrm{d}p} = \left(\frac{\partial v}{\partial p}\right)_T \tag{5.189}$$

und damit aus Gl. (5.183)

$$n_T = -\frac{v}{p\left(\dfrac{\partial v}{\partial p}\right)_T} = -\frac{v}{p}\left(\frac{\partial p}{\partial v}\right)_T\,. \tag{5.190}$$

Gl. (5.190) liefert im Falle eines idealen Gases $n_T = 1$.

Abschließend folgt die Herleitung einer Beziehung zwischen den Exponenten der Isentrope und der Isotherme. Gl. (5.187) lässt sich wie folgt schreiben:

$$n_S = -\frac{v}{p\left(\dfrac{\partial v}{\partial p}\right)_T\left[\dfrac{T}{c_p}\left(\dfrac{\partial v}{\partial T}\right)_p^2\left(\dfrac{\partial p}{\partial v}\right)_T + 1\right]} \tag{5.191}$$

Gl. (5.179) wird in Gl. (5.191) eingesetzt:

$$n_S = -\frac{v}{p\left(\dfrac{\partial v}{\partial p}\right)_T \left(1 - \dfrac{c_p - c_v}{c_p}\right)}$$

$$n_S = -\frac{v}{p\left(\dfrac{\partial v}{\partial p}\right)_T}\,\kappa = -\frac{v}{p}\left(\frac{\partial p}{\partial v}\right)_T \kappa \tag{5.192}$$

Die Gln. (5.190) und (5.192) ergeben

$$n_S = n_T\,\kappa\,. \tag{5.193}$$

Kennt man die spezifischen Wärmekapazitäten c_p und c_v und damit κ nach Gl. (5.181), so kann man für die Berechnung des Isentropenexponenten n_S auf Gl. (5.187) verzichten. Es ist einfacher, den Isothermenexponenten n_T nach Gl. (5.190) zu ermitteln und damit über die Gl. (5.193) den Isentropenexponenten n_S zu berechnen.

Beispiel 5.13 Mit den Gleichungen der spezifischen Wärmekapazitäten und der partiellen Ableitung $(\partial p/\partial v)_T$ für das Kältemittel R 134 a nach Beispiel 5.12 lassen sich die Werte der Tabelle 5.4 berechnen:

Tabelle 5.4 Spezifische Wärmekapazitäten bei konstantem Druck und konstantem Volumen, Isothermenexponent und Isentropenexponent von überhitztem Dampf des Kältemittels R 134 a bei 1 bar

t	c_p^0	c_p	c_v^0	c_v	κ	n_T	n_S
°C	kJ/(kg K)	kJ/(kg K)	kJ/(kg K)	kJ/(kg K)			
−20	0,76249	0,77354	0,68100	0,68252	1,1333	0,96997	1,0993
0	0,80261	0,81178	0,72112	0,72247	1,1236	0,97621	1,0969
20	0,84174	0,84946	0,76025	0,76146	1,1156	0,98092	1,0943
40	0,87976	0,88635	0,79827	0,79937	1,1088	0,98454	1,0917
60	0,91658	0,92227	0,83509	0,83609	1,1031	0,98737	1,0891
80	0,95213	0,95694	0,87065	0,87153	1,0980	0,96245	1,0568
100	0,98636	0,99058	0,90487	0,90568	1,0937	0,96409	1,0545
120	1,01920	1,02290	0,93773	0,93848	1,0900	0,96541	1,0523

5.4.4   Die *Clausius-Clapeyron*sche Gleichung

Die *Clausius-Clapeyron*sche Gleichung liefert den Zusammenhang zwischen der spezifischen Verdampfungsenthalpie (spezifische Verdampfungswärme) und den thermischen Zustandsgrößen. Im Nassdampfgebiet ist der Druck eine Funktion der Temperatur allein, also nicht vom spezifischen Volumen abhängig. Deshalb ist hier $(\partial p/\partial v)_T = 0$, und die Gl.(5.172) ergibt mit Gl. (5.149)

$$\frac{\mathrm{d}p}{\mathrm{d}T} = \left(\frac{\partial p}{\partial T}\right)_v = \left(\frac{\partial s}{\partial v}\right)_T\,. \tag{5.194}$$

Aus den Gln. (5.27) und (5.33) erhält man durch Elimination von x

$$s_N(v_N) = \frac{s'' - s'}{v'' - v'}\, v_N + s' - \frac{s'' - s'}{v'' - v'}\, v' \; . \tag{5.195}$$

Diese Funktion zwischen den Variablen s_N und v_N ist die Gleichung einer Geraden bei konstanter Temperatur. Also ist mit Gl. (5.40)

$$\left(\frac{\partial s}{\partial v}\right)_T = \frac{s'' - s'}{v'' - v'} = \frac{r}{(v'' - v')\, T} \; . \tag{5.196}$$

Die Gln. (5.194) und (5.196) ergeben die *Clausius-Clapeyron*sche Gleichung

$$r = (v'' - v')\, T \, \frac{\mathrm{d}p}{\mathrm{d}T} \quad . \tag{5.197}$$

Die *Clausius-Clapeyron*sche Gleichung gilt nicht nur für das Nassdampfgebiet, sondern auch für das Schmelzgebiet und das Sublimationsgebiet. So lässt sich z. B. analog zu Gl. (5.197) mit σ als der spezifischen Schmelzenthalpie und T_{Sch} als der Schmelztemperatur für das Schmelzgebiet schreiben:

$$\sigma = (v_{fl} - v_{fest})\, T_{Sch} \frac{\mathrm{d}p}{\mathrm{d}T} \; . \tag{5.198}$$

Zur Berechnung der spezifischen Verdampfungswärme benötigt man das spezifische Volumen der siedenden Flüssigkeit, das spezifische Volumen des Sattdampfes und die Steigung der Dampfdruckkurve.

Bei niederen Drücken kann v' gegenüber v'' vernachlässigt werden:

$$r = v''\, T \, \frac{\mathrm{d}p}{\mathrm{d}T} \tag{5.199}$$

v'' kann man näherungsweise mit Hilfe der thermischen Zustandsgleichung der idealen Gase (4.26) ausdrücken. Dann wird

$$r = \frac{R}{p}\, T^2 \, \frac{\mathrm{d}p}{\mathrm{d}T} \; . \tag{5.200}$$

Mit einem geeigneten Ansatz für die spezifische Verdampfungsenthalpie kann man aus der vereinfachten *Clausius-Clapeyron*schen Gleichung (5.200) eine Beziehung für die Dampfdruckkurve gewinnen. Aus Gl. (5.200) folgt

$$\frac{\mathrm{d}p}{p} = \frac{r}{R}\, \frac{\mathrm{d}T}{T^2} \; . \tag{5.201}$$

Ist die Verdampfungswärme r konstant

$$r = \beta_0 \; , \tag{5.202}$$

so ergibt die Integration der Gl. (5.201)

$$\ln \frac{p}{p_1} = \frac{\beta_0}{R} \left(\frac{1}{T_1} - \frac{1}{T}\right) \; . \tag{5.203}$$

Setzt man

$$\ln \frac{p}{p_1} = \ln \frac{p}{1\,\mathrm{bar}} - \ln \frac{p_1}{1\,\mathrm{bar}} \tag{5.204}$$

und definiert man die Konstanten

$$b_0 = \ln \frac{p_1}{1 \text{ bar}} + \frac{\beta_0}{R} \frac{1}{T_1} \tag{5.205}$$

$$b_1 = \frac{\beta_0}{R} , \tag{5.206}$$

so folgt aus Gl. (5.203)

$$\ln \frac{p}{1 \text{ bar}} = b_0 - \frac{b_1}{T} . \tag{5.207}$$

Beispiel 5.14 Nach den *Maxwell*schen Überlegungen (Abschnitt 5.3.2) lassen sich der Dampfdruck, das spezifische Volumen der siedenden Flüssigkeit und das spezifische Volumen des Sattdampfes aus der thermischen Zustandsgleichung nach *Redlich-Kwong-Soave* herleiten. Gesucht sind für das Kältemittel R 134 a die Dampfdruckkurve und die Integrationskonstanten in den Gleichungen für die spezifische Enthalpie und die spezifische Entropie.

Über die *Maxwell*-Beziehung Gl. (5.71), die in diesem Fall folgende Form annimmt

$$R\,T \ln \frac{v'' - b}{v' - b} + \frac{a\,\alpha(T)}{b} \ln \frac{v'(v'' + b)}{v''(v' + b)} - p\,(v'' - v') = 0 ,$$

und die umgeformte thermische Zustandsgleichung

$$v^3 - \frac{R\,T}{p} v^2 + \left(\frac{a\,\alpha(T) - R\,T\,b}{p} - b^2 \right) v - \frac{a\,\alpha(T)\,b}{p} = 0$$

erhält man für p, v' und v'' die Werte der Tabelle 5.5.
Mit einer gewählten Temperatur und einem geschätzten Druck werden aus der umgeformten thermischen Zustandsgleichung v' und v'' berechnet. Dann wird geprüft, ob die *Maxwell*-Beziehung erfüllt ist, und wenn nicht, mit einem verbesserten Druck die Rechnung wiederholt. Die Dampfdruckkurve als Funktion des Sättigungsdrucks von der Temperatur ergibt sich als Ausgleichspolynom nach der Methode der kleinsten Fehlerquadratsumme:

$$\ln \frac{p}{p_1} = b_0 + b_1 \frac{T}{T_1} + b_2 \left(\frac{T}{T_1} \right)^2 + b_3 \left(\frac{T}{T_1} \right)^3 + b_4 \left(\frac{T}{T_1} \right)^4 + b_5 \left(\frac{T}{T_1} \right)^5 + b_6 \left(\frac{T}{T_1} \right)^6$$

$$p_1 = 1 \text{ bar} \quad T_1 = 1 \text{ K}$$

$$
\begin{aligned}
b_0 &= -73{,}934387 & b_4 &= -4{,}0666504 \cdot 10^{-8} \\
b_1 &= 0{,}97604252 & b_5 &= 4{,}5450782 \cdot 10^{-11} \\
b_2 &= -5{,}8070359 \cdot 10^{-3} & b_6 &= -2{,}1627798 \cdot 10^{-14} \\
b_3 &= 2{,}0016140 \cdot 10^{-5} &
\end{aligned}
$$

Mit der Ableitung der Dampfdruckgleichung nach der Temperatur und der *Clausius-Clapeyron*schen Gleichung erhält man die spezifische Verdampfungsenthalpie r:

$$r = (v'' - v')\,p \frac{T}{T_1} \left[b_1 + 2\,b_2 \frac{T}{T_1} + 3\,b_3 \left(\frac{T}{T_1} \right)^2 + 4\,b_4 \left(\frac{T}{T_1} \right)^3 + 5\,b_5 \left(\frac{T}{T_1} \right)^4 + 6\,b_6 \left(\frac{T}{T_1} \right)^5 \right]$$

Für das flüssige Kältemittel im Sättigungszustand bei 0 °C soll gelten

$$h' = 200{,}00 \text{ kJ/kg} \qquad s' = 1{,}0000 \text{ kJ/(kg K)} .$$

Bei $0\,°C$ ist der Dampfdruck 2,9386 bar, die spezifischen Volumina im Sättigungszustand sind $v' = 0{,}00088884\ \mathrm{m^3/kg}$ und $v'' = 0{,}070329\ \mathrm{m^3/kg}$. Das ergibt eine spezifische Verdampfungsenthalpie bei $0\,°C$ von $r = 203{,}7379\ \mathrm{kJ/kg}$ und nach den Gln. (5.34) und (5.40)

$$h'' - h' = 203{,}7379\ \mathrm{kJ/kg} \qquad\qquad s'' - s' = 0{,}74588\ \mathrm{kJ/(kg\,K)}\ .$$

Mit den Gleichungen für die spezifische Enthalpie und die spezifische Entropie in Beispiel 5.11 ist beim Sättigungsdruck bei $0\,°C$

$$h'' - h^* = 98{,}1379\ \mathrm{kJ/kg} \qquad\qquad s'' - s^* = 0{,}57274\ \mathrm{kJ/(kg\,K)}\ .$$

Tabelle 5.5 Dampftafel des Kältemittels R 134 a für den Sättigungszustand

t °C	p bar	v' $\mathrm{m^3/kg}$	v'' $\mathrm{m^3/kg}$	h' kJ/kg	h'' kJ/kg	r kJ/kg	s' kJ/(kg K)	s'' kJ/(kg K)
−20	1,323	0,0008440	0,14986	173,01	390,49	217,48	0,8980	1,7570
0	2,939	0,0008888	0,07033	200,00	403,74	203,74	1,0000	1,7459
20	5,771	0,0009478	0,03649	228,78	416,23	187,45	1,1007	1,7402
40	10,305	0,0010293	0,02025	259,93	427,28	167,35	1,2020	1,7364
60	17,081	0,0011517	0,01164	294,44	435,76	141,32	1,3065	1,7307
80	26,685	0,0013680	0,00663	334,75	439,10	104,35	1,4204	1,7158

Tabelle 5.6 Dampftafel des Kältemittels R 134 a für den Zustand des überhitzten Dampfes beim Druck 1 bar

t °C	v $\mathrm{m^3/kg}$	h kJ/kg	u kJ/kg	s kJ/(kg K)	z
−20	0,20025	391,07	371,04	1,7814	0,97073
0	0,21740	406,92	385,18	1,8416	0,97668
20	0,23440	423,54	400,10	1,9003	0,98121
40	0,25128	440,90	415,77	1,9576	0,98472
60	0,26808	458,98	432,18	2,0136	0,98749
80	0,29302	477,81	448,51	2,0707	1,0182
100	0,31018	497,28	466,27	2,1243	1,0200
120	0,32729	517,42	484,69	2,1769	1,0216

Die Integrationskonstanten erhalten die Werte

$$h^* = (h'' - h') + h' - (h'' - h^*) = (203{,}7379 + 200 - 98{,}1379)\ \mathrm{kJ/kg} = 305{,}6000\ \mathrm{kJ/kg}$$

$$s^* = (s'' - s') + s' - (s'' - s^*) = (0{,}74588 + 1 - 0{,}57274)\ \mathrm{kJ/(kg\,K)} = 1{,}17314\ \mathrm{kJ/(kg\,K)}\ .$$

Nach der Berechnung der Integrationskonstanten können alle spezifischen kalorischen Zustandsgrößen für den Sättigungszustand und den Zustand des überhitzten Dampfes berechnet werden.

Auch die spezifische innere Energie im Sättigungszustand kann man berechnen:

$$u' = h' - p\,v' \qquad\qquad u'' = h'' - p\,v''$$

5.4.5 Freie Energie und freie Enthalpie

5.4.5.1 Allgemeines

Die Frage nach der Arbeit bei reibungsfreien isothermen Zustandsänderungen führt auf die freie Energie und die freie Enthalpie. In einem geschlossenen System ist die Volumenänderungsarbeit

$$W_{V12} = U_2 - U_1 - (Q_{12})_{rev} \,. \tag{5.208}$$

Mit der bei einer reibungsfreien isothermen Zustandsänderung übertragenen Wärme

$$(Q_{12})_{rev} = T(S_2 - S_1) \tag{5.209}$$

erhält man

$$W_{V12} = (U_2 - T S_2) - (U_1 - T S_1) \,. \tag{5.210}$$

Den Ausdruck

$$F = U - T S \tag{5.211}$$

nennt man freie Energie. Damit wird mit Gl. (5.210) $W_{V12} = F_2 - F_1$. Die Division durch die Masse ergibt die spezifische freie Energie

$$f = u - T s \,. \tag{5.212}$$

Betrachtet man ein offenes System, so ist die Druckänderungsarbeit

$$W_{p12} = H_2 - H_1 - (Q_{12})_{rev} \,. \tag{5.213}$$

Auch hier gilt bei reibungsfreier isothermen Zustandsänderung Gl. (5.209):

$$W_{p12} = (H_2 - T S_2) - (H_1 - T S_1) \tag{5.214}$$

Den Ausdruck

$$G = H - T S \tag{5.215}$$

nennt man freie Enthalpie. Damit wird mit Gl. (5.214) $W_{p12} = G_2 - G_1$. Die spezifische freie Enthalpie ist

$$g = h - T s \,. \tag{5.216}$$

Freie Energie und freie Enthalpie sind Zustandsgrößen von universeller Bedeutung. F wird auch als *Helmholtz*-Funktion (*Helmholtz*'sche freie Energie), G als *Gibbs*[3]-Funktion, *Gibbs*'sches thermodynamisches Potential bzw. *Gibbs*'sche freie Enthalpie bezeichnet. Spezifische freie Energie und spezifische freie Enthalpie sind Zustandsgrößen mit den totalen Differentialen

$$df = \left(\frac{\partial f}{\partial T}\right)_v dT + \left(\frac{\partial f}{\partial v}\right)_T dv \tag{5.217}$$

$$dg = \left(\frac{\partial g}{\partial T}\right)_p dT + \left(\frac{\partial g}{\partial p}\right)_T dp \,. \tag{5.218}$$

Mit der Beziehung

$$d(T s) = s \, dT + T \, ds \tag{5.219}$$

folgt aus den Gln. (5.212) und (5.216)

$$df = du - d(T s) = du - s \, dT - T \, ds \tag{5.220}$$

$$dg = dh - d(T s) = dh - s \, dT - T \, ds \tag{5.221}$$

und mit den Gln. (5.126) und (5.127)

---

[3] *Josiah Willard Gibbs*, 1839 bis 1903, nordamerikanischer Naturwissenschaftler, leistete wichtige Beiträge zur Thermodynamik der Gleichgewichte.

$$\mathrm{d}f = -s\,\mathrm{d}T - p\,\mathrm{d}v \tag{5.222}$$

$$\mathrm{d}g = -s\,\mathrm{d}T + v\,\mathrm{d}p \ . \tag{5.223}$$

Vergleicht man die Gln. (5.217) und (5.222) sowie (5.218) und (5.223), so haben die partiellen Ableitungen die folgenden Bedeutungen:

$$\left(\frac{\partial f}{\partial T}\right)_v = -s \tag{5.224}$$

$$\left(\frac{\partial f}{\partial v}\right)_T = -p \tag{5.225}$$

$$\left(\frac{\partial g}{\partial T}\right)_p = -s \tag{5.226}$$

$$\left(\frac{\partial g}{\partial p}\right)_T = v \ . \tag{5.227}$$

Ferner ist nach den Gln. (5.133) und (5.224) sowie (5.139) und (5.226)

$$T\left(\frac{\partial^2 f}{\partial T^2}\right)_v = -c_v \tag{5.228}$$

$$T\left(\frac{\partial^2 g}{\partial T^2}\right)_p = -c_p \ . \tag{5.229}$$

Mit den Beziehungen

$$\frac{\partial^2 f}{\partial v\,\partial T} = -\left(\frac{\partial p}{\partial T}\right)_v \tag{5.230}$$

$$\frac{\partial^2 g}{\partial p\,\partial T} = \left(\frac{\partial v}{\partial T}\right)_p \tag{5.231}$$

$$\left(\frac{\partial^2 f}{\partial v^2}\right)_T = -\left(\frac{\partial p}{\partial v}\right)_T \tag{5.232}$$

$$\left(\frac{\partial^2 g}{\partial p^2}\right)_T = \left(\frac{\partial v}{\partial p}\right)_T \ , \tag{5.233}$$

die sich aus den Gln. (5.227) und (5.225) ergeben, folgt aus den Gln. (5.179) und (5.180)

$$c_p - c_v = -T\frac{\left(\dfrac{\partial^2 g}{\partial p\,\partial T}\right)^2}{\left(\dfrac{\partial^2 g}{\partial p^2}\right)_T} \tag{5.234}$$

$$c_p - c_v = T\frac{\left(\dfrac{\partial^2 f}{\partial v\,\partial T}\right)^2}{\left(\dfrac{\partial^2 f}{\partial v^2}\right)_T} \ . \tag{5.235}$$

Gl. (5.228) wird in Gl. (5.235) und Gl. (5.229) wird in Gl. (5.234) eingesetzt:

$$c_p = -T \left(\frac{\partial^2 f}{\partial T^2} \right)_v + T \frac{\left(\frac{\partial^2 f}{\partial v \, \partial T} \right)^2}{\left(\frac{\partial^2 f}{\partial v^2} \right)_T} \tag{5.236}$$

$$c_v = -T \left(\frac{\partial^2 g}{\partial T^2} \right)_p + T \frac{\left(\frac{\partial^2 g}{\partial p \, \partial T} \right)^2}{\left(\frac{\partial^2 g}{\partial p^2} \right)_T} \tag{5.237}$$

Ausdrücke für κ nach Gl. (5.181) erhält man aus den Gln. (5.228) und (5.236) sowie (5.229) und (5.237):

$$\kappa = 1 - \frac{\left(\frac{\partial^2 f}{\partial v \, \partial T} \right)^2}{\left(\frac{\partial^2 f}{\partial v^2} \right)_T \left(\frac{\partial^2 f}{\partial T^2} \right)_v} = \frac{\left(\frac{\partial^2 f}{\partial v^2} \right)_T \left(\frac{\partial^2 f}{\partial T^2} \right)_v - \left(\frac{\partial^2 f}{\partial v \, \partial T} \right)^2}{\left(\frac{\partial^2 f}{\partial v^2} \right)_T \left(\frac{\partial^2 f}{\partial T^2} \right)_v} \tag{5.238}$$

$$\kappa = \frac{\left(\frac{\partial^2 g}{\partial T^2} \right)_p \left(\frac{\partial^2 g}{\partial p^2} \right)_T}{\left(\frac{\partial^2 g}{\partial T^2} \right)_p \left(\frac{\partial^2 g}{\partial p^2} \right)_T - \left(\frac{\partial^2 g}{\partial p \, \partial T} \right)^2} \tag{5.239}$$

Den Isothermenexponenten nach Gl. (5.190) liefern die Gln. (5.225) und (5.232) sowie (5.227) und (5.233):

$$n_T = -v \frac{\left(\frac{\partial^2 f}{\partial v^2} \right)_T}{\left(\frac{\partial f}{\partial v} \right)_T} \tag{5.240}$$

$$n_T = -\frac{1}{p} \frac{\left(\frac{\partial g}{\partial p} \right)_T}{\left(\frac{\partial^2 g}{\partial p^2} \right)_T} \tag{5.241}$$

Der Isentropenexponent nach Gl. (5.193) ergibt sich aus den Gln. (5.238) und (5.240) sowie (5.239) und (5.241):

$$n_S = v \frac{\left(\frac{\partial^2 f}{\partial v \, \partial T} \right)^2 - \left(\frac{\partial^2 f}{\partial v^2} \right)_T \left(\frac{\partial^2 f}{\partial T^2} \right)_v}{\left(\frac{\partial f}{\partial v} \right)_T \left(\frac{\partial^2 f}{\partial T^2} \right)_v} \tag{5.242}$$

$$n_S = \frac{1}{p} \frac{\left(\frac{\partial g}{\partial p} \right)_T \left(\frac{\partial^2 g}{\partial T^2} \right)_p}{\left(\frac{\partial^2 g}{\partial p \, \partial T} \right)^2 - \left(\frac{\partial^2 g}{\partial T^2} \right)_p \left(\frac{\partial^2 g}{\partial p^2} \right)_T} \tag{5.243}$$

Funktionen der Art $f = f(T,v)$ und $g = g(T,p)$ mit spezifischer freier Energie und spezifischer freier Enthalpie gehören zu den thermodynamischen Potentialen. Thermodynamische

Potentiale sind Zustandsfunktionen, aus denen alle beliebigen Zustandsgrößen durch Differentiationen gewonnen werden können, weil sie alle thermodynamischen Informationen implizit enthalten. Die Bezeichnung Potential beruht auf der Analogie zu anderen Potentialen, z. B. dem Strömungspotential, aus dem man durch Ableitungen die Geschwindigkeits- und die Beschleunigungskomponenten gewinnt. Den Ausgangspunkt für die Schaffung einer Dampftafel stellte bisher eine thermische Zustandsgleichung dar. Von ihr gelangte man über Integrationen zu den kalorischen Zustandsgrößen. Dabei mussten noch besondere Angaben, z. B. über die spezifische Wärmekapazität im Zustand des idealen Gases, vorliegen. Jetzt bietet sich ein neuer Weg an: Ausgehend von den thermodynamischen Potentialen

$$f = f(T, v)$$

oder
$$g = g(T, p)$$

gelangt man über Differentiationen zu den Größen einer Dampftafel. Da Differenzieren einfacher ist als Integrieren und die Bestimmung von Integrationskonstanten entfällt, ist der zweite Weg vorteilhafter als der erste.

Die Darstellung eines thermodynamischen Potentials als Funktion der zugehörigen unabhängigen Veränderlichen nennt man eine kanonische Zustandsgleichung oder Fundamentalgleichung. Sie enthält alle Informationen über die thermodynamischen Eigenschaften eines Stoffes und hat für technische Anwendungen eine große Bedeutung [6], [26]. Die thermische Zustandsgleichung $F(p, v, T) = 0$ und die kalorischen Zustandsgleichungen $u = u(T, v)$ und $h = h(T, p)$ sind keine kanonischen Zustandsgleichungen. Außer den Gln. $f = f(T, v)$ und $g = g(T, p)$ seien noch folgende kanonische Zustandsgleichungen genannt [26]:

$$u = u(s, v) \quad s = s(u, v) \quad v = v(s, u) \quad \text{sowie} \quad h = h(s, p) \quad s = s(h, p) \quad p = p(s, h)$$

Für ideale Gase mit den konstanten spezifischen Wärmekapazitäten $c_p^0 = c_{pm}^0 = \text{const}$ und $c_v^0 = c_{vm}^0 = \text{const}$ (z. B. Edelgase) sowie der speziellen Gaskonstante R nehmen die genannten kanonischen Zustandsgleichungen, ausgehend von einem Bezugszustand 0 mit den Stoffwerten p_0, v_0, T_0, u_0, h_0 und s_0, die folgenden Formen an:

$$f = f(T, v) = u_0 + c_v^0 (T - T_0) - s_0 T - c_v^0 T \ln \frac{T}{T_0} - R T \ln \frac{v}{v_0} \tag{5.244}$$

$$g = g(T, p) = h_0 + c_p^0 (T - T_0) - s_0 T - c_p^0 T \ln \frac{T}{T_0} + R T \ln \frac{p}{p_0} \tag{5.245}$$

$$u = u(s, v) = u_0 \left(\frac{v}{v_0}\right)^{-\frac{R}{c_v^0}} \cdot e^{\frac{s - s_0}{c_v^0}} \tag{5.246}$$

$$s = s(u, v) = s_0 + c_v^0 \ln \frac{u}{u_0} + R \ln \frac{v}{v_0} \tag{5.247}$$

$$v = v(s, u) = v_0 \left(\frac{u}{u_0}\right)^{-\frac{c_v^0}{R}} \cdot e^{\frac{s - s_0}{R}} \tag{5.248}$$

$$h = h(s, p) = h_0 \left(\frac{p}{p_0}\right)^{\frac{R}{c_p^0}} \cdot e^{\frac{s - s_0}{c_p^0}} \tag{5.249}$$

$$s = s(h, p) = s_0 + c_p^0 \ln \frac{h}{h_0} - R \ln \frac{p}{p_0} \tag{5.250}$$

$$p = p(s, h) = p_0 \left(\frac{h}{h_0}\right)^{\frac{c_p^0}{R}} \cdot e^{-\frac{s - s_0}{R}} \tag{5.251}$$

Gleichungen der Art $u = u(s,v)$, $s = s(u,v)$ und $v = v(s,u)$ sind vor allem zur Beschreibung von Zustandsänderungen in geschlossenen Systemen geeignet, Gleichungen der Art $h = h(s,p)$, $s = s(h,p)$ und $p = p(s,h)$ eignen sich insbesondere zur Beschreibung von Zustandsänderungen in offenen Systemen. In [26] werden kanonische Gleichungen der Formen $h = h(s,p)$ und $s = s(h,p)$ für Wasser und Wasserdampf, Luft und Helium angegeben; dort sind auch Algorithmen zur Berechnung aller wichtigen Zustandsgrößen aus kanonischen Gleichungen der Arten $f = f(T,v)$, $g = g(T,p)$, $h = h(s,p)$, $s = s(h,p)$, $p = p(s,h)$, $u = u(s,v)$, $s = s(u,v)$ und $v = v(s,u)$ enthalten.
Neben einer kanonischen Zustandsgleichung sind prinzipiell keine zusätzlichen Informationen über den Sättigungszustand notwendig. Nach Abschnitt 5.3.2 lassen sich die Dampfdruckkurve, die Dichte der siedenden Flüssigkeit und die Dichte des Sattdampfes mit Hilfe der *Maxwell*-Beziehung bestimmen. Bei zusätzlichen Angaben über den Sättigungszustand muss man darauf achten, dass durch die *Maxwell*-Beziehung keine Widersprüche entstehen [104].

Beispiel 5.15 Aus der *van der Waals*schen Zustandsgleichung (5.57)

$$p(v,T) = \frac{RT}{v-b} - \frac{a}{v^2}$$

und der spezifischen Wärmekapazität bei konstantem Volumen im Zustand des idealen Gases

$$c_v^0(T) = c_0 + c_1 T + c_2 T^2$$

sind die thermodynamischen Eigenschaften eines realen Gases herzuleiten. Danach soll gezeigt werden, dass dieselben Informationen aus der kanonischen Zustandsgleichung mit der spezifischen freien Energie

$$f(v,T) = \left[c_0 \left(1 - \ln \frac{T}{T_1} \right) - R \ln \frac{v-b}{v_1-b} - s^* \right] T - \frac{c_1}{2} T^2 - \frac{c_2}{6} T^3 - \frac{a}{v} + u^*$$

zu gewinnen sind.
Mit der partiellen Ableitung

$$\left(\frac{\partial p}{\partial T} \right)_v = \frac{R}{v-b}$$

erhält man aus Gl. (5.159) die spezifische innere Energie:

$$u = u_1 + c_0(T - T_1) + \frac{c_1}{2}(T^2 - T_1^2) + \frac{c_2}{3}(T^3 - T_1^3) - a\left(\frac{1}{v} - \frac{1}{v_1} \right)$$

$$u = c_0 T + \frac{c_1}{2} T^2 + \frac{c_2}{3} T^3 - \frac{a}{v} + u^*$$

u^* ist die Summe aller konstanten Glieder. Gl. (5.161) ergibt die spezifische Entropie:

$$s = c_0 \ln \frac{T}{T_1} + c_1 T + \frac{c_2}{2} T^2 + R \ln \frac{v-b}{v_1-b} + s^*$$

Mit Gl. (2.41) $h = u + pv$ erhält man die spezifische Enthalpie:

$$h = c_0 T + \frac{c_1}{2} T^2 + \frac{c_2}{3} T^3 + \frac{RTv}{v-b} - 2\frac{a}{v} + h^*$$

Nach Gl. (5.169) ist wegen

$$\left(\frac{\partial^2 p}{\partial T^2} \right)_v = 0$$

die spezifische Wärmekapazität c_v nur eine Funktion der Temperatur:

$$c_v = c_v^0 = c_0 + c_1 T + c_2 T^2$$

Die partiellen Ableitungen $(\partial p/\partial T)_v$ und

$$\left(\frac{\partial p}{\partial v}\right)_T = -\frac{RT}{(v-b)^2} + \frac{2a}{v^3}$$

und Gl. (5.180) ergeben die spezifische Wärmekapazität bei konstantem Druck:

$$c_p = c_0 + c_1 T + c_2 T^2 + \frac{R^2 T}{RT - \dfrac{2a}{v^3}(v-b)^2} = c_v^0 + \frac{R^2 T}{RT - \dfrac{2a}{v^3}(v-b)^2}$$

Nach Gl. (5.181) ist

$$\kappa = 1 + \frac{R^2 T}{(c_0 + c_1 T + c_2 T^2)\left[RT - \dfrac{2a}{v^3}(v-b)^2\right]} \ .$$

Der Isothermenexponent ist nach Gl. (5.190)

$$n_T = \frac{v}{v-b}\,\frac{RT - \dfrac{2a}{v^3}(v-b)^2}{RT - \dfrac{a}{v^2}(v-b)} \ .$$

Gl. (5.193) ergibt den Isentropenexponenten:

$$n_S = \frac{v}{v-b}\,\frac{(c_0 + c_1 T + c_2 T^2)\left[RT - \dfrac{2a}{v^3}(v-b)^2\right] + R^2 T}{(c_0 + c_1 T + c_2 T^2)\left[RT - \dfrac{a}{v^2}(v-b)\right]}$$

Geht man nunmehr von der spezifischen freien Energie aus, so benötigt man folgende Ableitungen:

$$\left(\frac{\partial f}{\partial T}\right)_v = -c_0 \ln\frac{T}{T_1} - R \ln\frac{v-b}{v_1-b} - s^* - c_1 T - \frac{c_2}{2}T^2$$

$$\left(\frac{\partial^2 f}{\partial T^2}\right)_v = -\frac{c_0}{T} - c_1 - c_2 T$$

$$\left(\frac{\partial f}{\partial v}\right)_T = -\frac{RT}{v-b} + \frac{a}{v^2}$$

$$\left(\frac{\partial^2 f}{\partial v^2}\right)_T = \frac{RT}{(v-b)^2} - \frac{2a}{v^3}$$

$$\frac{\partial^2 f}{\partial v\,\partial T} = -\frac{R}{v-b}$$

Man erkennt sofort, dass die Gln. (5.224), (5.225) und (5.228) erfüllt sind:

$$s = c_0 \ln\frac{T}{T_1} + R \ln\frac{v-b}{v_1-b} + s^* + c_1 T + \frac{c_2}{2}T^2$$

$$p = \frac{RT}{v-b} - \frac{a}{v^2}$$

$$c_v = c_0 + c_1 T + c_2 T^2$$

Nach den Gln. (5.236) und (5.238) ist

$$c_p = c_0 + c_1 T + c_2 T^2 + \frac{R^2 T}{RT - \dfrac{2a}{v^3}(v-b)^2}$$

$$\kappa = \frac{[RT - \dfrac{2\,a}{v^3}(v-b)^2](-\dfrac{c_0}{T} - c_1 - c_2\,T) - R^2}{[RT - \dfrac{2\,a}{v^3}(v-b)^2](-\dfrac{c_0}{T} - c_1 - c_2\,T)} \ .$$

Die Gln. (5.240) und (5.242) ergeben

$$n_T = \frac{v}{v-b}\,\frac{RT - \dfrac{2\,a}{v^3}(v-b)^2}{RT - \dfrac{a}{v^2}(v-b)}$$

$$n_S = \frac{v}{v-b}\,\frac{R^2 + [RT - \dfrac{2\,a}{v^3}(v-b)^2](\dfrac{c_0}{T} + c_1 + c_2\,T)}{[RT - \dfrac{a}{v^2}(v-b)](\dfrac{c_0}{T} + c_1 + c_2\,T)} \ .$$

Die spezifische innere Energie erhält man aus der Definitionsgleichung der spezifischen freien Energie:

$$u = f + T\,s = c_0\,T + \frac{c_1}{2}T^2 + \frac{c_2}{3}T^3 - \frac{a}{v} + u^*$$

Die spezifische Enthalpie ergibt sich wie vorher aus der Gl. (2.41) $h = u + p\,v$.

5.4.5.2   Ein g,s-Zustandsdiagramm für Wasser und Wasserdampf

Aufbau des g,s-Diagramms

Bei der Untersuchung von technischen Systemen lassen sich mit der spezifischen freien Enthalpie g zusätzliche Aussagen gewinnen; diese können anhand von Zustandsdiagrammen ermittelt und veranschaulicht werden. Im Folgenden wird deshalb ein g,s-Diagramm für Wasser vorgestellt. Dabei sind g als Ordinate, s als Abszisse sowie der Druck p und die *Celsius*-Temperatur t als Parameter gewählt.

Das g,s-Diagramm für Wasser stützt sich auf die IAPWS-Formulierung von 1997 [128] und auf das h,s-Diagramm mit absoluten spezifischen Enthalpien und Entropien gemäß [18]. Es liegen zwei Varianten vor [32], wobei in der ersten Variante (Bild 5.19) die Obergrenze der Temperatur bei 800 °C, in der zweiten, ebenfalls in [32] veröffentlichten Variante bei 2000 °C liegt. g wird als absolute spezifische Zustandsgröße dargestellt; nur dann kann mit g thermodynamisch sinnvoll gearbeitet werden. Zur Berechnung von g wurden absolute spezifische Werte für h und s gemäß [18] verwendet (Werte am Tripelpunkt: $p_{Tr} = 0{,}006112$ bar, $T_{Tr} = 273{,}16$ K ($t_{Tr} = 0{,}01$ °C), $h_{Tr} = 633{,}0$ kJ/kg, $s_{Tr} = 3{,}5214$ kJ/(kg K); $g_{Tr} = -328{,}9$ kJ/kg für Wasser als Flüssigkeit).

Die spezifische freie Enthalpie g ist — ausgenommen im Feststoff- und im Schmelzgebiet bei hohen Drücken — eine negative Zustandsgröße; deshalb ist die Diagrammordinate nach unten aufgetragen. Wäre g positiv, ergäbe sich für das Nassdampfgebiet und das Gebiet überhitzten Dampfes eine ähnliche Diagrammform wie beim T,s-Diagramm.

Am Koordinatenursprung ist der absolute Nullpunkt mit $T = 0$ K ($t = -273{,}15$ °C) sowie $h = 0$ kJ/kg und $s = 0$ kJ/(kg K) — und damit auch $g = 0$ kJ/kg — erfasst. An das Feststoffgebiet (hier nur mit der Begrenzungskurve für niedere Drücke wiedergegeben) schließt sich nach rechts das — im unteren Bereich vom Sublimationsgebiet überlagerte — Schmelzgebiet an. Hierin sind als waagerechte Strecken Isobaren bzw. Isothermen enthalten, für die auch g konstant ist.

Das schmale — und damit graphisch schlecht zu erfassende — Flüssigkeitsgebiet ist vom Tripelpunkt an bis zum Druck $p = 1000$ bar wiedergegeben; es ist unterhalb von etwa 250 °C dem Nassdampfgebiet (in Bereichen sehr niedrigen Dampfgehalts) überlagert.

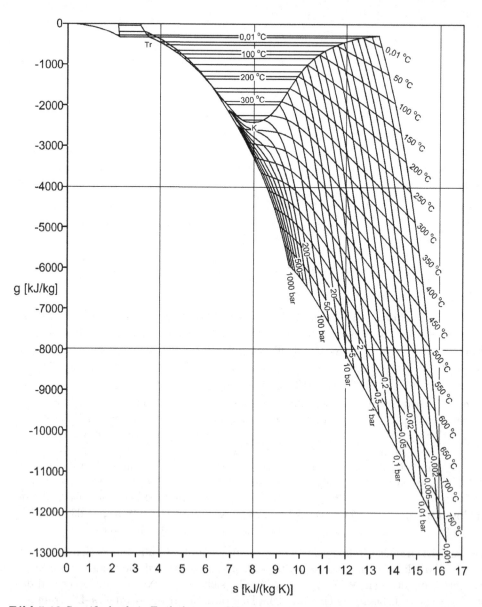

Bild 5.19 Spezifische freie Enthalpie von Wasser

Das Sublimationsgebiet liegt oberhalb der waagerechten Tripellinie ($t_{Tr} = 0{,}01$ °C). Unterhalb schließt sich das Nassdampfgebiet an; auch hier verlaufen Isothermen, Isobaren und Linien konstanter spezifischer freier Enthalpie g waagerecht. Nach unten wird das Nassdampfgebiet durch den kritischen Punkt K ($p_K = 220{,}64$ bar, $T_K = 647{,}10$ K ($t_K = 373{,}95$ °C), $h_K = 2720{,}55$ kJ/kg, $s_K = 7{,}9334$ kJ/(kg K), $g_K = -2413{,}15$

kJ/kg) abgeschlossen, der den Tiefpunkt der Grenzkurve (Siedelinie und Taulinie) darstellt. Im Gebiet des überhitzten Dampfes sind die Isothermen zwischen $t_{Tr} = 0{,}01\,°\text{C}$ ($t_{Tr} \approx 0\,°\text{C}$) und $800\,°\text{C}$ in Intervallschritten von jeweils 50 °C enthalten. Mit steigender Temperatur wird die Neigung der Isothermen größer. Die Isobaren — logarithmisch skaliert — sind von 0,001 bar bis 1000 bar dargestellt.

Einige Nutzanwendungen des g,s-Diagramms

Bei der isothermen Zustandsänderung eines offenen Systems bei der Absoluttemperatur T ergibt die Differenz der spezifischen freien Enthalpien $g_2 - g_1$ die spezifische Druckänderungsarbeit w_{p12}:

$$w_{p12} = h_2 - h_1 - (q_{12})_{rev} = h_2 - h_1 - T\,(s_2 - s_1) = g_2 - g_1 = \Delta g \qquad (5.252)$$

Das g,s-Diagramm verdeutlicht z. B., dass bei rechtslaufenden Kreisprozessen mit einer isothermen Entspannung im oberen Temperaturbereich (z. B. bei *Carnot*-, *Ericsson*- und *Stirling*-Prozess) der Arbeitsgewinn bei dieser isothermen Zustandsänderung umso größer ist, je höher die Temperatur und je größer das Druckverhältnis p_2/p_1 ist: Dann nimmt $w_{p12} = g_2 - g_1 = \Delta g$ große Werte an. Das Diagramm zeigt, dass die spezifische freie Enthalpie g hinsichtlich der isothermen Zustandsänderung Potentialcharakter hat (vgl. Abschnitt 8.1.13). Auch ist sichtbar, dass bei rechtslaufenden Kreisprozessen mit einer isothermen Zustandsänderung im unteren Temperaturbereich (z. B. beim *Clausius*-*Rankine*-Prozess) der Arbeitsaufwand für die isotherme Verdichtung dann gleich null ist, wenn diese eine isotherme Kondensation ist: Dann ist nämlich $w_{p12} = \Delta g = g_2 - g_1 = 0$. Kreisprozesse mit isothermer Kondensation am „kalten Ende" sind also thermodynamisch vorteilhaft.

Eine weitere Nutzanwendung des g,s-Diagramms ist die Betrachtung von Zustandsänderungen mit $g_2 - g_1 = \Delta g = 0$ im Gebiet des idealen Gases.

Beziehungen für Kurven $g = $ const und für weitere Kurven im Gebiet des idealen Gases

Wie Bild 5.19 zeigt, bleibt beim Erschmelzungs- bzw. Erstarrungsvorgang, beim Sublimations- bzw. Desublimationsvorgang und beim Verdampfungs- bzw. Kondensationsvorgang die spezifische freie Enthalpie g gleich. Deshalb liegt es nahe, zusätzlich auch eine Zustandsänderung bei $g = $ const im Gebiet des idealen Gases zu untersuchen. Hierfür gelten die Beziehungen:

$$T = T_0\,\frac{s_0 - c_p}{s - c_p} \quad \text{mit der Umformung} \quad s = \frac{T_0}{T}(s_0 - c_p) + c_p \qquad (5.253)$$

$$p = p_0 \left(\frac{T}{T_0}\right)^{\frac{\kappa}{\kappa-1}} e^{\frac{T-T_0}{T}\left(\frac{s_0}{R} - \frac{\kappa}{\kappa-1}\right)} \qquad (5.254)$$

$$v = v_0 \left(\frac{T}{T_0}\right)^{\frac{1}{1-\kappa}} e^{-\frac{T-T_0}{T}\left(\frac{s_0}{R} - \frac{\kappa}{\kappa-1}\right)} \qquad (5.255)$$

Dabei ist $c_p = $ const bzw. ein konstanter Mittelwert $c_p = c_{pm}$ im betrachteten Intervall. s_0 und T_0 sind konstante Bezugswerte (Anfangswerte der Zustandsänderung), κ der Isentropenexponent und R die spezielle Gaskonstante.

Der genannte Zusammenhang $p = p(T)$ für Kurven konstanter spezifischer freier Enthalpie ($g = $ const) ist eine Sonderform der allgemeinen Beziehung für ideale Gase

$$p = p_0 \left(\frac{T}{T_0} \right)^{n_1} e^{n_2} , \qquad (5.256)$$

die für bestimmte konstant gehaltene Zustandsgrößen gilt:

		n_1	n_2
Isobare	$p = p_0 = $ const	0	0
Isochore	$v = v_0 = $ const	1	0
Isotherme, Isenthalpe	$T = T_0 = $ const $h = h_0 = $ const	∞	0
Isentrope	$s = s_0 = $ const	$\dfrac{\kappa}{\kappa - 1}$	0
Dampfdruckkurve		0	$\dfrac{T - T_0}{T} \dfrac{s_0'' - s_0'}{R}$
Linien gleicher spezifischer freier Enthalpie	$g = g_0 = $ const	$\dfrac{\kappa}{\kappa - 1}$	$\dfrac{T - T_0}{T} \left(\dfrac{s_0}{R} - \dfrac{\kappa}{\kappa - 1} \right)$
Linien gleicher spezifischer Exergie der spezifischen Enthalpie	$e = e_0 = $ const	$\dfrac{\kappa}{\kappa - 1}$	$-\dfrac{T - T_0}{T_u} \dfrac{\kappa}{\kappa - 1}$

In der Beziehung für $e = e_0 = $ const ist T_u die Umgebungstemperatur. In der Näherungsbeziehung für die Dampfdruckkurve (als Begrenzungslinie des Gebiets des idealen Gases) kennzeichnen die Zustandsgrößen p_0, T_0, s_0' und s_0'' einen gewählten Bezugspunkt 0; die spezifische Verdampfungsenthalpie ist zu $r_0 = T_0(s_0'' - s_0') = $ const angenommen.

Bei Zustandsänderungen auf Kurven mit $g = $ const im Gebiet des idealen Gases zwischen dem Anfangszustand 0 und einem allgemeinen Endzustand gelten für die Prozessgrößen spezifische Druckänderungsarbeit w_p, spezifische Volumenänderungsarbeit w_v, spezifische Wärme $q_{rev} = q_s$ (spezifische reversible Wärme, spezifische Entropieänderungswärme) und spezifische Temperaturänderungswärme q_T (vgl. Abschnitt 7) die Beziehungen:

$$w_p = q_T = (s_0 - c_p)\, T_0 \ln \frac{T}{T_0} + c_p (T - T_0) \qquad (5.257)$$

$$w_v = (s_0 - c_p)\, T_0 \ln \frac{T}{T_0} + c_p (T - T_0) + R T_0 \left[1 - \left(\frac{T}{T_0} \right)^{\kappa} \right] \qquad (5.258)$$

$$q_s = -(s_0 - c_p)\, T_0 \ln \frac{T}{T_0} \qquad (5.259)$$

Eine Deutung der Zustandsänderung bei konstanter spezifischer freier Enthalpie g im Gebiet des idealen Gases als Fortsetzung der isobar-isothermen Verdampfung im Nassdampfgebiet findet sich in [32].

5.4.6   Der *Joule-Thomson*-Effekt

Zwischen der Druckänderung und der Temperaturänderung bei der isenthalpen Drosselung eines realen Gases besteht die Beziehung

$$dT = \delta_h \, dp \qquad \text{bzw.} \qquad \delta_h = \left(\frac{\partial T}{\partial p}\right)_h . \tag{5.260}$$

δ_h ist der isenthalpe Drosselkoeffizient. Bei der Drosselung ist immer $dp < 0$. Ist δ_h positiv, so ist mit der Drosselung eine Temperaturabnahme verbunden. Man nennt dann den *Joule-Thomson*-Effekt positiv. Ist δ_h negativ, so stellt sich bei der Drosselung eine Temperaturerhöhung ein. In diesem Fall nennt man den *Joule-Thomson*-Effekt negativ. Da dT eine differentielle Temperaturänderung ist, die als Folge einer differentiellen Druckänderung auftritt, handelt es sich um den differentiellen *Joule-Thomson*-Effekt. Beim Übergang zu Drosselkoeffizienten mit verändertem Vorzeichen ist $\delta_h = 0$, es findet bei der Drosselung keine Temperaturänderung statt. Durch $\delta_h = 0$ ist die Inversionskurve des differentiellen *Joule-Thomson*-Effekts oder kurz die differentielle Inversionskurve bestimmt.

Bei der Drosselung ist die spezifische Enthalpie h konstant, was $dh = 0$ bedeutet. Damit folgt aus Gl. (5.152)

$$dT = \frac{1}{c_p}\left[T\left(\frac{\partial v}{\partial T}\right)_p - v\right] dp \; , \tag{5.261}$$

und mit $T = T(p, h)$, $dT = (\partial T/\partial p)_h \, dp + (\partial T/\partial h)_p \, dh = (\partial T/\partial p)_h \, dp$ (bei $h = $ const) sowie Gl. (5.260) ist der Drosselkoeffizient

$$\delta_h = \left(\frac{\partial T}{\partial p}\right)_h = \frac{1}{c_p}\left[T\left(\frac{\partial v}{\partial T}\right)_p - v\right] . \tag{5.262}$$

Der Drosselkoeffizient verschwindet, wenn

$$\left(\frac{\partial T}{\partial v}\right)_p = \frac{T}{v} \tag{5.263}$$

ist. Bei idealen Gasen ist Gl. (5.263) stets erfüllt, so dass bei idealen Gasen immer $\delta_h = 0$ ist. Zur anschaulichen Darstellung des *Joule-Thomson*-Effekts ist ein p, h-Diagramm geeignet mit dem Druck p als Ordinate und der spezifischen Enthalpie h als Abszisse und eingezeichneten Isothermen. Den Verlauf der differentiellen Inversionskurve erhält man mit Gl. (5.263).

Die Temperaturänderung bei Absenkung des Drucks über einen größeren Bereich, den integralen *Joule-Thomson*-Effekt, kann man durch folgende Gleichung beschreiben:

$$T_1 - T_2 = \delta_{int}(p_1 - p_2) \tag{5.264}$$

p_1, T_1 sind die Anfangswerte und p_2, T_2 sind die Endwerte des isenthalpen Drosselvorgangs mit δ_{int} als Proportionalitätsfaktor. Bei Drosselung auf den Umgebungsdruck ist die Abkühlung des Gases am größten, wenn der Anfangszustand auf der differentiellen Inversionskurve liegt. Bei höherem Anfangsdruck erfolgt zunächst eine Erwärmung, so dass die Abkühlung insgesamt geringer wird. Auch der integrale *Joule-Thomson*-Effekt kann positiv oder negativ sein. Durch die Anfangszustände, die bei einer isenthalpen Drosselung $p \to 0$ den Wert $\delta_{int} = 0$ ergeben, ist die integrale Inversionskurve definiert. Man erhält sie, wenn man die Punkte der Isothermen, zu denen dieselbe spezifische Enthalpie wie im Zustand $p \to 0$ gehört, verbindet.

Beispiel 5.16 Für ein Gas mit der *van der Waals*schen Zustandsgleichung und den kalorischen Zustandsgleichungen nach Beispiel 5.15 sollen die differentielle und die integrale Inversionskurve ermittelt werden.

Aus Gl. (5.57) folgen die beiden Gleichungen

$$\frac{T}{v} = \frac{1}{R}\left(p - p\frac{b}{v} + \frac{a}{v^2} - \frac{a\,b}{v^3}\right)$$

$$\left(\frac{\partial T}{\partial v}\right)_p = \frac{1}{R}\left(p - \frac{a}{v^2} + \frac{2\,a\,b}{v^3}\right)$$

und mit Gl. (5.263)

$$p = \frac{a}{v}\left(\frac{2}{b} - \frac{3}{v}\right)$$

oder, wenn man diesen Ausdruck in Gl. (5.56) einsetzt,

$$T = \frac{2\,a}{R}\left[\frac{1}{b} - \frac{1}{v}\left(2 - \frac{b}{v}\right)\right]\ .$$

Die beiden letzten Gleichungen ergeben zusammen mit der Gleichung für die spezifische Enthalpie nach Beispiel 5.15

$$h = c_0\,T + \frac{c_1}{2}T^2 + \frac{c_2}{3}T^3 + \frac{R\,T\,v}{v - b} - 2\frac{a}{v} + h^*$$

die differentielle Inversionskurve in einem p, h-Diagramm. Die unabhängige Veränderliche ist v, mit der man zunächst p und T ausrechnet. v und T ergeben dann h. Die Isothermen im p, h-Diagramm erhält man ebenfalls mit der Gleichung für die spezifische Enthalpie und mit der *van der Waals*schen Gleichung (5.57)

$$p = \frac{R\,T}{v - b} - \frac{a}{v^2}\ .$$

v ist die unabhängige Veränderliche, mit der man bei konstantem T die beiden Koordinaten p und h berechnet. Zur Ermittlung der integralen Inversionskurve geht man von der Enthalpiegleichung aus und setzt für den Endzustand näherungsweise $v \to \infty$. Die spezifische Enthalpie im Endzustand ist gleich der spezifischen Enthalpie auf der integralen Inversionskurve.

$$c_0\,T + \frac{c_1}{2}T^2 + \frac{c_2}{3}T^3 + R\,T + h^* = c_0\,T + \frac{c_1}{2}T^2 + \frac{c_2}{3}T^3 + \frac{R\,T\,v}{v - b} - 2\frac{a}{v} + h^*$$

$$R\,T = \frac{R\,T\,v}{v - b} - 2\frac{a}{v}$$

Daraus folgt

$$T = \frac{2\,a}{R}\left(\frac{1}{b} - \frac{1}{v}\right)\ .$$

Diese Gleichung ergibt zusammen mit der Gleichung für die spezifische Enthalpie und der *van der Waals*schen Gleichung (5.57) die integrale Inversionskurve.

Der Übergang zu den reduzierten Größen nach den Gln. (5.78) bedeutet eine Verallgemeinerung der Betrachtung. Mit der reduzierten spezifischen Enthalpie

$$h_r = \frac{h}{p_k\,v_k}\ ,$$

der reduzierten spezifischen Wärmekapazität bei konstantem Volumen

$$c_{vr} = \frac{c_v\, T_k}{p_k\, v_k}$$

$$c_{vr} = c_{0r} + c_{1r}\, T_r + c_{2r}\, T_r^2 \ ,$$

den Gln. (5.65) bis (5.67) und den Konstanten

$$c_{0r} = \frac{c_0\, T_k}{p_k\, v_k} \qquad c_{1r} = \frac{c_1\, T_k}{p_k\, v_k} \qquad c_{2r} = \frac{c_2\, T_k}{p_k\, v_k}$$

$$h_r^* = \frac{h^*}{p_k\, v_k}$$

gelten im p_r, h_r-Diagramm für die differentielle Inversionskurve

$$p_r = \frac{9}{v_r}\left(2 - \frac{1}{v_r}\right)$$

$$T_r = \frac{9}{4}\left[3 - \frac{1}{v_r}\left(2 - \frac{1}{3\,v_r}\right)\right]$$

$$h_r = c_{0r}\, T_r + \frac{c_{1r}}{2}T_r^2 + \frac{c_{2r}}{3}T_r^3 + \frac{8}{3}\frac{T_r\, v_r}{v_r - \frac{1}{3}} - \frac{6}{v_r} + h_r^* \ .$$

Die Gleichungen der Isothermen im p_r, h_r-Diagramm sind

$$p_r = \frac{8}{3}\frac{T_r}{v_r - \frac{1}{3}} - \frac{3}{v_r^2}$$

$$h_r = c_{0r}\, T_r + \frac{c_{1r}}{2}T_r^2 + \frac{c_{2r}}{3}T_r^3 + \frac{8}{3}\frac{T_r\, v_r}{v_r - \frac{1}{3}} - \frac{6}{v_r} + h_r^* \ .$$

Die integrale Inversionskurve wird im p_r, h_r-Diagramm durch folgende Gleichungen beschrieben:

$$T_r = \frac{9}{4}\left(3 - \frac{1}{v_r}\right)$$

$$p_r = \frac{8}{3}\frac{T_r}{v_r - \frac{1}{3}} - \frac{3}{v_r^2}$$

$$h_r = c_{0r}\, T_r + \frac{c_{1r}}{2}T_r^2 + \frac{c_{2r}}{3}T_r^3 + \frac{8}{3}\frac{T_r\, v_r}{v_r - \frac{1}{3}} - \frac{6}{v_r} + h_r^*$$

Eine Auswertung der angegebenen Gleichungen mit den Zahlenwerten

$$c_{0r} = 2{,}5 \qquad c_{1r} = 0{,}15 \qquad c_{2r} = -0{,}01 \qquad h_r^* = 5{,}763676874$$

zeigt Bild 5.20.

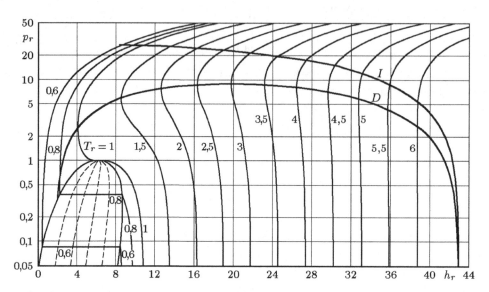

Bild 5.20 p_r, h_r -Diagramm nach Beispiel 5.16
D differentielle Inversionskurve
I integrale Inversionskurve

Aufgaben zu Abschnitt 5

1. Aus einem Kondenstopf wird siedendes Wasser von $p_1 = 1,2$ bar Überdruck durch eine isenthalpe Drosselung auf $p_2 = 0,05$ bar Absolutdruck entnommen. Der Barometerstand beträgt 990 mbar. Welchen Zustand nimmt der Dampf nach der Drosselung ein?

2. Welche Brennstoffmenge muss in einer Dampferzeugungsanlage stündlich verfeuert werden, wenn die Anlage stündlich die Dampfmenge $m = 2,3$ t bei 18 bar Überdruck und einem Dampfgehalt $x = 0,95$ bei einem Luftdruck von 1000 mbar erzeugen soll? Das einlaufende Speisewasser hat die Temperatur 190 °C. Der Heizwert des Brennstoffs beträgt $H_i = 28\,500$ kJ/kg, der Anlagenwirkungsgrad (der Quotient aus abgegebener Wärme und erzeugter thermischer Energie des Brennstoffs) ist 0,76.

3. Ein Dampfkessel, in den das Kondensat mit Siedetemperatur zurückläuft, liefert stündlich 1,8 t Heißdampf von 11 bar und 220 °C. Der Dampfbedarf sinkt plötzlich auf 1,6 t/h. Wie hoch steigt die Überhitzungstemperatur bei gleichbleibendem Gegendruck und unveränderter Wärmezufuhr vom Brennraum her?

4. Nach dem Abstellen der Feuerung befinden sich in einem kleinen Schnelldampferzeuger mit einem abgeschlossenen Kesselvolumen 28 Liter Heißdampf von 300 °C und 70 bar (Zustand 1).

a) Durch die Restwärme der Feuerbüchse (Nachglühen der Ausmauerung) wird der Druck dieses Dampfvolumens auf 120 bar erhöht (Zustand 2). Welche Wärme wurde dabei zugeführt?

b) Beim Öffnen des Sicherheitsventils entströmen 0,133 kg Dampf. Nachdem das Ventil wieder geschlossen ist, hat die Restmasse das Kesselvolumen ohne Wärmeübertragung wieder eingenommen. In welchem Dampfzustand (Zustand 3) befindet sich dann diese Restmasse?

5. Strömender Heißdampf vom Zustand $p_1 = 16$ bar und $t_1 = 350\,°C$ soll durch eine adiabate und isobare Wassereinspritzung $(t_W = 40\,°C)$ auf $t_2 = 280\,°C$ abgekühlt werden. Welche Wassermenge muss je kg Heißdampf eingespritzt werden? Welche Entropieänderung je kg Heißdampf tritt bei diesem Vorgang ein?

6. Das Kältemittel R 12 (Difluordichlormethan $C\,F_2\,Cl_2$) hat nach *Baehr* und *Hicken* [3] die thermische Zustandsgleichung

$$p = \frac{R\,T}{v} + \frac{B_0 + \dfrac{B_1}{T}}{v^2}$$

mit der speziellen Gaskonstante $R = 68{,}7563$ J/(kg K) und den Konstanten $B_0 = 240$ bar $(dm^3/kg)^2$, $B_1 = -298 \cdot 10^3$ K bar $(dm^3/kg)^2$. Die spezifischen Wärmekapazitäten bei konstantem Druck und bei konstantem Volumen im Zustand des idealen Gases sind

$$\frac{c_p^0}{R} = \frac{c_v^0}{R} + 1 = 2{,}055 + 3{,}03492 \cdot 10^{-2}\,\frac{T}{1\,K} - 2{,}63583 \cdot 10^{-5}\left(\frac{T}{1\,K}\right)^2 .$$

Man ermittle die Gleichungen für das spezifische Volumen, die spezifische Enthalpie und die spezifische Entropie.

7. Ein Behälter mit einem Volumen $V_1 = 50$ m^3 enthält Wasserdampf im Sattdampfzustand $(x_1 = 1)$ mit $t_1 = 54\,°C$ und $v_1 = 10$ m^3/kg.

a) Wie groß ist die Masse m_1? Es sind p_1, h_1 und s_1 mit Hilfe des T,s-Diagramms für H$_2$O näherungsweise anzugeben.

b) Der Behälterinhalt wird vom Zustand 1 isochor (also bei $v_1 = v_2 = 10$ m^3/kg) und reversibel auf die Temperatur $t_2 = 262\,°C$ erhitzt (Zustand 2). Es sind p_2, h_2 und s_2 mit Hilfe des T,s-Diagramms näherungsweise zu ermitteln. Wie groß ist die zugeführte Wärme Q_{12}? Welcher Wert errechnet sich für den Druck p_2, wenn der Wasserdampf vereinfachend als ideales Gas mit $R = 0{,}4615$ kJ/(kg K) aufgefasst wird? Ist diese Vereinfachung in erster Näherung zulässig?

c) Welcher Zustand 3 wird erreicht, wenn der Sattdampf vom Zustand 1 isochor (also bei $v_1 = v_3 = 10$ m^3/kg) und reversibel auf die Temperatur $t_3 = 46\,°C$ (Zustand 3) abgekühlt wird? Der Dampfgehalt x_3 sowie p_3, h_3 und s_3 sind unter Verwendung des T,s-Diagramms näherungsweise zu ermitteln. Wie groß ist die abzuführende Wärme Q_{13}?

d) Welche Werte nehmen die Entropieänderungen $S_2 - S_1$ und $S_3 - S_1$ in erter Näherung an?

8. Ein Druckbehälter weist ein Volumen $V_1 = 2{,}0$ m^3 auf. Er enthält Wasser und Wasserdampf mit der Temperatur $t_1 = 257\,°C$ und dem spezifischen Volumen $v_1 = 0{,}01$ m^3/kg.

a) Mit Hilfe des T,s-Diagramms für H$_2$O sind der Dampfgehalt x_1, die Massen des Nassdampfs m_{N1}, des flüssigen Wassers m_{F1} und des gesättigten Dampfes m_{D1} sowie der Druck p_1, die spezifische Enthalpie h_1 und die spezifische Entropie s_1 näherungsweise anzugeben. Durch eine reversible isochore Erhitzung wird der Zustand 2 mit dem Druck $p_2 = 300$ bar erreicht (Weg A). Derselbe Zustand 2 lässt sich auch durch eine reversible isentrope Verdichtung mit anschließender reversibler isobarer Erhitzung erreichen (Weg B).

b) Es sollen für beide Prozesswege A bzw. B die Temperatur t_2, die Entropieänderung S_2-S_1, die Enthalpieänderung H_2-H_1, die Erhöhung der inneren Energie U_2-U_1 und die jeweilige zuzuführende Wärme Q_{12} näherungsweise bestimmt werden.

9. Für das Kältemittel nach Aufgabe 6 werden die Dampfdruckkurve und die Dichte der siedenden Flüssigkeit durch folgende Gleichungen beschrieben:

$$\ln \frac{p}{p_k} = \frac{T_k}{T}\left(-6{,}64555\,\Theta + 3{,}4589\,\Theta^2 - 13{,}774\,\Theta^3 + 25{,}476\,\Theta^4 - 21{,}92\,\Theta^5\right)$$

$$\frac{\varrho'}{\varrho_k} = 1{,}07244 + 3{,}30596 \sqrt{\Theta} - 1{,}95871\ \Theta + 1{,}36942\ \Theta\sqrt{\Theta} \qquad \Theta = 1 - \frac{T}{T_k}$$

$$T_k = 385{,}15\ \text{K} \qquad p_k = 41{,}482\ \text{bar} \qquad \varrho_k = 0{,}55809\ \text{kg/dm}^3$$

Für das flüssige Kältemittel im Sättigungszustand bei $-40\,^{\circ}$C soll gelten

$$h' = 100{,}00\ \text{kJ/kg} \qquad\qquad s' = 1{,}6455\ \text{kJ/(kg K)}\ .$$

Man bestimme die Integrationskonstanten in den Ausdrücken für die spezifische Enthalpie und die spezifische Entropie.

6 Thermische Maschinen

In der Thermodynamik hat die Untersuchung von Maschinen und Apparaten Bedeutung, in denen Prozesse mit Gasen (zu denen auch die Dämpfe gerechnet werden) und mit Flüssigkeiten stattfinden. In thermischen Maschinen erfahren Fluide im Verlauf des Prozesses Temperaturänderungen. In diesen Maschinen finden Energieumwandlungen zwischen mechanischer und thermischer Energie statt.

Wir haben zwischen idealen und wirklichen Maschinen zu unterscheiden. Die ideale Maschine würde die optimale Energieumformung ermöglichen, in der wirklichen Maschine ist dieses Optimum nicht zu erreichen. In idealen Maschinen laufen reversible Prozesse ab. Die wichtigsten Bedingungen, die für ideale Maschinen gefordert werden müssen, sind deshalb:

1) Ablauf quasistatischer Zustandsänderungen

2) Reversible Wärmeübertragungsvorgänge

3) Fehlen der Reibungsarbeit

4) Verbrennungsprozesse in der Maschine sind durch äußere Wärmezufuhr an das Arbeitsgas ersetzt zu denken.

Die wirklichen Maschinen weichen von diesen Forderungen teilweise erheblich ab. Trotzdem lassen sich wichtige Ergebnisse an Hand der idealen Maschinenmodelle gewinnen.

6.1 Einteilung und Arten der Maschinen

Die Unterteilung der Maschinen kann nach verschiedenen thermodynamischen und technischen Gesichtspunkten erfolgen:

6.1.1 Unterteilung nach der Richtung der Energieumwandlung

> **mechanische Energie ⇒ thermische Energie: Arbeitsmaschine**
> **thermische Energie ⇒ mechanische Energie: Kraftmaschine**

Aufgabe der Arbeitsmaschine:
An der Antriebswelle oder der Kolbenstange wird mechanische Energie zugeführt. Die Enthalpie eines Gasstroms wird erhöht (Kompressor, Verdichter, Pumpe), oder Wärme wird auf ein höheres Temperaturniveau gehoben (Kältemaschine, Wärmepumpe).

Aufgabe der Kraftmaschine:
Durch die Entspannung eines Gas- oder Flüssigkeitsstroms, bei der die Enthalpie vermindert wird (Turbine, Gasmotor), oder durch die Umwandlung von thermischer Energie, die durch die Verbrennung von Brennstoffen entsteht (Verbrennungsmotoren), wird mechanische Energie gewonnen, die an der Welle der Maschine oder an der Kolbenstange abgeführt werden kann.

© Springer Fachmedien Wiesbaden GmbH, ein Teil von Springer Nature 2023
M. Dehli et al., *Grundlagen der Technischen Thermodynamik*,
https://doi.org/10.1007/978-3-658-41251-7_6

6.1.2   Unterteilung nach der Bauart der Maschinen

> **kontinuierlicher Betrieb: Strömungsmaschine**
> **periodischer Betrieb: Verdrängermaschine**

Beschreibung der Strömungsmaschinen: Gemeinsames Kennzeichen aller Strömungsmaschinen ist das mit Schaufeln versehene Laufrad, das kontinuierlich vom Arbeitsgas durchströmt wird (Bild 2.11 a bis d).

Beschreibung der Verdrängermaschinen: Zu den Verdrängermaschinen zählen als wichtigste Gruppe die Hubkolbenmaschinen, daneben die vielen Arten von Drehkolben-, Rollkolben- und Schraubenmaschinen. Ihr gemeinsames konstruktives Kennzeichen ist der innerhalb der Maschine für das Arbeitsgas vorgesehene abgedichtete Raum, der während des Arbeitsspieles periodisch verändert wird (Bild 2.11 e).

6.1.3   Unterteilung nach der Art des ablaufenden Prozesses

> **offenes System: offener Prozess**
> **geschlossenes System: Kreisprozess**

Kennzeichen eines offenen Prozesses: Der in die Maschine eintretende Gasstrom erfährt in der Maschine eine oder auch eine Reihe von Zustandsänderungen und verlässt die Maschine in einem Zustand, der sich vom Eintrittszustand unterscheidet. Der Arbeitsraum der Maschine stellt ein offenes System dar. Den in der Maschine ablaufenden Prozess bezeichnet man als offenen Prozess. Ist der Gasstrom, der durch einen Querschnitt (z. B. den Eintrittsquerschnitt) fließt, zeitlich konstant, so bezeichnet man den offenen Prozess als stationär. Verdrängermaschinen erzeugen im Allgemeinen einen pulsierenden Gasstrom, dessen Pulsation jedoch in einiger Entfernung von der Maschine abklingt, so dass der Prozess ebenfalls als stationär angesehen werden kann, wenn sich Frequenz und Amplitude nicht verändern. In speziellen Fällen kann der Gasstrom auch durch besondere Vorrichtungen (z. B. Windkessel) vergleichmäßigt werden.

Kennzeichen eines Kreisprozesses: In einem Kreisprozess durchläuft eine Stoffmenge eine Reihe von Zustandsänderungen, die so aufeinander folgen, dass der Anfangszustand wieder erreicht wird. Diese Folge von Zustandsänderungen wiederholt sich ständig. Kreisprozesse können entweder in Verdrängermaschinen ablaufen oder durch die Zusammenschaltung von Strömungsmaschinen und Wärmeübertragern verwirklicht werden. Da die umlaufende Stoffmenge immer dieselbe ist, handelt es sich um ein geschlossenes System.

6.2   Ideale Maschinen

In den folgenden Ausführungen des Abschnitts 6 beschränken wir uns auf offene Prozesse, Kreisprozesse werden im Abschnitt 7 behandelt. Bei den hier zu betrachtenden Maschinen lässt sich demnach die Energiebilanz für offene Systeme auf den durchgesetzten Gasstrom anwenden. Dabei kann die Änderung der potentiellen Energie des Gasstroms zwischen Ein- und Austrittsquerschnitt der Maschine vernachlässigt werden. Für ideale Maschinen ergibt sich bei reversibler Prozessführung nach den Gln.

(2.67) und (3.78)

$$(Q_{12})_{rev} + (W_e)_{id} = H_2 - H_1 + \frac{m}{2}(c_2^2 - c_1^2) \tag{6.1}$$

und nach Gl. (3.75)

$$(Q_{12})_{rev} + W_{p12} = H_2 - H_1 . \tag{6.2}$$

6.2.1 Verdichtung und Entspannung in idealen Maschinen

Bei den folgenden Betrachtungen über die anzustrebende Zustandsänderung bei der Verdichtung oder Entspannung eines Gases in idealen Maschinen soll vorausgesetzt werden, dass die Änderung der kinetischen Energie vernachlässigt werden kann. Dann gilt nach den Gln. (6.1) und (6.2)

$$(W_e)_{id} = W_{p12} = H_2 - H_1 - (Q_{12})_{rev} . \tag{6.3}$$

Für die verschiedenen Zustandsänderungen folgt, wenn man bei gleichem Anfangspunkt die verschiedenen Endpunkte durch Indizes kennzeichnet, für die Isotherme (Index a)

$$(W_e)_{id} = W_{p12a} = H_{2a} - H_1 - (Q_{12a})_{rev} , \tag{6.4}$$

für die Isentrope (Index b)

$$(W_e)_{id} = W_{p12b} = H_{2b} - H_1 , \tag{6.5}$$

für die Polytrope (Index c)

$$(W_e)_{id} = W_{p12c} = H_{2c} - H_1 - (Q_{12c})_{rev} . \tag{6.6}$$

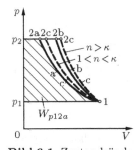

Bild 6.1 Zustandsänderungen bei einer Verdichtung im p, V-Diagramm
a isotherm   b isentrop
c polytrop

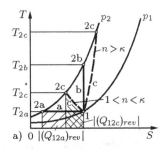
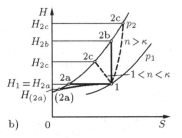

Bild 6.2 Zustandsänderungen bei einer Verdichtung im
a) T, S-Diagramm   b) H, S-Diagramm
a isotherm   b isentrop   c polytrop

Die Bilder 6.1 und 6.2 zeigen die Zustandsänderungen für die Verdichtung im p, V-, T, S- und H, S-Diagramm von einem gemeinsamen Anfangspunkt 1 aus. Aus der Vielzahl der möglichen Polytropen sind solche mit einem Exponenten $1 < n < \kappa$ und $n > \kappa$ ausgewählt, die auch bei wirklichen Maschinen zu Vergleichszwecken herangezogen werden. Im H, S-Diagramm wird mit einem idealen Gas der Endzustand 2a, mit einem realen Gas der Endzustand (2a) erreicht. Dem p, V-Diagramm Bild 6.1 lässt sich entnehmen, dass die Druckänderungsarbeit bei isothermer Verdichtung des Gases am kleinsten ist. Damit wird nach Gl. (6.3) auch die geringste Kupplungsarbeit zum Antrieb benötigt. Bild 6.2 a) zeigt, dass bei isothermer Verdichtung die größte Gaskühlung zur Verdichtung des Gases erforderlich ist. Technisch sind die Möglichkeiten zur Gaskühlung während der Verdichtung jedoch begrenzt, deshalb lassen sich im äußersten Fall Polytropen mit einem Exponenten $1 < n < \kappa$ erreichen.

Betrachten wir die Entspannung eines Gasstroms im p, V-Diagramm (Bild 6.3), wobei eine isotherme, eine isentrope und eine polytrope Zustandsänderung mit $1 < n < \kappa$ gewählt werden, so ergibt sich, dass die Druckänderungsarbeit längs der Isotherme am größten ist. Also liefert die isotherme Entspannung des Gases die größte Kupplungsarbeit. Im T, S-Diagramm nach Bild 6.4 a) wird deutlich, dass bei isothermer Entspannung auch die größte Wärmezufuhr notwendig ist. Diese intensive Wärmeübertragung lässt sich ebensowenig wie bei der isothermen Verdichtung eines Gases verwirklichen. Bild 6.4 b zeigt die Zustandsänderungen bei der Entspannung im H, S-Diagramm.

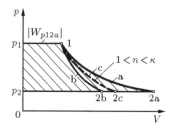

Bild 6.3 Zustandsänderungen bei einer Entspannung im p, V-Diagramm
a isotherm   b isentrop   c polytrop

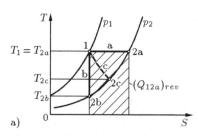

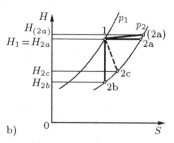

Bild 6.4 Zustandsänderungen bei der Entspannung im a) T, S-Diagramm b) H, S-Diagramm
a isotherm   b isentrop   c polytrop

6.2.2   Mehrstufige Verdichtung und Entspannung

Bei der Kompression eines Gases kann die auftretende Endtemperatur so hoch werden, dass die Gefahr der Verbrennung der aus dem Schmier-, Kühl- bzw. Dichtungsöl gebildeten Öldämpfe besteht. Man führt in diesem Fall eine mehrstufige Verdichtung durch und kühlt im Idealfall das verdichtete Gas nach jeder Stufe auf die Anfangstemperatur zurück. Wir wollen die Frage nach den günstigsten Drücken für die Rückkühlung bei polytroper Verdichtung eines idealen Gases in einer idealen Maschine untersuchen. Das p, V-Diagramm einer dreistufigen Verdichtung mit Rückkühlung auf die Anfangstemperatur nach Bild 6.5 a) zeigt, dass als weiterer Vorteil eine Verringerung der Druckänderungsarbeit um ΔW_p und damit nach Gl. (6.3) der Kupplungsarbeit erreicht wird. Der Energieaufwand nähert sich dem Aufwand für die isotherme Verdichtung W_{pAB}. Die Zwischendrücke p_m können so ermittelt werden, dass die Druckänderungsarbeit für die mehrstufige Verdichtung ein Minimum wird.

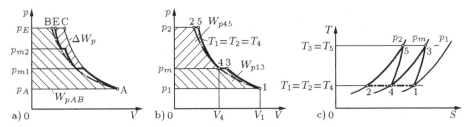

Bild 6.5 a) Dreistufige Verdichtung mit Rückkühlung auf die Anfangstemperatur im p, V-Diagramm; A–B Isotherme b) Zweistufige Verdichtung mit Rückkühlung auf die Anfangstemperatur im p, V-Diagramm; 1–4–2 Isotherme c) Zweistufige Verdichtung mit Rückkühlung auf die Anfangstemperatur im T, S-Diagramm; 1–4–2 Isotherme

Für die zweistufige Verdichtung idealer Gase nach Bild 6.5 b im p, V-Diagramm bzw. nach Bild 6.5 c im T, S-Diagramm ergibt sich, wenn in beiden Stufen mit Polytropen des gleichen Exponenten n verdichtet wird, nach Tabelle 4.2 Gl. (2)

$$W_{p13} = \frac{n}{n-1}\, p_1\, V_1 \left[\left(\frac{p_m}{p_1}\right)^{\frac{n-1}{n}} - 1 \right] \tag{6.7}$$

$$W_{p45} = \frac{n}{n-1}\, p_m\, V_4 \left[\left(\frac{p_5}{p_m}\right)^{\frac{n-1}{n}} - 1 \right]. \tag{6.8}$$

Infolge der isobaren Rückkühlung vom Zustand 3 auf den Zustand 4 mit der Anfangstemperatur $T_4 = T_1$ gilt:

$$p_1\, V_1 = p_m\, V_4 = m\, R\, T_1 \tag{6.9}$$

Es wird die folgende Abkürzung gewählt:

$$\frac{n-1}{n} = a \tag{6.10}$$

Die Summe der erforderlichen Verdichtungsarbeiten soll geringst möglich werden. Dieses Minimum hängt vom Wert des Zwischendrucks p_m ab. Als Minimumsbedingung ist die Ableitung der Summe der Verdichtungsarbeiten als Funktion von p_m gleich null zu setzen:

$$\frac{\mathrm{d}(W_{p13} + W_{p45})}{\mathrm{d}p_m} = \frac{m\, R\, T_1}{a}\left[a \left(\frac{p_m}{p_1}\right)^{a-1}\frac{1}{p_1} - a \left(\frac{p_5}{p_m}\right)^{a-1}\frac{p_5}{p_m^2} \right] = 0$$

$$\frac{p_m^{a-1}}{p_1^a} = \frac{p_5^a}{p_m^{a+1}} \tag{6.11}$$

Somit wird

$$p_m^{2a} = p_5^a\, p_1^a \tag{6.12 a}$$

und

$$p_m^2 = p_5\, p_1 \tag{6.12 b}$$

oder auch

$$\frac{p_m}{p_1} = \frac{p_5}{p_m}. \tag{6.13}$$

Der gesuchte Zwischendruck ist so zu wählen, dass beide Stufen das gleiche Druckverhältnis haben. Dann wird auch die Druckänderungsarbeit beider Stufen gleich groß:

$$W_{p13} = W_{p45} \tag{6.14}$$

Bei mehreren Verdichtungsstufen (i Verdichtungsstufen) sind die Zwischendrücke so zu wählen, dass das Druckverhältnis jeder Verdichtungsstufe gleich groß ist [27]. Mit dem Anfangsdruck p_a und dem Enddruck p_e erhält man

$$\frac{p_{m1}}{p_a} = \frac{p_{m2}}{p_{m1}} = \cdots = \frac{p_e}{p_{m(i-1)}} \ . \tag{6.15}$$

Durch Multiplikation entsteht

$$\frac{p_{m1}}{p_a} \frac{p_{m2}}{p_{m1}} \cdots \frac{p_e}{p_{m(i-1)}} = \left(\frac{p_{m1}}{p_a}\right)^i = \frac{p_e}{p_a}$$

$$\frac{p_{m1}}{p_a} = \left(\frac{p_e}{p_a}\right)^{\frac{1}{i}} \ . \tag{6.16}$$

Um die isotherme Zustandsänderung bei der Entspannung eines Gasstroms anzunähern, kann eine mehrstufige Entspannung mit Zwischenüberhitzung, bei der eine isobare Wärmezufuhr erfolgt, angewandt werden. Die Druckänderungsarbeit wird ein Maximum, wenn die Zwischendrücke wie bei der mehrstufigen Verdichtung gewählt werden (Bild 6.6).

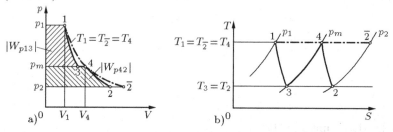

Bild 6.6 Zweistufige Entspannung mit Zwischenüberhitzung auf die Anfangstemperatur. 1–4–$\overline{2}$ Isotherme   a) p, V-Diagramm   b) T, S-Diagramm

Beispiel 6.1 In einem Prozess wird Helium (ideales Gas) vom Anfangsdruck $p_a = 10{,}56$ bar auf den Enddruck $p_e = 28{,}76$ bar verdichtet. Die Verdichtung soll zweistufig erfolgen. Nach der Niederdruckverdichtung wird auf die Anfangstemperatur von $25\,^\circ$C isobar zurückgekühlt. Welcher Zwischendruck ist zu wählen?

Aus Gl. (6.12 b) $p_m^2 = p_5\, p_1$ folgt: $p_m = \sqrt{p_a\, p_e} = 17{,}43$ bar

Ebenfalls kann Gl. (6.16) verwendet werden:

$$\frac{p_{m1}}{p_a} = \left(\frac{p_e}{p_a}\right)^{\frac{1}{i}} \quad p_m = p_a \left(\frac{p_e}{p_a}\right)^{\frac{1}{2}} = \left(p_a^2 \frac{p_e}{p_a}\right)^{\frac{1}{2}} = \left(p_a\, p_e\right)^{\frac{1}{2}} = 17{,}43 \text{ bar}$$

6.2.3   Die Energiebilanz für Strömungsmaschinen

Die in den Abschnitten 6.2.1 und 6.2.2 behandelten Gesetzmäßigkeiten gelten unabhängig von der Bauart der Maschinen sowohl für Strömungs- als auch für Verdrängermaschinen. In den folgenden Abschnitten 6.2.3 und 6.2.4 wird auf die besonderen Verhältnisse der Maschinenarten eingegangen.

Zu den Strömungsmaschinen zählen die Turboverdichter (auch Turbokompressoren genannt (Bild 6.7 a)), die als Axial- und Radialverdichter gebaut werden, und die Turbinen (Gas- und Dampfturbinen (Bild 6.7 b)). Die Änderung der kinetischen Energie zwischen Ein- und Austrittsquerschnitt kann in einigen Anwendungsfällen nicht mehr vernachlässigt werden. Aus den Gln. (6.1) und (6.2) ergibt sich für die Kupplungsarbeit der idealen Maschinen

$$(W_e)_{id} = W_{p12} + \frac{m}{2}\left(c_2^2 - c_1^2\right) \quad . \tag{6.17}$$

Beispiel 6.2 Der Verdichter einer Mikro-Gasturbinenanlage saugt Luft als ideales Gas (p_1 = 0,988 bar, $t_1 = 25\,^\circ$C) an und verdichtet sie isentrop auf $p_2 = 4,38$ bar. Der Verdichter ist als ideale Maschine zu betrachten, für die Luft ist $\kappa = 1,40$ zu setzen. Die Änderung der kinetischen Energie ist vernachlässigbar.

a) Welche Leistung benötigt der Verdichter, wenn ein Luftstrom von 1,244 kg/s zu liefern ist?

b) Welche Austrittstemperatur erreicht der Luftstrom?

c) Bei der gleichen Maschine gelingt es, durch Kühlung die Austrittstemperatur des Luftstroms auf 123 °C zu senken. Durch welche Polytrope kann die Verdichtung jetzt beschrieben werden?

d) Welche Antriebsleistung ist bei c) erforderlich, welcher Wärmestrom ist abzuführen?

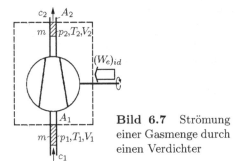

Bild 6.7 Strömung einer Gasmenge durch einen Verdichter

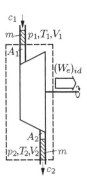

Bild 6.8 Strömung einer Gasmenge durch eine Turbine

a) Nach den Gln. (4.105) und (4.111) ist mit $R = 287,06$ J/(kg K)

$$(P_e)_{id} = P_{p12} = \frac{\kappa}{\kappa - 1}\dot{m}\,R\,T_1\left[\left(\frac{p_2}{p_1}\right)^{\frac{\kappa-1}{\kappa}} - 1\right] = 197,614 \text{ kW} \quad .$$

b) Nach Gl. (4.100) ist

$$T_2 = \left(\frac{p_2}{p_1}\right)^{\frac{\kappa-1}{\kappa}} T_1 = 456,26 \text{ K} \qquad t_2 = 183,11\,^\circ\text{C}$$

c) Nach Gl. (4.144) ist

$$n = \frac{\ln\dfrac{p_2}{p_1}}{\ln\dfrac{p_2}{p_1} - \ln\dfrac{T_2}{T_1}} = 1,2359 \quad .$$

d) Nach Tabelle 4.2 Gl. (2) ist

$$(P_e)_{id} = P_{p12} = \frac{n}{n - 1}\dot{m}\,R\,T_1\left[\left(\frac{p_2}{p_1}\right)^{\frac{n-1}{n}} - 1\right] = 183,374 \text{ kW} \quad .$$

Nach Tabelle 4.3 Gl. (4) ist

$$(\dot{Q}_{12})_{rev} = \frac{n - \kappa}{(\kappa - 1)(n - 1)}\dot{m}\,R\,(T_2 - T_1) = -60,862 \text{ kW} \quad .$$

6.2.4   Die Energiebilanz für Verdrängermaschinen

Die häufigste Bauart der Verdrängermaschinen stellen die Kolbenmaschinen dar. Im Folgenden sollen daher Kolbenverdichter (Kolbenkompressor) und Kolbenmotor betrachtet werden.

Zur Beschreibung der Energieumsetzung können die Gln. (6.1) und (6.2) herangezogen werden. Bei Verdrängermaschinen kann die Änderung der kinetischen Energie stets vernachlässigt werden.

$$(Q_{12})_{rev} + (W_e)_{id} = H_2 - H_1 \tag{6.18}$$

$$(Q_{12})_{rev} + W_{p12} = H_2 - H_1 \tag{6.19}$$

$$(W_e)_{id} = W_{p12} \tag{6.20}$$

Die Gaszustände 1 und 2 beziehen sich dabei auf Zustände des vergleichmäßigten Gasstroms vor bzw. nach der Maschine.

Man kann jedoch zeigen, dass die Gln. (6.18) bis (6.20) auch die Energiebilanz für die bei einem Arbeitsspiel durch die Maschine geführte Gasmenge beschreiben.

Bei Kolbenverdichtern strömt eine Gasmenge m durch das geöffnete Einlassventil (E) in den Zylinder ein (Bild 6.9). Die Gasmenge schiebt dabei den im Zylinder anliegenden Kolben vor sich her, bis die Stellung s_1 erreicht ist. Das Gas verrichtet die Verschiebearbeit

$$W_1 = p_1 A_K s_1 = p_1 V_1 . \tag{6.21}$$

Nach Schließen des Einlassventils und Kolbenumkehr verdichtet die an der Kolbenstange angreifende Kolbenkraft F das angesaugte Gas auf den Druck p_2. Die Arbeit der Kolbenkraft ist gleich der Volumenänderungsarbeit W_{V12}:

$$\int_1^2 F\,\mathrm{d}s = W_{V12} = -\int_1^2 p\,\mathrm{d}V \tag{6.22}$$

Schließlich muss der Kolben bei geöffnetem Auslassventil (A) das auf den Druck p_2 verdichtete Gas mit der Verschiebearbeit W_2 aus dem Zylinder schieben:

$$W_2 = p_2 A_K s_2 = p_2 V_2 \tag{6.23}$$

(Verschiebearbeit = Ladungswechselarbeit)

Bei der Maschine muss die Kupplungsarbeit $(W_e)_{id}$ gleich groß wie die algebraische Summe der während eines Arbeitsspiels zu- und abgeführten Arbeitsbeträge sein. Zeitliche Unterschiede im Auftreten der Arbeitsbeträge werden durch die Schwungmasse der Maschine überbrückt.

Beim Kolbenverdichter gibt die Gasmenge die Verschiebearbeit W_1 an die Maschine ab, die Volumenänderungsarbeit W_{V12} und die Verschiebearbeit W_2 werden von der Maschine an die Gasmenge abgegeben:

$$(W_e)_{id} = -|W_1| + |W_{V12}| + |W_2| \tag{6.24}$$

Für die Beträge der Verschiebearbeiten gilt

$$|W_1| = W_1 \qquad\qquad |W_2| = W_2 . \tag{6.25}$$

Die Volumenänderungsarbeit ist bei einer Kompression des Gasvolumens positiv:

$$|W_{V12}| = W_{V12} = -\int_1^2 p\,\mathrm{d}V \tag{6.26}$$

Für die Kupplungsarbeit ergibt sich damit

$$(W_e)_{id} = p_2 V_2 - p_1 V_1 - \int\limits_1^2 p\,\mathrm{d}V = \int\limits_1^2 V\,\mathrm{d}p = W_{p12} \ . \tag{6.27}$$

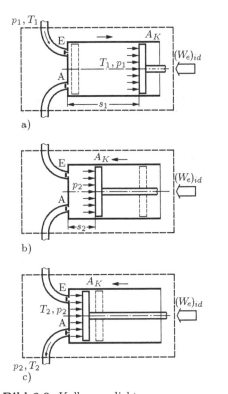

Bild 6.9 Kolbenverdichter
a) Einströmen der Gasmenge
b) Verdichten
c) Ausschieben der Gasmenge

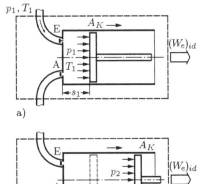

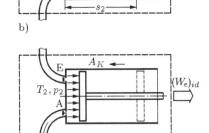

Bild 6.10 Kolbenmotor
a) Einströmen der Gasmenge
b) Entspannen
c) Ausschieben der Gasmenge

Mit Gl. (2.29) erhält man Gl. (6.20). Durch Einsetzen der Gl. (3.75) lassen sich auch die Gln. (6.18) und (6.19) bilden.

Greift am Kolben nach Bild 6.9 a) der atmosphärische Druck $p_L \leq p_1$ an und wirkt dem Druck p_1 entgegen, so wird beim Einströmen des Gases vom Gas am Kolben die Verschiebearbeit

$$W_1 = (p_1 - p_L)V_1 \tag{6.28}$$

geleistet. Die vom Gas an der Außenluft verrichtete Arbeit ist $p_L V_1$. Beim Verdichtungsvorgang vom Zustand 1 zum Zustand 2 ist die über die Kolbenkraft F aufzubringende Arbeit mit

$$\int\limits_1^2 F\,\mathrm{d}s = W_{V12} - p_L(V_1 - V_2) = - \int\limits_1^2 p\,\mathrm{d}V - p_L(V_1 - V_2) \ , \tag{6.29}$$

geringer, weil die Außenluft die Arbeit $p_L(V_1 - V_2)$ beiträgt. Zum Ausschieben des Gases wird die Verschiebearbeit des Kolbens

$$W_2 = (p_2 - p_L)V_2 \tag{6.30}$$

benötigt; die Außenluft verrichtet dabei die Arbeit $p_L V_2$. Für die Kupplungsarbeit ergibt sich wie in Gl. (6.27)

$$(W_e)_{id} = (p_2 - p_L)V_2 - (p_1 - p_L)V_1 - \int_1^2 p\,dV - p_L(V_1 - V_2)$$

$$= p_2 V_2 - p_1 V_1 - \int_1^2 p\,dV = \int_1^2 V\,dp = W_{p12}\,. \tag{6.31}$$

Die Wirkungen der Außenluft heben sich also gegenseitig auf.

Die Wirkungsweise des Kolbenmotors beruht auf der Expansion der unter dem Druck p_1 in den Zylinder eingeströmten Gasmenge. Die Arbeit $(W_e)_{id}$ wird an die Maschine abgegeben (Bild 6.10):

$$(W_e)_{id} = -|W_1| - |W_{V12}| + |W_2| \tag{6.32}$$

Für die Verschiebearbeiten gelten die Gln. (6.25), die Volumenänderungsarbeit ist bei Expansion der Gasmenge negativ:

$$|W_{V12}| = -W_{V12} = \int_1^2 p\,dV \tag{6.33}$$

Auch beim Kolbenmotor erhält man Gl. (6.20)

$$(W_e)_{id} = p_2 V_2 - p_1 V_1 - \int_1^2 p\,dV = \int_1^2 V\,dp = W_{p12}\,. \tag{6.34}$$

Gl. (6.27), Gl. (6.31) und Gl. (6.34) sind identisch.

Gl. (6.20) liefert bei Arbeitsmaschinen positive Werte für die Kupplungsarbeit, sie wird demnach der Maschine zugeführt und zur Verdichtung des Gasstroms verwendet. Negative Werte ergeben sich für Kraftmaschinen, die demnach Kupplungsarbeit aus der Entspannung des Gasstroms gewinnen und an der Welle der Maschine abgeben.

Beispiel 6.3   Ein Verdichter soll einen Luftstrom von $\dot{V}_0 = 100$ m^3/h im Normzustand mit einem Druck von $p_2 = 9$ bar liefern. Im Ansaugzustand hat die Luft als ideales Gas einen Druck von $p_1 = 0{,}981$ bar und eine Temperatur von $t_1 = 27\,°$C. Für eine ideale Maschine sind bei isothermer, isentroper und polytroper Verdichtung zu berechnen

a) das durch den Saugstutzen strömende Luftvolumen $\dot{V}_1$,

b) das durch den Druckstutzen strömende Luftvolumen $\dot{V}_2$, die Antriebsleistung $(P_e)_{id}$ und der abzuführende Wärmestrom $(\dot{Q}_{12})_{rev}$,

c) die Betriebskosten $\dot{L}_G$ des elektrisch angetriebenen Verdichters mit Strom- und Kühlwasserkosten von 0,15 Euro/kWh und 2 Euro/m^3 sowie einer Kühlwassererwärmung von 10 K.

Bei polytroper Verdichtung ist eine Polytrope mit $n = 1{,}2$ zugrunde zu legen und als Alternative zur Wasserkühlung auch eine Luftkühlung zu berechnen ($\kappa = 1{,}40$).

a) Mit $\dot{V}_1 = \dot{m}\,R\,\dfrac{T_1}{p_1}$ und $\dot{m} = \dfrac{\dot{V}_0\,p_0}{R\,T_0}$ wird $\dot{V}_1 = \dot{V}_0\,\dfrac{p_0}{p_1}\,\dfrac{T_1}{T_0}$.

b) Isotherme: $p_2\,\dot{V}_2 = p_1\,\dot{V}_1$ $\dot{V}_2 = \dot{V}_1\,\dfrac{p_1}{p_2}$ $(P_e)_{id} = p_1\,\dot{V}_1 \ln \dfrac{p_2}{p_1}$ $(\dot{Q}_{12})_{rev} = -(P_e)_{id}$

Isentrope: $p_2\,\dot{V}_2^{\kappa} = p_1\,\dot{V}_1^{\kappa}$ $\dot{V}_2 = \dot{V}_1 \left(\dfrac{p_1}{p_2}\right)^{\frac{1}{\kappa}}$ $(P_e)_{id} = \dfrac{\kappa}{\kappa - 1}\,p_1\,\dot{V}_1 \left[\left(\dfrac{p_2}{p_1}\right)^{\frac{\kappa-1}{\kappa}} - 1\right]$

$(\dot{Q}_{12})_{rev} = 0$

Polytrope: $\quad p_2 \dot{V}_2^n = p_1 \dot{V}_1^n \quad \dot{V}_2 = \dot{V}_1 \left(\frac{p_1}{p_2}\right)^{\frac{1}{n}} \quad (P_e)_{id} = \frac{n}{n-1} p_1 \dot{V}_1 \left[\left(\frac{p_2}{p_1}\right)^{\frac{n-1}{n}} - 1\right]$

$(\dot{Q}_{12})_{rev} = \frac{n - \kappa}{(\kappa - 1)(n-1)} p_1 \dot{V}_1 \left[\left(\frac{p_2}{p_1}\right)^{\frac{n-1}{n}} - 1\right]$

c) Kühlwasserstrom: $\quad \dot{m}_W = \frac{(\dot{Q}_{12})_{rev}}{c\,\Delta t} \quad \dot{V}_W = \frac{(\dot{Q}_{12})_{rev}}{\varrho\,c\,\Delta t}$

In der Kostenrechnung bedeuten
$\dot{L}_E$ = Stromkosten $\quad\quad \dot{L}_W$ = Kühlwasserkosten $\quad\quad \dot{L}_G$ = Betriebskosten
Die Berechnungen liefern die in der folgenden Tabelle zusammengestellten Ergebnisse:

Zustandsänderung		isotherm	isentrop	polytrop Wasserkühlung	polytrop Luftkühlung
$\dot{V}_1$	in m³/h	113,50	113,50	113,50	113,50
$\dot{V}_2$	in m³/h	12,37	23,30	17,90	17,90
$(P_e)_{id}$	in kW	6,85	9,57	8,29	8,29
$(\dot{Q}_{12})_{rev}$	in kW	−6,85	0	−3,46	−3,46
$\dot{L}_E$	in Euro/h	1,03	1,43	1,24	1,24
$\dot{L}_W$	in Euro/h	1,18	0	0,59	0
$\dot{L}_G$	in Euro/h	2,21	1,43	1,83	1,24

Der Vergleich der verschiedenen Zustandsänderungen zeigt, dass der luftgekühlte, polytrop verdichtende Kompressor die geringsten Betriebskosten erreicht. Stände Kühlwasser kostenlos zur Verfügung, so wäre die isotherme Verdichtung am günstigsten. Dabei müsste aber eine rund doppelt so große Wärmeabgabe wie bei der polytropen Verdichtung erfolgen.

6.3 Energiebilanzen für wirkliche Maschinen

Bei wirklichen Maschinen entsteht Reibungsarbeit infolge mehrerer Ursachen:

Verdrängermaschinen: Reibung der Kolbenringe (oder eines entsprechenden Maschinenteils) an der Zylinderwand, Beschleunigung, Verzögerung oder Verwirbelung des Gases im Zylinder, Drosselverlust an den Ein- und Ausströmventilen, Lagerreibung.

Strömungsmaschinen: Strömungsdruckverluste in den Kanälen des Lauf- und Leitrades durch Strömungsgrenzschichten und Wirbelbildung, Stoßverluste, Lagerreibung.

Die Unterscheidung zwischen innerer und äußerer Reibungsarbeit erfolgt an der Systemgrenze. Sie ist wie folgt festgelegt:

Die äußere Reibungsarbeit erwärmt ein Kühlmittel (Kühlluft, Schmiermittel), so dass dieser Anteil der Reibungsarbeit nicht in den eigentlichen Arbeitsraum der Maschine, in dem das Gas verdichtet oder entspannt wird, gelangt.

Die innere Reibungsarbeit beeinflusst die Zustandsänderung des Gases, indem sie die innere Energie des Gases erhöht (Abschnitt 2.4.5).

Für die Energiebilanz bei wirklichen Maschinen erhält man nach den Gln. (2.67) und (2.70) bei vernachlässigbarer Änderung der potentiellen Energie

$$Q_{12} + W_e - |W_{RA}| = H_2 - H_1 + \frac{m}{2}(c_2^2 - c_1^2) \tag{6.35}$$

$$Q_{12} + W_{p12} + |W_{RI}| = H_2 - H_1 . \tag{6.36}$$

6.3.1   Innere oder indizierte Arbeit

In einer idealen Arbeitsmaschine wird die an der Maschinenwelle zugeführte Kupplungsarbeit $(W_e)_{id}$ vollständig dem Gasstrom zugeführt, bei umgekehrter Energieflussrichtung in einer idealen Kraftmaschine ist die dem Gasstrom entnommene Arbeit vollständig als Kupplungsarbeit an der Maschinenwelle verfügbar. In wirklichen Maschinen wird die Größe der übertragenen Arbeit durch die äußere Reibungsarbeit vermindert. Bei den folgenden Überlegungen empfiehlt es sich, zunächst die Beziehung der Arbeitsbeträge zueinander zu betrachten und danach die Vorzeichenwahl der Größen nach der Vereinbarung in Abschnitt 2.1 vorzunehmen.

Der wirklichen Arbeitsmaschine wird die Kupplungsarbeit W_e zugeführt (Bild 6.11). Den Gasstrom erreicht die Differenz der Arbeiten $|W_e| - |W_{RA}|$, die bei Strömungsmaschinen als innere Arbeit und bei Verdrängermaschinen als indizierte Arbeit bezeichnet wird.

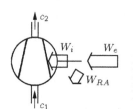

Bild 6.11 Kupplungsarbeit und innere Arbeit beim Verdichter

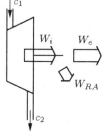

Bild 6.12 Kupplungsarbeit und innere Arbeit bei der Kraftmaschine

$$|W_i| = |W_e| - |W_{RA}| \tag{6.37}$$

Infolge Zufuhr der Arbeitsbeträge an das System sind die Arbeitsgrößen positiv:

$$W_i = W_e - |W_{RA}| \tag{6.38}$$

Gibt bei einer Kraftmaschine der Gasstrom die innere Arbeit an die Maschine ab, so wird nur ein Teil dieser Arbeit als Kupplungsarbeit gewonnen (Bild 6.12):

$$|W_i| = |W_e| + |W_{RA}| \tag{6.39}$$

Da das System Arbeit abgibt, sind innere Arbeit und Kupplungsarbeit negativ:

$$-W_i = -W_e + |W_{RA}| \tag{6.40}$$

Gl. (6.40) stimmt mit Gl. (6.38) überein.

Für ideale Maschinen ist

$$(W_i)_{id} = (W_e)_{id} \ . \tag{6.41}$$

Die innere Arbeit wird in Strömungsmaschinen zwischen Rotor und Gasstrom übertragen. In Kolbenmaschinen kann die indizierte Arbeit aus dem Indikatordiagramm bestimmt werden. Sie stellt die zwischen Kolben und Gas übertragene Arbeit dar. Setzt man Gl. (6.38) in die Gl. (6.35) ein, so können — einschließlich Gl. (6.36) — neue Beziehungen zwischen den Energiegrößen gewonnen werden (Tabelle 6.1).

6.3.2   Totalarbeit

Ist bei Strömungsmaschinen die Änderung der kinetischen Energie nicht vernachlässigbar (Abschnitt 6.2.3), so kann man diese mit der inneren Arbeit oder mit der Enthalpie (Abschnitt 6.3.3) zu neuen Größen zusammenfassen.

Tabelle 6.1 Beziehungen zwischen den verschiedenen Energiearten

$$Q_{12} + W_i = H_2 - H_1 + \frac{m}{2}(c_2^2 - c_1^2) = H_{t2} - H_{t1} \quad (1)$$

$$Q_{12} + W_{p12} + W_{RI} = H_2 - H_1 \quad (2)$$

$$W_i = W_{p12} + \frac{m}{2}(c_2^2 - c_1^2) + W_{RI} \quad (3)$$

adiabat

$$W_i = H_2 - H_1 + \frac{m}{2}(c_2^2 - c_1^2) = H_{t2} - H_{t1} \quad [4]$$

$$W_{p12} + W_{RI} = H_2 - H_1 \quad (5)$$

$$W_i = W_{p12} + \frac{m}{2}(c_2^2 - c_1^2) + W_{RI} \quad (6)$$

keine Änd. der kin. Energie

$$Q_{12} + W_i = H_2 - H_1 \quad (10)$$

$$Q_{12} + W_{p12} + W_{RI} = H_2 - H_1 \quad (11)$$

$$W_i = W_{p12} + W_{RI} \quad (12)$$

reibungsfrei und reversibel

$$(Q_{12})_{rev} + (W_i)_{id} = H_2 - H_1 + \frac{m}{2}(c_2^2 - c_1^2) = H_{t2} - H_{t1} \quad (7)$$

$$(Q_{12})_{rev} + W_{p12} = H_2 - H_1 \quad (8)$$

$$(W_i)_{id} = W_{p12} + \frac{m}{2}(c_2^2 - c_1^2) \quad (9)$$

reversibel adiabat (isentrop)

$$(W_i)_{id} = H_2 - H_1 + \frac{m}{2}(c_2^2 - c_1^2) = H_{t2} - H_{t1} \quad (13)$$

$$W_{p12} = H_2 - H_1 \quad (14)$$

$$(W_i)_{id} = W_{p12} + \frac{m}{2}(c_2^2 - c_1^2) \quad (15)$$

$$(Q_{12})_{rev} + (W_i)_{id} = H_2 - H_1 \quad (16)$$

$$(Q_{12})_{rev} + W_{p12} = H_2 - H_1 \quad (17)$$

$$(W_i)_{id} = W_{p12} \quad (18)$$

$$(W_i)_{id} = H_2 - H_1 \quad (19)$$

$$W_{p12} = H_2 - H_1 \quad (20)$$

$$(W_i)_{id} = W_{p12} \quad (21)$$

$$W_i = H_2 - H_1 \quad (22)$$

$$W_{p12} + W_{RI} = H_2 - H_1 \quad (23)$$

$$W_i = W_{p12} + W_{RI} \quad (24)$$

Die Totalarbeit W_t entsteht, wenn man Gl. (1) der Tabelle 6.1 so umformt, dass links vom Gleichheitszeichen die mechanische Energie, rechts dagegen die thermische Energie steht.

$$W_i - \frac{m}{2}(c_2^2 - c_1^2) = H_2 - H_1 - Q_{12} \quad (6.42)$$

$$W_t = W_i - \frac{m}{2}(c_2^2 - c_1^2) \quad (6.43)$$

Der Begriff der mechanischen Energie wird hier im Sinne des Abschnitts 2.4 als Oberbegriff für Arbeit und kinetische Energie benutzt.

In einer Arbeitsmaschine werden dem System mit dem einströmenden Gas die kinetische Energie $\frac{m}{2}c_1^2$ und die innere Arbeit W_i zugeführt, während mit dem ausströmenden Gas die kinetische Energie $\frac{m}{2}c_2^2$ das System verlässt. Die Totalarbeit ist demnach die zur Verdichtung eines Gases tatsächlich zur Verfügung stehende mechanische Energie, wenn die Änderung der kinetischen Energie nicht mehr vernachlässigbar ist. Sie wird in thermische Energie umgewandelt.

$$W_t = W_i + \frac{m}{2}c_1^2 - \frac{m}{2}c_2^2 = H_2 - H_1 - Q_{12} \tag{6.44}$$

In Kraftmaschinen wird aus der thermischen Energie die innere Arbeit W_i und der Zuwachs an kinetischer Energie zwischen Ein- und Austrittsquerschnitt gewonnen:

$$H_1 - H_2 + Q_{12} = -W_i + \frac{m}{2}\left(c_2^2 - c_1^2\right) = -W_t \tag{6.45}$$

Dabei ist zu beachten, dass die innere Arbeit W_i und die Totalarbeit W_t infolge Abgabe vom System negativ sind. Die Totalarbeit stellt die aus der thermischen Energie gewinnbare mechanische Energie dar. Aus den Gleichungen der Tabelle 6.1 lassen sich mit Hilfe von Gl. (6.43) entsprechende Beziehungen für die Totalarbeit herleiten.

6.3.3   Totalenthalpie

Die Summe von Enthalpie und kinetischer Energie bezeichnet man als Totalenthalpie H_t:

$$H_t = H + \frac{m}{2}c^2 \tag{6.46}$$

Die Änderung der Totalenthalpie ist

$$H_{t2} - H_{t1} = H_2 - H_1 + \frac{m}{2}\left(c_2^2 - c_1^2\right). \tag{6.47}$$

Für den ersten Hauptsatz offener Systeme ergeben sich neue Beziehungen, die in Tabelle 6.1 aufgeführt sind. Die Gl. (4) der Tabelle 6.1 hat im Dampfturbinenbau eine wichtige Bedeutung. Sie sagt aus, dass bei adiabaten Maschinen die innere Arbeit gleich der Änderung der Totalenthalpie ist.

6.4   Wirkliche Maschinen

6.4.1   Der ungekühlte Verdichter

Bei Verdichtern ohne Zwangskühlung ist die Wärmeübertragung des durch die Maschine strömenden Gases an die im Allgemeinen kältere Umgebung so klein, dass ungekühlte Verdichter als adiabate Verdichter betrachtet werden können.

Die Zustandsänderung in einer idealen Maschine verläuft isentrop (Bild 6.13), in der wirklichen Maschine wirkt sich die innere Reibungsarbeit auf die Zustandsänderung aus. Zur Abbildung im T,S-Diagramm (Bild 6.14) wird die innere Reibungsarbeit $|W_{RI}|$ nach Gl. (3.78) durch die reversibel zugeführte Ersatzwärme $(Q_{12})_{rev}$ ersetzt.

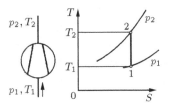
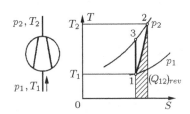
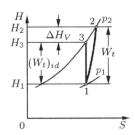

Bild 6.13 Adiabate
Verdichtung
im idealen Verdichter
im T, S-Diagramm

Bild 6.14 Adiabate
Verdichtung 1 2
im wirklichen Verdichter
im T, S-Diagramm

Bild 6.15 Mehrarbeit
bei adiabater
Verdichtung
im H, S-Diagramm

Bei gleichem Anfangszustand (T_1, p_1) und gleichem Enddruck p_2 weicht der Endzustand 2 des in der wirklichen Maschine verdichteten Gases vom Endzustand 3 des in der idealen Maschine verdichteten ab. Die Zustandsänderung von 1 nach 2 kann als Polytrope mit einem Exponenten $n > n_S$ bzw. $n > \kappa$ (bei idealen Gasen) aufgefasst werden.

Anhand der T, S- und H, S-Diagramme lässt sich ein Vergleich der für die wirkliche Maschine erforderlichen Mehrarbeit gegenüber der idealen Maschine mit der inneren Reibungsarbeit ziehen. Nach Gl. (13) der Tabelle 6.1 sowie Gl. (6.43) folgt für die Totalarbeit der idealen Maschine

$$(W_t)_{id} = H_3 - H_1 \ . \tag{6.48}$$

Die Totalarbeit der wirklichen Maschine ist nach Gl. (4) der Tabelle 6.1 sowie Gl. (6.43)

$$W_t = H_2 - H_1 \ . \tag{6.49}$$

$$W_t - (W_t)_{id} = H_2 - H_3 = \Delta H_V \tag{6.50}$$

Bild 6.15 zeigt die Größe der Mehrarbeit ΔH_V als Strecke im H, S-Diagramm.

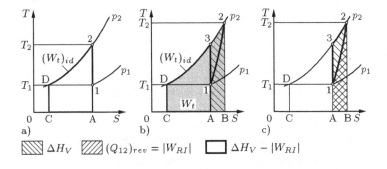

Bild 6.16 a) Totalarbeit bei idealer adiabater Verdichtung idealer Gase im T, S-Diagramm b) Mehrarbeit bei adiabater Verdichtung im T, S-Diagramm c) Mehrarbeit, innere Reibungsarbeit und Erhitzungsverlust im T, S-Diagramm

Wie den Bildern 4.27 und 5.15 zu entnehmen ist, lassen sich Enthalpieänderungen im T, S-Diagramm als Flächen darstellen. Im T, S-Diagramm für ideale Gase nach Bild 6.16 erscheint die Mehrarbeit ΔH_V als Fläche A32BA; sie ist größer als die gleichfalls abgebildete innere Reibungsarbeit W_{RI}, dargestellt durch die Fläche A12BA. Die Differenz

$$\Delta H_V - |W_{RI}| = \Delta E_V \ , \tag{6.51}$$

dargestellt durch die Fläche 1231, wird als Erhitzungsverlust bezeichnet. Die Fläche ACD21A stellt nach Gl. (6) der Tabelle 6.1 sowie Gl. (6.43) die Druckänderungsarbeit W_{p12} dar. Das Bild 6.17 gibt dieselben Überlegungen für ein reales Gas oder einen überhitzten Dampf wieder.

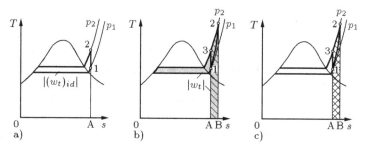

Bild 6.17 Totalarbeit, Mehrarbeit und Erhitzungsverlust für ein reales Gas oder einen überhitzten Dampf im T, s-Diagramm (Schraffuren wie in Bild 6.16, es sind die spezifischen Größen dargestellt)

Beispiel 6.4 Ein ungekühlter wirklicher Turbokompressor verdichtet 3000 m^3/h eines Erdgases (ideales Gas) im Normzustand ($R = 507,06$ J/(kg K), $\kappa = 1,33$) von 1 bar und 38 °C auf 1,3 bar und 66 °C. Die Änderung der kinetischen Energie zwischen Ein- und Austrittsquerschnitt ist vernachlässigbar.

a) Welcher Massenstrom ist zu verdichten?

b) Nach welcher Polytrope verdichtet der Kompressor?

c) Wie groß wäre die innere Leistung einer idealen Maschine?

d) Wie groß ist die innere Leistung der wirklichen Maschine?

e) Wie groß ist die Mehrleistung?

f) Wie groß ist die innere Reibungsleistung?

g) Wie groß ist der Erhitzungsverlust?

a) $\dot{m} = 0{,}610$ kg/s

b) $n_u = 1{,}49$

c) Nach den Gln. (19) und (20) der Tabelle 6.1 sowie Gl. (6.43) ist

$$(P_i)_{id} = (P_t)_{id} = \dot{m}(h_3 - h_1) = \dot{m}\, c_p(t_3 - t_1)$$

$$= 0{,}610 \text{ kg/s} \cdot 2{,}044 \text{ kJ/(kg K)} \cdot (59\,°\text{C} - 38\,°\text{C}) = 26{,}18 \text{ kW}$$

d) Nach den Gln. (22) und (23) der Tabelle 6.1 sowie Gl. (6.43) ist

$$P_i = P_t = \dot{m}(h_2 - h_1) = \dot{m}\, c_p(t_2 - t_1)$$

$$= 0{,}610 \text{ kg/s} \cdot 2{,}044 \text{ kJ/(kg K)} \cdot (66\,°\text{C} - 38\,°\text{C}) = 34{,}91 \text{ kW}$$

e) $\Delta \dot{H}_V = P_t - (P_t)_{id} = 34,91 \text{ kW} - 26,18 \text{ kW} = 8,73 \text{ kW}$

f) $|P_{RI}| = \dot{m}\, c_n(t_2 - t_1) = 0,610 \text{ kg/s} \cdot 0,502 \text{ kJ/(kg K)} \cdot (66\,^\circ\text{C} - 38\,^\circ\text{C}) = 8,57 \text{ kW}$

g) $\Delta \dot{E}_V = \Delta \dot{H}_V - |P_{RI}| = 8,73 \text{ kW} - 8,57 \text{ kW} = 0,16 \text{ kW}$

6.4.2 Der gekühlte Verdichter

Durch die Kühlung des Gases während der Verdichtung wird eine Verringerung der Antriebsarbeit erreicht. Bei einstufigen Maschinen kommt nicht nur eine Gehäuse-, Schaufel- oder Kolbenkühlung in Frage, sondern auch eine Kühlung mit eingespritztem Öl oder Wasser, das nach der Verdichtung wieder abgetrennt wird. Bei mehrstufigen Maschinen ergibt sich die Möglichkeit der isobaren Zwischenkühlung (Abschnitt 6.2.2). Wir beschränken uns in diesem Abschnitt auf einstufige Maschinen.

Nehmen wir an, dass der Verdichter mit Kühlung einen Endzustand 2, ohne Kühlung bei gleicher innerer Reibungsarbeit $|W_{RI}|$ den Endzustand 3 erreicht, so können die in Bild 6.18 dargestellten Fälle unterschieden werden.

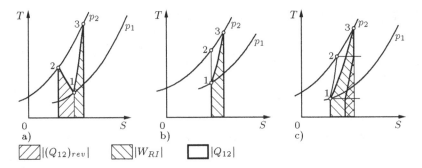

Bild 6.18 T, S-Diagramm für den gekühlten Verdichter
a) mit großer Wärmeabgabe $|Q_{12}| > |W_{RI}|$
b) mit Wärmeabgabe gleich der inneren Reibungsarbeit
c) mit kleiner Wärmeabgabe $|Q_{12}| < |W_{RI}|$

Den Zusammenhang zwischen Wärmeabgabe, innerer Reibungsarbeit und reversibler Ersatzwärme liefert Gl. (3.78):

$$(Q_{12})_{rev} = Q_{12} + |W_{RI}| \tag{6.52}$$

Die negative Wärme Q_{12} kann dem Betrag nach größer (Bild 6.18 a), gleich (Bild 6.18 b) oder kleiner (Bild 6.18 c) als die innere Reibungsarbeit $|W_{RI}|$ sein.

Für den Verdichter mit Kühlung auf den Endzustand 2 ist die Totalarbeit nach Gl. (1) der Tabelle 6.1 sowie Gl. (6.43)

$$W_t = H_2 - H_1 - Q_{12} \,. \tag{6.53}$$

Für den ungekühlten Verdichter gilt nach Gl. (4) der Tabelle 6.1 sowie Gl. (6.43)

$$W_{tu} = H_3 - H_1 \,. \tag{6.54}$$

Die durch Kühlung eingesparte Totalarbeit beträgt

$$W_{tu} - W_t = H_3 - H_2 + Q_{12} = (H_3 - H_2) - |Q_{12}| \ . \tag{6.55}$$

Sie ist gleich der Fläche zwischen den Zustandspunkten 1231 in den T, S-Diagrammen von Bild 6.18.

Für einen gekühlten idealen Verdichter, der den gleichen Endzustand 2 wie der gekühlte wirkliche Verdichter erreicht, ist die Totalarbeit nach Gl. (7) der Tabelle 6.1 sowie Gl. (6.43)

$$(W_t)_{id} = H_2 - H_1 - (Q_{12})_{rev} \ . \tag{6.56}$$

Die Mehrarbeit ΔH_V des wirklichen Verdichters gegenüber dem idealen Verdichter ist bei gleichem Endzustand 2 nach den Gln. (6.52), (6.53) und 6.56)

$$\Delta H_V = W_t - (W_t)_{id} = (Q_{12})_{rev} - Q_{12} = |W_{RI}| \ . \tag{6.57}$$

Mehrarbeit ΔH_V und innere Reibungsarbeit W_{RI} sind gleich groß, damit ist der Erhitzungsverlust nach Gl. (6.51)

$$\Delta E_V = 0 \ . \tag{6.58}$$

Beispiel 6.5 In einem gekühlten wirklichen Verdichter werden $0{,}12$ m^3/s CO (ideales Gas, $R = 0{,}2968$ kJ/(kg K); $\kappa = 1{,}40$) beim Druck 0,96 bar und der Temperatur 16 °C angesaugt und auf 4,24 bar verdichtet. Die Endtemperatur ist 95 °C. Ohne Kühlung des Verdichters hätte der Gasstrom bei adiabater Verdichtung mit Reibung bei gleichem Enddruck eine Austrittstemperatur von 208 °C.

a) Wie groß ist die innere Reibungsleistung, wenn man annehmen kann, dass diese unabhängig davon ist, ob gekühlt wird oder nicht?

b) Welcher Wärmestrom wird durch die Kühlung abgeführt?

c) Wie groß ist die innere Leistung, wenn die Änderung der kinetischen Energie vernachlässigbar ist?

d) Welcher Betrag an innerer Leistung wird durch die Kühlung eingespart?

a) $\dot{m} = 0{,}1342$ kg/s $\qquad n_u = 1{,}5217$

$$|P_{RI}| = (\dot{Q}_{13})_{rev} = \frac{n_u - \kappa}{(\kappa - 1)(n_u - 1)} \dot{m} R (t_3 - t_1) = 4{,}460 \text{ kW}$$

b) $n_k = 1{,}1942$

$$(\dot{Q}_{12})_{rev} = \frac{n_k - \kappa}{(\kappa - 1)(n_k - 1)} \dot{m} R (t_2 - t_1) = -8{,}336 \text{ kW}$$

$$\dot{Q}_{12} = (\dot{Q}_{12})_{rev} - |P_{RI}| = -12{,}796 \text{ kW}$$

c) Nach den Gln. (10) und (11) der Tabelle 6.1 sowie Gl. (6.43) ist

$$P_i = P_t = \dot{m} (h_2 - h_1) - \dot{Q}_{12} = \dot{m} c_p(t_2 - t_1) - \dot{Q}_{12} = 23{,}809 \text{ kW}$$

d) $(P_i)_u = (P_t)_u = \dot{m} (h_3 - h_1) = \dot{m} c_p(t_3 - t_1) = 26{,}766 \text{ kW}$

$$(P_t)_u - P_t = 26{,}766 \text{ kW} - 23{,}809 \text{ kW} = 2{,}957 \text{ kW}$$

6.4.3 Kolbenverdichter

Bei Verdrängermaschinen ist die Änderung der kinetischen Energie des Gasstroms zwischen Ein- und Austritt an der Maschine vernachlässigbar. Aus Sicherheitsgründen kann bei Kolbenmaschinen der Kolben nicht bis zum Zylinderboden geführt werden. Es verbleibt ein Totraum. Für den Kolbenverdichter hat dies zur Folge, dass das verdichtete Gas nicht gänzlich ausgeschoben werden kann, sondern beim Rückgang des Kolbens auf den Anfangsdruck expandiert. Für eine ideale Maschine mit Totraum würde sich die Kupplungsarbeit

$$(W_e)_{id} = (W_i)_{id} = W_{p12} + W_{p34} \tag{6.59}$$

ergeben.

Für die wirkliche Maschine ist die indizierte Arbeit W_i um die innere Reibungsarbeit größer (Bild 6.19):

$$W_i = W_{p12} + W_{p34} + |W_{RI}| \tag{6.60}$$

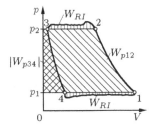

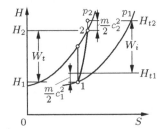

Bild 6.19 Indikatordiagramm eines Kolbenverdichters (schematisch)

Bild 6.20 Totalarbeit und innere Arbeit bei einem Verdichter im H, S-Diagramm

Die Größe der inneren Reibungsarbeit lässt sich aus dem Indikatordiagramm entnehmen, sie wird auch als Gasreibung bezeichnet. Die äußere Reibungsarbeit nennt man Triebwerksreibung.

6.4.4 Turboverdichter

Bei Maschinen kleinerer Baugröße kann die Änderung der kinetischen Energie zwischen Ansaug- und Austrittszustand vernachlässigt werden. Zur Beurteilung des Energieumsatzes wird in diesem Fall die innere Arbeit herangezogen. Für adiabate Maschinen gelten dann die Gln. (22) bis (24) der Tabelle 6.1. Die Berechnung größerer Maschineneinheiten wird mit der Totalarbeit durchgeführt. Sie kann ebenso wie die Totalenthalpie im H, S-Diagramm abgebildet werden. Bei einer adiabaten Maschine (Bild 6.20) gelten die Gln. (4) bis (6) der Tabelle 6.1 sowie Gl. (6.43).

6.4.5 Gas- und Dampfturbinen

In idealen adiabaten Maschinen erfolgt die Entspannung vom Anfangszustand (T_1, p_1) auf den Enddruck p_2 isentrop nach Bild 6.21, in der wirklichen adiabaten Maschine verändert die innere Reibungsarbeit die Zustandsänderung, so dass bei der Entspannung auf den gleichen Enddruck p_2 der Endzustand 2 nach Bild 6.22 erreicht wird.

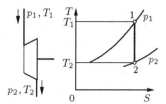

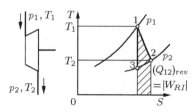

Bild 6.21 Adiabate Entspannung in einer idealen Turbine im T, S-Diagramm

Bild 6.22 Adiabate Entspannung in einer wirklichen Turbine im T, S-Diagramm

Im T, S-Diagramm wird die innere Reibungsarbeit $|W_{RI}|$ durch die reversible Wärmezufuhr $(Q_{12})_{rev}$ ersetzt. Die Zustandsänderung von 1 nach 2 wird als Polytrope mit einem Exponenten im Bereich $1 < n < n_S$ beschrieben. Bei idealen Gasen ist nach Gl. (4.117) $n_S = \kappa$, bei realen Gasen und Dämpfen gilt Gl. (5.193) $n_S = n_T \kappa$.

Die Totalarbeit der idealen adiabaten Turbine ist nach Gl. (13) der Tabelle 6.1 sowie Gl. (6.43)

$$(W_t)_{id} = H_3 - H_1 \ . \tag{6.61}$$

Die Totalarbeit der wirklichen adiabaten Turbine ist nach Gl. (4) der Tabelle 6.1 sowie Gl. (6.43)

$$W_t = H_2 - H_1 \ . \tag{6.62}$$

Die Darstellung im H, S-Diagramm lässt erkennen, dass der Absolutbetrag der gewonnenen Totalarbeit der wirklichen Maschine $|W_t|$ kleiner als der der idealen Maschine $|(W_t)_{id}|$ ist (Bild 6.23).

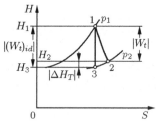

Bild 6.23 Minderarbeit bei adiabater Entspannung im H, S-Diagramm

Die Minderarbeit beträgt

$$(W_t)_{id} - W_t = H_3 - H_2 = \Delta H_T \ . \tag{6.63}$$

Die Minderarbeit ΔH_T ist negativ. Deshalb gilt

$$|\Delta H_T| = -\Delta H_T \ . \tag{6.64}$$

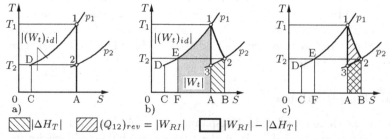

Bild 6.24 Ideales Gas: a) Totalarbeit bei idealer adiabater Entspannung im T, S-Diagramm b) Minderarbeit bei adiabater Entspannung im T, S-Diagramm c) Minderarbeit, innere Reibungsarbeit und Energierückgewinn im T, S-Diagramm

Der Betrag $|\Delta H_T|$ erscheint im T,S-Diagramm für ein ideales Gas nach Bild 6.24 als Fläche A32BA, die gleich der Fläche CDEFC ist.

Die Ersatzwärme $(Q_{12})_{rev}$ erscheint dagegen als Fläche A12BA. Der Absolutbetrag des Verlusts an Totalarbeit (= Minderarbeit) $|\Delta H_T|$ ist demnach kleiner als die ihn verursachende Reibungsarbeit $|W_{RI}|$. Die Differenz

$$\Delta E_T = |W_{RI}| - |\Delta H_T| \tag{6.65}$$

(Fläche 3123) wird Energierückgewinn genannt.

Gasturbinen werden zur Entspannung eines Heißgasstromes eingesetzt. Dieser Heißgasstrom kann durch indirekte Erwärmung über einen Wärmeübertrager oder durch direkte Verbrennung in einer Brennkammer gewonnen werden. Die gewinnbare mechanische Energie wird, da im Allgemeinen größere Maschineneinheiten eingesetzt werden, als Totalarbeit berechnet (Bild 6.25).

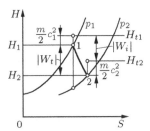

Bild 6.25 Totalarbeit und innere Arbeit bei einer adiabaten Turbine im H,S-Diagramm

In Dampfturbinen wird Wasserdampf (überhitzter Dampf, Sattdampf) entspannt. Die Darstellung der Arbeitsgrößen im T,s-Diagramm für Wasserdampf gibt Bild 6.26 wieder. Dabei liegt der Endzustand der Entspannung für die wirkliche Turbine (2) oft im überhitzten Gebiet; er kann aber auch im Nassdampfgebiet liegen. Die Bilder 6.27 und 6.28 zeigen den Zustandsverlauf im T,s- und im h,s-Diagramm.

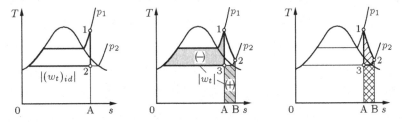

Bild 6.26 Totalarbeit, Minderarbeit und Energierückgewinn für ein reales Gas oder einen überhitzten Dampf im T,s-Diagramm (Schraffuren wie in Bild 6.24, es sind die spezifischen Größen dargestellt)

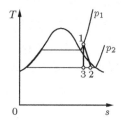

Bild 6.27 Entspannung in einer
Turbine im T, s-Diagramm

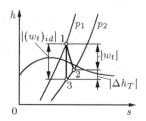

Bild 6.28 Entspannung in einer
Turbine im h, s-Diagramm

Beispiel 6.6 In einer älteren Industrie-Dampfturbine werden 14 m³/min überhitzter Dampf von 52 bar und 490 °C, die mit einer Geschwindigkeit von 12 m/s in die Turbine einströmen, irreversibel-adiabat auf 0,1 bar entspannt. Die Geschwindigkeit im Abdampfstutzen beträgt 73 m/s, der Abdampfzustand wird durch den Dampfgehalt $x_2 = 0{,}948$ bestimmt.

a) Wie groß ist die innere Leistung der Turbine?

b) Wie groß ist die Totalleistung?

a) Der Massenstrom beträgt $\quad \dot{m} = \dfrac{\dot{V}}{v} = \dfrac{14 \text{ m}^3/\text{min}}{0{,}065 \text{ m}^3/\text{kg}} = 3{,}59 \text{ kg/s}$

Nach Gl. (4) der Tabelle 6.1 erhält man unter Verwendung des *Mollier h, s*-Diagramms

$$P_i = \dot{m}(h_2 - h_1) + \frac{\dot{m}}{2}(c_2^2 - c_1^2) = 3{,}59 \text{ kg/s} \cdot (2460 - 3410) \text{ kJ/kg} +$$

$$+ \frac{3{,}59 \text{ kg/s}}{2} \cdot (73^2 - 12^2) \text{ m}^2/\text{s}^2 = -3411 \text{ kW} + 9 \text{ kW} = -3402 \text{ kW}$$

b) Nach Gl. (4) der Tabelle 6.1 sowie Gl. (6.43) ist

$$P_t = \dot{m}(h_2 - h_1) = 3{,}59 \text{ kg/s} \cdot (2460 - 3410) \text{ kJ/kg} = -3411 \text{ kW}$$

Um die Werkstoffbeanspruchung herabzusetzen, werden auch Turbinen gekühlt, obgleich damit eine Leistungseinbuße verbunden ist. Für eine gekühlte Turbine ist nach Gl. (1) der Tabelle 6.1 sowie Gl. (6.43)

$$W_t = H_2 - H_1 - Q_{12} . \tag{6.66}$$

Für die ungekühlte Turbine gilt Gl. (4) der Tabelle 6.1 sowie Gl. (6.43)

$$W_{tu} = H_3 - H_1 . \tag{6.67}$$

Durch die Kühlung wird der Absolutbetrag der gewonnenen Totalarbeit gegenüber der ungekühlten Maschine vermindert. Da die Totalarbeit bei der Turbine negativ ist und Wärme abgeführt wird, bilden wir die Beträge der Totalarbeiten und der Wärmeübertragung

$$|W_t| = H_1 - H_2 + Q_{12} = H_1 - H_2 - |Q_{12}| \tag{6.68}$$

$$|W_{tu}| = H_1 - H_3 \tag{6.69}$$

und erhalten die Differenz

$$|W_{tu}| - |W_t| = |Q_{12}| - (H_3 - H_2) \ . \tag{6.70}$$

Diese Differenz entspricht der Fläche 1231 im T, S-Diagramm nach Bild 6.29.

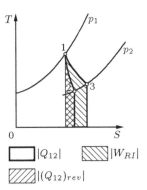

Bild 6.29 T, S-Diagramm für die gekühlte Turbine

6.5 Wirkungsgrade

Zur Beschreibung der Güte einer Energieumwandlung bedient man sich der Wirkungsgrade. Dabei kann entweder nach Fall

a) die Energieumformung an einer ausgeführten Maschine betrachtet werden,

oder es kann nach Fall

b) ein Vergleich zwischen wirklicher und idealer Maschine angestellt werden.

Im Fall a) pflegt man nach der folgenden Regel zu verfahren:

$$\text{Wirkungsgrad} = \frac{\text{Nutzen}}{\text{Aufwand}}$$

Man erhält dann stets eine Zahl, die kleiner als eins ist. Um auch im Fall b) stets eine Zahl kleiner als eins zu erhalten, muss der Vergleich bei Entspannungsmaschinen (z. B. Turbinen) und Verdichtern unterschiedlich geführt werden:

$$\text{Verdichterwirkungsgrad} = \frac{\text{Arbeit der idealen Maschine}}{\text{Arbeit der wirklichen Maschine}}$$

$$\text{Turbinenwirkungsgrad} = \frac{\text{Arbeit der wirklichen Maschine}}{\text{Arbeit der idealen Maschine}}$$

Im Fall b) benötigt man genau definierte ideale Maschinen. Die wichtigsten werden im folgenden Abschnitt aufgeführt.

6.5.1   Vergleichsprozesse

Die in den idealen Maschinen ablaufenden Prozesse werden als Vergleichsprozesse bezeichnet. Einige einfache Vergleichsprozesse sind durch folgende einstufige ideale Maschinen definiert:

1) Die adiabate Maschine mit isentroper Zustandsänderung (Endzustand 3 in Bild 6.30). Für sie gilt nach Gl. (13) der Tabelle 6.1 sowie Gl. (6.43)

$$(W_t)_{id} = H_3 - H_1 \tag{6.71}$$

$$(W_i)_{id} = H_{t3} - H_{t1} \ . \tag{6.72}$$

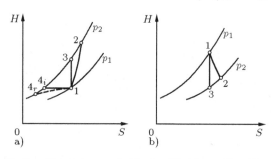

Bild 6.30 Vergleichsprozesse für einstufige Maschinen

a) Verdichtung

b) Entspannung

2) Der Verdichter mit idealer Kühlung. Die Zustandsänderung verläuft isotherm (Endzustand bei idealem Gas 4i, bei realem Gas 4r in Bild 6.30). Es ist nach Gl. (7) der Tabelle 6.1 sowie Gl. (6.43)

$$(W_t)_{id} = H_4 - H_1 - (Q_{14})_{rev} \tag{6.73}$$

$$(W_i)_{id} = H_{t4} - H_{t1} - (Q_{14})_{rev} \ . \tag{6.74}$$

3) Die Maschine mit polytroper Zustandsänderung. Der Endpunkt der Zustandsänderung stimmt mit dem der wirklichen Maschine überein (Endzustand 2 in Bild 6.30). Wir erhalten nach Gl. (7) der Tabelle 6.1 sowie Gl. (6.43)

$$(W_t)_{id} = H_2 - H_1 - (Q_{12})_{rev} \tag{6.75}$$

$$(W_i)_{id} = H_{t2} - H_{t1} - (Q_{12})_{rev} \ . \tag{6.76}$$

6.5.2   Der innere Wirkungsgrad

Der innere Wirkungsgrad ist ein Wirkungsgrad nach Fall b) und dient zum Vergleich der inneren oder indizierten Arbeit der wirklichen Maschine mit der Arbeitsabgabe oder -aufnahme einer verlustlosen Maschine. Für die verlustlose Maschine kann entweder die innere Arbeit $(W_i)_{id}$ oder die Totalarbeit $(W_t)_{id}$ zugrunde gelegt werden. Die innere Arbeit wird verwendet, wenn die Änderung der kinetischen Energie nicht nutzbringend verwertet oder aber vernachlässigt werden kann. In Sonderfällen, wenn sich die Änderung der kinetischen Energie unmittelbar (Schub eines Flugzeug-Gasturbinentriebwerks) oder nach Umformung in eine andere Energieform (Umformung in statischen Druck in angeschlossenen Leitungen) nutzen lässt, wird die Totalarbeit eingesetzt.

Tabelle 6.2 Der innere Wirkungsgrad

adiabate Maschine $\Rightarrow$ innerer isentroper Wirkungsgrad		
	reales und ideales Gas	ideales Gas, konstante spezifische isobare Wärmekapazität
Verdichter	$\eta_{isV} = \dfrac{(W_i)_{id}}{W_i} = \dfrac{H_{t3} - H_{t1}}{H_{t2} - H_{t1}}$ (1)	$\eta_{isV} = \dfrac{c_p(t_3 - t_1) + \frac{1}{2}(c_3^2 - c_1^2)}{c_p(t_2 - t_1) + \frac{1}{2}(c_2^2 - c_1^2)}$ (2)
Turbine	$\eta_{isT} = \dfrac{W_i}{(W_i)_{id}} = \dfrac{H_{t2} - H_{t1}}{H_{t3} - H_{t1}}$ (3)	$\eta_{isT} = \dfrac{c_p(t_2 - t_1) + \frac{1}{2}(c_2^2 - c_1^2)}{c_p(t_3 - t_1) + \frac{1}{2}(c_3^2 - c_1^2)}$ (4)
gekühlte Maschine $\Rightarrow$ innerer isothermer Wirkungsgrad		
	reales und ideales Gas	ideales Gas, konstante spezifische isobare Wärmekapazität
Verdichter	$\eta_{itV} = \dfrac{H_{t4} - H_{t1} - (Q_{14})_{rev}}{H_{t2} - H_{t1} - Q_{12}}$ (5)	$\eta_{itV} = \dfrac{\frac{1}{2}(c_4^2 - c_1^2) + R\,T_1 \ln \frac{p_2}{p_1}}{c_p(t_2 - t_1) + \frac{1}{2}(c_2^2 - c_1^2) - q_{12}}$ (6)

Wir beschränken uns auf die Verwendung der inneren Arbeit im Vergleichsprozess. Dann ist entsprechend Tabelle 6.2 zu unterscheiden:

der innere isentrope Wirkungsgrad für ungekühlte Maschinen mit dem Vergleichsprozess 1,

der innere isotherme Wirkungsgrad für gekühlte Maschinen mit dem Vergleichsprozess 2.

Die Endzustände der wirklichen Maschinen und der idealen Maschinen (Endzustand 2, 3, 4i, 4r) sind für die aufgeführten Vergleichsprozesse unterschiedlich. Stellt man sich für den Vergleichsprozess eine ideale Maschine vor, welche die gleiche konstruktive Gestaltung der Strömungskanäle wie die wirkliche Maschine aufweist, so werden die Geschwindigkeiten im Austrittsquerschnitt von idealer Maschine c_3 und wirklicher Maschine c_2 voneinander abweichen. Man kann sich jedoch den Austrittsquerschnitt der idealen Maschine auch so verändert vorstellen, dass die Geschwindigkeiten c_3 und c_2 gleich groß werden.

Beispiel 6.7 Wie groß sind die innere Leistung des Vergleichsprozesses 1 von Abschnitt 6.5.1 und der innere isentrope Wirkungsgrad für die ältere Industrie-Dampfturbine nach Beispiel 6.6?

Die innere Leistung des Vergleichsprozesses 1 ist mit $c_3 = c_2$

$$(P_i)_{id} = \dot{m}(h_3 - h_1) + \frac{\dot{m}}{2}(c_2^2 - c_1^2) = 3{,}59 \text{ kg/s} \cdot (2195 - 3410) \text{ kJ/kg} + \frac{3{,}59 \text{ kg/s}}{2} \cdot (73^2 - 12^2) \text{ m}^2/\text{s}^2$$

$$= -4362 \text{ kW} + 9 \text{ kW} = -4353 \text{ kW} \qquad \eta_{isT} = \frac{P_i}{(P_i)_{id}} = 0{,}7815$$

6.5.3   Der mechanische Wirkungsgrad

Der mechanische Wirkungsgrad ist ein Wirkungsgrad nach Fall a). Er bezieht die Größe der äußeren Reibungsarbeit in einen Vergleich der Kupplungsarbeit mit der inneren oder indizierten Arbeit ein.

Tabelle 6.3 Der mechanische Wirkungsgrad

Verdichter	$\eta_{mV} = \dfrac{W_i}{W_e} = \dfrac{W_i}{W_i + |W_{RA}|} = \dfrac{W_e - |W_{RA}|}{W_e}$	(1)
Turbine	$\eta_{mT} = \dfrac{W_e}{W_i} = \dfrac{W_i + |W_{RA}|}{W_i} = \dfrac{W_e}{W_e - |W_{RA}|}$	(2)

6.5.4   Der Gesamtwirkungsgrad

Das Produkt aus innerem und mechanischem Wirkungsgrad ergibt den Gesamtwirkungsgrad. Er lässt erkennen, in welchem Maß die verfügbare Energie in die gewünschte Energieform umgesetzt wird. Als innerer Wirkungsgrad kann der innere isentrope oder der innere isotherme Wirkungsgrad eingesetzt werden.

Tabelle 6.4 Der Gesamtwirkungsgrad

adiabate Maschine ⇒ isentroper Gesamtwirkungsgrad		
Verdichter	$\eta_{sgV} = \eta_{isV}\,\eta_{mV}$	(1)
Turbine	$\eta_{sgT} = \eta_{isT}\,\eta_{mT}$	(2)
gekühlte Maschine ⇒ isothermer Gesamtwirkungsgrad		
Verdichter	$\eta_{tgV} = \eta_{itV}\,\eta_{mV}$	(3)

Beispiel 6.8 Welche Antriebsleistung benötigt der Turbokompressor in Beispiel 6.4, wenn der mechanische Wirkungsgrad $\eta_{mV} = 0{,}96$ beträgt? Wie groß ist der Gesamtwirkungsgrad?

$$P_e = \frac{P_i}{\eta_{mV}} = \frac{34{,}91\ \text{kW}}{0{,}96} = 36{,}36\ \text{kW}$$

$$\eta_{isV} = \frac{(P_i)_{id}}{P_i} = \frac{26{,}18\ \text{kW}}{34{,}91\ \text{kW}} = 0{,}75 \qquad \eta_{sgV} = \eta_{isV}\,\eta_{mV} = 0{,}75 \cdot 0{,}96 = 0{,}72$$

6.5.5   Der isentrope Wirkungsgrad

Der isentrope Wirkungsgrad ist ein Wirkungsgrad nach Fall b). Er vergleicht die Totalarbeit der wirklichen Maschine W_t mit der Totalarbeit nach Vergleichsprozess 1. Ist die Änderung der kinetischen Energie bei der wirklichen Maschine vernachlässigbar klein gegenüber der Enthalpieänderung, so wird man dies auch für die Idealmaschine des Vergleichsprozesses annehmen. In diesem Fall sind isentroper und innerer Wirkungsgrad gleich groß.

Beispiel 6.9 Wie groß sind die Totalleistung des Vergleichsprozesses 1 und der isentrope Wirkungsgrad für die ältere Industrie-Dampfturbine der Beispiele 6.6 und 6.7?

$h_3 = 2195$ kJ/kg $\qquad (P_t)_{id} = \dot{m}(h_3 - h_1) = 3{,}59$ kg/s $\cdot (2195 - 3410)$ kJ/kg $= -4362$ kW

Nach Tabelle 6.5 Gl. (3) ist $\quad \eta_{sT} = \dfrac{h_2 - h_1}{h_3 - h_1} = \dfrac{(2460 - 3410)\ \text{kJ/kg}}{(2195 - 3410)\ \text{kJ/kg}} = 0{,}78189$

Tabelle 6.5 Der isentrope Wirkungsgrad

	adiabate Maschinen		
	reales und ideales Gas		ideales Gas, konstante spezifische isobare Wärmekapazität
Verdichter	$\eta_{sV} = \dfrac{(W_t)_{id}}{W_t} = \dfrac{W_{p13}}{W_{p12} + \lvert W_{RI} \rvert}$ $= \dfrac{H_3 - H_1}{H_2 - H_1}$	(1)	$\eta_{sV} = \dfrac{t_3 - t_1}{t_2 - t_1}$ $\qquad$ (2)
Turbine	$\eta_{sT} = \dfrac{W_t}{(W_t)_{id}} = \dfrac{W_{p12} + \lvert W_{RI} \rvert}{W_{p13}}$ $= \dfrac{H_2 - H_1}{H_3 - H_1}$	(3)	$\eta_{sT} = \dfrac{t_2 - t_1}{t_3 - t_1}$ $\qquad$ (4)

6.5.6 Der isotherme Wirkungsgrad

Für gekühlte Verdichter ist der isotherme Wirkungsgrad sinnvoll. Man vergleicht die Totalarbeit der wirklichen Maschine W_t mit der Totalarbeit nach Vergleichsprozess 2.

Tabelle 6.6 Der isotherme Wirkungsgrad

	gekühlte Maschinen		
	reales und ideales Gas		ideales Gas, konstante spezifische isobare Wärmekapazität
Verdichter	$\eta_{tV} = \dfrac{(W_t)_{id}}{W_t} = \dfrac{W_{p14}}{W_{p12} + \lvert W_{RI} \rvert}$ $= \dfrac{H_4 - H_1 - (Q_{14})_{rev}}{H_2 - H_1 - Q_{12}}$	(1)	$\eta_{tV} = \dfrac{R\,T_1 \ln \dfrac{p_2}{p_1}}{c_p(t_2 - t_1) - q_{12}}$ $\quad$ (2)

Beispiel 6.10 Wie groß ist der isotherme Wirkungsgrad des gekühlten Verdichters von Beispiel 6.5?

$(\dot{Q}_{14})_{\text{rev}} = -\dot{m}\,R\,T \ln \dfrac{p_2}{p_1} = -0{,}1342$ kg/s $\cdot 0{,}2968$ kJ/(kg K) $\cdot 289,15$ K $\cdot \ln \dfrac{4{,}24\ \text{bar}}{0{,}96\ \text{bar}}$

$= -17{,}107$ kW $\qquad$ Nach Tabelle 6.6 Gl.(1) ist $\qquad \eta_{tV} = \dfrac{-(\dot{Q}_{14})_{\text{rev}}}{P_t} = \dfrac{17{,}107\ \text{kW}}{23{,}809\ \text{kW}} = 0{,}7185$

6.5.7 Der polytrope Wirkungsgrad

Beim polytropen Wirkungsgrad werden die Totalarbeit von wirklicher Maschine W_t und die Totalarbeit des Vergleichsprozesses 3 miteinander verglichen. Die Bedeutung des polytropen Wirkungsgrades lässt sich an der Schreibweise, welche die Druckänderungsarbeit enthält, zeigen. Die Druckänderungsarbeit W_{p12} stellt nach Gl. (9) der Tabelle 6.1 sowie Gl. (6.43) jene Arbeit dar, die in einer idealen Maschine zwischen den Gaszuständen 1 und 2 entweder zur Verdichtung aufgewendet oder bei der Entspannung gewonnen werden kann. Im polytropen Wirkungsgrad wird diese Arbeit mit derjenigen verglichen, die in der wirklichen Maschine bei Vorhandensein von innerer Reibungsarbeit $|W_{RI}|$ geleistet oder erhalten werden kann. Der polytrope Wirkungsgrad wird damit beiden in Abschnitt 6.5 aufgeführten Bedeutungen gerecht. Er vergleicht bei vorgegebenen Anfangs- und Endzuständen 1 und 2 zum einen Nutzen und Aufwand für die gestellte Aufgabe der Verdichtung oder Entspannung eines Gasstroms, zum andern aber auch die Totalarbeiten von idealer und wirklicher Maschine.

Tabelle 6.7 Der polytrope Wirkungsgrad

	reales und ideales Gas	ideales Gas, konstante spezifische isobare und isochore Wärmekapazitäten
Verdichter	$\eta_{pV} = \dfrac{(W_t)_{id}}{W_t} = \dfrac{W_{p12}}{W_{p12}+\|W_{RI}\|}$ $= \dfrac{H_2 - H_1 - (Q_{12})_{rev}}{H_2 - H_1 - Q_{12}}$ (1)	$\eta_{pV} = \dfrac{1}{\dfrac{\kappa}{\kappa-1}\dfrac{n-1}{n} - \dfrac{Q_{12}}{W_{p12}}}$ (2)
Turbine	$\eta_{pT} = \dfrac{W_t}{(W_t)_{id}} = \dfrac{W_{p12}+\|W_{RI}\|}{W_{p12}}$ $= \dfrac{H_2 - H_1 - Q_{12}}{H_2 - H_1 - (Q_{12})_{rev}}$ (3)	$\eta_{pT} = \dfrac{\kappa}{\kappa-1}\dfrac{n-1}{n} - \dfrac{Q_{12}}{W_{p12}}$ (4)

wirkliche Maschine adiabat, ideale Maschine mit Wärmeumsatz

	reales und ideales Gas	ideales Gas, konstante spezifische isobare und isochore Wärmekapazitäten
Verdichter	$\eta_{pV} = \dfrac{H_2 - H_1 - (Q_{12})_{rev}}{H_2 - H_1}$ (5)	$\eta_{pV} = \dfrac{\kappa-1}{\kappa}\dfrac{n}{n-1}$ (6)
Turbine	$\eta_{pT} = \dfrac{H_2 - H_1}{H_2 - H_1 - (Q_{12})_{rev}}$ (7)	$\eta_{pT} = \dfrac{\kappa}{\kappa-1}\dfrac{n-1}{n}$ (8)

Für ideale Gase gilt bei polytroper Zustandsänderung nach den Gln. (4.43), (4.130) und (4.136)

$$H_2 - H_1 = m\,c_p(t_2 - t_1) \qquad (6.77)$$

$$(Q_{12})_{rev} = m\,c_n(t_2 - t_1) = m\,c_v\frac{n-\kappa}{n-1}(t_2 - t_1)\,. \qquad (6.78)$$

Man erhält mit Gln. (4.44), (4.49) und (4.50) Gleichungen, die den Polytropenexponenten n und den Isentropenexponenten κ enthalten.

Beispiel 6.11 Wasserdampf mit 120 bar und 500 °C wird in einer adiabaten Turbine polytrop auf den Sattdampfzustand bei 4 bar entspannt.

a) Wie groß sind Totalarbeit, Druckänderungsarbeit und innere Reibungsarbeit pro Kilogramm Dampf?

b) Wie groß sind der isentrope und der polytrope Wirkungsgrad?

a) Die Wasserdampftafel [128] ergibt für überhitzten Dampf mit 120 bar und 500 °C

$v_1 = 0{,}026830 \text{ m}^3/\text{kg}$ $\qquad h_1 = 3349{,}97 \text{ kJ/kg}$ $\qquad s_1 = 6{,}490191 \text{ kJ/(kg K)}$

sowie für Sattdampf mit 4 bar und 143,61 °C [128]

$$v_2 = v'' = 0,462392 \text{ m}^3/\text{kg} \qquad h_2 = h'' = 2738,06 \text{ kJ/kg} \qquad h' = 604,72 \text{ kJ/kg}$$

$$s_2 = s'' = 6,895418 \text{ kJ/(kg K)} \qquad s' = 1,776598 \text{ kJ/(kg K)} .$$

Im Endzustand der isentropen Vergleichsturbine ist mit $s_3 = s_1$ nach Gl. (5.33)

$$x_3 = \frac{s_3 - s'}{s'' - s'} = \frac{(6,4902 - 1,7766) \text{ kJ/(kg K)}}{(6,8954 - 1,7766) \text{ kJ/(kg K)}} = 0,92084$$

und nach Gl. (5.29)
$$h_3 = 604,72 \text{ kJ/kg} + 0,92084 \cdot (2738,06 - 604,72) \text{ kJ/kg} = 2569,17 \text{ kJ/kg} .$$
Der Polytropenexponent n ist nach Gl. (4.142)

$$n = \frac{\ln \dfrac{p_2}{p_1}}{\ln \dfrac{v_1}{v_2}} = \frac{\ln \dfrac{4 \text{ bar}}{120 \text{ bar}}}{\ln \dfrac{0,026830 \text{ m}^3/\text{kg}}{0,462392 \text{ m}^3/\text{kg}}} = 1,194702 .$$

Es ist zu beachten, dass der Polytropenexponent durch Gl. (4.116) bzw. Gl. (5.182) wie folgt definiert ist: $p \, v^n = \text{const.}$
Daraus folgt, daß der Polytropenexponent nach der oben verwendeten Gl. (4.142) berechnet werden muss. Die Gln. (4.143) und (4.144) sind nur bei idealen Gasen anwendbar und führen hier zu den abweichenden Ergebnissen $n = 1,217063$ und $n = 1,222028$.
Die spezifische Totalarbeit ist nach Gl. (4) der Tabelle 6.1 sowie Gl. (6.43)

$$w_t = h_2 - h_1 = (2738,06 - 3349,97) \text{ kJ/kg} = -611,908 \text{ kJ/kg} .$$

Die spezifische Druckänderungsarbeit ist nach Tabelle 4.2 Gl. (3)

$$w_{p12} = \frac{n}{n-1}(p_2 \, v_2 - p_1 \, v_1) = \frac{1,194702}{0,194702} \cdot (4 \text{ bar} \cdot 0,462392 \text{ m}^3/\text{kg} - 120 \text{ bar} \cdot 0,026830 \text{ m}^3/\text{kg})$$
$$= -840,643 \text{ kJ/kg} .$$

Die spezifische Druckänderungsarbeit hätte auch nach den Gleichungen

$$w_{p12} = \frac{n}{n-1}p_1 \, v_1 \left[\left(\frac{v_1}{v_2}\right)^{n-1} - 1 \right] = \frac{n}{n-1}p_1 \, v_1 \left[\left(\frac{p_2}{p_1}\right)^{\frac{n-1}{n}} - 1 \right]$$

berechnet werden können. Die anderen Gleichungen der Tabelle 4.2, die die spezielle Gaskonstante und Temperaturen enthalten, sind für reale Gase nicht anwendbar.
Die spezifische innere Reibungsarbeit ist nach Gl. (6) der Tabelle 6.1 sowie Gl. (6.43)

$$|w_{RI}| = w_t - w_{p12} = (-611,908 + 840,643) \text{ kJ/kg} = 228,735 \text{ kJ/kg} .$$

Ein anderer Weg zur Bestimmung der spezifischen inneren Reibungsarbeit führt über die Gln. (3.78) und (3.92).

$$|w_{RI}| = (q_{12})_{rev} = \int\limits_1^2 T \, ds$$

Die folgende Tabelle enthält die nach den Formeln der Wasserdampftafel [128] berechneten Werte der spezifischen Entropie und der thermischen Zustandsgrößen an den Grenzen von 20 Unterteilungen der Zustandskurve im T, s-Diagramm mit einer Breite von jeweils $\Delta s = 0,020261 \text{ kJ/(kg K)}$.
Die Anwendung der *Simpson*schen Formel nach Beispiel 5.2 für die Integration ergibt

$$|w_{RI}| = (q_{12})_{rev} = 228,734 \text{ kJ/kg} .$$

Dieses Ergebnis stimmt mit dem vorher berechneten Wert überein.

s kJ/(kg K)	T K	p bar	v m³/kg	s kJ/(kg K)	T K	p bar	v m³/kg
6,490191	773,1500	120,0000	0,0268298	6,692804	549,4182	18,15124	0,1246567
6,510452	744,8765	98,56853	0,0316326	6,713066	533,1876	16,22202	0,1432382
6,530714	717,8752	81,08253	0,0372498	6,733327	517,7647	13,77667	0,1642310
6,550975	692,2879	66,88111	0,0437643	6,753589	503,0837	11,72804	0,1879227
6,571237	668,1339	55,35278	0,0512736	6,773850	489,0877	10,00634	0,2146310
6,591498	645,3708	45,97837	0,0598889	6,794111	475,7228	8,374544	0,2447169
6,611759	623,9197	38,33120	0,0697385	6,814373	462,9395	7,327404	0,2785886
6,632020	603,6900	32,06953	0,0809671	6,834634	450,6940	6,286560	0,3167064
6,652282	584,5879	26,92154	0,0937382	6,854895	438,9432	5,401330	0,3596064
6,672543	566,5256	22,67244	0,1082332	6,875156	427,6463	4,646209	0,4079160
				6,895418	416,7625	4,000000	0,4623918

b) Der isentrope Wirkungsgrad ist nach Tabelle 6.5 Gl. (3)

$$\eta_{sT} = \frac{(2738,06 - 3349,97) \text{ kJ/kg}}{(2569,17 - 3349,97) \text{ kJ/kg}} = 0,78370 \ .$$

Der polytrope Wirkungsgrad ist nach Tabelle 6.7 Gl. (7)

$$\eta_{pT} = \frac{(2738,06 - 3349,97) \text{ kJ/kg}}{-840,643 \text{ kJ/kg}} = 0,72790 \ .$$

Ergänzungen zu a):

Nach den Gln. (3.78) und (4.130) könnte man bei der Bestimmung der spezifischen inneren Reibungsarbeit auch wie folgt vorgehen:

$$|w_{RI}| = (q_{12})_{rev} = c_n(T_2 - T_1)$$

Die Ermittlung von c_n ist mit Schwierigkeiten verbunden. Zunächst scheint es so, dass die mittlere spezifische Wärmekapazität c_n aus Gl. (4.141) berechenbar wäre:

$$c_n = \frac{s_2 - s_1}{\ln \dfrac{T_2}{T_1}} = -0,65575 \text{ kJ/(kg K)}$$

Damit erhält man

$$c_n(T_2 - T_1) = -0,65575 \text{ kJ/(kg K)} \cdot (416,76 - 773,15) \text{ K} = 233,70 \text{ kJ/kg} \ .$$

Dieses Ergebnis stimmt nicht, weil nach Beispiel 5.2 die mittleren spezifischen Wärmekapazitäten bei den Berechnungen der Wärme und der Entropieänderung verschieden sind. Die beiden vorher beschriebenen richtigen Wege führen zu dem Zahlenwert $c_n = -0,64181$ kJ/(kg K).

Aufgaben zu Abschnitt 6

In den folgenden Aufgaben ist die Änderung der kinetischen Energie vernachlässigbar.

1. Ein idealer Gasverdichter verdichtet 600 kg/h Kohlendioxid von 25 °C und 0,95 bar isentrop auf 3 bar. Anschließend wird das verdichtete Gas durch einen Wärmeübertrager isobar auf 25 °C zurückgekühlt. Zur Kühlung steht Leitungswasser mit 8 °C zur Verfügung. Die Austritts- temperatur des Wassers soll 25 °C betragen.

a) Welche Antriebsleistung benötigt der Verdichter, und welche Wassermenge ist zur Kühlung erforderlich?

b) Welche Antriebsleistung wäre bei isothermer Kompression erforderlich, welche Wasseraustrittstemperatur würde sich ergeben?

c) Die beiden Zustandsänderungen des Gases sind maßstäblich in einem T, s-Diagramm aufzuzeichnen.

d) Welche Gesamtentropieänderung tritt bei beiden Prozessen ein?

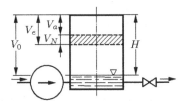

Bild 6.31 Zu Aufgabe 2

2. In einer Wasserversorgungsanlage ist ein Speicherbehälter mit dem Innendurchmesser $d_i = 1380$ mm eingebaut. Bei Inbetriebnahme herrscht im Speicher der Luftdruck $p_0 = 1$ bar, das Luftvolumen beträgt V_0, die Höhe des Luftraums über dem Wasserspiegel $H = 1,8$ m. Die Pumpe fördert in den Behälter einen Wasserstrom von 5 ℓ/s. Wenn der Druck im Behälter durch Kompression des Luftpolsters auf $p_a = 9$ bar angestiegen ist, wird die Pumpe durch einen Druckschalter stillgesetzt (zugehöriges Luftvolumen V_a). Sinkt der Druck durch Wasserentnahme aus dem Speicher auf $p_e = 7$ bar ab (zugehöriges Luftvolumen V_e), so wird die Pumpe wieder in Betrieb gesetzt (Bild 6.31).

a) Welche Nutzwassermenge V_N kann zwischen Ausschalt- und Einschaltpunkt aus dem Behälter entnommen werden, wenn die beschriebene Kompression und Expansion des Luftvolumens isotherm abläuft?

b) Welche Nutzwassermenge V_N kann entnommen werden, wenn die Vorgänge isentrop ablaufen?

c) Wie lange läuft die Pumpe bei isothermer bzw. isentroper Verdichtung des Luftvolumens?

d) Wie groß wird die Nutzwassermenge V_N für den Fall a), wenn bei Inbetriebnahme das Luftvolumen V_0 statt unter dem Druck $p_0 = 1$ bar bereits unter einem Druck in Höhe des Einschaltdruckes $p_e = 7$ bar steht?

3. Ein idealer Kolbenluftverdichter ohne Totraum soll einen Windkessel von 4,5 m³ Inhalt, der zur Druckluftversorgung eines Betriebes dient und einen Druck von 7 bar Überdruck aufweisen soll, neu füllen und verdichtet dazu Umgebungsluft von 933 mbar und 12 °C. Während des Füllvorgangs durchfährt der Verdichter den gesamten Druckbereich von 0 bis 7 bar Überdruck. Der Zylinder des Verdichters hat einen lichten Durchmesser von 100 mm und einen Kolbenhub von 50 mm, die Drehzahl beträgt 600 min⁻¹. Die Verdichtung erfolgt polytrop mit $n = 1,35$.

a) Welche Luftmenge wird pro Umdrehung verdichtet?

b) Die Wärmeabgabe des Windkessels soll gerade so groß sein, dass die mit der Luftmenge Δm dem Kessel zugeführte Wärme abgeführt ist, bis die nächste Luftzufuhr Δm erfolgt. Die Temperatur des Kessels bleibt damit konstant auf 12 °C. Welche Luftmenge ist insgesamt zu verdichten?

c) Wie lange läuft der Verdichter, wenn er nach Erreichen des vorgeschriebenen Kesseldruckes automatisch abschaltet?

4. In einem idealen, zweistufigen Kompressor mit beidseitig wirkendem Kolben (Bild 6.32), dessen Mantel luftgekühlt ist und der mit einer Zwischen- und Endkühlung (Wasser) ausgerüstet ist, wird Luft von 976 mbar und 19 °C polytrop mit $n = 1{,}14$ verdichtet. Der Zylinderdurchmesser ist $D = 80$ mm, der Kolbenhub $\Delta h = 60$ mm. Es sind keine Toträume vorhanden. Der Enddruck in jeder Stufe ist das Vierfache des Anfangsdrucks. Durch die Zwischen- und Endkühlung wird die Anfangstemperatur jeweils wieder erreicht. Die Drehzahl ist 1450 min^{-1}.

a) Wie groß ist der Kolbendurchmesser d_K?

b) Welche Leistung benötigt der Verdichter?

c) Welche Leistung würde bei isothermer Kompression auf den gleichen Endzustand benötigt?

d) Wie groß ist die durch die Zwischenkühlung eingesparte Leistung?

e) Die Zustandsänderung der Luft ist in ein T, s-Diagramm einzuzeichnen und die übertragene spezifische Wärme zu kennzeichnen.

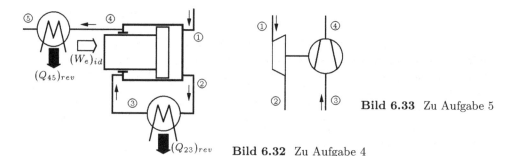

Bild 6.33 Zu Aufgabe 5

Bild 6.32 Zu Aufgabe 4

5. Die ideale Turbine eines Abgasturboladers entspannt Abgas ($\varrho_0 = 1{,}215$ kg/m^3 im Normzustand; $\kappa = 1{,}38$) von 455 °C auf 362 °C und 963 mbar. Der ideale Kompressor arbeitet auf einen Gegendruck von 0,506 bar Überdruck und verdichtet 18,6 kg/s Luft von 963 mbar und 18 °C. Entspannung und Verdichtung erfolgen isentrop (Bild 6.33).

a) Welcher Überdruck herrscht im Abgas vor der Turbine?

b) Welche Temperatur erreicht die verdichtete Luft?

c) Welche Leistung gibt die Turbine ab?

d) Welcher Abgasdurchsatz ist erforderlich?

6. Der Kompressor des Turboladers in Aufgabe 5 soll denselben Luftstrom bei gleichem Anfangszustand und Gegendruck mit dem inneren isentropen Wirkungsgrad $\eta_{isV} = 0{,}86$ und dem mechanischen Wirkungsgrad $\eta_{mV} = 0{,}97$ verdichten.

a) Welchen Endzustand erreicht die verdichtete Luft?

b) Welche Polytrope gibt die Verdichtung wieder?

c) Welche innere Leistung und welche Kupplungsleistung erfordert der Verdichter?

d) Die Turbine soll vom gleichen Anfangszustand wie in Aufgabe 5 auf den gleichen Enddruck mit ebenfalls $\eta_{isT} = \eta_{isV} = 0{,}86$ und $\eta_{mT} = \eta_{mV} = 0{,}97$ entspannen. Welcher Abgasdurchsatz ist erforderlich?

7. Die Turbine eines Heizkraftwerks entspannt 6000 kg/h Heißdampf (Wasserdampf) von 500 °C und 74 bar auf 2,2 bar und 180 °C.

a) Wie groß ist der innere isentrope Wirkungsgrad der Turbine?

b) Welche Leistung gibt die Turbine an der Welle ab, wenn der mechanische Wirkungsgrad $\eta_{mT} = 0{,}96$ beträgt?

c) Welche Leistung ließe sich in einer idealen Turbine gewinnen?

7 Kreisprozesse

Thermodynamische Zustandsänderungen können allgemein durch die folgenden — in der Regel gleichzeitig auftretenden und einander gleichwertigen — vier Prozessgrößen beschrieben werden (vgl. Abschnitt 3, Gln. (3.104) und (3.105)):

- Volumenänderungsarbeit $W_{V12} = -\int\limits_1^2 p\,dV$ (7.1)

- Druckänderungsarbeit $W_{p12} = \int\limits_1^2 V\,dp$ (7.2)

- reversible Ersatzwärme (hier genauer als Entropieänderungswärme bezeichnet)

$$(Q_{12})_{rev} = Q_{s12} = \int\limits_1^2 T\,dS \qquad\qquad (7.3)$$

- Temperaturänderungswärme $Q_{T12} = \int\limits_1^2 S\,dT$ (7.4)

Dies wird wie folgt deutlich: Wird ein Stoff von dem Zustand 1 in den Zustand 2 übergeführt, dann gehen die ihn kennzeichnenden Zustandsgrößen Verschiebearbeit $p\,V$ und gebundene Energie $T\,S$ von $p_1\,V_1$ bzw. $T_1\,S_1$ in $p_2\,V_2$ bzw. $T_2\,S_2$ über. Dabei treten die oben genannten vier Prozessgrößen im Allgemeinen gleichzeitig auf (Bilder 7.1 und 7.2).

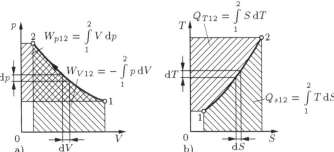

Bild 7.1 a) Volumenänderungsarbeit W_{V12} und Druckänderungsarbeit W_{p12} im p, V-Diagramm
b) Entropieänderungswärme Q_{s12} und Temperaturänderungswärme Q_{T12} im T, S-Diagramm

Auf die Temperaturänderungswärme Q_{T12} wurde insbesondere in Abschnitt 5 bei der Einführung der differentiellen Formen der spezifischen freien Energie f sowie der spezifischen freien Enthalpie g aufmerksam gemacht (Gln. (5.222) und (5.223)); dort tritt die differentielle Form der spezifischen Temperaturänderungswärme $s\,dT$ auf, wobei s sinnvollerweise die absolute spezifische Entropie ist. W_{p12}, W_{V12} sowie der Anteil Q_{12} von $Q_{s12} = (Q_{12})_{rev} = Q_{12} + |W_{RI}|$ sind Prozessgrößen, die entweder die Systemgrenze überschreiten können oder innerhalb der Systemgrenze wirken; $|W_{RI}|$ wirkt nur innerhalb der Systemgrenze. Q_{T12} als eine mit W_{p12}, W_{V12} und $(Q_{12})_{rev}$ in Beziehung stehende Prozessgröße beschreibt offenbar eine prozessinterne Zustandsänderung des Systems (Stoffs) und überschreitet somit nicht die Systemgrenze. Für diese Prozessgrößen gilt:

$$\int\limits_1^2 d\,(p\,V) = \int\limits_1^2 p\,dV + \int\limits_1^2 V\,dp = p_2\,V_2 - p_1\,V_1 = -W_{V12} + W_{p12}$$

$$\int\limits_1^2 d\,(T\,S) = \int\limits_1^2 T\,dS + \int\limits_1^2 S\,dT = T_2\,S_2 - T_1\,S_1 = (Q_{12})_{rev} + Q_{T12} = Q_{s12} + Q_{T12}$$

© Springer Fachmedien Wiesbaden GmbH, ein Teil von Springer Nature 2023
M. Dehli et al., *Grundlagen der Technischen Thermodynamik*,
https://doi.org/10.1007/978-3-658-41251-7_7

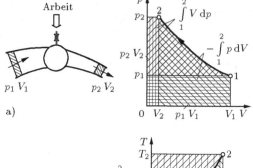

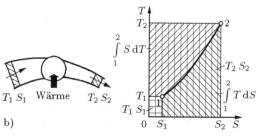

a)

b)

Bild 7.2   a) Darstellung der Differenz der Verschiebearbeit $p_2 V_2 - p_1 V_1$ mit Hilfe der Volumenänderungsarbeit W_{V12} und der Druckänderungsarbeit W_{p12} im p, V-Diagramm
b) Darstellung der Differenz der gebundenen Energie $T_2 S_2 - T_1 S_1$ mittels der Entropieänderungswärme Q_{s12} und der Temperaturänderungswärme Q_{T12}

Im Folgenden werden ergänzend zu Abschnitt 4.3.5 Gleichungen für die Temperaturänderungswärme Q_{T12} angegeben, die für polytrope Zustandsänderungen idealer Gase den Zusammenhang mit den genannten Prozessgrößen beschreiben:

$$\frac{Q_{T12}}{W_{V12}} = (n-1)\frac{s_1}{R} + \frac{n-\kappa}{\kappa-1}\left(\frac{T_2}{T_2-T_1}\ln\frac{T_2}{T_1} - 1\right) \tag{7.5}$$

$$\frac{Q_{T12}}{W_{p12}} = \frac{n-1}{n}\frac{s_1}{R} + \frac{n-\kappa}{n(\kappa-1)}\left(\frac{T_2}{T_2-T_1}\ln\frac{T_2}{T_1} - 1\right) \tag{7.6}$$

$$\frac{Q_{T12}}{Q_{s12}} = \frac{(\kappa-1)(n-1)}{n-\kappa}\frac{s_1}{R} + \frac{T_2}{T_2-T_1}\ln\frac{T_2}{T_1} - 1 = \frac{s_1}{c_n} + \frac{T_2}{T_2-T_1}\ln\frac{T_2}{T_1} - 1 \tag{7.7}$$

Tabelle 7.1   Gleichungen für die Temperaturänderungswärme Q_{T12} bei polytroper Zustandsänderung eines idealen Gases

$$Q_{T12} = \left[s_1 + c_n\left(\frac{T_2}{T_2-T_1}\ln\frac{T_2}{T_1} - 1\right)\right]\frac{p_1 V_1}{R}\left[\left(\frac{V_1}{V_2}\right)^{n-1} - 1\right] \tag{1}$$

$$Q_{T12} = \left[s_1 + c_n\left(\frac{T_2}{T_2-T_1}\ln\frac{T_2}{T_1} - 1\right)\right]\frac{p_1 V_1}{R}\left[\left(\frac{p_2}{p_1}\right)^{\frac{n-1}{n}} - 1\right] \tag{2}$$

$$Q_{T12} = \left[s_1 + c_n\left(\frac{T_2}{T_2-T_1}\ln\frac{T_2}{T_1} - 1\right)\right]m T_1\left[\left(\frac{V_1}{V_2}\right)^{n-1} - 1\right] \tag{3}$$

$$Q_{T12} = \left[s_1 + c_n\left(\frac{T_2}{T_2-T_1}\ln\frac{T_2}{T_1} - 1\right)\right]m T_1\left[\left(\frac{p_2}{p_1}\right)^{\frac{n-1}{n}} - 1\right] \tag{4}$$

$$Q_{T12} = \left[s_1 + c_n\left(\frac{T_2}{T_2-T_1}\ln\frac{T_2}{T_1} - 1\right)\right]m T_1\left(\frac{T_2}{T_1} - 1\right) \tag{5}$$

$$Q_{T12} = \left[s_1 + c_n\left(\frac{T_2}{T_2-T_1}\ln\frac{T_2}{T_1} - 1\right)\right]m (T_2 - T_1) \tag{6}$$

$$Q_{T12} = \left[s_1 + c_n\left(\frac{T_2}{T_2-T_1}\ln\frac{T_2}{T_1} - 1\right)\right]\frac{1}{R}(p_2 V_2 - p_1 V_1) \tag{7}$$

In Tabelle 7.1 sind die Gleichungen für die Temperaturänderungswärme Q_{T12} mit Hilfe von Gl. (7.7) berechnet.

Wegen der Wegabhängigkeit dieser vier Prozessgrößen ist es möglich, in einem Kreisprozess thermische Energie in mechanische Energie zu verwandeln und umgekehrt. Die Wirkungsweise der Energieumwandlung wird an folgendem Beispiel deutlich:

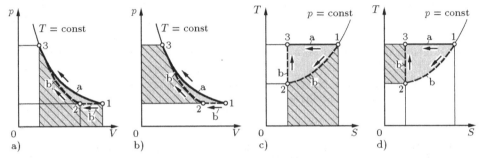

Bild 7.3 Die Wegabhängigkeit der Prozessgrößen

a) Volumenänderungsarbeit im p, V-Diagramm

b) Druckänderungsarbeit im p, V-Diagramm

c) Reversible Ersatzwärme (Entropieänderungswärme) im T, S-Diagramm

d) Temperaturänderungswärme im T, S-Diagramm

Wir komprimieren ein Gas vom Zustand 1 (p_1, T_1) (Bild 7.3)

- auf dem Weg a isotherm auf den Zustand 3 $(p_3, T_3 = T_1)$,

- auf dem Weg b zunächst isobar auf den Zustand 2 $(p_2 = p_1, T_2)$ und dann isentrop auf den Zustand 3 (p_3, T_3).

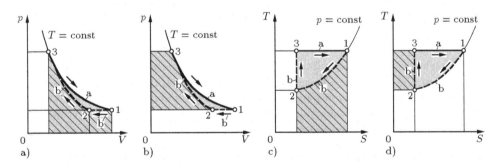

Bild 7.4

Kreisprozess Isobare – Isentrope – Isotherme

a) p, V-Diagramm, umfahrene Fläche $| - \oint p \, dV |$

b) p, V-Diagramm, umfahrene Fläche $| \oint V \, dp |$

c) T, S-Diagramm, umfahrene Fläche $| - \oint T \, dS |$

d) T, S-Diagramm, umfahrene Fläche $| \oint S \, dT |$

Die Abbildungen der Zustandsänderungen im p, V- und T, S-Diagramm zeigen, wie z. T. schon in Abschnitt 1.4 angegeben, dass die Prozessgrößen Volumenänderungsarbeit, Druckänderungsarbeit, reversible Ersatzwärme (d. h. Entropieänderungswärme) sowie Temperaturänderungswärme auf beiden Wegen a bzw. b unterschiedliche Werte annehmen.

Lassen wir das über den Weg b komprimierte Gas über den Weg a wieder expandieren (Bild 7.4), so durchläuft das Gas einen Kreisprozess. Im p, V- und T, S-Diagramm erscheinen geschlossene Kurvenzüge 1 − 2 − 3 − 1, die jeweils eine Fläche einschließen.

Die Ausführung des Kreisprozesses kann man sich in einer Verdrängermaschine vorstellen (Bild 7.5); dabei muss die Wärmeübertragung entsprechend gesteuert werden. Es ist jedoch auch möglich, Strömungsmaschinen mit Wärmeübertragern zusammenzuschließen. Dabei können die Strömungsmaschinen z. B. auf einer gemeinsamen Welle angeordnet sein. (Bild 7.6).

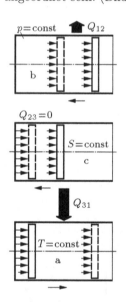

Bild 7.5 Verwirklichung des Kreisprozesses nach Bild 7.4 in einer Kolbenmaschine

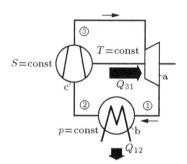

Bild 7.6 Verwirklichung des Kreisprozesses nach Bild 7.4 durch Reihenschaltung von Strömungsmaschinen und Wärmeübertrager

Die in Abschnitt 6 getroffene Unterscheidung in ideale und wirkliche Maschinen lässt sich auch auf Kreisprozesse anwenden, da diese Maschinen den Hauptbestandteil der Kreisprozesse bilden. In einem idealen Kreisprozess müssen demnach die gleichen Bedingungen wie für ideale Maschinen erfüllt sein. Vom idealen Kreisprozess ist der wirkliche Kreisprozess zu unterscheiden.

In der Praxis lassen sich die Bedingungen eines Kreisprozesses häufig nicht erfüllen. So bereitet z. B. die notwendige Zufuhr oder Abgabe großer Wärmeströme bei der konstruktiven Gestaltung der Verdrängermaschinen erhebliche Schwierigkeiten. Sie lassen sich umgehen, wenn man die äußere Wärmezufuhr durch die innere Verbrennung eines Brennstoff-Luft-Gemisches ersetzt und anstelle der Wärmeabgabe das Arbeitsgas auswechselt. Diese Technik wird insbesondere bei den Verbrennungskraftmaschinen angewandt, zu denen die Verbrennungsmotoren, aber auch die Gasturbinenanlagen mit Brennkammer gehören. Obgleich damit ein offener Prozess entsteht, werden die diesen Maschinen zugrunde liegenden Prozesse als Kreisprozesse behandelt (Abschnitte 7.4.1 und 7.4.2).

7.1 Kreisprozessarbeit, Wärmezufuhr und Wärmeabgabe

Der Begriff des Kreisintegrals, den wir im Folgenden benötigen, war im Abschnitt 3.5.3 eingeführt worden. Danach wird ein Kreisintegral gleich null, wenn der zu integrierende Ausdruck ein totales Differential ist. Ein totales Differential liegt dann vor, wenn es sich um das Differential einer Zustandsgröße handelt (Abschnitt 3.3.3). So war beispielsweise das Kreisintegral über das Differential der Entropie nach Gl. (3.103) gleich null. Ist die Integration über eine Prozessgröße auszuführen, so wird das Kreisintegral nicht gleich null wie im Fall der Gln. (3.106) und (3.107).

Berechnet man für den Kreisprozess nach Bild 7.4 die insgesamt auftretende Volumenänderungsarbeit, so ist nach Abschnitt 3.5.3

$$W_{V12} + W_{V23} + W_{V31} = \oint dW_V = - \oint p\, dV\ . \tag{7.8}$$

Entsprechend erhält man für die Druckänderungsarbeit

$$W_{p12} + W_{p23} + W_{p31} = \oint dW_p = \oint V dp\ . \tag{7.9}$$

Der Absolutwert jedes der beiden Kreisintegrale in den Gln. (7.8) und (7.9) entspricht dem Inhalt der von den Zustandskurven im p, V-Diagramm eingeschlossenen Fläche (Bild 7.4 a und b). Demnach muss gelten:

$$- \oint p\, dV = \oint V dp = W_{Kreis} \tag{7.10}$$

Die gleiche Beziehung ist auch in Gl. (3.104) dargestellt. W_{Kreis} wird als Kreisprozessarbeit bezeichnet.

Für ideale Kreisprozesse wird die reversibel übertragene Wärme im T, S-Diagramm abgebildet. Nach Bild 7.4 c ist

$$(Q_{12})_{rev} + (Q_{23})_{rev} + (Q_{31})_{rev} = \oint dQ_{rev} = Q_{s12} + Q_{s23} + Q_{s31} = \oint dQ_s \tag{7.11}$$

Gleichermaßen gilt (vgl. Bild 7.4 d):

$$Q_{T12} + Q_{T23} + Q_{T31} = \oint dQ_T \tag{7.12}$$

Der Absolutwert jedes der beiden Kreisintegrale in den Gln. (7.11) und (7.12) gibt die von den Zustandskurven im T, S-Diagramm eingeschlossene Fläche an. Weil gemäß Bild 7.4 die in der Summe zugeführte reversible Wärme (Entropieänderungswärme) im Vergleich zu jeweils in der Summe abgegebener Volumenänderungsarbeit, abgegebener Druckänderungsarbeit und negativer Temperaturänderungswärme ein verschiedenes Vorzeichen hat, gilt

$$\oint dW_V = \oint dW_p = W_{Kreis} = - \oint dQ_{rev} = - \oint dQ_s = \oint dQ_T \tag{7.13}$$

$$- \oint p\, dV = \oint V dp = W_{Kreis} = - \oint T dS = \oint S dT\ . \tag{7.14}$$

Die zwischen dem idealen Kreisprozess und der Umgebung reversibel übertragene Wärme lässt sich nach Gl. (3.105) unterteilen in die

dem idealen Kreisprozess insgesamt zugeführte reversible Wärme $(Q_{zu})_{rev}$
vom idealen Kreisprozess insgesamt abgegebene reversible Wärme $(Q_{ab})_{rev}$.

Für ideale Kreisprozesse gilt

$$\oint dQ_{rev} = (Q_{zu})_{rev} - |(Q_{ab})_{rev}| \ . \tag{7.15}$$

Kreisprozesse bilden geschlossene Systeme. Für ideale Kreisprozesse erhält man durch
Anwendung der Gl. (3.76)

$$\oint dQ_{rev} - \oint p\,dV = \oint dU \ . \tag{7.16}$$

Hat eine Gasmenge einen Kreisprozess durchlaufen, so befinden sich alle Zustandsgrößen wieder im Ausgangszustand. Für die innere Energie gilt deshalb, bezogen auf den
in Bild 7.4 dargestellten Kreisprozess,

$$U_2 - U_1 + U_3 - U_2 + U_1 - U_3 = 0 \ . \tag{7.17}$$

Allgemein lässt sich formulieren

$$\oint dU = 0 \ . \tag{7.18}$$

Damit liefern die Gln. (7.16) und (7.13) bzw. (7.14) die gleiche Aussage.

Auch bei wirklichen Kreisprozessen lässt sich die übertragene Wärme in zu- und abgeführte Wärme unterteilen, wie an den in den Bildern 7.5 und 7.6 dargestellten Beispielen
deutlich wird. Man bezeichnet die

dem wirklichen Kreisprozess insgesamt zugeführte Wärme mit Q_{zu}
vom wirklichen Kreisprozess insgesamt abgegebene Wärme mit Q_{ab}.

Für wirkliche Kreisprozesse gilt

$$\oint dQ = Q_{zu} - |Q_{ab}| \ . \tag{7.19}$$

Wenden wir die Formulierungen des ersten Hauptsatzes für geschlossene Systeme nach
den Gln. (2.47) und (2.55) auf die wirklichen Kreisprozesse an, so entstehen die Gleichungen

$$\oint dQ + \oint dW_V + \oint |dW_{RI}| = 0 \tag{7.20}$$

und

$$\oint dQ + \oint dW_e - \oint |dW_{RA}| = 0 \ . \tag{7.21}$$

Schreibt man für die Kreisintegrale der Prozessgrößen vereinfachend

$$\oint dW_e = W_e \qquad \oint |dW_{RI}| = |W_{RI}| \qquad \oint |dW_{RA}| = |W_{RA}| , \qquad (7.22)$$

so lassen sich die in Tabelle 7.2 zusammengestellten Gleichungen für Kreisprozesse bilden.

Tabelle 7.2 Energiebilanzen der Kreisprozesse

idealer Kreisprozess
$(Q_{zu})_{rev} - |(Q_{ab})_{rev}| + W_{Kreis} = 0$ (1)
$(Q_{zu})_{rev} - |(Q_{ab})_{rev}| + (W_e)_{id} = 0$ (2)
$(W_e)_{id} = W_{Kreis}$ (3)
wirklicher Kreisprozess
$Q_{zu} - |Q_{ab}| + W_{Kreis} + |W_{RI}| = 0$ (4)
$Q_{zu} - |Q_{ab}| + W_e - |W_{RA}| = 0$ (5)
$W_e = W_{Kreis} + |W_{RI}| + |W_{RA}|$ (6)

In einem idealen Kreisprozess ist die Kupplungsarbeit gleich der Kreisprozessarbeit.

Wirken die Strömungsmaschinen eines Kreisprozesses auf eine gemeinsame Welle, so ist es möglich, die Kupplungsarbeit des Kreisprozesses $(W_e)_{id}$ bzw. W_e aus den Kupplungsarbeiten der Verdichter $(W_{eV})_{id}$ bzw. W_{eV} und der Turbinen $(W_{eT})_{id}$ bzw. W_{eT} zu berechnen:

$$(W_e)_{id} = (W_{eV})_{id} + (W_{eT})_{id} \qquad (7.23)$$

$$W_e = W_{eV} + W_{eT} \qquad (7.24)$$

7.2 Rechts- und linkslaufende Kreisprozesse

Die in Bild 7.4 gewählte Folge von Zustandsänderungen ergibt einen rechtslaufenden Umlaufsinn für den Kreisprozess. Bei Ablauf in einer Verdrängermaschine ist die aufzuwendende Kompressionsarbeit kleiner als die gewonnene Expansionsarbeit. Der Kreisprozess liefert mechanische Energie. Aus dem T, S-Diagramm erkennt man, dass dem Kreisprozess mehr Wärme zu- als abgeführt werden muss. Rechtslaufende Kreisprozesse sind demnach Kraftmaschinenprozesse.

Ändern wir den Umlaufsinn in der Maschine, indem wir über den Weg a komprimieren und über b expandieren, so entsteht ein linkslaufender Kreisprozess. Da jetzt die aufzuwendende Kompressionsarbeit größer als die gewonnene Expansionsarbeit ist, verbraucht der Kreisprozess mechanische Energie. Da gleichzeitig die Wärmeabgabe größer als die Wärmeaufnahme wird, sind linkslaufende Kreisprozesse Arbeitsmaschinenprozesse.

Tabelle 7.3 Energieumsetzung der Kreisprozesse

rechtslaufende Kreisprozesse	linkslaufende Kreisprozesse
Kraftmaschinenprozesse	Arbeitsmaschinenprozesse
Abgabe mechanischer Energie	Zufuhr mechanischer Energie
Wärmezufuhr größer als Wärmeabgabe	Wärmeabgabe größer als Wärmezufuhr

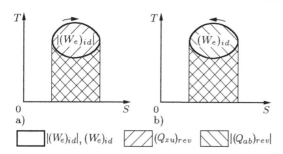

Bild 7.7 Kreisprozess im T, S-Diagramm (Zustandsänderungen schematisch)
a) rechtslaufend   b) linkslaufend

Bild 7.7 zeigt die Energiegrößen für ideale Kreisprozesse im T, S-Diagramm. Die Zustandsänderungen sind schematisch angenommen.

7.3   Die Theorie der rechtslaufenden Kreisprozesse

Rechtslaufende Kreisprozesse bilden die theoretische Berechnungsgrundlage für die Wärmekraftmaschinen und -anlagen. In ihnen wird thermische Energie, die z. B. bei der Verbrennung von Brennstoffen frei wird, in mechanische Energie umgewandelt.

Die erforderliche Wärmezufuhr an den Prozess erfolgt durch Wärmeübertrager (z. B. Kessel der Dampfkraftanlage) oder innere Verbrennung (z. B. Verbrennungsmotoren). Allgemein bezeichnet man die Wärmeerzeugung als Wärmequelle. Die bei jedem rechtslaufenden Kreisprozess erforderliche Wärmeabgabe erfolgt an einen Kühlwasserkreislauf (z. B. Kondensator der Dampfkraftanlage) oder die Umgebung (z. B. Verbrennungsmotoren). Die abgegebene Wärme des Kreisprozesses und die äußere Reibungsarbeit $|W_{RA}|$ werden von der Wärmesenke aufgenommen. Nach Tabelle 7.2 Gl. (5) ist

$$Q_{zu} = -W_e + |Q_{ab}| + |W_{RA}| \,. \qquad (7.25)$$

Da bei einem rechtslaufenden Kreisprozess mechanische Energie abgegeben wird, ist

$$-W_e = |W_e| \,. \qquad (7.26)$$

Nur ein Teil der zugeführten Wärme Q_{zu} wird in mechanische Energie $|W_e|$ umgeformt, der Rest $|Q_{ab}|$ und $|W_{RA}|$ wird als Wärme von der Wärmesenke aufgenommen:

$$Q_{zu} = |W_e| + |Q_{ab}| + |W_{RA}| \qquad (7.27)$$

Wir betrachten einen beliebigen rechtslaufenden Kreisprozess, dessen Ersatzprozess im T, S-Diagramm Bild 7.8 a) abgebildet ist. Die Temperatur der Wärmequelle sei T_{Qu}, im Kreisprozess erfolgt die Wärmeaufnahme im oberen Teil des Kurvenzugs von 1 nach 2. Um eine ausreichende Wärmeübertragung zu gewährleisten, muss die Temperatur der Wärmequelle T_{Qu} höher als die Temperatur der Wärmeaufnahme sein, deren Mittelwert in Bild 7.8 a) mit T_{zu} bezeichnet ist. Umgekehrt muss die Temperatur der Wärmesenke

T_{Se} tiefer als die Temperatur im wärmeabgebenden Teil des Kreisprozesses (unterer Teil des Kurvenzugs von 2 nach 1) sein. Der Mittelwert der Temperatur der Wärmeabgabe ist mit T_{ab} bezeichnet.

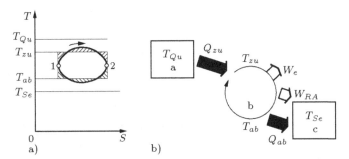

Bild 7.8 Rechtslaufender Kreisprozess   a) T, S-Diagramm (Zustandsänderungen schematisch) b) Modellvorstellung   a Wärmequelle   b Kreisprozess   c Wärmesenke

In Bild 7.8 b) sind diese Überlegungen in eine Modellvorstellung übersetzt.

7.3.1 Umwandlung von thermischer in mechanische Energie

In einem rechtslaufenden Kreisprozess kann die zugeführte Wärme Q_{zu} niemals vollständig in mechanische Energie verwandelt werden, stets enthält ein Kreisprozess auch eine Wärmeabgabe Q_{ab}. Nur dann, wenn wir den Kreisprozess nach Bild 7.8 so verändern würden, dass der untere Kurvenzug von 2 nach 1 auf der Abszissenachse verlaufen würde, wäre die Wärmeabgabe gleich null (Bild 7.9). Dann müsste aber auch die Temperatur T_{ab} gleich null sein, was bekanntlich nicht möglich ist. Es lässt sich nachweisen, dass der zweite Hauptsatz der Thermodynamik verletzt werden würde, wenn die von der Wärmequelle an den Kreisprozess übertragene Wärme Q_{zu} vollständig in mechanische Energie verwandelt werden könnte.

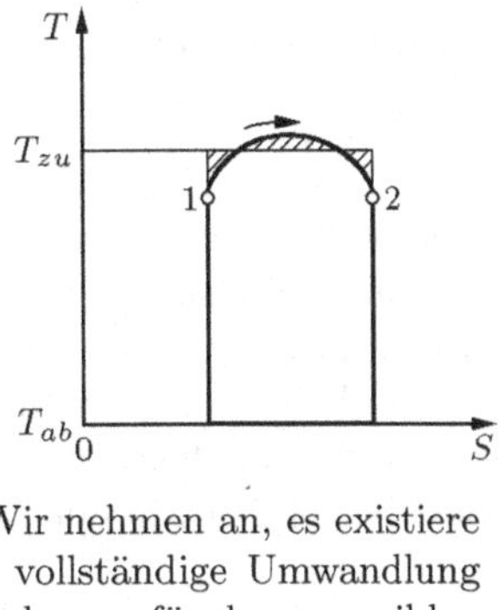

Bild 7.9 Rechtslaufender Kreisprozess ohne Abgabe von Wärme

Nach *Baehr*[1] [7] lässt sich dieser Beweis folgendermaßen führen: Wir nehmen an, es existiere eine Maschine, die ohne Wärmesenke auskommt und damit die vollständige Umwandlung der Energie leisten würde. Wir können dann die Gesamtentropieänderung für den reversiblen Ersatzprozess berechnen. Für die Wärmequelle ist die Entropieänderung, da stets Wärme abgegeben wird,

$$S_{2Qu} - S_{1Qu} = - \int\limits_{1}^{2} \frac{\mathrm{d}Q_{rev}}{T} \, . \tag{7.28}$$

---

[1]*Hans Dieter Baehr*, 1928 bis 2015, Professor für Thermodynamik in Hannover und Hamburg, leistete zahlreiche Beiträge zur Thermodynamik.

Für den Kreisprozess gilt, da die Entropie S eine Zustandsgröße ist,

$$\oint dS = 0 \ . \tag{7.29}$$

Durch Addition der beiden Entropieänderungen nach den Gln. (7.28) und (7.29) erhält man die Gesamtentropieänderung

$$S_{2Qu} - S_{1Qu} + \oint dS = - \int_1^2 \frac{dQ_{rev}}{T} \ . \tag{7.30}$$

Die Gesamtentropieänderung ist negativ. Nach dem zweiten Hauptsatz der Thermodynamik ist ein Prozess, für dessen Ersatzprozess die Gesamtentropieänderung negativ ist, nicht möglich.

Könnte eine Maschine konstruiert werden, in der die von der Wärmequelle an den Kreisprozess übertragene Wärme sich vollständig in mechanische Energie umwandeln ließe, so wäre es denkbar, die durch ständige Sonneneinstrahlung unerschöpflichen Vorräte an thermischer Energie der Luft oder des Meerwassers an diese Maschine zu übertragen und daraus mechanische Energie zu gewinnen. Eine derartige Energieumwandlung kann nach den gewonnenen Erkenntnissen jedoch nur erfolgen, wenn ein Teil der thermischen Energie an eine Wärmesenke mit einer tieferen Temperatur abgegeben werden kann. Ohne diese Wärmesenke ist keine „periodisch arbeitende thermische Maschine" möglich, welche die geplante Energieumwandlung leistet.

Eine derartige Maschine ohne Wärmesenke wurde von *Ostwald*[2] als perpetuum mobile zweiter Art bezeichnet. Seine Fassung des zweiten Hauptsatzes der Thermodynamik lautet:

> **Ein perpetuum mobile zweiter Art ist unmöglich.**

7.3.2   Der thermische Wirkungsgrad

Zur Beurteilung der verschiedenen Kreisprozesse benötigt man einen Beurteilungsmaßstab. Eine Möglichkeit, zu einem Vergleichsmaßstab zu gelangen, ist die Bildung des Quotienten aus Nutzen und Aufwand. Bei einem Kraftmaschinenprozess, der als rechtslaufender Kreisprozess realisiert wird, ist der Nutzen die Arbeit, die an der Kupplung zur Verfügung steht. Der Aufwand ist die zugeführte Wärme. Das Verhältnis der Kupplungsarbeit W_e zur Wärme Q_{zu} wird als thermischer Wirkungsgrad η_{th} bezeichnet. Da bei einem Kraftmaschinenprozess die Kupplungsarbeit W_e negativ ist, muss man, um positive Werte für den thermischen Wirkungsgrad zu erhalten, den Betrag von W_e verwenden:

$$\eta_{th} = \frac{-W_e}{Q_{zu}} = \frac{|W_e|}{Q_{zu}} \tag{7.31}$$

Mit Tabelle 7.2 Gl. (6) ist

$$\eta_{th} = \frac{-W_{Kreis} - |W_{RI}| - |W_{RA}|}{Q_{zu}} \tag{7.32}$$

---

[2] *Wilhelm Ostwald*, 1853 bis 1932, Professor für physikalische Chemie in Leipzig, 1909 Nobelpreis für Chemie.

und mit Tabelle 7.2 Gl. (5)

$$\eta_{th} = \frac{Q_{zu} - |Q_{ab}| - |W_{RA}|}{Q_{zu}} \qquad (7.33)$$

$$\eta_{th} = 1 - \frac{|Q_{ab}| + |W_{RA}|}{Q_{zu}} \quad . \qquad (7.34)$$

Für einen idealen Kreisprozess ergibt sich nach Tabelle 7.2 Gl. (3)

$$\eta_{th} = \frac{|(W_e)_{id}|}{(Q_{zu})_{rev}} = \frac{-W_{Kreis}}{(Q_{zu})_{rev}} \qquad (7.35)$$

oder mit Tabelle 7.2 Gl. (2)

$$\eta_{th} = \frac{(Q_{zu})_{rev} - |(Q_{ab})_{rev}|}{(Q_{zu})_{rev}} = 1 - \frac{|(Q_{ab})_{rev}|}{(Q_{zu})_{rev}} \quad . \qquad (7.36)$$

7.3.3 Der rechtslaufende *Carnot*-Prozess

Es ist von großem praktischem Interesse, welchen maximalen Wert der thermische Wirkungsgrad erreichen kann oder — anders ausgedrückt — welche mechanische Energie aus einer zur Verfügung stehenden Wärme Q_{zu} in einem Kreisprozess gewonnen werden kann.

Dabei soll als zusätzliche Bedingung angenommen werden, dass die Wärmequelle die Wärme Q_{zu} bei der konstanten Temperatur T_{Qu} zur Verfügung stellt und die Wärmesenke Q_{ab} bei der konstanten Temperatur T_{Se} aufnimmt. Wärmequelle (z. B. ein Heißwasserkessel) und Wärmesenke (z. B. die freie Atmosphäre) sind demnach so groß, dass sich ihre Temperaturen durch die Wärmeübertragung nur vernachlässigbar verändern (Bild 7.10 a).

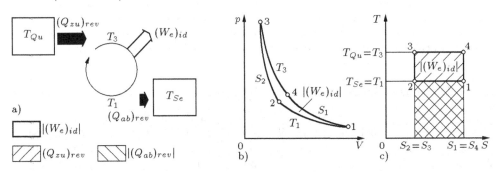

Bild 7.10 Rechtslaufender *Carnot*-Prozess
a) Modellvorstellung   b) p, V-Diagramm   c) T, S-Diagramm

Wie im nächsten Abschnitt bewiesen wird, besteht eine erste Bedingung für das Erreichen des maximalen thermischen Wirkungsgrades im reversiblen Ablauf des gesamten Prozesses. Diese Bedingung ist erfüllt, wenn alle Teilprozesse reversibel sind:

1) Die Wärmeübertragung von der Wärmequelle an den Kreisprozess: Wärmequelle und der die Zustandsänderung des Kreisprozesses ausführende Stoffstrom müssen die gleiche Temperatur aufweisen. Die Wärmeaufnahme $Q_{zu} = (Q_{zu})_{rev}$ im Kreisprozess muss auf der Isotherme

$$T_{Qu} = T_{zu} = T_3 \qquad (7.37)$$

erfolgen.

2) Die Arbeitsweise der Maschine im Kreisprozess: Alle eingesetzten Maschinen müssen ideale Maschinen ohne Reibung sein.

3) Die Wärmeübertragung vom Kreisprozess an die Wärmesenke: Der Kreisprozess muss die Wärme $Q_{ab} = (Q_{ab})_{rev}$ bei der Temperatur der Wärmesenke und damit auf der Isotherme

$$T_{Se} = T_{ab} = T_1 \qquad (7.38)$$

abgeben.

Die Verbindung beider Isothermen des Kreisprozesses T_1 und T_3 kann nur durch Zustandsänderungen bewirkt werden, auf denen keine Wärmeübertragung zwischen Wärmequelle bzw. Wärmesenke und Kreisprozess erfolgt; diese Zustandsänderungen können z. B. isentrope Zustandsänderungen sein (vgl. dazu auch die Abschnitte 7.4.3 bis 7.4.5). Damit erhalten wir den in Bild 7.10 b) und c) dargestellten Verlauf des Kreisprozesses. Er wurde erstmals von *Carnot*[3] angegeben und wird deshalb als *Carnot*-Prozess bezeichnet. Um den thermischen Wirkungsgrad zu ermitteln, berechnen wir die Wärmeübertragung auf den Isothermen:

$$(Q_{zu})_{rev} = (Q_{34})_{rev} = T_3(S_4 - S_3) = T_{Qu}(S_4 - S_3) \qquad (7.39)$$

$$|(Q_{ab})_{rev}| = |(Q_{12})_{rev}| = T_1(S_1 - S_2) = T_{Se}(S_4 - S_3) \qquad (7.40)$$

Nach Gl. (7.36) folgt

$$\eta_{th\ C} = 1 - \frac{|(Q_{ab})_{rev}|}{(Q_{zu})_{rev}} = 1 - \frac{T_1}{T_3} = 1 - \frac{T_{Se}}{T_{Qu}} \ . \qquad (7.41)$$

Der thermische Wirkungsgrad des *Carnot*-Prozesses ist nur von den Temperaturen der Wärmequelle und der Wärmesenke abhängig.

7.3.4 Die Auswirkung irreversibler Vorgänge

Es lässt sich zeigen, dass irreversible Vorgänge den thermischen Wirkungsgrad verringern. Unter den möglichen irreversiblen Vorgängen wollen wir die zwei wichtigsten herausgreifen: die Wärmeübertragung mit Temperaturgefälle und die Reibungsarbeit. Wir legen der Untersuchung einen rechtslaufenden *Carnot*-Prozess zugrunde. Durch die genannten irreversiblen Vorgänge soll dieser Prozess verändert werden. Dabei sollen beide Vorgänge nicht gleichzeitig auftreten. Zunächst soll die Wirkung der irreversiblen Wärmeübertragung untersucht werden, während die Maschinen, in denen die Zustandsänderungen ablaufen, weiterhin reibungsfrei arbeiten.

---

[3]*Sadi Carnot*, 1796 bis 1832, trat 1814 in das französische Geniekorps ein, nahm aber 1828 als Kapitän seinen Abschied und lebte als Privatgelehrter.

Im T, S-Diagramm des Bildes 7.11 wird der Ersatzprozess dieses irreversiblen Kreisprozesses abgebildet. Die zugeführte Wärme Q_{zu}, entsprechend der Fläche AB6CA, soll ebenso groß wie beim *Carnot*-Prozess (Abschnitt 7.3.3) sein und dem Kreisprozess bei der gleichen Temperatur T_{Qu} wie beim *Carnot*-Prozess zur Verfügung stehen. Der Kreisprozess nimmt diese Wärme aber bei der niedrigeren Temperatur

$$T_3 = T_{Qu} - \Delta T_{Qu} \tag{7.42}$$

auf: Die Fläche 34DC3 ist also gleich der Fläche AB6CA:

$$Q_{zu} = T_{Qu}(S_6 - S_2) = T_3(S_1 - S_2) \tag{7.43}$$

Die Wärmeabgabe des Kreisprozesses (Fläche 21DC2) erfolgt bei der Temperatur

$$T_1 = T_{Se} + \Delta T_{Se} . \tag{7.44}$$

Bild 7.11 Irreversibler Prozess mit Wärmeübertragung unter Temperaturgefälle
a) Modellvorstellung
b) T, S-Diagramm

□ $|W_e|$ ▨ Q_{zu}

◩ $|Q_{ab}|$ a)

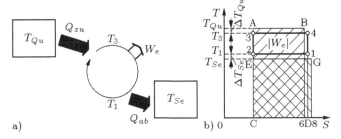

Die Senke nimmt die gleiche Wärme bei der Temperatur T_{Se}, die auch die Temperatur der Senke des *Carnot*-Prozesses ist, auf: Die Fläche 21DC2 ist also gleich der Fläche EG8CE.

$$|Q_{ab}| = T_1(S_1 - S_2) = T_{Se}(S_8 - S_2) \tag{7.45}$$

Nach Gl. (7.31) folgt für den thermischen Wirkungsgrad des Kreisprozesses

$$\eta_{th} = 1 - \frac{|Q_{ab}|}{Q_{zu}} = 1 - \frac{T_1(S_1 - S_2)}{T_3(S_1 - S_2)} = 1 - \frac{T_1}{T_3} = 1 - \frac{T_{Se} + \Delta T_{Se}}{T_{Qu} - \Delta T_{Qu}} . \tag{7.46}$$

Gl. (7.46) ergibt einen kleineren thermischen Wirkungsgrad als Gl. (7.41).

Bild 7.12 Irreversibler Prozess mit wirklichen Maschinen
a) Modellvorstellung
b) T, S-Diagramm

□ $|W_e| + |W_{RI}| + |W_{RA}|$

▨ Q_{zu} ◩ $|Q_{ab}|$

▦ $|W_{RI}|$

a)   b)

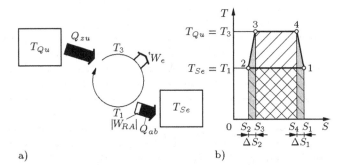

Die Wirkung der Reibungsarbeit auf den thermischen Wirkungsgrad lässt sich verdeutlichen, wenn an die Stelle der im *Carnot*-Prozess verwendeten idealen Maschinen wirkliche Maschinen treten.

Die Verdichtung 2 – 3 soll ein adiabater Verdichter, die Entspannung 4 – 1 eine adiabate Turbine bewirken. Es entsteht ein Kreisprozess, dessen Ersatzprozess in Bild 7.12 wiedergegeben ist. Die Wärmezufuhr an den Kreisprozess erfolgt reversibel bei der Temperatur der Wärmequelle $T_{Qu} = T_3$:

$$Q_{zu} = T_{Qu}(S_4 - S_3) = T_3(S_4 - S_3) \qquad (7.47)$$

Die Wärmeabgabe ist ebenfalls reversibel bei der Temperatur $T_1 = T_{Se}$:

$$|Q_{ab}| = T_1(S_1 - S_2) = T_{Se}(S_1 - S_2) = T_{Se}(S_4 - S_3 + \Delta S_1 + \Delta S_2) \qquad (7.48)$$

Für den thermischen Wirkungsgrad erhält man nach Gl. (7.34)

$$\eta_{th} = 1 - \frac{|Q_{ab}| + |W_{RA}|}{Q_{zu}} = 1 - \frac{T_{Se}}{T_{Qu}} - \frac{T_{Se}(\Delta S_1 + \Delta S_2) + |W_{RA}|}{T_{Qu}(S_4 - S_3)} . \qquad (7.49)$$

Man erkennt, dass bei gleicher Temperatur von Wärmequelle T_{Qu} und Wärmesenke T_{Se} wie in Gl. (7.41) der thermische Wirkungsgrad durch die Irreversibilität der Reibungsarbeit kleiner wird.

In der Praxis liefert häufig die Wärmeübertragung unter Temperaturgefälle die größten Irreversibilitäten eines Kreisprozesses. So entsteht beispielsweise die thermische Energie im Dampferzeuger (Kessel) eines Dampfkraftwerks durch die Verbrennung der Brennstoffe bei ca. 1200 °C, sie wird jedoch im günstigsten Fall von Wasserdampf im Dampfkessel unterhalb von etwa 540 °C bis 650 °C aufgenommen. Bei Verbrennungsmotoren und Gasturbinenanlagen, in denen die Abgase die Maschine mit Temperaturen von etwa 350 °C bis 1050 °C verlassen (Gasturbinenanlagen: 450 °C bis 620 °C; *Otto*-Saugmotoren: 700 °C bis 1050 °C; *Diesel*-Saugmotoren 700 °C bis 900 °C; *Otto*- und *Diesel*motoren mit Abgas-Turbolader: 350 °C bis 400 °C), besteht das Temperaturgefälle auf der Seite der Wärmesenke, die durch die Umgebungsluft mit der konstanten Temperatur von etwa 20 °C gebildet wird.

Mit kombinierten Prozessen können diese Irreversibilitäten verringert werden: In Gas- und Dampfturbinenkraftwerken (GuD-Kraftwerken) ist dem Dampfkraftprozess ein Gasturbinenprozess vorgeschaltet, mit dem ein Temperaturgefälle zwischen rund 1250 °C und etwa 600 °C zur Gewinnung von Arbeit genutzt wird; der nachgeschaltete Dampfkraftprozess nutzt ein Temperaturgefälle zwischen rund 540 °C und etwa 30 °C. Verbrennungsmotoren können mit einer Abgasturbine kombiniert werden, die ihrerseits einen Kompressor zur Verbrennungsluftverdichtung antreibt: Dabei nutzt der nach dem *Diesel*- oder *Otto*-Prozess arbeitende Verbrennungsmotor ein Temperaturgefälle z. B. zwischen rund 2000 °C und etwa 550 °C, während die Abgasturbine den Temperaturbereich zwischen rund 550 °C und etwa 370 °C nutzt.

Die Aufzählung der Irreversibilitäten ist nicht vollständig. In Verbrennungsmotoren gehört die Verbrennung des Kraftstoffs zu den wesentlichen Quellen der Irreversibilität. Um sie zu vermeiden, versucht man, den Verbrennungsprozess durch die reversible Oxidation zu ersetzen. Dieses Ziel verfolgen Energieumformungsanlagen, die nach dem Prinzip der Brennstoffzellen arbeiten (vgl. Abschnitt 12.12).

7.3.5   Der *Carnot*-Faktor

Die besondere Bedeutung des *Carnot*-Prozesses ergibt sich bei einem Vergleich mit anderen Kreisprozessen. Dabei können wir uns auf die Betrachtung idealer Kreisprozesse beschränken, da die Irreversibilität in jedem Fall den thermischen Wirkungsgrad verringert.

Für den *Carnot*-Prozess und einen beliebigen Kreisprozess sollen die Maximaltemperatur der Wärmequelle T_{Qu} und die Minimaltemperatur der Wärmesenke T_{Se} jeweils gleich sein. Wärmezufuhr und Wärmeabgabe entsprechen den Flächen im T,S-Diagramm gemäß Bild 7.13:

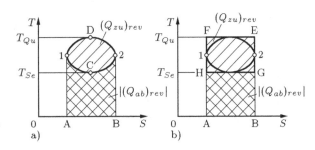

Bild 7.13 Vergleich eines beliebigen idealen Kreisprozesses (a) mit dem umschriebenen *Carnot*-Prozess (b) bei gleichen Temperaturen T_{Qu} und T_{Se}

Carnot-Prozess:

$$\eta_{th\;C} = 1 - \frac{|(Q_{ab})_{rev}|}{(Q_{zu})_{rev}} = 1 - \frac{\text{Fläche ABGHA}}{\text{Fläche ABEFA}} \tag{7.50}$$

beliebiger Kreisprozess:

$$\eta_{th} = 1 - \frac{|(Q_{ab})_{rev}|}{(Q_{zu})_{rev}} = 1 - \frac{\text{Fläche AB2C1A}}{\text{Fläche AB2D1A}} \tag{7.51}$$

Der Flächenvergleich zeigt, dass der *Carnot*-Prozess den größtmöglichen thermischen Wirkungsgrad bei vorgegebenen Temperaturgrenzen von Wärmequelle und Wärmesenke hat.

Der *Carnot*-Prozess hat somit grundsätzliche Bedeutung für die Umwandlung von thermischer Energie in mechanische Energie. Lösen wir Gl. (7.35) nach der Kupplungsarbeit $(W_e)_{id}$ auf und setzen als thermischen Wirkungsgrad den des *Carnot*-Prozesses nach Gl. (7.41) ein, so erhalten wir

$$|(W_e)_{id}| = \left(1 - \frac{T_{Se}}{T_{Qu}}\right)(Q_{zu})_{rev} = \eta_C (Q_{zu})_{rev} \;. \tag{7.52}$$

η_C wird als *Carnot*-Faktor bezeichnet. Er ist gleich dem thermischen Wirkungsgrad des *Carnot*-Prozesses.

Das Produkt aus *Carnot*-Faktor η_C und der bei der Temperatur T_{Qu} zur Verfügung stehenden Wärme $(Q_{zu})_{rev}$ gibt jenen Teil der Wärme an, der sich durch einen idealen rechtslaufenden *Carnot*-Kreisprozess zwischen den Temperaturen von Wärmequelle T_{Qu} und Wärmesenke T_{Se} in mechanische Energie $(W_e)_{id}$ umwandeln lässt.

Technisch gesehen ist es durchaus sinnvoll, nach jenem Teil der Wärme zu fragen, der sich zwischen zwei Temperaturgrenzen in mechanische Energie umformen lässt. Die maximale Temperatur eines Kreisprozesses ist häufig durch technologische Eigenschaften der zur Maschinenkonstruktion verwendeten Werkstoffe gegeben, während die minimale Temperatur durch die Notwendigkeit der Wärmeabfuhr bestimmt wird.

Bei Verbrennungsmotoren ist die Temperatur der Wärmequelle durch die Verbrennung des Brennstoffs vorgegeben: Die Temperatur des entstehenden Gasgemisches kann je nach Prozessführung kurzfristig z. B. auf 2000 °C bis 2200 °C ansteigen. Diese Höchsttemperatur tritt während einer so kurzen Zeitspanne auf, dass Zylinderwände und Kolbenboden nicht beschädigt werden. Die Schaufeln der Turbinen in Gasturbinen und Dampfkraftanlagen nehmen dagegen die Temperatur der eintretenden heißen Gase an. Die Gaseintrittstemperatur liegt deshalb bei kleinen Gasturbinen bei ca. 1000 °C, bei großen Gasturbinen von kombinierten Gas- und Dampfturbinenkraftwerken (GuD-Kraftwerken) bei ca. 1250 °C (Schaufelkühlung). Bei Dampfturbinen liegt die Dampfeintrittstemperatur im Allgemeinen bei ca. 540 °C bis 600 °C, in Sonderfällen bei ca. 650 °C.

Durch das Auswechseln des Arbeitsgases ist bei Verbrennungsmotoren die niedrigste Temperatur der Wärmesenke gleich der Temperatur der Umgebungsluft. Diese niedrigste Temperatur der Wärmesenke ist auch für den durch Wärmeübertragung an das Kühlwasser oder die Kühlluft gegebenen Anteil der Wärmeabgabe maßgeblich. Bei Gasturbinen- und Dampfkraftanlagen wird entweder die gleiche Wärmesenke (Kühlwasser bzw. Kühlluft) verwendet, oder die Wärmeabgabe des Kreisprozesses erfolgt bei höherer Temperatur, die eine Ausnutzung der thermischen Energie zur Wärmeversorgung (Prozesswärme, Raumheizung) erlaubt.

Beispiel 7.1 Welchen thermischen Wirkungsgrad erreicht ein rechtslaufender *Carnot*-Prozess, der zwischen einer Wärmequelle von 700 °C und einer Wärmesenke von 25 °C betrieben wird? Welcher Teil der zugeführten Wärme wird in mechanische Energie verwandelt? Wie erhöht sich der *Carnot*-Faktor, wenn es gelingt, die Temperatur der Wärmequelle auf 1100 °C zu steigern?

Nach Gl. (7.41) ist

$$\eta_C = 1 - \frac{T_1}{T_3} = 1 - \frac{298,15 \text{ K}}{973,15 \text{ K}} = 0,694 \ .$$

Also sind 69,4% der zugeführten Wärme in mechanische Energie umwandelbar. Bei Erhöhung auf $T_3 = 1373,15$ K

$$\eta_C = 1 - \frac{298,15 \text{ K}}{1373,15 \text{ K}} = 0,783$$

sind es 78,3%.

7.4   Technisch genutzte rechtslaufende Kreisprozesse

Der *Carnot*-Prozess erreicht zwar den günstigsten thermischen Wirkungsgrad bei vorgegebenen Temperaturen von Wärmequelle und Wärmesenke, seine Verwirklichung stößt jedoch auf erhebliche technische Schwierigkeiten (vgl. Abschnitt 7.5). Man konzentriert sich deshalb auf rechtslaufende Kreisprozesse, die technisch günstiger zu verwirklichen sind. Große Bedeutung haben Verbrennungsmotoren (*Otto*- und *Diesel*-Motoren) sowie Gasturbinen- und Dampfkraftanlagen erreicht.

Verbrennungsmotoren sind Verdrängermaschinen, die in einem offenen Prozess ein Kraftstoff-Luft-Gemisch (Vergaser-*Otto*-Motor) oder reine Luft (*Otto*-Motor mit Schichtladung, *Diesel*-Motor) ansaugen bzw. laden, dann verdichten, darauf den Kraftstoff mit Luftsauerstoff verbrennen, die entstandenen Abgase entspannen und schließlich wieder ausschieben. Die verwendete Luft wird nicht nur einer Reihe von Zustandsänderungen unterworfen, sondern durch die Verbrennung in begrenztem Ausmaß auch chemisch verändert. Mit guter Berechtigung nähert man den Maschinenprozess durch einen Vergleichsprozess an, bei dem Luft als eine Gasmenge gleichbleibender Zusammensetzung einen idealen Kreisprozess durchläuft.

In Gasturbinenanlagen werden Strömungsmaschinen eingesetzt. Dabei wird ein Gas durch einen Turbokompressor verdichtet und danach erhitzt. Das Gas durchströmt anschließend eine Turbine. Die Entwicklung von Gasturbinenanlagen hat sich nach zwei Richtungen hin vollzogen:

Bei der geschlossenen Bauart für ortsfeste Anlagen durchströmt das Gas zwei Wärmeübertrager, in denen es Wärme aufnimmt bzw. abgibt (Bild 7.14 a). Diese Anlagen dienen in erster Linie zum Antrieb von Generatoren und damit zur Erzeugung von elektrischer Energie. Das Gas durchläuft in diesen Anlagen einen Kreisprozess.

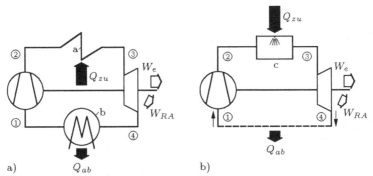

Bild 7.14 Gasturbinenprozesse   a) Geschlossene Bauart   b) offene Bauart
a Gaserhitzer   b Kühler   c Brennkammer

Bei der offenen Bauart ist die Gasturbine — z. B. als Antriebsaggregat für Flugzeuge oder auch bei ortsfesten Anlagen — auf geringes Gewicht und kleinen Platzbedarf hin konstruiert. Der Verdichter wird von Luft durchströmt; in einer Brennkammer wird anschließend Kerosin, leichtes Heizöl oder Erdgas mit der verdichteten Luft verbrannt. Die entstehenden Abgase werden in der Turbine entspannt. Dadurch entfallen die schweren Wärmeübertrager (Bild 7.14 b). Anstelle des tatsächlich ablaufenden offenen Prozesses legt man auch bei diesen Anlagen einen idealen Kreisprozess mit Luft als einer Gasmenge gleichbleibender Zusammensetzung dem *Joule*-Prozess zugrunde.

Um zu leichter überschaubaren Ergebnissen zu gelangen, verwendet man zur Berechnung der Vergleichsprozesse von Verbrennungsmotoren und Gasturbinenanlagen konstante spezifische Wärmekapazitäten.

Dampfkraftanlagen werden ebenso wie ortsfeste Gasturbinenanlagen zur Erzeugung elektrischer Energie eingesetzt. Der im Kessel erzeugte Dampf wird in einer Turbine entspannt und im Kondensator verflüssigt. Dabei kann die Kondensationstemperatur so hoch gewählt werden, dass die abzuführende Wärme zu Heizzwecken oder für die Prozesswärmeversorgung — z. B. im Rahmen einer Fernwärmeversorgung — verwendbar ist (Kraft-Wärme-Kopplung).

7.4.1 *Seiliger*-Prozess, *Otto*-Prozess, *Diesel*-Prozess, verallgemeinerter *Diesel*-Prozess

Reversible Vergleichsprozesse von Verbrennungsmotoren werden durch den *Seiliger*[4]-Prozess oder gemischten Vergleichsprozess beschrieben. *Otto*[5]-Prozess und *Diesel*[6]-Prozess sind als Sonderfälle enthalten.

---

[4] *Myron Seiliger*, geb. 1874, deutscher Ingenieur, schlug 1922 den nach ihm benannten Prozess für Verbrennunugsmotoren vor.
[5] *Nikolaus August Otto*, 1832 bis 1891, erfand den nach ihm benannten Viertakt-Gasmotor mit verdichteter Ladung.
[6] *Rudolf Diesel*, 1858 bis 1913, entwickelte den *Diesel*-Motor nach thermodynamischen Grundsätzen.

Die Verdichtung der angesaugten Gasmenge vom Volumen V_1 auf das Volumen V_2 erfolgt isentrop. Im Zusammenhang mit der Verdichtung verwendet man folgende Begriffe (Bild 7.15):

Hubvolumen

$$V_H = V_1 - V_2 \tag{7.53}$$

Kompressionsvolumen

$$V_K = V_2 = V_3 \tag{7.54}$$

Verdichtungsverhältnis

$$\varepsilon = \frac{V_1}{V_2} = \frac{V_H + V_K}{V_K} \tag{7.55}$$

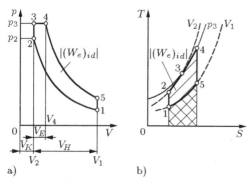

Bild 7.15 *Seiliger*-Prozess (Schraffuren wie bei Bild 7.10)
a) p, V-Diagramm   b) T, S-Diagramm

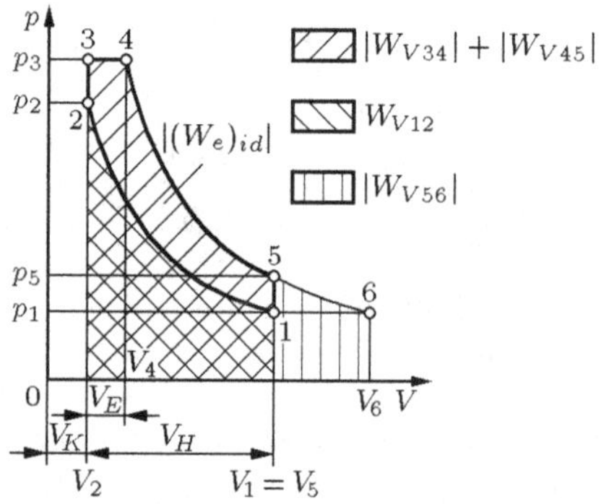

Bild 7.16 *Seiliger*-Prozess als offener Prozess im p, V-Diagramm

Anstelle der im Motor ablaufenden Verbrennung rechnet man mit einer isochoren Wärmezufuhr von 2 nach 3 und einer nachfolgenden isobaren Wärmezufuhr von 3 nach 4 an das Gas. Folgende Begriffe beschreiben diesen Vorgang:

Drucksteigerungsverhältnis $\psi = \dfrac{p_3}{p_2}$ (7.56)

Einspritzvolumen $V_E = V_4 - V_2 = V_4 - V_3$ (7.57)

Einspritzverhältnis $\varphi = \dfrac{V_4}{V_2} = \dfrac{V_4}{V_3} = \dfrac{V_K + V_E}{V_K}$ (7.58)

Die Expansion des Verbrennungsgases (Abgas) ist mit einer isentropen Zustandsänderung verbunden. Nach Erreichen des Volumens $V_5 = V_1$ ersetzt eine isochore Wärmeabgabe an die Umgebung den Wechsel von Abgas und Frischgas. Im Folgenden wird als Arbeitsmittel ein ideales Gas mit konstanten spezifischen Wärmekapazitäten vorausgesetzt. Die reversibel zugeführte Wärme ist

$$(Q_{zu})_{rev} = (Q_{23})_{rev} + (Q_{34})_{rev} = m\, c_v (T_3 - T_2) + m\, c_p (T_4 - T_3)\,. \tag{7.59}$$

Die reversibel abgegebene Wärme ist

$$|(Q_{ab})_{rev}| = |(Q_{51})_{rev}| = m\, c_v (T_5 - T_1)\,. \tag{7.60}$$

Daraus ergibt sich nach Tabelle 7.2 Gln. (1) und (3) die Kupplungsarbeit

$$(W_e)_{id} = W_{Kreis} = -m[c_v(T_3 + T_1 - T_2 - T_5) + c_p(T_4 - T_3)] \ . \qquad (7.61)$$

Mit den Gln. (7.59), (7.60) und (4.44) erhält man den thermischen Wirkungsgrad nach Gl. (7.36)

$$\eta_{th} = 1 - \frac{T_5 - T_1}{T_3 - T_2 + \kappa(T_4 - T_3)} \ . \qquad (7.62)$$

Zwischen den Temperaturen der jeweiligen Zustände gelten folgende Beziehungen:

$$\frac{T_5}{T_4} = \left(\frac{V_4}{V_1}\right)^{\kappa-1} = \left(\frac{V_4}{V_2}\frac{V_2}{V_1}\right)^{\kappa-1} = \left(\frac{\varphi}{\varepsilon}\right)^{\kappa-1} \qquad\qquad T_5 = T_4\left(\frac{\varphi}{\varepsilon}\right)^{\kappa-1} \qquad (7.63)$$

$$\frac{T_4}{T_3} = \frac{V_4}{V_3} = \frac{V_4}{V_2} = \varphi \qquad\qquad T_4 = T_3\,\varphi \qquad (7.64)$$

$$\frac{T_3}{T_2} = \frac{p_3}{p_2} = \psi \qquad\qquad T_3 = T_2\,\psi \qquad (7.65)$$

$$\frac{T_2}{T_1} = \left(\frac{V_1}{V_2}\right)^{\kappa-1} = \varepsilon^{\kappa-1} \qquad\qquad T_2 = T_1\,\varepsilon^{\kappa-1} \qquad (7.66)$$

Aus diesen Gleichungen folgt

$$T_3 = T_1\,\psi\,\varepsilon^{\kappa-1} \qquad T_4 = T_1\,\varphi\,\psi\,\varepsilon^{\kappa-1} \qquad T_5 = T_1\,\varphi^{\kappa}\,\psi \ . \qquad (7.67)$$

Die Gln. (7.66) und (7.67) werden in Gl. (7.62) eingesetzt:

$$\eta_{th} = 1 - \frac{\varphi^{\kappa}\,\psi - 1}{\varepsilon^{\kappa-1}\left[\psi - 1 + \kappa\,\psi\,(\varphi - 1)\right]} \qquad (7.68)$$

Bei einem *Otto*-Prozess entfällt die isobare Wärmezufuhr von 3 nach 4; deshalb ist $T_3 = T_4$ sowie $V_4 = V_3 = V_2$ und damit $\varphi = 1$. Aus den Gln. (7.62) bzw. (7.68) folgt

$$\eta_{th} = 1 - \frac{T_5 - T_1}{T_3 - T_2} \quad \text{und} \quad \eta_{th} = 1 - \frac{1}{\varepsilon^{\kappa-1}} \ . \qquad (7.69)$$

Bei einem *Diesel*-Prozess entfällt die isochore Wärmezufuhr von 2 nach 3; deshalb ist $T_2 = T_3$ sowie $p_2 = p_3 = p_4$ und damit $\psi = 1$. Aus den Gln. (7.62) bzw. (7.68) folgt

$$\eta_{th} = 1 - \frac{T_5 - T_1}{\kappa(T_4 - T_3)} \quad \text{und} \quad \eta_{th} = 1 - \frac{\varphi^{\kappa} - 1}{\varepsilon^{\kappa-1}\,\kappa\,(\varphi - 1)} \ . \qquad (7.70)$$

Eine Verbesserung des thermischen Wirkungsgrades η_{th} des *Diesel*-Prozesses ist mit Hilfe einer zeitlich dosierten mehrstufigen Einspritzung des Kraftstoffes und damit eines veränderten Verbrennungsvorganges möglich. Damit kann die isobare Wärmezufuhr von 3 nach 4 zu einer polytropen Wärmezufuhr hin verändert werden, wobei der Polytropenexponent vorteilhaft zwischen $n = 0$ (isobar) und $n = 1$ (isotherm) liegen kann. Auf diesen verallgemeinerten *Diesel*-Prozess wird in Abschnitt 7.5 näher eingegangen.

Die Kupplungsarbeit des idealen *Seiliger*-Prozesses lässt sich auch aus der Energiebilanz für die bei einem Arbeitsspiel durch die Maschine geführte Gasmenge beschreiben (vgl. Abschnitt 6.2.4). Beim Einströmen in den Zylinder des Verbrennungsmotors verrichtet das Gas die Verschiebearbeit (Bild 7.16)

$$W_{ein} = p_1 \, V_H \; . \tag{7.71}$$

Zur Verdichtung des Gases ist bei isentroper Kompression von V_1 auf V_2 die Volumenänderungsarbeit

$$W_{V12} = U_2 - U_1 = m \, c_v (T_2 - T_1) \tag{7.72}$$

erforderlich; außerdem ist $W_{V23} = 0$. Die Volumenänderungsarbeit bei isobarer (von V_3 nach V_4) und isentroper Expansion (von V_4 nach V_5) beträgt

$$W_{V34} = p_3 (V_3 - V_4) = m \, R \, (T_3 - T_4) = m \, (c_p - c_v)(T_3 - T_4) \tag{7.73}$$

$$W_{V45} = U_5 - U_4 = m \, c_v (T_5 - T_4) \; . \tag{7.74}$$

Im Zustand 5 öffnet das Auslassventil, obgleich der Druck p_5 noch höher als der Druck p_1 in der Ausströmleitung ist. Das Gas expandiert unter Druckausgleich (Abschnitt 3.2.3) von V_5 auf V_6. Die auftretende Volumenänderungsarbeit wird in innere Reibungsarbeit verwandelt. Damit gilt für die Zustandsänderungen von 5 nach 6 und von 6 nach 1 ersatzweise $W_{V51} = 0$:

$$-W_{V56} = |W_{RI}| \tag{7.75}$$

Das Gasvolumen $V_6 - V_5$ entweicht von selbst aus dem Zylinder. Auszuschieben ist nur das im Hubvolumen unter dem Druck p_1 befindliche Gas:

$$W_{aus} = p_1 \, V_H \tag{7.76}$$

Bildet man die Bilanz der während eines Arbeitsspiels zu- bzw. abgeführten Arbeitsbeträge ergänzt um die Kupplungsarbeit, so erhält man für die Kraftmaschine

$$(W_e)_{id} + |W_{ein}| - |W_{V12}| + |W_{V34}| + |W_{V45}| - |W_{aus}| = 0 \tag{7.77}$$

$$(W_e)_{id} = W_{aus} - W_{ein} + W_{V12} + W_{V34} + W_{V45} \tag{7.78}$$

$$(W_e)_{id} = -m \left[c_v (T_1 - T_2) + c_p (T_4 - T_3) - c_v (T_4 - T_3) + c_v (T_4 - T_5) \right] \; . \tag{7.79}$$

Die Gleichungen (7.61) und (7.79) führen für $(W_e)_{id}$ zu demselben Ergebnis.

Beispiel 7.2 Für einen idealen Viertakt-Motor, der bei einer Drehzahl von 5500 Umdrehungen je Minute nach dem *Otto*-Prozess arbeitet, soll der Einfluss des Verdichtungsverhältnisses untersucht werden. Die angesaugte Luft hat eine Temperatur von $t_1 = 20\,°\text{C}$ bei einem Druck von $p_1 = 1$ bar. Die zugeführte Wärme beträgt 2,5 kJ. Die spezifischen Wärmekapazitäten werden als konstant angenommen ($\kappa = 1{,}40$).

ε		6	7	8	9	10	11	12	13
V_1	Liter	2,330	2,190	2,073	1,980	1,900	1,825	1,770	1,708
V_2	Liter	0,388	0,313	0,259	0,220	0,190	0,166	0,148	0,131
T_2	K	600,3	638,5	673,5	706,0	736,4	765,0	792,1	817,9
t_2	°C	327,1	365,3	400,3	432,8	463,2	491,8	518,9	544,7
p_2	bar	12,29	15,25	18,38	21,67	25,12	28,70	32,42	36,27
m	g	2,763	2,597	2,463	2,349	2,254	2,168	2,094	2,028
T_3	K	1863	1981	2088	2190	2285	2371	2459	2535
t_3	°C	1590	1708	1815	1917	2012	2098	2185	2262
p_3	bar	38,06	47,31	56,98	67,17	77,94	88,99	100,2	112,5
η_{th}	%	51,16	54,08	56,47	58,48	60,19	61,68	62,99	64,16
$(W_e)_{id}$	kJ	1,281	1,354	1,412	1,463	1,508	1,542	1,578	1,604
$(P_e)_{id}$	kW	58,72	62,07	64,70	67,08	69,09	70,68	72,31	73,51

7.4.2 Joule-Prozess

Verdichtung und Entspannung erfolgen beim reversiblen Joule-Prozess nach Bild 7.17 in idealen Strömungsmaschinen, für die man isentrope Zustandsänderungen annimmt. Im Folgenden wird als Arbeitsmittel ein ideales Gas mit konstanten spezifischen Wärmekapazitäten angenommen. Mit isobaren Zustandsänderungen in den Wärmeübertragern erhält man

$$(Q_{zu})_{rev} = (Q_{23})_{rev} = m\,c_p(T_3 - T_2) \tag{7.80}$$

$$|(Q_{ab})_{rev}| = |(Q_{41})_{rev}| = m\,c_p(T_4 - T_1) \ . \tag{7.81}$$

Die Kupplungsarbeit ist nach Tabelle 7.2 Gln. (1) und (3)

$$(W_e)_{id} = W_{Kreis} = -m\,c_p(T_1 + T_3 - T_2 - T_4) \ . \tag{7.82}$$

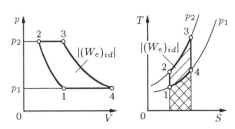

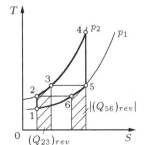

Bild 7.17 Joule-Prozess (Schraffuren wie bei Bild 7.10)
a) p,V-Diagramm
b) T,S-Diagramm

Bild 7.18 Joule-Prozess mit prozessinterner idealer Wärmeübertragung

Der thermische Wirkungsgrad nach Gl. (7.36) ist

$$\eta_{th} = 1 - \frac{T_4 - T_1}{T_3 - T_2} = 1 - \frac{T_1\left(\dfrac{T_4}{T_1} - 1\right)}{T_2\left(\dfrac{T_3}{T_2} - 1\right)} \ . \tag{7.83}$$

Für die isentrope Verdichtung und Entspannung gilt jeweils

$$\frac{T_2}{T_1} = \left(\frac{p_2}{p_1}\right)^{\frac{\kappa-1}{\kappa}} \tag{7.84}$$

$$\frac{T_3}{T_4} = \left(\frac{p_3}{p_4}\right)^{\frac{\kappa-1}{\kappa}} = \left(\frac{p_2}{p_1}\right)^{\frac{\kappa-1}{\kappa}} \ . \tag{7.85}$$

Aus diesen Beziehungen folgt

$$\frac{T_2}{T_1} = \frac{T_3}{T_4} \qquad \frac{T_4}{T_1} = \frac{T_3}{T_2} \ . \tag{7.86}$$

Die Gl. (7.83) für den thermischen Wirkungsgrad nimmt mit den Gln. (7.84) und (7.86) folgende Gestalt an:

$$\eta_{th} = 1 - \frac{T_1}{T_2} = 1 - \frac{T_4}{T_3} = 1 - \left(\frac{p_1}{p_2}\right)^{\frac{\kappa-1}{\kappa}} \tag{7.87}$$

Der thermische Wirkungsgrad des *Joule*-Prozesses lässt sich dadurch verbessern, dass ein Teil der erforderlichen reversibel abzuführenden Wärme nicht an die Umgebung abgegeben, sondern im Prozess für die Wärmezufuhr verwendet wird.

Diese prozessinterne Wärmeübertragung wird in einem idealen Gegenstrom-Wärmeübertrager vorgenommen (Bild 7.18). Da die Ausdrücke $(Q_{zu})_{rev}$ und $(Q_{ab})_{rev}$ nur die prozessextern im Zusammenhang mit der Wärmequelle bzw. Wärmesenke reversibel übertragenen Wärmen darstellen, entfallen $(Q_{56})_{rev}$ und $(Q_{23})_{rev}$ bei der Formulierung von $(Q_{zu})_{rev}$ und $(Q_{ab})_{rev}$.

$$(Q_{zu})_{rev} = (Q_{34})_{rev} = m\, c_p (T_4 - T_3) = m\, c_p\, T_3 \Big(\frac{T_4}{T_3} - 1 \Big) \tag{7.88}$$

$$|(Q_{ab})_{rev}| = |(Q_{61})_{rev}| = m\, c_p (T_6 - T_1) = m\, c_p (T_2 - T_1) = m\, c_p\, T_1 \Big(\frac{T_2}{T_1} - 1 \Big) \tag{7.89}$$

Die Kupplungsarbeit ist

$$(W_e)_{id} = W_{Kreis} = -[(Q_{zu})_{rev} - |(Q_{ab})_{rev}|] = -m\, c_p (T_1 + T_4 - T_3 - T_6) \;. \tag{7.90}$$

Nach Gl. (7.36) ergibt sich

$$\eta_{th} = 1 - \frac{T_1 \Big(\dfrac{T_2}{T_1} - 1 \Big)}{T_3 \Big(\dfrac{T_4}{T_3} - 1 \Big)} \;. \tag{7.91}$$

Analog zu den Gln. (7.86) gilt im Fall der idealen prozessinternen Wärmeübertragung

$$\frac{T_2}{T_1} = \frac{T_4}{T_5} = \frac{T_4}{T_3} \;. \tag{7.92}$$

Der thermische Wirkungsgrad eines *Joule*-Prozesses mit idealem prozessinternem Wärmeübertrager (ohne Temperaturgefälle) ist nach den Gln. (7.91), (7.92) und (7.84)

$$\eta_{th} = 1 - \frac{T_1}{T_3} = 1 - \frac{T_1}{T_2}\frac{T_2}{T_3} = 1 - \frac{T_2}{T_3} \Big(\frac{p_1}{p_2} \Big)^{\frac{\kappa-1}{\kappa}} \;. \tag{7.93}$$

Die Verbesserung des Wirkungsgrades gegenüber dem *Joule*-Prozess ohne prozessinterne Wärmeübertragung hängt vom Temperaturverhältnis T_2/T_3 ab.

Beispiel 7.3 Ein *Joule*-Prozess zur Erzeugung von elektrischer Energie und zur Bereitstellung von Nutzwärme (Kraft-Wärme-Kopplung) mit innerer Wärmeübertragung unter Temperaturgefälle (Δt) wird mit Helium ($R = 2077,3$ J/(kg K)) betrieben (Bild 7.19). Die Verdichtung erfolgt zweistufig (1–2, 4–5) mit Zwischenkühlung (2–H_Z–4) auf die Anfangstemperatur von $25\,°C$, die Entspannung (8–9) einstufig auf $460\,°C$.

Anfangsdruck 10,56 bar   Zwischendruck 17,38 bar   Enddruck 28,76 bar

Der isentrope Wirkungsgrad für die Verdichtung ist in beiden Stufen 0,84. Die isobare Erwärmung wird durch die prozessinterne Wärmeübertragung (5–7) und anschließende Erhitzung auf $753\,°C$ (7–8) vorgenommen. Zur isobaren Abkühlung dient die prozessinterne Wärmeübertragung (9–11) auf $168\,°C$ und die anschließende Kühlung (11–H_K–1) auf die Anfangstemperatur von $25\,°C$.

Der Prozess dient zum einen durch die Bereitstellung einer Kupplungsleistung von 50 MW zum Antrieb eines elektrischen Generators, zum andern zur Lieferung einer Nutzwärmeleistung von 53,5 MW. Zur Bereitstellung der Nutzwärmeleistung wird dem Kreisprozess Wärme bei der Zwischenkühlung (2–H_Z) und der Kühlung (11-H_K) entnommen. Die äußere Reibungsarbeit ist gleich null, die spezifische isobare Wärmekapazität von Helium wird konstant zu $c_p = 5{,}24$ kJ/(kg K) angenommen.

a) Welche Temperatur wird nach der Niederdruck-, welche nach der Hochdruckverdichtung erreicht?

b) Auf welche Temperatur erwärmt sich das Gas durch prozessinterne Wärmeübertragung?

c) Wie groß ist der isentrope Wirkungsgrad der Turbine?

d) Welcher Massenstrom fließt in der Anlage?

e) Welche Leistung liefert die Turbine, welche benötigen die Verdichter?

f) Bis auf welche gleiche Temperatur t_H kühlt sich das Gas im Zwischenkühler und Kühler ab?

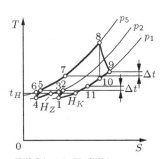

Bild 7.19 T,S-Diagramm zu Beispiel 7.3

a) $\kappa = 1{,}6568$ $T_3 = T_1 \left(\dfrac{p_2}{p_1}\right)^{\frac{\kappa-1}{\kappa}} = 298{,}15 \text{ K} \left(\dfrac{17{,}38}{10{,}56}\right)^{0{,}39641} = 363{,}26 \text{ K}$ $t_3 = 90{,}11\,^\circ\text{C}$

Nach Tabelle 6.5 Gl. (2) ist $t_2 = t_1 + \dfrac{t_3 - t_1}{\eta_{sV}} = 25\,^\circ\text{C} + \dfrac{90{,}11\,^\circ\text{C} - 25\,^\circ\text{C}}{0{,}84} = 102{,}51\,^\circ\text{C}$

$T_6 = T_4 \left(\dfrac{p_5}{p_2}\right)^{\frac{\kappa-1}{\kappa}} = 298{,}15 \text{ K} \left(\dfrac{28{,}76}{17{,}38}\right)^{0{,}39641} = 364{,}04 \text{ K}$ $t_6 = 90{,}89\,^\circ\text{C}$

$t_5 = t_4 + \dfrac{t_6 - t_4}{\eta_{sV}} = 25\,^\circ\text{C} + \dfrac{90{,}89\,^\circ\text{C} - 25\,^\circ\text{C}}{0{,}84} = 103{,}44\,^\circ\text{C}$

b)   Prozessinterne Wärmeübertragung: $\dot{Q}_{57} = \dot{m}\, c_p (t_7 - t_5)$ $\dot{Q}_{9\,11} = \dot{m}\, c_p (t_{11} - t_9)$

$\dot{Q}_{57} = -\dot{Q}_{9\,11}$ $t_7 = t_5 + t_9 - t_{11} = 103{,}44\,^\circ\text{C} + 460\,^\circ\text{C} - 168\,^\circ\text{C} = 395{,}44\,^\circ\text{C}$

c) $T_{10} = T_8 \left(\dfrac{p_1}{p_5}\right)^{\frac{\kappa-1}{\kappa}} = 1026{,}15 \text{ K} \cdot \left(\dfrac{10{,}56}{28{,}76}\right)^{0{,}39641} = 689{,}80 \text{ K}$ $t_{10} = 416{,}65\,^\circ\text{C}$

Nach Tabelle 6.5 Gl. (4) ist

$\eta_{sT} = \dfrac{t_8 - t_9}{t_8 - t_{10}} = \dfrac{753\,^\circ\text{C} - 460\,^\circ\text{C}}{753\,^\circ\text{C} - 416{,}65\,^\circ\text{C}} = 0{,}8711$

d) $\dot{Q}_{78} = \dot{m}\, c_p (t_8 - t_7) = \dot{Q}_{zu}$ $-(\dot{Q}_{11\,1} + \dot{Q}_{24}) = \dot{m}\, c_p (t_{11} - t_1 + t_2 - t_4) = |\dot{Q}_{ab}|$

Nach Tabelle 7.2 Gl. (5) ist mit $|W_{RA}| = 0$ $P_e = |\dot{Q}_{ab}| - \dot{Q}_{zu}$

$P_e = \dot{m}\, c_p (t_{11} - t_1 + t_2 - t_4 - t_8 + t_7)$

$\dot{m} = \dfrac{-50\,000 \text{ kW}}{5{,}24 \text{ kJ/(kg K)} \cdot (168 - 25 + 102{,}51 - 25 - 753 + 395{,}44)\,^\circ\text{C}} = 69{,}62 \text{ kg/s}$

e) Nach Gl. (6.40) und Tabelle 6.1 Gl. (4) ist bei vernachlässigbarer Änderung der kinetischen Energie

$$P_{eT} = \dot{m}(h_9 - h_8) = \dot{m}\,c_p(t_9 - t_8) = 69{,}62 \text{ kg/s} \cdot 5{,}24 \text{ kJ/(kg K)} \cdot (-293\,^\circ\text{C}) = -106{,}9 \text{ MW}$$

Nach Gl. (7.24) ist $P_{eV} = P_e - P_{eT} = -50 \text{ MW} + 106{,}9 \text{ MW} = 56{,}9 \text{ MW}$

f) $\dot{Q}_H = \dot{m}\,c_p(t_H - t_{11} + t_H - t_2)$

$$2\,t_H = t_{11} + t_2 + \frac{\dot{Q}_H}{\dot{m}\,c_p} = 168\,^\circ\text{C} + 102{,}51\,^\circ\text{C} - \frac{53\,500 \text{ kW}}{69{,}62 \text{ kg/s} \cdot 5{,}24 \text{ kJ/(kg K)}} = 2 \cdot 61{,}93\,^\circ\text{C}$$

7.4.3 *Ericsson*-Prozess

Eine Verbesserung des *Joule*-Prozesses mit idealem Wärmeübertrager zum *Ericsson*[7] - Prozess ist erreichbar, wenn man nach Bild 7.20 die Kompression in Stufen mit Zwischenkühlung und die Expansion in Stufen mit Zwischenerwärmung ausführt. Setzt man wiederum ein ideales Gas mit konstantem c_p voraus und wählt man für die Kompression sowie die Expansion je i Stufen, so ist nach Abschnitt 6.2.2 das

$$\text{Druckverhältnis je Stufe } = \left(\frac{p_2}{p_1}\right)^{\frac{1}{i}} . \tag{7.94}$$

Daraus folgt für die Temperaturen T_2 und T_4

$$T_2 = T_1\left(\frac{p_2}{p_1}\right)^{\frac{\kappa-1}{i\,\kappa}} \tag{7.95}$$

$$T_4 = \frac{T_3}{\left(\dfrac{p_2}{p_1}\right)^{\frac{\kappa-1}{i\,\kappa}}} . \tag{7.96}$$

Die reversibel abgeführte Wärme $|(Q_{46})_{rev}|$ wird intern im Kreisprozess als Wärme $(Q_{25})_{rev}$ zur reversiblen Erwärmung des Gases benutzt und belastet weder Wärmequelle noch Wärmesenke. Der Wärmequelle wird die Wärme reversibel entnommen:

$$
\begin{aligned}
(Q_{zu})_{rev} &= i\,m\,c_p(T_3 - T_4) \\
&= i\,m\,c_p\,T_3\left[1 - \frac{1}{\left(\dfrac{p_2}{p_1}\right)^{\frac{\kappa-1}{i\,\kappa}}}\right]
\end{aligned} \tag{7.97}
$$

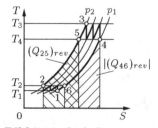

Bild 7.20 *Joule*-Prozess mit prozessinterner Wärmeübertragung sowie dreistufiger Expansion und Kompression

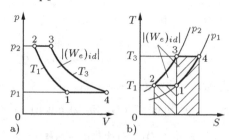

Bild 7.21 *Ericsson*-Prozess (Schraffuren wie bei Bild 7.10)

---

[7] *Johan Ericsson*, 1803 bis 1889, schwedischer Ingenieur, war in England und Nordamerika im Lokomotiven-, Heißluftmotoren- und Schiffsbau tätig.

An die Wärmesenke wird die Wärme

$$|(Q_{ab})_{rev}| = i\,m\,c_p(T_2 - T_1) = i\,m\,c_p\,T_1\left[\left(\frac{p_2}{p_1}\right)^{\frac{\kappa-1}{i\,\kappa}} - 1\right] \tag{7.98}$$

reversibel abgeführt.

Die Kupplungsarbeit ist

$$(W_e)_{id} = W_{Kreis} = -i\,m\,c_p(T_1 + T_3 - T_2 - T_4)\,. \tag{7.99}$$

Die Gln. (7.97) und (7.98) ergeben mit Gl. (7.36) den thermischen Wirkungsgrad

$$\eta_{th} = 1 - \frac{T_1}{T_3}\left(\frac{p_2}{p_1}\right)^{\frac{\kappa-1}{i\,\kappa}}. \tag{7.100}$$

Der thermische Wirkungsgrad η_{th} nimmt mit wachsender Stufenzahl i zu.

Beim Grenzübergang $i \to \infty$ erhält man den *Ericsson*-Prozess (Bild 7.21). Die Gln. (7.95) bis (7.100) lauten beim *Ericsson*-Prozess wegen $T_2 = T_1$ und $T_4 = T_3$

$$(Q_{zu})_{rev} = m\,R\,T_3\ln\frac{p_2}{p_1} \tag{7.101}$$

$$|(Q_{ab})_{rev}| = m\,R\,T_1\ln\frac{p_2}{p_1} \tag{7.102}$$

$$(W_e)_{id} = W_{Kreis} = -m\,R(T_3 - T_1)\ln\frac{p_2}{p_1} \tag{7.103}$$

$$\eta_{th} = 1 - \frac{T_1}{T_3}\,. \tag{7.104}$$

Der *Ericsson*-Prozess erreicht wie der *Carnot*-Prozess den höchstmöglichen thermischen Wirkungsgrad.

Benötigt man für die prozessinterne Wärmeübertragung nach Bild 7.22 ein endliches Temperaturgefälle Δt, ist also der Gegenstrom-Wärmeübertrager nicht ideal, dann wird der thermische Wirkungsgrad kleiner. An die Stelle der Gln. (7.101) und (7.102) treten die Gleichungen

$$(Q_{zu})_{rev} = m\,R\,T_3\ln\frac{p_2}{p_1} + m\,c_p\Delta t \tag{7.105}$$

$$|(Q_{ab})_{rev}| = m\,R\,T_1\ln\frac{p_2}{p_1} + m\,c_p\Delta t\,. \tag{7.106}$$

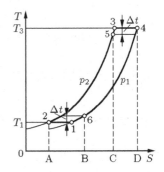

Bild 7.22 *Ericsson*-Prozess mit nicht idealer prozessinterner Wärmeübertragung

$(Q_{zu})_{rev}$ ist die Fläche C534DC und $|(Q_{ab})_{rev}|$ ist die Fläche A216BA. Die Gl. (7.100) für die Kreisprozessarbeit behält ihre Gültigkeit. An die Stelle der Gl. (7.104) für den thermischen Wirkungsgrad tritt

$$\eta_{th} = 1 - \frac{R\,T_1 \ln\dfrac{p_2}{p_1} + c_p \Delta t}{R\,T_3 \ln\dfrac{p_2}{p_1} + c_p \Delta t} = 1 - \frac{T_1 \ln\dfrac{p_2}{p_1} + \dfrac{\kappa}{\kappa-1}\Delta t}{T_3 \ln\dfrac{p_2}{p_1} + \dfrac{\kappa}{\kappa-1}\Delta t}. \qquad (7.107)$$

Beispiel 7.4 Welche Verbesserung des Wirkungsgrades tritt ein, wenn ein *Joule*-Prozess, ein *Joule*-Prozess mit idealer prozessinterner Wärmeübertragung und ein *Ericsson*-Prozess mit idealer prozessinterner Wärmeübertragung miteinander verglichen werden? Den Prozessen sind die Drücke 1 bar und 4 bar, die Extremtemperaturen 20 °C und 400 °C sowie Luft als Arbeitsmittel ($\kappa = 1{,}4$) zugrunde zu legen.

a) *Joule*-Prozess: $\eta_{th} = 1 - \left(\dfrac{p_1}{p_2}\right)^{\frac{\kappa-1}{\kappa}} = 0{,}3270$ $\kappa = 1{,}4$

b) *Joule*-Prozess mit idealer prozessinterner Wärmeübertragung: $t_1 = 20\,°\mathrm{C}$ $t_4 = 400\,°\mathrm{C}$

$$T_2 = T_1\left(\frac{p_2}{p_1}\right)^{\frac{\kappa-1}{\kappa}} = 435{,}62\ \mathrm{K} = T_6 \qquad\qquad T_5 = T_4\left(\frac{p_1}{p_2}\right)^{\frac{\kappa-1}{\kappa}} = 453{,}00\ \mathrm{K} = T_3$$

$$\eta_{th} = 0{,}3529$$

c) *Ericsson*-Prozess mit idealer prozessinterner Wärmeübertragung: $\eta_{th} = 0{,}5645$

7.4.4 *Stirling*-Prozess

Im Folgenden wird vorausgesetzt, dass die zu betrachtenden rechtslaufenden Kreisprozesse mit einem idealen Gas mit konstanten spezifischen Wärmekapazitäten als Arbeitsmittel durchgeführt werden. Sowohl der in Abschnitt 7.3.3 behandelte reversible *Carnot*-Prozess als auch der in Abschnitt 7.4.3 untersuchte reversible *Ericsson*-Prozess sind durch jeweils eine isotherme Zustandsänderung auf niederem Temperaturniveau ($T_1 = T_2$) und auf hohem Temperaturniveau ($T_3 = T_4$) gekennzeichnet. Für die beiden isothermen Zustandsänderungen gilt, dass keine Temperaturänderungswärme in Erscheinung tritt: $Q_{T12} = Q_{T34} = 0$.

Darüber hinaus ist für den *Carnot*-Prozess charakteristisch, dass zwischen den beiden — die Isothermen verbindenden — isentropen Zustandsänderungen eine vollständige prozessinterne Übertragung der Prozessgrößen Druckänderungsarbeit $W_{p23} = -W_{p41}$ bzw. Volumenänderungsarbeit $W_{V23} = -W_{V41}$ erfolgt, wobei die gleichzeitig übertragene reversible Wärme (Entropieänderungswärme) null ist: $(Q_{23})_{rev} = -(Q_{41})_{rev} = Q_{s23} = -Q_{s41} = 0$.

Demgegenüber zeichnet den *Ericsson*-Prozess aus, dass zwischen den beiden – die Isothermen verbindenden – isobaren Zustandsänderungen eine vollständige prozessinterne Übertragung der Prozessgrößen reversible Wärme (Entropieänderungswärme) $(Q_{23})_{rev} = -(Q_{41})_{rev} = Q_{s23} = -Q_{s41}$ und Volumenänderungsarbeit $W_{V23} = -W_{V41}$ stattfindet, wobei die zugleich übertragene Druckänderungsarbeit null ist: $W_{p23} = -W_{p41} = 0$.

Ein weiterer Prozess — der reversible *Stirling*[8]-Prozess, — ist wie der reversible *Carnot*-Prozess und der reversible *Ericsson*-Prozess durch eine isotherme Zustandsände-

---

[8] *Robert Stirling*, 1790 bis 1878, schottischer Geistlicher, erhielt 1816 das Patent auf den von ihm entwickelten Kolbenmotor, wobei er Heißluft als Arbeitsmittel verwendete.

rung auf niederem Temperaturniveau ($T_1 = T_2$) sowie auf hohem Temperaturniveau ($T_3 = T_4$) gekennzeichnet. Bei ihm sind die beiden Isothermen durch zwei isochore Zustandsänderungen verbunden, bei denen eine vollständige prozessinterne Übertragung der Prozessgrößen reversible Wärme (Entropieänderungswärme) $Q_{23})_{rev} = -(Q_{41})_{rev} = Q_{s23} = -Q_{s41}$ und zugleich Druckänderungsarbeit $W_{p23} = -W_{p41}$ erfolgt, wobei die gleichzeitig übertragene Volumenänderungsarbeit null ist: $W_{V23} = -W_{V41} = 0$, da $V_2 = V_3$ und $V_4 = V_1$. Der *Stirling*-Prozess ist in Bild 7.23 dargestellt.

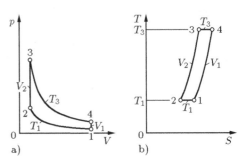

Bild 7.23 *Stirling*-Prozess
a) p, V-Diagramm b) T, S-Diagramm

Da wie beim *Carnot*-Prozess und beim *Ericsson*-Prozess auch beim *Stirling*-Prozess zwischen den beiden — die Isothermen verbindenden — gleichartigen Zustandsänderungen eine vollständige prozessinterne Übertragung der Prozessgrößen reversible Wärme (Entropieänderungswärme) wie auch Druckänderungsarbeit bzw. Volumenänderungsarbeit vorausgesetzt ist und die auftretende Temperaturänderungswärme lediglich eine interne Prozessgröße darstellt, folgt unmittelbar, dass bei den beiden isochoren Zustandsänderungen keine Übertragung von Prozessgrößen im Zusammenhang mit Einrichtungen außerhalb des *Stirling*-Prozesses stattfindet.

Es treten also nur bei den beiden isothermen Zustandsänderungen Prozessgrößen auf, die mit außerhalb des *Stirling*-Prozesses vorhandenen Einrichtungen in Beziehung stehen. Dies sind eine Wärmequelle, eine Wärmesenke und Einrichtungen zur Arbeitsübertragung. Dabei gelten mit den Gln. (4.86) und (4.87) sowie Gl. (1) aus Tabelle 7.2 die folgenden Beziehungen:

$$(Q_{zu})_{rev} = (Q_{34})_{rev} = m\, R\, T_3 \ln \frac{V_4}{V_3} = m\, R\, T_3 \ln \frac{V_1}{V_2} \qquad (7.108)$$

$$|(Q_{ab})_{rev}| = |(Q_{12})_{rev}| = m\, R\, T_1 \ln \frac{V_1}{V_2} \qquad (7,109)$$

$$(W_e)_{id} = W_{Kreis} = -(Q_{zu})_{rev} + |(Q_{ab})_{rev}| = -m\, R\, (T_3 - T_1) \ln \frac{V_1}{V_2} \qquad (7.110)$$

Der thermische Wirkungsgrad wird mit Gl. (7.36):

$$\eta_{th} = 1 - \frac{|(Q_{ab})_{rev}|}{(Q_{zu})_{rev}} = 1 - \frac{T_1}{T_3} \qquad (7.111)$$

Der reversible *Stirling*-Prozess weist damit wie der reversible *Carnot*-Prozess und der reversible *Ericsson*-Prozess den höchstmöglichen thermischen Wirkungsgrad auf.

7.4.5   Einfach-polytropischer *Carnot*-Prozess

Als Verallgemeinerung dieser drei Prozesse wird hier der einfach-polytropische *Carnot*-Prozess eingeführt: Seine Merkmale sind jeweils eine isotherme Zustandsänderung auf niederem Temperaturniveau T_1 und auf hohem Temperaturniveau T_3 sowie jeweils eine polytrope Zustandsänderung zwischen dem niederen und dem hohen Temperaturniveau.

Dabei sind die beiden Polytropen derart miteinander verknüpft, dass bei einem idealen Gas als Arbeitsmittel die sie kennzeichnenden Polytropenexponenten n jeweils gleich groß sind und zwischen den Polytropen eine vollständige prozessinterne Übertragung der Prozessgrößen reversible Wärme (Entropieänderungswärme), Druckänderungsarbeit und Volumenänderungsarbeit erfolgt (Bild 7.24) [33].

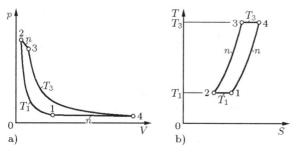

Bild 7.24   Einfach-polytropischer *Carnot*-Prozess
a) p, V-Diagramm b) T, S-Diagramm

Als Sonderfälle des einfach-polytropischen *Carnot*-Prozesses ergeben sich:

- der *Carnot*-Prozess mit dem Polytropenexponenten $n = \kappa$

- der *Ericsson*-Prozess mit dem Polytropenexponenten $n = 0$

- der *Stirling*-Prozess mit dem Polytropenexponenten $n = \infty$

Unter den getroffenen Voraussetzungen wird auch hierbei

$$\eta_{th} = 1 - \frac{|(Q_{ab})_{rev}|}{(Q_{zu})_{rev}} = 1 - \frac{T_1}{T_3} \; . \tag{7.112}$$

Auch ein mehrfach-polytropischer *Carnot*-Prozess ist denkbar: Von dem einfach-polytropischen *Carnot*-Prozess unterscheidet er sich dadurch, dass zwischen dem niederen und dem hohen Temperaturniveau nicht nur zwei gegenläufige polytrope Zustandsänderungen mit jeweils gleich großen Polytropenexponenten n angeordnet sind, sondern jede dieser Polytropen ersetzt wird durch eine Aneinanderfügung mehrerer Polytropen mit unterschiedlichem Polytropenexponenten n.

Diese beiden gegenläufigen Aneinanderfügungen mehrerer Polytropen sind durch jeweils gleich große Polytropenexponenten n innerhalb derselben Bereiche zwischen zwei Temperaturniveaus gekennzeichnet, wobei jeweils eine vollständige prozessinterne Übertragung der Prozessgrößen reversible Wärme (Entropieänderungswärme), Druckänderungsarbeit und Volumenänderungsarbeit erfolgt: $\sum Q_{s23i} = - \sum Q_{s41i}$. Ein solcher mehrfach-polytropische *Carnot*-Prozess wird hier nicht näher betrachtet.

7.4.6   Gasexpansions-Prozess

Der Gasexpansions-Prozess als ein weiterer reversibler Kreisprozess besteht aus einer isothermen Verdichtung vom Anfangsdruck p_1 auf den Enddruck p_2 beim Temperaturniveau $T_1 = T_2$, einer isobaren Zustandsänderung von T_2 auf die Temperatur T_3 beim Druckniveau $p_2 = p_3$, einer isentropen Entspannung vom Enddruck p_2 auf den Anfangsdruck p_1 bei gleichzeitiger Abnahme der Temperatur T_3 auf T_4 und einer isobaren Zustandsänderung auf die Temperatur T_1 beim Druckniveau $p_4 = p_1$ (Bild 7.25). Ein Teil der reversiblen Zufuhr von Wärme (Entropieänderungswärme) bei der isobaren Zustandsänderung von der Temperatur T_2 auf die Temperatur T_3, nämlich von T_2 auf die Zwischentemperatur $T_Z = T_4$, erfolgt mit der vollständig prozessintern und reversibel übertragenen Wärme (Entropieänderungswärme)

$$(Q_{2Z})_{rev} = -(Q_{41})_{rev} = Q_{s2Z} = -Q_{s41} \ . \tag{7.113}$$

Deshalb muss bei der isobaren Zustandsänderung von der Temperatur T_2 auf die Temperatur T_3 lediglich von der Zwischentemperatur $T_Z = T_4$ auf die Temperatur T_3 eine zusätzliche Wärme (Entropieänderungswärme) $(Q_{Z3})_{rev} = m\,c_p\,(T_3 - T_4)$ von außen reversibel übertragen werden. Der Gasexpansions-Prozess hat also im unteren Temperaturbereich zwischen T_1 und $T_Z = T_4$ die Merkmale des *Ericsson*-Prozesses und im oberen Temperaturbereich zwischen $T_Z = T_4$ und T_3 die Merkmale des *Joule*-Prozesses [28], [29], [30].

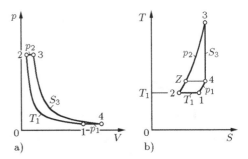

Bild 7.25 Gasexpansions-Prozess
a) p, V-Diagramm b) T, S-Diagramm

Für den thermischen Wirkungsgrad gilt mit Gl. (7.35):

$$\eta_{th} = -\frac{W_{Kreis}}{(Q_{zu})_{rev}} = -\frac{W_{p12} + W_{p34}}{(Q_{Z3})_{rev}} \tag{7.114}$$

Mit den Gln. (4.86), (4.87), (4.108), (4.49) und (4.111) folgt:

$$\eta_{th} = -\frac{m\,R\,T_1 \ln \dfrac{p_2}{p_1} + m\,c_p\,(T_4 - T_3)}{m\,c_p\,(T_3 - T_4)} = 1 - \frac{m\,R\,T_1 \ln \dfrac{p_2}{p_1}}{m\,c_p\,(T_3 - T_4)} \tag{7.115}$$

Aus der Gesamtbilanz aller von außen zu- bzw. abgeführten Arbeiten und reversiblen Wärmen folgt:

$$W_{p12} + (Q_{12})_{rev} + (Q_{Z3})_{rev} + W_{p34} = 0 \tag{7.116}$$

Als Folge von Gl. (4.86) ergibt sich:

$$W_{p34} = -(Q_{Z3})_{rev} = -m\,c_p\,(T_3 - T_4) \tag{7.117}$$

Aus den Gln. (4.105) und (4.111) folgt weiter:

$$W_{p34} = -\frac{\kappa}{\kappa-1}\, m\, R\, T_3 \left(1 - \left(\frac{p_1}{p_2}\right)^{\frac{\kappa-1}{\kappa}}\right) \qquad (7.118)$$

Damit wird Gl. (7.115) zu

$$\eta_{th} = 1 - \frac{m\, R\, T_1 \ln\dfrac{p_2}{p_1}}{\dfrac{\kappa}{\kappa-1}\, m\, R\, T_3 \left(1 - \left(\dfrac{p_1}{p_2}\right)^{\frac{\kappa-1}{\kappa}}\right)} = 1 - \frac{\kappa-1}{\kappa}\,\frac{T_1 \ln\dfrac{p_2}{p_1}}{T_3 \left(1 - \left(\dfrac{p_1}{p_2}\right)^{\frac{\kappa-1}{\kappa}}\right)} \qquad (7.119)$$

7.4.7 *Clausius-Rankine*-Prozess

Dampfkraftanlagen liegt im Allgemeinen der reversible *Clausius-Rankine*[9]-Prozess zugrunde. In diesem rechtslaufenden Kreisprozess sind wie beim *Joule*-Prozess Kraft- und Arbeitsmaschinen sowie Wärmeübertrager miteinander verbunden. Als Arbeitsmittel wird meist Wasser bzw. Wasserdampf verwendet. Das Arbeitsmittel wird im Zustand siedender Flüssigkeit mit dem Druck p_1 und der Temperatur T_1 in der Speisewasserpumpe (a) (Bild 7.26 a) durch eine isentrope Verdichtung, die zugleich eine annähernd isochore Verdichtung ist, auf den Kesseldruck p_2 gebracht.

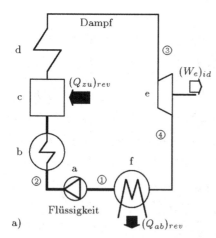

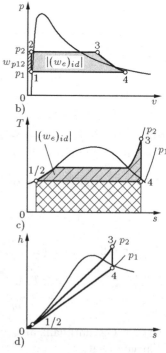

Bild 7.26 *Clausius-Rankine*-Prozess

a) Schaltbild   b) p, v-Diagramm
c) T, s-Diagramm d) h, s-Diagramm

Im Dampferzeuger wird das Arbeitsmittel isobar erwärmt, verdampft und in überhitzten Dampf verwandelt. Der Dampferzeuger besteht im allgemeinsten Fall aus dem

---

[9] *William John Macquorn Rankine*, 1820 bis 1872, schottischer Ingenieur, leistete wichtige Beiträge zur Theorie der Dampfmaschine.

Vorwärmer (b), der das Kondensat auf Siedetemperatur erwärmt, dem Verdampfer (c) und dem Überhitzer (d) zur Überhitzung des im Verdampfer gebildeten Sattdampfes. Der überhitzte Dampf mit dem Druck $p_2 = p_3$ und der Temperatur T_3 wird der Dampfturbine (e) zugeleitet, die den Dampf isentrop auf den Kondensatordruck $p_4 = p_1$ entspannt. Der Dampf kann die Turbine als überhitzter Dampf, Sattdampf oder Nassdampf (dabei soll $x > 0{,}85$ sein) verlassen. Im Kondensator (f) wird der entspannte Dampf durch Kühlwasser isobar wieder auf den Anfangszustand verflüssigt.

Der Vergleichsprozess besteht wie der *Joule*-Prozess aus Isobaren und Isentropen. Bild 7.26 b bis d zeigt die Abbildung des Prozesses im p, v-, T, s- und h, s-Diagramm. Für die Wärmezufuhr auf der Isobare von Punkt 2 nach Punkt 3 gilt

$$(Q_{zu})_{rev} = m(h_3 - h_2) \,, \tag{7.120}$$

für die Wärmeabgabe im Kondensator

$$|(Q_{ab})_{rev}| = m(h_4 - h_1) \,. \tag{7.121}$$

Die Kupplungsarbeit ist gemäß Tabelle 7.2 Gln. (1) und (3)

$$(W_e)_{id} = W_{Kreis} = -m(h_3 + h_1 - h_4 - h_2) \,. \tag{7.122}$$

Als thermischen Wirkungsgrad erhalten wir

$$\eta_{th} = 1 - \frac{h_4 - h_1}{h_3 - h_2} \,. \tag{7.123}$$

Die Kupplungsarbeit der Turbine ist nach Tabelle 6.1 Gl. (19), wenn die Änderung der kinetischen Energie vernachlässigt wird, sowie Gl. (6.41)

$$(W_{eT})_{id} = m(h_4 - h_3) \,, \tag{7.124}$$

die Kupplungsarbeit der Pumpe

$$(W_{eV})_{id} = m(h_2 - h_1) \,. \tag{7.125}$$

Die Enthalpieänderung bei der Druckerhöhung des Wassers in der Pumpe ist, verglichen mit allen anderen Enthalpieänderungen, gering. Setzt man näherungsweise $h_2 = h_1$, so ist

$$(W_e)_{id} = W_{Kreis} = -m(h_3 - h_4) \,. \tag{7.126}$$

Dies ist nach Gl. (7.124) die Kupplungsarbeit der idealen Turbine

$$(W_e)_{id} = W_{Kreis} = (W_{eT})_{id} \,. \tag{7.127}$$

Die Kupplungsarbeit des Verdichters (im vorliegenden Fall der Pumpe) wird vernachlässigt. Im p, v-Diagramm (Bild 7.26 b) ist erkennbar, dass die Druckänderungsarbeit der Pumpe, die für eine ideale Maschine nach Tabelle 6.1 Gln. (19) und (20) gleich der Kupplungsarbeit ist, sehr klein ist.

Für den thermischen Wirkungsgrad erhält man mit $h_2 = h_1$

$$\eta_{th} = \frac{h_3 - h_4}{h_3 - h_1} \,. \tag{7.128}$$

Vernachlässigt man im thermischen Wirkungsgrad zusätzlich die spezifische Enthalpie h_1 gegenüber der Größe h_3, so verbleibt als Näherung

$$\eta_{th} = 1 - \frac{h_4}{h_3} \ . \tag{7.129}$$

Beispiel 7.5 In einem Müll-Heizkraftwerk, das Strom und Fernwärme bereitstellen kann, werden 40 t/h Dampf von 100 bar und 400 °C erzeugt und in einer Turbine auf 6 bar entspannt. Nach vollständiger Kondensation in einem Wärmeübertrager wird das Kondensat durch die Kesselspeisepumpe in den Kessel zurückgepumpt (Bild 7.27).

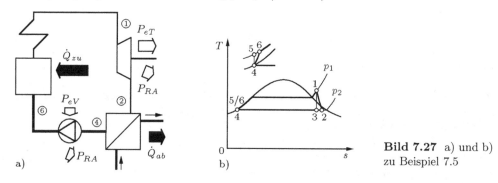

Bild 7.27 a) und b) zu Beispiel 7.5

Die bei der Kondensation frei werdende Wärme wird zur Erzeugung von 230 t/h Heißwasser mit einer Eintrittstemperatur von 60 °C und einer Austrittstemperatur von 140 °C verwendet. Die Änderung der kinetischen Energie in der Turbine und in der Pumpe ist vernachlässigbar.

a) Wie groß ist der thermische Wirkungsgrad des *Clausius-Rankine*-Prozesses?

b) Welche Wärmeleistung gibt der Prozess im Wärmeübertrager ab?

c) Welchen inneren isentropen Wirkungsgrad hat die Turbine?

d) Welche Leistung gibt sie bei einem mechanischen Wirkungsgrad von 0,96 ab?

e) Welche Antriebsleistung benötigt die Pumpe bei einem inneren isentropen Wirkungsgrad von 0,86 und einem mechanischen Wirkungsgrad von 0,94?

f) Welche Wärme ist dem Prozess zuzuführen?

g) Wie groß ist der thermische Wirkungsgrad des wirklichen Prozesses?

a) Im *Clausius-Rankine*-Prozess erfolgen Entspannung und Verdichtung isentrop.

$$h_1 = 3097{,}37 \text{ kJ/kg}^{10} \qquad s_1 = 6{,}2139 \text{ kJ/(kg\,K)} = s_3 \qquad \text{Gl. (5.41)}: \qquad s_3 = s_3' + x_3 \frac{r_3}{T_3}$$

$$x_3 = \frac{s_3 - s_3'}{r_3} T_3 = \frac{6{,}2139 \text{ kJ/(kg\,K)} - 1{,}9311 \text{ kJ/(kg\,K)}}{2085{,}64 \text{ kJ/kg}} \cdot 431{,}98 \text{ K} = 0{,}8871$$

$$h_3 = h_3' + x_3\,r_3 = 670{,}50 \text{ kJ/kg} + 0{,}8871 \cdot 2085{,}64 \text{ kJ/kg} = 2520{,}67 \text{ kJ/kg}$$

$$h_4 = h_4' = 670{,}50 \text{ kJ/kg} \qquad s_4 = s_5 = 1{,}9311 \text{ kJ/(kg\,K)} \qquad h_5 = 680{,}83 \text{ kJ/kg}$$

$$\eta_{th} = 1 - \frac{h_3 - h_4}{h_1 - h_5} = 1 - \frac{(2520{,}67 - 670{,}50) \text{ kJ/kg}}{(3097{,}37 - 680{,}83) \text{ kJ/kg}} = 0{,}2344$$

---

[10]Zahlenwerte: siehe [128] oder Tabelle A.9b und Tabelle A.10 im Anhang

b) $|\dot{Q}_{ab}| = \dot{m}_W\, c_W\, \Delta t_W = 230 \cdot 10^3\ \text{kg/h} \cdot 4{,}215\ \text{kJ/(kg K)} \cdot 80\ \text{K} = 21{,}543\ \text{MW}$

c) $|\dot{Q}_{ab}| = \dot{m}(h_2 - h_4)$ $h_2 = \dfrac{|\dot{Q}_{ab}|}{\dot{m}} + h_4 = \dfrac{21{,}543\ \text{MW}}{40 \cdot 10^3\ \text{kg/h}} + 670{,}50\ \text{kJ/kg} = 2609{,}40\ \text{kJ/kg}$

Tabelle 6.5 Gl. (3): $\eta_{isT} = \dfrac{h_2 - h_1}{h_3 - h_1} = \dfrac{(2609{,}40 - 3097{,}37)\ \text{kJ/kg}}{(2520{,}67 - 3097{,}37)\ \text{kJ/kg}} = 0{,}8461$

d) $P_{eT} = \eta_{mT}\, \dot{m}(h_2 - h_1) = 0{,}96 \cdot 40 \cdot 10^3\ \text{kg/h} \cdot (2609{,}40 - 3097{,}37)\ \text{kJ/kg} = -5{,}205\ \text{MW}$

e) $P_{eV} = \dfrac{\dot{m}(h_5 - h_4)}{\eta_{isV}\, \eta_{mV}} = \dfrac{40 \cdot 10^3\ \text{kg/h} \cdot (680{,}83 - 670{,}50)\ \text{kJ/kg}}{0{,}86 \cdot 0{,}94} = 142\ \text{kW}$

f) Tabelle 6.5 Gl. (1): $\eta_{isV} = \dfrac{h_5 - h_4}{h_6 - h_4}$ $h_6 = h_4 + \dfrac{h_5 - h_4}{\eta_{isV}}$

$h_6 = 670{,}50\ \text{kJ/kg} + \dfrac{(680{,}83 - 670{,}50)\ \text{kJ/kg}}{0{,}86} = 682{,}51\ \text{kJ/kg}$

$\dot{Q}_{zu} = \dot{m}(h_1 - h_6) = 40 \cdot 10^3\ \text{kg/h} \cdot (3097{,}37 - 682{,}51)\ \text{kJ/kg} = 26{,}832\ \text{MW}$

g) Tabelle 6.3 Gl. (2): $|P_{RAT}| = P_{eT} - \dfrac{P_{eT}}{\eta_{mT}} = 0{,}217\ \text{MW}$

Tabelle 6.3 Gl. (1): $||P_{RAV}| = P_{eV} - \eta_{mV}\, P_{eV} = 0{,}009\ \text{MW}$

$|P_{RAT}| + |P_{RAV}| = |P_{RA}| = 0{,}217\,\text{MW} + 0{,}009\,\text{MW} = 0{,}226\,\text{MW}$

Gl. (7.34): $\eta_{th} = 1 - \dfrac{|\dot{Q}_{ab}| + |P_{RA}|}{\dot{Q}_{zu}} = 1 - \dfrac{(21{,}543 + 0{,}226)\ \text{MW}}{26{,}832\ \text{MW}} = 0{,}1887$

Gl. (7.128): $\eta_{th} = \dfrac{h_1 - h_2}{h_1 - h_4} = \dfrac{(3097{,}37 - 2609{,}40)\ \text{kJ/kg}}{(3097{,}37 - 670{,}50)\ \text{kJ/kg}} = 0{,}2011$

Gl. (7.129): $\eta_{th} = 1 - \dfrac{h_2}{h_1} = 1 - \dfrac{2609{,}40\ \text{kJ/kg}}{3097{,}37\ \text{kJ/kg}} = 0{,}1575$

7.5 Vergleichende Bewertung von rechtslaufenden Kreisprozessen

Bei der Weiterentwicklung thermischer Maschinen sind in den letzten Jahrzehnten erhebliche Erfolge erzielt worden. Zur Steigerung der thermischen Wirkungsgrade wurden u. a. Drücke und Temperaturen erhöht, die Möglichkeiten unterschiedlicher Arten thermodynamischer Kreisprozesse besser genutzt und die Kombination verschiedener Kreisprozesse optimiert. Beispiele hierfür sind

- erhöhte Frischdampftemperaturen und -drücke bei Dampfturbinenprozessen,

- die Anwendung der sequentiellen Verbrennung bei Gasturbinenprozessen,

- die zeitlich gesteuerte, dosierte Hochdruck-Einspritzung des Brennstoffs bei Verbrennungsmotor-Prozessen,

- die Optimierung der Kombination von Gasturbinen- und Dampfturbinen(GuD)-Prozessen, von Verbrennungsmotor-Prozessen mit Dampfturbinenprozessen sowie von Verbrennungsmotor-Prozessen mit Entspannungsturbinen und Verdichtern (z. B. Abgas-Turboladern).

Im Hinblick auf weitere Verbesserungsmöglichkeiten erscheint eine vergleichende Bewertung der — den wirklichen Prozessen zugrundeliegenden — idealen thermodynamischen Kreisprozesse sinnvoll.

Bei verschiedenen Arten von realen Kraft- und Arbeitsmaschinenprozessen ist der maschinentechnische Aufwand unterschiedlich; daneben haben mechanische und thermische Irreversibilitäten, die zu einer Verminderung des angestrebten technischen Nutzens führen, einen unterschiedlich hohen Stellenwert. Im Folgenden wird mit Hilfe von fünf neuen thermodynamischen Bewertungsgrößen — zwei mechanischen Anstrengungsverhältnissen, zwei thermischen Anstrengungsverhältnissen und deren Summe — eine vergleichende Bewertung der wichtigsten reversiblen Kreisprozesse vorgenommen.

7.5.1 Prozessgrößen und Kreisprozesse

Zu Beginn des Abschnitts 7 wurde auf die Brauchbarkeit der vier im Folgenden als spezifische Größen verwendeten Prozessgrößen hingewiesen:

spezifische Volumenänderungsarbeit

$$w_{V12} = -\int_{1}^{2} p \, dv \qquad (7.130)$$

spezifische Druckänderungsarbeit

$$w_{p12} = \int_{1}^{2} v \, dp \qquad (7.131)$$

spezifische reversible Ersatzwärme (spezifische Entropieänderungswärme)

$$(q_{12})_{rev} = q_{s12} = \int_{1}^{2} T \, ds \qquad (7.132)$$

spezifische Temperaturänderungswärme

$$q_{T12} = \int_{1}^{2} s \, dT \qquad (7.133)$$

Diese sind im p, v-Diagramm bzw. T, s-Diagramm als Flächen darstellbar (vgl. die Bilder 7.1 und 7.2).

Im Folgenden werden Aussagen zu rechtslaufenden Kreisprozessen — also Prozessen zur Gewinnung von Arbeit — gemacht; gleichwertige Aussagen lassen sich auch für linkslaufende Kreisprozesse — also Kälte- bzw. Wärmepumpenprozesse — treffen. Zur Beurteilung der Wirksamkeit rechtslaufender idealer Kreisprozesse ist gemäß Abschnitt 7.3.2 der thermische Wirkungsgrad als der Quotient des Absolutbetrags der gewonnenen spezifischen Kreisprozessarbeit

$$|w_{Kreis}| = |\sum w_{pij}| \qquad (7.134)$$

und der Summe der bei höheren Temperaturen zugeführten spezifischen Entropieänderungswärmen

$$\sum q_{zuij} = \sum q_{szuij} \qquad (7.135)$$

von Interesse:

$$\eta_{th} = \frac{|\sum w_{pij}|}{\sum q_{zuij}} = \frac{|w_{Kreis}|}{\sum q_{szuij}} \qquad (7.136)$$

Bei idealen Gasen und realen Stoffen als Arbeitsmittel hängt η_{th} von den erreichten
Drücken p bzw. Druckverhältnissen sowie von den erreichten Temperaturen T bzw.
Temperaturverhältnissen ab (vgl. die Abschnitte 7.3.3 und 7.4). Hierbei ist die Lage
des Prozesses im p, v-Diagramm vor allem hinsichtlich der Ordinate p bzw. im T, s-
Diagramm hinsichtlich der Ordinate T von Bedeutung. Im Hinblick auf die Erzielung
eines möglichst hohen thermischen Wirkungsgrades ist bei Kreisprozessen

- ausgehend von einem niedrigen Anfangsdruck (etwa dem Umgebungsdruck) im
  Verlauf des Kreisprozesses ein hoher Druck p und / oder

- ausgehend von einer niedrigen Anfangstemperatur (etwa der Umgebungstemperatur) im Verlauf des Kreisprozesses eine hohe Temperatur T

anzustreben. Hierzu ist eine mit der

- Zufuhr von spezifischer Volumenänderungsarbeit w_{Vij} korrespondierende

- Zufuhr von spezifischer Druckänderungsarbeit w_{pij}

sowie eine mit der

- Zufuhr von spezifischer Entropieänderungswärme q_{sij} korrespondierende

- Umsetzung von spezifischer Temperaturänderungswärme q_{Tij}

erforderlich.

7.5.2 Mechanische Anstrengungsverhältnisse und thermische Anstrengungsverhältnisse

Die Verschiebung eines reversiblen Kreisprozesses mit einem idealen Gas als Arbeitsmittel im p, v-Diagramm und im T, s-Diagramm entlang Linien konstanter Temperatur wirkt sich nicht auf den thermischen Wirkungsgrad aus. Eine solche Verschiebung ist am Beispiel des *Stirling*-Prozesses in Bild 7.28 dargestellt. Dessen thermischer
Wirkungsgrad hängt — wie auch der des *Carnot*-, des *Ericsson*- und des einfach-
polytropischen *Carnot*-Prozesses — allein vom jeweiligen kennzeichnenden Temperaturverhältnis T_3/T_1 ab (vgl. die Gln. (7.111), (7.41), (7.104) und (7.112)).

Dabei ist die vom Kreisprozess eingeschlossene Fläche, die dem Absolutbetrag der spe-
zifischen Kreisprozessarbeit $|w_{Kreis}|$ entspricht, in den betrachteten Fällen 1234 und
$1'2'3'4'$ jeweils gleich groß. Andererseits ist aus dem p, v-Diagramm des Bildes 7.28
erkennbar, dass beim nach links verschobenen, mit höher verdichtetem Arbeitsmittel
arbeitenden *Stirling*-Prozess $1'2'3'4'$ im Vergleich zum ursprünglichen, mit geringer
verdichtetem Arbeitsmittel arbeitenden *Stirling*-Prozess 1234 eine deutlich kleinere

Maschine erforderlich ist; soweit z. B. eine Kolbenmaschine eingesetzt wird, ist im gewählten Beispiel für den Kreisprozess 1234 über das zehnfache Zylindervolumen notwendig. Ist das Zylindervolumen V_a und der Anfangsdruck p_a vorgegeben, so lässt sich der Nutzen der Maschine verbessern, wenn das Arbeitsmittel über das zunächst festgelegte Maß hinaus wesentlich stärker verdichtet wird, also zu größeren spezifischen Volumenverhältnissen v_a/v_b bzw. damit korrespondierenden Druckverhältnissen p_b/p_a übergegangen wird: z. B. vom Kreisprozess 1234 ausgehend so weit, dass damit etwa auch der Kreisprozess $1'2'3'4'$ umschlossen wird und ein erweiterter Kreisprozess $12'3'4$ mit deutlich vergrößerter Arbeitsfläche und spezifischer Kreisprozessarbeit $|w_{Kreis}|$ erreicht wird. Der thermische Wirkungsgrad ändert sich dabei jedoch nicht.

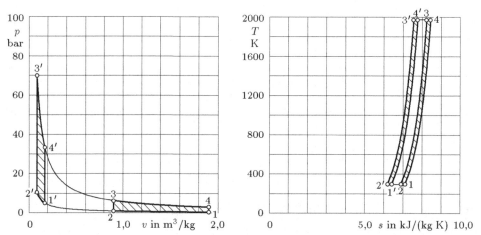

Bild 7.28 Verschiebung eines *Stirling*-Prozesses 1234 zu $1'2'3'4'$ mit jeweils gleich großem Absolutbetrag der spezifischen Kreisprozessarbeit $|w_{Kreis}|$ (eingeschlossene Flächen) im p, v-Diagramm und im T, s-Diagramm entlang von Isothermen

Auch für Vorgänge der Wärmeübertragung, die z. B. beim *Stirling*-Prozess als einem geschlossenen Kreisprozess mit Hilfe von wärmeübertragenden Flächen vorzunehmen sind, ist der apparative Aufwand wesentlich geringer, wenn mit einem höher verdichteten anstatt mit einem geringer verdichteten Arbeitsmittel gearbeitet werden kann. Es kann zudem bei einer wirklichen, verlustbehafteten Prozessführung bei einem Prozess mit höher verdichtetem Arbeitsmittel sowie mit größeren Druckverhältnissen p_b/p_a zur Erzielung einer erwünschten spezifischen Kreisprozessarbeit mit deutlich geringeren Irreversibilitäten gerechnet werden als beim mit geringer verdichtetem Arbeitsmittel sowie mit niedrigeren Druckverhältnissen p_b/p_a arbeitenden Prozess. (Die Bezeichnung „geringer verdichtetes Arbeitsmittel" beschreibt eine geringere Stoffmengendichte, also eine geringere Molmenge je Volumeneinheit; ihr entspricht ein größeres Volumen und eine höhere Entropie je Molmenge, angegeben als absolute Entropie je Molmenge, bzw. eine höhere spezifische Entropie.)

Offenbar reicht somit der Wirkungsgrad allein als Beurteilungsmaßstab für die thermodynamische Qualität eines Kreisprozesses nicht aus. Sollen also neben dem thermischen Wirkungsgrad zusätzliche Kenngrößen zur Bewertung von Kreisprozessen gewonnen werden, so liegt es nahe, bei idealen Gasen als Arbeitsmittel neben einem geeigneten Temperaturverhältnis T_d/T_c auch eine mengenbezogene absolute Entropie und ein kennzeichnendes spezifisches Volumenverhältnis v_a/v_b oder ein damit korrespondierendes Druckverhältnis p_b/p_a in die Betrachtung mit einzubeziehen.

Die genannten Sachverhalte lassen sich umgekehrt auch in der folgenden Weise ausdrücken: Bei vorgegebenen volumetrischen Abmessungen von Anlagenteilen wie z. B. Kolben- und Strömungsmaschinen sowie wärmeübertragenden Flächen kann der Gewinn an Kreisprozessarbeit umso größer sein, je höher verdichtet das Arbeitsmittel ist und je höher die kennzeichnenden Druckverhältnisse sind. Die Reibungsarbeit z. B. zwischen Kolben und Zylinder hängt stark von den volumetrischen Abmessungen einer Kolbenmaschine ab; je höher das Arbeitsmittel verdichtet werden kann, desto tendenziell geringer wirkt sich die Reibungsarbeit mindernd auf den Arbeitsgewinn aus. Bei vorgegebenen Abmessungen einer wärmeübertragenden Fläche kann tendenziell umso mehr Wärme mit umso geringerer Temperaturdifferenz übertragen werden, je höher verdichtet das Arbeitsmittel ist.

Ein reversibler Kreisprozess mit vorgegebenem thermischem Wirkungsgrad und gegebenem Anfangszustand T_1, v_1, p_1 und s_1 braucht also bei seiner praktischen Umsetzung einen — bezogen auf die gewinnbare spezifische Kreisprozessarbeit — geringeren Maschinenaufwand und ist umso weniger empfindlich für Irreversibilitäten, je mehr er im p,v-Diagramm längs von Isothermen in Richtung kleinerer spezifischer Volumina und damit in Richtung hoher Drücke zur Ordinatenachse hin erweitert werden kann, und je mehr er im T,s-Diagramm längs von Isothermen nach links in Richtung kleinerer spezifischer Entropie zur Ordinatenachse T hin erweitert werden kann (Bild 7.28).

Im Beispiel des Bildes 7.28 weist der erweiterte Prozess $12'3'4$ gegenüber dem ursprünglichen Prozess 1234 eine deutlich größere spezifische Arbeitsfläche und damit einen deutlich größeren Absolutbetrag der spezifischen Kreisprozessarbeit $|w_{Kreis}|$ auf. Dieser erhöhte Nutzen ist vor dem Hintergrund des betriebenen Aufwandes — in diesem Falle der Absolutbeträge der jeweils erforderlichen spezifischen Druckänderungsarbeiten $|w_{pij}|$ (vgl. das p,v-Diagramm des Bildes 7.28) — zu sehen. Deshalb liegt es nahe, für jede einzelne Zustandsänderung des Prozesses den Wert der spezifischen Druckänderungsarbeit w_{pij} zu bestimmen, hiervon den Absolutbetrag zu bilden und daraufhin die jeweiligen Absolutbeträge aufzusummieren.

Der erhöhte Nutzen des erweiterten Prozesses $12'3'4$ gegenüber dem ursprünglichen Prozesss 1234 kann zudem auch anhand des betriebenen Aufwandes hinsichtlich der Absolutbeträge der spezifischen Temperaturänderungswärmen $|q_{Tij}|$ (vgl. das T,s-Diagramm des Bildes 7.28) bewertet werden. Deshalb liegt es zusätzlich auch nahe, für jede einzelne Zustandsänderung des Prozesses den Wert der spezifischen Temperaturänderungswärme q_{Tij} zu bestimmen, hiervon den Absolutbetrag zu bilden und daraufhin die jeweiligen Absolutbeträge aufzusummieren.

Es ist also der Absolutbetrag der spezifischen Kreisprozessarbeit $|w_{Kreis}|$ eines reversiblen Kreisprozesses

- zum einen ins Verhältnis zur Summe aller Absolutbeträge der spezifischen Druckänderungsarbeiten des Kreisprozesses $\sum |w_{pij}|$ und

- zum andern ins Verhältnis zur Summe aller Absolutbeträge der spezifischen Temperaturänderungswärmen des Kreisprozesses $\sum |q_{Tij}|$

zu setzen. Damit lassen sich mit Berücksichtigung von Gl. (7.13) das mechanische Anstrengungsverhältnis

$$a_{wp} = \frac{\sum |w_{pij}|}{|w_{Kreis}|} = \frac{\sum |w_{pij}|}{|\oint dw_p|} = \frac{\sum |w_{pij}|}{|\sum w_{pij}|} \tag{7.137}$$

und das thermische Anstrengungsverhältnis

$$a_{qT} = \frac{\sum |q_{Tij}|}{|w_{Kreis}|} = \frac{\sum |q_{Tij}|}{|\oint dq_T|} = \frac{\sum |q_{Tij}|}{|\sum q_{Tij}|} \tag{7.138}$$

definieren [33], [34]. Das mechanische Anstrengungsverhältnis a_{wp} gibt an, wie groß das Vielfache ist, das insgesamt an spezifischer Druckänderungsarbeit $\sum |w_{pij}|$ bei einem reversiblen Kreisprozess umgesetzt werden muss, um die gewünschte spezifische Kreisprozessarbeit $|w_{Kreis}|$ zu erhalten. Das thermische Anstrengungsverhältnis a_{qT} gibt an, wie groß das Vielfache ist, das insgesamt an spezifischer Temperaturänderungswärme $\sum |q_{Tij}|$ bei einem reversiblen Kreisprozess umgesetzt werden muss, um die gewünschte spezifische Kreisprozessarbeit $|w_{Kreis}|$ zu erhalten.

a_{wp} und a_{qT} können Werte zwischen den Grenzwerten 1 und ∞ annehmen. Je besser sich entsprechende Werte für einen vorgegebenen reversiblen Kreisprozess dem Zahlenwert 1 annähern, desto begrenzter ist der Maschinenaufwand, und desto weniger empfindlich ist dieser Prozess bei seiner technischen Umsetzung gegenüber Irreversibilitäten. Hohe Werte kennzeichnen dagegen den jeweiligen Kreisprozess als weniger günstig. Werden die Kehrwerte $1/a_{wp}$ und $1/a_{qT}$ gebildet, so liegen die erreichbaren Werte zwischen 0 und 1. Werte nahe bei 1 weisen auf günstige Verhältnisse hin.

Ein erster Ansatz, die hier angesprochene Problematik zu erfassen, ist die Definition des „mittleren Drucks" p_m. Hierunter wird das Verhältnis der Fläche des Kreisprozesses im p, V-Diagramm zur Diagrammgrundlinie, d. h. zur maximalen Volumendifferenz verstanden:

$$p_m = \frac{\text{Fläche des Kreisprozesses im } p, V\text{-Diagramm}}{\Delta V\text{-Linie im } p, V\text{-Diagramm}} \tag{7.139}$$

Mit dem z. B. bei Verbrennungsmotoren verwendeten mittleren Druck p_m wird allerdings die thermodynamische Eigenart des jeweiligen Kreisprozesses nicht umfassend abgebildet.

Sinngemäß lassen sich zwei weitere Anstrengungsverhältnisse definieren, bei denen der Absolutbetrag der spezifischen Kreisprozessarbeit $|w_{Kreis}|$ eines reversiblen Kreisprozesses

- zum einen ins Verhältnis zur Summe aller Absolutbeträge der spezifischen Volumenänderungsarbeiten des Kreisprozesses $\sum |w_{Vij}|$ und

- zum andern ins Verhältnis zur Summe aller Absolutbeträge der spezifischen Entropieänderungswärmen $\sum |q_{sij}|$

gesetzt wird [34]. Damit folgen bei Berücksichtigung von Gl. (7.13)

$$a_{wv} = \frac{\sum |w_{Vij}|}{|w_{Kreis}|} = \frac{\sum |w_{Vij}|}{|\oint dw_V|} = \frac{\sum |w_{Vij}|}{|\sum w_{Vij}|} \tag{7.140}$$

und

$$a_{qs} = \frac{\sum |q_{sij}|}{|w_{Kreis}|} = \frac{\sum |q_{sij}|}{|\oint dq_s|} = \frac{\sum |q_{sij}|}{\sum q_{sij}} \,. \tag{7.141}$$

Der Kehrwert $1/a_{qs}$ weist gemäß der Definitionsgleichung (7.141) für a_{qs} eine Nähe zum thermischen Wirkungsgrad $\eta_{th} = |w_{Kreis}|/(q_{zu})_{rev} = |w_{Kreis}|/q_{s\,zu}$ auf (vgl. Gl. (7.35)).

Ein Vorzug der getroffenen Definitionen ist, dass z. B. gemäß Gl. (5.223)

$$\int\limits_i^j dg = \int\limits_i^j v\,dp - \int\limits_i^j s\,dT = w_{pij} - q_{Tij} \tag{7.142}$$

Zahlenwerte von a_{wp} und a_{qT} unmittelbar miteinander verglichen werden können, da in deren Zähler nur die Absolutwerte der unmittelbar vergleichbaren Größen w_{pij} bzw. q_{Tij} enthalten sind und deren Nenner jeweils gleich groß ist [33], [34].

Allgemein ist eine unmittelbare Vergleichbarkeit der Zahlenwerte aller Anstrengungsverhältnisse a_{wp}, a_{wv}, a_{qT} und a_{qs} gegeben; dies ist sinngemäß entsprechend der Gl. (5.222) sowie den beiden Gln.(3.77) aus

$$\int\limits_i^j df = -\int\limits_i^j p\,dv - \int\limits_i^j s\,dT \tag{7.143}$$

für a_{wv} und a_{qT},

$$\int\limits_i^j dh = \int\limits_i^j v\,dp + \int\limits_i^j T\,ds \tag{7.144}$$

für a_{wp} und a_{qs}, und

$$\int\limits_i^j du = -\int\limits_i^j p\,dv + \int\limits_i^j T\,ds \tag{7.145}$$

für a_{wv} und a_{qs} erkennbar. Hierdurch ist u. a. auch als Gesamtbewertungsgröße eines Kreisprozesses die Summe

$$a_g = a_{wp} + a_{wv} + a_{qT} + a_{qs} \tag{7.146}$$

nahe gelegt (Gesamtanstrengungsverhältnis a_g). Auf diese Weise ist die Lage des jeweiligen Kreisprozesses im p, v-Diagramm und im T, s-Diagramm über die Anstrengungsverhältnisse eindeutig erfasst.

7.5.3 Bewertungskriterien für wichtige thermodynamische Kreisprozesse
7.5.3.1 Allgemeine thermodynamische Beziehungen

Um zu einer vergleichenden Bewertung von technisch wichtigen Kreisprozessen zu gelangen, werden im Folgenden der einfach-polytropische *Carnot*-Prozess, der *Carnot*-Prozess, der *Ericsson*-Prozess, der *Stirling*-Prozess, der *Joule*-Prozess, der *Otto*-Prozess, der *Diesel*-Prozess, der verallgemeinerte *Diesel*-Prozess, der Gasexpansions-Prozess sowie der *Clausius-Rankine*-Prozess untersucht. Außer dem letztgenannten Prozess werden bei allen Prozessen ideale Gase als Arbeitsmittel vorausgesetzt. In Tabelle 7.4 sind die einzelnen Zustandsänderungen, durch die die genannten reversiblen

Kreisprozesse gekennzeichnet sind, zusammengestellt. Dabei ist über die Art der zu wählenden Maschinentechnik nichts ausgesagt.

Tabelle 7.4 Zustandsänderungen von reversiblen rechtslaufenden Kreisprozessen
a) mit einem idealen Gas als Arbeitsmittel
b) mit einem realen Fluid als Arbeitsmittel

a)

Zustandsänderung	Einfachpolytropischer Carnot-Prozess	Carnot-Prozess	Ericsson-Prozess	Stirling-Prozess	Joule-Prozess	Otto-Prozess	Diesel-Prozess	Verallgemeinerter Diesel-Prozess	Gasexpansions-Prozess
12	Isotherme Verdichtung	Isotherme Verdichtung	Isotherme Verdichtung	Isotherme Verdichtung	Isentrope Verdichtung	Isentrope Verdichtung	Isentrope Verdichtung	Isentrope Verdichtung	Isotherme Verdichtung
23	Polytrope Zustandsänderung	Isentrope Verdichtung	Isobare Erwärmung	Isochore Erwärmung	Isobare Erwärmung	Isochore Erwärmung	Isobare Erwärmung	Polytrope Erwärmung	Isobare Erwärmung
34	Isotherme Entspannung	Isotherme Entspannung	Isotherme Entspannung	Isotherme Entspannung	Isentrope Entspannung	Isentrope Entspannung	Isentrope Entspannung	Isentrope Entspannung	Isentrope Entspannung
41	Polytrope Zustandsänderung	Isentrope Entspannung	Isobare Wärmeabgabe	Isochore Wärmeabgabe	Isobare Wärmeabgabe	Isochore Entspannung	Isochore Entspannung	Isochore Entspannung	Isobare Wärmeabgabe

b)

Zustandsänderung	Clausius-Rankine-Prozess
12	Isentrope Verdichtung
23	Isobare Erwärmung
34	Isentrope Entspannung
41	Isobare Wärmeabgabe

Die Tabellen 7.5 bis 7.14 (vgl. [33]) geben die jeweiligen thermodynamischen Beziehungen für die einzelnen Kreisprozesse wieder, die für den thermischen Wirkungsgrad η_{th}, den exergetischen Wirkungsgrad ζ (vgl. Abschnitt 8 Gl. (8.135)), die mechanischen Anstrengungsverhältnisse a_{wp} und a_{wv} sowie die thermischen Anstrengungsverhältnisse a_{qT} und a_{qs} gelten. Auf die Herleitung dieser Beziehungen für η_{th}, ζ, a_{wp}, a_{wv}, a_{qT} und a_{qs} wird hier aus Platzgründen verzichtet. Im Falle von idealen Gasen als Arbeitsmitteln, bei denen konstante spezifische isobare und isochore Wärmekapazitäten c_p und c_v und damit auch ein konstanter Isentropenexponent κ vorausgesetzt werden, sind dabei als unabhängige Veränderliche der Druck p_1 und die Temperatur T_1 des Ausgangszustandes 1, der Druck p_2 des Zustandes 2 sowie die höchste Kreisprozesstemperatur T_3 des Zustandes 3 gewählt. Falls statt des Druckes p_2 der höchste Kreisprozessdruck p_3 als unabhängige Veränderliche gewünscht wird, sind in den Tabellen 7.5 bis 7.14 auch entsprechende Hilfsbeziehungen zur Umrechnung von p_3 in p_2 aufgeführt.

Die Kombination von mehreren reversiblen Kreisprozessen — etwa des *Joule*-Prozesses mit einem nachgeschalteten *Clausius-Rankine*-Prozess und dessen praktische Umsetzung als kombinierter Gas- und Dampfturbinen(GuD)-Prozess — kann ebenfalls nach den Bewertungskriterien η_{th}, ζ, a_{wp}, a_{wv}, a_{qT}, a_{qs} und a_g beurteilt werden; dies wird an dieser Stelle jedoch nicht weiter behandelt.

7.5.3.2 Beispiele

Um die Brauchbarkeit der Bewertungskriterien η_{th}, ζ, a_{wp}, a_{wv}, a_{qT}, a_{qs} und a_g aufzuzeigen, werden im Folgenden (Bilder 7.29 bis 7.36 sowie Tabelle 7.15) beispielhaft alle genannten Kreisprozesse mit idealen Gasen als Arbeitsmittel miteinander verglichen [33]. Dabei wird jeweils dasselbe Arbeitsmittel [11] zugrundegelegt, vom gleichen Anfangszustand 1 ausgegangen und zunächst fiktiv jeweils derselbe Zustand 3 gewählt, bei dem der höchste Kreisprozessdruck p_3 bei der höchsten Kreisprozesstemperatur T_3 auftritt. Aus werkstofftechnischer Sicht stellen nämlich p_3 und T_3 die begrenzenden Faktoren für die Prozessführung dar.

Tabelle 7.5 Einfach-polytropischer *Carnot*-Prozess: Thermodynamische Beziehungen für den thermischen Wirkungsgrad η_{th}, den exergetischen Wirkungsgrad ζ, die mechanischen Anstrengungsverhältnisse a_{wp} und a_{wv} sowie die thermischen Anstrengungsverhältnisse a_{qT} und a_{qs}

$$p_2 = p_3 \left(\frac{T_1}{T_3}\right)^{\frac{n}{n-1}} \quad (1) \qquad \eta_{th} = \frac{T_3 - T_1}{T_3} \quad (2) \qquad \zeta = \frac{T_3 - T_1}{T_3 - T_b} \quad (3)$$

$$a_{wp} = \frac{T_3 + T_1}{T_3 - T_1} + \frac{2\,|n|}{|n-1|\ln\frac{p_2}{p_1}} \quad (4) \qquad a_{wv} = \frac{T_3 + T_1}{T_3 - T_1} + \frac{2}{|n-1|\ln\frac{p_2}{p_1}} \quad (5)$$

$$a_{qT} = \frac{2s_1}{R\ln\frac{p_2}{p_1}} - 1 + \frac{2|\kappa - n|}{|n-1|(\kappa-1)\ln\frac{p_2}{p_1}} \left(\frac{T_3}{T_3 - T_1}\ln\frac{T_3}{T_1} - 1\right) \quad (6)$$

$$a_{qs} = \frac{T_3 + T_1}{T_3 - T_1} + \frac{2|\kappa - n|}{|n-1|(\kappa-1)\ln\frac{p_2}{p_1}} \quad (7) \qquad a_{wp} = \kappa\,a_{wv} - (\kappa - 1)\,a_{qs} \quad \text{(für } \kappa - n \geq 0\text{)} \quad (8)$$

Tabelle 7.6 *Carnot*-Prozess: Thermodynamische Beziehungen für den thermischen Wirkungsgrad η_{th}, den exergetischen Wirkungsgrad ζ, die mechanischen Anstrengungsverhältnisse a_{wp} und a_{wv} sowie die thermischen Anstrengungsverhältnisse a_{qT} und a_{qs}

$$p_2 = p_3 \left(\frac{T_1}{T_3}\right)^{\frac{\kappa}{\kappa-1}} \quad (1) \qquad \eta_{th} = \frac{T_3 - T_1}{T_3} \quad (2) \qquad \zeta = \frac{T_3 - T_1}{T_3 - T_b} \quad (3)$$

$$a_{wp} = \frac{T_3 + T_1}{T_3 - T_1} + \frac{2\kappa}{(\kappa-1)\ln\frac{p_2}{p_1}} \quad (4) \qquad a_{wv} = \frac{T_3 + T_1}{T_3 - T_1} + \frac{2}{(\kappa-1)\ln\frac{p_2}{p_1}} \quad (5)$$

$$a_{qT} = \frac{2s_1}{R\ln\frac{p_2}{p_1}} - 1 \quad (6) \qquad a_{qs} = \frac{T_3 + T_1}{T_3 - T_1} \quad (7) \qquad a_{wp} = \kappa\,a_{wv} - (\kappa - 1)\,a_{qs} \quad (8)$$

Für den Vergleich aller Kreisprozesse mit idealen Gasen als Arbeitsmitteln wird im Folgenden Luft als Arbeitsmittel zugrundegelegt ($R = 0{,}2872$ kJ/(kg K), $s_1 = 6{,}867$

---

[11]Im Hinblick auf günstige Werte für die genannten sieben Bewertungskriterien sollte in der Regel κ groß sein; diese Forderung wird am besten durch einatomige Gase wie z. B. Helium und einigermaßen hinreichend auch durch zweiatomige Gase wie z. B. Stickstoff und Sauerstoff bzw. Gasgemische wie z. B. Luft erfüllt. Im Hinblick auf niedrige Werte für a_{qT} ist außerdem die Wahl von Arbeitsmitteln mit möglichst kleinem Quotienten $s_1/R = (S_{m1}/M)/(R_m/M) = S_{m1}/R_m$, also möglichst niedriger molarer Standardentropie S_{m1} sinnvoll; dies trifft z. B. auf Wasserstoff zu, wobei allerdings Sicherheitsgesichtspunkte ein solches Arbeitsmittel weniger interessant erscheinen lassen könnten.

kJ/(kg K), $c_p = 1,005$ kJ/(kg K) = const, $\kappa = 1,4$ = const; s_1 ist die absolute spezifische Entropie). Dabei wird vom Zustand 1 mit $p_1 = 1,0$ bar und $T_1 = 298,15$ K (25 °C) ausgegangen; als Umgebungstemperatur wird ebenfalls $T_b = 298,15$ K (25 °C) gewählt. Für den Zustand 3 werden zur Veranschaulichung zunächst $p_3 = 70$ bar und $T_3 = 1973,15$ K (1700 °C) zugrundegelegt.

Tabelle 7.7 *Ericsson*-**Prozess**: Thermodynamische Beziehungen für den thermischen Wirkungsgrad η_{th}, den exergetischen Wirkungsgrad ζ, die mechanischen Anstrengungsverhältnisse a_{wp}, und a_{wv} sowie die thermischen Anstrengungsverhältnisse a_{qT} und a_{qs}

$$p_2 = p_3 \quad (1) \qquad \eta_{th} = \frac{T_3 - T_1}{T_3} \quad (2) \qquad \zeta = \frac{T_3 - T_1}{T_3 - T_b} \quad (3)$$

$$a_{wp} = \frac{T_3 + T_1}{T_3 - T_1} \quad (4) \qquad a_{wv} = \frac{T_3 + T_1}{T_3 - T_1} + \frac{2}{\ln \dfrac{p_2}{p_1}} \quad (5)$$

$$a_{qT} = \frac{2 s_1}{R \ln \dfrac{p_2}{p_1}} - 1 + \frac{2\kappa}{(\kappa - 1) \ln \dfrac{p_2}{p_1}} \left(\frac{T_3}{T_3 - T_1} \ln \frac{T_3}{T_1} - 1 \right) \quad (6)$$

$$a_{qs} = \frac{T_3 + T_1}{T_3 - T_1} + \frac{2\kappa}{(\kappa - 1) \ln \dfrac{p_2}{p_1}} \quad (7) \qquad a_{wp} = \kappa\, a_{wv} - (\kappa - 1)\, a_{qs} \quad (8)$$

Tabelle 7.8 *Stirling*-**Prozess**: Thermodynamische Beziehungen für den thermischen Wirkungsgrad η_{th}, den exergetischen Wirkungsgrad ζ, die mechanischen Anstrengungsverhältnisse a_{wp} und a_{wv} sowie die thermischen Anstrengungsverhältnisse a_{qT} und a_{qs}

$$p_2 = p_3 \frac{T_1}{T_3} \quad (1) \qquad \eta_{th} = \frac{T_3 - T_1}{T_3} \quad (2) \qquad \zeta = \frac{T_3 - T_1}{T_3 - T_b} \quad (3)$$

$$a_{wp} = \frac{T_3 + T_1}{T_3 - T_1} + \frac{2}{\ln \dfrac{p_2}{p_1}} \quad (4) \qquad a_{wv} = \frac{T_3 + T_1}{T_3 - T_1} \quad (5)$$

$$a_{qT} = \frac{2 s_1}{R \ln \dfrac{p_2}{p_1}} - 1 + \frac{2}{(\kappa - 1) \ln \dfrac{p_2}{p_1}} \left(\frac{T_3}{T_3 - T_1} \ln \frac{T_3}{T_1} - 1 \right) \quad (6)$$

$$a_{qs} = \frac{T_3 + T_1}{T_3 - T_1} + \frac{2}{(\kappa - 1) \ln \dfrac{p_2}{p_1}} \quad (7) \qquad a_{wp} = (\kappa - 1)\, a_{qs} - (\kappa - 2)\, a_{wv} \quad (8)$$

Die Bilder 7.29 bis 7.36 geben die jeweiligen Kreisprozesse unter diesen Voraussetzungen im p, v-Diagramm und im T, s-Diagramm für Luft wieder. Es wird sichtbar, dass *Stirling*-, *Otto*-, *Diesel*- und verallgemeinerter *Diesel*-Prozess wegen ihrer vergleichsweise begrenzten Volumenänderungen mit Hilfe von Verdrängermaschinen — also von Kolbenmaschinen bzw. Schraubenmaschinen — umgesetzt werden können; demgegenüber ist bei der Umsetzung des gewählten einfach-polytropischen *Carnot*-Prozesses sowie des *Ericsson*-, des *Joule*- und des Gasexpansions-Prozesses wegen ihrer großen Volumenänderungen der Einsatz thermischer Strömungsmaschinen sinnvoll. Die Maßstäbe der Diagramme sind so gewählt, dass die den Absolutbetrag der spezifischen Kreisprozessarbeit $|w_{Kreis}|$ darstellenden Flächen für die jeweiligen Prozesse im p, v-Diagramm und im T, s-Diagramm jeweils gleich groß sind.

Bei der praktisch-technischen Umsetzung des *Otto*- sowie des *Diesel*-Prozesses ist bei nicht aufgeladenen Motoren z. B. der gewählte Zustand 3 realistisch. Der hier miterfasste verallgemeinerte *Diesel*-Prozess unterscheidet sich vom *Diesel*-Prozess nur dadurch, dass bei der Wärmezufuhr im Hinblick auf die Werkstoffbeanspruchung im mittelhohen Temperaturbereich höhere Drücke als im hohen Temperaturbereich zugelassen werden; bei $p_2 = 86{,}15$ bar und $p_3 = 70$ bar sowie $T_3 = 1973{,}15$ K ergibt sich der Polytropenexponent $n = 0{,}2519$ (vgl. auch Tabelle 7.15).

Tabelle 7.9 *Joule*-Prozess: Thermodynamische Beziehungen für den thermischen Wirkungsgrad η_{th}, den exergetischen Wirkungsgrad ζ, die mechanischen Anstrengungsverhältnisse a_{wp} und a_{wv} sowie die thermischen Anstrengungsverhältnisse a_{qT} und a_{qs}

$$p_2 = p_3 \quad (1) \qquad \eta_{th} = 1 - \left(\frac{p_1}{p_2}\right)^{\frac{\kappa-1}{\kappa}} \quad (2)$$

$$\zeta = \frac{1 - \left(\frac{p_1}{p_2}\right)^{\frac{\kappa-1}{\kappa}}}{1 - \dfrac{T_b}{T_3 - T_1\left(\frac{p_2}{p_1}\right)^{\frac{\kappa-1}{\kappa}}} \ln\left(\frac{T_3}{T_1}\left(\frac{p_1}{p_2}\right)^{\frac{\kappa-1}{\kappa}}\right)} \quad (3) \qquad a_{wp} = \frac{T_3 + T_1\left(\frac{p_2}{p_1}\right)^{\frac{\kappa-1}{\kappa}}}{T_3 - T_1\left(\frac{p_2}{p_1}\right)^{\frac{\kappa-1}{\kappa}}} \quad (4)$$

$$a_{wv} = \frac{\left(\frac{p_2}{p_1}\right)^{\frac{\kappa-1}{\kappa}} + 1 - \dfrac{2}{\kappa} \dfrac{T_3\left(\frac{p_1}{p_2}\right)^{\frac{\kappa-1}{\kappa}} - T_1\left(\frac{p_2}{p_1}\right)^{\frac{\kappa-1}{\kappa}}}{T_3\left(\frac{p_1}{p_2}\right)^{\frac{\kappa-1}{\kappa}} - T_1}}{\left(\frac{p_2}{p_1}\right)^{\frac{\kappa-1}{\kappa}} - 1} \quad (5)$$

$$a_{qT} = \left(\frac{s_1}{R}\frac{\kappa-1}{\kappa}(T_3 - T_1) + T_3 \ln \frac{T_3}{T_1\left(\frac{p_2}{p_1}\right)^{\frac{\kappa-1}{\kappa}}}\right) \frac{2\left(\frac{p_2}{p_1}\right)^{\frac{\kappa-1}{\kappa}}}{\left(T_3 - T_1\left(\frac{p_2}{p_1}\right)^{\frac{\kappa-1}{\kappa}}\right)\left(\left(\frac{p_2}{p_1}\right)^{\frac{\kappa-1}{\kappa}} - 1\right)} -$$
$$- \frac{\left(\frac{p_2}{p_1}\right)^{\frac{\kappa-1}{\kappa}} + 1}{\left(\frac{p_2}{p_1}\right)^{\frac{\kappa-1}{\kappa}} - 1} \quad (6)$$

$$a_{qs} = \frac{\left(\frac{p_2}{p_1}\right)^{\frac{\kappa-1}{\kappa}} + 1}{\left(\frac{p_2}{p_1}\right)^{\frac{\kappa-1}{\kappa}} - 1} \quad (7) \qquad a_{wp} = \kappa\, a_{wv} - (\kappa - 1)\, a_{qs} \quad (8)$$

Für den *Joule*-Prozess in stationären Anlagen stellt der Zustand 3a mit $p_{3a} = 20$ bar und $t_{3a} = 1523{,}15$ K ($1250\,°C$) zurzeit einen realisierbaren oberen Wert dar (vgl. Tabelle 7.15). Soweit der *Joule*-Prozess im niederen Temperaturbereich durch mehrstufige isentrope Verdichtung mit kombinierter isobarer Zwischenkühlung und im hohen

Temperaturbereich durch mehrstufige isentrope Entspannung mit kombinierter isobarer Zwischenüberhitzung an den *Ericsson*-Prozess angenähert wird (Abschnitt 7.4.3), könnte der gewählte Zustand 3a auch für den *Ericsson*-Prozess verwirklichbar sein;

Tabelle 7.10   *Otto*-**Prozess:** Thermodynamische Beziehungen für den thermischen Wirkungsgrad η_{th}, den exergetischen Wirkungsgrad ζ, die mechanischen Anstrengungsverhältnisse a_{wp} und a_{wv} sowie die thermischen Anstrengungsverhältnisse a_{qT} und a_{qs}

$$p_2 = \frac{p_3^\kappa}{p_1^{\kappa-1}}\left(\frac{T_1}{T_3}\right)^\kappa \quad (1) \qquad \eta_{th} = 1 - \left(\frac{p_1}{p_2}\right)^{\frac{\kappa-1}{\kappa}} \quad (2)$$

$$\zeta = \frac{1 - \left(\dfrac{p_1}{p_2}\right)^{\frac{\kappa-1}{\kappa}}}{1 - \dfrac{T_b}{T_3 - T_1\left(\dfrac{p_2}{p_1}\right)^{\frac{\kappa-1}{\kappa}}} \ln\left(\dfrac{T_3}{T_1}\left(\dfrac{p_1}{p_2}\right)^{\frac{\kappa-1}{\kappa}}\right)} \quad (3)$$

$$a_{wp} = \kappa\,\frac{T_3 + T_1\left(\dfrac{p_2}{p_1}\right)^{\frac{\kappa-1}{\kappa}}}{T_3 - T_1\left(\dfrac{p_2}{p_1}\right)^{\frac{\kappa-1}{\kappa}}} + (\kappa-1)\,\frac{\left(\dfrac{p_2}{p_1}\right)^{\frac{\kappa-1}{\kappa}} + 1}{\left(\dfrac{p_2}{p_1}\right)^{\frac{\kappa-1}{\kappa}} - 1} \quad (4) \qquad a_{wv} = \frac{T_3 + T_1\left(\dfrac{p_2}{p_1}\right)^{\frac{\kappa-1}{\kappa}}}{T_3 - T_1\left(\dfrac{p_2}{p_1}\right)^{\frac{\kappa-1}{\kappa}}} \quad (5)$$

$$a_{qT} = \left(\frac{s_1}{R}(\kappa-1)(T_3 - T_1) + T_3 \ln\frac{T_3}{T_1\left(\dfrac{p_2}{p_1}\right)^{\frac{\kappa-1}{\kappa}}}\right)\frac{2\left(\dfrac{p_2}{p_1}\right)^{\frac{\kappa-1}{\kappa}}}{\left(T_3 - T_1\left(\dfrac{p_2}{p_1}\right)^{\frac{\kappa-1}{\kappa}}\right)\left(\left(\dfrac{p_2}{p_1}\right)^{\frac{\kappa-1}{\kappa}} - 1\right)} -$$

$$- \frac{\left(\dfrac{p_2}{p_1}\right)^{\frac{\kappa-1}{\kappa}} + 1}{\left(\dfrac{p_2}{p_1}\right)^{\frac{\kappa-1}{\kappa}} - 1} \quad (6)$$

$$a_{qs} = \frac{\left(\dfrac{p_2}{p_1}\right)^{\frac{\kappa-1}{\kappa}} + 1}{\left(\dfrac{p_2}{p_1}\right)^{\frac{\kappa-1}{\kappa}} - 1} \quad (7) \qquad a_{wp} = \kappa\,a_{wv} + (\kappa-1)\,a_{qs} \quad (8)$$

dasselbe gilt für den Gasexpansions-Prozess mit Luft als Arbeitsmittel, der im unteren Temperaturbereich dem *Ericsson*-Prozess, im oberen Temperaturbereich dem *Joule*-Prozess entspricht. Die Besonderheit des hier mitbetrachteten einfach-polytropischen *Carnot*-Prozesses ist, dass er an den *Ericsson*-Prozess angenähert ist; er unterscheidet sich von diesem nur dadurch, dass im Hinblick auf die Werkstoffbeanspruchung im niederen Temperaturbereich höhere Drücke als im hohen Temperaturbereich zugelassen werden und sich die Hochtemperaturentspannung bis in einen Bereich leichter Unterdrücke erstreckt. Will man beim einfach-polytropischen *Carnot*-Prozess beim gewählten Zustand 3 ($p_3 = 70$ bar und $T_3 = 1973{,}15$ K) analog zum verallgemeinerten

Tabelle 7.11 *Diesel*-**Prozess:** Thermodynamische Beziehungen für den thermischen Wirkungsgrad η_{th}, den exergetischen Wirkungsgrad ζ, die mechanischen Anstrengungsverhältnisse a_{wp} und a_{wv} sowie die thermischen Anstrengungsverhältnisse a_{qT} und a_{qs}

$$p_2 = p_3 \quad (1) \qquad \eta_{th} = 1 - \frac{\left(\dfrac{T_3}{T_1}\right)^{\kappa} \left(\dfrac{p_1}{p_2}\right)^{\kappa-1} - 1}{\kappa \left(\dfrac{T_3}{T_1} - \left(\dfrac{p_2}{p_1}\right)^{\frac{\kappa-1}{\kappa}}\right)} \quad (2)$$

$$\zeta = \frac{\dfrac{T_3}{T_1} - \left(\dfrac{p_2}{p_1}\right)^{\frac{\kappa-1}{\kappa}} - \dfrac{1}{\kappa}\left(\left(\dfrac{T_3}{T_1}\right)^{\kappa}\left(\dfrac{p_1}{p_2}\right)^{\kappa-1} - 1\right)}{\dfrac{T_3}{T_1} - \left(\dfrac{p_2}{p_1}\right)^{\frac{\kappa-1}{\kappa}} - \dfrac{T_b}{T_1}\ln\left(\dfrac{T_3}{T_1}\left(\dfrac{p_1}{p_2}\right)^{\frac{\kappa-1}{\kappa}}\right)} \quad (3)$$

$$a_{wp} = \frac{\kappa\left(\dfrac{T_3}{T_1} + \left(\dfrac{p_2}{p_1}\right)^{\frac{\kappa-1}{\kappa}} - 2\right) - \left(\left(\dfrac{T_3}{T_1}\right)^{\kappa}\left(\dfrac{p_1}{p_2}\right)^{\kappa-1} - 1\right)}{\kappa\left(\dfrac{T_3}{T_1} - \left(\dfrac{p_2}{p_1}\right)^{\frac{\kappa-1}{\kappa}}\right) - \left(\left(\dfrac{T_3}{T_1}\right)^{\kappa}\left(\dfrac{p_1}{p_2}\right)^{\kappa-1} - 1\right)} \quad (4)$$

$$a_{wv} = \frac{\kappa\left(\dfrac{T_3}{T_1} - \left(\dfrac{p_2}{p_1}\right)^{\frac{\kappa-1}{\kappa}}\right) + 2\left(\dfrac{p_2}{p_1}\right)^{\frac{\kappa-1}{\kappa}} - \left(\dfrac{T_3}{T_1}\right)^{\kappa}\left(\dfrac{p_1}{p_2}\right)^{\kappa-1} - 1}{\kappa\left(\dfrac{T_3}{T_1} - \left(\dfrac{p_2}{p_1}\right)^{\frac{\kappa-1}{\kappa}}\right) - \left(\dfrac{T_3}{T_1}\right)^{\kappa}\left(\dfrac{p_1}{p_2}\right)^{\kappa-1} + 1} \quad (5)$$

$$a_{qT} = \frac{\dfrac{2\,s_1}{R}\dfrac{\kappa-1}{\kappa}(T_3 - T_1) + 2T_3\ln\left(\dfrac{T_3}{T_1}\left(\dfrac{p_1}{p_2}\right)^{\frac{\kappa-1}{\kappa}}\right) - T_3 + T_1\left(\dfrac{p_2}{p_1}\right)^{\frac{\kappa-1}{\kappa}}}{T_3 - T_1\left(\dfrac{p_2}{p_1}\right)^{\frac{\kappa-1}{\kappa}} - \dfrac{T_1}{\kappa}\left(\left(\dfrac{T_3}{T_1}\right)^{\kappa}\left(\dfrac{p_1}{p_2}\right)^{\kappa-1} - 1\right)} -$$

$$- \frac{\dfrac{T_1}{\kappa}\left(\left(\dfrac{T_3}{T_1}\right)^{\kappa}\left(\dfrac{p_1}{p_2}\right)^{\kappa-1} - 1\right)}{T_3 - T_1\left(\dfrac{p_2}{p_1}\right)^{\frac{\kappa-1}{\kappa}} - \dfrac{T_1}{\kappa}\left(\left(\dfrac{T_3}{T_1}\right)^{\kappa}\left(\dfrac{p_1}{p_2}\right)^{\kappa-1} - 1\right)} \quad (6)$$

$$a_{qs} = \frac{\kappa\left(\dfrac{T_3}{T_1} - \left(\dfrac{p_2}{p_1}\right)^{\frac{\kappa-1}{\kappa}}\right) + \left(\dfrac{T_3}{T_1}\right)^{\kappa}\left(\dfrac{p_1}{p_2}\right)^{\kappa-1} - 1}{\kappa\left(\dfrac{T_3}{T_1} - \left(\dfrac{p_2}{p_1}\right)^{\frac{\kappa-1}{\kappa}}\right) - \left(\dfrac{T_3}{T_1}\right)^{\kappa}\left(\dfrac{p_1}{p_2}\right)^{\kappa-1} + 1} \quad (7)$$

Diesel-Prozess $p_2 = 86{,}36$ bar erreichen, so erfordet dies einen Polytropenexponenten von $n = 0{,}1$; soll z. B. bei $p_{3a} = 20$ bar und $T_{3a} = 1523{,}15$ K ein Druck $p_{2a} = 40$ bar erreicht werden, so erfordert dies einen Polytropenexponenten von $n = 0{,}2983$ (vgl. Tabelle 7.15). Für den *Stirling*-Prozess erscheint zurzeit beispielsweise der Zustand 3b mit $p_{3b} = 20$ bar und $T_{3b} = 973{,}15$ K (700 °C) realistisch.

Tabelle 7.12 Verallgemeinerter *Diesel*-Prozess: Thermodynamische Beziehungen für den thermischen Wirkungsgrad η_{th}, den exergetischen Wirkungsgrad ζ, die mechanischen Anstrengungsverhältnisse a_{wp} und a_{wv} sowie die thermischen Anstrengungsverhältnisse a_{qT} und a_{qs}

$$p_2 = \left(\frac{T_3}{T_1} \frac{p_1^{\frac{\kappa-1}{\kappa}}}{p_3^{\frac{n-1}{n}}} \right)^{\frac{n\,\kappa}{\kappa-n}} \quad (1)$$

$$\eta_{th} = 1 - \frac{n-1}{n-\kappa} \frac{\left(\frac{T_3}{T_1}\right)^{\frac{\kappa-n}{1-n}} \left(\frac{p_2}{p_1}\right)^{\frac{(\kappa-n)(\kappa-1)}{\kappa(n-1)}} - 1}{\frac{T_3}{T_1} - \left(\frac{p_2}{p_1}\right)^{\frac{\kappa-1}{\kappa}}} \quad (2)$$

$$\zeta = \frac{\left(\frac{T_3}{T_1} - \left(\frac{p_2}{p_1}\right)^{\frac{\kappa-1}{\kappa}}\right) - \frac{n-1}{n-\kappa}\left(\left(\frac{T_3}{T_1}\right)^{\frac{\kappa-n}{1-n}}\left(\frac{p_2}{p_1}\right)^{\frac{(\kappa-n)(\kappa-1)}{\kappa(n-1)}} - 1\right)}{\left(\frac{T_3}{T_1} - \left(\frac{p_2}{p_1}\right)^{\frac{\kappa-1}{\kappa}}\right) - \frac{T_b}{T_1}\ln\left(\frac{T_3}{T_1}\left(\frac{p_1}{p_2}\right)^{\frac{\kappa-1}{\kappa}}\right)} \quad (3)$$

$$a_{wp} = \frac{\kappa\left(\left(\frac{p_2}{p_1}\right)^{\frac{\kappa-1}{\kappa}} - 1\right) + \left|\frac{n(\kappa-1)}{n-1}\right|\left(\frac{T_3}{T_1} - \left(\frac{p_2}{p_1}\right)^{\frac{\kappa-1}{\kappa}}\right)}{\frac{n-\kappa}{n-1}\left(\frac{T_3}{T_1} - \left(\frac{p_2}{p_1}\right)^{\frac{\kappa-1}{\kappa}}\right) - \left(\left(\frac{T_3}{T_1}\right)^{\frac{\kappa-n}{1-n}}\left(\frac{p_2}{p_1}\right)^{\frac{(\kappa-n)(\kappa-1)}{\kappa(n-1)}} - 1\right)} +$$

$$+ \frac{\kappa\left(\frac{T_3}{T_1} - 1\right) - \left(\left(\frac{T_3}{T_1}\right)^{\frac{\kappa-n}{1-n}}\left(\frac{p_2}{p_1}\right)^{\frac{(\kappa-n)(\kappa-1)}{\kappa(n-1)}} - 1\right)}{\frac{n-\kappa}{n-1}\left(\frac{T_3}{T_1} - \left(\frac{p_2}{p_1}\right)^{\frac{\kappa-1}{\kappa}}\right) - \left(\left(\frac{T_3}{T_1}\right)^{\frac{\kappa-n}{1-n}}\left(\frac{p_2}{p_1}\right)^{\frac{(\kappa-n)(\kappa-1)}{\kappa(n-1)}} - 1\right)} \quad (4)$$

$$a_{wv} = \frac{\left(\frac{T_3}{T_1} + \left(\frac{p_2}{p_1}\right)^{\frac{\kappa-1}{\kappa}}\right) + \frac{\kappa-1}{|n-1|}\left(\frac{T_3}{T_1} - \left(\frac{p_2}{p_1}\right)^{\frac{\kappa-1}{\kappa}}\right)}{\frac{n-\kappa}{n-1}\left(\frac{T_3}{T_1} - \left(\frac{p_2}{p_1}\right)^{\frac{\kappa-1}{\kappa}}\right) - \left(\left(\frac{T_3}{T_1}\right)^{\frac{\kappa-n}{1-n}}\left(\frac{p_2}{p_1}\right)^{\frac{(\kappa-n)(\kappa-1)}{\kappa(n-1)}} - 1\right)} -$$

$$- \frac{\left(\left(\frac{T_3}{T_1}\right)^{\frac{\kappa-n}{1-n}}\left(\frac{p_2}{p_1}\right)^{\frac{(\kappa-n)(\kappa-1)}{\kappa(n-1)}} + 1\right)}{\frac{n-\kappa}{n-1}\left(\frac{T_3}{T_1} - \left(\frac{p_2}{p_1}\right)^{\frac{\kappa-1}{\kappa}}\right) - \left(\left(\frac{T_3}{T_1}\right)^{\frac{\kappa-n}{1-n}}\left(\frac{p_2}{p_1}\right)^{\frac{(\kappa-n)(\kappa-1)}{\kappa(n-1)}} - 1\right)} \quad (5)$$

Bei einem rechtslaufenden *Carnot*-Prozess können — vom Zustand 1 ausgehend — die Zustände 3, 3a und 3b nicht realisiert werden; deshalb wird ersatzweise ein *Carnot*-Prozess mit dem Zustand 3c mit $p_{3c} = 40$ bar und $T_{3c} = 673{,}15$ K (400 °C) betrachtet (vgl. Tabelle 7.15).

Für den Gasexpansions-Prozess erscheint mit Erdgas als Arbeitsmittel der Zustand 3c mit $p_{3c} = 40$ bar und $T_{3c} = 673{,}15$ K (400 °C) realisierbar, wobei hier hilfsweise mit Luft gerechnet wird. Schließlich wird der *Clausius-Rankine*-Prozess mit Wasser als

Arbeitsmittel und den Zuständen 1 ($p_1 = 0{,}032$ bar, $T_1 = 298{,}15$ K ($25\,^\circ$C), $s_1 = 3{,}888$ kJ/(kg K)) sowie wahlweise 3d ($p_{3d} = 350$ bar, $T_{3d} = 873{,}15$ K ($600\,^\circ$C)) und 3e ($p_{3e} = 200$ bar, $T_{3e} = 823{,}15$ K ($550\,^\circ$C)) in den Vergleich einbezogen (vgl. Tabelle 7.15).

In Tabelle 7.15 sind die gewonnenen Werte für den thermischen Wirkungsgrad η_{th}, den exergetischen Wirkungsgrad ζ, die mechanischen Anstrengungsverhältnisse a_{wp} und a_{wv} sowie die thermischen Anstrengungsverhältnisse a_{qT} und a_{qs} zusammengestellt; daneben ist das Gesamtanstrengungsverhältnis a_g aufgeführt.

Tabelle 7.12 (Fortsetzung)   Verallgemeinerter *Diesel*-Prozess: Thermodynamische Beziehungen für den thermischen Wirkungsgrad η_{th}, den exergetischen Wirkungsgrad ζ, die mechanischen Anstrengungsverhältnisse a_{wp} und a_{wv} sowie die thermischen Anstrengungsverhältnisse a_{qT} und a_{qs}

$$a_{qT} = \frac{\dfrac{2\,s_1}{R}(\kappa-1)(T_3-T_1) + T_3 \ln\left(\left(\dfrac{T_3}{T_1}\right)^{\frac{\kappa-n}{1-n}}\left(\dfrac{p_2}{p_1}\right)^{\frac{(\kappa-n)(\kappa-1)}{\kappa(n-1)}}\right)}{\dfrac{n-\kappa}{n-1}\left(T_3-T_1\left(\dfrac{p_2}{p_1}\right)^{\frac{\kappa-1}{\kappa}}\right) - T_1\left(\left(\dfrac{T_3}{T_1}\right)^{\frac{\kappa-n}{1-n}}\left(\dfrac{p_2}{p_1}\right)^{\frac{(\kappa-n)(\kappa-1)}{\kappa(n-1)}}-1\right)} +$$

$$+ \frac{\left|\dfrac{n-\kappa}{n-1}\right|\left(T_3\ln\left(\dfrac{T_3}{T_1}\left(\dfrac{p_1}{p_2}\right)^{\frac{\kappa-1}{\kappa}}\right) - \left(T_3-T_1\left(\dfrac{p_2}{p_1}\right)^{\frac{\kappa-1}{\kappa}}\right)\right)}{\dfrac{n-\kappa}{n-1}\left(T_3-T_1\left(\dfrac{p_2}{p_1}\right)^{\frac{\kappa-1}{\kappa}}\right) - T_1\left(\left(\dfrac{T_3}{T_1}\right)^{\frac{\kappa-n}{1-n}}\left(\dfrac{p_2}{p_1}\right)^{\frac{(\kappa-n)(\kappa-1)}{\kappa(n-1)}}-1\right)} -$$

$$- \frac{T_1\left(\left(\dfrac{T_3}{T_1}\right)^{\frac{\kappa-n}{1-n}}\left(\dfrac{p_2}{p_1}\right)^{\frac{(\kappa-n)(\kappa-1)}{\kappa(n-1)}}-1\right)}{\dfrac{n-\kappa}{n-1}\left(T_3-T_1\left(\dfrac{p_2}{p_1}\right)^{\frac{\kappa-1}{\kappa}}\right) - T_1\left(\left(\dfrac{T_3}{T_1}\right)^{\frac{\kappa-n}{1-n}}\left(\dfrac{p_2}{p_1}\right)^{\frac{(\kappa-n)(\kappa-1)}{\kappa(n-1)}}-1\right)} \qquad (6)$$

$$a_{qs} = \frac{\left|\dfrac{n-\kappa}{n-1}\right|\left(\dfrac{T_3}{T_1}-\left(\dfrac{p_2}{p_1}\right)^{\frac{\kappa-1}{\kappa}}\right) + \left(\left(\dfrac{T_3}{T_1}\right)^{\frac{\kappa-n}{1-n}}\left(\dfrac{p_2}{p_1}\right)^{\frac{(\kappa-n)(\kappa-1)}{\kappa(n-1)}}-1\right)}{\dfrac{n-\kappa}{n-1}\left(\dfrac{T_3}{T_1}-\left(\dfrac{p_2}{p_1}\right)^{\frac{\kappa-1}{\kappa}}\right) - \left(\left(\dfrac{T_3}{T_1}\right)^{\frac{\kappa-n}{1-n}}\left(\dfrac{p_2}{p_1}\right)^{\frac{(\kappa-n)(\kappa-1)}{\kappa(n-1)}}-1\right)} \qquad (7)$$

Es zeigt sich, dass beim gewählten höchsten Zustand 3, der gegenwärtig nur für den *Otto*-Prozess, den *Diesel*-Prozess und den verallgemeinerten *Diesel*-Prozess realisierbar ist, erwartungsgemäß der einfach-polytropische *Carnot*-Prozess, der *Ericsson*-Prozess und der *Stirling*-Prozess hinsichtlich thermischem und exergetischem Wirkungsgrad die günstigsten Werte aufweisen; diese Prozesse sind sich hier jeweils gleichwertig.

Bei den Anstrengungsverhältnissen sind der einfach-polytropische *Carnot*-Prozess und der *Ericsson*-Prozess sehr günstig; auch der *Stirling*-Prozess schneidet hier — abgesehen von einem höheren Wert für das thermische Anstrengungsverhältnis a_{qT} — recht günstig ab.

Tabelle 7.13 Gasexpansions-Prozess: Thermodynamische Beziehungen für den thermischen Wirkungsgrad η_{th}, den exergetischen Wirkungsgrad ζ, die mechanischen Anstrengungsverhältnisse a_{wp} und a_{wv} sowie die thermischen Anstrengungsverhältnisse a_{qT} und a_{qs}

$$p_2 = p_3 \quad (1) \qquad \eta_{th} = 1 - \frac{\kappa - 1}{\kappa} \frac{T_1 \ln \dfrac{p_2}{p_1}}{T_3 \left(1 - \left(\dfrac{p_1}{p_2}\right)^{\frac{\kappa-1}{\kappa}}\right)} \quad (2)$$

$$\zeta = \frac{T_3 \left(1 - \left(\dfrac{p_1}{p_2}\right)^{\frac{\kappa-1}{\kappa}}\right) - \dfrac{\kappa - 1}{\kappa} T_1 \ln \dfrac{p_2}{p_1}}{T_3 \left(1 - \left(\dfrac{p_1}{p_2}\right)^{\frac{\kappa-1}{\kappa}}\right) - \dfrac{\kappa - 1}{\kappa} T_b \ln \dfrac{p_2}{p_1}} \quad (3)$$

$$a_{wp} = \frac{\dfrac{\kappa}{\kappa - 1} T_3 \left(1 - \left(\dfrac{p_1}{p_2}\right)^{\frac{\kappa-1}{\kappa}}\right) + T_1 \ln \dfrac{p_2}{p_1}}{\dfrac{\kappa}{\kappa - 1} T_3 \left(1 - \left(\dfrac{p_1}{p_2}\right)^{\frac{\kappa-1}{\kappa}}\right) - T_1 \ln \dfrac{p_2}{p_1}} \quad (4)$$

$$a_{wv} = \frac{\dfrac{\kappa}{\kappa - 1} T_3 \left(1 + \dfrac{\kappa - 2}{\kappa} \left(\dfrac{p_1}{p_2}\right)^{\frac{\kappa-1}{\kappa}}\right) + T_1 \left(\ln \left(\dfrac{p_2}{p_1}\right) - 2\right)}{\dfrac{\kappa}{\kappa - 1} T_3 \left(1 - \left(\dfrac{p_1}{p_2}\right)^{\frac{\kappa-1}{\kappa}}\right) - T_1 \ln \left(\dfrac{p_2}{p_1}\right)} \quad (5)$$

$$a_{qT} = \frac{\left(\dfrac{s_1}{R} - \ln \dfrac{p_2}{p_1} - \dfrac{\kappa}{\kappa - 1}\right) 2 (T_3 - T_1) + 2 T_3 \dfrac{\kappa}{\kappa - 1} \ln \dfrac{T_3}{T_1}}{T_3 \dfrac{\kappa}{\kappa - 1} \left(1 - \left(\dfrac{p_1}{p_2}\right)^{\frac{\kappa-1}{\kappa}}\right) - T_1 \ln \dfrac{p_2}{p_1}} + 1 \quad (6)$$

$$a_{qs} = \frac{\dfrac{\kappa}{\kappa - 1} T_3 \left(1 + \left(\dfrac{p_1}{p_2}\right)^{\frac{\kappa-1}{\kappa}}\right) + T_1 \left(\ln \left(\dfrac{p_2}{p_1}\right) - \dfrac{2\kappa}{\kappa - 1}\right)}{\dfrac{\kappa}{\kappa - 1} T_3 \left(1 - \left(\dfrac{p_1}{p_2}\right)^{\frac{\kappa-1}{\kappa}}\right) - T_1 \ln \left(\dfrac{p_2}{p_1}\right)} \quad (7)$$

$$a_{wp} = \kappa \, a_{wv} - (\kappa - 1) \, a_{qs} \quad (8)$$

Dies gilt tendenziell auch für den Gasexpansions-Prozess. *Joule*-Prozess, *Otto*-Prozess, *Diesel*-Prozess und verallgemeinerter *Diesel*-Prozess haben hingegen beim thermischen Wirkungsgrad η_{th}, beim exergetischen Wirkungsgrad ζ, bei den mechanischen Anstrengungsverhältnissen a_{wp} und a_{wv} sowie beim thermischen Anstrengungsverhältnis a_{qT}

und beim Gesamtanstrengungsverhältnis a_g im Vergleich hierzu Nachteile; sie sind lediglich beim thermischen Anstrengungsverhältnis a_{qs} günstiger. Tendenziell dieselbe Bewertung ergibt sich bei den Zuständen 3a und 3b.

Vergleicht man die verschiedenen Kreisprozesse unter dem Gesichtspunkt der gegenwärtigen technischen Verwirklichbarkeit, so zeigt sich, dass der *Joule*-Prozess mit dem höchst erreichbaren Zustand 3a zwar beim thermischen Wirkungsgrad η_{th} gegenüber dem *Diesel*-Prozess und *Otto*-Prozess beim Zustand 3 weniger günstig ist und beim exergetischen Wirkungsgrad ζ etwa gleich liegt, andererseits jedoch beim mechanischen Anstrengungsverhältnis a_{wp}, beim thermischen Anstrengungsverhältnis a_{qT} und beim Gesamtanstrengungsverhältnis a_g gegenüber diesen Prozessen Vorteile bietet; leichte Nachteile sind beim mechanischen Anstrengungsverhältnis a_{wv} und beim thermischen Anstrengungsverhältnis a_{qs} festzustellen. Der Vergleich zeigt darüber hinaus, dass sich der *Joule*-Prozess, soweit er künftig stärker in Richtung *Ericsson*-Prozess, einfach-polytropischem *Carnot*-Prozess bzw. Gasexpansions-Prozess weiterentwickelt wird, ein sehr erhebliches Verbesserungspotential erschließen könnte.

Tabelle 7.14 *Clausius-Rankine*-Prozess: Thermodynamische Beziehungen für den thermischen Wirkungsgrad η_{th}, den exergetischen Wirkungsgrad ζ, die mechanischen Anstrengungsverhältnisse a_{wp} und a_{wv} sowie die thermischen Anstrengungsverhältnisse a_{qT} und a_{qs}

$$p_2 = p_3 \quad (1) \qquad \eta_{th} = 1 - \frac{h_4 - h_1}{h_3 - h_2} \quad (2) \qquad \zeta = \frac{(h_3 - h_4) - (h_2 - h_1)}{(h_3 - h_2) - (s_3 - s_1)T_b} \quad (3)$$

$$a_{wp} = \frac{(h_3 - h_4) + (h_2 - h_1)}{(h_3 - h_4) - (h_2 - h_1)} \quad (4) \qquad a_{wv} = \frac{(h_3 - h_2) + (h_4 - h_1) - 2(u_4 - u_2)}{(h_3 - h_2) - (h_4 - h_1)} \quad (5)$$

$$a_{qT} = \frac{2s_3(T_3 - T_1) + (s_3 - s_1)T_1 - (h_3 - h_2)}{(h_3 - h_4) - (h_2 - h_1)} \quad (6) \qquad a_{qs} = \frac{(h_3 - h_2) + (h_4 - h_1)}{(h_3 - h_2) - (h_4 - h_1)} \quad (7)$$

Ein direkter Vergleich von *Otto*- und *Diesel*-Prozess beim Zustand 3 ergibt, dass der *Diesel*-Prozess gegenüber dem *Otto*-Prozess fast durchweg Vorteile bietet; dies trifft auf die Bewertungskriterien η_{th}, ζ, a_{wp}, a_{qT}, a_{qs} und a_g zu; nur bei a_{wv} wird ein Nachteil sichtbar. Der verallgemeinerte *Diesel*-Prozess stellt unter den genannten Annahmen eine Verbesserung des *Diesel*-Prozesses dar. Die intensiven Anstrengungen bei der Weiterentwicklung von Dieselmotoren erweisen sich also — gemessen an den obengenannten Bewertungskriterien — als zielführend.

Für den *Stirling*-Prozess erscheint gegenwärtig z. B. der Zustand 3b als höchst erreichbarer Zustand technisch gut beherrschbar. Es ergibt sich, dass der *Stirling*-Prozess bereits bei diesem Zustand mit vergleichsweise mäßigem Druck p_{3b} und mäßiger Temperatur T_{3b} dem verallgemeinerten *Diesel*-Prozess, dem *Diesel*-Prozess und dem *Otto*-Prozess überlegen ist, wenn nach den Bewertungskriterien η_{th}, ζ, a_{wp}, a_{wv}, a_{qT} und a_g verglichen wird; lediglich bei a_{qs} zeigt sich ein Nachteil. Dies verdeutlicht das — bisher wenig genutzte — theoretische Potential des *Stirling*-Prozesses.

Dass der *Carnot*-Prozess keinen wesentlichen Spielraum für eine wirksame technische Umsetzung bietet, zeigen die Vergleiche in Tabelle 7.15: Da er nur bei vergleichsweise niedrigen höchsten Prozesstemperaturen — etwa bei der Temperatur T_{3c} — verwirklicht werden könnte, müssten hinsichtlich η_{th}, ζ, a_{wp}, a_{wv}, a_{qT} und a_g z. T. sehr erhebliche Nachteile in Kauf genommen werden.

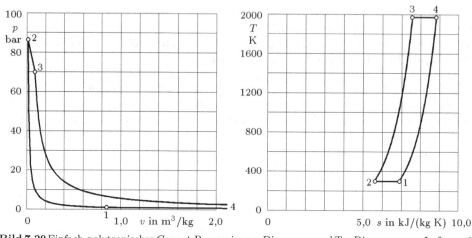

Bild 7.29 Einfach-polytropischer *Carnot*-Prozess im p,v-Diagramm und T,s-Diagramm von Luft; $n = 0,1$

$p_1 = 1,000$ bar	$v_1 = 0,85629$ m³/kg	$T_1 = 298,15$ K	$s_1 = 6,8670$ kJ/(kg K)
$p_2 = 86,355$ bar	$v_2 = 0,00992$ m³/kg	$T_2 = 298,15$ K	$s_2 = 5,5865$ kJ/(kg K)
$p_3 = 70,000$ bar	$v_3 = 0,08096$ m³/kg	$T_3 = 1973,15$ K	$s_3 = 7,5464$ kJ/(kg K)
$p_4 = 0,811$ bar	$v_4 = 6,99095$ m³/kg	$T_4 = 1973,15$ K	$s_4 = 8,8269$ kJ/(kg K)
$w_{V12} = 381,77$ kJ/kg	$w_{p12} = 381,77$ kJ/kg	$q_{s12} = -381,77$ kJ/kg	$q_{T12} = 0$ kJ/kg
$w_{V23} = -534,51$ kJ/kg	$w_{p23} = -53,451$ kJ/kg	$q_{s23} = 1737,2$ kJ/kg	$q_{T23} = 11488$ kJ/kg
$w_{V34} = -2526,6$ kJ/kg	$w_{p34} = -2526,6$ kJ/kg	$q_{s34} = 2526,6$ kJ/kg	$q_{T34} = 0$ kJ/kg
$w_{V41} = 534,51$ kJ/kg	$w_{p41} = 53,451$ kJ/kg	$q_{s41} = -1737,2$ kJ/kg	$q_{T41} = -13632$ kJ/kg
$w_{Kreis} = -2144,8$ kJ/kg		$\eta_{th} = 0,8489$	$\zeta = 1,0000$

$a_{wp} = 1,4058$ $a_{wv} = 1,8544$ $a_{qT} = 11,712$ $a_{qs} = 2,9759$ $a_g = 17,948$

Bild 7.30 *Ericsson*-Prozess im p,v-Diagramm und im T,s-Diagramm von Luft

$p_1 = 1,000$ bar	$v_1 = 0,85629$ m³/kg	$T_1 = 298,15$ K	$s_1 = 6,8670$ kJ/(kg K)
$p_2 = 70,000$ bar	$v_2 = 0,01223$ m³/kg	$T_2 = 298,15$ K	$s_2 = 5,6468$ kJ/(kg K)
$p_3 = 70,000$ bar	$v_3 = 0,08096$ m³/kg	$T_3 = 1973,15$ K	$s_3 = 7,5464$ kJ/(kg K)
$p_4 = 1,000$ bar	$v_4 = 5,66689$ m³/kg	$T_4 = 1973,15$ K	$s_4 = 8,7666$ kJ/(kg K)
$w_{V12} = 363,79$ kJ/kg	$w_{p12} = 363,79$ kJ/kg	$q_{s12} = -363,79$ kJ/kg	$q_{T12} = 0$ kJ/kg
$w_{V23} = -481,06$ kJ/kg	$w_{p23} = 0$ kJ/kg	$q_{s23} = 1683,7$ kJ/kg	$q_{T23} = 11523$ kJ/kg
$w_{V34} = -2407,6$ kJ/kg	$w_{p34} = -2407,6$ kJ/kg	$q_{s34} = 2407,6$ kJ/kg	$q_{T34} = 0$ kJ/kg
$w_{V41} = 481,06$ kJ/kg	$w_{p41} = 0$ kJ/kg	$q_{s41} = -1683,7$ kJ/kg	$q_{T41} = -13567$ kJ/kg
$w_{Kreis} = -2043,8$ kJ/kg		$\eta_{th} = 0,8489$	$\zeta = 1,0000$

$a_{wp} = 1,3560$ $a_{wv} = 1,8268$ $a_{qT} = 12,276$ $a_{qs} = 3,0036$ $a_g = 18,463$

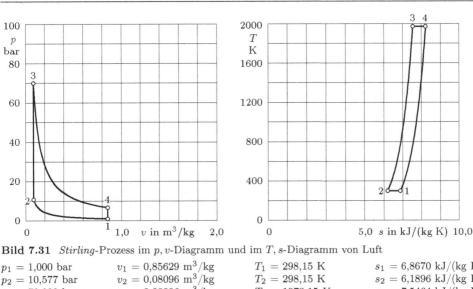

Bild 7.31 *Stirling*-Prozess im p, v-Diagramm und im T, s-Diagramm von Luft

$p_1 = 1{,}000$ bar	$v_1 = 0{,}85629$ m³/kg	$T_1 = 298{,}15$ K	$s_1 = 6{,}8670$ kJ/(kg K)
$p_2 = 10{,}577$ bar	$v_2 = 0{,}08096$ m³/kg	$T_2 = 298{,}15$ K	$s_2 = 6{,}1896$ kJ/(kg K)
$p_3 = 70{,}000$ bar	$v_3 = 0{,}08096$ m³/kg	$T_3 = 1973{,}15$ K	$s_3 = 7{,}5464$ kJ/(kg K)
$p_4 = 6{,}618$ bar	$v_4 = 0{,}85629$ m³/kg	$T_4 = 1973{,}15$ K	$s_4 = 8{,}2239$ kJ/(kg K)
$w_{V12} = 201{,}97$ kJ/kg	$w_{p12} = 201{,}97$ kJ/kg	$q_{s12} = -201{,}97$ kJ/kg	$q_{T12} = 0$ kJ/kg
$w_{V23} = 0$ kJ/kg	$w_{p23} = 481{,}06$ kJ/kg	$q_{s23} = 1202{,}7$ kJ/kg	$q_{T23} = 11842$ kJ/kg
$w_{V34} = -1336{,}7$ kJ/kg	$w_{p34} = -1336{,}7$ kJ/kg	$q_{s34} = 1336{,}7$ kJ/kg	$q_{T34} = 0$ kJ/kg
$w_{V41} = 0$ kJ/kg	$w_{p41} = -481{,}06$ kJ/kg	$q_{s41} = -1202{,}7$ kJ/kg	$q_{T41} = -12977$ kJ/kg
$w_{Kreis} = -1134{,}7$ kJ/kg		$\eta_{th} = 0{,}8489$	$\zeta = 1{,}0000$
$a_{wp} = 2{,}2039$	$a_{wv} = 1{,}3560$	$a_{qT} = 21{,}873$ $a_{qs} = 3{,}4758$	$a_g = 28{,}909$

Bild 7.32 *Joule*-Prozess im p, v-Diagramm und im T, s-Diagramm von Luft

$p_1 = 1{,}000$ bar	$v_1 = 0{,}85629$ m³/kg	$T_1 = 298{,}15$ K	$s_1 = 6{,}8670$ kJ/(kg K)
$p_2 = 70{,}000$ bar	$v_2 = 0{,}04118$ m³/kg	$T_2 = 1003{,}70$ K	$s_2 = 6{,}8670$ kJ/(kg K)
$p_3 = 70{,}000$ bar	$v_3 = 0{,}08096$ m³/kg	$T_3 = 1973{,}15$ K	$s_3 = 7{,}5464$ kJ/(kg K)
$p_4 = 1{,}000$ bar	$v_4 = 1{,}68335$ m³/kg	$T_4 = 586{,}12$ K	$s_4 = 7{,}5464$ kJ/(kg K)
$w_{V12} = 506{,}59$ kJ/kg	$w_{p12} = 709{,}22$ kJ/kg	$q_{s12} = 0$ kJ/kg	$q_{T12} = 4845{,}0$ kJ/kg
$w_{V23} = -278{,}42$ kJ/kg	$w_{p23} = 0$ kJ/kg	$q_{s23} = 974{,}49$ kJ/kg	$q_{T23} = 7023{,}4$ kJ/kg
$w_{V34} = -995{,}89$ kJ/kg	$w_{p34} = -1394{,}2$ kJ/kg	$q_{s34} = 0$ kJ/kg	$q_{T34} = -10467$ kJ/kg
$w_{V41} = 82{,}706$ kJ/kg	$w_{p41} = 0$ kJ/kg	$q_{s41} = -289{,}47$ kJ/kg	$q_{T41} = -2086{,}3$ kJ/kg
$w_{Kreis} = -685{,}02$ kJ/kg		$\eta_{th} = 0{,}7030$	$\zeta = 0{,}8874$
$a_{wp} = 3{,}0707$	$a_{wv} = 2{,}7205$	$a_{qT} = 35{,}651$ $a_{qs} = 1{,}8452$	$a_g = 43{,}2878$

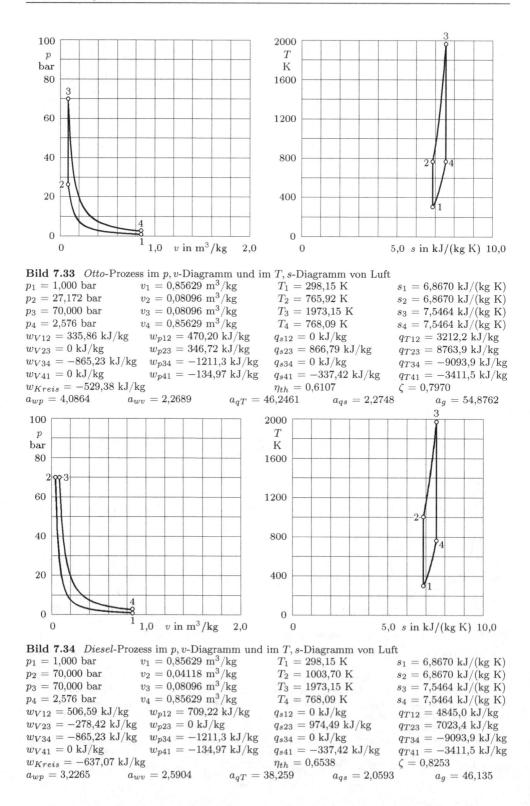

Bild 7.33 *Otto*-Prozess im p, v-Diagramm und im T, s-Diagramm von Luft

$p_1 = 1,000$ bar	$v_1 = 0,85629$ m³/kg	$T_1 = 298,15$ K	$s_1 = 6,8670$ kJ/(kg K)
$p_2 = 27,172$ bar	$v_2 = 0,08096$ m³/kg	$T_2 = 765,92$ K	$s_2 = 6,8670$ kJ/(kg K)
$p_3 = 70,000$ bar	$v_3 = 0,08096$ m³/kg	$T_3 = 1973,15$ K	$s_3 = 7,5464$ kJ/(kg K)
$p_4 = 2,576$ bar	$v_4 = 0,85629$ m³/kg	$T_4 = 768,09$ K	$s_4 = 7,5464$ kJ/(kg K)
$w_{V12} = 335,86$ kJ/kg	$w_{p12} = 470,20$ kJ/kg	$q_{s12} = 0$ kJ/kg	$q_{T12} = 3212,2$ kJ/kg
$w_{V23} = 0$ kJ/kg	$w_{p23} = 346,72$ kJ/kg	$q_{s23} = 866,79$ kJ/kg	$q_{T23} = 8763,9$ kJ/kg
$w_{V34} = -865,23$ kJ/kg	$w_{p34} = -1211,3$ kJ/kg	$q_{s34} = 0$ kJ/kg	$q_{T34} = -9093,9$ kJ/kg
$w_{V41} = 0$ kJ/kg	$w_{p41} = -134,97$ kJ/kg	$q_{s41} = -337,42$ kJ/kg	$q_{T41} = -3411,5$ kJ/kg
$w_{Kreis} = -529,38$ kJ/kg		$\eta_{th} = 0,6107$	$\zeta = 0,7970$
$a_{wp} = 4,0864$	$a_{wv} = 2,2689$	$a_{qT} = 46,2461$	$a_{qs} = 2,2748$	$a_g = 54,8762$

Bild 7.34 *Diesel*-Prozess im p, v-Diagramm und im T, s-Diagramm von Luft

$p_1 = 1,000$ bar	$v_1 = 0,85629$ m³/kg	$T_1 = 298,15$ K	$s_1 = 6,8670$ kJ/(kg K)
$p_2 = 70,000$ bar	$v_2 = 0,04118$ m³/kg	$T_2 = 1003,70$ K	$s_2 = 6,8670$ kJ/(kg K)
$p_3 = 70,000$ bar	$v_3 = 0,08096$ m³/kg	$T_3 = 1973,15$ K	$s_3 = 7,5464$ kJ/(kg K)
$p_4 = 2,576$ bar	$v_4 = 0,85629$ m³/kg	$T_4 = 768,09$ K	$s_4 = 7,5464$ kJ/(kg K)
$w_{V12} = 506,59$ kJ/kg	$w_{p12} = 709,22$ kJ/kg	$q_{s12} = 0$ kJ/kg	$q_{T12} = 4845,0$ kJ/kg
$w_{V23} = -278,42$ kJ/kg	$w_{p23} = 0$ kJ/kg	$q_{s23} = 974,49$ kJ/kg	$q_{T23} = 7023,4$ kJ/kg
$w_{V34} = -865,23$ kJ/kg	$w_{p34} = -1211,3$ kJ/kg	$q_{s34} = 0$ kJ/kg	$q_{T34} = -9093,9$ kJ/kg
$w_{V41} = 0$ kJ/kg	$w_{p41} = -134,97$ kJ/kg	$q_{s41} = -337,42$ kJ/kg	$q_{T41} = -3411,5$ kJ/kg
$w_{Kreis} = -637,07$ kJ/kg		$\eta_{th} = 0,6538$	$\zeta = 0,8253$
$a_{wp} = 3,2265$	$a_{wv} = 2,5904$	$a_{qT} = 38,259$	$a_{qs} = 2,0593$	$a_g = 46,135$

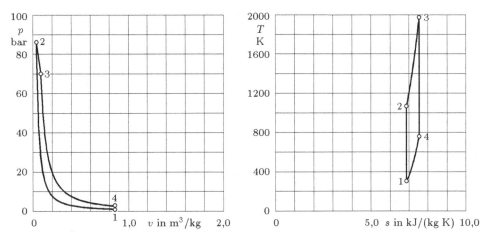

Bild 7.35 Verallgemeinerter *Diesel*-Prozess im p, v-Diagramm und T, s-Diagramm von Luft; $n = 0{,}2519$

$p_1 = 1{,}000$ bar	$v_1 = 0{,}85629$ m^3/kg	$T_1 = 298{,}15$ K	$s_1 = 6{,}8670$ kJ/(kg K)
$p_2 = 86{,}150$ bar	$v_2 = 0{,}03551$ m^3/kg	$T_2 = 1065{,}04$ K	$s_2 = 6{,}8670$ kJ/(kg K)
$p_3 = 70{,}000$ bar	$v_3 = 0{,}08096$ m^3/kg	$T_3 = 1973{,}15$ K	$s_3 = 7{,}5464$ kJ/(kg K)
$p_4 = 2{,}576$ bar	$v_4 = 0{,}85629$ m^3/kg	$T_4 = 768{,}09$ K	$s_4 = 7{,}5464$ kJ/(kg K)

$w_{V12} = 550{,}63$ kJ/kg $\quad w_{p12} = 770{,}88$ kJ/kg $\quad q_{s12} = 0$ kJ/kg $\quad q_{T12} = 4845{,}0$ kJ/kg
$w_{V23} = -348{,}62$ kJ/kg $\quad w_{p23} = -87{,}806$ kJ/kg $\quad q_{s23} = 1000{,}6$ kJ/kg $\quad q_{T23} = 7023{,}4$ kJ/kg
$w_{V34} = -865{,}23$ kJ/kg $\quad w_{p34} = -1211{,}3$ kJ/kg $\quad q_{s34} = 0$ kJ/kg $\quad q_{T34} = -9093{,}9$ kJ/kg
$w_{V41} = 0$ kJ/kg $\quad w_{p41} = -134{,}97$ kJ/kg $\quad q_{s41} = -337{,}42$ kJ/kg $\quad q_{T41} = -3411{,}5$ kJ/kg
$w_{Kreis} = -663{,}23$ kJ/kg $\quad\quad\quad\quad\quad\quad\quad\quad \eta_{th} = 0{,}6628 \quad\quad\quad\quad\quad\quad\quad \zeta = 0{,}8310$
$a_{wp} = 3{,}3246 \quad\quad a_{wv} = 2{,}6604 \quad\quad a_{qT} = 36{,}711 \quad\quad a_{qs} = 2{,}0175 \quad\quad a_g = 44{,}714$

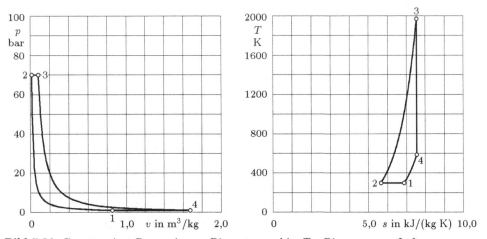

Bild 7.36 Gasexpansions-Prozess im p, v-Diagramm und im T, s-Diagramm von Luft

$p_1 = 1{,}000$ bar	$v_1 = 0{,}85629$ m^3/kg	$T_1 = 298{,}15$ K	$s_1 = 6{,}8670$ kJ/(kg K)
$p_2 = 70{,}000$ bar	$v_2 = 0{,}01223$ m^3/kg	$T_2 = 298{,}15$ K	$s_2 = 5{,}6468$ kJ/(kg K)
$p_3 = 70{,}000$ bar	$v_3 = 0{,}08096$ m^3/kg	$T_3 = 1973{,}15$ K	$s_3 = 7{,}5464$ kJ/(kg K)
$p_4 = 1{,}000$ bar	$v_4 = 1{,}68335$ m^3/kg	$T_4 = 586{,}12$ K	$s_4 = 7{,}5464$ kJ/(kg K)

$w_{V12} = 363{,}79$ kJ/kg $\quad w_{p12} = 363{,}79$ kJ/kg $\quad q_{s12} = -363{,}79$ kJ/kg $\quad q_{T12} = 0$ kJ/kg
$w_{V23} = -481{,}06$ kJ/kg $\quad w_{p23} = 0$ kJ/kg $\quad q_{s23} = 1683{,}7$ kJ/kg $\quad q_{T23} = 11523$ kJ/kg
$w_{V34} = -995{,}89$ kJ/kg $\quad w_{p34} = -1394{,}2$ kJ/kg $\quad q_{s34} = 0$ kJ/kg $\quad q_{T34} = -10467$ kJ/kg
$w_{V41} = 82{,}706$ kJ/kg $\quad w_{p41} = 0$ kJ/kg $\quad q_{s41} = -289{,}47$ kJ/kg $\quad q_{T41} = -2086{,}3$ kJ/kg
$w_{Kreis} = -1030{,}5$ kJ/kg $\quad\quad\quad\quad\quad\quad\quad\quad \eta_{th} = 0{,}7391 \quad\quad\quad\quad\quad\quad\quad \zeta = 1{,}0000$
$a_{wp} = 1{,}7061 \quad\quad a_{wv} = 1{,}8666 \quad\quad a_{qT} = 23{,}365 \quad\quad a_{qs} = 2{,}2679 \quad\quad a_g = 29{,}2056$

Tabelle 7.15 Thermischer Wirkungsgrad, exergetischer Wirkungsgrad, mechanische und thermische Anstrengungsverhältnisse sowie Gesamtanstrengungsverhältnis von reversiblen Kreisprozessen [33]
a) mit Luft (ideales Gas) als Arbeitsmittel ($p_1 = 1,00$ bar; $T_1 = T_b = 298,15$ K)
b) mit Wasser als Arbeitsmittel ($p_1 = 0,032$ bar; $T_1 = T_b = 298,15$ K)

a)

	Einfach-polytropischer Carnot-Prozess	Carnot-Prozess	Ericsson-Prozess	Stirling-Prozess	Joule-Prozess	Otto-Prozess	Diesel-Prozess	Verallgemeinerter Diesel-Prozess; n=0,2519	Gasexpansions-Prozess
Zustand 3: $p_3 = 70$ bar; $T_3 = 1973,15$ K									
η_{th}	0,849	Als Kraft-	0,849	0,849	0,703	0,611	0,654	0,663	0,739
ζ	1	maschi-	1	1	0,887	0,797	0,825	0,831	1
a_{wp}	1,406	nen-	1,356	2,204	3,071	4,086	3,227	3,325	1,706
a_{wv}	1,854	prozess	1,827	1,356	2,721	2,269	2,590	2,660	1,867
a_{qT}	11,712	nicht	12,276	21,873	35,651	46,246	38,259	36,711	23,365
a_{qs}	2,976	realisier-	3,004	3,476	1,845	2,275	2,059	2,018	2,268
a_g	17,948	bar	18,463	28,909	43,288	54,876	46,135	44,714	29,206
Zustand 3a: $p_{3a} = 20$ bar; $T_{3a} = 1523,15$ K									
η_{th}	0,804	Als Kraft-	0,804	0,804	0,575	0,421	0,492	0,507	0,709
ζ	1	maschi-	1	1	0,800	0,619	0,678	0,697	1
a_{wp}	1,557	nen-	1,487	2,952	2,708	4,331	2,997	3,111	1,822
a_{wv}	2,186	prozess	2,029	1,487	2,643	2,021	2,427	2,508	2,143
a_{qT}	16,389	nicht	17,365	37,804	37,949	59,267	44,191	41,570	28,640
a_{qs}	3,760	realisier-	3,823	5,150	2,478	3,754	3,065	2,945	2,947
a_g	23,892	bar	24,704	47,393	45,778	69,373	52,680	50,134	35,552
Zustand 3b: $p_{3b} = 20$ bar; $T_{3b} = 973,15$ K									
η_{th}	0,694	Als Kraft-	0,694	0,694	0,575	0,484	0,544	0,551	0,545
ζ	1	maschi -	1	1	0,897	0,834	0,850	0,853	1
a_{wp}	1,954	nen-	1,883	2,987	6,170	7,374	6,461	6,597	2,676
a_{wv}	2,594	prozess	2,551	1,883	5,115	4,445	4,901	4,998	2,893
a_{qT}	15,921	nicht	16,611	27,325	60,677	71,988	64,038	62,437	30,623
a_{qs}	4,193	realisier-	4,220	4,642	2,478	2,878	2,673	2,632	3,434
a_g	24,662	bar	25,265	36,837	74,440	86,685	78,073	76,664	39,626
Zustand 3c: $p_{3c} = 40$ bar; $T_{3c} = 673,15$ K									
η_{th}	0,557	0,557	0,557	0,557	Als Kraft-	Als Kraft-	Als Kraft-	Als Kraft-	0,285
ζ	1	1	1	1	maschi-	maschi-	maschi-	maschi-	1
a_{wp}	2,649	10,938	2,590	3,286	nen-	nen-	nen-	nen-	6,057
a_{wv}	3,178	8,553	3,132	2,590	prozess	prozess	prozess	prozess	5,765
a_{qT}	12,536	56,025	12,840	16,439	nicht	nicht	nicht	nicht	38,652
a_{qs}	4,501	2,590	4,488	4,330	realisier-	realisier-	realisier-	realisier-	5,035
a_g	22,864	78,106	23,050	26,645	bar	bar	bar	bar	55,509

b)

Clausius–Rankine-Prozess	
Zustand 3d:	
$p_{3d} = 350$ bar	
$T_{3d} = 873,15$ K	
η_{th}	0,473
ζ	1
a_{wp}	1,045
a_{wv}	1,125
a_{qT}	6,191
a_{qs}	3,226
a_g	11,587
Zustand 3e:	
$p_{3e} = 200$ bar	
$T_{3e} = 823,15$ K	
η_{th}	0,455
ζ	1
a_{wp}	1,027
a_{wv}	1,135
a_{qT}	5,948
a_{qs}	3,391
a_g	11,501

Praktische Schwierigkeiten bei der Verwirklichung eines *Carnot*-Prozesses ergeben sich mit einem idealen Gas als Arbeitsmittel, wenn die obere Prozesstemperatur einen erwünschten hohen Wert annehmen soll; dann ist gleichzeitig ein technisch nicht verwirklichbarer sehr hoher Prozessdruck erforderlich. Demgegenüber lassen sich mit einem reinen Stoff im Zweiphasengebiet und in seinem Umfeld Annäherungen an den *Carnot*-Prozess verwirklichen, wie das Beispiel des Kaltdampf-Kälteprozesses zeigt, der als Abwandlung des *Carnot*-Prozesses aufgefasst werden kann und bei niedrigen spezifischen Werten von Volumen und Entropie im Flüssigkeitsgebiet, Naßdampfgebiet und dem Gebiet des überhitzten Dampfes in der Nähe der Taulinie durchgeführt wird (vgl. Abschnitt 7.6.5).

Der Gasexpansions-Prozess befindet sich hinsichtlich der sieben Bewertungskriterien zwischen *Ericsson*-Prozess und *Joule*-Prozess. Soweit — z. B. bei der Stromrückgewinnung in der Erdgasversorgung an den Schnittstellen von Transportnetzen zu Verteilernetzen — aus Sicherheitsgründen mit einer vergleichsweise niedrigen oberen Prozesstemperatur T_{3c} gearbeitet werden müsste, ergeben sich nur mäßige Werte für den thermischen Wirkungsgrad η_{th}, für die mechanischen Anstrengungsverhältnisse a_{wp} und a_{wv} sowie für das thermische Anstrengungsverhältnis a_{qs}.

In diesem Falle ist dies jedoch kaum von Belang, weil die Verdichtung im Hinblick auf den Erdgastransport ohnehin durchgeführt werden muss und deshalb genaugenommen nicht dem Stromrückgewinnungsprozess zugerechnet werden dürfte [28] bis [31].

Gegenüber dem *Carnot*-Prozess mit dem Zustand T_{3c} weist der Gasexpansions-Prozess zwar einen geringeren thermischen Wirkungsgrad η_{th}, jedoch deutlich bessere Werte bei den Anstrengungsverhältnissen a_{wp}, a_{wv}, a_{qT} und a_g auf.

Der *Clausius-Rankine*-Prozess erreicht, wie der Vergleich zeigt, bekanntermaßen die günstigen theoretischen thermischen Wirkungsgrade η_{th} von verallgemeinertem *Diesel-*, *Diesel-*, *Otto-* und *Joule*-Prozess nicht. Andererseits hat der *Clausius-Rankine*-Prozess im Hinblick auf den exergetischen Wirkungsgrad ζ sowie auf alle Anstrengungsverhältnisse a_{wp}, a_{wv}, a_{qT}, a_{qs} und a_g besondere Vorzüge: Die niedrigen Werte hierfür verdeutlichen den seit langem bekannten Sachverhalt, dass der *Clausius-Rankine*-Prozess gegenüber Irreversibilitäten vergleichsweise weniger empfindlich ist; damit kann der thermische Wirkungsgrad des irreversiblen Dampfkraftprozesses denjenigen von Verbrennungskraftmaschinen- und von Gasturbinenprozessen in der Praxis erreichen bzw. sogar deutlich übertreffen. Verbesserungsmöglichkeiten des *Clausius-Rankine*-Prozesses wie eine mehrfache isentrope Entspannung mit jeweils zugeordneter isobarer Zwischenüberhitzung im Hochtemperaturbereich sowie eine mehrstufige Speisewasservorwärmung sind in den hier angestellten Vergleich nicht mit einbezogen, würden jedoch die Vorzüge des *Clausius-Rankine*-Prozesses zusätzlich unterstreichen. Die günstigen Werte für die mechanischen sowie die thermischen Anstrengungsverhältnisse bedeuten weiter, dass der Dampfkraftprozess mit einem vergleichsweise begrenzten maschinentechnischen Aufwand auskommt (insbesondere mit einem geringen maschinentechnischen Aufwand für die Speisewasserverdichtung); dasselbe trifft mit Einschränkungen auch auf den apparativen Aufwand für die Wärmeübertragung zu. Ein wichtiger Grund hierfür ist, dass der *Clausius-Rankine*-Prozess nicht nur auf die Gasphase beschränkt ist, sondern zugleich auch im Nassdampfgebiet sowie im Flüssigkeitsgebiet — also auch in Bereichen niedriger spezifischer Volumina und Entropien — verwirklicht wird; außerdem kann der Prozess mit extrem großen Volumenverhältnissen v_4/v_1 und Druckverhältnissen p_3/p_1 durchgeführt werden. Dies führt insgesamt gesehen zu sehr günstigen Werten von a_{wp}, a_{wv}, a_{qT}, a_{qs} und a_g. Damit eröffnen sich für den *Clausius-Rankine*-Prozess auch in Zukunft günstige Aussichten für Verbesserungsmöglichkeiten.

7.5.3.3 Graphische Darstellung der thermodynamischen Beziehungen

Die Gleichungen der Tabellen 7.5 bis 7.14 gewinnen durch graphische Darstellungen Anschaulichkeit. Diese graphischen Darstellungen können jeweils als Flächen im Raum aufgefasst werden; dies wird beispielhaft anhand von Bild 7.37 für das thermische Anstrengungsverhältnis a_{qT} des *Otto*-Prozesses deutlich. Die in den Gleichungen der Tabellen 7.5 bis 7.14 erfassten Zusammenhänge zeigen die Bilder 7.38 bis 7.46 für den einfach-polytropischen *Carnot*-Prozess für $n = 0,1$, den *Carnot*-Prozess, den *Ericsson*-Prozess, den *Stirling*-Prozess, den *Joule*-Prozess, den *Otto*-Prozess, den *Diesel*-Prozess, den verallgemeinerten *Diesel*-Prozess für $n = 0,3$ und den Gasexpansions-Prozess; hierzu ist Luft als Arbeitsmittel sowie der Zustand 1 gemäß Abschnitt 7.5.3.2

als Anfangszustand gewählt. Dabei sind für die jeweiligen reversiblen Kreisprozesse der thermische Wirkungsgrad η_{th}, der exergetische Wirkungsgrad ζ, die mechanischen Anstrengungsverhältnisse a_{wp} und a_{wv}, die thermischen Anstrengungsverhältnisse a_{qT} und a_{qs} sowie das Gesamtanstrengungsverhältnis a_g als Funktion der Temperatur T_3 und des Druckes p_3 wiedergegeben; T_3 und p_3 sind — mit Ausnahme des ausgewählten einfach-polytropischen *Carnot*-Prozesses bzw. des verallgemeinerten *Diesel*-Prozesses — die jeweils höchsten Temperaturen bzw. Drücke der betrachteten Prozesse; diese nehmen dabei Werte von 373,15 K bis 2273,15 K (100 °C bis 2000 °C) und von 10 bar bis 150 bar an. Die Darstellungen eignen sich z. B. für einen Vergleich von thermodynamischen Vorzügen bzw. Nachteilen bestimmter ausgewählter reversibler Kreisprozesse sowie für eine Veranschaulichung von deren Möglichkeiten für weitere Verbesserungen.

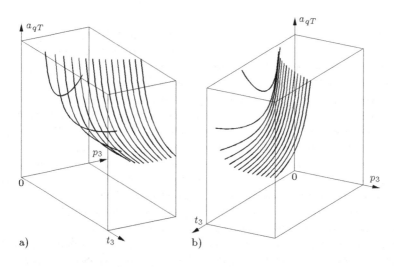

a)   b)

Bild 7.37 Räumliche Darstellung des thermischen Anstrengungsverhältnisses a_{qT} des *Otto*-Prozesses

Die Schaubilder für den thermischen Wirkungsgrad η_{th} und das thermische Anstrengungsverhältnis a_{qs} zeigen innerhalb der gewählten Koordinatenbereiche beim *Joule-*, *Otto-*, *Diesel-* und verallgemeinerten *Diesel*-Prozess Kurvenverläufe mit definierten Anfangszuständen für die jeweiligen Isobaren; dies gilt auch für den thermischen Wirkungsgrad η_{th} des Gasexpansions-Prozesses. Diese sind durch die Bedingung gekennzeichnet, dass ein rechtslaufender Kreisprozess verwirklichbar sein muss. Bei einer Erweiterung des Kurvenverlaufs nach links zu niedrigeren Temperaturen T_3 hin würden linkslaufende Kreisprozesse bzw. Übergangsprozesse erfasst werden, auf deren Darstellung hier verzichtet wird. Die jeweiligen Anfangszustände der Isobaren sind auch in den Schaubildern für den exergetischen Wirkungsgrad ζ bei $\zeta = 1$ ausgewiesen. Die Grenzen für den *Carnot*-Prozess sind im Schaubild für dessen thermischen Wirkungsgrad η_{th} mit einer Zusatzskala ausgewiesen.

Eine Betrachtung von *Otto*-Prozess, *Diesel*-Prozess und verallgemeinertem *Diesel*-Prozess (Bilder 7.43 bis 7.45) führt insbesondere zu den folgenden Feststellungen: Deren thermische Wirkungsgrade η_{th} und exergetische Wirkungsgrade ζ nehmen mit steigendem Druck p_3 zu und fallen mit steigender Temperatur T_3. (Der temperaturabhängige Rückgang von η_{th} und ζ ist allerdings bei hohen Drücken p_3 weniger stark ausgeprägt als bei niederen Drücken p_3). Hieraus könnte ohne Kenntnis der Verläufe von a_{wp}, a_{wv}, a_{qT}, a_{qs} und a_g geschlossen werden, dass zwar ein hoher Druck p_3 von Vorteil, aber eine hohe Temperatur T_3 nachteilig sei. Die Verläufe von a_{wp}, a_{wv}, a_{qT} und a_g zeigen jedoch, dass im Hinblick auf den technischen Aufwand nicht nur ein möglichst hoher Druck p_3, sondern auch eine möglichst hohe Temperatur T_3 sinnvoll ist, weil alle Anstrengungsverhältnisse außer a_{qs} bei den erwünschten höheren Drücken p_3 mit steigender Temperatur T_3 abnehmen. Damit ist eine weitere Erhöhung von p_3 und T_3 als Entwicklungsziel nahegelegt. Die Bilder verdeutlichen jedoch auch, dass der Zuwachs der Verbesserungen mit steigendem p_3 und T_3 bei bereits hohem p_3 und T_3 nicht mehr so nennenswert ist wie bei niederem p_3 und T_3. Die Darstellungen zeigen weiter, dass der *Diesel*-Prozess gegenüber dem *Otto*-Prozess wesentliche Vorteile hat. Diese Vorteile sind jedoch bei hohen Werten von p_3 und T_3 nicht mehr so ausgeprägt wie bei niederen Werten von p_3 und T_3.

Der *Stirling*-Prozess als ein mit Verdrängermaschinen (Kolbenmaschinen bzw. Schraubenmaschinen) verwirklichbarer Kreisprozess ist aus technischer Sicht mit dem *Otto*- und dem *Diesel*-Prozess vergleichbar. Wie Bild 7.41 zeigt, wirkt sich ein Übergang auf höhere Drücke p_3 positiv auf die thermischen Anstrengungsverhältnisse a_{qT} und a_{qs} aus, hat aber keinen Einfluss auf den thermischen Wirkungsgrad η_{th}, den exergetischen Wirkungsgrad ζ und das mechanische Anstrengungsverhältnis a_{wv} bzw. nur einen begrenzten Einfluss auf das mechanische Anstrengungsverhältnis a_{wp}. Eine Erhöhung der höchsten Prozesstemperatur T_3 führt zu einer Verbesserung von η_{th}, a_{wv} und teilweise auch a_{wp}, aber zu einer Verschlechterung von a_{qT} und a_g. Gegenüber *Otto*- und *Diesel*-Prozess bei hohen Drücken p_3 und hohen Temperaturen T_3 weist der *Stirling*-Prozess bereits bei mäßigen Werten von p_3 und T_3 Vorzüge auf; seine technische Umsetzung erscheint also thermodynamisch sinnvoll.

Der *Carnot*-Prozess eröffnet — trotz seines im Grundsatz hervorragenden thermischen und exergetischen Wirkungsgrades η_{th} und ζ — nur einen sehr begrenzten Bereich für die technische Umsetzung, wie Bild 7.39 zeigt: Die Anstrengungsverhältnisse a_{wp}, a_{wv}, a_{qT} und a_g erreichen nur bei sehr mäßigen Temperaturen T_3 noch einigermaßen akzeptable Werte; bei höheren Temperaturen T_3 ist der *Carnot*-Prozess als Kraftmaschinenprozess nicht darstellbar. Damit sind mit dem gewählten Anfangspunkt 1 hohe Werte für den thermischen Wirkungsgrad η_{th} nicht realisierbar. Ein Übergang auf höhere Drücke p_3 wirkt sich positiv auf die Anstrengungsverhältnisse a_{wp}, a_{wv}, a_{qT} und a_g aus, hat aber keinen Einfluss auf den thermischen Wirkungsgrad η_{th}, den exergetischen Wirkungsgrad ζ und das thermische Anstrengungsverhältnis a_{qs}. Eine technische Umsetzung des *Carnot*-Prozesses erscheint also nur in Grenzen sinnvoll; dies zeigt insbesondere ein Vergleich mit dem *Stirling*-Prozess (Bild 7.41), dem *Ericsson*-Prozess (Bild 7.40) und dem hier untersuchten einfach-polytropischen *Carnot*-Prozess mit $n = 0{,}1$ (Bild 7.38); diese erreichen dieselben guten Werte des thermischen und des exergetischen Wirkungsgrades η_{th} und ζ, vermeiden jedoch die Nachteile des *Carnot*-Prozesses bei den Bewertungskriterien a_{wp}, a_{wv}, a_{qT} und a_g.

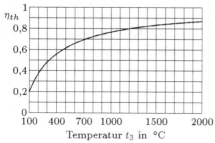

a) Thermischer Wirkungsgrad η_{th}

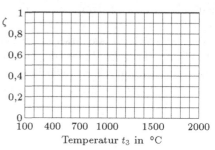

b) Exergetischer Wirkungsgrad ζ

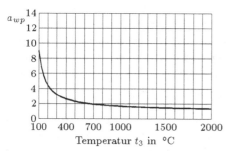

c) Mechanisches Anstrengungsverhältnis a_{wp}

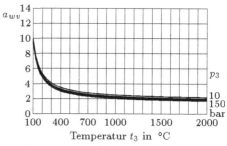

d) Mechanisches Anstrengungsverhältnis a_{wv}

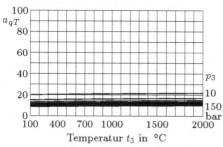

e) Thermisches Anstrengungsverhältnis a_{qT}

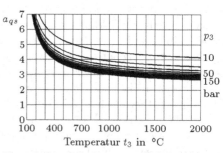

f) Thermisches Anstrengungsverhältnis a_{qs}

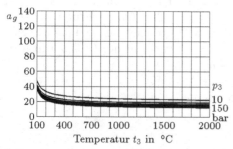

g) Gesamtanstrengungsverhältnis a_g

Bild 7.38 Einfach-polytropischer *Carnot*-Prozess mit dem Polytropenexponenten $n = 0,1$
a) thermischer Wirkungsgrad η_{th}
b) exergetischer Wirkungsgrad ζ
c) mechanisches Anstrengungsverhältnis a_{wp}
d) mechanisches Anstrengungsverhältnis a_{wv}
e) thermisches Anstrengungsverhältnis a_{qT}
f) thermisches Anstrengungsverhältnis a_{qs}
g) Gesamtanstrengungsverhältnis a_g

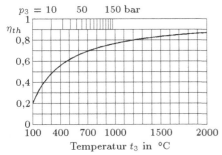

a) Thermischer Wirkungsgrad η_{th}

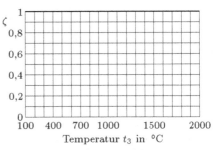

b) Exergetischer Wirkungsgrad ζ

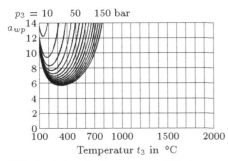

c) Mechanisches Anstrengungsverhältnis a_{wp}

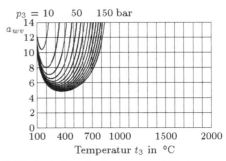

d) Mechanisches Anstrengungsverhältnis a_{wv}

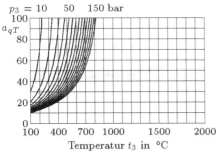

e) Thermisches Anstrengungsverhältnis a_{qT}

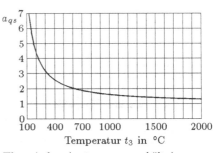

f) Thermisches Anstrengungsverhältnis a_{qs}

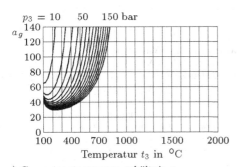

g) Gesamtanstrengungsverhältnis a_g

Bild 7.39 *Carnot*-Prozess
a) thermischer Wirkungsgrad η_{th}
b) exergetischer Wirkungsgrad ζ
c) mechanisches Anstrengungsverhältnis a_{wp}
d) mechanisches Anstrengungsverhältnis a_{wv}
e) thermisches Anstrengungsverhältnis a_{qT}
f) thermisches Anstrengungsverhältnis a_{qs}
g) Gesamtanstrengungsverhältnis a_g

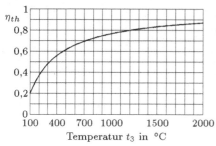

a) Thermischer Wirkungsgrad η_{th}

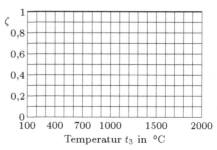

b) Exergetischer Wirkungsgrad ζ

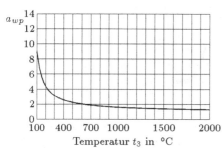

c) Mechanisches Anstrengungsverhältnis a_{wp}

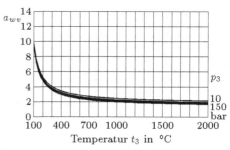

d) Mechanisches Anstrengungsverhältnis a_{wv}

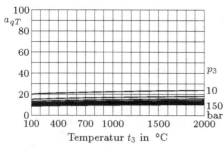

e) Thermisches Anstrengungsverhältnis a_{qT}

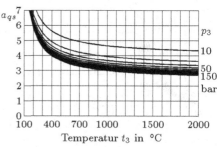

f) Thermisches Anstrengungsverhältnis a_{qs}

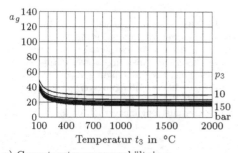

g) Gesamtanstrengungsverhältnis a_g

Bild 7.40 *Ericsson*-Prozess
a) thermischer Wirkungsgrad η_{th}
b) exergetischer Wirkungsgrad ζ
c) mechanisches Anstrengungsverhältnis a_{wp}
d) mechanisches Anstrengungsverhältnis a_{wv}
e) thermisches Anstrengungsverhältnis a_{qT}
f) thermisches Anstrengungsverhältnis a_{qs}
g) Gesamtanstrengungsverhältnis a_g

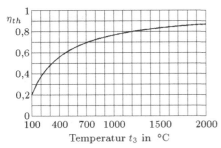

a) Thermischer Wirkungsgrad η_{th}

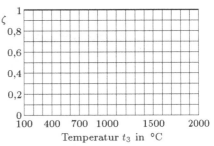

b) Exergetischer Wirkungsgrad ζ

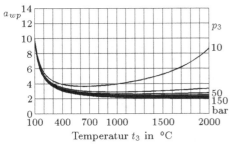

c) Mechanisches Anstrengungsverhältnis a_{wp}

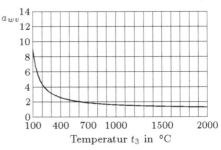

d) Mechanisches Anstrengungsverhältnis a_{wv}

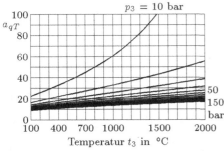

e) Thermisches Anstrengungsverhältnis a_{qT}

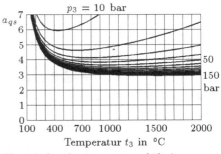

f) Thermisches Anstrengungsverhältnis a_{qs}

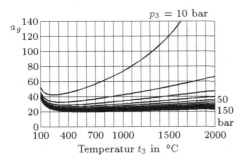

g) Gesamtanstrengungsverhältnis a_g

Bild 7.41 *Stirling*-Prozess
a) thermischer Wirkungsgrad η_{th}
b) exergetischer Wirkungsgrad ζ
c) mechanisches Anstrengungsverhältnis a_{wp}
d) mechanisches Anstrengungsverhältnis a_{wv}
e) thermisches Anstrengungsverhältnis a_{qT}
f) thermisches Anstrengungsverhältnis a_{qs}
g) Gesamtanstrengungsverhältnis a_g

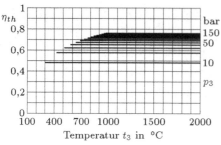

a) Thermischer Wirkungsgrad η_{th}

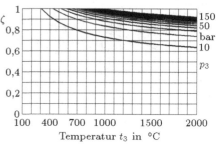

b) Exergetischer Wirkungsgrad ζ

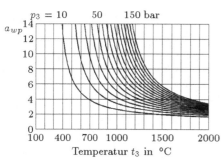

c) Mechanisches Anstrengungsverhältnis a_{wp}

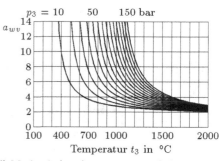

d) Mechanisches Anstrengungsverhältnis a_{wv}

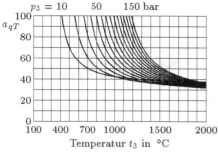

e) Thermisches Anstrengungsverhältnis a_{qT}

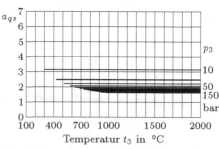

f) Thermisches Anstrengungsverhältnis a_{qs}

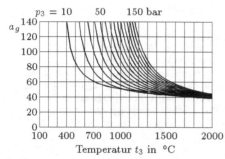

g) Gesamtanstrengungsverhältnis a_g

Bild 7.42 *Joule*-Prozess
a) thermischer Wirkungsgrad η_{th}
b) exergetischer Wirkungsgrad ζ
c) mechanisches Anstrengungsverhältnis a_{wp}
d) mechanisches Anstrengungsverhältnis a_{wv}
e) thermisches Anstrengungsverhältnis a_{qT}
f) thermisches Anstrengungsverhältnis a_{qs}
g) Gesamtanstrengungsverhältnis a_g

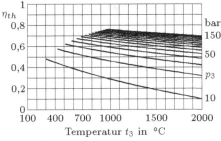

a) Thermischer Wirkungsgrad η_{th}

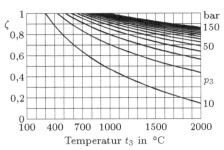

b) Exergetischer Wirkungsgrad ζ

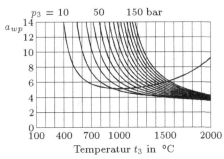

c) Mechanisches Anstrengungsverhältnis a_{wp}

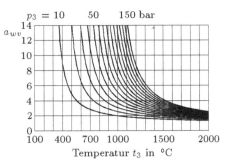

d) Mechanisches Anstrengungsverhältnis a_{wv}

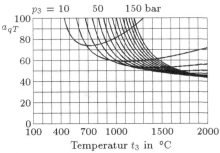

e) Thermisches Anstrengungsverhältnis a_{qT}

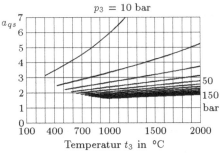

f) Thermisches Anstrengungsverhältnis a_{qs}

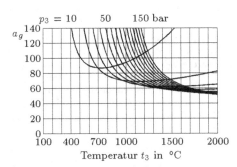

g) Gesamtanstrengungsverhältnis a_g

Bild 7.43 *Otto*-Prozess
a) thermischer Wirkungsgrad η_{th}
b) exergetischer Wirkungsgrad ζ
c) mechanisches Anstrengungsverhältnis a_{wp}
d) mechanisches Anstrengungsverhältnis a_{wv}
e) thermisches Anstrengungsverhältnis a_{qT}
f) thermisches Anstrengungsverhältnis a_{qs}
g) Gesamtanstrengungsverhältnis a_g

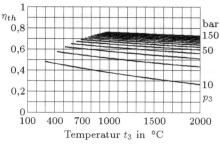

a) Thermischer Wirkungsgrad η_{th}

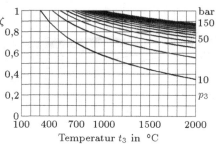

b) Exergetischer Wirkungsgrad ζ

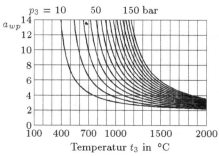

c) Mechanisches Anstrengungsverhältnis a_{wp}

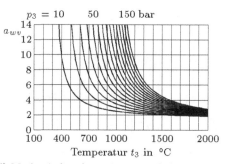

d) Mechanisches Anstrengungsverhältnis a_{wv}

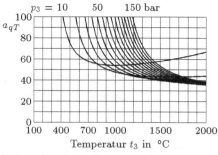

e) Thermisches Anstrengungsverhältnis a_{qT}

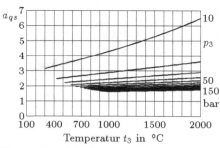

f) Thermisches Anstrengungsverhältnis a_{qs}

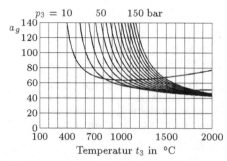

g) Gesamtanstrengungsverhältnis a_g

Bild 7.44 *Diesel*-Prozess
a) thermischer Wirkungsgrad η_{th}
b) exergetischer Wirkungsgrad ζ
c) mechanisches Anstrengungsverhältnis a_{wp}
d) mechanisches Anstrengungsverhältnis a_{wv}
e) thermisches Anstrengungsverhältnis a_{qT}
f) thermisches Anstrengungsverhältnis a_{qs}
g) Gesamtanstrengungsverhältnis a_g

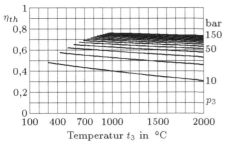

a) Thermischer Wirkungsgrad η_{th}

b) Exergetischer Wirkungsgrad ζ

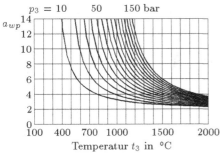

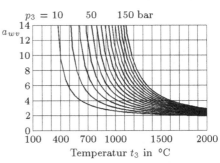

c) Mechanisches Anstrengungsverhältnis a_{wp} d) Mechanisches Anstrengungsverhältnis a_{wv}

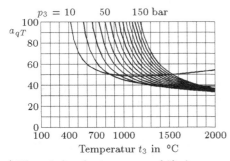

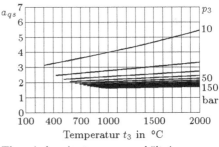

e) Thermisches Anstrengungsverhältnis a_{qT}

f) Thermisches Anstrengungsverhältnis a_{qs}

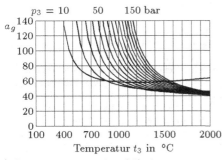

g) Gesamtanstrengungsverhältnis a_g

Bild 7.45 Verallgemeinerter *Diesel*-Prozess
für den Polytropenexponenten $n = 0{,}3$
a) thermischer Wirkungsgrad η_{th}
b) exergetischer Wirkungsgrad ζ
c) mechanisches Anstrengungsverhältnis a_{wp}
d) mechanisches Anstrengungsverhältnis a_{wv}
e) thermisches Anstrengungsverhältnis a_{qT}
f) thermisches Anstrengungsverhältnis a_{qs}
g) Gesamtanstrengungsverhältnis a_g

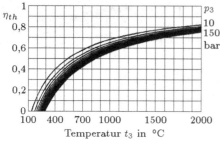

a) Thermischer Wirkungsgrad η_{th}

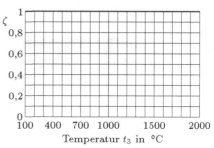

b) Exergetischer Wirkungsgrad ζ

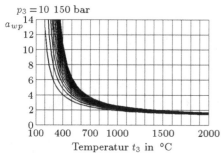

c) Mechanisches Anstrengungsverhältnis a_{wp}

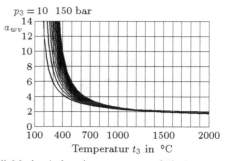

d) Mechanisches Anstrengungsverhältnis a_{wv}

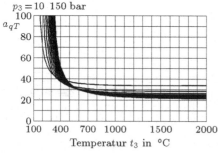

e) Thermisches Anstrengungsverhältnis a_{qT}

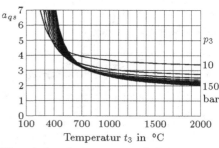

f) Thermisches Anstrengungsverhältnis a_{qs}

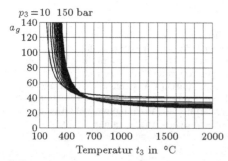

g) Gesamtanstrengungsverhältnis a_g

Bild 7.46 Gasexpansions-Prozess
a) thermischer Wirkungsgrad η_{th}
b) exergetischer Wirkungsgrad ζ
c) mechanisches Anstrengungsverhältnis a_{wp}
d) mechanisches Anstrengungsverhältnis a_{wv}
e) thermisches Anstrengungsverhältnis a_{qT}
f) thermisches Anstrengungsverhältnis a_{qs}
g) Gesamtanstrengungsverhältnis a_g

Joule-Prozess (Bild 7.42) und *Ericsson*-Prozess (Bild 7.40) lassen sich am besten in thermischen Strömungsmaschinen verwirklichen; einfach-polytropischer *Carnot*-Prozess und Gasexpansions-Prozess (Bild 7.46) können — je nach den gewählten Werten für den Polytropenexponenten n bzw. für die Arbeitsdrücke und -temperaturen — entweder in Verdrängermaschinen (Kolben- bzw. Schraubenmaschinen) oder in thermischen Strömungsmaschinen realisiert werden. Die getroffene Wahl von $n = 0{,}1$ für den einfach-polytropischen *Carnot*-Prozess lässt ihn dem *Ericsson*-Prozess sehr nahe kommen; deshalb sind in den Bildern 7.38 und 7.40 die Kurvenverläufe für die Bewertungskriterien η_{th}, ζ, a_{wp}, a_{wv}, a_{qT}, a_{qs} und a_g bei beiden Prozessen sehr ähnlich. Dies gilt in erster Näherung auch für den Gasexpansions-Prozess im Bereich höherer Temperaturen T_3 (Bild 7.46). Beim gewählten einfach-polytropischen *Carnot*-Prozess sowie beim *Ericsson*-Prozess sind der thermische und der exergetische Wirkungsgrad η_{th} und ζ sowie die Anstrengungsverhältnisse a_{wp} und a_{wv} nicht bzw. kaum druckabhängig; für a_{qT}, a_{qs} und a_g führen höhere Drücke p_3 zu günstigeren Werten. In ähnlicher Weise zeigen sich diese Tendenzen auch für den Gasexpansions-Prozess im Bereich höherer Temperaturen T_3. Die Umsetzung hoher Temperaturen T_3 führt bei allen drei betrachteten Prozessen zu merklichen Verbesserungen für η_{th}, a_{wp}, a_{wv}, a_{qs} und a_g, während sich hohe Temperaturen T_3 auf a_{qT} nur beim Gasexpansions-Prozess stärker auswirken.

Im Vergleich hierzu weicht der *Joule*-Prozess (vgl. Bild 7.42) zum Teil deutlich ab: Der thermische und der exergetische Wirkungsgrad η_{th} und ζ steigen jeweils mit wachsendem Druck p_3, während ein Einfluss von T_3 auf η_{th} nicht gegeben ist. Die Anstrengungsverhältnisse a_{wp}, a_{wv}, a_{qT} und a_g lassen sich durch hohe Werte der Temperatur T_3 wesentlich verbessern, während höhere Drücke p_3 zu einer Verschlechterung führen. Für a_{qs} führen höhere Drücke p_3 zu günstigeren Werten, während hier ein Einfluss der Temperatur T_3 nicht vorliegt. Die Darstellungen zeigen, dass beim *Joule*-Prozess eine weitere Erhöhung von p_3 und T_3 insgesamt sinnvoll erscheint. Daneben eröffnet auch eine Weiterentwicklung des *Joule*-Prozesses in Richtung hin zum Gasexpansions-Prozess sowie — im Sinne zusätzlicher Verbesserungen — hin zum *Ericsson*-Prozess und zum einfach-polytropischen *Carnot*-Prozess weitere Potentiale [34].

7.5.3.4 Kreisprozessberechnungen für reale Fluide

Bei der Berechnung von Kreisprozessen mit idealen Gasen als Arbeitsmitteln, bei denen $c_p = $ const angenommen ist, gelten Beziehungen für den thermischen und den exergetischen Wirkungsgrad sowie für die Anstrengungsverhältnisse gemäß den Tabellen 7.5 bis 7.13 in Abschnitt 7.5.3.1. Eine Ausnahme hiervon stellen nur die Beziehungen in Tabelle 7.14 dar, die für den *Clausius-Rankine*-Prozess mit einem realen Fluid gelten.

Im Folgenden werden für alle in Abschnitt 7.5.3.1 behandelten Kreisprozesse entsprechende Beziehungen für reale Fluide vorgestellt. Dabei ist die Kenntnis geeigneter Zustandsgleichungen für das jeweilige Arbeitsmittel vorausgesetzt, wie sie inzwischen insbesondere entsprechend [128] und [130] verfügbar sind. So können mit der Software [130] die wichtigsten thermodynamischen Zustandsgrößen von zahlreichen reinen Stoffen mit Hilfe von thermodynamischen Zustandsgleichungen für reale Fluide berechnet werden.

Bei der Berechnung von Kreisprozessen mit idealen Gasen als Arbeitsmitteln kann unmittelbar verdeutlicht werden, wie sich z. B. der höchste Prozessdruck $p_3 = p_{max}$ und die höchste Prozesstemperatur $T_3 = T_{max}$ sowie weitere Zustandsgrößen auf wichtige

Bewertungskenngrößen auswirken.

Dies ist bei der Nutzung realer Fluide nicht mehr unmittelbar möglich. Doch können die relevanten Berechnungsgrößen spezifische Enthalpie h, spezifische innere Energie u, spezifische freie Enthalpie g und spezifische freie Energie f wiederum als Funktionen von p und T dargestellt werden, so dass auch hiermit — z. B. durch Schaubilder — der Einfluss von $p_3 = p_{max}$ und $T_3 = T_{max}$ sowie weiterer Zustandsgrößen anschaulich ausgewiesen werden kann.

In Tabelle 7.16 sind — ausgehend von den dafür geeigneten thermodynamischen Grundgleichungen — entsprechende Beziehungen hierfür zusammengestellt. Mit ihnen können bei einfachen Systemen für die wichtigen Fälle der

- isothermen Zustandsänderung,
- isobaren Zustandsänderung,
- isochoren Zustandsänderung und
- isentropen Zustandsänderung

die Differentiale dw_p, dw_v, dq_T und $dq_s = dq_{rev}$ der vier Prozessgrößen spezifische Druckänderungsarbeit, spezifische Volumenänderungsarbeit, spezifische Temperaturänderungswärme und spezifische Entropieänderungswärme (d. h. der reversiblen Ersatzwärme) jeweils mit Hilfe der Differentiale dh, du, dg und df der vier Zustandsgrößen spezifische Enthalpie, spezifische innere Energie, spezifische freie Enthalpie und spezifische freie Energie berechnet werden.

Demgemäß lassen sich zwischen den Zuständen i und j die vier Prozessgrößen spezifische Druckänderungsarbeit $w_{p\,ij}$, spezifische Volumenänderungsarbeit $w_{v\,ij}$, spezifische Temperaturänderungswärme $q_{T\,ij}$ und spezifische Entropieänderungswärme (entspricht der reversiblen Ersatzwärme) $q_{s\,ij} = (q_{ij})_{rev}$ jeweils mit Hilfe der Differenz der spezifischen Enthalpie $h_j - h_i$, der spezifischen innere Energie $u_j - u_i$, der spezifischen freien Enthalpie $g_j - g_i$ und der spezifischen freien Energie $f_j - f_i$ berechnen.

Diese vier Prozessgrößen sind für die Berechnung des thermischen Wirkungsgrades η_{th}, des exergetischen Wirkungsgrades ζ, der vier Anstrengungsverhältnisse a_{wp}, a_{wv}, a_{qT} und a_{qs} sowie des Gesamtanstrengungsverhältnisses a_g erforderlich, mit denen die Wirksamkeit von reversiblen thermodynamischen Kreisprozessen gekennzeichnet werden kann.

Die entsprechenden Beziehungen für den *Carnot*-Prozess, *Ericsson*-Prozess, *Stirling*-Prozess, *Joule*-Prozess, *Otto*-Prozess, *Diesel*-Prozess, Gasexpansions-Prozess und den *Clausius-Rankine*-Prozess sind im Folgenden zusammengestellt. Dabei wird dieselbe Zählung der jeweiligen Zustandspunkte wie in den Abschnitten 7.5.3.1 bis 7.5.3.3 verwendet: Vom Zustand 1 mit der niedrigsten Prozesstemperatur aus wird das Arbeitsmittel verdichtet; vom Zustand 3 mit der höchsten Prozesstemperatur und dem höchsten Prozessdruck aus wird das Arbeitsmittel auf einen niedrigeren Druck entspannt.

Aus diesen Beziehungen ist erkennbar, dass hierbei die vier Zustandsgrößen spezifische Enthalpie h, spezifische innere Energie u, spezifische freie Enthalpie g und spezifische freie Energie f einander gleichwertig sind. Demgegenüber ist bisher in der Ingenieurthermodynamik bei Kreisprozessberechnungen der spezifischen Enthalpie h eine besondere Bedeutung zugemessen worden. Dies liegt darin begründet, dass damit bei rechts- und linkslaufenden Prozessen mit realen Fluiden als Arbeitsmittel, die aus isobaren und isentropen Zustandsänderungen zusammengesetzt sind (insbesondere beim *Joule*-Prozess, beim *Clausius-Rankine*-Prozess und beim Kompressions-Kaltdampfprozess (vgl. Abschnitt 7.6.5) sowie bei deren Weiterentwicklungen) für die Berechnung des thermischen Wirkungsgrades η_{th} und des exergetischen Wirkungsgrades ζ lediglich die Kenntnis der jeweiligen Differenzen $h_j - h_i$ zwischen den einzelnen Zuständen i und j erforderlich ist. Bei einer Verallgemeinerung des Vorgehens bei Kreisprozessberechnungen gibt es allerdings keinen Grund, h zu bevorzugen und nicht h, u, g und f als einander gleichwertig zu behandeln.

Tabelle 7.16 Berechnung der Prozessgrößen mit Hilfe von Zustandsgrößen

Grundgleichung	Umformung	Ergebnis
Isotherme Zustandsänderung		
$dg = -sdT + vdp$	$vdp = dg$	$dw_p = dg$
$df = -sdT - pdv$	$-pdv = df$	$dw_v = df$
$sdT = 0$		$dq_T = 0$
$dh = Tds + vdp = Tds + dg$	$Tds = dh - dg$	$dq_s = dh - dg$
$du = Tds - pdv = Tds + df$	$Tds = du - df$	$dq_s = du - df$
Isobare Zustandsänderung		
$vdp = 0$		$dw_p = 0$
$df = -sdT - pdv = dg - pdv$	$-pdv = df - dg$	$dw_v = df - dg$
$du = Tds - pdv = dh - pdv$	$-pdv = du - dh$	$dw_v = du - dh$
$dg = -sdT + vdp$	$-sdT = dg$	$dq_T = -dg$
$dh = Tds + vdp$	$Tds = dh$	$dq_s = dh$
Isochore Zustandsänderung		
$dg = -sdT + vdp = df + vdp$	$vdp = dg - df$	$dw_p = dg - df$
$dh = Tds + vdp = du + vdp$	$vdp = dh - du$	$dw_p = dh - du$
$-pdv = 0$		$dw_v = 0$
$df = -sdT - pdv$	$-sdT = df$	$dq_T = -df$
$du = Tds - pdv$	$Tds = du$	$dq_s = du$
Isentrope Zustandsänderung		
$dh = Tds + vdp$	$vdp = dh$	$dw_p = dh$
$du = Tds - pdv$	$-pdv = du$	$dw_v = du$
$dg = -sdT + vdp = -sdT + dh$	$sdT = dh - dg$	$dq_T = dh - dg$
$df = -sdT - pdv = -sdT + du$	$sdT = du - df$	$dq_T = du - df$
$Tds = 0$		$dq_s = 0$

Dieser Gleichwertigkeit von h, u, g und f kommt entgegen, dass mit Rechenprogrammen wie z. B. [128] und [130] für wichtige reale Fluide die spezifischen Zustandsgrößen h, u, g und f — z. B. als Funktionen von p und T — berechnet werden können. Allerdings ist bei deren Anwendung darauf zu achten, dass g und f jeweils als absolute — und nicht lediglich als relative — spezifische Zustandsgrößen verfügbar sein müssen.

Bei den genannten Prozessen muss, soweit diese durch eine innere Wärme- bzw. Arbeitsübertragung gekennzeichnet sind, mit einem realen Fluid als Arbeitsmittel bei den Berechnungen die Frage nach der reversiblen Prozessführung umfassender als bei Prozessen mit idealen Gasen beantwortet werden. Da hierbei z. B. die spezifische isobare Wärmekapazität c_p nicht nur temperatur-, sondern auch druckabhängig ist, kann eine innere Wärmeübertragung nicht mehr von vornherein bei gegen null gehenden Temperaturgradienten erfolgen. Zur Sicherung der reversiblen Wärmeübertragung innerhalb eines differentiellen Temperaturintervalls ist — zusätzlich zur ursprünglichen differentiellen Wärmeübertragung — eine weitere, jeweils ergänzende differentielle Wärmezu- oder -abfuhr erforderlich, um eine differentielle Gesamt-Wärmeübertragung bei einem jeweils gegen null gehenden Temperaturgradienten möglich zu machen. Die Summe der jeweils ergänzend erforderlichen zusätzlichen differentiellen Wärmemengen ist in den thermodynamischen Beziehungen für η_{th}, ζ, a_{wp}, a_{wv}, a_{qT} und a_{qs} berücksichtigt. Dasselbe gedankliche Vorgehen ist auch bei einer inneren Arbeitsübertragung notwendig.

Carnot-Prozess

$$T_2 = T_1 \quad s_3 = s_2 \quad T_4 = T_3 \quad s_4 = s_1$$

$$\eta_{th\,car} = 1 - \frac{(g_2 - g_1) + (h_1 - h_2)}{(g_3 - g_4) + (h_4 - h_3)}$$

$$\zeta_{car} = 1 - \frac{(g_2 - g_1) + (h_1 - h_2) - T_b(s_1 - s_2)}{(g_3 - g_4) + (h_4 - h_3) - T_b(s_4 - s_3)} \quad \text{(Bei } T_b = T_1 \text{ wird } \zeta_{car} = 1.\text{)}$$

$$a_{wp\,car} = \frac{(g_3 - g_4) + (g_2 - g_1) + (h_3 - h_2) + (h_4 - h_1)}{(g_3 - g_4) - (g_2 - g_1) + (h_4 - h_3) - (h_1 - h_2)}$$

$$a_{wv\,car} = \frac{(f_3 - f_4) + (f_2 - f_1) + (u_3 - u_2) + (u_4 - u_1)}{(g_3 - g_4) - (g_2 - g_1) + (h_4 - h_3) - (h_1 - h_2)}$$

$$a_{qT\,car} = \frac{(g_2 - g_3) + (g_1 - g_4) + (h_3 - h_2) + (h_4 - h_1)}{(g_3 - g_4) - (g_2 - g_1) + (h_4 - h_3) - (h_1 - h_2)}$$

$$a_{qs\,car} = \frac{(g_3 - g_4) + (g_2 - g_1) + (h_4 - h_3) + (h_1 - h_2)}{(g_3 - g_4) - (g_2 - g_1) + (h_4 - h_3) - (h_1 - h_2)}$$

Ericsson-Prozess

$$T_2 = T_1 \quad p_3 = p_2 \quad T_4 = T_3 \quad p_4 = p_1$$

$$\eta_{th\,er} = 1 - \frac{(g_2 - g_1) + (h_1 - h_2)}{(g_3 - g_4) + (h_1 - h_2)}$$

$$\zeta_{er} = 1 - \frac{(g_2 - g_1) + (h_1 - h_2) - T_b(s_1 - s_2)}{(g_3 - g_4) + (h_1 - h_2) - T_b(s_1 - s_2)} \quad \text{(Bei } T_b = T_1 \text{ wird } \zeta_{er} = 1.\text{)}$$

$$a_{wp\,er} = \frac{(g_3 - g_4) + (g_2 - g_1)}{(g_3 - g_4) - (g_2 - g_1)}$$

$$a_{wv\,er} = \frac{(f_3 - f_4) + (f_2 - f_1) + (h_3 - h_2) - (u_3 - u_2) + (h_4 - h_1) - (u_4 - u_1)}{(g_3 - g_4) - (g_2 - g_1)}$$

$$a_{qT\,er} = \frac{(g_2 - g_3) + (g_1 - g_4)}{(g_3 - g_4) - (g_2 - g_1)}$$

$$a_{qs\,er} = \frac{(g_3 - g_4) + (g_2 - g_1) + 2(h_4 - h_2)}{(g_3 - g_4) - (g_2 - g_1)}$$

Stirling-Prozess

$$T_2 = T_1 \quad v_3 = v_2 \quad T_4 = T_3 \quad v_4 = v_1$$

$$\eta_{th\,st} = 1 - \frac{(f_2 - f_1) + (u_1 - u_2)}{(f_3 - f_4) + (u_1 - u_2)}$$

$$\zeta_{st} = 1 - \frac{(f_2 - f_1) + (u_1 - u_2) - T_b(s_1 - s_2)}{(f_3 - f_4) + (u_1 - u_2) - T_b(s_1 - s_2)} \qquad \text{(Bei } T_b = T_1 \text{ wird } \zeta_{st} = 1.)$$

$$a_{wp\,st} = \frac{(g_3 - g_4) + (g_2 - g_1) + (h_3 - h_2) - (u_3 - u_2) + (h_4 - h_1) - (u_4 - u_1)}{(f_3 - f_4) - (f_2 - f_1)}$$

$$a_{wv\,st} = \frac{(f_3 - f_4) + (f_2 - f_1)}{(f_3 - f_4) - (f_2 - f_1)}$$

$$a_{qT\,st} = \frac{(f_2 - f_3) + (f_1 - f_4)}{(f_3 - f_4) - (f_2 - f_1)}$$

$$a_{qs\,st} = \frac{(f_3 - f_4) + (f_2 - f_1) + 2(u_4 - u_2)}{(f_3 - f_4) - (f_2 - f_1)}$$

Joule-Prozess

$$s_2 = s_1 \quad p_3 = p_2 \quad s_4 = s_3 \quad p_4 = p_1$$

$$\eta_{th\,j} = 1 - \frac{(h_4 - h_1)}{(h_3 - h_2)}$$

$$\zeta_j = 1 - \frac{(h_4 - h_1) - T_b(s_4 - s_1)}{(h_3 - h_2) - T_b(s_4 - s_1)}$$

$$a_{wp\,j} = \frac{(h_3 - h_4) + (h_2 - h_1)}{(h_3 - h_2) - (h_4 - h_1)}$$

$$a_{wv\,j} = \frac{(h_3 - h_2) + (h_4 - h_1) - 2(u_4 - u_2)}{(h_3 - h_2) - (h_4 - h_1)}$$

$$a_{qT\,j} = \frac{(h_3 - h_4) + (h_2 - h_1) + 2(g_1 - g_3)}{(h_3 - h_2) - (h_4 - h_1)}$$

$$a_{qs\,j} = \frac{(h_3 - h_2) + (h_4 - h_1)}{(h_3 - h_2) - (h_4 - h_1)}$$

Otto-Prozess

$$s_2 = s_1 \quad v_3 = v_2 \quad s_4 = s_3 \quad v_4 = v_1$$

$$\eta_{th\,o} = 1 - \frac{(u_4 - u_1)}{(u_3 - u_2)}$$

$$\zeta_o = 1 - \frac{(u_4 - u_1) - T_b(s_4 - s_1)}{(u_3 - u_2) - T_b(s_4 - s_1)}$$

$$a_{wp\,o} = \frac{2(h_3 - h_1) - (u_3 - u_2) - (u_4 - u_1)}{(u_3 - u_2) - (u_4 - u_1)}$$

$$a_{wv\,o} = \frac{(u_3 - u_4) + (u_2 - u_1)}{(u_3 - u_4) - (u_2 - u_1)}$$

$$a_{qT\,o} = \frac{(u_3 - u_4) + (u_2 - u_1) + 2(f_1 - f_3)}{(u_3 - u_4) - (u_2 - u_1)}$$

$$a_{qs\,o} = \frac{(u_3 - u_2) + (u_4 - u_1)}{(u_3 - u_2) - (u_4 - u_1)}$$

Diesel-Prozess

$$s_2 = s_1 \quad p_3 = p_2 \quad s_4 = s_3 \quad v_4 = v_1$$

$$\eta_{th\,d} = 1 - \frac{(u_4 - u_1)}{(h_3 - h_2)}$$

$$\zeta_d = 1 - \frac{(u_4 - u_1) - T_b(s_4 - s_1)}{(h_3 - h_2) - T_b(s_4 - s_1)}$$

$$a_{wp\,d} = \frac{(h_3 - h_1) + (h_2 - h_1) - (u_4 - u_1)}{(h_3 - h_2) - (u_4 - u_1)}$$

$$a_{wv\,d} = \frac{(h_3 - h_2) + (u_2 - u_1) - (u_4 - u_2)}{(h_3 - h_2) - (u_4 - u_1)}$$

$$a_{qT\,d} = \frac{2(f_1 - f_3) - (h_3 - h_2) + (u_3 - u_4) + (u_3 - u_1)}{(h_3 - h_2) - (u_4 - u_1)}$$

$$a_{qs\,d} = \frac{(h_3 - h_2) + (u_4 - u_1)}{(h_3 - h_2) - (u_4 - u_1)}$$

Gasexpansions-Prozess

$$T_2 = T_1 \quad p_3 = p_2 \quad s_4 = s_3 \quad p_4 = p_1$$

$$\eta_{th\,gex} = 1 - \frac{(g_2 - g_1) + (h_1 - h_2)}{(h_3 - h_4) + (h_1 - h_2)}$$

$$\zeta_{gex} = 1 - \frac{(g_2 - g_1) + (h_1 - h_2) - T_b(s_1 - s_2)}{(h_3 - h_4) + (h_1 - h_2) - T_b(s_1 - s_2)} \qquad \text{(Bei } T_b = T_1 \text{ wird } \zeta_{gex} = 1.)$$

$$a_{wp\,gex} = \frac{(h_3 - h_4) + (g_2 - g_1)}{(h_3 - h_4) - (g_2 - g_1)}$$

$$a_{wv\,gex} = \frac{(f_2 - f_1) + (h_3 - h_2) - (u_4 - u_2) + (h_4 - h_1) - (u_4 - u_1)}{(h_3 - h_4) - (g_2 - g_1)}$$

$$a_{qT\,gex} = \frac{(h_3 - h_4) + (g_2 - g_3) + (g_1 - g_3)}{(h_3 - h_4) - (g_2 - g_1)}$$

$$a_{qs\,gex} = \frac{(h_3 - h_2) + (h_4 - h_2) + (g_2 - g_1)}{(h_3 - h_4) - (g_2 - g_1)}$$

Clausius-Rankine-Prozess

$$s_2 = s_1 = s_{1'} \quad p_3 = p_2 \quad s_4 = s_{4''} = s_3 \quad p_4 = p_1$$

$$\eta_{th\,cr} = 1 - \frac{h_4 - h_1}{h_3 - h_2}$$

$$\zeta_{th\,cr} = 1 - \frac{(h_4 - h_1) - T_b(s_4 - s_1)}{(h_3 - h_2) - T_b(s_4 - s_1)} \quad \text{(Bei } T_b = T_1 \text{ wird } \zeta_{cr} = 1.\text{)}$$

$$a_{wp\,cr} = \frac{(h_3 - h_4) + (h_2 - h_1)}{(h_3 - h_4) - (h_2 - h_1)}$$

$$a_{wv\,cr} = \frac{(h_3 - h_2) + (h_4 - h_1) - 2(u_4 - u_2)}{(h_3 - h_2) - (h_4 - h_1)}$$

$$a_{qT\,cr} = \frac{(f_1 - f_2) + (f_4 - f_3) + (g_2 - g_3) + (u_2 - u_1) + (u_3 - u_4)}{(h_3 - h_4) - (h_2 - h_1)}$$

$$a_{qs\,cr} = \frac{(h_3 - h_2) + (h_4 - h_1)}{(h_3 - h_2) - (h_4 - h_1)}$$

7.6 Linkslaufende Kreisprozesse

Linkslaufende Kreisprozesse sind in Kompressionskälteanlagen und -wärmepumpen sowie in Absorptionskälteanlagen und -wärmepumpen verwirklicht. Da bei linkslaufenden Kreisprozessen der Umlaufsinn gegenüber den rechtslaufenden Kreisprozessen verändert ist, ändern sich auch die Vorzeichen der zwischen Kreisprozess und Umgebung auftretenden Energiegrößen. Dem Kreisprozess wird bei einer tiefen Temperatur der Wärmequelle T_{Qu} die Wärme Q_{zu} zugeführt (Bild 7.47). Der Kreisprozess nimmt diese Wärme bei der gemittelten Temperatur T_{zu} auf und gibt die Wärme Q_{ab} bei der gemittelten Temperatur T_{ab}, die höher als die Temperatur T_{zu} ist, an die Wärmesenke mit der Temperatur T_{Se} ab.

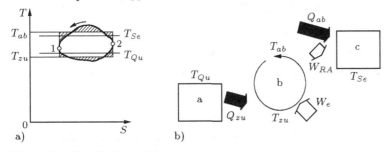

Bild 7.47 Linkslaufender Kreisprozess
a) T, S-Diagramm (Zustandsänderungen schematisch)
b) Modellvorstellung   a Wärmequelle   b Kreisprozess   c Wärmesenke

Bei Kompressionskälteanlagen und -wärmepumpen, die im Folgenden betrachtet werden, wird dem Kreisprozess die Kupplungsarbeit W_e zugeführt; sie ist deshalb bei linkslaufenden Kreisprozessen positiv. Nach Tabelle 7.2 Gl. (5) ist

$$|Q_{ab}| = Q_{zu} + W_e - |W_{RA}| \,. \tag{7.147}$$

Kälteanlagen können verschiedenen Zwecken dienen: Haltbarmachen und Lagern von Lebensmitteln, Kühlen während des Herstellungsprozesses von Produkten, Stofftrocknung durch Feuchteabscheidung, Kühlen von Luft in Klimaanlagen, Stofftrennung durch Verflüssigung bei niederen Temperaturen, Nutzung physikalischer Effekte bei tiefen Temperaturen (z. B. Supraleitung) u. a. Die grundlegende Aufgabe, die allen Kälteanlagen gestellt ist, besteht in der Kühlung eines Raumes, Stoffes oder Stoffstroms unter die Umgebungstemperatur. Dazu ist dem Raum, Stoff oder Stoffstrom, der als Wärmequelle dient, Wärme bei einer tieferen Temperatur als der Umgebungstemperatur zu entziehen. Als Wärmesenke dient im allgemeinen Fall die Umgebung.

Bei Wärmepumpen steht die Wärmeabgabe des linkslaufenden Kreisprozesses im Vordergrund. Sie können ebenfalls vielfältig genutzt werden. Bei der Gebäudewärmeversorgung haben sie beispielsweise die Aufgabe, einem Raum, der die Wärmesenke darstellt, Wärme zuzuführen. Als Wärmequelle wird z. B. die Umgebungsluft, die Erdwärme, Wasser, die Abluft einer Lüftungsanlage oder die Abwärme eines Produktionsprozesses, deren Temperatur zur direkten Wärmenutzung zu niedrig ist, benutzt.

Energetisch besonders günstig ist die Verwendung von linkslaufenden Kreisprozessen, wenn sowohl die Wärmequelle (z. B. Kunsteisbahn, Haushalt-Kühltruhe) als auch die Wärmesenke (z. B. Hallenschwimmbad, Trinkwasserspeicher) technisch genutzt werden können.

Kompressionskälteanlagen und Kompressionswärmepumpen können durch den gleichen Maschinenprozess verwirklicht werden, wobei jedoch im Allgemeinen der Temperaturbereich des Kälteprozesses tiefer als derjenige der Wärmepumpe liegt.

7.6.1 Leistungszahl

Zur Bewertung einer Maschine oder Anlage eignet sich der Quotient aus Nutzen und Aufwand. Das ergibt bei rechtslaufenden Kreisprozessen den thermischen Wirkungsgrad, der immer kleiner als eins bzw. im Bestfall gleich eins ist. Der Quotient aus Nutzen und Aufwand ist bei linkslaufenden Kreisprozessen in vielen Fällen aber größer als eins. Deshalb spricht man in diesem Fall von einer Leistungszahl.

Der Nutzen einer Kälteanlage besteht darin, einem Raum, Stoff oder Stoffstrom die Wärme Q_{zu} zu entnehmen. Als Aufwand ist die Kupplungsarbeit W_e für den Antrieb der Kompressionskälteanlage erforderlich. Daher ist die Leistungszahl einer Kompressionskälteanlage

$$\varepsilon_K = \frac{Q_{zu}}{W_e} \; . \tag{7.148}$$

Für eine Kompressionswärmepumpe liegt der Nutzen in der Wärmeabgabe Q_{ab}, als Aufwand benötigt man wie bei der Kompressionskälteanlage die Kupplungsarbeit W_e. Die Leistungszahl der Kompressionswärmepumpe ist somit

$$\varepsilon_W = \frac{|Q_{ab}|}{W_e} \; . \tag{7.149}$$

Mit Gl. (7.147) erhält man

$$\varepsilon_W = 1 + \frac{Q_{zu} - |W_{RA}|}{W_e} \; . \tag{7.150}$$

Die Leistungszahl der Kompressionswärmepumpe ist größer als eins. Für einen idealen Kreisprozess ist nach Tabelle 7.2 Gl. (1)

$$\varepsilon_K = \frac{(Q_{zu})_{rev}}{(W_e)_{id}} = \frac{(Q_{zu})_{rev}}{W_{Kreis}} = \frac{(Q_{zu})_{rev}}{|(Q_{ab})_{rev}| - (Q_{zu})_{rev}} \qquad (7.151)$$

$$\varepsilon_W = 1 + \frac{(Q_{zu})_{rev}}{(W_e)_{id}} = 1 + \frac{(Q_{zu})_{rev}}{W_{Kreis}} = 1 + \frac{(Q_{zu})_{rev}}{|(Q_{ab})_{rev}| - (Q_{zu})_{rev}} = 1 + \varepsilon_K. \qquad (7.152)$$

7.6.2 Der linkslaufende *Carnot*-Prozess

Auch für linkslaufende Kreisprozesse hat der reversible *Carnot*-Prozess große theoretische Bedeutung. Bei vorgegebenen Temperaturen von Wärmequelle T_{Qu} und Wärmesenke T_{Se} erreicht der linkslaufende *Carnot*-Prozess die günstigsten Leistungszahlen. Für die Wärmeübertragung auf den Isothermen gilt (Bild 7.48)

$$(Q_{zu})_{rev} = (Q_{41})_{rev} = T_1(S_1 - S_4) = T_{Qu}(S_1 - S_4) \qquad (7.153)$$

$$|(Q_{ab})_{rev}| = |(Q_{23})_{rev}| = T_3(S_2 - S_3) = T_{Se}(S_1 - S_4) . \qquad (7.154)$$

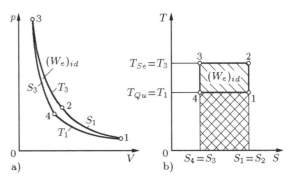

Bild 7.48 Linkslaufender *Carnot*-Prozess
a) p, V-Diagramm
b) T, S-Diagramm
(Schraffuren wie bei Bild 7.10)

Als Kälteanlage mit den Temperaturen von Kühlraum $T_K = T_{Qu}$ und Umgebung $T_U = T_{Se}$ erreicht der *Carnot*-Prozess die Leistungszahl

$$\varepsilon_K = \frac{(Q_{zu})_{rev}}{|(Q_{ab})_{rev}| - (Q_{zu})_{rev}} = \frac{T_{Qu}}{T_{Se} - T_{Qu}} = \frac{T_K}{T_U - T_K} . \qquad (7.155)$$

Wird der *Carnot*-Prozess als Wärmepumpe verwendet, so ist die Temperatur der Wärmequelle gleich der Umgebungstemperatur $T_{Qu} = T_U$ und die Temperatur der Wärmesenke die des zu beheizenden Raumes $T_{Se} = T_H$. Damit folgt:

$$\varepsilon_W = \frac{T_{Se}}{T_{Se} - T_{Qu}} = 1 + \frac{T_{Qu}}{T_{Se} - T_{Qu}} = \frac{T_H}{T_H - T_U} = 1 + \frac{T_U}{T_H - T_U} \qquad (7.156)$$

Beispiel 7.6 Welche Leistungszahlen erreicht ein linkslaufender *Carnot*-Prozess als Kälteanlage und als Wärmepumpe für den jahreszeitlich ungünstigsten Fall, wenn die extremen Umgebungstemperaturen im Sommer $t_U = 35\,°C$ und im Winter $t_U = -20\,°C$ erreichen und die Kühlraumtemperatur $t_K = -10\,°C$ sowie die Temperatur des zu beheizenden Raumes $t_H = 25\,°C$ beträgt?

Für die Kälteanlage ist $T_K = 263,15\ \text{K}$ $T_U = 308,15\ \text{K}$

$$\varepsilon_K = \frac{263,15\ \text{K}}{45\ \text{K}} = 5{,}8478$$

Für die Wärmepumpe ist $T_U = 253,15\ \text{K}$ $T_H = 298,15\ \text{K}$

$$\varepsilon_W = 1 + \frac{253,15\ \text{K}}{45\ \text{K}} = 6{,}6256\ .$$

7.6.3 Der linkslaufende *Joule*-Prozess

Die Verwirklichung eines linkslaufenden Kreisprozesses mit idealen Gasen ist im linkslaufenden *Joule*-Prozess möglich. Für die Wärmezufuhr und Wärmeabgabe gilt (Bild 7.49)

$$(Q_{zu})_{rev} = (Q_{41})_{rev} = m\,c_p(T_1 - T_4) \tag{7.157}$$

$$|(Q_{ab})_{rev}| = |(Q_{23})_{rev}| = m\,c_p(T_2 - T_3)\ . \tag{7.158}$$

Die Kupplungsarbeit ist nach Tabelle 7.2 Gln. (1) und (3)

$$(W_e)_{id} = W_{Kreis} = m\,c_p(T_4 + T_2 - T_1 - T_3)\ . \tag{7.159}$$

Für die Leistungszahlen erhalten wir nach den Gln. (7.151) und (7.152)

$$\varepsilon_K = \frac{T_1 - T_4}{T_4 + T_2 - T_1 - T_3} \tag{7.160}$$

$$\varepsilon_W = \frac{T_2 - T_3}{T_4 + T_2 - T_1 - T_3}\ . \tag{7.161}$$

Beide Ausdrücke lassen sich mit den Gln. (7.84) bis (7.86) umformen:

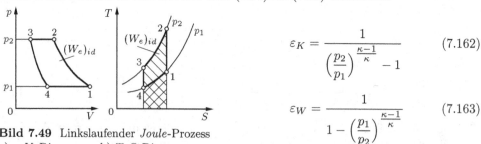

$$\varepsilon_K = \frac{1}{\left(\dfrac{p_2}{p_1}\right)^{\frac{\kappa-1}{\kappa}} - 1} \tag{7.162}$$

$$\varepsilon_W = \frac{1}{1 - \left(\dfrac{p_1}{p_2}\right)^{\frac{\kappa-1}{\kappa}}} \tag{7.163}$$

Bild 7.49 Linkslaufender *Joule*-Prozess
a) p, V-Diagramm, b) T, S-Diagramm
(Schraffuren wie bei Bild 7.10)

Beispiel 7.7 Eine Kaltgasanlage liefert für einen bei 25 °C zu klimatisierenden Raum Kaltluft mit Umgebungsdruck von 0,96 bar. Dazu werden 12 m³/s Außenluft von 25 °C und Umgebungsdruck angesaugt und anschließend auf 1,5 bar isentrop verdichtet. Die komprimierte Luft wird durch die Abluft des Raumes, die danach zur Fortluft wird, auf 51 °C isobar gekühlt. Durch isentrope Entspannung in einer Turbine auf den Umgebungsdruck entsteht die gekühlte Luft.

a) Mit welcher Temperatur strömt die Luft aus der Kaltgasanlage?

b) Welche Temperatur erreicht sie nach der Kompression?

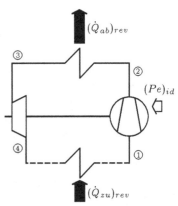

c) Welcher Abluftstrom muss durch den Wärmeübertrager strömen, wenn sich die Abluft um 13 K erwärmen soll?

d) Welche Kälteleistung erreicht die Anlage?

e) Welche Antriebsleistung ist aufzubringen?

f) Welche Kälteanlagen-Leistungszahl ergibt sich?

g) Welche Wärmepumpen-Leistungszahl würde erreicht, wenn die gleiche Anlage als Wärmepumpe arbeiten würde?

h) Welche Heizleistung (z. B. zur Trinkwasser-erwärmung) würde die Anlage erreichen?

Bild 7.50 Zu Beispiel 7.7

Die Anlage arbeitet nach einem linkslaufenden reversiblen *Joule*-Prozess (Bild 7.50). Man kann sich den offenen Prozess durch die gestrichelt gezeichnete isobare Zustandsänderung zu einem Kreisprozess ergänzt denken.

a) $T_4 = T_3 \left(\frac{p_1}{p_2}\right)^{\frac{\kappa-1}{\kappa}} = 324{,}15 \cdot \left(\frac{0{,}96 \text{ bar}}{1{,}5 \text{ bar}}\right)^{\frac{0{,}4}{1{,}4}} = 285{,}34 \text{ K} \qquad t_4 = 12{,}19\,^\circ\text{C}$

b) $T_2 = T_1 \left(\frac{p_2}{p_1}\right)^{\frac{\kappa-1}{\kappa}} = 298{,}15 \text{ K} \cdot \left(\frac{1{,}5 \text{ bar}}{0{,}96 \text{ bar}}\right)^{\frac{0{,}4}{1{,}4}} = 338{,}70 \text{ K} \qquad t_2 = 65{,}55\,^\circ\text{C}$

c) $|(\dot{Q}_{ab})_{rev}| = \dot{m}_A\, c_p(T_2-T_3) = \frac{p_1 \dot{V}_{A1}}{R_L T_1}\, c_p\,(T_2-T_3) = 13{,}46 \text{ kg/s} \cdot 1{,}0062 \text{ kJ/(kg K)} \cdot (338{,}70 - 324{,}15)\, \text{K} = 197{,}06 \text{ kW}$

$\dot{m}_F = \frac{|(\dot{Q}_{ab})_{rev}|}{c_p\,\Delta t} = \frac{197{,}06 \text{ kW}}{1{,}0046 \text{ kJ/(kg K)} \cdot 13 \text{ K}} = 15{,}09 \text{ kg/s}$

d) $(\dot{Q}_{zu})_{rev} = \dot{m}_A\, c_p(T_1-T_4) = 13{,}46 \text{ kg/s} \cdot 1{,}0040 \text{ kJ/(kg K)} \cdot (298{,}15-285{,}34)\, \text{K} = 173{,}11 \text{ kW}$

e) $(P_e)_{id} = -[(\dot{Q}_{zu})_{rev} - |(\dot{Q}_{ab})_{rev}|] = 23{,}95 \text{ kW}$

f) $\varepsilon_K = \frac{(\dot{Q}_{zu})_{rev}}{|(\dot{Q}_{ab})_{rev}| - (\dot{Q}_{zu})_{rev}} = \frac{173{,}11 \text{ kW}}{197{,}06 \text{ kW} - 173{,}11 \text{ kW}} = 7{,}23$

g) $\varepsilon_W = 1 + \varepsilon_K = 8{,}23$

h) $|(\dot{Q}_{ab})_{rev}| = 197{,}06 \text{ kW}$

7.6.4 Der Gasexpansions-Prozess als Kälteprozess

Der rechtslaufende Gasexpansions-Prozess mit einem idealen Gas als Arbeitsmittel (Abschnitt 7.4.6; vgl. das T,S-Diagramm des Bildes 7.51 a) lässt sich durch Absenken der höchsten Prozesstemperatur T_3 in einen linkslaufenden Kreisprozess überführen:

Im Sinne einer ersten Prozessabwandlung hierzu (Bild 7.51 b) wird die isotherme Verdichtung vom Anfangsdruck p_1 auf den Enddruck p_2 beim Temperaturniveau $T_1 = T_2$ (Umgebungstemperatur) beibehalten, jedoch die höchste Prozesstemperatur T_3 so weit verringert, dass die isobare rekuperative Wärmeübertragung mit der vollständig prozessintern und reversibel übertragenen Wärme (Entropieänderungswärme) zu null wird: $(Q_{2Z})_{rev} = -(Q_{41})_{rev} = (Q_{s2Z} = -Q_{s41} = 0$ Die Temperatur T_3 wird dabei so gewählt, dass die isentrope Entspannung vom Enddruck p_2 auf den Anfangsdruck p_1 (bei gleichzeitiger Abnahme der Temperatur T_3 auf T_4) und die nachfolgende isobare Zustandsänderung auf die Temperatur T_1 beim Druckniveau $p_4 = p_1$ zu einer Gleichheit der umfahrenen Flächen 23M2 und 41M4 führt.

Die Fläche 23M2 entspricht dem Absolutbetrag der gewonnenen Kreisprozessarbeit des rechtslaufenden reversiblen Teil-Kreisprozesses 23M2, wobei die oberhalb der Umgebungstemperatur $T_1 = T_2$ zugeführte Entropieänderungswärme $(Q_{23})_{rev}$ als Aufwand sowie die Summe der Arbeiten $W_{pM2} + W_{p3M}$ (W_{pM2}: zugeführt; W_{p3M}: abgeführt) als Nutzen hierfür zu bilanzieren sind. Die Fläche 41M4 entspricht der erforderlichen Kreisprozessarbeit des linkslaufenden reversiblen Teil-Kreisprozesses 41M4, mit der unterhalb der Umgebungstemperatur $T_1 = T_2$ die Entropieänderungswärme $(Q_{41})_{rev}$ zur erwünschten Kältebereitstellung als Nutzen aufgenommen werden kann; die Summe der Arbeiten $W_{p1M} + W_{pM4}$ (W_{p1M}: zugeführt; W_{pM4}: abgeführt) ist als Aufwand hierfür zu bilanzieren. Bild 7.51 b zeigt, dass beim rechtslaufenden reversiblen Teil-Kreisprozess 23M2 gerade so viel Kreisprozessarbeit gewonnen wird, dass damit der linkslaufende Teil-Kreisprozess als Kälteprozess bestritten werden kann. Der thermische Wirkungsgrad η_{th} des Gesamtprozesses 12341 ergibt sich damit zu null (Abszisse $\eta_{th} = 0$ in Bild 7.46 a).

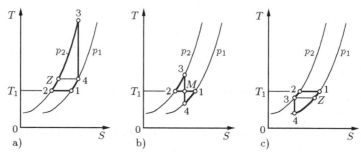

Bild 7.51   Gasexpansions-Prozess im T, S-Diagramm

a) rechtslaufender Kraftmaschinenprozess

b) Kombination von rechtslaufendem Kraftmaschinenprozess und linkslaufendem Arbeitsmaschinenprozess

c) linkslaufender Arbeitsmaschinenprozess

Im Sinne einer zweiten Prozessabwandlung (Bild 7.51 c) wird — bei unveränderter isothermer Verdichtung vom Anfangsdruck p_1 auf den Enddruck p_2 beim Temperaturniveau $T_1 = T_2$ (Umgebungstemperatur) — die Prozesstemperatur T_3 unter die Umgebungstemperatur abgesenkt; dies ist mit einer gegenüber dem rechtslaufenden Gasexpansions-Prozess entgegengesetzten isobaren rekuperativen Wärmeübertragung mit der vollständig prozessintern und reversibel übertragenen Wärme (Entropieänderungswärme) $-(Q_{23})_{rev} = (Q_{Z1})_{rev}$ möglich. Hierauf folgt eine isentrope Entspannung vom Enddruck p_2 auf den Anfangsdruck p_1 bei gleichzeitiger Abnahme der Temperatur T_3 auf T_4, danach eine isobare Zufuhr von Entropieänderungswärme $(Q_{4Z})_{rev}$ zur erwünschten Kältebereitstellung als Nutzen auf die Temperatur T_Z beim Druckniveau $p_4 = p_1$, sowie schließlich die bereits genannte isobare rekuperative Wärmeübertragung mit $-(Q_{23})_{rev} = (Q_{Z1})_{rev}$. Dieser Prozess ist dem *Claude*-Prozess (dort mit einem realen Fluid als Arbeitsmittel) verwandt; er hat im Temperaturbereich zwischen T_1 und $T_Z = T_3$ die Merkmale des *Ericsson*-Prozesses und im Temperaturbereich zwischen $T_Z = T_3$ und T_4 die Merkmale des *Joule*-Prozesses.

Die Fläche 12341 entspricht der erforderlichen Kreisprozessarbeit des linkslaufenden reversiblen Kreisprozesses 12341, mit der unterhalb der Temperatur $T_z = T_3 < T_1 = T_2$ die Entropieänderungswärme $(Q_{4Z})_{rev}$ zur erwünschten Kältebereitstellung als Nutzen aufgenommen werden kann; die Summe der Arbeiten $W_{p12} + W_{p34}$ (W_{p12}: zugeführt; W_{p34}: abgeführt) ist als Aufwand hierfür zu bilanzieren.

Definiert man einen thermischen Wirkungsgrad η_{th} des idealen linkslaufenden Kreisprozesses 12341 in Anlehnung an den thermischen Wirkungsgrad eines idealen rechtslaufenden Kreisprozesses, so ist u. a. der Sachverhalt zu berücksichtigen, dass in Abschnitt 7.3.2 Gl. (7.35) mit der Absicht festgelegt wurde, trotz der negativen Werte der abgegebenen Kreisprozessarbeit zu positiven Werten des thermischen Wirkungsgrades zu gelangen:

$$\eta_{th} = \frac{-W_{Kreis}}{(Q_{zu})_{rev}} \qquad (7.164)$$

Im Sinne einer erwünschten Stetigkeit wird diese Definition auch für den idealen linkslaufenden Gasexpansions-Prozess übernommen. [12] Damit ist η_{th} hier der negative Quotient von Aufwand zu Nutzen. Somit können die Gln. (7.115) und (7.119) für den thermischen Wirkungsgrad des rechtslaufenden Gasexpansions-Prozesses unverändert beibehalten werden, wie die folgenden Überlegungen zeigen:

$$\eta_{th} = -\frac{W_{Kreis}}{(Q_{zu})_{rev}} = -\frac{w_{Kreis}}{(q_{zu})_{rev}} = -\frac{W_{p12} + W_{p34}}{(Q_{4Z})_{rev}} \qquad (7.165)$$

Mit den Gln. (4.86), (4.87), (4.108), (4.49) und (4.111) folgt für ideale Gase:

$$\eta_{th} = -\frac{+ m\,R\,T_1 \ln\dfrac{p_2}{p_1} + m\,c_p\,(T_4 - T_3)}{m\,c_p\,(T_3 - T_4)} = 1 - \frac{m\,R\,T_1 \ln\dfrac{p_2}{p_1}}{m\,c_p\,(T_3 - T_4)} \qquad (7.166)$$

Aus der Gesamtbilanz aller von außen zu- bzw. abgeführten Arbeiten und reversiblen Wärmen folgt:

$$W_{p12} + (Q_{12})_{rev} + (Q_{4Z})_{rev} + W_{p34} = 0 \qquad (7.167)$$

Als Folge von Gl. (4.86) ergibt sich hieraus:

$$W_{p34} = -(Q_{4Z})_{rev} = -m\,c_p\,(T_3 - T_4) \qquad (7.168)$$

Aus den Gln. (4.105) und (4.111) folgt weiter:

$$W_{p34} = -\frac{\kappa}{\kappa - 1} m\,R\,T_3 \left(1 - \left(\frac{p_1}{p_2}\right)^{\frac{\kappa - 1}{\kappa}}\right) \qquad (7.169)$$

---

[12]Hier muss also — in Respektierung der Historie der Wirkungsgraddefinition für ideale rechtslaufende Kreisprozesse — bei der Wirkungsgraddefinition idealer linkslaufender Kreisprozesse eine gewisse logische Inkonsequenz hingenommen werden.

Damit wird Gl. (7.166) zu

$$\eta_{th} = 1 - \frac{m\,R\,T_1 \ln \dfrac{p_2}{p_1}}{\dfrac{\kappa}{\kappa-1}\,m\,R\,T_3 \left(1 - \left(\dfrac{p_1}{p_2}\right)^{\frac{\kappa-1}{\kappa}}\right)} = 1 - \frac{\kappa-1}{\kappa}\,\frac{T_1 \ln \dfrac{p_2}{p_1}}{T_3\left(1 - \left(\dfrac{p_1}{p_2}\right)^{\frac{\kappa-1}{\kappa}}\right)} \qquad (7.170)$$

Diese Beziehungen spiegeln den Sachverhalt wider, dass der linkslaufende Gasexpansions-Prozess mit Hilfe der Absenkung der Temperatur T_3 stetig aus dem rechtslaufenden Gasexpansions-Prozess hervorgeht. Im Bild 7.46 a) ergibt sich bei η_{th} dann eine stetige Fortsetzung der Wirkungsgradkurven in den negativen Wertebereich hinein; diese Verläufe sind dort allerdings nicht wiedergegeben. Der mit negativem Vorzeichen versehene thermische Wirkungsgrad $-\eta_{th}$ entsprechend Gl. (7.170) kann dazu verwendet werden, durch Multiplikation mit den Gleichungen für a_{wp}, a_{wv}, a_{qT} und a_{qs} der Tabelle 7.13 zur Darstellung entsprechender Anstrengungsverhältnisse a_{wp}^*, a_{wv}^*, a_{qT}^* und a_{qs}^* als den geeigneten Bewertungskenngrößen für den linkslaufenden Gasexpansions-Prozess zu dienen; damit erscheint bei diesen Anstrengungsverhältnissen in den Gleichungen als Nutzen statt $|w_{Kreis}|$ nunmehr $(q_{zu})_{rev}$ im Nenner. Diese Möglichkeit eröffnet sich sinngemäß u. a. auch für den linkslaufenden einfach-polytropischen *Carnot*-Prozess, den linkslaufenden *Carnot*-Prozess, den linkslaufenden *Ericsson*-Prozess, den linkslaufenden *Stirling*-Prozess und den linkslaufenden *Joule*-Prozess mit prozessinterner idealer Wärmeübertragung. [13]

Wird in Gl. (7.170) T_3 durch die niedrigste Kreisprozesstemperatur

$$T_4 = T_3\left(\frac{p_1}{p_2}\right)^{\frac{\kappa-1}{\kappa}} \qquad (7.171)$$

ersetzt, so ergibt sich:

$$\eta_{th} = 1 - \frac{\kappa-1}{\kappa}\,\frac{T_1 \ln \dfrac{p_2}{p_1}}{T_4\left(\left(\dfrac{p_2}{p_1}\right)^{\frac{\kappa-1}{\kappa}} - 1\right)} \qquad (7.172)$$

Die Leistungszahl ε_K des Kälteprozesses als Quotient von Nutzen zu Aufwand wird entsprechend

$$\varepsilon_K = -\frac{1}{\eta_{th}} = \frac{1}{\dfrac{\kappa-1}{\kappa}\,\dfrac{T_1 \ln \dfrac{p_2}{p_1}}{T_3\left(1 - \left(\dfrac{p_1}{p_2}\right)^{\frac{\kappa-1}{\kappa}}\right)} - 1} = \frac{1}{\dfrac{\kappa-1}{\kappa}\,\dfrac{T_1 \ln \dfrac{p_2}{p_1}}{T_4\left(\left(\dfrac{p_2}{p_1}\right)^{\frac{\kappa-1}{\kappa}} - 1\right)} - 1}$$

$$(7.173)$$

---

[13]Thermodynamisch ebenfalls sinnvoll ist es, abgewandelte Leistungszahlen und Anstrengungsverhältnisse so zu definieren, dass jeweils statt der reversibel zugeführten spezifischen Wärme $(q_{zu})_{rev}$ deren spezifische Exergie $(eq_{zu})_{rev}$ im Nenner erscheint.

Für den Gasexpansions-Prozess als Wärmepumpenprozess ergibt sich:

$$
\begin{aligned}
\varepsilon_W &= 1 + \varepsilon_K = 1 - \frac{1}{\eta_{th}} \\
&= 1 + \cfrac{1}{\cfrac{\kappa-1}{\kappa} \cfrac{T_1 \ln \dfrac{p_2}{p_1}}{T_3 \left(1 - \left(\dfrac{p_1}{p_2}\right)^{\frac{\kappa-1}{\kappa}}\right)} - 1} = 1 + \cfrac{1}{\cfrac{\kappa-1}{\kappa} \cfrac{T_1 \ln \dfrac{p_2}{p_1}}{T_4 \left(\left(\dfrac{p_2}{p_1}\right)^{\frac{\kappa-1}{\kappa}} - 1\right)} - 1}
\end{aligned}
\tag{7.174}
$$

7.6.5 Der Kompressions-Kaltdampfprozess

Zum überwiegenden Teil wird in Kompressions-Kälteanlagen und -Wärmepumpen der Kompressions-Kaltdampfprozess als Vergleichsprozess verwendet. Er wird mit Kältemitteln betrieben, die den Kreisprozess teils im flüssigen, teils im gasförmigen Aggregatzustand durchströmen. Der linkslaufende Kreisprozess entsteht durch eine Reihenschaltung offener Prozesse (Bild 7.52).

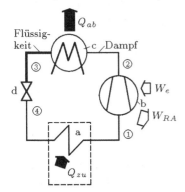

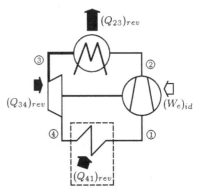

Bild 7.52 Kompressions-Kälteanlage oder -Wärmepumpe (realer Kreisprozess)

Bild 7.53 Kompressions-Kaltdampfprozess (idealer Kreisprozess)

In einem Verdampfer (a) wird das Kältemittel bei dem niedrigen Druck p_1 durch Wärmeaufnahme aus dem Kühlraum (Kälteanlagen) oder der Umgebung (Wärmepumpen) isobar verdampft. Der Sattdampf wird in einer Verdränger- oder Strömungsmaschine (b) auf den Druck p_2 verdichtet. In einem Wärmeübertrager (Kondensator) (c) wird das Kältemittel isobar gekühlt; dabei geht es nacheinander vom Zustand überhitzten Dampfes in Sattdampf, durch Kondensation in siedende Flüssigkeit und darauf gegebenenfalls in den abgekühlten flüssigen Zustand über. Anschließend erfolgt eine Entspannung durch isenthalpe Drosselung in einem Expansionsventil (d) auf den Druck p_1. Der dabei entstandene Nassdampf fließt wieder dem Verdampfer zu.

Die Auswahl der Kältemittel erfolgt — neben Gesichtspunkten der Umweltverträglichkeit — in erster Linie nach der notwendigen Verdampfungs- und Kondensationstemperatur, die wiederum von der gestellten Kühlaufgabe (bei Kälteanlagen) bzw. der Umgebungstemperatur (bei Wärmepumpen) und dem Temperaturbereich der Wärmeabgabe im Kondensator bestimmt werden. Der Druck im Verdampfer p_1 soll technisch gut beherrschbar und das Druckverhältnis p_2/p_1 nicht zu groß sein. Auch soll die spezifische Verdampfungswärme möglichst groß und das spezifische Volumen des zu verdichtenden Sattdampfes möglichst klein sein, um zu einer kleinen Baugröße des Verdichters zu kommen.

Bei der Aufstellung des Vergleichsprozesses ist zu beachten, dass die Drosselung ein irreversibler Vorgang (Abschnitt 3.4.4) ist. Als reversiblen Ersatzprozess der Drosselung kann man sich eine Turbine vorstellen, die unter Wärmezufuhr das Kältemittel auf einer Isenthalpe $h = $ const (Abschnitt 5.2.2) entspannt. Mit diesem Ersatzprozess lässt sich nach Bild 7.53 ein idealer Kreisprozess zusammenstellen, in dem das Arbeitsmittel die Druckänderungsarbeit $W_{p34\,hi}$ abgibt und ihm die Wärme $(Q_{34})_{rev}$ zugeführt wird. Im T, s-Diagramm dieses idealen Kreisprozesses (Bild 7.54 a) erscheint die spezifische Wärmezufuhr als Fläche $(q_{34})_{rev}$.

Eine weitere Möglichkeit, einen idealen Kreisprozess zu definieren, ist der Ersatz der isenthalpen Drosselung durch eine reversibel-isentrope Entspannung mit dem Gewinn der Druckänderungsarbeit $W_{p34\,si}$; auf diese Weise ergibt sich der linkslaufende *Clausius-Rankine*-Prozess.

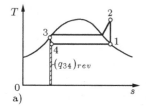 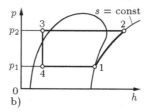

Bild 7.54 Kompressions-Kaltdampfprozess im
a) T, s-Diagramm
b) p, h-Diagramm

Als Vergleichsprozess wird jedoch nicht der ideale Kreisprozess verwendet. Die spezifische Wärmezufuhr $(q_{34})_{rev}$ gemäß Bild 7.54 a im Sinne eines spezifischen Kältegewinns sowie der spezifische Arbeitsgewinn w_{p34} würden die Leistungszahl erheblich verbessern, aber keinen hinreichenden Vergleich mit den erreichbaren Werten üblicher technischer Anlagen ermöglichen. Für den Vergleichsprozess werden deshalb eine reibungsfreie isentrope Verdichtung des Kältemittels und die isenthalpe Drosselentspannung zugrunde gelegt. Damit wird für den Vergleichsprozess

$$Q_{zu} = Q_{41} = H_1 - H_4 \tag{7.175}$$

$$|Q_{ab}| = |Q_{23}| = H_2 - H_3 \;. \tag{7.176}$$

Für die Kupplungsarbeit gilt nach Tabelle 7.2 Gl. (5)

$$W_e = |Q_{ab}| - Q_{zu} + |W_{RA}| \;. \tag{7.177}$$

Die isentrope Verdichtung in einer idealen Maschine bedeutet $W_{RA} = 0$:

$$W_e = H_2 + H_4 - H_3 - H_1 \tag{7.178}$$

Bei der Drosselung bleibt die Enthalpie konstant; deshalb ist

$$H_3 = H_4 \;. \tag{7.179}$$

Damit ist die Kupplungsarbeit

$$W_e = H_2 - H_1 \;. \tag{7.180}$$

Für die Leistungszahlen erhält man nach den Gln. (7.148) bis (7.150)

$$\varepsilon_K = \frac{H_1 - H_4}{H_2 - H_1} \tag{7.181}$$

$$\varepsilon_W = 1 + \varepsilon_K = 1 + \frac{H_1 - H_4}{H_2 - H_1} = \frac{H_2 - H_4}{H_2 - H_1} = \frac{H_2 - H_3}{H_2 - H_1} . \tag{7.182}$$

Zähler und Nenner der Leistungszahlen lassen sich im T, S-Diagramm als Flächen darstellen (Bild 7.55).

Bild 7.55 Kompressions-Kaltdampfprozess im T, S-Diagramm
a) Kälteanlage
b) Wärmepumpe

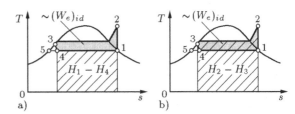

Beispiel 7.8 Eine Wärmepumpenanlage mit Solarabsorber und Ammoniak (R 717) als Kältemittel soll bei Außentemperaturen über 0 °C zur Beheizung eines Wohnhauses eingesetzt werden. Der Wärmeleistungsbedarf des Hauses beträgt bei einer Wohnfläche von 130 m² 10,4 kW. Die Verdampfungstemperatur soll −10 °C betragen, der Druck $p_2 = 20{,}00$ bar. Der Verdichter arbeitet mit einem inneren isentropen Wirkungsgrad von 0,65 und einem mechanischen Wirkungsgrad von 0,94. Im Kondensator erfolgt vollständige Kondensation (Bild 7.56).

a) Wie groß ist die spezifische Enthalpie nach dem Verdichter?

b) Welcher Massenstrom fließt durch die Anlage?

c) Welche Wärmeleistung wird der Umgebung entzogen?

d) Welche Absorberfläche ist erforderlich, wenn die spezifische Leistungsaufnahme aus der Umgebung 200 W/m² beträgt?

e) Welche Kupplungsleistung benötigt der Verdichter?

f) Welche Leistungszahl erreicht die Anlage?

Für Ammoniak gilt nach [36] die erweiterte *Benedict-Webb-Rubin*-Gleichung (5.92) mit den Konstanten

$A_2 = -\,5{,}0420969$	$D_2 = -\,1{,}0331007$	$C_3 = 1{,}9041669$	$A_6 = 0{,}013864372$
$B_2 = 2{,}1518441$	$A_3 = -\,0{,}98753174$	$A_4 = -\,1{,}1754653$	$\beta = 1{,}1$
$C_2 = -\,2{,}0263398$	$B_3 = 1{,}2179486$	$A_5 = 2{,}207015$	

Die spezielle Gaskonstante und die kritischen Daten sind

$$R = 0{,}48818 \text{ kJ/(kg K)} \quad p_k = 113{,}53 \text{ bar} \quad v_k = 0{,}0042735 \text{ m}^3/\text{kg} \quad T_k = 405{,}5 \text{ K}$$

Die *van der Waals*-Zahl nach Gl. (5.94) ist $Wa = 4{,}080153$. Die Dampfdruckgleichung ist

$$\ln \pi = A + B\vartheta + \frac{C}{\vartheta} + D\vartheta^2 + E\vartheta^3 + \frac{F}{\vartheta}(1 - \vartheta)^{\frac{3}{2}}$$

$A = 19{,}667984$	$C = -\,11{,}079219$	$E = -\,2{,}152941$
$B = -\,15{,}54993$	$D = 9{,}114107$	$F = 1{,}81269$

Die reduzierte Dichte der siedenden Flüssigkeit ist

$$\delta' = 1 + c_1(1-\vartheta)^{\frac{1}{3}} + c_2(1-\vartheta)^{\frac{2}{3}} + c_3(1-\vartheta) + c_4(1-\vartheta)^{\frac{4}{3}} + c_5(1-\vartheta)^{\frac{5}{3}}$$

Die spezifische Verdampfungsenthalpie ist

$$r = (v'' - v')\vartheta\,\pi\,p_k\Big\{B + 2\,D\,\vartheta + 3\,E\,\vartheta^2 - \frac{1}{\vartheta^2}\big[C + F\sqrt{1-\vartheta}\big(1 + \frac{\vartheta}{2}\big)\big]\Big\}\,.$$

Die spezifische Wärmekapazität bei konstantem Druck im Zustand des idealen Gases ist

$$c_p^0 = a_1 + a_2\,T + a_3\,T^2$$

$a_1 = 1{,}86926\ \mathrm{kJ/(kg\,K)}$ $a_2 = 1{,}15645\cdot10^{-4}\ \mathrm{kJ/(kg\,K^2)}$ $a_3 = 2{,}19428\cdot10^{-6}\ \mathrm{kJ/(kg\,K^3)}$.

Die Gleichungen für die spezifische Enthalpie und die spezifische Entropie sind

$$h = a_1\,T + \frac{a_2}{2}T^2 + \frac{a_3}{3}T^3 + p_k\,v_k\Big\{\Big(2\,A_2 + B_2\,\vartheta + \frac{4\,C_2}{\vartheta^2} + \frac{6\,D_2}{\vartheta^4}\Big)\delta + \Big(\frac{3}{2}A_3 + B_3\,\vartheta + \frac{5}{2}\frac{C_3}{\vartheta^2}\Big)\delta^2 +$$

$$+\Big(\frac{A_4}{\vartheta^2} + \frac{A_5}{\vartheta^4}\Big)\delta^2(1+\beta\,\delta^2)e^{-\beta\,\delta^2} + \Big(\frac{3\,A_4}{\vartheta^2} + \frac{5\,A_5}{\vartheta^4}\Big)\frac{1}{\beta}\Big[1 - \Big(1+\frac{\beta\,\delta^2}{2}\Big)e^{-\beta\,\delta^2}\Big] + \frac{6}{5}A_6\,\delta^5\Big\} + h^*$$

$$s = (a_1 - R)\ln\vartheta + a_2\,T + \frac{a_3}{2}T^2 - R\ln\delta - \frac{R}{W\!a}\Big\{\Big(B_2 - \frac{2\,C_2}{\vartheta^3} - \frac{4\,D_2}{\vartheta^5}\Big)\delta + \Big(\frac{1}{2}B_3 - \frac{C_3}{\vartheta^3}\Big)\delta^2 -$$

$$-\Big(\frac{A_4}{\vartheta^3} + \frac{2\,A_5}{\vartheta^5}\Big)\frac{2}{\beta}\Big[1 - \Big(1+\frac{\beta\,\delta^2}{2}\Big)e^{-\beta\,\delta^2}\Big]\Big\} + s^*$$

mit den Integrationskonstanten $h^* = 972{,}50$ kJ/kg und $s^* = 4{,}0747$ kJ/(kg K).

a)   Zustand 1: $t_1 = -10\,°\mathrm{C}$ $p_1 = 2{,}907$ bar $h_1'' = 1451{,}15$ kJ/kg $s_1'' = 5{,}7582$ kJ/(kg K)

Zustand 3 (Bild 7.56): $p_2 = 20{,}00$ bar $t_S = t_4 = 49{,}37\,°\mathrm{C}$ $h_4 = h_5 = 433{,}25$ kJ/kg

$t_3 = 133{,}90\,°\mathrm{C}$ $h_3 = 1744{,}37$ kJ/kg $s_3 = s_1''$

Nach Tabelle 6.2 Gl.(1) ist bei Vernachlässigung der Änderung der kinetischen Energie

$$h_2 = h_1 + \frac{h_3 - h_1}{\eta_{isV}} = 1902{,}26 \text{ kJ/kg .}$$

b) $|q_{ab}| = h_2 - h_4 = 1469{,}01$ kJ/kg $\dot{m} = \dfrac{|\dot{Q}_{ab}|}{|q_{ab}|} = \dfrac{10{,}4 \text{ kW}}{1469{,}01 \text{ kJ/kg}} = 7{,}0796\cdot10^{-3}$ kg/s

c) $\dot{Q}_{zu} = \dot{m}\,q_{zu} = \dot{m}(h_1 - h_5) = 7{,}2063$ kW

d) $A = \dfrac{7{,}2063 \text{ kW}}{0{,}2 \text{ kW/m}^2} = 36{,}03$ m^2

e) $P_e = \dot{m}\dfrac{h_2 - h_1}{\eta_{mV}} = 3{,}40$ kW

f) $\varepsilon_W = \dfrac{|\dot{Q}_{ab}|}{P_e} = \dfrac{10{,}4 \text{ kW}}{3{,}40 \text{ kW}} = 3{,}06$

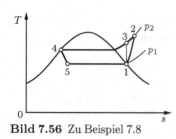

Bild 7.56 Zu Beispiel 7.8

Aufgaben zu Abschnitt 7

1. Ein reversibler *Otto-* und ein reversibler *Diesel*-Prozess sollen miteinander verglichen werden. Das Ansaugvolumen beträgt für beide Prozesse $V_1 = 0,5$ ℓ, der Ansaugdruck $p_1 = 0,96$ bar. Die isentrope Verdichtung läuft beim *Otto*-Prozess mit dem Verdichtungsverhältnis $\varepsilon_O = 10$, beim *Diesel*-Prozess mit $\varepsilon_D = 22$ (Bild 7.57). Nach der Wärmezufuhr, die beim *Otto*-Prozess isochor, beim *Diesel*-Prozess isobar erfolgt, sind für beide Prozesse Druck und Temperatur ($t = 1827\,^\circ$C) gleich groß. Die Entspannung geschieht für beide Prozesse isentrop ($c_p = 1,050$ kJ/(kg K); $\kappa = 1,4$).

a) Welche Drücke und Temperaturen werden in den Kreisprozessen erreicht?

b) Welche thermischen Wirkungsgrade erreichen die Prozesse?

c) Wie groß ist der Leistungsgewinn des *Diesel*-Prozesses gegenüber dem *Otto*-Prozess, wenn ein Viertaktmotor mit der Drehzahl 4000 $\min^{-1}$ zugrunde gelegt wird?

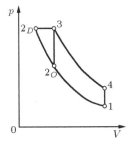

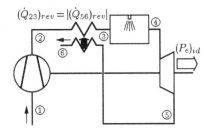

Bild 7.57 Zu Aufgabe 1   **Bild 7.58** Zu Aufgabe 2

2. In einem reversiblen *Joule*-Prozess mit innerer Wärmeübertragung (Bild 7.58) werden 0,88 kg/s Luft von 21 °C und 1,04 bar isentrop auf 5,82 bar verdichtet. Die Temperatur vor der Turbine beträgt 650 °C, die Turbine entspannt isentrop auf den Anfangsdruck. Im Wärmeübertrager wird die Wärme ohne Temperaturdifferenz (reversibel) übertragen ($c_p = 1,040$ kJ/(kg K); $\kappa = 1,4$)).

a) Welche Wärmeleistung wird im Wärmeübertrager übertragen?

b) Welche Kupplungsleistung lässt sich in der Anlage erzielen?

c) Welchen thermischen Wirkungsgrad erreicht die Anlage?

d) Wie groß wäre der thermische Wirkungsgrad eines *Joule*-Prozesses ohne innere Wärmeübertragung bei demselben Druckverhältnis?

e) Welchen thermischen Wirkungsgrad erreicht ein *Ericsson*-Prozess zwischen den gleichen Extremtemperaturen?

f) Der Prozess ist im T, s-Diagramm maßstäblich aufzuzeichnen.

Bild 7.59 Zu Aufgabe 3

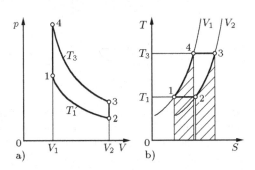

3. Der *Stirling*-Prozess besteht aus zwei Isochoren und zwei Isothermen. Auf den Isochoren findet eine reversible innere Wärmeübertragung statt. Der linkslaufende *Stirling*-Prozess bildet den Vergleichsprozess für die *Philips*-Gaskältemaschine. Ein linkslaufender *Stirling*-Prozess (Bild 7.59) wird mit Wasserstoff betrieben und durchläuft folgenden Kreisprozess:

1. 1–2 isotherme Entspannung bei $T_1 = 130$ K von $V_1 = 0{,}15\ \ell$ und $p_1 = 18{,}2$ bar auf $V_2 = 0{,}3\ \ell$

2. 2–3 isochore Erwärmung auf $T_3 = 300$ K

3. 3–4 isotherme Verdichtung

4. 4–1 isochore Abkühlung

a) Welche Kälteleistung kann der Prozess bei der Drehzahl 1440 min^{-1} (Zahl der Prozessumläufe pro Minute) liefern?

b) Wie groß ist die Leistungszahl des Prozesses?

c) Welche ideale Antriebsleistung ist erforderlich?

4. In einem irreversibel arbeitenden Heizkraftwerk (Bild 7.60) werden 300 t/h überhitzter Wasserdampf (1) von 200 bar und 530 °C erzeugt. Diese Dampfmenge wird in einer Dampfturbine zunächst auf 4 bar und 95% Dampfgehalt (2) entspannt. Nachdem 40 t/h Nassdampf zu Heizzwecken entnommen worden sind, wird die Entspannung mit der verbliebenen Dampfmenge bis auf 0,10 bar und einen Dampfgehalt von 85% (3) fortgesetzt. In der Heizung wird der Dampfgehalt bei annähernd gleichem Druck so weit erniedrigt, dass durch eine anschließende Drosselung bei $h = $ const der Zustand (3) der verbliebenen Dampfmenge nach der zweiten Entspannung wieder erreicht wird.

a) Die Zustandsänderungen sind im T, s-Diagramm für Wasser aufzuzeichnen. Die in der Heizung abgegebene Wärme ist zu kennzeichnen. (Im Sinne einer ersten Näherungslösung kann z. B. das Diagramm 7 für H$_2$O im Anhang verwendet werden.)

b) Wie groß sind die Kupplungsleistungen, die durch die beiden Entspannungen in der Turbine gewonnen werden, bei einem mechanischen Wirkungsgrad von 0,96?

c) Wie groß ist die Heizleistung?

d) Wie groß sind die inneren isentropen Wirkungsgrade der beiden Turbinenstufen?

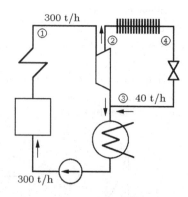

Bild 7.60 Zu Aufgabe 4

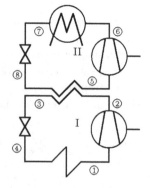

Bild 7.61 Zu Aufgabe 5

5. Eine zweistufige Kompressions-Kälteanlage mit Ammoniak (NH$_3$, R 717) als Kältemittel (Bild 7.61) mit idealen Verdichtern soll eine Kälteleistung von 80 kW erzeugen. Sie besteht aus zwei vollständig getrennten Kreisläufen I und II. Kreislauf I nimmt Wärme im Verdampfer

bei einer Temperatur des Kältemittels von $-35\,^{\circ}\mathrm{C}$ aus dem Kühlraum, dessen Temperatur $-25\,^{\circ}\mathrm{C}$ beträgt, auf und gibt Wärme bei einem Druck des Kältemittels von 5 bar in einem Wärmeübertrager (Kondensator von Kreislauf I) an den Kreislauf II ab, dessen Kältemittel im Wärmeübertrager (Verdampfer von Kreislauf II) einen Druck von 4 bar aufweist. Kreislauf II überträgt im Kondensator bei einem Druck von 18 bar Wärme an die Umgebung, deren Temperatur maximal $+35\,^{\circ}\mathrm{C}$ betragen kann. Vor der Kompression hat das Kältemittel stets Sattdampfzustand, die Kondensation erfolgt in beiden Kreisläufen auf den Siedezustand. Es sind mit den Gleichungen aus Beispiel 7.8 oder mit Hilfe der Diagramme 3 und 4 für NH_3 im Anhang zu berechnen:

a) die Zustandspunkte 1 bis 8 $(p,\ t,\ x,\ h)$,

b) die Mengenströme des Kältemittels in beiden Kreisläufen,

c) die im Wärmeübertrager übertragene Wärmeleistung,

d) die Wärmeleistungsabgabe an die Umgebung,

e) die Antriebsleistung der idealen Verdichter,

f) die Leistungszahl der Gesamtanlage.

g) Welche Leistungszahl erreicht ein reversibler *Carnot*-Prozess, der zwischen einer Wärmequelle von $-25\,^{\circ}\mathrm{C}$ und einer Wärmesenke von $+35\,^{\circ}\mathrm{C}$ arbeitet?

6. Für ein kleineres Blockheizkraftwerk (BHKW) wird ein Verbrennungsmotor nach dem Gas-*Otto*-Verfahren vorgesehen (Bild 7.15). Dessen idealer Vergleichsprozess ist der *Otto*-Prozess. Dieser ist im Vergleich zum *Seiliger*-Prozess dadurch gekennzeichnet, dass das Einspritzverhältnis den Wert $\varphi = 1$ besitzt: Nach der isentropen Verdichtung 12 und der isochoren Drucksteigerung 23 entfällt also die isobare Wärmezufuhr 34; damit sind die Zustände 3 und 4 identisch. Es wird Luft als Arbeitsmittel mit m = 2 g verwendet (Luft als ideales Gas mit $R = 0{,}2872\ \mathrm{kJ/(kg\,K)}$; $c_p = 1{,}005\ \mathrm{kJ/(kg\,K)}$; $c_v = 0{,}718\ \mathrm{kJ/(kg\,K)}$; $\kappa = 1{,}4$). Die angesaugte Luft weist $t_1 = 25\,^{\circ}\mathrm{C}$ und $p_1 = 1{,}0$ bar auf; das Verdichtungsverhältnis beträgt $\varepsilon = 12$, das Drucksteigerungsverhältnis ist $\psi = 2{,}5$.

Es sind die Zustandsgrößen V_1, V_2, T_2, p_2, T_3, p_3, V_3, V_5, T_5 und p_5 zu berechnen. Weiter sind die zugeführte Wärme Q_{23}, die abgeführte Wärme Q_{51}, die gewonnene Arbeit $(W_e)_{id}$, der thermische Wirkungsgrad η_{th} sowie die gewonnene Leistung $(P_e)_{id}$ bei einer Drehzahl von 6000 Umdrehungen je Minute zu bestimmen.

7. Für den Betrieb eines größeren Blockheizkraftwerks (BHKW) mit dem Energieträger Bio-*Diesel*öl (Rapsöl-Methylester RME) soll der *Diesel*-Prozess untersucht werden (Bild 7.15). Dieser ist im Vergleich zum *Seiliger*-Prozess dadurch charakterisiert, dass das Drucksteigerungsverhältnis den Wert $\psi = 1$ aufweist: Nach der isentropen Verdichtung 12 entfällt also die isochore Drucksteigerung 23; damit sind die Zustände 2 und 3 identisch. Es wird Luft als Arbeitsmittel mit m = 10 g verwendet (Eigenschaften der Luft: vgl. Aufgabe 6). Die angesaugte Luft weist $t_1 = 25\,^{\circ}\mathrm{C}$ und $p_1 = 1{,}0$ bar auf; das Verdichtungsverhältnis beträgt $\varepsilon = 20$, das Einspritzverhältnis hat den Wert $\varphi = 2{,}2$.

Es sind die Zustandsgrößen $V_2 = V_3$, $T_2 = T_3$, $p_2 = p_3$, T_4, p_4, V_4, V_5, T_5 und p_5 zu berechnen. Weiter sind die zugeführte Wärme Q_{34}, die abgeführte Wärme Q_{51}, die gewonnene Arbeit $(W_e)_{id}$, der thermische Wirkungsgrad η_{th} sowie die gewonnene Leistung $(P_e)_{id}$ bei einer Drehzahl von 3000 Umdrehungen je Minute zu bestimmen.

8. Für den *Stirling*-Prozess sollen die mechanischen Anstrengungsverhältnisse a_{wp} und a_{wv} sowie die thermischen Anstrengungsverhältnisse a_{qT} und a_{qs} allgemein hergeleitet werden.

9. Ein *Otto*-Prozess ist mit Luft als Arbeitsmittel zu berechnen (Eigenschaften der Luft: vgl. Aufgabe 6). Für den Ausgangszustand 1 gilt: $p_1 = 1{,}0$ bar, $t_1 = 25\,^{\circ}\mathrm{C}$, $s_1 = 6{,}867\ \mathrm{kJ/(kg\,K)}$. Der höchste Prozesszustand ist durch $p_3 = 70{,}0$ bar und $T_3 = 1973{,}15$ K charakterisiert. Dabei sollen als Zahlenwerte berechnet werden: der thermische und der exergetische Wirkungsgrad

η_{th} und ζ, die mechanischen Anstrengungsverhältnisse a_{wp} und a_{wv}, die thermischen Anstrengungsverhältnisse a_{qT} und a_{qs} sowie das Gesamt-Anstrengungsverhältnis a_g.

10. Ein *Diesel*-Prozess ist mit Luft als Arbeitsmittel zu berechnen (Eigenschaften der Luft: vgl. Aufgabe 6). Für den Ausgangszustand 1 gilt: $p_1 = 1,0$ bar, $t_1 = 25\,°C$, $s_1 = 6,867$ kJ/(kg K). Der höchste Prozesszustand ist durch $p_3 = 70,0$ bar und $T_3 = 1973,15$ K charakterisiert. Dabei sollen als Zahlenwerte berechnet werden: der thermische und der exergetische Wirkungsgrad η_{th} und ζ, die mechanischen Anstrengungsverhältnisse a_{wp} und a_{wv}, die thermischen Anstrengungsverhältnisse a_{qT} und a_{qs} sowie das Gesamt-Anstrengungsverhältnis a_g.

11. Eine Gasturbine wird für die Deckung der Strom-Spitzenlast und als Reservekraftwerk vorgesehen. Der reversible Vergleichsprozess ist der *Joule*-Prozess, der mit Luft als Arbeitsmittel zu berechnen ist (Eigenschaften der Luft: vgl. Aufgabe 6). Der Ausgangszustand 1 ist durch $p_1 = 1,0$ bar, $t_1 = 25\,°C$ und $s_1 = 6,867$ kJ/(kg K) gekennzeichnet, der höchste Prozesszustand durch $p_3 = 20,0$ bar und $T_3 = 1523,15$ K festgelegt. Dabei sollen als Zahlenwerte berechnet werden: der thermische und der exergetische Wirkungsgrad η_{th} und ζ, die mechanischen Anstrengungsverhältnisse a_{wp} und a_{wv}, die thermischen Anstrengungsverhältnisse a_{qT} und a_{qs} sowie das Gesamt-Anstrengungsverhältnis a_g.

12. Drei verschiedene *Stirling*-Prozesse (Teilaufgaben a) bis c)) sind mit Luft sowie mit Helium als Arbeitsmittel zu berechnen. Für die Teilaufgabe a) ist mit Luft als idealem Gas (Eigenschaften: vgl. Aufgabe 6) zu rechnen. Für die Teilaufgaben b) und c) ist von Helium als idealem Gas auszugehen ($R = 2,0773$ kJ/(kg K); $c_p = 5,1931$ kJ/(kg K); $c_v = 3,1158$ kJ/(kg K); $\kappa = 1,6667$).

a) Der Ausgangszustand 1 des Prozesses mit Luft ist durch $p_1 = 1,0$ bar, $t_1 = 25\,°C$ und $s_1 = 6,867$ kJ/(kg K) festgelegt, der höchste Prozesszustand durch $p_3 = 20,0$ bar und $T_3 = 973,15$ K.

b) Der Ausgangszustand 1 des Prozesses mit Helium ist durch $p_1 = 1,0$ bar, $t_1 = 25\,°C$ und $s_1 = 31,5170$ kJ/(kg K) festgelegt, der höchste Prozesszustand durch $p_3 = 20,0$ bar und $T_3 = 973,15$ K.

c) Der Ausgangszustand 1 des Prozesses mit Helium im höheren Druckbereich ist durch $p_1 = 7,5$ bar, $t_1 = 25\,°C$ und $s_1 = 27,3314$ kJ/(kg K) festgelegt, der höchste Prozesszustand durch $p_3 = 150,0$ bar und $T_3 = 973,15$ K.

Für die Teilaufgaben a) bis c) sind als Zahlenwerte zu berechnen: der thermische und der exergetische Wirkungsgrad η_{th} und ζ, die mechanischen Anstrengungsverhältnisse a_{wp} und a_{wv}, die thermischen Anstrengungsverhältnisse a_{qT} und a_{qs} sowie das Gesamt-Anstrengungsverhältnis a_g.

13. Ein konventionelles Dampfkraftwerk ist für den Einsatz als Strom-Grundlastkraftwerk vorgesehen. Der reversible Vergleichsprozess ist der einfache *Clausius-Rankine*-Prozess (ohne Speisewasservorwärmung, ohne Zwischenüberhitzung), der mit Wasser bzw. Wasserdampf (H_2O) zu berechnen ist. Dabei ist H_2O als reales Fluid zu behandeln. Für den Anfangszustand 1 gilt: $p_1 = 0,032$ bar, $t_1 = 25\,°C$, $s_1 = 3,888$ kJ/(kg K). Der höchste Prozesszustand ist durch $p_3 = 350,0$ bar und $T_3 = 873,15$ K charakterisiert.
Dabei sollen als Zahlenwerte berechnet werden: der thermische und der exergetische Wirkungsgrad η_{th} und ζ, die mechanischen Anstrengungsverhältnisse a_{wp} und a_{wv}, die thermischen Anstrengungsverhältnisse a_{qT} und a_{qs} sowie das Gesamt-Anstrengungsverhältnis a_g. Im Sinne einer ersten Näherungslösung kann für die Stoffdaten das T,s-Diagramm für H_2O (Diagramm 7 im Anhang) herangezogen werden. Dabei ist zu berücksichtigen, dass dort keine absoluten spezifischen Entropien angegeben sind; demgemäß ist darin $s_1 = 0,3672$ kJ/(kg K) statt der absoluten spezifischen Entropie $s_1 = 3,888$ kJ/(kg K) enthalten.

8 Exergie

Energieumwandlungen sind nach dem zweiten Hauptsatz nicht unbeschränkt möglich: Z. B. lässt sich Kupplungsarbeit restlos in innere Energie umwandeln; eine vollständige Umwandlung von innerer Energie in Kupplungsarbeit ist dagegen unmöglich. In diesem Abschnitt werden die Bedingungen, unter denen Energieumwandlungen stattfinden, näher untersucht. Dieser Abschnitt ist somit eine Fortsetzung der Behandlung des zweiten Hauptsatzes. Dabei wird die Bezeichnung Energie als Oberbegriff, der die Arbeit einschließt, verwendet.

8.1 Energie und Exergie

Energie wurde im Abschnitt 2.4 als gespeicherte Arbeit oder als Arbeitsfähigkeit bezeichnet. Diese thermodynamische Beschreibung der Energie ist für den Ingenieur unbefriedigend, denn aus ihr geht nicht hervor, in welchem Maße die Energie arbeitsfähig ist und in Arbeit umgesetzt werden kann. Deshalb soll der Teil der Energie, der sich vollständig in jede andere Energieart überführen lässt, besonders hervorgehoben und durch einen besonderen Namen gekennzeichnet werden. Der umwandlungsfähige und damit unter Mitwirkung der Umgebung im günstigsten Fall nutzbare Teil der Energie soll die Bezeichnung Exergie erhalten.

Von der Mechanik ist bei der reibungsfreien Pendelbewegung die sich ständig wiederholende, vollständige Umwandlung von potentieller Energie in kinetische Energie und umgekehrt bekannt. Beide Energiearten bestehen also vollständig aus Exergie. Ein See, dessen Wassertemperatur gleich der Umgebungstemperatur ist, stellt einen großen Energiespeicher in Form von innerer Energie des Wassers dar. Diese innere Energie lässt sich jedoch nicht für die Umwandlung in elektrische Energie nutzbar machen: Die innere Energie des Wassers in dem See hat keinen Exergieanteil.

Umwandlungsfähigkeit und Übertragbarkeit der Energie stehen in enger Beziehung zueinander. Die innere Energie von warmen Quellen auf Island verwendet man z. B. zur Beheizung von Gewächshauskulturen, während die zahlenmäßig viel größere innere Energie des Meerwassers in der Umgebung der Insel nicht nutzbar ist. Zwischen dem Wasser einer warmen Quelle und der Umgebung bewirkt ein nahezu gleichbleibendes Temperaturgefälle einen Wärmestrom. Derjenige Anteil der inneren Energie des warmen Wassers, der über der Umgebungstemperatur verfügbar ist, kann in Wärme als eine Form der Energieübertragung umgewandelt werden. Ein in gleichem Maße technisch nutzbarer Wärmestrom aus dem Meerwasser in die Umgebung lässt sich nicht herstellen, weil kein ausreichendes Temperaturgefälle vorhanden ist. Entscheidend für die Beurteilung eines Energiespeichers als Energiequelle ist der Umgebungszustand. Dabei kommt es nicht nur auf das Temperaturgefälle an; auch ein Gefälle infolge einer Höhenlage, ein Druckgefälle, eine negative Entropiedifferenz und ein Konzentrationsgefälle in Bezug auf den Umgebungszustand können maßgeblich sein.

Die Exergie einer Energie erhält man als Nutzarbeit bei reversiblen Zustandsänderungen unter Mitwirkung der Umgebung. Zur Bestimmung der Nutzarbeit nimmt man ideale Prozesse in geschlossenen oder offenen Systemen an. Die Exergie der Wärme (genauer: der Entropieänderungswärme), der gebundenen Energie, der Volumenänderungsarbeit, der Druckänderungsarbeit und der Verschiebearbeit lassen sich über ideale

Kreisprozesse ermitteln: Bei diesen idealen Kreisprozessen ergibt die Summe der auftretenden Volumenänderungarbeiten die Kreisprozessarbeit; Gleiches gilt für die Summe der auftretenden Druckänderungsarbeiten, Entropieänderungswärmen und Temperaturänderungswärmen (vgl. Gl. (7.13)). Die gewonnene Kreisprozessarbeit — also die Nutzarbeit — ergibt damit die Exergie der Summe der jeweiligen Prozessgröße. Ferner ergibt auch die Summe der jeweiligen Exergien jeder der genannten vier Prozessgrößen die Kreisprozessarbeit. Die Exergie einer Prozessgröße ist selbst eine Prozessgröße.

Die Exergien der inneren Energie, der Enthalpie, der freien Energie und der freien Enthalpie ergeben sich aus reversiblen Zustandsänderungen auf den Umgebungszustand. Die Umgebung kann bei den idealen Prozessen als Quelle oder als Senke von Wärme (genauer: Entropieänderungswärme) mitwirken und kann gebundene Energie abgeben oder aufnehmen. Der Luftdruck kann Verschiebearbeit leisten, oder die Umgebung kann Verschiebearbeit aufnehmen. Da der Luftdruck als konstant vorausgesetzt wird, bedeutet die Differenz der Verschiebearbeiten der Umgebung zwischen Anfang und Ende einer Zustandsänderung nach Gl. (4.74) auch eine Volumenänderungsarbeit. Druckänderungsarbeit vermag die Umgebung nicht zu leisten.

Zu den wegabhängigen Energien Wärme (genauer: Entropieänderungswärme), Temperaturänderungswärme, Volumenänderungsarbeit und Druckänderungsarbeit gehören Exergien, die Prozessgrößen sind. Da gebundene Energie, Verschiebearbeit, innere Energie, Enthalpie, freie Energie und freie Enthalpie wegunabhängig sind, handelt es sich bei den zugehörigen Exergien um Zustandsgrößen.

Der Exergieanteil einer Energie wird durch den vorangestellten Buchstaben E gekennzeichnet. Bei der spezifischen Exergie wird e verwendet.

Wird ein idealer Kreisprozess zur Bestimmung der Exergie der Wärme (genauer: der Entropieänderungswärme) $(Q_{12})_{rev} = Q_{s12}$ bzw. der gebundenen Energie $T\,S$ angenommen, dann wählt man ihn im T, S-Diagramm so, dass eine der Zustandsänderungen bei der Umgebungstemperatur T_0 und zwei weitere Zustandsänderungen bei jeweils konstanter Entropie — also ohne Wärmeübertragung — stattfinden. Sind die Exergien der Wärme (Entropieänderungswärme) und der gebundenen Energie bekannt, so lässt sich damit die Exergie der Temperaturänderungswärme Q_{T12} ermitteln.

Um die Exergie der Wärme zu erhalten, betrachtet man die Wärmeübertragung bei dem idealen Kreisprozess im T, S-Diagramm. Die Nutzarbeit erscheint als abgegebene Kreisprozessarbeit. Nach Tabelle 7.2 Gl. (1) ist

$$-W_{Kreis} = (Q_{zu})_{rev} - |(Q_{ab})_{rev}| = (Q_{12})_{rev} + (Q_0)_{rev} \,. \qquad (8.1)$$

$(Q_{12})_{rev}$ ist die auf ihren Exergieanteil zu untersuchende Wärme, $(Q_0)_{rev}$ beschreibt die an die Umgebung abgegebene oder von der Umgebung aufgenommene Wärme.

Wird ein idealer Kreisprozess zur Bestimmung der Exergie der Volumenänderungsarbeit W_{V12} bzw. der Verschiebearbeit $p\,V$ angenommen, dann wählt man ihn im p, V-Diagramm so, dass eine der Zustandsänderungen beim Umgebungsdruck p_0 und zwei weitere Zustandsänderungen bei jeweils konstantem Volumen — also ohne Übertragung von Volumenänderungsarbeit — stattfinden. Sind die Exergien der Volumenänderungsarbeit und der Verschiebearbeit bekannt, so lässt sich damit die Exergie der Druckänderungsarbeit W_{p12} ermitteln.

Um die Exergie einer Arbeit zu ermitteln, interessiert die Darstellung des idealen Kreisprozesses im p, V-Diagramm. Mit W_{12} als der zu untersuchenden Arbeit und W_0

als der Arbeit der Umgebung ist nach Gl. (7.10)

$$W_{Kreis} = \oint \mathrm{d}W = W_{12} + W_0 = W_{12} - (-W_0) \ . \tag{8.2}$$

Wenn die Arbeit W_{12} Kompressionsarbeit ist, muss die Arbeit der Umgebung W_0 Expansionsarbeit sein und umgekehrt.

8.1.1 Die Exergie der Wärme

Führt man einem System oberhalb der Umgebungstemperatur reversibel die Wärme (Entropieänderungswärme) $(Q_{12})_{rev} = Q_{s12}$ zu, so ist die Exergie der Wärme $(EQ_{12})_{rev} = EQ_{s12}$ der Teil der Wärme, der sich in einem reversiblen rechtslaufenden Kreisprozess mit der Umgebung als Wärmesenke in Nutzarbeit umwandeln lässt. Bei der Umgebungstemperatur T_0 ist der Absolutbetrag der reversiblen isothermen Wärmeabgabe an die Umgebung nach Gl. (3.107) gleich $T_0(S_2 - S_1)$. In Gl. (8.1) tritt nach Bild 8.1 a) $-T_0(S_2 - S_1)$ an die Stelle von $(Q_0)_{rev}$. Der in Nutzarbeit umwandelbare Teil der zugeführten Wärme ist gleich der negativen Kreisprozessarbeit:

$$(EQ_{12})_{rev} = EQ_{s12} = (Q_{12})_{rev} - T_0(S_2 - S_1) = Q_{s12} - T_0(S_2 - S_1) \tag{8.3}$$

Die vom System aufgenommene Wärme $(Q_{12})_{rev}$ und die Exergie dieser Wärme $(EQ_{12})_{rev}$ sind auf das System bezogen positiv zu bilanzieren.

Bei Wärmeabgabe oberhalb der Umgebungstemperatur wird die Umgebung als Wärmequelle eines linkslaufenden Kreisprozesses betrachtet. Es muss dem System Nutzarbeit als Kreisprozessarbeit zugeführt werden. Die vom System abgegebene Wärme $(Q_{12})_{rev}$ und die Exergie dieser Wärme $(EQ_{12})_{rev}$ haben ein negatives Vorzeichen (Bild 8.1 b).

Erfolgt die Wärmezufuhr unterhalb der Umgebungstemperatur, so ergibt sich ein linkslaufender Kreisprozess mit der Umgebung als Wärmesenke. Die vom System aufgenommene Wärme $(Q_{12})_{rev}$ ist positiv, die Exergie dieser Wärme $(EQ_{12})_{rev}$ ist negativ (Bild 8.1 c).

Liegt die Umgebungstemperatur über der Temperatur der Wärmeabgabe, so wird in einem rechtslaufenden Kreisprozess Nutzarbeit gewonnen. Die vom System abgegebene Wärme $(Q_{12})_{rev}$ ist negativ, die Exergie dieser Wärme $(EQ_{12})_{rev}$ positiv (Bild 8.1 d).

Das Vorzeichen der Exergie der Wärme $(EQ_{12})_{rev}$ richtet sich nach dem Umlaufsinn des reversiblen Kreisprozesses, den man sich zur Ausnutzung der Wärme vorstellt. Bei einem rechtslaufenden Kreisprozess ist die Exergie der Wärme positiv, bei einem linkslaufenden Kreisprozess ist die Exergie der Wärme negativ. In jedem Fall gilt für die Exergie der Wärme die Gl. (8.3).

Mit Gl. (3.28) lautet die Gl. (8.3)

$$(EQ_{12})_{rev} = (Q_{12})_{rev} - T_0 \int_1^2 \frac{\mathrm{d}Q_{rev}}{T} \ . \tag{8.4}$$

Das Integral lässt sich — mit der Einführung einer mittleren Temperatur T_m — wie folgt umformen:

$$\int_1^2 \frac{\mathrm{d}Q_{rev}}{T} = \frac{1}{T_m} \int_1^2 \mathrm{d}Q_{rev} = \frac{(Q_{12})_{rev}}{T_m} = S_2 - S_1 \tag{8.5}$$

Aus den Gln. (8.4) und (8.5) folgt

$$(EQ_{12})_{rev} = \left(1 - \frac{T_0}{T_m}\right)(Q_{12})_{rev} \; . \tag{8.6}$$

Die mittlere Temperatur T_m ist nach Gl. (8.5)

$$T_m = \frac{(Q_{12})_{rev}}{S_2 - S_1} \; . \tag{8.7}$$

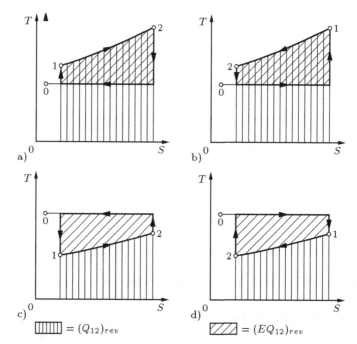

$\boxed{||||||} = (Q_{12})_{rev}$ $\boxed{/\!/\!/\!/} = (EQ_{12})_{rev}$

Bild 8.1 Darstellung der Kreisprozesse zur Bestimmung der Exergie der Wärme $(EQ_{12})_{rev}$
0 Umgebungszustand   1 Anfangszustand   2 Endzustand

	a)	b)	c)	d)
$(Q_{12})_{rev}$	+	−	+	−
$(EQ_{12})_{rev}$	+	−	−	+
Umlaufsinn	rechts	links	links	rechts
Beispiel	Kraftmaschine	Wärmepumpe	Kältemaschine	Kraftmaschine

Beispiel 8.1 Eine Luftmenge von 2,5 kg wird bei einem Druck von 2 bar isobar von $100\,°C$ auf $300\,°C$ erwärmt. Die spezielle Gaskonstante ist $R = 0{,}2872$ kJ/(kg K), die spezifische isobare Wärmekapazität beträgt $c_p = 1{,}0045$ kJ/(kg K). Man berechne die Wärme (Entropie-änderungswärme) und ihre Exergie für den Umgebungszustand 1 bar und 15 °C.

Nach den Gln. (4.77), (4.78), (4.79) und (8.3) sind

$$(Q_{12})_{rev} = H_2 - H_1 = m\,c_p\,(t_2 - t_1) = 2{,}5\,\text{kg} \cdot 1{,}0045\,\text{kJ/(kg K)} \cdot (300 - 100)\,\text{K} = 502{,}25\,\text{kJ}$$

$$S_2 - S_1 = m\,c_p \ln \frac{T_2}{T_1} = 2{,}5\,\text{kg} \cdot 1{,}0045\,\text{kJ/(kg K)} \cdot \ln \frac{573{,}15}{373{,}15} = 1{,}07775\,\text{kJ/K}$$

$$(EQ_{12})_{rev} = (Q_{12})_{rev} - T_0\,(S_2 - S_1) = 502{,}25\,\text{kJ} - 288{,}15\,\text{K} \cdot 1{,}07775\,\text{kJ/K} = 191{,}70\,\text{kJ}$$

Die Wärme und die Exergie der Wärme sind im T,S-Diagramm des Bildes 8.1 a) dargestellt.

8.1.2   Die Exergie der gebundenen Energie

Die Zustandsgröße gebundene Energie TS kann nur positiv sein, da T und S hier stets Absolutgrößen und damit nie kleiner als null sind. TS kann nur teilweise in jede andere Energie umgewandelt werden, da ihre Umwandlungsfähigkeit durch die Umgebungstemperatur T_0 und durch die Entropie des Stoffes bei Umgebungszustand S_0 beschränkt ist. Die Exergie der gebundenen Energie ETS erhält man für den Fall $T > T_0$ und $S > S_0$ aus TS, wenn man im T,S-Diagramm einen rechtslaufenden reversiblen *Carnot*-Kreisprozess zwischen dem Zustand 1 des Arbeitsmittels und dessen Umgebungszustand 0 gemäß Bild 8.2 a) durchführt, dort der gebundenen Energie TS eine bei gleichbleibender Temperatur T reversibel zugeführte Wärme (Entropieänderungswärme) $T(S - S_0)$ zuordnet, diese als Fläche deutet und davon die Fläche der an die Umgebung bei gleichbleibender Umgebungstemperatur T_0 reversibel abgegebenen Wärme $T_0(S - S_0)$ abzieht. Damit ergibt sich gemäß Gl. (8.1) für die abgegebene, also negative Kreisprozessarbeit, die gleich der positiven Nutzarbeit und damit der Exergie der gebundenen Energie ETS ist:

$$ETS = -W_{Kreis} = (Q_{zu})_{rev} - |(Q_{ab})_{rev}| = T(S - S_0) - T_0(S - S_0) \qquad (8.8)$$

$$ETS = (T - T_0)(S - S_0) = TS - TS_0 - T_0(S - S_0) \qquad (8.9)$$

Bild 8.2 Die gebundene Energie TS und die Exergie der gebundenen Energie ETS für $S > S_0$ im T,S-Diagramm

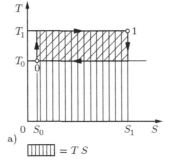
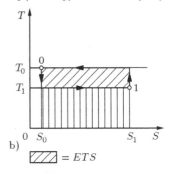

	a)	b)
TS	+	+
ETS	+	−
Umlaufsinn	rechts	links

a) $\boxed{||||||} = TS$ b) $\boxed{////} = ETS$

Diese Vorgehensweise stimmt mit der in Abschnitt 8.1.10 dargelegten Herleitung für die Exergie der freien Enthalpie überein. Ist $T < T_0$ und $S > S_0$, so ist mit dem linkslaufenden Kreisprozess gemäß Bild 8.2 b) sowie den Gln. (8.8) und (8.9) die Exergie der gebundenen Energie ETS negativ; ist $S < S_0$, so kehren sich die Vorzeichen um.

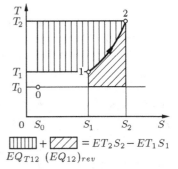

Bild 8.3 Exergiedifferenz der Differenz der gebundenen Energien $ET_2S_2 - ET_1S_1$

$\boxed{||||||} + \boxed{////} = ET_2S_2 - ET_1S_1$
EQ_{T12} $(EQ_{12})_{rev}$

Die Exergiedifferenz der gebundenen Energien am Eintritt und Austritt eines offenen Systems bzw. bei einer Zustandsänderung im geschlossenen System ist (vgl. Bild 8.3)

$$ET_2S_2 - ET_1S_1 = (T_2 - T_0)(S_2 - S_0) - (T_1 - T_0)(S_1 - S_0)$$

$$= T_2S_2 - T_1S_1 - T_0(S_2 - S_1) - (T_2 - T_1)S_0 \quad . \qquad (8.10)$$

Beispiel 8.2 Für das Beispiel 8.1 ist die Differenz der gebundenen Energien und die zugehörige Differenz der Exergien der gebundenen Energien zu berechnen.

Dabei ist zu beachten, dass mit absoluten Entropien zu rechnen ist, wobei sich s_0, s_1 und s_2 z. B. mit Gl. (4.58) aus dem in Abschnitt 7.5.3.2 Seite 243/244 genannten Wert für $s = 6,867$ kJ/(kg K) bei $25\,°C$ und $1,0$ bar bestimmen lassen.

$$T_2\,S_2 - T_1\,S_1 = m\,(T_2\,s_2 - T_1\,s_1)$$
$$= 2,5\,\mathrm{kg}\,(573,15\,\mathrm{K} \cdot 7,325\,\mathrm{kJ/(kg\,K)} - 373,15\,\mathrm{K} \cdot 6,894\,\mathrm{kJ/(kg\,K)}) = 4064,57\,\mathrm{kJ}$$

$$E\,T_2\,S_2 - E\,T_1\,S_1 = T_2\,S_2 - T_1\,S_1 - T_0\,m\,(s_2 - s_1) - (T_2 - T_1)\,m\,s_0$$
$$= 4064,57\,\mathrm{kJ} - 288,15\,\mathrm{K} \cdot 2,5\,\mathrm{kg}\,(7,325 - 6,894)\,\mathrm{kJ/(kg\,K)}$$
$$- (573,15\,\mathrm{K} - 373,15\,\mathrm{K})\,2,5\,\mathrm{kg} \cdot 6,833\,\mathrm{kJ/(kg\,K)} = 337,59\,\mathrm{kJ}$$

8.1.3 Die Exergie der Temperaturänderungswärme

Gemäß den Gln. (7.3) und (7.4) sowie der Beziehung $\mathrm{d}\,(T\,S) = T\,\mathrm{d}S + S\,\mathrm{d}T$ ergibt sich die Temperaturänderungswärme Q_{T12} aus der reversiblen Wärme (Entropieänderungswärme) $(Q_{12})_{rev} = Q_{s12}$ und der Differenz der gebundenen Energien $T_2\,S_2 - T_1\,S_1$:

$$\int_1^2 S\,\mathrm{d}T = -\int_1^2 T\,\mathrm{d}S + T_2\,S_2 - T_1\,S_1 \tag{8.11}$$

$$Q_{T12} = -(Q_{12})_{rev} + T_2\,S_2 - T_1\,S_1 = -Q_{s12} + T_2\,S_2 - T_1\,S_1 \tag{8.12}$$

T und S sind hier stets Absolutgrößen.

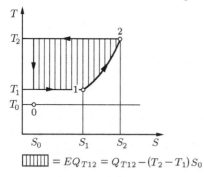

$$\llbracket\!\!\rrbracket = EQ_{T12} = Q_{T12} - (T_2 - T_1)\,S_0$$

Bild 8.4 Kreisprozess zur Bestimmung der Exergie der Temperaturänderungswärme $EQ_{T12} = Q_{T12} - (T_2 - T_1)\,S_0$

Entsprechend setzt sich die Exergie der Temperaturänderungswärme aus der Exergie der reversiblen Wärme (Entropieänderungswärme) und der Exergiedifferenz der Differenz der gebundenen Energien zusammen:

$$EQ_{T12} = -(EQ_{12})_{rev} + ET_2S_2 - ET_1S_1 = -EQ_{s12} + ET_2S_2 - ET_1S_1 \tag{8.13}$$

Die Gln. (8.3) und (8.10) werden in Gl. (8.13) eingesetzt:

$$EQ_{T12} = -(Q_{12})_{rev} + T_0\,(S_2 - S_1) + T_2\,S_2 - T_1\,S_1 - T_0\,(S_2 - S_1) - (T_2 - T_1)\,S_0$$
$$= -Q_{s12} + T_0\,(S_2 - S_1) + T_2\,S_2 - T_1\,S_1 - T_0\,(S_2 - S_1) - (T_2 - T_1)\,S_0 \tag{8.14}$$

$$EQ_{T12} = -(Q_{12})_{rev} + T_2\,S_2 - T_1\,S_1 - (T_2 - T_1)\,S_0$$
$$= -Q_{s12} + T_2\,S_2 - T_1\,S_1 - (T_2 - T_1)\,S_0 \tag{8.15}$$

Aus den Gln. (8.12) und (8.15) folgt für die Exergie der Temperaturänderungswärme EQ_{T12}:

$$EQ_{T12} = Q_{T12} - (T_2 - T_1)\,S_0 \tag{8.16}$$

Zum gleichen Ergebnis gelangt man mit Hilfe der Gl. (7.13), wenn man mit einem reversiblen Kreisprozess entsprechend Bild 8.4 $W_{Kreis} = \oint dQ_T$ bestimmt, wobei als Grenze S_0 zu beachten ist.

Die Zusammenfassung der Exergiedarstellungen in den Bildern 8.1 a) und 8.3 zu Bild 8.4 bestätigt die Gln. (8.13) und (8.16).

Beispiel 8.3 Es ist die Exergie der Temperaturänderungswärme EQ_{T12} für die reversible polytrope Zustandsänderung eines idealen Gases zwischen den Zuständen 1 und 2 als Funktion von m, c_n, T_1 und T_2

a) gemäß Gl. (8.16) zu berechnen und

b) mithilfe der Exergiedifferenz der Differenz der gebundenen Energien $ET_2S_2 - ET_1S_1$ und der Exergie der reversiblen Wärme $(EQ_{12})_{rev} = EQ_{s12}$ darzustellen.

a) Die Temperaturänderungswärme lässt sich bei der reversiblen polytropen Zustandsänderung eines idealen Gases gemäß Tabelle 7.1 Gl. (6) wie folgt ermitteln:

$$Q_{T12} = \left[s_1 + c_n \left(\frac{T_2}{T_2 - T_1} \ln \frac{T_2}{T_1} - 1 \right) \right] m (T_2 - T_1)$$

$$= m \left[s_1 (T_2 - T_1) + c_n T_2 \ln \frac{T_2}{T_1} - c_n (T_2 - T_1) \right]$$

$$Q_{T12} = S_1 (T_2 - T_1) + m c_n T_2 \ln \frac{T_2}{T_1} - m c_n (T_2 - T_1)$$

Die Exergie der Temperaturänderungswärme ist gemäß Gl. (8.16)

$$EQ_{T12} = Q_{T12} - (T_2 - T_1) S_0$$

$$EQ_{T12} = S_1 (T_2 - T_1) + m c_n T_2 \ln \frac{T_2}{T_1} - m c_n (T_2 - T_1) - (T_2 - T_1) S_0$$

$$EQ_{T12} = T_2 (S_1 - S_0) - T_1 (S_1 - S_0) + m c_n T_2 \ln \frac{T_2}{T_1} - m c_n (T_2 - T_1)$$

Wird gemäß Abschnitt 4.3.5 Gl. (4.141) $S_1 - S_0 = m c_n \ln \frac{T_1}{T_0}$ eingesetzt, gilt:

$$EQ_{T12} = m c_n T_2 \ln \frac{T_1}{T_0} - m c_n T_1 \ln \frac{T_1}{T_0} + m c_n T_2 \ln \frac{T_2}{T_1} - m c_n (T_2 - T_1)$$

Es folgt:

$$EQ_{T12} = m c_n T_2 \ln \frac{T_2}{T_0} - m c_n T_1 \ln \frac{T_1}{T_0} - m c_n (T_2 - T_1)$$

$$= m c_n \left[T_2 \ln \frac{T_2}{T_0} - T_1 \ln \frac{T_1}{T_0} - (T_2 - T_1) \right]$$

b) $EQ_{T12} = ET_2S_2 - ET_1S_1 - (EQ_{12})_{rev}$

$$EQ_{T12} = (T_2 - T_0)(S_2 - S_0) - (T_1 - T_0)(S_1 - S_0) - (Q_{12})_{rev} + T_0 (S_2 - S_1)$$

Mit den Gln. (4.130) und (4.141) aus Abschnitt 4.3.5 erhält man:

$$EQ_{T12} = (T_2 - T_0) m c_n \ln \frac{T_2}{T_0} - (T_1 - T_0) m c_n \ln \frac{T_1}{T_0} - m c_n (T_2 - T_1) + T_0 m c_n \ln \frac{T_2}{T_1}$$

$$EQ_{T12} = T_2 m c_n \ln \frac{T_2}{T_0} - T_0 m c_n \ln \frac{T_2}{T_0} - T_1 m c_n \ln \frac{T_1}{T_0} + T_0 m c_n \ln \frac{T_1}{T_0}$$

$$- m c_n (T_2 - T_1) + T_0 m c_n \ln \left[\frac{T_2}{T_0} \frac{T_0}{T_1} \right]$$

$$EQ_{T12} = m\,c_n\,T_2 \ln\frac{T_2}{T_0} - m\,c_n\,T_0 \ln\frac{T_2}{T_0} + m\,c_n\,T_0 \ln\frac{T_2}{T_0} - m\,c_n\,T_1 \ln\frac{T_1}{T_0} + m\,c_n\,T_0 \ln\frac{T_1}{T_0}$$
$$- m\,c_n\,T_0 \ln\frac{T_1}{T_0} - m\,c_n\,(T_2 - T_1)$$

$$EQ_{T12} = m\,c_n\,T_2 \ln\frac{T_2}{T_0} - m\,c_n\,T_1 \ln\frac{T_1}{T_0} - m\,c_n\,(T_2 - T_1)$$
$$= m\,c_n\left[T_2 \ln\frac{T_2}{T_0} - T_1 \ln\frac{T_1}{T_0} - (T_2 - T_1)\right]$$

Die Ergebnisse der Teilaufgaben a) und b) stimmen überein.

8.1.4   Die Exergie der Volumenänderungsarbeit

Wird einem geschlossenen System gemäß Bild 2.17 die Volumenänderungsarbeit W_{V12} reversibel zugeführt, so setzt sich diese aus der von der Luft mit dem Druck p_0 verrichteten Arbeit $p_0\,(V_1 - V_2)$ sowie aus der Arbeit $\int\limits_1^2 F\,\mathrm{d}s$ zusammen, welche die am Gestänge angreifende Kolbenkraft F leistet. Wegen der Reversibilität der Zustandsänderung sind $|W_{RI}| = 0$ und $|W_{RA}| = 0$.

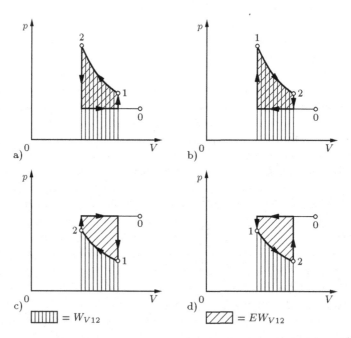

Bild 8.5 Darstellung der Kreisprozesse zur Bestimmung der Exergie der Volumenänderungsarbeit EW_{V12}

	a)	b)	c)	d)
W_{V12}	+	−	+	−
EW_{V12}	+	−	−	+
Umlaufsinn	links	rechts	rechts	links

Die Exergie der Volumenänderungsarbeit EW_{V12} ist gleich der Arbeit, welche die am Gestänge des Kolbens angreifende Kolbenkraft F bei der Kolbenbewegung leistet. Bei reversibler Arbeitsweise ist nach den zusammengefassten Gln. (2.57) und (2.58):

$$W_{12} = \int\limits_1^2 F\,\mathrm{d}s + p_0\,(V_1 - V_2) = W_{V\,12} \qquad (8.17)$$

Zur Berechnung von $EW_{V\,12}$ ist also von der Volumenänderungsarbeit $W_{V\,12}$ die Arbeit der Umgebungsluft bei Umgebungsdruck $p_0(V_1 - V_2)$ abzuziehen, weil das Integral die Arbeit am Gestänge des Kolbens und damit die Exergie $EW_{V\,12}$ beschreibt:

$$EW_{V\,12} = W_{V\,12} - p_0\,(V_1 - V_2) \qquad (8.18)$$

Ergänzt man die Zustandsänderung mit der Volumenänderungsarbeit $W_{V\,12}$ zu einem Kreisprozess nach Bild 8.5 a), so ist in Gl. (8.2) W_{Kreis} durch $EW_{V\,12}$, W_{12} durch $W_{V\,12}$ und W_0 nach Gl. (2.21) durch $p_0\,(V_2 - V_1)$ zu ersetzen. Man erhält

$$EW_{V\,12} = W_{V\,12} + p_0\,(V_2 - V_1)\,. \qquad (8.19)$$

Die Gln. (8.18) und (8.19) stimmen überein. Zum gleichen Ergebnis gelangt man, wenn man bei der Integration der Gl. (2.21) an die Stelle des Absolutdrucks p den Überdruck $p - p_0$ einsetzt:

$$EW_{V\,12} = -\int\limits_1^2 (p - p_0)\,\mathrm{d}V \qquad (8.20)$$

Der Kreisprozess nach Bild 8.5 a) ist linkslaufend, die Volumenänderungsarbeit $W_{V\,12}$ und die Exergie der Volumenänderungsarbeit $EW_{V\,12}$ sind positiv. Aus den vier dargestellten Fällen des Bildes 8.5 ersieht man, dass der Umlaufsinn des zur Bestimmung der Exergie angenommenen Kreisprozesses das Vorzeichen der Exergie der Volumenänderungsarbeit bestimmt. Die Berechnung erfolgt stets nach Gl. (8.19).

Beispiel 8.4 3 kg Sauerstoff (Gaskonstante $R = 0{,}25984$ kJ/(kg K); Isentropenexponent $\kappa = 1{,}4$) werden in einem geschlossenen System von 1,5 bar und $80\,^\circ$C auf 3,2 bar verdichtet. Die Zustandsänderung lässt sich durch den Polytropenexponenten $n = 1{,}6$ beschreiben (Zufuhr von Volumenänderungsarbeit und Wärme). Für den Umgebungszustand gelten 1 bar und $15\,^\circ$C. Wie groß sind die Volumenänderungsarbeit und die Exergie der Volumenänderungsarbeit?

Nach Tabelle 4.1 Gl. (4) sowie den Gln. (4.25), (4.126) und (8.19) sind

$T_2 = 469{,}20$ K $\qquad W_{V\,12} = 150{,}77$ kJ $\qquad EW_{V\,12} = 81{,}54$ kJ .

Die Volumenänderungsarbeit $W_{V\,12}$ und die Exergie der Volumenänderungsarbeit $EW_{V\,12}$ sind in Bild 8.5 a) dargestellt.

8.1.5 Die Exergie der Verschiebearbeit

Die Exergie der Verschiebearbeit EW erhält man aus der Verschiebearbeit nach Gl. (2.25) $W = p\,V$, wenn man die Verschiebearbeit des Umgebungsdrucks $p_0\,V$ abzieht (Bild 8.6 a):

$$EW = (p - p_0)\,V \qquad (8.21)$$

In Gl. (8.2) ist W_{Kreis} durch EW und W_0 durch $-p_0\,V$ zu ersetzen. Die Verschiebearbeit W soll nach Abschnitt 2.4.3 stets positiv sein; dann muss W_0 ein negatives Vorzeichen haben. Ist $p > p_0$, so ist die Exergie der Verschiebearbeit EW bzw. W_{Kreis} positiv. Der Kreisprozess, in dem man sich die Differenzbildung nach Gl. (8.21) vorstellen kann, ist linkslaufend (Bild 8.6 a). Ist $p < p_0$, so ist EW bzw. W_{Kreis} negativ.

Der zugehörige Kreisprozess ist rechtslaufend (Bild 8.6 b). Die Exergiedifferenz der Verschiebearbeiten am Eintritt und Austritt eines offenen Systems ist

$$EW_2 - EW_1 = W_2 - W_1 - p_0 \, (V_2 - V_1) \; . \tag{8.22}$$

Im p, V-Diagramm ergeben sich positive und negative Flächen (Bild 8.7).

Bild 8.6 Die Verschiebearbeit W und die Exergie der Verschiebearbeit EW im p, V-Diagramm W in a) und b) positiv, EW in a) positiv, in b) negativ, Umlaufsinn in a) links, in b) rechts

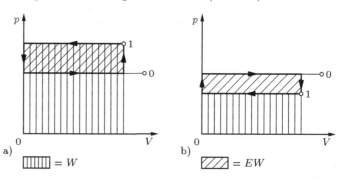

a) $\boxed{|||||||} = W$ b) $\boxed{////} = EW$

Bei der isothermen Zustandsänderung eines idealen Gases wird die Differenz der Verschiebearbeiten null, die Exergiedifferenz der Verschiebearbeiten jedoch nicht.

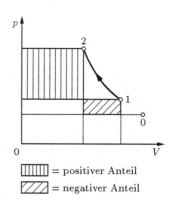

Bild 8.7 Exergiedifferenz der Verschiebearbeiten $EW_2 - EW_1$ nach Beispiel 8.5

$\boxed{|||||||}$ = positiver Anteil
$\boxed{////}$ = negativer Anteil

Beispiel 8.5 Aus den Daten des Beispiels 8.4 ergeben sich nach den Gln. (2.27) und (8.22) folgende Werte für die Differenz der Verschiebearbeiten und die zugehörige Exergiedifferenz:

$$W_2 - W_1 = 90{,}46 \text{ kJ} \qquad EW_2 - EW_1 = 159{,}69 \text{ kJ}$$

Nach Bild 8.7 ist der positive Teil der Exergiedifferenz 194,30 kJ, der negative Teil 34,61 kJ.

8.1.6 Die Exergie der Druckänderungsarbeit

Nach Gl. (2.28) ist die Druckänderungsarbeit W_{p12} gleich der Summe aus der Volumenänderungsarbeit W_{V12} und der Differenz der Verschiebearbeiten $W_2 - W_1$:

$$W_{p12} = W_{V12} + W_2 - W_1 \tag{8.23}$$

Entsprechend setzt sich die Exergie der Druckänderungsarbeit aus der Exergie der Volumenänderungsarbeit und der Exergiedifferenz der Verschiebearbeiten zusammen:

$$EW_{p12} = EW_{V12} + EW_2 - EW_1 \tag{8.24}$$

Die Gln. (8.19) und (8.22) werden in Gl. (8.24) eingesetzt:

$$EW_{p12} = W_{V12} + p_0(V_2 - V_1) + W_2 - W_1 - p_0 (V_2 - V_1) = W_{V12} + W_2 - W_1 \quad (8.25)$$

Aus den Gln. (8.23) und (8.25) folgt, dass die Exergie der Druckänderungsarbeit EW_{p12} mit der Druckänderungsarbeit W_{p12} übereinstimmt:

$$EW_{p12} = W_{p12} \quad (8.26)$$

Zum gleichen Ergebnis gelangt man mit Hilfe der Gl. (8.2), wenn man W_{Kreis} durch EW_{p12} und W_{12} durch W_{p12} ersetzt und beachtet, dass $W_0 = 0$ ist, weil die Umgebung keine Druckänderungsarbeit zu leisten vermag (Bild 8.8).

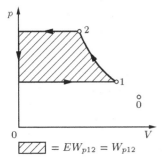

$\boxed{\hspace{0.3cm}} = EW_{p12} = W_{p12}$

Bild 8.8 Kreisprozess zur Bestimmung der Exergie der Druckänderungsarbeit $EW_{p12} = W_{p12}$

Gemäß Bild 8.8 kann auch ein linkslaufender Kreisprozess unter Einschluss der Zustandsänderung 1 2 sowie unter Mitbetrachtung zweier zusätzlicher isobarer Zustandsänderungen bei p_1 und p_2 herangezogen werden; dabei ergibt sich gemäß Gl. (7.14) ebenfalls $W_{Kreis} = \oint V \, dp = EW_{p12} = W_{p12}$. Die Zusammenfassung der Exergiedarstellungen in den Bildern 8.5 a) und 8.7 zu Bild 8.8 bestätigt die Gln. (8.24) und (8.26).

8.1.7   Die Exergie der inneren Energie

Die Exergie der inneren Energie EU eines Stoffs ist gleich dem Teil der inneren Energie, der sich in einem geschlossenen System, z. B. einem Behälter mit beweglicher Wand, bei einer gedachten reversiblen Zustandsänderung in den Gleichgewichtszustand mit der Umgebung in Nutzarbeit umwandeln lässt. Im Gedankenmodell erfolgt gemäß Bild 8.9 die Zustandsänderung auf den Umgebungszustand in zwei Stufen (in Bild 8.9 als Expansion dargestellt). Die Arbeit, die bei der reversiblen Zustandsänderung in einem geschlossenen System geleistet wird, ist Volumenänderungsarbeit.

Die erste Stufe führt vom Anfangszustand 1 mit der inneren Energie U in einer reversibeladiabaten, also isentropen Zustandsänderung bis zu einem Zwischenzustand Z mit der inneren Energie U_Z und der Umgebungstemperatur T_0. Die dabei geleistete Volumenänderungsarbeit ist nach Gl. (2.53)

$$W_{V1Z} = U_Z - U \, . \quad (8.27)$$

Die innere Energie im Zwischenzustand U_Z ist bei einem idealen Gas gleich der inneren Energie im Umgebungszustand U_0. Somit ist auch

$$W_{V1Z} = U_0 - U \, . \quad (8.28)$$

Die zweite Stufe führt in einer isothermen Zustandsänderung vom Zwischenzustand Z mit der Entropie S_Z, die gleich der Entropie im Anfangszustand S ist, infolge der reversiblen Übertragung von Wärme (Entropieänderungswärme) zwischen System und Umgebung zum Umgebungszustand 0 mit der Entropie S_0. Die Volumenänderungsarbeit in der zweiten Stufe ist bei einem idealen Gas nach Gl. (4.86)

$$W_{\mathrm{VZ0}} = -T_0 \left(S_0 - S\right) . \tag{8.29}$$

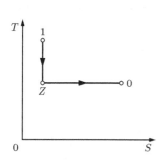

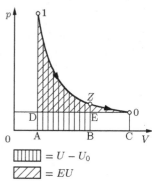

Bild 8.9 Zustandsänderungen bei der Ermittlung der Exergie der inneren Energie EU und der Exergie der Enthalpie EH im T, S-Diagramm;   1 Anfangszustand Z Zwischenzustand   0 Umgebungszustand

Bild 8.10 Die Änderung der inneren Energie $U - U_0$ und die Exergie der inneren Energie EU nach Beispiel 8.6 im p, V-Diagramm

Die Nutzarbeit erhält man, wenn von der negativen Volumenänderungsarbeit die Differenz der Verschiebearbeiten des äußeren Luftdrucks p_0 abgezogen wird. Mit V für das Volumen im Anfangszustand und V_0 für das Volumen im Umgebungszustand ist die Differenz der Verschiebearbeiten $p_0 \left(V_0 - V\right)$. Fasst man die Nutzarbeit beider Stufen zusammen, so erhält man die Exergie der inneren Energie nach der folgenden Gleichung:

$$EU = U - U_0 - T_0 \left(S - S_0\right) + p_0 \left(V - V_0\right) \tag{8.30}$$

Bei einem realen Gas gilt neben Gl. (8.27) statt Gl. (8.29) die Gleichung

$$W_{VZ0} = -T_0 \left(S_0 - S\right) + U_0 - U_Z . \tag{8.31}$$

Die Summe der negativen Volumenänderungsarbeit beider Stufen und der Abzug der Differenz der Verschiebearbeiten der Umgebung ergibt ebenfalls Gl. (8.30).

Die drei Bestandteile der rechten Seite der Gl. (8.30) lassen sich in einem p, V-Diagramm nach Bild 8.10 veranschaulichen. Die Fläche 1ZBA1 stellt die Änderung der inneren Energie nach Gl. (8.28) dar. Die Fläche Z0CBZ ist die unter Mitwirkung der Umgebung übertragene Wärme (Entropieänderungswärme) nach Gl. (8.29). Die Fläche 0CAD0 entspricht der Differenz der Verschiebearbeiten des äußeren Luftdrucks. Die Exergie der inneren Energie EU erscheint im p, V-Diagramm nach Bild 8.10 als Fläche 1Z0D1.

Beispiel 8.6 Die Exergie der inneren Energie EU für eine Luftmenge von 4,1 kg mit einem Druck von 8 bar und der Temperatur 200 °C soll bestimmt werden. Die Gaskonstante ist R = 0,287 kJ/(kg K), der Isentropenexponent ist $\kappa = 1,4$. Der Umgebungszustand wird durch $p_0 = 1$ bar und $t_0 = 20$ °C beschrieben.

Die angenommenen reversiblen Zustandsänderungen sind in Bild 8.9 dargestellt.

Die Änderung der inneren Energie ist nach Tabelle 4.4 Gl. (4)

$$U - U_0 = 529,515 \text{ kJ} \ .$$

Die Entropieänderung ist nach Gl. (4.58)

$$S - S_0 = -0,47526 \text{ kJ/K} \ .$$

Die Volumenänderung ist mit Gl. (4.25)

$$V - V_0 = 0,69594 \text{ m}^3 - 3,44950 \text{ m}^3 = -2,75356 \text{ m}^3 \ .$$

Damit ergibt sich für die Exergie der inneren Energie nach Gl. (8.30)

$$EU = 529,515 \text{ kJ} + 293,15 \text{ K} \cdot 0,47526 \text{ kJ/K} - 1 \text{ bar} \cdot 2,75356 \text{ m}^3 \cdot 100 \text{ kJ/(bar m}^3) = 393,48 \text{ kJ} \ .$$

Die Änderung der inneren Energie $U - U_0$ und die Exergie der inneren Energie EU zeigt Bild 8.10.

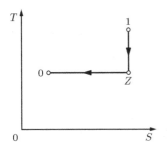

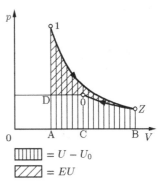

Bild 8.11   Zustandsänderungen bei der Ermittlung der Exergie der inneren Energie EU und der Exergie der Enthalpie EH im T,S-Diagramm   1 Anfangszustand Z Zwischenzustand   0 Umgebungszustand

Bild 8.12   Änderung der inneren Energie $U - U_0$ und Exergie der inneren Energie EU nach Beispiel 8.7 im p,V-Diagramm

Bei technischen Prozessen kommen Gaszustände vor, von denen aus in einem Gedankenmodell durch reversible Expansion allein der Umgebungszustand nicht erreichbar ist. Die isentropen und die isothermen Zustandsänderungen können auch reversible Kompressionen sein. So muss z. B. nach Bild 8.11 auf eine isentrope Expansion von 1 nach Z eine isotherme Kompression von Z nach 0 folgen. Bild 8.12 zeigt die Zustandsänderungen im p,V-Diagramm. Die Deutung und Bezeichnung der Flächen kann man der im Zusammenhang mit dem Bild 8.10 gegebenen Erläuterung entnehmen.

Beispiel 8.7   2,7 kg Luft ($R = 0,287$ kJ/(kg K); $\kappa = 1,4$) mit einem Druck von 3 bar und der Temperatur 200 °C werden reversibel in den Umgebungszustand $p_0 = 1$ bar, $t_0 = 20$ °C übergeführt. Die Zustandsänderungen sind im T,S-Diagramm nach Bild 8.11 und im p,V-Diagramm nach Bild 8.12 dargestellt. Die Änderung der inneren Energie und die Exergie der inneren Energie sind zu berechnen.
Die Änderung der inneren Energie ist nach Tabelle 4.4 Gl. (4)

$$U - U_0 = 348,705 \text{ kJ} \ .$$

Die Entropieänderung ist nach Gl. (4.58)

$$S - S_0 = 0,44707 \text{ kJ/K} \ .$$

Die Volumenänderung ist mit Gl. (4.25)

$$V - V_0 = 1,2221 \text{ m}^3 - 2,2716 \text{ m}^3 = -1,0495 \text{ m}^3 \ .$$

Die Exergie der inneren Energie ist nach Gl. (8.30)

$EU = 348{,}705 \text{ kJ} - 293{,}15 \text{ K} \cdot 0{,}44707 \text{ kJ/K} - 1 \text{ bar} \cdot 1{,}0495 \text{ m}^3 \cdot 100 \text{ kJ/(bar m}^3) = 112{,}70 \text{ kJ}$.

Die Änderung der inneren Energie $U - U_0$ und die Exergie der inneren Energie EU zeigt Bild 8.12.

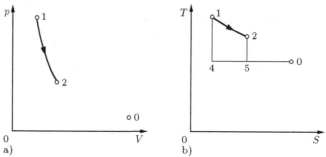

Bild 8.13 Polytrope Expansion einer Luftmenge vom Zustand 1 auf den Zustand 2 nach Beispiel 8.8 im a) p, V-Diagramm b) T, S-Diagramm

0 ist der Umgebungszustand der Luftmenge

$1 - 4 - 0$ reversible Expansion zur Bestimmung von EU_1

$2 - 5 - 0$ reversible Expansion zur Bestimmung von EU_2

Die Änderung der Exergie der inneren Energie bei einer tatsächlich ausgeführten Zustandsänderung nach Bild 8.13 a) ergibt sich aus der Differenz der Exergien im Anfangszustand 1 und im Endzustand 2:

$$EU_2 - EU_1 = U_2 - U_1 - T_0(S_2 - S_1) + p_0(V_2 - V_1) \qquad (8.32)$$

Bei der isothermen Zustandsänderung eines idealen Gases wird die Differenz der inneren Energien null, die Exergiedifferenz der inneren Energien jedoch nicht.

Bild 8.13 b) beschreibt das Gedankenmodell der reversiblen Zustandsänderung zur Bestimmung von EU_1 und EU_2. Geht man davon aus, dass die Exergie der inneren Energie im Anfangszustand EU_1 in Beispiel 8.6 schon ermittelt und in Bild 8.10 dargestellt ist, so ist dies für die Exergie der inneren Energie im Endzustand EU_2 in Beispiel 8.8 und Bild 8.14 noch vorzunehmen.

Beispiel 8.8 Die Luftmenge nach Beispiel 8.6 wird polytrop auf 3,5 bar und 120 °C entspannt. Wie groß ist die Änderung der Exergie der inneren Energie?

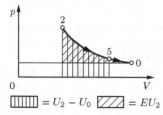

$\boxed{||||||} = U_2 - U_0$ $\boxed{////} = EU_2$

Bild 8.14 Die Änderung der inneren Energie $U_2 - U_0$ und die Exergie der inneren Energie EU_2 nach Beispiel 8.8 im p, V-Diagramm

Die Exergie der inneren Energie im Endzustand EU_2 ist (vgl. Bild 8.13 und Bild 8.14):

$EU_2 = U_2 - U_0 - T_0(S_2 - S_0) + p_0(V_2 - V_0)$

$\quad = 294{,}175 \text{ kJ} + 293{,}15 \text{ K} \cdot 0{,}26533 \text{ kJ/K} - 1 \text{ bar} \cdot 2{,}12773 \text{ m}^3 \cdot 100 \text{ kJ/(bar m}^3)$

$\quad = 159{,}18 \text{ kJ}$

Mit $U_1 - U_0$ und EU_1 nach Beispiel 8.6 erhält man für die Zustandsänderung nach Bild 8.13

$$U_2 - U_1 = -235{,}34 \text{ kJ} \quad \text{und} \quad EU_2 - EU_1 = -234{,}30 \text{ kJ} \ .$$

8.1.8   Die Exergie der Enthalpie

Die Exergie der Enthalpie EH eines Stoffs ist gleich dem Teil der Enthalpie, der sich in einem offenen System, z. B. einer Turbine, bei einer angenommenen reversiblen Zustandsänderung in den Gleichgewichtszustand mit der Umgebung in Nutzarbeit umwandeln lässt. Auch hier erfolgt im Gedankenmodell der Übergang auf den Umgebungszustand in der Regel in zwei Stufen mit einer isentropen sowie einer isothermen Zustandsänderung; diese sind gleichartig wie bei der Ermittlung der Exergie der inneren Energie (vgl. die Bilder 8.9 und 8.11).

Die auftretenden Arbeiten sind Druckänderungsarbeiten. Mit der Enthalpie H und der Entropie S im Anfangszustand 1, der Enthalpie H_0 und der Entropie S_0 im Umgebungszustand 0 sowie der Umgebungstemperatur T_0 sind die Druckänderungsarbeiten in den beiden Stufen bei einem idealen Gas

$$W_{p1Z} = H_0 - H \tag{8.33}$$

$$W_{pZ0} = -T_0 \left(S_0 - S \right) . \tag{8.34}$$

Die Nutzarbeit ist gleich der Summe der negativen Druckänderungsarbeiten. Die Exergie der Enthalpie ist deshalb

$$EH = H - H_0 - T_0 \left(S - S_0 \right) . \tag{8.35}$$

Bei der isothermen Zustandsänderung eines idealen Gases wird die Differenz der Enthalpien null, die Exergiedifferenz der Enthalpien jedoch nicht.

Finden in beiden Stufen reversible Expansionen statt, so lassen sich die Änderung der Enthalpie $H - H_0$ und die Exergie der Enthalpie EH im T, S-Diagramm und im p, V-Diagramm wie in Bild 8.15 darstellen.

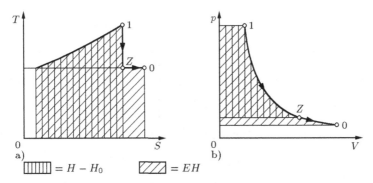

Bild 8.15 Die Änderung der Enthalpie $H - H_0$ und die Exergie der Enthalpie EH nach Beispiel 8.9 im   a) T, S-Diagramm (ideales Gas)   b) p, V-Diagramm

Beispiel 8.9 Für die Luftmenge nach Beispiel 8.6 ist die Exergie der Enthalpie zu berechnen. Die Änderung der Enthalpie bei der angenommenen reversiblen Entspannung auf den Umgebungszustand ist nach Tabelle 4.5 Gl. (4)

$$H - H_0 = 741{,}321 \text{ kJ} .$$

Mit den Zahlenwerten des Beispiels 8.6 erhält man nach Gl. (8.35) (vgl. Bild 8.15)

$$EH = 741{,}321 \text{ kJ} - 293{,}15 \text{ K} \cdot \left(-0{,}47526 \text{ kJ/K} \right) = 880{,}64 \text{ kJ} .$$

Ist die Zustandsänderung in der zweiten Stufe eine Kompression, so ergeben sich Darstellungen wie in Bild 8.16.

Beispiel 8.10 Wie groß ist die Exergie der Enthalpie, wenn man von den Daten des Beispiels 8.7 ausgeht?

$$EH = 488{,}187 \text{ kJ} - 293{,}15 \text{ K} \cdot 0{,}44707 \text{ kJ/K} = 357{,}13 \text{ kJ}$$

Das Bild 8.16 zeigt die Enthalpiedifferenz $H - H_0$ und die Exergie der Enthalpie EH.

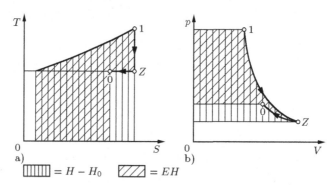

Bild 8.16 Die Änderung der Enthalpie $H - H_0$ und die Exergie der Enthalpie EH nach Beispiel 8.10 im a) T, S-Diagramm (ideales Gas) b) p, V-Diagramm

Zieht man von der Exergie der Enthalpie nach Gl. (8.35) die Exergie der inneren Energie nach Gl. (8.30) ab, so erhält man mit Gl. (2.41) die Nachschubarbeit [17].

$$EH - EU = (p - p_0)\,V \qquad\qquad (8.36)$$

Man findet sie im p, V-Diagramm nach Bild 8.17 als Rechteckfläche. Die Nachschubarbeit $EH - EU$ ist gleich der Exergie der Verschiebearbeit EW nach Gl. (8.21).

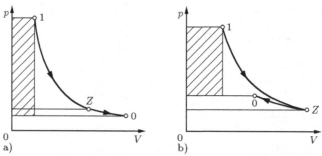

Bild 8.17 Die Nachschubarbeit $(p - p_0)\,V$ im p, V-Diagramm nach
a) Beispiel 8.11   b) Beispiel 8.12

Beispiel 8.11 Aus den Beispielen 8.9 und 8.6 ergibt sich die folgende Nachschubarbeit:

$$EH - EU = 880{,}64 \text{ kJ} - 393{,}48 \text{ kJ} = 487{,}16 \text{ kJ}$$

Beispiel 8.12 Mit den Exergien der Enthalpie und der inneren Energie nach den Beispielen 8.10 und 8.7 erhält man die Nachschubarbeit

$$EH - EU = 357{,}13 \text{ kJ} - 112{,}70 \text{ kJ} = 244{,}43 \text{ kJ} \ .$$

Bei einer Zustandsänderung zwischen den Punkten 1 und 2 ist die Änderung der Exergie der Enthalpie:

$$EH_2 - EH_1 = H_2 - H_1 - T_0 (S_2 - S_1) \tag{8.37}$$

Bild 8.18 zeigt für ideale Gase eine Darstellung der Exergiedifferenz der Enthalpie $EH_2 - EH_1$ als Fläche im T, S-Diagramm.

Nach Abschnitt 4.4 sind die Enthalpiedifferenzen $H_2 - H_0$ und $H_1 - H_0$ gleich den Flächen 2FA42 und 1EB51 im T, S-Diagramm nach Bild 8.18. Die Fläche 1EB51 lässt sich nach links verschieben, so dass sie mit der Fläche 3DA43 zusammenfällt. Dann ist $H_2 - H_1$ gleich der Fläche 2FD32. Von dieser Fläche wird die dem Ausdruck $T_0 (S_2 - S_1)$ entsprechende Fläche 67FE6 abgezogen. Damit stellt die Fläche 276ED32 die Exergie-differenz der Enthalpie $EH_2 - EH_1$ dar.

Beispiel 8.13 2 kg Luft ($R = 0{,}287$ kJ/(kg K); $\kappa = 1{,}4$) werden von 3 bar und 240 °C auf 7 bar und 720 °C verdichtet. Welche Exergiezunahme der Enthalpie liegt vor, wenn der Umgebungszustand durch 1 bar und 0 °C beschrieben wird?

Nach Tabelle 4.5 Gl. (4) ist

$$H_2 - H_1 = 964{,}32 \text{ kJ} .$$

Gl. (4.58) ergibt die Entropiedifferenz

$$S_2 - S_1 = 0{,}84022 \text{ kJ/K} .$$

Mit Gl. (8.37) erhält man (vgl. Bild 8.18)

$$EH_2 - EH_1 = 964{,}32 \text{ kJ} - 273{,}15 \text{ K} \cdot 0{,}84022 \text{ kJ/K} = 734{,}81 \text{ kJ} .$$

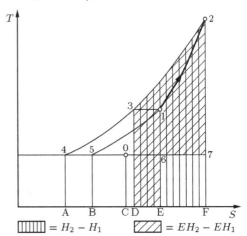

Bild 8.18 Die Änderung der Enthalpie $H_2 - H_1$ und die Änderung der Exergie der Enthalpie $EH_2 - EH_1$ nach Beispiel 8.13 im T, S-Diagramm (ideales Gas)

Im Umgebungszustand ist $EH = 0$. Für diesen Fall folgt aus Gl. (8.35)

$$H = T_0 S + (H_0 - T_0 S_0) . \tag{8.38}$$

Gl. (8.38) stellt eine Gerade in einem H, S-Diagramm dar. Sie verbindet alle Zustände mit der Exergie der Enthalpie $EH = 0$. Sie wird Umgebungsgerade genannt. Für $EH = $ const ergeben sich im H, S-Diagramm die zur Umgebungsgeraden parallelen Geraden nach der folgenden Gleichung:

$$H = T_0 S + (H_0 - T_0 S_0 + EH) . \tag{8.39}$$

Die Steigung der Geraden konstanter Exergie der Enthalpie ist nach den Gln. (8.38) und (8.39)

$$\left(\frac{\partial H}{\partial S}\right)_{EH} = \left(\frac{\partial h}{\partial s}\right)_{eh} = T_0 \ . \tag{8.40}$$

Nach Gl. (5.55) ist dies die Steigung der Isothermen und Isobaren im Nassdampfgebiet bei Umgebungstemperatur.

Beispiel 8.14 Für Ammoniak (NH_3, R 717) soll ein h, s-Diagramm mit der Umgebungsgeraden $eh = 0$ und den Geraden konstanter spezifischer Exergie der Enthalpie $eh = \text{const}$ gezeichnet werden. Als Umgebungszustand ist der Sattdampfzustand des Ammoniaks bei $T_0 = 290{,}00$ K anzunehmen.

Der Bezugspunkt für die Berechnung der Exergie bei $T_0 = 290{,}00$ K bzw. $t_0 = 16{,}85\,°C$ wird durch folgende Werte beschrieben: $p_0 = 7{,}745$ bar, $v_0 = 0{,}1647$ m^3/kg, $h_0 = 1477{,}83$ kJ/kg und $s_0 = 5{,}4126$ kJ/(kg K).

Nach Gl. (8.35) ist die spezifische Exergie der Enthalpie

$$eh = h - h_0 - T_0 \left(s - s_0 \right) \ .$$

Als Gleichgewichtszustand für Ammoniak mit der Umgebung kann - abweichend vom hier gewählten Zustand - beispielsweise auch $p_0 = 1$ bar und $T_0 = 290{,}00$ K (überhitzter Dampf) angenommen werden. Dann unterscheiden sich die damit errechneten Werte der spezifischen Exergie eh von denen des Bildes 8.19 um den konstanten Wert $\Delta\,eh = $ - 278,13 kJ/kg. Der Sachverhalt negativer Exergiewerte in Bild 8.19 hängt mit der Wahl des Gleichgewichtszustandes mit der Umgebung zusammen.

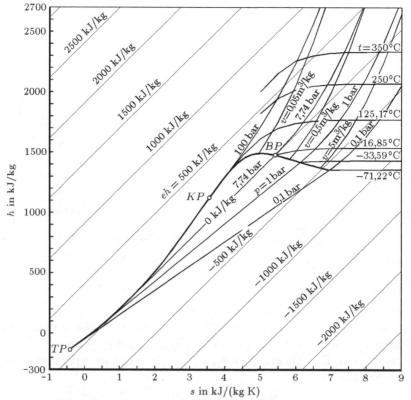

Bild 8.19 h, s-Diagramm des Ammoniaks nach Beispiel 8.14
TP Tripelpunkt KP kritischer Punkt BP Bezugspunkt für die Berechnung der Exergie
Die Linien konstanter Exergie haben in Teilbereichen nur formale Bedeutung.

8.1.9 Die Exergie der freien Energie

Die freie Energie, mit der Zustände eines Stoffs in einem geschlossenen System beschrieben werden können, ergibt sich gemäß Gl. (5.211) aus dessen innerer Energie abzüglich dessen gebundener Energie:

$$F = U - T S \qquad (8.41)$$

Damit lässt sich die Exergie der freien Energie als Differenz der Exergie der inneren Energie und der Exergie der gebundenen Energie des betrachteten Stoffs bestimmen:

$$EF = EU - ETS \qquad (8.42)$$

Mit den Gln. (8.30) und (8.9) erhält man aus Gl. (8.42):

$$EF = U - U_0 - T_0 (S - S_0) + p_0 (V - V_0) - (T - T_0)(S - S_0)$$
$$= U - U_0 - T_0 S + T_0 S_0 + p_0 (V - V_0) - T S - T_0 S_0 + T_0 S + T S_0 \qquad (8.43)$$

$$EF = U - T S + p_0 (V - V_0) + (T - T_0) S_0 - (U_0 - T_0 S_0) \qquad (8.44)$$

Unter Berücksichtigung von Gl. (8.41) für F und F_0 ergibt sich:

$$EF = F - F_0 + (T - T_0) S_0 + p_0 (V - V_0) \qquad (8.45)$$

Bei einer Zustandsänderung zwischen den Zuständen 1 und 2 ergibt sich die Änderung der Exergie der freien Energie gemäß Gl. (8.45) zu:

$$EF_2 - EF_1 = F_2 - F_0 + (T_2 - T_0) S_0 + p_0 (V_2 - V_0) - \big(F_1 - F_0 + (T_1 - T_0) S_0 + p_0 (V_1 - V_0)\big) \qquad (8.46)$$

$$EF_2 - EF_1 = F_2 - F_1 + (T_2 - T_1) S_0 + p_0 (V_2 - V_1) \qquad (8.47)$$

8.1.10 Die Exergie der freien Enthalpie

Die freie Enthalpie, mit der Zustände eines Stoffs in einem offenen System beschrieben werden können, ergibt sich gemäß Gl. (5.215) aus dessen Enthalpie abzüglich dessen gebundener Energie:

$$G = H - T S \qquad (8.48)$$

Damit lässt sich die Exergie der freien Enthalpie als Differenz der Exergie der Enthalpie und der Exergie der gebundenen Energie des betrachteten Stoffs bestimmen:

$$EG = EH - ETS \qquad (8.49)$$

Mit den Gln. (8.35) und (8.9) erhält man aus Gl. (8.48):

$$EG = H - H_0 - T_0 (S - S_0) - (T - T_0)(S - S_0)$$
$$= H - H_0 - T_0 S + T_0 S_0 - T S - T_0 S_0 + T_0 S + T S_0 \qquad (8.50)$$

$$EG = H - T S - (H_0 - T_0 S_0) + (T - T_0) S_0 \qquad (8.51)$$

Unter Berücksichtigung von Gl. (8.48) für G und G_0 ergibt sich:

$$EG = G - G_0 + (T - T_0) S_0 \qquad (8.52)$$

Beispiel 8.15 Die Gleichung (8.52) für die Berechnung der Exergie der freien Enthalpie ist mithilfe zweier reversibler Zustandsänderungen in einem offenen System zwischen einem angenommenen Anfangszustand 1 und dem Zustand 0 des Stoffs im Gleichgewicht mit der Umgebung herzuleiten. Die gesamte reversible Zustandsänderung soll sich aus einer isothermen Zustandsänderung vom Anfangszustand 1 zum Zwischenzustand Z und einer isentropen Zustandsänderung vom Zwischenzustand Z zum Endzustand 0 zusammensetzen (Bild 8.20).

Bei der Zustandsänderung zwischen den Zuständen 1 und Z ist die Fähigkeit der freien Enthalpie zur Wechselwirkung mit einer Wärmequelle zu berücksichtigen. Der Betrag der Summe aus den jeweiligen gewinnbaren Druckänderungsarbeiten stellt die Exergie der freien Enthalpie dar.

Isotherme Zustandsänderung von 1 nach Z mit $T_1 = T_Z = T$:

$$W_{p1Z} = G_Z - G_1 = \int_1^Z V\,dp - \int_1^Z S\,dT = \int_1^Z V\,dp \qquad -W_{p1Z} = G - G_Z$$

Isentrope Zustandsänderung von Z nach 0:

$$W_{pZ0} = H_0 - H_Z = G_0 + T_0\,S_0 - (G_Z + T_Z\,S_Z) = G_0 - G_Z - T_Z\,S_Z + T_0\,S_0$$

Mit $\quad T_Z = T_1 = T \quad$ und $\quad S_Z = S_0 \quad$ wird:

$$-W_{pZ0} = G_Z - G_0 + T\,S_0 - T_0\,S_0$$

$$EG = -W_{p1Z} - W_{pZ0} = G - G_Z + G_Z - G_0 + T\,S_0 - T_0\,S_0$$

$$EG = G - G_0 + (T - T_0)\,S_0$$

Damit ist Gl. (8.52) bestätigt.

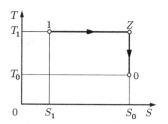

Bild 8.20 Zustandsänderungen bei der Ermittlung der Exergie der freien Enthalpie EG im T,S-Diagramm
1 Anfangszustand   Z Zwischenzustand
0 Umgebungszustand

Bei einer thermodynamischen Zustandsänderung von 1 nach 2 kann die damit verbundene Exergiedifferenz $EG_2 - EG_1$ mithilfe von Gl. (8.52) bestimmt werden:

$$EG_2 - EG_1 = G_2 - G_0 + (T_2 - T_0)\,S_0 - \big(G_1 - G_0 + (T_1 - T_0)\,S_0\big) \qquad (8.53)$$

$$EG_2 - EG_1 = G_2 - G_1 + (T_2 - T_1)\,S_0 \qquad (8.54)$$

Beispiel 8.16 In Beispiel 8.1 wird eine Luftmenge von 2,5 kg bei einem Druck von 2 bar isobar von 100 °C auf 300 °C erwärmt.

a) Es sind die Differenz der Enthalpien $H_2 - H_1$, die Differenz der Exergien der Enthalpien $EH_2 - EH_1$, die Differenz der gebundenen Energien $T_2\,S_2 - T_1\,S_1$, die Differenz der Exergien der gebundenen Energien $ET_2\,S_2 - ET_1\,S_1$, die Differenz der freien Enthalpien $G_2 - G_1$, die Exergien der freien Enthalpien EG_1 und EG_2 sowie die Differenz der Exergien der freien Enthalpien $EG_2 - EG_1$ zu bestimmen.

b) Für die isobare Zustandsänderung sind eine Energiebilanz sowie eine Exergiebilanz zu erstellen. Dabei sollen als energetische Größen zum einen die Enthalpien sowie die reversible Wärme und zum anderen die freien Enthalpien, die gebundenen Energien sowie die reversible Wärme verwendet werden.

a) $H_2 - H_1 = m\,c_p\,(T_2 - T_1) = 2,5\,\text{kg} \cdot 1,0045\,\text{kJ/(kg K)}\,(573,15 - 373,15)\,\text{K} = 502,25\,\text{kJ}$

s_0 als Absolutgröße der spezifischen Entropie ergibt sich mit Gl. (4.58) aus dem in Abschnitt 7.5.3.2 (Seite 243/244) für s_0^* angegebenen Wert bei $t_0^* = 25\,°\text{C}$ und $p_0^* = 1\,\text{bar}$ zu $s_0 = 6,833\,\text{kJ/(kg K)}$ bei $15\,°\text{C}$ und 1 bar. Hieraus lassen sich s_1 und s_2 mit Gl. (4.58) zu $s_1 = 6,894\,\text{kJ/(kg K)}$ und $s_2 = 7,325\,\text{kJ/(kg K)}$ bestimmen.

$EH_2 - EH_1 = H_2 - H_1 - T_0\,m\,(s_2 - s_1) = 502,25\,\text{kJ} - 288,15\,\text{K} \cdot 2,5\,\text{kg}\,(7,325 - 6,894)\,\text{kJ/(kg K)}$
$= 191,77\,\text{kJ}$

$T_2\,S_2 - T_1\,S_1 = m\,(T_2\,s_2 - T_1\,s_1)$

$$= 2,5 \, \text{kg} \cdot (573,15 \, \text{K} \cdot 7{,}325 \, \text{kJ}/(\text{kg K}) - 373{,}15 \, \text{K} \cdot 6{,}894 \, \text{kJ}/(\text{kg K})) = 4064{,}57 \, \text{kJ}$$

$$ET_2 S_2 - ET_1 S_1 = T_2 S_2 - T_1 S_1 - T_0 \, (S_2 - S_1) - (T_2 - T_1) \, S_0$$
$$= T_2 S_2 - T_1 S_1 - T_0 \, m \, (s_2 - s_1) - (T_2 - T_1) \, m \, s_0$$
$$= 4064{,}57 \, \text{kJ} - 288{,}15 \, \text{K} \cdot 2{,}5 \, \text{kg} \cdot (7{,}325 - 6{,}894) \, \text{kJ}/(\text{kg K})$$
$$-(573{,}15 - 373{,}15) \, \text{K} \cdot 2{,}5 \, \text{kg} \cdot 6{,}833 \, \text{kJ}/(\text{kg K})$$
$$= 4064{,}57 \, \text{kJ} - 310{,}48 \, \text{kJ} - 3416{,}50 \, \text{kJ} = 337{,}59 \, \text{kJ}$$

$$G_2 - G_1 = H_2 - H_1 - (T_2 S_2 - T_1 S_1)$$
$$G_2 - G_1 = 502{,}25 \, \text{kJ} - 4064{,}57 \, \text{kJ} = -3562{,}32 \, \text{kJ}$$

$$EG_1 = G_1 - G_0 + (T_1 - T_0) \, S_0 = H_1 - H_0 - (T_1 S_1 - T_0 S_0) + (T_1 - T_0) \, S_0$$
$$= m \left[c_p \, (T_1 - T_0) - (T_1 s_1 - T_0 s_0) + (T_1 - T_0) \, s_0 \right]$$
$$= 2{,}5 \, \text{kg} \left[1{,}0045 \, \text{kJ}/(\text{kg K}) \cdot (373{,}15 - 288{,}15) \, \text{K} - 373{,}15 \, \text{K} \cdot 6{,}894 \, \text{kJ}/(\text{kg K}) \right.$$
$$\left. + 288{,}15 \, \text{K} \cdot 6{,}833 \, \text{kJ}/(\text{kg K}) + (373{,}15 - 288{,}15) \, \text{K} \cdot 6{,}833 \, \text{kJ}/(\text{kg K}) \right] = 156{,}55 \, \text{kJ}$$

$$EG_2 = G_2 - G_0 + (T_2 - T_0) \, S_0 = H_2 - H_0 - (T_2 S_2 - T_0 S_0) + (T_2 - T_0) \, S_0$$
$$= m \left[c_p \, (T_2 - T_0) - (T_2 s_2 - T_0 s_0) + (T_2 - T_0) \, s_0 \right]$$
$$= 2{,}5 \, \text{kg} \left[1{,}0045 \, \text{kJ}/(\text{kg K}) \cdot (573{,}15 - 288{,}15) \, \text{K} - 573{,}15 \, \text{K} \cdot 7{,}325 \, \text{kJ}/(\text{kg K}) \right.$$
$$\left. + 288{,}15 \, \text{K} \cdot 6{,}833 \, \text{kJ}/(\text{kg K}) + (573{,}15 - 288{,}15) \, \text{K} \cdot 6{,}833 \, \text{kJ}/(\text{kg K}) \right] = 10{,}73 \, \text{kJ}$$

$$EG_2 - EG_1 = 10{,}73 \, \text{kJ} - 156{,}55 \, \text{kJ} = -145{,}82 \, \text{kJ}$$

b) Die Energiebilanz kann zum einen unmittelbar mithilfe der Enthalpien H_1 und H_2 sowie der reversiblen Wärme $(Q_{12})_{rev}$ erstellt werden (Bild 8.21 a); zum anderen lässt sie sich mittelbar mithilfe der freien Enthalpien G_1 und G_2, der gebundenen Energien $T_1 S_1$ und $T_2 S_2$ sowie der reversiblen Wärme $(Q_{12})_{rev}$ formulieren (Bild 8.21 b):

$$H_2 - H_1 = (Q_{12})_{rev} = m \, c_p \, (T_2 - T_1) = 2{,}5 \, \text{kg} \cdot 1{,}0045 \, \text{kJ}/(\text{kg K}) \, (573{,}15 - 373{,}15) \, \text{K} = 502{,}25 \, \text{kJ}$$

$$G_2 - G_1 + (T_2 S_2 - T_1 S_1) = (Q_{12})_{rev} = -3562{,}32 \, \text{kJ} + 4064{,}57 \, \text{kJ} = 502{,}25 \, \text{kJ}$$

Die Exergiebilanz kann zum einen unmittelbar mithilfe der Exergien der Enthalpien EH_1 und EH_2 sowie der Exergie der reversiblen Wärme $(EQ_{12})_{rev}$ erstellt werden (Bild 8.21 c); zum anderen lässt sie sich mittelbar mithilfe der Exergien der freien Enthalpien EG_1 und EG_2, der Exergien der gebundenen Energien $ET_1 S_1$ und $ET_2 S_2$ sowie der Exergie der reversiblen Wärme $(EQ_{12})_{rev}$ formulieren (Bild 8.21 d):

$$EH_2 - EH_1 = (EQ_{12})_{rev} = 191{,}70 \, \text{kJ}$$

$$EG_2 - EG_1 + ET_2 S_2 - ET_1 S_1 = (EQ_{12})_{rev} = -145{,}82 \, \text{kJ} + 337{,}59 \, \text{kJ} = 191{,}77 \, \text{kJ}$$

Es wird sichtbar, dass hier die unmittelbare Bilanzierung mithilfe der Enthalpien bzw. der Exergien der Enthalpien gemäß den Bildern 8.21 a und 8.21 c einfacher ist.

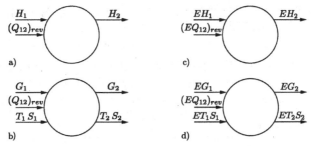

Bild 8.21 Bilanzen zur Berechnung der isobaren Zustandsänderung gemäß Beispiel 8.16

8.1.11   Unterschied zwischen EU und EF

Der Unterschied zwischen der Exergie der inneren Energie EU und der Exergie der freien Energie EF ergibt sich aus den Gln. (8.30) und (8.43):

$$EU - EF = U - U_0 - T_0\,(S - S_0) + p_0\,(V - V_0)$$

$$- \left(U - U_0 - T_0\,(S - S_0) + p_0\,(V - V_0) - (T - T_0)(S - S_0)\right) \qquad (8.55)$$

$$EU - EF = ETS = (T - T_0)(S - S_0) \qquad (8.56)$$

Diese Exergiedifferenz ist als Fläche im Bild 8.22 ausgewiesen. Diese entspricht der Fläche der Exergie der gebundenen Energie ETS im Bild 8.2.

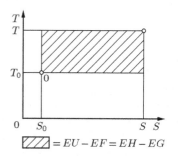

Bild 8.22 Differenz der Exergie der inneren Energie EU und der Exergie der freien Energie EF; Differenz der Exergie der Enthalpie EH und der Exergie der freien Enthalpie EG

$$\boxed{\textstyle\diagup\!\!\!\diagup} = EU - EF = EH - EG$$

Bei einer Zustandsänderung zwischen den Zuständen 1 und 2 ergibt sich der Unterschied zwischen der Änderung der Exergie der inneren Energie $EU_2 - EU_1$ und der Änderung der Exergie der freien Energie $EF_2 - EF_1$ aus den Gln. (8.32), (8.47) sowie Gl. (8.41):

$$(EU_2 - EU_1) - (EF_2 - EF_1) = U_2 - U_1 - T_0\,(S_2 - S_1) + p_0\,(V_2 - V_1)$$

$$- \left(U_2 - U_1 - (T_2 S_2 - T_1 S_1) + (T_2 - T_1)\,S_0 + p_0\,(V_2 - V_1)\right) \qquad (8.57)$$

$$(EU_2 - EU_1) - (EF_2 - EF_1) = T_2 S_2 - T_1 S_1 - T_0\,(S_2 - S_1) - (T_2 - T_1)\,S_0 \qquad (8.58)$$

Diese Exergiedifferenz ist als Fläche im Bild 8.23 ausgewiesen. Diese entspricht der Fläche für $ET_2 S_2 - ET_1 S_1$ im Bild 8.3.

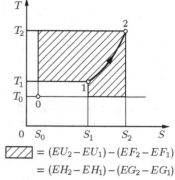

Bild 8.23 Unterschied zwischen der Exergiedifferenz der inneren Energien $EU_2 - EU_1$ und der Exergiedifferenz der freien Energien $EF_2 - EF_1$; Unterschied zwischen der Exergiedifferenz der Enthalpien $EH_2 - EH_1$ und der Exergiedifferenz der freien Enthalpien $EG_2 - EG_1$

$$\textstyle\diagup\!\!\!\diagup = (EU_2 - EU_1) - (EF_2 - EF_1)$$
$$= (EH_2 - EH_1) - (EG_2 - EG_1)$$

Die rechte Seite von Gl. (8.58) ist zugleich die rechte Seite von Gl. (8.10). Damit ist

$$(EU_2 - EU_1) - (EF_2 - EF_1) = ET_2 S_2 - ET_1 S_1\;. \qquad (8.59)$$

Die rechte Seite von Gl. (8.59) kann auch mit der umgeformten Gl. (8.13) dargestellt werden. Hieraus folgt

$$(EU_2 - EU_1) - (EF_2 - EF_1) = EQ_{T12} + (EQ_{12})_{rev} = EQ_{T12} + EQ_{s12}\;. \qquad (8.60)$$

8.1.12   Unterschied zwischen EH und EG

Der Unterschied zwischen der Exergie der Enthalpie EH und der Exergie der freien Enthalpie EG ergibt sich aus den Gln. (8.35) und (8.50):

$$EH - EG = H - H_0 - T_0\,(S - S_0) - \left(H - H_0 - T_0\,(S - S_0) - (T - T_0)(S - S_0)\right) \quad (8.61)$$

$$EH - EG = (T - T_0)(S - S_0) \quad (8.62)$$

Diese Exergiedifferenz ist als Fläche im Bild 8.22 ausgewiesen. Diese entspricht der Fläche der Exergie der gebundenen Energie ETS im Bild 8.2.

Bei einer Zustandsänderung zwischen den Zuständen 1 und 2 ergibt sich der Unterschied zwischen der Änderung der Exergie der Enthalpie $EH_2 - EH_1$ und der Änderung der Exergie der freien Enthalpie $EG_2 - EG_1$ aus den Gln. (8.37), (8.54) sowie Gl. (8.48):

$$(EH_2 - EH_1) - (EG_2 - EG_1) = H_2 - H_1 - T_0\,(S_2 - S_1)$$
$$- \left(H_2 - H_1 - (T_2\,S_2 - T_1\,S_1) + (T_2 - T_1)\,S_0\right) \quad (8.63)$$

$$(EH_2 - EH_1) - (EG_2 - EG_1) = T_2\,S_2 - T_1\,S_1 - T_0\,(S_2 - S_1) - (T_2 - T_1)\,S_0 \quad (8.64)$$

Diese Exergiedifferenz ist als Fläche im Bild 8.23 ausgewiesen. Diese entspricht der Fläche für $ET_2S_2 - ET_1S_1$ im Bild 8.3.

Die rechte Seite von Gl. (8.64) ist zugleich die rechte Seite von Gl. (8.10). Damit ist

$$(EH_2 - EH_1) - (EG_2 - EG_1) = ET_2S_2 - ET_1S_1 \;. \quad (8.65)$$

Die rechte Seite von Gl. (8.65) kann auch mit der umgeformten Gl. (8.13) dargestellt werden. Hieraus folgt

$$(EH_2 - EH_1) - (EG_2 - EG_1) = (EQ_{12})_{rev} + EQ_{T12} = EQ_{s12} + EQ_{T12} \;. \quad (8.66)$$

Die Differenz zwischen der Exergiedifferenz der Enthalpien $EH_2 - EH_1$ und der Exergiedifferenz der freien Enthalpien $EG_2 - EG_1$ ist die Summe der Exergie der Entropieänderungswärme EQ_{s12} und der Exergie der Temperaturänderungswärme EQ_{T12}.

8.1.13   Freie Energie und freie Enthalpie
als thermodynamische Potentiale

Im Falle einer isothermen Zustandsänderung zwischen den Zuständen 1 und 2 ($T_1 = T_2 = T$) lassen sich die Exergiedifferenzen gemäß den Gln. (8.58) und (8.64) entsprechend Bild 8.24 als Rechteckfläche darstellen. Mit $T_2 = T_1$ folgt:

$$(EU_2 - EU_1) - (EF_2 - EF_1) = (EH_2 - EH_1) - (EG_2 - EG_1)$$
$$= T_1\,S_2 - T_1\,S_1 - T_0\,(S_2 - S_1) - (T_1 - T_1)\,S_0$$
$$= T_1\,(S_2 - S_1) - T_0\,(S_2 - S_1)$$

$$(EU_2 - EU_1) - (EF_2 - EF_1) = (EH_2 - EH_1) - (EG_2 - EG_1) = (T_1 - T_0)(S_2 - S_1) \quad (8.67)$$

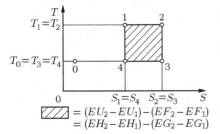

Bild 8.24 Isotherme Zustandsänderung eines Stoffes: Unterschied zwischen der Exergiedifferenz der Enthalpien $EH_2 - EH_1$ und der Exergiedifferenz der freien Enthalpien $EG_2 - EG_1$; rechtslaufender *Carnot*-Kreisprozess

Interpretiert man im Bild 8.24 die Zustandsänderungen $1 \to 2 \to 3 \to 4 \to 1$ als einen rechtslaufenden, reversiblen *Carnot*-Kreisprozess mit der Umgebungstemperatur T_0 als unterer Temperaturgrenze, so ergibt sich der Absolutbetrag der Kreisprozessarbeit bei sinngemäßer Anwendung der Gln. (7.35), (7.36), (7.39) und (7.40) zu

$$|W_{Kreis}| = (T_1 - T_0)(S_2 - S_1) \quad . \tag{8.68}$$

Mit Gl. (8.67) und Gl. (8.68) erhält man

$$(EG_2 - EG_1) - (EH_2 - EH_1) = -(T_1 - T_0)(S_2 - S_1) = -|W_{Kreis}| \tag{8.69}$$

sowie

$$(EF_2 - EF_1) - (EU_2 - EU_1) = -(T_1 - T_0)(S_2 - S_1) = -|W_{Kreis}| \quad . \tag{8.70}$$

Bei einer reversiblen isothermen Zustandsänderung von 1 nach 2 unterscheiden sich demnach entsprechend Gl. (8.69) die Differenz der Exergie der Enthalpie $EH_2 - EH_1$ und die Differenz der Exergie der freien Enthalpie $EG_2 - EG_1$ um die Exergie der reversibel und isotherm bereitgestellten Wärme (Entropieänderungswärme):

$$(EQ_{12})_{rev} = Q_{s12} = (T_1 - T_0)(S_2 - S_1) = |W_{Kreis}| \tag{8.71}$$

Dies gilt entsprechend Gl. (8.70) auch für den Unterschied zwischen der Differenz der Exergie der inneren Energie $EU_2 - EU_1$ und der Differenz der Exergie der freien Energie $EF_2 - EF_1$.

Hieraus wird eine wesentliche Eigenschaft der freien Enthalpie und der freien Energie als thermodynamischen Potentialen deutlich. Dies wird im Folgenden anhand der freien Enthalpie erläutert: Gemäß Gl. (8.54) gilt mit $T_2 = T_1$: $EG_1 - EG_2 = G_1 - G_2$ Wird ein Stoff mit dem Zustand 1 reversibel und isotherm in den Zustand 2 übergeführt, so weist er die Fähigkeit, d. h. das Potential

$$G_1 - G_2 = EG_1 - EG_2 = EH_1 - EH_2 + (T_1 - T_0)(S_2 - S_1) \tag{8.72}$$

auf, nicht nur aufgrund der Differenz der Exergie der Enthalpie $EH_1 - EH_2$ Nutzarbeit zu leisten, sondern er hat auch die Fähigkeit, die Wärme (Entropieänderungswärme) $(Q_{12})_{rev} = Q_{s12}$ mit Bezug zu einem Wärmereservoir mit der konstanten Temperatur $T_2 = T_1 = T$ reversibel zu aktivieren.

Damit kann — je nach Lage der Zustände 1 und 2 — die Exergie dieser Wärme $(EQ_{12})_{rev} = EQ_{s12}$ entweder zur Bereitstellung zusätzlicher Nutzarbeit genutzt werden, oder sie muss abgegeben werden. Die Exergie dieser Wärme ist allerdings nicht in der Differenz der Exergie der Enthalpie $EH_1 - EH_2$ enthalten, sondern ist bei der Zustandsänderung von 1 nach 2 über die Systemgrenze entweder dem Stoff von außen zuzuführen oder vom Stoff nach außen abzugeben.

Im Falle eines idealen Gases gilt hinsichtlich des im Bild 8.24 mitbetrachteten rechtslaufenden, reversiblen *Carnot*-Kreisprozesses $1 \to 2 \to 3 \to 4 \to 1$ für $|W_{Kreis}|$ entsprechend den umgeformten Gln. (5.215) und (8.69) mit $H_2 = H_1$ und $T_2 = T_1$:

$$G_1 - G_2 = H_1 - H_2 - T_1 S_1 + T_2 S_2 = T_1(S_2 - S_1) \tag{8.73}$$

$$EH_1 - EH_2 = H_1 - H_2 - T_0(S_1 - S_2) = T_0(S_2 - S_1) \tag{8.74}$$

Hieraus wird:

$$G_1 - G_2 - (EH_1 - EH_2) = T_1(S_2 - S_1) - T_0(S_2 - S_1) = |W_{Kreis}| \tag{8.75}$$

Gl. (8.75) macht sichtbar, dass der Differenz der freien Enthalpie $G_1 - G_2$ die reversibel zugeführte Wärme (Entropieänderungswärme) $(Q_{zu})_{rev} = (Q_{12})_{rev} = T_1 (S_2 - S_1)$ zuzuordnen ist, während der negativen Differenz der Exergie der Enthalpie $-(EH_1 - EH_2)$ die an die Umgebung reversibel abgeführte Abwärme $(Q_{ab})_{rev} = -T_0 (S_2 - S_1)$ zuzuordnen ist.

Beispiel 8.17 3,0 kg Luft (ideales Gas; $\kappa = 1{,}4$; $R = 0{,}2872$ kJ/(kg K)) werden bei $t_1 = 400\,°\mathrm{C}$ von $p_1 = 40{,}0$ bar auf $p_2 = 2{,}313$ bar reversibel und isotherm entspannt. Die Temperatur der Umgebung ist $t_0 = 25\,°\mathrm{C}$, der Umgebungsdruck beträgt $p_0 = 1{,}0$ bar.

a) Wie groß sind die Absolutwerte der spezifischen Entropie s_1 und s_2, wenn vom Absolutwert der spezifischen Entropie der Luft $s_0 = 6{,}867$ kJ/(kg K) bei $t_0^* = 25\,°\mathrm{C}$ und $p_0^* = 1$ bar auszugehen ist (vgl. Abschnitt 7.5.3.2, Seite 243/244)?

b) Es ist die Änderung der freien Enthalpie $G_1 - G_2$ sowie die Änderung der Exergie der freien Enthalpie $EG_1 - EG_2$ zu berechnen.

c) Welcher Wert ergibt sich für die Änderung der Enthalpie $H_1 - H_2$ sowie für die Änderung der Exergie der Enthalpie $EH_1 - EH_2$?

d) Welche Wärme (Entropieänderungswärme) $(Q_{12})_{rev}$ ist bei der Zustandsänderung von 1 nach 2 zuzuführen? Wie groß ist die Exergie $(EQ_{12})_{rev}$ dieser Wärme?

e) Die Zustandsänderung von 1 nach 2 ist als Teil eines reversiblen *Carnot*-Kreisprozesses aufzufassen, bei dem die Wärme $(Q_{ab})_{rev}$ bei $t_0 = 25\,°\mathrm{C}$ an die Umgebung abgeführt wird. Wie groß sind die ideale Kreisprozessarbeit $|W_{Kreis}|$, $|(Q_{ab})_{rev}|$ und der thermische Wirkungsgrad η_{th}?

a) $s_1 = s_0 + c_p \ln \dfrac{T_1}{T_0} - R \ln \dfrac{p_1}{p_0} = (6{,}867 + 0{,}8186 - 1{,}0594)$ kJ/(kg K) = 6,626 kJ/(kg K)

$s_2 = s_0 + c_p \ln \dfrac{T_2}{T_0} - R \ln \dfrac{p_2}{p_0} = (6{,}867 + 0{,}8186 - 0{,}2408)$ kJ/(kg K) = 7,445 kJ/(kg K)

b) $G_1 - G_2 = H_1 - H_2 - (T_1 S_1 - T_2 S_2) = T_1 (S_2 - S_1) = T_1 m (s_2 - s_1)$

$\qquad = 673{,}15\ \mathrm{K} \cdot 3{,}0\ \mathrm{kg}\,(7{,}445 - 6{,}626)\ \mathrm{kJ/(kg\ K)} = 1653{,}93$ kJ

Mit $T_2 = T_1$ wird:

$EG_1 - EG_2 = G_1 - G_2 - (T_1 - T_2) S_0 = G_1 - G_2 = 1653{,}93$ kJ

c) $H_1 - H_2 = m\,c_p\,(T_1 - T_2) = 0$ kJ

$EH_1 - EH_2 = H_1 - H_2 - T_0 (S_1 - S_2) = T_0 (S_2 - S_1) = T_0\,m\,(s_2 - s_1)$

$\qquad = 298{,}15\ \mathrm{K} \cdot 3{,}0\ \mathrm{kg}\,(7{,}445 - 6{,}626)\ \mathrm{kJ/(kg\ K)} = 732{,}55$ kJ

d) $(Q_{12})_{rev} = -W_{p12} = m\,R\,T_1 \ln \dfrac{p_1}{p_2}$

$\qquad = 3\ \mathrm{kg} \cdot 0{,}2872\ \mathrm{kJ/(kg\ K)} \cdot 673{,}15\ \mathrm{K} \cdot \ln \dfrac{40\ \mathrm{bar}}{2{,}313\ \mathrm{bar}} = 1653{,}15\ \mathrm{kJ} \approx G_1 - G_2$

$(EQ_{12})_{rev} = \dfrac{T_1 - T_0}{T_1}\,(Q_{12})_{rev} = \dfrac{673{,}15\ \mathrm{K} - 298{,}15\ \mathrm{K}}{673{,}15\ \mathrm{K}} \cdot 1653{,}93\ \mathrm{kJ} = 921{,}38$ kJ

e) $|W_{Kreis}| = (T_1 - T_0)(S_2 - S_1) = (T_1 - T_0)\,m\,(s_2 - s_1)$

$\qquad = (673{,}15 - 298{,}15)\ \mathrm{K} \cdot 3{,}0\ \mathrm{kg}\,(7{,}445 - 6{,}626)\ \mathrm{kJ/(kg\ K)} = 921{,}38$ kJ

$|W_{Kreis}| = EG_1 - EG_2 - (EH_1 - EH_2) = G_1 - G_2 - (EH_1 - EH_2)$

$\qquad = (1653{,}93 - 732{,}55)\ \mathrm{kJ} = 921{,}38$ kJ

$$|(Q_{ab})_{rev}| = (Q_{12})_{rev} - |W_{Kreis}| = (Q_{12})_{rev} - (EQ_{12})_{rev} = (1653{,}93 - 921{,}38)\ \text{kJ} = 732{,}55\ \text{kJ}$$

$$(Q_{ab})_{rev} = -|(Q_{ab})_{rev}| = -732{,}55\ \text{kJ}$$

$$\eta_{th} = 1 - \frac{|(Q_{ab})_{rev}|}{(Q_{zu})_{rev}} = 1 - \frac{732{,}55\ \text{kJ}}{1653{,}93\ \text{kJ}} = 0{,}557 \qquad \eta_{th} = \frac{T_1 - T_0}{T_1} = 0{,}557$$

Dieses Ergebnis stimmt mit dem in Tabelle 7.15 für den *Carnot*-Kreisprozess beim Zustand 3c angegebenen Wert von η_{th} überein.

8.2   Exergie und Anergie

Die Ermittlung des Energieanteils, der als Exergie in jede andere Energieform umwandelbar und damit nutzbar ist, legt zusätzlich auch die Ermittlung des Energieanteils nahe, der sich nicht nutzbar machen lässt. Der nicht als Exergie umwandelbare Anteil der Energie erhält die Bezeichnung Anergie. Jede Energie lässt sich somit in Exergie und Anergie zerlegen:

$$Energie = Exergie + Anergie$$

Die Anwendung dieser Gleichung auf die reversible Wärme (Entropieänderungswärme), die gebundene Energie, die Temperaturänderungswärme, die Volumenänderungsarbeit, die Verschiebearbeit, die Druckänderungsarbeit, die innere Energie, die Enthalpie, die freie Energie und die freie Enthalpie ergibt, wenn man den Anergieanteil einer Energie mit dem vorangestellten Buchstaben A (bzw. a bei spezifischen Energien) kennzeichnet:

Wärme (Entropieänderungs-
wärme)
$$(Q_{12})_{rev} = (EQ_{12})_{rev} + (AQ_{12})_{rev} = EQ_{s12} + AQ_{s12} \tag{8.76}$$

gebundene Energie
$$T\,S = ET\,S + AT\,S \tag{8.77}$$

$$T_2\,S_2 - T_1\,S_1 = ET_2 S_2 - ET_1 S_1 + AT_2 S_2 - AT_1 S_1 \tag{8.78}$$

Temperaturänderungswärme $Q_{T12} = EQ_{T12} + AQ_{T12}$ $\tag{8.79}$

Volumenänderungsarbeit
$$W_{V12} = EW_{V12} + AW_{V12} \tag{8.80}$$

Verschiebearbeit
$$W = EW + AW \tag{8.81}$$

$$W_2 - W_1 = EW_2 - EW_1 + AW_2 - AW_1 \tag{8.82}$$

Druckänderungsarbeit
$$W_{p12} = EW_{p12} \tag{8.83}$$

innere Energie
$$U = EU + AU \tag{8.84}$$

$$U_2 - U_1 = EU_2 - EU_1 + AU_2 - AU_1 \tag{8.85}$$

Enthalpie
$$H = EH + AH \tag{8.86}$$

$$H_2 - H_1 = EH_2 - EH_1 + AH_2 - AH_1 \tag{8.87}$$

freie Energie
$$F = EF + AF \tag{8.88}$$

$$F_2 - F_1 = EF_2 - EF_1 + AF_2 - AF_1 \tag{8.89}$$

freie Enthalpie
$$G = EG + AG \tag{8.90}$$

$$G_2 - G_1 = EG_2 - EG_1 + AG_2 - AG_1 \tag{8.91}$$

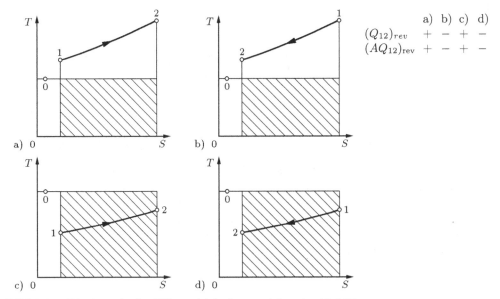

Bild 8.25 Die Anergie der Wärme $(AQ_{12})_{rev} = AQ_{s12}$ im T,S-Diagramm

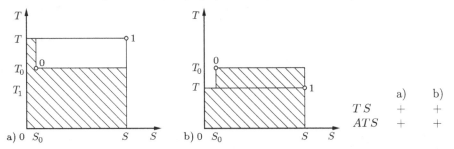

Bild 8.26 Die Anergie der gebundenen Energie ATS im T,S-Diagramm für $S > S_0$

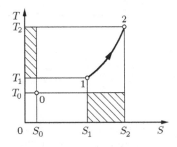

Bild 8.27 Die Anergie der Differenz der gebundenen Energien $AT_2S_2 - AT_1S_1$ im T,S-Diagramm

Aus den Gln. (8.3), (8.9), (8.10), (8.16), (8.19), (8.21), (8.22), (8.26), (8.30), (8.32), (8.35), (8.37), (8.45), (8.47), (8.52) und (8.54) für die Exergien ergeben sich mit den Gln. (8.76) bis (8.91) die folgenden Gleichungen für die Anergien:

Wärme (Entropieänderungs-
wärme)

$$(AQ_{12})_{rev} = AQ_{s12} = T_0 (S_2 - S_1) \qquad (8.92)$$

gebundene Energie

$$ATS = T S_0 + T_0 (S - S_0) \qquad (8.93)$$

$$AT_2 S_2 - AT_1 S_1 = T_0 (S_2 - S_1) + (T_2 - T_1) S_0 \qquad (8.94)$$

Temperaturänderungswärme

$$AQ_{T12} = (T_2 - T_1) S_0 \qquad (8.95)$$

Volumenänderungsarbeit

$$AW_{V12} = -p_0 (V_2 - V_1) \qquad (8.96)$$

Verschiebearbeit

$$AW = p_0 V \qquad (8.97)$$

$$AW_2 - AW_1 = p_0 (V_2 - V_1) \qquad (8.98)$$

Druckänderungsarbeit	$AW_{p12} = 0$	(8.99)
innere Energie	$AU = U_0 + T_0 \left(S - S_0\right) - p_0 \left(V - V_0\right)$	(8.100)
	$AU_2 - AU_1 = T_0 \left(S_2 - S_1\right) - p_0 \left(V_2 - V_1\right)$	(8.101)
Enthalpie	$AH = H_0 + T_0 \left(S - S_0\right)$	(8.102)
	$AH_2 - AH_1 = T_0 \left(S_2 - S_1\right)$	(8.103)
freie Energie	$AF = F_0 - p_0 \left(V - V_0\right) - \left(T - T_0\right) S_0$	(8.104)
	$AF_2 - AF_1 = -p_0 \left(V_2 - V_1\right) - \left(T_2 - T_1\right) S_0$	(8.105)
freie Enthalpie	$AG = G_0 - \left(T - T_0\right) S_0$	(8.106)
	$AG_2 - AG_1 = -\left(T_2 - T_1\right) S_0$	(8.107)

8.2.1   Die Anergie im p, V-Diagramm und im T, S-Diagramm

Nach den Bildern 8.25 und 8.28 bis 8.29 stimmt bei der Wärme, der Volumenänderungsarbeit und der Verschiebearbeit das Vorzeichen der Anergie mit dem Vorzeichen der Energie überein. Das folgt auch aus den Gln. (8.92), (8.96) und (8.97). Nach Gl. (3.24) ist die Wärme positiv, wenn die Entropie zunimmt. Gl. (8.92) zeigt, dass die Anergie der Wärme bei $S_2 > S_1$ positiv ist.

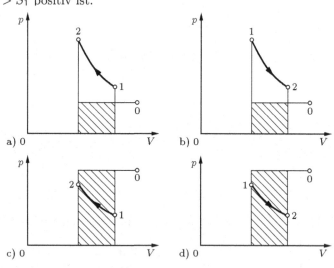

Bild 8.28 Die Anergie der Volumenänderungsarbeit AW_{V12} im p, V-Diagramm

	a)	b)	c)	d)
W_{V12}	+	−	+	−
AW_{V12}	+	−	+	−

Die Anergie der gebundenen Energie (Bild 8.26) kann gemäß Gl. (8.93) — abhängig von den Werten von T, T_0, S und S_0 — positiv oder negativ sein. Die Anergie der Differenz der gebundenen Energien ist entsprechend Gl. (8.94) bei $S_2 > S_1$ und $T_2 > T_1$ positiv und bei $S_2 < S_1$ sowie $T_2 < T_1$ negativ (vgl. Bild 8.27). Beim Auftreten von $S_2 > S_1$ und $T_2 < T_1$ sowie beim Auftreten von $S_2 < S_1$ und $T_2 > T_1$ ist eine Teilfläche positiv und eine Teilfläche negativ. Je nachdem welche Teilfläche überwiegt, kann die Anergie der Differenz der gebundenen Energie positiv, negativ oder gleich null sein.

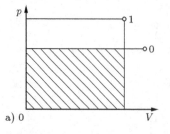 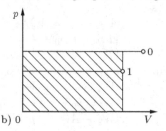

Bild 8.29 Die Anergie der Verschiebearbeit AW im p, V-Diagramm

	a)	b)
W	+	+
AW	+	+

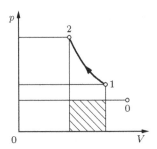

Bild 8.30 Die Anergie der Differenz der Verschiebearbeiten $AW_2 - AW_1$ nach Beispiel 8.5 im p,V-Diagramm

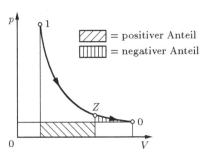

Bild 8.31 Die Anergiedifferenz der inneren Energie $AU - U_0$ nach Beispiel 8.6 im p,V-Diagramm

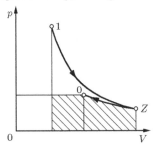

Bild 8.32 Die Anergiedifferenz der inneren Energie $AU - U_0$ nach Beispiel 8.7 im p,V-Diagramm

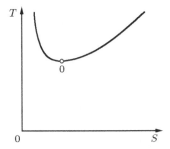

Bild 8.33 Kurve konstanter Anergie der inneren Energie $AU - U_0 = 0$ nach Beispiel 8.6

Bei einer Kompression ist die Volumenänderungsarbeit nach Gl. (2.21) positiv. Gl. (8.96) ergibt für die Anergie der Volumenänderungsarbeit bei $V_2 < V_1$ einen positiven Wert. Bei einer Expansion sind die Volumenänderungsarbeit und die zugehörige Anergie negativ. Die Anergie der Verschiebearbeit nach Gl. (8.97) ist wie die Verschiebearbeit stets positiv. Die Anergie der Differenz der Verschiebearbeiten nach Gl. (8.98) ist positiv bei einer Expansion und negativ bei einer Kompression (Bild 8.30).

Die Bilder 8.31 und 8.32 zeigen die Anergiedifferenz der inneren Energie $AU - U_0$ als Fläche im p,V-Diagramm. In Bild 8.31 ist eine Teilfläche positiv und eine Teilfläche negativ. Je nachdem, welche Teilfläche überwiegt, kann die Anergiedifferenz der inneren Energie positiv, negativ oder gleich null sein. Bild 8.33 enthält in einem T,S-Diagramm für die Daten des Beispiels 8.6 die Kurve $AU - U_0 = 0$. Sie ergibt sich aus

$$p_0 (V - V_0) = T_0 (S - S_0) \tag{8.108}$$

oder mit der thermischen Zustandsgleichung der idealen Gase (4.25)

$$\frac{V}{V_0} = 1 + \frac{S - S_0}{m R} . \tag{8.109}$$

Setzt man Gl. (8.109) in die Gl. (4.57) ein, so erhält man für $AU - U_0 = 0$ die Gleichung

$$T = T_0 \frac{e^{\frac{S - S_0}{m R}(\kappa - 1)}}{\left(1 + \frac{S - S_0}{m R}\right)^{\kappa - 1}} . \tag{8.110}$$

Oberhalb der Grenzkurve nach Gl. (8.110) ist $AU - U_0$ positiv, unterhalb der Grenzkurve negativ.

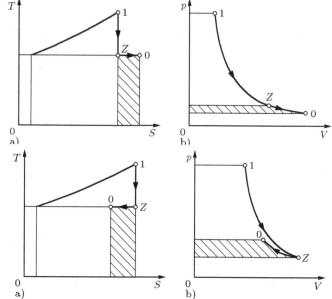

Bild 8.34 Die Anergiedifferenz der Enthalpie $AH - H_0$ nach Beispiel 8.9 im
a) T, S-Diagramm
b) p, V-Diagramm

Bild 8.35 Die Anergiedifferenz der Enthalpie $AH - H_0$ nach Beispiel 8.10 im
a) T, S-Diagramm
b) p, V-Diagramm

Die Anergiedifferenz der Enthalpie $AH - H_0$ ist nach Gl. (8.102) dann negativ, wenn der Punkt, der den Zustand im T, S-Diagramm beschreibt, links vom Umgebungszustand liegt (Bild 8.34). Für einen Zustand mit größerer Entropie als der des Umgebungszustands ist $AH - H_0$ positiv (Bild 8.35). Bei einer isentropen Zustandsänderung liegt nach Gl. (8.103) keine Änderung der Anergie der Enthalpie vor. Da die Änderung der Anergie der Enthalpie gleich der Anergie der Wärme (Entropieänderungswärme) ist, erhält man bei einer Zustandsänderung mit Wärmezufuhr einen positiven Wert für die Anergiedifferenz der Enthalpie. Der Wert wird negativ bei Wärmeabgabe. Die Isentropen sind Kurven konstanter Anergie der Enthalpie. Das Beispiel 8.13 behandelt eine Zustandsänderung, bei der die Änderung der Anergie der Enthalpie positiv ist (Bild 8.36).

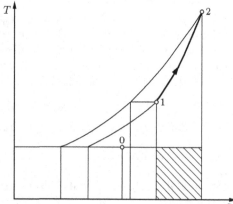

Bild 8.36 Die Änderung der Anergie der Enthalpie $AH_2 - AH_1$ nach Beispiel 8.13 im T, S-Diagramm

Das h, s-Diagramm für Ammoniak nach Bild 8.19 enthält Linien konstanter Exergie der Enthalpie. Die Linien konstanter Anergie der Enthalpie muss man sich als Senkrechte vorstellen, wobei die Gerade für $ah = 0$ bei $s = -0{,}7129\,\text{kJ}/(\text{kg K})$ verläuft. Nach rechts nimmt der Betrag der spezifischen Anergie der Enthalpie ah zu. Im Bezugspunkt für die Berechnung der Exergie ist $ah = h_0$.

8.2.2   Anergiefreie Energien

Alle Energiearten, die vollständig in jede andere Energieart umwandelbar sind, bestehen nur aus Exergie. Dazu gehören

potentielle Energie	innere Arbeit
kinetische Energie	Totalarbeit
Druckänderungsarbeit	Kreisprozessarbeit
Kupplungsarbeit	

Eine Sonderstellung nimmt die

Reibungsarbeit

ein. Sie besteht zwar nur aus Exergie, ihre Umwandlungsfähigkeit ist jedoch auf eine Energieart beschränkt: Reibungsarbeit führt unmittelbar stets zu einer Erhöhung der inneren Energie. Innere Reibungsarbeit bewirkt eine Erhöhung der inneren Energie des Systems oder eines Stoffes, äußere Reibungsarbeit erhöht die innere Energie der Umgebung. Wegen dieser Einschränkung sagt man besser nicht: "Die Reibungsarbeit besteht nur aus Exergie", weil man dann der Reibungsarbeit eine unbeschränkte Umwandlungsfähigkeit in jede beliebige Energieart zuordnen würde. Im Gegenteil verbraucht die Reibungsarbeit als Prozessgröße Exergie. In einer Exergiebilanz muss die Reibungsarbeit jedoch wie eine anergiefreie Energie behandelt werden.

8.3   Exergieverlust

Im Gegensatz zum Gesetz von der Erhaltung der Energie gibt es kein allgemein gültiges Gesetz von der Erhaltung der Exergie. Eine Erhaltung der Exergie gibt es nur bei reversiblen Prozessen. Irreversible Prozesse sind mit einem Exergieverlust verbunden. Da nach dem zweiten Hauptsatz alle natürlichen und technischen Prozesse irreversibel sind, kann man den zweiten Hauptsatz auch als Prinzip der Exergievernichtung bezeichnen: In einem abgeschlossenen System gehen Energieumwandlungsvorgänge stets mit einer Verringerung der Exergie einher.

8.3.1   Irreversibilität und Exergieverlust

Die Ursachen für die Irreversibilität sind die Reibung und die Ausgleichsvorgänge des Temperatur-, Druck- und Konzentrationsausgleichs bzw. des Entropieangleichs sowie der Wärmeübertragung, der Drosselung und der Stoffmischung. Die innere Reibungsarbeit W_{RI} eines wirklichen Prozesses erscheint beim reversiblen Ersatzprozess als Wärme (Entropieänderungswärme) $(Q_{12})_{rev}$, wenn der wirkliche Prozess adiabat ist, oder nach Gl. (3.78) als ein Teil dieser Wärme, wenn der wirkliche Prozess nichtadiabat ist. In jedem Fall besteht derjenige Teil der Wärme, welcher der inneren Reibungsarbeit im wirklichen Prozess entspricht, im reversiblen Ersatzprozess aus Exergie und Anergie. Beim wirklichen Prozess kann die innere Reibungsarbeit jedoch keinen Anergieanteil enthalten, weil Reibungsarbeit eine mechanische Arbeit ist und als solche einen vollen Exergieeinsatz erfordert. Der Exergieaufwand der Reibungsarbeit W_{RI} beim wirklichen

Prozess ist um den Anergieanteil der reversiblen Ersatzwärme für die innere Reibungs-arbeit beim reversiblen Ersatzprozess größer. Dieser Mehraufwand an Exergie ist der Exergieverlust E_{VI} der inneren Reibungsarbeit W_{RI}:

$$E_{VI} = (AQ_{12})_{rev} \tag{8.111}$$

Entsprechend besteht auch die äußere Reibungsarbeit W_{RA} nur aus Exergie und ver-ursacht den Exergieverlust E_{VA}.

Der reversible Ersatzprozess in einem geschlossenen System wird durch Gl. (3.73) be-schrieben:

$$(Q_{12})_{rev} + W_{V12} = U_2 - U_1 \tag{8.112}$$

Zu dieser Gleichung gehört die Exergiebilanz

$$(EQ_{12})_{rev} + EW_{V12} = EU_2 - EU_1 . \tag{8.113}$$

Für den wirklichen Prozess gilt Gl. (3.72)

$$Q_{12} + |W_{RI}| + W_{V12} = U_2 - U_1 . \tag{8.114}$$

Da in der Exergiebilanz die innere Reibungsarbeit voll eingesetzt wird, muss zum Aus-gleich auf der rechten Seite der Exergieverlust E_{VI} erscheinen:

$$EQ_{12} + |W_{RI}| + EW_{V12} = EU_2 - EU_1 + E_{VI} \tag{8.115}$$

Beispiel 8.18 Die in Beispiel 8.8 beschriebene Zustandsänderung soll als eine adiabate Expansion mit Reibung aufgefasst werden. Wie groß ist der Exergieverlust, der durch die innere Reibungsarbeit verursacht wird?

Die Energiebilanz des reversiblen Ersatzprozesses nach Gl. (8.112) ergibt

$$(Q_{12})_{rev} + W_{V12} \qquad = U_2 - U_1$$

$$90{,}67 \text{ kJ} - 326{,}01 \text{ kJ} = -235{,}34 \text{ kJ} .$$

Es folgt die Aufteilung der einzelnen Energien in Exergie und Anergie nach den Gln. (8.76), (8.80) und (8.85):

$$(Q_{12})_{rev} = 29{,}13 \text{ kJ} + 61{,}54 \text{ kJ}$$

$$W_{V12} = -263{,}43 \text{ kJ} - 62{,}58 \text{ kJ}$$

$$U_2 - U_1 = -234{,}30 \text{ kJ} - 1{,}04 \text{ kJ}$$

Somit lautet die Exergiebilanz nach Gl. (8.113):

$$(EQ_{12})_{rev} + EW_{V12} \qquad = EU_2 - EU_1$$

$$29{,}13 \text{ kJ} \quad - 263{,}43 \text{ kJ} \quad = -234{,}30 \text{ kJ}$$

Da die Zustandsänderung adiabat sein soll, wird in Gl. (8.115) $EQ_{12} = 0$. Da nach Gl. (3.78)

$$|W_{RI}| = (Q_{12})_{rev}$$

wird, ist der Exergieverlust

$$E_{VI} = (AQ_{12})_{rev} = 61{,}54 \text{ kJ} .$$

Die Exergiebilanz nach Gl. (8.115) lautet

$$|W_{RI}| \quad + EW_{V12} \qquad = \quad EU_2 - EU_1 + E_{VI}$$

$$90{,}67 \text{ kJ} - 263{,}43 \text{ kJ} \quad = \quad -234{,}30 \text{ kJ} + 61{,}54 \text{ kJ}$$

Der erste Hauptsatz für den reversiblen Ersatzprozess in einem offenen System kann nach Gl. (3.75) wie folgt geschrieben werden:

$$(Q_{12})_{rev} + W_{p12} = H_2 - H_1 \qquad (8.116)$$

In der Exergiebilanz

$$(EQ_{12})_{rev} + W_{p12} = EH_2 - EH_1 \qquad (8.117)$$

erscheint die Druckänderungsarbeit, weil sie keine Anergie enthält. Für den wirklichen Prozess gilt Gl. (3.74)

$$Q_{12} + |W_{RI}| + W_{p12} = H_2 - H_1 . \qquad (8.118)$$

$|W_{RI}|$ kommt auch in der Exergiebilanz vor. Auf der rechten Seite findet man den Exergieverlust E_{VI}:

$$EQ_{12} + |W_{RI}| + W_{p12} = EH_2 - EH_1 + E_{VI} \qquad (8.119)$$

Beispiel 8.19 Wie groß ist der Exergieverlust infolge der inneren Reibungsarbeit, wenn die Verdichtung in Beispiel 8.13 als adiabat und irreversibel zu betrachten ist?

Der Polytropenexponent ist nach Gl. (4.144) $n = 4{,}5314$. Die Wärme und die Druckänderungsarbeit werden nach Tabelle 4.3 Gl. (4) und Tabelle 4.2 Gl. (4) berechnet.

Reversibler Ersatzprozess gemäß den Gln. (8.116) und (8.117):

Energie: $(Q_{12})_{rev} + W_{p12} = H_2 - H_1$ 610,78 kJ + 353,54 kJ = 964,32 kJ

Exergie: $(EQ_{12})_{rev} + W_{p12} = EH_2 - EH_1$ 381,27 kJ + 353,54 kJ = 734,81 kJ

Wirklicher Prozess gemäß Gl. (8.119):

Exergie: $|W_{RI}| + W_{p12} = EH_2 - EH_1 + E_{VI}$ 610,78 kJ + 353,54 kJ = 734,81 kJ
                                                                        + 229,51 kJ

Der Exergieverlust ist

$$E_{VI} = (AQ_{12})_{rev} = 229{,}51 \text{ kJ} .$$

Bei der Wärmeübertragung sind zwei Systeme zu betrachten. Das Fluid mit der höheren Temperatur gibt zwischen den Zuständen 1 und 2 die Wärme Q_{12} ab. Da bei der Wärmeabgabe die Entropie abnimmt, ist Q_{12} negativ. Das Fluid mit der niedrigeren Temperatur nimmt zwischen den Zuständen $1'$ und $2'$ die Wärme $Q_{1'2'}$ auf. Zur Vereinfachung der Schreibweise soll sie im Folgenden mit Q'_{12} bezeichnet werden. Sie ist positiv. Beide Systeme bilden miteinander ein adiabates Gesamtsystem (Abschnitt 3.2.2), so dass

$$Q'_{12} = - Q_{12} \qquad (8.120)$$

ist. Für die zugehörigen Exergien gilt

$$EQ'_{12} < -EQ_{12} . \qquad (8.121)$$

Zieht man die kleinere Exergie des kälteren Fluids EQ'_{12} von der größeren Exergie des wärmeren Fluids $-EQ_{12}$ ab, so erhält man den Exergieverlust der Wärmeübertragung E_{VW}:

$$E_{VW} = -EQ_{12} - EQ'_{12} \qquad (8.122)$$

Betrachtet man Wärmeströme und somit den Exergieverluststrom, so gilt

$$\dot{E}_{VW} = -E\dot{Q}_{12} - E\dot{Q}'_{12} .\qquad(8.123)$$

Das folgende Beispiel zeigt, dass der Exergieverlust bei der Wärmeübertragung um so größer ist, je tiefer die Temperaturen sind.

Beispiel 8.20 In einem Gegenstrom-Wärmeübertrager werden 0,5 kg/s Helium ($R = 2{,}0773$ kJ/(kg K); $\kappa = 1{,}6667$ durch 1,8 kg/s Luft ($R = 0{,}287$ kJ/(kg K); $\kappa = 1{,}4$) gekühlt. Die Temperaturabnahme des Heliums beträgt 56 K, die Differenz zwischen den Eintrittstemperaturen des Heliums und der Luft ist 150 K. Daraus folgt bei isobaren Zustandsänderungen und konstantem Stoffstrom ein Wärmestrom von 145,411 kW. Wie groß ist der Exergieverluststrom der Wärmeübertragung $\dot{E}_{VW}$ (Umgebungszustand 1 bar, 20 °C) in den vier Fällen mit den Eintrittstemperaturen des Heliums 200 °C, 125 °C, 83 °C und -10 °C?

Die Exergieströme $E\dot{Q}_{12}$ und $E\dot{Q}'_{12}$ werden mit Gl. (8.3) berechnet. Die Ergebnisse sind in der folgenden Tabelle und in Bild 8.37 dargestellt.

t_1	t'_1	$E\dot{Q}_{12}$	$E\dot{Q}'_{12}$	$\dot{E}_{VW}$
°C	°C	kW	kW	kW
200	50	$-49{,}53$	27,61	21,92
125	-25	$-30{,}03$	$-3{,}38$	33,41
83	-67	$-15{,}19$	$-29{,}18$	44,37
-10	-160	36,73	$-139{,}19$	102,46

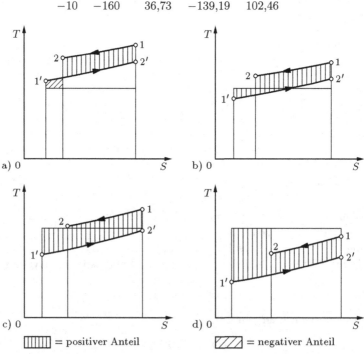

a) 0   b) 0   c) 0   d) 0

$\boxed{||||||}$ = positiver Anteil $\boxed{////}$ = negativer Anteil

Bild 8.37 Der Exergieverlust der Wärmeübertragung nach Beispiel 8.20

Im Bild 8.37 sind Energien dargestellt, die aus den jeweiligen Leistungen durch Multiplikation mit der Zeitdauer τ gewonnen werden. Dabei sind die Flächen für $\dot{Q}_{12}\,\tau$ und $\dot{Q}'_{12}\,\tau$ willkürlich so gezeichnet, dass die Punkte 1 und 2' übereinander liegen. Für die Darstellung des Umgebungszustands im T,S-Diagramm ergibt sich dadurch bei jedem

Fluid ein anderer Punkt. Deshalb wurde auf die Markierung des Umgebungszustands verzichtet.

Nach Abschnitt 3.2.4 wird bei der Drosselung innere Reibungsarbeit umgesetzt. Der Exergieverlust der Drosselung E_{VD} lässt sich daher wie der Exergieverlust der inneren Reibungsarbeit E_{VI} bestimmen. Analog zu Gl. (8.111) ist der Exergieverlust der Drosselung

$$E_{VD} = (AQ_{12})_{rev} . \tag{8.124}$$

Beispiel 8.21 Einem Behälter mit einem Druck von 10 bar werden bei einer Temperatur von 450 K 2,5 kg eines idealen Gases ($R = 0{,}287$ kJ/(kg K); $\kappa = 1{,}4$) entnommen und auf 2 bar gedrosselt. Wie groß ist der Exergieverlust? Wie groß wäre der Exergieverlust der Drosselung bei einer Temperatur von 150 K, wenn man mit denselben Stoffwerten rechnen darf? Die Umgebungstemperatur ist 20 °C.

Nach Gl. (8.124) und Gl. (8.92) ist in beiden Fällen der Exergieverlust der Drosselung

$$E_{VD} = 338{,}52 \text{ kJ} .$$

In Bild 8.38 ist der Exergieverlust der Drosselung E_{VD} als schraffierte Fläche dargestellt.

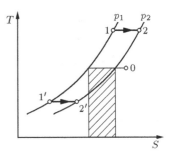

Bild 8.38 Der Exergieverlust bei der Drosselung eines idealen Gases nach Beispiel 8.21. Die Kurven $1 - 1'$ und $2 - 2'$ sind die Isobaren für $p_1 = 10$ bar und $p_2 = 2$ bar.

8.3.2 Exergieverlust und Anergiegewinn

Weil nach Abschnitt 8.2 Energie eine Summe aus Exergie und Anergie ist, muss eine Abnahme der Exergie bei irreversiblen Prozessen mit einer Zunahme der Anergie verbunden sein. Eine solche Zunahme von Anergie wird häufig — nicht sonderlich glücklich — als Anergiegewinn bezeichnet. Ein Verschwinden von Exergie bei gleichbleibender Anergie käme einem Verschwinden von Energie gleich, was nach dem ersten Hauptsatz ebenso unmöglich ist wie eine Neuschöpfung von Energie. Dies wäre ein perpetuum mobile erster Art, weil dies gegen den ersten Hauptsatz verstieße. Die Exergiegewinnung aus Anergie wäre ein perpetuum mobile zweiter Art, weil dies gegen den zweiten Hauptsatz verstieße.

Mit E_V für den Exergieverlust und A_G für den Anergiegewinn gilt

$$A_G = E_V . \tag{8.125}$$

Beide Größen sollen stets positiv sein. Analog zum Exergieverlust soll der Anergiegewinn durch innere Reibungsarbeit mit A_{GI}, durch äußere Reibungsarbeit mit A_{GA}, der Anergiegewinn bei der Wärmeübertragung mit A_{GW} und bei der Drosselung mit A_{GD} bezeichnet werden.

Zu den Energie- und Exergiebilanzen eines geschlossenen Systems nach den Gln. (8.112) bis (8.115) gehören die Anergiebilanzen für den reversiblen Ersatzprozess

$$(AQ_{12})_{rev} + AW_{V12} = AU_2 - AU_1 \tag{8.126}$$

und für den wirklichen Prozess

$$AQ_{12} + AW_{V12} = AU_2 - AU_1 - A_{GI} . \tag{8.127}$$

Da der Teil der Anergie $(AQ_{12})_{rev}$, der formal auf die innere Reibungsarbeit entfällt, auf der linken Seite der Gl. (8.127) fehlt, muss derselbe Betrag als Anergiegewinn A_{GI} auf der rechten Seite der Gl. (8.127) abgezogen werden.

Beispiel 8.22 Das Beispiel 8.18 (adiabate irreversible Expansion) ist um die Anergiebilanz zu ergänzen.

Für den reversiblen Ersatzprozess gilt gemäß den Gln. (8.12), (8.113) und (8.126)

Energie: $(Q_{12})_{rev} + W_{V12} = U_2 - U_1$ 90,67 kJ $-$ 326,01 kJ $= -$ 235,34 kJ

Exergie: $(EQ_{12})_{rev} + EW_{V12} = EU_2 - EU_1$ 29,13 kJ $-$ 263,43 kJ $= -$ 234,30 kJ

Anergie: $(AQ_{12})_{rev} + AW_{V12} = AU_2 - AU_1$ 61,54 kJ $-$ 62,58 kJ $= -$ 1,04 kJ.

Für den wirklichen Prozess gilt gemäß den Gln. (8.114), (8.115) und (8.127)

Energie: $|W_{RI}| + W_{V12} = U_2 - U_1$ 90,67 kJ $-$ 326,01 kJ $= -$ 235,34 kJ

Exergie: $|W_{RI}| + EW_{V12} = EU_2 - EU_1 + E_{VI}$ 90,67 kJ $-$ 263,43 kJ $= -$ 234,30 kJ $+$ 61,54 kJ

Anergie: $AQ_{12} + AW_{V12} = AU_2 - AU_1 - A_{GI}$ 0 kJ $-$ 62,58 kJ $= -$ 1,04 kJ $-$ 61,54 kJ.

Die Anergiebilanzen, die zu den Energie- und Exergiebilanzen eines offenen Systems nach den Gln. (8.116) bis (8.119) gehören, sind für den reversiblen Ersatzprozess

$$(AQ_{12})_{rev} = AH_2 - AH_1 \tag{8.128}$$

und für den wirklichen Prozess

$$AQ_{12} = AH_2 - AH_1 - A_{GI} . \tag{8.129}$$

In dem Ausdruck für die Anergie der reversiblen Ersatzwärme $(AQ_{12})_{rev}$ sind nach Gl. (3.78) die Anteile AQ_{12} und $|AW_{RI}|$ enthalten. Nach Abschnitt 8.2.2 wird in der Anergiebilanz des wirklichen Prozesses $|AW_{RI}| = 0$. Zum Ausgleich muss man den Anergiegewinn $A_{GI} = |AW_{RI}|$ des reversiblen Ersatzprozesses einführen. Wenn man den Anergiegewinn auf die rechte Seite der Gl. (8.129) bringt, muss man ihn mit einem Minuszeichen versehen. Dies ist dieselbe Überlegung, die auch für die Gl. (8.127) gilt.

Beispiel 8.23 Die Anwendung der Energie-, Exergie- und Anergiebilanzen für das Beispiel 8.19 ergibt beim reversiblen Ersatzprozess gemäß den Gln. (8.116), (8.117) und (8.128):

$$(Q_{12})_{rev} + W_{p12} = H_2 - H_1$$

Energie: 610,78 kJ $+$ 353,54 kJ $=$ 964,32 kJ

Exergie: 381,27 kJ $+$ 353,54 kJ $=$ 734,81 kJ

Anergie: 229,51 kJ $+$ 0 kJ $=$ 229,51 kJ

Für den wirklichen Prozess gemäß den Gln. (8.118), (8.119) und (8.129) gilt:

$$|W_{RI}| \qquad + W_{p12} \qquad = H_2 - H_1$$

Energie: 610,78 kJ + 353,54 kJ = 964,32 kJ

Exergie: 610,78 kJ + 353,54 kJ = 734,81 kJ + 229,51 kJ

Anergie: 0 kJ   + 0 kJ   = 229,51 kJ − 229,51 kJ

Für die Wärmeübertragung folgt aus den Gln. (8.76) und (8.120)

$$EQ'_{12} + AQ'_{12} = -EQ_{12} - AQ_{12} \tag{8.130}$$

oder

$$-EQ_{12} - EQ'_{12} = AQ_{12} + AQ'_{12} \tag{8.131}$$

Die Gln. (8.122) und (8.125) ergeben mit Gl. (8.131) den Anergiegewinn der Wärme-übertragung

$$A_{GW} = AQ_{12} + AQ'_{12} \; . \tag{8.132}$$

Entsprechend ist der Anergiegewinnstrom

$$\dot{A}_{GW} = A\dot{Q}_{12} + A\dot{Q}'_{12} \; . \tag{8.133}$$

Eine Darstellung des Anergiegewinns der Wärmeübertragung im T, S-Diagramm nach Beispiel 8.20 zeigt das Bild 8.39.

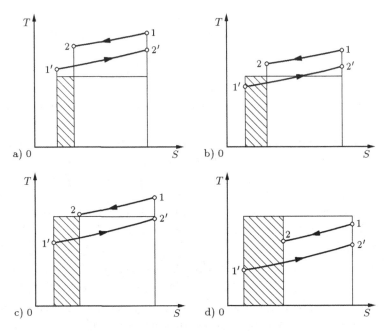

Bild 8.39 Der Anergiegewinn bei der Wärmeübertragung nach Beispiel 8.20

Der Anergiegewinn bei der Drosselung A_{GD} ist nach den Gln. (8.124) und (8.125)

$$A_{GD} = (AQ_{12})_{rev} \; . \tag{8.134}$$

Die schraffierte Fläche in Bild 8.38 stellt sowohl den Exergieverlust E_{VD} als auch den Anergiegewinn A_{GD} dar.

8.3.3   Exergetische Wirkungsgrade

Ein Wirkungsgrad kann z. B. der Quotient aus Nutzen und Aufwand sein. Drückt man den Nutzen und den Aufwand durch Exergien aus, so erhält man einen exergetischen Wirkungsgrad. Während der thermische Wirkungsgrad η_{th} den Höchstwert 1 auch theoretisch nie erreichen kann, ist ein exergetischer Wirkungsgrad $\zeta = 1$ denkbar. Die obere Grenze für den thermischen Wirkungsgrad $\eta_{th} < 1$ ergibt sich daraus, dass bei einem rechtslaufenden Kreisprozess nicht nur Wärme zugeführt, sondern auch abgeführt werden muss. Zu einem exergetischen Wirkungsgrad $\zeta = 1$ kann man bei einem rechtslaufenden reversiblen Kreisprozess gelangen. Setzt man in Analogie zu Gl. (7.36)

$$\zeta = \frac{(EQ_{zu})_{rev} - |(EQ_{ab})_{rev}|}{(EQ_{zu})_{rev}} ,$$ (8.135)

so wird bei reversibler Wärmeübertragung an die Umgebung mit verschwindendem Temperaturgefälle die Exergie $(EQ_{ab})_{rev} = 0$ und damit $\zeta = 1$.
Exergetische Wirkungsgrade erhält man aus Exergiebilanzen nach dem ersten Hauptsatz, die auf folgende Form gebracht werden:

$$\text{Exergienutzen} = \text{Exergieaufwand} - \text{Exergieverlust}$$

Jeder Ausdruck des ersten Hauptsatzes muss entweder als Nutzen, als Aufwand oder als Verlust eingestuft werden. Den exergetischen Wirkungsgrad erhält man dann als

$$\zeta = \frac{\text{Exergienutzen}}{\text{Exergieaufwand}} = 1 - \frac{\text{Exergieverlust}}{\text{Exergieaufwand}} .$$

Es folgt eine Anwendung dieser Betrachtung auf ein offenes System für den Fall des Verdichters, wobei die Änderungen der potentiellen Energie und der kinetischen Energie vernachlässigt werden. Da es verschiedene Möglichkeiten der Formulierung des Energienutzens und des Energieaufwands gibt, sind auch verschiedene exergetische Wirkungsgrade möglich [4].
Geht man von Tabelle 6.1 Gl. (10) für den ersten Hauptsatz aus, so kann man die Exergiebilanz wie folgt schreiben:

$$EH_2 - EH_1 - EQ_{12} = W_i - E_{VI} .$$ (8.136)

Als Nutzen ist die Exergiezunahme der Enthalpie und die Exergie der bei der Kühlung abgeführten Wärme ausgewiesen. EQ_{12} ist negativ. Den Aufwand stellt die innere Arbeit W_i dar. Zu Gl. (8.136) gehört der exergetische Wirkungsgrad

$$\zeta = \frac{EH_2 - EH_1 - EQ_{12}}{W_i} = 1 - \frac{E_{VI}}{W_i} .$$ (8.137)

Soll die Exergie der Wärme nicht zum Exergienutzen gerechnet werden, so erscheint sie auf der rechten Seite als Minderung des Aufwands:

$$EH_2 - EH_1 = W_i + EQ_{12} - E_{VI}$$ (8.138)

Der exergetische Wirkungsgrad ist in diesem Falle

$$\zeta = \frac{EH_2 - EH_1}{W_i + EQ_{12}} = 1 - \frac{E_{VI}}{W_i + EQ_{12}} .$$ (8.139)

Geht die Exergie der Wärme bei der Kühlung durch Kühlluft oder Kühlwasser von Umgebungszustand verloren, so ist sie nach Gl. (8.122) mit $EQ'_{12} = 0$

$$E_{VW} = -EQ_{12} \qquad (8.140)$$

zum Exergieverlust zu zählen.

$$EH_2 - EH_1 = W_i - E_{VI} - E_{VW} \qquad (8.141)$$

Der exergetische Wirkungsgrad ist dann

$$\zeta = \frac{EH_2 - EH_1}{W_i} = 1 - \frac{E_{VI} + E_{VW}}{W_i} . \qquad (8.142)$$

Setzt man in die Gl. (10) der Tabelle 6.1 die Gl. (6.38) ein, so kann man mit

$$|W_{RA}| = E_{VA} \qquad (8.143)$$

folgende Exergiebilanz formulieren:

$$EH_2 - EH_1 - EQ_{12} = W_e - E_{VI} - E_{VA} \qquad (8.144)$$

Hier ist die Exergie der Wärme wieder Bestandteil des Exergienutzens. Der folgende exergetische Wirkungsgrad berücksichtigt den Exergieverlust der inneren und äußeren Reibungsarbeit:

$$\zeta = \frac{EH_2 - EH_1 - EQ_{12}}{W_e} = 1 - \frac{E_{VI} + E_{VA}}{W_e} \qquad (8.145)$$

Bringt man die Exergie der Wärme auf die rechte Seite der Gl. (8.144), so erscheint sie dort als Minderung des Aufwands, und die Exergiebilanz wird zu

$$EH_2 - EH_1 = W_e + EQ_{12} - E_{VI} - E_{VA} . \qquad (8.146)$$

Damit wird der exergetische Wirkungsgrad

$$\zeta = \frac{EH_2 - EH_1}{W_e + EQ_{12}} = 1 - \frac{E_{VI} + E_{VA}}{W_e + EQ_{12}} . \qquad (8.147)$$

Wird die Exergie der Wärme nach Gl. (8.140) ein Bestandteil des Exergieverlusts, so ist die Exergiebilanz

$$EH_2 - EH_1 = W_e - E_{VI} - E_{VA} - E_{VW} . \qquad (8.148)$$

Dann nimmt der exergetische Wirkungsgrad folgende Gestalt an:

$$\zeta = \frac{EH_2 - EH_1}{W_e} = 1 - \frac{E_{VI} + E_{VA} + E_{VW}}{W_e} \qquad (8.149)$$

Beispiel 8.24 Ein gekühlter Verdichter saugt einen Volumenstrom von 0,15 m³/s eines idealen Gases ($c_p = 1,05$ kJ/(kg K); $\kappa = 1,4$) beim Umgebungszustand 1 bar und 18 °C an. Im Endzustand hat das Gas einen Druck von 3,5 bar und eine Dichte von 3,34 kg/m³. Durch Kühlung wird ein Wärmestrom von 14 kW an die Umgebung abgeführt. Als mittlere

Temperatur der Wärmeabgabe kann man die Endtemperatur der Verdichtung betrachten. Der mechanische Wirkungsgrad ist 0,96.

Man berechne die exergetischen Wirkungsgrade nach den Gln. (8.137), (8.139), (8.142), (8.145), (8.147) und (8.149).

Das Gas hat gemäß Gl. (4.49) die spezielle Gaskonstante $R = 0,3$ kJ/(kg K) und gemäß Gl. (4.25) für den Zustand 1 den Massenstrom $\dot{m} = 0,17173$ kg/s. Die Endtemperatur der Verdichtung ist gemäß Gl. (4.27) für den Zustand 2 $T_2 = 349,30$ K. Der Polytropenexponent der Verdichtung ist mit Gl. (4.144) $n = 1,17008$. Mit Gl. (4) aus Tabelle 4.3 ergibt sich $(\dot{Q}_{12})_{rev} = 10,125$ kW.

Die Exergie des durch Kühlung abgeführten Wärmestroms ist in Anlehnung an Gl. (8.6)

$$E\dot{Q}_{12} = \left(1 - \frac{T_0}{T_m}\right)\dot{Q}_{12} = \left(1 - \frac{291,15 \text{ K}}{349,30 \text{ K}}\right)\cdot(-14 \text{ kW}) = -2,331 \text{ kW}.$$

Die reversible Ersatzwärme kann man gemäß Gl. (3.78) wie folgt aufgliedern:

	$(\dot{Q}_{12})_{rev}$	$= \dot{Q}_{12}$	$+ |W_{RI}|$	
Energie:	$-10,125$ kW	$= -14$ kW	$+3,875$ kW	
Exergie:	$-0,894$ kW	$= -2,331$ kW	$+3,875$ kW $- 2,438$ kW	
Anergie:	$-9,231$ kW	$= -11,669$ kW	$+0$ kW	$+2,438$ kW

Für die Berechnung von $(EQ_{12})_{rev} = -0,894$ kW ist Gl. (8.6) zu verwenden, wobei T_m mit Gl. (8.7) und hierin die Entropiestromdifferenz mit Gl. (4.58) bestimmt werden können.

Bei Vernachlässigung der potentiellen Energie und der kinetischen Energie gelten mit Gl. (4.43), Gl. (1) aus Tabelle 6.1, Gl. (2.77) und Gl. (1) aus Tabelle 6.3 folgende Bilanzen:

	$\dot{Q}_{12}$	$+ \dot{W}_i$	$= \dot{H}_2 - \dot{H}_1$	
Energie:	-14 kW	$+24,486$ kW	$= 10,486$ kW	
Exergie:	$-2,331$ kW	$+24,486$ kW	$= 19,717$ kW	$+2,438$ kW
Anergie:	$-11,669$ kW	$+0$ kW	$= -9,231$ kW	$-2,438$ kW

	$\dot{Q}_{12}$	$+ \dot{W}_e$	$- |\dot{W}_{RA}|$	$= \dot{H}_2 - \dot{H}_1$	
Energie:	-14 kW	$+25,506$ kW	$-1,020$ kW	$= 10,486$ kW	
Exergie:	$-2,331$ kW	$+25,506$ kW	$-1,020$ kW	$= 19,717$ kW	$+2,438$ kW
Anergie:	$-11,669$ kW	$+0$ kW	-0 kW	$= -9,231$ kW	$-2,438$ kW

Die exergetischen Wirkungsgrade sind

Gl. (8.137): $\zeta = 0,9004$ Gl. (8.145): $\zeta = 0,8644$

Gl. (8.139): $\zeta = 0,8900$ Gl. (8.147): $\zeta = 0,8508$

Gl. (8.142): $\zeta = 0,8052$ Gl. (8.149): $\zeta = 0,7730$.

Für einen rechtslaufenden idealen Kreisprozess gilt der exergetische Wirkungsgrad nach Gl. (8.135) oder

$$\zeta = \frac{|(W_e)_{id}|}{(EQ_{zu})_{rev}} = \frac{-W_{Kreis}}{(EQ_{zu})_{rev}}. \tag{8.150}$$

Bei einem rechtslaufenden wirklichen Kreisprozess ist der exergetische Wirkungsgrad in Anlehnung an die Gln. (7.31) bis (7.34)

$$\zeta = \frac{-W_e}{EQ_{zu}} = \frac{|W_e|}{EQ_{zu}} = \frac{-W_{Kreis} - |W_{RI}| - |W_{RA}|}{EQ_{zu}} \tag{8.151}$$

$$\zeta = \frac{EQ_{zu} - |EQ_{ab}| - |W_{RA}|}{EQ_{zu}} = 1 - \frac{|EQ_{ab}| + |W_{RA}|}{EQ_{zu}} . \tag{8.152}$$

Beispiel 8.25 Für die Dampfkraftanlage nach Beispiel 7.5 sind die exergetischen Wirkungsgrade des reversiblen *Clausius-Rankine*-Prozesses und des wirklichen Prozesses zu bestimmen. Umgebungsdruck und Umgebungstemperatur sind 1 bar und 20 °C.

Punkt	h	s
	kJ/kg	kJ/(kg K)
1	3097,37	6,2139
2	2609,40	6,4195
3	2520,67	6,2139
4	670,50	1,9311
5	680,83	1,9311
6	682,51	1,9352

Es gelten die Bezeichnungen des Beispiels 7.5. Für den reversiblen *Clausius-Rankine*-Prozess gilt nach Gl. (8.150):

$$\zeta = \frac{-\dot{W}_{Kreis}}{(E\dot{Q}_{zu})_{rev}}$$

Nach Tabelle 7.2 Gl. (1) ist

$$-\dot{W}_{Kreis} = (\dot{Q}_{zu})_{rev} - |(\dot{Q}_{ab})_{rev}| .$$

$$(\dot{Q}_{zu})_{rev} = \dot{m}(h_1 - h_5) = 40 \cdot 10^3 \text{ kg/h} \cdot (3097,37 - 680,83) \text{ kJ/kg} = 26,850 \text{ MW}$$

$$|(\dot{Q}_{ab})_{rev}| = \dot{m}(h_3 - h_4) = 40 \cdot 10^3 \text{ kg/h} \cdot (2520,67 - 670,50) \text{ kJ/kg} = 20,557 \text{ MW}$$

$$-\dot{W}_{Kreis} = 6,293 \text{ MW}$$

$$\begin{aligned}
(E\dot{Q}_{zu})_{rev} &= (\dot{Q}_{zu})_{rev} - T_0 \dot{m}(s_1 - s_5) \\
&= 26,850 \text{ MW} - 293,15 \text{ K} \cdot 40 \cdot 10^3 \text{ kg/h} \cdot (6,2139 - 1,9311) \text{ kJ/(kg K)} \\
&= 12,900 \text{ MW}
\end{aligned}$$

$$\zeta = \frac{6,293 \text{ MW}}{12,900 \text{ MW}} = 0,4878$$

Für den wirklichen Prozess gilt nach Gl. (8.152):

$$\zeta = 1 - \frac{|E\dot{Q}_{ab}| + |\dot{W}_{RA}|}{E\dot{Q}_{zu}} .$$

$$\begin{aligned}
|E\dot{Q}_{ab}| &= |\dot{Q}_{ab}| - T_0 \dot{m}(s_2 - s_4) \\
&= 21,543 \text{ MW} - 293,15 \text{ K} \cdot 40 \cdot 10^3 \text{ kg/h} \cdot (6,4195 - 1,9311) \text{ kJ/(kg K)} = 6,923 \text{ MW}
\end{aligned}$$

$$\begin{aligned}
E\dot{Q}_{zu} &= \dot{Q}_{zu} - T_0 \dot{m}(s_1 - s_6) \\
&= 26,832 \text{ MW} - 293,15 \text{ K} \cdot 40 \cdot 10^3 \text{ kg/h} \cdot (6,2139 - 1,9352) \text{ kJ/(kg K)} = 12,895 \text{ MW}
\end{aligned}$$

Die gesamte äußere Reibungsleistung ist nach Beispiel 7.5

$$|\dot{W}_{RA}| = 0,226 \text{ MW} .$$

$$\zeta = 1 - \frac{6,923 \text{ MW} + 0,226 \text{ MW}}{12,895 \text{ MW}} = 0,4456$$

Aufgaben zu Abschnitt 8

1. Welche Exergie der inneren Energie und welche Exergie der Enthalpie haben 4,6 kg Sauerstoff ($R = 259{,}84$ J/(kg K); $n = 1{,}4$) bei einem Druck von 3,2 bar und einer Temperatur von 53 °C, wenn der Umgebungsdruck 1 bar und die Umgebungstemperatur 20 °C beträgt?

2. Das Gas nach Aufgabe 1 soll isobar und reibungsfrei erwärmt werden, so dass sich die Exergie der inneren Energie verdoppelt.

a) Wie hoch ist die Endtemperatur?

b) Um welchen Betrag erhöht sich die innere Energie?

c) Um wie viel nimmt die Anergie der inneren Energie zu?

d) Wie viel Wärme muss zugeführt werden?

e) Wie groß sind der Exergieanteil und der Anergieanteil der zugeführten Wärme?

3. Das Gas nach Aufgabe 1 wird polytrop vom Umgebungszustand auf den Endzustand nach Aufgabe 2 verdichtet. Der Prozess läuft in einem offenen adiabaten System mit Reibung ab. Man ermittle den Exergieverlust und den Anergiegewinn und stelle für den ersten Hauptsatz in der Form der Gl. (2.70) die Bilanzen für die Energie, für die Exergie und für die Anergie auf.

4. Wie groß sind die exergetischen Wirkungsgrade der beiden *Carnot*-Prozesse nach Beispiel 7.1, wenn die Umgebungstemperatur 15 °C beträgt?

9 Wärmeübertragung

Wärme kann von einem wärmeren an einen kälteren Stoff durch Strahlung, Leitung und Konvektion übertragen werden. Die Wärmeübertragung durch Strahlung benötigt kein Übertragungsmedium. Konvektion bei Flüssigkeiten oder Gasen tritt bei der Überlagerung der Wärmeleitung durch eine Strömung auf.

9.1 Wärmestrahlung

Der Wärmestrom, der durch Strahlung von der Sonne auf die Erde gelangt, ist eine Voraussetzung für das Leben auf der Erde. Aus dem umfangreichen Wellenlängenbereich der elektromagnetischen Strahlung (nach zunehmender Wellenlänge λ geordnet: Höhenstrahlen, γ-Strahlen, Röntgenstrahlen, ultraviolette Strahlen, Lichtstrahlen, Wärmestrahlen, elektrische Wellen) sind im Hinblick auf die zu behandelnde Thematik ultraviolette Strahlen, Lichtstrahlen und Wärmestrahlen von besonderem Interesse.

9.1.1 *Stefan-Boltzmann*sches Gesetz

Das Grundgesetz der Wärmestrahlung ist das Gesetz von *Stefan-Boltzmann* [1] [2]

$$\mathrm{d}\dot{Q} = C\,T^4\,\mathrm{d}A = E\,\mathrm{d}A \qquad (9.1)$$

Danach ist der Wärmestrom $\dot{Q}$ der vierten Potenz der absoluten Temperatur T und der Oberfläche A des Körpers proportional. Der Proportionalitätsfaktor C ist der Strahlungskoeffizient. E ist die Emission; sie stellt einen Wärmestrom, bezogen auf die Oberfläche des strahlenden Körpers, dar. Der Strahlungskoeffizient hängt von der Art des Körpers ab. Den größten Strahlungskoeffizienten hat der schwarze Körper. Das *Stefan-Boltzmann*sche Gesetz gilt exakt für schwarze Körper, für andere Körper nur näherungsweise [46].

Der Strahlungskoeffizient für schwarze Körper ist $C_S = 5{,}67028 \cdot 10^{-8}$ W/(m² K⁴) [64]. Das Emissionsverhältnis ε eines beliebigen Körpers ist das Verhältnis der Emission E dieses Körpers $E = C\,T^4$ zur Emission E_S eines schwarzen Körpers $E_S = C_S\,T^4$ mit derselben Temperatur. Das Absorptionsverhältnis a eines beliebigen Körpers ist das Verhältnis der absorbierten Strahlung zur auftreffenden Strahlung. Da ein schwarzer Körper die gesamte auftreffende Strahlung absorbiert (Bild 9.1), ist das Absorptionsverhältnis eines beliebigen Körpers auch das Verhältnis der absorbierten Strahlung zu der Strahlung, die ein schwarzer Körper absorbieren würde.

9.1.2 *Kirchhoff*sches Gesetz

Nach dem *Kirchhoff*schen Gesetz [3] ist das Absorptionsverhältnis eines beliebigen Körpers gleich seinem Emissionsverhältnis:

$$a = \varepsilon = \frac{E}{E_S} = \frac{C}{C_S} \qquad (9.2)$$

---

[1] *Josef Stefan*, österreichischer Physiker, 1835 bis 1893, befasste sich u. a. mit Fragen der Optik.
[2] *Ludwig Boltzmann*, 1844 bis 1906, österreichischer Physiker, gab der Thermodynamik eine neue Form und begründete die statistische Mechanik; Wegbereiter der Quantenmechanik.
[3] *Gustav Robert Kirchhoff*, 1824 bis 1887, Professor für theoretische Physik in Berlin, beschäftigte sich vor allem mit der Erforschung der Elektrizität und der Wärmestrahlung.

© Springer Fachmedien Wiesbaden GmbH, ein Teil von Springer Nature 2023
M. Dehli et al., *Grundlagen der Technischen Thermodynamik*,
https://doi.org/10.1007/978-3-658-41251-7_9

Die auftreffende Strahlung, die von einem beliebigen Körper nicht absorbiert wird, kann reflektiert oder durchgelassen werden. Das Reflexionsverhältnis r ist das Verhältnis der reflektierten Strahlung zur auftreffenden Strahlung. Das Durchlassverhältnis d ist das Verhältnis der durchgelassenen Strahlung zur auftreffenden Strahlung. Für die Summe aus dem Absorptionsverhältnis, dem Reflexionsverhältnis und dem Durchlassverhältnis gilt:

$$a + r + d = 1$$

Beim schwarzen Körper ist $a = 1$. Einen Körper, bei dem $r = 1$ ist, nennt man einen weißen Körper. Ist das Absorptionsverhältnis $0 < a < 1$ unabhängig von der Wellenlänge, so spricht man von einem grauen Körper. Ein selektives Strahlungsverhalten liegt vor, wenn das Absorptionsverhältnis eines Körpers von der Wellenlänge abhängt bzw. bei einigen Wellenlängen ganz verschwindet.

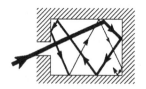

Bild 9.1 Absorption beim schwarzen Körper

9.1.3 *Planck*sches Strahlungsgesetz

Die Emission E erhält man durch Integration der Intensität I über der Wellenlänge λ.

$$E = \int_0^\infty I \, d\lambda \tag{9.3}$$

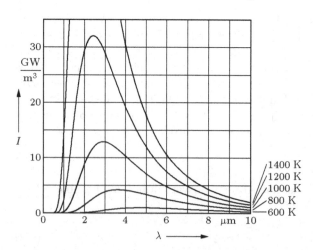

Bild 9.2 Energieverteilung der Strahlung des schwarzen Körpers

Die Intensitätsverteilung der schwarzen Strahlung ist nach *Max Planck* [94]:

$$I = \frac{c_1}{\lambda^5} \frac{1}{e^{\frac{c_2}{\lambda T}} - 1} \tag{9.4}$$

Dabei ist nach [64] c_1 die erste Strahlungskonstante

$$c_1 = 2\,\pi\,h\,c^2 = 3{,}7418024 \cdot 10^{-16} \; \mathrm{W\,m^2},$$

die zweite Strahlungskonstante

$$c_2 = h\,c/k = 1{,}438786 \cdot 10^{-2} \text{ m K},$$

das *Planck*sche Wirkungsquantum[4]

$$h = 6{,}626124 \cdot 10^{-34} \text{ J s},$$

die Lichtgeschwindigkeit

$$c = 2{,}99792458 \cdot 10^8 \text{ m/s},$$

die *Boltzmann*sche Konstante

$$k = 1{,}380652 \cdot 10^{-23} \text{ J/K}.$$

Das Bild 9.2 stellt eine graphische Auswertung der Gl. (9.4) dar. Für die Emission des schwarzen Körpers erhält man durch Integration

$$E_S = \int_0^\infty I\,\mathrm{d}\lambda = c_1 \left(\frac{T}{c_2}\right)^4 \frac{6\,\pi^4}{90} = C_S\,T^4 \,. \tag{9.5}$$

Die Gleichung

$$C_S = \frac{c_1}{c_2^4} \frac{6\,\pi^4}{90} \tag{9.6}$$

ergibt den angegebenen Zahlenwert für den Strahlungskoeffizienten C_S des schwarzen Körpers [44]. par

9.1.4 *Wiensches Verschiebungsgesetz*

Durch Nullsetzen der Ableitung der Intensität nach der Wellenlänge erhält man

$$\frac{c_2}{\lambda\,T}\,\mathrm{e}^{\frac{c_2}{\lambda\,T}} - 5\left(\mathrm{e}^{\frac{c_2}{\lambda\,T}} - 1\right) = 0 \,. \tag{9.7}$$

Diese Gleichung beschreibt ein Nullstellenproblem mit der Lösung

$$c_2/(\lambda\,T) = 4{,}965114.$$

Daraus folgt das *Wien*sche Verschiebungsgesetz[5]

$$\lambda\,T = 0{,}00289779 \text{ m K} = \text{const} \tag{9.8}$$

Das Maximum der Strahlungsintensität liegt also bei Körpern höherer Temperaturen im Bereich kleinerer Wellenlängen, bei Körpern niedrigerer Temperaturen im Bereich größerer Wellenlängen. Dies hat z. B. für den sogenannten Treibhauseffekt Bedeutung: Wasserdampf und Kohlendioxid sind Selektivstrahler, strahlungsdurchlässig sind Stickstoff und Sauerstoff. Weil die Strahlungsintensität der Sonne mit ihrer hohen Oberflächentemperatur stärker im Bereich kleinerer Wellenlängen liegt, wird die Solarstrahlung

---

[4]Jedes physikalische System - z. B. ein Molekül oder ein Photon -, das mit der Frequenz f und der Winkelgeschwindigkeit $\omega = 2\,\pi\,f$ harmonisch zu schwingen vermag, kann Energie nur in diskreten Beträgen absorbieren oder emittieren; diese sind ganzzahlige Vielfache des Wirkungsquantums $\Delta E = h\,f = \hbar\,\omega$. Statt des *Planck*schen Wirkungsquantums h wird auch das reduzierte *Planck*sche Wirkungsquantum $\hbar = h/2\pi$ verwendet. Das reduzierte *Planck*sche Wirkungsquantum wird gelegentlich nach *Paul Dirac* auch *Dirac*sche Konstante genannt; ihr Wert ist $\hbar = 1{,}054571817 \cdot 10^{-34}$ J s.

[5]*Wilhelm Carl Wien*, 1864 bis 1928, Professor in München, veröffentlichte Arbeiten zur Wärmestrahlung, erhielt 1911 den Nobelpreis für Physik.

durch die wasserdampf- und kohlendioxidhaltige Atmosphäre überwiegend hindurch-
gelassen. Dagegen wird die Strahlung von Erdoberflächen mit ihren niedrigeren Temperaturen von Wasserdampf und Kohlendioxid stärker absorbiert und folglich wieder
emittiert [39].

9.1.5 *Lambert*sches Kosinusgesetz

E ist die Emission in den Halbraum (von einem Punkt auf einer ebenen Fläche in den
Raum ausgehende Strahlung, vgl. Bild 9.3). E_n ist die Emission in Normalrichtung.
Nach dem *Lambert*schen Kosinusgesetz [6] gilt für die Emission, die um den Winkel β
von der Normalrichtung abweicht, $E_\beta = E_n \cos\beta$. Das *Lambert*sche Kosinusgesetz gilt
exakt für schwarze Körper, für andere Körper nur näherungsweise. Die Integration über
den Halbraum ergibt $E = \pi\,E_n$.

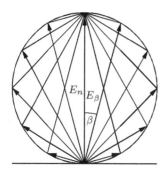

Bild 9.3 Emission in den Halbraum: Veranschaulichung des
*Lambert*schen Kosinusgesetzes

Für die Strahlung in einen Raumwinkel Ω gilt

$$E_\Omega = \int_\Omega E_\beta \, \mathrm{d}\Omega. \tag{9.9}$$

Ein Raumwinkel, der einen Teil einer Kugeloberfläche ausschneidet, ist durch das Verhältnis der ausgeschnittenen Kugeloberfläche zum Quadrat des Kugelradius definiert.
Nach Gl. (9.1) ist der Wärmestrom, der von dem Flächenelement $\mathrm{d}A$ in den Raumwinkel Ω ausgeht,

$$\mathrm{d}\dot{Q} = E_\Omega \, \mathrm{d}A = \int_\Omega E_\beta \, \mathrm{d}\Omega \, \mathrm{d}A . \tag{9.10}$$

Die Integration über die Fläche A ergibt das Doppelintegral

$$\dot{Q}_\Omega = \int_A \int_\Omega E_\beta \, \mathrm{d}\Omega \, \mathrm{d}A = E\,A\,\varphi . \tag{9.11}$$

$\dot{Q}_\Omega$ ist die Strahlung eines Körpers mit der Oberfläche A in den Raumwinkel Ω. E ist
die Emission in den Halbraum, φ ist die Einstrahlzahl oder das Winkelverhältnis.

9.1.6 Einstrahlzahl

Die Einstrahlzahl φ liegt im Bereich $0 < \varphi \leq 1$. φ_{12} ist der Strahlungsanteil, der von
der Fläche A_1 ausgeht und die Fläche A_2 trifft. Wenn die ganze Strahlung, die von der
Fläche A_1 ausgeht, auch die Fläche A_2 trifft, ist $\varphi_{12} = 1$.

---

[6]*Johann Heinrich Lambert*, elsässischer Mathematiker und Logiker, 1728 bis 1777, begründete die
Lehre von der Intensitätsmessung des Lichts als Wissenschaft.

Findet zwischen den Flächen A_1 und A_2 ein Strahlungsaustausch statt (Bild 9.4), dann ist nach Gl. (9.11) mit den Gleichungen für E_β und E

$$E_1 \, A_1 \, \varphi_{12} = \int\limits_{A_1} \int\limits_{\Omega_1} \frac{E_1}{\pi} \cos \beta_1 \, \mathrm{d}\Omega_1 \, \mathrm{d}A_1 \tag{9.12}$$

$$E_2 \, A_2 \, \varphi_{21} = \int\limits_{A_2} \int\limits_{\Omega_2} \frac{E_2}{\pi} \cos \beta_2 \, \mathrm{d}\Omega_2 \, \mathrm{d}A_2 \ . \tag{9.13}$$

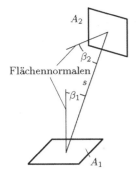

Bild 9.4 Strahlung zwischen zwei Flächen im Raum

Bild 9.5 Zu Gleichung (9.17)

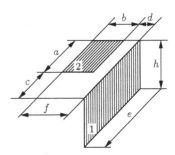

Bild 9.6 Zu Gleichung (9.18)

Nach Bild 9.4 und der Definition des Raumwinkels ist

$$\mathrm{d}\Omega_1 = \frac{\cos \beta_2}{s^2} \, \mathrm{d}A_2 \qquad\qquad \mathrm{d}\Omega_2 = \frac{\cos \beta_1}{s^2} \, \mathrm{d}A_1 \ . \tag{9.14}$$

Die Gln. (9.12) und (9.13) ergeben für die Einstrahlzahlen

$$\varphi_{12} = \frac{1}{\pi \, A_1} \int\limits_{A_1} \int\limits_{A_2} \frac{1}{s^2} \cos \beta_1 \, \cos \beta_2 \, \mathrm{d}A_2 \, \mathrm{d}A_1 \tag{9.15}$$

$$\varphi_{21} = \frac{1}{\pi \, A_2} \int\limits_{A_2} \int\limits_{A_1} \frac{1}{s^2} \cos \beta_2 \, \cos \beta_1 \, \mathrm{d}A_1 \, \mathrm{d}A_2 \ . \tag{9.16}$$

Aus den Gln. (9.15) und (9.16) folgt $A_1 \, \varphi_{12} = A_2 \, \varphi_{21}$. Eine Reihe von Lösungen der Doppelintegrale in den Gln. (9.15) und (9.16) findet man in [132]. Zwei sehr vielseitig anwendbare Gleichungen, die [42] entnommen sind, werden hier mitgeteilt: Die Einstrahlzahl zweier paralleler Rechteckflächen (Bild 9.5) beschreibt die Gl. (9.17). Die Einstrahlzahl zweier rechtwinklig zueinander liegender Rechteckflächen (Bild 9.6) kann man mit der Gl. (9.18) berechnen.

$$\varphi_{12} = \frac{1}{2\pi \left(\frac{e}{h}\right)\left(\frac{f}{h}\right)} \left\{ \frac{f}{h} \sqrt{\left(\frac{e}{h}\right)^2 + 1} \ \arctan \frac{\frac{f}{h}}{\sqrt{\left(\frac{e}{h}\right)^2 + 1}} + \frac{f}{h} \sqrt{\left(\frac{a}{h}\right)^2 + 1} \ \arctan \frac{\frac{f}{h}}{\sqrt{\left(\frac{a}{h}\right)^2 + 1}} - \right.$$

$$-\frac{f}{h}\sqrt{1+\left(\frac{c}{h}\right)^2}\arctan\frac{\frac{f}{h}}{\sqrt{1+\left(\frac{c}{h}\right)^2}}-\frac{f}{h}\arctan\frac{f}{h}+\frac{e}{h}\sqrt{\left(\frac{f}{h}\right)^2+1}\arctan\frac{\frac{e}{h}}{\sqrt{\left(\frac{f}{h}\right)^2+1}}-$$

$$-\frac{e}{h}\sqrt{\left(\frac{d}{h}\right)^2+1}\arctan\frac{\frac{e}{h}}{\sqrt{\left(\frac{d}{h}\right)^2+1}}+\frac{e}{h}\sqrt{1+\left(\frac{b}{h}\right)^2}\arctan\frac{\frac{e}{h}}{\sqrt{1+\left(\frac{b}{h}\right)^2}}-\frac{e}{h}\arctan\frac{e}{h}+$$

$$+\frac{a}{h}\sqrt{\left(\frac{f}{h}\right)^2+1}\arctan\frac{\frac{a}{h}}{\sqrt{\left(\frac{f}{h}\right)^2+1}}-\frac{a}{h}\sqrt{\left(\frac{d}{h}\right)^2+1}\arctan\frac{\frac{a}{h}}{\sqrt{\left(\frac{d}{h}\right)^2+1}}+\frac{a}{h}\sqrt{1+\left(\frac{b}{h}\right)^2}\times$$

$$\times\arctan\frac{\frac{a}{h}}{\sqrt{1+\left(\frac{b}{h}\right)^2}}-\frac{a}{h}\arctan\frac{a}{h}-\frac{d}{h}\sqrt{\left(\frac{e}{h}\right)^2+1}\arctan\frac{\frac{d}{h}}{\sqrt{\left(\frac{e}{h}\right)^2+1}}-\frac{d}{h}\sqrt{\left(\frac{a}{h}\right)^2+1}\times$$

$$\times\arctan\frac{\frac{d}{h}}{\sqrt{\left(\frac{a}{h}\right)^2+1}}+\frac{d}{h}\sqrt{1+\left(\frac{c}{h}\right)^2}\arctan\frac{\frac{d}{h}}{\sqrt{1+\left(\frac{c}{h}\right)^2}}+\frac{d}{h}\arctan\frac{d}{h}+\frac{b}{h}\sqrt{\left(\frac{e}{h}\right)^2+1}\times$$

$$\times\arctan\frac{\frac{b}{h}}{\sqrt{\left(\frac{e}{h}\right)^2+1}}+\frac{b}{h}\sqrt{\left(\frac{a}{h}\right)^2+1}\arctan\frac{\frac{b}{h}}{\sqrt{\left(\frac{a}{h}\right)^2+1}}-\frac{b}{h}\sqrt{1+\left(\frac{c}{h}\right)^2}\arctan\frac{\frac{b}{h}}{\sqrt{1+\left(\frac{c}{h}\right)^2}}-$$

$$-\frac{b}{h}\arctan\frac{b}{h}-\frac{c}{h}\sqrt{\left(\frac{f}{h}\right)^2+1}\arctan\frac{\frac{c}{h}}{\sqrt{\left(\frac{f}{h}\right)^2+1}}+\frac{c}{h}\sqrt{\left(\frac{d}{h}\right)^2+1}\arctan\frac{\frac{c}{h}}{\sqrt{\left(\frac{d}{h}\right)^2+1}}-$$

$$-\frac{c}{h}\sqrt{1+\left(\frac{b}{h}\right)^2}\arctan\frac{\frac{c}{h}}{\sqrt{1+\left(\frac{b}{h}\right)^2}}+\frac{c}{h}\arctan\frac{c}{h}+$$

$$+\frac{1}{2}\ln\left\{\frac{\left[\left(\frac{e}{h}\right)^2+\left(\frac{d}{h}\right)^2+1\right]\left[\left(\frac{a}{h}\right)^2+\left(\frac{d}{h}\right)^2+1\right]\left[1+\left(\frac{b}{h}\right)^2+\left(\frac{c}{h}\right)^2\right]}{\left[\left(\frac{e}{h}\right)^2+1+\left(\frac{b}{h}\right)^2\right]\left[\left(\frac{a}{h}\right)^2+1+\left(\frac{b}{h}\right)^2\right]\left[\left(\frac{e}{h}\right)^2+\left(\frac{f}{h}\right)^2+1\right]}\times\right.$$

$$\left.\times\frac{\left[\left(\frac{f}{h}\right)^2+1+\left(\frac{c}{h}\right)^2\right]\left[\left(\frac{e}{h}\right)^2+1\right]\left[\left(\frac{a}{h}\right)^2+1\right]\left[\left(\frac{f}{h}\right)^2+1\right]\left[1+\left(\frac{b}{h}\right)^2\right]}{\left[\left(\frac{a}{h}\right)^2+\left(\frac{f}{h}\right)^2+1\right]\left[\left(\frac{d}{h}\right)^2+1+\left(\frac{c}{h}\right)^2\right]\left[\left(\frac{d}{h}\right)^2+1\right]\left[1+\left(\frac{c}{h}\right)^2\right]}\right\}\right\}$$

$$(9.17)$$

$$
\begin{aligned}
\varphi_{12} = \frac{1}{2\pi} \Bigg\{ &\frac{f}{h}\arctan\frac{e}{f} + \frac{a}{e}\frac{f}{h}\arctan\frac{a}{f} - \frac{c}{e}\frac{f}{h}\arctan\frac{c}{f} - \\
&-\frac{d}{h}\arctan\frac{e}{d} - \frac{a}{e}\frac{d}{h}\arctan\frac{a}{d} + \frac{c}{e}\frac{d}{h}\arctan\frac{c}{d} - \sqrt{1+\left(\frac{f}{h}\right)^2}\,\times \\
&\times \arctan\frac{\frac{e}{h}}{\sqrt{1+\left(\frac{f}{h}\right)^2}} + \sqrt{1+\left(\frac{d}{h}\right)^2}\,\arctan\frac{\frac{e}{h}}{\sqrt{1+\left(\frac{d}{h}\right)^2}} - \\
&-\frac{a}{e}\sqrt{1+\left(\frac{f}{h}\right)^2}\,\arctan\frac{\frac{a}{h}}{\sqrt{1+\left(\frac{f}{h}\right)^2}} + \frac{a}{e}\sqrt{1+\left(\frac{d}{h}\right)^2}\,\times\arctan\frac{\frac{a}{h}}{\sqrt{1+\left(\frac{d}{h}\right)^2}} + \\
&+\frac{c}{e}\sqrt{1+\left(\frac{f}{h}\right)^2}\,\arctan\frac{\frac{c}{h}}{\sqrt{1+\left(\frac{f}{h}\right)^2}} - \frac{c}{e}\sqrt{1+\left(\frac{d}{h}\right)^2}\,\arctan\frac{\frac{c}{h}}{\sqrt{1+\left(\frac{d}{h}\right)^2}} - \\
&-\frac{e}{4h}\ln\frac{\left[1+\left(\frac{f}{h}\right)^2+\left(\frac{e}{h}\right)^2\right]\left[\left(\frac{e}{h}\right)^2+\left(\frac{d}{h}\right)^2\right]}{\left[1+\left(\frac{e}{h}\right)^2+\left(\frac{d}{h}\right)^2\right]\left[\left(\frac{f}{h}\right)^2+\left(\frac{e}{h}\right)^2\right]} - \\
&-\frac{1}{4}\frac{a}{h}\frac{a}{e}\ln\frac{\left[\left(\frac{a}{h}\right)^2+1+\left(\frac{f}{h}\right)^2\right]\left[\left(\frac{a}{h}\right)^2+\left(\frac{d}{h}\right)^2\right]}{\left[\left(\frac{a}{h}\right)^2+\left(\frac{f}{h}\right)^2\right]\left[\left(\frac{a}{h}\right)^2+1+\left(\frac{d}{h}\right)^2\right]} + \\
&+\frac{1}{4}\frac{f}{h}\frac{f}{e}\ln\frac{\left[1+\left(\frac{f}{h}\right)^2+\left(\frac{e}{h}\right)^2\right]\left[\left(\frac{a}{h}\right)^2+1+\left(\frac{f}{h}\right)^2\right]\left[\left(\frac{f}{h}\right)^2+\left(\frac{c}{h}\right)^2\right]\left(\frac{f}{h}\right)^2}{\left[\left(\frac{f}{h}\right)^2+\left(\frac{e}{h}\right)^2\right]\left[\left(\frac{a}{h}\right)^2+\left(\frac{f}{h}\right)^2\right]\left[1+\left(\frac{f}{h}\right)^2\right]\left[1+\left(\frac{f}{h}\right)^2+\left(\frac{c}{h}\right)^2\right]} - \\
&-\frac{1}{4}\frac{d}{h}\frac{d}{e}\ln\frac{\left[1+\left(\frac{e}{h}\right)^2+\left(\frac{d}{h}\right)^2\right]\left[\left(\frac{a}{h}\right)^2+1+\left(\frac{d}{h}\right)^2\right]\left[\left(\frac{d}{h}\right)^2+\left(\frac{c}{h}\right)^2\right]\left(\frac{d}{h}\right)^2}{\left[\left(\frac{e}{h}\right)^2+\left(\frac{d}{h}\right)^2\right]\left[\left(\frac{a}{h}\right)^2+\left(\frac{d}{h}\right)^2\right]\left[1+\left(\frac{d}{h}\right)^2\right]\left[1+\left(\frac{d}{h}\right)^2+\left(\frac{c}{h}\right)^2\right]} + \\
&+\frac{1}{4}\frac{h}{e}\ln\frac{\left[1+\left(\frac{f}{h}\right)^2+\left(\frac{e}{h}\right)^2\right]\left[\left(\frac{a}{h}\right)^2+1+\left(\frac{f}{h}\right)^2\right]\left[1+\left(\frac{d}{h}\right)^2+\left(\frac{c}{h}\right)^2\right]\left[1+\left(\frac{d}{h}\right)^2\right]}{\left[1+\left(\frac{e}{h}\right)^2+\left(\frac{d}{h}\right)^2\right]\left[\left(\frac{a}{h}\right)^2+1+\left(\frac{d}{h}\right)^2\right]\left[1+\left(\frac{f}{h}\right)^2+\left(\frac{c}{h}\right)^2\right]\left[1+\left(\frac{f}{h}\right)^2\right]} + \\
&+\frac{1}{4}\frac{c}{h}\frac{c}{e}\ln\frac{\left[1+\left(\frac{f}{h}\right)^2+\left(\frac{c}{h}\right)^2\right]\left[\left(\frac{d}{h}\right)^2+\left(\frac{c}{h}\right)^2\right]}{\left[1+\left(\frac{d}{h}\right)^2+\left(\frac{c}{h}\right)^2\right]\left[\left(\frac{f}{h}\right)^2+\left(\frac{c}{h}\right)^2\right]} \Bigg\}
\end{aligned}
\tag{9.18}
$$

Bei derartig umfangreichen und komplizierten Formeln kann es leicht vorkommen, dass sich beim Abschreiben oder beim Satz Fehler einschleichen. So ist beim zitierten Original in [42] der Ausdruck $\left[\left(\dfrac{f}{h}\right)^2 + \left(\dfrac{e}{h}\right)\right]^2$ sicher durch $\left[\left(\dfrac{f}{h}\right)^2 + \left(\dfrac{e}{h}\right)^2\right]$ zu ersetzen. Schwieriger ist es z. B. bei einem Vorzeichenfehler, der nicht so leicht zu erkennen ist. Da in der Gl. (9.18) offenbar ein solcher Vorzeichenfehler vorliegt, — die hier angegebene Gleichung ist korrigiert — soll im folgenden Beispiel die Fehlersuche dargestellt werden.

Beispiel 9.1 Für zwei senkrecht zueinander liegende Flächen nach Bild 9.7 a) mit den Abmessungen $a = 5$, $b = 3$, $c = 2$, $d = 1$ und $h = 6$ — die Längeneinheiten sind weggelassen, weil sie beliebig gewählt werden können — soll die Einstrahlzahl φ ermittelt werden. Die korrigierte Gl. (9.18) liefert das Ergebnis:

$$\text{Bild 9.7 a)} \qquad (a = 5, b = 3, c = 2, d = 1, h = 6) \qquad \varphi_{12} = 0,0809049 \tag{1}$$

Ein anderer Weg über eine Differenzbildung von Flächen, nämlich $\varphi_{12} = \varphi_{13} - \varphi_{14}$ muss zum gleichen Ergebnis führen:

$$\text{Bild 9.7 b)} \qquad (a = 5, b = 4, c = 2, d = 0, h = 6) \qquad \varphi_{13} = 0,1306251 \tag{2}$$
$$\text{Bild 9.7 c)} \qquad (a = 5, b = 1, c = 2, d = 0, h = 6) \qquad \varphi_{14} = 0,0497202 \tag{3}$$

$$\varphi_{12} = \varphi_{13} - \varphi_{14} \qquad 0,1306251 - 0,0497202 = 0,0809049 \tag{4}$$

Eine Kontrollmöglichkeit liefert die Beziehung $\varphi_{13} + \varphi_{15} = \varphi_{16}$:

$$\text{Bild 9.7 d)} \qquad (a = 2, b = 4, c = 5, d = 0, h = 6) \qquad \varphi_{15} = 0,0467231 \tag{5}$$
$$\text{Bild 9.7 e)} \qquad (a = 7, b = 4, c = 0, d = 0, h = 6) \qquad \varphi_{16} = 0,1773572 \tag{6}$$

$$\varphi_{13} + \varphi_{15} = \varphi_{16} \qquad 0,1306251 + 0,0467321 = 0,1773572 \tag{7}$$

Benutzt man die im Original [42] angegebene Gleichung, so erhält man:

$$\text{Bild 9.7 a)} \qquad (a = 5, b = 3, c = 2, d = 1, h = 6) \qquad \varphi_{12} = 0,0641232 \tag{8}$$

Der andere Weg $\varphi_{12} = \varphi_{13} - \varphi_{14}$ führt zum Ergebnis:

$$\text{Bild 9.7 b)} \qquad (a = 5, b = 4, c = 2, d = 0, h = 6) \qquad \varphi_{13} = 0,1306251 \tag{9}$$
$$\text{Bild 9.7 c)} \qquad (a = 5, b = 1, c = 2, d = 0, h = 6) \qquad \varphi_{14} = 0,0497202 \tag{10}$$

$$\varphi_{12} = \varphi_{13} - \varphi_{14} \qquad 0,1306251 - 0,0497202 = 0,0809049 \tag{11}$$

Die auf verschiedenen Wegen nach (8) und (11) berechneten Werte von φ_{12} stimmen nicht überein. Es muss also in der Gl. (9.18) des Originals ein Fehler stecken.

Die Kontrollrechnung nach der Beziehung $\varphi_{13} + \varphi_{15} = \varphi_{16}$ ergibt:

$$\text{Bild 9.7 d)} \qquad (a = 2, b = 4, c = 5, d = 0, h = 6) \qquad \varphi_{15} = 0,0467321 \tag{12}$$
$$\text{Bild 9.7 e)} \qquad (a = 7, b = 4, c = 0, d = 0, h = 6) \qquad \varphi_{16} = 0,1773572 \tag{13}$$

$$\varphi_{13} + \varphi_{15} = \varphi_{16} \qquad 0,1306251 + 0,0467321 = 0,1773572 \tag{14}$$

Offenbar tritt der Fehler nur bei der Berechnung von φ_{12} auf. Da durch $d = 0$ bzw. $c = 0$ bei den verschiedenen Berechnungen in Gl. (9.18) einige Glieder wegfallen, ist der Fehler in den Gliedern zu vermuten, die nur bei φ_{12} im Fall des Bildes 9.7 a) vorkommen. Der Verdacht fällt auf das Glied

$$\frac{c}{d} \arctan \frac{c}{d}$$

mit einem falschen Vorzeichen. Die Differenz

$$(\varphi_{13} - \varphi_{14}) - \varphi_{12} = 0{,}0809049 - 0{,}0641232 = 0{,}0167817$$

liefert für das fehlerhafte Glied den Zahlenwert

$$\frac{0{,}0167817}{2}\, 2\,\pi = 0{,}052721;$$

das ist genau das Glied

$$\frac{c}{d}\arctan\frac{c}{d},$$

dessen Vorzeichen von minus in plus geändert werden muss.

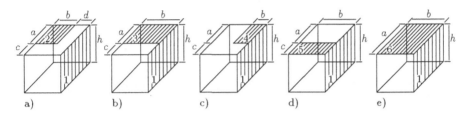

a)   b)   c)   d)   e)

Bild 9.7 Zu Beispiel 9.1

9.2 Strahlungsaustausch

Die Berechnung des Strahlungsaustausches kann nach der Reflexionsmethode oder nach der Hohlraummethode (= Methode des umschlossenen Raumes) vorgenommen werden. Die Reflexionsmethode liefert für den Strahlungsaustausch zwischen zwei Flächen die Gleichung

$$\dot{Q}_{12} = \frac{C_S\, a_1\, a_2\, A_1\, \varphi_{12}}{1 - (1 - a_1)(1 - a_2)\,\varphi_{12}\,\varphi_{21}}(T_1^4 - T_2^4)\,. \tag{9.19}$$

[132]. Man könnte z. B. an den Strahlungsaustausch zwischen dem Fußboden und der Decke eines Raumes denken, wobei eine Fußbodenheizung für eine erhöhte Temperatur des Fußbodens gegenüber der Decke sorgt. Wenn man fragt, welche Wärme dem Fußboden durch die Heizung zugeführt und welche Wärme von der Decke abgeführt werden muss, damit ein stationärer Strahlungsaustausch erhalten bleibt, so liefert die beschriebene Rechnung nicht die gewünschte Antwort.

Sie erfasst nicht den Strahlungsaustausch des Fußbodens und der Decke mit den Wänden. Selbst wenn man den Strahlungsaustausch zwischen dem Fußboden und den Wänden und zwischen der Decke und den Wänden mit Gl. (9.19) berechnen würde, ergäbe die Summe der verschiedenen Strahlungsaustauschberechnungen noch nicht die Antwort auf die vorher gestellte Frage. Es ist immer noch nicht berücksichtigt, dass z. B. die Strahlung vom Fußboden zur Decke, außer auf direktem Wege, auch über die Reflexion an den Wänden gelangen kann.

Wollte man das alles mit der Verfahrensweise der Reflexionsmethode erfassen, würde die Rechnung so kompliziert werden, dass sie praktisch nicht zu bewältigen ist. Für die Lösung von Problemen der genannten Art ist die Hohlraummethode besser geeignet. Hier wird der Strahlungsaustausch zwischen allen Flächen, die einen Raum umschließen, berücksichtigt [110].

9.2.1 Hohlraummethode

Bei der Berechnung des Strahlungsaustausches zwischen mehreren Flächen sind folgende Begriffe und Bezeichnungen von Bedeutung:

H_i ist die auf die Fläche A_i insgesamt einfallende Strahlung pro Quadratmeter,

B_i ist die insgesamt von der Fläche A_i abgegebene Strahlung pro Quadratmeter,

$\dot{Q}_i$ ist der zur Erhaltung des stationären Zustandes der Fläche A_i zuzuführende oder von A_i abzuführende Wärmestrom. Dabei steht A_i mit insgesamt n Flächen A_k im Strahlungsaustausch.

Es gelten folgende Gleichungen [65]:

$$H_i\, A_i = \sum_{k=1}^{n} B_k\, A_k\, \varphi_{ki} \tag{9.20}$$

$$B_i = E_i + (1 - a_i)H_i \tag{9.21}$$

$$\dot{Q}_i = (B_i - H_i)A_i \tag{9.22}$$

Mit der Beziehung $A_i\,\varphi_{ik} = A_k\,\varphi_{ki}$ wird aus Gl. (9.20)

$$H_i = \sum_{k=1}^{n} B_k\, \varphi_{ik} \; . \tag{9.23}$$

Gl. (9.23) wird in Gl. (9.21) eingesetzt:

$$B_i = E_i + (1 - a_i)\sum_{k=1}^{n} B_k\, \varphi_{ik} \tag{9.24}$$

Gl. (9.24) beschreibt ein lineares Gleichungssystem, mit dem die B_i berechnet werden. Mit H_i nach Gl. (9.23) kann man aus Gl. (9.22) den Wärmestrom $\dot{Q}_i$ ermitteln.

Steht die Fläche A_i mit n Flächen A_k im Strahlungsaustausch, so gilt $\sum_{k=1}^{n} \varphi_{ik} = 1$.

φ_{ii} hat dann den Wert null, wenn die von der Fläche A_i ausgehende Strahlung nicht direkt wieder auf die Fläche A_i trifft. Wird die Fläche A_1 von der Fläche A_2 umhüllt, wie z. B. im Falle einer Vollkugel mit der Oberfläche A_1 innerhalb einer Hohlkugel mit der Oberfläche A_2, so ist $\varphi_{11} = 0$, während φ_{22} einen bestimmten Zahlenwert annimmt.

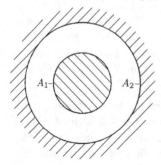

Bild 9.8 Umhüllung eines Körpers mit der Oberfläche A_1 durch einen Körper mit der Oberfläche A_2

9.2.2 Umhüllung einer Fläche durch eine andere

Im Sonderfall der Umhüllung der inneren Fläche A_1 durch die äußere Fläche A_2 besteht das lineare Gleichungssystem (9.24) aus den zwei folgenden Gleichungen:

$$B_1 = E_1 + (1 - a_1) B_2 \, \varphi_{12} \tag{9.25}$$

$$B_2 = E_2 + (1 - a_2)(B_1 \, \varphi_{21} + B_2 \, \varphi_{22}) \tag{9.26}$$

Die zugehörigen Einstrahlzahlen nehmen folgende Werte an:

$$\varphi_{12} = 1 \qquad \varphi_{21} = \frac{A_1}{A_2} \qquad \varphi_{22} = 1 - \frac{A_1}{A_2} \tag{9.27}$$

Die Gln. (9.27) werden in die Gln. (9.25) und (9.26) eingesetzt:

$$B_1 = E_1 + (1 - a_1) B_2 \tag{9.28}$$

$$B_2 = E_2 + (1 - a_2)[B_1 \frac{A_1}{A_2} + B_2 (1 - \frac{A_1}{A_2})] \tag{9.29}$$

Die beiden Gleichungen lassen sich nach B_1 und B_2 auflösen. Man erhält

$$B_1 = \frac{E_1[a_2 + (1 - a_2)\frac{A_1}{A_2}] + E_2(1 - a_1)}{a_2 + a_1(1 - a_2)\frac{A_1}{A_2}} \tag{9.30}$$

$$B_2 = \frac{E_1(1 - a_2)\frac{A_1}{A_2} + E_2}{a_2 + a_1(1 - a_2)\frac{A_1}{A_2}} \; . \tag{9.31}$$

Nach Gl. (9.23) ist

$$H_1 = B_2 \, \varphi_{12} = B_2 \tag{9.32}$$

$$H_2 = B_1 \, \varphi_{21} + B_2 \, \varphi_{22} = B_1 \frac{A_1}{A_2} + B_2 (1 - \frac{A_1}{A_2}) \; . \tag{9.33}$$

Gl. (9.22) ergibt mit den Gln. (9.32) und (9.33)

$$\dot{Q}_1 = (B_1 - B_2) A_1 \tag{9.34}$$

$$\dot{Q}_2 = (B_2 - B_1) A_1 \; . \tag{9.35}$$

Die Gln. (9.30) und (9.31) werden in die Gln. (9.34) und (9.35) eingesetzt [38]:

$$\dot{Q}_1 = -\dot{Q}_2 = \frac{E_1 a_2 - E_2 a_1}{a_2 + a_1(1 - a_2)\frac{A_1}{A_2}} A_1 \tag{9.36}$$

9.2.3   Zwei gleich große parallele Flächen

Beim Sonderfall des Strahlungsaustausches zwischen zwei gleich großen parallelen Flächen mit geringem Abstand ist $A_1 = A_2 = A$ und $\varphi_{12} = \varphi_{21} = 1$. Gemäß Gl. (9.23) ist $H_1 = B_2$ und $H_2 = B_1$. Nach Gl. (9.24) ist

$$B_1 = E_1 + (1 - a_1)B_2 \qquad\qquad B_2 = E_2 + (1 - a_2)B_1 \ . \qquad (9.37)$$

Die Gln. (9.37) kann man nach B_1 und B_2 auflösen:

$$B_1 = \frac{E_1 + E_2(1 - a_1)}{a_1 + a_2 - a_1\,a_2} \qquad\qquad B_2 = \frac{E_2 + E_1(1 - a_2)}{a_1 + a_2 - a_1\,a_2} \qquad (9.38)$$

Gl. (9.22) ergibt mit den Gln. (9.38)

$$\dot{Q}_1 = -\dot{Q}_2 = \frac{E_1\,a_2 - E_2\,a_1}{a_1 + a_2 - a_1\,a_2}A \ . \qquad (9.39)$$

Das gleiche Ergebnis liefert auch die Gl. (9.36), wenn man die Gleichheit der beiden Flächen A_1 und A_2 berücksichtigt [38].

9.2.4   Matrizendarstellung

Für die Lösung des linearen Gleichungssystems ist es vorteilhaft, die Gl. (9.24) in Matrizenschreibweise darzustellen:

$$B = E + r\,\Phi\,B \qquad (9.40)$$

B und E sind Vektoren. r ist eine Matrix mit den Reflexionsverhältnissen $r_i = 1 - a_i$ (bei den Durchlassverhältnissen $d_i = 0$) in der Hauptdiagonalen. Φ ist die Matrix der Einstrahlzahlen. Die Gl. (9.40) behält ihre Gültigkeit, wenn die linke Seite mit der Einheitsmatrix e multipliziert wird:

$$e\,B = E + r\,\Phi\,B \qquad (9.41)$$

Beide Ausdrücke mit B werden auf die linke Seite gebracht:

$$(e - r\,\Phi)\,B = E \qquad (9.42)$$

Dies ist die endgültige Form der Darstellung des linearen Gleichungssystems zur Vorbereitung des Lösungsverfahrens [65].

Beispiel 9.2 In einem Raum, der als abgeschlossenes System behandelt werden soll, mit der Länge 4,5 m, der Breite 3 m und der Höhe 2,7 m werde eine Stirnwand mit den Abmessungen $3 \cdot 2{,}7$ m² als Fläche A_1 und die gegenüberliegende Wand mit denselben Maßen als Fläche A_2 bezeichnet. Die beiden anderen Wandflächen mit jeweils $4{,}5 \cdot 2{,}7$ m² zusammen mit Fußboden und Decke mit jeweils $3 \cdot 4{,}5$ m² sollen als Fläche A_3 betrachtet werden. Die Flächeninhalte sind: $A_1 = A_2 = 8{,}1$ m²; $A_3 = 51{,}3$ m². Die Absorptionsverhältnisse und die Temperaturen der drei Flächen sind: $a_1 = 0{,}8$; $a_2 = 0{,}2$; $a_3 = 0{,}9$; $t_1 = 30\,°\mathrm{C}$; $t_2 = 10\,°\mathrm{C}$; $t_3 = 20\,°\mathrm{C}$. Mit $E_S = C_S\,T^4$, Gl. (9.2) und der Gleichung für C_S erhält man die Emissionen:

$$E_1 = 383{,}1 \ \mathrm{W/m^2} \qquad E_2 = 72{,}90 \ \mathrm{W/m^2} \qquad E_3 = 376{,}9 \ \mathrm{W/m^2}$$

Während die Flächen A_1 und A_2 nur mit den jeweils zwei anderen Flächen im Strahlungsaustausch stehen, kommt bei der Fläche A_3 neben dem Strahlungsaustausch mit den Flächen A_1 und A_2 noch ein Strahlungsaustausch mit der eigenen Fläche A_3 hinzu. Gl. (9.18) liefert die Einstrahlzahl φ_{12}. Die weiteren Einstrahlzahlen erhält man aus $A_i\,\varphi_{ik} = A_k\varphi_{ki}$ und $\sum_{k=1}^{n} \varphi_{ik} = 1$.

$$\varphi_{12} = \varphi_{21} = 0{,}10166 \qquad\qquad \varphi_{13} = 1 - \varphi_{12} = \varphi_{23} = 0{,}89834$$

$$\varphi_{31} = \varphi_{13}\frac{A_1}{A_3} = \varphi_{32} = 0{,}14184 \qquad\qquad \varphi_{33} = 1 - \varphi_{31} - \varphi_{32} = 0{,}71632$$

Zur Erläuterung der Gl. (9.42) sollen die einzelnen Bestandteile dieser Gleichung, wie sie in diesem Beispiel vorkommen, dargestellt werden. E und B sind Vektoren. E ist bekannt, B ist unbekannt:

$$E = \begin{pmatrix} E_1 \\ E_2 \\ E_3 \end{pmatrix} \qquad\qquad B = \begin{pmatrix} B_1 \\ B_2 \\ B_3 \end{pmatrix}$$

e ist die Einheitsmatrix:

$$e = \begin{pmatrix} 1 & 0 & 0 \\ 0 & 1 & 0 \\ 0 & 0 & 1 \end{pmatrix}$$

Die Matrix r enthält die Reflexionsverhältnisse:

$$r = \begin{pmatrix} 1 - a_1 & 0 & 0 \\ 0 & 1 - a_2 & 0 \\ 0 & 0 & 1 - a_3 \end{pmatrix}$$

Die Matrix Φ enthält die Einstrahlzahlen:

$$\Phi = \begin{pmatrix} 0 & \varphi_{12} & \varphi_{13} \\ \varphi_{21} & 0 & \varphi_{23} \\ \varphi_{31} & \varphi_{32} & \varphi_{33} \end{pmatrix}$$

Die Gl. (9.42) stellt das folgende lineare Gleichungssystem dar:

$$
\begin{array}{rcrcrcl}
B_1 & - & (1 - a_1)\varphi_{12}B_2 & - & (1 - a_1)\varphi_{13}B_3 & = & E_1 \\
-(1 - a_2)\varphi_{21}B_1 & + & B_2 & - & (1 - a_2)\varphi_{23}B_3 & = & E_2 \\
-(1 - a_3)\varphi_{31}B_1 & - & (1 - a_3)\varphi_{32}B_2 & + & [1 - (1 - a_3)\varphi_{33}]B_3 & = & E_3
\end{array}
$$

Die Lösung des linearen Gleichungssystems liefert die abgegebene Gesamtstrahlung der Flächen:

$$B_1 = 466{,}8 \ \text{W/m}^2 \qquad B_2 = 412{,}3 \ \text{W/m}^2 \qquad B_3 = 419{,}4 \ \text{W/m}^2$$

Die einfallende Strahlung ist nach Gl. (9.23)

$$H_1 = B_2\,\varphi_{12} + B_3\,\varphi_{13} \qquad H_2 = B_1\,\varphi_{21} + B_3\,\varphi_{23} \qquad H_3 = B_1\,\varphi_{31} + B_2\,\varphi_{32} + B_3\,\varphi_{33}$$

$$H_1 = 418{,}7 \ \text{W/m}^2 \qquad H_2 = 424{,}2 \ \text{W/m}^2 \qquad H_3 = 425{,}1 \ \text{W/m}^2$$

Die an den Flächen im stationären Zustand auftretenden Wärmeströme sind nach Gl. (9.22):

$$\dot{Q}_1 = (B_1 - H_1)A_1 \qquad \dot{Q}_2 = (B_2 - H_2)A_2 \qquad \dot{Q}_3 = (B_3 - H_3)A_3$$

$$\dot{Q}_1 = 390{,}2 \ \text{W} \qquad \dot{Q}_2 = -96{,}8 \ \text{W} \qquad \dot{Q}_3 = -293{,}4 \ \text{W}$$

Ein positives Vorzeichen bedeutet, dass eine Fläche durch Strahlung mehr Energie abgibt, als sie durch die Strahlung der anderen Flächen aufnimmt. Einer solchen Fläche muss von außen ein Wärmestrom zugeführt werden, damit ein stationärer Zustand erhalten bleibt. Ein negatives Vorzeichen bedeutet, dass eine Fläche durch Strahlung mehr Energie empfängt, als sie durch Strahlung abgibt. Damit die Temperatur einer solchen Fläche unverändert bleibt, muss von der Fläche ein Wärmestrom nach außen abgeführt werden. Die insgesamt zugeführten Wärmeströme aller Flächen müssen gleich den insgesamt abgeführten Wärmeströmen aller Flächen sein.

Beispiel 9.3 Ein quaderförmiger Raum, der als abgeschlossenes System behandelt werden soll, mit der Länge 5,5 m, der Breite 3,5 m und der Höhe 2,5 m hat die in der folgenden Tabelle für jede der sechs Begrenzungsflächen angegebenen Daten (Flächeninhalte, Absorptionsverhältnisse, Temperaturen). Berechnet werden sollen die abgegebene Gesamtstrahlung, die einfallende Strahlung und der Gesamtwärmestrom nach den Gln. (9.21), (9.23) und (9.22). Außerdem soll der Strahlungsaustausch jeder Fläche mit den anderen Flächen nach der Reflexionsmethode berechnet werden.

Die Summe

$$\dot{Q}_i^{(1)} = \sum_{k=1}^{n} \dot{Q}_{ik}^{(1)}$$

stellt einen ersten Näherungswert für den Gesamtwärmestrom dar. Der Unterschied zwischen den Werten $\dot{Q}_i$ und $\dot{Q}_1$ besteht darin, dass bei der Berechnung der $\dot{Q}_{ik}$ nach Gleichung (9.19), aus denen sich der Näherungswert $\dot{Q}_1$ zusammensetzt, nur der auf direktem Wege erfolgte Strahlungsaustausch (Eigenstrahlung und Reflexion) zwischen den Flächen i und k erfasst wird, während die Reflexion an anderen Flächen unberücksichtigt bleibt. Eine weitere Vereinfachung stellt die Summe

$$\dot{Q}_i^{(2)} = \sum_{k=1}^{n} \dot{Q}_{ik}^{(2)}$$

dar, weil hier die gesamte Reflexion vernachlässigt wird. Das bedeutet, dass die Gl. (9.19) die Form

$$\dot{Q}_{ik}^{(2)} = \frac{C_i C_k}{C_S} A_i \varphi_{ik}(T_i^4 - T_k^4)$$

annimmt. Die Matrix Φ (vgl. Beispiel 9.2) enthält die mit den Gln. (9.17) und (9.18) berechneten Zahlenwerte

$$\Phi = \begin{pmatrix} 0 & 0,07719 & 0,19439 & 0,19439 & 0,26702 & 0,26702 \\ 0,07719 & 0 & 0,19439 & 0,19439 & 0,26702 & 0,26702 \\ 0,12370 & 0,12370 & 0 & 0,20169 & 0,27545 & 0,27545 \\ 0,12370 & 0,12370 & 0,20169 & 0 & 0,27545 & 0,27545 \\ 0,12137 & 0,12137 & 0,19675 & 0,19675 & 0 & 0,36375 \\ 0,12137 & 0,12137 & 0,19675 & 0,19675 & 0,36375 & 0 \end{pmatrix}$$

In der folgenden Tabelle bedeuten:

Spalte 1:   Nummer der Fläche i
Spalte 2:   Flächeninhalt A_i in m^2
Spalte 3:   Absorptionsverhältnis a_i
Spalte 4:   Temperatur in °C
Spalte 5:   Emission E_i in W/m^2
Spalte 6:   abgegebene Gesamtstrahlung B_i in W/m^2 nach Gl. (9.21)
Spalte 7:   einfallende Strahlung H_i in W/m^2 nach Gl. (9.23)
Spalte 8:   Gesamtwärmestrom $\dot{Q}_i$ in W (genauer Wert nach Gl. (9.22))
Spalte 9:   Gesamtwärmestrom (1. Näherung) $\dot{Q}_i^{(1)}$ in W
Spalte 10:   Gesamtwärmestrom (2. Näherung) $\dot{Q}_i^{(2)}$ in W

1	2	3	4	5	6	7	8	9	10
1	8,75	0,95	20	397,8	418,7	417,6	10,0	2,5	2,5
2	8,75	0,90	10	328,0	370,2	421,3	−447,4	−361,5	−361,3
3	13,75	0,85	12	318,7	382,1	422,7	−558,9	−464,1	−463,2
4	13,75	0,80	16	317,1	400,9	418,9	−247,9	−209,6	−208,9
5	19,25	0,75	30	359,2	460,4	404,9	1068,4	900,8	897,8
6	19,25	0,70	22	301,2	426,4	417,3	175,8	131,9	133,1

9.3   Stationäre eindimensionale Wärmeleitung

Ist das Temperaturgefälle zwischen benachbarten Teilchen zeitlich unverändert, so stellt sich eine stationäre Wärmeleitung ein. Der Wärmestrom $\mathrm{d}\dot{Q}$ in x-Richtung senkrecht zum Flächenelement $\mathrm{d}A$ ist

$$\mathrm{d}\dot{Q} = -\lambda \frac{\mathrm{d}\vartheta}{\mathrm{d}x}\mathrm{d}A \ . \tag{9.43}$$

Der Proportionalitätsfaktor λ ist die Wärmeleitfähigkeit. Wärme kann nur in x-Richtung fließen, wenn das Temperaturgefälle $\mathrm{d}\vartheta/\mathrm{d}x$ negativ ist. Soll der Wärmestrom positiv sein, dann muss auf der rechten Seite der Gl. (9.43) ein Minuszeichen stehen.

9.3.1   Ebene Wand

Steht bei stationärer Wärmeleitung dem Wärmestrom $\mathrm{d}\dot{Q}$ in x-Richtung immer dieselbe Fläche $\mathrm{d}A$ zur Verfügung, dann ist bei überall gleicher Wärmeleitfähigkeit das Temperaturgefälle $\mathrm{d}\vartheta/\mathrm{d}x$ immer gleich. Das bedeutet, dass der Temperaturverlauf linear ist (Bild 9.9). Die Integration der Gl. (9.43) ergibt mit der Wanddicke δ und den Oberflächentemperaturen ϑ_0 und ϑ_0'

$$\dot{Q} = \frac{\lambda}{\delta}(\vartheta_0 - \vartheta_0')A \ . \tag{9.44}$$

Zwischen der Leitung der Wärme und der Leitung des elektrischen Stroms besteht eine Analogie. Mit der Spannung u, der Stromstärke i und dem Widerstand R gilt für die Leitung des elektrischen Stroms das *Ohm*sche Gesetz $u = i\,R$. Die analoge Schreibweise der Gl. (9.44) ist

$$\vartheta_0 - \vartheta_0' = \dot{Q}\frac{\delta}{\lambda\,A} \tag{9.45}$$

mit R_L als dem Wärmeleitwiderstand [112], [56]:

$$R_L = \frac{\delta}{\lambda\,A} \tag{9.46}$$

Besteht eine Wand aus n Schichten, so addieren sich die Wärmeleitwiderstände:

$$R_L = \sum_{i=1}^{n} R_{Li} \tag{9.47}$$

Will man eine dreischichtige Wand wie eine einschichtige Wand behandeln, so ist die gleichwertige Wärmeleitfähigkeit

$$\lambda = \frac{\delta}{\dfrac{\delta_1}{\lambda_1} + \dfrac{\delta_2}{\lambda_2} + \dfrac{\delta_3}{\lambda_3}} \ , \tag{9.48}$$

wobei δ die Summe der einzelnen Schichtdicken ist. Bei gleichen Schichtdicken wird aus Gl. (9.48)

$$\lambda = \frac{3}{\dfrac{1}{\lambda_1} + \dfrac{1}{\lambda_2} + \dfrac{1}{\lambda_3}} \; . \tag{9.49}$$

Nach Gl. (9.49) ist λ das harmonische Mittel der einzelnen Wärmeleitkoeffizienten λ_i.

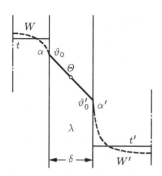

Bild 9.9   Stationärer Wärmedurchgang durch eine ebene Wand. t und t' sind die über den jeweiligen Strömungsquerschnitt gemittelten Fluidtemperaturen. Die Grenzschichttemperaturen unmittelbar an der Wand sind gleich den Oberflächentemperaturen ϑ_0 und ϑ_0'. W und W' sind die zeitbezogenen Wärmekapazitäten der Stoffströme (Wärmekapazitätsströme).

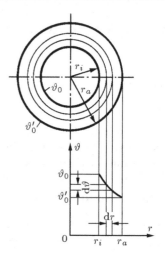

Bild 9.10   Wärmeleitung durch eine kreiszylindrische Rohrwand

9.3.2   Rohrwand

Bei der Wand eines Rohres mit dem Innenradius r_i, dem Außenradius r_a und der Länge dl (Bild 9.10) nimmt Gl. (9.43) folgende Gestalt an:

$$d\dot{Q} = -\lambda \frac{d\vartheta}{dr} 2\,\pi\,r\,dl \tag{9.50}$$

Das Flächenelement $2\,\pi\,r\,dl$ hat eine vom Radius r abhängige Größe. Bei einem Wärmestrom von innen nach außen wird der Querschnitt für den Wärmestrom stetig größer, und bei überall gleicher Wärmeleitfähigkeit verkleinert sich das Temperaturgefälle. Mit der Wanddicke $\delta = r_a - r_i$ ergibt die Integration

$$\dot{Q} = \frac{2\,\pi\,l\,\lambda}{\ln \dfrac{r_a}{r_i}}(\vartheta_0 - \vartheta_0') = \frac{\lambda}{\delta}(\vartheta_0 - \vartheta_0')A_m \; . \tag{9.51}$$

Dabei ist A_m die mittlere Fläche mit A_a und A_i als Außen- und Innenfläche [46]:

$$A_m = \frac{2\,\pi(r_a - r_i)l}{\ln \dfrac{r_a}{r_i}} = \frac{A_a - A_i}{\ln \dfrac{A_a}{A_i}} \tag{9.52}$$

Verwendet man von der Reihe

$$\ln x = 2 \left[\frac{x-1}{x+1} + \frac{1}{3} \left(\frac{x-1}{x+1} \right)^3 + \frac{1}{5} \left(\frac{x-1}{x+1} \right)^5 + \dots \right] \qquad (9.53)$$

nur das erste Glied, dann kann man näherungsweise

$$\ln \frac{A_a}{A_i} = 2 \frac{A_a/A_i - 1}{A_a/A_i + 1} = 2 \frac{A_a - A_i}{A_a + A_i} \qquad (9.54)$$

setzen. Aus den Gln. (9.52) und (9.54) erhält man die Näherung $A_m = \dfrac{A_a + A_i}{2}$. Ähnlich wie Gl. (9.46) erhält man aus Gl. (9.51) für den Wärmeleitwiderstand einer Rohrwand

$$R_L = \frac{\ln \dfrac{r_a}{r_i}}{2\pi l \lambda} = \frac{\delta}{\lambda A_m} \ . \qquad (9.55)$$

Gl. (9.46) gilt auch für die mehrschichtige Rohrwand.

9.4 Instationäre eindimensionale Wärmeleitung

Vermindert der Wärmestrom nach und nach das Temperaturgefälle am gleichen Ort oder wird durch äußere Einflüsse eine zeitliche Änderung des Temperaturgefälles erzwungen, so ist die Wärmeleitung instationär. Der an der Stelle x in ein Volumenelement eintretende Wärmestrom $\mathrm{d}\dot{Q}_x$ und der an der Stelle $x + \mathrm{d}x$ aus dem Volumenelement austretende Wärmestrom $\mathrm{d}\dot{Q}_{x+\mathrm{d}x}$ bewirken eine differentielle zeitliche Änderung der inneren Energie $\mathrm{d}\dot{U}$:

$$\mathrm{d}\dot{Q}_x = -\lambda \left(\frac{\partial \vartheta}{\partial x} \right)_x \mathrm{d}A \qquad \mathrm{d}\dot{Q}_{x+\mathrm{d}x} = -\lambda \left(\frac{\partial \vartheta}{\partial x} \right)_{x+\mathrm{d}x} \mathrm{d}A \qquad (9.56)$$

$$\mathrm{d}\dot{U} = \mathrm{d}V \varrho c \frac{\partial \vartheta}{\partial \tau} \qquad (9.57)$$

In Gl. (9.57) sind V, ϱ und c Volumen, Dichte und spezifische Wärmekapazität des Volumenelements. τ ist die Zeit. Es gilt die Bilanz $\mathrm{d}\dot{Q}_x = \mathrm{d}\dot{U} + \mathrm{d}\dot{Q}_{x+\mathrm{d}x}$. Mit

$$\vartheta_{x+\mathrm{d}x} = \vartheta_x + \left(\frac{\partial \vartheta}{\partial x} \right)_x \mathrm{d}x \qquad \left(\frac{\partial \vartheta}{\partial x} \right)_{x+\mathrm{d}x} = \left(\frac{\partial \vartheta}{\partial x} \right)_x + \left(\frac{\partial^2 \vartheta}{\partial x^2} \right)_x \mathrm{d}x \qquad (9.58)$$

lautet die zweite Gl. (9.56)

$$\mathrm{d}\dot{Q}_{x+\mathrm{d}x} = -\lambda \left(\frac{\partial \vartheta}{\partial x} \right)_x \mathrm{d}A - \lambda \left(\frac{\partial^2 \vartheta}{\partial x^2} \right)_x \mathrm{d}x\,\mathrm{d}A \ . \qquad (9.59)$$

In Gl. (9.59) kann man $\mathrm{d}x\,\mathrm{d}A$ durch $\mathrm{d}V$ ersetzen. Die erste Gl. (9.56), die Gln. (9.57) und (9.59) werden in die obige Bilanz $\mathrm{d}\dot{Q}_x = \mathrm{d}\dot{U} + \mathrm{d}\dot{Q}_{x+\mathrm{d}x}$ eingesetzt:

$$\varrho c \frac{\partial \vartheta}{\partial \tau} = \lambda \frac{\partial^2 \vartheta}{\partial x^2} \qquad (9.60)$$

Mit der Temperaturleitfähigkeit

$$a = \frac{\lambda}{\varrho\,c} \qquad (9.61)$$

erhält man die Differentialgleichung der instationären eindimensionalen Wärmeleitung [38], [45]:

$$\frac{\partial \vartheta}{\partial \tau} = a\,\frac{\partial^2 \vartheta}{\partial x^2} \qquad (9.62)$$

9.4.1 Ebene einschichtige Wand

Eine ebene Wand, durch die ein stationärer Wärmestrom fließt, hat im Anfangszustand links und rechts die Oberflächentemperaturen ϑ_{l1} und ϑ_{r1}. Zur Zeit $\tau = 0$ werden beide Oberflächentemperaturen sprunghaft auf die Werte links ϑ_{l2} und rechts ϑ_{r2} verändert und dann wieder konstant gehalten. Die zunächst stationäre Wärmeleitung durch die Wand wird instationär, bis sich nach einiger Zeit wieder ein stationärer Zustand einstellt. Der Temperaturverlauf als Funktion der Ortskoordinate x in der Wand mit der Dicke δ, der Dichte ϱ, der spezifischen Wärmekapazität c und der Wärmeleitfähigkeit λ wird durch folgende Lösung der Differentialgleichung (9.62) beschrieben [22]:

$$\vartheta = \vartheta_{l2} + (\vartheta_{r2} - \vartheta_{l2})\frac{x}{\delta} + \sum_{n=1}^{\infty} \mathrm{e}^{-a\left(\frac{n\,\pi}{\delta}\right)^2 \tau}\; C_n \sin\left(n\,\pi\frac{x}{\delta}\right) \qquad (9.63)$$

$$C_n = \frac{2}{n\,\pi}\Big[(\vartheta_{l1} - \vartheta_{l2})[1 - \cos(n\,\pi)] + (\vartheta_{l1} - \vartheta_{r1} - \vartheta_{l2} + \vartheta_{r2})\cos(n\,\pi)\Big] \qquad (9.64)$$

a ist die Temperaturleitfähigkeit nach Gl. (9.61). Die Oberflächentemperaturen auf der linken und auf der rechten Seite erhält man für $x = 0$ und $x = \delta$. Zur Berechnung des Wärmestroms nach Gl. (9.43) benötigt man die Ableitung der Temperatur nach der Ortskoordinate:

$$\frac{\partial \vartheta}{\partial x} = (\vartheta_{r2} - \vartheta_{l2})\frac{1}{\delta} + \sum_{n=1}^{\infty} \mathrm{e}^{-a\left(\frac{n\,\pi}{\delta}\right)^2 \tau}\; \frac{n\,\pi}{\delta}C_n \cos\left(n\,\pi\frac{x}{\delta}\right) \qquad (9.65)$$

An der linken Oberfläche ist der instationäre Wärmestrom

$$\dot{Q}_l = -\frac{\lambda}{\delta}(\vartheta_{r2} - \vartheta_{l2} + \sum_{n=1}^{\infty} \mathrm{e}^{-a\left(\frac{n\,\pi}{\delta}\right)^2 \tau}\; n\,\pi\,C_n)A\;. \qquad (9.66)$$

An der rechten Oberfläche ist der instationäre Wärmestrom

$$\dot{Q}_r = -\frac{\lambda}{\delta}[\vartheta_{r2} - \vartheta_{l2} + \sum_{n=1}^{\infty} \mathrm{e}^{-a\left(\frac{n\,\pi}{\delta}\right)^2 \tau}\; n\,\pi\,C_n \cos(n\,\pi)]A\;. \qquad (9.67)$$

Bei einem positiven Zahlenwert hat der Wärmestrom die Richtung der Ortskoordinate, bei negativem Zahlenwert fließt die Wärme in entgegengesetzter Richtung.

Beispiel 9.4 Eine ebene Wand mit der Dicke $\delta = 0{,}2$ m und den Stoffwerten Dichte $\varrho = 2000$ kg/m^3, spezifische Wärmekapazität $c = 1250$ J/(kg K) und Wärmeleitfähigkeit $\lambda = 1{,}2$ W/(m K) hat im stationären Zustand die Oberflächentemperaturen links $\vartheta_{l1} = 30\,^\circ$C und rechts $\vartheta_{r1} = 20\,°\mathrm{C}$. Nach einer sprunghaften Temperaturabsenkung werden die Oberflächentemperaturen links und rechts bei $\vartheta_{l2} = 24\,°\mathrm{C}$ und $\vartheta_{r2} = 4\,°\mathrm{C}$ konstant gehalten. Gesucht sind der Temperaturverlauf in der Wand und die Wärmeströme an den Oberflächen nach 12 Minuten, 1 Stunde und 5 Stunden.

Die Lösung der Aufgabenstellung veranschaulicht Bild 9.11 a. Orts- und zeitabhängige Werte von Temperatur und Wärmestrom sind in der zugeordneten Tabelle wiedergegeben.

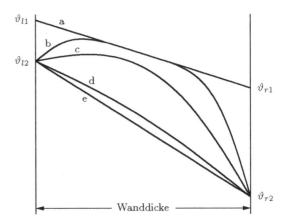

Bild 9.11 a Temperaturverlauf in einer ebenen Wand nach Beispiel 9.4
a) Anfangszustand ($\tau < 0$)
b) $\tau = 12$ Minuten
c) $\tau = 1$ Stunde
d) $\tau = 5$ Stunden
e) Endzustand (stationär)

In der folgenden Tabelle bedeuten:

Spalte 1: x-Koordinate in m
Spalte 2: Temperatur in $°\mathrm{C}$ im stationären Anfangszustand
Spalte 3: Wärmestrom in $\mathrm{W/m^2}$ im stationären Anfangszustand
Spalte 4: Temperatur in $°\mathrm{C}$ nach 12 Minuten
Spalte 5: Wärmestrom in $\mathrm{W/m^2}$ nach 12 Minuten
Spalte 6: Temperatur in $°\mathrm{C}$ nach 1 Stunde
Spalte 7: Wärmestrom in $\mathrm{W/m^2}$ nach 1 Stunde
Spalte 8: Temperatur in $°\mathrm{C}$ nach 5 Stunden
Spalte 9: Wärmestrom in $\mathrm{W/m^2}$ nach 5 Stunden
Spalte 10: Temperatur in $°\mathrm{C}$ im stationären Endzustand
Spalte 11: Wärmestrom in $\mathrm{W/m^2}$ im stationären Endzustand

1	2	3	4	5	6	7	8	9	10	11
0,00	30,00	60,0	24,00	−158,5	24,00	−36,1	24,00	88,7	24,00	120,0
0,02	29,00		26,32		24,57		22,51		22,00	
0,04	28,00		27,23		24,92		20,98		20,00	
0,06	27,00		26,87		24,88		19,34		18,00	
0,08	26,00		25,99		24,30		17,58		16,00	
0,10	25,00		25,00		23,04		15,66		14,00	
0,12	24,00		23,96		20,98		13,58		12,00	
0,14	23,00		22,64		17,98		11,34		10,00	
0,16	22,00		19,95		14,02		8,98		8,00	
0,18	21,00		13,85		9,25		6,51		6,00	
0,20	20,00	60,0	4,00	642,7	4,00	320,0	4,00	151,3	4,00	120,0

9.4.2   Halbunendlicher Körper

Bei einer Reihe technischer Aufgabenstellungen — z. B. bei Wärmeleitvorgängen im
Erdreich in Bezug auf einen angrenzenden Kellerraum oder beim Punktschweißen —
kann das Gedankenmodell des halbunendlichen Körpers hilfreich sein. Ein halbunendlicher (= einseitig unendlich ausgedehnter) Körper und der angrenzende Raum haben
bis zur Zeit $\tau = 0$ die Temperatur ϑ_1. Die Ortskoordinate x verläuft von links nach
rechts zunächst durch den Raum und dann durch den Körper, dessen Oberfläche A bei
$x = 0$ senkrecht geschnitten wird. Zur Zeit $\tau = 0$ werden die Raumtemperatur und
die Oberflächentemperatur sprunghaft auf die Temperatur ϑ_2 abgesenkt und auf dieser
Temperatur gehalten. Im halbunendlichen Körper stellt sich ein instationärer Wärmestrom zur Oberfläche hin ein. Nach langer Zeit stellt sich überall im halbunendlichen
Körper die Temperatur ϑ_2 ein. Hat der halbunendliche Körper die Temperaturleitfähigkeit a nach Gl. (9.61), so ist die Lösung der Differentialgleichung (9.62) für den
Temperaturverlauf

$$\frac{\vartheta - \vartheta_2}{\vartheta_1 - \vartheta_2} = \frac{2}{\sqrt{\pi}} \int\limits_0^{\frac{x}{2\sqrt{a\tau}}} \mathrm{e}^{-u^2} \mathrm{d}u = \mathrm{erf}\left(\frac{x}{2\sqrt{a\tau}}\right) . \tag{9.68}$$

[45], [46]. Dabei ist erf(z) die *Gauß*sche Fehlerfunktion, die auch durch eine unendliche
Reihe dargestellt werden kann [22], [61]:

$$\mathrm{erf}(z) = \frac{2}{\sqrt{\pi}} \int\limits_0^z \mathrm{e}^{-u^2} \mathrm{d}u = \frac{2}{\sqrt{\pi}}\left(z - \frac{z^3}{1!3} + \frac{z^5}{2!5} - \frac{z^7}{3!7} + - \ldots\right) \tag{9.69}$$

Das Temperaturgefälle ist

$$\frac{\partial \vartheta}{\partial x} = (\vartheta_1 - \vartheta_2) \frac{2}{\sqrt{\pi}} \, \mathrm{e}^{-\frac{x^2}{4a\tau}} \frac{1}{2\sqrt{a\tau}} . \tag{9.70}$$

Der Wärmestrom an der Stelle x ist

$$\mathrm{d}\dot{Q} = -\lambda \frac{\partial \vartheta}{\partial x} \mathrm{d}A = -(\vartheta_1 - \vartheta_2) \sqrt{\frac{\lambda \varrho c}{\pi \tau}} \, \mathrm{e}^{-\frac{x^2}{4a\tau}} \mathrm{d}A . \tag{9.71}$$

Der maximale Wärmestrom tritt an der Oberfläche ($x = 0$) auf:

$$\mathrm{d}\dot{Q}_{x=0} = -(\vartheta_1 - \vartheta_2) \sqrt{\frac{\lambda \varrho c}{\pi \tau}} \, \mathrm{d}A \tag{9.72}$$

Mit den Beziehungen

$$\frac{\mathrm{d}Q}{\mathrm{d}\tau} = \dot{Q} \qquad \mathrm{d}Q = \dot{Q} \, \mathrm{d}\tau \qquad \mathrm{d}^2Q = \mathrm{d}\dot{Q} \, \mathrm{d}\tau$$

folgt aus Gl. (9.72) [45]:

$$\mathrm{d}^2 Q_{x=0} = -\frac{\vartheta_1 - \vartheta_2}{\sqrt{\pi}} \sqrt{\lambda \varrho c} \, \mathrm{d}A \frac{\mathrm{d}\tau}{\sqrt{\tau}} \qquad\qquad \mathrm{d}Q_{x=0} = -(\vartheta_1 - \vartheta_2) \frac{2}{\sqrt{\pi}} \sqrt{\lambda \varrho c} \, \sqrt{\tau} \, \mathrm{d}A$$

$$Q_{x=0} = -(\vartheta_1 - \vartheta_2)\frac{2}{\sqrt{\pi}} b \sqrt{\tau}\, A \qquad (9.73)$$

Dabei ist $b = \sqrt{\lambda \varrho c}$ der Wärmeeindringkoeffizient. $Q_{x=0}$ gibt die durch die Oberfläche des halbunendlichen Körpers seit der Temperaturabsenkung ausgetretene Wärme an. Der negative Zahlenwert für die Wärme deutet auf die Richtung des Wärmeflusses entgegengesetzt zur Richtung der Ortskoordinate hin.

Befindet sich bei gleicher Lage der x-Achse der Raum rechts und der halbunendliche Körper links mit der Oberfläche bei $x = 0$, so sind die Werte der x-Koordinate innerhalb des Körpers negativ. Aus Gl. (9.68) wird

$$\frac{\vartheta - \vartheta_2}{\vartheta_1 - \vartheta_2} = \frac{2}{\sqrt{\pi}} \int\limits_{\frac{x}{2\sqrt{a\tau}}}^{0} e^{-u^2} du = -\frac{2}{\sqrt{\pi}} \int\limits_{0}^{\frac{x}{2\sqrt{a\tau}}} e^{-u^2} du = -\mathrm{erf}(\frac{x}{2\sqrt{a\tau}})\,. \qquad (9.74)$$

Bei negativem x wird die Fehlerfunktion ebenfalls negativ und die rechte Seite der Gl. (9.74) wieder positiv. Aus Gl. (9.73) wird in diesem Fall

$$Q_{x=0} = (\vartheta_1 - \vartheta_2)\frac{2}{\sqrt{\pi}} b \sqrt{\tau}\, A\,. \qquad (9.75)$$

Die Gln. (9.68) bis (9.73) gelten auch für eine sprunghafte Temperaturerhöhung an der Oberfläche, wenn sich der Körper rechts befindet. Die Gln. (9.74) und (9.75) für den Körper links beschreiben die Fälle der sprunghaften Temperaturabsenkung und der sprunghaften Temperaturerhöhung.

9.4.3   Kontakttemperatur

Ein halbunendlicher Körper mit der Temperatur ϑ_1 rechts wird mit einem halbunendlichen Körper mit der tieferen Temperatur ϑ_1' links in Berührung gebracht. An den Oberflächen A und A' stellt sich die gemeinsame Kontakttemperatur $\vartheta_2 = \vartheta_2' = \vartheta_K$ ein. Für den wärmeren Körper rechts gilt Gl. (9.73)

$$Q_r = -(\vartheta_1 - \vartheta_K)\frac{2}{\sqrt{\pi}} b \sqrt{\tau}\, A\,. \qquad (9.76)$$

Für den kälteren Körper links gilt Gl. (9.75)

$$Q_l = (\vartheta_1' - \vartheta_K)\frac{2}{\sqrt{\pi}} b' \sqrt{\tau}\, A'\,. \qquad (9.77)$$

Bei $A = A'$ und gemeinsamer Zeit τ muss $Q_r = Q_l$ sein. Daraus ergibt sich die Kontakttemperatur

$$\vartheta_K = \frac{\vartheta_1 b + \vartheta_1' b'}{b + b'}\,. \qquad (9.78)$$

In der Gl. (9.78) kommt die Zeit nicht vor. Demnach bleibt die Kontakttemperatur ϑ_K unverändert. Die Gl. (9.78) gilt auch für endliche Körper, solange die Temperaturstörung, die von den Berührungsflächen ausgeht, die von den Berührungsflächen abgewandten Oberflächen nicht erreicht hat [45].

Beispiel 9.5 Eine dicke Kupferplatte (Wärmeleitfähigkeit $\lambda = 393$ W/(m K), Dichte $\varrho = 8900$ kg/m^3, spezifische Wärmekapazität $c = 390$ J/(kg K)) mit der Temperatur $\vartheta_1 = 80$ °C wird mit einer dicken Eisenplatte (Wärmeleitfähigkeit $\lambda' = 67$ W/(m K), Dichte $\varrho' = 7860$ kg/m^3, spezifische Wärmekapazität $c' = 465$ J/(kg K)) mit der Temperatur $\vartheta_1' = 20$ °C in Berührung gebracht (Bild 9.11 b).

a) Wie groß sind die Wärmeeindringkoeffizienten des Kupfers b und des Eisens b'?

b) Welche Kontakttemperatur ϑ_K stellt sich ein?

c) Welche flächenbezogene Wärme q geht in den ersten 3 Sekunden nach der Berührung von der wärmeren zur kälteren Platte über?

d) Wie ist der Temperaturverlauf in beiden Platten nach 3 Sekunden?

a) Die Wärmeeindringkoeffizienten sind:

$$\text{Kupfer}: b = 36{,}93 \ \frac{\text{kJ}}{\text{m}^2\,\text{K}} \frac{1}{\sqrt{\text{s}}} \qquad\qquad \text{Eisen}: b' = 15{,}65 \ \frac{\text{kJ}}{\text{m}^2\,\text{K}} \frac{1}{\sqrt{\text{s}}}$$

b) Die Kontakttemperatur beträgt $\vartheta_K = 62{,}14$ °C.

c) In 3 Sekunden nach der Berührung werden $q = 1289$ kJ/m^2 übertragen.

d)

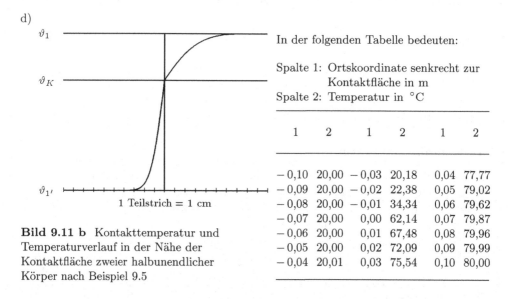

In der folgenden Tabelle bedeuten:

Spalte 1: Ortskoordinate senkrecht zur
          Kontaktfläche in m
Spalte 2: Temperatur in °C

1	2	1	2	1	2
−0,10	20,00	−0,03	20,18	0,04	77,77
−0,09	20,00	−0,02	22,38	0,05	79,02
−0,08	20,00	−0,01	34,34	0,06	79,62
−0,07	20,00	0,00	62,14	0,07	79,87
−0,06	20,00	0,01	67,48	0,08	79,96
−0,05	20,00	0,02	72,09	0,09	79,99
−0,04	20,01	0,03	75,54	0,10	80,00

Bild 9.11 b Kontakttemperatur und Temperaturverlauf in der Nähe der Kontaktfläche zweier halbunendlicher Körper nach Beispiel 9.5

9.5 Konvektion

Bei der Konvektion veranlasst ein Strömungsvorgang eine ständig wechselnde Berührung von Fluidteilchen mit unterschiedlichen Temperaturen, zwischen denen eine Energieübertragung durch Wärmeleitung stattfindet. Man unterscheidet nach der Ursache der Strömung zwischen erzwungener und freier Konvektion. Bei erzwungener Konvektion wird die Strömung durch ein von außen aufgeprägtes Druckgefälle erzeugt. Bei freier Konvektion bewirken Dichteunterschiede infolge von Temperaturunterschieden die Ausbildung einer Strömung. In der Nähe einer Wand wird der Durchmischungseffekt der Fluidströmung geringer als in größerer Entfernung von der Wand. Unmittelbar an der Wand bildet sich eine Grenzschicht aus ruhenden und laminar strömenden Fluidteilchen, durch welche die Wärme nur durch einen Wärmeleitvorgang gelangen kann.

9.5.1   Wärmeübergangskoeffizient

Der konvektive Wärmeübergang von einem Fluid an eine Wand (oder umgekehrt) ist der Wandfläche A und der Differenz aus der Fluidtemperatur t und der Oberflächentemperatur ϑ_0 der Wand proportional. Mit dem Wärmeübergangskoeffizienten α als Proportionalitätsfaktor ergibt sich

$$\mathrm{d}\dot{Q} = \alpha(t - \vartheta_0)\,\mathrm{d}A \ . \tag{9.79}$$

Gl. (9.79) kann zunächst nur in differentieller Form geschrieben werden, weil die Temperaturen t und ϑ_0 in vielen Fällen, z. B. in Wärmeübertragern, örtlich verschieden sind. Auch der Wärmeübergangskoeffizient ist im Allgemeinen nicht überall gleich. Die Fluidtemperatur t, die für den Wärmeübergang an einer bestimmten Stelle der Trennwand maßgeblich ist, ergibt sich aus einer Mittelwertbildung über den Strömungsquerschnitt. Wie sich bei einer Strömung durch ein Rohr ein Geschwindigkeitsprofil bildet, so stellt sich bei der Wärmeübertragung ein Temperaturprofil ein. In einem Kreisrohr sind in einem bestimmten Querschnitt Geschwindigkeit w und Temperatur t eine Funktion des Radius r. Da die Stoffwerte eines Fluids im Allgemeinen von der Temperatur abhängen, sind auch die Dichte ϱ und die spezifische Wärmekapazität c_p Funktionen des Radius r. Die mittlere Fluidtemperatur in einem bestimmten Querschnitt ist bei einem Rohr mit Kreisquerschnitt

$$t = \frac{\displaystyle\int_0^{r_i} (t\,\varrho\,c_p\,w)_r\,r\,\mathrm{d}r}{\displaystyle\int_0^{r_i} (\varrho\,c_p\,w)_r\,r\,\mathrm{d}r} \quad \text{oder} \quad t = \frac{\displaystyle\int_0^{r_i} (t\,w)_r\,r\,\mathrm{d}r}{\displaystyle\int_0^{r_i} w_r\,r\,\mathrm{d}r} \ . \tag{9.80}$$

Die zweite Gleichung gilt, wenn man die Temperaturabhängigkeit der Stoffwerte vernachlässigen kann. Der Index r bezeichnet die Abhängigkeit vom Radius. Die physikalische Deutung der Gln. (9.80) besagt, dass t die Fluidtemperatur ist, die sich durch vollkommenes Mischen in einem Querschnitt ergibt. Diese Feststellung ist für die Messtechnik wichtig [46].

Unter der Voraussetzung, dass α und ϑ_0 konstant sind, lässt sich die Gl. (9.79) integrieren:

$$\dot{Q} = \alpha\,A(t - \vartheta_0)_m \tag{9.81}$$

Dabei ist $(t-\vartheta_0)_m$ der Mittelwert der Temperaturdifferenz aus veränderlicher Fluidtemperatur t und konstanter Wandtemperatur ϑ_0. Der an das Flächenelement $\mathrm{d}A$ übertragene Wärmestrom $\mathrm{d}\dot{Q}$ nach Gl. (9.79) bewirkt eine Temperaturänderung $\mathrm{d}t$ des Fluids, die dem Wärmekapazitätsstrom $W = \dot{V}\varrho\,c_p = \dot{m}\,c_p$ des Fluidstroms — er wird auch mit $\dot{C}$ bezeichnet — umgekehrt proportional ist. Im Fall der Gl. (9.79) ist angenommen, dass das Fluid warm und die Wand kalt ist und demnach $\mathrm{d}t$ einen negativen Zahlenwert hat:

$$\mathrm{d}\dot{Q} = -W\,\mathrm{d}t \tag{9.82}$$

Damit $\mathrm{d}\dot{Q}$ positiv wird, muss in Gl. (9.82) rechts ein Minuszeichen stehen. Aus den Gln. (9.79) und (9.82) erhält man eine Differentialgleichung für den Temperaturverlauf:

$$\alpha(t - \vartheta_0)\mathrm{d}A = -W\,\mathrm{d}t \qquad\qquad \frac{\mathrm{d}t}{t - \vartheta_0} = -\frac{\alpha}{W}\mathrm{d}A \tag{9.83}$$

Mit den Randbedingungen $A = 0 \to t = t_1$ und $A = A \to t = t_2$ erhält man die Lösung

$$\ln \frac{t_2 - \vartheta_0}{t_1 - \vartheta_0} = -\frac{\alpha\,A}{W} \qquad\qquad t_2 = t_1 - (t_1 - \vartheta_0)(1 - e^{-\frac{\alpha\,A}{W}}) \ . \tag{9.84}$$

Die Integration der Gl. (9.82) ergibt die Wärmestromgleichung

$$\dot Q = (t_1 - t_2)W \ . \tag{9.85}$$

Aus den Gln. (9.84) und (9.85) folgt

$$\dot Q = (t_1 - \vartheta_0)W(1 - e^{-\frac{\alpha\,A}{W}}) \ . \tag{9.86}$$

Die Gln. (9.81) und (9.85) ergeben mit Gl. (9.84) einen Ausdruck für den Mittelwert der Temperaturdifferenz $(t - \vartheta_0)_m$

$$(t - \vartheta_0)_m = \frac{t_1 - t_2}{\dfrac{\alpha\,A}{W}} = \frac{(t_1 - \vartheta_0) - (t_2 - \vartheta_0)}{\ln \dfrac{t_1 - \vartheta_0}{t_2 - \vartheta_0}} \ . \tag{9.87}$$

Kennt man die Wärmeübertragungsfläche A, die Oberflächentemperatur ϑ_0, den Massenstrom $\dot m$, die Eintrittstemperatur t_1 und die Austrittstemperatur t_2, dann kann man mit $W = \dot m\,c_p$ den Wärmestrom $\dot Q$ und mit den Gln. (9.87) und (9.81) den Wärmeübergangskoeffizienten α bestimmen.

9.5.2 Ähnlichkeitstheorie

Wärmeübergangskoeffizienten lassen sich nur in wenigen Fällen rechnerisch ermitteln. In der Regel werden sie durch die Auswertung von Messungen gewonnen. Wollte man alle Abhängigkeiten berücksichtigen, müsste eine Darstellung des Wärmeübergangskoeffizienten im Fall einer Rohrströmung wie folgt aussehen:

$$\alpha = f\,(w, \lambda, \eta, \varrho, c_p, \lambda_{Wd}, \eta_{Wd}, c_{pWd}, d, l) \tag{9.88}$$

Es bedeuten:

α Wärmeübergangskoeffizient in $W/(m^2\,K)$

w Geschwindigkeit in m/s

λ Wärmeleitfähigkeit in $W/(m\,K)$

η dynamische Viskosität in $kg/(m\,s)$

ϱ Dichte in kg/m^3

c_p spezifische Wärmekapazität bei konstantem Druck in $kJ/(kg\,K)$

λ_{Wd} Wärmeleitfähigkeit bei der Wandtemperatur in $W/(m\,K)$

η_{Wd} dynamische Viskosität bei der Wandtemperatur in $kg/(m\,s)$

c_{pWd} spezifische Wärmekapazität bei konstantem Druck bei der Wandtemperatur in $kJ/(kg\,K)$

d Rohrdurchmesser in m

l Rohrlänge in m

Die Ähnlichkeitstheorie ermöglicht bei geometrischer und thermischer Ähnlichkeit eine erheblich vereinfachte Darstellung der Messergebnisse nach Gl. (9.88). Sie liefert dimensionslose Kennzahlen. Die einzelnen Stoffwerte bestimmen nicht unabhängig voneinander den Wärmeübergangskoeffizienten, sondern kommen nur in bestimmten Kombinationen vor, so dass sich die Zahl der unabhängigen Variablen verringert.

Als Beispiel soll eine solche Kennzahl hergeleitet werden. Der Wärmestrom, der nach Gl. (9.79) durch Konvektion an ein Wandelement übertragen wird, passiert die Grenzschicht auf dem Wege der Wärmeleitung analog zu Gl. (9.43). Daraus folgt

$$\alpha(t - \vartheta_0) = -\lambda \frac{dt_x}{dx} \ . \tag{9.89}$$

Dabei ist t die über den Querschnitt mit der Ortskoordinate x gemittelte Fluidtemperatur und t_x die in der Grenzschicht von der Ortskoordinate x abhängige örtliche Fluidtemperatur. Die Differentialgleichung (9.89) lässt sich mit Hilfe einer charakteristischen Abmessung L, z. B. bei der Rohrströmung mit Hilfe des Durchmessers, dimensionslos machen [112]:

$$\frac{\alpha L}{\lambda} = -\frac{d\dfrac{t_x}{t - \vartheta_0}}{d\dfrac{x}{l}} \qquad\qquad Nu = \frac{\alpha L}{\lambda} \tag{9.90}$$

Auf der linken Seite steht eine dimensionslose Kennzahl, die *Nußelt*[7]-Zahl Nu, die im Falle der Rohrströmung

$$Nu = \frac{\alpha d}{\lambda} \tag{9.91}$$

lautet und als dimensionsloser Wärmeübergangskoeffizient gedeutet werden kann. Auf ähnliche Weise lassen sich weitere Kennzahlen herleiten, die es ermöglichen, die Abhängigkeit nach Gl. (9.88) wie folgt zu formulieren:

$$Nu = f\left(Re, Pr, Pr_{Wd}, \frac{d}{l}\right) \tag{9.92}$$

Die Zahl der unabhängigen Variablen hat sich von 10 auf 4 reduziert. Die Kennzahlen Re und Pr sind die *Reynolds*[8]-Zahl und die *Prandtl*[9]-Zahl :

$$Re = \frac{w \varrho d}{\eta} = \frac{w d}{\nu} \tag{9.93}$$

$$Pr = \frac{c_p \eta}{\lambda} = \frac{c_p \varrho \nu}{\lambda} = \frac{\nu}{a} \tag{9.94}$$

Pr_{Wd} ist die *Prandtl*-Zahl, die mit den bei der Wandtemperatur gültigen Stoffwerten berechnet worden ist. ν in den Gln. (9.93) und (9.94) ist die kinematische Viskosität in m^2/s:

$$\nu = \frac{\eta}{\varrho} \tag{9.95}$$

---

[7] *Wilhelm Nußelt*, deutscher Ingenieur, 1882 bis 1957, Professor an der Technischen Hochschule München, veröffentlichte 1915 die Ähnlichkeitstheorie des Wärmeübergangs.

[8] *Osborne Reynolds*, nordirischer Physiker und Ingenieur, 1842 bis 1912, arbeitete u. a. auf den Gebieten der Strömungsmechanik und Turbulenz.

[9] *Ludwig Prandtl*, 1875 bis 1953, Professor an der Universität Göttingen, veröffentlichte zahlreiche grundlegende Arbeiten zur Strömungslehre und entwickelte u. a. die Grenzschichttheorie.

a ist die Temperaturleitfähigkeit in m^2/s nach Gl. (9.61). Als Beispiel für eine Beziehung in Form der Gl. (9.92) sei eine die Wärmeübertragung bei erzwungener turbulenter Strömung von Flüssigkeiten in Rohren beschreibende Gleichung von *Gnielinski* [132] genannt:

$$Nu = \frac{\frac{\zeta}{8}(Re - 1000)\,Pr}{1 + 12{,}7\sqrt{\frac{\zeta}{8}}(Pr^{2/3} - 1)}\left[1 + \left(\frac{d}{l}\right)^{2/3}\right]\left(\frac{Pr}{Pr_{Wd}}\right)^{0{,}11} \qquad (9.96\,a)$$

$$\zeta = (1{,}82\,\log_{10}\,Re - 1{,}64)^{-2} \qquad (9.96\,b)$$

Mit dem Ausdruck $(Pr/Pr_{Wd})^{0{,}11}$ in Gl. (9.96 a) wird der unterschiedliche Einfluss der Beheizung oder der Kühlung auf das Temperaturprofil und damit auf den Wärmeübergangskoeffizienten ausgedrückt. Die Stoffwerte sind mit T als der mittleren Temperatur des Fluids (gemittelt aus der Eintritts- und der Austrittstemperatur) bzw. mit T_{Wd} als der mittleren Temperatur der Wand zu bilden (T und T_{Wd} jeweils in *Kelvin*). Die Gln. (9.96 a) und (9.96 b) sind auch auf den Wärmeübergang von Gasen anwendbar. Dann ist jedoch in Gl. (9.96 a) der Ausdruck $(Pr/Pr_{Wd})^{0{,}11}$ durch den Ausdruck $(T/T_{Wd})^n$ zu ersetzen. Im Fall des Kühlens ($T/T_{Wd} > 1$) ist $n = 0$, im Fall der Beheizung von Luft bei ($T/T_{Wd} = 0{,}5 \ldots 1$) kann $n = 0{,}45$ gesetzt werden, für gasförmiges CO_2 bei ($T/T_{Wd} = 0{,}5 \ldots 1$) ist $n = 0{,}12$, für Wasserdampf bei Drücken zwischen 21 und 100 bar und bei ($T/T_{Wd} = 0{,}67 \ldots 1$) ist $n = - 0{,}18$ (vgl. auch die Gln. (9.132 e und f) [132]).

Weitere Kennzahlen, die bei erzwungener Strömung häufig verwendet werden, sind die *Stanton*-Zahl St und die *Peclet*[10]-Zahl Pe. Bei Vorgängen mit freier Konvektion werden die *Grashof*[11]-Zahl Gr und die *Raleigh*[12]-Zahl Ra genutzt.

$$St = \frac{Nu}{Re\,Pr} = \frac{\alpha}{w\,\varrho\,c_p} \qquad (9.97)$$

$$Pe = Re\,Pr = \frac{w\,\varrho\,d\,c_p}{\lambda} = \frac{w\,d}{a} \qquad (9.98)$$

$$Gr = \frac{g\,\beta\,\Delta t\,l^3}{\nu^2} \qquad (9.99)$$

$$Ra = Gr\,Pr = \frac{g\,\beta\,\Delta t\,l^3}{\nu\,a} \qquad (9.100)$$

Hierin sind g die Fallbeschleunigung, β der Volumenausdehnungskoeffizient, Δt die den Auftrieb bei der freien Konvektion auslösende Temperaturdifferenz und l die charakteristische Länge des betrachteten Körpers. Die Reihe der Kennzahlen ist nicht vollständig; es lassen sich weitere Kennzahlen bilden.

---

[10] *Jean Claude Eugene Peclet*, französischer Physiker, 1793 bis 1857, Professor am College de Marseille und danach an der Ecole Centrale in Paris.

[11] *Franz Grashof*, deutscher Ingenieur, 1826 bis 1893, Professor am Königlichen Gewerbinstitut in Berlin und am Polytechnikum Karlsruhe, lehrte Allgemeinen Maschinenbau, Festigkeitslehre, Hydraulik und Wärmelehre.

[12] *Lord Raleigh (John William Strutt)*, englischer Physiker, 1842 bis 1919, arbeitete u. a. auf den Gebieten der Akustik, der Strömungslehre und der Edelgase.

Bei der Strömung durch einen nicht kreisförmigen Kanal setzt man als charakteristische Länge L den hydraulischen Durchmesser d_h ein:

$$d_h = \frac{4\,A_0}{U} \qquad (9.101\,\text{a})$$

Der hydraulische Durchmesser wird auch gleichwertiger Durchmesser d_{gl} genannt [17], [41], [39], [53], [56]. A_0 ist der Strömungsquerschnitt, und U ist der Umfang des Kanals. Die Geschwindigkeit wird mit dem tatsächlichen Strömungsquerschnitt berechnet. Auf derjenigen Seite der Trennwand, auf der der Wärmeübergangskoeffizient relativ klein und deshalb die Oberfläche durch Rippen oder Ähnliches vergrößert ist, gilt

$$d_{gl} = \frac{\left(\dfrac{A_{\min}}{A_S}\right)_L}{\left(\dfrac{A}{V}\right)_L} \qquad (9.101\,\text{b})$$

[68], [69]. $A_{\min L}$ ist der engste Strömungsquerschnitt, und A_{SL} ist die Stirnfläche, so dass $(A_{\min}/A_S)_L$ die Querschnittsverengung auf der berippten Seite ausdrückt. $(A/V)_L$ ist die Gesamtoberfläche auf der berippten Seite bezogen auf das Blockvolumen. Die Geschwindigkeit w wird mit dem engsten Strömungsquerschnitt berechnet.

Die Ähnlichkeitstheorie reduziert nicht nur die Anzahl der unabhängigen Variablen und erlaubt damit eine kompakte Beschreibung des Wärmeübergangs; sie ermöglicht auch die Übertragung von Versuchsergebnissen auf andere Stoffe und andere Versuchsbedingungen, sofern die Ähnlichkeit gewahrt bleibt. Ein Kennzeichen der Ähnlichkeit ist die Übereinstimmung der Kennzahlen. So gelten die Gln. (9.96 a) und (9.96 b) für die Wärmeübertragung bei turbulenter Strömung von Flüssigkeiten und Gasen (mit entsprechender Modifikation der Gln. (9.96 a) und (9.96 b) ohne Beschränkung auf bestimmte Stoffe, sofern es sich um Rohrströmungen handelt. Die Ähnlichkeitstheorie liefert nur die Kennzahlen und damit die Bedingungen, unter denen ein schon bekanntes Ergebnis auf andere Fälle übertragen werden kann. Sie sagt nichts über die Form der Gleichung aus, in der die verschiedenen Kennzahlen miteinander verknüpft werden. Die Gln. (9.96 a) und (9.96 b) sind empirisch. Die Ähnlichkeitstheorie ist kein Ersatz für eine exakte Lösung. Da die Ähnlichkeitstheorie keinen Beitrag zur Form der Gleichungen für die Beschreibung des Wärmeübergangs liefert, sind physikalisch begründete Ansätze und Analogien besonders interessant. Diese sind vielfach durch empirische, auf Messergebnisse aufbauende Ansätze modifiziert.

9.5.3 *Reynolds*-Analogie

Ein Stoffstrom $\dot{m}$ mit der spezifischen Wärmekapazität bei konstantem Druck c_p, der Geschwindigkeit w und der Temperatur t gibt bei der Abkühlung an einer Rohrwand mit der Oberfläche $A = \pi\,d\,l$ und der Temperatur ϑ_0 den Wärmestrom

$$\dot{Q} = \alpha\,A(t - \vartheta_0) \qquad (9.102)$$

ab. In einer Modellvorstellung kann man annehmen, dass ein Teil des Stoffstromes $z\,\dot{m}$ an der Wand zur Ruhe kommt und die Wandtemperatur annimmt. Die dabei abgegebene Wärme ist

$$\dot{Q} = z\,\dot{m}\,c_p(t - \vartheta_0)\,. \qquad (9.103)$$

Der damit verbundene Impulsverlust ist $z\,\dot{m}\,w$. Der andere Teil des Stoffstroms $(1-z)\,\dot{m}$ behält die Temperatur t und die Geschwindigkeit w bei. Nach der Wärmeabgabe des Teilstroms $z\,\dot{m}$ vermischt sich der Teilstrom $z\,\dot{m}$ wieder mit dem anderen Teilstrom und nimmt seine Geschwindigkeit w an. Der Teilstrom $z\,\dot{m}$ erfährt eine Impulsänderung $\Delta p\,A_0$, wobei $A_0 = \pi\,d^2/4$ der Strömungsquerschnitt ist:

$$\Delta p\,A_0 = z\,\dot{m}\,w \tag{9.104}$$

Dadurch entsteht der Druckverlust

$$\Delta p = \frac{\varrho}{2}\,w^2\,\zeta\,\frac{l}{d}\;, \tag{9.105}$$

wobei ζ der Widerstandsbeiwert ist. Mit der Gleichung

$$\dot{m} = \varrho\,w\,A_0 \tag{9.106}$$

folgt aus den Gln. (9.104), (9.105) und (9.106)

$$z = \frac{\zeta}{2}\frac{l}{d}\;. \tag{9.107}$$

Nach den Gln. (9.102) und (9.103) ist

$$\alpha = z\,\frac{\dot{m}}{A}\,c_p\;. \tag{9.108}$$

Mit den Gln. (9.106) und (9.107) und den Ausdrücken für A und A_0 erhält man

$$\alpha = w\,\varrho\,c_p\,\frac{\zeta}{8}\;. \tag{9.109}$$

Es entsteht als dimensionslose Größe die *Stanton*-Zahl nach Gl. (9.97) und die Beziehung

$$St = \frac{\alpha}{w\,\varrho\,c_p} = \frac{\zeta}{8}\;, \tag{9.110}$$

die einen sehr einfachen Zusammenhang zwischen Wärmeübergang und Druckverlust beschreibt [46], [44].

9.5.4 *Prandtl*-Analogie

Die erzwungene turbulente Strömung in einem Rohr kann im Sinne eines vereinfachten Ansatzes in eine laminare Grenzschicht und eine turbulente Kernströmung unterteilt werden. In der Grenzschicht mit der Dicke s werden der Geschwindigkeitsverlauf und der Temperaturverlauf als linear angenommen. Da die Grenzschichtdicke s im Vergleich mit dem Rohrradius r gering ist, kann man das Gleichgewicht von differentiellen Viskositäts- und Druckkräften in Strömungsrichtung wie folgt formulieren:

$$2\,\pi\,r\,\mathrm{d}x\,\eta\,\frac{\mathrm{d}w}{\mathrm{d}y} = -\pi\,r^2\,\mathrm{d}p \qquad \text{bzw.} \qquad 2\,\pi\,r\,\eta\,\frac{\mathrm{d}w}{\mathrm{d}y} = -\pi\,r^2\,\frac{\mathrm{d}p}{\mathrm{d}x} \tag{9.111}$$

η ist die dynamische Viskosität, x ist die Ortskoordinate in Strömungsrichtung, y ist die zur Wand senkrechte Ortskoordinate. Wegen des linearen Geschwindigkeitsverlaufs in der Grenzschicht ist

$$\frac{\mathrm{d}w}{\mathrm{d}y} = \frac{w_s}{s} \qquad (9.112)$$

mit w_s als der Geschwindigkeit am Übergang von der Grenzschicht zur Kernströmung. Die Gln. (9.111) und (9.112) ergeben einen Ausdruck für die Grenzschichtdicke s:

$$s = -\frac{2\,\eta\,w_s}{r\dfrac{\mathrm{d}p}{\mathrm{d}x}} \qquad (9.113)$$

Nach der Modellvorstellung erfolgt der Wärmetransport durch die Grenzschicht nur auf dem Weg der Wärmeleitung. An der Rohroberfläche $A = 2\,\pi\,r\,l$ wird folgender Wärmestrom übertragen:

$$\dot{Q} = \lambda\frac{t_s - \vartheta_0}{s}\,2\,\pi\,r\,l \qquad (9.114)$$

λ ist die Wärmeleitfähigkeit des Fluids, t_s ist die Temperatur am Übergang von der Grenzschicht zur Kernströmung. ϑ_0 ist die Temperatur der Wandoberfläche. Gl. (9.113) wird in Gl. (9.114) eingesetzt:

$$\dot{Q} = -\pi\,r^2\,l\,\frac{\lambda}{\eta}\frac{t_s - \vartheta_0}{w_s}\frac{\mathrm{d}p}{\mathrm{d}x} \qquad (9.115)$$

Wegen des linearen Verlaufs der Temperatur und der Geschwindigkeit in der Grenzschicht ist mit k als Proportionalitätsfaktor

$$\frac{t_s - \vartheta_0}{s} = k\,\frac{w_s}{s} \qquad\qquad t_s - \vartheta_0 = k\,w_s\;. \qquad (9.116)$$

Sind t und w die über den Rohrquerschnitt — und nicht über die Rohrlänge — gemittelten Werte der Temperatur und der Geschwindigkeit, so kann man analog zu Gl. (9.116) folgende vereinfachte Beziehung annehmen:

$$t - \vartheta_0 = k\,w \qquad (9.117)$$

Aus den Gln. (9.116) und (9.117) folgt:

$$\vartheta_0 = t_s - k\,w_s = t - k\,w \qquad\qquad t - t_s = k(w - w_s)$$

$$k = \frac{t - t_s}{w - w_s} = \frac{t_s - \vartheta_0}{w_s} \qquad (9.118)$$

Zur Aufrechterhaltung des Temperaturprofils machte *Prandtl* einen Wärmequellenansatz: Zwischen dem Differential des Wärmestroms und dem Differential der Fluidtemperatur besteht der Zusammenhang

$$\mathrm{d}\dot{Q} = W\,\mathrm{d}t = \dot{C}\,\mathrm{d}t = \dot{V}\,\varrho\,c_p\,\mathrm{d}t = \frac{\mathrm{d}V}{\mathrm{d}\tau}\,\varrho\,c_p\,\mathrm{d}t = \mathrm{d}V\,\varrho\,c_p\,\frac{\mathrm{d}t}{\mathrm{d}\tau}\;. \qquad (9.119)$$

$W = \dot{C}$ ist der Wärmekapazitätsstrom des Fluidstroms. Die Integration ergibt

$$\dot{Q} = V\varrho\,c_p\,\frac{\mathrm{d}t}{\mathrm{d}\tau} \qquad\qquad \varrho\,\frac{\mathrm{d}t}{\mathrm{d}\tau} = \frac{\dot{Q}}{Vc_p} = \frac{\dot{Q}}{\pi\,r^2\,l\,c_p}\;. \qquad (9.120)$$

Vergleicht man die Differentialgleichung (9.120) mit der Bewegungsgleichung

$$\varrho \frac{dw}{d\tau} = -\frac{dp}{dx}, \tag{9.121}$$

bei der Druckkräfte, aber keine Reibungskräfte berücksichtigt sind, so erkennt man die Ähnlichkeit beider Differentialgleichungen. Aus Gl. (9.117) folgt $dt = k\,dw$ und mit den Gln. (9.120), (9.121), (9.118) und (9.115)

$$\frac{dt}{dw} = k = -\frac{\dot{Q}}{\pi\,r^2\,l\,c_p\dfrac{dp}{dx}} \qquad \dot{Q} = -\pi\,r^2\,l\,c_p\,\frac{t-t_s}{w-w_s}\frac{dp}{dx} = -\pi\,r^2\,l\,\frac{\lambda}{\eta}\frac{t_s-\vartheta_0}{w_s}\frac{dp}{dx}$$

$$\frac{c_p\,\eta}{\lambda}\frac{t-t_s}{w-w_s} = \frac{t_s-\vartheta_0}{w_s}\,. \tag{9.122}$$

Gl. (9.122) enthält als dimensionslose Kennzahl die *Prandtl*-Zahl nach Gl. (9.94). Die Gl. (9.122) lässt sich wie folgt umformen:

$$t_s - \vartheta_0 = (t - \vartheta_0)\frac{Pr}{Pr - 1 + \dfrac{w}{w_s}} \tag{9.123}$$

Gl. (9.123) und die folgende Gleichung, die sich aus Gl. (9.105) ergibt,

$$-\frac{dp}{dx} = \frac{\varrho}{2}w^2\frac{\zeta}{d} \tag{9.124}$$

werden in Gl. (9.115) eingesetzt:

$$\dot{Q} = (t - \vartheta_0)\pi\,r^2\,l\,\frac{\lambda}{\eta}\frac{1}{w_s}\frac{Pr}{Pr - 1 + \dfrac{w}{w_s}}\frac{\varrho}{2}w^2\frac{\zeta}{d}$$

$$\dot{Q} = (t - \vartheta_0)A\frac{\lambda}{d}\frac{w\,\varrho\,d}{\eta}Pr\frac{\dfrac{\zeta}{8}}{1 + (Pr - 1)\dfrac{w_s}{w}} \tag{9.125}$$

mit A als Rohrinnenwandfläche. Gl. (9.125) enthält als dimensionslose Kennzahl die *Reynolds*-Zahl nach Gl. (9.93). Nach der Definitionsgleichung des Wärmeübergangskoeffizienten ist mit den Gln. (9.125) und (9.93)

$$\alpha = \frac{\dot{Q}}{A(t - \vartheta_0)} = \frac{\lambda}{d}Re\,Pr\frac{\dfrac{\zeta}{8}}{1 + (Pr - 1)\dfrac{w_s}{w}} \tag{9.126}$$

Die Gl. (9.126) enthält als weitere dimensionslose Kennzahl die *Nußelt*-Zahl nach Gl. (9.91):

$$Nu = Re\,Pr\frac{\dfrac{\zeta}{8}}{1 + (Pr - 1)\dfrac{w_s}{w}} \tag{9.127}$$

In Gl. (9.127) könnte man die *Peclet*-Zahl nach Gl. (9.98) einführen. Bei $Pr = 1$ geht die Gl. (9.127) mit Gl. (9.98) in die Gl. (9.110) über. In Gl. (9.127) sind noch die Ausdrücke für $\zeta/8$ und w_s/w zu bestimmen. *Prandtl* verwendete für den Widerstandsbeiwert die Gleichung von *Blasius*

$$\zeta = 0{,}3164\,Re^{-1/4} \tag{9.128}$$

und für das Geschwindigkeitsverhältnis am Übergang von der Grenzschicht zur Kernströmung

$$\frac{w_s}{w} = 1{,}74\,Re^{-1/8} \ . \tag{9.129}$$

In [96] findet man den Ausdruck $1{,}60\,Re^{-1/8}$ für die rechte Seite der Gl. (9.129), jedoch ist in der Originalarbeit die *Reynolds*-Zahl mit dem Rohrradius r gebildet. Die Umwandlung ergibt bei Bildung der *Reynolds*-Zahl mit dem Durchmesser d: $1{,}60/2^{-1/8} = 1{,}74$. Die Gln. (9.128) und (9.129) werden in die Gl. (9.127) eingesetzt [95], [96], [46]:

$$Nu = \frac{0{,}03955\,Re^{3/4}\,Pr}{1 + (Pr - 1)\,1{,}74\,Re^{-1/8}} \tag{9.130 a}$$

Hofmann [57] nahm eine Überarbeitung der Gl. (9.130 a) vor und gab folgende Gleichung an:

$$Nu = \frac{0{,}03955\,Re^{3/4}\,Pr}{1 + (Pr - 1)\,1{,}5\,Re^{-1/8}\,Pr^{-1/6}} \tag{9.130 b}$$

Dazu gehört folgende empirische Gleichung für die Bezugstemperatur der Stoffwerte:

$$t^* = t - \frac{0{,}1\,Pr + 40}{Pr + 72}(t - \vartheta_0) \tag{9.130 c}$$

9.5.5 Potenzansätze für die laminare und die turbulente Strömung

Neben den Ansätzen mit physikalischem Hintergrund gibt es auch Ansätze, die zwar die Kennzahlen der Ähnlichkeitstheorie verwenden, sonst aber Potenzansätze darstellen, weil sie für die praktische Anwendung vorteilhaft erscheinen. So gibt es Gleichungen der folgenden Formen:

$$Nu = C\,Pe^n \tag{9.131 a}$$

$$Nu = C\,Re^m\,Pr^n \tag{9.131 b}$$

$$Nu = \mathrm{f}\left(Re, Pr, \frac{d}{l}\right) \tag{9.131 c}$$

$$St\,Pr^{2/3} = \mathrm{f}\,(Re) \tag{9.131 d}$$

Gl. (9.131 d) ergibt sich aus Gl. (9.131 b), wenn man $n = 1/3$ setzt:

$$Nu = C\,Re^m\,Pr^{1/3} = St\,Re\,Pr \quad (9.131\,\mathrm{e}) \qquad\qquad St\,Pr^{2/3} = C\,Re^{m-1} \quad (9.131\,\mathrm{f})$$

Im Folgenden werden für technisch wichtige Fälle Gleichungen für die Berechnung der mittleren *Nußelt*-Zahl Nu bzw. des mittleren Wärmeübergangskoeffizienten α angegeben, die Potenzansätze auf der Grundlage der Ähnlichkeitstheorie darstellen. Um diese zu nutzen, geht man in der folgenden Weise vor:

1. Bestimmung des jeweils zu betrachtenden Modellfalls hinsichtlich des Wärmeübergangs

2. Auswahl der jeweils zutreffenden Gleichung mit der mittleren *Nußelt*-Zahl Nu auf der linken Seite

3. Ermittlung der charakteristischen Länge l und der Bezugstemperatur t bzw. der Wandtemperatur t_{Wd} mithilfe der zusätzlichen Angaben zu der jeweiligen Gleichung

4. Berechnung der dimensionslosen Kennzahlen, die für die jeweils zutreffende Gleichung erforderlich sind

5. Überprüfung des Gültigkeitsbereiches der Gleichung

6. Berechnung der mittleren *Nußelt*-Zahl Nu

7. Berechnung des mittleren Wärmeübergangskoeffizienten α aus der mittleren *Nußelt*-Zahl Nu

Erzwungene turbulente Strömung im Rohrinneren: *Kraussold* hat getrennte Gleichungen für die Beheizung und die Kühlung von Flüssigkeiten angegeben, die von *Hausen* in eine Gleichung zusammengefasst wurden [50], [131]:

$$Nu = 0{,}024 \left[1 + \left(\frac{d}{l}\right)^{2/3}\right] Re^{0,8} \, Pr^{0,33} \left(\frac{\eta}{\eta_{Wd}}\right)^{0,14} \qquad (9.132\,\text{a})$$

Sie ist gültig im Bereich $Re = 7000$ bis $1\,000\,000$, $Pr = 1$ bis 500, $l/d = 1$ bis ∞. Bezugstemperatur für die Stoffwerte ist die mittlere Flüssigkeitstemperatur t; die dynamische Viskosität η_{Wd} ist auf die Wandtemperatur $\vartheta_0 = t_{Wd}$ zu beziehen. *Hausen* hat zwischen 1943 und 1974 drei Gleichungen für den Wärmeübergang im Rohr bei turbulenter Strömung von Gasen und Flüssigkeiten angegeben, die im Sinne einer schrittweisen Entwicklung beispielhaft aufgeführt werden sollen. Die erste [49], [50] ist

$$Nu = 0{,}116 \, (Re^{2/3} - 125) Pr^{1/3} \left[1 + \left(\frac{d}{l}\right)^{2/3}\right] \left(\frac{\eta}{\eta_{Wd}}\right)^{0,14} . \qquad (9.132\,\text{b})$$

Sie ist gültig im Bereich $Re = 2\,320$ bis $1\,000\,000$, $Pr = 0{,}6$ bis 500, $l/d = 1$ bis ∞. Die Gleichung aus dem Jahre 1959 [51], [131] ist

$$Nu = 0{,}037 \left[1 + \left(\frac{d}{l}\right)^{2/3}\right] (Re^{0,75} - 180) Pr^{0,42} \left(\frac{\eta}{\eta_{Wd}}\right)^{0,14} . \qquad (9.132\,\text{c})$$

1974 [52], [53] wurde folgende Gleichung veröffentlicht:

$$Nu = 0{,}0235 \, (Re^{0,8} - 230)(1{,}8 \, Pr^{0,3} - 0{,}8) \left[1 + \left(\frac{d}{l}\right)^{2/3}\right] \left(\frac{\eta}{\eta_{Wd}}\right)^{0,14} \qquad (9.132\,\text{d})$$

In [132] werden als weiterentwickelte Formen bei Strömungen im Übergangs- und Turbulenzgebiet ($Re = 2\,320$ bis $1\,000\,000$) zwei Gleichungen angegeben: Für $Pr = 0{,}5$ bis $1{,}5$ gilt

$$Nu = 0{,}0214 \, (Re^{0,8} - 100) \, Pr^{0,4} \left[1 + \left(\frac{d}{l}\right)^{2/3}\right] K , \qquad (9.132\,\text{e})$$

für $Pr = 1{,}5$ bis 500 gilt

$$Nu = 0{,}012 \, (Re^{0{,}87} - 280) \, Pr^{0{,}4} \left[1 + \left(\frac{d}{l}\right)^{2/3}\right] K \, , \qquad (9.132\,\mathrm{f})$$

jeweils mit

$$K = \left(\frac{Pr}{Pr_{Wd}}\right)^{0{,}11} \text{ bei Flüssigkeiten und } K = \left(\frac{T}{T_{Wd}}\right)^{n} \text{ bei Gasen und Dämpfen.}$$

Die Stoffwerte sind mit den mittleren Temperaturen T des Fluids bzw. T_{Wd} der Wand zu bilden. Dabei stellen wie in den Gleichungen (9.96 a) und (9.96 b) T die mittlere Temperatur des Fluids (gemittelt aus der Eintritts- und der Austrittstemperatur) sowie T_{Wd} die mittlere Temperatur der Wand in *Kelvin* dar; im Fall des Kühlens ($T/T_{Wd} > 1$) ist $n = 0$, im Fall der Erwärmung von Luft bei $T/T_{Wd} = 0{,}5$ bis 1 kann $n = 0{,}45$ gesetzt werden, für gasförmiges CO_2 bei $T/T_{Wd} = 0{,}5$ bis 1 ist $n = 0{,}12$, für Wasserdampf bei Drücken zwischen 21 und 100 bar und bei $T/T_{Wd} = 0{,}67$ bis 1 ist $n = -0{,}18$. d ist der Innendurchmesser von Rohren mit kreisförmigem Querschnitt; er ist bei anderen Querschnittsformen durch den hydraulischen Durchmesser $d_h = 4\,A_0/U$ (Gl. (9.100)) zu ersetzen [132].

Erzwungene laminare Strömung im Rohrinneren: Für den Wärmeübergang bei erzwungener laminarer Strömung (Re bis 2 320) im Rohr mit kreisförmigem Querschnitt und für beliebige Werte von Pr wird in [132] eine Gleichung von *Gnielinski* angegeben:

$$Nu = \left[49{,}371 + \left(1{,}615 \left(Re\,Pr\,\frac{d}{l}\right)^{1/3} - 0{,}7\right)^{3}\right]^{1/3} K \qquad (9.133)$$

Die jeweiligen Bezeichnungen gelten gleichermaßen wie für die Gln. (9.132 e und f).

K ist als $K = \left(\dfrac{Pr}{Pr_{Wd}}\right)^{0{,}11}$ bei Flüssigkeiten zu berechnen; bei Gasen und Dämpfen gilt $K \approx 1$.

Längs angeströmte ebene Platte und quer angeströmter Zylinder bei erzwungener laminarer Strömung: Hierzu gaben *Pohlhausen* und *Krouzhiline* für den Wärmeübergang die folgende Gleichung an [132]:

$$Nu = 0{,}664 \, Re^{1/2} \, Pr^{1/3} \, K \qquad (9.134)$$

Dabei wird die *Reynoldszahl Re* mit der Plattenlänge l bzw. mit der Überströmlänge $l = \pi\,r$ am quer angeströmten Zylinder gebildet: $Re = w\,l/\nu$. Die Gleichung gilt im Falle der ebenen Platte für Re bis 100 000 und für Pr von 0,6 bis 2 000; die kritische Reynoldszahl kann mit etwa $Re = 500\,000$ angenommen werden. Gl. (9.134) gilt im Falle des quer angeströmten Zylinders für Re bis 10 und für Pr von 0,6 bis 1 000. Die Stoffwerte sind mit den Temperaturen T bzw. T_{Wd} des Fluids zu bilden. Dabei stellen T die mittlere Temperatur des Fluids (gemittelt aus den Werten vor der Zuströmung und nach der Abströmung) sowie T_{Wd} die mittlere Temperatur der Wand in *Kelvin* dar; w ist die Anströmgeschwindigkeit. In Gl. (9.134) gilt für K:

$$K = \left(\frac{Pr}{Pr_{Wd}}\right)^{0{,}25} \text{ bei Flüssigkeiten und } K = \left(\frac{T}{T_{Wd}}\right)^{0{,}12} \text{ bei Gasen und Dämpfen.}$$

Längs angeströmte ebene Platte und quer angeströmter Zylinder bei erzwungener turbulenter Strömung: Dieser Fall wird mit einer Gleichung erfasst, die auf *Petukhov* und *Popov* zurückgeht [132]:

$$Nu = \frac{\zeta/8 \, Re \, Pr}{1 + 12,7 \, (\zeta/8)^{1/2} \, (Pr^{2/3} - 1)} \, K \qquad\qquad (9.135\,\text{a})$$

Setzt man hierin die von *Schlichting* angegebene Beziehung für den mittleren Widerstandsbeiwert einer Platte bei turbulenter Grenzschicht $\zeta/8 = 0,037 \, Re^{-0,2}$ ein, so ergibt sich die folgende Gleichung [132]:

$$Nu = \frac{0,037 \, Re^{0,8} \, Pr}{1 + 2,443 \, Re^{-0,1} \, (Pr^{2/3} - 1)} \, K \qquad\qquad (9.135\,\text{b})$$

Dabei wird die *Reynoldszahl Re* mit der Plattenlänge l bzw. mit der Überströmlänge $l = \pi r$ am quer angeströmten Zylinder gebildet: $Re = w \, l / \nu$. Die Gleichung gilt im Falle der ebenen Platte für Re zwischen 500 000 und 10 000 000 und für Pr von 0,6 bis 2000. Gl. (9.135 b) gilt im Falle des quer angeströmten Zylinders für Re zwischen 10 und 10 000 000 sowie für Pr von 0,6 bis 1000. Die Stoffwerte sind mit den Temperaturen T bzw. T_{Wd} des Fluids zu bilden. Dabei stellen T die mittlere Temperatur des Fluids (gemittelt aus den Werten vor der Zuströmung und nach der Abströmung) sowie T_{Wd} die mittlere Temperatur der Wand in *Kelvin* dar; w ist die Anströmgeschwindigkeit. Die Beziehungen für K entsprechen denen für Gl. (9.134).

Auf *Krischer* und *Kast* sowie *Gnielinski* geht eine zusammenfassende Darstellung des Wärmeübergangs in den Fällen der laminaren und der turbulenten Strömung zurück, bei der die Gleichungen (9.134) mit $Nu = Nu_{lam}$ und (9.135 b) mit $Nu = Nu_{turb}$ in der folgenden Weise miteinander verknüpft sind [132]: $Nu_{l,0} = (Nu_{lam}^2 + Nu_{turb}^2)^{1/2}$

Rohrbündelwärmeübertrager mit Umlenkblechen bei erzwungener turbulenter Strömung: In [24] wird auf eine Gleichung von *Donohue* aufmerksam gemacht, mit der der Wärmeübergang in einem Rohrbündelwärmeübertrager mit Umlenkblechen überschlägig berechnet werden kann, bei dem eine erzwungene Strömung quer zu den Rohrbündeln vorherrscht:

$$Nu = C \, Re^{0,6} \, Pr^{0,33} \left(\frac{\eta}{\eta_{Wd}}\right)^{0,14} \qquad\qquad (9.136)$$

Dabei ist als charakteristische Länge der Rohr-Außendurchmesser d zu verwenden. Die Gleichung gilt für Re zwischen 4 und 50 000 und für Pr von 0,5 bis 500. In Gl. (9.136) gilt $C = 0,22$ bei ungebohrtem Mantelrohr und $C = 0,25$ bei gebohrtem Mantelrohr. Die Stoffwerte sind mit den Temperaturen t bzw. t_{Wd} des Fluids zu bilden; dabei stellen t die mittlere Temperatur des Fluids (gemittelt aus den Werten am Eintrittsquerschnitt und am Austrittsquerschnitt) sowie t_{Wd} die mittlere Temperatur der Wand in Grad *Celsius* dar. Die erforderliche rechnerische Geschwindigkeit w ist mit dem Ausdruck $w = (w_q \, w_l)^{1/2}$ zu bilden, wobei w_q die Geschwindigkeit quer zu den Rohren im engsten Querschnitt und w_l die Geschwindigkeit in Längsrichtung an der Umlenkung bedeuten.

Freie Strömung an einer senkrechten Wand und um eine Kugel: In [132] und [24] wird eine Gleichung von *Churchill* und *Chu* angegeben, mit deren Hilfe der Wärmeübergang an einer senkrechten Wand und an einer Kugel berechnet werden kann, die frei angeströmt bzw. umströmt werden (freie Konvektion); sie gilt für den laminaren wie auch für den turbulenten Bereich:

$$Nu = \left[0,825 + 0,387 \left(Ra \, f_1\right)^{1/6}\right]^2 \qquad\qquad (9.137\,\text{a})$$

mit

$$f_1 = \frac{1}{\left[1 + \left(\dfrac{0,492}{Pr}\right)^{9/16}\right]^{16/9}} \qquad\qquad (9.137\,\text{b})$$

Dabei ist der Gültigkeitsbereich im Falle der senkrechten Wand durch Ra zwischen 0,1 und 10^{12} sowie im Falle der Kugel durch Ra zwischen 1000 und 10^{12} und Nu größer 2 gekennzeichnet; bei Pr gelten - von 0,001 aufwärts bis zu beliebig großen Werten - keine Einschränkungen. Die charakteristische Länge l ist im Falle der senkrechten Wand gleich der Wandhöhe h und im Falle der Kugel gleich dem Durchmesser d. Die Stoffwerte sind mithilfe der - durch Mittelung aus der Fluidtemperatur t und der Wandtemperatur t_{Wd} gewonnenen - Temperatur $(t + t_{Wd})/2$ zu berechnen; der Volumenausdehnungskoeffizient β wird mit der Fluidtemperatur t bestimmt.

Freie Strömung um einen senkrechten Zylinder: In [132] wird eine Gleichung von *Fujii* und *Uehara* genannt, mit deren Hilfe der Wärmeübergang an einem senkrechten Zylinder berechnet werden kann, der frei umströmt wird (freie Konvektion):

$$Nu_{Zyl} = Nu + 0,435\,\frac{h}{d} \qquad\qquad (9.138)$$

Hierin ist h die Höhe und d der Durchmesser des Zylinders; Nu ist aus den Gleichungen (9.137 a) und (9.137 b) zu berechnen; ansonsten gilt das Gleiche wie für die Gln. (9.137 a) und (9.137 b).

Freie laminare Strömung an einer waagerechten Wand mit Wärmeabgabe oben oder Wärmeaufnahme unten: In [132] ist eine Gleichung von *Churchill* aufgeführt, mit deren Hilfe der Wärmeübergang an einer horizontalen ebenen Wand darstellbar ist, die frei und laminar angeströmt wird und bei der die Wärme an der Oberseite abgegeben oder die Wärme an der Unterseite aufgenommen wird (freie Konvektion):

$$Nu = 0,766 \left(Ra\, f_2\right)^{1/5} \qquad\qquad (9.139\,\text{a})$$

mit

$$f_2 = \frac{1}{\left[1 + \left(\dfrac{0,322}{Pr}\right)^{11/20}\right]^{20/11}} \qquad\qquad (9.139\,\text{b})$$

Dabei ist der Gültigkeitsbereich durch $Ra\, f_2 < 70\,000$ und beliebig große Werte von Pr gekennzeichnet. Die charakteristische Länge ist $l = a\,b/(2\,(a+b))$ für Rechteckflächen mit den Seitenlängen a und b sowie $l = d/4$ bei Kreisscheiben.

Freie turbulente Strömung an einer waagerechten Wand mit Wärmeabgabe oben oder Wärmeaufnahme unten: Im Falle einer freien und turbulenten Anströmung einer horizontalen ebenen Wand, bei der die Wärme an der Oberseite abgegeben oder die Wärme an der Unterseite aufgenommen wird, gilt nach *Churchill* [132]:

$$Nu = 0,15 \left(Ra\, f_2\right)^{1/3} \qquad\qquad (9.139\,\text{c})$$

f_2 wird in derselben Weise bestimmt wie im Falle der laminaren Anströmung (Gl. (9.139 b)); dies gilt auch für die charakteristische Länge l. Der Gültigkeitsbereich ist mit $Ra\, f_2$ gleich oder größer als 70 000 und mit beliebig großen Werten von Pr - von 0,001 an aufwärts - angegeben; sonst gilt dasselbe wie für die Gln. (9.139 a) und (9.139 b).

Freie laminare Strömung an einer waagerechten Wand mit Wärmeabgabe unten oder mit Wärmeaufnahme oben: In [132] wird eine Gleichung von *Churchill* aufgeführt, mit deren Hilfe der Wärmeübergang an einer horizontalen ebenen Wand berechnet werden kann, die frei und laminar angeströmt wird und bei der die Wärme an der Unterseite abgegeben oder an der Oberseite aufgenommen wird (freie Konvektion):

$$Nu = 0,6 \left(Ra \; f_1 \right)^{1/5} \tag{9.140}$$

f_1 ergibt sich gemäß Gl. (9.137 b). Der Gültigkeitsbereich ist durch $Ra \; f_1$ zwischen 1000 und 10^{10} und durch beliebig große Werte von Pr - von 0,001 an aufwärts - beschrieben; ansonsten gilt dasselbe wie für die Gln. (9.139 a) und (9.139 b).

Waagerechter Zylinder quer frei angeströmt: In [132] wird eine Gleichung von *Churchill* und *Chu* angegeben, mit deren Hilfe sich der Wärmeübergang an einem außen quer angeströmten horizontalen Zylinder bestimmen lässt (freie Konvektion); sie gilt für den laminaren wie auch für den turbulenten Bereich:

$$Nu = \left[0,752 + 0,387 \left(Ra \; f_3 \right)^{1/6} \right]^2 \tag{9.141 a}$$

mit

$$f_3 = \frac{1}{\left[1 + \left(\dfrac{0,559}{Pr} \right)^{9/16} \right]^{16/9}} \tag{9.141 b}$$

Dabei ist der Gültigkeitsbereich durch beliebige Werte für Ra und Pr gekennzeichnet. Die charakteristische Länge l ergibt sich als Überstromlänge $l = \pi \, r$. Ansonsten gilt das für die Gln. (9.137 a) und (9.137 b) Gesagte: Die Stoffwerte sind mithilfe der - durch Mittelung aus der Fluidtemperatur t und der Wandtemperatur t_{Wd} gewonnenen - Temperatur $(t + t_{Wd})/2$ zu berechnen; der Volumenausdehnungskoeffizient β wird mit der Fluidtemperatur t bestimmt.

Freie Strömung um eine Kugel: In [24] ist eine Gleichung von *Raithby* und *Hollands* genannt, mit deren Hilfe der Wärmeübergang an einer außen umströmten Kugel berechnet werden kann (freie Konvektion); sie gilt für den laminaren wie auch für den turbulenten Bereich:

$$Nu = 0,56 \left[\frac{Pr \; Ra}{0,846 + Pr} \right]^{1/4} + 2 \tag{9.142}$$

Sie gilt für beliebige Werte von Ra und Pr. Die charakteristische Länge ist der Kugeldurchmesser d. Ansonsten gilt das für die Gln. (9.137 a) und (9.137 b) Gesagte: Die Stoffwerte sind mithilfe der - durch Mittelung aus der Fluidtemperatur t und der Wandtemperatur t_{Wd} gewonnenen - Temperatur $(t + t_{Wd})/2$ zu berechnen; der Volumenausdehnungskoeffizient β wird mit der Fluidtemperatur t berechnet.

Freie laminare Strömung an einer geneigten Wand: Für die Wärmeübertragung an der geneigten Wand gelten im Falle der freien laminaren Anströmung und der Wärmeabfuhr nach oben oder der Wärmezufuhr von unten bei der Berechnung von Nu gemäß *Vliet*, *Fujii* und *Imura* entsprechend [132] dieselben Gleichungen (9.137 a) und (9.137 b) wie im Falle der senkrechten Wand, jedoch mit der Raleigh-Zahl Ra_φ, die aus Ra zu $Ra_\varphi = Ra \cos \varphi$ zu berechnen ist. Dabei ist der Gültigkeitsbereich für einen Neigungswinkel φ im Bereich kleiner als 60° zur Senkrechten. Die charakteristische Länge ist die Wandlänge in Neigungsrichtung l.

Freie turbulente Strömung an einer geneigten Wand: Der Übergangsbereich von laminarer zu turbulenter freier Strömung wird mit der kritischen *Raleigh*-Zahl Ra_c beschrieben, für die abhängig vom Neigungswinkel φ gilt: bei $\varphi = 0°$: $Ra_c = 8 \cdot 10^8$; bei $\varphi = 15°$: $Ra_c = 4 \cdot 10^8$; bei $\varphi = 30°$: $Ra_c = 10^8$; bei $\varphi = 45°$: $Ra_c = 10^7$; bei $\varphi = 60°$: $Ra_c = 8 \cdot 10^5$. Bei turbulenter freier Anströmung und der Wärmeabfuhr nach oben oder der Wärmezufuhr von unten ist dann mit der folgenden Gleichung zu rechnen [132]:

$$Nu = 0,56\,(Ra_c\,cos\,\varphi)^{1/4} + 0,13\,(Ra^{1/3} - Ra_c^{1/3}) \qquad (9.143)$$

Dabei gilt das bei den Gleichungen (9.137 a) und (9.137 b) Gesagte.

Auf weitere Gesichtspunkte des Wärmeübergangs bei freier Strömung (freier Konvektion) wird hier aus Platzgründen nicht eingegangen. Hierzu wird z. B. auf [38], [46] verwiesen.

9.5.6 Ansätze für Phasenübergänge

Laminare Filmkondensation: Beim Wärmeübergang mit Phasenwechsel (Phasenübergang) wird im Falle der Verdampfung die Verdampfungsenthalpie über die Oberfläche eines Festkörpers auf eine siedende Flüssigkeit übertragen. Umgekehrt gibt bei der Kondensation ein Gas im Sattdampfzustand die Kondensationsenthalpie an die Oberfläche eines Festkörpers ab. (Die spezifische Kondensationsenthalpie eines reinen Stoffes entspricht dem Betrage nach seiner spezifischen Verdampfungsenthalpie.) Der Wärmeübergang ist dabei in der Regel wesentlich besser als bei Prozessen ohne Phasenübergang.

Beim Kondensieren verflüssigt sich der Dampf bei Wandtemperaturen unter der Sättigungstemperatur eines die Wand berührenden Dampfes; dies gilt auch dann, wenn die mittlere Dampftemperatur noch höher ist als die Sättigungstemperatur. Im Rahmen technischer Vorgänge ist die Filmkondensation häufiger als die Tropfenkondensation; dabei kann sich sowohl eine laminare als auch eine turbulente Kondensation ergeben. Tropfenkondensation tritt dann auf, wenn eine schlecht oder nicht benetzbare Oberfläche vorhanden ist. Die Wärmeübergangskoeffizienten sind hierbei höher als bei Filmkondensation.

Nußelt entwickelte für die Filmkondensation mit der Wasserhauttheorie weitreichende Überlegungen. Für den Fall der Filmkondensation von ruhendem bzw. langsam laminar strömendem Sattdampf (laminare Kondensathaut) an einer senkrechten Wand oder an einem senkrechten Rohr, wobei keine oder nur geringe Schubspannungen im Dampf auftreten, lautet die von ihm angegebene Gleichung [132]:

$$Nu = 0,943 \left[\frac{1 - \rho_D/\rho}{\dfrac{Ph\,Ga^{1/3}}{Pr}} \right]^{1/4} \qquad (9.144\,\text{a})$$

Darin sind Ph die Phasenumwandlungs-Zahl und Ga die Galilei-Zahl, die sich gemäß Nußelt in der folgenden Weise darstellen lassen:

$$Ph = \frac{c_p\,(t_S - t_{Wd})}{r} \qquad (9.144\,\text{b}) \qquad\qquad Ga^{1/3} = \frac{l}{\left(\dfrac{\nu^2}{g}\right)^{1/3}} \qquad (9.144\,\text{c})$$

Die charakteristische Länge für die Nußelt-Zahl ist der Ausdruck $(\nu^2/g)^{1/3}$, so dass sich für die Nußelt-Zahl ergibt:

$$Nu = \alpha\,(\nu^2/g)^{1/3}/\lambda \qquad\qquad 9.144\,\text{d})$$

Die Auflösung nach α ergibt:

$$\alpha = 0,943 \left[\frac{\lambda^3\,(\rho - \rho_D)\,g\,r}{\nu\,l\,(t_S - t_{Wd})}\right]^{1/4} \qquad\qquad (9.144\,\text{e})$$

Für die Gln. (9.144 a) bis (9.144 e) stellen l die Wandhöhe bzw. die Rohrlänge, t_S die Siedetemperatur in Grad *Celsius* und r die spezifische Verdampfungs- bzw. Kondensationsenthalpie bei der Temperatur t_S dar. Die übrigen Stoffwerte gelten für die flüssige Phase bei der Mitteltemperatur t, die aus der Siedetemperatur t_S und der Wandtemperatur t_{Wd} gebildet wird: $t = (t_S + t_{Wd})/2$

g ist die Fallbeschleunigung, λ die Wärmeleitfähigkeit der Flüssigkeit, ν die kinematische Viskosität der Flüssigkeit, ρ die Dichte der Flüssigkeit und ρ_D die Dichte des Sattdampfs. Für die Film-*Reynolds*zahl Re, die bei laminarer Strömung unterhalb $Re = 400$ und bei tubulenter Strömung oberhalb $Re = 400$ liegt, gilt [24]]:

$$Re = 0,943 \left[\frac{\lambda\,g^{1/3}\,l\,(t_S - t_{Wd})}{\nu^{5/3}\,\rho\,r}\right]^{3/4} \qquad\qquad (9.144\,\text{f})$$

Turbulente Filmkondensation: Kondensiert Sattdampf in Form einer turbulenten Kondensathaut auf der Außenseite eines waagerechten Rohres, kann der Wärmeübergang mit einer von *Grigull* angegebenen Gleichung berechnet werden:

$$\alpha = 0,003 \left[\frac{\lambda^3\,g\,l\,(t_S - t_{Wd})}{\rho\,\nu^3\,r}\right]^{1/2} \qquad\qquad (9.145)$$

Die für die laminare Filmkondensation genannten Angaben gelten gleichermaßen auch für die turbulente Filmkondensation.

Verdampfung: Beim Verdampfungs- oder Siedevorgang eines reinen Stoffes - z. B. Wasser - bildet sich Sattdampf aus siedender Flüssigkeit. Anschaulich wird der Verdampfungsvorgang innerhalb eines Behälters; er kann aber auch z. B. in stationär durchströmten Rohren stattfinden. Im Folgenden wird nur der Verdampfungsvorgang im Behälter betrachtet; hier hat die Strömungsgeschwindigkeit keinen Einfluss auf den Wärmeübergang von einer festen Oberfläche an die Flüssigkeit bzw. an die entstehenden Blasen. Im technischen Maßstab wird das Verdampfen in einem Behälter in Verdampferkesseln mit ebenen Heizwänden (z. B. dem Behälterboden) oder mit Rohrbündeln als Heizflächen verwirklicht. Wird durch Zufuhr von Wärmeleistung $\dot{Q}$ die Oberflächentemperatur t_{Wd} eines Heizelements, das mit einer Flüssigkeit mit der Siedetemperatur t_S in Kontakt steht, über den Wert von t_S erhöht, so ist für die Wärmestromdichte (Heizflächenbelastung) $\dot{q} = \dot{Q}/A$ (mit A als der Heizfläche) die treibende Temperaturdifferenz $t_{Wd} - t_S$ bestimmend.

In Bild 9.12 ist im Falle von siedendem Wasser bei Umgebungsdruck $p_{amb} = 0,981$ bar die Abhängigkeit der Wärmestromdichte $\dot{q}$ sowie des Wärmeübergangskoeffizienten α von der Temperaturdifferenz $t_{Wd} - t_S$ wiedergegeben. Dabei ergeben sich drei unterschiedliche Bereiche: der Bereich der Verdampfung aufgrund freier Konvektion, der Bereich der Blasenverdampfung und der Bereich der Filmverdampfung.

Bei kleinen Temperaturdifferenzen von $t_{Wd} - t_S$ bis etwa 6 K beträgt die Wärmestromdichte $\dot{q}$ weniger als rund 15 kW/m^2. Hier gelten näherungsweise die Gesetzmäßigkeiten der freien Konvektion, wobei freilich einschränkend zu beachten ist, dass durch das Entstehen sehr kleiner Dampfblasen an der beheizten Wand die konvektive Bewegung in der Grenzschicht erhöht wird und deshalb der Wärmeübergangskoeffizient α größer ist als bei alleiniger freier Konvektion. Es gilt gemäß Gl. (9.102):

$$\dot{q} = \alpha \, (t_{Wd} - t_S)$$

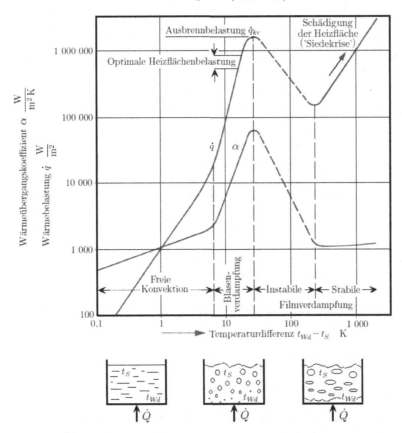

Bild 9.12 Wärmestromdichte und Wärmeübergangskoeffizient bei der Verdampfung von Wasser bei 981 mbar

In [24] sind beispielhaft für Wasser zwei Gleichungen nach *Jakob* und *Linke* dargestellt, die [132] entnommen sind, und die im Bereich der Wärmestromdichte $\dot{q}$ unterhalb von 17 kW/m^2 sowie für Werte des Drucks p zwischen 0,5 und 20 bar für die Wärmeübergangszahl α in der Dimension kW/(m^2 K) gelten:

$$\alpha = 1,026 \, \dot{q}^{\,0,26} \, p^{0,25} \quad \text{(9.146 a)} \qquad \alpha = 1,034 \, (t_{Wd} - t_S)^{0,351} \, p^{0,338} \quad \text{(9.146 b)}$$

Bei einer Erhöhung des Temperaturunterschieds entstehen an der beheizten Oberfläche größere Dampfblasen, die infolge des Auftriebs rasch nach oben steigen und dadurch den Wärmeübergang stark erhöhen. Weil dabei an den Blasenoberflächen laufend Flüssigkeit verdampft, vergrößern sich die Blasen während des Aufsteigens. Der Verdampfungsvorgang findet Glnun - im Gegensatz zur Verdampfung bei freier Konvektion - vor allem an den Blasenoberflächen statt. Steigt die Temperaturdifferenz und damit die Wärmestromdichte weiter, so wachsen die Blasen noch stärker. Dieser Vorgang dauert so lange an, bis sich die an den Heizflächen entstehenden Blasen gegenseitig berühren und damit ein Maximum bei der Wärmestromdichte $\dot{q}$ und beim Wärmeübergangskoeffizienten α erreicht wird.

Gemäß [132] gibt es noch keine zusammenfassende Theorie, um den Wärmeübergangskoeffizienten α bei der Blasenverdampfung mit der für technische Aufgaben notwendigen Genauigkeit vorausberechnen zu können. In [132] sind gleichwohl Ansätze zur Ermittlung von α für unterschiedliche Aufgabenstellungen angegeben; aus diesen sind in [24] beispielhaft für Wasser zwei Gleichungen gemäß *Fritz* ausgewählt, die im Bereich der Wärmestromdichte $\dot{q}$ von größer 17 kW/m² bis $\dot{q}_{kr}$ und im Druckbereich p zwischen 0,5 und 20 bar für die Wärmeübergangszahl α in der Dimension kW/(m² K) gelten:

$$\alpha = 0,274\,\dot{q}^{\,0,75}\,p^{0,25} \quad (9.146\ \text{c}) \qquad\qquad \alpha = 5,65 \cdot 10^{-3}\,(t_{Wd} - t_S)^3\,p \quad (9.146\ \text{d})$$

Ist die Oberflächentemperatur durch die Beheizung weiter angestiegen, ist die Ausbrennbelastung $\dot{q}_{kr}$ erreicht. Nunmehr haben sich die Blasen an der beheizten Oberfläche zu einzelnen größeren filmartigen Bereichen zusammengeschlossen. Diese sind noch durch die Flüssigkeit voneinander getrennt; dies bewirkt einen instabilen Verdampfungsvorgang. Mit weiter zunehmender Temperaturdifferenz $t_{Wd} - t_S$ bildet sich im Folgenden ein zusammenhängender Dampffilm heraus, der sich zwischen der beheizten Oberfläche und der Flüssigkeit befindet. Damit sinkt die Wärmeübergangszahl α sehr stark, weil der Wärmetransport, der nun überwiegend mithilfe von Strahlung und Konvektion im Dampfraum erfolgen muss, erheblich behindert ist. Die Folge ist eine sich schnell erhöhende Temperaturdifferenz $t_{Wd} - t_S$. Dies kann zu einer irreversiblen Schädigung der Heizfläche führen. Deshalb ist es erforderlich, eine solche 'Siedekrise' zu vermeiden und gemäß Bild 9.12 die optimale Heizflächenbelastung $\dot{q} < \dot{q}_{kr}$ nicht zu überschreiten, die noch im Bereich der Blasenverdampfung bleibt.

Auf weitere Gesichtspunkte des Wärmeübergangs bei Phasenübergängen wird hier aus Platzgründen nicht eingegangen. Hierzu wird z. B. auf [38], [46] verwiesen.

9.6   Wärmedurchgang

In einem Trennwandwärmeübertrager wird die Wärme von dem wärmeren Fluid mit der mittleren örtlichen Temperatur t an das kältere Fluid mit der mittleren örtlichen Temperatur t' durch die Trennwand hindurch übertragen (Bild 9.9 für den Fall einer ebenen Wand). Der Wärmedurchgang setzt sich demnach aus dem Wärmeübergang auf der warmen Seite, der Wärmeleitung durch die Trennwand und dem Wärmeübergang auf der kalten Seite zusammen. Für ein ebenes Trennwandelement werden die drei genannten Vorgänge durch folgende Gleichungen beschrieben:

$$d\dot{Q} = \alpha\,(t - \vartheta_0)\,dA \qquad\qquad (9.147\,\text{a})$$

$$d\dot{Q} = \frac{\lambda}{\delta}\,(\vartheta_0 - \vartheta_0')\,dA \qquad\qquad (9.147\,\text{b})$$

$$d\dot{Q} = \alpha'\,(\vartheta_0' - t')\,dA \qquad\qquad (9.147\,\text{c})$$

Analog zu den Gln. (9.147 a) bis (9.147 c) kann man für den Wärmedurchgang folgenden Ansatz machen:

$$d\dot{Q} = k\,(t - t')\,dA \qquad\qquad (9.147\,\text{d})$$

Dabei ist k der Wärmedurchgangskoeffizient.

9.6.1   Wärmedurchgangskoeffizient

Durch Umformen der Gln. (9.147 a) bis (9.147 d) nach den jeweiligen Temperaturdifferenzen, Aufaddieren der umgeformten Gln. (9.147 a) bis (9.147 c) und Gleichsetzen mit der umgeformten Gl. (9.147 d) erhält man bei gleich großen Flächenelementen dA für den Wärmedurchgangskoeffizienten k bei einer ebenen Trennwand

$$\frac{1}{k} = \frac{1}{\alpha} + \frac{\delta}{\lambda} + \frac{1}{\alpha'} \ . \tag{9.148 a}$$

An die Stelle der Unterscheidung zwischen dem Wärmeübergang auf der warmen und auf der kalten Seite kann auch die Unterscheidung zwischen dem Wärmeübergang innen (Index i) und dem Wärmeübergang außen (Index a) treten:

$$\frac{1}{k} = \frac{1}{\alpha_i} + \frac{\delta}{\lambda} + \frac{1}{\alpha_a} \tag{9.148 b}$$

Die Gln. (9.148 a) und (9.148 b) gelten für eine ebene Wand, bei der $A_i = A_m = A_a$ ist. Handelt es sich um eine Rohrwand, so sind die Außenfläche A_a und die Innenfläche A_i zu berücksichtigen:

$$\frac{1}{k\,A} = \frac{1}{(\alpha\,A)_i} + \frac{\delta}{\lambda}\frac{1}{A_m} + \frac{1}{(\alpha\,A)_a} \tag{9.148 c}$$

Für A_m gilt die Berechnungsvorschrift nach Gl. (9.52). Die Fläche A als Bestandteil des Produktes $k\,A$ lässt sich - genau genommen - physikalisch nicht deuten. Jede Aufspaltung des Produktes $k\,A$ ist willkürlich. Deshalb sollte man von einer solchen Aufspaltung absehen.

In Analogie zum Wärmeleitwiderstand R_L nach Gl. (9.55) kann man auch Wärmeübergangswiderstände R_i und R_a und den Wärmedurchgangswiderstand R_D definieren [112], [56]:

$$R_i = \frac{1}{(\alpha\,A)_i} \qquad R_a = \frac{1}{(\alpha\,A)_a} \qquad R_D = \frac{1}{k\,A} \tag{9.149}$$

Der Wärmedurchgangswiderstand $R_D = R_i + R_L + R_a$ ist die Summe aus den beiden Wärmeübergangswiderständen und dem Wärmeleitwiderstand. Besteht die Trennwand aus einem guten Wärmeleiter, dann kann man den Wärmeleitwiderstand vielfach vernachlässigen. Die Gl. (9.148 c) vereinfacht sich zu

$$\frac{1}{k\,A} = \frac{1}{(\alpha\,A)_i} + \frac{1}{(\alpha\,A)_a} \qquad R_D = R_i + R_a \ . \tag{9.150}$$

Im Fall einer ebenen Wand erhält man aus den Gln. (9.150)

$$\frac{1}{k} = \frac{1}{\alpha_i} + \frac{1}{\alpha_a} = \frac{1}{\alpha} + \frac{1}{\alpha'} \qquad k = \frac{\alpha_i\,\alpha_a}{\alpha_i + \alpha_a} = \frac{\alpha\,\alpha'}{\alpha + \alpha'} \ . \tag{9.151}$$

In den Tabellen 9.1 a und 9.1 b sind Anhaltswerte von Wärmeübergangskoeffizienten α sowie von Wärmedurchgangskoeffizienten k für verschiedene technisch relevante Fälle genannt. In Tabelle 9.1 b wird sichtbar, dass sich in vielen Fällen der kleinste Wert des Wärmeübergangskoeffizienten bestimmend auf die Größe der Wärmedurchgangszahl auswirkt.

Tabelle 9.1 a Anhaltswerte für Wärmeübergangskoeffizienten α in $W/(m^2\,K)$ [24]

	Wärmeübergangskoeffizient $W/(m^2\,K)$	
	Erreichbare Werte	Praxisnahe Werte
Gase und Dämpfe		
- Freie Strömung	5 bis 25	8 bis 15
- Erzwungene Strömung	12 bis 120	20 bis 60
Wasser		
- Freie Strömung	70 bis 700	200 bis 400
- Erzwungene Strömung	600 bis 12 000	2 000 bis 4 000
- Verdampfung	2 000 bis 12 000	etwa 4 000
- Filmkondensation	4 000 bis 12 000	etwa 6 000
- Tropfenkondensation	35 000 bis 45 000	-
Zähe Flüssigkeiten		
- Erzwungene Strömung	60 bis 600	300 bis 400

Tabelle 9.1 b Anhaltswerte von Wärmeübergangskoeffizienten α in $W/(m^2\,K)$ und von Wärmedurchgangskoeffizienten k in $W/(m^2\,K)$ für Rohre zur Wärmeübertragung

Fluid innerhalb der Rohre (i)	Fluid außerhalb der Rohre (a)	α_i $W/(m^2\,K)$	α_a $W/(m^2\,K)$	Typische k-Zahl $W/(m^2\,K)$
Luft	Verbrennungsgas	20	20	10 bis 15
Wasser	Luft	4 000	20	15 bis 20
Öl	Wasser	1 000	500	300 bis 400
Wasser	Wasser	4 000	1 000	800 bis 1 000
Wasser	Verdampf. Wasser	2 000	10 000	1 500 bis 3 000
Wasser	Kondens. Dampf	2 000	10 000	1 500 bis 3 000

9.6.2 Rippenwirkungsgrad und Flächenwirkungsgrad

Das Produkt $k\,A$ ist stets kleiner als das kleinere der beiden Produkte $(\alpha\,A)_i$ und $(\alpha\,A)_a$. Will man die Leistung eines Wärmeübertragers durch die Vergrößerung des Produktes $k\,A$ erhöhen, dann ist eine Vergrößerung des kleineren Produktes aus Wärmeübergangskoeffizient und Fläche besonders wirksam. In vielen Fällen sind einer Vergrößerung des Wärmeübergangskoeffizienten durch eine Erhöhung der Strömungsgeschwindigkeit und des Leistungsaufwandes enge Grenzen gesetzt. Dann besteht die Möglichkeit, durch Berippung der Trennwand die Oberfläche auf der Seite des kleineren Wärmeübergangskoeffizienten zu vergrößern und auf diese Weise denselben Effekt zu erzielen.

Die Vergrößerung der Oberfläche durch Berippung ist nicht gleichwertig mit einer entsprechenden Vergrößerung des Wärmeübergangskoeffizienten auf derselben Seite. Da der Wärmeleitvorgang in einer Rippe ein Temperaturgefälle erfordert, wird die Temperaturdifferenz zwischen der Rippe und dem umgebenden Fluid kleiner, wodurch sich die pro Flächeneinheit übertragene Wärme an der Rippe gegenüber der unberippten Grundfläche verringert. Das wird durch den Rippenwirkungsgrad berücksichtigt. Besteht die Gesamtfläche A auf einer Seite der Trennwand eines Wärmeübertragers aus der rippenfreien Grundfläche A_G und der Rippenoberfläche A_R mit dem Rippenwirkungsgrad η_R, dann gilt

$$\alpha(A_G + A_R\,\eta_R) = \alpha\,A\,\eta\ . \tag{9.152}$$

Dabei ist η der Flächenwirkungsgrad der Gesamtfläche $A = A_G + A_R$. Damit erhält man für den Flächenwirkungsgrad

$$\eta = 1 - \frac{A_R}{A}(1 - \eta_R) \ . \tag{9.153}$$

[68], [69]. Ist die Außenfläche eines Wärmeübertragers berippt, dann wird aus der ersten Gl. (9.150)

$$\frac{1}{k\,A} = \frac{1}{(\alpha\,A)_i} + \frac{1}{(\alpha\,A\,\eta)_a} \ . \tag{9.154}$$

Bei Berücksichtigung der Wärmeleitung in der Trennwand erhält man

$$\frac{1}{k\,A} = \frac{1}{(\alpha\,A)_i} + \frac{\delta}{\lambda}\frac{1}{A_m} + \frac{1}{(\alpha\,A\,\eta)_a} \ . \tag{9.155}$$

Der Rippenwirkungsgrad ist von den Abmessungen und dem Material der Rippe sowie von dem Wärmeübergangskoeffizienten an der Rippenoberfläche abhängig.

9.6.3 Mittlere Temperaturdifferenz

Die Wärmedurchgangsgleichung (9.147 d) gilt vorläufig nur für ein Trennwandelement, weil in diesem Fall die örtlichen Fluidtemperaturen t und t' als konstant angenommen werden können. Bei der Anwendung der Wärmedurchgangsgleichung auf den ganzen Wärmeübertrager wird daraus

$$\dot{Q} = k\,A\,(t - t')_m \ , \tag{9.156}$$

wobei $(t - t')_m$ die mittlere Temperaturdifferenz bedeutet. Sie ist der Integralmittelwert der örtlich verschiedenen Temperaturdifferenzen.

Will man aus der Leistungsmessung eines Wärmeübertragers mit Hilfe der Gl. (9.156) das Produkt $k\,A$ bestimmen, so muss man zunächst $\dot{Q}$ und $(t - t')_m$ ermitteln. Den Wärmestrom erhält man aus der Wärmestromgleichung $\dot{Q} = (t_1 - t_2)W$ für das beim Eintritt warme Fluid oder aus der Wärmestromgleichung $\dot{Q} = (t_2' - t_1')W'$ für das beim Eintritt kalte Fluid. Da die mittlere Temperaturdifferenz das Ergebnis einer Integralmittelwertbildung ist, muss eine Gleichung für die mittlere Temperaturdifferenz den Temperaturverlauf beider Fluide im Wärmeübertrager berücksichtigen. Das Ergebnis wird von der Bauart des Wärmeübertragers abhängen. Da nur die Eintrittstemperaturen t_1 und t_1' und die Austrittstemperaturen t_2 und t_2' gemessen werden können, muss die mittlere Temperaturdifferenz aus diesen Temperaturen berechenbar sein:

$$(t - t')_m = \mathrm{f}\,(t_1, t_1', t_2, t_2') \tag{9.157}$$

Für die Parallelstrom-Bauarten Gleichstrom und Gegenstrom lassen sich solche Gleichungen angeben, für den technisch wichtigen Fall des Kreuzstroms gibt es keine solche Gleichung. Hier erhält die Betriebscharakteristik eine besondere Bedeutung.

9.6.4 Betriebscharakteristik

Nach Gl. (9.156) kann man die mittlere Temperaturdifferenz als Bindeglied zwischen dem Wärmestrom $\dot{Q}$ und dem Produkt $k\,A$ auffassen. Dieselbe Funktion wie die mittlere Temperaturdifferenz hat die Betriebscharakteristik. Gl. (9.156) wird ersetzt durch

$$\dot{Q} = (t_1 - t_1')W_1\,\Phi \tag{9.158}$$

[19], [17], [131]. $W_1 = \dot{C}_1$ gehört zum Stoffstrom mit dem kleineren Wärmekapazitätsstrom; der größere Wärmekapazitätsstrom wird mit $W_2 = \dot{C}_2$ bezeichnet. Weiter

wird mit W der Wärmekapazitätsstrom des wärmeren Fluidstroms und mit W' der des kälteren Fluidstroms bezeichnet. Φ ist die Betriebscharakteristik. Sie lässt sich als Wärmewirkungsgrad deuten: [11]

$$\Phi = \frac{\dot{Q}}{\dot{Q}_{max}} = \frac{\dot{Q}}{(t_1 - t_1')W_1} \qquad (9.159)$$

[68], [69]. $\dot{Q}_{max}$ ist die theoretische Grenzleistung eines Gegenstrom-Wärmeübertragers, wenn das Fluid mit dem kleineren Wärmekapazitätsstrom am Austritt die Eintrittstemperatur des anderen Fluids annimmt:

$$\dot{Q}_{max} = (t_1 - t_1')W_1 \qquad (9.160)$$

Setzt man Gl. (9.160) in Gl. (9.159) ein, dann erhält man Gl. (9.158). Hat das wärmere Fluid den kleineren Wärmekapazitätsstrom, wird aus $\dot{Q} = (t_1 - t_2)W_1$ und Gl. (9.158)

$$\Phi = \frac{t_1 - t_2}{t_1 - t_1'} \ .$$

Hat das kältere Fluid den kleineren Wärmekapazitätsstrom, dann erhält man aus $\dot{Q} = (t_2' - t_1')W_1$ und Gl. (9.158)

$$\Phi = \frac{t_2' - t_1'}{t_1 - t_1'} \ .$$

Die Betriebscharakteristik Φ lässt sich nur durch Temperaturen ausdrücken, indem man die Temperaturänderung des Fluids mit dem kleineren Wärmekapazitätsstrom durch die Differenz der Eintrittstemperaturen beider Fluide dividiert.

Da sowohl die mittlere Temperaturdifferenz als auch die Betriebscharakteristik den Zusammenhang zwischen dem Wärmestrom $\dot{Q}$ und dem Produkt $k\,A$ beschreiben, kann man mithilfe der beiden Gleichungen (9.156) und (9.159) auch eine Beziehung zwischen der mittleren Temperaturdifferenz $(t - t')_m$ und der Betriebscharakteristik Φ angeben:

$$(t - t')_m = (t_1 - t_1') \frac{\Phi}{\dfrac{k\,A}{W_1}} \qquad (9.161)$$

Nach Gl. (9.159) ist die Betriebscharakteristik eine dimensionslose Größe, deren Zahlenwert zwischen 0 und 1 liegt. Sie lässt sich in einem Diagramm als Ordinate über der dimensionslosen Größe $k\,A/W_1$ als Abszisse mit den dimensionslosen Parametern a_1, a_2/a_1 oder a_2 darstellen [19]:

$$\Phi = \mathrm{f}\,(a_1, a_2/a_1) \qquad\qquad \Phi = \mathrm{f}\,(a_1, a_2) \qquad (9.162)$$

Die unabhängigen Veränderlichen sind

$$a_1 = \frac{k\,A}{W_1}, \qquad a_2 = \frac{k\,A}{W_2}, \qquad \frac{W_1}{W_2} = \frac{a_2}{a_1}.$$

Auf weitere Möglichkeiten mit anderen Parametern, die bestimmte Aufgabenstellungen charakterisieren und implizite Gleichungen ergeben, wird später hingewiesen.

9.7 Berippte Wärmeübertragungsflächen

Der Rippenwirkungsgrad ist definiert als Quotient aus dem von der Rippe tatsächlich übertragenen Wärmestrom $\dot{Q}$ und dem Wärmestrom $\dot{Q}_0$, den die Rippe übertragen würde, wenn sie überall die Temperatur des Rippenfußes bzw. der Grundfläche hätte,

$$\eta_R = \frac{\dot{Q}}{\dot{Q}_0} \qquad (9.163)$$

[47], [48], [53]. Den von der Rippe übertragenen Wärmestrom erhält man über den Temperaturverlauf in der Rippe und diesen wiederum durch die Lösung einer Differentialgleichung. Das Ergebnis der mathematischen Behandlung soll beispielhaft am Fall der geraden Rippe mit Rechteckquerschnitt gezeigt werden.

9.7.1 Gerade Rippe mit Rechteckquerschnitt

Wenn die Wärmeübertragung am äußeren Rippenrand vernachlässigt wird, ist der Rippenwirkungsgrad einer geraden Rippe mit Rechteckquerschnitt (Bild 9.13)

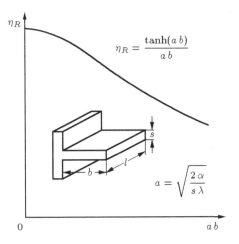

Bild 9.13 Rippenwirkungsgrad einer geraden Rippe mit Rechteckquerschnitt

$$\eta_R = \frac{\tanh(a\,b)}{a\,b} \ . \tag{9.164}$$

a ist eine Abkürzung für folgenden Ausdruck:

$$a = \sqrt{\frac{2\,\alpha}{s\,\lambda}} \tag{9.165}$$

λ ist die Wärmeleitfähigkeit des Rippenwerkstoffs [47], [111], [62], [53]. Wenn die Wärmeübertragung am äußeren Rippenrand berücksichtigt wird, ist der Rippenwirkungsgrad nach [108]:

$$\eta_R = \frac{\tanh(a\,b) + a\dfrac{s}{2}}{a(b + \dfrac{s}{2})[1 + a\dfrac{s}{2}\tanh(a\,b)]} \tag{9.166}$$

9.7.2 Kreisförmige Rippe mit Rechteckquerschnitt

Die Wärmeübertragung am äußeren Rippenrand wird vernachlässigt. Der Rippenwirkungsgrad ist

$$\eta_R = \frac{2\,r_0}{a(R^2 - r_0^2)} \frac{[-iJ_1(iaR)][-H_1(iar_0)] - [-H_1(iaR)][-iJ_1(iar_0)]}{J_0(iar_0)[-H_1(iaR)] + iH_0(iar_0)[-iJ_1(iaR)]} \tag{9.167}$$

[47], [111], [62], [53]. R ist der Abstand des äußeren Rippenrandes von der Rohrachse, r_0 ist der Abstand des Rippenfußes von der Rohrachse. $J_0(iz)$ und $-iJ_1(iz)$ sind die

modifizierten *Bessel*funktionen nullter und erster Ordnung. $i H_0(iz)$ und $-H_1(iz)$ sind die modifizierten *Hankel*funktionen nullter und erster Ordnung, [61], [100].

$$J_0(iz) = 1 + \frac{1}{(1!)^2}\left(\frac{z}{2}\right)^2 + \frac{1}{(2!)^2}\left(\frac{z}{2}\right)^4 + \frac{1}{(3!)^2}\left(\frac{z}{2}\right)^6 + \dots \tag{9.168}$$

$$-iJ_1(iz) = \frac{z}{2} + \frac{1}{1!\,2!}\left(\frac{z}{2}\right)^3 + \frac{1}{2!\,3!}\left(\frac{z}{2}\right)^5 + \frac{1}{3!\,4!}\left(\frac{z}{2}\right)^7 + \dots \tag{9.169}$$

$$iH_0(iz) = \frac{2}{\pi}\left[\frac{1}{(1!)^2}\left(\frac{z}{2}\right)^2\left(1 - \ln\frac{\gamma z}{2}\right) + \frac{1}{(2!)^2}\left(\frac{z}{2}\right)^4\left(1 + \frac{1}{2} - \ln\frac{\gamma z}{2}\right) +\right.$$

$$\left. + \frac{1}{(3!)^2}\left(\frac{z}{2}\right)^6\left(1 + \frac{1}{2} + \frac{1}{3} - \ln\frac{\gamma z}{2}\right) + \dots - \ln\frac{\gamma z}{2}\right] \tag{9.170}$$

$$-H_1(iz) = \frac{2}{\pi}\left\{\frac{1}{z} + \frac{z}{2}\left(\ln\frac{\gamma z}{2} - \frac{1}{2}\right) + \frac{1}{1!\,2!}\left(\frac{z}{2}\right)^3\left(\ln\frac{\gamma z}{2} - 1 - \frac{1}{4}\right) +\right.$$

$$+ \frac{1}{2!\,3!}\left(\frac{z}{2}\right)^5\left[\ln\frac{\gamma z}{2} - \left(1 + \frac{1}{2}\right) - \frac{1}{6}\right] +$$

$$\left. + \frac{1}{3!\,4!}\left(\frac{z}{2}\right)^7\left[\ln\frac{\gamma z}{2} - \left(1 + \frac{1}{2} + \frac{1}{3}\right) - \frac{1}{8}\right] + \dots\right\} \tag{9.171}$$

Dabei ist $C = \ln\gamma = 0,577\,215\,664\,9$ die *Euler*sche Konstante [25], [61].

Beispiel 9.6 Eine kreisförmige Rippe mit Rechteckquerschnitt hat eine Dicke $s = 0,1$ mm, einen Außenradius $R = 15$ mm und einen Innenradius $r_0 = 5$ mm. Das Rippenmaterial hat die Wärmeleitfähigkeit $\lambda = 372,2$ W/(m K). Wie groß ist der Rippenwirkungsgrad bei einem Wärmeübergangskoeffizienten $\alpha = 70$ W/(m² K)?

Nach Gl. (9.165) ist

$$a = \sqrt{\frac{2\,\alpha}{s\,\lambda}} = \sqrt{2 \cdot \frac{70\,\mathrm{W}}{\mathrm{m^2\,K}} \cdot \frac{1}{0,1\,\mathrm{mm}} \cdot \frac{\mathrm{m\,K}}{372,2\,\mathrm{W}} \cdot \frac{1000\,\mathrm{mm}}{1\,\mathrm{m}}} = 61,3304\,\frac{1}{\mathrm{m}}$$

$$aR = 0,919956 \qquad ar_0 = 0,306652 \qquad \frac{2r_0}{a(R^2 - r_0^2)} = 0,815256$$

$$-iJ_1(i\,a\,R) = 0,510386 \qquad -H_1(i\,a\,r_0) = 1,897596 \qquad -H_1(i\,a\,R) = 0,440237$$

$$-iJ_1(i\,a\,r_0) = 0,155135 \qquad J_0(i\,a\,r_0) = 1,023647 \qquad iH_0(i\,a\,r_0) = 0,860954$$

$$\eta_R = 0,815256 \cdot \frac{0,510386 \cdot 1,897596 - 0,440237 \cdot 0,155135}{1,023647 \cdot 0,440237 + 0,860954 \cdot 0,510386} = 0,824547$$

Weitere technisch wichtige Rippenformen sind mathematisch ebenfalls behandelt. Als Literaturstellen seien genannt: [47], [53], [62], [111], [116].

9.8   Trennwandwärmeübertrager

Die Bauart und die Betriebsweise eines Trennwandwärmeübertragers bestimmen den Fluidtemperaturverlauf, die mittlere Temperaturdifferenz und die Betriebscharakteristik (Bild 9.14). Kreuzstromwärmeübertrager und Parallelstromwärmeübertrager unterscheiden sich in ihrer Bauart. Gleichstrom und Gegenstrom beschreiben zwei Betriebsweisen eines Parallelstromwärmeübertragers. Die Unterschiede im Fluidtemperaturverlauf, in der mittleren Temperaturdifferenz und in der Betriebscharakteristik entfallen bei den verschiedenen Bauarten und Betriebsweisen, wenn sich bei einem Fluid ein Phasenübergang einstellt.

Neben den Bezeichnungen a_1 und a_2, wie sie im Abschnitt 9.6.4 eingeführt wurden, werden noch folgende Abkürzungen verwendet:

$$a = \frac{k\,A}{W} \qquad\qquad b = \frac{k\,A}{W'} \qquad\qquad (9.172)$$

In den Gleichungen für den Temperaturverlauf in einem Wärmeübertrager sind x und y bezogene Längenkoordinaten, die so gewählt sind, dass die Zahlenwerte im Bereich des Wärmeübertragers zwischen 0 und 1 liegen.

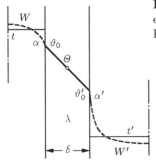

Bild 9.14 Bezeichnungen für die Wärmeübertragung durch eine Trennwand bei Gleichstrom-, Gegenstrom- und Kreuzstromwärmeübertragern:

auf der Seite des wärmeabgebenden Fluids:
- t gemittelte Fluidtemperatur,
- W Wärmekapazitätsstrom des beim Eintritt warmen Fluids,
- α Wärmeübergangskoeffizient,
- ϑ_0 Wandoberflächentemperatur,

auf der Seite des wärmeaufnehmenden Fluids:
- t' gemittelte Fluidtemperatur,
- W' Wärmekapazitätsstrom des beim Eintritt kalten Fluids,
- α' Wärmeübergangskoeffizient,
- ϑ_0' Wandoberflächentemperatur,

λ und δ sind Wärmeleitfähigkeit und Dicke der Trennwand
- Θ mittlere Wandtemperatur

Es gilt:

$$\dot{Q} = \dot{m}\,c_p\,(t_1 - t_2) = (t_1 - t_2)\,W \qquad \text{und} \qquad \dot{Q} = \dot{m}'\,c_p'\,(t_2' - t_1') = (t_2' - t_1')\,W'$$

9.8.1   Gleichstromwärmeübertrager

In einem Gleichstromwärmeübertrager (Bild 9.15) haben beide Fluide dieselbe Strömungsrichtung.

Temperaturverlauf:

$$t = t_1 - (t_1 - t_1')\frac{a}{a+b}[1 - \mathrm{e}^{-(a+b)x}] \qquad\qquad (9.173)$$

$$t' = t_1' + (t_1 - t_1')\frac{b}{a+b}[1 - \mathrm{e}^{-(a+b)x}] \qquad\qquad (9.174)$$

Mittlere Temperaturdifferenz:

$$(t - t')_m = \frac{(t_1 - t_1') - (t_2 - t_2')}{\ln\dfrac{t_1 - t_1'}{t_2 - t_2'}} \qquad\qquad (9.175)$$

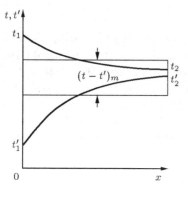

Bild 9.15   Temperaturverlauf in einem Gleichstromwärmeübertrager.

$(t - t')_m$ ist als mittlere Temperaturdifferenz der Integralmittelwert der örtlich verschiedenen Temperaturdifferenzen beider Fluide: $\dot{Q} = k\,A(t - t')_m$

$$\dot{Q} = (t_1 - t_1')W_1\,\Phi \qquad (t - t')_m = (t_1 - t_1')\frac{\Phi}{k\,A/W_1}$$

Betriebscharakteristik (Bild 9.16) [19], [17]:

$$\Phi = \frac{1}{1 + a_2/a_1}[1 - e^{-(1 + a_2/a_1)a_1}] \qquad (9.176)$$

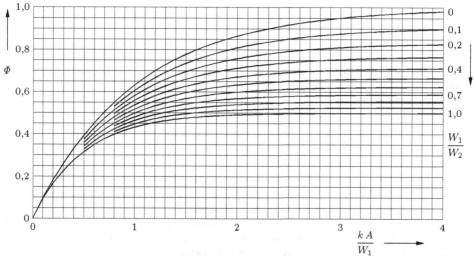

Bild 9.16 Betriebscharakteristik eines Gleichstrom-Wärmeübertragers (Parameter W_1/W_2)

9.8.2   Gegenstromwärmeübertrager

In einem Gegenstromwärmeübertrager (Bild 9.17) haben beide Fluide entgegengesetzte Strömungsrichtungen.

Temperaturverlauf:

$$t = t_1 - (t_1 - t_1')\frac{1 - e^{(b - a)x}}{1 - \frac{b}{a}e^{b - a}} \qquad (a \neq b) \tag{9.177}$$

$$t' = t_1' + (t_1 - t_1')\frac{b}{a}\frac{e^{(b - a)x} - e^{b - a}}{1 - \frac{b}{a}e^{b - a}} \qquad (a \neq b) \tag{9.178}$$

Mittlere Temperaturdifferenz:

$$(t - t')_m = \frac{(t_1 - t_2') - (t_2 - t_1')}{\ln\dfrac{t_1 - t_2'}{t_2 - t_1'}} \qquad (a \neq b) \tag{9.179}$$

Betriebscharakteristik:

$$\Phi = \frac{1 - e^{-(1 - a_2/a_1)a_1}}{1 - a_2/a_1 e^{-(1 - a_2/a_1)a_1}} \quad (a_2/a_1 < 1) \tag{9.180}$$

[19], [17]. Der Temperaturverlauf hängt ab vom Verhältnis der Wärmekapazitätsströme der beiden Stoffströme zueinander.

Temperaturverlauf bei $W = W'$ bzw. $a = b$:

$$t = t_1 - (t_1 - t_1')\frac{a}{1 + a}x \tag{9.181}$$

$$t' = t_1' + (t_1 - t_1')\frac{a}{1 + a}(1 - x) \tag{9.182}$$

Die mittlere Temperaturdifferenz und die Betriebscharakteristik bei $W = W'$ (Bild 9.18) sind

$$(t - t')_m = t_1 - t_2' = t_2 - t_1' \tag{9.183}$$

$$\Phi = \frac{a_1}{1 + a_1} \quad (a_2/a_1 = 1) . \tag{9.184}$$

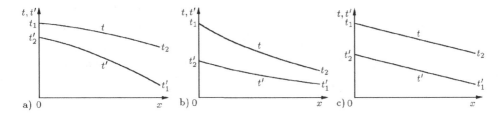

Bild 9.17 Temperaturverlauf in Gegenstrom-Wärmeübertragern
a) $W > W'$ b) $W < W'$ c) $W = W'$

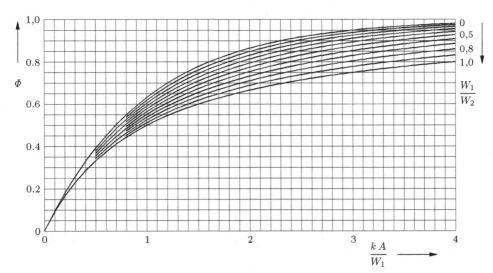

Bild 9.18 Betriebscharakteristik eines Gegenstrom-Wärmeübertragers (Parameter W_1/W_2)

9.8.3   Kreuzstromwärmeübertrager

In einem Kreuzstromwärmeübertrager verlaufen die Strömungsrichtungen beider Fluide im rechten Winkel zueinander (Bild 9.19).

Temperaturverlauf:

$$t = t_1 - (t_1 - t_1')\, e^{-b\,x - a\,y} \sum_{n=1}^{\infty} \frac{(a\,y)^n}{n!} \sum_{p=0}^{n-1} \frac{(b\,x)^p}{p!} \tag{9.185}$$

$$t' = t_1' + (t_1 - t_1')\, e^{-b\,x - a\,y} \sum_{n=1}^{\infty} \frac{(b\,x)^n}{n!} \sum_{p=0}^{n-1} \frac{(a\,y)^p}{p!} \tag{9.186}$$

Da sich in den Austrittsquerschnitten Temperaturprofile ergeben, sind noch die Integralmittelwerte der Austrittstemperaturen von Interesse.

$$t_2 = t_1 - (t_1 - t_1')\frac{1}{b} \sum_{n=0}^{\infty} \left(1 - e^{-b} \sum_{p=0}^{n} \frac{b^p}{p!} \right) \left(1 - e^{-a} \sum_{p=0}^{n} \frac{a^p}{p!} \right) \tag{9.187}$$

$$t_2' = t_1' + (t_1 - t_1')\frac{1}{a} \sum_{n=0}^{\infty} \left(1 - e^{-b} \sum_{p=0}^{n} \frac{b^p}{p!} \right) \left(1 - e^{-a} \sum_{p=0}^{n} \frac{a^p}{p!} \right) \tag{9.188}$$

[93], [109]. Für den Kreuzstrom gibt es keine Gleichung, mit deren Hilfe man die mittlere Temperaturdifferenz nur durch Eintritts- und Austrittstemperaturen explizit ausdrücken kann. Hier ist die Betriebscharakteristik Φ (Bilder 9.20 bis 9.22) hilfreich [123], [109]:

$$\Phi = \frac{1}{a_2} \sum_{n=0}^{\infty} \left(1 - e^{-a_1} \sum_{p=0}^{n} \frac{a_1^p}{p!} \right) \left(1 - e^{-a_2} \sum_{p=0}^{n} \frac{a_2^p}{p!} \right) \tag{9.189}$$

Die ausführliche Schreibweise dieser Gleichung

$$\Phi = \frac{1}{a_2} \left[1 - e^{-a_1} (1) \right] \left[1 - e^{-a_2} (1) \right] +$$

$$+ \frac{1}{a_2} \left[1 - e^{-a_1} (1 + a_1) \right] \left[1 - e^{-a_2} (1 + a_2) \right] +$$

$$+ \frac{1}{a_2} \left[1 - e^{-a_1} \left(1 + a_1 + \frac{a_1^2}{2!} \right) \right] \left[1 - e^{-a_2} \left(1 + a_2 + \frac{a_2^2}{2!} \right) \right] +$$

$$+ \frac{1}{a_2} \left[1 - e^{-a_1} \left(1 + a_1 + \frac{a_1^2}{2!} + \frac{a_1^3}{3!} \right) \right] \left[1 - e^{-a_2} \left(1 + a_2 + \frac{a_2^2}{2!} + \frac{a_2^3}{3!} \right) \right] +$$

$$+ \frac{1}{a_2} \left[1 - e^{-a_1} \left(1 + a_1 + \frac{a_1^2}{2!} + \frac{a_1^3}{3!} + \frac{a_1^4}{4!} \right) \right] \left[1 - e^{-a_2} \left(1 + a_2 + \frac{a_2^2}{2!} + \frac{a_2^3}{3!} + \frac{a_2^4}{4!} \right) \right] + \dots$$

liefert die Vorlage für die weiter unten verwendete einfache Funktionsanweisung für die Berechnung der Betriebscharakteristik des Kreuzstroms. Aus dem Vergleich mit der Exponentialfunktion

$$e^x = 1 + x + \frac{x^2}{2!} + \frac{x^3}{3!} + \frac{x^4}{4!} + \dots$$

erkennt man in den runden Klammern abgebrochene Exponentialfunktionen, die sich leicht programmieren lassen. Da die Betriebscharakteristik als dimensionslose mathematische Funktion in Abhängigkeit von verschiedenen unabhängigen Variablen darstellbar ist, gibt es eine Reihe von Diagrammen für technische Aufgabenstellungen mit je an die Aufgabenstellung angepassten Parametern.

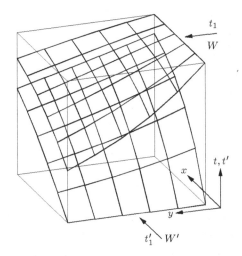

Bild 9.19 Temperaturverlauf in einem Kreuzstromwärmeübertrager

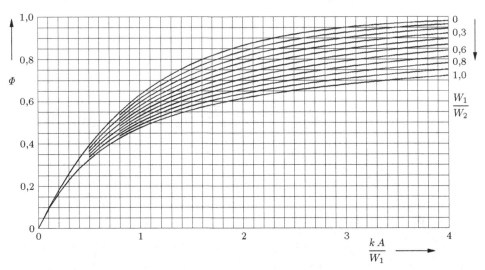

Bild 9.20 Betriebscharakteristik eines Kreuzstrom-Wärmeübertragers (Parameter W_1/W_2)

Wenn bei einer Auslegung $\dfrac{k\,A}{W_2}$ gegeben ist oder bei einer Änderung der Betriebsdaten $\dfrac{k\,A}{W_2}$ konstant bleibt, ist es vorteilhaft, ein Diagramm der Betriebscharakteristik mit dem Parameter $\dfrac{k\,A}{W_2}$ zu haben:

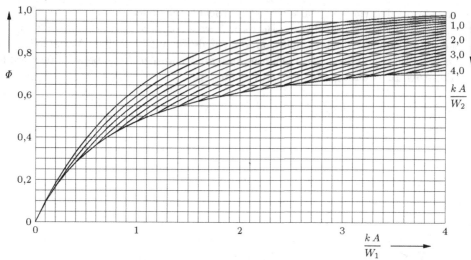

Bild 9.21 Betriebscharakteristik eines Kreuzstrom-Wärmeübertragers (Parameter $a_2 = \dfrac{kA}{W_2}$)

Wenn bei der Auslegung beide Eintrittstemperaturen und eine Austrittstemperatur gegeben sind, wird dadurch ein Zahlenwert für die Betriebscharakteristik Φ oder den Ausdruck $\Phi \dfrac{W_1}{W_2}$ festgelegt. Deshalb ist es vorteilhaft, ein Diagramm der Betriebscharakteristik mit dem Parameter $\Phi \dfrac{W_1}{W_2}$ zu haben:

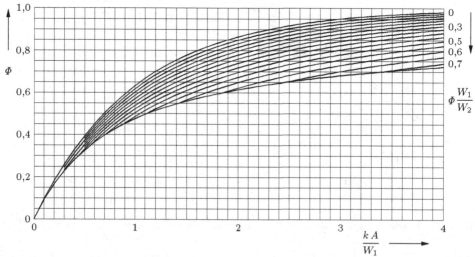

Bild 9.22 Betriebscharakteristik eines Kreuzstrom-Wärmeübertragers (Parameter $\Phi \dfrac{W_1}{W_2}$)

Sind beide Austrittstemperaturen und eine Eintrittstemperatur gegeben, so sind damit die folgenden Ausdrücke bestimmt:

$$\frac{t_1 - t_2}{t_1 - t_2'} = \frac{\Phi \dfrac{W_1}{W}}{1 - \Phi \dfrac{W_1}{W'}} \qquad \text{und} \qquad \frac{t_2' - t_1'}{t_2 - t_1'} = \frac{\Phi \dfrac{W_1}{W'}}{1 - \Phi \dfrac{W_1}{W}}$$

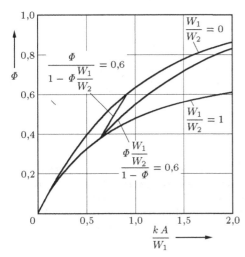

Bild 9.23 „Geometrischer Ort" aller Lösungen für gegebene Werte nach den Gln. (9.190)

Die Lösungen in einem Diagramm der Betriebscharakteristik liegen auf den Kurven

$$\frac{\Phi \dfrac{W_1}{W_2}}{1 - \Phi} = \text{const} \qquad \text{oder} \qquad \frac{\Phi}{1 - \Phi \dfrac{W_1}{W_2}} = \text{const}, \qquad (9.190)$$

die den geometrischen Ort der Lösungen anzeigen (vgl. Bild 9.23).

Bei der Betriebscharakteristik des Rohrwärmeübertragers muss man unterscheiden, ob das Fluid mit dem größeren Wärmekapazitätsstrom W_2 oder das Fluid mit dem kleineren Wärmekapazitätsstrom W_1 in den Rohren strömt.

Kreuzstrom mit 1 Rohrreihe und Fluid mit W_2 in den Rohren

$$\Phi = \frac{W_2}{W_1} \left(1 - e^{-\frac{W_1}{W_2} \left(1 - e^{-\frac{kA}{W_1}} \right)} \right) \qquad (9.191)$$

Kreuzstrom mit N Rohrreihen und Fluid mit W_2 in den Rohren, wobei als Abkürzung gilt:

$$c = \frac{W_1}{W_2} N \left(1 - e^{-\frac{1}{N} \frac{kA}{W_1}} \right)$$

$$\Phi = \frac{W_2}{W_1} \left\{ 1 - \frac{1}{N} \left[1 + \sum_{p=1}^{N-1} \sum_{m=0}^{p} \binom{p}{m} \left(1 - e^{-\frac{1}{N} \frac{kA}{W_1}} \right)^m e^{-(p-m) \frac{1}{N} \frac{kA}{W_1}} \sum_{r=0}^{m} \frac{c^r}{r!} \right] e^{-c} \right\}$$

$$(9.192)$$

Kreuzstrom mit 1 Rohrreihe und Fluid mit W_1 in den Rohren

$$\Phi = 1 - e^{-\frac{W_2}{W_1}\left(1 - e^{-\frac{kA}{W_2}}\right)} \qquad (9.193)$$

Kreuzstrom mit N Rohrreihen und Fluid mit W_1 in den Rohren, wobei als Abkürzung gilt:

$$c = \frac{W_2}{W_1} N \left(1 - e^{-\frac{1}{N}\frac{kA}{W_2}}\right)$$

$$\Phi = 1 - \frac{1}{N}\left[1 + \sum_{p=1}^{N-1}\sum_{m=0}^{p}\binom{p}{m}\left(1 - e^{-\frac{1}{N}\frac{kA}{W_2}}\right)^m e^{-(p-m)\frac{1}{N}\frac{kA}{W_2}}\sum_{r=0}^{m}\frac{c^r}{r!}\right]e^{-c} \qquad (9.194)$$

Mit zunehmender Rohrreihenzahl nähern sich die Werte der Gln. (9.192) und (9.194) den Werten der Gl. (9.189).

Beispiel 9.6 Für $kA/W_1 = 1$ und $W_1/W_2 = 0{,}5$ soll die Betriebscharakteristik eines Kreuzstromwärmeübertragers als Plattenwärmeübertrager und als Rohrwärmeübertrager mit verschiedenen Rohrreihenzahlen N berechnet werden. Φ_P ist die Betriebscharakteristik des Plattenwärmeübertragers, Φ_{2R} ist die Betriebscharakteristik des Rohrwärmeübertragers mit einem Fluid mit W_2 in den Rohren, und Φ_{1R} ist die Betriebscharakteristik des Rohrwärmeübertragers mit einem Fluid mit W_1 in den Rohren.

$\Phi_P = 0{,}547490$

N	1	2	3	4	5	6	7	8	9
Φ_{2R}	0,541969	0,546128	0,546881	0,547148	0,547271	0,547338	0,547378	0,547404	0,547422
Φ_{1R}	0,544764	0,546806	0,547186	0,547319	0,547380	0,547414	0,547434	0,547447	0,547456
N	10	20	30	40	50	60	80	100	130
Φ_{2R}	0,547435	0,547476	0,547484	0,547486	0,547488	0,547488	0,547489	0,547489	0,547490
Φ_{1R}	0,547462	0,547483	0,547487	0,547488	0,547489	0,547489	0,547489	0,547490	0,547490

9.8.4   Wärmeübertragung mit Phasenübergang in einem Wärmeübertrager

Bei der Phasenänderung eines reinen Fluids (Einstoffsystem) in einem Wärmeübertrager bleibt die Temperatur des betreffenden Fluids konstant (Bild 9.24). Da $\dot{Q} \neq 0$ ist, muss der Wärmekapazitätsstrom des Fluids, in dem der Phasenübergang stattfindet, unendlich werden. In den Wärmestromgleichungen ist das Produkt aus der Temperaturänderung $t_1 - t_2$ oder $t_2' - t_1'$ und dem Wärmekapazitätsstrom des kondensierenden oder verdampfenden Fluids W oder W' ein unbestimmter Ausdruck $0 \cdot \infty$.

a) Kondensation

Temperaturverlauf:

$$t = t_1 = t_2 = \text{const} \qquad (9.195)$$

$$t' = t_1' + (t_1 - t_1')(1 - e^{-bx}) \qquad (9.196)$$

Mittlere Temperaturdifferenz:

$$(t - t')_m = \frac{t_2' - t_1'}{\ln\dfrac{t_1 - t_1'}{t_1 - t_2'}} \qquad (9.197)$$

Betriebscharakteristik [2], [1], [38]:

$$\Phi = 1 - e^{-a_1} \tag{9.198}$$

b) Verdampfung

Temperaturverlauf:

$$t = t_1 - (t_1 - t_1')(1 - e^{-a\,x}) \tag{9.199}$$

$$t' = t_1' = t_2' = \text{const} \tag{9.200}$$

Mittlere Temperaturdifferenz:

$$(t - t')_m = \frac{t_1 - t_2}{\ln \dfrac{t_1 - t_1'}{t_2 - t_1'}} \tag{9.201}$$

Die Betriebscharakteristik stimmt mit Gl. (9.198) überein.

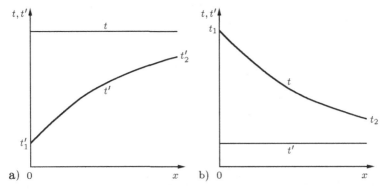

Bild 9.24 Temperaturverlauf in Wärmeübertragern mit Phasenübergang eines reinen Fluids (Einstoffsystem)
a) Kondensation   b) Verdampfung

9.9   Auswertung und Auslegung

Die Bestimmung der Abmessungen eines Wärmeübertragers erfordert die Kenntnis von Erfahrungswerten mit gleichen oder ähnlichen Apparaten [122]. Diese Erfahrungswerte gewinnt man aus Messungen und deren Auswertung. Bei einem Trennwandwärmeübertrager (Rekuperator) misst man die Stoffströme des warmen und des kalten Fluids $\dot{m}$ und $\dot{m}'$, die beiden Eintrittstemperaturen t_1 und t_1' sowie die beiden Austrittstemperatuen t_2 und t_2'. Die beiden Wärmestromgleichungen

$$\dot{Q} = (t_1 - t_2)\,W \qquad\qquad \dot{Q} = (t_2' - t_1')\,W' \tag{9.202}$$

liefern mit der Möglichkeit der Kontrolle den übertragenen Wärmestrom. Es liegt nahe, daraus mit Gl. (9.156) als ersten Auswertungsschritt $k\,A$ zu ermitteln:

$$k\,A = \frac{\dot{Q}}{(t - t')_m} \tag{9.203}$$

Dies ist in den Fällen des Gleichstroms oder des Gegenstroms möglich, im Falle des Kreuzstroms jedoch zunächst nicht.

9.9.1   Korrekturfaktor für Kreuzstrom

Es gibt keine Gleichung, mit der man aus den Eintritts- und Austrittstemperaturen der beiden Fluide die mittlere Temperaturdifferenz für Kreuzstrom berechnen kann. In Abschnitt 9.8.3 wurde angedeutet, dass bei der Lösung dieses Problems die Betriebscharakteristik für Kreuzstrom hilfreich sein kann. Entweder man entnimmt der Betriebscharakteristik für Kreuzstrom den Zusammenhang zwischen dem Wärmestrom $\dot{Q}$ und dem Produkt $k\,A$, oder man ermittelt einen Korrekturfaktor, der durch Multiplikation mit der mittleren Temperaturdifferenz für Gegenstrom die mittlere Temperaturdifferenz für Kreuzstrom ergibt. Mit den Bezeichnungen $(t-t')_{m\,Kr}$ und $(t-t')_{m\,Ge}$ für die mittleren Temperaturdifferenzen bei Kreuzstrom und bei Gegenstrom wird der Korrekturfaktor κ wie folgt eingeführt:

$$\kappa = \frac{(t - t')_{m\,Kr}}{(t - t')_{m\,Ge}} \tag{9.204}$$

Die Gln. (9.161) und (9.179) werden in Gl. (9.204) eingesetzt:

$$\kappa = \frac{t_1 - t_1'}{\dfrac{(t_1 - t_2') - (t_2 - t_1')}{\ln \dfrac{t_1 - t_2'}{t_2 - t_1'}}} \, \frac{\Phi}{\dfrac{k\,A}{W_1}} = \ln \frac{t_2 - t_1'}{t_1 - t_2'} \, \frac{1}{\dfrac{t_1 - t_2'}{t_1 - t_1'} - \dfrac{t_2 - t_1'}{t_1 - t_1'}} \, \frac{\Phi}{\dfrac{k\,A}{W_1}} \tag{9.205}$$

Aus den Gln. (9.158) und (9.202) folgt:

$$\frac{t_1 - t_2}{t_1 - t_1'} = \Phi \frac{W_1}{W} \qquad 1 - \frac{t_1 - t_2}{t_1 - t_1'} = \frac{t_1 - t_1' - t_1 + t_2}{t_1 - t_1'} = \frac{t_2 - t_1'}{t_1 - t_1'} = 1 - \Phi \frac{W_1}{W} \tag{9.206}$$

$$\frac{t_2' - t_1'}{t_1 - t_1'} = \Phi \frac{W_1}{W'} \qquad 1 - \frac{t_2' - t_1'}{t_1 - t_1'} = \frac{t_1 - t_1' - t_2' + t_1'}{t_1 - t_1'} = \frac{t_1 - t_2'}{t_1 - t_1'} = 1 - \Phi \frac{W_1}{W'} \tag{9.207}$$

Gl. (9.207) wird durch Gl. (9.206) dividiert:

$$\frac{t_1 - t_2'}{t_2 - t_1'} = \frac{1 - \Phi \dfrac{W_1}{W'}}{1 - \Phi \dfrac{W_1}{W}} \tag{9.208}$$

Die Gln. (9.206) bis (9.208) werden in Gl. (9.205) eingesetzt:

$$\kappa = \ln \frac{1 - \Phi \dfrac{W_1}{W'}}{1 - \Phi \dfrac{W_1}{W}} \frac{1}{1 - \Phi \dfrac{W_1}{W'} - \left(1 - \Phi \dfrac{W_1}{W}\right)} \frac{\Phi}{\dfrac{k\,A}{W_1}} \qquad (9.209)$$

Setzt man $W = W_1$ und $W' = W_2$, so wird aus Gl. (9.209)

$$\kappa = \ln \frac{1 - \Phi \dfrac{W_1}{W_2}}{1 - \Phi} \frac{1}{1 - \dfrac{W_1}{W_2}} \frac{1}{\dfrac{k\,A}{W_1}} \quad . \qquad (9.210)$$

Nimmt man $W' = W_1$ und $W = W_2$ an, so erhält man ebenfalls Gl. (9.210).

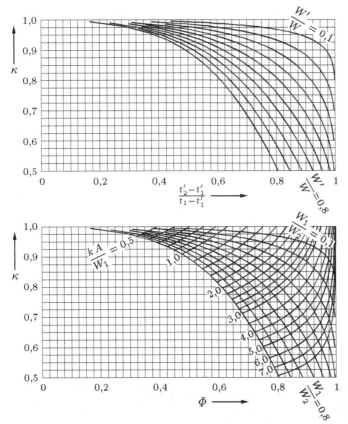

Bild 9.25 Korrekturfaktor für Kreuzstrom. In die übliche Darstellung von Bild 9.25 oben kann man die Kurven $k\,A/W_1 = \mathrm{const}$ eintragen. Das ergibt die Darstellung von Bild 9.25 unten. Dadurch benötigt man den Korrekturfaktor nicht mehr.

Das Ergebnis dieser Untersuchung kann man wie folgt zusammenfassen (Bild 9.25): Wenn man zur Berechnung des Korrekturfaktors für die mittlere Temperaturdifferenz für den Kreuzstrom die Betriebscharakteristik für den Kreuzstrom benötigt, dann kann man in das Diagramm für den Korrekturfaktor gleich die Kurven konstanter $\dfrac{k\,A}{W_1}$-Werte eintragen.

Dann braucht man den Korrekturfaktor und die mittlere Temperaturdifferenz für den Kreuzstrom nicht, um den Wert für $\dfrac{k\,A}{W_1}$ zu ermitteln. Daraus folgt, dass bei Kenntnis der Betriebscharakteristik die mittlere Temperaturdifferenz eine entbehrliche Größe ist.

9.9.2 Darstellung der Betriebscharakteristik

Die grafische Darstellung der Betriebscharakteristik ist grundsätzlich in verschiedener Weise möglich. In der hier gewählten Form mit der Auftragung von Φ als Ordinate und $k\,A/W_1$ als Abszisse entspricht sie der ursprünglichen Form [19], die den großen Vorteil hat, dass sie den nichtlinearen Zusammenhang zwischen Aufwand und Leistung anschaulich wiedergibt.

Auf der Abszisse wird der Bauaufwand durch die Fläche A und der Energieaufwand durch den Wärmedurchgangskoeffizienten k repräsentiert. Auf der Ordinate findet der Wärmestrom als Wärmeübertragungsleistung seinen Ausdruck im Wert der Betriebscharakteristik Φ. Die in einigen Fällen abnehmende Leistungssteigerung bei einer Vergrößerung des Aufwands ist deutlich sichtbar. Die entsprechenden Darstellungen im VDI-Wärmeatlas ([132], [133]) können diese Übersichtlichkeit nicht wiedergeben.

Auffallend ist bei den Angaben der Werte von Wärmeübergangskoeffizienten, mit welchen Unsicherheiten diese Angaben verbunden sind. Eine Erklärung liefert der Verlauf der Betriebscharakteristik. Jede Leistungsmessung ist mit gewissen Ungenauigkeiten verbunden, die sich auf die Zahlenwerte der Betriebscharakteristik auswirken und dort einen Toleranzbereich beschreiben.

Bei der Auswertung der Leistungsmessung — im Diagramm der Betriebscharakteristik: Übergang von der Ordinate zur Abszisse — wird der Toleranzbereich beim $k\,A/W_1$-Wert erheblich größer. Versucht man, $k\,A$-Werte in α-Werte für die beiden Trennwandoberflächen aufzuspalten [115], wird der Toleranzbereich nochmals vergrößert.

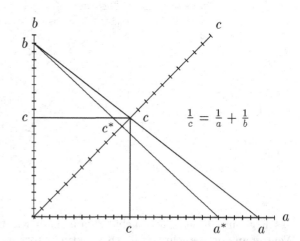

Bild 9.26 Veranschaulichung der Gleichung $\dfrac{1}{c}=\dfrac{1}{a}+\dfrac{1}{b}$: Bei vorgegebenem Wert b und einer kleinen Toleranz $c-c^*$ ergibt sich eine große Toleranz $a-a^*$.

Bei Wärmeübertragern kann man vielfach die Wärmeleitung in der Rohrwand vernachlässigen und mit der Näherung Gl. (9.154) rechnen. Dann veranschaulicht das Bild 9.26 auch den Zusammenhang zwischen den Produkten $\alpha\,A$ für den Wärmeübergang auf beiden Seiten der Rohrwand und dem Produkt $k\,A$ für den Wärmedurchgang. Bei konstantem Wärmeübergang auf einer Seite der Trennwand verursacht eine kleine Toleranz bei der Ermittlung des Produktes $k\,A$ eine große Toleranz beim veränderlichen Produkt $\alpha\,A$. Dies ist der zweite Grund für die Unsicherheiten bei den Wärmeübergangskoeffizienten.

Andererseits wirken sich große Toleranzen bei den α-Werten nur stark vermindert auf die Toleranzen bei den Φ-Werten und damit bei der Leistung der Wärmeübertrager aus.

Die grafische Darstellung der Betriebscharakteristik vermittelt einen guten Eindruck von den grundsätzlichen Zusammenhängen, ist für Zahlenrechnungen aber nur geeignet, wenn man für die Ordinate eine große Strecke (z. B. 1 m) zur Verfügung hat. Mit solchen Diagrammausschnitten wurde im Vor-Computer-Zeitalter gearbeitet. Heute erfolgt die praktische Anwendung über ein Computerprogramm.

Tabelle 9.2 Wärmeübergangskoeffizienten in $W/(m^2\,K)$ für Wasser mit einer mittleren Temperatur von $20\,°C$ bei der Strömung durch ein Rohr mit 20 mm Innendurchmesser und 1 m Länge, bei einer Wandtemperatur von $40\,°C$ nach den Gln. (9.96), (9.130 a), (9.132 a), (9.132 b) (9.132 c) und (9.132 d)

Die Berechnung der Wärmeübergangskoeffizienten in der nebenstehenden Tabelle ist mit folgenden Stoffwerten erfolgt:
Prandtl-Zahl bei $15\,°C$: $Pr = 8{,}07$
Prandtl-Zahl bei $40\,°C$: $Pr = 4{,}34$
dynamische Viskosität bei $15\,°C$:
$\eta = 0{,}001139\ kg/(m\ s)$
dynamische Viskosität bei $40\,°C$:
$\eta = 0{,}0006531\ kg/(m\ s)$
Wärmeleitfähigkeit bei $20\,°C$:
$\lambda = 0{,}5911\ W/(m\ K)$
Dichte bei $15\,°C$: $\varrho = 999{,}2\ kg/m^3$
kinematische Viskosität bei $15\,°C$:
$\nu = 0{,}00000114\ m^2/s$

Die Wassergeschwindigkeit erhält man aus

$$w = Re\,\frac{\nu}{d} = Re \cdot 0{,}000057\,\frac{m}{s}$$

Re-Zahl	9.96	9.130a	9.132a	9.132b	(9.132c	9.132d
3000,0	800,5	1062,5	992,0	662,5	687,5	776,0
4000,0	1131,1	1352,9	1248,7	1013,5	985,3	1100,0
5000,0	1442,1	1631,4	1492,7	1336,1	1264,9	1408,1
6000,0	1739,6	1900,8	1727,1	1637,7	1530,7	1703,9
7000,0	2026,9	2162,9	1953,8	1922,9	1785,6	1990,1
8000,0	2306,2	2418,7	2174,1	2194,8	2031,5	2268,1
9000,0	2578,9	2669,3	2388,9	2455,6	2269,8	2539,2
10000,0	2846,1	2915,3	2599,0	2706,9	2501,6	2804,4
11000,0	3108,4	3157,1	2804,9	2949,9	2727,7	3064,3
12000,0	3366,6	3395,3	3007,1	3185,7	2948,7	3319,5
13000,0	3621,1	3630,2	3205,9	3415,0	3165,1	3570,5
14000,0	3872,3	3862,0	3401,8	3638,5	3377,4	3817,7
15000,0	4120,4	4091,1	3594,8	3856,7	3585,9	4061,4
16000,0	4365,9	4317,5	3785,3	4070,1	3791,0	4301,8
17000,0	4608,9	4541,6	3973,4	4279,1	3992,9	4539,2
18000,0	4849,5	4763,5	4159,3	4484,1	4191,8	4773,9
19000,0	5088,0	4983,3	4343,1	4685,3	4388,0	5005,9
20000,0	5324,6	5201,1	4525,1	4883,0	4581,6	5235,6

In der Regel benötigt man für die Berechnung von Wärmeübergangskoeffizienten vier Stoffwerte eines Fluids. Es ist vorteilhaft, wenn man diese Stoffwerte mit Hilfe einer Formel, z. B. mit dem folgenden Polynom

$$y = \sum_{i=0}^{n} a_i\,t^i \tag{9.211}$$

berechnen kann. Die folgende Tabelle enthält die Koeffizienten für die Dichte, die spezifische Wärmekapazität, die Wärmeleitfähigkeit und die dynamische Viskosität von Wasser und Luft. Damit kann man weitere Stoffwerte oder Kennzahlen ermitteln, z. B. die kinematische Viskosität

$$\nu = \frac{\eta}{\varrho}$$

oder die *Prandtl*-Zahl

$$Pr = \frac{c_p\,\eta}{\lambda}\;.$$

Tabelle 9.3 a   Koeffizienten der Ausgleichspolynome für Dichte, spezifische isobare Wärmekapazität, Wärmeleitfähigkeit und dynamische Viskosität von Wasser in Abhängigkeit von der Temperatur

	ϱ $\mathrm{kg/m^3}$	c_p $\mathrm{kJ/(kg\ K)}$	λ $\mathrm{kJ/(m\ K)}$	η $\mathrm{kg/(m\ s)}$
a_0	$999,800$	$4,21700$	$5,62000 \cdot 10^{-1}$	$558,095$
a_1	$8,08172 \cdot 10^{-2}$	$-3,66156 \cdot 10^{-3}$	$2,14133 \cdot 10^{-3}$	$19,3111$
a_2	$-8,22201 \cdot 10^{-3}$	$1,50976 \cdot 10^{-4}$	$-1,48687 \cdot 10^{-5}$	$1,37640 \cdot 10^{-1}$
a_3	$-9,54720 \cdot 10^{-6}$	$-3,90834 \cdot 10^{-6}$	$1,15551 \cdot 10^{-7}$	$-1,22947 \cdot 10^{-4}$
a_4	$2,73628 \cdot 10^{-6}$	$7,07011 \cdot 10^{-8}$	$-1,42957 \cdot 10^{-9}$	$-8,94454 \cdot 10^{-6}$
a_5	$-5,51573 \cdot 10^{-8}$	$-8,13119 \cdot 10^{-10}$	$1,26580 \cdot 10^{-11}$	$1,45048 \cdot 10^{-7}$
a_6	$4,65161 \cdot 10^{-10}$	$5,21612 \cdot 10^{-12}$	$-5,94881 \cdot 10^{-14}$	$-1,03550 \cdot 10^{-9}$
a_7	$-1,45203 \cdot 10^{-12}$	$-1,39191 \cdot 10^{-14}$	$1,03161 \cdot 10^{-16}$	$2,80488 \cdot 10^{-12}$

Tabelle 9.3 b   Koeffizienten der Ausgleichspolynome für Dichte, spezifische isobare Wärmekapazität, Wärmeleitfähigkeit und dynamische Viskosität von Luft in Abhängigkeit von der Temperatur

	ϱ $\mathrm{kg/m^3}$	c_p $\mathrm{kJ/(kg\ K)}$	λ $\mathrm{kJ/(m\ K)}$	η $\mathrm{kg/(m\ s)}$
a_0	$1,27533$	$1,00643$	$2,417874 \cdot 10^{-2}$	$1,72439 \cdot 10^{-5}$
a_1	$-4,69088 \cdot 10^{-3}$	$2,32876 \cdot 10^{-6}$	$7,642165 \cdot 10^{-5}$	$5,04899 \cdot 10^{-8}$
a_2	$1,73598 \cdot 10^{-5}$	$4,79185 \cdot 10^{-7}$	$-4,894379 \cdot 10^{-8}$	$-3,95680 \cdot 10^{-11}$
a_3	$-6,30112 \cdot 10^{-8}$	$1,97884 \cdot 10^{-9}$	$5,443279 \cdot 10^{-11}$	$2,69570 \cdot 10^{-14}$
a_4	$2,05441 \cdot 10^{-10}$	$-3,01337 \cdot 10^{-11}$	$1,932858 \cdot 10^{-13}$	$2,20529 \cdot 10^{-16}$
a_5	$-5,32666 \cdot 10^{-13}$	$1,89720 \cdot 10^{-13}$	$-2,047763 \cdot 10^{-15}$	$-1,10592 \cdot 10^{-18}$
a_6	$9,85792 \cdot 10^{-16}$	$-6,51331 \cdot 10^{-16}$	$8,599314 \cdot 10^{-18}$	$2,00829 \cdot 10^{-21}$
a_7	$-1,18355 \cdot 10^{-18}$	$1,23682 \cdot 10^{-18}$	$-1,895706 \cdot 10^{-20}$	$-7,79232 \cdot 10^{-25}$
a_8	$8,12689 \cdot 10^{-22}$	$-1,22014 \cdot 10^{-21}$	$2,123069 \cdot 10^{-23}$	$-1,80029 \cdot 10^{-27}$
a_9	$-2.39907 \cdot 10^{-25}$	$4,88208 \cdot 10^{-25}$	$-9,523259 \cdot 10^{-27}$	$1,62365 \cdot 10^{-30}$

9.9.3   Wärmelängsleitung in der ebenen Trennwand

Die vereinfachte Wärmebilanz für das Trennwandelement eines Wärmeübertragers führt mit den örtlichen Temperaturen der Fluide t und t' sowie einer mittleren Trennwandtemperatur Θ bei Vernachlässigung des Wärmeleitwiderstandes in der Trennwand zur Gleichung

$$(t - \Theta)\,\alpha = (\Theta - t')\,\alpha' = (t - t')\,k\ . \tag{9.212}$$

Dies ergibt bei Gegenstrom mit den Fluidtemperaturen nach den Gln. (9.177) und (9.178) eine Gleichung für die mittlere Trennwandtemperatur

$$\Theta = t_1 - \frac{t_1 - t_1'}{1 - \dfrac{b}{a}\mathrm{e}^{b-a}}\left\{1 - \left[1 - \left(1 - \frac{b}{a}\right)\frac{k}{\alpha}\right]\mathrm{e}^{(b-a)x}\right\}\ . \tag{9.213}$$

Das Bild 9.27 zeigt für einen Gegenstromwärmeübertrager den Temperaturverlauf t und t' der Fluide und Θ in der Trennwand. Man erkennt, dass die Vernachlässigung der Wärmelängsleitung in der Trennwand in x-Richtung problematisch ist, da überall dort, wo ein Temperaturgefälle vorhanden ist, auch Wärmeleitung auftritt [109].

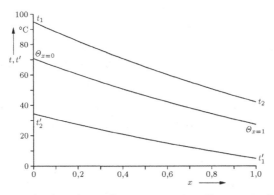

Bild 9.27 Temperaturverlauf in einem Gegenstromwärmeübertrager ohne Berücksichtigung der Wärmelängsleitung in der Trennwand. Auffallend ist die starke Veränderung der mittleren Trennwandtemperatur Θ in x-Richtung. Dies ist besonders ausgeprägt beim Gegenstrom; dagegen spielt beim Gleichstrom dieser Sachverhalt nur eine untergeordnete Rolle.

Bei einem Wärmeübertrager geht man davon aus, dass nur Wärme vom wärmeabgebenden Fluid durch die Trennwand zum wärmeaufnehmenden Fluid gelangt; eine Wärmeübertragung zwischen Trennwand und Umgebung soll nicht stattfinden. Dem widerspricht das Temperaturgefälle in der Trennwand am linken und rechten Rand des Wärmeübertragers im Bild 9.27. Bei Berücksichtigung der Wärmelängsleitung in der Trennwand müsste der Temperaturverlauf hier jeweils eine waagrechte Tangente haben.

In [109] wird ausführlich auf die mathematische Behandlung des Problems der Wärmelängsleitung in der Trennwand eingegangen. Im Folgenden werden die wichtigsten Ergebnisse zusammengefasst dargestellt. Dabei werden die folgenden Größen verwendet: x_0 als Länge der ebenen Trennwand in x-Richtung, die Wärmeübergangskoeffizienten α und α' sowie der Wärmedurchgangskoeffizient k. Die Oberflächentemperaturen ϑ_0 und ϑ_0' werden mit Hilfe der mittleren Trennwandtemperatur

$$\Theta = \frac{\vartheta_0 + \vartheta_0'}{2} \qquad (9.214\,\mathrm{a})$$

erfasst. Damit werden die neuen Kenngrößen ω und ω' in den Gleichungen

$$t - \vartheta_0 = (t - \Theta)\,\omega \qquad (9.214\,\mathrm{b}) \qquad\qquad \vartheta_0' - t' = (\Theta - t')\,\omega' \quad . \qquad (9.214\,\mathrm{c})$$

eingeführt, die sich wie folgt darstellen lassen:

$$\omega = \frac{2\dfrac{k}{\alpha}}{1 - \left(\dfrac{k}{\alpha'} - \dfrac{k}{\alpha}\right)} \qquad (9.215\,\mathrm{a}) \qquad\qquad \omega' = \frac{2\dfrac{k}{\alpha'}}{1 + \left(\dfrac{k}{\alpha'} - \dfrac{k}{\alpha}\right)} \qquad (9.215\,\mathrm{b})$$

Nach einigen Umformungen ergibt sich damit die Kenngröße z zu

$$\frac{k}{\alpha\,\omega} = z \qquad (9.216\,\mathrm{a}) \qquad\qquad\qquad \frac{k}{\alpha'\,\omega'} = 1 - z \;. \qquad (9.216\,\mathrm{b})$$

In [109] wird als eine zusätzliche dimensionslose Kenngröße u

$$u = k\,\frac{\delta}{\lambda}\left(\frac{x_0}{\delta}\right)^2 \qquad (9.217)$$

eingeführt, wobei hierin der Wärmeleitkoeffizient λ und die Wanddicke δ erscheinen.

Die Ergebnisse sind in Bild 9.28 graphisch wiedergegeben. Bei $u > 100$ kann man von der Wärmeleitung in der Trennwand parallel zur Trennwandoberfläche absehen. Bei $u <$ 100 ist der Einfluss auf die Betriebscharakteristik stärker. Die Wärmelängsleitung in der Trennwand in der Ebene der Fluidströme verringert die Wärmeübertragungsleistung eines Gegenstromwärmeübertragers, was man durch das Verhältnis Ψ beschreibt:

$$\Psi = \frac{\text{Betriebscharakteristik mit Berücksichtigung der Wärmelängsleitung}}{\text{Betriebscharakteristik ohne Berücksichtigung der Wärmelängsleitung}}$$

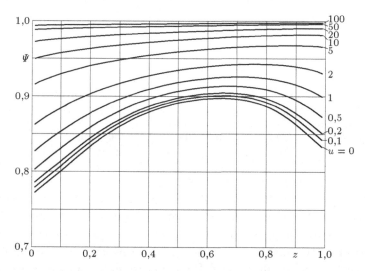

Bild 9.28 Verhältnis der Betriebscharakteristik mit Berücksichtigung der Wärmeleitung in Längsrichtung (= senkrecht zur Wärmedurchgangsrichtung) bei Gegenstrom zur Betriebscharakteristik ohne Berücksichtigung der Wärmeleitung in Längsrichtung

Bei Berücksichtigung der Wärmelängsleitung in der Trennwand ergibt sich der Temperaturverlauf in einem Gegenstromwärmeübertrager qualitativ gemäß Bild 9.29.

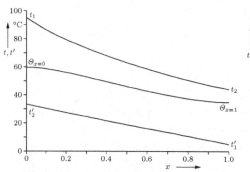

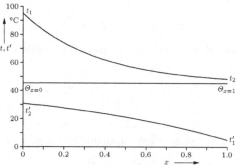

Bild 9.29 Temperaturverlauf in einem Gegenstromwärmeübertrager mit Berücksichtigung der Wärmelängsleitung in der Trennwand

Bild 9.30 Temperaturverlauf in einem Gegenstromwärmeübertrager mit vollkommenem Temperaturausgleich in der Trennwand

Die oft praktizierte Vernachlässigung des Wärmeleitwiderstandes durch die Wand bedeutet $\lambda \to \infty$ in Richtung des Wärmeflusses und $\lambda = 0$ in der dazu senkrechten

Richtung. Für den Fall, dass $\lambda \to \infty$ in allen Richtungen der Trennwand ist, führt dies zum vollkommenen Temperaturausgleich in der Trennwand, der den Grenzfall $u = 0$ darstellt (Bild 9.30). Für den Temperaturverlauf des warmen und des kalten Fluids gelten die folgenden Gleichungen:

$$t = t_1 - (t_1 - \Theta)\left(1 - e^{-\frac{\alpha A}{W}x}\right) \qquad (9.216)$$

$$t' = t_1' + (\Theta - t_1')\left(1 - e^{-\frac{\alpha' A}{W'}(1 - x)}\right) \qquad (9.217)$$

Aus der Gleichheit der Wärmeströme auf beiden Seiten der Trennwand

$$(t_1 - \Theta)W\left(1 - e^{-\frac{\alpha A}{W}}\right) = (\Theta - t_1')W'\left(1 - e^{-\frac{\alpha' A}{W'}}\right) \qquad (9.218)$$

folgt für die Trennwandtemperatur und für die Betriebscharakteristik:

$$\Theta = \frac{t_1 W\left(1 - e^{-\frac{\alpha A}{W}}\right) + t_1' W'\left(1 - e^{-\frac{\alpha' A}{W'}}\right)}{W\left(1 - e^{-\frac{\alpha A}{W}}\right) + W'\left(1 - e^{-\frac{\alpha' A}{W'}}\right)} \qquad (9.219)$$

$$\Phi\,\frac{W_1}{W} = \frac{1}{\dfrac{1}{1 - e^{-\frac{\alpha A}{W}}} + \dfrac{\frac{W}{W'}}{1 - e^{-\frac{\alpha' A}{W'}}}} \qquad (9.220)$$

Da die Wärmeleitung senkrecht zur Wärmedurchgangsrichtung die Betriebscharakteristik eines Gegenstromwärmeübertragers verringert, ist dies der Wärmeübertrager kleinster Betriebscharakteristik. Die Gleichungen für die Fluidtemperaturen, die Trennwandtemperatur und die Betriebscharakteristik gelten für alle Trennwandwärmeübertrager, weil bei einheitlicher Trennwandtemperatur die durch die Stromführung bedingten Unterschiede entfallen.

9.9.4   Auslegungsdiagramm

Im Folgenden wird ein Kreuzstromwärmeübertrager betrachtet, bei dem ein Wasserstrom durch einen Luftstrom gekühlt wird - etwa ein Kraftfahrzeugkühler. Zunächst braucht man Erfahrungswerte über die Wärmeübertragung und den Druckverlust der beiden Fluide aus Messungen an ähnlichen Wärmeübertragern. Daten zum Wärmeübergang und Druckverlust findet man in [66], [67], [68], [69], [77] und [92]. Messdaten sind die Eintritts- und Austrittstemperaturen der Stoffströme und die Massenströme, aus denen sich die Wärmekapazitätsströme der Massenströme ergeben. Alle Messdaten sind über die Strömungsquerschnitte gemittelt. Die Berechnung der Wärmeströme ist eine Kontrollmöglichkeit, da der vom wärmeren Fluid abgegebene Wärmestrom $\dot{Q}$ gleich dem vom kälteren Fluid aufgenommenen Wärmestrom $\dot{Q}'$ sein soll:

$$\dot{Q} = \dot{Q}' = (t_1 - t_2)\,W = (t_2' - t_1')\,W' \qquad (9.221)$$

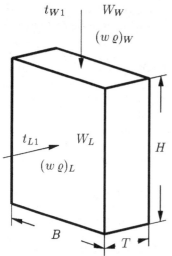

Bild 9.31 Blockabmessungen eines Kreuzstromwärmeübertragers

Mit Hilfe der Betriebscharakteristik Φ oder der mittleren Temperaturdifferenz $(t - t')_m$ erhält man $k\,A$. Diese Größe ist von der Baugröße des gemessenen Wärmeübertragers abhängig. Der Wunsch, den Wärmedurchgangskoeffizienten k und die Fläche A zu trennen, führt zu einem Problem: Die Fläche A ist physikalisch nicht angebbar. Jede bei unterschiedlichen Oberflächen auf der Luft- und auf der Wasserseite vorgenommene Trennung von k und A ist willkürlich und sollte daher unterbleiben. Die Elimination der Baugröße und die Bildung eines spezifischen Wärmeübertragungswertes bleibt aber wünschenswert. Daher sollte man die Größe $k\,A$ auf das Blockvolumen $V = B\,H\,T$ nach Bild 9.31 beziehen. Es ergibt sich als Zwischenstufe der Auswertung von Messergebnissen ein Diagramm mit der Auftragung von $k\,A/V$ über der Massenstromdichte (= dem Produkt aus Geschwindigkeit und Dichte) des Luftstroms $(w\,\varrho)_L$ mit der Massenstromdichte des Wasserstroms $(w\,\varrho)_W$ als Parameter (Bild 9.32). Es ist vorteilhaft, die Geschwindigkeiten in den Ausdrücken $(w\,\varrho)_L$ und $(w\,\varrho)_W$ auf die zugehörigen Stirnflächen $B\,H$ und $B\,T$ zu beziehen [109].

Bild 9.32 Spezifische Wärmeübertragungsdaten eines Kreuzstrom-Wärmeübertragungssystems (Bild unten links)

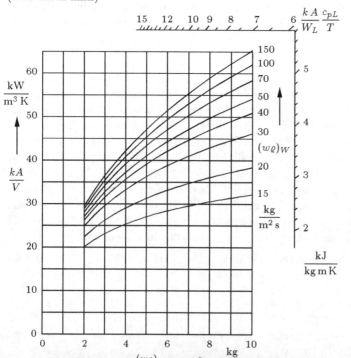

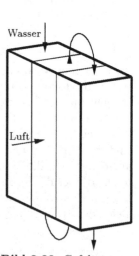

Bild 9.33 Gefalteter Kreuzstromwärmeübertrager

In einem x, y-Koordinatensystem mit x als Abszisse und y als Ordinate ist

$$\frac{y}{x} = \text{const}$$

eine Ursprungsgerade. In einem $\frac{k\,A}{V}, (w\,\varrho)_L$-Koordinatensystem gehört zu einer Ursprungsgeraden mit $V = B\,H\,T$, $(w\,\varrho)_L = \frac{\dot{m}_L}{B\,H}$ und $W_L = \dot{m}_L\,c_{pL}$ ein Wert K des folgenden Ausdrucks: $K = \dfrac{\dfrac{k\,A}{V}}{(w\,\varrho)_L}$

$$K = \frac{\dfrac{k\,A}{V}}{(w\,\varrho)_L} = \frac{k\,A}{B\,H\,T}\,\frac{B\,H\,c_{pL}}{\dot{m}_L\,c_{pL}} = \frac{k\,A}{W_L}\,\frac{c_{pL}}{T} \tag{9.222}$$

Dieser Ausdruck kennzeichnet eine Auslegungsaufgabe.

Zur Bestimmung der Abmessungen eines Kreuzstromwärmeübertragers sind Angaben über den gewünschten Wärmestrom $\dot{Q}$, die beiden Stoffströme $\dot{m}_L$ und $\dot{m}_W$ sowie ihre Eintrittstemperaturen t_{L1} und t_{W1} erforderlich. Gl. (9.159) ergibt mit $\dot{Q}$, $t_1 = t_{W1}$, $t_1' = t_{L1}$ und W_1 die Betriebscharakteristik Φ. Die Betriebscharakteristik und das Verhältnis der Wärmekapazitätsströme liefert grafisch oder rechnerisch $\frac{k\,A}{W_L}$ mit W_L als dem Wärmekapazitätsstrom des Luftstroms. Mit der spezifischen Wärmekapazität c_{pL} und der Blocktiefe T kann man den Wert der Größe K nach Gl. (9.222) berechnen. Jeder Punkt auf der Ursprungsgeraden im $\frac{k\,A}{V}, (w\,\varrho)_L$-Diagramm liefert die Zuordnung eines $(w\,\varrho)_L$-Wertes zu einem $(w\varrho)_W$-Wert und führt über die Gleichungen der Wärmekapazitätsströme des Wasserstroms und des Luftstroms

$$W_W = B\,T\,(w\,\varrho)_W\,c_{pW} \qquad\qquad W_L = B\,H\,(w\,\varrho)_L\,c_{pL} \tag{9.223}$$

zu den Bestimmungsgleichungen für die Breite B und die Höhe H

$$B = \frac{W_W}{T\,(w\,\varrho)_W\,c_{pW}} \qquad\qquad H = \frac{W_L}{B\,(w\,\varrho)_L\,c_{pL}}\;. \tag{9.224}$$

Wenn das Ergebnis der Berechnung nicht befriedigt, liefert die Wahl eines anderen Punktes auf der Ursprungsgeraden im Bild 9.32 eine neue Lösung. Bei ungünstig schmalen und hohen Blockabmessungen kann eine Faltung des Wärmeübertragers eventuell Abhilfe schaffen (Bild 9.33).

Weitere Lösungsvarianten ergeben sich durch die Wahl einer neuen Rohrreihenzahl und damit einer anderen Blocktiefe T. Die Übersicht über die verschiedenen Lösungsmöglichkeiten bei einer Auslegungsaufgabe soll durch Randmaßstäbe für die einzelnen Blocktiefen verbessert werden (Bild 9.34). Der leichte Zugang zu einer Vielzahl von Lösungen macht es möglich, die Auslegung eines Wärmeübertragers als Optimierungsaufgabe zu verstehen.

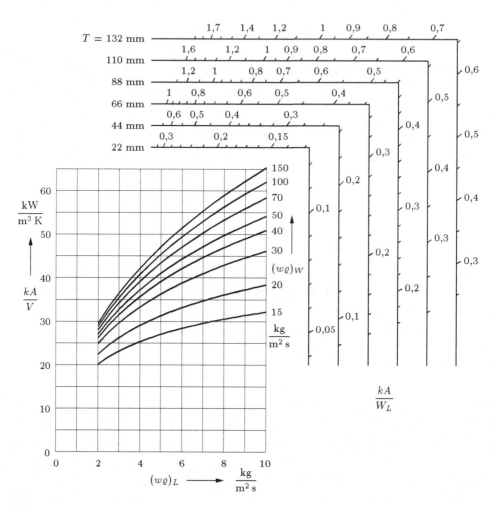

Bild 9.34 Auslegungsdiagramm für Kreuzstromwärmeübertrager

Beispiel 9.7 Im Versuchsstand zur Entwicklung eines Milchkühlers soll Milch in einem Rohr mit der Länge $h = 2,00$ m und dem Innendurchmesser d $= 0,025$ m von 38 °C auf 6 °C abgekühlt werden. Die Strömungsgeschwindigkeit ist $w = 0,5$ m/s. Die kinematische Zähigkeit bei der mittleren Flüssigkeitstemperatur von rund 20 °C ist $\nu = 1,004 \cdot 10^{-6}\,\mathrm{m^2/s}$ und bei der mittleren Wandtemperatur von rund 10 °C $\nu = 1,307 \cdot 10^{-6}\,\mathrm{m^2/s}$; die Wärmeleitfähigkeit beträgt $\lambda = 0,59842\,\mathrm{W/(m\,K)}$. Wie groß ist der Wärmeübergangskoeffizient α_i?

$$Re = \frac{w\,d}{\nu} = \frac{0,5\,\mathrm{m}\,0,025\,\mathrm{m}\,\mathrm{s}}{\mathrm{s}\,1,004\cdot10^{-6}\,\mathrm{m^2}} = 12450 \quad \rightarrow \text{Die Strömung ist turbulent.}$$

Prandtl-Zahl bei der mittleren Flüssigkeitstemperatur von etwa t_W=20 ° C:

Mit $a = 0,1433 \cdot 10^{-6}$ m²/s (vgl. Tabelle A.12) wird $Pr = \dfrac{\nu}{a} = \dfrac{1,004 \cdot 10^{-6}}{0,1434 \cdot 10^{-6}} = 7,004$

Prandtl-Zahl bei der mittleren Wandtemperatur von etwa t_W=10 ° C:

Mit $a = 0,1384 \cdot 10^{-6}$ m²/s (vgl. Tabelle A.12) wird $Pr_{W\,d} = \dfrac{\nu}{a} = \dfrac{1,307 \cdot 10^{-6}}{0,1384 \cdot 10^{-6}} = 9,447$

Für das Übergangs- und Turbulenzgebiet gilt gemäß Gl. (9.132 f):

$$K = \left(\frac{Pr}{Pr_{Wd}}\right)^{0,11} = \left(\frac{7,004}{9,447}\right)^{0,11} = 0,96762$$

$$Nu = 0,012\,(Re^{0,87} - 280)\,Pr^{0,4}\left[1 + \left(\frac{d}{l}\right)^{2/3}\right]K$$

$$= 0,012 \cdot (12450^{0,87} - 280) \cdot 7,004^{0,4}\left[1 + \left(\frac{0,025}{2,00}\right)^{2/3}\right] \cdot 0,96762 = 89,946$$

$$\alpha_i = \frac{Nu\,\lambda}{d} = \frac{89,946 \cdot 0,59842\,\mathrm{W}}{\mathrm{m\,K}\,0,025\,\mathrm{m}} = 2153,0\,\frac{\mathrm{W}}{\mathrm{m^2\,K}}$$

Beispiel 9.8 Eine senkrechte Hauswand von 6 m Höhe erwärmt sich durch Sonneneinstrahlung auf eine Temperatur von $t_{Wd} = 50\,°\mathrm{C}$. Außenluft mit der Temperatur $t = 10\,°\mathrm{C}$ streicht daran entlang nach oben. Von welchem Wärmeübergangskoeffizienten α_{Wd} kann bei Nutzung der Stoffdaten gemäß Tabelle A.11 ausgegangen werden?

$$t = \frac{t + t_{Wd}}{2} = \frac{(10 + 50)\,°\mathrm{C}}{2} = 30\,°\mathrm{C} \qquad \beta = 0,003543\ 1/\mathrm{K} \qquad \lambda = 0,02643\ \mathrm{W/(m\ K)}$$

Mit $\nu = 16,30 \cdot 10^{-6}\ \mathrm{m^2/s}$ und $a = 22,84 \cdot 10^{-6}\ \mathrm{m^2/s}$ wird $Pr = \frac{\nu}{a} = \frac{16,30 \cdot 10^{-6}}{22,84 \cdot 10^{-6}} = 0,7134$.

Ra gemäß Gl. (9.100), f_1 gemäß Gl. (9.137 b) und Nu gemäß Gl. (9.137 a) und Gl. (9.91):

$$Ra = \frac{g\,\beta\,\Delta t\,h^3}{\nu\,a} = \frac{9,81\,\mathrm{m} \cdot 0,003543 \cdot 40\,\mathrm{K} \cdot 216\,\mathrm{m^3}\ \mathrm{s}\ \mathrm{s}}{\mathrm{s^2}\ \mathrm{K} \cdot 16,30 \cdot 10^{-6}\,\mathrm{m^2} \cdot 22,84 \cdot 10^{-6}\,\mathrm{m^2}} = 0,80662 \cdot 10^{12}$$

$Ra < 10^{12} \quad \rightarrow Ra$ liegt im Gültigkeitsbereich.

$$f_1 = \frac{1}{\left[1 + \left(\frac{0,492}{Pr}\right)^{9/16}\right]^{16/9}} = \frac{1}{\left[1 + \left(\frac{0,492}{0,7134}\right)^{9/16}\right]^{16/9}} = 0,34779$$

$$Nu = \left[0,825 + 0,387\left(Ra\,f_1\right)^{1/6}\right]^2 = \left[0,825 + 0,387\left(0,80662 \cdot 10^{12} \cdot 0,34779\right)^{1/6}\right]^2 = 1032,78$$

$$\alpha_{Wd} = \frac{Nu\,\lambda}{h} = \frac{1032,78 \cdot 0,02643\,\mathrm{W}}{\mathrm{m\,K}\,6,00\,\mathrm{m}} = 4,549\,\frac{\mathrm{W}}{\mathrm{m^2\,K}}$$

Beispiel 9.9 In einem wärmetechnischen Prozess soll Wärme rückgewonnen werden, indem in einem Gegenstrom-Doppelrohr-Wärmeübertrager mit konzentrischem Ringspalt heißes Abgas entwärmt und die Wärme auf kalte Luft übertragen wird, die zur Verbrennung von Holzpellets als Sekundärluft notwendig ist. Das Abgas strömt im Innenrohr und die Luft im Ringspalt.

Der verfügbare Normvolumenstrom des Abgases, das von 800 °C auf etwa 500 °C entwärmt werden soll und das in erster Näherung wie Luft behandelt werden kann, beträgt 12,74 Nm³/h. Der wärmeaufnehmende Luftstrom für die Verbrennung der Holzpellets weist einen Normvolumenstrom von 8,81 Nm³/h auf und soll von 20 °C auf etwa 500 °C aufgewärmt werden.

Die Wärmeübertragung im Doppelrohr mit konzentrischem Ringspalt soll auf beiden Seiten des wärmeübertragenden Innenrohrs im Übergangsbereich der turbulenten Strömung erfolgen (vgl. Bild 2.20). Als Material steht ein Innenrohr mit 19 mm Innendurchmesser und ein Außenrohr mit 35 mm Innendurchmesser — jeweils mit einer Wanddicke von 0,5 mm — zur Verfügung. Der Wärmeübertrager soll eine Länge von etwa 1,2 bis 1,5 m nicht überschreiten.

Es ist aufzuzeigen, dass das Berechnungsverfahren gemäß den Abschnitten 9.6 und 9.8 mithilfe der Betriebscharakteristik Φ zu demselben Ergebnis führt wie das z. B. in [132] angegebene sogenannte *NTU*-Verfahren.

Ermittlung der Wärmeübergangszahlen
Zunächst sind für beide Verfahren die Wärmeübergangszahlen α_i und α_a zu ermitteln, um die Wärmedurchgangszahl k bestimmen zu können.

Je nach Art der Strömung, die in Abhängigkeit der *Reynolds*-Zahl Re bestimmbar ist, sind die im VDI-Wärmeatlas [132] in den Abschnitten Ga 5 bis Ga 8 sowie Gb 2 bis Gb 4 angegebenen Berechnungsgleichungen anzuwenden. Unterschieden wird zwischen laminarer Strömung ($Re < 2300$), turbulenter Strömung im Übergangsbereich ($2300 < Re < 10^4$) und voll ausgebildeter turbulenter Strömung ($Re > 10^4$).

Für das Doppelrohr gelten entsprechend Bild 9.35 die folgenden Bezeichnungen: hydraulischer Durchmesser d_h, Innendurchmesser des Außenrohrs d_{ia}, Innendurchmesser des Innenrohrs d_{ii}, Außendurchmesser des Innenrohrs d_{ai}, und Außendurchmesser des Außenrohrs d_{aa}.

Die für die Berechnungen benötigten dimensionslosen Kennzahlen sind die *Reynolds*-Zahl gemäß Gl. (9.93), die *Prandtl*-Zahl gemäß Gl. (9.94) und die *Nußelt*-Zahl gemäß Gl. (9.91).

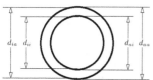

d_{ia} Innendurchmesser des Außenrohrs
d_{ii} Innendurchmesser des Innenrohrs
d_{ai} Außendurchmesser des Innenrohrs
d_{aa} Außendurchmesser des Außenrohrs

Bild 9.35 Bezeichnungen am Innenrohr und am Außenrohr

Die nachfolgend aufgeführten Gleichungenn gelten für die turbulente Strömung im Übergangsbereich ($2300 < Re < 10^4$). Die mittlere *Nußelt*-Zahl lässt sich gemäß [132] für den inneren und äußeren Wärmeübergangskoeffizienten mithilfe einer Interpolationsgleichung berechnen:

$$Nu = (1 - \gamma)\,Nu_{m,L,2300} + \gamma\,Nu_{m,T,10^4}$$

mit γ als Intermittenzfaktor mit Werten zwischen 0 und 1:

$$\gamma = \frac{Re - 2300}{10^4 - 2300}$$

Dabei beschreibt $Nu_{m,L,2300}$ die *Nußelt*-Zahl bei laminarer Strömung und $Nu_{m,T,10^4}$ die *Nußelt*-Zahl bei voll ausgebildeter turbulenter Strömung. Somit steht $\gamma = 0$ für eine rein laminare und $\gamma = 1$ für eine rein turbulente Strömung.

Innerer Wärmeübergangskoeffizient im Innenrohr:

Für den inneren Wärmeübergangskoeffizienten im Innenrohr, der durch den Index i gekennzeichnet wird, wird der laminare Anteil wie folgt bestimmt:

$$Nu_{m,L,2300,i} = \left(49{,}371 + \left(Nu_{2,2300,i} - 0{,}7\right)^3 + \left(Nu_{3,2300,i}\right)^3\right)^{1/3}$$

mit

$$Nu_{2,2300,i} = 1{,}615 \left(2300\,Pr\,\frac{d_{ii}}{l}\right)^{1/3}$$

$$Nu_{3,2300,i} = \left(\frac{2}{1 + 22\,Pr}\right)^{1/6} \left(2300\,Pr\,\frac{d_{ii}}{l}\right)^{1/2}$$

mit l als Rohrlänge.

Zur Berechnung des Anteils der voll ausgebildeten turbulenten Strömung für den inneren Wärmeübergangskoeffizienten dient folgende Gleichung:

$$Nu_{m,T,10^4,i} = \frac{\dfrac{0{,}0308}{8}\,10^4\,Pr}{1 + 12{,}7\left(\dfrac{0{,}0308}{8}\right)^{1/2}\left(Pr^{2/3} - 1\right)} \cdot \left(1 + \left(\frac{d_{ii}}{l}\right)^{2/3}\right)$$

Äußerer Wärmeübergangskoeffizient im Ringspalt

Bei der Bestimmung des äußeren Wärmeübergangskoeffizienten im Ringspalt, für den der Index a verwendet wird, ist wiederum die *Nußelt*-Zahl bei laminarer Strömung $Nu_{m,L,2300,a}$

und die *Nußelt*-Zahl bei voll ausgebildeter turbulenter Strömung $Nu_{m,T,10^4,a}$ zu ermitteln. Es gilt für den laminaren Anteil:

$$Nu_{m,L,2300,a} = \left(Nu_{1,a}{}^3 + Nu_{2,2300,a}{}^3 + Nu_{3,2300,a}{}^3\right)^{1/3}$$

mit

$$Nu_{1,a} = 3{,}66 + 1{,}2\left(\frac{d_{ai}}{d_{ia}}\right)^{-0,8}$$

$$Nu_{2,2300,a} = f_g \left(2300\,Pr\,\frac{d_h}{l}\right)^{1/3} \quad \text{und} \quad f_g = 1{,}615\left(1 + 0{,}14\left(\frac{d_{ai}}{d_{ia}}\right)^{-0,5}\right)$$

$$Nu_{3,2300,a} = \left(\frac{2}{1 + 22\,Pr}\right)^{1/6}\left(2300\,Pr\,\frac{d_h}{l}\right)^{1/2}$$

Der Einfluss der voll ausgebildeten turbulenten Strömung auf den äußeren Wärmeübergangskoeffizienten wird mit

$$Nu_{m,T,10^4,a} = 0{,}86\left(\frac{d_{ai}}{d_{ia}}\right)^{-0,16} \cdot \frac{\dfrac{0{,}0308}{8}\,10^4\,Pr}{1 + 12{,}7\left(\dfrac{0{,}0308}{8}\right)^{1/2}\left(Pr^{2/3} - 1\right)} \cdot \left(1 + \left(\frac{d_h}{l}\right)^{2/3}\right)$$

beschrieben.

Nun können die mittleren *Nußelt*-Zahlen nach Gl. (9.91) berechnet werden. Diese müssen um den Einfluss der Temperaturabhängigkeit der Stoffwerte korrigiert werden, wobei die Richtung des Wärmestroms — also die Erwärmung oder Abkühlung des Fluids — beachtet werden muss. Für Gase besteht die Beziehung:

$$Nu = Nu_m \left(\frac{T_m}{T_{Wd}}\right)^n$$

Es gilt $n = 0$ bei Abkühlung des Gases und $n > 0$ bei Erwärmung des Gases. Der Exponent n ist ein empirischer Wert, der von der Art des Gases und der Wärmestromrichtung abhängig ist; für $1{,}0 > T_m/T_{Wd} > 0{,}5$ gab *Gnielinski* $n = 0{,}45$ an (vgl. [132]).

Für den Wärmeübergangskoeffizienten ergibt sich gemäß Gl. (9.91):

$$\alpha = \frac{Nu\,\lambda}{d_h}$$

Die Gültigkeitsbereiche der dimensionslosen Kennzahlen für die obigen Gleichungen lauten:

$2300 < Re < 10^4$ und $6{,}0 < Pr < 1000$

Bei Kenntnis des inneren und des äußeren Wärmeübergangskoeffizienten α_i und α_a kann der auf die Außenfläche des Innenrohrs bezogene Wärmedurchgangskoeffizient k — bei Vernachlässigung der Wärmeleitung durch die Wand des Innenrohrs und von Verschmutzungseinflüssen — mit Gleichung (9.150) näherungsweise berechnet werden:

$$\frac{1}{k\,A} = \frac{1}{(\alpha\,A)_i} + \frac{1}{(\alpha\,A)_a} \qquad \text{bzw.} \qquad \frac{1}{k\,A} \approx \frac{1}{\alpha_i\,A_i} + \frac{1}{\alpha_a\,A_a}$$

Für den betrachteten Doppelror-Wärmeübertrager mit konzentrischem Ringspalt ergibt sich

$$k \approx 46{,}9\,\frac{\text{W}}{\text{m}^2\,\text{K}} \quad .$$

Verfahren mit der Betriebscharakteristik und der mittleren Temperaturdifferenz

Für die Auslegung sowie analytische Betrachtung von Wärmeübertragern existieren mehrere Verfahren. Eins davon ist das in den Abschnitten 9.6 und 9.8 beschriebene Verfahren, bei dem die Betriebscharakteristik Φ und die mittlere Temperaturdifferenz (auch logarithmische Temperaturdifferenz genannt) $(t - t')_m$ genutzt werden. Hierzu werden Energiebilanzen aufgestellt, bei denen in der Regel die Wärmeströme an die Umgebung sowie die Änderungen der potentiellen und kinetischen Energien vernachlässigt werden.

Es gilt: $\dot{Q} = -\dot{Q}_{12} = |\dot{Q}_{12}| = \dot{Q}'_{1'2'}$, Die Energiematrix hierzu besteht aus drei Hauptgleichungen: $\dot{Q} = \dot{m}\, c_p\, (t_1 - t_2) = (t_1 - t_2)\, W$ für das heiße Fluid, $\dot{Q} = \dot{m}'\, c'_p\, (t'_2 - t'_1) = (t'_2 - t'_1)\, W'$ für das kalte Fluid sowie $\dot{Q} = k\, A\, (t - t')_m$ gemäß Gl. (9.156).

$(t - t')_m$ wird mithilfe der Betriebscharakteristik berechnet, für die $\Phi = \dfrac{\dot{Q}}{\dot{Q}_{max}} = \dfrac{\dot{Q}}{(t_1 - t'_1)\, W_1}$ gilt. W_1 ist der kleinere Wärmekapazitätsstrom und W_2 der größere Wärmekapazitätsstrom der beiden beteiligten Fluide. Mit Gl. (9.156) wird hieraus $(t - t')_m = (t_1 - t'_1)\, \Phi / (\dfrac{k\, A}{W_1})$.

Je nach den Vorgaben kann es sein, dass ein Iterationsverfahren notwendig wird, z. B. wenn nur zwei der insgesamt vier Ein- und Austrittstemperaturen des Wärmeübertragers bekannt sind. Dann muss ein Startwert für die fehlende Temperatur angenommen und sich anhand von Iterationsschritten dem wirklichen Wert angenähert werden.

In diesem Beispiel ist $W_1 = W' = \dot{V}_{n1}\, \varrho_{n1}\, c_{p1} = \dot{V}'_n\, \varrho'_n\, c'_p$ und $W_2 = W = \dot{V}_{n2}\, \varrho_{n2}\, c_{p2} = \dot{V}_n\, \varrho_n\, c_p$. Unter idealen Bedingungen ist insbesondere ein adiabater Wärmeübertrager mit unendlicher Länge zu verstehen. Die maximal mögliche Wärmeleistung eines Wärmeübertragers stellt den idealen Fall dar, bei dem das kalte Fluid so weit erwärmt wird, bis seine Austrittstemperatur den Wert der Eintrittstemperatur des heißen Fluids erreicht hat. Bestimmt wird $\dot{Q}_{max}$ durch den kleineren Wärmekapazitätsstrom W_1 der beiden Fluide, denn es kann nur so viel Wärme übertragen werden, wie vom Fluid mit dem kleineren Wärmekapazitätsstrom W_1 aufgenommen bzw. abgegeben wird – ungeachtet dessen, wie viel Wärmeübertragungspotenzial noch beim Fluid mit dem größeren Wärmekapazitätsstrom W_2 vorhanden ist.

Der von einem Wärmeübertrager maximal übertragbare Wärmestrom ergibt sich nach Gl. (9.159) zu

$$\dot{Q}_{max} = (t_1 - t'_1)\, W_1 = t_1 - t'_1)\, \dot{V}'_n\, \varrho'_n\, c'_p$$

$$= (800 - 20)\,\text{K} \cdot 8{,}81\,\frac{\text{Nm}^3}{\text{h}} \cdot 1{,}293\,\frac{\text{kg}}{\text{m}^3} \cdot 1{,}0717\,\frac{\text{kJ}}{\text{kg\,K}} \cdot \frac{1\text{h}}{3600\,\text{s}} \cdot \frac{\text{kW\,s}}{\text{kJ}} = 2{,}6451\,\text{kW}$$

mit $c'_p = c'_{pm} = 1{,}0717\,\text{kJ/(kg\,K)}$ zwischen 20 und 800 °C gemäß Gl. (2.96) und Tabelle A.6.

Der Wärmeübertrager soll auf einen Wirkungsgrad von 0,615 ausgelegt werden. Da die Betriebscharakteristik einem Wirkungsgrad des Wärmeübertragers entspricht, folgt

$$\Phi = \frac{\dot{Q}}{(t_1 - t'_1)\, W_1} = \frac{\dot{Q}}{\dot{Q}_{max}} \quad \text{und damit} \quad \dot{Q} = \Phi \cdot \dot{Q}_{max} = 0{,}615 \cdot 2{,}6451\,\text{kW} = 1{,}6267\,\text{kW}$$

Damit wird die Austrittstemperatur des heißen Abgasstroms:

$$t_2 = t_1 - \frac{\dot{Q}}{\dot{V}_n\, \varrho_n\, c_p} = 800\,°\text{C} - \frac{1{,}6267\,\text{kJ\,h\,Nm}^3\,\text{kg\,K}}{\text{s}\;12{,}74\,\text{Nm}^3\,1{,}293\,\text{kg}\,1{,}127\,\text{kJ}} \cdot \frac{3600\,\text{s}}{\text{h}} = (800 - 315)\,°\text{C} = 485\,°\text{C}$$

mit $c_p = c_{pm} = 1{,}127\,\text{kJ/(kg\,K)}$ zwischen 800 und 485 °C gemäß Gl. (2.96) und Tabelle A.6.

Es folgt für die Austrittstemperatur des kalten Sekundärluftstroms:

$$t'_2 = t'_1 + \frac{\dot{Q}}{\dot{V}'_n\, \varrho'_n\, c'_p} = 20\,°\text{C} + \frac{1{,}6267\,\text{kJ\,h\,Nm}^3\,\text{kg\,K}}{\text{s}\;8{,}81\,\text{Nm}^3\,1{,}293\,\text{kg}\,1{,}0394\,\text{kJ}} \cdot \frac{3600\,\text{s}}{\text{h}} = (20 + 515)\,°\text{C} = 535\,°\text{C}$$

mit $c'_p = c'_{pm} = 1{,}0394\,\text{kJ/(kg\,K)}$ zwischen 20 und 535 °C gemäß Gl. (2.96) und Tabelle A.6.

$$W_1 = \dot{V}'_n\, \varrho'_n\, c'_p = 8{,}81\,\frac{\text{Nm}^3}{\text{h}} \cdot 1{,}293\,\frac{\text{kg}}{\text{Nm}^3} \cdot 1{,}0394\,\frac{\text{kJ}}{\text{kg\,K}} \cdot \frac{\text{h}}{3600\,\text{s}} \cdot \frac{1000\,\text{J}}{\text{kJ}} = 3{,}2889\,\frac{\text{W}}{\text{K}}$$

$$W_2 = \dot{V}_n\, \varrho_n\, c_p = 12{,}74\,\frac{\text{Nm}^3}{\text{h}} \cdot 1{,}293\,\frac{\text{kg}}{\text{Nm}^3} \cdot 1{,}127\,\frac{\text{kJ}}{\text{kg\,K}} \cdot \frac{\text{h}}{3600\,\text{s}} \cdot \frac{1000\,\text{J}}{\text{kJ}} = 5{,}1569\,\frac{\text{W}}{\text{K}}$$

Damit ist $\dfrac{W_1}{W_2} = \dfrac{W'}{W} = 0{,}6378$

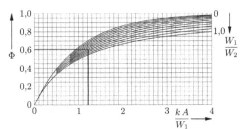

Bild 9.36 Betriebscharakteristik für einen Gegenstrom-Wärmeübertrager (vgl. Bild 9.18)

In Bild 9.36 ist der Zusammenhang $(t - t')_m = (t_1 - t'_1)\,\Phi\,/\,\dfrac{k\,A}{W_1}$ für einen Gegenstrom-Wärmeübertrager graphisch wiedergegeben. Aus Bild 9.36 folgt:

$\dfrac{k\,A}{W_1} \approx 1{,}21$ und damit $A \approx 1{,}21\,\dfrac{W_1}{k} \approx 1{,}21 \cdot \dfrac{3{,}2889\,\mathrm{W\,m^2\,K}}{\mathrm{K}\,46{,}9\,\mathrm{W}} \approx 0{,}0849\,\mathrm{m^2}$

Es wird $l = \dfrac{A}{\pi\,d_{ai}} \approx \dfrac{0{,}0849\,\mathrm{m^2}}{3{,}14159 \cdot 0{,}02\,\mathrm{m}} \approx 1{,}35\,\mathrm{m}$.

Verfahren der Number of Transfer Units (NTU)

Ein weiteres Verfahren für die Dimensionierung und Bewertung von Wärmeübertragern ist das NTU-Verfahren (Number of Transfer Units, im Deutschen "Anzahl der Übertragungseinheiten"). Beim NTU-Verfahren reicht die Kenntnis von zwei bestimmten Temperaturen (z. B. beide Eintrittstemperaturen eines Fluids) aus. Auch hier wird die Betriebscharakteristik verwendet, die zugleich als Wärmeübertragerwirkungsgrad $\epsilon = \Phi$ bezeichnet wird. Auch dabei wird die tatsächlich abgegebene Wärmeleistung $\dot{Q}$ ins Verhältnis zur maximal möglichen Wärmeleistung $\dot{Q}_{max}$ gesetzt, die unter idealen Bedingungen abgegeben wird:

$$\epsilon = \Phi = \frac{\dot{Q}}{\dot{Q}_{max}} = \frac{\dot{Q}}{\dot{Q}_{max}} = \frac{\dot{Q}}{(t_1 - t'_1)\,W_1}$$

Ebenso wird der folgende Verhältniswert verwendet: $W_r = \dfrac{W_1}{W_2}$

Eine weitere Kenngröße des NTU-Verfahrens ist der NTU-Faktor: $NTU = \dfrac{k\,A}{W_1}$

Durch weitere Betrachtungen der Thematik lassen sich Beziehungen zwischen den charakteristischen Größen herleiten. Jeder Wärmeübertragertyp wird dabei durch eine entsprechende Gleichung beschrieben, die den Wirkungsgrad $\epsilon = \Phi$ und den NTU-Faktor enthält. Für einfache und gerade Doppelrohr-Wärmeübertrager sowie Rohrbündel-Wärmeübertrager, die nur einen äußeren und einen inneren Durchgang aufweisen und daher auch als Geradrohr-Wärmeübertrager bezeichnet werden, gilt bei Gegenstromführung folgende Gleichung:

$$NTU = \frac{1}{W_r - 1} \cdot \ln \frac{\epsilon - 1}{\epsilon\,W_r - 1}$$

Findet während der Wärmeübertragung ein Phasenwechsel bei einem reinen Fluid statt, sodass sich wegen $c_p \to \infty$ $W_r = 0$ ergibt, dann gilt die folgende Beziehung, die auf alle Stromführungsvarianten und alle Wärmeübertragertypen anwendbar ist:

$$NTU = -\ln(1 - \epsilon)$$

Berechnung der Druckverluste:

Die Wärmeübergangskoeffizienten werden mit zunehmender Turbulenz größer. Damit ist allerdings ein Anstieg der Druckverluste im Wärmeübertrager verbunden. Der Druckverlust Δp

in einem Rohr ergibt sich bei niederen Drücken (d. h. bei raumbeständiger Fortleitung) gemäß
Gl. (2.111) zu

$$\Delta p = \lambda \, \frac{l}{d_i} \, \frac{\varrho}{2} \, w^2$$

mit der Rohrreibungszahl λ, der Rohrlänge l, dem inneren Rohrdurchmesser d_i, der Dichte
des Fluids ϱ und der Strömungsgeschwindigkeit des Fluids w.

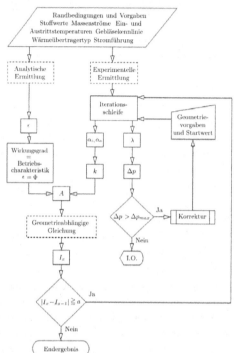

Bild 9.37   Ablauf der Wärmeübertrager-
Auslegung nach dem NTU-Verfahren

Die Stoffwerte beziehen sich auf den mittleren Fluidzustand, d. h. den mittleren Druck p_m
und die mittlere Temperatur ϑ_m. Der Widerstandsbeiwert hängt von der *Reynolds*-Zahl und
der relativen Rauigkeit des Rohrs ab. Im Folgenden wird von einer turbulenten Strömung
im Übergangsbereich ($2320 < Re < 8000$) und hydraulisch glattem Rohr ausgegangen; vom
Einfluss der Rohrrauigkeit wird also abgesehen. Damit ist die Gleichung von *Blasius* (Tabelle
2.7, Gl. 2) anzuwenden:

$$\lambda = 0{,}3164 \cdot Re^{-0{,}25}$$

Die Druckverluste im Ringspalt berechnen sich in gleicher Weise, wobei statt des inneren
Rohrdurchmessers der hydraulische Durchmesser zu verwenden ist.

Der Ablauf einer Wärmeübertrager-Auslegung mit dem NTU-Verfahren ist im Flussdiagramm
des Bildes 9.37 dargestellt. Ausgangspunkt sind die vorgegebenen Randbedingungen. Mit ihrer
Hilfe können der Wärmeübertragerwirkungsgrad $\epsilon = \Phi$ und anschließend der NTU-Faktor
bestimmt werden. Parallel hierzu werden die beiden Wärmeübergangskoeffizienten α_i und α_a
sowie der Wärmedurchgangskoeffizient k ermittelt.

Da in die Errechnung der Wärmeübergangskoeffizienten die zu bestimmende geometrische
Größe – z. B. die Länge l oder der Durchmesser d – mit einfließt, ist eine Iteration vorzunehmen. Für den ersten Iterationsschritt muss ein geeigneter Startwert l_0 angenommen
werden. Die Wärmeübertragungsfläche A kann sodann mithilfe des NTU-Faktors und des
Wärmedurchgangskoeffizienten k berechnet werden. Mit der geometriebedingten Gleichung

wird danach die geometrische Größe l_x errechnet, die mit dem Ergebnis des vorherigen Iterationsschritts verglichen wird. Fällt ihre betragsmäßige Differenz kleiner als die zulässige Abweichung a aus, entspricht das Ergebnis den Genauigkeitsanforderungen. Kommt es zu einer Überschreitung der zulässigen Abweichung, dann hat ein weiterer Iterationsschritt mit dem zuletzt ermittelten Ergebnis zu erfolgen.

Parallel dazu wird der Druckverlust Δp berechnet, der gleichfalls in die Iterationsschleife eingebunden ist. Zuerst wird die Rohrreibungszahl λ bestimmt, aus der sich wiederum der Druckverlust berechnen lässt. Soweit der berechnete Druckverlust über dem maximal zulässigen Druckverlust Δp_{max} liegt, muss eine Korrektur an den restlichen Geometriegrößen vorgenommen und eine weitere Iterationsschleife durchgeführt werden. Die Berechnung mithilfe des NTU-Verfahrens führt im Rahmen der erforderlichen Genauigkeit zu denselben Ergebnissen wie beim Verfahren mit der Betriebscharakteristik und der mittleren Temperaturdifferenz.

Wesentliche Vorgaben und Ergebnisse für die Auslegung des Wärmeübertragers:

Wirkungsgrad: $\Phi = \epsilon = 0{,}615$

NTU-Faktor: $NTU \approx 1{,}21$

Länge des Wärmeübertragers: $l \approx 1{,}35$ m

Innendurchmesser des Innenrohrs: $d_{ii} = 19$ mm

Innendurchmesser des Außenrohrs: $d_{ia} = 35$ mm

Druckverlust luftseitig: $\Delta p_1 \approx 0{,}69$ mbar

Druckverlust abgasseitig: $\Delta p_2 \approx 7{,}9$ mbar

Geschwindigkeit der Luft im Ringspalt: $w_1 \approx 7{,}1$ m/s $\rightarrow$ $Re \approx 2625$

Geschwindigkeit des Abgases im Innenrohr: $w_2 \approx 42{,}2$ m/s $\rightarrow$ $Re \approx 7350$

Wärmedurchgangskoeffizient (bezogen auf d_{ai}): $k \approx 46{,}9$ W/(m² K)

Wärmeübertragungsfläche (bezogen auf d_{ai}): $A \approx 0{,}0849$ m²

Beispiel 9.10 Ein vorgegebener Gegenstrom-Wärmeübertrager soll daraufhin untersucht werden, in welcher Weise die bei der Wärmeübertragung auftretende mittlere Temperaturdifferenz $(t - t')_m$ und der Wärmedurchgangskoeffizient k sowie der dabei hinzunehmende Exergiestromverlust $\dot{E}_{VW}$ von der Art des Fluides - entweder gasförmig oder flüssig - abhängen. Dabei soll vorausgesetzt werden, dass eine festgelegte Wärmeleistung $\dot{Q}$ von einem Fluidstrom auf einen im Gegenstrom fließenden Fluidstrom desselben Stoffes und desselben Massenstroms übertragen wird. (Beispiele für eine solche Wärmeübertragung auf ein annähernd gleichartiges Fluid mit unverändertem Massenstrom sind z. B. in Industriehallen die Wärmerückgewinnung aus Abluft und die Aufwärmung von kalter Zuluft, bei rekuperativen Brennern für Brenn- und Schmelzöfen die Wärmeübertragung aus dem heißen Abgas auf die kalte Verbrennungsluft oder in Fertigungsanlagen die prozessinterne Wärmeübertragung von erwärmtem Abwasser auf kaltes Frischwasser).

Der Wärmeübertrager ist durch seine Betriebscharakteristik Φ, die wärmeübertragende Fläche A sowie den u. a. fluidabhängigen Wärmedurchgangskoeffizienten k gekennzeichnet. Die zu betrachtenden idealen oder realen Fluide sind Gase bzw. Flüssigkeiten; sie sind durch jeweils gleich große bzw. annähernd gleich große Wärmekapazitätsströme (Wasserwerte) $W \approx W_2 \approx W' \approx W_1 \approx \dot{m}\,c_p$ gekennzeichnet. Der Wärmeübertrager ist nach außen hin adiabat; die Wärmeübertragung erfolgt annähernd isobar, also bei praktisch gleichbleibendem Druck.

a) Allgemeine Untersuchung:

Es gelten die Gleichungen $\dot{Q} = -\dot{Q}_{12} = |\dot{Q}_{12}| = \dot{Q}'_{1'2'}$, $\dot{Q} = \dot{m}\,c_p\,(t_1 - t_2) = (t_1 - t_2)\,W$ für das heiße Fluid, $\dot{Q} = \dot{m}'\,c'_p\,(t'_2 - t'_1) = (t'_2 - t'_1)\,W'$ für das kalte Fluid und gemäß Gl. (9.156) $\dot{Q} = k\,A\,(t - t')_m$.

$t_1 - t'_1$ wird mit der Betriebscharakteristik berechnet, für die $\Phi = \dot{Q}/(\dot{Q}_{max}) = \dot{Q}/((t_1 - t'_1)\,W_1)$ gilt: $t_1 - t'_1 = \dot{Q}/(\Phi\,W_1)$. Mit Gl. (9.156) wird hiermit $(t - t')_m = (t_1 - t'_1)\,\Phi/(\dfrac{k\,A}{W_1})$.

Für den Vergleich zwischen flüssigen und gasförmigen Fluiden mit den unterschiedlichen, u. a. aus dem vorgegebenen Wärmeübertrager resultierenden Wärmedurchgangskoeffizienten k_{Fl} und k_{Gas} wird im Folgenden zugrunde gelegt: gleiche bzw. annähernd gleiche Werte $W_1 \approx W_2$ sowie gleiche Werte für Φ, $\dot{Q}$ und A. Damit wird $(t - t')_m$ eine Funktion von k und W_1. Da für den Vergleich der Wärmeübertrager unverändert beibehalten wird, bleibt auch seine charakteristische Größe $k\,A/W_1$ unverändert; hieraus folgt $k_{Fl}/W_{1\,Fl} = k_{Gas}/W_{1\,Gas}$.

Wegen der gleich großen zu übertragenden Wärmeleistung $\dot{Q}$ folgt:

$$\dot{Q} = |\dot{Q}_{12\,Gas}| = |\dot{Q}_{12\,Fl}| = k_{Gas}\,A\,(t - t')_{m\,Gas} = k_{Fl}\,A\,(t - t')_{m\,Fl} \quad \text{sowie}$$

$$\frac{(t - t')_{m\,Fl}}{(t - t')_{m\,Gas}} = \frac{k_{Gas}}{k_{Fl}} = \frac{W_{1\,Gas}}{W_{1\,Fl}}$$

Das Verhältnis der mittleren Temperaturdifferenz bei einer Flüssigkeit zur mittleren Temperaturdifferenz bei einem Gas ist hier also gleich dem Verhältnis des Wärmedurchgangskoeffizienten bei einem Gas zum Wärmedurchgangskoeffizienten bei einer Flüssigkeit.

Im Hinblick auf eine erste gute Näherung liegt es nahe, die nur über Iterationen zu berechnende mittlere Temperaturdifferenz $(t - t')_m$ durch die Differenz $(t - t')_m \approx (t_m - t'_m) = (T_m - T'_m)$ zu ersetzen; damit kann das Ziel verfolgt werden, absolute Temperaturen zu ermitteln, um diese für die Berechnung von Exergien heranzuziehen. Wegen des nicht gleichen sowie annähernd exponentiellen Verlaufs der Isobaren eines realen Fluids kann von einer arithmetischen Mittelung kein Gebrauch gemacht werden: $(T_m - T'_m) \neq (T_1 + T_2)/2 - (T'_1 + T'_2)/2)$.

Vielmehr wird der Sachverhalt genutzt, dass sich im T,s-Diagramm die reversible spezifische Wärme und damit die Differenz der spezifischen Enthalpie als Fläche unter der Kurve einer isobaren Zustandsänderung darstellt. Daraus folgt auch $\dot{Q} = \dot{H}_1 - \dot{H}_2 = T_m\,(\dot{S}_1 - \dot{S}_2)$ und somit

$$T_m = \frac{\dot{m}\,(h_1 - h_2)}{\dot{m}\,(s_1 - s_2)} = \frac{h_1 - h_2}{s_1 - s_2} \quad \text{und} \quad T'_m = \frac{\dot{m}'\,(h'_1 - h'_2)}{\dot{m}'\,(s'_1 - s'_2)} = \frac{h'_1 - h'_2}{s'_1 - s'_2}\ .$$

Bei der realen irreversiblen Wärmeübertragung über eine endliche mittlere Temperaturdifferenz tritt eine Entropiezunahme auf. Die Bilanzierung der spezifischen Entropien (Zunahme der spezifischen Entropie: Δs) sowie die Bilanzierung der Entropieströme (Zunahme des Entropiestroms: $\Delta \dot{S}$) führen zu

$$\Delta \dot{S} = (\dot{S}'_2 - \dot{S}'_1) - (\dot{S}_1 - \dot{S}_2) = \dot{m}\,[(s'_2 - s'_1) - (s_1 - s_2)] \quad \Delta s = \frac{\Delta \dot{S}}{\dot{m}} = (s'_2 - s'_1) - (s_1 - s_2)\ .$$

Es folgt die Bilanzierung der spezifischen Exergieverluste sowie der Exergiestromverluste (vgl. Gl. (8.122)):

$$\dot{E}_{VW} = \dot{E}|\dot{Q}_{12}| - \dot{E}'\dot{Q}'_{1'2'} = \dot{E}\dot{H}_1 - \dot{E}\dot{H}_2 - (\dot{E}'\dot{H}'_2 - \dot{E}'\dot{H}'_1)$$
$$= \dot{m}\,[(h_1 - h_2) - T_0\,(s_1 - s_2) - (h'_2 - h'_1) + T_0\,(s'_2 - s'_1)]$$

Mit $(h_1 - h_2) = (h'_2 - h'_1)$ gemäß der Aufgabe wird $\dot{E}_{VW} = \dot{m}\,[-T_0\,(s_1 - s_2) + T_0\,(s'_2 - s'_1)]$ und damit

$$\dot{E}_{VW} = T_0\,\dot{m}\,\Delta s$$

Das Verhältnis des Exergiestromverlusts der beiden Flüssigkeitsströme zum Exergiestromverlust der beiden Gasströme ergibt sich zu

$$\frac{\dot{E}_{VW\,Fl}}{\dot{E}_{VW\,Gas}} = \frac{T_0\,\dot{m}_{Fl}\,\Delta s_{Fl}}{T_0\,\dot{m}_{Gas}\,\Delta s_{Gas}} = \frac{\dot{m}_{Fl}\,\Delta s_{Fl}}{\dot{m}_{Gas}\,\Delta s_{Gas}}$$

Eine angenäherte Berechnung mithilfe der Temperaturen t_m und t'_m bzw. T_m und T'_m führt zu den folgenden Ergebnissen:

$$\dot{E}|\dot{Q}_{12}| = \frac{T_m - T_0}{T_m}\,|\dot{Q}_{12}| = \frac{T_m - T_0}{T_m}\,\dot{Q} \qquad \dot{E}'\dot{Q}'_{1'2'} = \frac{T'_m - T_0}{T'_m}\,\dot{Q}'_{1'2'} = \frac{T'_m - T_0}{T'_m}\,\dot{Q}$$

$$\dot{E}_{VW} = \dot{E}|\dot{Q}_{12}| - \dot{E}'Q'_{1'2'} = \left(1 - \frac{T_0}{T_m} - (1 - \frac{T_0}{T'_m})\right)\dot{Q} = \left(\frac{T_0}{T'_m} - \frac{T_0}{T_m}\right)\dot{Q} = T_0 \left(\frac{T_m - T'_m}{T_m\,T'_m}\right)\dot{Q}$$

Das Verhältnis des Exergiestromverlusts des Flüssigkeitsstroms zum Exergiestromverlust des Gasstroms ergibt sich damit zu

$$\frac{\dot{E}_{VW\,Fl}}{\dot{E}_{VW\,Gas}} = \frac{(\dot{E}|\dot{Q}_{12}| - \dot{E}'Q'_{1'2'})_{Fl}}{(\dot{E}|\dot{Q}_{12}| - \dot{E}'Q'_{1'2'})_{Gas}} = \frac{T_0\left(\dfrac{T_m - T'_m}{T_m T'_m}\right)_{Fl} \dot{Q}}{T_0\left(\dfrac{T_m - T'_m}{T_m T'_m}\right)_{Gas} \dot{Q}} = \frac{\left(\dfrac{T_m - T'_m}{T_m T'_m}\right)_{Fl}}{\left(\dfrac{T_m - T'_m}{T_m T'_m}\right)_{Gas}} \,.$$

b) Praxisbeispiel:

Ein - zunächst für gasförmigen Stickstoff mit 300 bar Druck ausgelegter - Gegenstromwärmeübertrager wird nunmehr mit flüssigem Wasser bei 300 bar Druck betrieben. Die Betriebscharakteristik beträgt $\Phi = 0{,}7$, die charakteristische Größe gemäß Bild 3.18 ist $kA/W_1 = 2{,}35$ (Bild 2.38). Diese Größen bleiben unverändert; daraus folgt $k_{Fl}/W_{1\,Fl} = k_{Gas}/W_{1\,Gas}$.

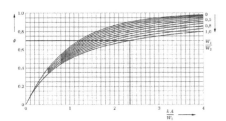

Bild 9.38 Betriebscharakteristik für den untersuchten Gegenstromwärmeübertrager

In beiden Fällen wird der Wärmestrom $\dot{Q} = 200$ kW vom heißen Fluidstrom mit der Eintrittstemperatur $T_1 = 473{,}15$ K auf den gleich großen kalten Fluidstrom übertragen; der heiße Stickstoff-Fluidstrom wird auf 323,15 K abgekühlt. In [132] werden die folgenden Anhaltswerte für Wärmedurchgangskoeffizienten genannt:

Tabelle 9.4 Wärmedurchgangskoeffizienten bei Gegenstromwärmeübertragern

	Doppelrohr-Wärmeübertrager k [W/(m² K)]	Rippenrohr-Wärmeübertrager k [W/(m² K)]	Gewählter Wert k [W/(m² K)]
Gas (≈ 1 bar) beidseitig	10 bis 35	5 bis 35	
Gas (200 ... 300 bar) beidseitig	150 bis 500	150 bis 500	300
Flüssigkeit beidseitig	300 bis 1400	150 bis 1200	800

Die Zustandsgrößen für die realen Fluide werden mit dem Programm [130] ermittelt.

Stickstoff: $\dot{Q} = \dot{m}_{N_2}\, c_{pm\,N_2}\, (t_1 - t_2)_{N_2} = 1{,}0915\,\dfrac{kg}{s} \cdot 1{,}2216\,\dfrac{kJ}{kg\,K} \cdot (473{,}15 - 323{,}15)\,K = 200{,}0\,kW$

$$W_{1\,N_2} = \dot{m}_{N_2}\, c_{pm\,N_2} = 1{,}0915\,\dfrac{kg}{s} \cdot 1{,}2216\,\dfrac{kJ}{kg\,K} = 1{,}3333\,\dfrac{kW}{K}$$

$$T_m = \frac{h_2 - h_1}{s_2 - s_1} = \frac{(486{,}80 - 303{,}57)\,kJ\,kg\,K}{(5{,}5765 - 5{,}1091)\,kg\,kJ} = 392{,}03\,K;$$

$$T'_m = \frac{h'_2 - h'_1}{s'_2 - s'_1} = \frac{(408{,}80 - 225{,}60)\,kJ\,kg\,K}{(5{,}3982 - 4{,}8432)\,kg\,kJ} = 330{,}09\,K$$

Wasser: $\dot{Q} = \dot{m}_{H_2O}\, c_{pm\,H_2O}\, (t_1 - t_2)_{H_2O} = 0{,}8317\,\dfrac{kg}{s} \cdot 4{,}2638\,\dfrac{kJ}{kg\,K} \cdot (473{,}15 - 416{,}75)\,K = 200{,}0\,kW$

$$W_{1\,H_2O} = \dot{m}_{H_2O}\, c_{pm\,H_2O} = 0{,}8317\,\dfrac{kg}{s} \cdot 4{,}2638\,\dfrac{kJ}{kg\,K} = 3{,}5461\,\dfrac{kW}{K}$$

$$T_m = \frac{h_2 - h_1}{s_2 - s_1} = \frac{(865{,}02 - 625{,}43)\,kJ\,g\,K}{(2{,}2888 - 1{,}7504)\,kg\,kJ} = 445{,}25\,K;$$

$$T'_m = \frac{h'_2 - h'_1}{s'_2 - s'_1} = \frac{(762{,}30 - 522{,}60)\,kJ\,kg\,K}{(2{,}0659 - 1{,}4959)\,kg\,kJ} = 420{,}53\,K$$

$$A = 2{,}35 \cdot \frac{W_{1\,N_2}}{k_{N_2}} = 2{,}35 \cdot \frac{W_{1\,H_2O}}{k_{H_2O}} = 2{,}35 \cdot \frac{1{,}3333\,\text{kW}\,\text{m}^2\,\text{K}}{\text{K}\,0{,}3\,\text{kW}} = 2{,}35 \cdot \frac{3{,}5461\,\text{kW}\,\text{m}^2\,\text{K}}{\text{K}\,0{,}8\,\text{kW}} = 10{,}444\,\text{m}^2$$

Tabelle 9.5 Zustandsgrößen von Stickstoff ($p = 300$ bar)

		T_1	T_2'	T_m	T_m'	T_2	T_1'
T	K	473,15	407,15	392,03	330,09	323,15	266,15
ϱ	kg/m^3	184,31	213,78	222,11	265,67	271,80	337,40
v	m^3/kg $\cdot 10^3$	5,4258	4,6776	4,5023	3,7641	3,6792	2,9638
s	kJ/(kg K)	5,5765	5,3982	5,3524	5,1367	5,1091	4,8432
h	kJ/kg	486,80	408,80	390,21	312,59	303,57	225,60
c_p	kJ/(kg K)	1,1694	1,2064	1,2189	1,2947	1,3065	1,4418

Mittlere Temperaturdifferenz für $a \neq b$:

$$(t - t')_m = \frac{(t_1 - t_2') - (t_2 - t_1')}{\ln \dfrac{t_1 - t_2'}{t_2 - t_1'}} = \frac{(66{,}00 - 57{,}00)\,\text{K}}{\ln \dfrac{66{,}00\,\text{K}}{57{,}00\,\text{K}}} = 61{,}39\,\text{K}$$

$$T_m - T_m' = (392{,}03 - 330{,}09)\,\text{K} = 61{,}94\,\text{K} \;\rightarrow\; (t - t')_m \approx T_m - T_m' \approx t_m - t_m'$$

Tabelle 9.6 Zustandsgrößen von flüssigem Wasser ($p = 300$ bar)

		T_1	T_2'	T_m	T_m'	T_2	T_1'
T	K	473,15	449,35	445,25	420,53	417,15	392,58
ϱ	kg/m^3	884,62	908,78	912,72	935,13	938,03	957.79
v	m^3/kg $\cdot 10^3$	1,1304	1,1004	1,0956	1,0694	1,0661	1,0441
s	kJ/(kg K)	2,2888	2,0659	2,0267	1,7844	1,7504	1,4959
h	kJ/kg	865,02	762,30	744,72	639,83	625,59	522,60
c_p	kJ/(kg K)	4,3567	4,2824	4,2716	4,2169	4,2107	4,1735

Mittlere Temperaturdifferenz für $a \neq b$:

$$(t - t')_m = \frac{(t_1 - t_2') - (t_2 - t_1')}{\ln \dfrac{t_1 - t_2'}{t_2 - t_1'}} = \frac{(23{,}80 - 24{,}57)\,\text{K}}{\ln \dfrac{23{,}80\,\text{K}}{24{,}57\,\text{K}}} = 24{,}19\,\text{K}$$

$$T_m - T_m' = (445{,}25 - 420{,}53)\,\text{K} = 24{,}72\,\text{K} \;\rightarrow\; (t - t')_m \approx T_m - T_m' \approx t_m - t_m'$$

$$\frac{(t - t_m')_{H_2O}}{(t - t_m')_{N_2}} = \frac{24{,}19}{61{,}39} = 0{,}394 \approx \frac{(t_m - t_m')_{H_2O}}{(t_m - t_m')_{N_2}} = \frac{24{,}72}{61{,}94} = 0{,}399 \approx \frac{k_{N_2}}{k_{H_2O}} = \frac{300}{800} = 0{,}375$$

N$_2$: $\Delta s_{N_2} = \dfrac{\Delta \dot S_{N_2}}{\dot m_{N_2}} = [(5{,}3982 - 4{,}8432) - (5{,}5765 - 5{,}1091)]\,\dfrac{\text{kJ}}{\text{kg}\,\text{K}}$

$$= [0{,}5550 - 0{,}4674]\,\frac{\text{kJ}}{\text{kg}\,\text{K}} = 0{,}0876\,\frac{\text{kJ}}{\text{kg}\,\text{K}}$$

$$\Delta \dot S_{N_2} = \dot m_{N_2}\,\Delta s_{N_2} = 1{,}0915\,\frac{\text{kg}}{\text{s}} \cdot 0{,}0876\,\frac{\text{kJ}}{\text{kg}\,\text{K}} = 0{,}09562\,\frac{\text{kW}}{\text{K}}$$

$$\dot E_{VW\,N_2} = T_0\,\dot m_{N_2}\,\Delta s_{N_2} = 298{,}15\,\text{K} \cdot 1{,}0915\,\frac{\text{kg}}{\text{s}} \cdot 0{,}0876\,\frac{\text{kJ}}{\text{kg}\,\text{K}} = 28{,}508\,\text{kW}$$

H$_2$O: $\Delta s_{H_2O} = \dfrac{\Delta \dot S_{H_2O}}{\dot m_{H_2O}} = [(2{,}0659 - 1{,}4959) - (2{,}2888 - 1{,}7504)]\,\dfrac{\text{kJ}}{\text{kg}\,\text{K}} =$

$$= [0{,}5700 - 0{,}5384]\,\frac{\text{kJ}}{\text{kg}\,\text{K}} = 0{,}0316\,\frac{\text{kJ}}{\text{kg}\,\text{K}}$$

$$\Delta \dot S_{H_2O} = \dot m_{H_2O}\,\Delta s_{H_2O} = 0{,}8317\,\frac{\text{kg}}{\text{s}} \cdot 0{,}0316\,\frac{\text{kJ}}{\text{kg}\,\text{K}} = 0{,}02628\,\frac{\text{kW}}{\text{K}}$$

$$\dot E_{VW\,H_2O} = T_0\,\dot m_{H_2O}\,\Delta s_{H_2O} = 298{,}15\,\text{K} \cdot 0{,}8317\,\frac{\text{kg}}{\text{s}} \cdot 0{,}0316\,\frac{\text{kJ}}{\text{kg}\,\text{K}} = 7{,}836\,\text{kW}$$

Das Verhältnis der Exergiestromverluste beträgt $\dfrac{\dot E_{VW\,H_2O}}{\dot E_{VW\,N_2}} = \dfrac{7{,}836\,\text{kW}}{28{,}508\,\text{kW}} = 0{,}2749$.

Eine angenäherte Berechnung mithilfe der Temperaturen t_m und t'_m bzw. T_m und T'_m führt zu den folgenden Ergebnissen:

$$\dot{E}|\dot{Q}_{12\,\mathrm{N_2}}| = \frac{T_m - T_0}{T_m}|\dot{Q}_{12\,\mathrm{N_2}}| = \frac{T_m - T_0}{T_m}\dot{Q} = \frac{392{,}03 - 298{,}15}{392{,}03} \cdot 200{,}0\,\mathrm{kW} = 47{,}894\,\mathrm{kW}$$

$$\dot{E}'\dot{Q}'_{1'2'\,\mathrm{N_2}} = \frac{T'_m - T_0}{T'_m}\dot{Q}'_{1'2'\,\mathrm{N_2}} = \frac{T'_m - T_0}{T'_m}\dot{Q} = \frac{330{,}09 - 298{,}15}{330{,}09} \cdot 200{,}0\,\mathrm{kW} = 19{,}352\,\mathrm{kW}$$

$$\dot{E}_{VW\,\mathrm{N_2}} = \dot{E}|\dot{Q}_{12\,\mathrm{N_2}}| - \dot{E}'\dot{Q}'_{1'2'\,\mathrm{N_2}} = (47{,}894 - 19{,}352)\,\mathrm{kW} = 28{,}542\,\mathrm{kW}$$

$$\dot{E}|\dot{Q}_{12\,\mathrm{H_2O}}| = \frac{T_m - T_0}{T_m}|\dot{Q}_{12\,\mathrm{H_2O}}| = \frac{T_m - T_0}{T_m}\dot{Q} = \frac{445{,}25 - 298{,}15}{445{,}25} \cdot 200{,}0\,\mathrm{kW} = 66{,}075\,\mathrm{kW}$$

$$\dot{E}'\dot{Q}'_{1'2'\,\mathrm{H_2O}} = \frac{T'_m - T_0}{T'_m}\dot{Q}'_{12\,\mathrm{H_2O}} = \frac{T'_m - T_0}{T'_m}\dot{Q} = \frac{420{,}53 - 298{,}15}{420{,}53} \cdot 200{,}0\,\mathrm{kW} = 58{,}203\,\mathrm{kW}$$

$$\dot{E}_{VW\,\mathrm{H_2O}} = \dot{E}|\dot{Q}_{12\,\mathrm{H_2O}}| - \dot{E}'\dot{Q}'_{1'2'\,\mathrm{H_2O}} = (66{,}08 - 58{,}20)\,\mathrm{kW} = 7{,}872\,\mathrm{kW}$$

Das Verhältnis der Exergiestromverluste beträgt $\qquad \dfrac{\dot{E}_{VW\,\mathrm{H_2O}}}{\dot{E}_{VW\,\mathrm{N_2}}} = \dfrac{7{,}872\,\mathrm{kW}}{28{,}542\,\mathrm{kW}} = 0{,}2758$

bzw.

$$\frac{\dot{E}_{VW\,\mathrm{H_2O}}}{\dot{E}_{VW\,\mathrm{N_2}}} = \frac{\left(\dfrac{T_m - T'_m}{T_m\,T'_m}\right)_{\mathrm{H_2O}}}{\left(\dfrac{T_m - T'_m}{T_m\,T'_m}\right)_{\mathrm{N_2}}} = \frac{\left(\dfrac{445{,}25 - 420{,}53}{445{,}25 \cdot 420{,}53}\right)_{\mathrm{H_2O}}}{\left(\dfrac{392{,}03 - 330{,}09}{392{,}03 \cdot 330{,}09}\right)_{\mathrm{N_2}}} = \frac{0{,}0001320}{0{,}0004786} = 0{,}2758\ .$$

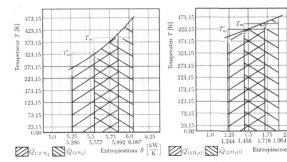

Bild 9.39 Abgegebener und aufgenommener Wärmestrom $|\dot{Q}_{12}| = \dot{Q}'_{1'2'}$ bei zwei Fluiden mit gleichem Wärmekapazitätsstrom $\dot{W}_1 = \dot{W}_2$ in einem Gegenstromwärmeübertrager; Temperaturverlauf im $T,\dot{S}$-Diagramm (links: für Stickstoff; rechts: für flüssiges Wasser, jeweils bei 300 bar; die Wärmeströme sind flächentreu dargestellt)

Aufgaben zu Abschnitt 9

1. Eine 200 mm dicke ebene Wand mit unbekannter Wärmeleitfähigkeit trennt zwei Räume mit den Temperaturen 24,0 °C und 6,0 °C. Die Oberflächentemperaturen der Wand sind 17,7 °C und 7,5 °C. Auf einer Wandseite wird eine 10 mm dicke Isolierschicht mit der Wärmeleitfähigkeit 0,0407 W/(m K) angebracht. Danach stellen sich bei unveränderten Raumtemperaturen und Wärmeübergangskoeffizienten die Wandoberflächentemperaturen 19,8 °C und 7,0 °C ein.

a) Wie verhält sich der Wärmestrom nach Einführung der Isolierschicht zum Wärmestrom durch die nicht isolierte Wand?

b) Welche Wärmeleitfähigkeit hat die Wand ohne Isolierschicht?

c) Wie groß sind die Wärmeübergangskoeffizienten an den beiden Wandoberflächen?

2. Bei einer Außentemperatur von −15 °C soll in einem Raum eine Temperatur von 20 °C herrschen. Die Wand besteht aus einer äußeren Betonschicht mit der Dicke 200 mm und der Wärmeleitfähigkeit 1,51 W/(m K) sowie einer inneren Isolierschicht aus Schaumkunststoff mit der Wärmeleitfähigkeit 0,041 W/(m K). Die Wärmeübergangskoeffizienten außen und innen sind 23 W/(m² K) und 5 W/(m² K). Aus Behaglichkeitsgründen soll die Oberflächentemperatur auf der Innenseite der Wand nicht unter 16 °C liegen.

a) Welche Dicke muss die Isolierschicht mindestens haben?

b) Wie groß ist der Wärmeverlust je Quadratmeter Wandfläche?

c) Wie groß wären der Wärmeverlust je Quadratmeter Wandfläche und die Innenwandtemperatur ohne Isolierschicht?

3. In einem Gegenstromwärmeübertrager soll ein Gasstrom von $700\,^\circ$C auf $200\,^\circ$C abgekühlt werden. Als Kühlmittel steht Wasser mit $15\,^\circ$C zur Verfügung. Der Wärmeübergangskoeffizient auf der Wasserseite ist zwanzigmal so groß wie der Wärmeübergangskoeffizient auf der Gasseite. Der Wärmeleitwiderstand in der Trennwand kann vernachlässigt werden. Der Wasserdurchsatz wird so gewählt, dass die höchste Trennwandtemperatur $80\,^\circ$C beträgt. Welcher $kA/\dot{W}_1$-Wert ist erforderlich?

4. In einem Firmenprospekt aus den neunziger Jahren wird für ein neues Wärmeschutzglas der Wärmedurchgangskoeffizient $k = 1,6$ W/(m^2 K) angegeben. Als Vorzug wird genannt, dass die raumseitige Oberfläche des Wärmeschutzglases im Winter wärmer bleibt als bei Isolierglas älterer Bauart, wodurch der Kälteschleier in Fensternähe entfällt. Bei einer Außentemperatur von $-10\,^\circ$C und einer Raumtemperatur von $21\,^\circ$C ist die Temperatur des raumseitigen Glases $15\,^\circ$C. Bei einem Isolierglas älterer Bauart ist diese Temperatur bei gleichen Wärmeübergangskoeffizienten nur $9,5\,^\circ$C. Die Wärmedämmung des neuen Wärmeschutz-Isolierglases entspricht der einer 37 cm starken Vollziegelmauer mit einer Wärmeleitfähigkeit $\lambda = 0,79$ W/(m K).

a) Welcher Wärmestrom geht bei den genannten Temperaturen durch 1 m^2 Wärmeschutzglas?

b) Wie groß ist der Wärmeübergangskoeffizient auf der Raumseite?

c) Welcher Wärmestrom geht bei den genannten Temperaturen durch 1 m^2 älteres Isolierglas?

d) Welchen Wert hat der Wärmeübergangskoeffizient auf der Außenseite?

5. Betrachtet man den Temperaturverlauf bei reinem Kreuzstrom, so fällt auf, dass der Stromfaden des warmen Fluids, der am Eintrittsquerschnitt des kalten Fluids verläuft, sich so verhält, wie wenn das kalte Fluid verdampfen würde. Der Stromfaden des kalten Fluids am Eintrittsquerschnitt des warmen Fluids hat einen Temperaturverlauf, wie wenn das warme Fluid kondensieren würde. Daraus kann man sehr einfach $kA/\dot{W}_1$ und $kA/\dot{W}_2$ ermitteln. Wie groß sind diese Werte, wenn die Eintrittstemperaturen beider Fluide $0\,^\circ$C und $100\,^\circ$C, die höchste Temperatur des Austrittsprofils des kalten Fluids $86,5\,^\circ$C und die tiefste Temperatur des Austrittsprofils des warmen Fluids $36,8\,^\circ$C sind?

6. Ein Kupferrohr mit einem Außendurchmesser von 50 mm und einer Wandstärke von 2 mm, einer Länge von 3,4 m und einer Wärmeleitfähigkeit von 370 W/(m K) wird von einer Flüssigkeit mit dem Wärmeübergangskoeffizienten 2000 W/(m^2 K) durchströmt. Der Wärmeübergangskoeffizient auf der Außenseite ist 10 W/(m^2 K). Eine Umhüllung des Rohres durch eine 50 mm dicke Schicht bewirkt einerseits eine Vergrößerung des Wärmeleitwiderstandes (Isoliereffekt), andererseits eine Vergrößerung der Oberfläche (Erhöhung der Wärmeübertragung bei unverändertem Wärmeübergangskoeffizienten).

a) Wie groß ist das Produkt aus Wärmedurchgangskoeffizient und Fläche für das Kupferrohr ohne Umhüllung?

b) Wie groß wird der k-Wert ohne Umhüllung, wenn man ihn einmal auf die Außenfläche und einmal auf die Innenfläche bezieht?

c) Welche Wärmeleitfähigkeit muss die Umhüllung haben, wenn sich die beiden genannten Wirkungen aufheben und kA unverändert bleibt?

d) Welchen Wert für kA erhält man, wenn die Wärmeleitfähigkeit der Umhüllung nur 10 % des Wertes bei c) beträgt?

e) Welcher Wert für kA ergibt sich, wenn die Wärmeleitfähigkeit der Umhüllung so groß wie bei Teilfrage d) ist, aber die äußere Schicht nur eine Dicke von 25 mm hat?

10 Feuchte Luft

10.1 Zustandseigenschaften feuchter Luft

Feuchte Luft ist ein homogenes Gemisch aus trockener Luft und Wasser. Die trockene Luft bezeichnet man auch als Reinluft. Das Wasser kann in dem Gemisch dampfförmig, flüssig oder fest enthalten sein. Bei der Verfolgung von Zustandsänderungen betrachtet man als Bezugsgröße die trockene Luft. Der Aggregatzustand der Reinluft bleibt unverändert, während das Wasser Phasenänderungen durchlaufen kann. Die Phasenänderungen bezeichnet man als Verdunsten beim Übergang vom flüssigen zum gasförmigen Aggregatzustand und als Tauen beim Phasenübergang in umgekehrter Richtung; weitere mögliche Phasenübergänge sind in Abschnitt 5.1.1 dargestellt.

Solange das Wasser nur dampfförmig in der Luft enthalten ist, kann man für beide Mischungspartner die Eigenschaften der idealen Gase voraussetzen. Für feuchte Luft gilt dann das Gesetz von *Dalton*. Nach der thermischen Zustandsgleichung idealer Gase (4.25) gilt für Reinluft und Wasserdampf:

$$\text{Reinluft}: \quad p_L\, V = m_L\, R_L\, T \quad \text{mit} \quad R_L = 287,06 \text{ J/(kg K)} \qquad (10.1)$$

$$\text{Wasserdampf}: \quad p_D\, V = m_D\, R_D\, T \quad \text{mit} \quad R_D = 461,52 \text{ J/(kg K)} \qquad (10.2)$$

Für den Luftdruck (= Gesamtdruck) als Summe der Partialdrücke ergibt sich

$$p = p_L + p_D \, . \qquad (10.3)$$

Gegenüber anderen Mischungen idealer Gase hat feuchte Luft die Besonderheit, dass Wasserdampf nicht in beliebigen Mengen mit trockener Luft gemischt werden kann. In der Luft kann nur eine solche Wasserdampfmenge enthalten sein, bis der Teildruck des Wasserdampfes p_D den Sättigungsdruck p_{DS} erreicht hat.

Der Sättigungsdruck p_{DS} ist eine Funktion der Temperatur. Der Sättigungsdruck des Wasserdampfes p_{DS} ist unabhängig vom Luftdruck. Der Zusammenhang zwischen Sättigungsdruck und Sättigungstemperatur wird durch die empirische Dampfdruckkurve dargestellt (vgl. z. B. Beispiel 5.1 und im Anhang die Tabellen A.8, A.9a und A.9b).

10.1.1 Relative Feuchte

Ist der Partialdruck des Wasserdampfes p_D kleiner als der Sättigungsdruck p_{DS}, dann ist die Luft ungesättigt. Zur Beschreibung des Zustandes der ungesättigten Luft verwendet man die relative Feuchte φ:

$$\varphi = \frac{p_D}{p_{DS}} = \frac{\varrho_D}{\varrho_{DS}} \qquad (10.4)$$

ϱ_D und ϱ_{DS} sind die Dichten des Wasserdampfes in ungesättigter bzw. gesättigter Luft.

10.1.2 Feuchtegrad und Sättigungsgrad

Bei einem Luftbehandlungsprozess ist die Masse der Reinluft m_L eine konstante Größe. Es kann das Ziel eines Luftbehandlungsprozesses sein, die Masse des Wasserdampfes m_D durch Befeuchten oder Entfeuchten zu verändern. Zur Kennzeichnung der Gemischzusammensetzung verwendet man den Feuchtegrad x, der auch als Wassergehalt oder als Feuchtigkeitsgehalt bezeichnet wird:

© Springer Fachmedien Wiesbaden GmbH, ein Teil von Springer Nature 2023
M. Dehli et al., *Grundlagen der Technischen Thermodynamik*,
https://doi.org/10.1007/978-3-658-41251-7_10

$$x = \frac{m_D}{m_L} \tag{10.5}$$

Der Feuchtegrad x gibt an, welche Wassermenge in 1 kg trockener Luft oder in $(1+x)$ kg feuchter Luft enthalten ist. Die Gesamtmasse der feuchten Luft ist $m_{fL} = m_L(1 + x)$. Völlig trockene Luft hat den Feuchtegrad $x = 0$, für reines Wasser wird $x = \infty$. Praktisch interessieren aber nur niedrige x-Werte bis etwa 0,04 kg/kg Reinluft. Der Feuchtegrad x hat die Einheit „kg/kg" und scheint somit dimensionslos zu sein. Da aber im Zähler „kg Wasser" und im Nenner „kg Reinluft" stehen und „Wasser" gegen „Luft" nicht gekürzt werden kann, sollte man dies bei der Dimensionsprobe einer Berechnung beachten. Mit den Massen der Reinluft und des Wasserdampfes aus den Gln. (10.1) und (10.2) und der Gl. (10.3) erhält man für den Feuchtegrad

$$x = \frac{m_D}{m_L} = \frac{R_L}{R_D} \frac{p_D}{p_L} = 0{,}622 \frac{p_D}{p - p_D} . \tag{10.6}$$

Wenn die Gl. (10.6) nach p_D aufgelöst wird, erhält man

$$p_D = \frac{p\,x}{0{,}622 + x} . \tag{10.7}$$

Die Höchstmenge an Feuchtigkeit, die dampfförmig in Luft enthalten sein kann, ist nach Gl. (10.6)

$$x_S = 0{,}622 \frac{p_{DS}}{p - p_{DS}} . \tag{10.8}$$

x_S ist von der Temperatur und vom Gesamtdruck abhängig. Luft, die x_S kg Wasser pro kg trockene Luft enthält, wird als gesättigte feuchte Luft bezeichnet. Bei $x < x_S$ ist die Luft ungesättigt, bei $x > x_S$ ist die Luft übersättigt, was zu Nebelbildung bzw. Eisnebelbildung führt. Der Wasserdampf in der ungesättigten feuchten Luft ist überhitzter Dampf. Der Wasserdampf in der gesättigten feuchten Luft ist Sattdampf. In der übersättigten feuchten Luft befindet sich Nassdampf (Nebel) bzw. unterhalb der Tripeltemperatur des Wassers (0,01 °C) ein Gemisch aus Sattdampf und Eis (Eisnebel). Setzt man den Feuchtegrad x der Luft ins Verhältnis zum Feuchtegrad x_S der gesättigten Luft, dann erhält man den Sättigungsgrad ψ:

$$\psi = \frac{x}{x_S} \tag{10.9}$$

Den Zusammenhang zwischen dem Sättigungsgrad ψ und der relativen Feuchte φ erhält man, wenn man die Gln. (10.6) und (10.8) in Gl. (10.9) einsetzt:

$$\psi = \frac{p_D}{p_{DS}} \frac{p - p_{DS}}{p - p_D} = \varphi \frac{p - p_{DS}}{p - p_D} \tag{10.10}$$

Bei niederen Temperaturen weichen φ und ψ nur wenig voneinander ab. Im Sättigungszustand ist $\varphi = \psi = 1$. Für trockene Luft gilt $\varphi = \psi = 0$.

Vom Sättigungszustand, auf den bei der relativen Feuchte, beim Feuchtegrad und beim Sättigungsgrad Bezug genommen wird, ist der Taupunkt deutlich zu unterscheiden. Eine Veränderung des Zustands der ungesättigten feuchten Luft in Richtung auf den Sättigungszustand erfolgt bei gleichbleibender Temperatur durch Vergrößerung des Feuchtegrades x. Eine Veränderung des Zustands der ungesättigten feuchten Luft in Richtung auf den Taupunkt erfolgt bei gleichbleibendem Feuchtegrad x durch Absenkung der Temperatur.

10.1.3 Spezifische Enthalpie

Die Luftbehandlungsprozesse in der Klimatechnik sind mit isobaren Zustandsänderungen verbunden. Dabei ist die Wärme, die bei solchen Prozessen übertragen wird, gleich der Änderung der spezifischen Enthalpie. Die spezifische Enthalpie der ungesättigten wie auch der gesättigten feuchten Luft h setzt sich aus der spezifischen Enthalpie der trockenen Luft h_L und aus dem Produkt aus Feuchtegrad sowie spezifischer Enthalpie des Wasserdampfes $x\,h_D$ zusammen: $h = h_L + x\,h_D$

Als Bezugspunkt für $h = 0$ kJ/kg wird $t_0 = 0\,°\mathrm{C}$ gewählt; für praktische Rechnungen ist der Unterschied zum Tripelpunkt als Bezugspunkt mit $t_{Tr} = 0{,}01\,°\mathrm{C}$ bedeutungslos (vergl. die Abschnitte 4.1.3 und 5.1.5). Die spezifische Enthalpie der trockenen Luft ist

$$h_L = c_{pL}\, t \qquad \text{mit} \qquad c_{pL} = 1{,}004 \text{ kJ/(kg K)} \,. \tag{10.11}$$

Die spezifische Enthalpie des Wasserdampfes ist (vgl. [128])

$$h_D = c_{pD}\, t + r_0 \quad \text{mit} \quad c_{pD} = 1{,}905 \text{ kJ/(kg K)} \quad \text{und} \quad r_0 = 2500{,}9 \text{ kJ/kg} \,. \tag{10.12}$$

Die spezifische Enthalpie des flüssigen Wassers ist (vgl. [128])

$$h_F = c_F\, t \qquad \text{mit} \qquad c_F = 4{,}19 \text{ kJ/(kg K)} \,. \tag{10.13}$$

Die spezifische Enthalpie des Eises ist

$$h_E = c_E\, t - r_S \quad \text{mit} \quad c_E = 2{,}05 \text{ kJ/(kg K)} \quad \text{und} \quad r_S = 333{,}0 \text{ kJ/kg} \,. \tag{10.14}$$

r_0 ist die spezifische Verdampfungswärme des Wassers und r_S die spezifische Schmelzwärme des Eises (jeweils bei $t_0 = 0\,°\mathrm{C}$).

Die spezifische Enthalpie h der feuchten Luft bezieht sich auf 1 kg trockene Luft oder, was dasselbe ist, auf $(1 + x)$ kg feuchte Luft.

Um die Enthalpie H zu erhalten, ist die spezifische Enthalpie h mit der Masse der trockenen Luft m_L zu multiplizieren: $H = h\,m_L$.

$(1 + x)$ kg ungesättigte feuchte Luft besteht aus 1 kg trockener Luft mit der spezifischen Enthalpie h_L und x kg Wasserdampf mit der spezifischen Enthalpie $x\,h_D$. Für ungesättigte feuchte Luft gilt

$$h = h_L + x\,h_D \,. \tag{10.15}$$

Für gesättigte feuchte Luft ist in Gl. (10.15) x durch x_S zu ersetzen.

$(1+x)$ kg übersättigte feuchte Luft besteht aus 1 kg trockener Luft mit der spezifischen Enthalpie h_L, x_S kg Wasserdampf mit der spezifischen Enthalpie $x_S\,h_D$ und $(x - x_S)$ kg Wasser als Nebel oder Eisnebel mit der spezifischen Enthalpie $(x - x_S)\,h_F$ oder $(x - x_S)\,h_E$. Für feuchte Luft im Nebelgebiet gilt

$$h = h_L + x_S\,h_D + (x - x_S)\,h_F \,. \tag{10.16}$$

Für feuchte Luft im Eisnebelgebiet gilt

$$h = h_L + x_S\,h_D + (x - x_S)\,h_E \,. \tag{10.17}$$

10.1.4   Spezifisches Volumen und Dichte

Das spezifische Volumen bezogen auf die Menge der feuchten Luft ist

$$v = \frac{V}{m_L + m_D} \ .$$ (10.18)

Die Dichte der feuchten Luft ist

$$\varrho = \frac{m_L + m_D}{V} \ .$$ (10.19)

Die Gln. (10.1) und (10.2) werden addiert, und mit Hilfe der Gl. (10.3) erhält man

$$p_L \, V + p_D \, V = p \, V = (m_L \, R_L + m_D \, R_D)\, T = m_L \, R_D \left(\frac{R_L}{R_D} + \frac{m_D}{m_L} \right) T$$

$$V = m_L \, (0{,}622 + x) \, \frac{R_D \, T}{p} \ .$$ (10.20)

Gl. (10.20) wird in die Gln. (10.18) und (10.19) eingesetzt. Für ungesättigte feuchte Luft erhält man

$$v = \frac{0{,}622 + x}{1 + x} \, \frac{R_D \, T}{p}$$ (10.21)

$$\varrho = \frac{1 + x}{0{,}622 + x} \, \frac{p}{R_D \, T} \ .$$ (10.22)

Im Falle der gesättigten feuchten Luft ist in den Gln. (10.21) und (10.22) x durch x_S zu ersetzen. Wenn feuchte Luft übersättigt ist, kann man in Gl. (10.20) das Volumen des flüssigen oder gefrorenen Wassers gegenüber dem Volumen des Dampfes vernachlässigen. In diesem Falle ist in Gl. (10.20) der für Sattdampf gültige Wert x_S einzusetzen. Bei der Masse der übersättigten feuchten Luft muss man neben dem dampfförmigen Anteil auch den flüssigen oder eisförmigen Anteil des Wassers berücksichtigen und mit dem tatsächlichen Feuchtegrad x rechnen. Deshalb findet man in den folgenden Gleichungen für das spezifische Volumen v und die Dichte ϱ der übersättigten feuchten Luft sowohl x_S als auch x.

$$v = \frac{0{,}622 + x_S}{1 + x} \, \frac{R_D \, T}{p} \qquad\qquad \varrho = \frac{1 + x}{0{,}622 + x_S} \, \frac{p}{R_D \, T} \ .$$ (10.23)

Feuchte Luft ist bei gleicher Temperatur und bei gleichem Druck leichter als trockene Luft.

10.2   Zustandsänderungen feuchter Luft

Zustandsänderungen der feuchten Luft treten bei der Erwärmung oder Abkühlung, bei der Befeuchtung oder Entfeuchtung und bei der Mischung von Feuchtluftmengen mit jeweils verschiedenen Zustandseigenschaften auf.

10.2.1 Temperaturänderung

Die Wärmeaufnahme bzw. die Wärmeabgabe wird als isobare Zustandsänderung betrachtet. Dann ist die Zufuhr oder die Abgabe von Wärme gleich der Änderung der Enthalpie. Bei der Erwärmung feuchter Luft bleibt der Feuchtegrad x unverändert. Bei der Abkühlung feuchter Luft auf eine Temperatur unter dem Taupunkt fällt ein Teil der Feuchtigkeit aus. Es gibt zwei Möglichkeiten:

a) Die ausgefallene Feuchtigkeit kann in Form von kleinen Tröpfchen oder Eiskristallen weiterhin Bestandteil der feuchten Luft bleiben. Die feuchte Luft ist übersättigt, der Feuchtegrad x hat sich nicht geändert. Beispiel: Wolkenbildung.

b) Die ausgefallene Feuchtigkeit kann sich je nach Zustand als Flüssigkeit oder Eis abscheiden. Der Feuchtegrad x wird kleiner, die feuchte Luft nimmt den Sättigungszustand an. Beispiel: Abkühlung feuchter Luft in einem Wärmeübertrager.

Wenn die Anfangstemperatur t_1 und die spezifische Enthalpie h_1 bekannt sind und durch die übertragene Wärme bzw. durch Befeuchtung oder Entfeuchtung die spezifische Enthalpie h_2 gegeben ist, kann es Schwierigkeiten bereiten, die Endtemperatur t_2 zu ermitteln. Liegt der Endpunkt der Zustandsänderung im ungesättigten Gebiet, folgt unmittelbar

$$t_2 = \frac{h_2 - r_0\, x_2}{c_{pL} + c_{pD}\, x_2} \ . \tag{10.24}$$

Liegt der Endpunkt der Zustandsänderung im Nebelgebiet, dann ist

$$t_2 = \frac{h_2 - r_0\, x_{S2}}{c_{pL} - (c_F - c_{pD})\, x_{S2} + c_F\, x_2} \ . \tag{10.25}$$

Da x_{S2} eine Funktion von t_2 ist, lässt sich Gl. (10.25) nur iterativ lösen. Liegt der Endpunkt der Zustandsänderung im Eisnebelgebiet, dann ist

$$t_2 = \frac{h_2 - (r_0 + r_S)\, x_{S2} + r_S\, x_2}{c_{pL} - (c_E - c_{pD})\, x_{S2} + c_E\, x_2} \ . \tag{10.26}$$

Auch Gl. (10.26) ist nur iterativ lösbar.

10.2.2 Befeuchtung und Entfeuchtung

Den Feuchtegrad (Feuchtigkeitsgehalt) x der Luft kann man durch Zugabe von flüssigem Wasser oder Wasserdampf erhöhen:

$$x_2 = x_1 + \Delta x \tag{10.27}$$

Die Reinluftmenge m_L bleibt konstant. Bei der Zugabe von flüssigem Wasser mit der Masse Δm_F ist

$$\Delta x = \frac{\Delta m_F}{m_L} \ . \tag{10.28}$$

Entsprechend ist bei der Zugabe von Wasserdampf mit der Masse Δm_D

$$\Delta x = \frac{\Delta m_D}{m_L} \ . \tag{10.29}$$

Die spezifische Enthalpie der feuchten Luft ändert sich bei der Befeuchtung:

$$h_2 = h_1 + \Delta h \qquad (10.30)$$

Bei der Zugabe von flüssigem Wasser mit der Masse Δm_F und der spezifischen Enthalpie $h_F = c_F\, t$ ist

$$\Delta h = \Delta x\, h_F = \frac{\Delta m_F}{m_L}\, c_F\, t \ . \qquad (10.31)$$

Entsprechend ist bei der Zugabe von Wasserdampf mit der Masse Δm_D und der spezifischen Enthalpie $h_D = c_{pD}\, t + r_0$ unter der Voraussetzung von Wasserdampf als idealem Gas:

$$\Delta h = \Delta x\, h_D = \frac{\Delta m_D}{m_L}\, (c_{pD}\, t + r_0) \ . \qquad (10.32)$$

Bei höheren Temperaturen und höheren Drücken muss die spezifische Enthalpie der Wasserdampftafel entnommen werden. Nachdem über Gl. (10.30) die spezifische Enthalpie h_2 bestimmt worden ist, kann man über die Gln. (10.24) bis (10.26) die Temperatur t_2 ermitteln. Die hier angegebenen Massen- und Enthalpiebilanzen beantworten noch nicht die Frage nach den sich einstellenden Endtemperaturen. Zu deren Berechnung sind die Gln. (10.27) bis (10.32) heranzuziehen. Die Beziehung zwischen Δh und Δx wird durch den „ziehenden Punkt" bestimmt (vergl. Abschnitt 10.6). Die Gln. (10.27) bis (10.32) gelten sinngemäß für die Entfeuchtung von feuchter Luft, wenn sich die Feuchtigkeit gemäß Abschnitt 10.2.1 b) abscheidet.

10.2.3   Mischung zweier Feuchtluftmengen

Bei der Mischung zweier Feuchtluftmengen stellt sich ein Zustand ein, der von den beiden Ausgangszuständen abweicht. Für die Ermittlung des Mischungszustandes gelten die Gesetze von der Erhaltung der Masse und von der Erhaltung der Energie. Aus dem Gesetz von der Erhaltung der Masse folgt für den Feuchtegrad der Mischung x_M mit $a_{12} = m_{L1}/m_{L2}$:

$$m_{L1}\, x_1 + m_{L2}\, x_2 = (m_{L1} + m_{L2})\, x_M \quad x_M = \frac{m_{L1}\, x_1 + m_{L2}\, x_2}{m_{L1} + m_{L2}} = \frac{a_{12}\, x_1 + x_2}{a_{12} + 1} \quad (10.33)$$

Aus dem Gesetz von der Erhaltung der Energie folgt bei adiabatem Mischungsvorgang für die spezifische Enthalpie der Mischung:

$$m_{L1}\, h_1 + m_{L2}\, h_2 = (m_{L1} + m_{L2})\, h_M \quad h_M = \frac{m_{L1}\, h_1 + m_{L2}\, h_2}{m_{L1} + m_{L2}} = \frac{a_{12}\, h_1 + h_2}{a_{12} + 1} \quad (10.34)$$

Die Gln. (10.33) und (10.34) ergeben

$$a_{12} = \frac{x_2 - x_M}{x_M - x_1} = \frac{h_2 - h_M}{h_M - h_1} \ . \qquad (10.35)$$

Gl. (10.35) wird nach h_M aufgelöst:

$$h_M = \frac{h_2 - h_1}{x_2 - x_1}\, x_M + \frac{h_1\, x_2 - h_2\, x_1}{x_2 - x_1} \qquad (10.36)$$

Die Temperatur t_M des Mischungszustands $(h_M,\ x_M)$ wird mit Hilfe der Gln. (10.24) bis (10.26) berechnet, wobei der Index „2" durch den Index „M" zu ersetzen ist. Ist der Mischungszustand bekannt und kennt man eine Komponente, so kann man die andere Komponente berechnen:

$$x_2 = \frac{m_{LM}\, x_M - m_{L1}\, x_1}{m_{LM} - m_{L1}} \qquad h_2 = \frac{m_{LM}\, h_M - m_{L1}\, h_1}{m_{LM} - m_{L1}} \qquad (10.37)$$

10.3 Das h,x-Diagramm von *Mollier*

Die rechnerische Behandlung der Zustandsänderungen feuchter Luft ist ohne besondere Rechenhilfsmittel mit großem Aufwand verbunden, weil viele Probleme nur iterativ zu lösen sind. Sehr vorteilhaft ist das h, x-Diagramm von *Mollier*, das auf eine sehr übersichtliche Weise graphische Lösungen erlaubt. Die spezifische Enthalpie h wird als Ordinate und der Feuchtegrad x als Abszisse aufgetragen. Die beiden wichtigsten Bereiche im h, x-Diagramm sind der Bereich der ungesättigten feuchten Luft und der Bereich der übersättigten feuchten Luft. Zwischen beiden Bereichen liegt der Grenzfall der gesättigten feuchten Luft. Er wird dargestellt durch die Sättigungskurve. Bei $0\,°C$ (genau genommen bei der Tripeltemperatur $0{,}01\,°C$) hat die Sättigungskurve einen leichten Knick. Für die Sättigungskurve gilt die Gleichung

$$h_S = c_{pL}\, t + (c_{pD}\, t + r_0)\, x_S \ . \tag{10.38}$$

h_S wird als Funktion von x_S aufgetragen. x_S ist nach Gl. (10.8) eine Funktion des Sättigungspartialdrucks p_{DS} des Wasserdampfs und des Gesamtdrucks p. Der Sättigungspartialdruck p_{DS} ist eine Funktion der Temperatur t. Somit ist die Sättigungskurve nach Gl. 10.38 bei konstantem Gesamtdruck p eine Funktion der Temperatur t. Der Grenzfall der trockenen Luft wird durch die Ordinate dargestellt. Für die Kurvenschar der Isothermen im ungesättigten Gebiet gilt

$$h = c_{pL}\, t + (c_{pD}\, t + r_0)\, x \ . \tag{10.39}$$

Die Isothermen nach Gl. (10.39) sind Geraden mit dem Anstieg

$$\left(\frac{\partial h}{\partial x}\right)_t = c_{pD}\, t + r_0 \ . \tag{10.40}$$

Die Geraden nach Gl. (10.39) verlaufen alle sehr steil. Bei höherer Temperatur nimmt der Anstieg zu. Die Kurvenschar der Isothermen im Nebelgebiet wird durch folgende Gleichung dargestellt:

$$h = c_{pL}\, t + (c_{pD}\, t + r_0)\, x_S + (x - x_S)\, c_F\, t \tag{10.41}$$

Die Isothermen nach Gl. (10.41) sind Geraden mit dem Anstieg

$$\left(\frac{\partial h}{\partial x}\right)_t = c_F\, t \ . \tag{10.42}$$

Der Anstieg der Nebelisothermen ist im Vergleich zum Anstieg der Isothermen im ungesättigten Gebiet gering. Bei $0\,°C$ verläuft die Nebelisotherme in einem rechtwinkligen h, x-Diagramm waagrecht. Bei höheren Temperaturen nimmt der Anstieg zu. Die Kurvenschar der Isothermen im Eisnebelgebiet ist

$$h = c_{pL}\, t + (c_{pD}\, t + r_0)\, x_S + (x - x_S)\,(c_E\, t - r_S) \ . \tag{10.43}$$

Die Isothermen nach Gl. (10.43) sind Geraden mit dem Anstieg

$$\left(\frac{\partial h}{\partial x}\right)_t = c_E\, t - r_S \ . \tag{10.44}$$

Der Anstieg der Eisnebelisothermen ist negativ. Bei $0\,°C$ ist der Anstieg

$$\left(\frac{\partial h}{\partial x}\right)_{t=0\,°C} = -r_S \ . \tag{10.45}$$

Bei tieferen Temperaturen fallen die Isothermen stärker ab. Im Bereich der übersättigten feuchten Luft gibt es nicht nur eine Kurve für alle Zustände mit der Temperatur von 0 °C (genauer: der Tripeltemperatur $t_{Tr} = 0{,}01$ °C): Zwischen der Nebelisothermen 0 °C und der Eisnebelisothermen 0 °C gibt es ein 0 °C-Gebiet, in dem Nebel und Eisnebel in jedem Mischungsverhältnis vorkommen.

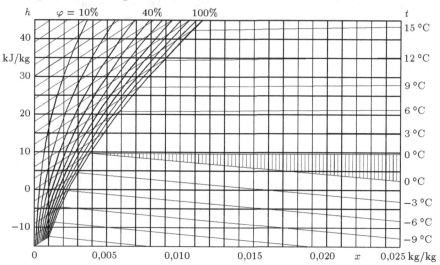

Bild 10.1 Rechtwinkliges h, x-Diagramm (dünne Linien sind Isothermen)

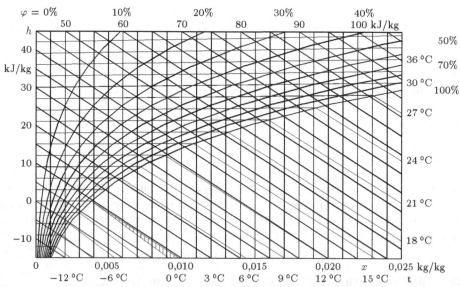

Bild 10.2 Schiefwinkliges h, x-Diagramm (dünne Linien sind Isothermen, dicke geneigte Linien sind Isenthalpen)

Das bisher beschriebene rechtwinklige h, x-Diagramm (Bild 10.1) hat den Nachteil, dass der Bereich der ungesättigten feuchten Luft sehr klein ist. Der größte Teil des Diagramms wird vom Bereich der übersättigten feuchten Luft eingenommen. Das entspricht nicht der Bedeutung der beiden Bereiche. Deshalb hat *Mollier* im Jahre 1923 ein schiefwinkliges h,x-Diagramm eingeführt, bei dem die x-Achse (Feuchtegrad-Achse) nach rechts gedreht worden ist, so dass die $0\,°$C-Isotherme im ungesättigten Gebiet waagrecht verläuft (Bild 10.2). Die Linien konstanten Feuchtegrades x verlaufen weiterhin senkrecht. Die Linien konstanter spezifischer Enthalpie h sind abfallende gerade Linien, die alle parallel zur $0\,°$C-Nebelisotherme verlaufen (vgl. [112], [17], [39]).

Zur Kennzeichnung des Luftzustandes im ungesättigten Gebiet sind die Kurven konstanter relativer Feuchte φ eingezeichnet. Für $\varphi = 1$ erhält man die Sättigungskurve.

Wenn man einen Punkt einer Kurve $\varphi = \mathrm{const}$ berechnen will, wählt man zuerst eine Temperatur t und stellt den zugehörigen Sättigungsdruck p_{DS} fest. Dann geht man mit einem Wert $p_D = \varphi\, p_{DS}$ in die Gl. (10.6) und berechnet x. Gl. (10.15) liefert h und damit einen Punkt der Kurve $\varphi = \mathrm{const}$.

Eine Kurve konstanter Dichte $\varrho = \mathrm{const}$ im Gebiet des ungesättigten Dampfes erhält man, wenn man die Gl. (10.22) nach t auflöst

$$t = \frac{1+x}{0{,}622 + x}\,\frac{p}{R_D\,\varrho} - T_0 \tag{10.46}$$

und die Temperatur t in Abhängigkeit von ϱ und x berechnet. Die Gl. (10.15) liefert die zugehörige spezifische Enthalpie.

Um die Be- und Entfeuchtungsvorgänge im schiefwinkligen h,x-Diagramm gemäß Bild 10.2 leichter verfolgen zu können, ist ein Randmaßstab $\mathrm{d}h/\mathrm{d}x$ angebracht. Er gibt die Richtung der Zustandsänderung in Beziehung auf den Nullpunkt des Koordinatensystems an. Der Nullpunkt des Koordinatensystems ($h = 0$, $x = 0$) entspricht trockener Luft mit $0\,°$C (vgl. das ausführliche h,x-Diagramm am Ende des Abschnitts 10).

Beispiel 10.1 Für $t = 20\,°$C ist der Trockenluftzustand 1 ($\varphi = 0$; $x = 0$; $h = 20{,}080$ kJ/kg), der Feuchtluftzustand 2 mit der relativen Feuchte $\varphi = 0{,}4$ ($x = 0{,}0058750$ kg/kg; $h = 34{,}991$ kJ/kg) mit dem zugehörigen Sättigungszustand 3 ($\varphi = 1{,}0$; $x_S = 0{,}014898$ kg/kg; $h_S = 57{,}894$ kJ/kg) und dem Taupunkt 4 ($t_{Tp} = 6{,}0051\,°$C; $\varphi = 1{,}0$; $x_{Tp} = 0{,}0058750$ kg/kg; $h_{Tp} = 20{,}787$ kJ/kg) ins h,x-Diagramm einzuzeichnen (Bild 10.3).

Punkt 5 ist der Nullpunkt des h,x-Diagramms.

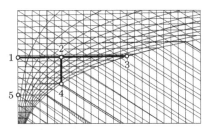

Bild 10.3 Zu Beispiel 10.1

10.3.1   Temperaturänderung

Bei einer Temperaturänderung liegen alle Zustandspunkte oberhalb des Taupunktes auf einer Senkrechten $x = \mathrm{const}$. Unterhalb des Taupunktes gilt das nur dann, wenn die kondensierte Flüssigkeit Bestandteil der feuchten Luft bleibt, wenn also der Endpunkt im Nebelgebiet oder im Eisnebelgebiet liegt. Betrachtet man den Endpunkt der Temperaturänderung, die in den übersättigten Bereich führt, als Zwischenzustand, worauf eine Abscheidung der kondensierten Flüssigkeit folgt, dann findet diese Abscheidung bei unveränderter Temperatur auf einer Nebelisotherme statt. Beim Erreichen der Sättigungskurve ist der Abscheideprozess beendet. Sinngemäß gilt dies auch für die Reifbildung (Eisnebelisotherme).

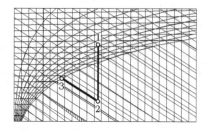

Bild 10.4 Zu Beispiel 10.2

Beispiel 10.2 Feuchte Luft mit der Temperatur 25 °C und dem Feuchtegrad $x = 0{,}0115$ kg/kg ($\varphi = 0{,}5727$; $h = 54{,}395$ kJ/kg; Punkt 1 in Bild 10.4) wird unter die Taupunkttemperatur von 15,970 °C auf 7,647 °C abgekühlt und gelangt ins Nebelgebiet ($h = 24{,}395$ kJ/kg; Punkt 2). Wenn der Zustand nicht stabil ist und sich die Flüssigkeit abscheidet, wandert der Endzustand auf einer Nebelisotherme bis zum Sättigungszustand ($x = 0{,}0065842$ kg/kg; $\varphi = 1{,}0$; $h = 24{,}237$ kJ/kg; Punkt 3).

10.3.2 Befeuchtung und Entfeuchtung

Nach den Gln. (10.31) und (10.32) ist die Richtung der Zustandsänderung $\Delta h / \Delta x$ durch die spezifische Enthalpie der zugesetzten oder entzogenen Feuchtigkeit h_F oder h_D gegeben. Die Richtung der Zustandsänderung in Beziehung auf den Nullpunkt des Koordinatensystems lässt sich aus dem Randmaßstab entnehmen. Durch Parallelverschiebung erhält man die Richtung der Zustandsänderung in Beziehung auf den jeweiligen Anfangspunkt.

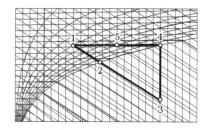

Bild 10.5 Zu Beispiel 10.3

Beispiel 10.3 Feuchte Luft mit 25 °C und der relativen Feuchte 0,4 (Zustand 1 in Bild 10.5) wird mit flüssigem Wasser von 20 °C zunächst bis zum Sättigungszustand (Zustand 2) und dann bis zum Feuchtegrad 0,02 befeuchtet (Zustand 3). Anschließend erfolgt eine Erwärmung bis zum Sättigungszustand (Zustand 4). Schließlich wird die Luft des Zustandes 4 mit feuchter Luft im Zustand 1 zum Zustand 5 gemischt, wobei die Trockenluftmassen der Mischungspartner gleich sind.

10.3.3 Mischung zweier Feuchtluftmengen

Aus Gl. (10.36) geht hervor, dass alle Mischungszustände im h, x-Diagramm auf der Verbindungsgeraden liegen, die durch die Zustände der beiden Mischungspartner gegeben ist. Setzt man in Anlehnung an die Gln. (10.27) und (10.30)

$$x_M = x_1 + \Delta x \qquad\qquad h_M = h_1 + \Delta h \; , \qquad (10.47)$$

dann erhält man

$$\Delta h = \frac{h_M - h_1}{x_M - x_1} \Delta x \; . \qquad (10.48)$$

Die Dimensionen zum einen von h_F und h_D und zum andern von $(h_M - h_1)/(x_M - x_1)$ sind gleich.

10.4 Verdunstungsmodell

10.4.1 Verdunstungskoeffizient

In einem adiabaten Verdunstungskanal (Bild 10.6) strömt ein Luftstrom $\dot{m}_L$ mit den Stoffwerten h_1, x_1, t_1 über eine offene Wasserfläche mit der Grenzflächentemperatur ϑ_0. In den tieferen Schichten des Wassers, in denen sich die Vorgänge an der Oberfläche nicht mehr unmittelbar auswirken, sei die Temperatur ϑ. In der Luft unmittelbar über der Wasseroberfläche bildet sich eine Grenzschicht, welche die Oberflächentemperatur ϑ_0 des Wassers annimmt und die mit Feuchtigkeit gesättigt ist. Der Feuchtegrad der Grenzschicht soll mit x_S bezeichnet werden. Zwischen der gesättigten Grenzschicht und dem Luftstrom stellt sich ein Diffusionsvorgang ein, bei dem der differentielle Dampfstrom $\mathrm{d}\dot{m}_D$ in den Luftstrom mit dem Feuchtegrad x diffundiert. Den Antrieb für den Diffusionsstrom verursacht die Differenz der Feuchtegrade $x_S - x$. Der differentielle Dampfstrom $\mathrm{d}\dot{m}_D$ ist proportional der differentiellen Verdunstungsfläche $\mathrm{d}A$. Als Proportionalitätsfaktor wird der Verdunstungskoeffizient σ eingeführt:

$$\mathrm{d}\dot{m}_D = \sigma\,(x_S - x)\,\mathrm{d}A \qquad (10.49)$$

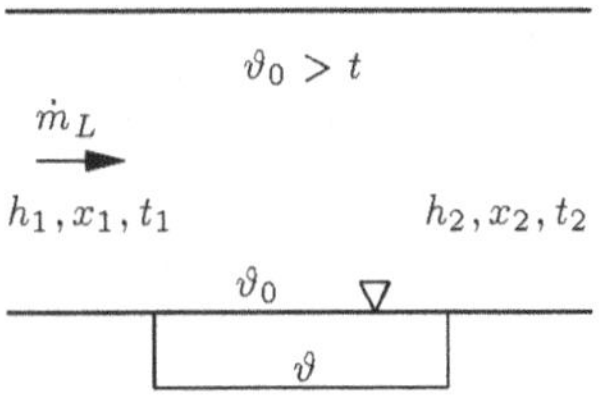

Der Verdunstungskoeffizient hat die Dimension eines auf die Flächeneinheit bezogenen Reinluftstromes (kg tr. Luft)/(m²h). Der Verdunstungskoeffizient σ stellt diejenige stündliche Reinluftmenge des feuchten Luftstroms dar, die sich auf 1 m² Verdunstungsfläche mit Wasserdampf sättigen müsste, um die verdunstete Wassermenge abführen zu können. Durch die Verdunstung über der Wasseroberfläche $\mathrm{d}A$ ändern sich die Stoffwerte der Luft:

Bild 10.6 Verdunstungskanal

$$h_2 = h_1 + \mathrm{d}h \qquad\qquad x_2 = x_1 + \mathrm{d}x \qquad\qquad t_2 = t_1 + \mathrm{d}t \qquad (10.50)$$

Aus den Gln. (10.5) und (10.49) folgt

$$\mathrm{d}\dot{m}_D = \dot{m}_L\,\mathrm{d}x = \sigma\,(x_S - x)\,\mathrm{d}A \qquad\qquad \mathrm{d}x = \frac{\sigma}{\dot{m}_L}\,(x_S - x)\,\mathrm{d}A\ . \qquad (10.51)$$

Die spezifische Enthalpieänderung $\mathrm{d}h$ ergibt sich aus zwei Energiebilanzen:

10.4.2   Energiebilanzen

Man führt eine Systemgrenze ein, die im Bereich der Grenzfläche zwischen Luft und Wasser entweder etwas über der Wasseroberfläche oder etwas unter der Wasseroberfläche verlaufen kann (Bild 10.7). Die Systemgrenze wird von Stoffströmen und Energieströmen überschritten. Zur Überführung des differentiellen Wasserstromes $\mathrm{d}\dot{m}_F$ in den differentiellen Dampfstrom $\mathrm{d}\dot{m}_D$ muss der Wasseroberfläche der differentielle Wärmestrom $\mathrm{d}\dot{Q}_V$ zur Verdunstung zugeführt werden:

$$\mathrm{d}\dot{Q}_V = \mathrm{d}\dot{m}_D\,r \qquad (10.52)$$

Dabei ist $r = h_D - h_F$ die spezifische Verdampfungswärme des Wassers. Wenn die Wasseroberfläche eine höhere Temperatur hat als der Luftstrom ($\vartheta_0 > t$), dann wird der differentielle Wärmestrom $\mathrm{d}\dot{Q}_L$ von der Wasseroberfläche an die Luft übertragen:

$$\mathrm{d}\dot{Q}_L = \alpha_L\,(\vartheta_0 - t)\,\mathrm{d}A \qquad (10.53)$$

Stellt man sich die Wasseroberfläche als Grenzfläche wie eine feste dünne Oberfläche vor, dann kann man im Falle $\vartheta_0 < \vartheta$ die Wärmeübertragung aus den tieferen Wasserschichten mit der Temperatur ϑ an die Oberfläche mit der Temperatur ϑ_0 als konvektiven Wärmeübergang betrachten:

$$\mathrm{d}\dot{Q}_W = \alpha_W\,(\vartheta - \vartheta_0)\,\mathrm{d}A \qquad (10.54)$$

Man erhält folgende Energiebilanzen:

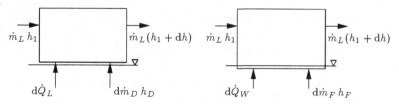

Bild 10.7 Energiebilanzen bei der Verdunstung

Für h_D und h_F gelten die Gln. (10.12) und (10.13) mit der Temperatur ϑ_0:

$$h_D = c_{pD}\,\vartheta_0 + r_0 \qquad\qquad h_F = c_F\,\vartheta_0 \qquad\qquad (10.55)$$

Die 1. Bilanz ergibt

$$\dot{m}_L\,h_1 + \mathrm{d}\dot{Q}_L + \mathrm{d}\dot{m}_D\,h_D = \dot{m}_L\,(h_1 + \mathrm{d}h) \qquad \mathrm{d}\dot{Q}_L + \mathrm{d}\dot{m}_D\,h_D = \dot{m}_L\,\mathrm{d}h \;. \quad (10.56)$$

Die 2. Bilanz ergibt

$$\dot{m}_L\,h_1 + \mathrm{d}\dot{Q}_W + \mathrm{d}\dot{m}_F\,h_F = \dot{m}_L\,(h_1 + \mathrm{d}h) \qquad \mathrm{d}\dot{Q}_W + \mathrm{d}\dot{m}_F\,h_F = \dot{m}_L\,\mathrm{d}h \;. \quad (10.57)$$

Aus den Gln. (10.56) und (10.57) wird $\dot{m}_L\,\mathrm{d}h$ eliminiert. Mit $r = h_D - h_F$ und Gl. (10.52) erhält man

$$\mathrm{d}\dot{Q}_L + \mathrm{d}\dot{Q}_V = \mathrm{d}\dot{Q}_W \;. \qquad\qquad (10.58)$$

Die spezifische Enthalpie der ungesättigten feuchten Luft nach Gl. (10.15) mit den Gln. (10.11) und (10.12) ist eine Funktion von t und x:

$$h = c_{pL}\,t + c_{pD}\,t\,x + r_0\,x \qquad\qquad (10.59)$$

h ist eine spezifische Zustandsgröße mit dem totalen Differential $\mathrm{d}h$:

$$\mathrm{d}h = \left(\frac{\partial h}{\partial t}\right)_x \mathrm{d}t + \left(\frac{\partial h}{\partial x}\right)_t \mathrm{d}x = (c_{pL} + x\,c_{pD})\,\mathrm{d}t + (c_{pD}\,t + r_0)\,\mathrm{d}x = c_p\,\mathrm{d}t + h_D\,\mathrm{d}x \quad (10.60)$$

$c_p = c_{pL} + x\,c_{pD}$ ist die spezifische Wärmekapazität der feuchten Luft bezogen auf 1 kg trockene Luft oder bezogen auf $(1 + x)$ kg feuchte Luft.

10.4.3 *Lewis*sche Beziehung

Die Verdunstung lässt sich nach Lewis [1] durch das folgende Modell beschreiben: Am Anfang der Verdunstungsfläche A wird der Luftstrom $\dot{m}_L$ in einen Anteil $z\,\dot{m}_L$ und einen Anteil $(1 - z)\,\dot{m}_L$ aufgespalten. Der Teilstrom $z\,\dot{m}_L$ erwärmt sich von der Lufteintrittstemperatur t_1 auf die Wasseroberflächentemperatur ϑ_0 und nimmt den Sättigungszustand der Grenzschicht an. Die aufgenommene Wärme ist (vgl. [75])

$$\dot{Q}_L = z\,\dot{m}_L\,c_p\,(\vartheta_0 - t_1) \;, \qquad\qquad (10.61)$$

die aufgenommene Feuchtigkeit ist

$$\dot{m}_D = z\,\dot{m}_L\,(x_S - x_1) \;. \qquad\qquad (10.62)$$

---

[1] *Gilbert Newton Lewis*, nordamerikanischer Chemiker, 1875 bis 1946, arbeitete auf verschiedenen Gebieten der Chemie, Physik und Thermodynamik.

Der gesättigte Teilstrom $z\,\dot{m}_L$ mit dem Zustand h_S, x_S, ϑ_0 mischt sich beim Weiterströmen mit dem unverändert gebliebenen Teilstrom $(1-z)\,\dot{m}_L$. Dadurch entsteht der Endzustand h_2, x_2, t_2 am Ende der Verdunstungsfläche A. Die Enthalpiebilanz der Mischung ergibt

$$(1-z)\,\dot{m}_L\,h_L + z\,\dot{m}_L\,h_S = \dot{m}_L\,h_2 \qquad h_2 = (1-z)\,h_1 + z\,h_S \qquad z = \frac{h_2 - h_1}{h_S - h_1}\,. \quad (10.63)$$

Die Feuchtebilanz der Mischung ergibt

$$(1-z)\,\dot{m}_L\,x_1 + z\,\dot{m}_L\,x_S = \dot{m}_L\,x_2 \qquad x_2 = (1-z)\,x_1 + z\,x_S \qquad z = \frac{x_2 - x_1}{x_S - x_1}\,. \quad (10.64)$$

Unter der Annahme, dass während der Erwärmung ϑ_0 und t_1 unverändert bleiben, kann man den Wärmestrom $\dot{Q}_L$ nach Gl. (10.53) auch wie folgt ausdrücken:

$$\dot{Q}_L = \alpha_L\,A\,(\vartheta_0 - t_1) \qquad\qquad\qquad (10.65)$$

Aus den Gln. (10.61) und (10.65) folgt

$$z\,\dot{m}_L\,c_p = \alpha_L\,A \qquad\qquad z = \frac{\alpha_L\,A}{\dot{m}_L\,c_p}\,. \quad (10.66)$$

Unter der Annahme, dass während der Erwärmung x_S und x_1 unverändert bleiben, kann man den Feuchtigkeitsstrom $\dot{m}_D$, den der Teilstrom $z\,\dot{m}_L$ aufnimmt, auch wie folgt ausdrücken:

$$\dot{m}_D = \sigma\,A\,(x_S - x_1) \qquad\qquad\qquad (10.67)$$

Aus den Gln. (10.62) und (10.67) folgt

$$z\,\dot{m}_L = \sigma\,A \qquad\qquad z = \frac{\sigma\,A}{\dot{m}_L}\,. \quad (10.68)$$

Aus den Gln. (10.66) und (10.68) ergibt sich die *Lewis*sche Beziehung:

$$z = \frac{\sigma\,A}{\dot{m}_L} = \frac{\alpha_L\,A}{\dot{m}_L\,c_p} \qquad\qquad \sigma = \frac{\alpha_L}{c_p} \qquad\qquad \frac{\sigma\,c_p}{\alpha_L} = 1 \qquad (10.69)$$

Gl. (10.69) ist der Ausdruck dafür, dass derselbe Teilstrom $z\,\dot{m}_L$ den Wärmestrom $\dot{Q}_L$ und den Stoffstrom $\dot{m}_D$ überträgt. Die *Lewis*sche Beziehung ist kein streng gültiges Gesetz und gilt nicht immer. Bei den Problemen der Klimatechnik kann man jedoch mit ihr rechnen.

10.5   Kühlgrenze

Bei der Betrachtung des Luftzustandes $L(t, x)$ über einer Wasseroberfläche im Verhältnis zum Zustand der verdunstenden Wassermenge kann man hinsichtlich der Wasseroberflächenzustände A bis G sieben Fälle unterscheiden (Bild 10.8 und Bild 10.9)).

Nimmt man an, dass der Zustand der Luft über der Wasseroberfläche praktisch unveränderlich ist, während die Wasseroberfläche verschiedene Temperaturen annehmen kann, dann stellt sich als stationärer Zustand der Zustand D ein. Man nennt diesen Zustand den adiabaten Beharrungszustand. Das Wasser hat in allen Schichten dieselbe Temperatur. Die Temperatur des Wassers im Zustand D ist die tiefste Temperatur, die man bei der Abkühlung des Wassers durch einen Luftstrom vom Zustand L erreichen kann. Dies ist die Kühlgrenze. An der Kühlgrenze ist $\mathrm{d}\dot{Q}_W = 0$. Nach Gl. (10.58) ist $\mathrm{d}\dot{Q}_V = -\mathrm{d}\dot{Q}_L$, und mit den Gln. (10.52) und (10.53) erhält man $\mathrm{d}\dot{m}_D\, r = \alpha_L\,(t - \vartheta_0)\,\mathrm{d}A$ sowie mit Gl. (10.67) und der *Lewis*schen Beziehung (vgl. [112], [114])

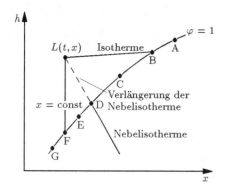

Bild 10.8 Wasseroberflächenzustände bei der Verdunstung

$$\sigma\,(x_S - x)\,\mathrm{d}A\,r = \sigma\,c_p\,(t - \vartheta_0)\,\mathrm{d}A$$

$$\frac{c_p\,(t - \vartheta_0)}{x_S - x} = r\,. \tag{10.70}$$

Gl. (10.70) lässt sich in die Gleichung

$$\frac{h_S - h}{x_S - x} = c_F\,\vartheta_0 \tag{10.71}$$

umwandeln, wie im Folgenden gezeigt wird. Mit $r = h_D - h_F = c_{pD}\,\vartheta_0 + r_0 - c_F\,\vartheta_0$ folgt aus Gl. (10.70)

$$c_p\,t - (c_{pL} + x\,c_{pD})\,\vartheta_0 = (c_{pD}\,\vartheta_0 + r_0)(x_S - x) - c_F\,\vartheta_0\,(x_S - x)$$

$$c_p\,t - c_{pL}\,\vartheta_0 - c_{pD}\,\vartheta_0\,x = c_{pD}\,\vartheta_0\,x_S + r_0\,x_S - c_{pD}\,\vartheta_0\,x - r_0\,x - c_F\,\vartheta_0\,(x_S - x)$$

$$c_p\,t + r_0\,x - (c_{pL}\,\vartheta_0 + c_{pD}\,\vartheta_0\,x_S + r_0\,x_S) = -c_F\,\vartheta_0\,(x_S - x)$$

$$h - h_S = -c_F\,\vartheta_0\,(x_S - x) \qquad\qquad \frac{h_S - h}{x_S - x} = c_F\,\vartheta_0$$

Das ist die Steigung einer Nebelisotherme. h_S und x_S beziehen sich auf die Kühlgrenze, h und x beziehen sich auf den Luftzustand. $(h_S - h)/(x_S - x)$ ist die Richtung vom Luftzustand zur Kühlgrenze. Diese Richtung ist gleich der Richtung der Nebelisotherme.

Tabelle 10.1 Wärme- und Stoffströme an der Wasseroberfläche (Bild 10.8 und Bild 10.9)

Fall				$\dot{m}_D$	$\dot{Q}_V$	$\dot{Q}_L$	$\dot{Q}_W$	Abgabe / Aufnahme	
A	$t < \vartheta_0 < \vartheta$	$x < x_S$		↑	↑	↑	↑	$\dot{Q}_W = \dot{Q}_V + \dot{Q}_L$	
B	$t = \vartheta_0 < \vartheta$	$x < x_S$		↑	↑	0	↑	$\dot{Q}_W = \dot{Q}_V$	Gleiche Temperatur
C	$t > \vartheta_0 < \vartheta$	$x < x_S$		↑	↑	↓	↑	$\dot{Q}_L + \dot{Q}_W = \dot{Q}_V$	
D	$t > \vartheta_0 = \vartheta$	$x < x_S$		↑	↑	↓	0	$\dot{Q}_L = \dot{Q}_V$	Kühlgrenze
E	$t > \vartheta_0 > \vartheta$	$x < x_S$		↑	↑	↓	↓	$\dot{Q}_L = \dot{Q}_V + \dot{Q}_W$	
F	$t > \vartheta_0 > \vartheta$	$x = x_S$		0	0	↓	↓	$\dot{Q}_L = \dot{Q}_W$	Keine Verdunstung
G	$t > \vartheta_0 > \vartheta$	$x > x_S$		↓	↓	↓	↓	$\dot{Q}_V + \dot{Q}_L = \dot{Q}_W$	Kondensation

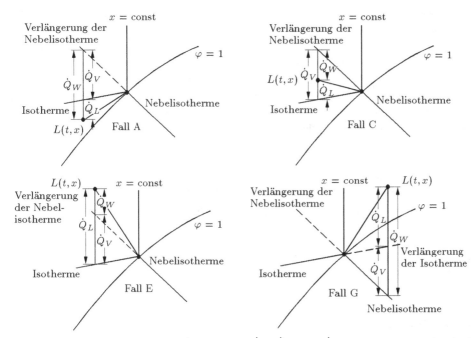

Bild 10.9 Relative Größe der Wärmeströme $\dot{Q}_L$, $\dot{Q}_W$ und $\dot{Q}_V$ an einer Wasseroberfläche in Abhängigkeit vom Luftzustand $L(t,x)$

10.6   Verdunstung und Tauniederschlag

Die Wechselwirkung zwischen Luft und Wasseroberfläche hat nicht nur bei Vorgängen in der Natur, sondern auch in technischen Anlagen (z. B. bei Wäschern in Klimaanlagen und bei Rückkühlwerken mit offenem Kühlkreislauf) Bedeutung. Diese Wechselwirkung hängt von der relativen Lage des Luftzustandes zum Zustand an der Wasseroberfläche im h,x-Diagramm ab (Bild 10.10). Liegt der Luftzustand z. B. in der Nähe der Sättigungskurve, dann findet Nebelbildung statt. Nimmt man an, dass der Zustand der Wasseroberfläche praktisch unveränderlich ist, während die Luft unter dem Einfluss der Wasseroberfläche eine Zustandsänderung erfährt, dann erhebt sich die Frage, in welcher Richtung im h,x-Diagramm die Zustandsänderung der Luft abläuft.

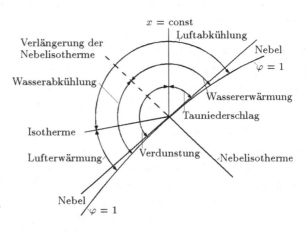

Bild 10.10 Auswirkung der Wasseroberfläche auf den Luftzustand und die Wärmeströme an der Wasseroberfläche

Nach der 1. Bilanz Gl. (10.56) ist

$$dh = h_D \frac{d\dot{m}_D}{\dot{m}_L} + \frac{d\dot{Q}_L}{\dot{m}_L} \ . \tag{10.72}$$

Aus der ersten Gl. (10.51) folgt $\dfrac{\dot{m}_D}{\dot{m}_L} = dx \ .$ (10.73)

In die Gl. (10.53) wird die umgeformte Gl. (10.51)

$$\frac{dA}{\dot{m}_L} = \frac{dx}{\sigma \, (x_S - x)} \tag{10.74}$$

eingesetzt. Mit der *Lewis*schen Beziehung Gl. (10.69) erhält man

$$\frac{d\dot{Q}_L}{\dot{m}_L} = \frac{\alpha_L}{\sigma} \frac{\vartheta_0 - t}{x_S - x} \, dx = \frac{c_p \, (\vartheta_0 - t)}{x_S - x} \, dx \ . \tag{10.75}$$

Die Gln. (10.12), (10.73) und (10.75) werden in Gl. (10.72) eingesetzt:

$$\frac{dh}{dx} = c_{pD} \, \vartheta_0 + r_0 + \frac{c_p \, (\vartheta_0 - t)}{x_S - x} \tag{10.76}$$

Die Gl. (10.76) lässt sich in

$$\frac{dh}{dx} = \frac{h_S - h}{x_S - x} \tag{10.77}$$

umformen, wie im Folgenden gezeigt wird. Gl. (10.77) sagt aus, dass sich der Luftzustand geradlinig auf den Grenzschichtzustand hin bewegt. Mit $c_p = c_{pL} + x\,c_{pD}$ ist

$$c_{pD} \, \vartheta_0 + r_0 + \frac{c_p \, (\vartheta_0 - t)}{x_S - x} =$$

$$= \frac{1}{x_S - x} \left(c_{pD} \, \vartheta_0 \, x_S - c_{pD} \, \vartheta_0 \, x + r_0 \, x_S - r_0 \, x + c_{pL} \, \vartheta_0 + c_{pD} \, \vartheta_0 \, x - c_p \, t \right) =$$

$$= \frac{1}{x_S - x} \left(c_{pL} \, \vartheta_0 + c_{pD} \, \vartheta_0 \, x_S + r_0 \, x_S - c_p \, t - r_0 \, x \right) = \frac{h_S - h}{x_S - x} \tag{10.78}$$

Der Punkt im h, x-Diagramm, der den Grenzschichtzustand (h_S, x_S, ϑ_0) markiert, auf den sich der Luftzustand hin bewegt, wird als „ziehender Punkt" bezeichnet. Die Position dieses „ziehenden Punkts" auf der Sättigungslinie ist abhängig vom Umfeld der Wärmeübertragung.

10.7 Wasserdampfdiffusion durch Wände

Die Wasserdampfdiffusion durch eine Luftschicht wird durch das *Fick*sche Gesetz beschrieben (vgl. [112]):

$$\dot{m}_{DD} = -D \, A \frac{dC}{dx} \tag{10.79}$$

D = Diffusionskoeffizient
A = Querschnittsfläche
C = Wasserdampfkonzentration $C = \varrho_D = \dfrac{p_D}{R_D \, T}$
Damit lautet das *Fick*sche Gesetz

$$\dot{m}_{DD} = -\frac{D \, A}{R_D \, T} \frac{dp_D}{dx} \ . \tag{10.80}$$

Damit der Dampf in x-Richtung diffundiert, muss $\dfrac{\mathrm{d}p_D}{\mathrm{d}x}$ negativ sein. Die Integration der Gl. (10.80) ergibt

$$\dot{m}_{DD} = \frac{D\,A}{R_D\,T}\frac{p_{D0} - p'_{D0}}{\delta} \qquad (10.81)$$

mit der Schichtdicke δ. Der Ausdruck $\dfrac{D}{R_D\,T}$ ist temperaturabhängig, wobei auch der Diffusionskoeffizient D von der Temperatur abhängt: D nimmt mit steigender Temperatur zu. Die Temperaturabhängigkeit von $\dfrac{D}{R_D\,T}$ ist aber nicht sehr stark, so dass man den Ausdruck näherungsweise als konstant betrachten kann. Fasst man $\dfrac{D\,A}{R_D\,T}$ zu einer Konstanten K zusammen

$$K = \frac{D\,A}{R_D\,T}\,, \qquad (10.82)$$

so ist der Diffusionsstrom

$$\dot{m}_{DD} = \frac{K}{\delta}(p_{D0} - p'_{D0})\,. \qquad (10.83)$$

Die Diffusion durch eine Wand ist geringer als durch eine Luftschicht. Der größere Widerstand der Wand gegen die Diffusion wird durch den Diffusionswiderstandsfaktor μ ausgedrückt. Der Diffusionsstrom durch die Wand ist

$$\dot{m}_{DD} = \frac{K}{\mu\,\delta}(p_{D0} - p'_{D0})\,. \qquad (10.84)$$

Analog zum Wärmeleitwiderstand R_L nach Gl. (9.46) lässt sich der Dampfdurchlasswiderstand S einführen:

$$S = \frac{\mu\,\delta}{K} \qquad (10.85)$$

Bei einer mehrschichtigen Wand wird aus Gl. (10.84)

$$\dot{m}_{DD} = \frac{K}{\sum \mu_i\,\delta_i}(p_{D0} - p'_{D0})\,. \qquad (10.86)$$

Im stationären Fall ist

$$\dot{m}_{DD} = \frac{K}{\sum \mu\,\delta}(p_{D0} - p'_{D0}) =$$

$$= \frac{K}{\mu_1\,\delta_1}(p_{D1} - p'_{D1}) = \frac{K}{\mu_2\,\delta_2}(p_{D2} - p'_{D2}) = \frac{K}{\mu_3\,\delta_3}(p_{D3} - p'_{D3}) = \ldots \qquad (10.87)$$

An den Berührungsflächen der Schichten ist

$$p'_{D1} = p_{D2} \qquad p'_{D2} = p_{D3} \qquad p'_{D3} = p_{D4}\ \ldots \qquad (10.88)$$

Der Diffusionsübergangswiderstand an den Berührungsflächen der Lufträume ist vernachlässigbar. Es ist

$$p_{D0} = p_{D1} \qquad p'_{Dn} = p'_{D0}\,. \qquad (10.89)$$

Die Dampfdrücke an den Berührungsflächen der Schichten ergeben sich aus Gl. (10.87)

$$p'_{D1} = p_{D1} - \frac{\mu_1\,\delta_1}{\sum \mu_i\,\delta_i}(p_{D0} - p'_{D0}) \qquad (10.90)$$

$$p'_{D2} = p_{D2} - \frac{\mu_2\,\delta_2}{\Sigma\,\mu_i\,\delta_i}(p_{D0} - p'_{D0}) \qquad (10.91)$$

$$p'_{D3} = p_{D3} - \frac{\mu_3\,\delta_3}{\Sigma\,\mu_i\,\delta_i}(p_{D0} - p'_{D0})\;. \qquad (10.92)$$

Der auf diese Weise berechnete Partialdruckverlauf gilt nur für den Fall, dass keine Kondensation in der Wand auftritt. Zur Untersuchung, ob Kondensation auftritt, wird der Verlauf des Sättigungspartialdrucks p_{DS} ermittelt. Dazu benötigt man den Temperaturverlauf in der Wand:

$$\vartheta_0 = t - \frac{\dot{Q}}{\alpha\,A} = \vartheta_1 \qquad (10.93)$$

$$\vartheta'_1 = \vartheta_1 - \frac{\delta_1\,\dot{Q}}{\lambda_1\,A} = \vartheta_2 \qquad (10.94)$$

$$\vartheta'_2 = \vartheta_2 - \frac{\delta_2\,\dot{Q}}{\lambda_2\,A} = \vartheta_3 \qquad (10.95)$$

Der Partialdruck des Wasserdampfes kann nicht höher als der Sättigungsdruck sein. Aus Gl. (10.87) folgt:

$$\frac{\dot{m}_{DD}}{K} = \frac{p_{D0} - p'_{D0}}{\Sigma\,\mu_i\,\delta_i} = \frac{p_{D1} - p'_{D1}}{\mu_1\,\delta_1} = \frac{p_{D2} - p'_{D2}}{\mu_2\,\delta_2} = \frac{p_{D3} - p'_{D3}}{\mu_3\,\delta_3} = \ldots \qquad (10.96)$$

Nach Gl. (10.96) erhält man eine gerade Linie, wenn man den Wasserdampfpartialdruck über den Produkten $\mu_i\,\delta_i$ aufträgt und keine Kondensation in der Wand auftritt.

Um Kondensation zu vermeiden, verwendet man Sperrschichten. Eine Sperrschicht ist eine in der Regel sehr dünne Schicht, die einen sehr hohen Diffusionswiderstandsfaktor hat. Der Wärmeleitwiderstand ist unbedeutend.

Regeln zur Vermeidung von Kondensation:

Der Wärmeleitwiderstand R_L soll außen groß und innen klein sein. Der Dampfdurchlasswiderstand S soll innen groß und außen klein sein. (Innen bedeutet warm, außen bedeutet kalt: $\rightarrow$ Wohnhäuser).

Das Produkt $\mu\,\lambda$ soll von der warmen zur kalten Seite hin kleiner werden.

Eine Sperrschicht ist auf der Seite des höheren Wasserdampfpartialdrucks anzubringen.

Beispiel 10.4 Eine Hauswand besteht aus 5 Schichten mit den folgenden Daten:

Nr.	1	2	3	4	5
Material	Innenputz	Folie	Kork	Mauerwerk	Außenputz
Wärmeleitfähigkeit λ in W/(m K)	0,814	0,174	0,047	0,79	0,814
Diffusionswiderstandsfaktor μ	10	6000	7	10	10
Schichtdicke δ in m	0,02	0,001	0,04	0,24	0,02

Links ist ein Raum mit der Temperatur 22 °C und der relativen Feuchte 80%, rechts ist Außenluft mit der Temperatur 0 °C und der relativen Feuchte 90%. Die Wärmeübergangskoeffizienten auf der Innen- und auf der Außenseite sind 8 W/(m² K) und 23 W/(m² K). Es soll untersucht werden, ob der Wasserdampfdiffusionsstrom durch die Wand in der Wand kondensiert.

Erste Rechnung:

Spalte 1: Nummer der Trennfläche
Spalte 2: x-Koordinate in m
Spalte 3: Temperatur in °C
Spalte 4: Dampfdruck p_D in mbar
Spalte 5: Sättigungsdruck p_{DS} in mbar

Zweite Rechnung:

Spalte 1: Nummer der Trennfläche
Spalte 2: x-Koordinate in m
Spalte 3: Temperatur in °C
Spalte 4: Dampfdruck p_D in mbar
Spalte 5: Sättigungsdruck p_{DS} in mbar

1	2	3	4	5			1	2	3	4	5
		22,000	21,162	26,452					22,000	21,162	26,452
0	0,000	20,005	21,162	23,399			0	0,000	20,013	21,162	23,411
1	0,020	19,612	20,817	22,837			1	0,001	19,922	14,930	23,279
2	0,021	19,521	10,468	22,707			2	0,021	19,531	14,723	22,721
3	0,061	5,936	9,985	9,312	!		3	0,022	19,440	8,491	22,592
4	0,301	1,086	5,845	6,612			4	0,062	5,911	8,201	9,296
5	0,321	0,694	5,500	6,427			5	0,302	1,082	5,708	6,610
		0,000	5,500	6,112			6	0,322	0,691	5,500	6,426
									0,000	5,500	6,112

Die erste Rechnung zeigt bei $x = 0,061$ m (gekennzeichnet durch ein Ausrufezeichen !) einen höheren Wasserdampfpartialdruck p_D als den Sättigungsdruck p_{DS} (Bild 10.11). An dieser Stelle tritt Kondensation des Wasserdampfes auf. Um dies zu verhindern, wird auf der linken Seite der Wand — auf der Raumseite — eine weitere Folie desselben Typs wie die Folie Nr. 2 als Sperrschicht angebracht. Die zweite Rechnung zeigt (Bild 11.12), dass diese Maßnahme erfolgreich ist.

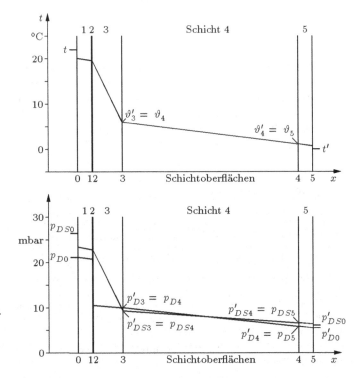

Bild 10.11 Wasserdampf-diffusion durch eine fünf-schichtige Wand

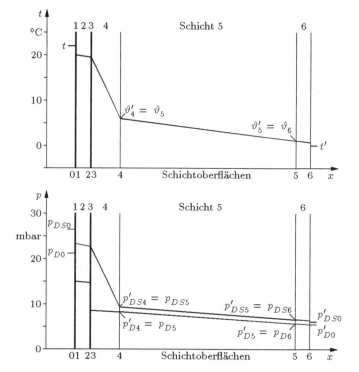

Bild 10.12 Wasserdampf-diffusion durch eine sechs-schichtige Wand

Die Bilder 10.11 und 10.12 enthalten jeweils zwei Diagramme. Das obere Diagramm zeigt den Temperaturverlauf in einer mehrschichtigen Wand (Innenputz, Folie, Kork, Mauerwerk, Außenputz). Das untere Diagramm zeigt den von der Temperatur abhängigen Sättigungs-druck des Wasserdampfes und den Verlauf des Partialdrucks des Wasserdampfes, der von den Dampfdrücken in der Raumluft links von der Wand und in der Außenluft rechts von der Wand abhängt. Das Bild 10.11 zeigt an der Grenze zwischen den Schichten 3 und 4 eine Konden-sationszone. Abhilfe schafft eine Sperrschicht auf der Innenseite der Wand, wodurch aus der fünfschichtigen Wand eine sechsschichtige Wand wird (Bild 10.12). Überall in der Wand ist jetzt der Druck des Sattdampfes höher als der Partialdruck des Wasserdampfes.

Aufgaben zu Abschnitt 10

1. Gesättigte feuchte Luft mit $27\,°C$ wird mit trockener Luft gemischt. Bei einem Barometer-stand von 1020 mbar entstehen 3200 m^3 gesättigte feuchte Luft mit $12\,°C$.

a) Welche Masse und welche Reinluftmasse hat die Mischung?

b) Welche Masse und welche Temperatur hat die trockene Luft?

2. Bei einem Barometerstand von 925 mbar sollen 2200 m^3 feuchte Luft mit einer Temperatur von $28\,°C$ und einer relativen Feuchte von $20\,\%$ nach einem Luftbehandlungsprozess eine Temperatur von $32\,°C$ und eine relative Feuchte von $33\,\%$ haben. Die Luftbehandlung erfolgt in zwei Stufen. Zuerst wird die Luft mit flüssigem Wasser von $18\,°C$ befeuchtet, anschließend wird sie erwärmt.

a) Wie groß ist die Reinluftmasse der feuchten Luft?

b) Welche Wassermenge benötigt man insgesamt für die Befeuchtung?

c) Welche Temperatur und welche relative Feuchte hat die Luft nach der Befeuchtung?

d) Welche spezifische Enthalpie müsste Wasserdampf haben, damit man bei einer Befeuchtung mit Wasserdampf den gewünschten Endzustand direkt erreichen würde?

3. Auf dem Jungfraujoch in einer Höhe von 3454 m misst man bei einem Luftdruck von 653 mbar eine Temperatur von 6 °C. Der Taupunkt liegt bei −1 °C. Wie groß sind Feuchtegrad und relative Feuchte der Luft?

4. Beim Druck 1 bar und der Temperatur 20 °C wird feuchte Luft, die 6 g Wasser je kg trockener Luft enthält, isotherm verdichtet.

a) Bei welchem Verhältnis des Endvolumens zum Anfangsvolumen wird der Sättigungszustand erreicht?

b) Wieviel Wasser pro kg trockener Luft kondensiert bei einer isothermen Verdichtung auf 5 bar?

c) Welche Temperatur müsste feuchte Luft bei einem Druck von 5 bar, einem Feuchtegehalt von 6 g/kg und einer relativen Feuchte von 85 % haben?

5. Bei einem Barometerstand von 800 mbar trifft ungesättigte feuchte Luft, zu der eine Taupunkttemperatur von 5 °C gehört, auf eine Wasseroberfläche und kühlt diese allmählich auf eine Kühlgrenztemperatur von 14 °C ab.

a) Welche Temperatur hat die ungesättigte feuchte Luft?

b) Welche Temperatur müsste trockene Luft haben, wenn Barometerstand und Kühlgrenztemperatur unverändert bleiben?

c) Was ergeben die Fragen a) und b) bei einem Barometerstand von 1013 mbar?

6. Neblige Luft wird durch Zufuhr von Wärme in gesättigte feuchte Luft umgewandelt. Durch weitere Zufuhr derselben Wärmemenge erhält man ungesättigte feuchte Luft mit 28,6 °C und einer relativen Feuchte von 34 %. Alle Zustandsänderungen verlaufen isobar bei einem Gesamtdruck von 945 mbar.

a) Welchen Feuchtegrad hat die Luft?

b) Welche Temperatur hat der Nebel im Zwischenzustand der Sättigung?

c) Welche Temperatur hat die neblige Luft?

d) Welche Wärme ist insgesamt zuzuführen, wenn die feuchte Luft im Endzustand 16,2 m³ einnimmt?

7. Bei einer Außentemperatur von −5 °C und 100 % relativer Feuchte soll in einer fensterlosen Halle ein Luftzustand 27 °C und 60 % relative Feuchte herrschen. Die zweischichtige Wand der Halle besteht aus einer äußeren Betonschicht (Dicke 20 cm; Wärmeleitfähigkeit 1,5 W/(m K); Diffusionswiderstandsfaktor 34) und einer inneren Schaumstoffschicht (Dicke 2,5 cm; Wärmeleitfähigkeit 0,041 W/(m K); Diffusionswiderstandsfaktor 40). Die Wärmeübergangskoeffizienten sind innen 8 W/(m² K) und außen 23 W/(m² K).

a) Wie hoch sind die Wandtemperaturen an den Oberflächen der Schichten?

b) Wie groß muss das Produkt aus Diffusionswiderstandsfaktor und Dicke der Sperrschicht mindestens sein, damit Kondensation in der Wand vermieden wird?

c) Wie ändern sich alle Ergebnisse, wenn als Außenluftzustand −15 °C und 100 % relative Feuchte angenommen wird?

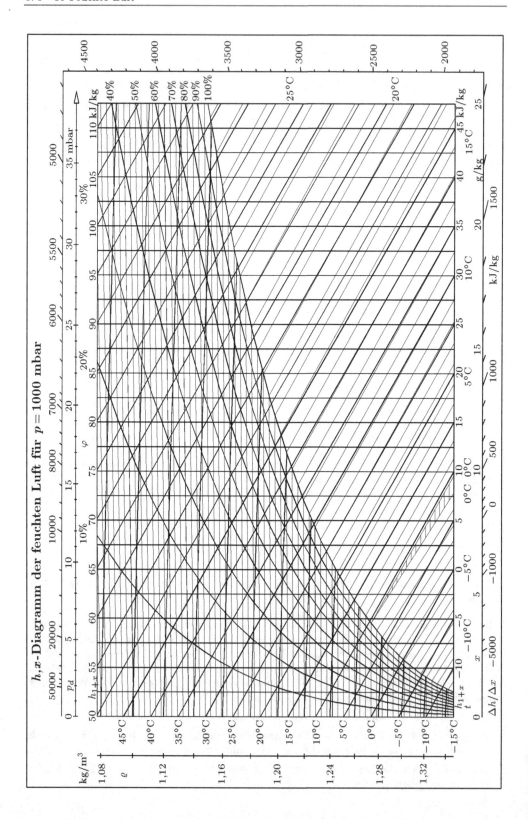

h, x-Diagramm der feuchten Luft für $p = 1000$ mbar

11 Verbrennung

Wärme wird überwiegend durch die Verbrennung von fossilen Energieträgern wie Steinkohle, Braunkohle, Mineralölprodukten und Erdgas erzeugt; daneben haben für wärmetechnische Prozesse auch die Kernspaltung sowie ergänzend die Nutzung von – aus erneuerbaren Energien gewonnenen – flüssigen und gasförmigen Energieträgern, von Biomasse und von Solarenergie Bedeutung. In diesem Abschnitt steht die Berechnung von Verbrennungsvorgängen von fossilen Energieträgern, von – aus erneuerbaren Energien gewonnenen – flüssigen und gasförmigen Energieträgern und von Biomasse im Mittelpunkt.

Brennstoffe können aus Stoffen mit unterschiedlichen Bestandteilen und mit unterschiedlichen chemischen Verbindungen zusammengesetzt sein; häufig bestehen solche Verbindungen aus Kohlenstoff C, Wasserstoff H und Sauerstoff O.

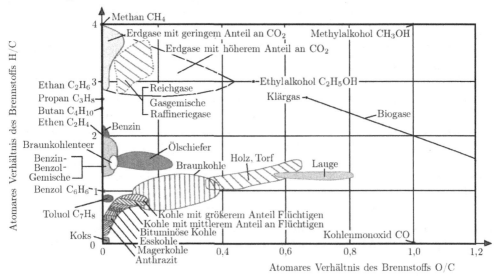

Bild 11.1 Auf Kohlenstoff bezogene, atomare Wasserstoff- und Sauerstoffgehalte verschiedener Brennstoffe

In Bild 11.1 (z. B. [72]), sind verschiedene trockene Brennstoffe entsprechend ihrem molaren Verhältnis H/C (Ordinate) und ihrem molaren Verhältnis O/C (Abszisse) wiedergegeben:

• Gasförmige Brennstoffe: Methan CH_4, Kohlenmonoxid CO, Erdgase mit geringem CO_2-Anteil, Erdgase mit höherem CO_2-Anteil, Reichgase, Gasgemische, Raffineriegase, Ethan C_2H_6, Ethen C_2H_4, Propan C_3H_8, Butan C_4H_{10}. Wasserstoff H_2 ist gleichfalls als Energieträger von Interesse. (H_2 kann nicht in Bild 11.1 dargestellt werden.)

• Flüssige Brennstoffe: Benzin, Benzin-Benzol-Gemische, Benzol C_6H_6, Toluen C_7H_8, Methylalkohol CH_3OH, Ethylalkohol C_2H_5OH, Laugen

• Festbrennstoffe: Ölschiefer, Braunkohlenteer, Braunkohle, Holz, Torf, Koks, Steinkohle (Anthrazit, Magerkohle, Esskohle, bituminöse Kohle, Kohle mit mittlerem und Kohle mit größerem Anteil an Flüchtigen)

Brennstoffe werden in einem Reaktionsraum (z. B. dem Feuerungsraum eines Heizkessels, der Brennkammer einer Gasturbine, dem Zylinder eines Verbrennungsmotors u. ä.)

© Springer Fachmedien Wiesbaden GmbH, ein Teil von Springer Nature 2023
M. Dehli et al., *Grundlagen der Technischen Thermodynamik*,
https://doi.org/10.1007/978-3-658-41251-7_11

verbrannt (vgl. Bild 11.2). Die ablaufenden chemischen Reaktionen stellen Oxidationen des Brennstoffs bzw. Brennstoffgemischs dar, wobei der erforderliche Sauerstoff in der Regel der zugeführten Luft entnommen wird. Je nach Brennstoff und zugeführter Luftmenge entstehen Verbrennungsprodukte unterschiedlicher Zusammensetzung; daneben können auch unverbrannte bzw. nur teilweise verbrannte Stoffe auftreten. Diese lassen sich mit den Bezeichnungen Verbrennungsgas (Abgas, Rauchgas), Ruß und Asche bzw. Schlacke erfassen.   Um den Verbrennungsvorgang rechnerisch wiedergeben zu können, sind eine Mengenbilanz und eine Energiebilanz erforderlich.

Bild 11.2 Verbrennungsvorgang

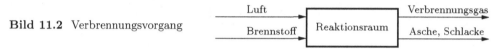

11.1   Brennstoffe

Man unterscheidet in der Wärme- bzw. Energietechnik feste, flüssige und gasförmige Brennstoffe. Zur Beschreibung von Verbrennungsvorgängen bietet es sich an, die jeweiligen Zustandsgrößen auf die Mengen der eingesetzten Brennstoffe zu beziehen. Als Mengengröße dient bei festen und flüssigen Brennstoffen in der Regel die Masse m in kg. Bei gasförmigen Brennstoffen hat sich als weitere Mengengröße das Normvolumen V_0 (Abschnitt 4.1.3) bewährt. Zur Unterscheidung von Volumina bei beliebigen Zuständen (angegeben in m^3) werden im Folgenden Normvolumina V_0 in der — in der Praxis oft verwendeten — Einheit Nm^3 angegeben. Weiter ist z. B. zur Erfassung von Verbrennungsreaktionen auch die Mengengröße Stoffmenge (Molmenge, molare Menge, Substanzmenge) n in kmol nützlich (Abschnitt 4.1.6, Abschnitt 12).

11.1.1   Gasförmige Brennstoffe

Gasförmige Brennstoffe (Brenngase) können technisch reine Stoffe oder — häufiger — Gemische aus brennbaren, kohlenstoff- und wasserstoffhaltigen Bestandteilen sowie unbrennbaren (inerten) Bestandteilen sein. Brennbare Bestandteile sind z. B. Wasserstoff (H_2), Kohlenmonoxid (CO), als einfachster Kohlenwasserstoff Methan (CH_4) sowie höhere Kohlenwasserstoffe (C_nH_m) in unterschiedlicher Zusammensetzung (angegeben als $\Sigma\, C_nH_m$), unbrennbare Bestandteile wie z. B. Kohlendioxid (CO_2) und Stickstoff (N_2, meist mit unbrennbaren Edelgasen wie z. B. Argon zusammengerechnet) sowie Sauerstoff (O_2) (vgl. z. B. [9], [74], [91]). Beispiele für die Zusammensetzung sowie Stoffwerte von Erdgas sind in Tabelle 11.1 enthalten.

Tabelle 11.1 Zusammensetzung und Stoffwerte von Erdgas L und Erdgas H [107]

	r_{CH_4}	$r_{C_2H_6}$	$r_{C_3H_8}$	$r_{C_4H_{10}}$	r_{N_2}	r_{CO_2}	ϱ_0	M	R	c_p	$H_{s,0}$	$H_{i,0}$	c_{Zu}	c_{Zo}
	Vol.-%	Vol.-%	Vol.-%	Vol.-%	Vol.-%	Vol.-%	kg/ Nm^3	kg/ kmol	kJ/ (kg K)	kJ/ (kg K)	MJ/ Nm^3	MJ/ Nm^3	Vol.-%	Vol.-%
Erdgas L[1]	83,8	3,6	0,8	0,4	9,8	1,6	0,83	18,6	0,448	1,91	37,26	33,66	4,7	16,3
Erdgas H[2]	87,6	7,2	1,3	0,6	2,3	1,0	0,82	18,2	0,456	2,02	41,98	37,94	4,2	16,2
Erdgas H[3]	98,2	0,6	0,2	0,1	0,8	0,1	0,73	16,4	0,509	2,15	39,85	35,93	4,4	16,5

[1] Niederlande   [2] Mischgas H   [3] Sibirien

Zur Verbrennung der brennbaren Bestandteile wird Sauerstoff benötigt. Die Verbrennungsgleichungen für die vollständige Verbrennung dieser Bestandteile lauten:

$$H_2 + 0{,}5\,O_2 \rightleftharpoons H_2O \tag{11.1}$$

$$CO + 0{,}5\,O_2 \rightleftharpoons CO_2 \tag{11.2}$$

$$CH_4 + 2\,O_2 \rightleftharpoons CO_2 + 2\,H_2O \tag{11.3}$$

$$C_nH_m + \left(n + \frac{m}{4}\right)O_2 \rightleftharpoons n\,CO_2 + \frac{m}{2}\,H_2O \tag{11.4}$$

Die Verbrennungsgleichungen geben das Verhältnis der bei der chemischen Reaktion miteinander reagierenden Moleküle und damit das Verhältnis der Molmengen sowie auch — unter der Voraussetzung des Vorliegens idealer Gase — das Verhältnis der Normvolumina an (vgl. Abschnitt 4.1.6). Da die Verhältniszahlen in Raumanteilen der Einzelgase in einer Mischung von idealen Gasen zugleich auch die Verhältniszahlen der Normvolumina sind (Abschnitt 4.5.3), lässt sich der Mindestsauerstoffbedarf je Nm^3 Brenngas (normvolumenbezogener Mindestsauerstoffbedarf) ermitteln. Hat das Brenngas in Raumanteilen $r_i = r_i^B$ die Zusammensetzung

$$r_{H_2} + r_{CO} + r_{CH_4} + \Sigma\,r_{C_nH_m} + r_{O_2} + r_{CO_2} + r_{N_2} = 1 \;, \tag{11.5}$$

so beträgt der Mindestsauerstoffbedarf (genauer: normvolumenbezogener Mindestsauerstoffbedarf) o_{min}, gemessen in Nm^3 Sauerstoff je Nm^3 Brenngas,

$$o_{min} = \frac{V_{0\,O\,min}}{V_{0\,B}} = 0{,}5\,r_{H_2} + 0{,}5\,r_{CO} + 2\,r_{CH_4} + \Sigma\left(n + \frac{m}{4}\right)r_{C_nH_m} - r_{O_2} \;. \tag{11.6}$$

Der Raumanteil des Sauerstoffs in der Luft beträgt $r_{O_2} = 0{,}21$, der des Stickstoffs vereinfacht $r_{N_2} = 0{,}79$, der Mindestluftbedarf (normvolumenbezogener Mindestluftbedarf) l_{min} in Nm^3 Luft je Nm^3 Brenngas demnach

$$l_{min} = \frac{V_{0\,L\,min}}{V_{0\,B}} = \frac{1}{0{,}21}\,o_{min} = 4{,}76\,o_{min} \tag{11.7}$$

und, in Verbindung mit Gl. (11.6),

$$l_{min} = 4{,}76\,[0{,}5\,(r_{H_2} + r_{CO}) + 2\,r_{CH_4} + \Sigma\left(n + \frac{m}{4}\right)r_{C_nH_m} - r_{O_2}] \;. \tag{11.8}$$

Die Verbrennung führt niemals zu einer vollständigen Umwandlung der Ausgangsstoffe. Wie die chemische Thermodynamik zeigt, stellt sich ein Gleichgewicht zwischen den Ausgangsstoffen und den Endprodukten ein. Um dieses Gleichgewicht nach der Seite der Endprodukte zu verschieben, und um bei der Durchmischung von Brenngas und Luft mehr als die Mindestmenge an erforderlichem Sauerstoff bereitzustellen, erhöht man den Sauerstoffanteil über den Mindestbedarf hinaus.

Das Verhältnis der je Nm^3 Brenngas zugeführten Luftmenge l zum normvolumenbezogenen Mindestluftbedarf l_{min} wird als Luftverhältnis λ bezeichnet:

$$\lambda = \frac{l}{l_{min}} \tag{11.9}$$

Man bezeichnet eine Verbrennung als vollkommen, wenn der Anteil der brennbaren Stoffe nach der Verbrennung vernachlässigbar klein ist. Die entstandenen Verbrennungsgase (Abgase, Rauchgase) enthalten nur noch die Bestandteile Wasser (H_2O), Kohlendioxid (CO_2), Sauerstoff (O_2) und Stickstoff (N_2). Es entstehen folgende Gasmengen in Nm^3 Gas je Nm^3 Brenngas, wenn vereinfachend von trockenem Brenngas und trockener Luft ausgegangen wird:

$$v_{0\,H_2O} = \frac{V_{0\,H_2O}}{V_{0\,B}} = r_{H_2} + 2\,r_{CH_4} + \Sigma\frac{m}{2}\,r_{C_nH_m} \tag{11.10}$$

$$v_{0\,CO_2} = \frac{V_{0\,CO_2}}{V_{0\,B}} = r_{CO} + r_{CH_4} + \Sigma\, n\, r_{C_nH_m} + r_{CO_2} \tag{11.11}$$

$$v_{0\,O_2} = \frac{V_{0\,O_2}}{V_{0\,B}} = r_{O_2} + 0{,}21\, l - 0{,}5\,(r_{H_2} + r_{CO}) - 2\, r_{CH_4} - \Sigma\,\left(n + \frac{m}{4}\right) r_{C_nH_m}$$
$$= 0{,}21\,(\lambda - 1)\, l_{min} \tag{11.12}$$

$$v_{0\,N_2} = \frac{V_{0\,N_2}}{V_{0\,B}} = r_{N_2} + 0{,}79\,\lambda\, l_{min} \tag{11.13}$$

Als normvolumenbezogene feuchte Verbrennungsgasmenge (Abgasmenge) in Nm³ Verbrennungsgas je Nm³ Brenngas ergibt sich bei der vollständigen Verbrennung somit:

$$v_{0\,A\,f} = \left(\frac{V_{0\,A}}{V_{0\,B}}\right)_f = \frac{V_{0\,H_2O}}{V_{0\,B}} + \frac{V_{0\,CO_2}}{V_{0\,B}} + \frac{V_{0\,O_2}}{V_{0\,B}} + \frac{V_{0\,N_2}}{V_{0\,B}} = v_{0\,H_2O} + v_{0\,CO_2} + v_{0\,O_2} + v_{0\,N_2}$$
$$\tag{11.14}$$

Bei der experimentellen Bestimmung der Zusammensetzung des Verbrennungsgases wird das Verbrennungsgas in der Regel auf Umgebungstemperatur abgekühlt und der darin enthaltene Wasserdampf fast vollständig verflüssigt; es wird also das trockene Verbrennungsgas untersucht. In diesem Zusammenhang ist die Kenntnis der normvolumenbezogenen trockenen Verbrennungsgasmenge (Abgasmenge) $v_{0\,A\,t}$ in Nm³ Verbrennungsgas je Nm³ Brenngas von Interesse. Hierfür ergibt sich bei vollständiger Verbrennung:

$$v_{0\,A\,t} = \left(\frac{V_{0\,A}}{V_{0\,B}}\right)_t = \left(\frac{V_{0\,A}}{V_{0\,B}}\right)_f - \frac{V_{0\,H_2O}}{V_{0\,B}} = \frac{V_{0\,CO_2}}{V_{0\,B}} + \frac{V_{0\,O_2}}{V_{0\,B}} + \frac{V_{0\,N_2}}{V_{0\,B}}$$
$$= v_{0\,A\,f} - v_{0\,H_2O} = v_{0\,CO_2} + v_{0\,O_2} + v_{0\,N_2} \tag{11.15}$$

Wird in den Gln. (11.12) und (11.13) von $\lambda = 1$ ausgegangen, also mit dem Mindestluftbedarf $l = l_{min}$ gerechnet, so erhält man mit den Gln. (11.14) und (11.15) die normvolumenbezogene feuchte Mindestverbrennungsgasmenge (Mindestabgasmenge) $v_{0\,Amin\,f}$ bzw. die normvolumenbezogene trockene Mindestverbrennungsgasmenge (Mindestabgasmenge) $v_{0\,Amin\,t}$.

Bei gasförmigen Brennstoffen kann Bild 11.3 zur näherungsweisen Bestimmung des normvolumenbezogenen Mindestluftbedarfs l_{min}, der normvolumenbezogenen feuchten Mindestabgasmenge $v_{0\,Amin\,f}$ und der normvolumenbezogenen feuchten Abgasmenge $v_{0\,A\,f}$ in Abhängigkeit vom Luftverhältnis λ verwendet werden; auf der Abszisse ist hierbei der normvolumenbezogene Heizwert $H_{i,0}$ in MJ/Nm³ bzw. in kWh/Nm³ aufgetragen (vgl. hierzu Abschnitt 11.3).

Bei der Verbrennung gasförmiger Brennstoffe kann eine Volumenänderung eintreten. Die Volumenänderung lässt sich aus der jeweiligen Verbrennungsgleichung ablesen. Wird beispielsweise die Verbrennung von H_2 gemäß Gl. (11.1) betrachtet, so ergibt sich aus

$$H_2 + 0{,}5\,O_2 \rightleftharpoons H_2O$$
$$1\,Nm^3 + 0{,}5\,Nm^3 \rightleftharpoons 1\,Nm^3$$

eine Volumenverminderung von 1,5 auf 1 Raumeinheit. Nach den Gln. (11.1) bis (11.4) tritt eine Volumenänderung bei der Verbrennung von H_2, CO und im Allgemeinen auch bei $\Sigma\, C_nH_m$ auf. Wird dem Reaktionsraum das Gesamtvolumen V aus Luft und Brenngas beim Zustand (p,t)

$$V = V_B\,(1 + l) \tag{11.16}$$

zugeführt, wobei V_B das Brenngasvolumen beim Zustand (p, t) ist, so wird daraus das feuchte Verbrennungsgasvolumen V_{Af} (gleicher Zustand (p, t) hypothetisch vorausgesetzt)

$$V_{Af} = V_B \left[1 + l - 0{,}5 \left(r_{CO} + r_{H_2} \right) + \Sigma \left(\frac{m}{4} - 1 \right) r_{C_n H_m} \right] . \tag{11.17}$$

Auf das Normvolumen bezogen ergibt sich sinngemäß

$$v_{0Af} = \left(\frac{V_{0A}}{V_{0B}} \right)_f = 1 + l - 0{,}5 \left(r_{CO} + r_{H_2} \right) + \Sigma \left(\frac{m}{4} - 1 \right) r_{C_n H_m} \tag{11.18}$$

(normvolumenbezogene feuchte Verbrennungsgasmenge, vollständige Verbrennung).

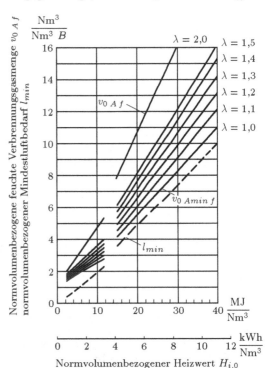

Bild 11.3 Gasförmige Brennstoffe: Normvolumenbezogener Mindestluftbedarf und normvolumenbezogene feuchte Abgasmenge

Beispiel 11.1 In einem Brenner wird Ethin (Acetylen) als Brenngas mit Luft bei einem Luftverhältnis $\lambda = 1{,}02$ vollständig verbrannt. Ethin und Luft sind als ideale Gase zu behandeln. Mit einem Gaszähler werden 5,3 m³/h Ethin bei der Temperatur $t_B = 15\,°C$ und dem Überdruck $p_e = 11{,}8$ mbar beim Luftdruck $p_{amb} = 0{,}963$ bar gemessen. Wieviel Luft mit der Temperatur $t_L = 20\,°C$ und dem Druck $p_L = 0{,}963$ bar ist für die Verbrennung erforderlich? Wieviel Verbrennungsgas mit der Temperatur $t_A = 360\,°C$ und dem Druck $p_A = 0{,}963$ bar entsteht, und wie ist es zusammengesetzt?

Für die vollständige Verbrennung von Ethin gilt:

$$C_2H_2 + 2{,}5\,O_2 \rightleftharpoons 2\,CO_2 + H_2O$$

$$1\,Nm^3\ C_2H_2 + 2{,}5\,Nm^3\ O_2 \rightleftharpoons Nm^3\ CO_2 + 1\,Nm^3\ H_2O$$

Der normvolumenbezogene Mindestsauerstoffbedarf ist gemäß Gl. (11.6) mit $r_{C_nH_m} = r_{C_2H_2} = 1$

$$o_{min} = \left(n + \frac{m}{4} \right) r_{C_n H_m} = 2{,}5\ \frac{Nm^3\ O_2}{Nm^3\ C_2H_2}$$

und der normvolumenbezogene Mindestluftbedarf nach Gl. (11.7)

$$l_{min} = \frac{2,5}{0,21} \frac{\text{Nm}^3 \, \text{Luft}}{\text{Nm}^3 \, \text{C}_2\text{H}_2} = 11,90 \frac{\text{Nm}^3 \, \text{Luft}}{\text{Nm}^3 \, \text{C}_2\text{H}_2} \, .$$

Beim Luftverhältnis $\lambda = 1,02$ werden nach Gl. (11.9)

$$l = \lambda \, l_{min} = \frac{1,02 \cdot 2,5}{0,21} \frac{\text{Nm}^3 \, \text{Luft}}{\text{Nm}^3 \, \text{C}_2\text{H}_2} = 12,14 \frac{\text{Nm}^3 \, \text{Luft}}{\text{Nm}^3 \, \text{C}_2\text{H}_2}$$

zugeführt. Bei der Verbrennung ergeben sich nach den Gln. (11.10) bis (11.13):

$$v_{0\,\text{H}_2\text{O}} = \frac{V_{0\,\text{H}_2\text{O}}}{V_{0\,B}} = \frac{m}{2} \, r_{\text{C}_n\text{H}_m} = 1 \frac{\text{Nm}^3 \, \text{H}_2\text{O}}{\text{Nm}^3 \, \text{C}_2\text{H}_2}$$

$$v_{0\,\text{CO}_2} = \frac{V_{0\,\text{CO}_2}}{V_{0\,B}} = n \, r_{\text{C}_n\text{H}_m} = 2 \frac{\text{Nm}^3 \, \text{CO}_2}{\text{Nm}^3 \, \text{C}_2\text{H}_2}$$

$$v_{0\,\text{O}_2} = \frac{V_{0\,\text{O}_2}}{V_{0\,B}} = 0,21 \, (\lambda - 1) \, l_{min} = 0,05 \frac{\text{Nm}^3 \, \text{O}_2}{\text{Nm}^3 \, \text{C}_2\text{H}_2}$$

$$v_{0\,\text{N}_2} = \frac{V_{0\,\text{N}_2}}{V_{0\,B}} = 0,79 \, \lambda \, l_{min} = 9,59 \frac{\text{Nm}^3 \, \text{N}_2}{\text{Nm}^3 \, \text{C}_2\text{H}_2}$$

Somit entstehen gemäß Gl. (11.14) 12,64 Nm^3 feuchtes Verbrennungsgas je Nm^3 C$_2$H$_2$. Die Normvolumina verhalten sich wie die Raumanteile:

$$r_{\text{H}_2\text{O}} : r_{\text{CO}_2} : r_{\text{O}_2} : r_{\text{N}_2} = 0,079 : 0,158 : 0,004 : 0,759$$

Das Verbrennungsgas enthält demnach

$$7,9\,\% \, \text{H}_2\text{O}, \, 15,8\,\% \, \text{CO}_2, \, 0,4\,\% \, \text{O}_2, \, 75,9\,\% \, \text{N}_2 \, .$$

Der zugeführte Ethinvolumenstrom, angegeben als Normvolumen je Stunde, beträgt

$$\dot{V}_{0\,B} = \frac{\dot{V}_B \, p \, T_0}{p_0 \, T} = \frac{5,3 \, \text{m}^3/\text{h} \cdot 0,975 \, \text{bar} \cdot 273,15 \, \text{K}}{1,01325 \, \text{bar} \cdot 288,15 \, \text{K}} = 4,834 \frac{\text{Nm}^3}{\text{h}} \, .$$

Der zuzuführende Luftvolumenstrom, angegeben als Normvolumen je Stunde sowie als tatsächliches Volumen je Stunde, ist

$$\dot{V}_{0\,L} = 12,14 \, \dot{V}_{0\,B} = 58,69 \frac{\text{Nm}^3}{\text{h}} \qquad \dot{V}_L = \frac{\dot{V}_{0\,L} \, p_0 \, T_L}{p_L \, T_0} = 66,27 \frac{\text{m}^3}{\text{h}} \, .$$

Es entsteht der Verbrennungsgasvolumenstrom, angegeben als Normvolumen je Stunde, sowie als tatsächliches Volumen je Stunde

$$\dot{V}_{0\,A} = 12,64 \, \dot{V}_{0\,B} = 61,10 \frac{\text{Nm}^3}{\text{h}} \qquad \dot{V}_A = \frac{\dot{V}_{0\,A} \, p_0 \, T_A}{p_A \, T_0} = 149,02 \frac{\text{m}^3}{\text{h}} \, .$$

11.1.2   Feste und flüssige Brennstoffe

Die Zusammensetzung fester und flüssiger Brennstoffe wird in Massenanteilen angegeben. Es ist üblich, diese Massenanteile, die durch eine Elementaranalyse bestimmt werden, wie folgt zu bezeichnen:

Kohlenstoff c; Wasserstoff h; Stickstoff n; Wasser w; Sauerstoff o; Schwefel s; Asche a

Es gilt demnach

$$c + h + n + w + o + s + a = 1 \, . \tag{11.19}$$

An der Verbrennung sind die Massenanteile c, h und s von Kohlenstoff, Wasserstoff und Schwefel beteiligt, wobei für die vollständige Verbrennung die folgenden Reaktionsgleichungen gelten:

$$C + O_2 \rightleftharpoons CO_2 \tag{11.20}$$

$$H_2 + 0,5\,O_2 \rightleftharpoons H_2O$$

$$S + O_2 \rightleftharpoons SO_2 \tag{11.21}$$

Hieraus ergeben sich mit den jeweiligen Molmassen M_i die folgenden Massenbilanzen:

$$12{,}01 \text{ kg C} + 32{,}00 \text{ kg } O_2 = 44{,}01 \text{ kg } CO_2$$

$$2{,}02 \text{ kg } H_2 + 16{,}00 \text{ kg } O_2 = 18{,}02 \text{ kg } H_2O$$

$$32{,}06 \text{ kg S} + 32{,}00 \text{ kg } O_2 = 64{,}06 \text{ kg } SO_2$$

$$c \text{ kg C} + 2{,}66 \text{ c kg } O_2 = 3{,}66 \text{ c kg } CO_2 \tag{11.22}$$

$$h \text{ kg } H_2 + 7{,}94 \text{ h kg } O_2 = 8{,}94 \text{ h kg } H_2O \tag{11.23}$$

$$s \text{ kg S} + 1{,}00 \text{ s kg } O_2 = 2{,}00 \text{ s kg } SO_2 \tag{11.24}$$

Für den Mindestsauerstoffbedarf (genauer: den spezifischen Mindestsauerstoffbedarf) $\bar{o}_{min}$ in kg Sauerstoff je kg Brennstoff erhält man damit

$$\bar{o}_{min} = 2{,}66\,c + 7{,}94\,h + 1{,}00\,s - o\,. \tag{11.25}$$

Als Kennzahl eines Brennstoffs führt man die Sauerstoffbedarfscharakteristik σ ein [17]:

$$\bar{o}_{min} = 2{,}66 \text{ c}\,[1 + 2{,}98 \text{ h/c} + 0{,}375\,(s - o)/c] = 2{,}66 \text{ c}\,\sigma \tag{11.26}$$

$$\sigma = \frac{\bar{o}_{min}}{2{,}66 \text{ c}} = 1 + 2{,}98 \text{ h/c} + 0{,}375\,(s - o)/c \tag{11.27}$$

σ gibt das Verhältnis des spezifischen Mindestsauerstoffbedarfs in kmol O_2 je kg Brennstoff zum Kohlenstoffgehalt des Brennstoffs in kmol C je kg Brennstoff an. Für reinen Kohlenstoff als Brennstoff ist $\sigma = 1$ kmol O_2/kmol C.

Zweckmäßigerweise wird oft statt mit dem spezifischen Mindestsauerstoffbedarf $\bar{o}_{min}$ in kg Sauerstoff je kg Brennstoff mit dem spezifischen Mindestsauerstoffbedarf o_{min}^* in Nm^3 Sauerstoff je kg Brennstoff gearbeitet, für den mit $\varrho_{0\,O_2} = 1{,}43$ kg O_2/Nm^3 O_2 gilt:

$$o_{min}^* = \frac{\bar{o}_{min}}{\varrho_{0\,O_2}} = 1{,}86 \text{ c}\,\sigma \tag{11.28}$$

Daraus errechnet sich der spezifische Mindestluftbedarf in Nm^3 Luft je kg Brennstoff:

$$l_{min}^* = \frac{o_{min}^*}{0{,}21} = 8{,}89 \text{ c}\,\sigma \tag{11.29}$$

Wird die spezifische Luftmenge l^* in Nm^3 Luft je kg Brennstoff dem Verbrennungsraum zugeführt, so ist das Luftverhältnis

$$\lambda = \frac{l^*}{l_{min}^*}\,. \tag{11.30}$$

Zur Erfassung des Stickstoffgehalts eines Brennstoffs dient die Stickstoffcharakteristik ν [17]. Sie gibt das Verhältnis des Stickstoffgehalts in kmol N_2 je kg Brennstoff zum Kohlenstoffgehalt in kmol C je kg Brennstoff an:

$$\nu = \frac{n}{c}\frac{M_C}{M_{N_2}} = \frac{n}{c}\frac{12,01}{28,02} = 0,429\,\frac{n}{c} \qquad (11.31)$$

Beide Kennzahlen σ und ν werden auch zur Kennzeichnung von Brenngasen benutzt. Die Kennzahl ν ist bei festen und flüssigen Brennstoffen im Allgemeinen vernachlässigbar klein.

Die bei der vollständigen Verbrennung eines festen oder flüssigen Brennstoffs entstehenden Verbrennungsgase enthalten CO_2, H_2O, SO_2, O_2 und N_2. Je kg Brennstoff entstehen gemäß den Gln. (11.22) bis (11.24) mit $\varrho_{0\,CO_2} = 1.964\,(kg\,CO_2)/(Nm^3\,CO_2)$, $\varrho_{0\,H_2O} = 0.804\,(kg\,H_2O)/(Nm^3\,H_2O)$, $\varrho_{0\,SO_2} = 2.858\,(kg\,SO_2)/(Nm^3\,SO_2)$ und $\varrho_{0\,N_2} = 1.250\,(kg\,N_2)/(Nm^3\,N_2)$, folgende Gasmengen in Nm^3 Gas je kg Brennstoff, wenn das Wasser (H_2O) gasförmig ist:

$$v_{0\,CO_2}^* = \frac{V_{0\,CO_2}}{m_B} = 3,66\,c/\varrho_{0\,CO_2} = 1,86\,c \qquad (11.32)$$

$$v_{0\,H_2O}^* = \frac{V_{0\,H_2O}}{m_B} = (8,94\,h + w)/\varrho_{0\,H_2O} = 11,11\,h + 1,24\,w \qquad (11.33)$$

$$v_{0\,SO_2}^* = \frac{V_{0\,SO_2}}{m_B} = 2,00\,s/\varrho_{0\,SO_2} = 0,68\,s \qquad (11.34)$$

$$v_{0\,O_2}^* = \frac{V_{0\,O_2}}{m_B} = 0,21\,l^* - o_{min}^* = 0,21\,(\lambda - 1)\,l_{min}^* \qquad (11.35)$$

$$v_{0\,N_2}^* = \frac{V_{0\,N_2}}{m_B} = 0,79\,l^* + n/\varrho_{0\,N_2} = 0,79\,l^* + 0,8\,n \qquad (11.36)$$

Als spezifische feuchte Verbrennungsgasmenge in Nm^3 Verbrennungsgas je kg Brennstoff ergibt sich bei der vollständigen Verbrennung somit:

$$
\begin{aligned}
v_{0\,Af}^* &= \left(\frac{V_{0\,A}}{m_B}\right)_f = \frac{V_{0\,H_2O}}{m_B} + \frac{V_{0\,CO_2}}{m_B} + \frac{V_{0\,SO_2}}{m_B} + \frac{V_{0\,O_2}}{m_B} + \frac{V_{0\,N_2}}{m_B}\\
&= v_{0\,H_2O}^* + v_{0\,CO_2}^* + v_{0\,SO_2}^* + v_{0\,O_2}^* + v_{0\,N_2}^*
\end{aligned} \qquad (11.37)
$$

Für die spezifische trockene Verbrennungsgasmenge $v_{0\,At}^*$ in Nm^3 Verbrennungsgas je kg Brennstoff ergibt sich bei vollständiger Verbrennung:

$$
\begin{aligned}
v_{0\,At}^* &= \left(\frac{V_{0\,A}}{m_B}\right)_t = \left(\frac{V_{0\,A}}{m_B}\right)_f - \frac{V_{0\,H_2O}}{m_B} - \frac{V_{0\,SO_2}}{m_B} = \frac{V_{0\,CO_2}}{m_B} + \frac{V_{0\,O_2}}{m_B} + \frac{V_{0\,N_2}}{m_B}\\
&= v_{0\,Af}^* - v_{0\,H_2O}^* - v_{0\,SO_2}^* = v_{0\,CO_2}^* + v_{0\,O_2}^* + v_{0\,N_2}^*
\end{aligned} \qquad (11.38)
$$

Wird in den Gln. (11.35) und (11.36) von $\lambda = 1$ ausgegangen, also mit dem spezifischen Mindestluftbedarf $l^* = l_{min}^*$ gerechnet, so erhält man mit den Gln. (11.37) und (11.38) die spezifische Mindestverbrennungsgasmenge (feucht) $v_{0\,Amin\,f}^*$ bzw. die spezifische Mindestverbrennungsgasmenge (trocken) $v_{0\,Amin\,t}^*$.

Die Vergrößerung des Gas-Normvolumens bei der Verbrennung können wir uns wie folgt entstanden denken: Bei der Verbrennung von Kohlenstoff und Schwefel wird nach den Gln. (11.20) und (11.21) dem Verbrennungsraum mit der Luftmenge gerade die gleiche Gasmenge zugeführt, die auch als Verbrennungsgasstrom abströmt. Eine Normvolumenänderung tritt durch die Verbrennung dieser Bestandteile also nicht ein. Der Anteil des Brennstoffs an Wasser, Sauerstoff und Stickstoff wird bei der Verbrennung in den gasförmigen Zustand übergeführt. Somit vergrößert sich für diese Bestandteile das Normvolumen je kg Brennstoff (bei Wasserdampf das gedachte Normvolumen) um

$$
\begin{aligned}
\Delta v_{0\,H_2O}^* + \Delta v_{0\,O_2}^* + \Delta v_{0\,N_2}^* &= \Delta \frac{V_{0\,H_2O}}{m_B} + \Delta \frac{V_{0\,O_2}}{m_B} + \Delta \frac{V_{0\,N_2}}{m_B} = \frac{w}{\varrho_{0\,H_2O}} + \frac{o}{\varrho_{0\,O_2}} + \frac{n}{\varrho_{0\,N_2}} \\
&= 1{,}24\ w + 0{,}70\ o + 0{,}80\ n .
\end{aligned}
\tag{11.39}
$$

Bei der Verbrennung des — im Brennstoff nicht gasförmig enthaltenen — Wasserstoffanteils tritt nach Gl. (11.1) sowie bei Berücksichtigung von Gl. (11.33) als Folge der hierfür erforderlichen, zugeführten Sauerstoffmenge eine zusätzliche Volumenvermehrung je kg Brennstoff in der Größe des halben entstehenden Normvolumens ein:

$$
\underline{\Delta v_{0\,H_2O}^*} = \Delta \frac{V_{0\,H_2O}}{m_B} = 0{,}5 \cdot 11{,}11\ h = 5{,}56\ h
\tag{11.40}
$$

Somit entsteht aus dem Brennstoff und dem zugeführten spezifischen Luftvolumen im Normzustand l^* die spezifische feuchte Verbrennungsgasmenge im Normzustand in Nm^3 je kg Brennstoff

$$
v_{0\,Af}^* = \left(\frac{V_{0\,A}}{m_B} \right)_f = l^* + 1{,}24\ w + 0{,}70\ o + 0{,}80\ n + 5{,}56\ h .
\tag{11.41}
$$

11.1.3   Zusammensetzung des Verbrennungsgases, Verbrennungsdreiecke, Verbrennungskontrolle

Auf die Bedeutung der normvolumenbezogenen trockenen Verbrennungsgasmenge (Abgasmenge) $v_{0\,At}$ in Nm^3 Verbrennungsgas je Nm^3 Brenngas bzw. der spezifischen trockenen Verbrennungsgasmenge (Abgasmenge) $v_{0\,At}^*$ in Nm^3 Verbrennungsgas je kg Brennstoff wurde bereits hingewiesen [23]. Mit ihnen lässt sich — bei Verwendung der Gln. (11.10) bis (11.13) bei Brenngasen bzw. bei Verwendung der Gln. (11.32) bis (11.36) bei festen oder flüssigen Brennstoffen — die Zusammensetzung des Verbrennungsgases angeben. Will man beispielsweise den Raumanteil an Kohlendioxid (Kohlendioxidanteil, Kohlendioxidgehalt) im trockenen Verbrennungsgas $r_{CO_2}^{at}$ angeben, so gilt bei der Verbrennung

• von Brenngasen
$$
r_{CO_2}^{at} = \frac{v_{0\,CO_2}}{v_{0\,At}} ,
\tag{11.42}
$$

• von festen oder flüssigen Brennstoffen
$$
r_{CO_2}^{at} = \frac{v_{0\,CO_2}^*}{v_{0\,At}^*} .
\tag{11.43}
$$

Der hochgestellte Index at weist darauf hin, dass es sich um einen Raumanteil im trockenen Verbrennungsgas (Abgas) handelt. Sinngemäß können die Anteile $r_{SO_2}^{at}$, $r_{O_2}^{at}$ und $r_{N_2}^{at}$ ermittelt werden. Damit ergibt sich die Summe der Volumenanteile des trockenen Verbrennungsgases bei der vollständigen Verbrennung von Brenngasen bzw. von festen oder flüssigen Brennstoffen (Abgaszusammensetzung) allgemein zu

$$
r_{CO_2}^{at} + r_{SO_2}^{at} + r_{O_2}^{at} + r_{N_2}^{at} = 1 .
\tag{11.44}
$$

Bei einer unvollständigen Verbrennung von Brenngasen bzw. von festen oder flüssigen Brennstoffen können neben CO_2, SO_2, O_2 und N_2 zusätzlich auch CO und bei sehr ungünstigen Verbrennungsvorgängen z. B. auch CH_4 und H_2 auftreten. Damit ergibt sich die Summe der Volumenanteile des trockenen Verbrennungsgases allgemein zu

$$r^{at}_{CO_2} + r^{at}_{SO_2} + r^{at}_{O_2} + r^{at}_{N_2} + r^{at}_{CO} + r^{at}_{CH_4} + r^{at}_{H_2} = 1 \ . \tag{11.45}$$

Kann das Verbrennungsgas als ideales Gas behandelt werden, so sind die Raumanteile gleich den Molmengenanteilen.

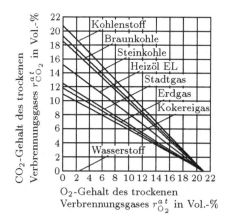

Bild 11.4 *Bunte*-Dreieck für verschiedene feste, flüssige und gasförmige Brennstoffe [23]

Mit einem Verbrennungsdreieck lässt sich der Zusammenhang zwischen den Raumanteilen von CO_2, O_2 und CO in einem trockenen Verbrennungsgas darstellen. Hierbei wird zwischen einem *Bunte*[1]-Dreieck [24] und einem *Ostwald*[2]-Dreieck unterschieden: Beim *Bunte*-Dreieck ist eine vollständige Verbrennung vorausgesetzt; CO und andere unverbrannte Bestandteile sind also im Verbrennungsgas nicht enthalten.

Auf der Abszisse ist der Raumanteil von O_2 $r^{at}_{O_2}$, auf der Ordinate der Raumanteil von CO_2 $r^{at}_{CO_2}$ im trockenen Verbrennungsgas aufgetragen. Bei vollständiger Verbrennung mit $\lambda = 1$ findet sich der höchstmögliche CO_2-Gehalt $r^{at}_{CO_2 \, max}$ im Verbrennungsgas; gleichzeitig ist $r^{at}_{O_2} = 0$ (Punkt links oben). Wird $\lambda = \infty$ vorausgesetzt, so besteht das Verbrennungsgas aus reiner Luft mit $r^{at}_{CO_2} = 0$ im Verbrennungsgas; gleichzeitig ist $r^{at}_{O_2} = 0{,}21$ (Punkt rechts unten). Beide Punkte sind durch eine gerade Linie miteinander verbunden. Für verschiedene Brennstoffe ergeben sich — abhängig von deren Kohlenstoffgehalt — unterschiedliche Werte für $r^{at}_{CO_2 \, max}$.

In Bild 11.4 sind die *Bunte*-Dreiecke für technisch wichtige Brennstoffe zu einem Schaubild zusammengefasst.

Beim *Ostwald*-Dreieck [24] ist — ebenso wie beim *Bunte*-Dreieck — auf der Abszisse der Raumanteil von O_2 und auf der Ordinate der Raumanteil von CO_2 im trockenen Verbrennungsgas aufgetragen. Die Information des *Bunte*-Dreiecks ist als nach rechts oben hin begrenzende gerade Linie enthalten; für diese Linie gilt $r^{at}_{CO} = 0$. Parallel hierzu sind weitere gerade Linien dargestellt, mit denen die Verhältnisse bei unvoll-

---

[1] *Hans Hugo Christian Bunte*, 1848 bis 1928, war ein deutscher Chemiker und Hochschullehrer.
[2] *Friedrich Wilhelm Ostwald*, 1853 bis 1932, war ein deutscher Chemiker, Philosoph und Historiker. Einer der Gründer der physikalischen Chemie, erhielt er 1909 den Nobel-Preis für seine Arbeiten über Katalyse, Gleichgewichtsbedingungen und Reaktionsraten.

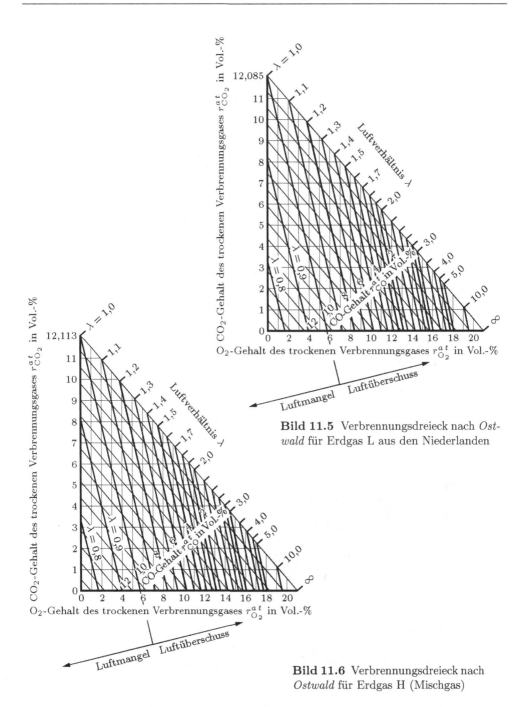

Bild 11.5 Verbrennungsdreieck nach *Ost-wald* für Erdgas L aus den Niederlanden

Bild 11.6 Verbrennungsdreieck nach *Ostwald* für Erdgas H (Mischgas)

ständiger Verbrennung erfasst werden, wobei für jede Linie ein jeweils konstanter CO-Gehalt gilt. Dabei ist vorausgesetzt, dass sich der Sachverhalt der unvollkommenen Verbrennung nur in der Bildung von CO auswirkt, d. h., dass sich z. B. weder CH_4 oder H_2 im Verbrennungsgas noch fester Kohlenstoff in der Asche bzw. Schlacke befindet, auch soll sich kein Ruß gebildet haben.

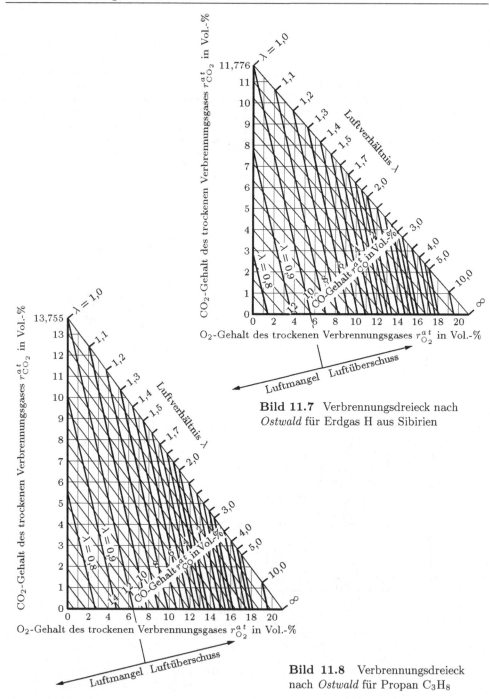

Bild 11.7 Verbrennungsdreieck nach *Ostwald* für Erdgas H aus Sibirien

Bild 11.8 Verbrennungsdreieck nach *Ostwald* für Propan C_3H_8

Ferner ist im Falle der vollständigen Verbrennung von Erdgas L bzw. Erdgas H vorausgesetzt, dass das im Brenngas enthaltene CO_2 bei hohen Temperaturen in geringem Umfang gemäß $CO_2 = CO + 0,5\,O_2$ (Gl. (11.2)) teilweise zerfällt und sich hieraus dieselben Anteile an $r^{at}_{CO_2}$, r^{at}_{CO} und $r^{at}_{O_2}$ wie bei der unvollständigen Verbrennung ergeben.

Weiter sind gerade Linien für jeweils konstante Luftverhältnisse $\lambda = \text{const}$ eingezeichnet; hierunter ist die Linie für $\lambda = 1$ besonders hervorgehoben.

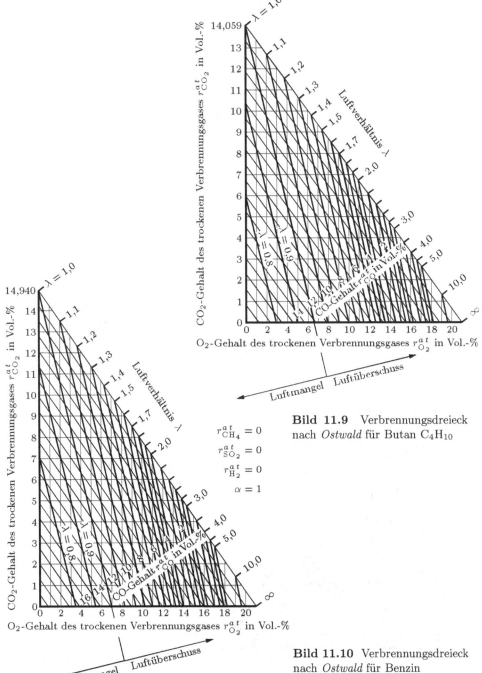

Bild 11.9   Verbrennungsdreieck
nach *Ostwald* für Butan C_4H_{10}

$r_{CH_4}^{a\,t} = 0$

$r_{SO_2}^{a\,t} = 0$

$r_{H_2}^{a\,t} = 0$

$\alpha = 1$

Bild 11.10   Verbrennungsdreieck
nach *Ostwald* für Benzin

In den Bildern 11.5 bis 11.12 sind *Ostwald*-Dreiecke für die Brenngase Erdgas L und Erdgas H, für die Flüssiggase Propan C_3H_8 und Butan C_4H_{10} sowie für die flüssigen Brennstoffe Benzin, Dieselkraftstoff bzw. leichtes Heizöl und schweres Heizöl dargestellt.

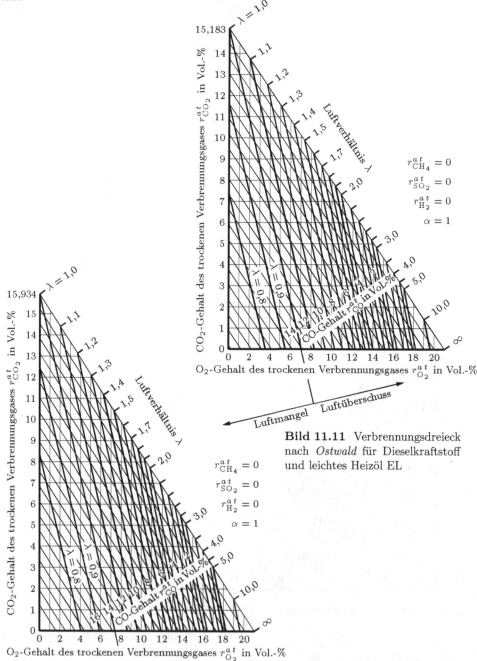

Bild 11.11 Verbrennungsdreieck nach *Ostwald* für Dieselkraftstoff und leichtes Heizöl EL

Bild 11.12 Verbrennungsdreieck nach *Ostwald* für Heizöl S

Für eine Überprüfung der Verbrennungsgüte (Verbrennungskontrolle [23], [40], [133]) ist oft die Kenntnis des Luftverhältnisses λ erwünscht; dazu kann eine Messung des Anteils von CO_2 oder von O_2 (bei unvollständiger Verbrennung auch von CO) im Verbrennungsgas dienen. Für eine genauere Bestimmung ist zusätzlich hierzu die Kenntnis der Größen l_{min} bzw. l_{min}^*, $v_{0\,A\,min\,t}$ bzw. $v_{0\,A\,min\,t}^*$ und $r_{CO_2\,max}^{a\,t}$ erforderlich, die für die jeweils eingesetzten Brennstoffe den Charakter von Zustandsgrößen haben.

Bei vollständiger Verbrennung gilt exakt, bei unvollständiger Verbrennung ebenfalls exakt, soweit sich eine unvollständige Verbrennung nur in der Bildung von CO bzw. $r_{CO}^{a\,t}$ auswirkt und nicht z. B. CH_4, H_2 und C entstehen:

- für Brenngase
$$\lambda = 1 + \frac{v_{0\,A\,min\,t}}{l_{min}}\left[\frac{r_{CO_2\,max}^{a\,t}}{r_{CO_2}^{a\,t} + r_{CO}^{a\,t}}\left(1 - \frac{r_{CO}^{a\,t}}{2}\right) - 1\right] \qquad (11.46)$$

$$\lambda = 1 + \frac{v_{0\,A\,min\,t}}{l_{min}}\,\frac{r_{O_2}^{a\,t} - \dfrac{r_{CO}^{a\,t}}{2}}{0{,}21 - r_{O_2}^{a\,t} + 0{,}79\,\dfrac{r_{CO}^{a\,t}}{2}} \qquad (11.47)$$

- für feste und flüssige Brennstoffe

$$\lambda = 1 + \frac{v_{0\,A\,min\,t}^*}{l_{min}^*}\left[\frac{r_{CO_2\,max}^{a\,t}}{r_{CO_2}^{a\,t} + r_{CO}^{a\,t}}\left(1 - \frac{r_{CO}^{a\,t}}{2}\right) - 1\right] \qquad (11.48)$$

$$\lambda = 1 + \frac{v_{0\,A\,min\,t}^*}{l_{min}^*}\,\frac{r_{O_2}^{a\,t} - \dfrac{r_{CO}^{a\,t}}{2}}{0{,}21 - r_{O_2}^{a\,t} + 0{,}79\,\dfrac{r_{CO}^{a\,t}}{2}} \qquad (11.49)$$

Kann vorausgesetzt werden, dass $r_{CO}^{a\,t}/2$ sehr klein ist, dann gilt bei vollständiger Verbrennung exakt, bei unvollständiger Verbrennung in guter Näherung:

- für Brenngase
$$\lambda = 1 + \frac{v_{0\,A\,min\,t}}{l_{min}}\left(\frac{r_{CO_2\,max}^{a\,t}}{r_{CO_2}^{a\,t} + r_{CO}^{a\,t}} - 1\right) \qquad (11.50)$$

$$\lambda = 1 + \frac{v_{0\,A\,min\,t}}{l_{min}}\,\frac{r_{O_2}^{a\,t}}{0{,}21 - r_{O_2}^{a\,t}} \qquad (11.51)$$

- für feste und flüssige Brennstoffe

$$\lambda = 1 + \frac{v_{0\,A\,min\,t}^*}{l_{min}^*}\left(\frac{r_{CO_2\,max}^{a\,t}}{r_{CO_2}^{a\,t} + r_{CO}^{a\,t}} - 1\right) \qquad (11.52)$$

$$\lambda = 1 + \frac{v_{0\,A\,min\,t}^*}{l_{min}^*}\,\frac{r_{O_2}^{a\,t}}{0{,}21 - r_{O_2}^{a\,t}} \qquad (11.53)$$

Bei gasförmigen, festen und flüssigen Brennstoffen mit hohem Brennwert und Heizwert (z. B. bei Erdgas H und Erdgas L) lassen sich für Überschlagrechnungen die folgenden Gleichungen nutzen:

$$\lambda \approx \frac{r_{CO_2\,max}^{a\,t}}{r_{CO_2}^{a\,t} + r_{CO}^{a\,t}} \qquad (11.54)$$

$$\lambda \approx \frac{0,21}{0,21 - r_{O_2}^{a\,t}} \tag{11.55}$$

Beispiel 11.2 Erdgas H (Mischgas H gemäß Tabelle 11.1) wird mit dem Luftverhältnis $\lambda = 1,3$ vollständig verbrannt. Es sind zu berechnen: o_{min}, l_{min}, l, $v_{0\,A\,f}$, $v_{0\,A\,min\,f}$, $v_{0\,A\,t}$, $v_{0\,A\,min\,t}$, $r_{CO_2\,max}^{a\,t}$ sowie die Zusammensetzung des trockenen und des feuchten Verbrennungsgases. Die Ergebnisse für die Anteile von CO_2 und O_2 im trockenen Verbrennungsgas sind anhand des Bildes 11.6 zu überprüfen.

Für die vollständige Verbrennung von Erdgas H ergibt sich:

$$o_{min} = 2\,r_{CH_4} + 3,5\,r_{C_2H_6} + 5\,r_{C_3H_8} + 6,5\,r_{C_4H_{10}} = 2,108\,\frac{Nm^3\,O_2}{Nm^3\,B}$$

$$l_{min} = \frac{o_{min}}{0,21} = 10,04\,\frac{Nm^3\,L}{Nm^3\,B}$$

$$l = \lambda\,l_{min} = 1,3 \cdot 10,04\,\frac{Nm^3\,L}{Nm^3\,B} = 13,05\,\frac{Nm^3\,L}{Nm^3\,B}$$

$$v_{0\,H_2O} = 2\,r_{CH_4} + 3\,r_{C_2H_6} + 4\,r_{C_3H_8} + 5\,r_{C_4H_{10}} = 2,05\,\frac{Nm^3\,H_2O}{Nm^3\,B}$$

$$v_{0\,CO_2} = r_{CH_4} + 2\,r_{C_2H_6} + 3\,r_{C_3H_8} + 4\,r_{C_4H_{10}} + r_{CO_2} = 1,09\,\frac{Nm^3\,CO_2}{Nm^3\,B}$$

$$v_{0\,O_2} = 0,21\,l - 2\,r_{CH_4} - 3,5\,r_{C_2H_6} - 5\,r_{C_3H_8} - 6,5\,r_{C_4H_{10}} = 0,63\,\frac{Nm^3\,O_2}{Nm^3\,B}$$

$$v_{0\,N_2} = r_{N_2} + 0,79\,l = 10,32\,\frac{Nm^3\,N_2}{Nm^3\,B}$$

$$v_{0\,A\,f} = v_{0\,H_2O} + v_{0\,CO_2} + v_{0\,O_2} + v_{0\,N_2} = 14,09\,\frac{Nm^3\,A\,f}{Nm^3\,B}$$

$$v_{0\,A\,min\,f} = v_{0\,H_2O} + v_{0\,CO_2} + v_{0\,min\,N_2} = 11,08\,\frac{Nm^3\,A\,f}{Nm^3\,B}$$

$$v_{0\,A\,t} = v_{0\,A\,f} - v_{0\,H_2O} = 12,04\,\frac{Nm^3\,A\,t}{Nm^3\,B}$$

$$v_{0\,A\,min\,t} = v_{0\,A\,min\,f} - v_{0\,H_2O} = 9,03\,\frac{Nm^3\,A\,t}{Nm^3\,B}$$

$$r_{CO_2\,max}^{a\,t} = \frac{v_{0\,CO_2}}{v_{0\,A\,min\,t}} = 0,121\,\frac{Nm^3\,CO_2}{Nm^3\,A\,t}$$

Für die Zusammensetzung des trockenen Verbrennungsgases gilt:

$$r_{CO_2}^{a\,t} = \frac{v_{0\,CO_2}}{v_{0\,A\,t}} = 0,091\,\frac{Nm^3\,CO_2}{Nm^3\,A\,t} \qquad r_{O_2}^{a\,t} = \frac{v_{0\,O_2}}{v_{0\,A\,t}} = 0,052\,\frac{Nm^3\,O_2}{Nm^3\,A\,t} \qquad r_{N_2}^{a\,t} = \frac{v_{0\,N_2}}{v_{0\,A\,t}} = 0,857\,\frac{Nm^3\,N_2}{Nm^3\,A\,t}$$

Für die Zusammensetzung des feuchten Verbrennungsgases gilt:

$$r_{H_2O}^{a\,f} = \frac{v_{0\,H_2O}}{v_{0\,A\,f}} = 0,145\,\frac{Nm^3\,H_2O}{Nm^3\,A\,f} \qquad r_{CO_2}^{a\,f} = \frac{v_{0\,CO_2}}{v_{0\,A\,f}} = 0,078\,\frac{Nm^3\,CO_2}{Nm^3\,A\,f}$$

$$r_{O_2}^{a\,f} = \frac{v_{0\,O_2}}{v_{0\,A\,f}} = 0,045\,\frac{Nm^3\,O_2}{Nm^3\,A\,f} \qquad r_{N_2}^{a\,f} = \frac{v_{0\,N_2}}{v_{0\,A\,f}} = 0,732\,\frac{Nm^3\,N_2}{Nm^3\,A\,f}$$

In Bild 11.6 können die Anteile von CO_2 und O_2 im trockenen Verbrennungsgas zu $r_{CO_2}^{a\,t} = 0,091$ und $r_{O_2}^{a\,t} = 0,052$ abgelesen werden. Die Übereinstimmung mit den errechneten Ergebnissen ist sehr befriedigend.

11.2   Technische Gesichtspunkte der Verbrennung

11.2.1   Einleitung und Ablauf der Verbrennung

Um eine Verbrennung einzuleiten, genügt es nicht, die Reaktionsstoffe Brennstoff (d. h. fester, flüssiger oder gasförmiger Brennstoff) sowie Luftsauerstoff miteinander in Verbindung zu bringen, denn die Geschwindigkeit der Oxidationsreaktionen von Brennstoffen ist bei Umgebungstemperatur im Allgemeinen sehr klein. Vielmehr muss der Brennstoff an mindestens einer Stelle auf eine höhere Temperatur, die Zündtemperatur, gebracht werden, um eine schnellere Oxidation — die Verbrennung — zu erreichen. Die erforderliche Mindestzündenergie hierzu beträgt für Brenngase bei Funkenzündung nur wenige mJ, ist jedoch bei einer Entzündung mit Glühdraht oder Hilfsflamme erheblich höher.

Die Zündung von Brenngas-Luft- oder Brenngas-Sauerstoff-Gemischen an der jeweiligen Zündstelle gelingt nur innerhalb bestimmter Grenzen von Mischungsverhältnissen. Der höchstmögliche noch zündbare Volumenanteil (Volumenkonzentration) eines Brenngases in einem Brenngas-Luft- oder Brenngas-Sauerstoff-Gemisch heißt obere Zündgrenze c_{Zo}, der geringstmögliche noch zündbare Volumenanteil untere Zündgrenze c_{Zu}. Die Zündgrenzen hängen von Druck und Temperatur ab. Beim Normdruck p_0 und der Temperatur $t = 20\,°C$ betragen diese Zündgrenzen für Erdgas-Luft-Gemische rund 4,2 und 16,5 % (Tabelle 11.1), bei Wasserstoff-Luft-Gemischen rund 4,0 und 77,0 %.

Damit sich die eingeleitete Verbrennung im Gemisch aus Brennstoff und Luft fortpflanzen kann, muss die Wärmeerzeugung durch die Verbrennung mindestens so groß wie die Wärmeabgabe durch Wärmeleitung, konvektive Wärmeübertragung bzw. Wärmestrahlung sein. Ist die Wärmeabgabe größer, so erlischt die Verbrennung, ist die erzeugte Wärme größer, so erhöht sich die Temperatur des verbrennenden Stoffes. Bei Umgebungstemperatur kann die Selbstzündung eines oxidierenden Stoffes eintreten, wenn die bei der Oxidation freiwerdende Wärme am Abfließen gehindert wird: Der Stoff erwärmt sich mehr und mehr, bis an einer Stelle die Zündtemperatur erreicht wird. Auf diese Weise können sich Kohlehalden oder auch Heuhaufen bei Umgebungstemperatur selbst entzünden.

Die Geschwindigkeit, mit der sich die Verbrennung ausbreitet, heißt Zündgeschwindigkeit (auch Flammen- oder Verbrennungsgeschwindigkeit). Sie kann durch gute Vermischung des Brennstoffs mit der zur Verbrennung zugeführten Luft vergrößert werden. Bei festen und flüssigen Brennstoffen setzt die Vergrößerung der Oberfläche (z. B. Verbrennen von staubfein gemahlenen Festbrennstoffen wie Kohle, Zerstäubung oder Verdampfung flüssiger Brennstoffe), bei Brenngasen die turbulente Bewegung der Gasströme die Zündgeschwindigkeit herauf. Bei festen oder flüssigen Brennstoffen kann die Überführung brennbarer Bestandteile in die Gasphase durch Erwärmung die Verbrennungsgeschwindigkeit fördern.

11.2.2   Vollkommene und unvollkommene Verbrennung

Bei der vollkommenen Verbrennung enthalten die den Reaktionsraum verlassenden Stoffströme keine unverbrannten oder nur teilweise verbrannten Stoffe. Eine Verbrennung heißt unvollkommen, wenn noch Kohlenstoff in der Asche bzw. Schlacke oder noch Kohlenstoff als Ruß in den Verbrennungsgasen enthalten ist bzw. die Verbrennungsgase (Abgase) noch brennbare Anteile (CO, H_2, CH_4, C_nH_m usw.) enthalten. Wasserstoffhaltige Verbrennungsgase sind jedoch lediglich bei sehr schlechter Verbrennungsführung zu beobachten. Man beschreibt deshalb die Vollkommenheit einer Verbrennung eines festen, flüssigen oder gasförmigen Brennstoffs durch den Quotienten α

[18]. α ist derjenige Anteil des im Brennstoff vorhandenen Kohlenstoffs, der nach dem Verbrennungsvorgang an CO_2, CO usw. im Verbrennungsgas gebunden ist:

$$\alpha = \frac{\text{an } CO_2\text{, CO usw. gebundene Kohlenstoffmenge im Verbrennungsgas}}{\text{Kohlenstoffmenge im Brennstoff}} \qquad (11.56)$$

Der Bruchteil $(1 - \alpha)$ des Kohlenstoffs des Brennstoffs bleibt somit unverbrannt und wird aus der Feuerung als Ruß bzw. mit der Asche oder der Schlacke ausgetragen. Die Hauptursachen einer unvollständigen Verbrennung sind Luftmangel ($\lambda < 1$) oder auch ungünstige Luftzufuhr an einzelne Teilbereiche des Brennstoffs, zu starke Kühlung des Brennstoffs oder von Teilen der Verbrennungsgase während des Verbrennungsvorgangs unter die Zündtemperatur infolge von Wärmeabgabe.

Beispiel 11.3 Ein leichtes Heizöl mit den Massenanteilen 86,7 % c, 13,2 % h und 0,1 % s verbrennt beim Luftverhältnis $\lambda = 1,2$. Im feuchten Verbrennungsgas sind 10,6 % CO_2 enthalten. Die Verbrennung ist trotz Luftüberschuss unvollständig, weil sich die Flammgase im Feuerungsraum stark abkühlen, bevor sie vollständig aufoxidiert sind. Es soll die spezifische feuchte Verbrennungsgasmenge $v_{0\,A\,unv\,f}^*$ bestimmt werden. Wie groß ist α?

Zunächst wird die Sauerstoffbedarfscharakteristik σ des Brennstoffs gemäß Gl. (11.27) berechnet:

$$\sigma = 1 + 2{,}98\,\frac{h}{c} + 0{,}375\,\frac{s}{c} = 1 + 2{,}98 \cdot \frac{0{,}132}{0{,}867} + 0{,}375 \cdot \frac{0{,}001}{0{,}867} = 1 + 0{,}454 = 1{,}454$$

Die dem Verbrennungsraum zuzuführende spezifische Luftmenge l^* ist nach den Gln. (11.29) und (11.30)

$$l^* = \lambda\, l_{min}^* = \lambda\, 8{,}89\, c\, \sigma = 1{,}2 \cdot 8{,}89 \cdot 0{,}867 \cdot 1{,}454\,\frac{Nm^3\,Luft}{kg\,B} = 13{,}45\,\frac{Nm^3\,Luft}{kg\,B}\ .$$

Bei vollständiger Verbrennung wäre nach Gl. (11.32) das spezifische Volumen an CO_2 im Normzustand

$$v_{0\,CO_2}^* = \frac{V_{0\,CO_2}}{m_B} = 1{,}86\,c = 1{,}86 \cdot 0{,}867\,\frac{Nm^3\,CO_2}{kg\,B} = 1{,}61\,\frac{Nm^3\,CO_2}{kg\,B}$$

und das spezifische feuchte Verbrennungsgasvolumen im Normzustand entsprechend Gl. (11.41)

$$v_{0\,A\,f}^* = \left(\frac{V_{0\,A}}{m_B}\right)_f = l^* + 5{,}56\,h = (13{,}45 + 5{,}56 \cdot 0{,}132)\,\frac{Nm^3\,A\,f}{kg\,B} = 14{,}18\,\frac{Nm^3\,A\,f}{kg\,B}\ .$$

Der Raumanteil an CO_2 im feuchten Verbrennungsgas wäre damit

$$r_{CO_2}^{a\,f} = \frac{1{,}61}{14{,}18}\,\frac{Nm^3\,CO_2}{Nm^3\,A\,f} = 0{,}1135\,\frac{Nm^3\,CO_2}{Nm^3\,A\,f} \triangleq 11{,}35\,\%\ .$$

Durch die unvollständige Verbrennung beträgt der CO_2-Gehalt jedoch nur $r_{CO_2}^{a\,f} = 0{,}106 = 10{,}6\,\%$. Für den weiteren Rechengang ist die Kenntnis von $v_{0\,A\,unv\,f}^* = (V_{0\,A}/m_B)_{unv\,f}$ bei der wirklichen unvollständigen Verbrennung erforderlich. Geht man davon aus, dass der gegenüber der vollständigen Verbrennung fehlende Anteil an CO_2 als CO-Anteil vorliegt, so entsteht durch den CO-Anteil keine Volumenvergrößerung des Verbrennungsgases, wohl aber durch den nicht reagierten Sauerstoffanteil, der gemäß der Gleichung $CO + 0{,}5\,O_2 = CO_2$ halb so groß sein muss wie der fehlende CO_2-Anteil. Hieraus folgt eine Volumenvergrößerung von

$$\Delta v_{0\,A\,unv\,f}^* = \Delta\left(\frac{V_{0\,A}}{m_B}\right)_{unv\,f} = 0{,}5 \cdot (0{,}1135 - 0{,}106) \cdot 14{,}18\,\frac{Nm^3\,A\,unv\,f}{kg\,B} = 0{,}05\,\frac{Nm^3\,A\,unv\,f}{kg\,B}$$

und somit das spezifische Volumen des Verbrennungsgases bei unvollständiger Verbrennung im Normzustand

$$v^*_{0\,A\,unv\,f} = \left(\frac{V_{0\,A}}{m_B}\right)_{unv\,f} = \left(\frac{V_{0\,A}}{m_B}\right)_f + \Delta\left(\frac{V_{0\,A}}{m_B}\right)_{unv\,f} = (14{,}18 + 0{,}05)\,\frac{\mathrm{Nm^3}\,A\,unv\,f}{\mathrm{kg}\,B}$$

$$= 14{,}23\,\frac{\mathrm{Nm^3}\,A\,unv\,f}{\mathrm{kg}\,B}\ .$$

Nach Gl. (11.32) und analog zu Gl. (11.43) muss noch der Kohlenstoffgehalt im CO_2 und CO des Verbrennungsgases m_c bestimmt werden. Das Normvolumen des CO_2 sowie des CO im Verbrennungsgas je kg Brennstoff sind:

$$v^*_{0\,CO_2} = \frac{V_{0\,CO_2}}{m_B} = r^{a\,f}_{CO_2}\left(\frac{V_{0\,A}}{m_B}\right)_{unv\,f} = 0{,}106\cdot 14{,}23\,\frac{\mathrm{Nm^3}\,CO_2}{\mathrm{kg}\,B} = 1{,}508\,\frac{\mathrm{Nm^3}\,CO_2}{\mathrm{kg}\,B}\ .$$

$$v^*_{0\,CO} = \frac{V_{0\,CO}}{m_B} = r^{a\,f}_{CO}\left(\frac{V_{0\,A}}{m_B}\right)_{unv\,f} = 0{,}0075\cdot 14{,}23\,\frac{\mathrm{Nm^3}\,CO}{\mathrm{kg}\,B} = 0{,}107\,\frac{\mathrm{Nm^3}\,CO}{\mathrm{kg}\,B}$$

Die Massen des CO_2 sowie des CO je kg Brennstoff betragen:

$$\frac{m_{CO_2}}{m_B} = \frac{V_{0\,CO_2}}{m_B}\varrho_{0\,CO_2} = 1{,}508\,\frac{\mathrm{Nm^3}\,CO_2}{\mathrm{kg}\,B}\cdot 1{,}9767\,\frac{\mathrm{kg}\,CO_2}{\mathrm{Nm^3}\,CO_2} = 2{,}981\,\frac{\mathrm{kg}\,CO_2}{\mathrm{kg}\,B}$$

$$\frac{m_{CO}}{m_B} = \frac{V_{0\,CO}}{m_B}\varrho_{0\,CO} = 0{,}107\,\frac{\mathrm{Nm^3}\,CO}{\mathrm{kg}\,B}\cdot 1{,}2505\,\frac{\mathrm{kg}\,CO}{\mathrm{Nm^3}\,CO} = 0{,}134\,\frac{\mathrm{kg}\,CO}{\mathrm{kg}\,B}$$

Die Massenanteile des Kohlenstoffs im CO_2 bzw. im CO lassen sich aus dem Verhältnis der Molmassen von C und CO_2 bzw. C und CO berechnen und betragen

$$\frac{M_C}{M_{CO_2}} = \frac{12{,}01\,\mathrm{kg}\,C/\mathrm{kmol}}{44{,}01\,\mathrm{kg}\,CO_2/\mathrm{kmol}} = 0{,}2729\,\frac{\mathrm{kg}\,C}{\mathrm{kg}\,CO_2} \qquad \frac{M_C}{M_{CO}} = \frac{12{,}01\,\mathrm{kg}\,C/\mathrm{kmol}}{28{,}01\,\mathrm{kg}\,CO/\mathrm{kmol}} = 0{,}429\,\frac{\mathrm{kg}\,C}{\mathrm{kg}\,CO}\ .$$

Der Kohlenstoffgehalt im CO_2 sowie im CO des Verbrennungsgases (ausgedrückt als Masse des Kohlenstoffs im CO_2 bzw. im CO bezogen auf die Masse des Brennstoffs) ist

$$\frac{m_c}{m_B} = \frac{M_C}{M_{CO_2}}\frac{m_{CO_2}}{m_B} + \frac{M_C}{M_{CO}}\frac{m_{CO}}{m_B}$$

$$= 0{,}2729\,\frac{\mathrm{kg}\,C}{\mathrm{kg}\,CO_2}\cdot 2{,}981\,\frac{\mathrm{kg}\,CO_2}{\mathrm{kg}\,B} + 0{,}429\,\frac{\mathrm{kg}\,C}{\mathrm{kg}\,CO}\cdot 0{,}134\,\frac{\mathrm{kg}\,CO}{\mathrm{kg}\,B}$$

$$= (0{,}813 + 0{,}057)\,\frac{\mathrm{kg}\,C}{\mathrm{kg}\,B}\ .$$

Damit ist im Rahmen der Rechengenauigkeit

$$\alpha = \frac{m_C/m_B}{c} = \frac{0{,}813 + 0{,}057}{0{,}867} = 1\ .$$

Es sind also 100 % des Kohlenstoffs im Brennstoff zu CO_2 und CO aufoxidiert. Dieses Ergebnis ergibt sich auch ohne Berechnung aus der Definition von α sowie den in der Aufgabe getroffenen Annahmen.

11.2.3   Taupunkt der Verbrennungsgase

Die bei der Verbrennung gebildeten Verbrennungsgase enthalten im Allgemeinen Wasserdampf und stellen somit ein Gas-Wasserdampf-Gemisch dar (vgl. Abschnitt 10). Der Wasserdampf beginnt zu kondensieren, wenn die Taupunkttemperatur unterschritten wird. Enthalten die Verbrennungsgase Schwefeldioxid (SO_2), so vermag sich dieses im verflüssigten Wasser unter Bildung schwefliger Säure zu lösen, die zur Korrosion einer Reihe metallischer Werkstoffe führen kann; Stickoxide (NO_x) im Verbrennungsgas können u. a. zur Bildung korrosiv wirkender salpetriger Säure führen. Bei konventionellen Feuerungsanlagen (z. B. bei Spezialheizkesseln) versucht man daher, diesen Taupunkt in die freie Atmosphäre zu verlegen.

Andererseits kann zur Bereitstellung von Wärme auf niedrigem Temperaturniveau (z. B. zum Heizen und zur Trinkwassererwärmung) vor allem bei der Verbrennung von schwefelarmen Energieträgern wie Erdgas H, Erdgas L, Kokereigas, Stadtgas, Propan, Butan oder schwefelarmem leichtem Heizöl und bei Verwendung korrosionsfester Werkstoffe die Unterschreitung des Taupunkts erwünscht sein;   dadurch lässt sich die bei der teilweisen Kondensation von Wasserdampf freiwerdende Kondensationsenthalpie (Kondensationswärme) energetisch nutzen (Brennwerttechnik; Brennwertkessel).

Zur Berechnung des Taupunkts muss der Teildruck des Wasserdampfs $p_{p\,H_2O}$ bestimmt werden. Wird der Raumanteil des Wasserdampfs im feuchten Verbrennungsgas mit $r_{H_2O}^{a\,f}$ und der Gesamtdruck des Verbrennungsgases mit p bezeichnet, so gilt entsprechend Gl. (4.203):

$$p_{p\,H_2O} = r_{H_2O}^{a\,f}\,p \tag{11.57}$$

Nach den Gln. (11.10), (11.14) bzw. (11.18) ist für trockene Brenngase bei vollständiger Verbrennung mit trockener Luft

$$r_{H_2O}^{a\,f} = \frac{v_{0\,H_2O}}{v_{0\,A\,f}} = \frac{r_{H_2} + 2\,r_{CH_4} + \Sigma\,\dfrac{m}{2}\,r_{C_nH_m}}{1 + l - 0{,}5\,(r_{CO} + r_{H_2}) + \Sigma\left(\dfrac{m}{4} - 1\right) r_{C_nH_m}} \tag{11.58}$$

und für feste sowie flüssige Brennstoffe gemäß den Gln. (11.33), (11.37) bzw. (11.41)

$$r_{H_2O}^{a\,f} = \frac{v_{0\,H_2O}^{*}}{v_{0\,A\,f}^{*}} = \frac{11{,}11\,h + 1{,}24\,w}{l^{*} + 1{,}24\,w + 0{,}70\,o + 0{,}80\,n + 5{,}56\,h} \cdot \tag{11.59}$$

11.2.4   Schornsteinzug

Gegenüber der kalten Außenluft erfahren die heißen Verbrennungsgase im Schornstein einen Auftrieb, der gleich dem Gewicht der verdrängten Luftmenge G_L ist. Die Differenz von Auftrieb G_L und Verbrennungsgasgewicht G_A stellt die treibende Kraft für die Strömung des Verbrennungsgases durch den Schornstein dar. Ist der Querschnitt des Schornsteins A und seine Höhe z, so ist analog zu Gl. (2.4) bei positiver Zählung der nach oben gerichteten Kraft F

$$F = G_L - G_A = A\,z\,(\gamma_L - \gamma_A) = A\,z\,g\,(\varrho_L - \varrho_A) \tag{11.60}$$

Der Quotient von Kraft F und Querschnitt A heißt Schornsteinzug Δp:

$$\Delta p = \frac{F}{A} = z\,g\,(\varrho_L - \varrho_A) \approx z\,g\,p\,\left(\frac{1}{R_L\,T_L} - \frac{1}{R_A\,T_A}\right) \tag{11.61}$$

Er ist um so größer, je höher der Schornstein und die Verbrennungsgastemperatur T_A sind. Der Schornsteinzug deckt die Reibungsverluste der Verbrennungsgasströmung. Bei Brennwertkesseln ist als Folge der energetisch vorteilhaften niedrigen Verbrennungsgastemperatur T_A der Schornsteinzug sehr klein, so dass die Verbrennungsgase mit Hilfe eines zusätzlichen Gebläses gefördert werden müssen.

Beispiel 11.4 Wie groß ist die Taupunkttemperatur für das in Beispiel 11.3 berechnete Verbrennungsgas bei einem Gesamtdruck von $p = 0,981$ bar?

Im Fall der vollständigen Verbrennung wären die Gl. (11.59) bzw. die Gln. (11.33) und (11.37) anwendbar. Im Fall der unvollständigen Verbrennung gilt mit den Ergebnissen von Beispiel 11.3:

$$r^{a\,f}_{H_2O} = \frac{v^*_{0\,H_2O}}{v^*_{0\,A\,unv\,f}} = \frac{11,11 \cdot 0,132}{14,23} = 0,103 = 10,3\,\%$$

Der Teildruck des Wasserdampfs ist nach Gl. (11.57):

$$p_{p\,H_2O} = r^{a\,f}_{H_2O}\,p = 0,103 \cdot 0,981\,\text{bar} = 0,101\,\text{bar}$$

Die Kondensationstemperatur ist demnach entsprechend der Wasserdampftafel Tabelle A.9b im Anhang $t_S = 46\,^\circ\text{C}$.

11.3   Brennwert und Heizwert

Bei einer exothermischen chemischen Reaktion in einem offenen System wird Wärme aus der Enthalpie der Reaktionsteilnehmer frei. Je nach den beteiligten Stoffen ereignet sich eine einzige chemische Reaktion oder mehrere chemische Reaktionen. Eine ablaufende chemische Reaktion hat zur Folge, dass eine Differenz der chemischen Bindungsenergien im Molekülaufbau, die einen Teil der Enthalpie der beteiligten Stoffe darstellen, entsteht. Diese Differenz der Enthalpien wird bei irreversiblen Reaktionen als Wärme abgegeben, soweit keine Technik (z. B. eine Brennstoffzelle) eingesetzt wird, mit der ein Teil der Enthalpiedifferenz auch zum Gewinn von Arbeit genutzt wird.

Im Folgenden wird vorausgesetzt, dass der Brennstoff mit der Masse m_B und der Enthalpie H_B sowie die Verbrennungsluft mit der Enthalpie H_L bei einem Druck p_1 und einer Temperatur t_1 stetig in den Verbrennungsraum einströmen (Bild 11.13). Die Enthalpie H_B des Brennstoffs umfasst neben der temperaturabhängigen Enthalpie auch die chemisch gebundene Energie des Brennstoffs. Nach einer vollständigen Verbrennung haben die Verbrennungsprodukte bei demselben Druck p_1 eine sehr viel höhere Temperatur t_2. Wir denken uns im Folgenden die Verbrennungsprodukte durch Entzug der Wärme $Q_{11'}$ auf die Temperatur der Ausgangsstoffe t_1 zurückgekühlt; dabei soll vorausgesetzt werden, dass der als Verbrennungsprodukt entstandene Wasserdampf durch die Rückkühlung praktisch vollständig verflüssigt wird und dabei auch Kondensationsenthalpie (Kondensationswärme) frei wird. Damit haben das Verbrennungsgas die Enthalpie H_A und die Asche bzw. Schlacke die Enthalpie H_S.

Es wird nun die Gl. (2.67) auf die Verbrennung mit Rückkühlung angewandt, wobei die Unterschiede der potentiellen und der kinetischen Energien vernachlässigt werden sowie W_e und W_{RA} zu null gesetzt werden können:

$$Q_{11'} = (H_A + H_S)_{1'} - (H_B + H_L)_1 = H_{1'} - H_1 \qquad (11.62)$$

Die Wärme $Q_{11'}$ ist negativ, weil sie aus dem Verbrennungsraum abgeführt wird. Den Betrag der spezifischen Wärme $q_{11'}$ (bezogen auf die Masse von 1 kg Brennstoff) bezeichnet man als Brennwert (früher: oberer Heizwert)H_s; genauer ist die Bezeichnung spezifischer Brennwert:

$$H_s = \frac{|Q_{11'}|}{m_B} = \frac{H_1 - H_{1'}}{m_B} \qquad (11.63)$$

Bild 11.13 Zur Erklärung der Begriffe „Brennwert" und „Heizwert"

Für Tabellenangaben wird als Bezugszustand der Normzustand ($p_1 = p_0 = 1{,}01325$ bar; $t_1 = t_0 = 0\,°C$) gewählt; teilweise wird H_s auch in der Weise angegeben, dass als Temperatur der Ausgangsstoffe sowie der rückgekühlten Produkte $t_1 = 15\,°C$ oder $t_1 = 25\,°C$ gewählt ist.

Für Brenngase bezieht man den Brennwert auf das Normvolumen (genaue Bezeichnung: normvolumenbezogener Brennwert):

$$H_{s,0} = \frac{|Q_{11'}|}{V_{0\,B}} = \frac{H_1 - H_{1'}}{V_{0\,B}} \qquad (11.64)$$

Im Gegensatz zum spezifischen Brennwert H_s bzw. zum normvolumenbezogenen Brennwert $H_{s,0}$ wird vom spezifischen Heizwert H_i bzw. vom normvolumenbezogenen Heizwert $H_{i,0}$ (früher: unterer Heizwert; vgl. Tabelle 11.1) dann gesprochen, wenn die Verbrennungsprodukte zwar auf die Temperatur der Ausgangsstoffe t_1 rückgekühlt werden, jedoch die gesamte Menge an entstandenem Wasser fiktiv als Wasserdampf gedacht wird.

Zwischen spezifischem Brennwert H_s und spezifischem Heizwert H_i besteht die Beziehung

$$H_s - H_i = \frac{m_{H_2O}}{m_B} r \;, \qquad (11.65)$$

wenn m_{H_2O} die Masse des in den Verbrennungsgasen enthaltenen Wasserdampfs, m_B die Masse des verbrannten Brennstoffs und r die spezifische Kondensationsenthalpie (spezifische Kondensationswärme) von H_2O bei der Temperatur t_1 ist. Wird beispielsweise ein fester oder flüssiger Brennstoff mit dem Wasserstoffgehalt h und dem Wassergehalt w betrachtet, so sind nach den Gln. (11.19) und (11.23) je kg Brennstoff

$$\frac{m_{H_2O}}{m_B} = 8{,}94\,h + w \qquad (11.66)$$

Wasser zu berücksichtigen. Als Differenz von spezifischem Brennwert H_s und spezifischem Heizwert H_i erhält man (bei einer Bezugstemperatur $t_1 = 25\,°C$ für die Verbrennung)

$$H_s - H_i = \frac{m_{H_2O}}{m_B} r = (8{,}94\,h + w) \cdot 2442{,}5\ \text{kJ/kg}\;. \qquad (11.67)$$

Die Differenz von normvolumenbezogenem Brennwert $H_{s,0}$ und normvolumenbezogenem Heizwert $H_{i,0}$ ist sinngemäß

$$H_{s,0} - H_{i,0} = \frac{V_{0\,H_2O}}{V_{0\,B}} r_0 \qquad (11.68)$$

mit $v_{0\,H_2O} = V_{0\,H_2O}/V_{0\,B}$ als der durch die Verbrennungsreaktionen entstandenen Wasserdampfmenge in Nm^3 H_2O je Nm^3 Brenngas und r_0 als der normvolumenbezogenen Kondensationsenthalpie von H_2O. Mit Gl. (11.10) wird bei der Bezugstemperatur $t_1 = 25\,°C$ für die Verbrennung

$$H_{s,0} - H_{i,0} = \left(r_{H_2} + 2\,r_{CH_4} + \Sigma\,\frac{m}{2}\,r_{C_n H_m}\right) \cdot 1963{,}5\,\frac{kJ}{Nm^3}\,. \tag{11.69}$$

Der spezifische Brennwert bzw. Heizwert eines Gemischs aus festen und flüssigen Brennstoffen lässt sich mit Hilfe der Massenanteile μ_i der Komponenten berechnen. Der normvolumenbezogene Brennwert bzw. Heizwert eines Brenngasgemischs aus idealen Gasen kann mit Hilfe der Raumanteile r_i der Komponenten berechnet werden (vgl. Abschnitt 4.5.3):

$$H_s = \sum_{i=1}^{n} \mu_i\,H_{s\,i} \tag{11.70}$$

$$H_i = \sum_{i=1}^{n} \mu_i\,H_{i\,i} \tag{11.71}$$

$$H_{s,0} = \sum_{i=1}^{n} r_i\,H_{s,0\,i} \tag{11.72}$$

$$H_{i,0} = \sum_{i=1}^{n} r_i\,H_{i,0\,i} \tag{11.73}$$

11.4   Theoretische Verbrennungstemperatur

Bei der Verbrennung erhöht die freiwerdende Wärme die Temperatur der Verbrennungsgase. Verläuft der Vorgang adiabat, wird also keine Wärme an ein Arbeitsmittel oder an die Umgebung abgegeben, so erreichen die Verbrennungsgase bei der Verbrennung die theoretische Verbrennungstemperatur (adiabate Verbrennungstemperatur) t_{Amax}.

Bild 11.14 Adiabate Verbrennung

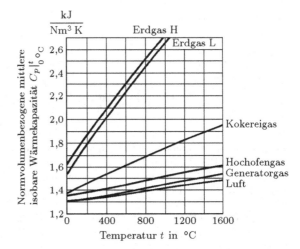

Bild 11.15 Normvolumenbezogene mittlere isobare Wärmekapazität von Brenngasen (nicht dissoziiert) und von Luft

Die Enthalpie H_B des Brennstoffs umfasst neben der temperaturabhängigen Enthalpie auch die chemisch gebundene Energie des Brennstoffs. Analog zu Gl. (11.62) gilt gemäß Bild 11.14

$$H_B + H_L = H_{Amax} + H_S \ . \tag{11.74}$$

Wird die vollständige Verbrennung eines Brenngases vorausgesetzt, sind zur Berechnung der theoretischen Verbrennungstemperatur t_{Amax} die folgenden Zustandsgrößen erforderlich:

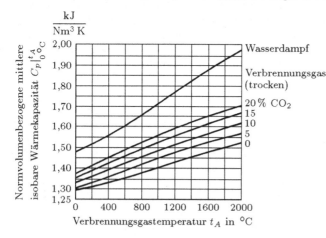

Bild 11.16 Normvolumenbezogene mittlere isobare Wärmekapazität von Wasserdampf und von trockenem Verbrennungsgas (nicht dissoziiert) in Abhängigkeit vom CO_2-Gehalt

- die normvolumenbezogene mittlere isobare Wärmekapazität des jeweiligen Brenngases $C_{pB}|_{0°C}^{t_B}$ in kJ/(Nm³ K) (vgl. Bild 11.15)

- die normvolumenbezogenen mittleren isobaren Wärmekapazitäten von Luft $C_{pL}|_{0°C}^{t_L}$, von CO_2 $C_{pCO_2}|_{0°C}^{t_{Amax}}$, von H_2O (Dampf) $C_{pH_2O}|_{0°C}^{t_{Amax}}$, von O_2 $C_{pO_2}|_{0°C}^{t_{Amax}}$ und von N_2 $C_{pN_2}|_{0°C}^{t_{Amax}}$ in kJ/(Nm³ K) (vgl. Bild 11.15 für $C_{pL}|_{0°C}^{t_L}$ und Bild 11.16, in dem neben $C_{pH_2O}|_{0°C}^{t_A}$ im Sinne einer Zusammenfassung auch $C_{pAt}|_{0°C}^{t_A}$ in kJ/(Nm³ K) des trockenen Verbrennungsgases enthalten ist, wobei dessen Anteil an $r_{CO_2}^{at}$ im trockenen Verbrennungsgas berücksichtigt wird)

Wegen der Untergrenze $t_{0'} = 0\,°C$ für die normvolumenbezogenen mittleren isobaren Wärmekapazitäten $C_{pi}|_{0°C}^{t_{Amax}}$ ergeben sich als konstante Bezugswerte für die Enthalpien bei $t_{0'} = 0\,°C$ $H_{0'B}$, $H_{0'L}$ und $H_{0'A}$. Damit ist die Enthalpie des einströmenden Brenngas-Luft-Gemischs:

$$H_B + H_L = V_{0B} \, C_{pB}|_{0°C}^{t_B} \, t_B + V_{0B} \, h_{0'B} + V_{0B} \, \lambda \, l_{min} \, (C_{pL}|_{0°C}^{t_L} \, t_L + h_{0'L}) \tag{11.75}$$

Der Asche- bzw. Rußgehalt im Verbrennungsgas kann vernachlässigt werden ($H_S = 0$); damit erhält man für die Enthalpie der Verbrennungsprodukte bei denselben Temperaturgrenzen wie oben angegeben:

$$H_{Amax} = V_{0\,H_2O} \, C_{pH_2O}|_{0°C}^{t_{Amax}} \, t_{Amax} + V_{0\,CO_2} \, C_{pCO_2}|_{0°C}^{t_{Amax}} \, t_{Amax} +$$

$$V_{0\,O_2} \, C_{pO_2}|_{0°C}^{t_{Amax}} \, t_{Amax} + V_{0\,N_2} \, C_{pN_2}|_{0°C}^{t_{Amax}} \, t_{Amax} + H_{0'A} \tag{11.76}$$

Wird als Bezugstemperatur wieder $t_{0'} = 0\,°C$ gewählt, so werden die Enthalpien H_B, H_L und H_{Amax} in Bild 11.14 zu $H_{0'B}$, $H_{0'L}$ und $H_{0'A}$. Damit ergibt sich der normvolumenbezogene Heizwert $H_{i,0}$ bei sinngemäßer Anwendung von Gl. (11.64) und mit einer Bilanzierung entsprechend Bild 11.13 aus der folgenden Gleichung:

$$V_{0B} \, H_{i,0} = (H_{0'B} + H_{0'L}) - H_{0'A} = V_{0B} \, h_{0'B} + V_{0B} \, \lambda \, l_{min} \, h_{0'L} - H_{0'A} \tag{11.77}$$

Werden die Gln. (11.75) bis (11.77) in Gl. (11.74) eingesetzt und wird durch $V_{0\,B}$ geteilt, so erhält man für die theoretische Verbrennungstemperatur t_{Amax}:

$$t_{Amax} = \frac{H_{i,0} + \lambda\,l_{min}\,C_{p\,L}|_{0\,°C}^{t_L}\,t_L + C_{p\,B}|_{0\,°C}^{t_B}\,t_B}{\Sigma\,\dfrac{V_{0\,i}}{V_{0\,B}}\,C_{p\,i}|_{0\,°C}^{t_{Amax}}}$$

$$= \frac{H_{i,0} + \lambda\,l_{min}\,C_{p\,L}|_{0\,°C}^{t_L}\,t_L + C_{p\,B}|_{0\,°C}^{t_B}\,t_B}{\dfrac{V_{0\,H_2O}}{V_{0\,B}}C_{p\,H_2O}|_{0\,°C}^{t_{Amax}} + \left(\dfrac{V_{0\,A}}{V_{0\,B}}\right)_t C_{p\,A\,t}|_{0\,°C}^{t_{Amax}}} \qquad (11.78)$$

In die Summe im Nenner sind die Ausdrücke $V_{0\,i}/V_{0\,B} = v_{0\,i}$ für die jeweiligen Komponenten des Verbrennungsgases gemäß den Gln. (11.10) bis (11.13) bzw. gemäß den Gln. (11.10) und (11.15) einzusetzen.

Wird als Brennstoff ein fester oder ein flüssiger Brennstoff eingesetzt, sind zur Berechnung der theoretischen Verbrennungstemperatur t_{Amax} die folgenden Zustandsgrößen erforderlich:

- die spezifische mittlere isobare Wärmekapazität des jeweiligen Brennstoffs $c_{p\,B}|_{0\,°C}^{t_B}$ in kJ/(kg K)

- die normvolumenbezogenen mittleren isobaren Wärmekapazitäten von Luft $C_{p\,L}|_{0\,°C}^{t_L}$, von CO_2 $C_{p\,CO_2}|_{0\,°C}^{t_{Amax}}$, von H_2O (Wasserdampf) $C_{p\,H_2O}|_{0\,°C}^{t_{Amax}}$, von SO_2 $C_{p\,SO_2}|_{0\,°C}^{t_{Amax}}$, von O_2 $C_{p\,O_2}|_{0\,°C}^{t_{Amax}}$ und von N_2 $C_{p\,N_2}|_{0\,°C}^{t_{Amax}}$ in kJ/(Nm³ K) (vgl. Bild 11.15 für $C_{p\,L}|_{0\,°C}^{t_L}$ und Bild 11.16, in dem neben $C_{p\,H_2O}|_{0\,°C}^{t_{Amax}}$ im Sinne einer Zusammenfassung auch $C_{p\,A\,t}|_{0\,°C}^{t_A}$ in kJ/(Nm³ K) des trockenen Verbrennungsgases enthalten ist, wobei dessen Anteil an $r_{CO_2}^{a\,t}$ im trockenen Verbrennungsgas berücksichtigt wird)

Durch eine sinngemäße Herleitung erhält man für die theoretische Verbrennungstemperatur t_{Amax}:

$$t_{Amax} = \frac{H_i + \lambda\,l_{min}^*\,C_{p\,L}|_{0\,°C}^{t_L}\,t_L + c_{p\,B}|_{0\,°C}^{t_B}\,t_B}{\Sigma\,\dfrac{V_{0\,i}}{m_B}\,C_{p\,i}|_{0\,°C}^{t_{Amax}}}$$

$$= \frac{H_i + \lambda\,l_{min}^*\,C_{p\,L}|_{0\,°C}^{t_L}\,t_L + c_{p\,B}|_{0\,°C}^{t_B}\,t_B}{\dfrac{V_{0\,H_2O}}{m_B}C_{p\,H_2O}|_{0\,°C}^{t_{Amax}} + \left(\dfrac{V_{0\,A}}{m_B}\right)_t C_{p\,A\,t}|_{0\,°C}^{t_{Amax}}} \qquad (11.79)$$

In die Summe im Nenner sind die Ausdrücke $V_{0\,i}/m_B = v_{0\,i}^*$ für die jeweiligen Komponenten des Verbrennungsgases gemäß den Gln. (11.32) bis (11.36) bzw. (11.38) einzusetzen; auch hier ist $H_S = 0$ angenommen.

Die vorliegenden Gln. (11.78) und (11.79) berücksichtigen nicht die bei Temperaturen oberhalb von etwa 1500 °C merklich werdende Dissoziation der Bestandteile H_2O, CO_2 und SO_2 im Verbrennungsgas. Darunter versteht man die Verschiebung des Reaktionsgleichgewichts in den Verbrennungsgleichungen (11.1), (11.2) und (11.21) nach links; bei noch höheren Temperaturen können darüber hinaus H_2 und O_2 teilweise in ihre Atome zerfallen. Diese Vorgänge benötigen Energie; dies führt zu einer Verringerung der theoretischen Verbrennungstemperatur t_{Amax} [9], [43].

Die theoretische Verbrennungstemperatur t_{Amax} wird um so kleiner, je größer das Luftverhältnis λ ist. Sollen möglichst hohe Verbrennungstemperaturen erreicht werden, bemüht man sich, das Luftverhältnis so klein wie möglich zu halten: so klein, dass gerade noch eine vollständige Verbrennung erreicht wird. Als Richtwerte für λ können im Allgemeinen gelten: handbeschickte Feuerungen für Festbrennstoffe: $\lambda = 1,4 \ldots 2,5$; automatische Rostfeuerungen für Festbrennstoffe: $\lambda = 1{,}25 \ldots 1{,}4$; Kohlenstaubfeuerungen: $\lambda = 1{,}05 \ldots 1{,}2$; Öl- und Gasfeuerungen: $\lambda = 1{,}02 \ldots 1{,}35$; *Otto*motoren ohne Schichtladung bzw. ohne Abgasrückführung mit Drei-Wege-Katalysator: $\lambda = 0{,}99 \ldots 1{,}05$; *Diesel*motoren: $\lambda = 1{,}0 \ldots 1{,}5$.

Durch Vorwärmen des Brennstoffs und/oder der Verbrennungsluft kann die theoretische Verbrennungstemperatur erhöht werden. In ausgeführten Feuerungen ist die wirkliche Verbrennungstemperatur infolge der Nutzwärmeabgabe an ein Arbeitsmittel oder einen anderen zu erhitzenden Stoff kleiner als die theoretische Verbrennungstemperatur (z. B. in Dampferzeugern und in Heizkesseln $t \leq 1200\,°\mathrm{C}$).

Wird in Gl. (11.76) an Stelle der Temperatur t_{Amax} die Temperatur t_{St} eingesetzt, mit der die Verbrennungsgase in den Schornstein eintreten, so wird H_{Amax} zu H_A, und die Differenz H_A - $H_{0'\,A}$ stellt jene Wärme dar, die bei einer Abkühlung der Verbrennungsgase auf $0\,°\mathrm{C}$ noch gewonnen werden könnte. Diese Enthalpiedifferenz wird als Abgas- oder Schornsteinverlust bezeichnet:

$$H_A - H_{0'\,A} = t_{St}\,\Sigma\,V_{0\,i}\,C_{p\,i}\big|_{0\,°\mathrm{C}}^{t_{St}} = t_{St}(V_{0\,H_2O}\,C_{p\,H_2O}\big|_{0\,°\mathrm{C}}^{t_{St}} + V_{0\,A\,t}^{\bullet}\,C_{p\,A\,t}\big|_{0\,°\mathrm{C}}^{t_{St}}) \tag{11.80}$$

Zur Auswertung der eher unbequem zu handhabenden Gln. (11.74) bis (11.78) bzw. (11.79) bedient man sich des h_a, t_A-Diagramms von *Rosin* und *Fehling* [24], das mit einer Genauigkeit von rund $\pm\,1{,}5\,\%$ für die Verbrennungsgase allgemein praktisch aller festen, flüssigen und gasförmigen Brennstoffe verwendet werden kann.

Im Hinblick auf eine gut brauchbare Näherung ist das h_a, t_A-Diagramm von *Rosin* und *Fehling* (Bild 11.17) von erheblichem Nutzen. Bei gasförmigen Brennstoffen wird die auf das Normvolumen des Brenngases bezogene Enthalpie des Verbrennungsgases h_A bei beliebiger Temperatur t_A durch die auf das Normvolumen des Brenngases bezogene feuchte Verbrennungsgasmenge $v_{0\,A\,f}$ geteilt:

$$h_a = \frac{h_A}{v_{0\,A\,f}} \quad \text{in MJ/(Nm}^3 \text{ feuchtes Verbrennungsgas)} \tag{11.81}$$

Der Index „a" wird gewählt, um zu verdeutlichen, dass h_a auf das Normvolumen des feuchten Verbrennungsgases (Abgases) und nicht auf das Normvolumen des Brenngases bezogen ist. In derselben Weise gelangt man bei der Betrachtung der Verbrennungsgase von festen und flüssigen Brennstoffen zu h_a: Hier wird die auf die Masse des Brennstoffs bezogene Enthalpie des Verbrennungsgases h_A^* durch die auf die Masse des Brennstoffs bezogene feuchte Verbrennungsgasmenge $v_{0\,A\,f}^*$ geteilt.

$$h_a = \frac{h_A^*}{v_{0\,A\,f}^*} \quad \text{in MJ/(Nm}^3 \text{ feuchtes Verbrennungsgas)} \tag{11.81 b}$$

Im Hinblick auf die theoretische Verbrennungstemperatur gilt:

$$h_{amax} = \frac{h_{Amax}}{v_{0\,A\,f}} \quad \text{bzw.} \quad h_{amax} = \frac{h_{Amax}^*}{v_{0\,A\,f}^*} \quad \text{in MJ/(Nm}^3 \text{feuchtes Verbrennungsgas)} \tag{11.82}$$

Sie kann somit aus dem h_a, t_A-Diagramm von *Rosin* und *Fehling* ermittelt werden. Hierin ist der Einfluss der Dissoziation bereits berücksichtigt. In Bild 11.17 ist der Luftgehalt

$$l_a = \frac{(\lambda - 1)\,l_{min}}{v_{0\,A\,f}} \quad \text{bzw.} \quad l_a = \frac{(\lambda - 1)\,l_{min}^*}{v_{0\,A\,f}^*} \tag{11.83}$$

als Parameter gewählt; der Luftgehalt ist der Raumanteil der überschüssig zugeführten Luft im Verbrennungsgas. l_a ist den oberen Diagrammen des Bildes 11.17 abhängig vom Heizwert H_i bzw. $H_{i,0}$ und vom Luftverhältnis λ zu entnehmen.

Die theoretischen Verbrennungstemperaturen für feste, flüssige und gasförmige Brennstoffe können — abhängig vom Luftverhältnis λ — auch aus Bild 11.18 entnommen werden [21].

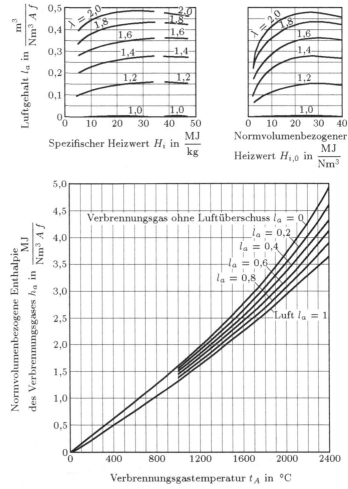

Bild 11.17
h_a, t_A-Diagramm nach
Rosin und *Fehling* [24]

Weitere Diagramme (vgl. z. B. [78]), insbesondere h, t_A-Diagramme, werden für Brennstoffe, Verbrennungsluft und Verbrennungsgase, abhängig von den jeweiligen festen, flüssigen bzw. gasförmigen Brennstoffen, verwendet. Im Folgenden werden nur Brenngase betrachtet. Für die normvolumenbezogenen Enthalpien der Ausgangsstoffe erhält man, wenn vereinfachend $t_B = t_L$ gesetzt wird,

$$h_B + h_L = \frac{H_B + H_L}{V_{0\,B}} = (C_{p\,B}\big|_{0\,°C}^{t_B} + \lambda\,l_{min}\,C_{p\,L}\big|_{0\,°C}^{t_L})\,t_L + h_{0'\,B} + \lambda\,l_{min}\,h_{0'\,L} \quad (11.84)$$

und für die Verbrennungsprodukte, wenn die Funktion $h_A = H_A/V_{0\,B} = \mathrm{f}(t)$ gebildet wird,

$$h_A = \frac{H_A}{V_{0\,B}} = t_A \,\Sigma\, \frac{V_{0\,i}}{V_{0\,B}}\, C_{p\,i}\big|_{0\,°C}^{t_A} + \frac{H_{0'\,A}}{V_{0\,B}} \,. \quad (11.85)$$

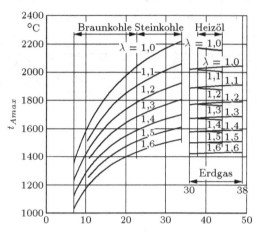

Bild 11.18 Theoretische Verbrennungstemperatur für Steinkohle, Braunkohle, Heizöl und Erdgas in Abhängigkeit vom Heiz-
wert und vom Luftverhältnis λ für $t_B = t_L$
$= 15\,°C$ [21]

Normvolumenbezogener Heizwert $H_{i,0}$
in MJ/(Nm³ B)

Spezifischer Heizwert H_i in MJ/kg

Analog zu Gl. (11.74) gilt unter der Voraussetzung $h_S = 0$:

$$h_B + h_L = h_{Amax} \, . \tag{11.86}$$

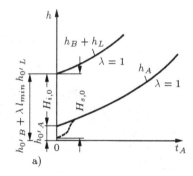

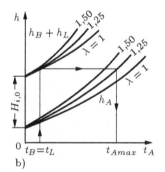

a)   b)

Bild 11.19 h, t_A-Diagramm:
a) Grundsätzlicher Aufbau
b) Ermittlung der theoretischen Verbrennungstemperatur t_{Amax}

Werden die Enthalpien je Normkubikmeter Brenngas entsprechend den Gln. (11.84)
und (11.85) in einem gemeinsamen h, t_A-Diagramm aufgetragen, so lässt sich die theoretische Verbrennungstemperatur mit der Bedingung $h_A = h_{Amax}$ aus diesem Diagramm ermitteln: Man findet diese entsprechend Bild 11.19 b, indem man $h_B + h_L$ bei
der Temperatur der einströmenden Einsatzstoffe ($t_B = t_L$) aufsucht und entsprechend
Gl. (11.86) bei dem gleichen normvolumenbezogenen Enthalpiewert auf der Kurve für
$h_A = h_{Amax}$ die Temperatur abliest. Diese Temperatur ist dann die theoretische Verbrennungstemperatur gemäß Gl. (11.78) bzw. (11.79).

Der normvolumenbezogene Heizwert $H_{i,0}$ erscheint im h, t_A-Diagramm (Bild 11.19 a)
gemäß der durch $V_{0\,B}$ dividierten Gl. (11.77) auf der Ordinatenachse für $t_{0'} = 0\,°C$.
Berücksichtigt man die Kondensation des Wasserdampfs bei niedrigen Temperaturen,
so folgt die Kurve der Verbrennungsprodukte der gestrichelten Linie, und bei $t_{0'} = 0\,°C$
erhält man den normvolumenbezogenen Brennwert $H_{s,0}$.

Beispiel 11.5 Welche theoretische Verbrennungstemperatur t_{Amax} wird bei der vollständigen Verbrennung des leichten Heizöls in Beispiel 11.3 mit dem Luftverhältnis $\lambda = 1{,}2$ erreicht, wenn dessen spezifischer Heizwert $H_i = 42\,700$ kJ/kg beträgt und das Heizöl sowie die Verbrennungsluft mit $t = 20\,^\circ\mathrm{C}$ dem Brenner zuströmen? Die spezifische isobare Wärmekapazität des Heizöls beträgt $c_p = 2{,}01$ kJ/(kg K).

Mit den Gln. (11.32) bis (11.36) erhält man:

$$v^*_{0\,CO_2} = \frac{V_{0\,CO_2}}{m_B} = 1{,}86\ c = 1{,}61\ \frac{\mathrm{Nm}^3\ CO_2}{\mathrm{Nm}^3\ B}$$

$$v^*_{0\,H_2O} = \frac{V_{0\,H_2O}}{m_B} = 11{,}11\ h = 1{,}47\ \frac{\mathrm{Nm}^3\ H_2O}{\mathrm{Nm}^3\ B}$$

$$v^*_{0\,SO_2} = \frac{V_{0\,SO_2}}{m_B} = 0{,}68\ s \approx 0\ \frac{\mathrm{Nm}^3\ SO_2}{\mathrm{Nm}^3\ B}$$

$$v^*_{0\,O_2} = \frac{V_{0\,O_2}}{m_B} = 0{,}21\ (\lambda - 1)\ l^*_{min} = 0{,}47\ \frac{\mathrm{Nm}^3\ O_2}{\mathrm{Nm}^3\ B}$$

$$v^*_{0\,N_2} = \frac{V_{0\,N_2}}{m_B} = 0{,}79\ \lambda\, l^*_{min} = 10{,}63\ \frac{\mathrm{Nm}^3\ N_2}{\mathrm{Nm}^3\ B}$$

Damit ergibt sich als spezifische trockene Verbrennungsgasmenge:

$$v^*_{0\,At} = \left(\frac{V_{0\,A}}{m_B}\right)_t = v^*_{0\,CO_2} + v^*_{0\,O_2} + v^*_{0\,N_2} = 12{,}71\ \frac{\mathrm{Nm}^3\ A\,t}{\mathrm{Nm}^3\ B}$$

Für die Ermittlung der mittleren normvolumenbezogenen isobaren Wärmekapazitäten von Luft, von Wasserdampf und von der spezifischen trockenen Verbrennungsgasmenge werden die Bilder 11.15 und 11.16 herangezogen. Bei den beiden letztgenannten Größen muss im Rahmen eines ersten Iterationsschritts zunächst ein Schätzwert für die obere Temperaturgrenze t_{Amax} angenommen werden. Es wird mit $t_{Amax} = 1900\,^\circ\mathrm{C}$ gearbeitet. Damit werden

$$C_{pL}\big|^{t_L}_{0\,^\circ\mathrm{C}} = 1{,}31\ \frac{\mathrm{kJ}}{\mathrm{Nm}^3\ L\ \mathrm{K}},\quad C_{pH_2O}\big|^{t_{Amax}}_{0\,^\circ\mathrm{C}} = 1{,}95\ \frac{\mathrm{kJ}}{\mathrm{Nm}^3\ H_2O\ \mathrm{K}}\ \text{und}\ C_{pAt} = 1{,}60\ \frac{\mathrm{kJ}}{\mathrm{Nm}^3\ A\,t\ \mathrm{K}}\ .$$

Mit Gl. (11.79) ergibt sich

$$
\begin{aligned}
t_{Amax} &= \frac{H_i + \lambda\, l^*_{min}\, C_{pL}\big|^{t_L}_{0\,^\circ\mathrm{C}}\, t_l + c_{pB}\, t_B}{\sum \dfrac{V_{0i}}{m_B}\, C_{pi}\big|^{t_{Amax}}_{0\,^\circ\mathrm{C}}} = \frac{H_i + \lambda\, l^*_{min}\, C_{pL}\big|^{t_L}_{0\,^\circ\mathrm{C}}\, t_l + c_{pB}\, t_B}{\dfrac{V_{0\,H_2O}}{m_B}\, C_{pH_2O}\big|^{t_{Amax}}_{0\,^\circ\mathrm{C}} + \left(\dfrac{V_{0\,A}}{m_B}\right)_t C_{pAt}\big|^{t_{Amax}}_{0\,^\circ\mathrm{C}}} \\[2em]
&= \frac{42700\ \dfrac{\mathrm{kJ}}{\mathrm{kg}\ B} + 13{,}45\ \dfrac{\mathrm{Nm}^3\ L}{\mathrm{kg}\ B}\cdot 1{,}31\ \dfrac{\mathrm{kJ}}{\mathrm{Nm}^3\ L\ \mathrm{K}}\cdot 20\ \mathrm{K} + 2{,}01\ \dfrac{\mathrm{kJ}}{\mathrm{kg}\ B\ \mathrm{K}}\cdot 20\ \mathrm{K}}{1{,}47\ \dfrac{\mathrm{Nm}^3\ H_2O}{\mathrm{kg}\ B}\cdot 1{,}95\ \dfrac{\mathrm{kJ}}{\mathrm{Nm}^3\ H_2O\ \mathrm{K}} + 12{,}71\ \dfrac{\mathrm{Nm}^3\ A\,t}{\mathrm{kg}\ B}\cdot 1{,}60\ \dfrac{\mathrm{kJ}}{\mathrm{Nm}^3\ A\,t\ \mathrm{K}}} \\[2em]
&= 1857\,^\circ\mathrm{C}.
\end{aligned}
$$

Weil das Ergebnis mit der getroffenen Annahme für t_{Amax} gut übereinstimmt, erübrigt sich ein zweiter Iterationsschritt. Für eine graphische Ermittlung lässt sich Bild 11.18 heranziehen; hieraus erhält man $t_{Amax} = 1870\,^\circ\mathrm{C}$.

Aufgaben zu Abschnitt 11

1. In einer Tabelle über Schutzgase findet sich die Angabe, dass ein Schutzgas für Glühöfen, bestehend aus

$$r_{H_2} = 0,14; \quad r_{CO} = 0,09; \quad r_{CO_2} = 0,05; \quad r_{N_2} = 0,72$$

vollständig verbrennt, wenn es mit Luft in folgendem Volumenverhältnis gemischt wird: 64,6 % Schutzgas zu 35,4 % Luft. Ist diese Angabe richtig?

2. Propan C_3H_8 wird mit trockener Luft beim Luftverhältnis $\lambda = 1,2$ vollständig verbrannt. Das Gas kann als ideales Gas aufgefasst werden. Es sind o_{min}, l_{min}, l, $v_{0\,Amin\,f}$, $v_{0\,A\,f}$, $v_{0\,Amin\,t}$, $v_{0\,A\,t}$, $r_{CO_2\,max}^{a\,t}$ sowie die Zusammensetzung des trockenen und des feuchten Verbrennungsgases zu bestimmen. Die Ergebnisse für die Anteile von CO_2 und O_2 im trockenen Verbrennungsgas sind mit Hilfe des Bildes 11.8 zu überprüfen.

3. In einer Anlage zur Klärschlammbehandlung wird Klärschlamm inertisiert, wobei im Vergaser als Beiprodukt ein brennbares Schwachgas mit der folgenden Zusammensetzung in Volumenanteilen r_i entsteht:

$$r_{CH_4} = 0,04; \quad r_{H_2} = 0,15; \quad r_{CO} = 0,17; \quad r_{CO_2} = 0,15; \quad r_{N_2} = 0,49$$

Das Schwachgas ist ein ideales Gas und soll als trocken angenonunen werden. Es wird in einem nachgeschalteten Blockheizkraftwerk zur gekoppelten Strom- und Wärmebereitstellung genutzt und dort mit trockener Luft verbrannt; das Luftverhältnis beträgt $\lambda = 1,5$ (Magermotorbetrieb). Es sollen o_{min}, l_{min}, l, $v_{0\,Amin\,f}$, $v_{0\,A\,f}$, $v_{0\,Amin\,t}$, $v_{0\,A\,t}$ und $r_{CO_2\,max}^{a\,t}$ berechnet werden. Der normvolumenbezogene Heizwert beträgt $H_{i,0} = 5,2$ MJ/Nm³. Ermitteln Sie graphisch den normvolumenbezogenen Mindestluftbedarf l_{min} und die normvolumenbezogene feuchte Abgasmenge $v_{0\,A\,f}$ unter Verwendung des Bildes 11.3.

4. Das Schwachgas gemäß Aufgabe 3 wird nunmehr mit verringertem Luftverhältnis λ verbrannt. Im Rahmen einer Verbrennungskontrolle werden im trockenen Verbrennungsgas $r_{CO_2}^{a\,t} = 0,181$ Nm³ CO_2/Nm³ $A\,t$ und $r_{CO}^{a\,t} = 0,008$ Nm³ CO/Nm³ $A\,t$ gemessen; weitere unverbrannte bzw. nur teilweise verbrannte Bestandteile treten im Verbrennungsgas nicht auf. λ soll exakt nach Gl. (11.46) sowie näherungsweise nach Gl. (11.50) und Gl. (11.54) ermittelt werden.

5. 1 kg Rapsölmethylester (RME) wird im Verbrennungsmotor eines Blockheizkraftwerks mit dem Luftverhältnis $\lambda = 1,2$ vollständig verbrannt. Die Verbrennungsluft ist trocken. Rapsölmethylester hat die folgende Zusammensetzung in Massenanteilen:

$$c = 0,7760; \quad h = 0,1360; \quad s = 0,00007; \quad o = 0,0879; \quad n = 0,00003$$

Es sind die Sauerstoffbedarfscharakteristik σ, die Stickstoffcharakteristik ν, der Mindestsauerstoffbedarf o_{min}^*, der Mindestluftbedarf l_{min}^*, der Luftbedarf l^*, die feuchte Mindestverbrennungsgasmenge $v_{0\,Amin\,f}^*$, die feuchte Verbrennungsgasmenge $v_{0\,A\,f}^*$, die trockene Mindestverbrennungsgasmenge $v_{0\,Amin\,t}^*$ und die trockene Verbrennungsgasmenge $v_{0\,A\,t}^*$ zu berechnen. Wie setzen sich das feuchte sowie das trockene Verbrennungsgas $v_{0\,A\,f}^*$ bzw. $v_{0\,A\,t}^*$ zusammen? Es ist die Berechnung von $v_{0\,A\,f}^*$ mit Hilfe von Gl. 11.41 zu überprüfen. Wie groß ist die tatsächliche feuchte Verbrennungsgasmenge $v_{Amin\,f}^*$, wenn das Verbrennungsgas den Verbrennungsmotor mit dem Zustand $p = 1,0$ bar und $t = 320\,°C$ verlässt?
Berechnen Sie die Molmasse M und die spezielle Gaskonstante R des Verbrennungsgases. Das Abgasrohr des Blockheizkraftwerks endet in 10 m Höhe über dem Verbrennungsmotor als Schornstein ins Freie. Wie groß ist die Druckdifferenz Δp — also der Schornsteinzug — des strömenden Verbrennungsgases zwischen dem Verbrennungsmotor und der Mündung des Abgasrohres?

Für die Berechnung von chemischen Umsetzungen wird der Brennstoff Holz (waf) mit dem fiktiven Molekül $C_1H_{1,44}O_{0,66}$ angegeben. Berechnen Sie analog dazu das fiktive Molekül $C_1H_pO_qS_rN_s$ des Rapsölmethylesters (RME) aus der Zusammensetzung in Massenanteilen. Verwenden Sie dazu die entsprechenden Atommassen in Tabelle A.7.

6. Braunkohlebriketts mit der Zusammensetzung in Massenanteilen

$\quad$ c = 0,517; $\quad$ h = 0,040; $\quad$ s = 0,006; $\quad$ o = 0,207; $\quad$ n = 0,010; $\quad$ w = 0,160; $\quad$ a = 0,060

werden mit dem Luftverhältnis $\lambda = 1,5$ vollständig verbrannt. Die Verbrennungsluft hat den Zustand $p = 1,0$ bar und $t = 20\,^{\circ}C$. Es sollen die Sauerstoffbedarfscharakteristik σ, die Stickstoffcharakteristik ν, der Luftbedarf l^*, die feuchte Verbrennungsgasmenge $v^*_{0\,A\,f}$ und die trockene Verbrennungsgasmenge $v^*_{0\,A\,t}$ angegeben werden. Wie setzen sich das feuchte und das trockene Verbrennungsgas $v^*_{0\,A\,f}$ bzw. $v^*_{0\,A\,t}$ zusammen? Der maximale CO_2-Gehalt in der trockenen Mindestverbrennungsgasmenge $r^{a\,t}_{CO_2\,max}$ ist anzugeben. Wie groß ist die tatsächliche feuchte Verbrennungsgasmenge $v^*_{0\,A\,f}$, wenn das Verbrennungsgas die Feuerungsanlage mit dem Zustand $p = 0,98$ bar und $t = 240\,^{\circ}C$ verlässt?

7. 1 kg Steinkohle (Esskohle) mit der Zusammensetzung in Massenanteilen

$\quad$ c = 0,807; $\quad$ h = 0,040; $\quad$ s = 0,009; $\quad$ o = 0,026; $\quad$ n = 0,013; $\quad$ w = 0,062; $\quad$ a = 0,043

werden mit dem $\lambda = 1,3$ vollständig verbrannt. Die Verbrennungsluft hat den Zustand $p = 0,98$ bar und $t = 5\,^{\circ}C$. Es sollen die Sauerstoffbedarfscharakteristik σ, die Stickstoffcharakteristik ν, der Luftbedarf l^*, die feuchte Verbrennungsgasmenge $v^*_{0\,A\,f}$ und die trockene Verbrennungsgasmenge $v^*_{0\,A\,t}$ angegeben werden. Wie groß sind beim Luftverhältnis $\lambda = 1$ der Mindestluftbedarf l^*_{min}, die feuchte Mindestverbrennungsgasmenge $v^*_{0\,Amin\,f}$ und die trockene Mindestverbrennungsgasmenge $v^*_{0\,Amin\,t}$? Wie setzen sich die feuchte sowie die trockene Mindestverbrennungsgasmenge $v^*_{0\,Amin\,f}$ bzw. $v^*_{0\,Amin\,t}$ zusammen? Wie groß ist der maximale CO_2-Gehalt in der trockenen Mindestverbrennungsgasmenge $r^{a\,t}_{CO_2\,max}$?

8. Holzpellets weisen die Zusammensetzung in Massenanteilen

$\quad$ c = 0,4450; $\quad$ h = 0,0534; $\quad$ s = 0,0030; $\quad$ o = 0,3916; $\quad$ n = 0,0220; $\quad$ w = 0,0800; $\quad$ a = 0,0050

auf. Sie werden mit dem Luftverhältnis $\lambda = 1,0$ sowie mit dem Luftverhältnis $\lambda = 1,5$ vollständig verbrannt. Es sollen die Sauerstoffbedarfscharakteristik σ, die Stickstoffcharakteristik ν, der Mindestluftbedarf l^*_{min}, der Luftbedarf l^*, die feuchte Mindestverbrennungsgasmenge $v^*_{0\,Amin\,f}$ und die trockene Mindestverbrennungsgasmenge $v^*_{0\,Amin\,t}$, die feuchte Verbrennungsgasmenge $v^*_{0\,A\,f}$ und die trockene Verbrennungsgasmenge $v^*_{0\,A\,t}$ angegeben werden. Wie setzen sich die feuchte und die trockene Mindestverbrennungsgasmenge $v^*_{0\,Amin\,f}$ bzw. $v^*_{0\,Amin\,t}$ sowie das feuchte und das trockene Verbrennungsgas $v^*_{0\,A\,f}$ bzw. $v^*_{0\,A\,t}$ zusammen?

9. Es ist zu untersuchen, welche thermodynamischen Auswirkungen entsprechend den Bewertungsgrößen gemäß Abschnitt 7.5 der Betrieb eines weiterentwickelten Otto-Motors sowie eines weiterentwickelten Diesel-Motors mit einem erhöhten Sauerstoffanteil in der Verbrennungsluft hätte. Gegenüber normaler Luft (79 % N_2, 21 % O_2) soll die mit 50 % mehr O_2 angereicherte Luft die Zusammensetzung 68,5 % N_2, 31,5 % O_2 aufweisen.
Dabei sind als reversibler Vergleichsprozess der Otto-Prozess sowie der Diesel-Prozess zugrunde zu legen, wobei die Luft jeweils vereinfachend als ideales Gas mit $R = 0,2872\ kJ\,(kg\,K)$; $c_p = 1,005\ kJ\,(kg\,K)$; $c_v = 0,718\ kJ\,(kg\,K)$; $\kappa = 1,4$. angenommen werden kann.

a) Die maximale Verbrennungstemperatur bei vollständiger Verbrennung mit normaler Luft beim Luftverhältnis $\lambda = 1,0$ ergibt sich mit Otto-Kraftstoff und Diesel-Kraftstoff zu etwa $t_3 = 2100\,^{\circ}C$ (vgl. Bild 11.18). Welche maximale Verbrennungstemperatur lässt sich hypothetisch in erster Näherung erreichen, wenn eine vollständige Verbrennung mit — auf

31,5 % O_2 angereicherter — Luft beim Luftverhältnis $\lambda = 1{,}0$ angenommen wird und der Einfluss der Dissoziation vernachlässigt wird? Es sollen fiktiv-summarisch die Zusammensetzung des Otto-Kraftstoffs mit $C_{16}H_{34}$ und des Diesel-Kraftstoffs mit $C_{21}H_{40}$ angenommen werden; damit sollen die entstehenden feuchten Mindestverbrennungsgasmengen $v^*_{0\,A min\,f} = v^*_{0\,A\,f}$ berechnet, miteinander verglichen und auf die maximalen Verbrennungsgastemperaturen geschlossen werden.

b) Für den Ausgangszustand 1 gilt jeweils: $p_1 = 1{,}0$ bar, $t_1 = 25\,^{\circ}C$, $s_1 = 6{,}867$ kJ (kg K). Dabei sollen als Zahlenwerte berechnet werden: der thermische und der exergetische Wirkungsgrad η_{th} und ζ, die mechanischen Anstrengungsverhältnisse a_{wp} und a_{wv}, die thermischen Anstrengungsverhältnisse a_{qT} und a_{qs} sowie das Gesamt-Anstrengungsverhältnis a_g. Folgende Prozesse sind zu berechnen:

— ein Otto-Prozess mit dem Verdichtungsverhältnis $\varepsilon = 13$ und dem höchsten Prozesszustand von $p_3 = 70{,}0$ bar und $T_3 = 3273{,}15$ K

— ein Diesel-Prozess mit dem höchsten Prozesszustand von $p_3 = 300{,}0$ bar und $T_3 = 3273{,}15$ K

— ein Diesel-Prozess mit dem höchsten Prozesszustand von $p_3 = 300{,}0$ bar und $T_3 = 2423{,}15$ K

10. Zur Bestimmung des Heizwertes H_i verschiedener Brennstoffe — angegeben in MJ/kg — soll die Brauchbarkeit der Verbandsformel (Formel des Deutschen Steinkohleverbandes vor allem für Festbrennstoffe wie Stein- und Braunkohle) überprüft werden. Daneben soll die Formel von Boie genutzt werden.

$$H_i = 33{,}9\,c + 121\,h + 10{,}5\,s - 15{,}2\,o - 2{,}5\,w \qquad (Verbandsformel)$$

$$H_i = 34{,}8\,c + 93{,}9\,h + 10{,}5\,s + 6{,}3\,n - 10{,}8\,o - 2{,}5\,w \qquad (Boie)$$

Brennstoffe: Xylol C_8H_{10}, Methan CH_4, Ethylalkohol C_2H_5OH und Brennstoffe gemäß der folgenden Tabelle:

	c	h	s	o	n	w	a
Holz (wasser- und aschefrei; waf)	0,500	0,060	0	0,440	0	0	0
Holzpellets	0,4450	0,0534	0,0030	0,3916	0,0220	0,0800	0,0050
Landschaftspflegeholz (Grünschnitt)	0,2965	0,0356	0,0042	0,2609	0,0150	0,3578	0,0300
Gärrest (aus der Biogasgewinnung)	0,3280	0,0280	0,0040	0,2000	0,0160	0,3770	0,0470
Altpapierschlamm	0,1201	0,0140	0,0004	0,0850	0,0010	0,5500	0,2295
Altbrot (trocken)	0,4010	0,0580	0,0020	0,3860	0,0220	0,1010	0,0300
Steinkohle (Esskohle)	0,8070	0,0400	0,0090	0,0260	0,0130	0,0622	0,0430
Rohbraunkohle (feucht)	0,2620	0,0200	0,0030	0,1050	0,0050	0,5750	0,0300
Braunkohle (getrocknet)	0,5550	0,0420	0,0060	0,2220	0,0110	0,1000	0,0640
Rapsölmethylester (RME)	0,7760	0,1360	0,00007	0,0879	0,00003	0	0
Heizöl EL	0,8600	0,1100	0,0100	0,0200	0	0	0

Die Rechenwerte sind mit Angaben aus Heizwerttabellen für die Brennstoffe zu vergleichen.

11. 1 kg eines Gemischs aus $g = 90$ % Brennspiritus (Ethylalkohol C_2H_5OH) und $(1 - g = 10$ %) Wasser (H_2O) wird mit dem Luftverhältnis $\lambda = 1{,}0$ vollständig verbrannt. Es sollen für veränderliches g die Reaktionsgleichung als Massenbilanz sowie als Normvolumenbilanz angegeben und der Heizwert H_i berechnet werden; weiter sollen für g = 0,9 die Reaktionsgleichung als Massenbilanz sowie als Normvolumenbilanz angegeben und der Heizwert H_i berechnet werden.

12 Chemische Thermodynamik

12.1 Systeme mit chemischen Reaktionen

Zur Beschreibung von Systemen, in denen chemische Reaktionen ablaufen, erweist es sich als sinnvoll, bei den beteiligten Stoffen i nicht die Massen m_i (angegeben z. B. in g oder kg), sondern die entsprechenden Molmengen n_i (angegeben z. B. in mol oder kmol) heranzuziehen. Nimmt beispielsweise infolge einer chemischen Reaktion die Molmenge n_i des i-ten Stoffes zu, so nehmen zugleich die Molmengen anderer Stoffe ab. Beispiele für entsprechende chemische Reaktionen sind

$$CH_4 + H_2O \rightleftharpoons CO + 3\,H_2 \tag{12.1}$$

$$CO + H_2O \rightleftharpoons CO_2 + H_2 \tag{12.2}$$

$$N_2 + 3\,H_2 \rightleftharpoons 2\,NH_3 \tag{12.3}$$

$$2\,H_2 + O_2 \rightleftharpoons 2\,H_2O \tag{12.4}$$

$$2\,CO + O_2 \rightleftharpoons 2\,CO_2 \tag{12.5}$$

Diese Beziehungen beschreiben - von links nach rechts gelesen - die Bildung von Kohlenmonoxid (CO) und Wasserstoff (H_2) aus Methan (CH_4) und Wasserdampf (H_2O), die Bildung von Kohlendioxid (CO_2) und Wasserstoff (H_2) aus Kohlenmonoxid (CO) und Wasserdampf (H_2O), die Bildung von Ammoniak (NH_3) aus Stickstoff (N_2) und Wasserstoff (H_2), die Bildung von Wasserdampf (H_2O) aus Wasserstoff (H_2) und Sauerstoff (O_2) sowie die Bildung von Kohlendioxid (CO_2) aus Kohlenmonoxid (CO) und Sauerstoff (O_2). Die Pfeile in beiden Richtungen deuten an, dass die Reaktionen grundsätzlich in beiden Richtungen verlaufen können; abhängig z. B. von Druck und Temperatur kann sich dabei ein Gleichgewichtszustand einstellen, bei dem alle beteiligten Stoffe gemeinsam vorliegen.

Die Beziehungen 12.1 und 12.2 sind z. B. bei der Wasserstoffbereitstellung für Brennstoffzellen von Bedeutung, die Beziehung 12.3 für die Ammoniaksynthese als Vorstufe für die Herstellung stickstoffhaltiger Düngemittel, und die Beziehungen 12.4 sowie 12.5 z. B. als Verbrennungsreaktionen für die Wärmefreisetzung. Die Beziehung 12.4 ist zudem eine Hauptreaktion in den meisten Bauarten von Brennstoffzellen.

Es soll zunächst vorausgesetzt werden, dass alle Stoffe als Gase vorliegen, also z. B. H_2O als Wasserdampf und nicht als Flüssigkeit. Die Beziehungen (12.1) bis (12.5) verdeutlichen nicht nur die qualitative Aussage, dass bestimmte Ausgangsstoffe (z. B. gemäß Gl. 12.1 CH_4 und H_2O) infolge einer chemischen Reaktion in neue Stoffe (hier CO und H_2) übergeführt werden, sondern auch eine quantitative Aussage über die Mengen der abnehmenden und der zunehmenden Stoffe - etwa, dass aus 1 Kilomol (kmol) Methan (CH_4) und 1 kmol Wasserdampf (H_2O) 1 kmol Kohlenmonoxid (CO) und 3 kmol Wasserstoff (H_2) gebildet werden. Mithilfe der Molmassen M_i lässt sich dieser quantitative Sachverhalt gemäß Abschnitt 11.1 auch durch die Massen m_i der Reaktionspartner wiedergeben: Aus 16 kg Methan (CH_4) und 18 kg Wasserdampf (H_2O) entstehen 28 kg Kohlenmonoxid (CO) und 6 kg Wasserstoff (H_2).

In diesem Zusammenhang ist von Interesse, wie Systeme mit chemisch reagierenden Stoffen thermodynamisch erfasst werden können. Dies soll wiederum anhand von Gl. (12.1) aufgezeigt werden. Für eine vollständige Beschreibung ist von Bedeutung, welche

© Springer Fachmedien Wiesbaden GmbH, ein Teil von Springer Nature 2023
M. Dehli et al., *Grundlagen der Technischen Thermodynamik*,
https://doi.org/10.1007/978-3-658-41251-7_12

Mengen an Methan (CH_4), Wasserdampf (H_2O), Kohlenmonoxid (CO) und Wasserstoff (H_2) in dem betrachteten System insgesamt enthalten sind. Dabei ist von Belang, dass nicht nur diejenigen Stoffe erfasst werden, die in reiner Form vorliegen (hier Wasserstoff H in Form von H_2), sondern auch diejenigen Stoffe, die an andere Stoffe gebunden sind (z. B. Wasserstoff H in CH_4 und in H_2O).

Der thermodynamische Zustand eines chemischen Systems lässt sich sinnvoll so erfassen, dass zwei der drei thermischen Zustandsgrößen Druck p, Gesamtvolumen V und Temperatur T festgehalten werden. Dabei erweist es sich als sinnvoll, dass z. B. bei einem geschlossenen System mit festen Wänden die Zustandsgrößen V und T, dagegen z. B. bei einem geschlossenen System mit einer beweglichen Wand und bei einem offenen System die Zustandsgrößen p und T konstant gehalten werden, denn im einfachsten Falle laufen chemische Reaktionen entweder bei konstantem Volumen (Bild 12.1) oder bei konstantem Druck ab (Bild 12.2) [9], [42].

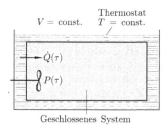

Bild 12.1　Chemische Reaktion in einem geschlossenen System mit festen Wänden

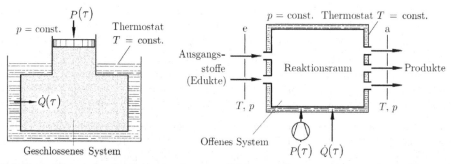

Bild 12.2 Chemische Reaktion in einem geschlossenen System mit einer beweglichen Wand (links) und in einem offenen System (rechts)

Bei einer erheblichen Temperaturerhöhung durch Wärmezufuhr von außen zerfällt (dissoziiert) ein Teil des vorhandenen Methans (CH_4) in die Komponenten Kohlenstoff (C) und Wasserstoff (H_2) bzw. ein Teil des Wasserdampfs (H_2O) in die Komponenten Wasserstoff (H_2) und Sauerstoff (O_2). Umgekehrt führt eine Temperaturerniedrigung zu einer teilweisen Rekombination der dissoziierten Stoffe in Methan (CH_4) und Wasserdampf (H_2O). Bei einem geschlossenen System mit festen Wänden bleibt dabei das Gesamtvolumen V konstant, doch kommt es zu einer Druckänderung; bei einem geschlossenen System mit einer beweglichen Wand und bei einem offenen System bleibt oft der aufgeprägte Druck p konstant, während sich das Gesamtvolumen V ändert.

Es wird im Folgenden angenommen, dass die Zustandsgrößen V und T bzw. p und T feste Werte annehmen. Damit ist auch die Gleichgewichtszusammensetzung des Systems - also die Mengen an CH_4, H_2O, CO und H_2 sowie gegebenenfalls der dissoziierten Bestandteile - eindeutig festgelegt. Dieser Gleichgewichtszustand wird als chemisches Gleichgewicht bezeichnet; dies stellt einen Spezialfall des thermodynamischen Gleichgewichts dar. Nachfolgend werden u. a. chemische Gleichgewichtszustände betrachtet. Bei einer allgemeinen Formulierung der Gleichgewichtsbedingungen liegt es nahe, alle Reaktionspartner auf einer Seite darzustellen; damit werden die stöchiometrischen Beziehungen der Gleichungen (12.1) bis (12.5) zu

$$CO + 3\,H_2 - CH_4 - H_2O = 0 \tag{12.6}$$

$$CO_2 + H_2 - CO - H_2O = 0 \tag{12.7}$$

$$2\,NH_3 - N_2 - 3\,H_2 = 0 \tag{12.8}$$

$$2\,H_2O - 2\,H_2 - O_2 = 0 \tag{12.9}$$

$$2\,CO_2 - 2\,CO - O_2 = 0 \tag{12.10}$$

In den Beziehungen (12.6) bis (12.10) erscheinen keine Pfeile, sondern Gleichheitszeichen. Eine beliebige chemische Reaktion mit N Teilnehmern kann demgemäß durch die Beziehung

$$\nu_1\,A_1 + \nu_2\,A_2 + \nu_3\,A_3 + ...\,\nu_N\,A_N = 0$$

bzw.

$$\sum_{i=1}^{N} \nu_i\,A_i = 0 \tag{12.11}$$

dargestellt werden; dabei ist A_i das Symbol des i-ten Stoffes und ν_i eine positive oder negative Zahl. Die Größen ν_i werden als stöchiometrische Koeffizienten bezeichnet. Nimmt man nun in dem betrachteten System eine kleine Veränderung der Zusammensetzung und eine differentielle Änderung der Molmenge des i-ten Stoffes n_i um dn_i an, so tritt entsprechend den vorstehenden Überlegungen auch bei einem anderen Stoff j eine weitere differentielle Änderung dn_j auf bzw. treten bei anderen Stoffen j weitere differentielle Änderungen dn_j auf. So gilt z. B. gemäß der Reaktion entsprechend Gl. (12.6): Immer wenn 1 kmol CH_4 umgesetzt wird, wird auch 1 kmol H_2O umgesetzt, und es entstehen dabei 1 kmol CO sowie 3 kmol H_2. Dieser Zusammenhang lässt sich in der folgenden Weise darstellen:

$$\frac{dn_1}{\nu_1} = \frac{dn_2}{\nu_2} = \frac{dn_3}{\nu_3} = ... = \frac{dn_i}{\nu_i} = ... = \frac{dn_N}{\nu_N} \tag{12.12}$$

12.2 Reaktionsumsatz und Umsatzgrad

In Gl. (12.12) ist für alle Stoffe der Quotient dn_i/ν_i konstant; dieser wird zu dz gesetzt und stellt das Differential einer Größe z dar, die als Reaktionsumsatz oder als Reaktionslaufzahl bezeichnet wird:

$$dz = \frac{dn_i}{\nu_i} \tag{12.13}$$

Der Reaktionsumsatz z hat die Dimension einer Molmenge (Stoffmenge) und damit die Einheit mol bzw. kmol.

Die zeitliche Änderung $\dot{z} = dz/d\tau$ ist die Umsatzrate der Reaktion in mol je Sekunde bzw. in kmol je Sekunde:

$$\dot{z} = \frac{dz}{d\tau} = \frac{dn_i}{\nu_i \, d\tau} \qquad (12.13\,a)$$

Die Integration von Gl. (12.13) ergibt für die Komponente i

$$n_i = n_i^0 + \nu_i \, z \quad . \qquad (12.14)$$

Dabei sind auch inerte Stoffe mit einbezogen, bei denen kein Reaktionsumsatz erfolgt und $\nu_i = 0$ ist. Die Größen n_i^0 stellen die Stoffmengen der jeweiligen Komponenten bei einem bestimmten Zustand 0 dar, in dem sich das reagierende Stoffgemisch gerade befindet. Gemäß Gl. (12.14) hängen alle Molmengen der Komponenten nur von einer Veränderlichen - dem Reaktionsumsatz z - ab. Die Molmenge n des Gemischs ergibt sich durch Aufaddition aller n_i der einzelnen Komponenten i:

$$n = \sum_{i=1}^{N} n_i = \sum_{i=1}^{N} n_i^0 + \sum_{i=1}^{N} \nu_i \, z = n_0 + \sum_{i=1}^{N} \nu_i \, z \qquad (12.15)$$

n_0 ist hierbei die Molmenge im Zustand 0, für den $z = 0$ ist. Die Molmenge n muss nicht konstant bleiben, sondern kann sich verändern; n ist nur bei äquimolaren Reaktionen unveränderlich, für die $\sum_{i=1}^{N} \nu_i = 0$ ist.

Eine Reaktion findet nur solange statt, wie alle Reaktanden vorhanden sind. Der Reaktionsumsatz

$$z = \frac{n_i - n_i^0}{\nu_i} \qquad (12.16)$$

erreicht seinen Höchstwert z_{max}, wenn einer der Ausgangsstoffe (Edukte) ($\nu_i < 0$) verbraucht ist. Der Kleinstwert z_{min} ergibt sich, wenn eines der Produkte ($\nu_i > 0$) nicht mehr vorhanden ist. Derjenige Ausgangsstoff, der verbraucht ist, sei mit $i = j$ bezeichnet. Dann gilt:

$$z_{max} = -\frac{n_j^0}{\nu_j} = \frac{n_j^0}{|\nu_j|}$$

Dasjenige Produkt, das nicht mehr vorhanden ist, sei mit $i = m$ bezeichnet. dann gilt:

$$z_{min} = -\frac{n_m^0}{\nu_m}$$

Falls für dieses Produkt nicht $n_m^0 = 0$ ist, wird z_{min} negativ. Mit z_{max} und z_{min} wird als neue Größe der Umsatzgrad ϵ definiert, dessen Werte zwischen 0 und 1 liegen:

$$\epsilon = \frac{z - z_{min}}{z_{max} - z_{min}} \qquad 0 \leqq \epsilon \leqq 1 \qquad (12.17)$$

Hiermit können die Molmengen n_i sowie die Molmengenanteile n_i/n als Funktionen von ϵ angegeben werden. Für die Extremwerte von ϵ gilt: Ist $\epsilon = 0$, so befindet sich das Gemisch soweit wie möglich bei den Ausgangsstoffen (Edukte). Ist dagegen $\epsilon = 1$, so befindet sich das Gemisch soweit wie möglich bei den Produkten. Ob diese Extremwerte bei den verschiedenen Reaktionen tatsächlich erreichbar sind, muss allerdings mithilfe weiterer Betrachtungen zur Frage der Reaktionsgleichgewichte geklärt werden; dies wird in Abschnitt 12.9 (Massenwirkungsgesetz) untersucht.

Beispiel 12.1 Für die Synthese von Ammoniak (NH_3) aus Stickstoff (N_2) und Wasserstoff (H_2) gilt:

$$2\,NH_3 - N_2 - 3\,H_2 = 0 \tag{12.8}$$

Aus der Analyse einer Gasgemischprobe, die beim Ablauf dieser Reaktion entnommen wurde, ergab sich dabei die folgende Zusammensetzung in Molmengenanteilen: $n_{NH_3}^0/n_0 = 0,25$; $n_{N_2}^0/n_0 = 0,17$; $n_{H_2}^0/n_0 = 0,58$. In diesen Beziehungen ist n_0 die unbekannte Molmenge der Gemischprobe

Es sollen die drei Molmengenanteile als Funktion des Umsatzgrades ϵ dargestellt werden. Weiter soll der Umsatzgrad ϵ ermittelt werden, bei dem die Gemischprobe entnommen wurde.

Mit Gl. (12.14) werden

$$n_{NH_3} = 0,25\,n_0 + 2\,z \quad,$$

$$n_{N_2} = 0,17\,n_0 - 1\,z \quad \text{und}$$

$$n_{H_2} = 0,58\,n_0 - 3\,z \quad.$$

Außerdem ergibt sich für die Molmenge n des reagierenden Gemischs, die vom Reaktionsumsatz z abhängt, gemäß Gl. (12.15) die Beziehung

$$n = n_0 - 2\,z \quad.$$

Um den Umsatzgrad ϵ zu berechnen, sind zunächst z_{min} und z_{max} zu bestimmen. z_{min} ergibt sich für das Produkt Ammoniak (NH_3) mit $n_{NH_3} = 0$ zu $z_{min} = -0,125\,n_0$. Derjenige Stoff der Edukte, der als erstes zur Neige geht, ist der Stickstoff (N_2), da $3 \cdot n_{N_2}^0/n_0 = 3 \cdot 0,17 < n_{H_2}^0/n_0 = 0,58$.

Somit ergibt sich mit $n_{N_2} = 0$ für z_{max} der Wert $z_{max} = 0,17\,n_0$.

Daraus folgt mit Gl. (12.17)

$$\epsilon = \frac{z - z_{min}}{z_{max} - z_{min}} = \frac{z + 0,125\,n_0}{(0,17 + 0,125)\,n_0} = \frac{z/n_0 + 0,125}{0,295}$$

und

$$z/n_0 = 0,295\,\epsilon - 0,125 \quad.$$

Für die Molmengenanteile n_i/n ergeben sich damit die Beziehungen

$$\frac{n_{NH_3}}{n} = \frac{0,25\,n_0 + 2\,z}{n_0 - 2\,z} = \frac{0,25 + 2\,\dfrac{z}{n_0}}{1 - 2\,\dfrac{z}{n_0}} = \frac{0,25 + 2\,(0,295\,\epsilon - 0,125)}{1 - 2\,(0,295\,\epsilon - 0,125)} = \frac{0,59\,\epsilon}{1,25 - 0,59\,\epsilon}$$

$$\frac{n_{N_2}}{n} = \frac{0,17\,n_0 - 1\,z}{n_0 - 2\,z} = \frac{0,17 - 1\,\dfrac{z}{n_0}}{1 - 2\,\dfrac{z}{n_0}} = \frac{0,17 - 1\,(0,295\,\epsilon - 0,125)}{1 - 2\,(0,295\,\epsilon - 0,125)} = \frac{0,295 - 0,295\,\epsilon}{1,25 - 0,59\,\epsilon}$$

$$\frac{n_{H_2}}{n} = \frac{0,58\,n_0 - 3\,z}{n_0 - 2\,z} = \frac{0,58 - 3\,\dfrac{z}{n_0}}{1 - 2\,\dfrac{z}{n_0}} = \frac{0,58 - 3\,(0,295\,\epsilon - 0,125)}{1 - 2\,(0,295\,\epsilon - 0,125)} = \frac{0,955 - 0,885\,\epsilon}{1,25 - 0,59\,\epsilon}$$

In Bild 12.3 ist der Verlauf der Molmengenanteile für N_2, H_2 und NH_3 am Gesamtgemisch als Funktion des Umsatzgrades ϵ dargestellt. Die Molmengenanteile von N_2 und H_2 weisen nicht gänzlich das erforderliche stöchiometrische Verhältnis 1 : 3 auf.

Da bei der Ammoniaksynthese das Reaktionsgleichgewicht keineswegs gänzlich auf der Seite des Produkts NH_3 liegt, ist der im rechten Bereich des Bildes 12.3 dargestellte Verlauf teilweise hypothetisch.

Der Umsatzgrad ϵ, der in der gezogenen Gemischprobe vorlag, lässt sich aus der Bedingung z = 0 berechnen. Aus der Beziehung $z/n_0 = 0,295\,\epsilon - 0,125$ folgt $\epsilon = 0{,}125/0{,}295 = 0{,}4237$.

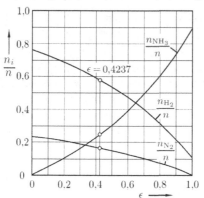

Bild 12.3 Verlauf der Molmengenanteile für Stickstoff (N_2), Wasserstoff (H_2) und Ammoniak (NH_3) am Gesamtgemisch als Funktion des Umsatzgrades ϵ

12.3   Molare Reaktionsenthalpien und molare Standard-Bildungsenthalpien; Satz von *Hess*

12.3.1   Molare Reaktionsenthalpien

Bei der Berechnung von Zustandsänderungen nach dem ersten Hauptsatz gemäß den Abschnitten 2 bis 11 werden Differenzen der inneren Energie oder der Enthalpie für ein und denselben Stoff bzw. für ein und dasselbe Stoffgemisch gebildet; dabei entfällt die unbestimmte Konstante der inneren Energie U_{0i} oder der Enthalpie H_{0i}, so dass die Kenntnis einer solchen Konstante nicht erforderlich ist. Demgegenüber ist bei der Anwendung des ersten Hauptsatzes auf chemische Reaktionen die Kenntnis dieser Konstanten notwendig, da hier Differenzen der inneren Energien oder der Enthalpien unterschiedlicher Stoffe zu berechnen sind und die unbestimmten Konstanten nicht herausfallen. Diese Problematik wird im Folgenden für Enthalpien näher beleuchtet. Diese sind so aufeinander abzustimmen, dass die Energie- und Leistungsbilanzen zu Ergebnissen führen, die mit Ergebnissen aus Versuchen übereinstimmen.

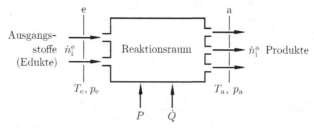

Bild 12.4 Chemische Reaktion in einem offenen System: Bilanzierung entsprechend dem ersten Hauptsatz

In Bild 12.4 ist ein stationärer Fließprozess dargestellt, bei dem eine chemische Reaktion stattfindet; dabei treten einzelne Ausgangsstoffe oder ein reaktionsfähiges Stoffgemisch mit dem Druck p_e und der Temperatur T_e über die Systemgrenze ein, wobei eine Reaktion gemäß

$$\sum_{i=1}^{N} \nu_i \, A_i = 0 \qquad (12.11)$$

stattfindet. Die Reaktionsprodukte treten mit dem Druck p_a und der Temperatur T_a über die Sytemgrenze aus. Die ein- und austretenden Stoffströme sind entweder jeweils gesondert auftretende reine Stoffströme oder ideale Gemischströme, so dass keine Mischungsenthalpien zu berücksichtigen sind; dies wird durch den Index '0' ausgedrückt. Der erste Hauptsatz lautet bei der Vernachlässigung von Änderungen der zeitbezogenen potentiellen und kinetischen Energien sowie einer gegebenenfalls auftretenden äußeren Reibungsleistung gemäß Gl. (2.77):

$$\dot{Q} + P = \sum_{i=1}^{N} \dot{n}_i^a \, H_{m,0i}\,(T_a,\, p_a) - \sum_{i=1}^{N} \dot{n}_i^e \, H_{m,0i}\,(T_e,\, p_e) \qquad (12.18)$$

Dabei stellt $\dot{n}_i$ den Molmengenstrom und $H_{m,0i}$ die molare Enthalpie der jeweiligen Komponente i dar.

Für die jeweiligen Molmengenströme der Komponenten gilt gemäß Gl. (12.14):

$$\dot{n}_i = \dot{n}_i^0 + \nu_i \dot{z} \ .$$

Darin stellt $\dot{z}$ den zeitbezogenen Reaktionsumsatz dar (auch als Umsatzrate der Reaktion bezeichnet). Als Zustand 0 vor dem Beginn der chemischen Reaktion ($\dot{z} = 0$) wird der Eintrittszustand e gewählt. Damit wird mit $\dot{n}_i^0 = \dot{n}_i^e$

$$\dot{n}_i^a = \dot{n}_i^e + \nu_i \dot{z}_a \ , \qquad (12.19)$$

wobei hiermit alle Molmengenströme $\dot{n}_i$ erfasst werden und deren Ein- und Austrittszustände über die Umsatzrate der Reaktion $\dot{z}_a$ miteinander rechnerisch verbunden sind. $\dot{z}_a$ wird dann zu $\dot{z}_{max}$, wenn einer der eintretenden Stoffströme i im Reaktionsraum vollständig verbraucht ist; dann ist $\dot{n}_i^a = 0$. Meist ergibt sich freilich am Ende der chemischen Reaktion ein Gleichgewichtszustand bei einer Umsatzrate $\dot{z}_a = \dot{z}_{Gl}$ (vgl. hierzu Abschnitt 12.9). In Gl. (12.19) eingeschlossen sind auch diejenigen Molmengenströme, die nicht reagieren, denn für sie gilt $\nu_i = 0$, so dass hier $\dot{n}_i^a = \dot{n}_i^e$ wird.

Die rechte Seite von Gl. (12.18) kann durch die Einführung eines Bezugszustandes (z. B. eines definierten Norm-, Standard- oder Referenzzustandes) mit dem Druck p_0 und der Temperatur T_0 so verändert werden, dass sich Enthalpiedifferenzen ergeben, die sich durch kalorische Zustandsgleichungen oder durch Tabellen der molaren Enthalpien der jeweiligen Stoffe berechnen lassen [9]:

$$
\begin{aligned}
\dot{Q} + P \ = \ & \sum_{i=1}^{N} \dot{n}_i^a \, [H_{m,0i}\,(T_a,\, p_a) - H_{m,0i}\,(T_0,\, p_0)] \\[2mm]
- \ & \sum_{i=1}^{N} \dot{n}_i^e \, [H_{m,0i}\,(T_e,\, p_e) - H_{m,0i}\,(T_0,\, p_0)] \\[2mm]
+ \ & \sum_{i=1}^{N} (\dot{n}_i^a - \dot{n}_i^e) \, H_{m,0i}\,(T_0,\, p_0) \qquad (12.20)
\end{aligned}
$$

Der dritte Summand in Gl. (12.20) folgt aus der Differenzenbildung in den ersten beiden

Summanden. Dieser kann mit der umgeformten Gl. (12.19) wie folgt angegeben werden:

$$\sum_{i=1}^{N} \left(\dot{n}_i^a - \dot{n}_i^e \right) H_{m,0i} \left(T_0, p_0 \right) = \dot{z}_a \sum_{i=1}^{N} \nu_i \, H_{m,0i} \left(T_0, p_0 \right) = \dot{z}_a \, \Delta^R H_m \left(T_0, p_0 \right) \quad (12.21)$$

In dieser Gleichung wird

$$\Delta^R H_m \left(T_0, p_0 \right) = \sum_{i=1}^{N} \nu_i \, H_{m,0i} \left(T_0, p_0 \right) \quad (12.22)$$

als molare Reaktionsenthalpie beim Druck p_0 und der Temperatur T_0 bezeichnet. Diese stellt die Enthalpieänderung der beim Druck p_0 und der Temperatur T_0 isotherm und isobar stattfindenden chemischen Reaktion $\sum_{i=1}^{N} \nu_i \, A_i = 0$ dar, wobei eine vollständige Umsetzung der Ausgangsstoffe in die Produkte vorausgesetzt ist.

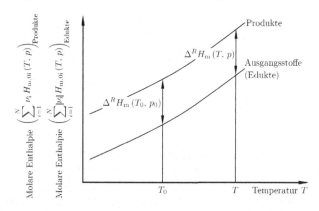

Bild 12.5 Abhängigkeit der molaren Reaktionsenthalpie von der Temperatur

Die molare Reaktionsenthalpie $\Delta^R H_m \left(T_0, p_0 \right)$ kann durch eine kalorimetrische Messung der untersuchten chemischen Reaktion ermittelt werden. Die bei beliebigen Temperaturen und Drücken auftretende molare Reaktionsenthalpie

$$\Delta^R H_m \left(T, p \right) = \sum_{i=1}^{N} \nu_i \, H_{m,0i} \left(T, p \right) \quad (12.22\,a)$$

ist kaum druck- und temperaturabhängig (vgl. Bild 12.5).

Wird die Reaktion isotherm-isobar bei einem gewählten Bezugszustand $T = T_a = T_e$ und $p = p_a = p_e$ durchgeführt, werden die ersten beiden Summenausdrücke in Gl. (12.20) jeweils null, und es ist

$$\dot{Q} + P = \sum_{i=1}^{N} \left(\dot{n}_i^a - \dot{n}_i^e \right) H_{m,0i} \left(T, p \right) = \dot{z}_a \, \Delta^R H_m \left(T, p \right) \; . \quad (12.20\,a)$$

Für einen Bezugszustand $T_0 = T_a = T_e$ und $p_0 = p_a = p_e$ gilt entsprechend

$$\dot{Q} + P = \sum_{i=1}^{N} \left(\dot{n}_i^a - \dot{n}_i^e \right) H_{m,0i} \left(T_0, p_0 \right) = \dot{z}_a \, \Delta^R H_m \left(T_0, p_0 \right) \; . \quad (12.20\,b)$$

Häufig wird im Rahmen einer vereinfachten Reaktionsführung — z. B. bei einer Oxidationsreaktion etwa in einem Heizkessel — auf den Umsatz einer Arbeitsleistung P verzichtet, und es ist nur die Wärmeleistung $\dot{Q}$ von Interesse, die bei einem gewählten Bezugszustand $T_0 = T_a = T_e$ und $p_0 = p_a = p_e$ entsprechend Gl. (12.20 b) der molaren Reaktionsenthalpie $\Delta^R H_m (T_0, p_0)$ proportional ist.

Reaktionen mit $\Delta^R H_m > 0$ werden als endotherme Reaktionen bezeichnet. Weil dann in Gl. (12.20 a) die Summe der Enthalpieströme der Produkte die Summe der Enthalpieströme der Ausgangsstoffe überwiegt, ist dabei die Summe der beiden Prozessgrößen $\dot{Q} + P$ - rechnerisch betrachtet - zuzuführen. Reaktionen mit $\Delta^R H_m < 0$ werden exotherme Reaktionen genannt. Weil dann in Gl. (12.20 a) die Summe der Enthalpieströme der Ausgangsstoffe die Summe der Enthalpieströme der Produkte überwiegt, ist dabei die Summe der beiden Prozessgrößen $\dot{Q} + P$ - rechnerisch betrachtet - abzuführen. Da die Arbeitsleistung P exergetisch wertvoller als die Wärmeleistung $\dot{Q}$ ist, ist es - insbesondere bei Oxidationsreaktionen z. B. in Verbrennungsmotoren oder in Brennstoffzellen - von Interesse, durch eine geeignete Prozessführung den Umfang der betragsmäßigen Arbeitsleistung $|P|$ zulasten der betragsmäßigen Wärmeleistung $|\dot{Q}|$ zu vergrößern und sich einer reversiblen Reaktionsführung anzunähern.

In der molaren Reaktionsenthalpie $\Delta^R H_m (T_0, p_0)$ wird der Zusammenhang der molaren Enthalpien der Reaktionsteilnehmer beim Bezugszustand (T_0, p_0) sichtbar. Die Zahlenwerte dieser molaren Enthalpien sind jedoch noch von einem willkürlich gewählten konstanten Anfangswert (Integrationskonstante) geprägt.

Bei der Vielzahl möglicher chemischer Reaktionen ist es wichtig, diese willkürlichen Konstanten zu vermeiden und durch Konstanten für die molaren Enthalpien der einzelnen Reaktionsteilnehmer so zu ersetzen, dass sie in einen verbindlichen Zusammenhang übergeführt werden. Ist dieses Ziel erreicht, kann die Anzahl der zu messenden molaren Reaktionsenthalpien $\Delta^R H_m (T_0, p_0)$ begrenzt bleiben, da jedem Stoff in einem festgelegten Referenzzustand nur ein einziger, eindeutiger stoffspezifischer Wert der molaren Enthalpie $H_m (T_0, p_0)$ zugeordnet ist, der für alle Reaktionen dieses Stoffes gleich ist.

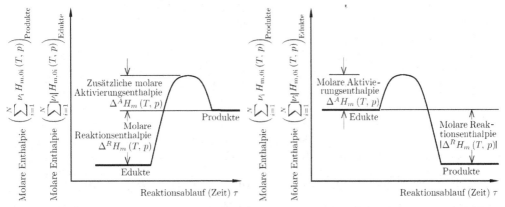

Bild 12.6 Molare Aktivierungsenthalpie und molare Reaktionsenthalpie bei einer endothermen chemischen Reaktion (links) und bei einer exothermen chemischen Reaktion (rechts)

Damit isotherm-isobare chemische Reaktionen hinreichend schnell ablaufen können, ist es oft notwendig, sie nicht bei einer niedrigen Temperatur T, sondern bei einer entsprechend höheren Temperatur T_R durchzuführen. Dann muss bei endothermen Reaktionen neben der molaren Reaktionsenthalpie $\Delta^R H_m$ auch eine zusätzliche molare Aktivierungsenthalpie $\Delta^A H_m$ zugeführt werden, die nach der Reaktion bei Abkühlung des Systems auf die ursprüngliche Temperatur T wieder frei wird (Bild 12.6 links); dies gilt bei exothermen Reaktionen für die molare Aktivierungsenthalpie $\Delta^A H_m$ gleichermaßen (Bild 12.6 rechts). Die molare Aktivierungsenthalpie $\Delta^A H_m$ kann bei bestimmten chemischen Reaktionen mithilfe eines Katalysators verringert werden, wobei eine rasch ablaufende Reaktion bei niedrigerer Temperatur T_K möglich ist; der Katalysator selbst bleibt dabei unverändert. Dieser Sachverhalt ist am Beispiel einer exothermen Reaktion in Bild 12.7 schematisch wiedergegeben.

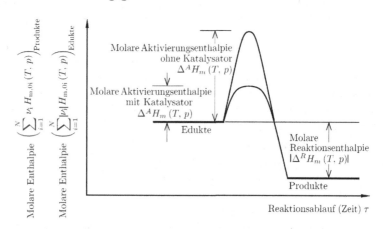

Bild 12.7 Molare Aktivierungsenthalpie mit und ohne Katalysator sowie molare Reaktionsenthalpie bei einer exothermen chemischen Reaktion

12.3.2   Molare Standard-Bildungsenthalpien; Satz von *Hess*

Weil die einzelnen chemischen Elemente, aus denen ein als chemische Verbindung vorliegender Stoff gebildet ist, bei allen Reaktionen unverändert erhalten bleiben, ist es naheliegt, die molare Enthalpie dieses Stoffes mit den molaren Enthalpien der jeweiligen Elemente zu verknüpfen, aus denen der Stoff gebildet ist. Hierzu wird die isotherme und isobare chemische Reaktion herangezogen, durch die die chemische Verbindung A_i aus einer Anzahl von M Elementen E_k gebildet wird. Für diese als Bildungsreaktion bezeichnete Reaktion gilt die allgemeine Gleichung:

$$A_i = \sum_{k=1}^{M} |\nu_{ki}| \, E_k = \sum_{k=1}^{M} a_{ki} \, E_k \qquad (12.23)$$

Ihre molare Reaktionsenthalpie wird molare Bildungsenthalpie $H_{m,i}^f (T, p)$ genannt:

$$H_{m,i}^f (T, p) = H_{m,0i} (T, p) - \sum_{k=1}^{M} |\nu_{ki}| \, H_{m,0k} (T, p) \qquad (12.24)$$

Mithilfe der umgeformten Gleichung (12.24) folgt gemäß Gl. (12.22 a) für die molare Reaktionsenthalpie $\Delta^R H_m (T, p)$ einer beliebigen isothermen und isobaren chemischen Reaktion, an der eine Anzahl von N Edukten und Produkten zusammengenommen beteiligt ist, die jeweils aus einer Anzahl M Elementen zusammengesetzt sind:

$$\Delta^R H_m\,(T,\,p) = \sum_{i=1}^{N} \nu_i\,H_{m,0i}\,(T,\,p) = \sum_{i=1}^{N} \nu_i\,H_{m,i}^{f}\,(T,\,p) + \sum_{i=1}^{N} \nu_i \sum_{k=1}^{M} |\nu_{ki}|\,H_{m,0k}\,(T,\,p)$$

$$(12.25)$$

Die Reihenfolge der Summationen im letzten Term von Gl. (12.25) lässt sich vertauschen. Betrachtet man die in den Klammern stehende Summe in Gl. (12.26), wird deutlich, dass diese zu null wird, da das jeweilige Element E_k — ob im ursprünglichen Zustand oder innerhalb der mit ihm gebildeten Stoffe — erhalten bleibt [9]:

$$\sum_{k=1}^{M} \left(\sum_{i=1}^{N} \nu_i\,|\nu_{ki}| \right) H_{m,0k}\,(T,\,p) = \sum_{k=1}^{M} \left(\sum_{i=1}^{N} \nu_i\,a_{ki} \right) H_{m,0k}\,(T,\,p) = 0 \qquad (12.26)$$

Daraus folgt aus Gleichung (12.25):

$$\Delta^R H_m\,(T,\,p) = \sum_{i=1}^{N} \nu_i\,H_{m,i}^{f}\,(T,\,p) \qquad (12.27)$$

Somit lässt sich jede Reaktionsenthalpie $\Delta^R H_m\,(T,\,p)$ unabhängig von den Werten der molaren Enthalpien $H_{m,0k}\,(T,\,p)$ der Elemente bestimmen. Vielmehr kann sie allein aus den Bildungsenthalpien der an ihr beteiligten Verbindungen $H_{m,i}^{f}(T,\,p)$ berechnet werden, welche sich experimentell ermitteln lassen, wobei entsprechend Gl. (12.27) auch die jeweiligen stöchiometrischen Koeffizienten ν_i zu berücksichtigen sind. Von Messungen weiterer Reaktionsenthalpien kann also abgesehen werden [9].

Diese Ergebnisse gelten nicht nur für allgemeine Werte für die Temperatur T und den Druck p, sondern auch für einen festgelegten Bezugszustand. Als Bezugszustand wird der thermochemische Standardzustand ($T = T_0 = 298{,}15$ K $= 25\,°C$, $p = p_0 = 1{,}0$ bar $= 100$ kPa) gewählt: Alle im gasförmigen Zustand vorliegenden Stoffe werden dabei als ideale Gase aufgefasst. Weiter werden diejenigen gasförmigen Elemente, die keine Edelgase sind, nicht als einatomig behandelt, sondern in ihrer Erscheinung als Moleküle behandelt. Für alle anderen Stoffe - flüssige und feste Elemente und Verbindungen - wird die stabile Phase zugrunde gelegt. Tabelle A.7 im Anhang enthält die folgenden festen, flüssigen und gasförmigen Elemente in den Formen

O_2, H_2, He, Ne, Ar, Kr, Xe, F_2, Cl_2, S (rhombisch), C (Graphit), C (Diamant), N_2 .

Da bei der Berechnung der molaren Reaktionsenthalpien gemäß Gl. (12.27) die Enthalpien der Elemente unbeachtlich bleiben können, werden diese im Standardzustand zu null gesetzt: $H_{m,0k}\,(T_0,\,p_0) = 0$. Die molare Bildungsenthalpie einer Verbindung im Standardzustand wird molare Standard-Bildungsenthalpie genannt und mit der Benennung $H_i^{f\,\square} = H_{m,i}^{f\,\square}\,(T_0,\,p_0)$ wiedergegeben, wobei das Beiwort 'molar' oft weggelassen wird. Die molare Standard-Bildungsenthalpie $H_i^{f\,\square}$ kann unmittelbar gemessen oder aus anderen molaren Standard-Reaktionsenthalpien berechnet werden.

Aus Gl. (12.27) folgt:

$$\Delta^R H_m\,(T_0,\,p_0) = \sum_{i=1}^{N} \nu_i\,H_{m,i}^{f\,\square}\,(T_0,\,p_0) \qquad (12.28)$$

Die molare Enthalpie eines reinen Stoffes ergibt sich damit zu

$$H^*_{m,0i}(T, p) = H_i^{f\square} + [H_{m,0i}(T, p) - H_{m,0i}(T_0, p_0)] \ . \tag{12.29}$$

Der in der eckigen Klammer stehende Ausdruck ist die Differenz der molaren Enthalpien des Stoffes i zwischen dem beliebigen Zustand (T, p) und dem Standardzustand (T_0, p_0). Sie lässt sich mit einer kalorischen Zustandsgleichung berechnen oder Tabellen entnehmen. Die mithilfe der molaren Standard-Reaktionsenthalpien aufeinander abgestimmten molaren Enthalpien werden mit einem Stern gekennzeichnet und molare konventionelle Enthalpien $H^*_{m,0i}(T, p)$ genannt [9].

Sie ermöglichen es, Gleichungen gemäß dem ersten Hauptsatz auch für chemische Reaktionen einfach zu formulieren, ohne weitere Anpassungen vornehmen zu müssen. Die Bestimmung von molaren Reaktionsenthalpien ist dabei nicht mehr notwendig. Für die Gleichung (12.20) kann damit geschrieben werden [9]:

$$\dot{Q} + P = \sum_{i=1}^{N} \dot{n}_i^a H^*_{m,0i}(T_a, p_a) - \sum_{i=1}^{N} \dot{n}_i^e H^*_{m,0i}(T_e, p_e) \tag{12.30}$$

Wird davon abgesehen, bei chemischen Reaktionen eine molare Arbeitsleistung P_m bzw. eine molare Arbeit W_m zuzuführen bzw. abzuführen, ist die Reaktion in starkem Maße irreversibel. Verläuft dann die Reaktion im chemischen Standard-Zustand isotherm-isochor ($dT = 0$, $dV = 0$), so ist die molare Reaktionswärme $Q_m = Q_{mV}$ nach dem ersten Hauptsatz gleich der Änderung der molaren inneren Energie ΔU_m: $Q_{mV} = \Delta U_m$ Verläuft eine Reaktion im chemischen Standard-Zustand isotherm-isobar ($dT = 0$, $dp = 0$), so ist die molare Reaktionswärme $Q_m = Q_{mp}$ nach dem ersten Hauptsatz gleich der Änderung der molaren Enthalpie ΔH_m: $Q_{mp} = \Delta H_m = \Delta^R H_m(T_0, p_0)$

Da die molare Enthalpie und die molare innere Energie Zustandsgrößen sind, hängen die molaren Reaktionswärmen Q_{mV} und Q_{mp} unter den genannten Voraussetzungen nur vom Anfangs- und vom Endzustand des Systems ab; sie sind damit unabhängig von irgendwelchen Zwischenschritten.

Beispiel 12.2 Es ist die Summe der beiden Reaktionen C + O$_2$ ⇌ CO$_2$ (a) und CO$_2$ ⇌ CO + 0,5 O$_2$ (b) zu betrachten, die sich zu C + O$_2$ ⇌ CO + 0,5 O$_2$ und damit zur Reaktion C + 0,5 O$_2$ ⇌ CO (c) zusammenfassen lassen. Man zeige mithilfe von Gl. (12.28) und den Werten von Tabelle A.7 rechnerisch, dass die Summe der molaren Standard-Reaktionsenthalpien der Reaktionen (a) und (b) gleich der molaren Standard-Reaktionsenthalpie der Reaktion (c) ist.

Reaktion (a): CO$_2$ - C - O$_2$ = 0 mit $\Delta_a^R H_m(T_0, p_0)$
= (- 393,509 - 0 - 0) MJ/kmol = - 393,509 MJ/kmol

Reaktion (b): CO + 0,5 O$_2$ - CO$_2$ = 0 mit $\Delta_b^R H_m(T_0, p_0)$
= (- 110,525 + 0,5 · 0 - (- 393,509)) MJ/kmol = + 282,984 MJ/kmol

Reaktion (c): CO - C - 0,5 O$_2$ = 0 mit $\Delta_c^R H_m(T_0, p_0)$
= (- 110,525 - 0 - 0,5 · 0) MJ/kmol = - 110,525 MJ/kmol

Für die Reaktion (c) gilt ebenfalls: $\Delta_c^R H_m(T_0, p_0) = \Delta_a^R H_m(T_0, p_0) + \Delta_b^R H_m(T_0, p_0)$
= (- 393,509 + 282,984) MJ/kmol = - 110,525 MJ/kmol

Die molaren Reaktionsenthalpien können also ebenso addiert werden wie die beiden stöchiometrischen Gleichungen (a) und (b). Diese Gesetzmäßigkeit, die den ersten Hauptsatz für chemische Reaktionen wiedergibt, wurde von *Hess* [1] im Jahr 1840 - also vor der Formulierung des ersten Hauptsatzes durch *Robert Mayer*, *James Prescott Joule* und *Hermann von Helmholtz* (vgl. Abschnitt 2.1) entdeckt; es wird als Gesetz der konstanten Wärmesummen bezeichnet. Ein Vorteil dieses Gesetzes besteht darin, dass unbekannte molare Reaktionsenthalpien auf molare Reaktionsenthalpien bekannter Reaktionen zurückgeführt werden können. Beispielsweise kann die molare Reaktionsenthalpie der unvollständigen Verbrennung gemäß $C + 0,5\,O_2 \rightleftharpoons CO$ (c) durch ein Experiment kaum ermittelt werden, weil sich dabei neben CO auch CO_2 bildet. Demgegenüber sind bei den beiden Reaktionen (a) und (b) Messungen der jeweiligen molaren Reaktionsenthalpien möglich.

Aus Beispiel 12.2 wird sichtbar, dass entsprechend Gl. (12.28) die molaren Standard-Bildungsenthalpien $H_i^{f\,\square} = H_{m,i}^{f\,\square}(T_0, p_0)$, multipliziert mit den jeweiligen stöchiometrischen Koeffizienten ν_i entsprechend der zugrunde liegenden Reaktionsgleichung, addiert werden können, um auf diese Weise die zugehörige molare Standard-Reaktionsenthalpie $\Delta^R H_{m,0i}(T_0, p_0)$ rechnerisch zu ermitteln.

Beispiel 12.3

a) Eine Brennstoffzelle wird mit sibirischem Erdgas H (vgl. Tabelle 11.1) betrieben, das vereinfacht als vollständig aus Methan (CH_4) bestehend aufgefasst werden kann. Hieraus wird Wasserstoff (H_2) mithilfe der endothermen Wasserdampfreformierung

$CH_4 + H_2O \rightleftharpoons CO + 3\,H_2$ (a)

und der exothermen Kohlenmonoxid-Konvertierungsreaktion

$CO + H_2O \rightleftharpoons CO_2 + H_2$ (b)

erzeugt. Die Summe beider Reaktionen (a) und (b) wird durch die Reaktionsgleichung

$CH_4 + 2\,H_2O \rightleftharpoons CO_2 + 4\,H_2$ (c)

beschrieben. Wasserstoff H_2 wird darauf in der exothermen Brennstoffzellenreaktion

$4\,H_2 + 2\,O_2 \rightleftharpoons 4\,H_2O$ (d)

zur Stromerzeugung genutzt.

Werden die Reaktionen (c) und (d) zusammengefasst, ergibt sich:

$CH_4 + 2\,O_2 + 2\,H_2O \rightleftharpoons CO_2 + 4\,H_2O$ (e)

bzw. vereinfacht

$CH_4 + 2\,O_2 \rightleftharpoons CO_2 + 2\,H_2O$ (f) .

Für diese Reaktionen sind mit den Werten der molaren Standard-Bildungenthalpien $H_i^{f\,\square}$ aus Tabelle A.7 im Anhang die molaren Standard-Reaktionsenthalpien $\Delta^R H_m(T_0, p_0)$ anzugeben.

b) Mit dem Power-to-Gas-Konzept (Bild 12.8) soll elektrische Energie aus Windkraftanlagen mithilfe der Wasser-Elektrolyse in Wasserstoff (H_2) gespeichert und ggfs. in einem zweiten Schritt in Methan (CH_4) gespeichert werden. Wasserstoff bzw. Methan sollen darauf ins Erdgasnetz eingespeist werden. Die beiden erforderlichen Reaktionen sind die Rückreaktion von (d)

$4\,H_2O \rightleftharpoons 4\,H_2 + 2\,O_2$ (g)

---

[1] *Hermann Heinrich Hess (Germain Henri Hess)*, 1802 bis 1850, schweizerischer Naturforscher, befasste sich u. a. mit thermochemischen Untersuchungen.

sowie die Rückreaktion von (c)

$4\,H_2 + CO_2 \rightleftharpoons CH_4 + 2\,H_2O$. (h)

Diese Reaktionen können rechnerisch zur Gesamtreaktion

$4\,H_2O + CO_2 \rightleftharpoons 2\,O_2 + CH_4 + 2\,H_2O$ (i)

zusammenfasst werden; diese ist die Rückreaktion von (e), die in vereinfachter Form

$2\,H_2O + CO_2 \rightleftharpoons 2\,O_2 + CH_4$ (k)

lautet und die Rückreaktion von (f) darstellt.

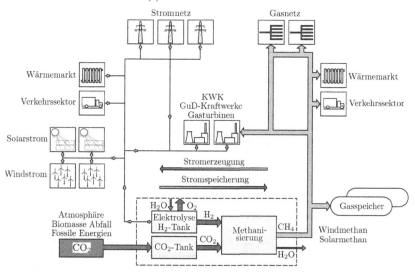

Bild 12.8 Power-to-Gas-Konzept: Erzeugung, Speicherung und Nutzung von Wasserstoff (H_2) und ggf. Methan (CH_4) mithilfe elektrischer Energie aus Wind- und Solarkraftanlagen. Im unteren Teil des Schemas ist die Wasser-Elektrolyse zur Wasserstofferzeugung (H_2) und in einem zweiten Schritt die mögliche Umwandlung von Wasserstoff in Methan dargestellt.

Für die Reaktionen (g), (h), (i) und (k) sind mit den molaren Standard-Bildungsenthalpien $H_i^{f\square}$ aus Tabelle A.7 im Anhang die molaren Standard-Reaktionsenthalpien $\Delta^R H_m\,(T_0, p_0)$ anzugeben.

a) Entsprechend Gl. (12.28) gilt für die jeweiligen chemischen Reaktionen:

$CO + 3\,H_2 - CH_4 - H_2O = 0$ (a*)

$(-110,53 + 3 \cdot 0 + 74,87 + 241,83)\,\text{MJ/kmol} = +206,17\,\text{MJ/kmol}$
$= +206,17\ \text{MJ/(kmol } CH_4)$

$CO_2 + H_2 - CO - H_2O = 0$ (b*)

$(-393,51 + 0 + 110,53 + 241,83)\,\text{MJ/kmol} = -41,15\,\text{MJ/kmol} = -41,15\,\text{MJ/(kmol } CO)$

$CO_2 + 4\,H_2 - CH_4 - 2\,H_2O = 0$ (c*)

$(-393,51 + 4 \cdot 0 + 74,87 + 2 \cdot 241,83)\,\text{MJ/kmol} = +165,02\,\text{MJ/kmol}$
$= +165,02\ \text{MJ/(kmol } CH_4)$

$4\,H_2O - 4\,H_2 - 2\,O_2 = 0$ (d*)

$(-4 \cdot 241,83 - 4 \cdot 0 - 2 \cdot 0) \, \mathrm{MJ}/(4\,\mathrm{kmol}\,H_2) = -967,32 \, \mathrm{MJ}/(4\,\mathrm{kmol}\,H_2)$

(auf 4 kmol H_2 bezogen, das mithilfe von 1 kmol CH_4 gebildet wurde).

Wird die Gleichung H_2O - H_2 - 0,5 O_2 = 0 (d**) betrachtet, ergibt sich:

$(-241,83 - 0 - 0,5 \cdot 0) \, \mathrm{MJ}/(\mathrm{kmol}\,H_2) = -241,83 \, \mathrm{MJ}/(\mathrm{kmol}\,H_2)$

CO_2 + 4 H_2O - CH_4 - 2 O_2 - 2 H_2O = 0 (e*)

$(-393,51 - 4 \cdot 241,83 + 74,87 - 2 \cdot 0 + 2 \cdot 241,83) \, \mathrm{MJ}/\mathrm{kmol} = -802,30 \, \mathrm{MJ}/\mathrm{kmol}$
$= -802,30 \, \mathrm{MJ}/(\mathrm{kmol}\,CH_4)$

CO_2 + 2 H_2O - CH_4 - 2 O_2 = 0 (f*)

$(-393,51 + 0 - 2 \cdot 241,83 + 74,87 - 2 \cdot 0) \, \mathrm{MJ}/\mathrm{kmol} = -802,30 \, \mathrm{MJ}/\mathrm{kmol}$
$= -802,30 \, \mathrm{MJ}/(\mathrm{kmol}\,CH_4)$

Wasser wird dabei jeweils als Wasserdampf aufgefasst. Wird Wasser als Flüssigkeit bilanziert, ergibt sich z. B. gemäß den Gleichungen (d*) und (d**):

4 H_2O - 4 H_2 - 2 O_2 = 0 (d*)

$(-4 \cdot 285,84 - 4 \cdot 0 - 2 \cdot 0) \, \mathrm{MJ}/(4\,\mathrm{kmol}\,H_2) = -1143,36 \, \mathrm{MJ}/(4\,\mathrm{kmol}\,H_2)$

(auf 4 kmol H_2 bezogen, das mithilfe von 1 kmol CH_4 gebildet wurde), bzw.

H_2O - H_2 - 0,5 O_2 = 0 (d**)

$(-285,84 - 0 - 0,5 \cdot 0) \, \mathrm{MJ}/(\mathrm{kmol}\,H_2) = -285,84 \, \mathrm{MJ}/(\mathrm{kmol}\,H_2)$

b) Für die Reaktionen (g), (h), (i) und (k) gilt gemäß Gl. (12.28):

4 H_2 + 2 O_2 - 4 H_2O = 0 (g*)

$(4 \cdot 0 + 2 \cdot 0 + 4 \cdot 241,83) \, \mathrm{MJ}/(4\,\mathrm{kmol}\,H_2) = +967,32 \, \mathrm{MJ}/(4\,\mathrm{kmol}\,H_2)$

CH_4 + 2 H_2O - CO_2 - 4 H_2 = 0 (h*)

$(-74,87 - 2 \cdot 241,83 + 393,51 - 4 \cdot 0) \, \mathrm{MJ}/\mathrm{kmol} = -165,02 \, \mathrm{MJ}/\mathrm{kmol}$
$= -165,02 \, \mathrm{MJ}/(\mathrm{kmol}\,CH_4)$

Für die rechnerisch zusammengefasste Gesamtreaktion (i) gilt:

CH_4 + 2 O_2 + 2 H_2O - 4 H_2O - CO_2 = 0 (i*)

$(-74,87 + 2 \cdot 0 - 2 \cdot 241,83 + 4 \cdot 241,83 + 393,51) \, \mathrm{MJ}/\mathrm{kmol} = +802,30 \, \mathrm{MJ}/\mathrm{kmol} = +802,30 \, \mathrm{MJ}/(\mathrm{kmol}\,CH_4)$

CH_4 + 2 O_2 - 2 H_2O - CO_2 = 0 (k*)

$(-74,87 + 2 \cdot 0 + 2 \cdot 241,83 + 393,51) \, \mathrm{MJ}/\mathrm{kmol} = +802,30 \, \mathrm{MJ}/\mathrm{kmol}$
$= +802,30 \, \mathrm{MJ}/(\mathrm{kmol}\,CH_4)$

Wasser wird dabei jeweils als Wasserdampf aufgefasst. Wird z. B. bei der Wasser-Elektrolyse gemäß (g*) Wasser als Flüssigkeit behandelt, folgt daraus:

4 H_2 + 2 O_2 - 4 H_2O = 0 (g*)

$(4 \cdot 0 + 2 \cdot 0 + 4 \cdot 285,84) \, \mathrm{MJ}/(4\,\mathrm{kmol}\,H_2) = +1143,36 \, \mathrm{MJ}/(4\,\mathrm{kmol}\,H_2)$

Wird die Gleichung H_2 + 0,5 O_2 - H_2O = 0 (g**) betrachtet, ergibt sich:

$(0 + 0,5 \cdot 0 + 285,84) \, \mathrm{MJ}/\mathrm{kmol} = +285,84 \, \mathrm{MJ}/(\mathrm{kmol}\,H_2)$

12.4   Absolute molare Entropien; dritter Hauptsatz der Thermodynamik

Der reale Ablauf einer chemischen Reaktion ist — wie der Ablauf einer realen allein physikalischen Zustandsänderung — nicht umkehrbar. Bei der Quantifizierung der Irreversibilitäten kann der entsprechende reversible Ersatzprozess als Vergleichsmaßstab dienen. Hierzu ist gemäß dem zweiten Hauptsatz eine Entropiebilanz erforderlich, wobei die Summe aller Entropieänderungen der Reaktionsteilnehmer sowie die Entropieänderung der Umgebung zu betrachten ist.

Gleichermaßen wie in Abschnitt 12.3, in dem die Erstellung von molaren Enthalpiebilanzen gemäß dem ersten Hauptsatz behandelt wird, ist auch bei der Erstellung der molaren Entropiebilanzen der einzelnen reinen Stoffe die Abstimmung der Konstanten erforderlich. Dies ist ein wesentlicher Unterschied im Vergleich zu der Berechnung von Entropiedifferenzen bei allein physikalischen Zustandsänderungen reiner Stoffe, bei denen sich die jeweilige Konstante S_{0i} heraushebt. Für eine isotherm-isobare chemische Reaktion wird die molare Reaktionsentropie wie folgt definiert:

$$\Delta^R S_m \left(T, p\right) = \sum_{i=1}^{N} \nu_i \, S_{m,0i} \left(T, p\right) \tag{12.31}$$

Dabei heben sich die einzelnen Konstanten nicht gegenseitig auf; vielmehr müssen die molaren Entropien der einzelnen Stoffe aufeinander abgestimmt werden. Dies ist auch bei der Definition der molaren Reaktions-*Gibbs*[2]-Funktion wesentlich, auf die in weiteren Abschnitten eingegangen wird:

$$\Delta^R G_m \left(T, p\right) = \sum_{i=1}^{N} \nu_i \, G_{m,0i} \left(T, p\right) = \Delta^R H_m \left(T, p\right) - T \, \Delta^R S_m \left(T, p\right) \tag{12.32}$$

Die Anpassung der molaren Entropiekonstanten der an einer Reaktion teilnehmenden Stoffe aneinander kann - anders als bei molaren Enthalpien - nicht durch kalorimetrische Messungen erfolgen. Im Jahr 1906 löste *Nernst*[3] [9] dieses Problem: In seinem als "Neuen Wärmesatz" bezeichneten Postulat ging er davon aus, dass sich für alle Reaktionen zwischen festen Körpern bei der Annäherung an den absoluten Nullpunkt die molare Reaktions-*Gibbs*-Funktion $\Delta^R G_m \left(T, p\right)$ nicht mit der Temperatur ändert, also

$$\lim_{T \to 0} \frac{\mathrm{d}\,\Delta^R G_m}{\mathrm{d}\,T} = 0 \tag{12.33}$$

gelten soll. Dies bedeutet, dass am Nullpunkt der thermodynamischen Temperatur die molaren Reaktionsentropien aller Reaktionen zwischen Festkörpern zu null werden:

$$\lim_{T \to 0} \Delta^R S_m \left(T, p\right) = 0 \tag{12.34}$$

Dies ist die Voraussetzung dafür, dass sich molare Reaktionsentropien und molare Reaktions-*Gibbs*-Funktionen bei anderen Temperaturen berechnen lassen, wenn die

---

[2] *Josiah Willard Gibbs*, 1839 bis 1903, nordamerikanischer Naturwissenschaftler, leistete wichtige Beiträge zur Thermodynamik der Gleichgewichte.
[3] *Walther Nernst*, 1864 bis 1941, deutscher Physiker und Chemiker. Für seine Arbeiten in der Thermochemie erhielt er 1920 den Nobelpreis für Chemie.

temperaturabhängigen molaren isobaren Wärmekapazitäten $C_{m,p,0i}$ der an der Reaktion beteiligten Stoffe bekannt sind [9].

Der *Nernst*'sche Wärmesatz gilt als ein allgemeingültiges Gesetz über das Verhalten der Entropie am Nullpunkt der thermodynamischen Temperatur; er wird auch als dritter Hauptsatz der Thermodynamik bezeichnet. Er lässt sich — wie beim zweiten Hauptsatz — auf verschiedene Weise ausdrücken. Die von *Max Planck* formulierte Fassung im Hinblick auf die Abstimmung der Entropien verschiedener reiner Stoffe lautet:

"Die Entropie eines jeden reinen kondensierten Stoffes, der sich im inneren Gleichgewicht befindet, nimmt bei $T = 0$ ihren kleinsten Wert an, der von den übrigen intensiven Zustandsgrößen unabhängig ist und gleich null gesetzt werden kann."

Diese Formulierung wird der Gl.(12.34) ebenso wie dem *Nernst*'schen Postulat gerecht. Bei der Bestimmung der Entropie tritt keine unbestimmte Konstante auf, und die molare Entropie bei konstantem Druck p für einen Stoff i lässt sich durch Integration des Entropiedifferentials, beginnend bei $T = 0$, in Anlehnung an Gl. (5.154) wie folgt berechnen [9]:

$$S_{m,0i}(T,p) = \int_{0}^{1} \frac{C_{mp,0i}(T,p)}{T}\, \mathrm{d}T \;\; ; \;\; p = \text{const} \tag{12.35}$$

Die mit der Gleichung (12.35) ermittelten molaren Entropien mit dem Anfangspunkt bei $T = 0$ werden konventionelle molare Entropien genannt; auch die Bezeichnung absolute molare Entropien ist üblich. Damit sich endliche Entropiewerte ergeben, muss auch die molare isobare Wärmekapazität $C_{mp,0i}$ bei $T = 0$ null sein: Als Folge des *Nernst*'schen Postulates ist somit

$$\lim_{T \to 0} C_{mp,0i}(T,\, p) = 0 \;\; . \tag{12.36}$$

Im linken Teil des Bildes 12.9 ist die Temperaturabhängigkeit des Ausdrucks $C_{mp,0i}/T$ wiedergegeben, während im rechten Teil des Bildes 12.9 der — durch Integration von $C_{mp,0i}/T$ über der Temperatur — gewonnene Verlauf von $S_{m,\,0i}$ über der Temperatur bei $p = \text{const}$ dargestellt ist.

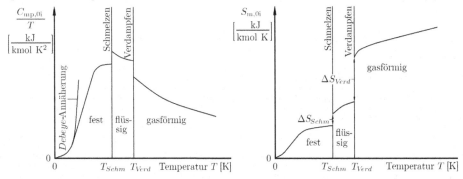

Bild 12.9 Ermittlung der absoluten molaren Entropie eines Stoffes mithilfe der molaren isobaren Wärmekapazität

Das *Nernst*'sche Postulat wird durch die Quantentheorie und die statistische Thermodynamik bestätigt. So fand insbesondere *P. Debeye* [9], dass die molare Wärmekapazität und die Entropie von Festkörpern bei der Annäherung an den absoluten Nullpunkt proportional zu T^3 gegen null gehen. Die Entropie idealer Gase kann mithilfe der Quantentheorie und der statistischen Thermodynamik aus Naturkonstanten und spektroskopischen Messungen berechnet werden, wobei die so gewonnenen Ergebnisse die Berechnungen gemäß der Integration nach Gl.(12.35) bestätigen.

Als Ergebnisse dieser Entropieberechnungen stehen u. a. molare Standardentropien zur Verfügung, die als $S_{m,0i}^{\square} = S_{m,0i}^{\square}(T_0, p_0) = S_{m,0i}(T_0, p_0)$ angegeben werden. Für sie gilt: $T_0 = 298,15$ K (25 °C); $p_0 = 1$ bar $= 100$ kPa. Für wichtige reine Stoffe sind molare Standardentropien $S_{m,0i}^{\square}$ in Tabelle A.7 im Anhang aufgeführt.

Für die Berechnung der molaren Standard-Reaktionsentropie gilt gemäß Gl. (12.31):

$$\Delta^R S_m(T_0, p_0) = \sum_{i=1}^{N} \nu_i \, S_{m,0i}(T_0, p_0) \tag{12.37}$$

Mit Entropien im Standardzustand können Entropien bei davon abweichenden Zuständen berechnet werden, indem mit den hierfür verfügbaren Gleichungen — z. B. für ideale Gase gemäß Abschnitt 4 oder für reale Gase gemäß Abschnitt 5 — Entropiedifferenzen gegenüber dem Standardzustand ermittelt werden.

Beispiel 12.4

a) Für die in Beispiel 12.3 a) angegebenen Reaktionen (a) bis (f) sind mit den Werten der molaren Standardentropien $S_{m,0i}^{\square}$ aus Tabelle A.7 im Anhang die molaren Standard-Reaktionsentropien $\Delta^R S_m(T_0, p_0)$ anzugeben.

b) Für die in Beispiel 12.3 b) angegebenen Reaktionen (g) bis (k) sind mit den Werten der molaren Standardentropien $S_{m,0i}^{\square}$ aus Tabelle A.7 im Anhang die molaren Standard-Reaktionsentropien $\Delta^R S_m(T_0, p_0)$ anzugeben.

a) Entsprechend Gl. (12.37) gilt für die jeweiligen chemischen Reaktionen:

$CO + 3\,H_2 - CH_4 - H_2O = 0$ (a*)

$(197,660 + 3 \cdot 130,680 - 186,250 - 188,835)\,\text{kJ}/(\text{kmol K}) = +214,615\,\text{kJ}/(\text{kmol K}) = +214,615\,\text{kJ}/(\text{kmol CH}_4\,\text{K})$

$CO_2 + H_2 - CO - H_2O = 0$ (b*)

$(213,785 + 130,680 - 197,660 - 188,835)\,\text{kJ}/(\text{kmol K}) = -42,030\,\text{kJ}/(\text{kmol K}) = -42,030\,\text{kJ}/(\text{kmol CO K})$

$CO_2 + 4\,H_2 - CH_4 - 2\,H_2O = 0$ (c*)

$(213,785 + 4 \cdot 130,680 - 186,250 - 2 \cdot 188,835)\,\text{kJ}/(\text{kmol K}) = +172,585\,\text{kJ}/(\text{kmol K}) = +172,585\,\text{kJ}/(\text{kmol CH}_4\,\text{K})$

$4\,H_2O - 4\,H_2 - 2\,O_2 = 0$ (d*)

$(4 \cdot 188,835 - 4 \cdot 130,680 - 2 \cdot 205,152)\,\text{kJ}/(4\,\text{kmol H}_2\,\text{K}) = -177,684\,\text{MJ}/(4\,\text{kmol H}_2\,\text{K})$

(auf 4 kmol H_2 bezogen, das mithilfe von 1 kmol CH_4 gebildet wurde).

Wird die Gleichung $H_2O - H_2 - 0{,}5\,O_2 = 0$ (d**) betrachtet, ergibt sich:

$(188,835 - 130,680 - 0,5 \cdot 205,152)\,\text{kJ}/(\text{kmol H}_2\,\text{K}) = -44,421\,\text{kJ}/(\text{kmol H}_2\,\text{K})$

CO_2 + 4 H_2O - CH_4 - 2 O_2 - 2 H_2O = 0 (e*)

$(213, 785 + 4 \cdot 188, 835 - 186, 25 - 2 \cdot 205, 152 - 2 \cdot 188, 835)$ kJ/(kmol K) $= -5,099)$ kJ/(kmol K)
$= -5,099)$ kJ/(kmol CH_4 K)

CO_2 + 2 H_2O - CH_4 - 2 O_2 = 0 (f*)

$(213, 785 + 2 \cdot 188, 835 - 186, 25 - 2 \cdot 205, 152)$ kJ/(kmol K)
$= -5,099$ kJ/(kmol K) $= -5,099$ kJ/(kmol CH_4 K)

Wasser wird dabei jeweils als Wasserdampf aufgefasst. Wird Wasser als Flüssigkeit bilanziert, ergibt sich z. B. gemäß den Gleichungen (d*) und (d**):

4 H_2O - 4 H_2 - 2 O_2 = 0 (d*)

$(4 \cdot 69, 93 - 4 \cdot 130, 680 - 2 \cdot 205, 152)$ kJ/(4 kmol H_2 K) $= -653, 304$ kJ/(4 kmol H_2 K)

(auf 4 kmol H_2 bezogen, das mithilfe von 1 kmol CH_4 gebildet wurde), bzw.

H_2O - H_2 - 0,5 O_2 = 0 (d**)

$(69, 93 - 130, 680 - 0, 5 \cdot 205, 152)$ kJ/(kmol H_2 K) $= -163, 326$ kJ/(kmol H_2 K)

b) Für die Reaktionen (g), (h), (i) und (k) gilt gemäß Gl. (12.37):

4 H_2 + 2 O_2 - 4 H_2O = 0 (g*)

$(4 \cdot 130, 680 + 2 \cdot 205, 152 - 4 \cdot 188, 835)$ kJ/(4 kmol H_2 K) $= +177, 684$ kJ/(4 kmol H_2 K)

Für die Reaktion (h) gilt entsprechend:

CH_4 + 2 H_2O - CO_2 - 4 H_2 = 0 (h*)

$(186, 25 + 2 \cdot 188, 835 - 213, 785 - 4 \cdot 130, 680)$ kJ/(kmol K) $= -172, 585$ kJ/(kmol K)
$= -172, 585$ kJ/(kmol CH_4 K)

CH_4 + 2 O_2 + 2 H_2O - 4 H_2O - CO_2 = 0 (i*)

$(186, 25 + 2 \cdot 205, 152 + 2 \cdot 188, 835 - 4 \cdot 188, 835 - 213, 785)$ kJ/(kmol K) $= +5, 099$ kJ/(kmol K)
$= +5, 099$ kJ/(kmol CH_4 K)

CH_4 + 2 O_2 - 2 H_2O - CO_2 = 0 (k*)

$(186, 25 + 2 \cdot 205, 152 - 2 \cdot 188, 835 - 213, 785)$ kJ/(kmol K) $= +5, 099$ kJ/(kmol K)
$= +5, 099$ kJ/(kmol CH_4 K)

Wasser wird dabei jeweils als Wasserdampf aufgefasst. Wird z. B. bei der Wasser-Elektrolyse gemäß (g*) Wasser als Flüssigkeit behandelt, folgt daraus:

4 H_2 + 2 O_2 - 4 H_2O = 0 (g*)

$(4 \cdot 130, 680 + 2 \cdot 205, 152 - 4 \cdot 69, 93)$ kJ/(4 kmol H_2 K) $= +653, 304$ kJ/(4 kmol H_2 K)

Wird die Gleichung H_2 + 0,5 O_2 - H_2O = 0 (g**) betrachtet, ergibt sich:

$(130, 680 + 0, 5 \cdot 205, 152 - 69, 93)$ kJ/(kmol H_2 K) $= +163, 326$ kJ/(kmol H_2 K)

Über die molare Standardentropie $S_{m,0i}^{\square}$ und die molare Standard-Bildungsenthalpie $H_{m,0i}^{f\,\square}$ eines Stoffes i ist auch seine molare *Gibbs*-Funktion für reine Stoffe

$$G_{m,0i}^{\square} = H_{m,0i}^{f\,\square} - T\, S_{m,0i}^{\square} \qquad (12.38)$$

im Standardzustand festgelegt (vgl. Tabelle A.7 im Anhang), so dass keine weitere Abstimmung bei der Bildung der molaren Reaktions-*Gibbs*-Funktion im Standard-Zustand gemäß Gl. (12.32) erforderlich ist:

$$\Delta^R G_m\,(T_0,\,p_0) = \sum_{i=1}^{N} \nu_i\,G_{m,0i}\,(T_0,\,p_0) = \Delta^R H_m\,(T_0,\,p_0) - T_0\,\Delta^R S_m\,(T_0,\,p_0) \quad (12.39)$$

Das *Nernst*'sche Postulat ist auch die Grundlage für den Satz von der Unerreichbarkeit des (absoluten) Nullpunkts der thermodynamischen Temperatur:

"Es ist unmöglich, den Nullpunkt der thermodynamischen Temperatur ($T = 0$) in einer endlichen Zahl von Prozessschritten zu erreichen."

Inzwischen liegen die Ergebnisse zahlreicher Versuche vor, sehr tiefe Temperaturen zu erreichen. Dabei konnten thermodynamische Temperaturen bis hinunter zu etwa 0,0005 K erzielt werden; die Temperatur $T = 0$ K wurde dabei nicht erreicht [9].

12.5 Die Bedeutung des zweiten Hauptsatzes für chemische Reaktionen

Mit den Werten der molaren Standardentropie stehen absolute molare Entropien zur Verfügung, die für die Anwendung des zweiten Hauptsatzes auf chemisch reagierende Systeme dienlich sind. Im Folgenden wird ein stationärer Fließprozess betrachtet, bei dem im Inneren des Reaktionsraums entsprechend Bild 12.10 eine isotherm-isobare Reaktion vor sich geht, für die die allgemeine Reaktionsgleichung

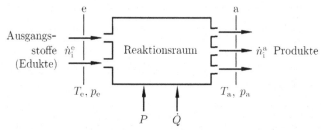

Bild 12.10 Isotherm-isobare Reaktion mit getrennter Zu- und Abfuhr der einzelnen Reaktionsteilnehmer

$$\sum_{i=1}^{N} \nu_i\,\mathrm{A}_i = 0 \qquad (12.11)$$

gilt. Um Mischungseffekte nicht berücksichtigen zu müssen, sollen die Edukte voneinander getrennt in den Reaktionsraum mit derselben Temperatur $T = T_e = T_a$ sowie demselben Druck $p = p_e = p_a$ einströmen und die Produkte den Reaktionsraum getrennt mit derselben Temperatur $T = T_e = T_a$ und demselben Druck $p = p_e = p_a$ verlassen. Für die jeweiligen Molmengenströme $\dot{n}_i^e$ beim Eintritt und $\dot{n}_i^a$ beim Austritt gilt für einen Stoff i entsprechend den Abschnitten 12.2 und 12.3

$$\dot{n}_i^a = \dot{n}_i^e + \nu_i\,\dot{z}_a \;; \qquad (12.19)$$

hierin ist $\dot{z}_a$ die Umsatzrate der Reaktion.

Mit dem ersten Hauptsatz ergibt sich dabei bei Vernachlässigung von Änderungen der zeitbezogenen kinetischen und potentiellen Energien entsprechend Gl. (12.20 a) die Leistungsbilanzgleichung

$$\dot{Q} + P = \sum_{i=1}^{N} (\dot{n}_i^a - \dot{n}_i^e)\, H_{m,0i}\,(T,\,p) = \dot{z}_a \sum_{i=1}^{N} \nu_i\, H_{m,0i}\,(T,\,p) = \dot{z}_a\, \Delta^R H_m\,(T,\,p)\ .$$

(12.40)

Bei der Ermittlung der zeitbezogenen Entropieänderung $\Delta \dot{S}(T,\,p)$ ist zum einen die sich durch die Reaktion ergebende Entropiestromänderung $\sum_{i=1}^{N} (\dot{n}_i^a - \dot{n}_i^e)\, S_{m,0i}\,(T,\,p)$ und zum anderen die durch die Irreversibilitäten hervorgerufene Zunahme der zeitbezogenen Entropie $\dot{S}_{irr}$ zu bilanzieren. Bei der Berechnung des damit zusammenhängenden Wärmestroms $\dot{Q} = T\,\Delta \dot{S}(T,\,p)$ gilt es zu beachten, dass dabei zum einen der im Zusammenhang mit der Reaktion auftretende Wärmestrom $T \sum_{i=1}^{N} (\dot{n}_i^a - \dot{n}_i^e)\, S_{m,0i}\,(T,\,p)$ und zum andern der durch die Irreversibilitäten hervorgerufene Wärmestrom $T \dot{S}_{irr}$ zu berücksichtigen ist. Beide Wärmeströme stehen wegen der isotherm ablaufenden Reaktion mit der Umgebung in Verbindung.

Mit $\Delta^R S_m\,(T,\,p)$ ergibt sich:

$$\dot{Q} = \dot{z}_a\, T \sum_{i=1}^{N} \nu_i\, S_{m,0i}\,(T,\,p) - T\, \dot{S}_{irr} = \dot{z}_a\, T\, \Delta^R S_m\,(T,\,p) - T\, \dot{S}_{irr} \qquad (12.42)$$

Aus Gl. (12.40) folgt

$$P = \dot{z}_a\, \Delta^R H_m\,(T,\,p) - \dot{Q} = \dot{z}_a\, \Delta^R H_m\,(T,\,p) - \dot{z}_a\, T\, \Delta^R S_m\,(T,\,p) + T\, \dot{S}_{irr} \qquad (12.43)$$

und

$$P = \dot{z}_a\, \Delta^R G_m\,(T,\,p) + T\, \dot{S}_{irr}\ . \qquad (12.44)$$

In dieser Gleichung ist $\Delta^R G_m\,(T,\,p)$ die molare Reaktions-*Gibbs*-Funktion der isotherm-isobaren Reaktion gemäß Gl.(12.32). Ergibt sich für $\Delta^R G_m\,(T,\,p)$ ein negativer Wert, kann aus der Reaktion nicht nur Wärme, sondern auch Arbeit gewonnen werden. Ergibt sich für $\Delta^R G_m\,(T,\,p)$ ein positiver Wert, muss für die Durchführung der Reaktion Arbeit zugeführt werden.

Wird der Grenzfall der reversiblen chemischen Reaktion betrachtet, erhält man aus Gl.(12.44) wegen $\dot{S}_{irr} = 0$ die molare reversible Reaktionsarbeit

$$(W_m)_{rev} = \frac{P_{rev}}{\dot{z}_a} = \Delta^R G_m\,(T,\,p)\ . \qquad (12.45)$$

Die molare Reaktions-*Gibbs*-Funktion $\Delta^R G_m\,(T,\,p)$ ist also kennzeichnend für eine reversible isotherm-isobare Reaktion. (Parallel hierzu wird in Abschnitt 5 auf die Gleichungen (5.214) und (5.215) hingewiesen, die zusammengenommen die Eigenschaft der *Gibbs*-Funktion $G_2 - G_1 = W_{p12}$ zur Erfassung der Druckänderungsarbeit bei allein physikalischen reversiblen isothermen Zustandsänderungen sichtbar machen.)

$\Delta^R G_m$ (T, p) ergibt die molare Arbeit, die bei einem Formelumsatz mindestens zuzuführen bzw. äußerstenfalls zu gewinnen ist. Die molare Reaktions-*Gibbs*-Funktion wird in Abschnitt 12.6 zur Ermittlung der chemischen Exergie genutzt.

In Bild 12.11 sind zwei Fälle einer reversibel isotherm-isobar ablaufenden exothermen Reaktion ($\Delta^R H_m < 0$) dargestellt. Nimmt dabei die molare Reaktionsentropie ab ($\Delta^R S_m < 0$; Bild 12.11 links), so wird zugleich die molare reversible Wärme $(Q_m)_{rev} = T \Delta^R S_m < 0$ aus dem System an die Umgebung abgeführt, wobei die molare reversible Arbeit, angegeben als Absolutwert der molaren reversiblen Arbeit, geringer ist als der Absolutwert der molaren Reaktionsenthalpie: $|(W_m)_{rev}| = |\Delta^R G_m| < |\Delta^R H_m|$.

Nimmt dagegen die molare Reaktionsentropie zu ($\Delta^R S_m > 0$; Bild 12.11 rechts), so wird dem System zugleich die molare reversible Wärme $(Q_m)_{rev} = T \Delta^R S_m > 0$ aus der Umgebung zugeführt, wobei die molare reversible Arbeit, angegeben als Absolutwert der molaren reversiblen Arbeit, größer ist als der Absolutwert der molaren Reaktionsenthalpie: $|(W_m)_{rev}| = |\Delta^R G_m| > |\Delta^R H_m|$.

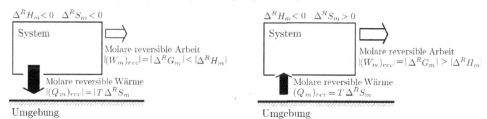

Bild 12.11 Molare Reaktions-*Gibbs*-Funktion: Arbeitsgewinn bei einer reversibel isotherm-isobar ablaufenden exothermen Reaktion

Oft wird bei einer chemischen Reaktion von der Zufuhr bzw. von der Gewinnung mechanischer oder elektrischer Leistung abgesehen. Mit der Bedingung $P = 0$ erhält man dann aus Gl.(12.44) die zeitbezogene Entropiezunahme aufgrund von Irreversibilitäten bei der Bereitstellung eines Wärmestroms auf dem Temperaturniveau T:

$$\dot{S}_{irr} = -\frac{\dot{z}_a}{T} \Delta^R G_m \ (T, p) > 0. \tag{12.46}$$

Die molare Reaktions-*Gibbs*-Funktion kann dann auch zu Aussagen über die Richtung des Reaktionsablaufs genutzt werden: Ist

$\Delta^R G_m$ $(T, p) < 0$,   ergibt sich ein positiver Reaktionsumsatz: $\dot{z}_a > 0$

Die isotherm-isobare Reaktion verläuft also in der Richtung, von der bei der Niederschrift der chemischen Reaktionsgleichung ausgegangen wurde. Ist dagegen

$\Delta^R G_m$ $(T, p) > 0$,   ist demgegenüber der Reaktionsumsatz negativ: $\dot{z}_a < 0$

Die Reaktion nimmt den entgegengesetzten Verlauf: Eine isotherm-isobare Reaktion mit positiver Reaktions-*Gibbs*-Funktion kann bei $P = 0$ nicht in der Richtung vonstatten gehen, von der bei der Niederschrift der chemischen Reaktionsgleichung ausgegangen wurde.

Gl. (12.44) eröffnet freilich die Möglichkeit, mit $P > 0$, d. h. etwa durch Zufuhr von mechanischer oder elektrischer Leistung, die angestrebte Reaktionsrichtung gegen die positive Reaktions-*Gibbs*-Funktion $\Delta^R G_m$ $(T, p) > 0$ und den negativen Reaktionsumsatz $\dot{z}_a < 0$ quasi zu erzwingen. Hierbei ist sicherzustellen, dass die zugeführte

Leistung P nicht einfach bei einem elektrothermischen Verfahren in einem Ohm^4'schen Widerstand irreversibel in eine Erhöhung der zeitbezogenen Enthalpie übergeführt wird und sich lediglich in einer Temperaturerhöhung der chemischen Reaktionspartner auswirkt. Vielmehr ist eine elektrochemische Reaktion erforderlich, bei der die chemische Reaktion mithilfe elektrischer Ladungsträger in Form von Elektronen oder Ionen durchgeführt wird. Eine reversible Zufuhr mechanischer Leistung ist beim *van 't Hoff*[5]'schen Reaktionsmodell theoretisch möglich (vgl. Abschnitt 12.11). Dieselbe Wirkung hat die Zufuhr eines exergiestromreichen Hochtemperaturwärmestroms, der implizit zeitbezogene Arbeitsfähigkeit enthält (vgl. Abschnitt 8).

Beispiel 12.5

a) Für die in Beispiel 12.3 a) angegebenen Reaktionen (a) bis (f) sind mit den Werten der molaren Standard-*Gibbs*-Funktionen $G_{m,0i}^{\square}$ aus Tabelle A.7 im Anhang die molaren Standard-Reaktions-*Gibbs*-Funktionen $\Delta^R G_m (T_0, p_0)$ anzugeben.

b) Für die in Beispiel 12.3 b) angegebenen Reaktionen (g) bis (k) sind mit den Werten der molaren Standard-*Gibbs*-Funktionen $G_{m,0i}^{\square}$ aus Tabelle A.7 im Anhang die molaren Standard-Reaktions-*Gibbs*-Funktionen $\Delta^R G_m (T_0, p_0)$ anzugeben.

a) Es gilt für die jeweiligen chemischen Reaktionen:

$CO + 3 H_2$ - CH_4 - $H_2O = 0$ (a*)

$(-169,46 - 3 \cdot 38,962 + 130,40 + 298,13)\,\text{MJ/kmol} = +142,184\,\text{MJ/kmol}$
$= +142,184\,\text{MJ/(kmol\,CH}_4)$

$CO_2 + H_2$ - CO - $H_2O = 0$ (b*)

$(-457,25 - 38,962 + 169,46 + 298,13)\,\text{MJ/kmol} = -28,622\,\text{MJ/kmol}$
$= -28,622\,\text{MJ/(kmol\,CO)}$

$CO_2 + 4 H_2$ - CH_4 - $2 H_2O = 0$ (c*)

$(-457,25 - 4 \cdot 38,962 + 130,40 + 2 \cdot 298,13)\,\text{MJ/(kmol)} = +113,562\,\text{MJ/(kmol)}$
$= +113,562\,\text{MJ/(kmol\,CH}_4)$

$4 H_2O$ - $4 H_2$ - $2 O_2 = 0$ (d*)

$(-4 \cdot 298,13 + 4 \cdot 38,962 + 2 \cdot 61,166)\,\text{MJ/(4\,kmol\,H}_2) = -914,34\,\text{MJ/(4\,kmol\,H}_2)$

Wird die Gleichung H_2O - H_2 - $0,5 O_2 = 0$ (d**)   betrachtet, ergibt sich:

$(-298,13 + 38,962 + 0,5 \cdot 61,166\,\text{MJ/(kmol\,H}_2) = -228,585\,\text{MJ/(kmol\,H}_2)$

$CO_2 + 4 H_2O$ - CH_4 - $2 O_2$ - $2 H_2O = 0$ (e*)

$(-457,25 - 4 \cdot 298,13 + 130,40 + 2 \cdot 61,166 + 2 \cdot 298,13)\,\text{MJ/kmol}$
$= -800,778\,\text{MJ/kmol} = -800,778\,\text{MJ/(kmol\,CH}_4)$

$CO_2 + 2 H_2O$ - CH_4 - $2 O_2 = 0$ (f*)

$(-457,25 - 2 \cdot 298,13 + 130,40 + 2 \cdot 61,166)\,\text{MJ/kmol} = -800,778\,\text{MJ/kmol}$
$= -800,778\,\text{MJ/(kmol\,CH}_4)$

Wasser wird dabei jeweils als Wasserdampf aufgefasst. Wird Wasser als Flüssigkeit bilanziert, ergibt sich z. B. gemäß den Gleichungen (d*) und (d**):

---

[4] *Georg Simon Ohm*, 1789 bis 1854, deutscher Physiker. Sein Hauptinteresse galt der damals noch wenig erforschten Elektrizität.

[5] *Jacobus Henricus van 't Hoff*, 1852 bis 1911, niederländischer Chemiker

$4\,H_2O - 4\,H_2 - 2\,O_2 = 0\ (d^*)$

$(-4 \cdot 306,69 + 4 \cdot 38,962 + 2 \cdot 61,166)\ MJ/(4\,kmol\,H_2) = -948,58\ MJ/(4\,kmol\,H_2)$ bzw.

$H_2O - H_2 - 0,5\,O_2 = 0\ (d^{**})$

$(-306,69 + 38,962 + 0,5 \cdot 61,166)\ MJ/(kmol\,H_2) = -237,145\ MJ/(kmol\,H_2)$

b) Für die Reaktionen (g), (h), (i) und (k) gilt:

$4\,H_2 + 2\,O_2 - 4\,H_2O = 0\ (g^*)$

$(-4 \cdot 38,962 - 2 \cdot 61,166 + 4 \cdot 298,13)\ MJ/(4\,kmol\,H_2) = +914,34\ MJ/(4\,kmol\,H_2)$

$CH_4 + 2\,H_2O - CO_2 - 4\,H_2 = 0\ (h^*)$

$(-130,40 - 2 \cdot 298,13 + 457,25 + 4 \cdot 38,962)\ MJ/kmol = -113,562\ MJ/kmol$
$= -113,562\ MJ/(kmol\,CH_4)$

$CH_4 + 2\,O_2 + 2\,H_2O - 4\,H_2O - CO_2 = 0\ (i^*)$

$(-130,40 - 2 \cdot 61,166 - 2 \cdot 298,13 + 4 \cdot 298,13 + 457,25)\ MJ/kmol = +800,778\ MJ/kmol$
$= +800,778\ MJ/(kmol\,CH_4)$

$CH_4 + 2\,O_2 - 2\,H_2O - CO_2 = 0\ (k^*)$

$(-130,40 - 2 \cdot 61,166 + 2 \cdot 298,13 + 457,25)\ MJ/kmol = +800,778\ MJ/kmol$
$= +800,778\ MJ/(kmol\,CH_4)$

Wasser wird dabei jeweils als Wasserdampf aufgefasst. Wird z. B. bei der Wasser-Elektrolyse gemäß (g*) Wasser als Flüssigkeit behandelt, folgt daraus:

$4\,H_2 + 2\,O_2 - 4\,H_2O = 0\ (g^*)$

$(-4 \cdot 38,962 - 2 \cdot 61,166 + 4 \cdot 306,69)\ MJ/(4\,kmol\,H_2) = +948,58\ MJ/(4\,kmol\,H_2)$

Wird die Gleichung $H_2 + 0,5\,O_2 - H_2O = 0\ (g^{**})$ betrachtet, ergibt sich:

$(-38,962 - 0,5 \cdot 61,166 + 306,69)\ MJ/(kmol\,H_2) = +237,145\ MJ/(kmol\,H_2)$

Diese Werte lassen sich auch mithilfe von Gl. (12.39) aus den Ergebnissen der Beispiele 12.3 und 12.4 gewinnen.

Beispiel 12.6

Ein Energieversorgungsunternehmen betreibt eine Demonstrationsanlage zur Nutzung überschüssiger elektrischer Energie aus Windkraftanlagen zur Wasserstofferzeugung. In jedem von 6 Containern sind 4 unter Umgebungsdruck $p = 1,0$ bar und bei der Temperatur $t = 80\ ^{\circ}C$ arbeitende Anlagen zur alkalischen Wasserelektrolyse untergebracht, die bei Volllastbetrieb jeweils eine Wasserstoffleistung von 15 Nm^3/h H_2 aufweisen; damit beträgt die Gesamtleistung 360 Nm^3/h H_2. Der erzeugte Wasserstoff wird in eine in der Nähe vorbeiführende Erdgas-Ferntransportleitung eingespeist; hierzu wird er auf einen Druck von 55 bar verdichtet.

In Bild 12.12 ist das Schema einer Elektrolyse-Zelle wiedergegeben: Zwei Elektroden sind in einem Elektrolytbad mit einer wässerigen Kaliumhydroxid(KOH)-Lösung mi einer 30%igen KOH-Konzentration angeordnet. Zwischen den Elektroden befindet sich eine semipermeable Membran (Diaphragma), um einerseits eine Vermischung der an den Elektroden gebildeten Gase H_2 und O_2 zu unterbinden; die Membran ist andererseits für die wässerige Lösung und die entstandenen OH$^-$-Ionen durchlässig. Durch die Zufuhr elektrischer Arbeit finden die folgenden Reaktionen statt:

Kathode: $2\,H_2O + 2\,e^- \rightleftharpoons H_2 + 2\,OH^-$,

Anode: $2\,OH^- \rightleftharpoons H_2O + 0,5\,O_2 + 2\,e^-$.

Aufsummiert ergibt sich die Reaktionsgleichung

$H_2 + 0{,}5\ O_2 - H_2O = 0$

mit $\Delta^R G_m(T_0, p_0) = +\ 237{,}145\ \text{MJ/kmol} = +\ 237{,}145\ \text{MJ/(kmol}\ H_2O) = +\ 237{,}145\ \text{MJ/(kmol}\ H_2)$ unter Standardbedingungen.

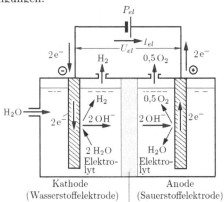

Bild 12.12 Schematische Darstellung einer Zelle zur Wasserelektrolyse

Es sind für eine mit der Zellenspannung $U_{el} = 2{,}02$ V betriebene Elektrolysezelle die auf den Stoffmengenstrom des erzeugten H_2 bezogenen Größen $W_m = P/\dot{n}_{H_2}$ und $Q_m = \dot{Q}/\dot{n}_{H_2}$ zu berechnen. Dabei soll vereinfachend davon ausgegangen werden, dass der Prozess beim elektrochemischen Standardzustand (T_0, p_0) abläuft.

Damit können die Werte für die Reaktion (g**) in den Beispielen 12.3, 12.4 und 12.5 verwendet werden. Diese sind bei Berücksichtigung des flüssigen Aggregatzustandes von Wasser $\Delta^R H_m\ (T_0, p_0) = +\ 285{,}84\ \text{MJ/(kmol}\ H_2)$, $\Delta^R S_m\ (T_0, p_0) = +\ 163{,}326\ \text{kJ/(kmol}\ H_2\ K)$ und $\Delta^R G_m\ (T_0, p_0) = +\ 237{,}145\ \text{MJ/(kmol}\ H_2)$. Weil in die Elektrolysezelle nur Wasser eingespeist wird, ist $\dot{n}_{H_2}^e = 0$, und die Gleichung $\dot{n}_{H_2}^a - \dot{n}_{H_2}^e = \dot{z}_a$ wird zu $\dot{z}_a = \dot{n}_{H_2}^a = \dot{n}_{H_2}$: Die Umsatzrate $\dot{z}_a$ der Wasserelektrolyse ist mit dem Stoffmengenstrom des erzeugten Wasserstoffs identisch. Die der Elektrolysezelle zugeführte elektrische Leistung ist

$$P = U_{el}\ I_{el} = U_{el}\ \dot{n}_{el}\ F\ .$$

Hierin ist $F = e\ N_A = 9{,}64853 \cdot 10^7$ As/kmol die *Faraday*-Konstante; sie stellt das Produkt aus der elektrischen Elementarladung e und der *Avogadro*-Konstante N_A dar. Der Stoffmengenstrom $\dot{n}_{el}$ der Elektronen hat gemäß der Reaktionsgleichung an der Kathode das doppelte Ausmaß wie der Stoffmengenstrom des gewonnenen Wasserstoffs, weil beim Entstehen jedes H_2-Moleküls zwei Elektronen in die Ionen 2 OH^- aufgenommen werden: $\dot{n}_{el} = 2\dot{n}_{H_2}$.

Damit wird

$$W_m = P/\dot{n}_{H_2} = 2\ F\ U_{el} = 2 \cdot 9{,}64853 \cdot 10^7\ \frac{\text{A s}}{\text{kmol}} \cdot 2{,}02\ \text{V} \cdot \frac{\text{MJ}}{10^6\ \text{V A s}} = 389{,}801\ \text{MJ/kmol}\ .$$

Die elektrische Leistung wird im Folgenden auf den Norm-Volumenstrom $\dot{V}_n$ des gewonnenen Wasserstoffs bezogen. Mit dem molaren Normvolumen $(V_m)_0 = 22{,}414\ \text{Nm}^3/\text{kmol}$ aller idealen Gase (vgl. Abschnitt 4.1.6) wird die auf das Normvolumen in Nm^3 bezogene Reaktionsarbeit

$$W_n = \frac{P}{\dot{V}_n} = \frac{P}{\dot{n}_{H_2}}\frac{\dot{n}_{H_2}}{\dot{V}_n} = \frac{W_m}{(V_m)_0} = \frac{389{,}801\ \text{MJ kmol}}{\text{kmol}\ 22{,}414\ \text{Nm}^3} \cdot \frac{1\ \text{kWh}}{3{,}6\ \text{MJ}} = 4{,}831\ \frac{\text{kWh}}{\text{Nm}^3}\ .$$

Die zuzuführende molare Reaktionsarbeit ist infolge der irreversiblen Vorgänge in der Zelle höher als die mindest notwendige reversible molare Reaktionsarbeit $(W_m)_{rev} = \Delta^R G_m\ (T_0, p_0) = +\ 237{,}145\ \text{MJ/kmol}$.

Gemäß den Gln.(12.44) und (12.45) entspricht die Differenz $W_m - (W_m)_{rev}$ der dissipierten molaren elektrischen Energie:

$$T_0 \frac{\dot{S}_{irr}}{\dot{n}_{H_2}} = W_m - (W_m)_{rev} = W_m - \Delta^R G_m\,(T_0, p_0)$$

$$= (389,801 - 237,145)\,\text{MJ/kmol} = 152,656\,\text{MJ/kmol}.$$

Damit erhält man für die Zunahme der molaren Entropie

$$S_{m\,irr} = \frac{\dot{S}_{irr}}{\dot{n}_{H_2}} = \frac{152,656\,\text{MJ}}{\text{kmol}\,298,15\,\text{K}} = 0,5120\,\frac{\text{MJ}}{\text{kmol K}}$$

Entsprechend Gl.(11.42), die auf den Standardzustand angewandt wird, besteht die dissipierte molare Energie

$$T_0 \frac{\dot{S}_{irr}}{\dot{n}_{H_2}} = T_0\,\Delta^R S_m\,(T_0, p_0) - Q_m$$

zum Teil aus molarer Energie für die chemische Reaktion und zum Teil aus molarer Abwärme, die an die Umgebung abgeführt wird, da $\dot{S}_{irr}/\dot{n}_{H_2} > \Delta^R S_m\,(T_0, p_0)$ ist. Hieraus kann die molare Abwärme bestimmt werden:

$$Q_m = T_0\,\Delta^R S_m\,(T_0, p_0) - T_0 \frac{\dot{S}_{irr}}{\dot{n}_{H_2}}$$

$$= 298,15\,\text{K} \cdot 0,163326\,\frac{\text{MJ}}{\text{kmol K}} - 298,15\,\text{K} \cdot 0,5120\,\frac{\text{MJ}}{\text{kmol K}} = -103,957\,\frac{\text{MJ}}{\text{kmol}}\ .$$

Demgegenüber ist zu beachten, dass die reversibel arbeitende Zelle nutzbringende Wärme aus der Umgebung aufnimmt:

$$Q_m = (Q_m)_{rev} = T_0\,\Delta^R S_m\,(T_0, p_0) = 298,15\,\text{K} \cdot 0,163326\,\frac{\text{MJ}}{\text{kmol K}} = 48,696\,\frac{\text{MJ}}{\text{kmol}}\ ,$$

wobei mit $(W_m)_{rev}$ erheblich weniger molare elektrische Energie erforderlich ist. Ihre Spannung $(U_{el})_{rev}$, die reversible Zellenspannung oder Gleichgewichtsspannung genannt wird, ist kleiner als U_{el}; sie beträgt nur

$$(U_{el})_{rev} = \frac{\Delta^R G_m\,(T_0, p_0)}{2\,F} = \frac{237,145\,\text{MJ kmol}}{\text{kmol}\,2 \cdot 9,64853 \cdot 10^7\,\text{A s}} \cdot \frac{10^6\,\text{V A s}}{\text{MJ}} = 1,2289\,\text{V}\ .$$

Für die Angabe des Wirkungsgrads der Elektrolysezelle ist die folgende Beziehung thermodynamisch sinnvoll:

$$\eta_{ELZ} = \frac{P_{rev}}{P} = \frac{\dot{n}_{H_2}\,\Delta^R G_m\,(T, p)}{P} = \frac{(U_{el})_{rev}}{U_{el}} = 1 - \frac{T\,\dot{S}_{irr}}{P}$$

Mit $T = T_0$ ergibt sich:

$$\eta_{ELZ} = \frac{\dot{n}_{H_2}\,\Delta^R G_m\,(T_0, p_0)}{P} = \frac{237,145\,\text{MJ kmol}}{\text{kmol}\,389,801\,\text{MJ}} = 0,6084$$

Weiter ist es nicht unüblich, die folgenden Wirkungsgraddefinitionen zu verwenden, wobei der normvolumenbezogene Brennwert $H_{s,0\,H_2}$ bzw. der normvolumenbezogene Heizwert $H_{i,0\,H_2}$ durch die normvolumenbezogene elektrische Arbeit geteilt wird:

$$\eta_{ELZ}^* = \frac{H_{s,0\,H_2}}{W_n} = \frac{3,540\,\text{kWh Nm}^3}{\text{Nm}^3\,4,831\,\text{kWh}} = 0,7328$$

$$\eta_{ELZ}^{**} = \frac{H_{i,0\,H_2}}{W_n} = \frac{2,995\,\text{kWh Nm}^3}{\text{Nm}^3\,4,831\,\text{kWh}} = 0,6200$$

Daneben ist von Interesse, die gesamte aufgenommene normvolumenbezogene elektrische Arbeit zu berücksichtigen, die bei der Demonstrationsanlage auch die Nebenaggregate mit einschließt; diese wurde mit $W_{n\,ges} = 5{,}2$ kWh/Nm^3 ermittelt. Daraus folgt:

$$\eta^*_{ges} = \frac{H_{s,0\,H_2}}{W_{n\,ges}} = \frac{3{,}540\,\text{kWh}\,\text{Nm}^3}{\text{Nm}^3\,5{,}2\,\text{kWh}} = 0{,}6808$$

$$\eta^{**}_{ges} = \frac{H_{i,0\,H_2}}{W_{n\,ges}} = \frac{2{,}995\,\text{kWh}\,\text{Nm}^3}{\text{Nm}^3\,5{,}2\,\text{kWh}} = 0{,}5760$$

12.6 Chemische Exergien

Um die Exergie (d. h. die technische Arbeitsfähigkeit) eines Stoffes oder eines Stoffstroms angeben zu können, muss dieser gemäß Abschnitt 8 aus einem Zustand des thermischen und mechanischen Ungleichgewichts reversibel in sein thermisches und mechanisches Gleichgewicht mit der Umgebung übergeführt werden. Genau genommen weist er erst dann keine Exergie mehr auf, wenn er auch im stofflichen bzw. chemischen Gleichgewicht mit der Umgebung steht. Diese zusätzliche Bedingung ist in Abschnitt 8 aus grundsätzlichen Erwägungen heraus nicht berücksichtigt, weil dies für viele technische Vorgänge nicht von Belang ist. Die bei einem Übergang (bei $T = T_0$ und $p = p_0$) ins stoffliche bzw. chemische Gleichgewicht maximal gewinnbare Arbeit wird in Abschnitt 2 chemische Energie genannt; sie wird in Abschnitt 11 (z. B. in Tabelle 11.1) bei Verbrennungsprozessen für einige ausgewählte Brennstoffe in angenäherter Form als normvolumenbezogener Brennwert $H_{s,0}$ bzw. als normvolumenbezogener Heizwert $H_{i,0}$ angegeben.

Im Folgenden wird die chemische Exergie eines Stoffstroms betrachtet. Dabei ist für ihre Berechnung die Festlegung der chemischen Zusammensetzung der Umgebung erforderlich. Diese Zusammensetzung muss sich an die Zusammensetzung der natürlichen Umgebung anlehnen. Die thermodynamische Umgebung hat eine Gleichgewichtsumgebung zu sein, damit die Exergiebilanzen mit den Aussagen des ersten und des zweiten Hauptsatzes kongruent sind. Diese Umgebung ist dadurch gekennzeichnet, dass zwischen deren Komponenten bei $T = T_0$ und $p = p_0$ keine Mischungs- oder Entmischungsprozesse und keine chemischen Reaktionen stattfinden.

Allerdings befindet sich die irdische Umgebung infolge kinetischer Hemmnisse nicht vollständig im thermodynamischen Gleichgewicht. Insoweit ist bei der Berechnung von Exergien ein Kompromiss zu finden, bei dem zum einen eine Gleichgewichtsumgebung festgelegt wird und zum anderen bei ihrer stofflichen Zusammensetzung eine Ähnlichkeit zur irdischen Atmosphäre, zum Meerwasser und zur Erdkruste besteht.

J. Ahrendts und danach *Ch. Diederichsen* [9] haben einer solchen Erdähnlichkeit Rechnung getragen, indem sie die Masse eines jeden in der Gleichgewichtsumgebung auftretenden chemischen Elements aus den geochemischen Daten berechnet haben, wobei sie u. a. plausible Festlegungen hinsichtlich der Dicke der Erdschicht und der Tiefe der Meeresschicht und deren Stoffvorräten getroffen haben. Dabei wird die Umgebungstemperatur gleich der thermochemischen Standardtemperatur $T_0 = 298{,}15$ K gesetzt.

Durch die Einführung eines Erdähnlichkeits-Kriteriums wurden praktische Nachteile der thermodynamisch korrekt ermittelten Gleichgewichtsumgebungen weitgehend beseitigt; demgemäß wurde aus den thermodynamisch gleichberechtigten Modellumgebungen jene Gleichgewichtsumgebung ausgewählt, für deren Gasphase der Gleichgewichtsdruck p_0 nahe am irdischen Atmosphärendruck von etwa 1 bar = 100 kPa liegt und deren Sauerstoff- sowie Stickstoffanteile sich mit $n_{O_2}/n = 0{,}23$ und $n_{N_2}/n = 0{,}75$ nahe an den irdischen Werten befinden [9].

Gemäß [9] umfasst eine der von *Ch. Diederichsen* benannten Gleichgewichtsumgebungen den irdischen Stoffvorrat der Erdatmosphäre, eine Erdschicht mit der Dicke 0,1 m und den Stoffvorrat der Meere mit einer Tiefe von 100 m, wobei die 17 auf der Erde am häufigsten vorkommenden Elemente Berücksichtigung finden, aus denen 971 chemische Verbindungen gebildet werden. Die Gasphase mit 5,820 % der Gesamtmasse und dem Umgebungsdruck $p_0 = 0{,}91771$ bar umfasst die Komponenten N_2, O_2, H_2O, Ar, CO_2 sowie Spuren von Cl_2, HCl und HNO_3; die flüssige Phase mit 94,176 % der Gesamtmasse weist 24 in Wasser gelöste Stoffe auf, und vier reine feste Phasen enthalten zusammen 0,004 % der Gesamtmasse der Gleichgewichtsumgebung.

Um die chemische Exergie angeben zu können, werden die molaren Exergien $Ex_{m,0k} = Ex_{m,0k}(T_0, p_0)$ der 17 Elemente (k = 1, 2, ... 17) im Standardzustand verwendet, die in Tabelle 12.1 aufgeführt sind; mit ihnen können die molaren chemischen Standard-Exergien aller Stoffe berechnet werden, die aus den 17 Elementen gebildet sind und deren molare *Gibbs*-Funktionen im Standardzustand $G_{m,0K}^{\square}$ bekannt sind.

Hierfür wird die isotherm-isobare Bildungsreaktion zugrunde gelegt, mit der die Verbindung A_i aus den Elementen E_k nach der Reaktionsgleichung

$$A_i - \sum_{k=1}^{M} |\nu_{ki}|\, E_k = 0 \tag{12.23}$$

beschrieben wird. Unter der Voraussetzung einer reversibel verlaufenden isotherm-isobaren Bildungsreaktion ergibt sich die Exergiebilanz gemäß Bild 12.13 zu

$$Ex_{m,0i}(T, p) = \sum_{k=1}^{M} |\nu_{ki}|\, Ex_{m,0k}(T, p) + (W_m)_{rev} + Ex_{m,(Q_m)_{rev}} \ . \tag{12.47}$$

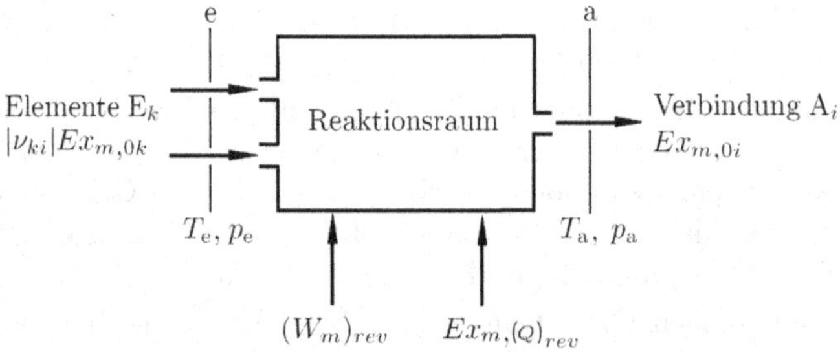

Bild 12.13 Reversible, isotherm-isobare Bildungsreaktion der Verbindung i mit der Reaktionsgleichung (12.23) zur Ermittlung der Exergiebilanz ($T_e = T_a = T$; $p_e = p_a = p$)

Die molare reversible Reaktionsarbeit ist gemäß Gl.(12.45) gleich der molaren Reaktions-*Gibbs*-Funktion:

$$(W_m)_{rev} = \Delta^R G_m(T, p) = G_{m,0i}(T, p) - \sum_{k=1}^{M} |\nu_{ki}|\, G_{m,0k}(T, p) \ . \tag{12.48}$$

Die molare Exergie der zu- oder abgeführten Reaktionswärme ergibt sich mithilfe des

Carnot-Faktors zu

$$Ex_{m,(Q_m)_{rev}} = \frac{T - T_0}{T}(Q_m)_{rev} = \frac{T - T_0}{T} T \, \Delta^R S_m \, (T, p) = (T - T_0) \, \Delta^R S_m \, (T, p) \; ; \tag{12.49}$$

hierzu wird die molare Reaktionsentropie der Bildungsreaktion in der Form

$$\Delta^R S_m \, (T, p) = S_{m,0i} \, (T, p) - \sum_{k=1}^{M} |\nu_{ki}| \, S_{m,0k} \, (T, p) \tag{12.50}$$

herangezogen. Somit stellt sich die molare Exergie der Verbindung A_i zu

$$Ex_{m,0i} \, (T, p) = \sum_{k=1}^{M} |\nu_{ki}| \, Ex_{m,0k} \, (T, p) + G_{m,0i} \, (T, p)$$

$$- \sum_{k=1}^{M} |\nu_{ki}| \, G_{m,0k} \, (T, p) + (T - T_0) \, \Delta^R S_m \, (T, p) \tag{12.51}$$

dar. Wird die Reaktion bei der Standardtemperatur $T = T_0$ und beim Standarddruck $p = p_0$ durchgeführt, erhält man aus Gl. (12.51) die molare Standard-Exergie der Verbindung A_i

$$Ex_{m,0i}^{\square} = Ex_{m,0i}^{\square} (T_0, p_0) = G_{m,0i}^{\square} + \sum_{k=1}^{M} |\nu_{ki}| \, (Ex_{m,0k}^{\square} - G_{m,0k}^{\square}) \; . \tag{12.52}$$

Tabelle 12.1 Molare Standard-Exergien $Ex_{m,0k}^{\square}$ und molare Standard-*Gibbs*-Funktionen $- G_{m,0k}^{\square}$ sowie Differenzen $Ex_{m,0k}^{\square} - G_{m,0k}$ in MJ/kmol der 17 häufigsten Elemente der Erde für die unter Berücksichtigung von 971 Verbindungen berechnete Gleichgewichtsumgebung (vgl. [9])

Element	-	$Ex_{m,0k}^{\square}$	$- G_{m,0k}^{\square}$	$Ex_{m,0k}^{\square} - G_{m,0k}^{\square}$	Element	-	$Ex_{m,0k}^{\square}$	$- G_{m,0k}^{\square}$	$Ex_{m,0k}^{\square} - G_{m,0k}^{\square}$
		$\frac{\text{MJ}}{\text{kmol}}$	$\frac{\text{MJ}}{\text{kmol}}$	$\frac{\text{MJ}}{\text{kmol}}$			$\frac{\text{MJ}}{\text{kmol}}$	$\frac{\text{MJ}}{\text{kmol}}$	$\frac{\text{MJ}}{\text{kmol}}$
O_2	g	4,967	61,166	66,133	Al	fe	844,53	8,44	852,97
H_2	g	234,683	38,962	273,645	Fe	fe	367,49	8,13	375,62
Ar	g	11,642	46,167	57,809	Mn	fe	482,91	9,54	492,45
Cl_2	g	50,235	66,512	110,747	Ti	fe	884,45	9,16	893,61
S	fe	531,524	9,557	541,081	Mg	fe	688,18	9,74	697,92
N_2	g	0,743	57,128	57,871	Ca	fe	790,94	12,40	803,34
P	fe	864,97	12,25	877,22	Na	fe	376,47	15,29	391,76
C	fe	405,552	1,711	407,263	K	fe	407,24	19,28	426,52
Si	fe	853,19	5,61	858,80					

Die Unsicherheit der vertafelten Werte beträgt mehrere Einheiten der letzten angegebenen Ziffer.

In Tabelle 12.1 sind die molaren Standard-Exergien $Ex_{m,0K}^{\square}$ und die molaren Standard-*Gibbs*-Funktionen $G_{m,0k}^{\square}$ der 17 Elemente angegeben, die zur Auswertung dieser Gleichung erforderlich sind. Tabelle A.7 im Anhang enthält molare *Gibbs*-Funktionen $G_{m,0i}^{\square}$ im Standardzustand.

Beispiel 12.7

Wie groß ist die molare Standard-Exergie von Methan (CH_4)?

Für die Berechnung ist die Bildungsreaktion

$$CH_4 - C - 2\,H_2 = 0$$

zu verwenden. Mit $G_{m,0\,CH_4}^{\square} = -\,130{,}40$ MJ/kmol nach Tabelle A.7 im Anhang und den aus Tabelle 12.1 zu entnehmenden Differenzen ergibt sich gemäß Gl. (12.52):

$$Ex_{m,0\,CH_4}^{\square} = G_{m,0\,CH_4}^{\square} + (Ex_{m,0\,C}^{\square} - G_{m,0\,C}^{\square}) + 2\,(Ex_{m,0\,H_2}^{\square} - G_{m,0\,H_2}^{\square})\ .$$

$$Ex_{m,0\,CH_4}^{\square} = (-\,130{,}40 + 407{,}263 + 2\cdot 273{,}645)\,\frac{\text{MJ}}{\text{kmol}} = 824{,}153\,\frac{\text{MJ}}{\text{kmol}}\ .$$

12.7 Brennstoffexergien

In Feuerungsanlagen wird die bei der Verbrennung frei werdende chemische Energie als Wärme oder als innere Energie bzw. als Enthalpie der heißen Verbrennungsgase genutzt. In Kraftmaschinen mit innerer Verbrennung - etwa in Hubkolbenmotoren oder in Gasturbinen - kann zudem Arbeit gewonnen werden. Mithilfe des ersten und zweiten Hauptsatzes lässt sich im Folgenden aufzeigen, wie viel technische Nutzarbeit aus der chemischen Energie im Bestfalle gewonnen werden kann und welches Ausmaß Nichtumkehrbarkeiten bei einem Verbrennungsprozess annehmen. Dabei ist für offene Systeme die Exergie zu berechnen, über die ein Brennstoff verfügt und die durch den Verbrennungsprozess in die Exergie anderer Energieformen - Wärme, Arbeit, Enthalpie der Verbrennungsgase - überführt wird. Mit dem zusätzlich auftretenden Exergieverlust wird dabei die Irreversibilität des Verbrennungsprozesses quantifiziert.

Steht ein Brennstoff bei Umgebungstemperatur $T = T_0$ und Umgebungsdruck $p = p_0$ im thermischen und mechanischen Gleichgewicht mit der Umgebung, weist er keine physikalische Exergie auf; demgegenüber verfügt er jedoch über eine beträchtliche chemische Exergie. Diese kann als technische Nutzarbeit freigesetzt werden, wenn der Brennstoff durch eine oder mehrere reversible chemische Reaktionen in Stoffe wie insbesondere Kohlendioxid (CO_2), Wasser (H_2O) und Schwefeldioxid (SO_2) überführt wird, die in der Umgebung enthalten sind und dort durch reversible Mischungsprozesse in den exergielosen Gleichgewichtszustand mit der thermodynamischen Umgebung gebracht werden. Wie im vorstehenden Abschnitt dargelegt wurde, lässt sich die Exergie chemisch eindeutig definierter Brennstoffe (z. B. die molare Standard-Exergie von Methan (CH_4) gemäß Beispiel 12.7) aus den molaren Standard-Exergien der Elemente entsprechend Tabelle 12.1 bestimmen, wenn $T_0 = 298{,}15$ K und $p_0 = 100$ kPa = 1 bar angenommen wird, der Umgebungszustand also mit dem Standardzustand gleichgesetzt wird [9]. Für die elementar verfügbaren Brennstoffe Kohlenstoff (C), Wasserstoff (H_2) und Schwefel (S) kann deren Exergie aus der Tabelle 12.1 unmittelbar abgelesen werden:

$$Ex_{m,0\,C}^{\square}\,(T_0, p_0) = 405{,}552\ \text{MJ/kmol}$$

$$Ex_{m,0\,H_2}^{\square}\,(T_0, p_0) = 234{,}683\ \text{MJ/kmol}$$

$$Ex_{m,0\,S}^{\square}\,(T_0, p_0) = 531{,}524\ \text{MJ/kmol}$$

Im Folgenden wird stets $T_0 = 298{,}15$ K und $p_0 = 100$ kPa angenommen.

Im Vergleich zu chemisch eindeutig festgelegten Brennstoffen wie Methan (CH_4), Kohlenstoff (C), Wasserstoff (H_2) und Schwefel (S) können Erdgase, Kohlen und Öle sehr unterschiedlich zusammengesetzt sein. Insoweit kann zur Berechnung der jeweiligen Brennstoffexergie nicht einfach auf die Tabelle 12.1 zurückgegriffen werden; vielmehr ist entsprechend Bild 12.14 die reversible isotherm-isobare Oxidation des jeweiligen Brennstoffs zu bilanzieren: Der Brennstoff wird wie der Sauerstoff (O_2) dem Reaktionsraum bei Umgebungszustand ($T = T_0$ und $p = p_0$) zugeführt. Die Reaktionsprodukte (Verbrennungsgase) verlassen den Reaktionsraum unvermischt und jeweils mit Umgebungszustand ($T = T_0$ und $p = p_0$) [9]; weiter wird unterstellt, dass eine Wärmeübertragung in die oder aus der Umgebung bei der Temperatur T_0 stattfindet. Für die reversible Reaktion gilt, dass sich die molare Exergie nicht ändert; damit wird die molare Exergiebilanz für ein stationär durchströmtes System zu

$$Ex_{m,B}\,(T_0,p_0) + O_{min}\,Ex_{m,O_2}\,(T_0,p_0) + (W_m)_{rev} = \sum_{i=1}^{N} \nu_i\,Ex_{m,i}\,(T_0,p_0) \ . \quad (12.53)$$

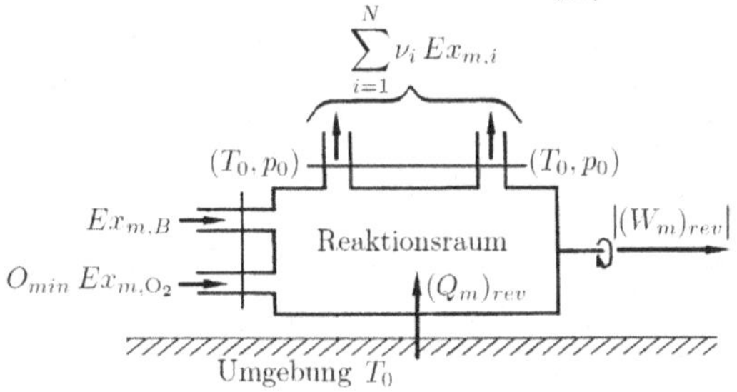

Bild 12.14 Exergiebilanz zur Bestimmung der Brennstoffexergie bei einer reversiblen chemischen Reaktion in einem offenen, stationär durchströmten System

Die als molare Wärme $(Q_m)_{rev}$ mit der Umgebung ausgetauschte molare Energie besteht nur aus exergetisch wertloser molarer Anergie; sie braucht deshalb in der Exergiebilanz nicht berücksichtigt zu werden. In Gl. (12.53) bezeichnet O_{min} die Molmenge n_{O_2} des für die Verbrennung erforderlichen Mindestsauerstoffbedarfs, bezogen auf die Molmenge n_B des Brennstoffs; $Ex_{m,B}$, Ex_{m,O_2} und $Ex_{m,i}$ sind die molaren Exergien des Brennstoffs, des Sauerstoffs und der Reaktionsprodukte CO_2, H_2O und SO_2; mit ν_i sind deren stöchiometrische Zahlen in der Reaktionsgleichung benannt.

Die auf die Molmenge des Brennstoffs bezogene molare Arbeit $(W_m)_{rev}$ ist die molare reversible Reaktionsarbeit der isotherm-isobar ablaufenden Oxidationsreaktion, die bei allen Oxidationsreaktionen abgegeben wird und deshalb negativ ist; der molare Brennwert des Brennstoffs ist mit $H_{s\,m}\,(T_0) = -\Delta^R H_m\,(T_0,p_0)$ bezeichnet.

$$(W_m)_{rev} = \Delta^R G_m\,(T_0,p_0) = \Delta^R H_m\,(T_0,p_0) - T_0\,\Delta^R S_m\,(T_0,p_0)$$

$$= -H_{s\,m}\,(T_0) - T_0\,\Delta^R S_m\,(T_0,p_0) \quad (12.54)$$

Damit ergibt sich für die molare Brennstoffexergie

$$Ex_{m,B}\,(T_0,p_0) = -(W_m)_{rev} + \Delta Ex_m\,(T_0,p_0)$$

$$= H_{s\,m}\,(T_0) + T_0\,\Delta^R S_m\,(T_0,p_0) + \Delta Ex_m\,(T_0,p_0) \ ; \quad (12.55)$$

darin gilt als Abkürzung

$$\Delta Ex_m\,(T_0,p_0) = \sum_{i=1}^{N} \nu_i\,Ex_{m,i}\,(T_0,p_0) - O_{min}\,Ex_{m,O_2}\,(T_0,p_0) \ . \quad (12.56)$$

Der Term $\Delta Ex_m \, (T_0, p_0)$ stellt eine molare Exergie dar und ist ungleich null, da auch der Sauerstoff sowie die Reaktionsprodukte bei T_0 und p_0 eine chemische Exergie aufweisen; gemäß [9] umfasst er allerdings nur wenige Prozent der molaren Brennstoffexergie.

Die molare Brennstoffexergie ist überwiegend durch den Betrag der reversiblen molaren Reaktionsarbeit ihrer Oxidationsreaktion geprägt, wobei sich diese nur wenig vom molaren Brennwert $H_{s\,m}$ unterscheidet, da auch der Term mit der molaren Reaktionsentropie $\Delta^R S_m \, (T_0, p_0)$ vergleichsweise gering ist. Dies wird z. B. beim Kohlenstoff (C) sichtbar; beim Wasserstoff (H$_2$) gilt dies nur bedingt. Nach Tabelle 12.1 erhält man für Kohlenstoff (C) mit $H_{s\,m} = H_{i\,m} = -\Delta^R H_m \, (T_0, p_0) = 393,51$ MJ/kmol bei der Oxidation zu Kohlendioxid (CO$_2$)

$$- (W_m)_{rev} = H_{sm} + T_0 \, (S^{\square}_{m,0\,CO_2} - S^{\square}_{m,0\,O_2} - S^{\square}_{m,0\,C}) \qquad (12.57)$$

$= 393,51$ MJ/kmol $+ \, 298,15$ K$\cdot$(213,785 - 205,152 - 5,74) kJ/(kmol K) $= (393,51 +$ 0,863) MJ/kmol $= 394,37$ MJ/kmol $= 1,0022 \, H_{sm} = 1,0022 \, H_{im}$.

Für Wasserstoff (H$_2$) ergibt sich mit $H_{s\,m} = -\Delta^R H_m \, (T_0, p_0) = 285,83$ MJ/kmol bei der Oxidation zu flüssigem Wasser (H$_2$O)

$$- (W_m)_{rev} = H_{s\,m} + T_0 \, (S^{fl\,\square}_{m,0\,H_2O} - S^{\square}_{m,0\,O_2} - S^{\square}_{m,0\,H_2}) \qquad (12.58)$$

$= 285,83$ MJ/kmol $+ \, 298,15$ K$\cdot$(69,93 - 102,576 - 130,680) kJ/(kmol K) $= (285,83 -$ 48,696) MJ/kmol $= 237,134$ MJ/kmol $= 0,8296 \, H_{s\,m} = 0,98072 \, H_{im}$.

Bei der reversiblen Oxidation von Kohlenstoff ließe sich also sogar noch ein wenig mehr molare Arbeit gewinnen, als es der molare Brennwert angibt, weil sich die molare Reaktionsentropie als positiver Wert ergibt. Es würde dabei ein wenig Wärme aus der Umgebung aufgenommen, die zur reversiblen molaren Reaktionsarbeit einen kleinen Beitrag leistet. Bei der reversiblen Oxidation von Wasserstoff ist dagegen der von allen Brennstoffen erheblichste Unterschied zwischen molarem Brennwert und reversibler molarer Reaktionsarbeit zu konstatieren, weil zwei Gase mit vergleichsweise großen molaren Entropien als Ausgangsstoffe eingesetzt werden und flüssiges Wasser als entropieärmeres Reaktionsprodukt gebildet wird.

Auf dieselbe Weise können die reversiblen molaren Reaktionsarbeiten berechnet werden, die für andere Oxidationsreaktionen kennzeichnend sind. Meist sind bei den Werten für $(W_m)_{rev}$ und $H_{s\,m}$ die Unterschiede gering; die über den molaren Brennwert wiedergegebene molare chemische Energie kann demgemäß überwiegend als molare Exergie und damit als umwandelbare molare Energie verstanden werden.

Die molare reversible Reaktionsarbeit $(W_m)_{rev} = \Delta^R G_m \, (T_0, p_0)$ ist eine Eigenschaft des jeweiligen Brennstoffs; sie stellt den größten Anteil an der molaren Exergie $Ex_{m,B} \, (T_0, p_0$ dar und ist unabhängig von der zugrunde gelegten Umgebung. Die Eigenschaften der gewählten thermodynamischen Umgebung beeinflussen nur den vergleichsweise kleinen Term $\Delta \, Ex_m \, (T_0, p_0)$ nach Gl. (12.56) [9]; hierfür ist das vorstehend beschriebene Umgebungsmodell zugrunde gelegt. Die in Gl. (12.56) enthaltenen molaren Exergien der Verbrennungsprodukte und des Sauerstoffs nehmen für den Standardzustand als Umgebungszustand die folgenden Werte an: $Ex_{m,CO_2} = 16,15$ MJ/kmol; $Ex_{m,H_2O_{fl}} =$ 0,022 MJ/kmol; $Ex_{m,SO_2} = 236,4$ MJ/kmol; $Ex_{m,O_2} = 4,967$ MJ/kmol [9].

Die hiermit ermittelten Werte von $\Delta \, Ex_m \, (T_0, p_0)$ sind bei allen Kohlenwasserstoffen kleiner als $0,016 \, H_{s\,m}$; Kohlenstoff (C) weist den Wert $0,0284 \, H_{s\,m}$ auf; Wasserstoff

(H$_2$) ist durch ein negatives $\Delta Ex_m (T_0, p_0) = -0,00857 H_{sm}$ gekennzeichnet. Die Werte für Schwefel und die Schwefelverbindungen sind wesentlich höher.

Die damit nach Gl.(12.55) berechneten molaren Exergien chemisch einheitlicher Brennstoffe sind in Tabelle 12.2 zusammengestellt. Die molaren Exergien gasförmiger Brennstoffe kommen auf rund 95 % des jeweiligen molaren Brennwerts; eine Ausnahme stellt Wasserstoff (H$_2$) mit $Ex_{m,H_2} = 0,8211 H_{sm}$ dar. Die molaren Exergien der flüssigen Energieträger kommen auf etwa 98 % ihres jeweiligen molaren Brennwerts. Demgegenüber haben die Schwefelverbindungen molare Exergiewerte, die den jeweiligen molaren Brennwert weit übersteigen.

In Tabelle 12.2 sind für die energietechnisch wichtigen und chemisch einheitlichen Festbrennstoffelemente Kohlenstoff (C) und Schwefel (S), für die Brenngase Wasserstoff (H$_2$), Kohlenmonoxid (CO), Methan (CH$_4$), Propan (C$_3$H$_8$) und Butan (C$_4$H$_{10}$) sowie für die Flüssigbrennstoffe Hexan (C$_6$H$_{14}$), Oktan (C$_8$H$_{18}$), Methylalkohol (CH$_3$OH) und Ethylalkohol (C$_2$H$_5$OH) der molare Heizwert H_{im}, der molare Brennwert H_{sm}, der negative Wert der reversiblen molaren Reaktionsarbeit $-(W_m)_{rev}$, die molare chemische Exergie Ex_B sowie die Verhältnisse $Ex_{m,B}/H_{sm}$ und $Ex_{m,B}/(-(W_m)_{rev})$ beim chemischen Standardzustand ausgewiesen.

Tabelle 12.2 Molarer Heizwert H_{im}, molarer Brennwert H_{sm}, negative reversible molare Reaktionsarbeit $-(W_m)_{rev}$ und molare chemische Exergie $Ex_{m,B}$ chemisch einheitlicher Brennstoffe beim chemischen Standardzustand. Die molare chemische Exergie $Ex_{m,B}$ ist entsprechend dem Umgebungsmodell gemäß Abschnitt 12.6 ausgewiesen [9].

Brennstoff	H_{im}	H_{sm}	$-(W_m)_{rev}$	$Ex_{m,B}$	$Ex_{m,B}/H_{sm}$	$Ex_{m,B}/(-(W_m)_{rev})$
	$\frac{MJ}{kmol}$	$\frac{MJ}{kmol}$	$\frac{MJ}{kmol}$	$\frac{MJ}{kmol}$	-	-
C	393,51	393,51	394,37	405,55	1,0306	1,0283
S	296,8	296,8	300,1	531,5	1,791	1,772
H$_2$	241,81	285,83	237,15	234,68	0,8211	0,9896
CO	282,98	282,98	257,21	270,88	0,9572	1,0535
CH$_4$	802,30	890,32	817,90	824,16	0,9257	1,0077
C$_3$H$_8$	2044,0	2220,0	2108,3	2132,0	0,9604	1,0112
CH$_4$H$_{10}$	2658,5	2878,5	2747,7	2780,1	0,9658	1,0118
C$_6$H$_{14}$	3855	4163	4023	4073	0,9784	1,0124
C$_8$H$_{18}$	5075	5471	5296	5363	0,9803	1,0127
CH$_3$OH	637,7	725,7	701,7	710,4	0,9789	1,0124
C$_2$H$_5$OH	1235,5	1367,6	1326,6	1343,6	0,9825	1,0132

Mit den darin enthaltenen Angaben können auch die molaren Exergien von Erdgasen ermittelt werden, wenn deren Zusammensetzung in Molmengenanteilen n_i/n bekannt ist. Im Folgenden wird vorausgesetzt, dass Erdgase als ideale Gase aufgefasst werden können. Deren molare Exergie $Ex_m (T, p)$ setzt sich aus der Summe der molaren Exergien der jeweiligen Komponenten $\sum_{i=1}^{N} \frac{n_i}{n} Ex_{m,0i} (T, p)$ sowie aus der negativ gerechneten molaren Arbeit $-(W_m)_{rev} (T, p)$ und der molaren Wärme $(Q_m)_{rev} (T, p)$ zusammen, die beim – bei konstanter Temperatur und konstantem Druck ablaufenden – reversiblen Mischungsvorgang auftreten. Wird die molare Exergie beim chemischen Standardzustand betrachtet und dessen Zustand als Umgebungszustand vereinbart ($T = T_0$, $p = p_0$), besteht die als molare Wärme $(Q_m)_{rev}$ (T_0, p_0) mit der Umgebung ausgetauschte molare Energie nur aus exergetisch wertloser molarer Anergie; sie ist deshalb in der molaren Exergiebilanz nicht zu berücksichtigen. Damit wird

$$Ex_{m,B}(T_0, p_0) = \sum_{i=1}^{N} \frac{n_i}{n} Ex_{m,0i}(T_0, p_0) - (W_m)_{rev}(T_0, p_0) \,. \tag{12.59}$$

Da die molare reversible Arbeit des Mischungsvorgangs bei konstanter Temperatur auftritt, ergibt sie sich - analog zu den Gln. (5.213), (5.214), (5.215) und (12.48) - als Änderung der molaren freien Enthalpie zu $(W_m)_{rev}(T_0, p_0) = -\Delta^M G_m(T_0, p_0) = \Delta^M H_m(T_0, p_0) - T_0 \Delta^M S_m(T_0, p_0)$. Da sich die molare Enthalpie eines idealen Gases bei einer isothermen Zustandsänderung nicht ändert, ist $\Delta^M H_m(T_0, p_0) = 0$.

Die spezifische Mischungsentropie idealer Gase lässt sich gemäß Gl. (4.192 b) berechnen. Für $T = T_i = T_0$ ergibt sich für deren ersten Summand null. Für die molare Mischungsentropie folgt bei Berücksichtigung von $r_i = \dfrac{n_i}{n}$ gemäß Gl. (4.203):

$$\Delta^M S_m(T_0, p_0) = -R_m \sum_{i=1}^{N} \frac{n_i}{n} \ln r_i = -R_m \sum_{i=1}^{N} \frac{n_i}{n} \ln \frac{n_i}{n}.$$

Damit wird

$$Ex_{m,B}(T_0, p_0) = \sum_{i=1}^{N} \frac{n_i}{n} Ex_{m,0i}(T_0, p_0) + R_m T_0 \sum_{i=1}^{N} \frac{n_i}{n} \ln \frac{n_i}{n}$$

$$= \sum_{i=1}^{N} \frac{n_i}{n} [Ex_{m,0i}(T_0, p_0) + R_m T_0 \ln \frac{n_i}{n}] \,. \tag{12.60}$$

In [9] wird festgestellt, dass in sehr guter Näherung ein linearer Zusammenhang zwischen der molaren Exergie von Erdgasen $Ex_{m,B}$ und deren molarem Heizwert H_{im} bzw. deren molarem Brennwert H_{sm} besteht, wobei die folgenden Beziehungen gelten:

$Ex_{m,B}/H_{im} = 1{,}0313 - (3{,}3968\ \text{MJ/kmol})/H_{im}$
(bei $600\ \text{MJ/kmol} < H_{im} < 875\ \text{MJ/kmol}$)

$Ex_{m,B}/H_{sm} = 0{,}9389 - (10{,}4465\ \text{MJ/kmol})/H_{sm}$
(bei $660\ \text{MJ/kmol} < H_{sm} < 970\ \text{MJ/kmol}$)

Im Durchschnitt gelten in guter Näherung: $Ex_{m,B}/H_{im} = 1{,}027$; $Ex_{m,B}/H_{sm} = 0{,}934$.

Die molare Exergie chemisch nicht definierter Brennstoffe - insbesondere die von Kohle und Heizöl - kann nicht ohne Weiteres mit Gl. (12.55) berechnet werden, da die zur Bestimmung der molaren Reaktionsentropie $\Delta^R S_m$ erforderliche konventionelle Entropie (absolute Entropie) des Brennstoffs nicht bekannt ist.

In [9] wird auf ein Verfahren verwiesen, dieses Problem zu umgehen, womit sich für Kohle und Heizöl lineare Beziehungen zwischen der spezifischen Exergie ex_B und dem massenbezogenen Heizwert H_i bzw. zwischen der spezifischen Exergie ex_B und dem massenbezogenen Brennwert H_s angeben lassen. Es werden für die Verhältnisse ex_B/H_i und ex_B/H_s die folgenden Gleichungen genannt [9]:

Kohle:

$ex_B/H_i = 0{,}967 + (2{,}389\ \text{MJ/kg})/H_i$ (bei $H_i < 33\ \text{MJ/kg}$)

$ex_B/H_s = 1{,}007 + (0{,}155\ \text{MJ/kg})/H_s$ (bei $H_s < 34\ \text{MJ/kg}$)

Heizöl :

$ex_B/H_i = 1{,}075 - (1{,}150\ \text{MJ/kg})/H_i$ (bei 38 MJ/kg $< H_i <$ 44 MJ/kg)

$ex_B/H_s = 0{,}911 + (3{,}307\ \text{MJ/kg})/H_s$ (bei 40 MJ/kg $< H_s <$ 47 MJ/kg)

Das Verhältnis ex_B/H_s unterscheidet sich kaum vom Wert 1,0; in erster Näherung kann die spezifische Exergie chemisch nicht definierter Brennstoffe also gleich dem spezifischen Brennwert gesetzt werden.

Im Unterschied zu den hier angenommenen reversibel ablaufenden Reaktionen sind alle wirklichen technischen Verbrennungsprozesse, bei denen die chemische Energie lediglich in Wärme oder innere Energie bzw. Enthalpie - und nicht auch teilweise in Reaktionsarbeit - übergeführt wird, stark irreversibel und deshalb entsprechend der Aussage des zweiten Hauptsatzes erheblich verlustbehaftet. Es tritt demnach ein beträchtlicher Exergieverlust bei der Verbrennung auf.

Der Exergieverlust, der bei der Verbrennung von Energieträgern in einer Feuerungsanlage auftritt, lässt sich in zwei unterschiedliche Exergieverluste aufteilen: in den Exergieverlust eines als adiabat vorausgesetzten Verbrennungsprozesses sowie in den Exergieverlust bei der Auskühlung des Verbrennungsgases und der damit verbundenen Wärmeübertragung auf das nutzbringende Fluid (z. B. auf Prozessdampf oder Heizungswasser).

12.8   Chemische Potentiale

Die Gesamtentropie S eines Systems, die eine extensive Größe ist, lässt sich durch die Aufsummierung aller Produkte aus der jeweiligen Molmenge n_i und der jeweiligen molaren Entropie $S_{m,i}$ der einzelnen Bestandteile angeben, soweit die einzelnen Bestandteile als unvermischt mit den übrigen Bestandteilen aufgefasst werden:

$$S = \sum_{i=1}^{N} n_i\, S_{m,i} \qquad (12.61)$$

Eine differentielle Änderung der Gesamtentropie dS ergibt sich allgemein gemäß der Regel für die Differentiation des Produkts $n_i\, S_{m,i}$ wie folgt:

$$dS = \sum_{i=1}^{N} n_i\, dS_{m,i} + \sum_{i=1}^{N} S_{m,i}\, dn_i \qquad (12.62)$$

Dabei kann $\mathrm{d}S_{m,i}$ gemäß der Kombination von erstem und zweitem Hauptsatz als $\mathrm{d}S_{m,i} = (\mathrm{d}U_{m,i} + p\,\mathrm{d}V_{m,i})/T$ wiedergegeben werden:

$$\mathrm{d}S = \sum_{i=1}^{N} n_i\left[(\mathrm{d}U_{m,i} + p\,\mathrm{d}V_{m,i})/T\right] + \sum_{i=1}^{N} S_{m,i}\,\mathrm{d}n_i$$

$$\mathrm{d}S = \sum_{i=1}^{N} \left[(n_i\,\mathrm{d}U_{m,i} + p\,n_i\,\mathrm{d}V_{m,i})/T\right] + \sum_{i=1}^{N} S_{m,i}\,\mathrm{d}n_i$$

$$\mathrm{d}S = \left(\sum_{i=1}^{N} n_i\,\mathrm{d}U_{m,i} + \sum_{i=1}^{N} p\,n_i\,\mathrm{d}V_{m,i}\right)/T + \sum_{i=1}^{N} S_{m,i}\,\mathrm{d}n_i$$

$$T\,\mathrm{d}S = \sum_{i=1}^{N} n_i\,\mathrm{d}U_{m,i} + \sum_{i=1}^{N} p\,n_i\,\mathrm{d}V_{m,i} + T\sum_{i=1}^{N} S_{m,i}\,\mathrm{d}n_i$$

Es sind $n_i\,U_{m,i} = U_i$ sowie $n_i\,V_{m,i} = V_i$ und — bei einem vor der Reaktion im geschlossenen System ohne Temperatur- und Druckänderung bei unverändertem Gesamtvolumen erzeugten Gasgemisch — gemäß Abschnitt 4.5.3 auch $\sum_{i=1}^{N} n_i\,V_{m,i} = \sum_{i=1}^{N} V_i = V$.
Weiter gilt $\Sigma\,U_i = U$.

Gemäß der Regel für die Differentiation der Produkte $U_i = n_i\,U_{m,i}$ und $V_i = n_i\,V_{m,i}$ werden $\mathrm{d}U_i = n_i\,\mathrm{d}U_{m,i} + U_{m,i}\,\mathrm{d}n_i$ und $\mathrm{d}V_i = n_i\,\mathrm{d}V_{m,i} + V_{m,i}\,\mathrm{d}n_i$. Daraus folgen $n_i\,\mathrm{d}U_{m,i} = -\,U_{m,i}\,\mathrm{d}n_i + \mathrm{d}U_i$ und $n_i\,\mathrm{d}V_{m,i} = -\,V_{m,i}\,\mathrm{d}n_i + \mathrm{d}V_i$. Damit wird:

$$T\,\mathrm{d}S = -\sum_{i=1}^{N} U_{m,i}\,\mathrm{d}n_i + \sum_{i=1}^{N} \mathrm{d}U_i - \sum_{i=1}^{N} p\,V_{m,i}\,\mathrm{d}n_i + p\sum_{i=1}^{N} \mathrm{d}V_i + \sum_{i=1}^{N} T\,S_{m,i}\,\mathrm{d}n_i$$

Mit $\sum_{i=1}^{N} \mathrm{d}U_i = \mathrm{d}U$ und $p\sum_{i=1}^{N} \mathrm{d}V_i = p\,\mathrm{d}V$ folgt:

$$T\,\mathrm{d}S = -\sum_{i=1}^{N} U_{m,i}\,\mathrm{d}n_i - \sum_{i=1}^{N} p\,V_{m,i}\,\mathrm{d}n_i + \sum_{i=1}^{N} T\,S_{m,i}\,\mathrm{d}n_i + \mathrm{d}U + p\,\mathrm{d}V$$

$$T\,\mathrm{d}S = \mathrm{d}U + p\,\mathrm{d}V - \sum_{i=1}^{N} (U_{m,i} + p\,V_{m,i} - T\,S_{m,i})\,\mathrm{d}n_i$$

Der Summenausdruck auf der rechten Seite dieser Gleichung stellt für die einzelnen Komponenten i die jeweilige molare freie Enthalpie (d. h. die jeweilige molare *Gibbs*-Funktion) $G_{m,i} = U_{m,i} + p\,V_{m,i} - T\,S_{m,i} = H_{m,i} - T\,S_{m,i}$, multipliziert mit der bei der chemischen Reaktion eintretenden differentiellen Änderung $\mathrm{d}n_i$ der jeweiligen Komponente i, dar (vgl. hierzu Gl. (5.217)):

$$T\,\mathrm{d}S = \mathrm{d}U + p\,\mathrm{d}V - \sum_{i=1}^{N} G_{m,i}\,\mathrm{d}n_i$$

$$T\mathrm{d}S - p\,\mathrm{d}V + \sum_{i=1}^{N} G_{m,i}\,\mathrm{d}n_i = \mathrm{d}U$$

Die molaren freien Enthalpien $G_{m,i}$ der einzelnen Bestandteile i werden auch molare Potentiale $G_{m,i}$ genannt; wegen ihrer Bedeutung in der Thermodynamik des chemischen Gleichgewichts werden sie auch als molare chemische Potentiale oder einfach nur als chemische Potentiale bezeichnet und mit $G_{m,i} = \mu_i$ gesondert benannt. Somit wird

$$T\mathrm{d}S - p\,\mathrm{d}V + \sum_{i=1}^{N} \mu_i\,\mathrm{d}n_i = \mathrm{d}U \tag{12.63}$$

$\mathrm{d}U$ ist das - damit um den Ausdruck $\sum_{i=1}^{N} \mu_i\,\mathrm{d}n_i$ erweiterte - totale Differential des thermodynamischen Potentials für einheitliche Stoffe $U = U\,(S,\,V)$. Gleichungen der Form

$U = U(SV)$ werden als kanonische Zustandsgleichungen oder Fundamentalgleichungen für reine Stoffe bezeichnet; sie enthalten alle thermodynamischen Informationen von reinen Stoffen. Berücksichtigt man weiter

$$dU = dH - d(pV) = dH - p\,dV - V\,dp$$

$$dU = dF + d(TS) = dF + T\,dS + S\,dT$$

$$dU = dH - p\,dV - V\,dp = dG + d(TS) - p\,dV - V\,dp = dG + T\,dS + S\,dT - p\,dV - V\,dp$$

(vgl. hierzu die Gln. (3.77), (5.220) und (5.221)), so ergeben sich durch Einsetzen von dU in Gl. (12.63) auch die um den Ausdruck $\sum_{i=1}^{N} \mu_i\,dn_i$ erweiterten totalen Differentiale der thermodynamischen Potentiale für einheitliche Stoffe $H = H(S, p)$, $F = F(T, V)$ und $G = G(T, p)$:

$$T\,dS + V\,dp + \sum_{i=1}^{N} \mu_i\,dn_i = dH \qquad (12.64)$$

$$-S\,dT - p\,dV + \sum_{i=1}^{N} \mu_i\,dn_i = dF \qquad (12.65)$$

$$-S\,dT + V\,dp + \sum_{i=1}^{N} \mu_i\,dn_i = dG \qquad (12.66)$$

Gegenüber den Fundamentalbeziehungen für einheitliche Stoffe weisen die Gln. (12.63) bis (12.66) somit den zusätzlichen Term $\sum_{i=1}^{N} \mu_i\,dn_i$ auf. Aus den Gln. (12.63) bis (12.66) folgt auch, wenn außer der Molmenge n_i der Komponente i die Molmengen n_j aller anderen Komponenten j als gleichbleibend angenommen werden sowie jeweils z. B. S und V, S und p, T und V bzw. T und p konstant sind:

$$\mu_i = \left(\frac{\partial U}{\partial n_i}\right)_{S,V,n_j} = \left(\frac{\partial H}{\partial n_i}\right)_{S,p,n_j} = \left(\frac{\partial F}{\partial n_i}\right)_{T,V,n_j} = \left(\frac{\partial G}{\partial n_i}\right)_{T,p,n_j} \qquad (12.67)$$

12.9 Das Massenwirkungsgesetz

Es ist bei chemischen Reaktionen von besonderem Interesse, wie sich ein gegebenes System im Zustand des chemischen Gleichgewichts zusammensetzt. Der Gleichgewichtszustand soll im Folgenden durch eine gleichbleibende Temperatur T und durch einen gleichbleibenden Druck p festgelegt sein.

Unter diesen Bedingungen wird der Gleichgewichtszustand am einfachsten durch die freie Enthalpie G beschrieben: Die Gleichung (12.66) $dG = -S\,dT + V\,dp + \sum_{i=1}^{N} \mu_i\,dn_i$

lässt sich mit $dn_i = \nu_i\,dz$ in der Form $dG = -S\,dT + V\,dp + \sum_{i=1}^{N} \mu_i\,\nu_i\,dz$ schreiben,

aus der sich für $dp = 0$ und $dT = 0$ ergibt:

$$dG = \sum_{i=1}^{N} \mu_i\,\nu_i\,dz = \sum_{i=1}^{N} \mu_i\,dn_i \qquad (12.68)$$

Daraus folgt:

$$\left(\frac{\partial G}{\partial z}\right)_{T,p} = \sum_{i=1}^{N} \nu_i \mu_i \qquad (12.69)$$

Gl. (12.69) stellt die partielle molare Reaktions-*Gibbs*-Funktion dar.

Es lässt sich zeigen, dass für einheitliche Stoffe die thermodynamischen Potentiale $S = S(U, V)$, $U = U(S, V)$, $H = H(S, p)$, $F = F(V, T)$ und $G = G(p, T)$ (vgl. Abschnitt 5.4.5.1) im Gleichgewichtszustand jeweils einen Extremwert annehmen, wenn die unabhängigen Veränderlichen entsprechend gewählt werden:

- Die Entropie S eines abgeschlossenen Systems nimmt bei konstanter innerer Energie ($dU = 0$) und konstantem Volumen ($dV = 0$) ein Maximum an, da entsprechend Gl. (3.77) gilt: $T\,dS - p\,dV = dU$. Mit $dU = 0$ und $dV = 0$ wird $dS = 0$; d. h. die Entropie S hat ihren Höchstwert erreicht und kann nicht noch weiter zunehmen.

- Die innere Energie U nimmt bei konstantem Volumen ($dV = 0$) und bei konstanter Entropie ($dS = 0$) ein Minimum an.

- Die Enthalpie H nimmt bei konstanter Entropie ($dS = 0$) und bei konstantem Druck ($dp = 0$) ein Minimum an.

- Die freie Energie F nimmt bei konstantem Volumen ($dV = 0$) und bei konstanter Temperatur ($dT = 0$) ein Minimum an.

- Die freie Enthalpie G nimmt bei konstantem Druck ($dp = 0$) und bei konstanter Temperatur ($dT = 0$) ein Minimum an, da entsprechend Gl. (3.77) gilt: $T\,dS + V\,dp = dH = d\,G + d\,(T\,S) = dG + T\,d\,S + S\,d\,T$ und damit $V\,dp = dG + S\,dT$. Mit $dp = 0$ und $dT = 0$ wird auch $dG = 0$; d. h. die freie Enthalpie G hat ihren geringsten Wert erreicht und kann nicht noch weiter abnehmen.

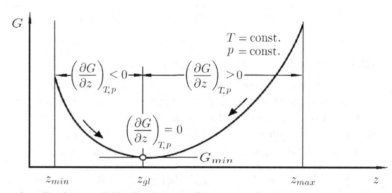

Bild 12.15 Partielle molare Reaktions-*Gibbs*-Funktion in Bezug zum Reaktionsumsatz: mögliche Richtungen einer chemischen Reaktion

Damit ist aufgezeigt, wie der Gleichgewichtszustand von thermodynamischen Systemen unter den genannten, von außen aufgeprägten Bedingungen berechnet werden kann.

Für die folgenden Betrachtungen ist die letzte Aussage von Interesse: Bei chemischen Reaktionen hängt G entsprechend Gl. (12.66) nicht nur von T und p, sondern auch von

n_i als Veränderlichen ab. Werden z. B. in einem geschlossenen System (vgl. Bild 12.2 links) die Temperatur T und der Druck p konstant gehalten, strebt G einem Minimum zu:

$$dG = \sum_{i=1}^{N} \mu_i \, dn_i = \sum_{i=1}^{N} \mu_i \, \nu_i \, dz \leq 0 \qquad (12.70)$$

Soll die Reaktion in der in der Reaktionsgleichung angeschriebenen Richtung fortschreiten, muss $(\partial G/\partial z)_{T,p} < 0$ sein. Ist andererseits $(\partial G/\partial z)_{T,p} > 0$, so verläuft die Reaktion in der entgegengesetzten Richtung. Dies ist in Bild 12.15 in Bezug auf den Reaktionsumsatz z dargestellt. Ist $(\partial G/\partial z)_{T,p} = 0$, hat die Reaktion ihren Gleichgewichtszustand erreicht, und die Reaktion im geschlossenen System ist zum Stillstand gekommen.

Die Gleichung

$$\left(\frac{\partial G}{\partial z}\right)_{T,p} = \sum_{i=1}^{N} \mu_i \, \nu_i = 0 \qquad (12.71)$$

kann zu weiterführenden Aussagen genutzt werden, wenn das jeweilige chemische Potential μ_i als Funktion von Druck und Temperatur bekannt ist. Zu diesem Zweck wird im Sinne einer Vereinfachung ideales Gas vorausgesetzt und von der Gleichung für G ausgegangen: $G = H - TS$. Hierin ist die Entropie S näher zu bestimmen. Da ein Gemisch idealer Gase durch einen Mischungsvorgang erzeugt zu denken ist, ist die dabei entstandene Mischungsentropie zusätzlich zu berücksichtigen. Gemäß Gl.(4.192 a) gilt für eine Komponente i des Gemischs:

$$\Delta S_i = \left(m_i \, c_{vi} \ln \frac{T}{T_i} + m_i \, R_i \ln \frac{V}{V_i}\right).$$

Hierin wird wegen $T = $ const der erste Summand null; weiter folgt wegen $T = $ const und $p = $ const $V/V_i = n/n_i$; auch wird $m_i R_i = n_i R_m$ berücksichtigt:

$$\Delta S_i = n_i \, R_m \ln \frac{n}{n_i}$$

Damit ergibt sich für ein Gemisch idealer Gase mit den Einzelkomponenten i:

$$S = \sum_{i=1}^{N} n_i \, S_{m,i} + R_m \sum_{i=1}^{N} n_i \ln \frac{n}{n_i}$$

Für die freie Enthalpie folgt:

$$G = \sum_{i=1}^{N} n_i \left[H_{m,i} - T \, S_{m,i} - R_m \, T \ln \frac{n}{n_i}\right] \qquad (12.72)$$

Mit $G_{m,i}^0 = H_{m,i}^0 - T \, S_{m,i}^0$ wird die molare freie Enthalpie der reinen Komponente i im Zustand des idealen Gases bezeichnet. Damit wird Gl. (12.72) zu

$$G = \sum_{i=1}^{N} n_i \left[G_{m,i}^0 - R_m \, T \ln \frac{n}{n_i}\right] \qquad (12.73)$$

Nunmehr wird Gl. (12.68) berücksichtigt: $dG = \sum\limits_{i=1}^{N} \mu_i \, dn_i$

Differenziert man G gemäß den Gln. (12.68) und (12.73) nach n_i, wird

$$\mu_i = \left(\frac{\partial G}{\partial n_i}\right)_{p,T,n_j} = G^0_{m,i} - R_m \, T \ln \frac{n}{n_i} \quad \text{mit} \quad j \neq i \,.$$

Bei der Differentiation ist berücksichtigt, dass infolge $n = n_1 + n_2 + n_3 + \ldots + n_N$ der Differentialquotient von $\sum\limits_{i=1}^{N} n_i \ln \frac{n}{n_i}$ nach n_i zu $\ln \frac{n}{n_i}$ wird. Hieraus folgt für die

Gleichgewichtsbedingung gemäß Gl. (12.71) $\sum\limits_{i=1}^{N} \mu_i \, \nu_i = 0$:

$$\sum\limits_{i=1}^{N} \mu_i \, \nu_i = \sum\limits_{i=1}^{N} \nu_i \, (G^0_{m,i} - R_m \, T \ln \frac{n}{n_i}) = 0 \qquad (12.74)$$

Mit $\ln \dfrac{n}{n_i} = -\ln \dfrac{n_i}{n}$ wird

$$\sum\limits_{i=1}^{N} \nu_i \, G^0_{m,i} = \sum\limits_{i=1}^{N} \nu_i \, R_m \, T \ln \frac{n}{n_i} = -\sum\limits_{i=1}^{N} \nu_i \, R_m \, T \ln \frac{n_i}{n} \qquad (12.75)$$

$$-\frac{1}{R_m \, T} \sum\limits_{i=1}^{N} \nu_i \, G^0_{m,i} = \sum\limits_{i=1}^{N} \nu_i \ln \frac{n_i}{n} = \sum\limits_{i=1}^{N} \ln \left(\frac{n_i}{n}\right)^{\nu_i} = \ln \left[\Pi \left(\frac{n_i}{n}\right)^{\nu_i}\right] \qquad (12.76)$$

oder mit der Abkürzung $\sum\limits_{i=1}^{N} = \Sigma$

$$\Pi \left(\frac{n_i}{n}\right)^{\nu_i} = e^{-\dfrac{\Sigma \, \nu_i \, G^0_{m,i}}{R_m \, T}} = e^{-\dfrac{\Delta^R G^0_m \, (T)}{R_m \, T}} \qquad (12.77)$$

Die rechte Seite dieser Gleichung hängt von p und T ab, da gemäß den Gln. (12.72) und (12.73) $G^0_{m,i}$ eine Funktion von T und p ist und T im Nenner erscheint. $\Delta^R G^0_m \, (T)$ ist die molare Reaktions-*Gibbs*-Funktion des idealen Gases beim Standarddruck p_0. Führt man für die rechte Seite die Abkürzung $K \, (T, p)$

$$K \, (T, p) = e^{-\dfrac{\Sigma \, \nu_i \, G^0_{m,i}}{R_m \, T}} \qquad ((12.78)$$

ein, wird

$$\Pi \left(\frac{n_i}{n}\right)^{\nu_i} = K \, (T, p) \,. \qquad (12.79)$$

n_i/n stellt das Verhältnis der Molmenge n_i der Komponente i zur gesamten Molmenge n des Gemischs idealer Gase dar, das gemäß Gl. (4.197) auch als Verhältnis des

Partialdrucks p_{pi} der Komponente i zum gesamten Druck p des Gemischs idealer Gase $n_i/n = p_{pi}/p$ ausgedrückt werden kann, da alle Komponenten dasselbe Volumen einnehmen und dieselbe Temperatur aufweisen:

$$\Pi\left(\frac{p_{pi}}{p}\right)^{\nu_i} = \Pi\left(\frac{p_{pi}^{\nu_i}}{p^{\nu_i}}\right) = K\,(T,\,p) \tag{12.80}$$

Mit der neuen Abkürzung

$$K'\,(T) = K\,(T,\,p)\,\Pi\,p^{\nu_i} \tag{12.81}$$

wird

$$\Pi\,(p_{pi}^{\nu_i}) = K'\,(T)\ , \tag{12.82}$$

d. h.

$$p_{p1}^{\nu_1}\,p_{p2}^{\nu_2}\,p_{p3}^{\nu_3}\cdots p_{pN}^{\nu_N} = K'\,(T)\ . \tag{12.83}$$

Die Gln. (12.77) bis (12.83) werden als das - von *Guldberg* und *Waage*[6] gefundene - Massenwirkungsgesetz bezeichnet. Darin sind die stöchiometrischen Koeffizienten ν_i der Ausgangsstoffe negativ und diejenigen der Endprodukte positiv.

Bezeichnet man die Absolutbeträge der stöchiometrischen Koeffizienten der insgesamt b Ausgangsstoffe (Edukte) mit ν_1^e, ν_2^e, ... ν_b^e und diejenigen der insgesamt $N-b$ für die Reaktion kennzeichnenden Produkte mit ν_{b+1}^a, ν_{b+2}^a, ... ν_N^a, so lässt sich das Massenwirkungsgesetz entsprechend Gl. (12.83) wie folgt schreiben:

$$\frac{p_{p(b+1)}^{\nu_{b+1}^a}\,p_{p(b+2)}^{\nu_{b+2}^a}\cdots p_{pN}^{\nu_N^a}}{p_{p1}^{\nu_1^e}\,p_{p2}^{\nu_2^e}\cdots p_{pb}^{\nu_b^e}} = K'\,(T) \tag{12.84}$$

Beispiel 12.6 Die Konstante K' soll allgemein für die Reaktionen

$$CH_4 + H_2O \rightleftharpoons CO + 3\,H_2 \tag{12.1}$$

$$2\,H_2 + O_2 \rightleftharpoons 2\,H_2O \tag{12.4}$$

$$H_2 + 0,5\,O_2 \rightleftharpoons H_2O \tag{12.4a}$$

angegeben werden.

$$K'_{12.1} = \frac{p_{pCO}\,p_{pH_2}^3}{p_{pCH_4}\,p_{pH_2O}}$$

$$K'_{12.4} = \frac{p_{pH_2O}^2}{p_{pH_2}^2\,p_{pO_2}}$$

$$K'_{12.4a} = \frac{p_{pH_2O}}{p_{pH_2}\,p_{pO_2}^{0,5}}$$

Je nach Formulierung der Reaktion von Wasserstoff und Sauerstoff zu Wasserdampf gemäß den Gln. (12.4) und (12.4 a) ergeben sich die unterschiedlichen Gleichgewichtskonstanten $K'_{12.4}$ und $K'_{12.4a}$, zwischen denen die Beziehung $K'_{12.4} = (K'_{12.4a})^2$ gilt.

---

[6] *Cato Maximilian Guldberg*, 1836 bis 1902, und *Peter Waage*, 1833 bis 1900, zwei norwegische Chemiker, formulierten gemeinsam das Massenwirkungsgesetz.

12.10   Druck- und Temperaturabhängigkeit der Konstanten des Massenwirkungsgesetzes; Gesetz von *Le Chatelier* und *Braun*

Das Massenwirkungsgesetz gemäß den Gln. (12.77) bis (12.80) gibt an, unter welchen Druck- und Temperaturbedingungen sich das Gleichgewicht einer chemischen Reaktion einstellt. Für ideale Gase werden die entsprechenden Größen mit einer hochgestellten '0' gekennzeichnet. Dabei stehen auf der einen Seite der Gleichungen (12.79) bzw. (12.80) die Ausdrücke $\Pi\,(\frac{n_i}{n})^{\nu_i}$ bzw. $\Pi\,(\frac{p_{pi}}{p})^{\nu_i}$, während sich auf der anderen Seite die temperatur- und druckabhängige Größe K befindet, die als — von T und p abhängige — Konstante aufgefasst werden kann:

$$K\,(p,\,T) = e^{-\dfrac{\Sigma\,\nu_i\,G^0_{m,i}}{R_m\,T}} \tag{12.78}$$

Von Interesse ist dabei, wie sich die Abhängigkeit der Konstante K von T und p darstellen lässt. Um die Abhängigkeit vom Druck auszuweisen, wird Gl. (12.78) zunächst logarithmiert und dann bei konstanter Temperatur T nach p differenziert:

$$\left(\frac{\partial \ln K}{\partial p}\right)_T = -\,\frac{1}{R_m\,T}\,\sum_{i=1}^{N}\,\nu_i\left(\frac{\partial G^0_{m,i}}{\partial p}\right)_T$$

Dabei gilt:

$$\left(\frac{\partial G^0_{m,i}}{\partial p}\right)_T = \left(\frac{V^0_{m,i}\,\partial p - S^0_{m,i}\,\partial T}{\partial p}\right)_T = V^0_{m,i}$$

Somit wird

$$\left(\frac{\partial \ln K}{\partial p}\right)_T = -\,\frac{1}{R_m\,T}\,\sum_{i=1}^{N}\,\nu_i\,V^0_{m,i} = -\,\frac{\Delta^R V^0_m}{R_m\,T} \tag{12.85}$$

Die Größe $\sum_{i=1}^{N}\,\nu_i\,V^0_{m,i} = \Delta^R V^0_m$ wird als molares Reaktionsvolumen des idealen Gases bezeichnet. Ist die Molmenge der Reaktionsprodukte größer als die Molmenge der Ausgangsstoffe, so wird wegen des negativen Vorzeichens $(\partial \ln K/\partial p)_T < 0$. Dies bedeutet, dass die Molmenge der Ausgangsstoffe bei einer Erhöhung des Drucks anwächst. Ist dagegen die Molmenge der Reaktionsprodukte kleiner als die Molmenge der Ausgangsstoffe, so wird $(\partial \ln K/\partial p)_T > 0$; damit ist ausgedrückt, dass die Molmenge der Reaktionsprodukte bei einer Erhöhung des Drucks zunimmt. Hierin zeigt sich, dass das System dem durch eine Druckerhöhung erzeugten 'äußeren Zwang' nachgibt, indem es die gesamte Molmenge und damit das Gesamtvolumen V^0_m vermindert; dies wird auch als 'Prinzip vom kleinsten Zwang' bezeichnet.

Um die Abhängigkeit von der Temperatur zu erfassen, wird Gl. (12.78) zunächst logarithmiert und dann bei konstantem Druck p nach T differenziert:

$$\left(\frac{\partial \ln K}{\partial T}\right)_p = -\left(\frac{\partial\,\Sigma\,\nu_i\,(G^0_{m,i}/R_m\,T)}{\partial T}\right)_p \tag{12.86}$$

Mit der Gleichung $G^0_{m,i} = H^0_{m,i} - T\,S^0_{m,i}$ und der vereinfachenden Annahme, dass die molaren Enthalpien der Komponenten $H^0_{m,i}$ nicht von der Temperatur abhängen, folgt durch Differenzieren nach der Quotientenregel:

$$\left(\frac{\partial \ln K}{\partial T}\right)_p = \frac{1}{R_m\,T^2}\sum_{i=1}^{N}\nu_i\,G^0_{m,i} + \frac{1}{R_m\,T}\sum_{i=1}^{N}\nu_i\,S^0_{m,i} = \frac{1}{R_m\,T^2}\sum_{i=1}^{N}\nu_i\,(G^0_{m,i} + T\,S^0_{m,i})$$

(12.87)

Damit wird mit der Gleichung $H^0_{m,i} = G^0_{m,i} + T\,S^0_{m,i}$ schließlich

$$\left(\frac{\partial \ln K}{\partial T}\right)_p = \frac{1}{R_m\,T^2}\sum_{i=1}^{N}\nu_i\,H^0_{m,i}$$

(12.88)

In dieser Gleichung stellt der Ausdruck $\sum_{i=1}^{N}\nu_i\,H^0_{m,i} = \Delta^R H^0_m$ als molare Reaktionsenthalpie die Änderung der molaren Enthalpien aller beteiligten idealen Gase dar:

$$\left(\frac{\partial \ln K}{\partial T}\right)_p = \frac{\Delta^R H^0_m}{R_m\,T^2}$$

(12.89)

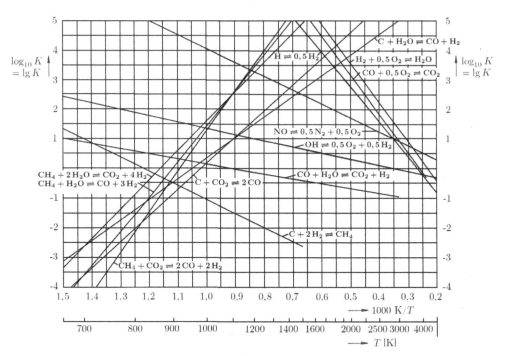

Bild 12.16 Temperaturabhängigkeit der Gleichgewichtskonstante K für verschiedene chemische Reaktionen beim Druck $p_0 = 1{,}01325$ bar (vgl. u. a. [112])

Soweit bei der technischen Anordnung zur Durchführung der chemischen Reaktion keine Vorrichtungen zur Umsetzung von molarer mechanischer oder molarer elektrischer Arbeit vorhanden sind, wird gemäß dem ersten Hauptsatz $(Q_m)_{rev} + W_m = \Delta^R H^0_m$ die molare Arbeit $W_m = 0$ und damit $(Q_m)_{rev} = \Delta^R H_m^0$. Die auftretende molare Wärme, die dann gleich der molaren Reaktionsenthalpie ist, wird molare Reaktionswärme oder molare Wärmetönung genannt.

In Bild 12.16 ist die Temperaturabhängigkeit der Gleichgewichtskonstante K für verschiedene chemische Reaktionen beim Druck $p_0 = 1{,}01325$ bar dargestellt. Dort ist statt des natürlichen Logarithmus der Logarithmus zur Basis 10 aufgetragen, wobei gilt: $\log_{10} K = \lg K = 0{,}434295 \ln K$

Eine Reaktion, bei der die molare Reaktionsenthalpie $\Delta^R H_m^0$ negativ ist und molare Wärme bzw. ggfs. auch molare Arbeit freigesetzt wird, wird als exotherme Reaktion bezeichnet; entsprechend Gl. (12.89) ist $(\partial \ln K / \partial T)_p$ negativ. Dies bedeutet, dass durch eine Temperaturerhöhung das chemische Gleichgewicht zu den Ausgangsstoffen verschoben wird.

Eine Reaktion, bei der die molare Reaktionsenthalpie $\Delta^R H_m^0$ positiv ist und molare Wärme bzw. ggfs. auch molare Arbeit zugeführt werden muss, wird endotherme Reaktion genannt; gemäß Gl. (12.89) ist $(\partial \ln K / \partial T)_p$ positiv; damit verschiebt sich bei einer Temperaturerhöhung das chemische Gleichgewicht zu den Produkten.

In Bild 12.16 ist die Temperaturabhängigkeit der exothermen Reaktionen

$H_2 + 0{,}5\,O_2 \rightleftharpoons H_2O, \quad CO + H_2O \rightleftharpoons CO_2 + H_2, \quad H \rightleftharpoons 0{,}5\,H_2, \quad CO + 0{,}5\,O_2 \rightleftharpoons CO_2,$
$NO \rightleftharpoons 0{,}5\,N_2 + 0{,}5\,O_2, \quad OH \rightleftharpoons 0{,}5\,O_2 + 0{,}5\,H_2 \quad \text{und} \quad C + 2\,H_2 \rightleftharpoons CH_4$

in Form von — mit steigender Temperatur — fallenden Geraden wiedergegeben.

Demgegenüber sind die endothermen Reaktionen

$CH_4 + H_2O \rightleftharpoons CO + 3\,H_2, \quad CH_4 + 2\,H_2O \rightleftharpoons CO_2 + 4\,H_2, \quad C + CO_2 \rightleftharpoons 2\,CO,$
$CH_4 + CO_2 \rightleftharpoons 2\,CO + 2\,H_2 \quad \text{und} \quad C + H_2O \rightleftharpoons CO + H_2$

mithilfe von Geraden dargestellt, die mit wachsenden Temperaturen ansteigen.

Gl. (12.89) kann zur Gewinnung einer Näherungsformel herangezogen werden, mit der die Temperaturabhängigkeit der Gleichgewichtskonstante K dargestellt wird. Wird die molare Reaktionsenthalpie $\Delta^R H_m^0$ als konstant angenommen, so folgt durch Integration über die Temperatur T

$$\ln K = -\frac{\Delta^R H_m^0}{R_m T} + \text{const} . \tag{12.90}$$

Mit dieser Gleichung kann die Temperaturabhängigkeit der molaren Reaktionsenthalpie $\Delta^R H_m^0$ graphisch bestimmt werden, indem gemessene Werte für $\ln K$ über $1/(R_m T)$ aufgetragen werden; dabei erhält man eine Gerade, deren Steigung den Wert $-\Delta^R H_m^0$ aufweist. Die hier zugrunde gelegte Annahme, dass die molare Reaktionsenthalpie $\Delta^R H_m^0$ konstant sei, gilt in der Regel lediglich für kleinere Temperaturintervalle $T - T_0$; für größere Temperaturbereiche ist die Temperaturabhängigkeit von $\Delta^R H_m^0$ zu berücksichtigen.

Ist eine Integrationskonstante K_0 bei der Temperatur T_0 bekannt, so gilt hierfür:

$$\ln K_0 = -\frac{\Delta^R H_m^0}{R_m T_0} + \text{const.} \tag{12.91}$$

Die Subtraktion dieser Gleichung von Gl. (12.90) führt zu

$$\ln\left(\frac{K}{K_0}\right) = \frac{\Delta^R H_m^0}{R_m} \frac{T - T_0}{T T_0} . \tag{12.92}$$

Mit dem beschriebenen Verfahren wurde der Verlauf der Geraden in Bild 12.16 ermittelt. Daraus ist z. B. zu erkennen, dass mit ansteigender Temperatur T entsprechend der Reaktionsgleichung $H_2 + 0,5\,O_2 \rightleftharpoons H_2O$ der exotherme Umsatz von Wasserstoff (H_2) und Sauerstoff ($0,5\,O_2$) zu Wasserdampf (H_2O) abnimmt, Wasserdampf also bei sehr hohen, weiter steigenden Temperaturen mehr und mehr zersetzt wird (Dissoziation, Thermolyse). Wird demnach Wasserdampf Wärme zugeführt, weicht die Reaktion in Richtung der 'wärmeverbrauchenden' Dissoziation aus und vermindert demnach den Temperaturanstieg.

Beispielsweise gilt für die endotherme Reaktion von Methan (CH_4) mit Wasserdampf (H_2O) zu Kohlenmonoxid (CO) und Wasserstoff ($3\,H_2$): Mit steigender Temperatur werden wachsende Mengen der Reaktionsprodukte (CO) und ($3\,H_2$) erzeugt; dadurch wird auch hier der Temperaturanstieg vermindert.

Für die Richtung der Verschiebung eines Gleichgewichts durch die Änderung irgendeiner Einflussgröße formulierten *Le Chatelier* und *Braun*[7] die folgende allgemeine Gesetzmäßigkeit: "Wird eine der das Gleichgewicht beeinflussenden Größen geändert, so verschiebt sich dieses in einer solchen Weise, dass dadurch die Wirkung der Änderung verringert wird."

Wird gemäß Gl. (12.89) die Temperatur eines Gleichgewichtsgemischs durch die Zufuhr von Wärme erhöht, so verschiebt sich das Gleichgewicht nach derjenigen Seite, die mit einem positiven Wärmebedarf verbunden ist, also im Sinne einer Verminderung der Temperaturerhöhung.

Das Gesetz von *Le Chatelier* und *Braun* zeigt sich auch in Gl. (12.85): Wird der Druck auf das Gleichgewichtsgemisch einer Reaktion erhöht, die unter Abnahme der Molmenge verläuft ($\nu_a < \nu_e$), so verschiebt sich das Gleichgewicht nach der rechten Seite der Reaktionsgleichung, wodurch die Molmenge kleiner wird; dabei erhöht sich der Druck durch die Volumenverkleinerung weniger stark, als dies ohne die Gleichgewichtsverschiebung der Fall wäre. Ein solches Gleichgewichtsgemisch lässt sich demnach mit einem geringeren Arbeitsaufwand verdichten als ein nicht chemisch reagierendes ideales Gas.

Weiter gilt: Wird die Menge irgendeines Bestandteils vergrößert, so verschiebt sich das Gleichgewicht im Sinne eines Verbrauchs dieses Reaktionsteilnehmers, d. h. nach derjenigen Seite der Reaktionsgleichung, auf der dieser Bestandteil nicht vorhanden ist.

Beispiel 12.8
Es ist zu untersuchen, in welchem Temperaturbereich die Erzeugung von Wasserstoff mithilfe von Kohlenmonoxid und Wasserdampf einen ausreichenden Umsatz ergibt.
Führt man bei der homogenen Wassergasreaktion die Ausgangsstoffe Wasserdampf (H_2O) und Kohlenmonoxid (CO) gemäß Gl. (12.2) in gleichen Molmengen zusammen, so stellt sich bei ausreichender Reaktionsgeschwindigkeit das Gleichgewicht

$$CO + H_2O \rightleftharpoons CO_2 + H_2 \quad\text{bzw.}\quad CO_2 + H_2 - CO - H_2O = 0$$

ein. Dabei ist $\sum_{i=1}^{N} \nu_i = 0$. Zu Beginn der Reaktion sollen noch keine Reaktionsprodukte im Reaktionsraum vorhanden sein. Die Gleichgewichtskonstante ergibt sich bei jeweils gleichen

---

[7] *Henri Louis Le Chatelier*, 1850 bis 1936, war ein französischer Chemiker, Physiker und Metallurge. *Karl Ferdinand Braun*, 1850 bis 1918, deutscher Physiker und Elektrotechniker, erhielt 1909 den Nobelpreis für Physik.

Ausgangs- bzw. Enddrücken der Reaktionsteilnehmer, z. B. bei $p_{CO} = p_{H_2O} = p_{CO_2} = p_{H_2} = 1{,}01325$ bar zu

$$K' = K = \frac{p_{pCO_2}\, p_{pH_2}}{p_{pCO}\, p_{pH_2O}} \; .$$

Es handelt sich um eine exotherme Reaktion mit

$\Delta^R H_m^0 = -\,41{,}586$ MJ/kmol .

Die Gleichgewichtskonstante dieses Gleichgewichts ist in Bild 12.15 und in Tabelle 12.3 als Funktion der Temperatur angegeben. Für die Molmengenbilanz der Reaktion gilt entsprechend Gl. (12.14):

$$n_{CO} = n_{CO}^0 - z \; ; \qquad n_{H_2O} = n_{H_2O}^0 - z \; ; \qquad n_{H_2} = z \; ; \qquad n_{CO_2} = z$$

Die gesamte Molmenge n verändert sich vor, während und nach der Reaktion nicht, da mit abnehmenden Molmengen an (CO + H$_2$O) die Molmengen (CO$_2$ + H$_2$) im gleichen Umfang entstehen: $n = n_{CO}^0 + n_{H_2O}^0 = n_{CO} + n_{H_2O} + n_{CO_2} + n_{H_2}$

Damit können die Partialdrücke unter Verwendung von Gl. (4.190) $p_{pi}/p = n_i/n$ wie folgt angegeben werden:

$$\frac{p_{pCO_2}}{p} = \frac{z}{n_{CO}^0 + n_{H_2O}^0} \qquad\qquad p_{pCO_2} = p\,\frac{z}{n_{CO}^0 + n_{H_2O}^0}$$

$$\frac{p_{pH_2}}{p} = \frac{z}{n_{CO}^0 + n_{H_2O}^0} \qquad\qquad p_{pH_2} = p\,\frac{z}{n_{CO}^0 + n_{H_2O}^0}$$

$$\frac{p_{pCO}}{p} = \frac{n_{CO}^0 - z}{n_{CO}^0 + n_{H_2O}^0} \qquad\qquad p_{pH_2} = p\,\frac{n_{CO}^0 - z}{n_{CO}^0 + n_{H_2O}^0}$$

$$\frac{p_{pH_2O}}{p} = \frac{n_{H_2O}^0 - z}{n_{CO}^0 + n_{H_2O}^0} \qquad\qquad p_{pH_2O} = p\,\frac{n_{H_2O}^0 - z}{n_{CO}^0 + n_{H_2O}^0}$$

Für die Gleichgewichtskonstante $K' = K$ erhält man entsprechend Gl. (12.84) die Beziehung

$$K = \frac{z^2}{(n_{CO}^0 - z)(n_{H_2O}^0 - z)} \; .$$

Der Wert des Reaktionsumsatzes z ergibt sich durch Auflösen dieser Gleichung nach z, falls K bekannt ist. Wird die Reaktion als Verfahren zur Gewinnung von Wasserstoff aufgefasst, dann stellt die Größe α

$$\alpha = \frac{p_{pH_2} + p_{pCO_2}}{p_{pH_2} + p_{pCO_2} + p_{pCO} + p_{pH_2O}}$$

die Ausbeute der chemischen Reaktion dar. α ist für gleich große Molmengen der beiden Edukte $n_{CO}^0 = n_{H_2O}^0$ mithilfe der Werte von Tabelle 12.3 bestimmt und in Bild 12.17 als Funktion der Temperatur T wiedergegeben. Bei einer Temperatur von annähernd 1100 K besteht das Gasgemisch im Reaktionsgleichgewicht zu gleichen Teilen aus den Edukten $n_{CO} + n_{H_2O}$ und den Produkten $n_{H_2} + n_{CO_2}$. Bei 300 K überwiegen die Produkte fast vollständig; andererseits ist bei einer Temperatur von 2000 K der Anteil der Produkte $n_{H_2} + n_{CO_2}$ geringer als ein Drittel.

Da für energietechnische Prozesse häufig Wasserstoff (H$_2$) und nicht Kohlenmonoxid (CO) von Interesse ist, sollte die Reaktion bei Temperaturen ablaufen, die unterhalb von etwa 500 K liegen. Unabhängig von der Temperatur ist der Anteil an brennbarem Gas, d. h. die Summe des CO- und H$_2$-Gehaltes, immer 50 %, weil für jedes auf der linken Seite der Reaktionsgleichung abnehmende CO-Molekül auf der rechten Seite ein H$_2$-Molekül gebildet wird. Das Gasgemisch wird — wenn die Wasserstoffbildung das Ziel ist — infolge der chemischen Reaktion erwärmt, weil die molare Reaktionsenthalpie ein negatives Vorzeichen hat.

Tabelle 12.3 Werte der Gleichgewichtskonstante $K = K'$ der Reaktion $CO + H_2O = CO_2 + H_2$ in Abhängigkeit von der Temperatur T [112]

Temp. T in K	298,15	300	400	500	600	700	800	900	1000
$\log_{10} K$	+4,9968	+4,9530	+3,1700	+2,1004	+1,4326	+0,9551	+0,6062	+0,3432	+0,1380
K	99260	89750	1479	126,0	27,08	9,017	4,038	2,204	1,374

Temp. T in K	1100	1200	1300	1400	1500	1750	2000	2500	3000
$\log_{10} K$	- 0,0248	- 0,1570	- 0,2648	- 0,3560	- 0,4313	- 0,5778	- 0,6790	- 0,8083	- 0,8422
K	0,9444	0,6966	0,5435	0,4406	0,3704	0,2644	0,2094	0,1555	0,1438

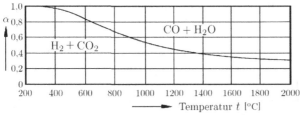

Bild 12.17 Wassergasgleichgewicht als Funktion der Temperatur

In Bild 12.18 ist die Abhängigkeit der Reaktionsgleichgewichte der chemischen Reaktionen $CO_2 + 4\,H_2 \rightleftharpoons CH_4 + 2\,H_2O$ und $CO_2 + H_2 \rightleftharpoons CO + H_2O$ bei der Erzeugung von künstlichem Methan (Substitute Natural Gas SNG) von der Temperatur und vom Druck wiedergegeben. Dabei sind die jeweiligen Molmengenanteile n_i/n von CO_2, H_2, CH_4, H_2O und CO sowie der Umsatzgrad ϵ_{CO_2} dargestellt. Der sinnvolle Temperaturbereich der CH_4-Erzeugung ist grau unterlegt (vgl. [117]).

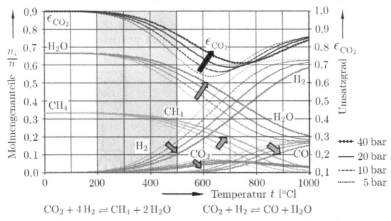

Bild 12.18 Abhängigkeit der Gleichgewichte der chemischen Reaktionen $CO_2 + 4\,H_2 \rightleftharpoons CH_4 + 2\,H_2O$ und $CO_2 + H_2 \rightleftharpoons CO + H_2O$ bei der Erzeugung von künstlichem Methan (SNG) von der Temperatur und vom Druck (vgl. [117])

12.11 Modell isotherm-isobarer reversibler chemischer Reaktionen

12.11.1 Modell der reversiblen Oxidation von Wasserstoff

Eine reversible chemische Reaktion stellt den idealen Grenzfall einer chemischen Reaktion dar. Dabei wird ihre Umkehrbarkeit vorausgesetzt, ohne dass hierbei unter Einschluss der Umgebung bleibende Veränderungen (Irreversibilitäten) auftreten. Soll die Reaktion umkehrbar ablaufen, darf insgesamt gesehen keine Energieentwertung stattfinden: So darf z. B. keine gegenüber der reversiblen Reaktion zusätzlich zuzuführende molare Arbeit auftreten, die nach der Reaktion etwa zu einer gegenüber der reversiblen Reaktion zusätzlich auftretenden, exergetisch weniger wertvollen Wärme wird. Das folgende Gedankenmodell von *Jacobus Henricus van 't Hoff* bedient sich dabei eines geschlossenen Gesamtsystems (vgl. Bild 12.2 links), wobei u. a. auch halbdurchlässige (semipermeable) Wände vorausgesetzt werden (vgl. z. B. [112]).

Dabei wird davon ausgegangen, dass alle beteiligten Stoffe ideale Gase sind und z. B. die Reaktion $H_2 + 0{,}5\,O_2 \rightleftharpoons H_2O$ durchgeführt wird (Bild 12.19). Wird die Beziehung $H_2 + 0{,}5\,O_2 \rightleftharpoons H_2O$ verwendet, können die zur Beschreibung erforderlichen thermodynamischen Größen auf 1 kmol H_2 und damit molmengenbezogen angegeben werden. Die Ausgangsstoffe H_2 und O_2 sollen entsprechend Bild 12.19 in reiner Form in den getrennt angeordneten Behältern a_1 und a_2 bei jeweils unverändert bleibenden Drücken vorliegen; das gasförmige Reaktionsprodukt H_2O soll gleichfalls in reiner Form in den Behälter a_3 mit konstantem Druck eingebracht werden. Die durch die Kolben angedeuteten Drücke p_{H_2}, p_{O_2} und p_{H_2O} können z. B. jeweils gleich groß und beispielsweise den Wert $p_1 = p_2 = p_3 = 1{,}0$ bar - also den Druck beim chemischen Standardzustand - aufweisen und auch gleich dem Umgebungsdruck p_L der Außenluft sein. (Falls die Temperatur $T = T_1 = T_2 = T_3$ die Temperatur beim chemischen Standardzustand wäre, wäre der zugeordnete Druck von H_2O als idealem Gas nur fiktiv.) Mit b_1, b_2 und b_3 sind drei Kraftmaschinen (z. B. Kolben- oder Strömungsmaschinen) bezeichnet, die wahlweise sowohl als Verdichter als auch als Entspannungsmaschinen arbeiten sollen. Um die bei der Verdichtung bzw. der Entspannung der idealen Gase auftretenden Arbeiten gegeneinander abgleichen zu können, sind die Kraftmaschinen über eine gemeinsame Welle miteinander verbunden, mit der die gesamte molare reversible Arbeit $(W_{m,ges})_{rev}$ zugeführt oder abgeführt werden kann.

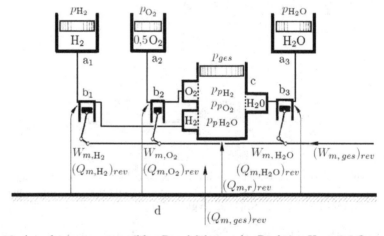

Bild 12.19 Anordnung zur reversiblen Durchführung der Reaktion $H_2 + 0{,}5\,O_2 \rightleftharpoons H_2O$

Der Behälter für die chemische Reaktion c soll z. B. mithilfe eines Kolbens den stets gleichbleibenden Druck p_{ges} aufweisen, der sich als Summe der jeweiligen Partialdrücke $p_{ges} = p_{p1} + p_{p2} + p_{p3}$ der im Behälter c enthaltenen Reaktionsteilnehmer ergibt; die reversibel und isotherm ablaufende Reaktion ist also zugleich auch eine isobar ablaufende Reaktion. Diese Drücke p_{ges}, p_{p1}, p_{p2} und p_{p3} sollen dem chemischen Gleichgewicht zwischen den Reaktionsteilnehmern entsprechen. Das Reaktionsgefäß ist über drei semipermeable Membranen mit den drei Behältern a_1, a_2 und a_3 verbunden, in denen sich die reinen Gase befinden; die Membranen sind durch gestrichelte Linien angedeutet. Die Rohrleitungen sind mithilfe durchgehender Linien wiedergegeben.

Die drei Kraftmaschinen und der Behälter c für die chemische Reaktion sind jeweils mit demselben unendlich großen Wärmespeicher d in idealer Wärmeleitung verbunden, der die konstante Temperatur T aufweist; dabei soll sichergestellt sein, dass die Vorgänge sowohl bei der chemischen Reaktion als auch in den drei Kraftmaschinen bei derselben gleichbleibenden Temperatur T isotherm ablaufen [112].

Für die reversible Durchführung der Reaktion sind drei Einzelschritte zu betrachten:

1. Den Behältern a_1 und a_2 werden mithilfe der Maschinen b_1 und b_2 1 kmol H_2 beim Druck p_{H_2} und 0,5 kmol O_2 beim Druck p_{O_2} entnommen und isotherm auf den Gleichgewichts-Partialdruck $p_{p\,H_2}$ bzw. auf den Gleichgewichtsdruck $p_{p\,O_2}$ in den beiden - dem Reaktionsbehälter vorgeschalteten - Vorratsräumen gebracht; darauf werden sie durch die semipermeablen Membranen in den Reaktionsbehälter c eingebracht. Hierfür sind entsprechend Abschnitt 4.3.3 die folgenden reversibel-isothermen, auf 1 kmol H_2 bezogenen molaren Arbeiten anzusetzen:

$$W_{m,H_2} + W_{m,O_2} = R_m\,T\left(1\ln\frac{p_{p\,H_2}}{p_{H_2}} + 0,5\ln\frac{p_{p\,O_2}}{p_{O_2}}\right) \qquad (12.93)$$

Dabei sind $m_{H_2}\,R_{H_2} = n_{H_2}\,R_m$ und $m_{O_2}\,R_{O_2} = n_{O_2}\,R_m$ sowie $n_{H_2} = 1$ kmol und $n_{O_2} = 0,5$ kmol berücksichtigt.

Der entgegengesetzt gleich große molare Wärmeumsatz ist dabei

$$(Q_{m,H_2})_{rev} + (Q_{m,O_2})_{rev} = -R_m\,T\left(1\ln\frac{p_{p\,H_2}}{p_{H_2}} + 0,5\ln\frac{p_{p\,O_2}}{p_{H_2}}\right) \qquad (12.94)$$

2. Im Reaktionsbehälter vollzieht sich die chemische Umsetzung beim konstanten Druck p_{ges}, wobei die molare Reaktionswärme $(Q_{m,r})_{rev}$ umgesetzt wird. Hierbei tritt im Reaktionsraum selbst kein molarer Arbeitsumsatz auf, weil die molaren Arbeitsumsätze in den vorgelagerten Maschinen b_1 und b_2 stattfinden und zugleich auch der entstehende Wasserdampf mithilfe der nachgelagerten Maschine b_3 unter molarem Arbeitsumsatz abgeführt wird, wie im Folgenden beschrieben wird:

3. Aus dem Reaktionsbehälter wird über die semipermeable Membran und den Entnahmeraum 1 kmol des Reaktionsprodukts H_2O beim Partialdruck $p_{p\,H_2O}$ entnommen und durch die Maschine b_3 auf den Druck p_{H_2O} gebracht; hiernach wird das Reaktionsprodukt in den Behälter a_3 geschoben. Der molare Arbeitsumsatz ist

$$W_{m,\,H_2O} = R_m\,T\left(1\ln\frac{p_{H_2O}}{p_{p\,H_2O}}\right). \qquad (12.95)$$

Dabei sind $m_{H_2O}\,R_{H_2O} = n_{H_2O}\,R_m$ sowie $n_{H_2O} = 1$ kmol berücksichtigt.

Der entgegengesetzt gleich große molare Wärmeumsatz ist dabei

$$(Q_{m,H_2O})_{rev} = -R_m\,T\left(1\ln\frac{p_{H_2O}}{p_{p\,H_2O}}\right). \qquad (12.96)$$

Dies führt zum folgenden gesamten reversiblen molaren Arbeits- und Wärmeumsatz:

$$(W_{m,\,ges})_{rev} = R_m\,T\left(1\ln\frac{p_{p\,\mathrm{H_2}}}{p_{\mathrm{H_2}}} + 0,5\ln\frac{p_{p\,\mathrm{O_2}}}{p_{\mathrm{O_2}}} + 1\ln\frac{p_{\mathrm{H_2O}}}{p_{p\,\mathrm{H_2O}}}\right) \qquad (12.97)$$

$$(Q_{m,\,ges})_{rev} = -R_m\,T\left(1\ln\frac{p_{p\,\mathrm{H_2}}}{p_{\mathrm{H_2}}} + 0,5\ln\frac{p_{p\,\mathrm{O_2}}}{p_{\mathrm{O_2}}} + 1\ln\frac{p_{\mathrm{H_2O}}}{p_{p\,\mathrm{H_2O}}}\right) - (Q_{m,r})_{rev} \qquad (12.98)$$

Durch Umformung erhält man

$$(W_{m,\,ges})_{rev} = R_m\,T\left(\ln\frac{p_{\mathrm{H_2O}}}{p_{\mathrm{H_2}}\,p_{\mathrm{O_2}}^{0,5}} - \ln\frac{p_{p\,\mathrm{H_2O}}}{p_{p\,\mathrm{H_2}}\,p_{p\,\mathrm{O_2}}^{0,5}}\right) \qquad (12.99)$$

$$(Q_{m,\,ges})_{rev} = -R_m\,T\left(\ln\frac{p_{\mathrm{H_2O}}}{p_{\mathrm{H_2}}\,p_{\mathrm{O_2}}^{0,5}} - \ln\frac{p_{p\,\mathrm{H_2O}}}{p_{p\,\mathrm{H_2}}\,p_{p\,\mathrm{O_2}}^{0,5}}\right) - (Q_{m,r})_{rev} \qquad (12.100)$$

Hierin ist die Reaktionskonstante K' gemäß Gl. (12.82)

$$K' = \ln\frac{p_{p\,\mathrm{H_2O}}}{p_{p\,\mathrm{H_2}}\,p_{p\,\mathrm{O_2}}^{0,5}} \qquad (12.101)$$

enthalten, so dass sich auch ergibt:

$$(W_{m,\,ges})_{rev} = R_m\,T\left(\ln\frac{p_{\mathrm{H_2O}}}{p_{\mathrm{H_2}}\,p_{\mathrm{O_2}}^{0,5}} - \ln K'\right) \qquad (12.102)$$

$$(Q_{m,\,ges})_{rev} = -R_m\,T\left(\ln\frac{p_{\mathrm{H_2O}}}{p_{\mathrm{H_2}}\,p_{\mathrm{O_2}}^{0,5}} - \ln K'\right) - (Q_{m,r})_{rev} \qquad (12.103)$$

Werden auch die Verschiebearbeiten in Korrespondenz mit der Umgebungsluft berücksichtigt, so ist in der auf 1 kmol $\mathrm{H_2}$, auf 0,5 kmol $\mathrm{O_2}$ bzw. auf 1 kmol $\mathrm{H_2O}$ bezogenen molaren Arbeitsbilanz zusätzlich der — meist quantitativ geringfügige — Ausdruck $R_m\,T\,(1 + 0,5 - 1) = 0,5\,R_m\,T$ zu berücksichtigen, von dem im Allgemeinen abgesehen wird [112].

Die gesamte reversible Arbeit wird zu null, wenn gilt:

$$\ln\frac{p_{\mathrm{H_2O}}}{p_{\mathrm{H_2}}\,p_{\mathrm{O_2}}^{0,5}} = \ln\frac{p_{p\,\mathrm{H_2O}}}{p_{p\,\mathrm{H_2}}\,p_{p\,\mathrm{O_2}}^{0,5}} \qquad (12.104)$$

Diese Gleichung beschreibt u. a. den Sonderfall, dass die jeweiligen Drücke der Einzelgase vor der Reaktion gleich den jeweiligen Partialdrücken des chemischen Gleichgewichts sind. Dann läuft keine Reaktion ab, da ihr Ergebnis bereits vorhanden ist. Auch die reversible Mischung der Einzelgase geht nicht mit einem Arbeitsumsatz einher, weil die Drücke in den Vorratsbehältern gleich den Partialdrücken der jeweiligen Gase im Reaktionsbehälter sind.

Im Falle von

$$\ln\frac{p_{\mathrm{H_2O}}}{p_{\mathrm{H_2}}\,p_{\mathrm{O_2}}^{0,5}} < \ln\frac{p_{p\,\mathrm{H_2O}}}{p_{p\,\mathrm{H_2}}\,p_{p\,\mathrm{O_2}}^{0,5}} \qquad (12.105)$$

ist die molare Arbeit der reversiblen Reaktion entsprechend Gl. (12.102) negativ, wird also nach außen abgegeben; dies entspricht der Oxidation des Wasserstoffs zu Wasserdampf. Läuft die Reaktion irreversibel ab, wird sie teilweise oder gänzlich als molare Wärme in Erscheinung treten, und die Reaktion ist exotherm. Bei

$$\ln \frac{p_{H_2O}}{p_{H_2}\, p_{O_2}^{0,5}} > \ln \frac{p_{p\,H_2O}}{p_{p\,H_2}\, p_{p\,O_2}^{0,5}} \tag{12.106}$$

kann die Reaktion nicht von selbst ablaufen, da molare Arbeit zugeführt werden muss. Es handelt sich um eine endotherme Reaktion, also um die Aufspaltung von Wasserdampf in Sauerstoff und Wasserstoff.

Die Gleichgewichtskonstante K' hat bei 25 °C den sehr hohen Wert K' = 1,114 · 10^{40}. Dies entspricht im Falle von $p_{ges} \approx p_{H_2O} \approx p_{p\,H_2O} \approx 1,0$ bar den Partialdrücken von $p_{p\,H_2} = 2,50 \cdot 10^{-27}$ bar und $p_{p\,O_2} = 0,5\, p_{p\,H_2} = 1,25 \cdot 10^{-27}$ bar. Dementsprechend ist von den rund $6 \cdot 10^{26}$ Molekülen eines Kilomols Wasserdampf nur etwa ein Molekül dissoziiert. Bei 1300 K erreicht K' den Wert K' = 1,158 · 10^7 und die Partialdrücke die Werte $p_{p\,H_2} = 2,43 \cdot 10^{-5}$ bar sowie $p_{p\,O_2} = 1,215 \cdot 10^{-5}$ bar.

Die molare Reaktionsenthalpie der Reaktion beträgt bei 25 °C $\Delta^R H_{m,0}$ = - 241,818 MJ/kmol. Die reversible molare Arbeit beläuft sich entsprechend Gl. (12.99) im Falle jeweils gleicher Drücke der Ausgangsstoffe und des Endprodukts $p_{H_2} = p_{O_2} = p_{H_2O} = 1,0$ bar und damit $\ln \left(\frac{p_{H_2O}}{p_{H_2} \cdot p_{O_2}^{0,5}} \right) = 0$ auf

$$(W_{m,ges})_{rev} = - R_m\, T\, \ln \left(\frac{p_{p\,H_2O}}{p_{p\,H_2}\, p_{p\,O_2}^{0,5}} \right) = - R_m\, T\, \ln K'$$

$$= - 8,31451\, \text{kJ/(kmol K)} \cdot 298,15\, \text{K} \cdot \ln \left(1,11 \cdot 10^{40}\right) = - 228,58\, \text{MJ/kmol} . \tag{12.107}$$

Diesen Wert erhält man auch mit den Gln. (12.32) und (12.45) sowie den Zahlenwerten von Tabelle A.7 im Anhang:

$$(W_m)_{rev} = \Delta^R G_m^0\, (T_0, p_0) = \Delta^R H_m^0\, (T_0, p_0) - T_0\, \Delta^R S_m^0\, (T_0, p_0)$$

$$= (- 241,83 - 1 \cdot 0 - 0,5 \cdot 0)\, \text{MJ/kmol}$$

$$- 298,15\, K \cdot (188,835 - 1 \cdot 130,680 - 0,5 \cdot 205,152)\, \text{kJ/(kmol K)}$$

$$= - 228,58\, \text{MJ/kmol} . \tag{12.107 a}$$

Lediglich - 13,24 MJ/kmol sind als Wärme an die Umgebung abzuführen. Dies ist dadurch erklärbar, dass die Ausgangsstoffe H_2 und O_2 entsprechend dem *van 't Hoff*'schen Modell aus ihren Vorratsbehältern vom Druck 1,0 bar auf den sehr kleinen Druck von $p_{p\,H_2} = 2,50 \cdot 10^{-27}$ bar bzw. $p_{p\,O_2} = 1,25 \cdot 10^{-27}$ bar isotherm entspannt werden und hierauf ohne Arbeitsaufwand durch die semipermeablen Membranen in den Reaktionsraum eintreten (vgl. [112]).

12.11.2 Modell beliebiger homogener reversibler chemischer Reaktionen idealer Gase

Für eine allgemeine reversible chemische Reaktion gemäß Gl. (12.11), die beispielsweise zwei Ausgangsstoffe 1 und 2 sowie zwei Reaktionsprodukte 3 und 4 aufweist, gilt:

$$\nu_3\, A_3 + \nu_4\, A_4 - |\nu_1|\, A_1 - |\nu_2|\, A_2 = 0 \tag{12.11}$$

Es folgen die Gleichungen [112]

$$K' = \ln \frac{p_{p3}^{\nu_3}\, p_{p4}^{\nu_4}}{p_{p1}^{|\nu_1|}\, p_{p2}^{|\nu_2|}} , \tag{12.108}$$

$$(W_{m,ges})_{rev} = R_m T \left(\ln \frac{p_3^{\nu_3} \, p_4^{\nu_4}}{p_1^{|\nu_1|} \, p_2^{|\nu_2|}} - \ln K' \right) \, , \tag{12.109}$$

$$(Q_{m,ges})_{rev} = - R_m T \left(\ln \frac{p_3^{\nu_3} \, p_4^{\nu_4}}{p_1^{|\nu_1|} \, p_2^{|\nu_2|}} - \ln K' \right) - (Q_{m,r})_{rev} \, . \tag{12.110}$$

Im Falle von

$$\ln \frac{p_3^{\nu_3} \, p_4^{\nu_4}}{p_1^{|\nu_1|} \, p_2^{|\nu_2|}} < \ln \frac{p_{p3}^{\nu_3} \, p_{p4}^{\nu_4}}{p_{p1}^{|\nu_1|} \, p_{p2}^{|\nu_2|}} \tag{12.111}$$

ist der molare Arbeitsbedarf negativ; die Reaktion kann also molare Arbeit nach außen abgeben. Soweit sich diese molare Nutzarbeit ganz oder teilweise in molare Wärme umwandelt, ist die Reaktion irreversibel. Wenn

$$\ln \frac{p_3^{\nu_3} \, p_4^{\nu_4}}{p_1^{|\nu_1|} \, p_2^{|\nu_2|}} > \ln \frac{p_{p3}^{\nu_3} \, p_{p4}^{\nu_4}}{p_{p1}^{|\nu_1|} \, p_{p2}^{|\nu_2|}} \tag{12.112}$$

gilt, ist der molare Arbeitsbedarf positiv; der Reaktion muss molare Arbeit von außen zugeführt werden, damit sie ablaufen kann.

Mit

$$K\,(T, p) = \Pi \, (\frac{p_{pi}}{p})^{\nu_i} \tag{12.113}$$

wird aus Gl. (12.109)

$$(W_{m,ges})_{rev} = - R_m T \, \ln \left[\Pi \, (\frac{p_{pi}}{p})^{\nu_i} \right] \, . \tag{12.114}$$

Gl. (12.77) kann mit Gl. (4.190) und mit $\sum\limits_{i=1}^{N} = \Sigma$ auch in der Form

$$\ln \left[\Pi \, (\frac{n_i}{n})^{\nu_i} \right] = \ln \left[\Pi \, (\frac{p_{pi}}{p})^{\nu_i} \right] = - \frac{\Sigma \, \nu_i \, G_{m,i}^0}{R_m T} = - \frac{\Delta^R G_m^0 \, (T)}{R_m T} \tag{12.115}$$

geschrieben werden. Eine weitere Umformung ergibt

$$\Delta^R G_m^0 \, (T) = - R_m T \, \ln \left[\Pi \, (\frac{p_{pi}}{p})^{\nu_i} \right] \, . \tag{12.116}$$

Die rechten Seiten der Gln. (12.114) und (12.116) stimmen überein. Damit ist

$$(W_{m,ges})_{rev} = \Delta^R G_m^0 \, (T) \, . \tag{12.117}$$

Gl. (12.117) gilt wie die Gleichungen (12.114) sowie (12.116) für eine reversible isotherm-isobare chemische Reaktion idealer Gase. Gl. (12.117) ist hier für den Sonderfall idealer Gase hergeleitet worden und stimmt mit Gl. (12.45) überein, die allgemein für eine reversible isotherm-isobare chemische Reaktion gilt. Damit ist das *van 't Hoff* 'sche Reaktionsmodell für reversible isotherm-isobare chemische Reaktionen idealer Gase bestätigt.

12.11.3 Verlustlose Speicherung von Wärme und Arbeit in Form chemischer Energie

Bild 12.20 soll verdeutlichen, dass eine isotherm, isobar und reversibel durchgeführte chemische Reaktion dazu dienen kann, eine verlustlose Speicherung von Wärme und Arbeit in der latenten Form chemisch gebundener Energie vorzunehmen. Ein Beispiel hierfür ist die Zerlegung der Molmenge von 1 kmol Wasserdampf (H_2O) in 1 kmol Wasserstoff (H_2) und 0,5 kmol Sauerstoff (O_2).

Hierzu soll in das System a des Bildes 12.20 die aus Behältern und Maschinen bestehende Anordnung gemäß Bild 12.19 eingebaut sein. Mit der Welle b kann eine molare Arbeit $(W_{m,ges})_{rev}$ hieraus entnommen bzw. eingeführt werden. Weiter steht das System a in vollkommener Wärmeverbindung mit dem großen Wärmespeicher c mit der konstanten Temperatur T, aus dem das System a die molare Wärme $(Q_{m,ges})_{rev}$ reversibel entnehmen bzw. diesem zuführen kann.

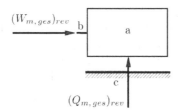

Bild 12.20 Anordnung zur reversiblen Durchführung beliebiger chemischer Reaktionen

Soweit die chemische Reaktion durch einen positiven Bedarf an molarer Arbeit und molarer Wärme gekennzeichnet ist, werden diese Prozessgrößen als chemisch gebundene molare Energie gespeichert, wobei die Summe der molaren Enthalpien der Reaktionsprodukte um die molare Reaktionsenthalpie $\Delta_R H$ größer ist als die Summe der molaren Enthalpien der Ausgangsstoffe:

$$(W_{m,ges})_{rev} + (Q_{m,ges})_{rev} = \Delta_R H \tag{12.118}$$

Mit der molaren Wärmezufuhr ist zugleich die molare Entropiezunahme $\Delta_R S = (Q_{m,ges})_{rev}/T$ verbunden, die mit der betragsmäßig gleich großen molaren Entropieabnahme $\Delta S_{m,Beh} = -(Q_{m,ges})_{rev}/T$ des Wärmebehälters c korrespondiert, weil beim reversiblen Prozess die Summe der molaren Entropien unverändert bleibt. Eine chemische Reaktion kann auch so ablaufen, dass eine molare Arbeitszufuhr mit einer molaren Wärmeabfuhr verbunden ist bzw. eine molare Arbeitsabfuhr mit einer molaren Wärmezufuhr verbunden ist.

Dieselbe verlustlose Speicherung von molarer Wärme und molarer Arbeit lässt sich auch ohne chemische Reaktion verwirklichen, wenn einem Behälter a_1 mit dem konstanten Druck p_1 z. B. die Molmenge 1 kmol Gas entnommen, auf den Druck p_2 reversibel isotherm verdichtet und in einem zweiten Behälter a_2 gespeichert wird. Dabei wird analog zu Abschnitt 4.3.3 die reversible molare Arbeit

$$(W_{m,ges})_{rev} = (W_{m12})_{rev} = R_m T \left(\ln p_2 - \ln p_1 \right) = R_m T \ln \frac{p_2}{p_1} \tag{12.119}$$

zugeführt und die molare Wärme

$$(Q_{m,ges})_{rev} = (Q_{m,12})_{rev} = -R_m T \left(\ln p_2 - \ln p_1 \right) = -R_m T \ln \frac{p_2}{p_1} \tag{12.120}$$

abgeführt. Die Gleichungen (12.119) und (12.120) weisen denselben Aufbau wie die Gln. (12.109) und (12.110) auf. Dabei sind an die Stelle der Potenzprodukte von der Art der Gleichgewichtskonstanten K' gewöhnliche Drücke getreten; weiter fehlt die molare Reaktionswärme $(Q_{m,r})_{rev}$, so dass die molare Arbeit dem Absolutwert des molaren Wärmeumsatzes entspricht [112].

Die Anordnung zu einer verlustlosen Speicherung von Wärme und Arbeit entsprechend Bild 12.20 lässt sich jedoch auch so interpretieren, dass die molare Reaktionswärme $(Q_{m,r})_{rev}$ berücksichtigt wird, denn beim Vorgang der isothermen Verdampfung von 1 kmol eines reinen Stoffs wird die molare Wärme $(Q_{m,r})_{rev}$ ohne einen Umsatz molarer Druckänderungsarbeit zugeführt; die Energie der molaren Wärme ist im Dampf gespeichert [112].

Mit der Verknüpfung der isothermen Verdampfung mit der isothermen Verdichtung kann ein vollständiges thermisch-mechanisches Analogon zur isotherm-isobaren chemischen Reaktion gebildet werden, wie Bild 12.21 zeigt: Dabei sind a_1 und a_2 zwei Gasbehälter, deren Gase unter den Drücken p_1 bzw. p_2 stehen. b ist ein isotherm arbeitender Verdichter, bei dem die bei der Zufuhr der molaren Verdichterarbeit $(W_{m,ges})_{rev} = (W_{m,12})_{rev}$ zugleich frei werdende Verdichtungswärme $(Q_{m,12})_{rev}$ ganz oder teilweise an den mit ihm reversibel wärmeleitend verbundenen Verdampfungszylinder c abgegeben wird. Darin ist eine geeignete Flüssigkeit enthalten, die bei der Temperatur T im thermodynamischen Gleichgewicht mit ihrem Dampf steht (Nassdampf). Über ein mehr oder weniger starkes Anheben des Verdampferkolbens lässt sich die Verdichterwärme aus dem Verdichterzylinder b $(Q_{m,12})_{rev}$ ganz oder teilweise binden und auf diese Weise der Betrag der vom Wärmespeicher d bereitzustellenden oder aufzunehmenden Wärme $(Q_{m,ges})_{rev}$ ändern.

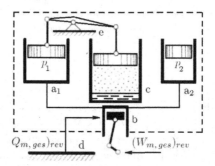

Bild 12.21 Thermisch-mechanisches Modell der chemischen Reaktion: Verdichtung bzw. Entspannung eines reinen Stoffes sowie Verdampfung bzw. Kondensation eines weiteren reinen Stoffes als vereinfachte reversible chemische Reaktion

Ein erwünschtes Verhältnis zwischen $(Q_{m,ges})_{rev}$ und $(W_{m,ges})_{rev}$ kann dadurch erreicht werden, dass man das Hubvolumen des Verdampferkolbens und das Hubvolumen eines der beiden Gasbehälterkolben in ein bestimmtes Verhältnis bringt; dies ist in Bild 12.21 durch den Hebelmechanismus angedeutet.

Wird die Anordnung mit einer Systemgrenze umgeben, stellt diese ein geschlossenes System dar, das mit der Umgebung lediglich durch die reversible molare Wärme $(Q_{m,ges})_{rev}$ und durch die reversible molare Arbeit $(W_{m,ges})_{rev}$ verbunden ist. Damit entspricht die Anordnung entsprechend Bild 12.21 der Anordnung für eine chemische Reaktion gemäß Bild 12.20 (vgl. [112]).

12.12   Brennstoffzellen

In Brennstoffzellen wird die chemische Energie eines Brennstoffs mit Hilfe eines elektro-chemischen Prozesses direkt in elektrische Energie umgewandelt, ohne dass der Weg der thermischen Energieumwandlung über die Wärmefreisetzung durch eine Verbrennung bei höheren Temperaturen gegangen wird. In den heute verfügbaren Brennstoffzellen wird meist Wasserstoff (H_2) als Energieträger genutzt. Die summarische elektroche-mische Reaktion findet an den Elektroden der Brennstoffzelle statt; dabei werden vor allem der Wasserstoffanteil (H_2) des Brennstoffs sowie der Sauerstoffanteil (O_2) der Luft gemäß der Reaktionsgleichung

$$H_2 + 0,5\,O_2 \rightleftharpoons H_2O \tag{12.4}$$

umgesetzt (vgl. Bild 12.22). Im Allgemeinen muss der Wasserstoff (H_2) hierfür zu-nächst in einem vorgeschalteten Prozess - dem Reformierprozess - gewonnen werden. Das Produkt der Umsetzung von Wasserstoff mit Sauerstoff ist Wasserdampf (H_2O); ein Elektrolyt ermöglicht die Leitung von Ionen, während in ihm Elektronen e^- (Elek-trizität) nicht geleitet werden und damit auf einen Umweg durch einen Verbraucher gezwungen werden. Die Umsetzung entspricht der umgekehrten Elektrolyse des Was-sers. Die Umwandlung des Brennstoffs und die Gewinnung von elektrischer Arbeit ist mit hohem Wirkungsgrad möglich, weil sie nicht durch den idealen thermischen Wir-kungsgrad des Carnot-Prozesses begrenzt ist, der die obere Grenze des Wirkungsgrads einer Gewinnung mechanischer Arbeit (und daraufhin elektrischer Arbeit) über einen Verbrennungsprozess mit Wärmefreisetzung bei höheren Temperaturen angibt (vgl. Bild 12.23).

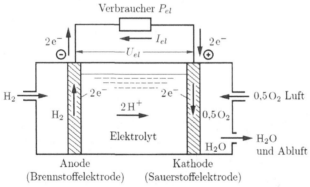

Bild 12.22 Aufbau einer Brennstoffzelle mit Kunststoff-Polymermembran (PEMFC)

Brennstoffzellen verfügen über zwei Elektroden: die Anode, an der der Brennstoff zuge-führt wird, sowie die Kathode, die zur Aufnahme des in der Luft enthaltenen Sauerstoffs dient. Zwischen diesen Elektroden befindet sich der - Ionen leitende - Elektrolyt. Für die Brennstoffzellentypen, die gegenwärtig und künftig von Bedeutung sein könnten, sind unterschiedliche Elektrolyten kennzeichnend:

- Alkalische flüssige Elektrolyten (Brennstoffzellentyp: Alkalische Brennstoffzelle (Alkaline Fuel Cell AFC))

- Saure flüssige Elektrolyten (üblicher Brennstoffzellentyp: Phosphorsaure Brenn-stoffzelle (Phosphoric Acid Fuel Cell PAFC); weiterer Typ: Direkt arbeitende Methanol-Brennstoffzelle (Direct Methanol Fuel Cell DMFC))

- Karbonatschmelzen (Brennstoffzellentyp: Karbonatschmelze-Brennstoffzelle (Molten Carbonate Fuell Cell (MCFC))

- Oxidische Feststoffelektrolyten wie Zirkon (Brennstoffzellentyp: Feststoffelektrolyt-Brennstoffzelle (Solid Oxide Fuel Cell SOFC))

- Kunststoff-Polymermembranen (Brennstoffzellentyp: Protonenaustauschmembran-Brennstoffzelle (Proton Exchange Membrane Fuel Cell PEMFC)), die Protonen leiten können

Der gasförmige Wasserstoff (H_2) wird durch die Mitwirkung eines Katalysators in Protonen (H^+) und Elektronen (e^-) aufgespalten:

$$H_2 \rightleftharpoons 2\,H^+ + 2\,e^- \tag{12.121}$$

Beispielsweise wandern bei der PEM-Brennstoffzelle (Bild 12.22) die Protonen (H^+) durch den Elektrolyt zur Kathode, wo sie - ebenfalls unter der Mitwirkung eines Katalysators - mit dem zugeführten Sauerstoff (O_2) und den über den äußeren Stromkreis fließenden Elektronen (e^-) in der folgenden Weise reagieren:

$$0,5\,O_2 + 2\,H^+ + 2\,e^- \rightleftharpoons H_2O \tag{12.122}$$

Der elektrochemische Prozess findet auf der Ebene einzelner Zellen statt, die allerdings nur eine geringe elektrische Zellspannung U_{el} sowie Stromstärke I_{el} aufweisen und deshalb lediglich eine begrenzte elektrische Leistung $P_{el} = -U_{el}\,I_{el}$ aufweisen; sie werden deshalb zu einem Stapel zusammengefasst, um die gewünschte Spannung und Leistung zu erzeugen. Der gewonnene Gleichstrom wird in Wechsel- bzw. Drehstrom umgewandelt, bevor er direkt genutzt oder ins öffentliche Netz eingespeist werden kann. Die Zellspannung U_{el} nimmt mit steigender Stromstärke I_{el} ab.

Die Leistungsbilanz gemäß dem ersten Hauptsatz ergibt entsprechend Gl. (12.18)

$$\dot{Q} + P = \sum_{i=1}^{N} \dot{n}_i^a\, H_{m,0i}\,(T_a,\,p_a) - \sum_{i=1}^{N} \dot{n}_i^e\, H_{m,0i}\,(T_e,\,p_e)\ . \tag{12.18}$$

Im Falle von $T_a = T_e$ und $p_a = p_e$ wird mit der Reaktionsenthalpie $\Delta^R H_m(T)$ als dem negativen molaren Heizwert von Wasserstoff $H_{i\,m\,H_2}(T)$ sowie mit dem zeitbezogenen Reaktionsumsatz $\dot{z} = \dot{n}_{H_2}$ und Gl. (12.20 a)

$$\dot{Q} + P = \dot{n}_{H_2}\,\Delta^R H_m(T) = -\dot{n}_{H_2}\, H_{i\,m\,H_2}(T)\ . \tag{12.123}$$

Bei der reversiblen isotherm-isobaren Reaktion gibt die Brennstoffzelle zeitgleich die reversible elektrische Leistung P_{rev} sowie die Wärmeleistung $\dot{Q}$ ab; sie ist damit eine Anlage der Kraft-Wärme-Kopplung. Die reversible elektrische Leistung ist dabei

$$P_{rev} = \dot{n}_{H_2}\,\Delta^R G_m(T,\,p) = -U_{rev}\,I \tag{12.124}$$

mit der molaren Reaktions-*Gibbs*-Funktion $\Delta^R G_m(T,\,p)$ gemäß Gl. (12.45).

Der ideale Wirkungsgrad η_{id} einer Brennstoffzelle bei angenommener reversibler Funktion lässt sich als das Verhältnis der molaren Reaktions-*Gibbs*-Funktion $\Delta^R G_m(T,\,p)$ zum negativen molaren Heizwert $\Delta^R H_m(T) = -H_{i\,m\,H_2}(T)$ definieren:

$$\eta_{id} = \frac{\Delta^R G_m(T,\,p)}{\Delta^R H_m(T)} = -\frac{\Delta^R G_m(T,\,p)}{H_{i\,m\,H_2}(T)} \tag{12.125}$$

Für eine ideal arbeitende Brennstoffzelle mit Wasserstoff (H_2) als Energieträger ist der ideale Wirkungsgrad η_{id} mit den Werten der Tabelle 12.4 als Funktion der Celsius-Temperatur t in Bild 12.22 dargestellt.

Der reale Wirkungsgrad η_{BZ} der Brennstoffzelle, in dem auch der Einfluss irreversibler Vorgänge berücksichtigt ist, ist durch das Verhältnis der tatsächlich gewinnbaren molaren Reaktionarbeit $W_{BZm}(T)$ zur reversiblen molaren Reaktionsarbeit $(W_{BZm})_{rev}(T) = \Delta^R G_m(T, p)$ definiert:

$$\eta_{BZ} = \frac{W_{BZm}(T)}{\Delta^R G_m(T, p)} \qquad (12.126)$$

Daneben ist eine Definition auch über das Verhältnis der tatsächlichen Leistung P_{BZ} zur reversiblen Leistung $(P_{BZ})_{rev}$ sowie über das Verhältnis der tatsächlich erzeugten elektrischen Spannung U_{el} zur reversiblen elektrischen Spannung $(U_{el})_{rev}$ möglich (so genannter Spannungswirkungsgrad):

$$\eta_{BZ} = \frac{W_{BZm}(T)}{\Delta^R G_m(T, p)} = \frac{P_{BZ}}{(P_{BZ})_{rev}} = \frac{U_{el}}{(U_{el})_{rev}} \qquad (12.127)$$

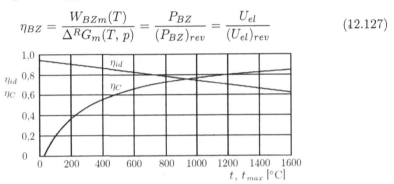

Bild 12.23 Temperaturabhängigkeit des thermischen Wirkungsgrades des reversiblen *Carnot*-Prozesses η_C; Temperaturabhängigkeit des idealen Brennstoffzellen-Wirkungsgrads η_{id} auf der Grundlage der Reaktionsgleichung $H_2 + 0{,}5\, O_2 \rightleftharpoons H_2O$

Als Gesamtwirkungsgrad der Brennstoffzelle ergibt sich somit:

$$\eta_{BZ\,ges} = \eta_{id}\,\eta_{BZ} = \frac{W_{BZm}(T)}{\Delta^R H_m(T)} = -\frac{W_{BZm}(T)}{H_{i\,m\,H_2}(T)} \qquad (12.128)$$

Der energetische Eigenbedarf der Brennstoffzelle ist dabei noch nicht berücksichtigt.

Die molare reversible Arbeit beim chemischen Standardzustand in MJ/kmol ist in Anlehnung an Gl. (12.45)

$$(W_m)_{rev} = \Delta^R G_m(T_0, p_0) = \Delta^R H_m(T_0, p_0) - T_0\,\Delta^R S_m(T_0, p_0)\,. \qquad (12.129)$$

$(W_m)_{rev}$ ist bei einer reversiblen elektrochemischen Reaktion (z. B. in einer Brennstoffzelle) zugleich das Produkt aus der Spannung U_{el} und der elektrischen Ladung je Kilomol, die sich mit z_e als der Anzahl der übertragenen Elektronen gemäß der jeweiligen Reaktionsgleichung und der Faradaykonstante $F = e\,N_A = 9{,}64853 \cdot 10^7$ As/kmol $= 9{,}64853 \cdot 10^7$ J/(V kmol) als dem Produkt aus der elektrischen Elementarladung e und der Avogadro-Konstante N_A ergibt:

$$(W_m)_{rev} = U_{el}\,z_e\,F \qquad (12.130)$$

Hieraus lässt sich durch Umformung die Gleichgewichtsspannung $U_{el} = U_0$ bei der Stromstärke $I = 0$ berechnen. Soll die von einer Brennstoffzelle abgegebene Spannung positiv gerechnet werden, ist das Vorzeichen umzukehren:

$$U_0 = -\frac{(W_m)_{rev}}{z_e F} = -\frac{\Delta^R G_m (T_0, p_0)}{z_e F} = -\frac{\Delta^R H_m (T_0, p_0) - T_0 \Delta^R S_m (T_0, p_0)}{z_e F} \quad (12.131)$$

Will man die Druck- und Temperaturabhängigkeit der Spannung U_0 darstellen, ist statt $\Delta^R G_m (T_0, p_0)$ das Differential $d\left(\Delta^R G_m (T_0, p_0)\right)$ zu betrachten, für das gemäß $dG_m = V_m\, dp - S_m\, dT$ gilt:

$$d\left(\Delta^R G_m (T_0, p_0)\right) = \Delta^R V_m (T_0, p_0)\, dp - \Delta^R S_m (T_0, p_0)\, dT \quad (12.132)$$

Damit wird

$$dU_0 = -\frac{\Delta^R V_m (T_0, p_0)\, dp - \Delta^R S_m (T_0, p_0)\, dT}{z_e F} \,. \quad (12.133)$$

Aus dieser Gleichung ergibt sich für $p = $ const:

$$\left(\frac{\partial U_0}{\partial T}\right)_p = \frac{\Delta^R S_m (T_0, p_0)}{z_e F} \quad (12.134)$$

Z. B. ist gemäß der Reaktionsgleichung H_2O - H_2 - $0{,}5\, O_2 = 0$ in einer Brennstoffzelle mit flüssigem Wasser als Produkt

$$\left(\frac{\partial U_0}{\partial T}\right)_p = \frac{-163{,}326\,\text{kJ}/(\text{kmol K})}{2 \cdot 9{,}64853 \cdot 10^4\,\text{kJ}/(\text{V kmol})} = -0{,}8464\,\text{mV/K} \quad (12.135)$$

Analog ergibt sich für $T = $ const:

$$\left(\frac{\partial U_0}{\partial p}\right)_T = -\frac{\Delta^R V_m (T_0, p_0)}{z_e F} \quad (12.136)$$

Setzt man gasförmige Stoffe mit vergleichsweise niedrigen Drücken an Kathode und Anode der Brennstoffzelle voraus, folgt mit der Voraussetzung idealen Gases gemäß Gl. (12.85) für $\Delta^R V_m = \Delta^R V_m^0$:

$$\Delta^R V_m^0 = -R_m T \left(\frac{\partial \ln K}{\partial p}\right)_T \quad (12.137)$$

und deshalb mit $\quad K = \Pi \left(\dfrac{p_{pi}}{p_0}\right)^{\nu_i} :$

$$\int_0^1 \left(\frac{\partial U_0}{\partial p}\right)_T dp = -\int_0^1 \frac{\Delta^R V_m (T_0, p_0)}{z_e F}\, dp = \frac{R_m T}{z_e F} \ln K = \frac{R_m T}{z_e F} \ln \left[\Pi \left(\frac{p_{pi}}{p_0}\right)^{\nu_i}\right]$$

$$= \frac{R_m T}{z_e F} \ln \left[\frac{\Pi\,(p_{pi\,\text{Produkte}}/p_0)^{\nu_i}}{\Pi\,(p_{pi\,\text{Edukte}}/p_0)^{\nu_i}}\right] \quad (12.138)$$

Daraus folgt:

$$U_0 (T, p) = U_0 + \int_0^1 \frac{\Delta^R S_m (T, p_0)}{z_e F}\, dT + \frac{R_m T}{z_e F} \ln \left[\Pi \left(\frac{p_{pi}}{p_0}\right)^{\nu_i}\right] \quad (12.139)$$

Eine Verallgemeinerung dieser Gleichung führt zu

$$U_0\left(T,p\right) = -\frac{\Delta^R G_m\left(T,p_0\right)}{z_e\,F} + \frac{R_m\,T}{z_e\,F}\ln\left[\Pi\left(\frac{p_{pi}}{p_0}\right)^{\nu_i}\right], \qquad (12.140)$$

wobei der erste Summand die Leerlaufspannung der Zelle im Standardzustand bezeichnet [9]. Dies ist eine Form der *Nernst*'schen Gleichung, mit der die Temperatur- und Druckabhängigkeit der Gleichgewichtsspannung $U_0\left(T,p\right)$ bei einer reversiblen elektrochemischen Reaktion erfasst wird. Anstelle von $p_{pi}/p_0 = n_i/n_0$ können auch Ionenkonzentrationen in Elektrolyten c_i/c_0 stehen.

Tabelle 12.4 Molare Reaktionsenthalpie $\Delta^R H_m$, molare freie Reaktionsenthalpie (molare Reaktions-*Gibbs*-Funktion) $\Delta^R G_m$, molare Standardentropie S_m bei $p = 1{,}0$ bar [24] sowie Logarithmus zur Basis 10 der Gleichgewichtskonstante K' der Reaktion $H_2 + 0{,}5\,O_2 \rightleftharpoons H_2O$ [112]

Temp. T in K	298,15	300	400	500	600	700	800	900	1000	1100	1200
$\Delta^R H_m$	-241,81	-241,84	-242,85	-243,83	-244,76	-245,63	-246,44	-247,19	-247,86	-248,46	-249,00
$\Delta^R G_m$	-228,58	-228,50	-223,90	-219,05	-214,01	-208,81	-203,50	-198,08	-192,59	-187,03	-181,43
S_m	188,83	189,04	198,79	206,53	213,05	218,74	223,83	228,46	232,74	236,73	240,49
$\log_{10} K'$	40,047	39,787	29,240	22,886	18,632	15,583	13,289	11,498	10,061	8,883	7,899

Der vorgeschaltete Reformierprozess (vgl. Bild 12.24) ist für Erdgas als Brennstoff am einfachsten durchzuführen; für Öl und insbesondere für Kohle ist er aufwendiger.

Am Beispiel des Methans (CH_4) - des Hauptbestandteils von Erdgas - ergibt sich bei Zuführung von Wasserdampf (H_2O) und Wärme die endotherme Reaktion

$$CH_4 + H_2O \rightleftharpoons CO + 3\,H_2 \;. \qquad (12.1)$$

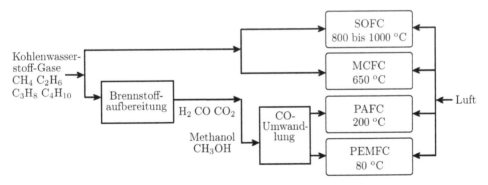

Bild 12.24 Brennstoffzellenbauarten mit externer und interner Brennstoffaufbereitung (Reformierung)

Die erforderliche Wärme wird bei einer externen Reformierung durch die Verbrennung eines Teils des CH_4 zu Wasserdampf (H_2O) und Kohlendioxid (CO_2) bereitgestellt bzw. bei einer internen Reformierung aus der bei der nachgeschalteten elektrochemischen Oxidation des Wasserstoffs freigesetzten Reaktionswärme gespeist. In einem zweiten, exothermen Schritt - der Kohlenmonoxid-Konvertierungsreaktion (auch als homogene Wassergasreaktion bezeichnet; vgl. Beispiel 12.8) - wird das entstandene Kohlenmonoxid (CO) mit Wasserdampf (H_2O) in Wasserstoff (H_2) umgewandelt:

$$CO + H_2O \rightleftharpoons CO_2 + H_2 \qquad (12.2)$$

Damit ergibt sich in der Summe beider Reaktionsgleichungen als Energieträger nur Wasserstoff (H_2):

$$CH_4 + 2\,H_2O \rightleftharpoons 4\,H_2 + CO_2 \tag{12.141}$$

Diese Prozesse werden im Allgemeinen bei höheren Temperaturen durchgeführt. Bei einigen Brennstoffzellentypen werden sie zur Prozessvereinfachung in das Brennstoffzellensystem integriert: Mit "interner Reformierung" werden diejenigen Fälle bezeichnet, bei denen die beiden Reaktionen der Gln. (12.1) und (12.2) an den Brennstoffzellenelektroden fast gleichzeitig mit den elektrochemischen Reaktionen der Gln. (12.121) und (12.122) ablaufen. Daneben gibt es noch Verfahren mit "indirekter interner Reformierung", "teilweiser interner Reformierung" und "externer Reformierung" (Bild 12.24). Druck und Temperatur sind bedeutsam für die Schnelligkeit und das Ausmaß der elektrochemischen Umsetzung. Höhere Temperaturen verringern zwar den Wirkungsgrad, haben jedoch auf die Schnelligkeit der Reaktionen und damit auf die Brennstoffzellenleistung einen positiven Einfluss. Höhere Drücke haben ebenfalls einen positiven Einfluss auf die Leistung der Brennstoffzelle.

Brennstoffzellensysteme bestehen in der Regel aus den Teilbereichen Brennstoffbehandlung (Reformierung und Konvertierung), Stromerzeugung in den Brennstoffzellenstapeln, Stromumwandlung sowie Wärmerückgewinnung und/oder zusätzliche Stromerzeugung in einem integrierten Gas- und/oder Dampfturbinenprozess.

Anhang

Lösungen der Aufgaben

Abschnitt 1 (Seite 8)

1. Ethin: $n = 0{,}13126$ kmol   Sauerstoff: $n = 0{,}32813$ kmol

2. $\dot{m} = 1{,}843$ kg/min $\tau = 2$ h

3. $T = 111{,}65$ K

Abschnitt 2 (Seite 35 bis 36)

1. Gln. (2.96), (2.98), Tabelle 2.6: $c = 4{,}1823$ kJ/(kg K)

Gl. (2.99): $\dot{W}_e = |\dot{W}_{RI}| = 1102{,}45$ kW

2. Gln. (2.96), (2.98), Tabelle 2.6: $c = 4{,}1815$ kJ/(kg K)

$\tau = \dfrac{m\,c\,(t_2 - t_1)}{\dot{Q}} = 1{,}3855$ h

3. Wasser: $\Delta T = 0{,}468$ K   Quecksilber: $\Delta T = 14{,}084$ K

4. $\dot{V} = 56{,}549$ m³/h $\dot{m} = 56\,549$ kg/h $P_e = 33{,}8910$ kW $(P_e)_{id} = 28{,}5537$ kW

5. $c_{pm}|_{50\,°\mathrm{C}}^{600\,°\mathrm{C}} = 0{,}9992$ kJ/(kg K) $\dot{Q}_{12} = 5495{,}6$ kW

$c_{pm}|_{50\,°\mathrm{C}}^{700\,°\mathrm{C}} = 1{,}0113$ kJ/(kg K) $\dot{Q}_{12} = 6573{,}8$ kW

6. $\dot{Q}_{12} = 16{,}598$ kW   2 Wärmeübertrager

Abschnitt 3 (Seite 62)

1. $m\,g\,\Delta z = m_{\mathrm{Hg}}\,c\,\Delta t$ $\Delta t = 1{,}06$ K

Gln. (3.28), (3.81): $S_2 - S_1 = m_{\mathrm{Hg}}\,c\,\ln\dfrac{T_2}{T_1} = 0{,}256$ J/K

2. Wärmeabgabe der Wärmequelle 19 440 kJ

Entropieänderung der Wärmequelle $-41{,}09$ kJ/K

Entropieänderung des Wassers $m\,c\,\ln\dfrac{T_2}{T_1} = 48{,}72$ kJ/K

Wärmeaufnahme der Umgebung 4477 kJ

Entropieänderung der Umgebung 15,38 kJ/K

Gesamtentropieänderung 23,01 kJ/K

3. Gl. (3.77): $\mathrm{d}S = \dfrac{\mathrm{d}H - V\,\mathrm{d}p}{T}$ $\mathrm{d}H = 0$, $V = \mathrm{const}:\ \mathrm{d}S = -\dfrac{V}{T}\mathrm{d}p$

$\dot{S}_2 - \dot{S}_1 = \dfrac{\dot{V}}{T}\,(p_1 - p_2) = 4{,}419$ kJ/(h K)

4. $\left(\dfrac{\partial^2 z}{\partial x\,\partial y}\right) = \left(\dfrac{\partial^2 z}{\partial y\,\partial x}\right) = 30\,x\,y^4$ $\mathrm{d}z$: totales Differential

$\left(\dfrac{\partial^2 z}{\partial x\,\partial y}\right) = \left(\dfrac{\partial^2 z}{\partial y\,\partial x}\right) = 24\,x^3\,y^5$ $\mathrm{d}z$: totales Differential

5. $\Delta\dot{S} = 1{,}142$ W/K

Abschnitt 4 (Seite 104 bis 108)

1. Gl. (4.25): $p = 47{,}61$ bar

© Springer Fachmedien Wiesbaden GmbH, ein Teil von Springer Nature 2023
M. Dehli et al., *Grundlagen der Technischen Thermodynamik*,
https://doi.org/10.1007/978-3-658-41251-7

2. Gl. (4.36): $R = 518,68$ J/(kg K)   Gl. (4.25): $m = 31,91$ kg   Preis 14,28 Euro

a) Kilogrammpreis 0,447 Euro/kg   b) $m = 29,19$ kg

Kilogrammpreis 0,489 Euro/kg   Mehrpreis 0,042 Euro/kg

3. Gl. (2.4): $F = G - A = 0$ (Schwebezustand)   Gl. (2.1): $G = (V \varrho_{He} + m) g$

$m = 1350$ kg   Gl. (2.3): $A = V \varrho_L g$ mit Gln. (4.27), (4.36): $V = \dfrac{m T R_m}{p (M_L - M_{He})}$

$V = 2456,57$ m^3 a) $d = 16,74$ m   b) Gl.(4.25): $m_{He} = 216,5$ kg

c) Gl. (4.96): $V_{St} = 1345,69$ m^3 d) $A = \dfrac{m M_L g}{M_L - M_{He}} = 15\,362$ N

In der Gleichung für den statischen Auftrieb A im Schwebezustand kommen die von der Höhe abhängigen Größen p und T nicht vor. Daher ist im Schwebezustand der statische Auftrieb von der Höhe unabhängig und konstant.

4. Gl. (2.96): $c_{pm}|_{20\,°C}^{150\,°C} = 0,9005$ kJ/(kg K)   Gl. (4.25): $\dot{m} = 1,4039$ kg/s

a) Gl. (3.82): $(\dot{Q}_{12})_{rev} = 164,35$ kW $= 0,92\,P_{el}$ $P_{el} = 178,6$ kW   b) $t_2 = 161,3\,°C$

5. a) Gl. (4.144): $n = 1,2351$ b) Volumen der Luftfüllung 21,991 cm^3

Gl. (4.116): Luftvolumen in der Höhe 29,628 cm^3

veränderte Höhe einer Dose 6,7364 mm   Verstellweg 24,31 mm

c) Gl. (4.25): Luftmasse in den Dosen 0,02693 g

Gln. (2.96), (4.44), (4.137): $c_p = 1,0034$ kJ/(kg K) $\kappa = 1,4007$

$c_n = -0,5048$ kJ/(kg K)   Gl. (2.99): Wärme 0,2651 J

6. Gl. (4.25): $m_1 = 5,4462$ kg   a) Gl. (4.66): $t_2 = 486,52\,°C$

Gln. (2.96), (2.98): $c_v = 0,8303$ kJ/(kg K)   Gl. (3.83): $(Q_{12})_{rev} = 2109,6$ kJ

b) Gl. (4.25): $m_3 = 4,7384$ kg bei $600\,°C$ $\Delta m = 0,7078$ kg   c) Gln. (2.96), (2.98):

$c_p = 1,1745$ kJ/(kg K)   Beispiel 4.13: $(Q_{23})_{rev} = \dfrac{p_2 V}{R} c_p \ln \dfrac{T_3}{T_2} = 676,5$ kJ

d) Gl. (4.66): 3,347 bar Überdruck   e) Gln. (2.96), (2.98): $c_v = 0,8607$ kJ/(kg K)

Gl. (3.83): $(Q_{34})_{rev} = 2365,3$ kJ

7. a) Isentrope $(F + p_1 A) x = \dfrac{p_1 V_1}{\kappa - 1} \left[\left(\dfrac{V_1}{V_2} \right)^{\kappa - 1} - 1 \right]$ $\dfrac{V_1}{V_2} = \varepsilon$ $V_2 = V_1 - A x$

$F = \Delta p A$ $A = 0,008847$ m^2 $\Delta p = 15,298$ bar $p_1 + \Delta p = p_3$ $\kappa = 1,4$

$\dfrac{p_3}{p_1} = \dfrac{\varepsilon^\kappa - \varepsilon}{\varepsilon - 1}$ $p_1 = 6,45$ bar $p_3 = 21,748$ bar   Iteration: $\varepsilon = 6,7751$

b) Gl. (4.94): $p_2 = p_1 \varepsilon^\kappa = 93,937$ bar   c) $V_2 = \dfrac{V_1}{\kappa} = 0,32472$ ℓ

$x = \dfrac{V_1 - V_2}{A} = 212,5$ mm   d) Gl. (4.98): $t_2 = 357,02\,°C$

e) Gl. (4.94): $V_3 = 0,92338$ ℓ $\bar{x} = \dfrac{V_1 - V_3}{A} = 144,7$ mm

8. a) Gl. (4.27), (4.182): $\varrho_0 = 1,2922$ kg/m^3 Gln. (4.213), (4.24): $R = 287,07$ J/(kg K)

b) Gln. (4.27), (4.182): $\varrho_{N_2} = 1,2562$ kg/m^3 (richtiger Wert 1,2498 kg/m^3)

9. Gln. (4.27), (4.36), (4.182): Abgasdichte im Normzustand $\varrho_0 = 1,2150$ kg/m^3

Gl. (4.22): Abgasvolumenstrom im Normzustand $\dot{V}_0 = 0,0016004$ m^3/s

Gl. (4.207): CO-Volumenstrom im Normzustand $\dot{V}_{0\,CO} = 0,000080018$ m^3/s

a) absorbierter CO-Volumenstrom $\dot{V}_{0\,CO\,abs}$

$$\frac{1,5}{100} = \frac{\dot{V}_{0\,CO} - \dot{V}_{0\,COabs}}{\dot{V}_0 - \dot{V}_{0\,COabs}} \qquad \dot{V}_{0\,COabs} = \frac{\dot{V}_{0\,CO} - 0,015\,\dot{V}_0}{1 - 0,015} = 0,000056866 \text{ m}^3/\text{s}$$

Gl. (4.25): absorbierter CO-Massenstrom 0,071064 g/s

b) 76,726% N_2 9,332% H_2O 7,258% CO_2 1,500% CO   4,147% H_2 1,037% O_2

10. Volumenstrom des feuchten Abgases 0,33674 m^3/s

Gl. (4.96): Volumenstrom des feuchten Abgases im Normzustand 0,17671 m^3/s

Wasserdampfstrom 9,3658 g/s

Gl. (4.27): Dichte des Wasserdampfes im Normzustand 0,80375 kg/m^3

Gl. (4.22): Volumenstrom des Wasserdampfes im Normzustand 0,011653 m^3/s

Gl. (4.20): Volumenanteil des Wasserdampfes 6,594%

Gl. (4.201): Volumenanteil des trockenen Abgases 93,406%

Gln. (4.27), (4.182): Dichte des trockenen Abgases im Normzustand 1,3408 kg/m^3

Gl. (4.182): Dichte des feuchten Abgases im Normzustand 1,3054 kg/m^3

Gl. (4.22): Massenstrom des feuchten Abgases 0,23068 kg/s

11. Bestandteile des Kokereigases im Normzustand   38,25 m^3/h CO_2 130,5 m^3/h CO

381 m^3/h H_2 129 m^3/h CH_4 71,25 m^3/h N_2

Ergebnis nach der ersten Reaktionsgleichung 76,5 m^3/h CO   76,5 m^3/h H_2

Ergebnis nach der zweiten Reaktionsgleichung 90,75 m^3/h CO   181,5 m^3/h H_2

a) 45,375 m^3/h O_2 + 170,696 m^3/h N_2 = 216,071 m^3/h Luft

b) 297,75 m^3/h CO + 639 m^3/h H_2 + 241,95 m^3/h N_2 = 1178,7 m^3/h Endogas

c) 25,26% CO   54,21% H_2 20,53% N_2

12. Abgesenkter Druck im Behälter 0,27 bar   Gl. (4.25): Luft m_L = 0,32085 kg

Gln. (4.204), (4.36), (4.25): Wassergas M_W = 16,073 kg/kmol R_W = 517,29 J/(kg K)

m_W = 0,52755 kg

a) Gesamtmasse m = 0,84840 kg

b) Gl. (4.203): 36,635% H_2 32,150% CO   3,738% CO_2 22,178% N_2 5,299% O_2

Volumenanteil der Luft 25,234%   Volumenanteil des Wassergases 74,766%

13. Wärmeabgabe des Abgases $(Q_{12})_{rev}$ = −1,2375 kW

Wärmeaufnahme der Falschluft $(\dot{Q}_{32})_{rev}$ = 0,3797 kW

Wärmeaufnahme der Verbrennungsluft $(\dot{Q}_{34})_{rev}$ = 0,8578 kW

Endtemperatur der vorgewärmten Luft 267,39 °C

14. m = 0,0694 kg n = 2,396 mol p_2 = 2,932 bar

15. p_2 = 1,583 bar G = 497,16 N   Kräftegleichgewicht: $p_3 A + G = p_1 A$

$p_3 = 2 p_1 - p_2$ = 0,317 bar h_3 = 750 mm N = 4,609·10^{22} Moleküle

16. A_1 = 2897,1 kN A_2 = 2768,7 kN ΔA = −128,4 kN

17. a) ΔV = −490,87 m^3 W_{VL} = 49087 kJ

b) G_D = 787 800 N p_D = 0,01599 bar p_{ges} = 1,01599 bar

c) R = 0,51826 kJ/(kg K) κ = 1,31624

d) m_1 = 23375 kg T_1 = 284,034 K

e) $U_2 - U_1$ = −157625 kJ $H_2 - H_1$ = −207473 kJ Q_{12} = −207473 kJ

18. a) R = 0,29345 kJ/(kg K) ϱ_0 = 1,26408 kg/m^3

$\mu_{N_2} = 0{,}7119$ $\mu_{H_2O} = 0{,}0890$ $\mu_{CO_2} = 0{,}1553$ $\mu_{CO} = 0{,}0099$ $\mu_{O_2} = 0{,}0339$

b) CO_2: $\dot{m} = 1{,}2424$ kg/h H_2O: $\dot{m} = 0{,}7120$ kg/h

$\bar{r}_{N_2} = 0{,}9474$ $\bar{r}_{CO} = 0{,}0132$ $\bar{r}_{O_2} = 0{,}0394$

Abschnitt 5 (Seite 168 bis 170)

1. $p_1 = 2{,}19$ bar $t_1 = 123{,}11\,°C$ $x_1 = 0$ $v_1 = 0{,}0010632$ m³/kg

$h_1 = h_2 = 516{,}99$ kJ/kg

$s_1 = 1{,}5612$ kJ/(kg K) $p_2 = 0{,}05$ bar $t_2 = 32{,}88\,°C$ $x_2 = 0{,}1565$ kg/kg

$v_2 = 4{,}4123$ m³/kg $s_2 = 1{,}7155$ kJ/(kg K)

2. $\dfrac{\dot{m}(h_2 - h_1)}{H_i\,\eta} = \dfrac{2300\ \text{kg/h}\cdot(2702{,}24\ \text{kJ/kg} - 807{,}57\ \text{kJ/kg})}{28\,500\ \text{kJ/kg}\cdot 0{,}76} = 201{,}19\ \text{kg/h}$

3. spezifische Enthalpie im Endzustand $h_2 = h' + (h_1 - h')\dfrac{m_1}{m_2}$

$h_2 = 781{,}20\ \text{kJ/kg} + (2870{,}69\ \text{kJ/kg} - 781{,}20\ \text{kJ/kg})\cdot\dfrac{1800\ \text{kg/h}}{1600\ \text{kg/h}} = 3131{,}88\ \text{kJ/kg}$

$t_2 = 338{,}63\,°C$

4. Zustand 1: $p_1 = 70$ bar $t_1 = 300\,°C$ $v_1 = 0{,}029494$ m³/kg

$h_1 = 2839{,}83$ kJ/kg $s_1 = 5{,}9335$ kJ/(kg K) $m_1 = 0{,}9493$ kg

Zustand 2: $p_2 = 120$ bar $t_2 = 553{,}95\,°C$ $v_2 = v_1$ $h_2 = 3491{,}87$ kJ/kg

$s_2 = 6{,}6677$ kJ/(kg K) $m_2 = m_1$

a) $(Q_{12})_{rev} = m_1(u_2 - u_1) = m_1[h_2 - h_1 - v_1(p_2 - p_1)] = 478{,}65$ kJ

b) $u_3 = u_2 = 3137{,}95$ kJ/kg Zustand 3: $p_3 = 103{,}31$ bar $t_3 = 547{,}48\,°C$

$v_3 = 0{,}03430$ m³/kg $h_3 = 3492{,}27$ kJ/kg $s_3 = 6{,}7325$ kJ/(kg K) $m_3 = 0{,}8163$ kg

5. $h_1 = 3145{,}97$ kJ/kg $s_1 = 7{,}0713$ kJ/(kg K) $h_W = 167{,}54$ kJ/kg

$s_W = 0{,}5724$ kJ/(kg K) $h_2 = 2990{,}21$ kJ/kg $s_2 = 6{,}8060$ kJ/(kg K)

$\dfrac{\dot{m}_W}{\dot{m}_D} = \dfrac{h_1 - h_2}{h_2 - h_W} = 0{,}05518$ kg Wasser/kg Heißdampf $\Delta s = 0{,}07906$ kJ/(kg K)

6. $v = \dfrac{RT}{2p} + \sqrt{\left(\dfrac{RT}{2p}\right)^2 + \dfrac{1}{p}\left(B_0 + \dfrac{B_1}{T}\right)}$ $c_v^0 = R\left[c_1 + c_2\dfrac{T}{T_1} + c_3\left(\dfrac{T}{T_1}\right)^2\right]$ $T_1 = 1$ K

Gln. (5.159), (2.41): $h = RT\left[1 + c_1 + \dfrac{c_2}{2}\dfrac{T}{T_1} + \dfrac{c_3}{3}\left(\dfrac{T}{T_1}\right)^2\right] + \dfrac{1}{v}\left(2B_0 + 3\dfrac{B_1}{T}\right) + h^*$

Gl. (5.161): $s = R\left[c_1 \ln\dfrac{T}{T_1} + c_2\dfrac{T}{T_1} + \dfrac{c_3}{2}\left(\dfrac{T}{T_1}\right)^2\right] + R\ln\dfrac{v}{v_1} + \dfrac{B_1}{vT^2} + s^*$ $v_1 = 1$ dm³/kg

7. a) $m_1 = 5{,}0$ kg $p_1 = 0{,}15$ bar $h_1 = 2600$ kJ/kg $s_1 = 8{,}01$ kJ/(kg K)

b) $p_2 = 0{,}247$ bar $h_2 = 3000$ kJ/kg $s_2 = 8{,}73$ kJ/(kg K) $Q_{12} = 1515$ kJ

Ideales Gas: Zulässige Annahme, da sich dabei $p_2 = 0{,}247$ bar ergibt

c) $x_3 = 0{,}69$ $p_3 = 0{,}1$ bar $h_3 = 1840$ kJ/kg $s_3 = 5{,}81$ kJ/(kg K) $Q_{13} = -3550$ kJ

d) $S_2 - S_1 = 3{,}61$ kJ/K $S_3 - S_1 = -11{,}0$ kJ/K

8. a) $x_1 = 0{,}20$ $m_{N1} = 200$ kg $m_{F1} = 160$ kg $m_{D1} = 40$ kg

$p_1 = 44{,}7$ bar $h_1 = 1460$ kJ/kg $s_1 = 3{,}50$ kJ/(kg K)

b) $t_2 = 544\,°C$ $h_2 = 3257$ kJ/kg $s_2 = 6{,}01$ kJ/(kg K)

$S_2 - S_1 = 503$ kJ/K $H_2 - H_1 = 360$ MJ $U_2 - U_1 = 309$ MJ

Weg A: $Q_{12} = 309$ MJ Weg B: $Q_{12} = 348$ MJ

9. $p = p_k e^E$ $E = \dfrac{T_k}{T}(b_1\,\Theta + b_2\,\Theta^2 + b_3\,\Theta^3 + b_4\,\Theta^4 + b_5\,\Theta^5)$

Gl. (5.197): $r = -(v'' - v')\,p\,(E + b_1 + 2\,b_2\,\Theta + 3\,b_3\,\Theta^2 + 4\,b_4\,\Theta^3 + 5\,b_5\,\Theta^4)$

$h^* = 189{,}1935 \text{ kJ/kg}$ $s^* = 1{,}1658 \text{ kJ/(kg K)}$

Abschnitt 6 (Seite 200 bis 202)

1. $\kappa = 1{,}2717$ $\overline{\kappa} = 1{,}2724$

Gl. (4.100): $T_2 = T_1\left(\dfrac{p_2}{p_1}\right)^{\frac{\overline{\kappa}-1}{\overline{\kappa}}}$ $t_2 = 108{,}22\,^\circ\text{C}$

a) Gln. (6.20), (4.111), (4.105):

$(P_e)_{id} = \dfrac{\kappa}{\kappa - 1}\dot{m}\,R\,T_1\left[\left(\dfrac{p_2}{p_1}\right)^{\frac{\overline{\kappa}-1}{\overline{\kappa}}} - 1\right] = 12{,}262 \text{ kW}$

$(\dot{Q}_{23})_{rev} = \dot{m}\,c_p(t_3 - t_2) = -12{,}262\,\text{kW}$ $c_p = \dfrac{\kappa}{\kappa - 1}R$

$c_p = 0{,}8841 \text{ kJ/(kg K)}$ $c = 4{,}1886 \text{ kJ/(kg K)}$

Wasserstrom 619,93 kg/h

b) Gln. (6.20), (4.86), (4.83): $(P_e)_{id} = 10{,}795$ kW

Wasseraustrittstemperatur 22,97 °C   c) Bild A.1

d) Gln. (4.79), (4.89):

Gas $\Delta s_{\mathrm{G}} = \overline{c}_p \ln\dfrac{T_3}{T_2} = R\ln\dfrac{p_1}{p_2} = -0{,}2172 \text{ kJ/(kg K)}$

$\Delta\dot{S}_G = -0{,}03621 \text{ kW/K}$ $\overline{c}_p = \dfrac{\overline{\kappa}}{\overline{\kappa} - 1}R = 0{,}8825 \text{ kJ/(kg K)}$

Gl. (5.4): Wasser   a) $\Delta\dot{S}_W = 0{,}04234$ kW/K   b) $\Delta\dot{S}_W = 0{,}03740$ kW/K

Gesamtentropiestromänderung   a) $\Delta\dot{S} = 0{,}00613$ kW/K   b) $\Delta\dot{S} = 0{,}00119$ kW/K

2. $V_0 = 2{,}6923 \text{ m}^3$ a) Gl. (4.81): $V_a = 0{,}2991 \text{ m}^3$ $V_e = 0{,}3846 \text{ m}^3$

$V_N = 0{,}0855 \text{ m}^3$ b) Gl. (4.94): $V_a = 0{,}5604 \text{ m}^3$ $V_e = 0{,}6706 \text{ m}^3$

$V_N = 0{,}1102 \text{ m}^3$ c) Fall a): 17,09 s   Fall b): 22,04 s

d) Gl. (4.81): $V_a = 2{,}0940 \text{ m}^3$ $V_e = V_0$ $V_N = 0{,}5983 \text{ m}^3$

3. Hubvolumen 0,3927 ℓ a) Gl. (4.25): $\Delta m = 0{,}4476$ g

b) Masse im Windkessel beim Umgebungsdruck 5,129 kg

Masse im Windkessel beim Enddruck 43,612 kg

zu verdichtende Luftmenge 38,483 kg   c) 143,3 min

4. a) $(D^2 - d^2)\dfrac{\pi}{4}s = \dfrac{1}{4}D^2\dfrac{\pi}{4}s$ $d = 69{,}3$ mm

b) Ansaugvolumenstrom 0,007288 m³/s

Gl. (6.20), Tabelle 4.2 Gl. (2): Leistung einer Stufe

1,075 kW   Gesamtleistung 2,150 kW

c) Gln. (6.20), (4.86), (4.88): Leistung einer

Stufe 0,986 kW   Gesamtleistung 1,972 kW

d) Gl. (6.20), Tabelle 4.2 Gl. (2): Gesamtleistung

ohne Zwischenkühlung 2,350 kW

eingesparte Leistung $(2{,}350 - 2{,}150)$ kW $= 0{,}200$ kW

e) Bild A.2

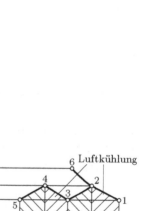

Bild A.2

5. a) Gl. (4.27): 618,8 mbar Überdruck   b) Gl. (4.100): 55,33 °C

c) Gl. (6.20), Tabelle 4.2 Gl. (2): Verdichterleistung (= − Turbinenleistung) 697,7 kW

d) Tabelle 6.1 Gl. (19), Gln. (4.43), (4.49), (4.21), (4.24): 6,766 kg/s

6. a) Tabelle 6.2 Gl. (2), Tabelle 6.5 Gl. (2): 61,41 °C

b) Gl. (4.144): $n = 1,4906$ c) Tabelle 6.1 Gl. (22): innere Leistung 811,3 kW

Tabelle 6.3 Gl. (1): Kupplungsleistung 836,4 kW

d) Tabelle 6.2 Gl. (4), Tabelle 6.5 Gl. (4): Endtemperatur in der Turbine 375,02 °C

Kupplungsleistung − 836,4 kW   Tabelle 6.3 Gl. (2): innere Leistung − 862,2 kW

Tabelle 6.1 Gl. (22), Gln. (4.43), (4.49), (4.21), (4.24): 9,723 kg/s

7. $h_1 = 3406,52$ kJ/kg $s_1 = 6,7694$ kJ/(kg K) $h_2 = 2829,26$ kJ/kg $h_3 = 2581,53$ kJ/kg

a) Tabelle 6.2 Gl. (3),   Gl. (6.47),   Tabelle 6.5 Gl. (3):   0,6997

b) Tabelle 6.1 Gl. (22),   Tabelle 6.3 Gl. (2): $W_e = -923,6$ kW

c) Tabelle 6.1 Gl. (19),   Gl. (6.41): $(W_e)_{id} = -1375,0$ kW

Abschnitt 7 (Seite 287 bis 290)

1. a) Gln. (4.94), (7.55): $p_{2O} = 24,11$ bar $p_{2D} = p_3 = 72,72$ bar

$p_4 = 2,895$ bar   Gl. (4.66): $t_{2O} = 423,25$ °C   Gl. (4.100): $t_1 = 4,09$ °C

$t_{2D} = 681,46$ °C $t_4 = 562,93$ °C   b) Gl. (7.69): *Otto*-Prozess 0,6019

Gl. (7.70) oder (7.59), (7.60), (7.36): *Diesel*-Prozess 0,6515

c) Gl. (4.25): Masse einer Zylinderfüllung 0,0005771 kg

Gl. (7.61): *Otto*-Prozess $(P_e)_{id} = -12,19$ kW   *Diesel*-Prozess $(P_e)_{id} = -15,08$ kW

Leistungsgewinn 2,89 kW

2. Gl. (4.100): $t_2 = 207,97$ °C $t_3 = t_5 = 291,25$ °C

a) Gl. (4.77): 76,22 kW

b) Gl. (7.90): $(P_e)_{id} = -157,2$ kW

c) Gl. (7.93): 0,4788   d) Gl. (7.87): 0,3886

e) Gl. (7.104): 0,6814   e) Bild A.3

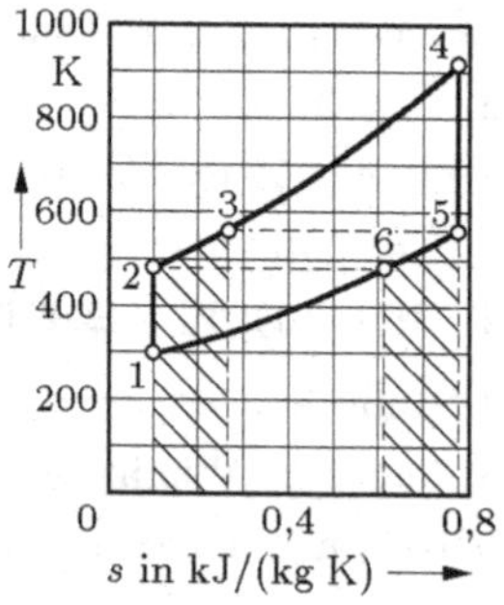

Bild A.3

3. Gl. (4.81): $p_2 = 9,1$ bar

Gl. (4.66): $p_3 = 21$ bar   Gl. (4.81): $p_4 = 42$ bar

a) Gl. (4.25): $m = 0,0005092$ kg

Gl. (4.87): Zufuhr an Wärmeleistung (= Kälteleistung) 4,5415 kW

b) Gln. (7.151), (7.155): 0,7647   Gl. (7.151): 5,9389 kW

4. a) Bild A.4 $h_1 = 3336,13$ kJ/kg $s_1 = 6,2651$ kJ/(kg K)

$h_2 = 2631,39$ kJ/kg $s_2 = 6,6395$ kJ/(kg K)

$h_3 = h_4 = 2225,08$ kJ/kg

$x_4 = 0,7595$ $h_5 = 2475,36$ kJ/kg $x_5 = 0,8769$

$h_6 = 2102,46$ kJ/kg $x_6 = 0,7987$

b) $(P_e)_{id\,HT} = -56\,379$ kW $(P_e)_{id\,NT} = -28\,171$ kW

c) 4515 kW   d) Hochdruckturbine 0,8187

Niederdruckturbine 0,7682

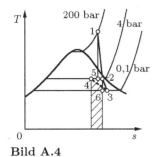

Bild A.4

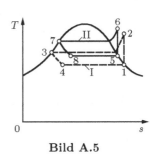

Bild A.5

5. a) Bezeichnungen nach Bild A.5

		p	t	x	h
		bar	°C		kJ/kg
Punkt	1	0,9312	−35	1	1715,0
	2	5	78,09		1947,9
	3	5	4,14	0	518,93
	4	0,9312	−35	0,1286	518,93
	5	4	−1,88	1	1758,7
	6	18	108,27		1979,7
	7	18	45,38	0	712,35
	8	4	−1,88	0,1743	712,35

b) $\dot{m}_{\mathrm{I}} = 0{,}06688$ kg/s $\dot{m}_{\mathrm{II}} = 0{,}09134$ kg/s

c) 95,575 kW   d) 115,76 kW   e) $(P_e)_{id\,\mathrm{I}} = 15{,}575$ kW $(P_e)_{id\,\mathrm{II}} = 20{,}189$ kW

$(P_e)_{id\,(\mathrm{I+II})} = 35{,}764$ kW   f) 2,2369   g) 4,1358

6. $V_1 = 0{,}00171$ m³ $V_2 = 0{,}0001427$ m³ $T_2 = 805{,}58$ K $p_2 = 32{,}423$ bar

$T_3 = 2013{,}94$ K $p_3 = 81{,}058$ bar $V_3 = 0{,}0001427$ m³ $V_5 = 0{,}00171$ m³

$p_5 = 2{,}500$ bar $T_5 = 745{,}37$ K $Q_{23} = 1{,}735$ kJ $Q_{51} = -0{,}642$ kJ

$(W_e)_{id} = -1{,}093$ kJ $\eta_{th} = 0{,}6299$ $(P_e)_{id} = -54{,}65$ kW

7. $V_1 = 0{,}008563$ m³ $V_2 = 0{,}0004281$ m³ $T_2 = 988{,}2$ K $p_2 = 66{,}289$ bar

$T_4 = 2174{,}04$ K $V_4 = 0{,}0009418$ m³ $p_4 = 66{,}289$ bar $V_5 = 0{,}008563$ m³

$T_5 = 899{,}08$ K $p_5 = 3{,}015$ bar $Q_{34} = 11{,}918$ kJ $Q_{51} = -4{,}315$ kJ

$(W_e)_{id} = -7{,}603$ kJ $\eta_{th} = 0{,}6380$ $(P_e)_{id} = -190$ kW

8. Stirling-Prozess gemäß Bild 7.23:

2 isotherme Zustandsänderungen 12 und 34: $T_2 = T_1$ $T_4 = T_3$

$w_{p12} = w_{V12} = q_{s12} = R\,T_1 \ln(p_2/p_1)$

$w_{p34} = w_{V34} = -q_{s34} = R\,T_3 \ln(p_4/p_3) = R\,T_3 \ln(p_2/p_1)$

$p_4/p_3 = p_2/p_1$ folgt aus den isochoren Zustandsänderungen 23 und 41, da $p_3 = p_2\,T_3/T_1$ und $p_4 = p_1\,T_3/T_1$

2 isochore Zustandsänderungen 23 und 41: $v_3 = v_2$ $v_1 = v_4$

$w_{p23} = v_2(p_3 - p_2) = R(T_3 - T_1)$ $w_{V23} = 0$

$q_{s23} = c_v(T_3 - T_2) = c_v(T_3 - T_1) = R(T_3 - T_1)/(\kappa - 1)$

$w_{p41} = v_1(p_1 - p_4) = R(T_1 - T_3) = -R(T_3 - T_1)$ $w_{V41} = 0$

$q_{s41} = c_v(T_1 - T_4) = -c_v(T_3 - T_1) = -R(T_3 - T_1)/(\kappa - 1)$

$$a_{wp} = \frac{\Sigma|w_{pij}|}{|\Sigma w_{pij}|} = \frac{RT_1 \ln(p_2/p_1) + RT_3 \ln(p_2/p_1) + 2R(T_3 - T_1)}{R(T_3 - T_1) \ln(p_2/p_1) + R(T_3 - T_1) - R(T_3 - T_1)}$$

$$a_{wp} = \frac{R(T_3 + T_1) \ln(p_2/p_1))}{R(T_3 - T_1) \ln(p_2/p_1)} + \frac{2R(T_3 - T_1)}{R(T_3 - T_1) \ln p_2/p_1}$$

$$a_{wp} = \frac{T_3 + T_1}{T_3 - T_1} + \frac{2R(T_3 - T_1)}{R(T_3 - T_1) \ln(p_2/p_1)}$$

$$a_{wv} = \frac{\Sigma|w_{Vij}|}{|w_{Vij}|} = \frac{RT_1 \ln(p_2/p_1) + RT_3 \ln(p_2/p_1)}{R(T_3 - T_1) \ln(p_2/p_1)} = \frac{T_3 + T_1}{T_3 - T_1}$$

$$a_{qs} = \frac{\Sigma|q_{sij}|}{|q_{sij}|} = \frac{RT_1 \ln(p_2/p_1) + RT_3 \ln(p_2/p_1) + 2R(T_3 - T_1)/(\kappa - 1)}{R(T_3 - T_1) \ln(p_2/p_1) + R(T_3 - T_1)/(\kappa - 1) - R(T_3 - T_1)/(\kappa - 1)}$$

$$a_{qs} = \frac{R(T_3 + T_1) \ln(p_2/p_1)}{R(T_3 - T_1) \ln(p_2/p_1)} + \frac{2R(T_3 - T_1)/(\kappa - 1)}{R(T_3 - T_1) \ln(p_2/p_1)}$$

$$a_{qs} = \frac{T_3 + T_1}{T_3 - T_1} + \frac{2}{(\kappa - 1) \ln(p_2/p_1)}$$

9. *Otto*-Prozess: $p_2 = 27{,}172$ bar $\quad p_3 = 70{,}0$ bar $\quad T_3 = 1973{,}15$ K $\quad \eta_{th} = 0{,}6107$

$\zeta = 0{,}7970$ $\quad a_{wp} = 4{,}0864$ $\quad a_{wv} = 2{,}2689$ $\quad a_{qT} = 46{,}2461$ $\quad a_{qs} = 2{,}2748$ $\quad a_g = 54{,}8762$

10. *Diesel*-Prozess: $p_2 = p_3 = 70{,}0$ bar $\quad T_3 = 1973{,}15$ K $\quad \eta_{th} = 0{,}6538$ $\quad \zeta = 0{,}8253$

$a_{wp} = 3{,}2265$ $\quad a_{wv} = 2{,}5904$ $\quad a_{qT} = 38{,}2585$ $\quad a_{qs} = 2{,}0593$ $\quad a_g = 46{,}1347$

11. *Joule*-Prozess: $p_2 = p_3 = 20{,}0$ bar $\quad T_3 = 1523{,}15$ K $\quad \eta_{th} = 0{,}5751$ $\quad \zeta = 0{,}8002$

$a_{wp} = 2{,}7084$ $\quad a_{wv} = 2{,}6425$ $\quad a_{qT} = 37{,}9486$ $\quad a_{qs} = 2{,}4776$ $\quad a_g = 45{,}7771$

12. a) *Stirling*-Prozess (Luft): $p_2 = 6{,}1275$ bar $\;p_3 = 20{,}0$ bar $\;T_3 = 973{,}15$ K $\;\eta_{th} = 0{,}6936$

$\zeta = 1$ $\quad a_{wp} = 2{,}9867$ $\quad a_{wv} = 1{,}8834$ $\quad a_{qT} = 27{,}3250$ $\quad a_{qs} = 4{,}6416$ $\quad a_g = 36{,}8367$

b) *Stirling*-Prozess (Helium): $p_2 = 6{,}1275$ bar $\quad p_3 = 20{,}0$ bar $\quad T_3 = 973{,}15$ K

$\eta_{th} = 0{,}6936$ $\quad \zeta = 1$ $\quad a_{wp} = 2{,}9867$ $\quad a_{wv} = 1{,}8834$ $\quad a_{qT} = 16{,}9061$ $\quad a_{qs} = 3{,}5382$

$a_g = 25{,}3144$

c) *Stirling*-Prozess (Helium): $p_2 = 45{,}9564$ bar $\quad p_3 = 150{,}0$ bar $\quad T_3 = 973{,}15$ K

$\eta_{th} = 0{,}6936$ $\quad \zeta = 1$ $\quad a_{wp} = 2{,}9867$ $\quad a_{wv} = 1{,}8834$ $\quad a_{qT} = 14{,}6831$ $\quad a_{qs} = 3{,}5382$

$a_g = 23{,}0914$

13. *Clausius Rankine*-Prozess: $p_2 = p_3 = 350{,}0$ bar $\;T_3 = 873{,}15$ K $\;\eta_{th} = 0{,}4732$ $\;\zeta = 1$

$a_{wp} = 1{,}0451$ $\quad a_{wv} = 1{,}1254$ $\quad a_{qT} = 6{,}1900$ $\quad a_{qs} = 3{,}2264$ $\quad a_g = 11{,}5869$

Abschnitt 8 (Seite 332)

1. $EU = 146{,}78$ kJ $\qquad EH = 414{,}79$ kJ

2. $m c_v(t_2 - t_0) - T_0 \, m \left(c_p \ln \dfrac{T_2}{T_0} - R \ln \dfrac{p}{p_0} \right) + p_0 \, m \, R \left(\dfrac{T_2}{p} - \dfrac{T_0}{p_0} \right) = 2 \cdot 146{,}78$ kJ

a) Iteration: $t_2 = 306{,}37\,°C$ $\qquad$ b) $757{,}11$ kJ $\qquad$ c) $610{,}33$ kJ $\qquad$ d) $1060{,}0$ kJ

e) $(EQ_{12})_{rev} = 355{,}0$ kJ $\qquad (AQ_{12})_{rev} = 705{,}0$ kJ

3. Polytropenexponent $2{,}4150$ $\qquad E_V = A_G = 428{,}23$ kJ

reversibler Ersatzprozess:

$$(Q_{12})_{rev} + W_{p12} = H_2 - H_1$$

Energie:	$613{,}82$ kJ $+$ $584{,}19$ kJ $=$ $1198{,}01$ kJ
Exergie:	$185{,}59$ kJ $+$ $584{,}19$ kJ $=$ $769{,}78$ kJ
Anergie:	$428{,}23$ kJ $+$ 0 $=$ $428{,}23$ kJ

wirklicher Prozess:

$$W_{p12} \qquad + |W_{RI}| \qquad = H_2 - H_1$$

Energie: $584{,}19 \text{ kJ} + 613{,}82 \text{ kJ} = 1198{,}01 \text{ kJ}$

Exergie: $584{,}19 \text{ kJ} + 613{,}82 \text{ kJ} = 769{,}78 \text{ kJ} + 428{,}23 \text{ kJ}$

Anergie: $0 \qquad\qquad + 0 \qquad\quad = 428{,}23 \text{ kJ} - 428{,}23 \text{ kJ}$

4. $\zeta = \dfrac{T_3 - T_1}{T_3 - T_0}$ $\zeta_1 = 0{,}9854$ $\zeta_2 = 0{,}9908$

Abschnitt 9 (Seite 404 bis 406)

1. a) $\dot{Q}$ = Wärmestrom ohne Isolierung $\dot{Q}^*$ = Wärmestrom mit Isolierung
$\dot{Q}^*/\dot{Q} = 2/3$

b) $R_{L\,is}/R_L = 0{,}88235$ $\lambda = 0{,}7182 \text{ W/(m K)}$

c) $\alpha = 5{,}814 \text{ W/(m}^2 \text{ K)}$ $\alpha' = 24{,}42 \text{ W/(m}^2 \text{ K)}$

2. a) Wanddicke = 56,3 mm   b) mit Isolierung: $\dot{q} = 20 \text{ W/m}^2$

c) ohne Isolierung: $\dot{q} = 93{,}1 \text{ W/m}^2$ Innenwandtemperatur 1,38 °C

3. Wasseraustrittstemperatur 49 °C $W_1/W_2 = 0{,}068$ $\Phi = 0{,}730$

$(t - t')_m = 370 \text{ K}$ $k\,A/W_1 = 1{,}351$

4. a) $\dot{q} = 49{,}6 \text{ W/m}^2$ b) $\alpha_i = 8{,}2667 \text{ W/(m}^2 \text{ K)}$ c) $\dot{q} = 95{,}067 \text{ W/m}^2$

d) Fensteraußenseitentemperatur $= -8{,}2304$ °C $\alpha_a = 28{,}029 \text{ W/(m}^2 \text{ K)}$

5. $k\,A/W_L = 2{,}002$ $k\,A/W_W = 1{,}000$

6. a) $k\,A = 5{,}3115 \text{ W/K}$ b) $A_i = 0{,}4913 \text{ m}^2$ $A_a = 0{,}5341 \text{ m}^2$

$k_{Aa} = 9{,}945 \text{ W/(m}^2 \text{ K)}$ $k_{Ai} = 10{,}811 \text{ W/(m}^2 \text{ K)}$ c) $\lambda_u = 0{,}41198 \text{ W/(m K)}$

d) $k\,A = 0{,}76236 \text{ W/K}$ e) $k\,A = 0{,}97007 \text{ W/K}$

Abschnitt 10 (Seite 426 bis 427)

1. a) 27 °C: $p_{DS} = 35{,}68 \text{ mbar}$ $x_1 = 0{,}02255 \text{ kg/kg}$ $h_1 = 84{,}66 \text{ kJ/kg}$

12 °C: $p_{DS} = 14{,}028 \text{ mbar}$ $x_M = 0{,}00867 \text{ kg/kg}$ $h_M = 33{,}93 \text{ kJ/kg}$

$v_M = 0{,}8067 \text{ m}^3/\text{kg}$

$m = 3966{,}8 \text{ kg}$ $m_{LM} = 3932{,}7 \text{ kg}$ b) $m_{L2} = 2420{,}7 \text{ kg}$

Gl.(10.35): $h_2 = h_M - (x_M/(x_1 - x_M))(h_1 - h_M) = 2{,}242 \text{ kJ/kg}$

$t_2 = 2{,}242 \text{ °C}/1{,}004 = 2{,}23 \text{ °C}$

2. a) 28 °C: $p_{DS} = 37{,}83 \text{ mbar}$ $p_D = 7{,}566 \text{ mbar}$ $x = 0{,}0051296 \text{ kg/kg}$

$h = 41{,}214 \text{ kJ/kg}$ $v = 0{,}93747 \text{ m}^3/\text{kg}$ $m_L = (V/v)/(1 + x) = 2334{,}8 \text{ kg}$

b) $m_D = x\,m_L = 11{,}976 \text{ kg}$ 32 °C: $p_{DS} = 47{,}59 \text{ mbar}$ $p_D = 15{,}705 \text{ mbar}$

$x = 0{,}010743 \text{ kg/kg}$ $h = 59{,}650 \text{ kJ/kg}$ $m_D = 25{,}083 \text{ kg}$

$m_W = (25{,}083 - 11{,}976) \text{ kg} = 13{,}107 \text{ kg}$

c) $\Delta x = 0{,}0056134 \text{ kg/kg}$ $\Delta h = 0{,}0056134 \cdot 4{,}19 \cdot 18 \text{ kJ/kg} = 0{,}423 \text{ kJ/kg}$

$h_2 = h_1 + \Delta h = 41{,}637 \text{ kJ/kg}$ $t_2 = 14{,}43 \text{ °C}$ $p_{DS} = 16{,}44 \text{ mbar}$

$\varphi = 15{,}705/16{,}44 = 0{,}9553$

d) $Q = (59{,}650 - 41{,}637) \cdot 2334{,}8 \text{ kJ} = 42056 \text{ kJ/kg}$

e) $h_D = (59{,}650 - 41{,}214)/0{,}0056134 \text{ kJ/kg} = 3284{,}3 \text{ kJ/kg}$

3. Luftdruck: 653 mbar   6 °C: $p_{DS} = 9,3535$ mbar

Taupunkt -1 °C: $p_D = 5,6267$ mbar $x = 0,0054062$ kg/kg $\varphi = 0,60156$

4. a) $t = 20$ °C: $p_{DS} = 23,37$ mbar $x = 0,006$ kg/kg $p_D = 9,554$ mbar

b) $V_2/V_1 = 9,554/23,37 = 0,4085$ 5 bar: $x_S = 2,92$ g/kg

$\Delta x = 6$ g/kg $- 2,92$ g/kg $= 3,08$ g/kg

c) 5 bar: $p_D = 5 \cdot 9,554$ mbar $= 47,77$ mbar $\varphi = 0,85$ $p_S = p_D/\varphi = 56,2$ mbar

$t = 34,97$ °C

5. a) 5 °C: $p_{DS} = 8,726$ mbar $x_S = 0,0068593$ kg/kg

14 °C: $p_{DS} = 15,989$ mbar $x_S = 0,012685$ kg/kg

$h = 45,776$ kJ/kg $t = 28,14$ °C   b) $h = 45,374$ kJ/kg $t = 45,19$ °C

c) 5 °C: $x_S = 0,0054045$ kg/kg   14 °C: $x_S = 0,0099750$ kg/kg

$h = 39,000$ kJ/kg $t = 25,12$ °C $h = 38,683$ kJ/kg $t = 38,53$ °C

6. 28,6 °C: $p_{DS} = 39,171$ mbar $p_D = 13,318$ mbar   a) $x = 0,0088912$ kg/kg

$v = 0,92153$ m^3/kg $m = 17,580$ kg $m_L = 17,425$ kg $h_3 = 51,435$ kJ/kg

b) Taupunkt: 11,22 °C $h_2 = 33,696$ kJ/kg $h_1 = 2h_2 - h_3 = 15,957$ kJ/kg

c) $t_1 = 3,13$ °C

d) $Q = (51,435 - 15,957) \cdot 17,425$ kJ $= 618,2$ kJ

7. a) $k = 1,09701$ W/(m^2 K) $\dot{q} = 35,104$ W/m^2 $\vartheta_0 = 22,612$ °C

$\vartheta_Z = 1,207$ °C

$\vartheta_0' = -3,474$ °C   b) $t = 27$ °C: $p_{DS} = 35,679$ mbar

$p_D = \varphi \cdot p_{DS} = p_{D0} = p_{D1} = 21,407$ mbar $\vartheta_0 = 22,612$ °C $p_{DS0} = 27,456$ mbar

$\vartheta_Z = 1,207$ °C $p_{DSZ} = 6,670$ mbar $p_{DZ} = 19,177$ mbar $p_{DSZ} < p_{DZ}$ Kondensation !

$\vartheta_0' = -3,474$ °C $p_{DS0}' = 4,574$ mbar $t' = -5$ °C $p_{DS}' = 4,018$ mbar

b) Eine Sperrschicht auf der Innenseite mit $\mu \cdot \delta > 37$ m verhindert Kondensation.

c) Eine Sperrschicht auf der Innenseite mit $\mu \cdot \delta > 69$ m verhindert Kondensation.

Abschnitt 11 (Seite 458 bis 460)

1. $l_{min} = 0,5 \, (r_{CO} + r_{H_2})/0,21 = 0,547$ Nm^3 L/Nm^3 B

$V_{0\,B} : V_{0\,Lmin} = 1,000 : 0,547 = 64,6 : 35,4$

2. $o_{min} = 5,000$ Nm^3 O$_2$/Nm^3 B $l_{min} = 23,810$ Nm^3 L/Nm^3 B $l = 28,751$ Nm^3 L/Nm^3 B

$v_{0\,Amin\,f} = 25,810$ Nm^3 A f/Nm^3 B $v_{0\,A\,f} = 30,572$ Nm^3 A f/Nm^3 B

$v_{0\,Amin\,t} = 21,810$ Nm^3 A t/Nm^3 B $v_{0\,A\,t} = 26,572$ Nm^3 A t/Nm^3 B

$r_{CO_2\,max}^{a\,t} = 0,138$ Nm^3 CO$_2$/Nm^3 A t $r_{CO_2}^{a\,t} = 0,1129$ Nm^3 CO$_2$/Nm^3 A t

$r_{O_2}^{a\,t} = 0,0376$ Nm^3 O$_2$/Nm^3 A t $r_{N_2}^{a\,t} = 0,8495$ Nm^3 N$_2$/Nm^3 A t

$r_{H_2O}^{a\,f} = 0,1309$ Nm^3 H$_2$O/Nm^3 A f $r_{CO_2}^{a\,f} = 0,0981$ Nm^3 CO$_2$/Nm^3 A f

$r_{O_2}^{a\,f} = 0,0327$ Nm^3 O$_2$/Nm^3 A f $r_{N_2}^{a\,f} = 0,7383$ Nm^3 N$_2$/Nm^3 A f

Bild 11.6: $r_{CO_2}^{a\,t} = 0,113$ Nm^3 CO$_2$/Nm^3 A t $r_{O_2}^{a\,t} = 0,037$ Nm^3 O$_2$/Nm^3 A t

3. $o_{min} = 0,240$ Nm^3 O$_2$/Nm^3 B $l_{min} = 1,143$ Nm^3 L/Nm^3 B $l = 1,715$ Nm^3 L/Nm^3 B

$v_{0\,Amin\,f} = 1,983$ Nm^3 A f/Nm^3 B $v_{0\,A\,f} = 2,488$ Nm^3 A f/Nm^3 B

$v_{0\,Amin\,t} = 1,753$ Nm^3 A t/Nm^3 B $v_{0\,A\,t} = 2,325$ Nm^3 A t/Nm^3 B

$r_{CO_2\,max}^{a\,t} = 0,205$ Nm^3 CO$_2$/Nm^3 A t

Bild 11.3: $l_{min} = 0,98 \, \mathrm{Nm^3} \, L/\mathrm{Nm^3} \, B$ $v_{0\,Af} = 2,3 \, \mathrm{Nm^3} \, A\,f/\mathrm{Nm^3} \, B$

4. Gl. (11.46): $\lambda = 1,123$ Gl. (11.50): $\lambda = 1,130$ Gl. (11.54): $\lambda = 1,085$

5. $\sigma = 1,480$ kmol O_2/kmol C $\nu = 0,000017$ kmol N_2/kmol C

$o_{min}^* = 2,1387 \, \mathrm{Nm^3 O_2}/\mathrm{kg} \, B$ $l_{min}^* = 10,1840 \, \mathrm{Nm^3} \, L/\mathrm{kg} \, B$ $l^* = 12,2210 \, \mathrm{Nm^3} \, L/\mathrm{kg} \, B$

$v_{0\,Amin\,f}^* = 11,0273 \, \mathrm{Nm^3} f A/\mathrm{kg} \, B$ $v_{0\,Af}^* = 13,0741 \, \mathrm{Nm^3} f A/\mathrm{kg} \, B$

$v_{0\,Amin\,t}^* = 9,4888 \, \mathrm{Nm^3} t A/\mathrm{kg} \, B$ $v_{0\,At}^* = 11,5256 \, \mathrm{Nm^3} t A/\mathrm{kg} \, B$ $r_{CO_2}^{a\,f} = 0,1104$

$r_{H_2O}^{a\,f} = 0,1182$ $r_{SO_2}^{a\,f} = 0,000004$ $r_{O_2}^{a\,f} = 0,0327$ $r_{N_2}^{a\,f} = 0,7386$

$r_{CO_2}^{a\,t} = 0,1252$ $r_{O_2}^{a\,t} = 0,0371$ $r_{N_2}^{a\,t} = 0,8377$ $v_{Af}^* = 28,7647 \, \mathrm{m^3} f A/\mathrm{kg} \, B$

$M_A = 28,7241$ kg/kmol $R_A = 0,28946$ kg/kmol $\Delta p = 0,6791$ mbar

$CH_{2,08399} \, O_{0,08503} \, S_{0,00004} \, N_{0,00002} \approx CH_{2,084} O_{0,085}$

6. $\sigma = 1,085$ kmol O_2/kmol C $\nu = 0,0083$ kmol N_2/kmol C $l^* = 7,458 \, \mathrm{Nm^3} \, L/\mathrm{kg} \, B$

$v_{0\,Af}^* = 8,154 \, \mathrm{Nm^3} f A/\mathrm{kg} \, B$ $v_{0\,At}^* = 7,384 \, \mathrm{Nm^3} t A/\mathrm{kg} \, B$ $r_{CO_2}^{a\,f} = 0,1180$

$r_{H_2O}^{a\,f} = 0,0939$ $r_{SO_2}^{a\,f} = 0,0005$ $r_{O_2}^{a\,f} = 0,0640$ $r_{N_2}^{a\,f} = 0,7236$

$r_{CO_2}^{a\,t} = 0,1303$ $r_{O_2}^{a\,t} = 0,0707$ $r_{N_2}^{a\,t} = 0,7990$ $r_{CO_2\,max}^{a\,t} = 0,1964$

$v_{Af}^* = 15,838 \, \mathrm{m^3} f A/\mathrm{kg} \, B$

7. $\sigma = 1,140$ kmol O_2/kmol C $\nu = 0,0069$ kmol N_2/kmol C $l^* = 10,602 \, \mathrm{Nm^3} \, L/\mathrm{kg} \, B$

$v_{0\,Af}^* = 10,9278 \, \mathrm{Nm^3} f A/\mathrm{kg} \, B$ $v_{0\,At}^* = 10,4004 \, \mathrm{Nm^3} t A/\mathrm{kg} \, B$ $l_{min}^* = 8,155 \, \mathrm{Nm^3} \, L/\mathrm{kg} \, B$

$v_{0\,Amin\,f}^* = 8,4804 \, \mathrm{Nm^3} f A/\mathrm{kg} \, B$ $v_{0\,Amin\,t}^* = 7,9530 \, \mathrm{Nm^3} t A/\mathrm{kg} \, B$ $r_{CO_2}^{a\,f} = 0,1770$

$r_{H_2O}^{a\,f} = 0,0615$ $r_{SO_2}^{a\,f} = 0,0007$ $r_{O_2}^{a\,f} = 0$ $r_{N_2}^{a\,f} = 0,7608$ $r_{CO_2}^{a\,t} = 0,1887$

$r_{N_2}^{a\,t} = 0,8113$ $r_{CO_2\,max}^{a\,t} = 0,1887$

8. $\sigma = 1,0301$ kmol O_2/kmol C $\nu = 0,0212$ kmol N_2/kmol C $l_{min}^* = 4,0624 \, \mathrm{Nm^3} \, L/\mathrm{kg} \, B$

$l^* = 6,0937$ kmol L/kmol C $v_{0\,Amin\,f}^* = 4,7491 \, \mathrm{Nm^3} f A/\mathrm{kg} \, B$

$v_{0\,Amin\,t}^* = 4,0546 \, \mathrm{Nm^3} t A/\mathrm{kg} \, B$ $v_{0\,Af}^* = 6,7990 \, \mathrm{Nm^3} f A/\mathrm{kg} \, B$

$v_{0\,At}^* = 6,0858 \, \mathrm{Nm^3} t A/\mathrm{kg} \, B$

$\lambda = 1,0$:

$r_{CO_2}^{a\,f} = 0,1743$ $r_{H_2O}^{a\,f} = 0,1458$ $r_{SO_2}^{a\,f} = 0,0004$ $r_{O_2}^{a\,f} = 0$ $r_{N_2}^{a\,f} = 0,6795$

$r_{CO_2}^{a\,t} = r_{CO_2\,max}^{a\,t} = 0,2041$ $r_{N_2}^{a\,t} = 0,7959$

$\lambda = 1,5$:

$r_{CO_2}^{a\,f} = 0,1221$ $r_{H_2O}^{a\,f} = 0,1021$ $r_{SO_2}^{a\,f} = 0,0003$ $r_{O_2}^{a\,f} = 0,0629$ $r_{N_2}^{a\,f} = 0,7126$

$r_{CO_2}^{a\,t} = 0,1360$ $r_{O_2}^{a\,t} = 0,0701$ $r_{N_2}^{a\,t} = 0,7939$

9. a) *Otto*-Kraftstoff: Verringerung der Verbrennungsgasmenge auf etwa $\dfrac{86}{125} \cdot v_{0\,Af}^*$; dadurch

Anstieg von t_{max} von $2060\,^\circ$C auf $\dfrac{125}{86} \cdot 2060\,^\circ\mathrm{C} \approx 3000\,^\circ\mathrm{C}$

Diesel-Kraftstoff: Verringerung der Verbrennungsgasmenge auf etwa $\dfrac{108}{157} \cdot v_{0\,Af}^*$; dadurch Anstieg von t_{max} von $2060\,^\circ$C auf $\dfrac{157}{108} \cdot 2060\,^\circ\mathrm{C} \approx 3000\,^\circ\mathrm{C}$

b) *Otto*-Prozess: $p_2 = 36,268$ bar $p_3 = 70,0$ bar $T_3 = 3273,15$ K $\eta_{th} = 0,6416$

$\zeta = 0,7705$ $a_{wp} = 3,2010$ $a_{wv} = 1,6814$ $a_{qT} = 39,9400$ $a_{qs} = 2,1174$ $a_g = 46,9399$

Diesel-Prozess 1: $p_2 = p_3 = 300,0$ bar $T_3 = 3273,15$ K $\eta_{th} = 0,7662$ $\zeta = 0,8796$

$a_{wp} = 2,8222$ $a_{wv} = 2,3015$ $a_{qT} = 32,4068$ $a_{qs} = 1,6103$ $a_g = 39,1404$

Diesel-Prozess 2: $p_2 = p_3 = 300,0$ bar $T_3 = 2423,15$ K $\eta_{th} = 0,7830$ $\zeta = 0,9254$

$a_{wp} = 4,4632$ $a_{wv} = 3,4737$ $a_{qT} = 42,7480$ $a_{qs} = 1,5542$ $a_g = 52,2391$

10.

	Tabellen-wert MJ/kg B	Verbands-formel MJ/kg B	Formel von Boie MJ/kg B	Abweichung vom Tabellenwert	
				Verbands-formel(%)	Formel von Boie (%)
Xylol C_8H_{10}	40,876	42,17	40,42	+ 3,2	−1,1
Methan CH_4	50,028	54,59	48,73	+ 9,1	−2,6
Ethylalkohol C_2H_5OH	27,708	28,27	26,72	+ 2,0	−3,6
Holz (wasser- und aschefrei; waf)	18,3	17,52	18,28	−4,8	−0,6
Holzpellets	16,64	15,62	16,24	−6,1	−2,4
Landschaftspflegeholz (Grünschnitt)	10,86	9,54	10,09	−12,2	−7,1
Gärrest (aus der Biogasgewinnung)	−	10,53	10,61	−	−
Altpapierschlamm	3,10	3,10	3,21	±0,0	+ 3,5
Altbrot (trocken)	16,20	14,51	15,14	−10,4	−6,5
Steinkohle (Esskohle)	31,23	31,74	31,58	+ 1,6	+ 1,1
Rohbraunkohle (feucht)	8,37	8,30	8,49	−0,9	+ 1,3
Braunkohle (getrocknet)	20,80	20,34	20,74	+ 2,2	−0,3
Rapsölmethylester	37,20	41,43	38,83	+ 11,1	+ 4,5
Heizöl EL	42,60	45,35	42,55	+ 6,4	−0,1

11. $1 \, kg \, B + g \cdot 2,082 \, kg \, O_2 + g \cdot 6,866 \, kg \, N_2 \rightarrow g \cdot 1,911 \, kg \, CO_2$
$+ (1 + 0,173 \cdot g) \, kg \, H_2O + g \cdot 6,866 \, kg \, N_2$
$1 \, kg \, B + g \cdot 1,458 \, Nm^3 \, O_2 + g \cdot 5,491 \, Nm^3 \, N_2 \rightarrow g \cdot 0,967 \, Nm^3 \, CO_2$
$+ (1,244 + 0,215 \cdot g) \, Nm^3 \, H_2O + g \cdot 5,491 \, Nm^3 \, N_2$
$g = 0,9$:
$1 \, kg \, B + 1,8756 \, kg \, O_2 + 6,1794 \, kg \, N_2 \rightarrow 1,7199 \, kg \, CO_2 + 1,1557 \, kg \, H_2O$
$+ 6,1794 \, kg \, N_2$
$1 \, kg \, B + 1,3122 \, Nm^3 \, O_2 + 4,9419 \, Nm^3 \, N_2 \rightarrow 0,8703 \, Nm^3 \, CO_2 + 1,4375 \, Nm^3 \, H_2O$
$+ 4,9419 \, Nm^3 \, N_2$
$H_i = (g \cdot 27,708 - (1 - g) \cdot 2,501) MJ/kg \, B = 24,69 \, MJ/kg \, B$

Allgemeine Konstanten der Thermodynamik

$(V_m)_0 =$ Molvolumen im Normzustand $= 22,41410(19)$ m^3/kmol
$N_A \quad = Avogadro$-Zahl $\qquad\qquad = 6,0221367(36) \cdot 10^{26}$ Moleküle/kmol
$R_m \quad =$ allgemeine Gaskonstante $\quad = 8,314510(70)$ kJ/(kmol K)

Die eingeklammerten Zahlen beschreiben die Schwankungsbreite in Einheiten der letzten Stellen und damit die Unsicherheit der angegebenen Werte.

So bedeutet z. B. $8,314510(70) = 8,314510 \pm 0,000070$

oder $15,9994(3) = 15,9994 \pm 0,0003$.

Spezifische Wärmekapazitäten und Isentropenexponenten einiger idealer Gase

Tabelle A.1 Koeffizienten der Ausgleichspolynome für c_p

	H$_2$	N$_2$	O$_2$	CO	SO$_2$
a_0	14,198835	1,03867	0,9148035	1,03977	0,608273
a_1	$5,1219731 \cdot 10^{-3}$	$1,19697 \cdot 10^{-5}$	$1,1142613 \cdot 10^{-4}$	$2,05062 \cdot 10^{-5}$	$5,58701 \cdot 10^{-4}$
a_2	$-3,9621966 \cdot 10^{-5}$	$-3,08115 \cdot 10^{-8}$	$7,9873803 \cdot 10^{-7}$	$1,01911 \cdot 10^{-7}$	$2,65712 \cdot 10^{-7}$
a_3	$1,8541994 \cdot 10^{-7}$	$2,37993 \cdot 10^{-9}$	$7,2136812 \cdot 10^{-10}$	$2,57399 \cdot 10^{-9}$	$-2,95578 \cdot 10^{-9}$
a_4	$-5,6148295 \cdot 10^{-10}$	$-6,36632 \cdot 10^{-12}$	$-1,3372879 \cdot 10^{-11}$	$-8,38933 \cdot 10^{-12}$	$6,15134 \cdot 10^{-12}$
a_5	$1,1544510 \cdot 10^{-12}$	$7,92153 \cdot 10^{-15}$	$4,1958417 \cdot 10^{-14}$	$1,21949 \cdot 10^{-14}$	$-6,85033 \cdot 10^{-15}$
a_6	$-1,5977289 \cdot 10^{-15}$	$-5,40751 \cdot 10^{-18}$	$-7,1053002 \cdot 10^{-17}$	$-9,66631 \cdot 10^{-18}$	$4,43085 \cdot 10^{-18}$
a_7	$1,4598684 \cdot 10^{-18}$	$1,96038 \cdot 10^{-21}$	$7,3611113 \cdot 10^{-20}$	$4,06887 \cdot 10^{-21}$	$-1,56474 \cdot 10^{-21}$
a_8	$-8,4356364 \cdot 10^{-22}$	$-2,95746 \cdot 10^{-25}$	$-4,6619206 \cdot 10^{-23}$	$-7,13820 \cdot 10^{-25}$	$2,33266 \cdot 10^{-25}$
a_9	$2,7917387 \cdot 10^{-25}$		$1,6600446 \cdot 10^{-26}$		
a_{10}	$-4,0306899 \cdot 10^{-29}$		$-2,5485300 \cdot 10^{-30}$		

	CO$_2$	H$_2$O	NO$_2$	N$_2$O	Luft
a_0	0,81650777	1,8583998	0,790444	0,850481	1,00326
a_1	$1,0921781 \cdot 10^{-3}$	$1,8315303 \cdot 10^{-4}$	$6,46468 \cdot 10^{-4}$	$1,10819 \cdot 10^{-3}$	$3,31469 \cdot 10^{-5}$
a_2	$-9,3659550 \cdot 10^{-7}$	$1,2200933 \cdot 10^{-6}$	$8,78716 \cdot 10^{-7}$	$-1,59704 \cdot 10^{-6}$	$2,19458 \cdot 10^{-7}$
a_3	$-1,9413723 \cdot 10^{-9}$	$2,0272951 \cdot 10^{-9}$	$-4,26744 \cdot 10^{-9}$	$2,57993 \cdot 10^{-9}$	$1,37657 \cdot 10^{-9}$
a_4	$1,3865062 \cdot 10^{-11}$	$-2,4418519 \cdot 10^{-11}$	$6,90645 \cdot 10^{-12}$	$-3,65896 \cdot 10^{-12}$	$-4,93196 \cdot 10^{-12}$
a_5	$-3,9575880 \cdot 10^{-14}$	$8,0838394 \cdot 10^{-14}$	$-6,03641 \cdot 10^{-15}$	$3,48688 \cdot 10^{-15}$	$7,11970 \cdot 10^{-15}$
a_6	$6,6933732 \cdot 10^{-17}$	$-1,4590993 \cdot 10^{-16}$	$2,89216 \cdot 10^{-18}$	$-1,97856 \cdot 10^{-18}$	$-5,50786 \cdot 10^{-18}$
a_7	$-7,0743313 \cdot 10^{-20}$	$1,5854100 \cdot 10^{-19}$	$-6,52474 \cdot 10^{-22}$	$5,91706 \cdot 10^{-22}$	$2,25552 \cdot 10^{-21}$
a_8	$4,5864721 \cdot 10^{-23}$	$-1,0374537 \cdot 10^{-22}$	$3,77757 \cdot 10^{-26}$	$-6,91526 \cdot 10^{-26}$	$-3,85310 \cdot 10^{-25}$
a_9	$-1,6694210 \cdot 10^{-26}$	$3,7772387 \cdot 10^{-26}$			
a_{10}	$2,6128455 \cdot 10^{-30}$	$-5,8888202 \cdot 10^{-30}$			

Die wahre spezifische Wärmekapazität bei konstantem Druck von Luft wurde für die Zusammensetzung 78,09% N$_2$, 20,95% O$_2$, 0,93% Ar und 0,03% CO$_2$ mit Hilfe der Gln. (4.171) und (4.206) berechnet.

Tabelle A.2 Wahre Werte c_p, κ, Mittelwerte $c_{pm}|_{0\,°C}^{t}$, κ_m sowie $\overline{c}_{pm}|_{0\,°C}^{t}$, $\overline{\kappa}_m$ von H_2 und von N_2

t	c_p	κ	c_{pm}	κ_m	$\overline{c}_{pm}$	$\overline{\kappa}_m$	c_p	κ	c_{pm}	κ_m	$\overline{c}_{pm}$	$\overline{\kappa}_m$
°C	$\frac{kJ}{kg\,K}$		$\frac{kJ}{kg\,K}$		$\frac{kJ}{kg\,K}$		$\frac{kJ}{kg\,K}$		$\frac{kJ}{kg\,K}$		$\frac{kJ}{kg\,K}$	
0	14,199	1,4094	14,199	1,4094	14,199	1,4094	1,0387	1,4001	1,0387	1,4001	1,0387	1,4001
25	14,305	1,4051	14,255	1,4071	14,255	1,4072	1,0390	1,3999	1,0388	1,4000	1,0388	1,4000
50	14,376	1,4023	14,299	1,4054	14,297	1,4055	1,0395	1,3997	1,0390	1,3999	1,0390	1,3999
100	14,454	1,3993	14,360	1,4030	14,353	1,4032	1,0414	1,3986	1,0396	1,3996	1,0396	1,3996
150	14,489	1,3979	14,398	1,4015	14,388	1,4019	1,0451	1,3966	1,0408	1,3989	1,0406	1,3991
200	14,507	1,3972	14,423	1,4005	14,410	1,4010	1,0509	1,3936	1,0426	1,3980	1,0420	1,3983
250	14,521	1,3967	14,441	1,3998	14,426	1,4004	1,0586	1,3896	1,0450	1,3967	1,0440	1,3972
300	14,538	1,3961	14,456	1,3992	14,439	1,3999	1,0679	1,3849	1,0480	1,3951	1,0463	1,3960
350	14,559	1,3953	14,469	1,3987	14,450	1,3994	1,0784	1,3797	1,0516	1,3932	1,0490	1,3946
400	14,586	1,3942	14,482	1,3982	14,460	1,3990	1,0899	1,3743	1,0556	1,3911	1,0520	1,3930
450	14,622	1,3929	14,495	1,3977	14,471	1,3986	1,1017	1,3687	1,0601	1,3888	1,0552	1,3913
500	14,667	1,3912	14,510	1,3971	14,482	1,3982	1,1138	1,3633	1,0649	1,3864	1,0586	1,3896
550	14,722	1,3892	14,527	1,3965	14,494	1,3978	1,1257	1,3581	1,0699	1,3839	1,0621	1,3878
600	14,785	1,3869	14,546	1,3958	14,507	1,3973	1,1373	1,3531	1,0750	1,3814	1,0656	1,3861
650	14,857	1,3843	14,567	1,3950	14,521	1,3967	1,1486	1,3485	1,0802	1,3789	1,0691	1,3843
700	14,938	1,3814	14,590	1,3941	14,537	1,3961	1,1593	1,3441	1,0855	1,3763	1,0727	1,3826
750	15,025	1,3784	14,616	1,3931	14,554	1,3955	1,1695	1,3401	1,0908	1,3738	1,0761	1,3808
800	15,118	1,3752	14,645	1,3921	14,572	1,3948	1,1791	1,3364	1,0960	1,3714	1,0796	1,3792
900	15,318	1,3685	14,708	1,3897	14,611	1,3933	1,1967	1,3298	1,1062	1,3667	1,0862	1,3760
1000	15,530	1,3616	14,780	1,3871	14,654	1,3917	1,2121	1,3243	1,1160	1,3623	1,0925	1,3730
1100	15,746	1,3549	14,858	1,3843	14,700	1,3900	1,2256	1,3196	1,1254	1,3582	1,0984	1,3703
1200	15,964	1,3484	14,941	1,3813	14,748	1,3882	1,2373	1,3156	1,1342	1,3544	1,1039	1,3677

Tabelle A.3 Wahre Werte c_p, κ, Mittelwerte $c_{pm}|_{0\,°C}^{t}$, κ_m sowie $\overline{c}_{pm}|_{0\,°C}^{t}$, $\overline{\kappa}_m$ von O_2 und von CO

t	c_p	κ	c_{pm}	κ_m	$\overline{c}_{pm}$	$\overline{\kappa}_m$	c_p	κ	c_{pm}	κ_m	$\overline{c}_{pm}$	$\overline{\kappa}_m$
°C	$\frac{kJ}{kg\,K}$		$\frac{kJ}{kg\,K}$		$\frac{kJ}{kg\,K}$		$\frac{kJ}{kg\,K}$		$\frac{kJ}{kg\,K}$		$\frac{kJ}{kg\,K}$	
0	0,9148	1,3967	0,9148	1,3967	0,9148	1,3967	1,0398	1,3995	1,0398	1,3995	1,0398	1,3995
25	0,9181	1,3947	0,9164	1,3958	0,9163	1,3958	1,0404	1,3992	1,0401	1,3994	1,0401	1,3994
50	0,9224	1,3922	0,9183	1,3946	0,9182	1,3947	1,0413	1,3987	1,0404	1,3992	1,0404	1,3992
100	0,9337	1,3856	0,9230	1,3918	0,9225	1,3921	1,0447	1,3969	1,0416	1,3985	1,0415	1,3986
150	0,9476	1,3778	0,9288	1,3884	0,9276	1,3891	1,0504	1,3939	1,0435	1,3975	1,0432	1,3977
200	0,9631	1,3695	0,9355	1,3846	0,9332	1,3859	1,0585	1,3897	1,0462	1,3961	1,0454	1,3965
250	0,9791	1,3613	0,9426	1,3806	0,9391	1,3825	1,0685	1,3847	1,0496	1,3943	1,0482	1,3951
300	0,9948	1,3535	0,9500	1,3765	0,9450	1,3793	1,0801	1,3790	1,0537	1,3922	1,0514	1,3934
350	1,0098	1,3465	0,9575	1,3725	0,9508	1,3761	1,0926	1,3730	1,0584	1,3898	1,0549	1,3916
400	1,0238	1,3401	0,9649	1,3685	0,9564	1,3730	1,1057	1,3670	1,0635	1,3872	1,0587	1,3896
450	1,0367	1,3345	0,9722	1,3648	0,9618	1,3701	1,1189	1,3611	1,0689	1,3845	1,0626	1,3876
500	1,0485	1,3295	0,9792	1,3612	0,9670	1,3674	1,1320	1,3554	1,0746	1,3817	1,0666	1,3856
550	1,0592	1,3250	0,9860	1,3578	0,9720	1,3649	1,1446	1,3501	1,0804	1,3788	1,0707	1,3836
600	1,0690	1,3211	0,9925	1,3546	0,9766	1,3625	1,1567	1,3452	1,0862	1,3760	1,0748	1,3816
650	1,0779	1,3176	0,9988	1,3516	0,9811	1,3603	1,1682	1,3407	1,0921	1,3733	1,0788	1,3796
700	1,0860	1,3145	1,0047	1,3488	0,9853	1,3582	1,1790	1,3365	1,0979	1,3705	1,0827	1,3777
750	1,0934	1,3117	1,0104	1,3462	0,9892	1,3562	1,1891	1,3327	1,1037	1,3679	1,0866	1,3759
800	1,1002	1,3092	1,0158	1,3437	0,9930	1,3544	1,1986	1,3292	1,1093	1,3654	1,0903	1,3741
900	1,1122	1,3048	1,0258	1,3392	0,9999	1,3511	1,2157	1,3230	1,1202	1,3605	1,0975	1,3708
1000	1,1227	1,3011	1,0350	1,3352	1,0062	1,3482	1,2305	1,3179	1,1305	1,3561	1,1041	1,3677
1100	1,1321	1,2979	1,0434	1,3316	1,0118	1,3455	1,2433	1,3136	1,1402	1,3520	1,1104	1,3649
1200	1,1408	1,2950	1,0512	1,3284	1,0170	1,3432	1,2544	1,3100	1,1493	1,3482	1,1161	1,3623

Tabelle A.4 Wahre Werte c_p, κ, Mittelwerte $c_{pm}|_{0\,°C}^{t}$, κ_m sowie $\overline{c}_{pm}|_{0\,°C}^{t}$, $\overline{\kappa}_m$ von CO_2 und von H_2O

t	c_p	κ	c_{pm}	κ_m	$\overline{c}_{pm}$	$\overline{\kappa}_m$	c_p	κ	c_{pm}	κ_m	$\overline{c}_{pm}$	$\overline{\kappa}_m$
°C	$\dfrac{kJ}{kg\,K}$		$\dfrac{kJ}{kg\,K}$		$\dfrac{kJ}{kg\,K}$		$\dfrac{kJ}{kg\,K}$		$\dfrac{kJ}{kg\,K}$		$\dfrac{kJ}{kg\,K}$	
0	0,8165	1,3010	0,8165	1,3010	0,8165	1,3010	1,8584	1,3304	1,8584	1,3304	1,8584	1,3304
25	0,8432	1,2888	0,8300	1,2947	0,8298	1,2948	1,8638	1,3291	1,8609	1,3298	1,8609	1,3298
50	0,8686	1,2780	0,8430	1,2888	0,8423	1,2892	1,8707	1,3275	1,8640	1,3291	1,8639	1,3291
100	0,9155	1,2600	0,8677	1,2783	0,8652	1,2794	1,8892	1,3233	1,8718	1,3273	1,8710	1,3275
150	0,9574	1,2459	0,8908	1,2692	0,8856	1,2712	1,9125	1,3181	1,8813	1,3251	1,8794	1,3255
200	0,9950	1,2344	0,9122	1,2612	0,9040	1,2642	1,9393	1,3123	1,8924	1,3225	1,8887	1,3234
250	1,0289	1,2249	0,9322	1,2542	0,9207	1,2582	1,9683	1,3063	1,9047	1,3198	1,8987	1,3211
300	1,0596	1,2170	0,9509	1,2479	0,9359	1,2529	1,9987	1,3002	1,9178	1,3169	1,9091	1,3188
350	1,0876	1,2102	0,9685	1,2424	0,9499	1,2483	2,0303	1,2942	1,9316	1,3139	1,9198	1,3165
400	1,1132	1,2044	0,9850	1,2373	0,9628	1,2441	2,0627	1,2882	1,9460	1,3109	1,9306	1,3142
450	1,1365	1,1994	1,0005	1,2328	0,9747	1,2404	2,0960	1,2824	1,9608	1,3078	1,9415	1,3118
500	1,1579	1,1950	1,0152	1,2286	0,9858	1,2371	2,1300	1,2766	1,9760	1,3047	1,9525	1,3095
550	1,1774	1,1911	1,0291	1,2249	0,9961	1,2341	2,1647	1,2710	1,9915	1,3016	1,9636	1,3073
600	1,1952	1,1877	1,0422	1,2214	1,0058	1,2313	2,1999	1,2655	2,0074	1,2985	1,9747	1,3050
650	1,2115	1,1847	1,0546	1,2182	1,0148	1,2288	2,2354	1,2602	2,0236	1,2955	1,9858	1,3028
700	1,2265	1,1821	1,0664	1,2153	1,0233	1,2264	2,2710	1,2551	2,0400	1,2924	1,9969	1,3006
750	1,2402	1,1797	1,0775	1,2126	1,0313	1,2243	2,3066	1,2501	2,0566	1,2893	2,0079	1,2984
800	1,2528	1,1776	1,0881	1,2101	1,0388	1,2223	2,3419	1,2454	2,0733	1,2863	2,0190	1,2963
900	1,2749	1,1740	1,1076	1,2056	1,0525	1,2188	2,4113	1,2367	2,1070	1,2805	2,0408	1,2922
1000	1,2937	1,1710	1,1253	1,2018	1,0649	1,2157	2,4781	1,2289	2,1408	1,2748	2,0623	1,2883
1100	1,3097	1,1686	1,1414	1,1984	1,0759	1,2130	2,5414	1,2219	2,1744	1,2694	2,0832	1,2846
1200	1,3233	1,1665	1,1560	1,1954	1,0860	1,2106	2,6013	1,2157	2,2075	1,2643	2,1036	1,2811

Tabelle A.5 Wahre Werte c_p, κ, Mittelwerte $c_{pm}|_{0\,°C}^{t}$, κ_m sowie $\overline{c}_{pm}|_{0\,°C}^{t}$, $\overline{\kappa}_m$ von NO_2 und von N_2O

t	c_p	κ	c_{pm}	κ_m	$\overline{c}_{pm}$	$\overline{\kappa}_m$	c_p	κ	c_{pm}	κ_m	$\overline{c}_{pm}$	$\overline{\kappa}_m$
°C	$\dfrac{kJ}{kg\,K}$		$\dfrac{kJ}{kg\,K}$		$\dfrac{kJ}{kg\,K}$		$\dfrac{kJ}{kg\,K}$		$\dfrac{kJ}{kg\,K}$		$\dfrac{kJ}{kg\,K}$	
0	0,7904	1,2964	0,7904	1,2964	0,7904	1,2964	0,8505	1,2855	0,8505	1,2855	0,8505	1,2855
25	0,8071	1,2885	0,7987	1,2925	0,7986	1,2925	0,8772	1,2745	0,8640	1,2798	0,8638	1,2799
50	0,8245	1,2807	0,8072	1,2885	0,8067	1,2887	0,9022	1,2648	0,8769	1,2746	0,8762	1,2749
100	0,8602	1,2660	0,8248	1,2806	0,8229	1,2814	0,9476	1,2490	0,9011	1,2652	0,8986	1,2662
150	0,8959	1,2527	0,8425	1,2731	0,8387	1,2747	0,9879	1,2364	0,9235	1,2572	0,9185	1,2589
200	0,9300	1,2412	0,8602	1,2660	0,8537	1,2685	1,0240	1,2262	0,9442	1,2501	0,9362	1,2528
250	0,9621	1,2313	0,8774	1,2594	0,8680	1,2630	1,0567	1,2177	0,9635	1,2439	0,9523	1,2475
300	0,9915	1,2229	0,8940	1,2534	0,8814	1,2579	1,0864	1,2105	0,9815	1,2383	0,9670	1,2428
350	1,0182	1,2158	0,9099	1,2479	0,8939	1,2534	1,1135	1,2043	0,9985	1,2334	0,9805	1,2386
400	1,0423	1,2098	0,9249	1,2428	0,9056	1,2493	1,1382	1,1990	1,0144	1,2288	0,9929	1,2350
450	1,0639	1,2046	0,9392	1,2383	0,9165	1,2456	1,1608	1,1944	1,0294	1,2248	1,0045	1,2316
500	1,0832	1,2003	0,9527	1,2341	0,9266	1,2423	1,1815	1,1903	1,0436	1,2210	1,0152	1,2286
550	1,1004	1,1965	0,9653	1,2303	0,9359	1,2393	1,2004	1,1868	1,0570	1,2176	1,0252	1,2259
600	1,1159	1,1933	0,9772	1,2269	0,9447	1,2366	1,2178	1,1836	1,0697	1,2145	1,0345	1,2234
650	1,1297	1,1904	0,9884	1,2238	0,9528	1,2341	1,2336	1,1808	1,0817	1,2116	1,0432	1,2211
700	1,1422	1,1880	0,9990	1,2209	0,9604	1,2318	1,2481	1,1784	1,0931	1,2089	1,0514	1,2190
750	1,1535	1,1858	1,0089	1,2182	0,9676	1,2297	1,2614	1,1762	1,1039	1,2065	1,0592	1,2171
800	1,1636	1,1839	1,0183	1,2158	0,9742	1,2278	1,2735	1,1742	1,1141	1,2042	1,0664	1,2153
900	1,1811	1,1807	1,0354	1,2115	0,9863	1,2243	1,2951	1,1708	1,1330	1,2001	1,0798	1,2121
1000	1,1957	1,1781	1,0507	1,2077	0,9971	1,2214	1,3135	1,1680	1,1502	1,1965	1,0917	1,2093
1100	1,2080	1,1759	1,0645	1,2045	1,0067	1,2188	1,3292	1,1657	1,1658	1,1934	1,1025	1,2068
1200	1,2186	1,1741	1,0769	1,2017	1,0153	1,2166	1,3428	1,1637	1,1800	1,1906	1,1122	1,2046

Tabelle **A.6** Wahre Werte c_p, κ, Mittelwerte $c_{pm}|_{0\,°C}^{t}$, κ_m sowie $\bar{c}_{pm}|_{0\,°C}^{t}$, $\bar{\kappa}_m$
von SO_2 und   von Luft

t	c_p	κ	c_{pm}	κ_m	$\bar{c}_{pm}$	$\bar{\kappa}_m$	c_p	κ	c_{pm}	κ_m	$\bar{c}_{pm}$	$\bar{\kappa}_m$
$°C$	$\dfrac{kJ}{kg\,K}$		$\dfrac{kJ}{kg\,K}$		$\dfrac{kJ}{kg\,K}$		$\dfrac{kJ}{kg\,K}$		$\dfrac{kJ}{kg\,K}$		$\dfrac{kJ}{kg\,K}$	
0	0,6083	1,2712	0,6083	1,2712	0,6083	1,2712	1,0033	1,4008	1,0033	1,4008	1,0033	1,4008
25	0,6224	1,2635	0,6153	1,2673	0,6152	1,2674	1,0042	1,4003	1,0037	1,4006	1,0037	1,4006
50	0,6365	1,2561	0,6224	1,2635	0,6220	1,2637	1,0056	1,3995	1,0043	1,4002	1,0043	1,4002
100	0,6644	1,2428	0,6365	1,2561	0,6350	1,2569	1,0097	1,3972	1,0059	1,3993	1,0057	1,3994
150	0,6907	1,2314	0,6502	1,2494	0,6472	1,2508	1,0158	1,3939	1,0081	1,3981	1,0077	1,3983
200	0,7149	1,2218	0,6634	1,2432	0,6585	1,2455	1,0237	1,3897	1,0110	1,3965	1,0101	1,3970
250	0,7367	1,2138	0,6759	1,2376	0,6689	1,2407	1,0332	1,3847	1,0145	1,3946	1,0129	1,3955
300	0,7561	1,2072	0,6877	1,2326	0,6785	1,2365	1,0439	1,3793	1,0185	1,3925	1,0161	1,3938
350	0,7732	1,2017	0,6987	1,2281	0,6872	1,2328	1,0554	1,3736	1,0229	1,3901	1,0195	1,3920
400	0,7882	1,1971	0,7090	1,2241	0,6952	1,2295	1,0673	1,3679	1,0277	1,3876	1,0230	1,3900
450	0,8013	1,1933	0,7185	1,2204	0,7025	1,2266	1,0792	1,3624	1,0328	1,3849	1,0267	1,3881
500	0,8129	1,1900	0,7274	1,2172	0,7093	1,2240	1,0911	1,3570	1,0380	1,3823	1,0305	1,3861
550	0,8231	1,1872	0,7356	1,2142	0,7154	1,2216	1,1026	1,3520	1,0434	1,3796	1,0342	1,3842
600	0,8321	1,1848	0,7433	1,2115	0,7211	1,2195	1,1136	1,3473	1,0488	1,3769	1,0380	1,3823
650	0,8401	1,1827	0,7505	1,2091	0,7264	1,2175	1,1242	1,3429	1,0542	1,3742	1,0417	1,3804
700	0,8472	1,1809	0,7571	1,2069	0,7313	1,2158	1,1342	1,3389	1,0595	1,3716	1,0453	1,3786
750	0,8536	1,1793	0,7633	1,2048	0,7358	1,2142	1,1436	1,3352	1,0648	1,3691	1,0489	1,3768
800	0,8593	1,1779	0,7692	1,2030	0,7400	1,2127	1,1524	1,3317	1,0700	1,3666	1,0523	1,3751
900	0,8691	1,1755	0,7797	1,1997	0,7476	1,2101	1,1685	1,3257	1,0801	1,3620	1,0589	1,3719
1000	0,8773	1,1736	0,7891	1,1968	0,7543	1,2078	1,1825	1,3206	1,0896	1,3577	1,0651	1,3689
1100	0,8842	1,1720	0,7974	1,1944	0,7602	1,2059	1,1949	1,3162	1,0987	1,3537	1,0709	1,3662
1200	0,8901	1,1707	0,8049	1,1922	0,7655	1,2042	1,2057	1,3125	1,1071	1,3500	1,0763	1,3637

Zu den Tabellen A.1 bis A.6:

Die Abhängigkeit der spezifischen isobaren Wärmekapazität c_p von der Temperatur wird für eine Reihe von idealen Gasen im Bereich von 10 K bis 6000 K in Form von Tabellen in [5] beschrieben. Bei einigen Gasen entfällt die Temperaturabhängigkeit. So gilt z. B. für Argon unabhängig von der Temperatur $c_p/R = 2{,}5000$.

Für die von der Temperatur abhängigen c_p-Werte wird folgender Ansatz gewählt:

$$c_p = \sum_{i=0}^{n} a_i\, t^i \tag{A.1}$$

Gl. (A.1) ist ein Ausgleichspolynom n. Grades. Die Koeffizienten a_i (Tabelle A.1) werden so bestimmt, dass die Summe der Fehlerquadrate ein Minimum wird. Die Abweichungen betragen im Temperaturbereich zwischen 270 K und 1500 K weniger als 0,01%. Die Funktion nach Gl. (A.1) gibt die wahren Werte der spezifischen Wärmekapazität bei konstantem Druck an. Die mittlere spezifische Wärmekapazität bei konstantem Druck nach Gl. (2.96) ist dann

$$c_{pm}|_0^t\,{}_{°C} = \sum_{i=0}^{n} \frac{a_i}{i+1} t^i \,. \tag{A.2}$$

Die Gln. (4.48) bis (4.50) gelten sowohl für die wahren als auch für die mittleren Werte der spezifischen isobaren Wärmekapazität. Das bedeutet, dass der Isentropenexponent nach Gl. (4.44) für die wahre und für die mittlere spezifische Wärmekapazität verschieden ist. Mit dem wahren Wert für c_p nach Gl. (A.1) erhält man

$$c_v = c_p - R \tag{A.3}$$

$$\kappa = \frac{c_p}{c_p - R} \tag{A.4}$$

Mit dem Mittelwert c_{pm} nach Gl. (A.2) erhält man

$$c_{vm} = c_{pm} - R \tag{A.5}$$

$$\kappa_m = \frac{c_{pm}}{c_{pm} - R} \ . \tag{A.6}$$

Auch bei einer polytropen Zustandsänderung unterscheidet man zwischen dem wahren und dem mittleren Wert der spezifischen Wärmekapazität. Nach Gl. (4.132) ist

$$c_n = c_p - \frac{n}{n-1} R \tag{A.7}$$

$$c_{nm} = c_{pm} - \frac{n}{n-1} R \ . \tag{A.8}$$

In Beispiel 5.2 wurde gezeigt, dass man zwischen verschiedenen Mittelwertbildungen bei der spezifischen Wärmekapazität unterscheiden muss. Die Mittelwerte c_{pm}, c_{vm}, c_{nm} benötigt man für die Berechnung der Änderung der inneren Energie, der Änderung der Enthalpie und für die Berechnung der Wärme. Die Mittelwerte $\bar{c}_{pm}, \bar{c}_{vm}\ \bar{c}_{nm}$ benötigt man für die Berechnung der Änderung der Entropie. Die den Gln. (2.90) und (2.96) entsprechenden Gleichungen sind

$$\bar{c}_{pm}\big|_0^t {}_{\circ\mathrm{C}} = \frac{1}{\ln \dfrac{T}{T_0}} \int_{T_0}^{T} c_p \frac{\mathrm{d}T}{T} \tag{A.9}$$

$$\bar{c}_{pm}\big|_{t_1}^{t_2} = \frac{1}{\ln \dfrac{T_2}{T_1}} \left(\bar{c}_{pm}\big|_0^{t_2} {}_{\circ\mathrm{C}} \cdot \ln \frac{T_2}{T_0} - \bar{c}_{pm}\big|_0^{t_1} {}_{\circ\mathrm{C}} \cdot \ln \frac{T_1}{T_0} \right) \tag{A.10}$$

Mit dem Ansatz nach Gl. (A.1) folgt aus Gl. (A.9)

$$\bar{c}_{pm}\big|_0^t {}_{\circ\mathrm{C}} = \sum_{i=0}^{n} (-1)^i a_i T_0^i + \frac{1}{\ln \dfrac{T}{T_0}} \sum_{k=1}^{n} \left(T^k - T_0^k \right) \frac{1}{k} \sum_{i=k}^{n} (-1)^{i-k} \binom{i}{k} a_i T_0^{i-k}$$

$$= (a_0 - a_1 T_0 + a_2 T_0^2 - a_3 T_0^3 + a_4 T_0^4 - a_5 T_0^5 + a_6 T_0^6 - + \ldots) +$$

$$+ \frac{1}{\ln \dfrac{T}{T_0}} \big[(T - T_0)(a_1 - 2 a_2 T_0 + 3 a_3 T_0^2 - 4 a_4 T_0^3 + 5 a_5 T_0^4 - 6 a_6 T_0^5 + - \ldots) +$$

$$+ (T^2 - T_0^2)\frac{1}{2}(a_2 - 3 a_3 T_0 + 6 a_4 T_0^2 - 10 a_5 T_0^3 + 15 a_6 T_0^4 - + \ldots) +$$

$$+ (T^3 - T_0^3)\frac{1}{3}(a_3 - 4 a_4 T_0 + 10 a_5 T_0^2 - 20 a_6 T_0^3 + - \ldots) +$$

$$+ (T^4 - T_0^4)\frac{1}{4}(a_4 - 5 a_5 T_0 + 15 a_6 T_0^2 - + \ldots) +$$

$$+ (T^5 - T_0^5)\frac{1}{5}(a_5 - 6 a_6 T_0 + - \ldots) + \ldots \big] \ . \tag{A.11}$$

Analog zu den Gln. (A.5), (A.6) und (A.8) gelten die Gleichungen

$$\bar{c}_{vm} = \bar{c}_{pm} - R \tag{A.12}$$

$$\overline{\kappa}_m = \frac{\overline{c}_{pm}}{\overline{c}_{pm} - R} \tag{A.13}$$

$$\overline{c}_{nm} = \overline{c}_{pm} - \frac{n}{n-1} R \ . \tag{A.14}$$

In die Gleichungen der Tabellen 4.3 bis 4.5 ist κ_m nach Gl. (A.6) einzusetzen.

Nach Abschnitt 4.3.5 ist die Isentrope ein Sonderfall der Polytrope. Es erhebt sich die Frage, welcher Wert für den Isentropenexponenten in Gl. (4.117) einzusetzen ist. Aus den Gln. (4.129), (4.132) und (4.140)

$$dQ_{rev} = m \left(c_p - \frac{n}{n-1} R \right) dT \tag{A.15}$$

$$dS = m \left(c_p - \frac{n}{n-1} R \right) \frac{dT}{T} \tag{A.16}$$

ersieht man, dass beim Übergang zur Isentrope, bei der die Gln. (3.87) und (3.88) gelten, bei veränderlichem c_p n nicht mehr konstant sein kann. Der Polytropenexponent, der jetzt zum Isentropenexponenten wird, muss veränderlich sein und bei der Integration der Gln. (A.15) und (A.16) verschiedene Werte annehmen. Beim Übergang von der Gl. (A.15) zur Gl. (4.130) gehen c_p in c_{pm} nach Gl. (2.96) und im Fall der Isentrope n in κ_m nach Gl. (A.6) über. Bei der Integration der Gl. (A.16), die zur Gl. (4.141) führt, gehen c_p in $\overline{c}_{pm}$ nach Gl. (A.10) und im Fall der Isentrope n in $\overline{\kappa}_m$ nach Gl. (A.13) über.

Bei einer isentropen Zustandsänderung ist nach Gl. (4.58), wenn man den Index m bei der spezifischen isobaren Wärmekapazität und beim Isentropenexponenten nicht weglässt,

$$\overline{c}_{pm} \ln \frac{T_2}{T_1} = \frac{\overline{\kappa}_m}{\overline{\kappa}_m - 1} R \ln \frac{T_2}{T_1} = R \ln \left(\frac{T_2}{T_1} \right)^{\frac{\overline{\kappa}_m}{\overline{\kappa}_m - 1}} = R \ln \frac{p_2}{p_1} \ . \tag{A.17}$$

Demnach ist in den Gln. (4.94), (4.95) und (4.98) bis (4.101) als Isentropenexponent $\overline{\kappa}$ bzw. $\overline{\kappa}_m$ nach Gl. (A.13) zu verwenden.

Betrachtet man als Kennzeichen einer polytropen Zustandsänderung einen eindeutigen und konstanten Polytropenexponenten, so kann man bei temperaturabhängiger spezifischer isobarer Wärmekapazität die Isentrope nicht mehr als Sonderfall der Polytrope ansehen.

Die Tabellen A.2 bis A.6 enthalten die nach den Gln. (A.1) bis (A.6) und (A.11) bis (A.13) berechneten Werte. Wenn man eine Isobare in einem T, s-Diagramm für ein ideales Gas mit temperaturabhängiger spezifischer isobarer Wärmekapazität berechnen will, geht man von der Gl. (4.58) aus. Dabei ist für c_p die mittlere spezifische isobare Wärmekapazität $\overline{c}_{pm}$ nach Gl. (A.11) einzusetzen:

$$s = s_1 + \overline{c}_{pm} \ln \frac{T}{T_0} - R \ln \frac{p}{p_0} \tag{A.18}$$

Bei einer Isobare nach Gl. (A.18) ist die Entropie nur eine Funktion der Temperatur. Eine Kontrolle, ob hier $\overline{c}_{pm}$ zu verwenden ist, kann nach Gl. (5.50) über die Beziehung

$$T \left(\frac{\partial s}{\partial T} \right)_p = c_p \tag{A.19}$$

erfolgen. Dabei ist c_p die wahre spezifische Wärmekapazität bei konstantem Druck bei der Temperatur T. Man erhält aus Gl. (A.18)

$$\left(\frac{\partial s}{\partial T} \right)_p = \frac{d\overline{c}_{pm}}{dT} \ln \frac{T}{T_0} + \frac{\overline{c}_{pm}}{T} \ . \tag{A.20}$$

Es muss also nach den Gln. (A.19) und (A.20) folgende Gleichung gelten:

$$T\frac{\mathrm{d}\bar{c}_{pm}}{\mathrm{d}T}\ln\frac{T}{T_0}+\bar{c}_{pm}=c_p \tag{A.21}$$

Die Ableitung von $\bar{c}_{pm}$ ist

$$\frac{\mathrm{d}\bar{c}_{pm}}{\mathrm{d}T}=-\frac{1}{\left(\ln\dfrac{T}{T_0}\right)^2}\frac{1}{T}\sum_{k=1}^{n}(T^k-T_0^k)\frac{1}{k}\sum_{i=k}^{n}(-1)^{i-k}\binom{i}{k}a_i\,T_0^{i-k}+$$

$$+\frac{1}{\ln\dfrac{T}{T_0}}\sum_{k=1}^{n}T^{k-1}\sum_{i=k}^{n}(-1)^{i-k}\binom{i}{k}a_i\,T_0^{i-k} \quad . \tag{A.22}$$

Nach Multiplikation mit $T\ln(T/T_0)$ und Addition von $\bar{c}_{pm}$ hebt sich der erste Ausdruck weg:

$$T\left(\frac{\partial s}{\partial T}\right)_p=\sum_{i=0}^{n}(-1)^i a_s i\,T_0^i+\sum_{k=1}^{n}T^k\sum_{i=k}^{n}(-1)^{i-k}\binom{i}{k}a_i T_0^{i-k}$$

$$=a_0-a_1 T_0+a_2 T_0^2-a_3 T_0^3+a_4 T_0^4-+\cdots+T(a_1-2\,a_2 T_0+3\,a_3 T_0^2+4\,a_4 T_0^3-+\ldots)+$$

$$+T^2(a_2-3\,a_3 T_0+6\,a_4 T_0^2-+\ldots)+T^3(a_3-4\,a_4 T_0+10\,a_5 T_0^2-+\ldots)+\cdots$$

$$T\left(\frac{\partial s}{\partial T}\right)_p=a_0+a_1(T-T_0)+a_2(T^2-2\,T T_0+T_0^2)+a_3(T^3-3\,T^2 T_0+3\,T T_0^2-T_0^3)+$$

$$+a_4(T^4-4\,T^3 T_0+6\,T^2 T_0^2-4\,T T_0^3+T_0^4)+\cdots$$

$$=a_0+a_1(T-T_0)+a_2(T-T_0)^2+a_3(T-T_0)^3+a_4(T-T_0)^4+\cdots$$

$$=a_0+a_1 t+a_2 t^2+a_3 t^3+a_4 t^4+\cdots \tag{A.23}$$

Die rechten Seiten der Gln. (A.1) und (A.23) stimmen überein. Damit ist die Richtigkeit der Gln. (A.21) und (A.18) nachgewiesen.

Die hier beschriebenen Überlegungen sind in den vorangegangenen Abschnitten nicht immer konsequent beachtet worden. Deshalb wird an einigen Beispielen gezeigt, wie sich die neue Betrachtungsweise auswirkt:

Beispiel 4.2 Für die Entropieänderung benötigt man $\bar{c}_{vm}\big|_{18\,°\mathrm{C}}^{212\,°\mathrm{C}}=0{,}7295$ kJ/(kg K).

Damit erhält man in c) $S_{G2}-S_{G1}=m\,\bar{c}_{vm}\ln\dfrac{T_2}{T_1}=0{,}669$ kg $\cdot\,0{,}7295$ kJ/(kg K) $\cdot\ln\dfrac{485\text{ K}}{291\text{ K}}=$

$0{,}249$ kJ/K .

Für die Gesamtentropieänderungen nach c) und d) folgt 0,164 kJ/K und 0,080 kJ/K.

Beispiel 4.3 Die Zahlenwerte für c_{pm} und $\bar{c}_{pm}$ stimmen überein: keine Auswirkung.

Beispiel 4.8 $\bar{c}_{pm}\big|_{18\,°\mathrm{C}}^{234\,°\mathrm{C}}=1{,}0129$ kJ/(kg K) $\bar{\kappa}_m=\dfrac{1{,}0129\text{ kJ/(kg K)}}{(1{,}0129-0{,}2871)\text{ kJ/(kg K)}}=$

$1{,}3956$

$T_2=291$ K $\cdot\,4^{0{,}3956}=504$ K $t_2=231\,°$C $p_2=0{,}9493$ bar $\cdot\,4^{1{,}3956}=6{,}571$ bar

$$W_{V12}=\frac{p_1 V_1}{\kappa_m-1}\left[\left(\frac{V_1}{V_2}\right)^{\bar{\kappa}_m-1}-1\right]=\frac{0{,}9493\text{ bar}\cdot 1{,}0053\cdot 10^{-3}\text{ m}^3}{1{,}3949-1}\left(4^{1{,}3956-1}-1\right)$$

$=176{,}54$ J   Die Stoßenergie ist $176{,}54$ J $-\,71{,}58$ J $=104{,}96$ J

Beispiel 4.12 Die Zahlenwerte für c_{pm} und $\bar{c}_{pm}$ stimmen überein: keine Auswirkung.

Tabelle A.7 Molmasse M, spezielle Gaskonstante R, spezifische isobare Wärmekapazität c_p^0 bzw. c_p; molare Bildungsenthalpie $H_{m,0i}^{f\square}$, molare absolute Entropie $S_{m,0i}^{\square}$, molare *Gibbs*-Funktion $G_{m,0i}^{\square}$ und Phase Ph im thermochemischen Standardzustand ($T_0 = 298{,}15$ K, $p_0 = 1$ bar $= 100$ kPa) [9]

Stoff	M kg/kmol	R kJ/(kg K)	c_p^0 bzw. c_p kJ/(kg K)	$H_{m,0i}^{f\square}$ MJ/kmol	$S_{m,0i}^{\square}$ kJ/(kmol K)	$G_{m,0i}^{\square}$ MJ/kmol	Ph
O	15,9994	0,51967	1,3696	249,18	161,059	201,16	g
O_2	31,9988	0,25984	0,9181	0	205,152	−61,166	g
H	1,00794	8,24897	20,622	217,908	114.717	183,795	g
H_2	2,01588	4,12449	14,304	0	130,680	−38,962	g
OH	17,0073	0,48888	1,7576	47,52	189,395	−8,95	g
H_2O	18,0153	0,46152	1,8646	−241,83	188,835	−298,13	g
H_2O	18,0153	0,46152	4,1819	−285,84	69,93	−306,69	fl
He	4,002602	2,07727	5,1932	0	126,153	−37,613	g
Ne	20,1797	0,41202	1,0300	0	146,328	−43,628	g
Ar	39,948	0,20813	0,5203	0	154,846	−46,167	g
Kr	83,80	0,09922	0,2480	0	164,085	−48,922	g
Xe	131,293	0,06333	0,1583	0	169,685	−50,592	g
F_2	37,99680	0,21882	0,8239	0	202,791	−60,462	g
HF	20,00634	0,41559	1,4564	−273,3	173,779	−325,1	g
Cl_2	70,906	0,11726	0,4788	0	223,081	−66,512	g
HCl	36,461	0,22804	0,7991	−92,31	186,902	−148,03	g
S	32,065	0,25930	0,7095	0	32,054	−9,557	rh
S	32,065	0,25930	0,7383	277,17	167,829	227,13	g
S_2	64,130	0,12965	0,5068	128,6	228,17	60,57	g
SO_2	64,064	0,12978	0,6219	−296,8	248,22	−370,8	g
H_2S	34,081	0,24396	1,0049	−20,6	205,81	−81,96	g
N	14,0067	0,59361	1,4840	472,7	153,301	427,0	g
N_2	28,0134	0,29681	1,0396	0	191,609	−57,128	g
NO	30,0061	0,27709	0,9965	90,25	210,76	27,41	g
NO_2	46,0055	0,18073	0,7938	33,10	240,04	−38,47	g
N_2O	44,0128	0,18891	0,8700	82,05	219,96	16,07	g
NH_3	17,0305	0,48821	2,0921	−45,94	192,77	−103,41	g
C	12,0107	0,69226	0,7091	0	5,74	−1,711	Gr
C	12,0107	0,69226	1,7350	716,7	158,10	669,5	g
CO	28,0101	0,29684	1,0404	−110,53	197,660	−169,46	g
CO_2	44,010	0,18892	0,8438	−393,51	213,785	−457,25	g
CH_4	16,042	0,51829	2,185	−74,87	186,25	−130,40	g
CH_3OH	32,042	0,25949	2,546	−239,45	126,61	−277,20	fl
CH_3OH	32,042	0,25949	1,370	−200,66	239,81	−272,16	g
COS	60,076	0,13840	0,672	−138,40	231,58	−207,52	g
HCN	27,025	0,30765	1,293	135,14	201,83	74,96	g
C_2H_2	26,037	0,31933	1,693	226,77	200,94	166,86	g
C_2H_4	28,053	0,29638	1,488	52,47	219,33	−12,92	g
C_2H_6	30,069	0,27651	1,730	−84,73	229,60	−153,18	g
C_2H_5OH	46,068	0,18048	2,434	−276,98	161,00	−324,98	fl
C_2H_5OH	46,068	0,18048	1,420	−235,10	282,7	−319,39	g
HCOOH	46,025	0,18065	2,154	−424,7	129,0	−463,2	fl
CH_2O	30,026	0,27691	1,167	−115,90	218,95	−181,18	g
C_3H_8	44,096	0,18855	1,667	−103,85	270,02	−184,36	g
n-C_4H_{10}	58,122	0,14305	1,690	−124,73	310,14	−217,20	g
n-C_5H_{12}	72,149	0,11524	2,297	−173,83	259,86	−251,31	fl
n-C_6H_{14}	86,175	0,09648	2,263	−198,8	292,5	−286,0	fl
C_6H_6	78,112	0,10644	1,7425	−49,04	171,54	−2,10	fl
n-C_7H_{16}	100,20	0,08298	2,242	−224,4	328,0	−322,2	fl
Luft, trocken	28,9654	0,28705	1,0047	−0,142	198,827	−59,42	g

Umrechnung von molarer absoluter Standard-Entropie $S_{m,0i}^{\square}$ in spezifische absolute Standard-Entropie $s_{0i}^{\square}$: $\quad s_{0i}^{\square} = S_{m,0i}^{\square}/M$

Tabelle A.8 Wasserdampftafel, Dampfdruckkurve und Sublimationsdruckkurve [128], [129]

t °C	p_{DS} bar	t °C	p_{DS} bar	t °C	p_{DS} bar
−20,0	0,001033	25,0	0,031697	88,0	0,650174
−19,0	0,001136	26,0	0,033637	90,0	0,701824
−18,0	0,001249	27,0	0,035679	92,0	0,756849
−17,0	0,001372	28,0	0,037828	94,0	0,815420
−16,0	0,001507	29,0	0,040089	96,0	0,877711
−15,0	0,001653	30,0	0,042467	98,0	0,943902
−14,0	0,001812	31,0	0,044966	100,0	1,014180
−13,0	0,001985	32,0	0,047592	105,0	1,209021
−12,0	0,002173	33,0	0,050351	110,0	1,433760
−11,0	0,002377	34,0	0,053247	115,0	1,691770
−10,0	0,002599	35,0	0,056286	120,0	1,986654
−9,0	0,002839	36,0	0,059475	125,0	2,322242
−8,0	0,003100	37,0	0,062818	130,0	2,702596
−7,0	0,003382	38,0	0,066324	135,0	3,132010
−6,0	0,003687	39,0	0,069997	140,0	3,615010
−5,0	0,004018	40,0	0,073844	145,0	4,156349
−4,0	0,004375	41,0	0,077873	150,0	4,761014
−3,0	0,004761	42,0	0,082090	155,0	5,434216
−2,0	0,005177	43,0	0,086503	160,0	6,181392
−1,0	0,005627	44,0	0,091118	165,0	7,008204
0,0	0,006112	45,0	0,095944	170,0	7,920532
1,0	0,006571	46,0	0,100988	175,0	8,924475
2,0	0,007060	47,0	0,106259	180,0	10,026346
3,0	0,007581	48,0	0,111764	185,0	11,232669
4,0	0,008135	49,0	0,117512	190,0	12,550179
5,0	0,008726	50,0	0,123513	195,0	13,985815
6,0	0,009354	52,0	0,136305	200,0	15,546719
7,0	0,010021	54,0	0,150215	210,0	19,073907
8,0	0,010730	56,0	0,165322	220,0	23,192877
9,0	0,011483	58,0	0,181708	230,0	27,967925
10,0	0,012282	60,0	0,199458	240,0	33,466519
11,0	0,013129	62,0	0,218664	250,0	39,759391
12,0	0,014028	64,0	0,239421	260,0	46,920711
13,0	0,014981	66,0	0,261827	270,0	55,028395
14,0	0,015989	68,0	0,285986	280,0	64,164593
15,0	0,017057	70,0	0,312006	290,0	74,416425
16,0	0,018188	72,0	0,340001	300,0	85,877083
17,0	0,019383	74,0	0,370088	310,0	98,647456
18,0	0,020647	76,0	0,402389	320,0	112,838559
19,0	0,021982	78,0	0,437031	330,0	128,575219
20,0	0,023392	80,0	0,474147	340,0	146,001811
21,0	0,024881	82,0	0,513875	350,0	165,291643
22,0	0,026452	84,0	0,556355	360,0	186,664034
23,0	0,028109	86,0	0,601738	370,0	210,433673
24,0	0,029856				

Tabelle A.9a Wasserdampftafel, Sättigungszustand (Temperaturtafel) [128], [130]

t	p	v'	v''	h'	h''	r	s'	s''
°C	bar	$\dfrac{\text{m}^3}{\text{kg}}$	$\dfrac{\text{m}^3}{\text{kg}}$	$\dfrac{\text{kJ}}{\text{kg}}$	$\dfrac{\text{kJ}}{\text{kg}}$	$\dfrac{\text{kJ}}{\text{kg}}$	$\dfrac{\text{kJ}}{\text{kg K}}$	$\dfrac{\text{kJ}}{\text{kg K}}$
0,01	0,00611655	0,0010002	205,99122	0,00	2500,92	2500,92	0,0000	9,1555
1,00	0,00657086	0,0010001	192,43878	4,18	2502,73	2498,55	0,0153	9,1291
2,00	0,00705986	0,0010001	179,75781	8,39	2504,57	2496,18	0,0306	9,1027
3,00	0,00758081	0,0010001	168,00844	12,60	2506,40	2493,80	0,0459	9,0765
4,00	0,00813548	0,0010001	157,11576	16,81	2508,23	2491,42	0,0611	9,0505
5,00	0,00872575	0,0010001	147,01134	21,02	2510,06	2489,04	0,0763	9,0248
6,00	0,00935355	0,0010001	137,63268	25,22	2511,89	2486,67	0,0913	8,9993
7,00	0,01002091	0,0010001	128,92264	29,43	2513,72	2484,29	0,1064	8,9741
8,00	0,01072995	0,0010002	120,82895	33,63	2515,55	2481,92	0,1213	8,9491
9,00	0,01148288	0,0010003	113,30375	37,83	2517,38	2479,55	0,1362	8,9243
10,00	0,01228199	0,0010003	106,30323	42,02	2519,21	2477,19	0,1511	8,8998
11,00	0,01312969	0,0010004	99,787212	46,22	2521,04	2474,82	0,1659	8,8754
12,00	0,01402848	0,0010005	93,718867	50,41	2522,86	2472,45	0,1806	8,8513
13,00	0,01498096	0,0010007	88,064395	54,60	2524,69	2470,09	0,1953	8,8274
14,00	0,01598984	0,0010008	82,792764	58,79	2526,51	2467,72	0,2099	8,8037
15,00	0,01705793	0,0010009	77,875465	62,98	2528,33	2465,35	0,2245	8,7803
16,00	0,01818816	0,0010011	73,286294	67,17	2530,16	2462,99	0,2390	8,7570
17,00	0,01938358	0,0010013	69,001148	71,36	2531,98	2460,62	0,2534	8,7339
18,00	0,02064735	0,0010014	64,997848	75,54	2533,80	2458,26	0,2678	8,7111
1,009	0,02198275	0,0010016	61,255971	79,73	2535,62	2455,89	0,2822	8,6884
20,00	0,02339318	0,0010018	57,756701	83,91	2537,43	2453,52	0,2965	8,6660
21,00	0,02488219	0,0010021	54,482696	88,10	2539,25	2451,15	0,3107	8,6437
22,00	0,02645344	0,0010023	51,417958	92,28	2541,07	2448,79	0,3249	8,6217
23,00	0,02811072	0,0010025	48,547727	96,47	2542,88	2446,41	0,3391	8,5998
24,00	0,02985798	0,0010028	45,858375	100,65	2544,69	2444,04	0,3532	8,5781
25,00	0,03169929	0,0010030	43,337313	104,83	2546,51	2441,68	0,3672	8,5566
26,00	0,03363889	0,0010033	40,972903	109,01	2548,32	2439,31	0,3812	8,5353
27,00	0,03568112	0,0010035	38,754386	113,19	2550,13	2436,94	0,3952	8,5142
28,00	0,03783053	0,0010038	36,671808	117,37	2551,93	2434,56	0,4091	8,4933
29,00	0,04009178	0,0010041	34,715952	121,55	2553,74	2432,19	0,4229	8,4725
30,00	0,04246971	0,0010044	32,878285	125,73	2555,55	2429,82	0,4368	8,4520
31,00	0,04496931	0,0010047	31,150898	129,91	2557,35	2427,44	0,4505	8,4316
32,00	0,04765957	0,0010050	29,526461	134,09	2559,15	2425,06	0,4642	8,4113
33,00	0,05035433	0,0010054	27,998174	138,27	2560,95	2422,68	0,4779	8,3913
34,00	0,05325058	0,0010057	26,559728	142,45	2562,75	2420,30	0,4915	8,3714
35,00	0,05629016	0,0010060	25,205265	146,63	2564,55	2417,92	0,5051	8,3517
36,00	0,05947893	0,0010064	23,929344	150,81	2566,34	2415,53	0,5187	8,3321
37,00	0,06282292	0,0010068	22,726910	154,99	2568,14	2413,15	0,5322	8,3127
38,00	0,06632835	0,0010071	21,593263	159,17	2569,93	2410,76	0,5456	8,2935
39,00	0,07000164	0,0010075	20,524030	163,35	2571,72	2408,37	0,5590	8,2745
40,00	0,07384938	0,0010079	19,515144	167,53	2573,51	2405,98	0,5724	8,2555
41,00	0,07787838	0,0010083	18,562818	171,71	2575,30	2403,59	0,5857	8,2368
42,00	0,08209563	0,0010087	17,663524	175,89	2577,08	2401,19	0,5990	8,2182
43,00	0,08650835	0,0010091	16,813976	180,07	2578,87	2398,80	0,6123	8,1998
44,00	0,09112392	0,0010095	16,011111	184,25	2580,65	2396,40	0,6255	8,1815
45,00	0,09594999	0,0010099	15,252072	188,44	2582,43	2393,99	0,6386	8,1633
46,00	0,10099437	0,0010104	14,534192	192,62	2584,20	2391,58	0,6517	8,1453
47,00	0,10626513	0,0010108	13,854984	196,80	2585,98	2389,18	0,6648	8,1275
48,00	0,11177053	0,0010112	13,212125	200,98	2587,75	2386,77	0,6779	8,1098
49,00	0,11751906	0,0010117	12,603445	205,16	2589,52	2384,36	0,6908	8,0922

Tabelle A.9a Wasserdampftafel, Sättigungszustand (Temperaturtafel, Fortsetzung) [128], [130]

t	p	v'	v''	h'	h''	r	s'	s''
°C	bar	$\dfrac{m^3}{kg}$	$\dfrac{m^3}{kg}$	$\dfrac{kJ}{kg}$	$\dfrac{kJ}{kg}$	$\dfrac{kJ}{kg}$	$\dfrac{kJ}{kg\,K}$	$\dfrac{kJ}{kg\,K}$
50,00	0,12351946	0,0010121	12,026915	209,34	2591,29	2381,95	0,7038	8,0748
51,00	0,12978067	0,0010126	11,480639	213,52	2593,06	2379,54	0,7167	8,0576
52,00	0,13631188	0,0010131	10,962845	217,71	2594,82	2377,11	0,7296	8,0404
53,00	0,14312253	0,0010136	10,471872	221,89	2596,58	2374,69	0,7425	8,0234
54,00	0,15022227	0,0010141	10,006565	226,07	2598,34	2372,27	0,7553	8,0066
55,00	0,15762102	0,0010146	9,5642779	230,26	2600,09	2369,83	0,7680	7,9898
56,00	0,16532893	0,0010151	9,1448392	234,44	2601,85	2367,41	0,7808	7,9732
57,00	0,17335643	0,0010156	8,7465752	238,63	2603,60	2364,97	0,7934	7,9568
58,00	0,18171417	0,0010161	8,3682890	242,81	2605,35	2362,54	0,8061	7,9404
59,00	0,19041308	0,0010166	8,0088579	247,00	2607,09	2360,09	0,8187	7,9242
60,00	0,19946434	0,0010171	7,6672286	251,18	2608,84	2357,66	0,8313	7,9081
61,00	0,20887940	0,0010177	7,3424128	255,37	2610,58	2355,21	0,8438	7,8922
62,00	0,21866997	0,0010182	7,0334822	259,55	2612,31	2352,76	0,8563	7,8764
63,00	0,22884804	0,0010188	6,7395651	263,74	2614,05	2350,31	0,8688	7,8607
64,00	0,23942587	0,0010193	6,4598427	267,93	2615,78	2347,85	0,8813	7,8451
65,00	0,25041598	0,0010199	6,1935449	272,12	2617,51	2345,39	0,8937	7,8296
66,00	0,26183120	0,0010204	5,9399481	276,31	2619,23	2342,92	0,9060	7,8142
67,00	0,27368461	0,0010210	5,6983713	280,49	2620,95	2340,46	0,9183	7,7990
68,00	0,28598961	0,0010216	5,4681741	284,68	2622,67	2337,99	0,9306	7,7839
69,00	0,29875985	0,0010222	5,2487535	288,87	2624,39	2335,52	0,9429	7,7689
70,00	0,31200930	0,0010228	5,0395418	293,07	2626,10	2333,03	0,9551	7,7540
71,00	0,32575221	0,0010234	4,8400043	297,26	2627,81	2330,55	0,9673	7,7392
72,00	0,34000313	0,0010240	4,6496373	301,45	2629,51	2328,06	0,9795	7,7246
73,00	0,35477691	0,0010246	4,4681549	305,64	2631,21	2325,57	0,9916	7,7100
74,00	0,37008870	0,0010252	4,2945425	309,84	2632,91	2323,07	1,0037	7,6955
75,00	0,38595396	0,0010258	4,1289448	314,03	2634,60	2320,57	1,0158	7,6812
76,00	0,40238844	0,0010265	3,9707746	318,23	2636,29	2318,06	1,0278	7,6670
77,00	0,41940822	0,0010271	3,8196559	322,42	2637,98	2315,56	1,0398	7,6528
78,00	0,43702968	0,0010277	3,6752339	326,62	2639,66	2313,04	1,0517	7,6388
79,00	0,45526951	0,0010284	3,5371734	330,81	2641,34	2310,53	1,0637	7,6249
80,00	0,47414474	0,0010291	3,4051579	335,01	2643,02	2308,01	1,0756	7,6111
81,00	0,49367269	0,0010297	3,2788883	339,21	2644,69	2305,48	1,0874	7,5973
82,00	0,51387103	0,0010304	3,1580817	343,41	2646,35	2302,94	1,0993	7,5837
83,00	0,53475772	0,0010311	3,0424709	347,61	2648,02	2300,41	1,1111	7,5702
84,00	0,55635107	0,0010317	2,9318031	351,81	2649,67	2297,86	1,1229	7,5567
85,00	0,57866972	0,0010324	2,8258389	356,02	2651,33	2295,31	1,1346	7,5434
86,00	0,60173262	0,0010331	2,7243520	360,22	2652,98	2292,76	1,1463	7,5302
87,00	0,62555907	0,0010338	2,6271282	364,42	2654,62	2290,20	1,1580	7,5170
88,00	0,65016869	0,0010345	2,5339644	368,63	2656,26	2287,63	1,1696	7,5040
90,00	0,70181766	0,0010360	2,3590584	377,04	2659,53	2282,49	1,1929	7,4781
92,00	0,75684329	0,0010374	2,1982139	385,46	2662,78	2277,32	1,2160	7,4526
94,00	0,81541481	0,0010389	2,0501548	393,88	2666,01	2272,13	1,2389	7,4275
96,00	0,87770695	0,0010404	1,9137330	402,30	2669,22	2266,92	1,2618	7,4027
98,00	0,94390004	0,0010419	1,7879143	410,73	2672,40	2261,67	1,2846	7,3783
100,00	1,0141800	0,0010435	1,6717661	419,17	2675,57	2256,40	1,3072	7,3541
105,00	1,2090309	0,0010474	1,4183787	440,27	2683,39	2243,12	1,3633	7,2952
110,00	1,4337871	0,0010516	1,2092928	461,42	2691,06	2229,64	1,4188	7,2381
115,00	1,6918238	0,0010559	1,0358406	482,59	2698,58	2215,99	1,4737	7,1828
120,00	1,9867442	0,0010603	0,8912122	503,81	2705,93	2202,12	1,5279	7,1291
125,00	2,3223815	0,0010649	0,7700260	525,07	2713,10	2188,03	1,5816	7,0770

Tabelle A.9a Wasserdampftafel, Sättigungszustand (Temperaturtafel, Fortsetzung) [128], [130]

t	p	v'	v''	h'	h''	r	s'	s''
°C	bar	$\frac{m^3}{kg}$	$\frac{m^3}{kg}$	$\frac{kJ}{kg}$	$\frac{kJ}{kg}$	$\frac{kJ}{kg}$	$\frac{kJ}{kg\,K}$	$\frac{kJ}{kg\,K}$
130,00	2,7027998	0,0010697	0,6680045	546,38	2720,08	2173,70	1,6346	7,0264
135,00	3,1322942	0,0010746	0,5817293	567,75	2726,87	2159,12	1,6872	6,9772
140,00	3,6153910	0,0010798	0,5084543	589,16	2733,44	2144,28	1,7392	6,9293
145,00	4,1568464	0,0010850	0,4465962	610,64	2739,80	2129,16	1,7907	6,8826
150,00	4,7616454	0,0010905	0,3924528	632,18	2745,93	2113,75	1,8418	6,8371
155,00	5,4349998	0,0010962	0,3464599	653,79	2751,81	2098,02	1,8924	6,7926
160,00	6,1823462	0,0011020	0,3067820	675,47	2757,44	2081,97	1,9426	6,7491
165,00	7,0093435	0,0011080	0,2724306	697,24	2762,81	2065,57	1,9923	6,7066
170,00	7,9218701	0,0011143	0,2425894	719,08	2767,90	2048,82	2,0417	6,6650
175,00	8,9260210	0,0011207	0,2165812	741,02	2772,71	2031,69	2,0906	6,6241
180,00	10,028105	0,0011274	0,1938422	763,05	2777,22	2014,17	2,1392	6,5840
185,00	11,234643	0,0011343	0,1739009	785,19	2781,41	1996,22	2,1875	6,5447
190,00	12,552362	0,0011415	0,1563619	807,43	2785,28	1977,85	2,2355	6,5059
195,00	13,988195	0,0011489	0,1408922	829,79	2788,82	1959,03	2,2832	6,4678
200,00	15,549279	0,0011565	0,1272104	852,27	2792,01	1939,74	2,3305	6,4302
205,00	17,242952	0,0011645	0,1150779	874,88	2794,83	1919,95	2,3777	6,3930
210,00	19,076750	0,0011727	0,1042920	897,63	2797,27	1899,64	2,4245	6,3563
215,00	21,058409	0,0011813	0,0946795	920,53	2799,32	1878,79	2,4712	6,3200
220,00	23,195862	0,0011902	0,0860924	943,58	2800,95	1857,37	2,5177	6,2840
225,00	25,497240	0,0011994	0,0784035	966,80	2802,15	1835,35	2,5640	6,2483
230,00	27,970875	0,0012090	0,0715035	990,19	2802,90	1812,71	2,6101	6,2128
235,00	30,625299	0,0012190	0,0652979	1013,77	2803,17	1789,40	2,6561	6,1775
240,00	33,469251	0,0012295	0,0597050	1037,55	2802,96	1765,41	2,7020	6,1423
245,00	36,511680	0,0012403	0,0546539	1061,55	2802,22	1740,67	2,7478	6,1072
250,00	39,761749	0,0012517	0,0500830	1085,77	2800,93	1715,16	2,7935	6,0721
255,00	43,228851	0,0012636	0,0459385	1110,23	2799,07	1688,84	2,8392	6,0369
260,00	46,922610	0,0012761	0,0421733	1134,96	2796,60	1661,64	2,8849	6,0016
265,00	50,852902	0,0012892	0,0387462	1159,96	2793,49	1633,53	2,9307	5,9661
270,00	55,029868	0,0013030	0,0356210	1185,27	2789,69	1604,42	2,9765	5,9304
275,00	59,464393	0,0013175	0,0327658	1210,90	2785,17	1574,27	3,0224	5,8944
280,00	64,165829	0,0013328	0,0301526	1236,89	2779,87	1542,98	3,0685	5,8579
285,00	69,146631	0,0013491	0,2775627	1263,25	2773,73	1510,48	3,1147	5,8209
290,00	74,417783	0,0013663	0,0255549	1290,03	2766,70	1476,67	3,1612	5,7834
295,00	79,991147	0,0013846	0,0235286	1317,27	2758,70	1441,43	3,2080	5,7451
300,00	85,879049	0,0014042	0,0216601	1345,01	2749,64	1404,63	3,2552	5,7059
305,00	92,094349	0,0014252	0,0199335	1373,30	2739,43	1366,13	3,3028	5,6657
310,00	98,650512	0,0014479	0,0183347	1402,22	2727,95	1325,73	3,3510	5,6244
315,00	105,56171	0,0014724	0,0168510	1431,83	2715,06	1283,23	3,3998	5,5816
320,00	112,84293	0,0014990	0,0154707	1462,22	2700,59	1238,37	3,4494	5,5372
325,00	120,51002	0,0015283	0,0141832	1493,52	2684,33	1190,81	3,5000	5,4908
330,00	128,58052	0,0015606	0,0129785	1525,87	2666,03	1140,16	3,5518	5,4422
335,00	137,07261	0,0015967	0,0118474	1559,45	2645,35	1085,90	3,6050	5,3906
340,00	146,00677	0,0016376	0,0107807	1594,53	2621,85	1027,32	3,6601	5,3356
345,00	155,40554	0,0016846	0,0097690	1631,48	2594,90	963,42	3,7176	5,2762
350,00	165,29415	0,0017400	0,0088024	1670,89	2563,64	892,75	3,7784	5,2110
355,00	175,70123	0,0018079	0,0078684	1713,72	2526,65	812,93	3,8439	5,1380
360,00	186,66007	0,0018954	0,0069493	1761,67	2481,49	719,82	3,9167	5,0536
365,00	198,21364	0,0020172	0,0060115	1817,77	2422,95	605,18	4,0014	4,9497
370,00	210,43563	0,0022152	0,0049544	1890,69	2334,52	443,83	4,1112	4,8012
373,946	220,64000	0,0031056		2084,26		0,00	4,4070	

Tabelle A.9b Wasserdampftafel, Sättigungszustand (Drucktafel) [128], [130]

p	t	v'	v''	h'	h''	r	s'	s''
bar	°C	$\dfrac{m^3}{kg}$	$\dfrac{m^3}{kg}$	$\dfrac{kJ}{kg}$	$\dfrac{kJ}{kg}$	$\dfrac{kJ}{kg}$	$\dfrac{kJ}{kg\,K}$	$\dfrac{kJ}{kg\,K}$
0,00611655	0,010	0,0010002	205,99122	0,00	2500,92	2500,92	0,0000	9,1555
0,008	3,7614432	0,0010001	159,64022	15,81	2507,79	2491,98	0,0575	9,0567
0,010	6,9695702	0,0010001	129,17834	29,30	2513,67	2484,37	0,1059	8,9749
0,012	9,6538483	0,0010003	108,66968	40,57	2518,58	2478,01	0,1460	8,9082
0,014	11,969188	0,0010005	93,899499	50,28	2522,81	2472,53	0,1802	8,8521
0,016	14,009787	0,0010008	82,742965	58,83	2526,53	2467,70	0,2100	8,8035
0,018	15,837373	0,0010011	74,011302	66,49	2529,86	2463,37	0,2366	8,7608
0,020	17,494681	0,0010014	66,986876	73,43	2532,88	2459,45	0,2606	8,7226
0,025	21,076866	0,0010021	54,239891	88,42	2539,39	2450,97	0,3118	8,6420
0,030	24,079018	0,0010028	45,653200	100,98	2544,84	2443,86	0,3543	8,5764
0,035	26,672154	0,0010035	39,466269	111,82	2549,53	2437,71	0,3906	8,5211
0,040	28,960379	0,0010041	34,791142	121,39	2553,67	2432,28	0,4224	8,4734
0,045	31,011975	0,0010047	31,130850	129,96	2557,37	2427,41	0,4507	8,4313
0,050	32,874255	0,0010053	28,185285	137,75	2560,73	2422,98	0,4762	8,393
0,055	34,581407	0,0010059	25,762372	144,88	2563,80	2418,92	0,4994	8,3599
0,060	36,158974	0,0010065	23,733402	151,48	2566,63	2415,15	0,5208	8,3290
0,065	37,626562	0,0010070	22,008847	157,61	2569,26	2411,65	0,5406	8,3007
0,070	38,999564	0,0010075	20,524482	163,35	2571,72	2408,37	0,5590	8,2745
0,075	40,290295	0,0010080	19,233023	168,75	2574,03	2405,28	0,5763	8,2501
0,080	41,508765	0,0010085	18,098873	173,84	2576,21	2402,37	0,5925	8,2273
0,085	42,663232	0,0010089	17,094716	178,67	2578,27	2399,60	0,6078	8,2060
0,090	43,760583	0,0010094	16,199237	183,25	2580,22	2396,97	0,6223	8,1858
0,095	44,806632	0,0010098	15,395556	187,63	2582,08	2394,45	0,6361	8,1668
0,100	45,806329	0,0010103	14,670130	191,81	2583,86	2392,05	0,6492	8,1488
0,110	47,683108	0,0010111	13,412043	199,65	2587,19	2387,54	0,6737	8,1154
0,120	49,418655	0,0010119	12,358277	206,91	2590,26	2383,35	0,6963	8,0849
0,130	51,034274	0,0010126	11,462431	213,67	2593,12	2379,45	0,7172	8,0570
0,140	52,546696	0,0010134	10,691210	219,99	2595,78	2375,79	0,7366	8,0311
0,150	53,969313	0,0010140	10,020098	225,94	2598,28	2372,34	0,7549	8,0071
0,160	55,313017	0,0010147	9,4306341	231,57	2600,64	2369,07	0,7720	7,9846
0,170	56,586794	0,0010154	8,9086517	236,90	2602,88	2365,98	0,7882	7,9636
0,180	57,798146	0,0010160	8,4430937	241,97	2604,99	2363,02	0,8035	7,9437
0,190	58,953403	0,0010166	8,0252030	246,80	2607,01	2360,21	0,8181	7,9254
0,200	60,057960	0,0010172	7,6479524	251,42	2608,94	2357,52	0,8320	7,9072
0,210	61,116453	0,0010177	7,3056367	255,85	2610,78	2354,93	0,8453	7,8903
0,220	62,132895	0,0010183	6,9935753	260,11	2612,54	2352,43	0,8580	7,8743
0,230	63,110786	0,0010188	6,7078911	264,20	2614,24	2350,04	0,8702	7,8589
0,240	64,053196	0,0010193	6,4453453	268,15	2615,87	2347,72	0,8822	7,8442
0,250	64,962834	0,0010198	6,2032105	271,96	2617,44	2345,48	0,8932	7,8302
0,260	65,842105	0,0010203	5,9791736	275,64	2618,96	2343,32	0,9041	7,8167
0,270	66,693151	0,0010208	5,7712593	279,21	2620,42	2341,21	0,9146	7,8037
0,280	67,517889	0,0010213	5,5777731	282,66	2621,84	2339,18	0,9247	7,7912
0,290	68,318045	0,0010218	5,3972476	286,02	2623,22	2337,20	0,9345	7,7791
0,300	69,095174	0,0010222	5,2284110	289,27	2624,55	2335,28	0,9441	7,7675
0,320	70,585865	0,0010231	4,9214992	295,52	2627,10	2331,58	0,9623	7,7453
0,340	71,999784	0,0010240	4,6496775	301,45	2629,51	2328,06	0,9795	7,7246
0,360	73,345137	0,0010248	4,4072009	307,09	2631,80	2324,71	0,9958	7,7050
0,380	74,628851	0,0010256	4,1895188	312,47	2633,97	2321,50	1,0113	7,6865
0,400	75,856830	0,0010264	3,9929787	317,62	2636,05	2318,43	1,0261	7,6690
0,450	78,714610	0,0010282	3,5759446	329,62	2640,86	2311,24	1,0603	7,6288

Tabelle A.9b Wasserdampftafel, Sättigungszustand (Drucktafel, Fortsetzung) [128], [130]

p	t	v'	v''	h'	h''	r	s'	s''
bar	°C	$\dfrac{\text{m}^3}{\text{kg}}$	$\dfrac{\text{m}^3}{\text{kg}}$	$\dfrac{\text{kJ}}{\text{kg}}$	$\dfrac{\text{kJ}}{\text{kg}}$	$\dfrac{\text{kJ}}{\text{kg}}$	$\dfrac{\text{kJ}}{\text{kg K}}$	$\dfrac{\text{kJ}}{\text{kg K}}$
0,500	81,316893	0,0010299	3,2400272	340,54	2645,22	2304,68	1,0912	7,5930
0,550	83,709303	0,0010315	2,9634786	350,59	2649,19	2298,60	1,1194	7,5606
0,600	85,925998	0,0010331	2,7317136	359,91	2652,86	2292,95	1,1454	7,5311
0,650	87,993254	0,0010345	2,5345798	368,60	2656,25	2287,65	1,1696	7,5040
0,700	89,931734	0,0010359	2,3647890	376,75	2659,42	2282,67	1,1921	7,4790
0,750	91,757999	0,0010372	2,2169721	384,44	2662,39	2277,95	1,2132	7,4557
0,800	93,485536	0,0010385	2,0870847	391,71	2665,18	2273,47	1,2330	7,4339
0,850	95,125483	0,0010397	1,9720216	398,62	2667,82	2269,20	1,2518	7,4135
0,900	96,687148	0,0010409	1,8693584	405,20	2670,31	2265,11	1,2696	7,3943
0,950	98,178394	0,0010420	1,7771744	411,48	2672,69	2261,21	1,2866	7,3761
1,000	99,605929	0,0010432	1,6939277	417,50	2674,95	2257,45	1,3028	7,3588
1,100	102,29217	0,0010453	1,5494619	428,84	2679,17	2250,33	1,3330	7,3269
1,200	104,78355	0,0010473	1,4283600	439,36	2683,05	2243,69	1,3609	7,2977
1,300	107,10908	0,0010492	1,3253299	449,19	2686,64	2237,45	1,3868	7,2709
1,400	109,29159	0,0010510	1,2365717	458,42	2689,98	2231,56	1,4110	7,2461
1,500	111,34938	0,0010527	1,1592851	467,13	2693,11	2225,98	1,4337	7,2230
1,600	113,29738	0,0010544	1,0913606	475,38	2696,04	2220,66	1,4551	7,2014
1,700	115,14790	0,0010560	1,0317830	483,22	2698,80	2215,58	1,4753	7,1812
1,800	116,91127	0,0010576	0,9774731	490,70	2701,41	2210,71	1,4945	7,1621
1,900	118,59619	0,0010591	0,9292424	497,85	2703,88	2206,03	1,5127	7,1440
2,000	120,21009	0,0010605	0,8856817	504,70	2706,23	2201,53	1,5302	7,1269
2,100	121,75938	0,0010619	0,8461371	511,29	2708,47	2197,18	1,5469	7,1106
2,200	123,24960	0,0010633	0,8100720	517,63	2710,61	2192,98	1,5628	7,0951
2,300	124,68559	0,0010646	0,7770419	523,74	2712,65	2188,91	1,5782	7,0803
2,400	126,07160	0,0010659	0,7466752	529,64	2714,61	2184,97	1,5930	7,0661
2,500	127,41141	0,0010672	0,7186589	535,35	2716,49	2181,14	1,6072	7,0524
2,600	128,70833	0,0010685	0,6927273	540,87	2718,30	2177,43	1,6210	7,0394
2,700	129,96535	0,0010697	0,6686537	546,24	2720,03	2173,79	1,6343	7,0268
2,800	131,18515	0,0010709	0,6462431	551,44	2721,71	2170,27	1,6471	7,0146
3,000	133,52242	0,0010732	0,6057596	561,43	2724,88	2163,45	1,6717	6,9916
3,500	138,85715	0,0010786	0,5241795	584,26	2731,96	2147,70	1,7274	6,9401
4,000	143,60836	0,0010836	0,4623829	604,66	2738,05	2133,39	1,7765	6,8955
4,500	147,90340	0,0010882	0,4138974	623,14	2743,39	2120,25	1,8205	6,8560
5,000	151,83108	0,0010925	0,3748054	640,09	2748,11	2108,02	1,8604	6,8207
5,500	155,45595	0,0010967	0,3425964	655,76	2752,33	2096,57	1,8970	6,7886
6,000	158,82648	0,0011006	0,3155827	670,38	2756,14	2085,76	1,9308	6,7592
7,000	164,94620	0,0011080	0,2727749	697,00	2762,75	2065,75	1,9918	6,7071
8,000	170,40649	0,0011148	0,2403401	720,86	2768,30	2047,44	2,0457	6,6616
9,000	175,35045	0,0011212	0,2148868	742,56	2773,03	2030,47	2,0940	6,6213
10,000	179,87801	0,0011272	0,1943619	762,52	2777,11	2014,59	2,1381	6,5850
11,000	184,06188	0,0011330	0,1774483	781,03	2780,65	1999,62	2,1785	6,5520
12,000	187,95674	0,0011385	0,1632616	798,33	2783,74	1985,41	2,2159	6,5217
13,000	191,60481	0,0011438	0,1511857	814,60	2786,46	1971,86	2,2508	6,4936
14,000	195,03941	0,0011489	0,1407777	829,97	2788,85	1958,88	2,2835	6,4675
15,000	198,28733	0,0011539	0,1317112	844,56	2790,96	1946,40	2,3143	6,4430
16,000	201,37047	0,0011587	0,1237400	858,46	2792,82	1934,36	2,3435	6,4199
17,000	204,30695	0,0011634	0,1166749	871,74	2794,46	1922,72	2,3711	6,3981
18,000	207,11197	0,0011679	0,1103684	884,47	2795,91	1911,44	2,3975	6,3775
19,000	209,79839	0,0011724	0,1047031	896,71	2797,18	1900,47	2,4227	6,3578
20,000	212,37723	0,0011767	0,0995851	908,50	2798,29	1889,79	2,4468	6,3390

Tabelle A.9b Wasserdampftafel, Sättigungszustand (Drucktafel, Fortsetzung) [128], [130]

p	t	v'	v''	h'	h''	r	s'	s''
bar	°C	$\dfrac{\text{m}^3}{\text{kg}}$	$\dfrac{\text{m}^3}{\text{kg}}$	$\dfrac{\text{kJ}}{\text{kg}}$	$\dfrac{\text{kJ}}{\text{kg}}$	$\dfrac{\text{kJ}}{\text{kg}}$	$\dfrac{\text{kJ}}{\text{kg K}}$	$\dfrac{\text{kJ}}{\text{kg K}}$
22,000	217,24882	0,0011852	0,0906985	930,88	2800,10	1869,22	2,4921	6,3038
24,000	221,78893	0,0011934	0,0832442	951,87	2801,43	1849,56	2,5343	6,2712
26,000	226,04560	0,0012014	0,0768987	971,67	2802,34	1830,67	2,5736	6,2409
28,000	230,05680	0,0012091	0,0714292	990,46	2802,90	1812,44	2,6106	6,2124
30,000	233,85311	0,0012167	0,0666644	1008,35	2803,15	1794,80	2,6455	6,1856
32,000	237,45949	0,0012241	0,0624748	1025,44	2803,13	1777,69	2,6787	6,1602
34,000	240,89668	0,0012314	0,0587612	1041,84	2802,86	1761,02	2,7102	6,1360
36,000	244,18204	0,0012385	0,0554459	1057,61	2802,38	1744,77	2,7403	6,1129
38,000	247,33029	0,0012456	0,0524673	1072,81	2801,69	1728,88	2,7691	6,0908
40,000	250,35405	0,0012526	0,0497761	1087,49	2800,82	1713,33	2,7968	6,0696
42,000	253,26417	0,0012594	0,0473321	1101,71	2799,79	1698,08	2,8234	6,0491
44,000	256,07011	0,0012663	0,0451022	1115,50	2798,60	1683,10	2,8490	6,0293
46,000	258,78013	0,0012730	0,0430592	1128,90	2797,26	1668,36	2,8738	6,0102
48,000	261,40152	0,0012797	0,0411802	1141,94	2795,80	1653,86	2,8978	5,9917
50,000	263,94072	0,0012864	0,0394459	1154,64	2794,21	1639,57	2,9210	5,9737
55,000	269,96529	0,0013029	0,0356417	1185,09	2789,72	1604,63	2,9762	5,9307
60,000	275,58499	0,0013193	0,0324481	1213,92	2784,59	1570,67	3,0278	5,8901
65,000	280,85759	0,0013356	0,0297268	1241,38	2778,88	1537,50	3,0764	5,8516
70,000	285,82881	0,0013519	0,0273784	1267,66	2772,63	1504,97	3,1224	5,8148
75,000	290,53548	0,0013682	0,0253298	1292,93	2765,89	1472,96	3,1662	5,7793
80,000	295,00773	0,0013847	0,0235256	1317,31	2758,68	1441,37	3,2081	5,7450
85,000	299,27057	0,0014013	0,0219235	1340,93	2751,03	1410,10	3,2483	5,7117
90,000	303,34498	0,0014181	0,0204902	1363,87	2742,94	1379,07	3,2870	5,6791
95,000	307,24877	0,0014352	0,0191994	1386,23	2734,43	1348,20	3,3244	5,6473
100,000	310,99715	0,0014526	0,0180300	1408,06	2725,49	1317,43	3,3606	5,6160
105,000	314,60326	0,0014703	0,0169648	1429,45	2716,13	1286,68	·3,3959	5,5851
110,000	318,07851	0,0014885	0,0159896	1450,44	2706,35	1255,91	3,4303	5,5545
115,000	321,43289	0,0015071	0,0150927	1471,10	2696,12	1225,02	3,4638	5,5241
120,000	324,67518	0,0015263	0,0142642	1491,46	2685,45	1193,99	3,4967	5,4939
125,000	327,81314	0,0015461	0,0134958	1511,58	2674,31	1162,73	3,5290	5,4638
130,000	330,85366	0,0015665	0,0127804	1531,51	2662,68	1131,17	3,5608	5,4336
135,000	333,80291	0,0015877	0,0121120	1551,29	2650,54	1099,25	3,5921	5,4032
140,000	336,66639	0,0016097	0,0114852	1570,96	2637,86	1066,90	3,6232	5,3727
145,000	339,44907	0,0016328	0,0108953	1590,58	2624,59	1034,01	3,6539	5,3418
150,000	342,15539	0,0016570	0,0103384	1610,20	2610,70	1000,50	3,6846	5,3106
155,000	344,78942	0,0016824	0,0098107	1629,88	2596,12	966,24	3,7151	5,2788
160,000	347,35480	0,0017094	0,0093088	1649,69	2580,79	931,10	3,7457	5,2463
165,000	349,85489	0,0017383	0,0088299	1669,70	2564,62	894,92	3,7765	5,2130
170,000	352,29271	0,0017693	0,0083709	1690,03	2547,50	857,47	3,8077	5,1787
175,000	354,67106	0,0018029	0,0079292	1710,77	2529,30	818,53	3,8394	5,1431
180,000	356,99245	0,0018398	0,0075017	1732,09	2509,83	777,74	3,8718	5,1061
185,000	359,25916	0,0018807	0,0070856	1754,14	2488,85	734,71	3,9053	5,0670
190,000	361,47319	0,0019268	0,0066773	1777,15	2466,01	688,86	3,9401	5,0256
195,000	363,63618	0,0019792	0,0062725	1801,39	2440,78	639,39	3,9767	4,9808
200,000	365,74926	0,0020400	0,0058652	1827,21	2412,35	585,14	4,0156	4,9314
205,000	367,81289	0,0021126	0,0054457	1855,34	2379,25	523,91	4,0579	4,8753
210,000	369,82689	0,0022055	0,0049960	1887,56	2338,59	451,03	4,1064	4,8079
215,000	371,79103	0,0023468	0,0044734	1929,53	2283,12	353,59	4,1698	4,7181
220,000	373,70540	0,0027044	0,0036475	2011,34	2173,09	161,75	4,2945	4,5446
220,640	373,94600	0,0031056		2084,26		0,00	4,4070	

Tabelle A.10 Wasserdampftafel, überhitzter Dampf [128]

p bar	t °C	v $\frac{m^3}{kg}$	h $\frac{kJ}{kg}$	s $\frac{kJ}{kg\,K}$	t °C	v $\frac{m^3}{kg}$	h $\frac{kJ}{kg}$	s $\frac{kJ}{kg\,K}$
0,2	100	8,58569	2686,19	8,1262	350	14,37498	3177,35	9,1311
0,2	150	9,74880	2782,32	8,3680	400	15,52977	3279,78	9,2892
0,2	200	10,90743	2879,14	8,5842	450	16,68434	3383,84	9,4383
0,2	250	12,06412	2977,12	8,7811	500	17,83874	3489,57	9,5797
0,2	300	13,21983	3076,49	8,9624	600	20,14721	3706,19	9,8431
0,4	100	4,27999	2683,68	7,8009	350	7,18498	3176,97	8,8108
0,4	150	4,86636	2780,91	8,0455	400	7,76287	3279,47	8,9690
0,4	200	5,44813	2878,23	8,2629	450	8,34052	3383,58	9,1182
0,4	250	6,02793	2976,48	8,4602	500	8,91802	3489,35	9,2596
0,4	300	6,60673	3076,00	8,6419	600	10,07267	3706,04	9,5231
0,6	100	2,84460	2681,10	7,6083	350	4,78831	3176,59	8,6232
0,6	150	3,23883	2779,49	7,8557	400	5,17390	3279,16	8,7815
0,6	200	3,62835	2877,32	8,0743	450	5,55925	3383,32	8,9308
0,6	250	4,01586	2975,83	8,2722	500	5,94444	3489,14	9,0722
0,6	300	4,40237	3075,52	8,4541	600	6,71449	3705,88	9,3358
1,0	100	1,69596	2675,77	7,3610	350	2,87097	3175,82	8,3865
1,0	150	1,93673	2776,59	7,6147	400	3,10272	3278,54	8,5451
1,0	200	2,17249	2875,48	7,8356	450	3,33424	3382,81	8,6945
1,0	250	2,40619	2974,54	8,0346	500	3,56558	3488,71	8,8361
1,0	300	2,63887	3074,54	8,2171	600	4,02795	3705,57	9,0998
1,2	150	1,61116	2775,12	7,5278	400	2,58493	3278,23	8,4606
1,2	200	1,80852	2874,55	7,7499	450	2,77798	3382,56	8,6101
1,2	250	2,00377	2973,89	7,9495	500	2,97087	3488,49	8,7517
1,2	300	2,19799	3074,05	8,1323	550	3,16364	3596,10	8,8866
1,2	350	2,39164	3175,43	8,3019	600	3,35631	3705,42	9,0155
1,5	150	1,28557	2772,89	7,4207	400	2,06713	3277,76	8,3571
1,5	200	1,44453	2873,14	7,6447	450	2,22173	3382,17	8,5067
1,5	250	1,60134	2972,90	7,8451	500	2,37615	3488,17	8,6484
1,5	300	1,75711	3073,31	8,0284	550	2,53046	3595,83	8,7833
1,5	350	1,91230	3174,86	8,1983	600	2,68468	3705,18	8,9123
2,0	150	0,95989	2769,09	7,2809	400	1,54934	3276,98	8,2235
2,0	200	1,08052	2870,78	7,5081	450	1,66547	3381,53	8,3733
2,0	250	1,19891	2971,26	7,7100	500	1,78144	3487,64	8,5151
2,0	300	1,31623	3072,08	7,8940	550	1,89728	3595,37	8,6501
2,0	350	1,43296	3173,89	8,0643	600	2,01304	3704,79	8,7792
4,0	150	0,47089	2752,78	6,9305	400	0,77264	3273,86	7,9001
4,0	200	0,53434	2860,99	7,1724	450	0,83108	3378,96	8,0507
4,0	250	0,59520	2964,56	7,3805	500	0,88936	3485,49	8,1931
4,0	300	0,65488	3067,11	7,5677	550	0,94752	3593,55	8,3286
4,0	350	0,71395	3170,01	7,7398	600	1,00559	3703,24	8,4579
6,0	200	0,35212	2850,66	6,9684	450	0,55295	3376,38	7,8609
6,0	250	0,39390	2957,65	7,1834	500	0,59200	3483,33	8,0039
6,0	300	0,43441	3062,06	7,3740	550	0,63093	3591,73	8,1398
6,0	350	0,47426	3166,10	7,5480	600	0,66977	3701,68	8,2694
6,0	400	0,51373	3270,72	7,7095	650	0,70854	3813,24	8,3937
8,0	200	0,26087	2839,77	6,8176	450	0,41388	3373,79	7,7255
8,0	250	0,29320	2950,54	7,0403	500	0,44332	3481,17	7,8690
8,0	300	0,32415	3056,92	7,2345	550	0,47263	3589,90	8,0053
8,0	350	0,35441	3162,15	7,4106	600	0,50186	3700,12	8,1353
8,0	400	0,38427	3267,56	7,5733	650	0,53101	3811,90	8,2598

Tabelle A.10 Wasserdampftafel, überhitzter Dampf (Fortsetzung) [128]

p	t	v	h	s	t	v	h	s
bar	°C	$\dfrac{m^3}{kg}$	$\dfrac{kJ}{kg}$	$\dfrac{kJ}{kg\,K}$	°C	$\dfrac{m^3}{kg}$	$\dfrac{kJ}{kg}$	$\dfrac{kJ}{kg\,K}$
10,0	200	0,20600	2828,27	6,6955	450	0,33044	3371,19	7,6198
10,0	250	0,23274	2943,22	6,9266	500	0,35411	3479,00	7,7640
10,0	300	0,25798	3051,70	7,1247	550	0,37766	3588,07	7,9007
10,0	350	0,28249	3158,16	7,3028	600	0,40111	3698,56	8,0309
10,0	400	0,30659	3264,39	7,4668	650	0,42450	3810,55	8,1557
15,0	200	0,13244	2796,02	6,4537	450	0,21918	3364,65	7,4259
15,0	250	0,15200	2923,96	6,7111	500	0,23516	3473,57	7,5716
15,0	300	0,16970	3038,27	6,9199	550	0,25102	3583,49	7,7093
15,0	350	0,18658	3148,03	7,1035	600	0,26678	3694,64	7,8404
15,0	400	0,20301	3256,37	7,2708	650	0,28248	3807,17	7,9657
20,0	250	0,11148	2903,23	6,5474	500	0,17568	3468,09	7,4335
20,0	300	0,12550	3024,25	6,7685	550	0,18769	3578,88	7,5723
20,0	350	0,13859	3137,64	6,9582	600	0,19961	3690,71	7,7042
20,0	400	0,15121	3248,23	7,1290	650	0,21146	3803,79	7,8301
20,0	450	0,16354	3358,05	7,2863	700	0,22326	3918,24	7,9509
30,0	250	0,07062	2856,55	6,2893	500	0,11619	3457,04	7,2356
30,0	300	0,08118	2994,35	6,5412	550	0,12437	3569,59	7,3767
30,0	350	0,09056	3116,06	6,7449	600	0,13244	3682,81	7,5102
30,0	400	0,09938	3231,57	6,9233	650	0,14045	3796,99	7,6373
30,0	450	0,10788	3344,66	7,0853	700	0,14840	3912,34	7,7590
40,0	300	0,05887	2961,65	6,3638	550	0,09270	3560,22	7,2353
40,0	350	0,06647	3093,32	6,5843	600	0,09886	3674,85	7,3704
40,0	400	0,07343	3214,37	6,7712	650	0,10494	3790,15	7,4989
40,0	450	0,08004	3330,99	6,9383	700	0,11097	3906,41	7,6215
40,0	500	0,08644	3445,84	7,0919	750	0,11696	4023,80	7,7391
60,0	300	0,03619	2885,49	6,0702	550	0,06102	3541,19	7,0306
60,0	350	0,04225	3043,86	6,3356	600	0,06526	3658,76	7,1692
60,0	400	0,04742	3178,18	6,5431	650	0,06943	3776,36	7,3002
60,0	450	0,05217	3302,76	6,7216	700	0,07354	3894,47	7,4248
60,0	500	0,05667	3422,95	6,8824	750	0,07761	4013,37	7,5439
80,0	300	0,02428	2786,38	5,7935	550	0,04517	3521,77	6,8798
80,0	350	0,02998	2988,06	6,1319	600	0,04846	3642,42	7,0221
80,0	400	0,03435	3139,31	6,3657	650	0,05167	3762,42	7,1557
80,0	450	0,03820	3273,23	6,5577	700	0,05483	3882,42	7,2823
80,0	500	0,04177	3399,37	6,7264	750	0,05793	4002,86	7,4030
100,0	350	0,02244	2923,96	5,9458	600	0,03838	3625,84	6,9045
100,0	400	0,02644	3097,38	6,2139	650	0,04102	3748,32	7,0409
100,0	450	0,02978	3242,28	6,4217	700	0,04359	3870,27	7,1696
100,0	500	0,03281	3375,06	6,5993	750	0,04613	3992,28	7,2918
100,0	550	0,03566	3501,94	6,7584	800	0,04862	4114,73	7,4087
150,0	350	0,01148	2693,00	5,4435	600	0,02492	3583,31	6,6797
150,0	400	0,01567	2975,55	5,8817	650	0,02680	3712,41	6,8235
150,0	450	0,01848	3157,84	6,1433	700	0,02862	3839,48	6,9576
150,0	500	0,02083	3310,79	6,3479	750	0,03039	3965,56	7,0839
150,0	550	0,02295	3450,47	6,5230	800	0,03212	4091,33	7,2039
200,0	400	0,00995	2816,84	5,5525	650	0,01969	3675,59	6,6596
200,0	450	0,01272	3061,53	5,9041	700	0,02113	3808,15	6,7994
200,0	500	0,01479	3241,19	6,1445	750	0,02252	3938,52	6,9301
200,0	550	0,01657	3396,24	6,3390	800	0,02387	4067,73	7,0534
200,0	600	0,01818	3539,23	6,5077				

Tabelle A.11 Stoffwerte für trockene Luft bei p = 1 bar (p = 0,1 MPa)

t	ρ	c_p	$10^3 \beta$	$10^3 \lambda$	$10^6 \eta$	$10^6 \nu$	$10^6 a$	Pr
°C	$\dfrac{\text{kg}}{\text{m}^3}$	$\dfrac{\text{kJ}}{\text{kg K}}$	$\dfrac{1}{\text{K}}$	$\dfrac{\text{W}}{\text{m K}}$	$\dfrac{\text{kg}}{\text{m s}}$	$\dfrac{\text{m}^2}{\text{s}}$	$\dfrac{\text{m}^2}{\text{s}}$	-
- 200	5,106	1,186	17,24	6,886	4,997	0,9786	1,137	0,8606
- 180	3,851	1,071	11,83	8,775	6,623	1,720	2,127	0,8086
- 160	3,126	1,036	9,293	10,64	7,994	2,558	3,286	0,7784
- 140	2,639	1,010	7,726	12,47	9,294	3,522	4,677	0,7530
- 120	2,287	1,014	6,657	14,26	10,55	4,614	6,150	0,7502
- 100	2,019	1,011	5,852	16,02	11,77	5,829	7,851	0,7423
- 80	1,807	1,009	5,227	17,74	12,94	7,159	9,730	0,7357
- 60	1,636	1,007	4,725	19,41	14,07	8,598	11,78	0,7301
- 40	1,495	1,007	4,313	21,04	15,16	10,14	13,97	0,7258
- 30	1,433	1,007	4,133	21,84	15,70	10,95	15,13	0,7236
- 20	1,377	1,007	3,968	22,63	16,22	11,78	16,33	0,7215
- 10	1,324	1,006	3,815	23,41	16,74	12,64	17,57	0,7196
0	1,275	1,006	3,674	24,18	17,24	13,52	18,83	0,7179
10	1,230	1,007	3,543	24,94	17,74	14,42	20,14	0,7163
20	1,188	1,007	3,421	25,69	18,24	15,35	21,47	0,7148
30	1,149	1,007	3,307	26,43	18,72	16,30	22,84	0,7134
40	1,112	1,007	3,200	27,16	19,20	17,26	24,24	0,7122
60	1,045	1,009	3,007	28,60	20,14	19,27	27,13	0,7100
80	0,9859	1,010	2,836	30,01	21,05	21,35	30,14	0,7083
100	0,9329	1,012	2,683	31,39	21,94	23,51	33,26	0,7070
120	0,8854	1,014	2,546	32,75	22,80	25,75	36,48	0,7060
140	0,8425	1,016	2,422	34,08	23,65	28,07	39,80	0,7054
160	0,8036	1,019	2,310	35,39	24,48	30,46	43,21	0,7050
180	0,7681	1,022	2,208	36,68	25,29	32,93	46,71	0,7049
200	0,7356	1,026	2,115	37,95	26,09	35,47	50,30	0,7051
250	0,6653	1,035	1,912	41,06	28,02	42,11	59,62	0,7063
300	0,6072	1,046	1,745	44,09	29,86	49,18	69,43	0,7083
350	0,5585	1,057	1,605	47,05	31,64	56,65	79,68	0,7109
400	0,5170	1,069	1,486	49,96	33,35	64,51	90,38	0,7137
450	0,4813	1,081	1,383	52,82	35,01	72,74	101,5	0,7166
500	0,4502	1,093	1,293	55,64	36,62	81,35	113,1	0,7194
550	0,4228	1,105	1,215	58,41	38,19	90,31	125,1	0,7221
600	0,3986	1,116	1,145	61,14	39,71	99,63	137,5	0,7247
650	0,3770	1,126	1,083	63,83	41,20	109,3	150,3	0,7271
700	0,3576	1,137	1,027	66,46	42,66	119,3	163,5	0,7295
750	0,3402	1,146	0,9772	69,03	44,08	129,6	177,1	0,7318
800	0,3243	1,155	0,9317	71,54	45,48	140,2	191,0	0,7342
850	0,3099	1,163	0,8902	73,98	46,85	151,2	205,2	0,7368
900	0,2967	1,171	0,8523	76,33	48,19	162,4	219,7	0,7395
1000	0,2734	1,185	0,7853	80,77	50,82	185,9	249,2	0,7458

Tabelle A.12 Stoffwerte für siedendes flüssiges Wasser (Die Werte für die Dichte ρ, die spezifische isobare Wärmekapazität c_p, den Volumenausdehnungskoeffizienten β, die Wärmeleitfähigkeit λ, die dynamische Viskosität η, die Temperaturleitfähigkeit a und die Prandtl-Zahl Pr lassen sich in erster Näherung auch für flüssiges Wasser bei derselben Temperatur und bei höheren Drücken verwenden.)

t	p	ρ	c_p	$10^3\,\beta$	λ	$10^3\,\eta$	$10^9\,a$	Pr
°C	bar	$\dfrac{\text{kg}}{\text{m}^3}$	$\dfrac{\text{kJ}}{\text{kg K}}$	$\dfrac{1}{\text{K}}$	$\dfrac{\text{W}}{\text{m K}}$	$\dfrac{\text{kg}}{\text{m s}}$	$\dfrac{\text{m}^2}{\text{s}}$	-
0,01	0,00611655	999,7925	4,21991	- 0,06797	0,56104	1,79116	132,978	13,4724
10	0,01228199	999,6546	4,19554	0,08769	0,58000	1,30598	138,289	9,44709
20	0,02339318	998,1618	4,18436	0,20666	0,59842	1,00165	143,277	7,00390
30	0,04246971	995,6062	4,18008	0,30330	0,61546	0,79736	147,886	5,41550
40	0,07384938	992,1751	4,17965	0,38545	0,63058	0,65297	152,059	4,32802
50	0,12351946	987,9962	4,18155	0,45779	0,64355	0,55683	155,772	3,55310
60	0,19946434	983,1602	4,18513	0,52329	0,65435	0,46638	159,029	2,98290
70	0,31200930	977,7337	4,19022	0,58401	0,66309	0,40387	161,851	2,55217
80	0,47414474	971,7662	4,19687	0,64143	0,66999	0,35433	164,279	2,21958
90	0,70181766	965,2953	4,20528	0,69666	0,67525	0,31440	166,345	1,95799
100	1,0141800	958,3491	4,21567	0,75062	0,67909	0,28174	168,088	1,74900
110	1,4337871	950,9480	4,22833	0,80409	0,68169	0,25470	169,536	1,57982
120	1,9867442	943,1066	4,24351	0,85777	0,68319	0,23205	170,709	1,44135
130	2,7027998	934,8340	4,26150	0,91230	0,68370	0,21290	171,620	1,32698
140	3,6153910	926,1344	4,28258	0,96836	0,68330	0,19654	172,279	1,23182
150	4,7616454	917,0077	4,30708	1,02660	0,68204	0,18246	172,685	1,15223
160	6,1823462	907,4495	4,33535	1,08773	0,67996	0,17024	172,837	1,08544
170	7,9218701	897,4510	4,36782	1,15256	0,67705	0,15955	172,721	1,02931
180	10,028105	886,9990	4,40497	1,22196	0,67332	0,15014	172,328	0,98221
190	12,552362	876,0757	4,44740	1,29698	0,66875	0,14178	171,639	0,94289
200	15,549279	864,6581	4,49584	1,37882	0,66331	0,13432	170,632	0,91039
210	19,076750	852,7176	4,55121	1,46899	0,65697	0,12760	169,283	0,88398
220	23,195862	840,2190	4,61463	1,56929	0,64965	0,12152	167,552	0,86316
230	27,970875	827,1192	4,68756	1,68207	0,64131	0,11596	165,407	0,84761
240	33,469251	813,3656	4,77190	1,81027	0,63185	0,11085	162,793	0,83718
250	39,761749	798,8942	4,87013	1,95783	0,62119	0,10611	159,659	0,83192
260	46,922610	783,6257	4,98562	2,13005	0,60924	0,10168	155,941	0,83209
270	55,029868	767,4612	5,12302	2,33429	0,59591	0,09750	151,565	0,83818
280	64,165829	750,2752	5,28893	2,58112	0,58115	0,09351	146,454	0,85098
290	74,417783	731,9052	5,49310	2,88622	0,56496	0,08966	140,522	0,87174
300	85,879049	712,1356	5,75040	3,27392	0,54743	0,08590	133,680	0,90229
310	98,650512	690,6716	6,08478	3,78393	0,52875	0,08217	125,815	0,94558
320	112,84293	667,0939	6,53734	4,48561	0,50920	0,07841	116,762	1,00664
330	128,58052	640,7732	7,18634	5,51342	0,48907	0,07454	106,208	1,09521
340	146,00677	610,6676	8,20797	7,17536	0,46851	0,07043	93,4713	1,23392
350	165,29415	574,7065	10,1160	10,39303	0,44737	0,06588	76,9506	1,48962
360	186,66007	527,5916	15,0044	19,12076	0,42572	0,06033	53,7784	2,12627
370	210,43563	451,4257	45,1552	76,38429	0,42504	0,05207	20,8514	5,53165
373,946	220,64000	321,1999	∞	∞	0,83000	0,03943	0	∞

Zustandsdiagramme

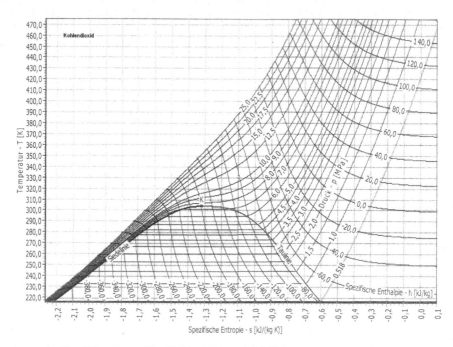

Diagramm 1: T,s-Diagramm für Kohlendioxid (CO_2) (1 MPa = 10 bar)

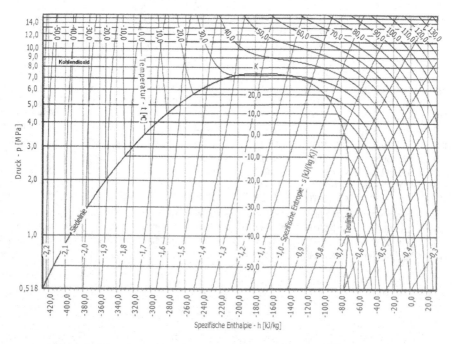

Diagramm 2: lg p,h-Diagramm für Kohlendioxid (CO_2) (1 MPa = 10 bar)

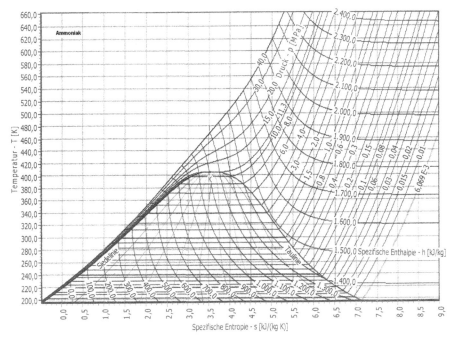

Diagramm 3: T,s**-Diagramm für Ammoniak (NH$_3$)** (1 MPa = 10 bar)

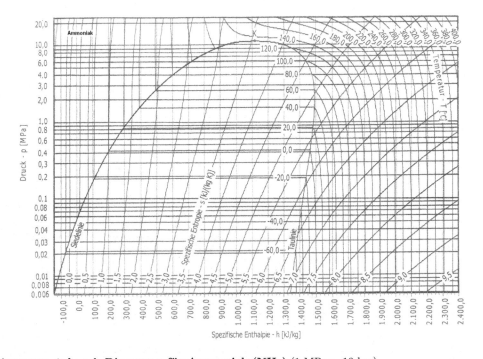

Diagramm 4: lg p,h**-Diagramm für Ammoniak (NH$_3$)** (1 MPa = 10 bar)

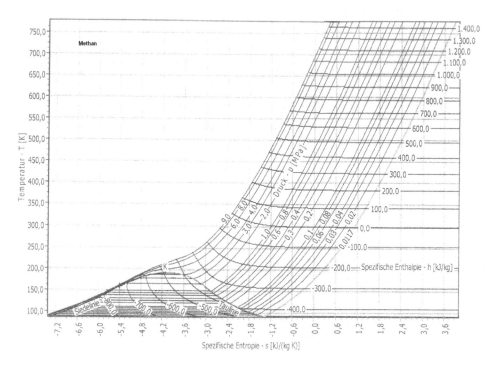

Diagramm 5: T,s-**Diagramm für Methan (CH$_4$)** (1 MPa = 10 bar)

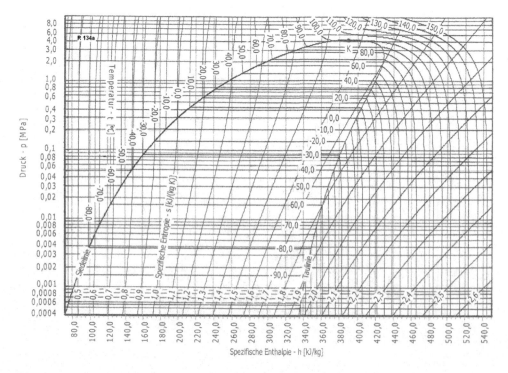

Diagramm 6: lg p,h-**Diagramm für R134a** (1 MPa = 10 bar)

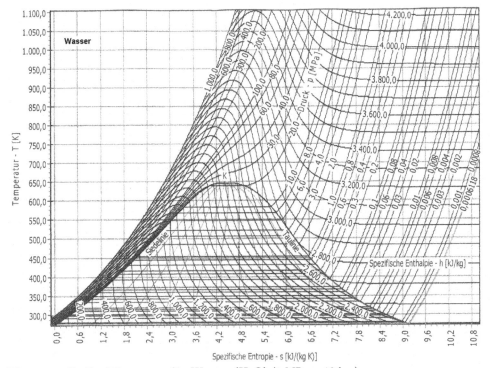

Diagramm 7: T,s-Diagramm für **Wasser (H_2O)** (1 MPa = 10 bar)

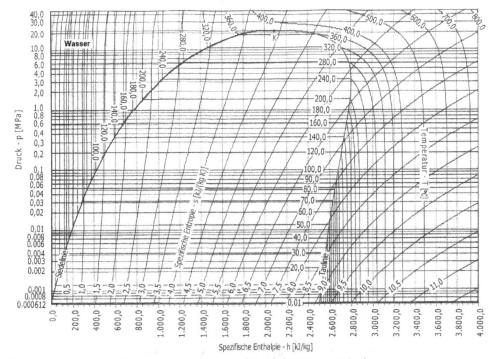

Diagramm 8: lg p,h-Diagramm für **Wasser (H_2O)** (1 MPa = 10 bar)

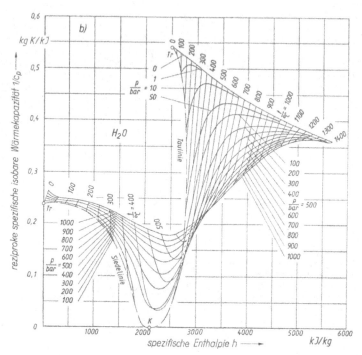

Diagramm 9: $1/c_p$, h-Diagramm für Wasser (H_2O) [26]

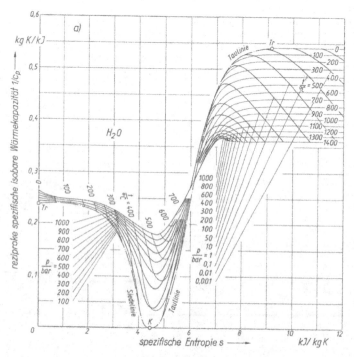

Diagramm 10: $1/c_p$, s-Diagramm für Wasser (H_2O) [26]

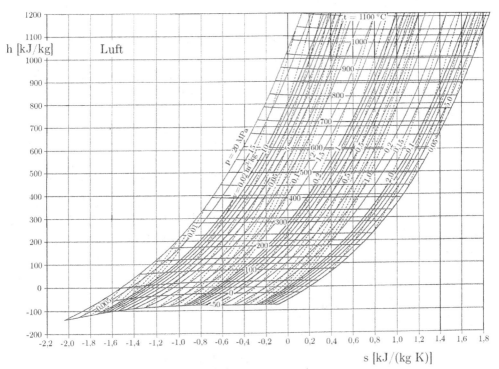

Diagramm 11: *h,s*-Diagramm für Luft (1 MPa = 10 bar)

Literatur

[1] *Asami, T.*: New method to determine the BWR coefficients in saturated regions. Cryogenics 28 (1988) Nr. 8 S. 521/526.

[2] *Baehr, H. D.* und *K. Schwier*: Die thermodynamischen Eigenschaften der Luft. Springer, Berlin 1961.

[3] *Baehr, H. D.* und *E. Hicken*: Die thermodynamischen Eigenschaften von CF_2Cl_2 (R 12) im kältetechnisch wichtigen Zustandsbereich. Kältetechnik 17 (1965) 143/150.

[4] *Baehr, H. D.*: Zur Definition exergetischer Wirkungsgrade. BWK 20 (1968) S. 197/200.

[5] *Baehr, H. D., H. Hartmann. H.-Chr. Pohl* und *H. Schomäcker*: Thermodynamische Funktionen idealer Gase für Temperaturen bis 6000 °K. Springer, Berlin 1968.

[6] *Baehr, H. D.*: Kanonische Zustandsgleichungen und ihre Bedeutung für die technischen Anwendungen der Thermodynamik. Kältetechnik 23 (1971) S. 78/81.

[7] *Baehr, H. D.*: Thermodynamik. 3. Aufl. Springer, Berlin 1973, S. 132.

[8] *Baehr, H. D.*: Thermodynamik. 7. Aufl. Springer, Berlin 1989, S. 162, 422.

[9] *Baehr, H. D.*: Thermodynamik. 16. Aufl. Springer, Berlin Heidelberg 2016.

[10] *Baehr, H. D.* und *S. Kabelac*: Vorläufige Zustandsgleichungen für das ozonunschädliche Kältemittel R 134 a. Ki Klima-Kälte-Heizung 2/1989 S. 69/71.

[11] *Bayer, C.* und *W. Koch-Emmery*: Das stationäre Betriebsverhalten von wasserbeheizten Lufterhitzern bei verschiedenen Luftzuständen. Gesundh.-Ing. 90 (1969) S. 87/93.

[12] *Beattie, J. A.* und *O. C. Bridgman*: A New Equation of State for Fluids.
I. Application to Gaseous Ethyl Ether and Carbon Dioxide.
J. Am. Chem. Soc. 49 (1927) S. 1665/1667.
II. Application to Helium, Neon, Argon, Hydrogen, Nitrogen, Oxygen, Air and Methane. J. Am. Chem. Soc. 50 (1928) S. 3133/3138.
III. The Normal Densities and the Compressibilities of several Gases at 0°.
J. Am. Chem. Soc. 50 (1928) S. 3151/3157.

[13] *Bender, E.*: Zur Aufstellung von Zustandsgleichungen, aus denen sich die Sättigungsgrößen exakt berechnen lassen — gezeigt am Beispiel des Methans. Kältetechnik 23 (1971) S. 258/264, Berichtigung S. 348.

[14] *Bender, E.*: Equations of State for Ethylene and Propylene. Cryogenics 15 (1975) S. 667/673.

[15] *Benedict, M., G. B. Webb* und *L. C. Rubin*: An Empirical Equation for Thermodynamic Properties of Light Hydrocarbons and Their Mixtures.
I. Methane, Ethane and n-Butane. J. Chem. Phys. 8 (1940) S. 334/345
II. Mixtures of Methane, Etane, Propane and n-Butane.
J. Chem. Phys. 10 (1942) S. 747/758.

[16] *Benedict, M., G. B. Webb* und *L. C. Rubin*: Constants for Twelve Hydrocarbons. Chem. Eng. Progr. 47 (1951) S. 419/422.

© Springer Fachmedien Wiesbaden GmbH, ein Teil von Springer Nature 2023
M. Dehli et al., *Grundlagen der Technischen Thermodynamik*,
https://doi.org/10.1007/978-3-658-41251-7

[17]   *Bošnjaković, F.*: Technische Thermodynamik. Bd. 1 und 2. 4. Aufl. Steinkopff,
        Dresden 1965.

[18]   *Bošnjaković, F.*: Technische Thermodynamik Teil 1. 8. korrigierte Aufl. Steinkopff,
        Darmstadt 1998.

[19]   *Bošnjaković, F., M. Viličić* und *B. Slipčević*: Einheitliche Berechnung von
        Rekuperatoren. VDI-Forschungsheft 432 (1951) S. 5/26.

[20]   *Bowman, R. A., A. C. Mueller* und *W. M. Nagle*: Mean temperature difference in
        design. Trans. ASME 62 (1940) S. 283/294.

[21]   *Brandt, F.*: Brennstoffe und Verbrennungsrechnung.
        2. Aufl. Vulkan-Verlag, Essen 1991.

[22]   *Carslaw, H. S.* und *J. C. Jaeger*: Conduction of heat in solids.
        2. Aufl. Clarendon Press, Oxford 1959.

[23]   *Cerbe, G.*, et al.: Grundlagen der Gastechnik.
        7. Aufl. Carl Hanser, München Wien 2008.

[24]   *Cerbe, G.* und *H.-J. Hoffmann* bzw. *Cerbe, G.* und *G. Wilhelms*: Einführung in die
        Thermodynamik. 12. bis 17. Aufl. Carl Hanser, München Wien 1999 bis 2013.

[25]   CRC Handbook of Chemistry and Physics. Hrsg. *D. R. Lide*.
        73. Aufl. Boca Raton (Florida) 1992–1993.

[26]   *Dehli, M.*: Über kanonische Zustandsgleichungen und ihre Anwendungsmöglichkeiten
        in der Technik. VDI-Forschungsheft 570 (1975).

[27]   *Dehli, M.*: Energieeinsparpotenziale bei der Drucklufterzeugung.
        Brennstoff-Wärme-Kraft BWK Bd. 54 (2002) Nr. 6 S. 57/62.

[28]   *Dehli, M.*: Prozesse zur Verbesserung der Wirksamkeit von Gas-Expansionsanlagen
        unter thermodynamischen Gesichtspunkten.
        FHTE, Hochschule für Technik, Esslingen 1994.

[29]   *Dehli, M.*: Energierückgewinnung mit Gas-Expansionsanlagen.
        Gas Erdgas gwf 137 (1996) Nr. 4 S. 196/206.

[30]   *Dehli, M.*: Concepts for Gas Expansion at High Temperatures.
        Tagungsband der International Conference on Gas Expansion, Maastricht 1997.

[31]   *Dehli, M.*: Energierückgewinnung in technischen Systemen.
        Teil 1: Rückgewinnungskonzepte bei der Erdgasbereitstellung.
        Brennstoff-Wärme-Kraft BWK Bd. 52 (2000) Nr. 7/8 S. 44/51.
        Teil 2: Rückgewinnungskonzept bei der Rauchgasreinigung von Steinkohlekraft-
        werken. Brennstoff-Wärme-Kraft BWK Bd. 52 (2000) Nr. 9 S. 49/51.

[32]   *Dehli, M.*: g, s-Zustandsdiagramm für Wasser und Wasserdampf.
        Brennstoff-Wärme-Kraft BWK Bd. 57 (2005) Nr. 11 S. 63/67.

[33]   *Dehli, M.*: Vergleichende Bewertung von thermodynamischen Kreisprozessen.
        Brennstoff-Wärme-Kraft BWK Bd. 51 (1999) Nr. 11/12 S. 48/58.

[34]   *Dehli, M.*: Thermodynamische Kriterien für die Weiterentwicklung von Kraft-
        maschinen. Brennstoff-Wärme-Kraft BWK Bd. 57 (2005) Nr. 1/2 S. 61/66.

[35]   *Döring, R.* und *H. J. Löffler*: Thermodynamische Eigenschaften von Trifluor-
        methan (R 23). Kältetechnik 20 (1968) S. 342/348.

[36]   *Döring, R.*: Thermodynamische Eigenschaften von Ammoniak (R 717).
       Klima- und Kälte-Ingenieur, Ki-extra Nr. 5. C. F. Müller, Karlsruhe 1978.

[37]   *Dvorák, Z.* und *J. Petrák*: Beitrag zur Ermittlung von thermodynamischen
       Eigenschaften der Kältemittel R 22, R 505 und des Ammoniaks.
       Klima- und Kälte- Ingenieur 3 (1975) S. 319/324.

[38]   *Eckert, E.*: Einführung in den Wärme- und Stoffaustausch.
       2. Aufl. Springer, Berlin 1959.

[39]   *Elsner, N.*: Grundlagen der Technischen Thermodynamik. Bertelsmann, Gütersloh
       1973.

[40]   Energietechnische Arbeitsmappe. VDI-Gesellschaft Energietechnik.
       15., bearbeitete und erweiterte Aufl. Springer, Berlin Heidelberg 2000.

[41]   *Faltin, H.*: Technische Wärmelehre. 5. Aufl. Akademie-Verlag, Berlin 1968.

[42]   *Glück, B.*: Strahlungsheizung - Theorie und Praxis. Müller, Karlsruhe 1982.

[43]   *Gordon, S.*: Thermodynamic and transport properties of hydrocarbon with air.
       Vol. 1. NASA Techn. Paper 1902, 1982.

[44]   *Gregorig, R.*: Wärmeaustausch und Wärmeaustauscher. 2. Aufl. Sauerländer,
       Aarau 1973.

[45]   *Grigull, U.* und *H. Sandner*: Wärmeleitung. Springer, Berlin 1979.

[46]   *Gröber, H., S. Erk* und *U. Grigull*: Die Grundgesetze der Wärmeübertragung.
       3. Aufl. Springer, Berlin 1957.

[47]   Handbuch Maschinenbau. Grundlagen und Anwendungen der Maschinenbau-Technik,
       24. Auflage. Teil: Böge, G.; Böge, W.; Surek, D.: Abschnitt Hydrostatik, -dynamik,
       Gasdynamik S. 361/389. Springer Vieweg, Wiesbaden 2021.

[48]   *Hausen, H.*: Wärmeübertragung durch Rippenrohre. Z. VDI-Beiheft Verfahrens-
       technik (1940) Nr. 2 S. 55/57.

[49]   *Hausen, H.*: Darstellung des Wärmeüberganges in Rohren durch verallgemeinerte
       Potenzbeziehungen, Z. VDI-Beiheft Verfahrenstechnik (1943) Nr. 4 S. 91/98.

[50]   *Hausen, H.*: Wärmeübertragung im Gegenstrom, Gleichstrom und Kreuzstrom.
       Springer, Berlin 1950.

[51]   *Hausen, H.*: Neue Gleichungen für die Wärmeübertragung bei freier und erzwun-
       gener Strömung. Allg. Wärmetechn. 9 (1959) S. 75/79.

[52]   *Hausen, H.*: Erweiterte Gleichung für den Wärmeübergang bei turbulenter Strö-
       mung. Wärme- u. Stoffübertr. 7 (1974) S. 222/225.

[53]   *Hausen, H.*: Wärmeübertragung im Gegenstrom, Gleichstrom und Kreuzstrom.
       2. Aufl. Springer, Berlin 1976.

[54]   *Hausen, H.* und *H. Rögener*: Warum stimmt die thermodynamische Temperaturskala
       mit den gasthermometrischen Messungen überein? PTB-Mitt. 87 (1977) Nr. 2
       S. 97/102.

[55]   *Heckenberger, T. E. J.*: Wärmeleitfähigkeit und Viskosität des neuen Kältemittels
       R 134 a. Ki Klima-Kälte-Heizung 11/1990 S. 484/486.

[56]   *Hell, F.*: Grundlagen der Wärmeübertragung. 3. Aufl. VDI-Verlag, Düsseldorf 1982.

[57] *Hofmann, E.*: Der Wärmeübergang bei der Strömung im Rohr. Z. ges. Kälte-Ind.
      Bd. 44 (1937) S. 99/107.

[58] *Holborn, L.* und *J. Otto*: Über die Isothermen einiger Gase zwischen +400° und
      −183°. Z. Phys. Bd. 33 (1925) S. 1/11.

[59] *Hou, Y. C.* und *J. J. Martin*: Physical and Thermodynamic Properties of
      Trifluoromethane. AIChE Journal 5 (1959) S. 125/129.

[60] Internationale Praktische Temperaturskala von 1968. Verbesserte Ausg. von 1975.
      PTB-Mitteilungen 87 (1977) Nr. 6 S. 497/510. Internationale Praktische Tempera-
      turskala von 1990 (ITS-90), Physikalisch-Technische Bundesanstalt (PTB), Braun-
      schweig.

[61] *Jahnke, E., F. Emde* und *F. Lösch*: Tafeln höherer Funktionen. 6. Aufl. Teubner,
      Stuttgart 1960.

[62] *Jakob, M.*: Heat Transfer. Bd. 1 und 2. Wiley, New York 1959.

[63] *Jolls, K. R.* und *G. P. Willers*: Computer Generated Phase Diagram for Ethylene
      and Propylene. Cryogenics 18 (1978) S. 329/336.

[64] *Kamke, D.* und *K. Krämer*: Physikalische Grundlagen der Maßeinheiten. Teubner,
      Stuttgart 1977.

[65] *Kasparek, G.*: Der Energieaustausch durch Wärmestrahlung zwischen Feststoffober-
      flächen. BWK 24 (1972) S. 229/233.

[66] *Kays, W. M.*: Loss coefficients for abrupt changes in flow cross section with low
      Reynolds number flow in single and multi-tube systems.
      Trans. ASME 72 (1950) S. 1067/1074.

[67] *Kays, W. M.* und *A. L. London*: Heat-transfer and flow-friction characteristics of
      some compact heat-exchanger surfaces.
      Teil 1: Test system and procedure.
      Teil 2: Design data for thirteen surfaces. Trans. ASME 72 (1950) S. 1075/1085
      und 1087/1097.
      Teil 3: Design data for five surfaces. Trans. ASME 74 (1952) S. 1167/1178.

[68] *Kays, W. M.* und *A. L. London*: Compact Heat Exchangers.
      2. Aufl. McGraw-Hill, New York 1964.

[69] *Kays, W. M.* und *A. L. London*: Hochleistungswärmeübertrager.
      Akademie-Verlag, Berlin 1973.

[70] *Küper, P.* und *H. J. Löffler*: Eine neue Dampftafel für das Kältemittel R 22.
      Kältetechnik 23 (1971) S. 47/51.

[71] *Küttner, K. H.*: Kolbenmaschinen. 5. Aufl. Teubner, Stuttgart 1984, S. 181.

[72] *Kugeler, K.* und *P.-W. Phlippen*: Energietechnik.
      2. Aufl. Springer, Berlin Heidelberg 1993.

[73] *Landolt-Börnstein*: Zahlenwerte und Funktionen. Bd. IV/4 a, Springer, Berlin 1967.

[74] *Leggewie, G.*: Flüssiggase. Carl Hanser, München Wien 1969.

[75] *Lewis, W. K.*: The evaporation of a liquid into a gas. Mech. Eng. 44 (1922)
      S. 445/446.

[76] *Löffler, H. J.* und *H. Hinrichsen*: „Azeotrope" Kältemittelgemische. Azeotrope
      Punkte, Kälteleistung, Kompressionsendtemperatur. Kältetechnik 21 (1969) S. 6/14.

[77]   *London, A. L.* und *C. K. Ferguson*: Test results of high-performance heat-exchanger surface used in aircraft intercoolers and their significance for gas-turbine regenerator design. Trans. ASME 71 (1949) S. 17/26.

[78]   *Lutz, O.* und *F. Wolf*: *IS*-Tafel für Luft und Verbrennungsgase. Springer, Berlin 1938.

[79]   *Martin, J. J.* und *Y. C. Hou*: Development of an Equation of State for Gases. AIChE Journal 1 (1955) S. 142/151, Berichtigung S. 506.

[80]   *Martin, J. J., R. M. Kapoor* und *N. de Nevers*: An Improved Equation of State for Gases. AIChE Journal 5 (1959) S. 159/160.

[81]   *Martin, J. J.* und *R. C. Downing*: Thermodynamische Eigenschaften des Kältemittels R 502. Kältetechnik 23 (1971) S. 265/267.

[82]   The Scientific Papers of *James Clerk Maxwell*. Hrsg. *W. D. Niven*. 2 Bände, Cambridge University Press 1890, Neudruck Dover Publications Inc., New York 1965, Bd. 2 S. 424.

[83]   *McCarty, R. D.*: A Modified *Benedict-Webb-Rubin* Equation of State for Methane Using Recent Experimental Data. Cryogenics 14 (1974) S. 276/280.

[84]   *Mears, W. H., J. V. Sinka, P. F. Malbrunot, P. A. Meunier, A. G. Dedit* und *G. M. Scatena*: Pressure-Volume-Temperature Behavior of a Mixture of Difluoromethane and Pentafluoromonochloroethane. J. Chem. Eng. Data 13 (1968) S. 344/347. Ref.: Kältetechnik 21 (1969) S. 48 und 81.

[85]   *Morsy, T. E.*: Eine neue Dampftafel für Tetrafluordichloräthan (R 114). Kältetechnik 17 (1965) S. 86/89.

[86]   *Morsy, T. E.*: Eine neue Zustandsgleichung für Trifluormethan (R 23). Kältetechnik 17 (1965) S. 272/275.

[87]   *Morsy, T. E.*: Trifluormethan (R 23). Thermodynamische Eigenschaften und Dampftafel. Kältetechnik 18 (1966) S. 203/206.

[88]   *Morsy, T. E.*: Ein *Mollier*-Diagramm für Trifluormethan (R 23). Kältetechnik 18 (1966) S. 347/349.

[89]   *Morsy, T. E.*: Thermodynamische Eigenschaften des Kältemittels R 500. Kältetechnik 20 (1968) S. 94/101.

[90]   *Morsy, T. E.* und *D. Straub*: Dampftafel und *Mollier*-Diagramm von Tetrafluormethan. Kältetechnik 20 (1968) S. 210/214.

[91]   *Nunner, W.*: Wärmeübergang und Druckabfall in rauhen Rohren. VDI-Forschungsheft 455 (1956).

[92]   *Nußelt, W.*: Eine neue Formel für den Wärmedurchgang im Kreuzstrom. Techn. Mech. Thermodyn. 1 (1930) S. 417/422.

[93]   *Oswatitsch, K.*: Grundlagen der Gasdynamik. Springer, Wien 1976.

[94]   *Planck, M.*: Theorie der Wärmestrahlung. 6. Aufl. Barth, Leipzig 1966.

[95]   *Prandtl, L.*: Eine Beziehung zwischen Wärmeaustausch und Strömungswiderstand der Flüssigkeiten. Phys. Z. Bd. 11 (1910) S. 1072/1078.

[96]   *Prandtl, L.*: Bemerkung über den Wärmeübergang im Rohr. Phys. Z. Bd. 29 (1928) S. 487/489.

[97]   *Pitzer, K. S.*: The Volumetric and Thermodynamic Properties of Fluids.
I. Theoretical Basis and Virial Coefficients.
J. Am. Chem. Soc. 77 (1955) S. 3427/3433.
Pitzer, K. S., D. Z. Lippmann, R. F. Curl, C. M. Huggins und *D. E. Petersen*:
The Volumetric and Thermodynamic Properties of Fluids.
II. Compressibility Factor, Vapor Pressure and Entropy of Vaporization.
J. Am. Chem. Soc. 77 (1955) S. 3433/3440.

[98]   *Ražnjević, K.*: Thermodynamische Tabellen. VDI-Verlag, Düsseldorf 1977.

[99]   *Redlich, O.* und *J. N. S. Kwong*: On the Thermodynamics of Solutions.
V. Chem. Rev. 44 (1949) S. 233/244.

[100] *Rehwald, W.*: Elementare Einführung in die Bessel-, Neumann- und
Hankel-Funktionen. Hirzel, Stuttgart 1959.

[101] *Renz, U.*: Thermodynamische Eigenschaften des Eises. Kältetechnik 21 (1969)
S. 266/269.

[102] *Riedel, L.*: Untersuchungen über eine Erweiterung des Theorems der
übereinstimmenden Zustände.
Teil I Eine neue universelle Dampfdruckformel. Chemie-Ing.-Technik 26 (1954)
S. 83/89.
Teil II Die Flüssigkeitsdichte im Sättigungszustand. Chemie-Ing.-Technik 26 (1954)
S. 259/264.
Teil III Kritischer Koeffizient, Dichte des gesättigten Dampfes und
Verdampfungswärme.
Chemie-Ing.-Technik 26 (1954) S. 679/683.

[103] *Rombusch, U. K.*: Ein erweitertes Korrespondenzprinzip zur Bestimmung von
Zustandsgrößen.
Allg. Wärmetechnik 11 (1962) S. 41/50 und 133/145.

[104] *Rombusch, U. K.* und *H. Giesen*: Zur Berechnung von Dampftafeln.
Kältetechnik 16 (1964) S. 66/69.

[105] *Rombusch, U. K.*: Ein *Mollier-i*, log *p*-Diagramm für Trifluormonobrom-Methan
(R 13 B 1).
Kältetechnik 16 (1964) S. 69/76.

[106] *Rombusch, U. K.* und *H. Giesen*: Neue *Mollier-i*, log *p*-Diagramme für die
Kältemittel R 11, R 12, R 13 und R 21. Kältetechnik 18 (1966) S. 37/40.

[107] Angaben der Ruhrgas AG, Essen 2003.

[108] *Sawitzki, P.*: Zweidimensionale Temperaturfelder in geraden Rechteckrippen.
Wärme- und Stoffübertragung 5 (1972) S. 253/256.

[109] *Schedwill, H.*: Thermische Auslegung von Kreuzstromwärmeaustauschern.
Fortschr.-Ber. VDI-Z. Reihe 6 Nr. 19 (1968).

[110] *Schlünder, E. U.*: Einführung in die Wärmeübertragung.
3. Aufl. Vieweg, Braunschweig 1981.

[111] *Schmidt, E.*: Die Wärmeübertragung durch Rippen.
Z. VDI 70 (1926) S. 885/889 und 947/951.

[112] *Schmidt, E.*: Einführung in die Technische Thermodynamik. 7. Aufl. Springer,
Berlin 1958.

[113]   *Schmidt, E.* und *U. Grigull:* Properties of Water and Steam in SI-Units.
4. Aufl. Springer und Oldenbourg, Berlin und München 1989.

[114]   *Schmidt, E.:* Verdunstung und Wärmeübergang. Gesundh.-Ing. 52 (1929)
S. 525/529.

[115]   *Schmidt, Th. E.:* Bestimmung der Wärmeübergangszahlen aus gemessenen
Wärmedurchgangszahlen. Forsch. Ing.-Wes. 4 (1933) S. 183/186. Berichtigung
S. 214.

[116]   *Schmidt, Th. E.:* Die Wärmeleistung von berippten Oberflächen. Abh. des
Deutschen Kältetechn. Vereins Nr. 4. Müller, Karlsruhe 1950.

[117]   *Schollenberger, D.:* Nutzung von Wabenreaktoren zur Methanisierung bei PtG-Prozessen
Karlsruher Institut für Technologie (KIT) 2013.

[118]   *Sievers, U.:* Die thermodynamischen Eigenschaften von Kohlendioxid.
Fortschr.-Ber. VDI-Z. Reihe 6 Nr. 155 (1984).

[119]   *Sinka, J. V.:* Physical Properties of a Refrigerant Mixture of
Monofluoromonochloromethane and Tetrafluorodichloroethane.
J. Chem. Eng. Data 15 (1970) S. 71/73.

[120]   *Sinka, J. V., E. Rosenthal* und *R. P. Dixon:* Pressure-Volume-Temperature
Relationship for a Mixture of Monochlorotrifluoromethane and Trifluoromethane.
J. Chem. Eng. Data 15 (1970) S. 73/74. Ref.: Kältetechnik 22 (1970) S. 233.

[121]   *Soave, G.:* Equilibrium constants from a modified *Redlich-Kwong* equation of state.
Chem. Eng. Sci. 27 (1972) S. 1197/1203.

[122]   *Stephan, P., Schaber, K., Stephan, K.* und *F. Mayinger:* Thermodynamik
Grundlagen und technische Anwendungen – Band 2: Mehrstoffsysteme und
chemische Reaktionen. 16. Aufl. Springer, Berlin Heidelberg 2017.

[123]   *Surek, D.; Stempik, S.:* Dynamic Pressure Oscillations and Compression Shock of
the Impeller in the Side Channel Compressor. Proceedings of the International
Rotation Equipment Conference 2008, Düsseldorf, S. 101/110.

[124]   *Teja, A. S.* und *A. Singh:* Equations of State for Ethane, Propane and n-Butane.
Cryogenics 17 (1977) S. 591/596.

[125]   *Tsonopoulos, C.* und *J. M. Prausnitz:* Equations of State. A Review for
Engineering Applications. Cryogenics 9 (1969) S. 315/327.

[126]   *Van Ness, H. C.:* Use of the *Redlich* and *Kwong* Equation of State in Calculating
Thermodynamic Properties of Gases from Experimental Compressibility Data.
AIChE Journal 1 (1955) S. 100/104.

[127]   *Wagner, W., J. Ewers* und *R. Schmidt:* An equation of state for oxygen vapour —
second and third virial coefficients. Cryogenics 24 (1984) Nr. 1 S. 37/43.

[128]   *Wagner, W.* und *A. Kruse:* Zustandsgrößen von Wasser und Wasserdampf. Der
Industrie-Standard IAPWS-IF97 für die thermodynamischen Zustandsgrößen und
ergänzende Gleichungen für andere Eigenschaften. Springer, Berlin Heidelberg 1998.

[129]   *Wagner, W., A. Saul* und *A. Pruß:* International Equations for the Pressure along
the Melting and along the Sublimation Curve of Ordinary Water Substance.
J. Phys. Chem. Ref. Data 23 (1994) Nr. 3 S. 515/527.

[130]   *Wagner, W.* und *U. Overhoff*: ThermoFluids. Interaktive Software für die Berech-
        nung thermodynamischer Eigenschaften für mehr als 60 Stoffe auf der Basis der
        Software Fluidcal. Lehrstuhl für Thermodynamik der Ruhr-Universität Bochum),
        Springer-Verlag, Heidelberg 2005.

[131]   VDI-Wärmeatlas. VDI-Verlag, Düsseldorf 1954/1963.

[132]   VDI-Wärmeatlas. 4. bis 10. Aufl. VDI-Verlag, Düsseldorf, bzw. Springer-Verlag,
        Berlin, 1984 bis 2006.

[133]   VDI-Wärmeatlas. Berechnungsblätter für den Wärmeübergang. VDI-Gesellschaft
        Verfahrenstechnik und Chemieingenieurwesen (Hrsg.). 9. Aufl. Springer,
        Berlin Heidelberg 2002.

[134]   *Wukalowitsch, M. P., W. N. Subarjev* und *P. G. Prusakov*: Zustandsgleichung für
        Wasserdampf bei 800 bis 1500 °C und 5 bis 1000 bar. Russische Originalarbeit:
        Teploenergetika 12 (1965) Nr. 9 S. 67/71. Englische Übersetzung:
        Thermal Engineering 12 (1965) S. 88/93. Deutsches Referat: BWK 18 (1966)
        S. 410/411.

[135]   *Wukalowitsch, M. P., W. N. Subarjev, A. A. Alexandroff* und *P. G. Prusakov*:
        Eigenschaften von Wasserdampf bei 800 bis 1500 °C. Russische Originalarbeit:
        Teploenergetika 13 (1966) Nr. 3 S. 77/82. Englische Übersetzung:
        Thermal Engineering 13 (1966) S. 101/106. Deutsches Referat: BWK 19 (1967)
        S. 320.

Sachwortverzeichnis

© Springer Fachmedien Wiesbaden GmbH, ein Teil von Springer Nature 2023
M. Dehli et al., *Grundlagen der Technischen Thermodynamik*,
https://doi.org/10.1007/978-3-658-41251-7

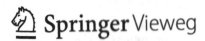

LEHRBUCH

Martin Dehli

Aufgabensammlung Technische Thermodynamik

Mit vollständigen Lösungen

2. Auflage

 Springer Vieweg

States

sher Services